中国黄牛遗传学

陈　宏　主编

科学出版社
北京

内 容 简 介

本书较为全面、系统地阐述了中国黄牛遗传学研究领域的最新进展，内容包括中国黄牛选育的遗传学基础、体型外貌的遗传学、免疫遗传学、生化遗传与蛋白质组学、行为遗传学、细胞遗传学、分子数量遗传学、mtDNA 遗传多样性与母系起源、Y 染色体 DNA 多态性与父系起源、微卫星标记、功能基因的分子遗传变异、全基因组学、转录组学、表观遗传学、分子群体遗传学以及分子遗传技术与育种应用等研究。

本书可作为动物科学、动物医学、智慧牧业、生物科学、生物技术等专业的学生、教师及科研人员的参考资料，同时也是肉牛、奶牛遗传育种与繁殖领域的教学人员、科研人员、生产人员的有益参考书。

审图号：GS 京（2023）2403 号

图书在版编目（CIP）数据

中国黄牛遗传学/陈宏主编.—北京：科学出版社，2024.6
ISBN 978-7-03-077509-2

Ⅰ.①中… Ⅱ.①陈… Ⅲ.①黄牛–遗传育种–研究–中国 Ⅳ.①S823.8

中国国家版本馆 CIP 数据核字（2024）第 013691 号

责任编辑：李 迪 田明霞 / 责任校对：杨 赛
责任印制：肖 兴 / 封面设计：无极书装

科学出版社 出版
北京东黄城根北街 16 号
邮政编码：100717
http://www.sciencep.com

北京建宏印刷有限公司印刷
科学出版社发行 各地新华书店经销
*

2024 年 6 月第 一 版 开本：787×1092 1/16
2024 年 6 月第一次印刷 印张：41 3/4
字数：987 000
定价：598.00 元
(如有印装质量问题，我社负责调换)

《中国黄牛遗传学》编写人员

主　　编：陈　宏

副 主 编：雷初朝　蓝贤勇　黄永震　黄锡霞　宋恩亮

编写人员：陈　宏　雷初朝　蓝贤勇　黄永震　王　昕　蔡　欣
　　　　　潘传英　陈宁博　党瑞华　张春雷　张建勤　黄锡霞
　　　　　宋恩亮　曹修凯　田全召　房兴堂　周　扬　汪聪勇
　　　　　高　雪　张良志　王二耀　刘　梅　刘　贤　魏雪锋
　　　　　赵杨杨　李明勋　徐美芳　栗福星　乐祥鹏　宋成创
　　　　　孙加节　陈秋明　李　辉　杨东英　蔡含芳　孙雨佳
　　　　　张　丽　成海建　马志杰　张梦华　韩浩园　曾璐岚
　　　　　黄洁萍　程　杰　王　珂　夏小婷　张晓燕　张思欢

主　　审：张英汉

前　言

黄牛是中国固有的普通牛和瘤牛牛种。黄牛被毛以黄色最多，因此而得名，但也有红棕色和黑色等毛色。黄牛是我国重要的农业经济动物，给人提供肉、奶等食品，以及皮等原料。长期以来，为了提高黄牛的生产性能，科研人员进行了大量的黄牛遗传学研究，特别是改革开放以来，由于研究技术的不断创新，以黄牛为对象的遗传学研究取得了重要进展，为黄牛的遗传育种与繁殖提供了重要的理论基础和技术支撑。

为了全面反映中国黄牛遗传学研究的最新成果，为中国黄牛的高效选育、保种及种质创新和开发利用提供科技支撑，我们课题组在多年研究成果的基础上，组织编写了《中国黄牛遗传学》一书，以供动物科学、动物医学、智慧牧业、生物科学、生物技术等专业的学生、教师及科研人员，以及肉牛、奶牛遗传育种与繁殖领域的教学人员、科研人员、生产人员参考。

全书共16章，包括中国黄牛选育的遗传学基础、中国黄牛体型外貌的遗传学研究、免疫遗传学研究、生化遗传与蛋白质组学研究、行为遗传学研究、细胞遗传学研究、分子数量遗传学研究、mtDNA遗传多样性与母系起源研究、Y染色体DNA多态性与父系起源研究、微卫星标记研究、功能基因的分子遗传变异研究、全基因组学研究、转录组学研究、表观遗传学研究、分子群体遗传学研究、分子遗传技术与育种应用研究。

参与本书编写的人员主要来自西北农林科技大学动物基因组与功能研究课题组的教师和研究生，以及全国相关领域的研究人员，共计48人。全书由陈宏教授设计、布局并统稿和修改，雷初朝教授、蓝贤勇教授、黄永震副教授、黄锡霞教授、宋恩亮研究员参加了部分书稿的审定与修改，最后由陈宏教授定稿。

张英汉教授审阅了全书，为本书的修改和定稿提出了很多宝贵的意见。西北农林科技大学动物科技学院和科学出版社的相关同志在本书编写和出版过程中给予了精心、热情的指导及大力的帮助与支持。许多研究生参与了资料的收集、整理和归纳。在此一并表示衷心的感谢。

由于中国黄牛遗传学，特别是分子细胞遗传学的研究领域不断拓宽，发展迅速，加之编写人员水平有限，缺点和不足在所难免，敬请同行批评指正，以便将来进一步完善。

西北农林科技大学　陈宏
2022年3月

目 录

第一章 中国黄牛选育的遗传学基础 1
 第一节 中国地方黄牛的种质特性 1
  一、中国地方黄牛数量的分布情况 1
  二、中国地方黄牛优良的种质特性 1
  三、中国地方黄牛种质特性的缺点 3
 第二节 中国黄牛重要经济性状的测定 3
  一、生长发育性状的测定 4
  二、产肉性能的测定 7
  三、产乳性状的测定 10
  四、繁殖性状的测定 11
 第三节 中国黄牛选育的遗传学三大要素 12
  一、种质资源 12
  二、遗传学理论 12
  三、品种内遗传多态性 12
 本章小结 13
 参考文献 13

第二章 中国黄牛体型外貌的遗传学研究 14
 第一节 黄牛体型大小的遗传 14
  一、黄牛的体型 14
  二、黄牛体型大小的多基因控制 14
 第二节 黄牛毛色的遗传 16
  一、家牛毛色的形成机理 16
  二、国外家牛被毛表型与基本毛色 18
  三、中国黄牛被毛表型与基本毛色 29
 第三节 黄牛角的遗传 30
  一、牛无角的遗传 30
  二、牛畸形角的遗传 31
  三、无角牛的培育 32

第四节　黄牛头型的形态特征与遗传……34
一、牛头骨的形态差异……34
二、牛头型特征……34
三、牛头型的遗传……35

第五节　黄牛乳房形态的遗传……35
一、牛乳房的内部结构……36
二、牛乳房的外部形态……36
三、牛乳房相关性状的遗传……38

第六节　黄牛特殊体型外貌的遗传……39
一、瘤牛肩峰的遗传……39
二、瘤牛腹垂的遗传……39
三、牛双肌的遗传……40
四、牛耳型的遗传……41

第七节　黄牛的畸形遗传……43
一、牛蜘蛛腿综合征……43
二、牛脊椎畸形综合征……43
三、牛并趾症……44
四、牛短脊椎综合征……44
五、牛侏儒症……44
六、牛肺发育不全和水肿综合征……45
七、中国牛畸形遗传病的研究现状……45

本章小结……45
参考文献……46

第三章　中国黄牛免疫遗传学研究……50

第一节　中国黄牛红细胞抗原遗传与生产性状……50
一、中国黄牛红细胞抗原遗传系统……50
二、中国黄牛红细胞抗原多态性与生产性状……52

第二节　中国黄牛 BoLA 遗传与生产性状……53
一、中国黄牛 BoLA 及其基因的分布、组成和染色体定位……53
二、中国黄牛 *BoLA* 基因及其编码产物……53
三、中国黄牛 *BoLA* 基因的遗传特征……55
四、中国黄牛 BoLA 及其基因的遗传分型……56

五、黄牛 *BoLA* 基因多态性与生产性状 57
　　六、中国黄牛 BoLA 及其基因与疾病 58
　　七、中国黄牛 *BoLA* 基因与抗病育种 59
　第三节　中国黄牛免疫球蛋白及其多样性 60
　　一、免疫球蛋白的基本结构和功能 60
　　二、黄牛免疫球蛋白重链基因 62
　　三、黄牛免疫球蛋白轻链基因 66
　　四、黄牛免疫球蛋白多样性 67
　第四节　中国黄牛 Toll 样受体与抗病性状 69
　　一、Toll 样受体结构及其功能 69
　　二、中国黄牛 *TLR* 基因多态性与抗病性 74
　第五节　中国黄牛细胞因子与抗病性 76
　　一、细胞因子概述 76
　　二、中国黄牛白细胞介素及其抗病性 77
　　三、中国黄牛干扰素及其抗病性 80
　本章小结 83
　参考文献 84

第四章　中国黄牛生化遗传与蛋白质组学研究 91
　第一节　血液蛋白多态性研究 91
　　一、血液蛋白多态性的概念 91
　　二、血液蛋白多态性的测定方法 91
　　三、中国黄牛血液蛋白多态性的类型与频率 92
　第二节　血液同工酶及其多态性研究 97
　　一、同工酶的概念与分类 97
　　二、血液同工酶多态性测定方法 98
　　三、中国黄牛血液同工酶多态性的研究 99
　第三节　乳蛋白多态性研究 101
　　一、乳蛋白多态性的概念 101
　　二、乳蛋白多态性的测定方法 101
　　三、黄牛乳蛋白多态性研究 101
　第四节　生化遗传学在黄牛育种中的应用 103
　　一、血液蛋白多态性的应用研究 103

二、同工酶多态性的应用研究·················105
　　　三、乳蛋白多态性的应用研究·················107
　第五节　可变剪接与蛋白质多态性·················108
　　　一、可变剪接的定义及分类·················108
　　　二、黄牛基因的可变剪接及其特征·················109
　　　三、可变剪接对基因表达蛋白质的影响·················111
　第六节　蛋白质组学研究·················112
　　　一、蛋白质组学的定义及研究方法·················112
　　　二、黄牛蛋白质组学研究进展·················114
　本章小结·················116
　参考文献·················117

第五章　中国黄牛行为遗传学研究·················120
　第一节　黄牛的性情遗传学研究·················120
　　　一、黄牛性情的定义和检测方法·················120
　　　二、黄牛性情的遗传变异·················123
　　　三、黄牛性情选育的壁垒和前景·················124
　第二节　黄牛耐热的遗传学研究·················125
　　　一、热应激原理·················125
　　　二、黄牛耐热性的遗传·················127
　第三节　黄牛的采食行为研究·················129
　　　一、黄牛的采食行为概述·················129
　　　二、影响牛采食行为的因素·················131
　第四节　黄牛高海拔适应性的遗传学研究·················134
　　　一、牛高海拔适应基因研究·················134
　　　二、牛高海拔适应基因的渗入·················135
　　　三、人类与畜禽高海拔适应性的候选基因·················136
　本章小结·················137
　参考文献·················137

第六章　中国黄牛细胞遗传学研究·················140
　第一节　黄牛染色体数目和形态特征·················141
　　　一、黄牛染色体的数目·················141
　　　二、黄牛染色体的大小·················142

三、黄牛染色体的形态特征 ……………………………………………………… 143
　　　四、黄牛染色体的核型及其分析 ………………………………………………… 144
　第二节　黄牛性染色体及其多态性 …………………………………………………… 148
　　　一、黄牛的性染色体 ……………………………………………………………… 148
　　　二、性染色体的多态性 …………………………………………………………… 148
　第三节　黄牛染色体显带研究 ………………………………………………………… 152
　　　一、Q带的研究 …………………………………………………………………… 152
　　　二、G带的研究 …………………………………………………………………… 153
　　　三、C带的研究 …………………………………………………………………… 157
　　　四、Ag-NOR的研究 ……………………………………………………………… 159
　　　五、R带的研究 …………………………………………………………………… 164
　　　六、T带的研究 …………………………………………………………………… 164
　　　七、姐妹染色单体交换的研究 …………………………………………………… 165
　　　八、高分辨显带 …………………………………………………………………… 166
　　　九、染色体显带的命名与识别 …………………………………………………… 166
　第四节　黄牛染色体变异类型与频率 ………………………………………………… 167
　　　一、黄牛染色体的多型性 ………………………………………………………… 167
　　　二、黄牛染色体的变异类型 ……………………………………………………… 170
　第五节　染色体标记与牛起源、进化 ………………………………………………… 177
　　　一、染色体进化与牛的起源 ……………………………………………………… 177
　　　二、染色体进化与品种的形成 …………………………………………………… 177
　　　三、染色体标记与牛品种的分类 ………………………………………………… 177
　第六节　黄牛染色体研究与育种及生产 ……………………………………………… 179
　　　一、染色体与家畜育种 …………………………………………………………… 179
　　　二、染色体与黄牛的亲缘关系 …………………………………………………… 179
　　　三、染色体与环境检测及黄牛的饲养管理 ……………………………………… 180
　　　四、染色体与性别的早期诊断与控制 …………………………………………… 180
　本章小结 ………………………………………………………………………………… 181
　参考文献 ………………………………………………………………………………… 181

第七章　中国黄牛分子数量遗传学研究 ………………………………………………… 186
　第一节　分子数量遗传学的研究内容和方法 ………………………………………… 186
　　　一、分子标记辅助选择与QTL定位技术 ……………………………………… 186

二、分子标记的高通量分型技术与基因组选择 ... 192
三、分子设计育种与基因编辑技术 ... 195

第二节 体尺性状的分子数量遗传学研究 ... 198
一、黄牛体尺性状测量的基本知识 ... 199
二、体型外貌的线性评定 ... 199
三、体尺性状的遗传参数研究 ... 200
四、体尺性状的关联分析研究进展 ... 201

第三节 生长发育性状的数量遗传学研究 ... 202
一、衡量生长发育性状的主要指标 ... 202
二、生长发育性状的遗传参数估计 ... 203

第四节 屠宰性状的分子数量遗传学研究 ... 203
一、屠宰性状的遗传参数估计 ... 203
二、屠宰性状的主效基因及 SNP 研究 ... 204

第五节 泌乳性状的分子数量遗传学研究 ... 204
一、泌乳性状的遗传评定与遗传参数估计 ... 205
二、泌乳性状的 QTL 研究 ... 205
三、泌乳性状与相关基因的关联分析 ... 206
四、泌乳性状与体尺性状的关联分析 ... 206

第六节 其他性状的分子数量遗传学研究 ... 206
一、繁殖性状的分子数量遗传学研究 ... 207
二、牛角性状的分子数量遗传学研究 ... 207
三、奶牛乳头长度的分子数量遗传学研究 ... 207

第七节 重要经济性状的因果突变的鉴定 ... 207
一、表达数量性状位点的鉴定 ... 208
二、三维基因组学鉴定 ... 208

本章小结 ... 216
参考文献 ... 216

第八章 中国黄牛 mtDNA 遗传多样性与母系起源研究 ... 220
第一节 mtDNA 的遗传 ... 220
一、mtDNA 的基本结构 ... 220
二、mtDNA 的遗传特征 ... 220
三、mtDNA 的应用 ... 221

第二节　mtDNA RFLP 研究 ···222

　　第三节　mtDNA D-loop 序列多态性研究 ···222

　　第四节　mtDNA 基因多态性研究 ···226

　　　一、mtDNA *Cytb* 基因多态性研究 ···226

　　　二、mtDNA 12S rRNA 和 16S rRNA 基因多态性研究 ···································228

　　第五节　mtDNA 全基因组研究 ··228

　　第六节　中国古代黄牛的 mtDNA 研究 ··232

　　第七节　mtDNA 多态性与黄牛的起源进化 ··233

　　本章小结 ··234

　　参考文献 ··234

第九章　中国黄牛 Y 染色体 DNA 多态性与父系起源研究 ·······································237

　　第一节　Y 染色体 DNA 大小、组成与基因数目 ··237

　　　一、牛 Y 染色体的 DNA 大小 ··237

　　　二、牛 MSY 组成和基因数目 ··238

　　第二节　Y-STR 研究 ···240

　　　一、Y-STR 标记分型技术的原理和方法 ···240

　　　二、中国黄牛 Y-STR 标记研究 ··240

　　　三、普通牛 Y-STR 分布特征 ··242

　　第三节　Y-SNP 研究 ···247

　　第四节　Y 染色体 DNA 类型与起源进化 ··248

　　　一、中国黄牛 Y 染色体类型 ··248

　　　二、中国黄牛 Y 染色体单倍型与起源进化 ··249

　　本章小结 ··250

　　参考文献 ··250

第十章　中国黄牛微卫星标记研究 ···252

　　第一节　微卫星 DNA 的概念与特点 ··252

　　　一、微卫星 DNA 的概念 ··252

　　　二、微卫星 DNA 的特点 ··253

　　第二节　微卫星多位点 DNA 指纹的研究与应用 ···254

　　　一、DNA 指纹的概念 ··254

　　　二、DNA 指纹的制备方法 ···255

　　　三、DNA 指纹的遗传特点 ···255

四、DNA 指纹的分析方法 256
　　五、牛 DNA 指纹的研究与应用 257
第三节　微卫星 DNA 多态性分型研究与应用 260
　　一、微卫星 DNA 多态性分型的一般检测步骤 260
　　二、微卫星引物与 PCR 扩增 260
　　三、微卫星 DNA 的电泳分型 260
　　四、微卫星 DNA 多态性的研究与应用 264
第四节　微卫星多态性与重要性状的关联性研究 266
　　一、中国地方黄牛微卫星多态性与重要性状的关联研究 266
　　二、中国培育牛品种微卫星多态性与重要性状的关联研究 267
第五节　利用微卫星 DNA 标记进行黄牛的亲子鉴定 269
　　一、微卫星 DNA 亲子鉴定统计分析方法 269
　　二、亲子鉴定在黄牛生产中的应用 272
　　三、展望 273
本章小结 273
参考文献 274

第十一章　中国黄牛功能基因的分子遗传特征研究 277
第一节　肉质与脂肪相关基因的分子遗传特征 277
　　一、$IGF1R$ 基因的分子遗传特征 277
　　二、$TCAP$ 基因的分子遗传特征 278
　　三、$DECR1$ 基因的分子遗传特征 278
　　四、$PRKAG3$ 基因的分子遗传特征 279
　　五、$PPAR\gamma$ 基因的分子遗传特征 279
　　六、$CIDEC$ 基因的分子遗传特征 279
　　七、$CAST$ 基因的分子遗传特征 280
　　八、LEP 基因的分子遗传特征 280
　　九、TG 基因的分子遗传特征 281
　　十、$FABP3$ 基因的分子遗传特征 281
　　十一、$CACNA2D1$ 基因的分子遗传特征 281
　　十二、LPL 基因的分子遗传特征 282
　　十三、MRF 家族基因的分子遗传特征 282
　　十四、$CDIPT$ 基因的分子遗传特征 283

十五、DNMT 家族基因的分子遗传特征·····283
   十六、SSTR2 基因的分子遗传特征·····284
   十七、HSP70-1 基因的分子遗传特征·····284
   十八、SCD1 基因的分子遗传特征·····285
   十九、DGAT1 基因的分子遗传特征·····285
   二十、AdPLA 基因的分子遗传特征·····286
   二十一、PRDM16 基因的分子遗传特征·····286
   二十二、SIRT 家族基因的分子遗传特征·····286
   二十三、PNPLA3 基因的分子遗传特征·····287
   二十四、FLII 基因的分子遗传特征·····287
   二十五、PPAR 家族基因的分子遗传特征·····288
   二十六、HSD17B8 基因的分子遗传特征·····288
   二十七、STAT3 基因的分子遗传特征·····289
   二十八、Foxa2 基因的分子遗传特征·····289
   二十九、SREBP1c 基因的分子遗传特征·····290
   三十、总结与展望·····290
 第二节 繁殖相关基因的分子遗传特征·····291
   一、GPR54 基因的分子遗传特征·····291
   二、TMEM95 基因的分子遗传特征·····292
   三、GRB10 基因的分子遗传特征·····292
   四、HIF-3α 基因的分子遗传特征·····292
   五、FSHR 基因的分子遗传特征·····293
   六、PGR 基因的分子遗传特征·····293
   七、ESRα 基因的分子遗传特征·····293
   八、RXRG 基因的分子遗传特征·····293
   九、ADCY5 基因的分子遗传特征·····294
   十、HSD17B3 基因的分子遗传特征·····294
   十一、SEPT7 基因的分子遗传特征·····295
   十二、ITGβ5 基因的分子遗传特征·····295
   十三、DENND1A 基因的分子遗传特征·····296
   十四、PROP1 基因的分子遗传特征·····297
   十五、总结与展望·····297
 第三节 生长相关基因的分子遗传特征·····297

一、NPC 家族基因的分子遗传特征 298
二、GLI3 基因的分子遗传特征 298
三、STAM2 基因的分子遗传特征 299
四、Pax7 基因的分子遗传特征 299
五、TMEM18 基因的分子遗传特征 300
六、GHRHR 基因的分子遗传特征 300
七、AZGP1 基因的分子遗传特征 301
八、Angptl4 基因的分子遗传特征 301
九、GHRL 基因的分子遗传特征 301
十、IGFBP-5 基因的分子遗传特征 301
十一、PCSK1 基因的分子遗传特征 302
十二、Ghrelin 基因的分子遗传特征 303
十三、GDF10 基因的分子遗传特征 303
十四、RARRES2 基因的分子遗传特征 303
十五、SH2B1 基因的分子遗传特征 304
十六、VEGF-B 基因的分子遗传特征 304
十七、KCNJ12 基因的分子遗传特征 305
十八、PLA2G2D 基因的分子遗传特征 305
十九、FHL1 基因的分子遗传特征 306
二十、SHH 基因的分子遗传特征 306
二十一、GBP6 基因的分子遗传特征 306
二十二、NCSTN 基因的分子遗传特征 307
二十三、MLLT10 基因的分子遗传特征 308
二十四、PLIN2 基因的分子遗传特征 308
二十五、ACTL8 基因的分子遗传特征 309
二十六、MXD3 基因的分子遗传特征 309
二十七、SPARC 基因的分子遗传特征 310
二十八、ACVR1 基因的分子遗传特征 310
二十九、RET 基因的分子遗传特征 311
三十、TRP 基因的分子遗传特征 311
三十一、SERPINA3 基因的分子遗传特征 312
三十二、PLAG1 基因的分子遗传特征 312
三十三、ADD1 基因的分子遗传特征 312

- 三十四、*MYLK4* 基因的分子遗传特征 ... 313
- 三十五、*TNF* 基因的分子遗传特征 ... 313
- 三十六、*GBP2* 基因的分子遗传特征 ... 313
- 三十七、*IGF1* 基因的分子遗传特征 ... 314
- 三十八、*MC4R* 基因的分子遗传特征 ... 314
- 三十九、*LEPR* 基因的分子遗传特征 ... 315
- 四十、*MT-ND5* 基因的分子遗传特征 ... 315
- 四十一、*SMAD3* 基因的分子遗传特征 ... 316
- 四十二、*Nanog* 基因的分子遗传特征 ... 316
- 四十三、*I-mfa* 基因的分子遗传特征 ... 317
- 四十四、*CaSR* 基因的分子遗传特征 ... 317
- 四十五、*NOTCH1* 基因的分子遗传特征 ... 318
- 四十六、*ATBF1* 基因的分子遗传特征 ... 318
- 四十七、*Wnt8A* 基因的分子遗传特征 ... 319
- 四十八、*AR* 基因的分子遗传特征 ... 319
- 四十九、*SDC3* 基因的分子遗传特征 ... 319
- 五十、*BMPER* 基因的分子遗传特征 ... 320
- 五十一、*SMO* 基因的分子遗传特征 ... 320
- 五十二、*ANGPTL3* 基因的分子遗传特征 ... 321
- 五十三、*CIDEC* 基因的分子遗传特征 ... 321
- 五十四、*CFL2* 基因的分子遗传特征 ... 322
- 五十五、*LHX3* 基因的分子遗传特征 ... 323
- 五十六、*MC3R* 基因的分子遗传特征 ... 323
- 五十七、*NCAPG* 基因的分子遗传特征 ... 324
- 五十八、*HNF-4α* 基因的分子遗传特征 ... 324
- 五十九、*Pax3* 基因的分子遗传特征 ... 324
- 六十、*IGFALS* 基因的分子遗传特征 ... 325
- 六十一、*LXRα* 基因的分子遗传特征 ... 325
- 六十二、*IGF2* 基因的分子遗传特征 ... 326
- 六十三、*ZBED6* 基因的分子遗传特征 ... 327
- 六十四、*SIRT2* 基因的分子遗传特征 ... 327
- 六十五、*BMP7* 基因的分子遗传特征 ... 328
- 六十六、*PROP1* 基因的分子遗传特征 ... 328

六十七、PAX6 基因的分子遗传特征 ... 329
六十八、SH2B2 基因的分子遗传特征 ... 329
六十九、SIRT1 基因的分子遗传特征 ... 329
七十、HGF 基因的分子遗传特征 ... 330
七十一、Wnt7a 基因的分子遗传特征 ... 331
七十二、RXRα 基因的分子遗传特征 ... 331
七十三、FBXO32 基因的分子遗传特征 ... 331
七十四、VEGF 基因的分子遗传特征 ... 332
七十五、MyoG 基因的分子遗传特征 ... 332
七十六、NPY 基因的分子遗传特征 ... 333
七十七、SST 基因的分子遗传特征 ... 333
七十八、KLF7 基因的分子遗传特征 ... 333
七十九、PRLR 基因的分子遗传特征 ... 334
八十、GDF5 基因的分子遗传特征 ... 334
八十一、RBP4 基因的分子遗传特征 ... 334
八十二、MEF2A 基因的分子遗传特征 ... 335
八十三、GAD1 基因的分子遗传特征 ... 335
八十四、NUCB2 基因的分子遗传特征 ... 335
八十五、POMC 基因的分子遗传特征 ... 336
八十六、GHSR 基因的分子遗传特征 ... 336
八十七、ADIPOQ 基因的分子遗传特征 ... 336
八十八、NPM1 基因的分子遗传特征 ... 336
八十九、MICAL-L2 基因的分子遗传特征 ... 337
九十、MYH3 基因的分子遗传特征 ... 337
九十一、SDC1 基因的分子遗传特征 ... 337
九十二、ANGPTL8 基因的分子遗传特征 ... 338
九十三、LHX4 基因的分子遗传特征 ... 338
九十四、POU1F1 基因的分子遗传特征 ... 338
九十五、PROP1 基因的分子遗传特征 ... 339
九十六、总结与展望 ... 339

第四节 能量代谢相关基因的分子遗传特征 ... 340
一、SOD1 基因的分子遗传特征 ... 340
二、HSPB7 基因的分子遗传特征 ... 340

三、*EIF2AK4* 基因的分子遗传特征 341
　　四、*HSF1* 基因的分子遗传特征 341
　　五、*NRIP1* 基因的分子遗传特征 341
　　六、*MGAT2* 基因的分子遗传特征 342
　　七、*BMP8b* 基因的分子遗传特征 342
　　八、*Orexin* 基因的分子遗传特征 343
　　九、*CRTC3* 基因的分子遗传特征 343
　　十、*OLR1* 基因的分子遗传特征 344
　　十一、*CART* 基因的分子遗传特征 344
　　十二、总结与展望 344
　第五节　泌乳相关基因的分子遗传特征 345
　　一、*β-Lg* 基因的分子遗传特征 345
　　二、*κ-Cn* 基因的分子遗传特征 345
　　三、*CSN1S2* 基因的分子遗传特征 346
　　四、*IGFBP-3* 基因的分子遗传特征 346
　　五、*MBL1* 基因的分子遗传特征 346
　　六、*LAP3* 基因的分子遗传特征 347
　　七、*GABRG2* 基因的分子遗传特征 347
　　八、*PLSCR5* 基因的分子遗传特征 347
　　九、*CLASP1* 基因的分子遗传特征 348
　　十、*SMARCA2* 基因的分子遗传特征 348
　　十一、*FHIT* 基因的分子遗传特征 348
　　十二、*ADIPOQ* 基因的分子遗传特征 349
　本章小结 350
　参考文献 351

第十二章　中国黄牛全基因组学研究 357
　第一节　全基因组遗传变异特征 357
　　一、全基因组基本特征 357
　　二、全基因组 SNP 和 InDel 分布特征 358
　　三、全基因组 SNP 与性状的关联研究 362
　第二节　全基因组拷贝数变异（CNV）的特征 363
　　一、拷贝数变异（CNV）的概念 363

二、中国黄牛全基因组 CNV 数目与分布特征 ·· 366
三、中国黄牛全基因组 CNV 与起源进化 ··· 368
四、中国黄牛全基因组 CNV 与性状的关系研究 ····································· 378
五、结论与展望 ··· 382
第三节 全基因组 DNA 甲基化遗传特征 ·· 383
一、不同发育阶段黄牛全基因组 DNA 甲基化遗传特征 ······························· 383
二、牛肌肉组织中功能基因 DNA 甲基化与基因表达的关系 ······················· 385
三、启动子 DNA 甲基化与基因表达的关系 ··· 388
四、基因本体 DNA 甲基化与基因表达的关系 ··· 390
本章小结 ··· 391
参考文献 ··· 392

第十三章 中国黄牛转录组学研究 ·· 397
第一节 肌肉组织转录组及其特征 ·· 397
一、转录组学概述 ·· 397
二、骨骼肌的生长发育规律 ··· 397
三、黄牛不同发育阶段肌肉组织转录组及其特征 ······································· 399
第二节 脂肪组织转录组及其特征 ·· 400
一、脂肪组织的分类及特征 ··· 400
二、牛脂肪组织转录组研究 ··· 401
三、不同发育阶段牛脂肪组织转录组特征 ··· 402
第三节 睾丸组织及精子转录组及其特征 ·· 405
一、精子发生机制 ·· 405
二、睾丸组织转录组研究 ··· 408
三、精子转录组研究 ··· 409
四、犏牛雄性不育症的转录组测序 ·· 412
第四节 卵巢组织转录组及其特征 ·· 413
一、卵巢概述 ··· 413
二、不同发育阶段卵巢组织的转录组研究进展 ··· 415
第五节 胚胎发育的转录组及其特征 ·· 418
一、黄牛的胚胎发育 ··· 418
二、牛胚胎发育的转录组研究 ··· 420
第六节 乳腺组织转录组及其特征 ·· 421

一、乳腺的结构及发育阶段 421
　　二、影响奶牛乳腺发育及泌乳的信号通路 422
　　三、乳腺组织转录组研究 423
第七节　肝脏转录组及其特征 425
　　一、肝脏与能量代谢 425
　　二、肝脏的转录组学研究 425
第八节　其他组织转录组及其特征 428
　　一、肺脏转录组学研究 428
　　二、皮肤转录组学研究 429
本章小结 429
参考文献 429

第十四章　中国黄牛表观遗传学研究 435

第一节　miRNA 组学研究 435
　　一、miRNA 概述 435
　　二、黄牛肌肉组织 miRNA 组学研究 443
　　三、黄牛脂肪组织 miRNA 组学研究 449
　　四、奶牛乳腺组织 miRNA 组学研究 456
　　五、其他组织 miRNA 组学研究 462
　　六、中国黄牛 miRNA 的功能研究 462
第二节　lncRNA 组学研究 470
　　一、lncRNA 概述 470
　　二、肌肉组织不同发育阶段 lncRNA 组学研究 474
　　三、脂肪组织不同发育阶段 lncRNA 组学研究 477
　　四、乳腺 lncRNA 组学研究 480
　　五、其他组织 lncRNA 组学研究 481
　　六、中国黄牛 lncRNA 的功能研究 482
第三节　circRNA 组学研究 501
　　一、circRNA 概述 501
　　二、黄牛肌肉组织 circRNA 组学研究 510
　　三、不同发育阶段脂肪组织 circRNA 组学研究 513
　　四、其他组织 circRNA 组学研究 515
　　五、中国黄牛 circRNA 的功能研究 516

第四节 DNA 甲基化研究 ... 535
　一、DNA 甲基化概述 ... 536
　二、DNA 甲基化影响黄牛肌肉发育研究 ... 541
　三、DNA 甲基化影响黄牛脂肪沉积研究 ... 546
　四、DNA 甲基化影响黄牛胚胎发育研究 ... 550
第五节 RNA 修饰研究 ... 552
　一、N^6 甲基化修饰（m^6A） ... 553
　二、N^1 甲基化修饰（m^1A） ... 554
　三、$N^6,2'$-O-二甲基腺嘌呤（m^6Am） ... 554
　四、5-甲基胞嘧啶（m^5C）和 5-羟甲基胞嘧啶（5hmC） ... 554
　五、尿苷异构化 ... 555
　六、核糖修饰 ... 555
第六节 蛋白质修饰研究 ... 556
　一、磷酸化 ... 556
　二、甲基化 ... 556
　三、泛素化 ... 557
　四、乙酰化 ... 557
　五、脂基化 ... 558
　六、糖基化 ... 558
本章小结 ... 558
参考文献 ... 559

第十五章 中国黄牛分子群体遗传学研究 ... 567
第一节 分子群体遗传学的概念和研究内容 ... 567
　一、分子群体遗传学的概念及发展简史 ... 567
　二、分子群体遗传学的研究内容及进展 ... 568
第二节 编码序列的分子群体遗传学分析 ... 569
　一、基因组 DNA 多态性 ... 569
　二、连锁不平衡 ... 569
　三、基因组重组对 DNA 多态性的影响 ... 569
　四、基因进化方式 ... 570
　五、外显子的分子群体遗传学分析 ... 570
第三节 非编码序列的分子群体遗传学分析 ... 589

一、内含子的分子群体遗传学分析 ······ 590
　　二、启动子的分子群体遗传学分析 ······ 599
　　三、基因间隔序列的分子群体遗传学分析 ······ 602
　　四、UTR 的分子群体遗传学分析 ······ 603
　第四节　中国黄牛与国外品种的分子群体遗传学分析 ······ 606
　第五节　中国黄牛各基因位点分子群体遗传学结构分析 ······ 607
　本章小结 ······ 608
　参考文献 ······ 609

第十六章　中国黄牛分子遗传技术与育种应用研究 ······ 611
　第一节　分子标记辅助选择 ······ 611
　　一、分子标记的概念 ······ 611
　　二、分子标记辅助选择概述 ······ 612
　　三、分子标记辅助选择在中国黄牛育种中的应用 ······ 613
　第二节　全基因组选择 ······ 616
　　一、全基因组选择的原理方法 ······ 616
　　二、全基因组选择的优势及影响因素 ······ 617
　　三、全基因组选择在牛遗传育种上的应用 ······ 617
　　四、全基因组选择的发展展望 ······ 620
　第三节　胚胎克隆和体细胞克隆 ······ 620
　　一、卵母细胞的来源和质量 ······ 621
　　二、细胞周期组合 ······ 622
　　三、供体细胞的类型和体外培养 ······ 622
　　四、融合和激活的时间 ······ 623
　　五、组蛋白脱乙酰酶抑制剂（HDI）处理 ······ 623
　第四节　基因编辑与育种 ······ 624
　　一、DNA 同源重组（HR）在牛基因组修饰中的应用 ······ 625
　　二、牛基因多位点修饰 ······ 626
　　三、牛动物繁殖辅助顺次基因组工程 ······ 626
　　四、设计核酸酶用于牛基因组工程 ······ 627
　第五节　转基因与生物反应器 ······ 628
　　一、转基因生物反应器的概念 ······ 628
　　二、生物反应器的分类 ······ 629

三、转基因动物生物反应器 630
　　四、转基因牛生物反应器 632
　　五、转基因牛生物反应器的功能 633
第六节　性别控制 633
　　一、牛性别控制在生产实践中的意义 633
　　二、性别形成的遗传学基础 634
　　三、牛性别控制的方法研究及其应用 634
本章小结 637
参考文献 638

第一章　中国黄牛选育的遗传学基础

中国黄牛遗传学研究的最终目的是为中国黄牛的品种选育、种质创新、新品种（系）培育、杂交改良、种质资源保护和开发利用提供基础理论与技术支撑。为了深入了解中国黄牛遗传学研究的针对性、全貌内容以及取得的成就，有必要先对中国地方黄牛的种质特性、重要的经济性状、选育的遗传学基础有所了解。

第一节　中国地方黄牛的种质特性

一、中国地方黄牛数量的分布情况

我国养牛业历史悠久，牛种资源丰富，遍及全国各地。2017～2022年我国牛（黄牛、牦牛和水牛）存栏数稳步上涨，尽管受到新冠疫情影响，但是2022年存栏数仍达10 216万头。我国是牛品种最多的国家。《国家畜禽遗传资源品种名录（2021年版）》显示，我国目前有80个普通牛品种，包括55个地方黄牛品种、15个国外引进品种和10个培育品种，主要分布在陕西、河南、山西、山东、吉林和辽宁等地。中国地方黄牛是我国的特色资源。《中国牛品种志》编写组通过现场考察和讨论，根据地理分布区域和生态条件，将我国地方黄牛品种划分为三大类：中原黄牛、北方黄牛和南方黄牛。西藏牛由于混有牦牛的血统，属于另一类型。中原黄牛体型高大，主要分布在中原地区，包括陕西秦川牛、河南南阳牛、河南郏县红牛、山东鲁西牛、山西晋南牛、山东滨州渤海黑牛等8个品种。北方黄牛主要分布于中国北方，体型中等，包括吉林延边牛、蒙古高原蒙古牛、辽宁复州牛以及新疆哈萨克牛。南方黄牛体型矮小，主要分布在中国南方等地区，主要包括浙江温岭高峰牛、安徽皖南牛、湖北大别山牛等14个品种。

经过上千年役用选育，这些中国地方黄牛品种具有独特的种质特性。

二、中国地方黄牛优良的种质特性

中国地方黄牛品种数量之多、分布地域之广、生态类型差异之大，决定了其在某些方面具有与国外品种明显不同的特色，是当今和未来我国乃至全世界牛育种的重要遗传材料。中国地方黄牛具有肉品质优良、肉用潜力较大、对秸秆类农副产品的利用能力较强，以及具有多方面抗逆性及遗传有害性状频率相对较低等优良性状。许多中国地方黄牛品种都是根据其生态特征、地域分布合并为一个品种的，这些品种（群体或品系）都具有各自的特点，而且血液蛋白位点研究也表明这些群体存在一定的差异。

当前分子生物技术的飞速发展，为牛品种资源多样性的研究和保护提供了很好的契机。DNA 分子标记技术已经在牛种遗传多样性研究中起到了重要作用。在长期的生产实践中，经过科研人员的选育，中国牛种质资源已经形成了具有独特的遗传特性和品质优良的地方品种。秦川牛、鲁西牛、南阳牛等作为我国优良的向肉用型转型的地方品种，其肉用潜力很大。

中国地方黄牛优良的种质特性概括起来包括以下几方面。

1. 肉质良好

我国地方黄牛品种肉质细嫩、味道鲜美、蛋白质含量高、大理石花纹明显。然而，由于历史上长期以役用为主，中国地方黄牛优良的肉质特性没有得到充分发挥。不过，只要加强选育，其肉用潜力就会提高。

2. 适应性强

我国地域辽阔，自然环境差异很大，在长期选育过程中，形成了适应不同地理环境的中国地方黄牛品种。

3. 耐粗饲

中国地方黄牛对秸秆类农副产品的利用能力较强，长期以来，由于黄牛冬季不役用，一般以农作物秸秆等粗饲料为主要日粮，长期的低营养饲养以及多样的农作物使中国地方黄牛形成了不挑食、耐粗饲、好饲养的种质特性。

4. 抗逆性强

大部分中国地方黄牛具有抗病、耐寒、耐热等特性，尤其是南方黄牛，其耐热和抗蚊虫叮、抗焦虫病等特性明显，遗传有害性状频率相对较低。

5. 遗传多样

中国地方黄牛品种不但在体格大小、生态类型、外貌特征、毛色、角形等方面具有丰富的多样性，而且在细胞遗传、生化遗传、免疫遗传和分子遗传等遗传学方面同样具有丰富的多样性，这些特性是培育新品种的重要基础。

中国黄牛（肉牛）作为较为广大的品种群体，对其开展的研究较多，包括功能基因的编码序列和非编码序列研究。研究的功能基因已达 300 多个，主要是与生长发育性状、屠宰性状、肉品质性状、繁殖性状、抗病性状相关的基因。研究这些功能基因的主要目的：一是揭示生产性状的分子标记，并将其直接用于选种；二是揭示品种的分子群体遗传学特征，阐明品种间的差异和遗传关系，用于杂交效果的预测，以及遗传资源的评价、保护和开发利用。

在人类基因组计划的推动下，分子标记的研究与应用得到了迅速的发展。分子标记具有普遍存在、多态性高、遗传稳定、准确性高等特点。目前广泛应用的分子标记主要有 DNA 限制性片段长度多态性、随机扩增多态性 DNA、扩增片段长度多态性、微卫星多态性、单核苷酸多态性等。

三、中国地方黄牛种质特性的缺点

长期以来中国地方黄牛是农业生产的主要动力，具有悠久的饲养历史，形成了特有的生产类型和遗传特性，以及抗病力强、肉质细腻等优良特点，但是，其也具有明显的不足和缺点，概括起来包括以下几方面。

1. 泌乳力低

许多研究证明，我国地方黄牛品种与国外优秀肉牛品种相比，泌乳量较少，我国地方黄牛品种一个泌乳期只有 6 个月左右，总泌乳量只有 500~800 kg，这与犊牛生长慢、体重小有直接关系，而国外优秀肉牛品种泌乳量在 1000 kg 以上。

2. 体型较小

中国地方黄牛属中小型体型，即使是我国的五大良种黄牛（秦川牛、南阳牛、晋南牛、鲁西牛、延边牛）也才达到中型大小，南方黄牛就更小了，成年黄牛体重一般在 250~300 kg。

3. 载肉量少（出肉率低）

由于中国黄牛体格偏小、后躯不发达、生长速度慢、屠宰率（一般为 45%~55%）和净肉率较低，因此载肉量相对较少。两头中国黄牛的载肉量也没有国外优秀品种的一头肉牛多。

4. 生长较慢

国外著名肉牛品种日增重都在 1000 g 以上，而中国地方黄牛的日增重一般在 500~800 g。但随着近 20 年来的肉用选育，目前中国黄牛个别品种的生长速度有了明显的提高。

随着人们生活水平的提高及膳食结构的改变，人们对高品质牛肉的需求剧增。黄牛作为畜力的价值日趋下降，为满足自然条件的变化及人类消费水平和方式的不同要求，把役用牛转为肉用牛是一个客观趋势。因此，大力发展现代肉牛种业，完善良种繁育体系，强化制种、供种能力建设，加速培育优质肉牛专门化品种，扩大牛肉产量，提高牛肉品质已是势在必行。

第二节 中国黄牛重要经济性状的测定

已有研究表明，动物的生命周期通常就是生长发育的全过程，动物的任何性状都是在生命周期中逐渐形成与表现的，个体形态机能的表达都具有一定的规律，是由个体的遗传基础所决定的，并受其所处生活环境的影响。黄牛的重要经济性状包括生长发育性状、屠宰性状、肉质性状、产乳性状、繁殖性状、饲养效率性状等。任何性状的表现都是遗传和环境共同作用的结果。

一、生长发育性状的测定

可以观察到的每种性状的生长与发育都有一定的变化节律，不同生长发育性状之间存在彼此制约的关系。研究牛的生长发育性状，是更有效、更经济地改进和控制肉牛、奶牛品质的一项重要内容，对牛的育种工作具有特别重要的意义（陈宏，2003）。

（一）生长发育的概念

1. 生长

动物机体经过同化作用进行物质积累，细胞增大、数量增多，组织与器官的体积和重量相应增大的现象称为生长。生长就是以细胞增大和细胞分裂为基础的量变过程。

2. 发育

细胞分裂到某阶段时，分化出与原来的细胞不同的细胞，并在此基础上形成新的组织与器官，这一过程称为发育。发育是以细胞分化为基础的质变过程。

3. 生长与发育的关系

生长与发育，虽然在概念上有区别，但实际上又是相互联系、不可分割的两个过程。合并动物个体的量变和质变的综合变化过程就是生长发育。也可以说，生长是发育的基础，而发育又反过来促进生长。

（二）生长发育性状的度量

一般度量黄牛个体生长发育性状时，多采用定期称重和测量体量的方法来获得有关数据，经处理分析得到相应阶段的代表值。

1. 度量的时间

可根据年龄确定黄牛生长发育性状度量的具体时间。犊牛出生时度量1次；6月龄以前，每隔1个月度量1次；6月龄以后每隔3个月度量1次，1岁之后每隔半年度量1次，2岁以后每年度量1次。

2. 度量应注意的问题

首先，用来度量的个体应与度量要求相适应，如度量标准正常环境条件下生长发育的个体。其次，应注意度量的准确性，个体的喂养、排泄、姿势等可直接影响体重和体尺的度量结果。所用仪器的调试和使用熟练程度等也能影响度量结果。为此，应注意每次度量的时限，习惯规定个体初生的度量应在出生后 24 h 内完成，其他的度量应在规定的时间点 3 日（提前 1 日、当日和拖后 1 日）内完成。测量活体重，应在早饲前进行。最后，应注意度量值的精确性，如要求记录读数精确到基本度量单位后一位小数，称体重时的基本度量单位为千克（kg），记录读数应精确到 0.1 kg。

（三）生长发育性状动态的分析方法

观察个体由小到大的发展动态，可以是整体的发展动态，也可以是局部（组织、器官、部位）的发展动态。主要是观察整体、部位、器官和组织随个体年龄增长而发生的变化。为此，要求在个体的不同年龄观察度量生长发育性状。

1. 累积生长

对任何动物个体所测得的生长值，都是该个体在此测定前生长的累积结果。因此，某一时间点的生长结果度量值即为累积生长。以年龄为横坐标、生长值为纵坐标作图，所得曲线即为累积生长曲线。

2. 绝对生长

用动物个体在一定时间内的平均生长量，来说明动物个体在此期内的绝对生长速度。因此，某一时期内的生长速度即为绝对生长。绝对生长的计算公式为

$$G = \frac{w_2 - w_1}{t_2 - t_1}$$

式中，G 为平均生长速度，即绝对生长；w_1 为初始或前 1 次测定值；w_2 为终止或后 1 次测定值；t_1 为初始或前 1 次测定时的年龄；t_2 为终止或后 1 次测定时的年龄。

个体的平均生长速度在不同阶段是不同的。生长发育早期，由于个体小，绝对生长也小，以后随着个体成长，生长速度逐渐加快，但达到一定水平时又开始下降。

3. 相对生长强度

用动物个体在一定时间内的生长值占初始值或平均初始值的比例，来说明动物个体在此期内的相对生长强度。因此，某一时间内的生长强度比率即为相对生长强度。相对生长强度计算公式为

$$R = \frac{w_2 - w_1}{w_1} \times 100\%$$

或

$$R = \frac{w_2 - w_1}{(w_2 + w_1)/2} \times 100\%$$

式中，R 为相对生长强度；w_1 为初始或前 1 次测定值；w_2 为终止或后 1 次测定值。

用增长值占初始值的百分率表示生长强度，可补充只用单位时间内平均增长量的不足。个体的相对生长强度在不同阶段是不同的。

4. 生长系数与生长加倍次数

生长系数是结束时累积生长值占开始时累积生长值的百分率，它也是表示生长强度的一种指标。用 C 表示生长系数，计算公式为

$$C = \frac{w_1}{w_0} \times 100\%$$

式中，w_1 为结束时累积生长值；w_0 为开始时累积生长值。

当开始时累积生长值与结束时累积生长值相差过大时，往往改用生长加倍次数（n）来表示生长强度，一般以初生时的初始值为基础的翻番次数，其计算公式为

$$w_1 = w_0 \times 2^n$$

式中，w_1 为结束时累积生长值；w_0 为开始时累积生长值。实际应用时采用

$$n = \frac{\lg w_1 - w_2}{\lg 2}$$

5. 分化生长

分化生长值是指家畜有机体局部的相对生长速度与整体同期相对生长速度的比值，亦称相关生长量，其计算公式为

$$\alpha = \beta / \gamma$$

式中，α 为局部（被研究的器官、组织）的分化生长值；β 为局部的相对生长速度；γ 为整体同期的相对生长速度。α 值是通过一个时期的生长才能计算出来的，在这个时期，局部（y）与整体（x）之间存在一个函数关系，即 $y=bx^{\alpha}$，所以 α 值可按下列公式计算

$$\alpha = \frac{\lg y_2 - \lg y_1}{\lg x_2 - \lg x_1}$$

式中，y_1 与 y_2 分别为某期间开始和结束时所研究器官、组织的重量或大小；x_1 与 x_2 分别为某一个期间开始和结束时整体（除去研究部分的重量或大小）的重量或大小。

生长发育性状是影响肉牛业发展的重要经济性状，肉牛生长发育的快慢将直接影响肉牛业发展的效率。生长发育性状可为牛早期选择提供依据，早期生长发育不良的个体一般生产性能也较差，因此要及早淘汰。

（四）体型的度量

体型度量主要是研究各部位的长、宽、高、围度、角度等特征，并在此基础上研究比较各部位间的相互关系。

1. 体型度量项目

一般经常测量牛体高、体斜长、胸围、胸深、胸宽、尻宽和管围等体尺性状。测量时应使牛保持自然站立姿势。

（1）体高

体高一般是从耆甲最高点到地面的垂直距离。体高能表现个体的一般生长情况。

（2）体斜长

体斜长为从肩端前缘（肱骨隆凸的最前点）到臀端后缘（坐骨结节最后内隆凸）的距离。体斜长也表示个体的生长状况。

（3）胸围

胸围为沿肩胛骨后缘垂直绕体躯一周的长度。胸围可表示胸部发育的容积大小。

（4）胸深

胸深为肩胛骨后缘至胸骨间的垂直距离。

（5）胸宽

胸宽为两侧肩胛骨后角间的直线距离。

（6）髋宽

髋宽为两侧髋骨结节间的距离。

（7）臀端宽

臀端宽为坐骨结节两外侧隆起间的距离。

（8）管围

管围为左前肢管部（掌骨）的上1/3最细处的水平周长。管围可表示骨骼的生长情况。

（9）尻宽

尻宽为两腰角外侧间的水平距离。

2. 体型指数

对分别度量得到的体尺间进行比较，可以找出能够反映体态特征的体型指数。体型指数就是任何两种体尺之间的比率。体型指数的种类很多，可根据实际情况灵活计算。最常用的体型指数有下述4项。

（1）体长指数

体长指数是指体斜长与体高之比，用来说明体斜长和体高的相对生长情况。计算公式是

$$体长指数(\%)=\frac{体斜长}{体高}\times 100\%$$

（2）胸围指数

胸围指数是指胸围与体高之比，用来说明体躯的相对发育程度。计算公式是

$$胸围指数(\%)=\frac{胸围}{体高}\times 100\%$$

（3）管围指数

管围指数是指管围与体高之比，用来说明骨骼的相对生长情况。计算公式是

$$管围指数(\%)=\frac{管围}{体高}\times 100\%$$

（4）肉用指数

肉用指数（BPI）是指体重与体高之比，反映肉牛的类型和发育情况（张英汉，2001）。计算公式是

$$肉用指数=\frac{体重}{体高}$$

二、产肉性能的测定

影响牛产肉能力的遗传因素有品种类型、杂交组合、个体素质、性别和年龄等。影响牛产肉能力的环境因素有圈舍环境、营养水平和管理技术等。在正常环境条件下，度

量和比较牛产肉能力主要是看产肉效率。

(一)产肉效率指标

1. 各阶段体重

一般测量包括初生重、断奶重、周岁体重、1.5 岁体重、2 岁体重、成年体重、肥育结束体重。

(1)初生重

初生重是指犊牛出生时的体重。

(2)断奶重

断奶重是指犊牛 6 月龄断奶时的体重。

(3)周岁体重

周岁体重是指青年牛 12 月龄时的体重。

(4)1.5 岁体重

1.5 岁体重是指牛 18 月龄时的体重。

(5)2 岁体重

2 岁体重是指牛 24 月龄时的体重。

(6)成年体重

成年体重是指牛 3 岁以后的体重。

(7)肥育结束体重

肥育结束体重是指牛肥育结束,屠宰前的体重。

2. 平均日增重

肉牛的平均日增重一般划分为哺乳期、快速生长期和经济生长期 3 段,或划分为哺育期和生长期 2 段。主要使用以下两个公式进行计算:

$$校正的断奶期日增重 = \frac{断奶重 - 初生重}{实际断奶日龄} \times 校正的断奶天数 + 初生重$$

$$生长期日增重 = \frac{结束时体重 - 断奶体重}{饲喂天数}$$

(二)饲料转化效率性状测定

记录牛上市前生长全程的增重并除以所用饲料量,所得比值即为饲料转化效率。以下 4 种指标以不同的形式反映了饲料转化效率。

1. 料肉比

料肉比表示生产 1 kg 净肉所消耗的饲料干物质量。此值越小说明饲料转化率越高。

$$料肉比 = \frac{饲养期消耗的饲料干物质(kg)}{屠宰后的净肉重(kg)}$$

2. 增加 1 kg 体重所需饲料干物质

$$增加1\,kg体重所需饲料干物质=\frac{饲养期内共消耗的饲料干物质(kg)}{饲养期内纯增重(kg)}$$

3. 全群产肉的饲料转化率

$$全群产肉的饲料转化率(\%)=\frac{总产肉量(kg)}{总饲料消耗量(kg)}$$

4. 饲料效率

饲料效率表示消耗 1 kg 饲料可以转化为体重增量的百分率。

$$饲料效率=增重量/采食量\times100\%$$

(三) 胴体性状

胴体性状包括屠宰率、净肉率、胴体产肉率、肉骨比等，常用性状计算如下。

1. 屠宰率

屠宰率是指胴体重占宰前活重的比率。胴体是指放血宰后，去掉皮、头、蹄、尾和内脏后的全净膛重。其中，胴体重=宰前活重－（头重＋皮重＋血重＋内脏重＋膝腕关节以下四肢重）。

$$屠宰率=\frac{胴体重}{宰前活重}\times100\%$$

2. 净肉率

净肉率是指净肉重占宰前活重的比率。其中净肉重=胴体重－骨重。

$$净肉率=\frac{净肉重}{宰前活重}\times100\%$$

3. 胴体产肉率

胴体产肉率是指净肉重占胴体重的百分比。

$$胴体产肉率=\frac{净肉重}{胴体重}\times100\%$$

4. 肉骨比

肉骨比是指净肉重与骨重之比。

$$肉骨比=\frac{净肉重}{骨重}$$

5. 牛胴体分割与牛肉的部位分级

根据牛肉的部位，分级如下。

1）一级：腰部、背部、大腿等处的肉，质量最好。
2）二级：腹部、肩胛部和颈部的肉，质量较次。
3）三级：前颈和小腿部的肉，质量差。

（四）肉质性状

1. 剪切力

剪切力是衡量牛肉嫩度的一个指标，可以通过肉嫩度仪进行测定，记录刀具切割肉样时的用力情况，并把测定的剪切力峰值作为肉样嫩度值。

2. 肉色

新鲜肉——肌肉呈均匀的红色，具有光泽，脂肪洁白色或呈乳黄色。次鲜肉——肌肉色泽稍转暗，切面尚有光泽，但脂肪无光泽。变质肉——肌肉呈暗红色，无光泽，脂肪发暗直至呈绿色。肉的颜色可通过比色板、色度仪、色差计等以及化学方法评定。牛肉颜色的评定需在室内白天正常光照下进行。

3. 其他

根据需要记录有关肉色、肌肉内的脂肪分布（肉的霜花性或大理石花纹分布状况）、肉的 pH 变化，以及背膘厚、眼肌面积等。

三、产乳性状的测定

对奶牛、兼用牛一般产乳性状测定的指标应包括以下几方面。

1. 305 天产乳量

305 天产乳量为分娩后开始挤奶到第 305 天为止的累计产乳量。自然泌乳期短于 305 天但超过 240 天的仍按 305 天产乳量计算。超过 305 天者超出部分不计算在内。

2. 乳脂率

乳脂率为乳中脂肪所占的百分比。一般用个体多次检测的平均值来代表。

3. 标准乳

乳脂率为 4% 的乳称为标准乳（FCM）。由于每头母牛所产乳的成分不同，个体间比较时不能直接应用 305 天产乳量，要按能量相等的原则将 305 天产乳量折算成标准乳，才可进行个体间比较。标准乳的计算公式：

$$FCM=（0.4+0.15×乳脂率）×305 天产乳量$$

4. 乳中干物质比率

乳中干物质比率是指乳中的干物质占全乳的重量比。

5. 饲料效率

奶牛的饲料效率是指生产 1 kg 牛乳所消耗的饲料及成本。也可用消耗 1 kg 饲料所能生产的乳量来表示。

6. DHI

奶牛生产性能测定（DHI）是指每个月对牛奶产量、乳成分和体细胞数等进行测定，可为奶牛场提供泌乳奶牛的生产性能数据，是奶牛选种选配的重要参考依据，同时也是提高奶牛场饲养管理水平的重要手段。奶牛生产性能测定技术是通过技术手段对奶牛场的个体牛和牛群状况进行科学评估，依据科学手段适时调整奶牛场饲养管理，最大限度发挥奶牛生产潜力，实现奶牛场科学化管理和精细化管理。奶牛生产性能测定技术是奶牛场管理和牛群品质提升的基础。

四、繁殖性状的测定

1. 受胎率

受胎率是指年度内配种后妊娠母牛数占参加配种母牛数的百分率，可分为年总受胎率、年情期受胎率和第一情期受胎率。

年总受胎率＝（年受胎母牛头数/年受配母牛头数）×100%

年情期受胎率＝（年受胎母牛数/年输精总情期数）×100%

第一情期受胎率＝（第一情期配种受胎母牛数/第一情期配种母牛数）×100%

2. 年繁殖率

年繁殖率反映牛群在一个繁殖年度内的繁殖效率。

年繁殖率＝（年实繁母牛数/年应繁母牛数）×100%

3. 年平均胎间距（产犊间隔）

胎间距是指一胎结束到下一胎结束经历的时间，即产犊间隔。年平均胎间距是指全牛群每个个体的平均胎间距。

年平均胎间距＝胎间距之和/统计头数

4. 初产月龄

初产月龄是指母牛初产时的月龄。

初产月龄＝初产日龄/30

式中，初产日龄是指出生日（不含）到初产日的间隔天数。

5. 犊牛成活率

犊牛成活率是指在本年度内断奶成活的犊牛数占本年度出生犊牛数的百分率，反映母牛育仔能力和犊牛生活力及饲养管理水平。

犊牛成活率＝断奶成活的犊牛数/出生的犊牛总数×100%

第三节　中国黄牛选育的遗传学三大要素

开展中国黄牛育种的三大要素是种质资源、遗传学理论和育种技术。肉牛选择的遗传学基础可以概括为种质资源、遗传学理论、品种内（种群内）存在的遗传多态性三大要素。

一、种质资源

作为选择对象的中国地方黄牛，其种质资源丰富、生态类型多样、分布区域广泛，为中国黄牛选育和种质创新提供了重要的材料来源。

二、遗传学理论

由于遗传学理论的不断发现和技术的发展，选育的技术也在不断创新和改进。遗传学从20世纪初的经典（细胞）遗传学研究开始，经历了群体遗传学、生化遗传学、数量遗传学、分子遗传学、分子群体遗传学、基因组学以及目前的分子群体数量遗传学，在每一个发展阶段，都有许多创新的成果出现。在此基础上，牛的选育也经历了表型选种、细胞标记选种、生化遗传标记选种、最佳线性无偏预测（best linear unbiased prediction，BLUP）选种、育种值选择、DNA标记选种、全基因组选种、转基因育种及基因编辑育种的发展过程。在每一个选种新技术的出现和建立的发展历程中，遗传学理论和技术的发展，都促进了选种技术的重大进步。因此，中国黄牛遗传学的研究和发展，对于黄牛的育种和种质创新是非常重要的。

三、品种内遗传多态性

近半个世纪以来，许多学者已从行为、毛色、角形、形态、血液学、生理生化、生态适应性、物质代谢、免疫遗传学、细胞遗传学、生化遗传学、群体遗传学、数量遗传学、分子遗传学、基因组学、表观遗传学、细胞器遗传学等多方面对中国黄牛进行了研究，系统揭示了中国黄牛具有丰富的遗传多样性和独特的基因资源，这些为进一步开发利用中国黄牛遗传资源提供了宝贵的基础资料。

动物群体内的遗传变异是选育的基础。动物的遗传信息包括编码遗传信息和非编码遗传信息。编码遗传信息是决定蛋白质组成的信息，非编码遗传信息被认为是调控基因表达的信息。动物基因组的各种变异都有可能导致性状的改变。生物基因组的遗传多样性或称变异可分为4种情况。①染色体重排（chromosomal rearrangement），指染色体水平上的变化。②拷贝数变异（copy number variation，CNV），指长度为1 kb或者更长的序列，相较于参考基因组，有不同拷贝数的DNA片段。③插入/缺失（insertion/deletion，InDel），指基因组序列上碱基的缺失或插入的变异，一般为长度<1 kb的DNA片段。④单核苷酸多态性（single nucleotide polymorphism，SNP），指基因组序列上的单碱基的变异，即点突变。生物基因组变异是造成个体和品种间差异的主要来源，是育种工作者

一直关注的问题。所以，寻找对动物生产性能有重要影响的基因组变异，对于加快动物育种具有重要意义。

随着分子遗传学、分子生物技术、数量遗传学和计算机技术的飞速发展，针对中国肉牛生长发育性状、繁殖性状、肥育性状、胴体及肉质性状等经济性状，利用分子育种技术与常规育种技术相结合，开展育种工作，并利用克隆和转基因育种新技术，必将进一步加大主效基因的选择力度、加快肉牛育种的进程、提高育种的精确性、促进中国肉牛业的发展（陈宏和张春雷，2008）。

本 章 小 结

我国牛种资源丰富，在世界上是牛品种最多的国家。我国目前有80个普通牛品种，包括55个地方黄牛品种、15个国外引进品种和10个培育品种。中国黄牛遗传学研究为中国黄牛的品种选育、种质创新、新品种培育、杂交改良、种质资源保护和开发利用提供了基础理论和技术支撑。为了深入了解中国黄牛遗传学研究的针对性、全貌内容以及取得的成就，首先，本章对中国地方黄牛的种质特性、重要的经济性状、选择的遗传学基础进行了论述。中国地方黄牛具有肉质良好、适应性强、耐粗饲、抗逆性强、遗传多样性丰富等优良种质特性。但也具有明显的不足和缺点，包括泌乳力低、体型较小、载肉量少、生长较慢等。这些都是需要进一步选育和提高的重点。其次，本章介绍了黄牛选育重要的经济性状及其测定的方法和指标，包括生长发育性状、胴体性状、肉质性状、产乳性状、繁殖性状等。最后，本章介绍了中国黄牛育种的三大要素：种质资源、遗传学理论和育种技术。肉牛选择的遗传学三大要素：一是种质资源；二是遗传学理论；三是品种内存在的遗传多态性。

参 考 文 献

陈宏. 2003. 动物遗传育种学. 西北农林科技大学. 内部资料.
陈宏, 黄永震, 周扬, 等. 2015. 中国肉牛育种技术演变. 中国牛业科学, 41(4): 1-4, 8.
陈宏, 张春雷. 2008. 中国肉牛分子育种研究进展. 中国牛业科学, 34(4): 1-7.
谷继承, 刘丑生, 刘刚, 等. 2010. 牛遗传资源分子遗传多样性的研究进展. 中国畜牧兽医, 37(9): 127-131.
刘晓牧, 吴乃科, 王爱国, 等. 2007. 肉牛分子育种的研究进展. 中国牛业科学, 33(5): 66-71.
张英汉. 2001. 论肉用、役用经济类型划分的意义和方法(BPI指数). 黄牛杂志, 27(2): 1-5.

（陈宏编写）

第二章 中国黄牛体型外貌的遗传学研究

中国地方黄牛品种丰富多彩，国外家牛品种种类繁多，其体型外貌各不相同，千姿百态。黄牛体型有大有小，毛色丰富多样，牛角大小各异，有的牛有角，有的牛无角，牛头宽窄不一，乳房大小差异悬殊，更有特殊的体型外貌，还有一些遗传病的发生。本章主要介绍黄牛体型大小、毛色、角、头型、乳房、特殊体型外貌及畸形性状的遗传学研究进展。

第一节 黄牛体型大小的遗传

一、黄牛的体型

按照用途分类，中国黄牛主要分为乳用、役用、肉用和兼用型（包括乳肉兼用型、肉乳兼用型、役肉兼用型和肉役兼用型）四大类。整体上看，乳用牛，如荷斯坦牛，前躯较窄，后躯较宽，呈楔形；乳肉兼用型（以乳用为主）和肉乳兼用型（以肉用为主）黄牛，全身粗糙而紧凑，前高后低，前躯较后躯发达，体型结构介于乳用型和肉用型品种之间，背腰平直且宽阔、尻长且平而方，胸部宽深，腹部圆大，骨骼坚实而不粗大，前、后躯发育匀称；役用牛，各部位对称而前躯特别发达，中躯较长，后躯紧凑；肉用牛，如夏南牛、云岭牛等，体型方正且紧凑，体躯低垂，前躯较长，中躯较短，整体呈矩形；役肉兼用型（以役用为主）和肉役兼用型（以肉用为主）黄牛为现今中国黄牛的主要类型，体型结构介于役用型和肉用型黄牛之间，结构匀称，紧凑结实，前躯发达，骨骼粗壮，后躯欠发达（图2-1）。

二、黄牛体型大小的多基因控制

家牛的体型大小是非常重要的经济性状，它不仅会影响家牛的环境适应性，还会影响其对某些疾病的易感性和生产效率。牛的体型大小是最早被驯化的性状之一。以体高为例，晚更新世时期，已灭绝的欧洲野牛的体高为145～160 cm。从新石器时代至中世纪早期，家牛的体高进一步下降到95～123 cm。15世纪以来，通过人工选择，家牛的体高开始逐渐恢复，目前大部分家牛品种的体高已恢复至105～155 cm（国家畜禽遗传资源委员会，2011；Utsunomiya et al.，2019a）。

家牛体型大小的测量指标主要包括体高、体长、胸围、胸宽、胸深、管围、腰角宽、坐骨端宽和十字部高等。研究发现，体高和胸围等体尺性状具有高度的遗传性，且与牛的体重具有高度的相关性。比较基因组学研究发现，家牛体型大小的遗传结构与人类相似，是受多基因控制的，且与人类拥有多种共同的控制基因，如 *PLAG1*（多形性腺

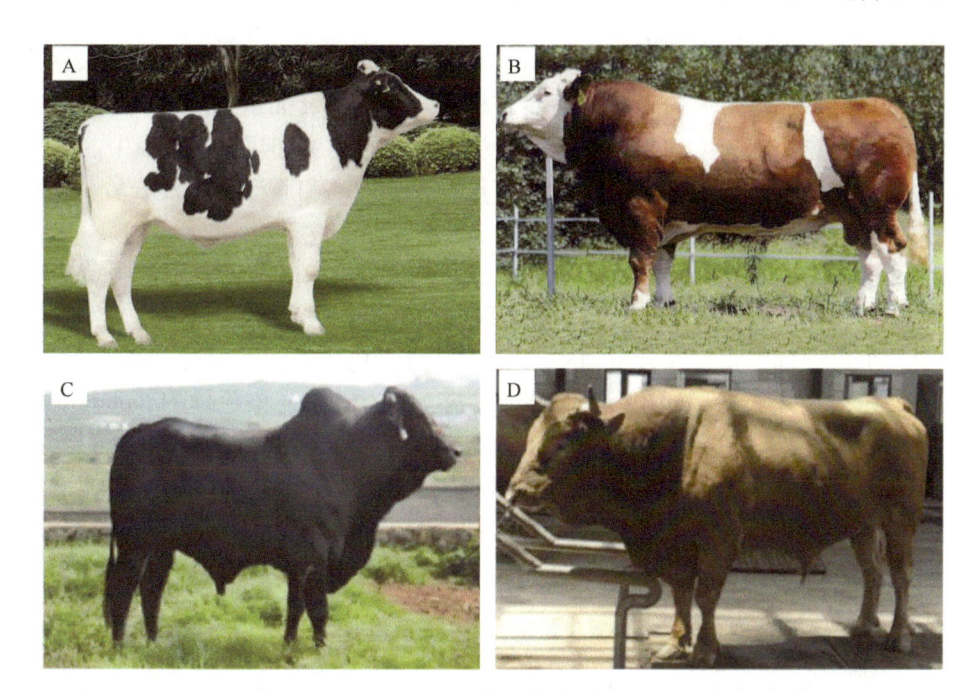

图 2-1 黄牛的体型

A. 乳用品种——荷斯坦牛（山东奥克斯畜牧种业有限公司提供）；B. 乳肉兼用品种——西门塔尔牛（内蒙古中农兴安种牛科技有限公司提供）；C. 肉用品种——云岭牛（黄必志提供）；D. 役肉兼用品种——延边牛（雷初朝提供）

瘤基因 1）、*HMGA2*（高速泳动族蛋白 A2 抗体基因）和 *IGF1*（胰岛素样生长因子 1 基因）等，这些基因包含大量的胰岛素样生长因子 2（IGF2）的调控因子。研究表明，IGF2 可以调控细胞增殖和分化的途径，是胎儿正常发育和生长的关键调控因子。因此，目前普遍认为控制家牛体型大小的基因主要通过调节 IGF2 的表达能力来调控牛的体型大小（Bouwman et al.，2018）。

我国地域辽阔，自然环境复杂多变，孕育了丰富的黄牛资源。由北到南气候的变化和黄牛的血统梯度，导致我国各地黄牛品种的体型呈现不同程度的差异。按地理分布对中国黄牛进行划分，分为北方黄牛、中原黄牛和南方黄牛三大类。就体型大小而言，中原黄牛体型较高大，北方黄牛次之，南方黄牛最矮小。目前，与家牛体型大小显著相关的经典基因如 *PLAG1* 已在中国黄牛中得到验证（Hou et al.，2020）。

PLAG1 是人类和其他哺乳动物共同拥有的影响体型大小的"明星基因"。研究表明，*PLAG1* 在胚胎发育中的核心作用模式可能是通过调控多种靶基因，进而调控 IGF2 等多种生长因子来参与对细胞增殖的调控。目前，通过位点多态性与中国黄牛体尺性状的相关性研究，已证明 *PLAG1* 的一个单核苷酸多态性位点 rs109815800 与皮南牛、夏南牛、吉安牛、秦川牛、云岭牛、婆罗门牛和威宁牛 7 个品种的体高、十字部高、体长和胸围显著相关，且该位点多态性在中国 38 个黄牛品种中存在明显的地理分布规律：*G* 等位基因频率从北到南呈减小趋势，*T* 等位基因则相反。此分布规律与中国气候环境分布情况、中国黄牛体型大小分布情况和中国黄牛的血统分布特点基本相符，因此该位点可作为中国黄牛体型大小选育的候选分子标记（Hou et al.，2020）。*PLAG1* 的另一个 SNP（rs210941459）被证明与皮南牛、吉安牛、秦川牛、夏南牛和郏县红牛的体高，皮南牛、

秦川牛和郏县红牛的胸围，皮南牛、秦川牛、夏南牛和郏县红牛的体长，以及皮南牛、秦川牛、郏县红牛和夏南牛的十字部高显著相关（Zhong et al., 2019）。此外，*PLAG1* 的一个 19 bp 的插入/缺失（InDel）被证明与皮南牛的腰角宽和尻长，夏南牛的胸围和管围，郏县红牛的胸围、臀围、坐骨端宽、臀长、十字部高和胸深，以及云岭牛的体高、十字部高和胸围显著相关（Xu et al., 2018）。

　　类似于 *PLAG1* 与中国黄牛体型大小的相关性研究，中国学者利用中国黄牛丰富的种质资源和关联性分析等统计学原理，对其他体型大小相关基因的遗传多态性与中国黄牛的体型大小也进行了相关性分析。例如，位于 2 号染色体的沉默配对盒基因 3（*PAX3*）、位于 6 号染色体的 Krüppel 样因子 3 基因（*KLF3*）、位于 11 号染色体的 Notch 受体 1 基因（*NOTCH1*）、位于 19 号染色体的内向整流型钾离子通道亚家族 J 成员 12 基因（*KCNJ12*）、位于 23 号染色体的肌球蛋白轻链激酶家族成员 4 基因（*MYLK4*）和位于 25 号染色体的胰岛素样生长因子结合蛋白酸性不稳定亚基基因（*IGFALS*）等的部分 SNP、CNV 和 InDel 已被证明与中国黄牛部分品种的体型大小显著相关（表 2-1）。

表 2-1　黄牛体型大小相关基因的研究

基因	GenBank 号	染色体	位点	与黄牛体型大小的相关性	参考文献
PAX3	AC_000159	2 号	g.T-580G、g.A4617C、g.79018InDel G	与南阳牛、郏县红牛、秦川牛、鲁西牛等中国黄牛品种的体高、体长、体重和胸围等体尺性状显著相关	Xu et al., 2014
KLF3	NC_007304	6 号	CNV: 59894701～59896100	与夏南牛、皮南牛、郏县红牛、秦川牛和南阳牛的体重和胸围显著相关	Xu et al., 2019
NOTCH1	NC_007309	11 号	g.A48250G、g.A49239C	g.A48250G 与秦川牛的体高、体重和十字部高显著相关，g.A49239C 与秦川牛的体高显著相关	Liu et al., 2017
KCNJ12	NC_007317.6	19 号	CNV1: 36144801～36146400；CNV2: 36158801～36163600	CNV1 与郏县红牛的体长、尻长、体重及广丰牛的体长、胸围、体重显著相关；CNV2 与郏县红牛的体长、体重及广丰牛的体长、胸围、尻长、体重显著相关	Zheng et al., 2019a
MYLK4	AC_000180.1	23 号	G61595A	与秦川牛的胸围和腰角宽显著相关，与 12 月龄南阳牛的体高和体长显著相关	Zheng et al., 2019b
IGFALS	AC_000182.1	25 号	g1219: T>C、g2696: A>G	g1219: T>C 与秦川牛的臀围显著相关，g2696: A>G 与秦川牛的体高显著相关	Liu et al., 2014
IGF2	AC_000186.1	29 号	G17A、C220T、A221G、A1393G	与秦川牛的肩高、体长、胸宽、胸深和体重显著相关	Huang et al., 2014

　　体型大小与黄牛的生产性能显著相关，是十分重要的经济性状。虽然目前对于中国黄牛体型大小的遗传学研究较多，但仅仅从 SNP 角度进行了关联分析，尚没有进行功能验证，其作用机理尚不明确。对于中国黄牛的肉用体型、乳用体型和役用体型的遗传学研究尚未开展。因此，未来对于中国黄牛体型的遗传学研究可借助多组学、单细胞等技术，从多维角度进行深入研究。

第二节　黄牛毛色的遗传

一、家牛毛色的形成机理

　　毛色是家牛十分重要的表型特征之一，毛色的形成是一个很复杂的过程，受到基因、生活周期和饲喂条件等的影响。家牛常见的毛色主要有黄色、红色、黑色、棕色和白色，通常由酪氨酸酶基因（*TYR*）、酪氨酸酶相关蛋白 1 基因（*TYRP1*）、黑色素皮质素受体 1 基因（*MC1R*）、小眼畸形相关转录因子基因（*MITF*）、野灰位点信号蛋白基因（*ASIP*）、原癌基因（*KIT*）、防御素 β 103B 基因（*DEFB103*）、黑色素前体蛋白基因（*PMEL*）等控制。此外，还有一些其他毛色，如斑点、斑纹、白脸、花毛、稀释色、白色背线、白腰带等，它们由一些次要的修饰基因控制，并与主要的毛色基因相互作用，从而产生丰富多样的毛色。这也使家牛毛色的研究异常复杂：毛色可能由 2 个甚至多个基因相互作用产生；相同的毛色可能由不同的基因控制；在家牛的不同阶段其毛色也可能发生变化。被毛表型通常在一个品种中表现为较为固定的模式，这是由不同品种在形成时所包含的差异基因库所决定的，同时，一个品种的被毛表型也与人为的选育有很大的关系。

家牛毛色的形成是由黑色素细胞产生的黑色素的种类、比例与分布所决定的。黑色素可分为真黑色素和褐黑色素两种，其合成的主要途径是：黑色素细胞外的 α-促黑激素（α-MSH）结合 *MC1R* 偶联 Gs 蛋白复合物，进而激活黑色素细胞内的腺苷酸环化酶（AC）产生环磷酸腺苷（cAMP），cAMP 作为信号分子进而激活蛋白激酶 A（PKA），PKA 通过 cAMP 反应元件结合蛋白（CREB）的磷酸化促进小眼畸形相关转录因子基因（*MITF*）的表达。最后，进一步激活酪氨酸酶（TYR）活性产生真黑色素，使动物皮肤或毛色呈现黑色；相反，*ASIP* 基因产生刺豚鼠信号蛋白竞争性抑制 α-MSH 的作用，黑色素细胞产生褐黑色素，使动物产生浅色的被毛（Candille et al.，2007）（图 2-2）。

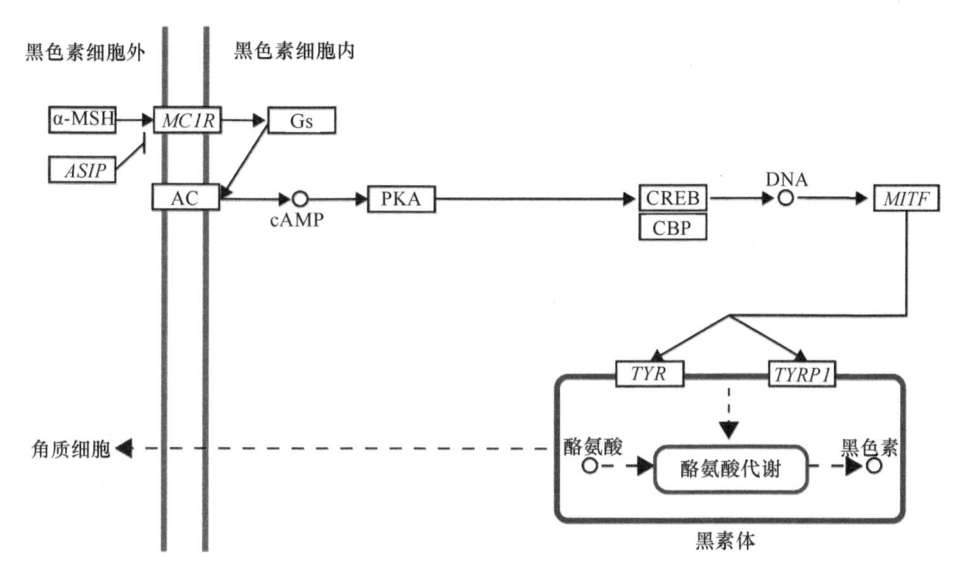

图 2-2 黑色素合成（Candille et al.，2007）

黑色素的合成除了主要调节途径外，Wnt/β-catenin（β-联蛋白）信号通路和 MAPK（丝裂原激活蛋白激酶）信号通路也是调节黑色素生成的重要通路。Wnt 与 G 蛋白偶联受体结合激活 Wnt/β-catenin 信号通路，随后 β-catenin 在细胞质中积累并转移至细胞核。在细胞核内，β-catenin 水平升高可促进 *MITF* 的表达，从而刺激黑色素生成。MAPK 信号途径通过激酶 MEK（丝裂原激活蛋白激酶的激酶）和 ERK（细胞外信号调控激酶）

来调节黑色素细胞的黑色素生成。信号配体干细胞因子（SCF）与细胞表面上的 c-Kit 受体结合激活细胞内复杂机制（Ras-Raf-MEK-ERK），从而导致 *MITF* 基因表达上调，最终调节黑色素生成（Wang et al.，2017）。

二、国外家牛被毛表型与基本毛色

家牛有 3 种基本毛色，即黑色、棕色和红色（图 2-3）。黑色对棕色和红色为显性，棕色对红色为显性。只产生真黑色素，被毛为黑色；只产生褐黑色素，被毛为红色。棕色基因既产生真黑色素，又产生褐黑色素，很可能为最初的野生型毛色，而两种色素的相对含量的变化使得棕色涵盖非常宽广的色域。黑色与红色是家牛最普遍的两种毛色表型，在一个品种中通常为非此即彼的关系，如安格斯牛与荷斯坦牛。而在其他品种中，这两种基本毛色被许多修饰基因修饰从而改变了基本毛色的深浅程度，产生了丰富的毛色多态性。

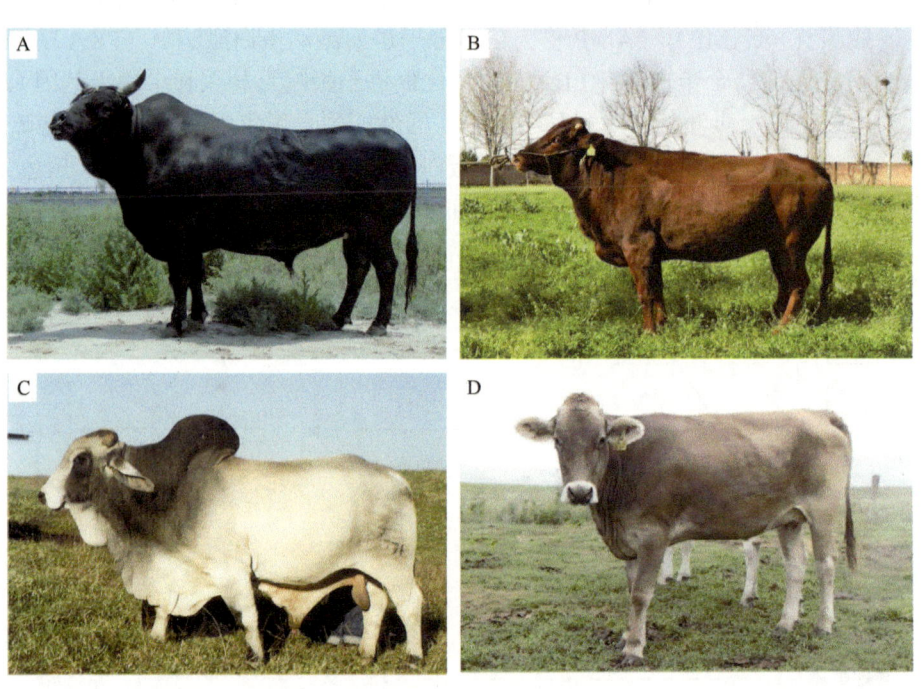

图 2-3　家牛黑色、红色与棕色被毛表型
A. 黑色（成海建供图）；B. 红色（黄永震供图）；C、D. 不同程度的棕色（分别为亏开兴和陈秋明供图）

（一）黑色和红色被毛表型

较早的研究发现 *MC1R* 基因的一个错义突变 c.296T > C 导致一个氨基酸的改变（p.Leu99Pro），与牛的黑色被毛相关，控制该性状的等位基因被定义为 E^D（Klungland et al.，1995）。通过对 1 头纯合黑色荷斯坦牛、1 头杂合黑色荷斯坦牛和一头红色荷斯坦牛 *MC1R* 基因的序列分析发现，红色荷斯坦牛的基因序列中存在 1 bp 的缺失（c.309delG），该缺失使读码框发生移码突变，编码一个无功能的肽链。该突变与隐性红色被毛相关，该等

位基因被定义为 e（Graphodatskaya et al.，2000）。此外，还有一个不太常见的等位基因 E^+。E^D 对 e 和 E^+ 为显性，当 E^D 存在时，个体通常为黑色；e/e 基因型的个体表现为红色，为隐性基因型；E^+ 在大多数品种中是中性等位基因，E^D/E^+ 基因型个体为典型的黑色被毛，E^+/e 基因型个体为典型的红色被毛，E^+/E^+ 则可以为任何一种被毛颜色，由其他修饰基因决定产生何种色素。

除 e 等位基因外，在 *MC1R* 中还发现了一个新的等位基因，在该基因序列中出现了 12 个碱基的重复，导致其编码的氨基酸出现了 4 个残基的重复（Rouzaud et al.，2000），如图 2-4 所示。该等位基因与家牛红色被毛相关，该位点被定义为 E^I。

图 2-4　家牛 E^I 等位基因（Rouzaud et al.，2000）

然而，在荷斯坦牛品种中还发现了另外一种类型的红色被毛个体，称为显性红，在外观上为红白毛相间，与其他类型的红色被毛个体肉眼难以区分。这种被毛表型的个体在 e 等位基因缺失甚至在 E^D 等位基因存在时都表现为红色被毛，显性红对黑色被毛表型似乎是显性的，表现为明显的基因上位效应。通过对一个半同胞家系的分析和微卫星的定位，显性红被定位于 27 号染色体上。研究发现，包被蛋白复合物 α 基因（*COPA*）中的一个错义突变与荷斯坦牛显性红被毛个体完全相关（图 2-5）。*COPA* 中的错义突变

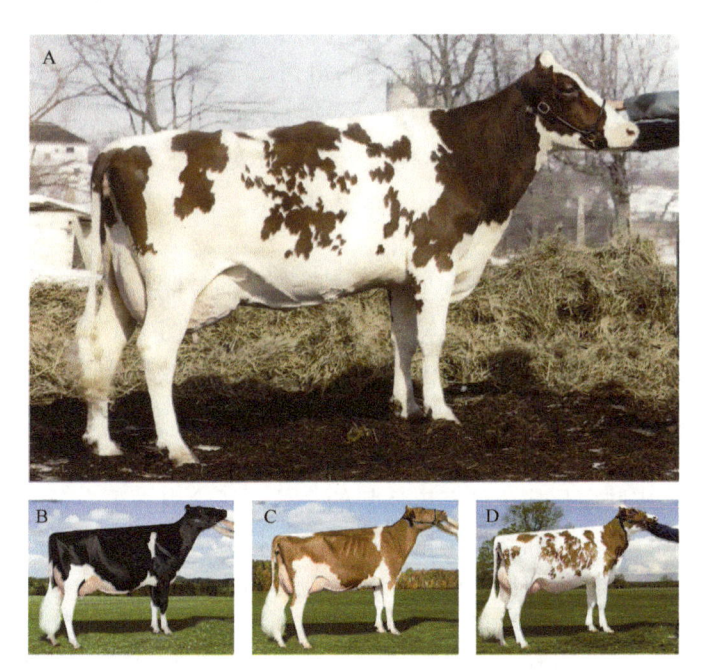

图 2-5　荷斯坦牛显性红与隐性红毛色遗传（Dorshorst et al.，2015）
A. 显性红；B. 显性黑；C. 隐性红；D. 显性红

导致精氨酸到半胱氨酸的替换，而该位点在所有的真核生物中都是保守的。对毛发色素成分的分析显示，显性红与隐性红都是通过抑制真黑色素的合成从而产生红色被毛表型的。对突变个体的转录组测序结果分析显示，*COPA* 通过下调合成真黑色素所需的基因的表达从而促使褐黑色素的合成（Dorshorst et al.，2015）。

在德克斯特牛中，除了红色被毛和黑色被毛个体外，其余的都表现为棕色。研究发现 *TYRP1* 外显子 7 中的一个突变 c.1300C > T，造成第 434 个氨基酸位置的组氨酸变为酪氨酸，该突变与德克斯特牛的棕色被毛性状相关，该等位基因被定义为 *b*，其野生型等位基因为 *B*（Berryere et al.，2003）。

（二）白色被毛与白化表型

白色夏洛莱牛是欧洲和北美洲最普遍的白色被毛的牛品种，有研究在 *PMEL* 基因中发现了一个非同义突变（c.64G > A），并认为其与夏洛莱牛的白色被毛相关（Kühn and Weikard，2007）。另一项研究指出，该突变与夏洛莱牛的白色被毛并不完全相关，但又缺乏令人信服的证据排除这一可能性（Gutiérrez-Gil et al.，2007）。尽管存在争议，但这个等位基因还是被定义为 d^c。到目前为止，夏洛莱牛白色被毛性状的等位基因还没有定论，需要进一步研究。

研究发现，除了 6 号染色体与 29 号染色体之间的片段易位（即 *Cs6/Cs29*）与白色背线相关，*Cs29/Cs29* 也与牛的白色被毛相关。在白加洛韦牛和白帕克牛中，黑色个体的基因型为 *wt29/wt29*，有少许甚至遍布全身的黑色斑点/斑块的牛则为 *Cs29/wt29* 基因型，白色被毛个体则为 *Cs29/Cs29* 基因型（图 2-6），表现为明显的剂量效应（Brenig et al.，2013）。

KILTG 基因外显子 7 中的错义突变导致其编码的氨基酸的改变（p.Ala193Asp），分析表明，该突变与花毛表型相关，该等位基因用 *R* 表示，*Rr* 基因型为花毛，*RR* 基因型为白毛（Seitz et al.，1999），图 2-7 为纯合的短角牛（*RR*），被毛为白色。

有研究发现，*MITF* 基因中的一个错义突变（p.R210I）与一头弗莱维赫牛的显性白性状相关。除了显性白性状外，该牛还表现为双侧耳聋和眼部色素的退化（Philipp et al.，2011）。从外观上看，该牛与白化症状个体很难区分，而其眼睛虹膜的色素沉着说明这是显性白被毛性状而非白化症状（图 2-8）。

此外，研究发现家牛白毛还受到另一个等位基因的控制。有研究报道了一个荷斯坦牛白化症状个体，该个体表现为小眼畸形和色素的缺失（图 2-9）。进一步研究发现，在该突变个体的 22 号染色体中存在一个 19 Mb 的缺失，该缺失片段包括 *MITF* 基因和其他 13 个注释基因，分析认为该症状是由 *MITF* 基因的缺失导致的（Wiedemar and Drogemuller，2014）。

白化病又称眼皮肤白化病，具有该症状的个体除了全身被毛白色外，皮肤和眼睛虹膜也没有色素沉着。在人、绵羊、小鼠、兔、水牛等物种中都有白化病的报道。白化病由隐性基因控制，当隐性位点纯合时，个体表现为白化。白化个体极为稀少，少数白化个体由于没有产生后代，该突变的基因型不能传递下去；在野生动物中，白化表型不利于个体生存，白色被毛使得其在野外觅食时很容易受到天敌的攻击，且容易被同类视为异类而受到攻击和驱逐，最终被自然选择淘汰。

图 2-6 白加洛韦牛和白帕克牛毛色（Brenig et al.，2013）
A~D 为白加洛韦牛；E~H 为白帕克牛

图 2-7 *RR* 基因型的白色短角牛（Seitz et al.，1999）

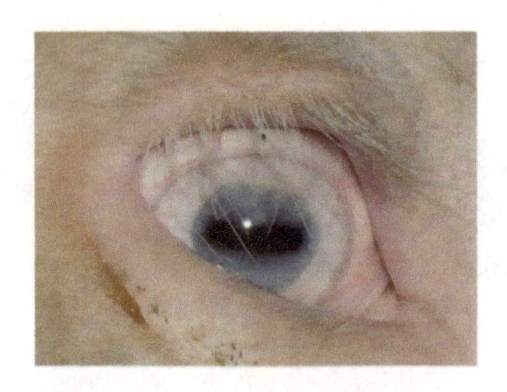

图 2-8　*MITF* 基因突变的白色被毛个体眼睛有色素沉着（Philipp et al.，2011）

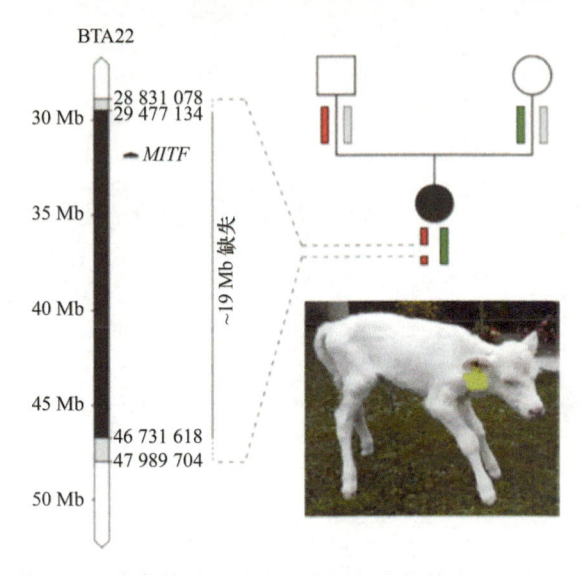

图 2-9　包含 *MITF* 基因的 19 Mb 染色体片段缺失示意图与白化犊牛（Wiedemar and Drogemuller，2014）

在对瑞士褐牛的白化症状个体的研究中（图 2-10），在白化个体 *TYR* 基因中发现一个胞嘧啶碱基的插入，导致移码突变，使其不能编码正确的蛋白质，从而阻断了色素的产生（Schmutz et al.，2004）。

（三）稀释色被毛表型

稀释色是指在修饰基因的作用下，个体原有的基本毛色变淡甚至完全消散呈现白色被毛的现象。在稀释基因的作用下，苏格兰高地牛黑色被毛和红色被毛颜色变浅甚至表现为银白色、奶油色或白色。研究发现 *PMEL* 基因中 3 个碱基的缺失（c.50_52delTTC）与此性状完全相关，该突变造成编码的肽链中一个亮氨酸的缺失（p.Leu18del_）。该缺失等位基因被定义为 d^H，野生型等位基因为 *D*。该位点为不完全显性，一个拷贝的缺失位点表现为毛色变浅，两个拷贝的缺失位点则表现为银白色或近乎白色的奶油色，表现为明显的剂量依赖效应（Schmutz and Dreger，2013）。此外，*PMEL* 基因还表现出与 *MC1R* 的互作效应（表 2-2，图 2-11）。

图 2-10 *TYR* 基因突变的白化犊牛和正常的母亲（Schmutz et al., 2004）

表 2-2 苏格兰高地牛 *PMEL* 与 *MC1R* 基因的互作及对应的毛色

PEML 基因型	MC1R 基因型	
	$E^D/-$	e/e 或 e/E^+ 或 E^+/E^+
D/D	黑色	红色（黑红色）
D/d^H	棕色	黄色（亮红色）
d^H/d^H	银棕色	奶油色

（四）斑纹被毛表型

斑纹是混合毛色的一种模式，表现为不同有色毛的相互混杂，与花毛的白毛和有色毛混杂相异（图 2-12）。通常斑纹表现为黑毛和棕毛、棕毛与红毛或黄毛的混合。此表型见于苏格兰高地牛、得克萨斯长角牛、娟姗牛等品种。苏格兰高地牛并不是出生时就表现斑纹性状，但可在 2～3 岁时变为此表型。研究表明，此种毛色表型，有两种基因是必需的，且在 *MC1R* 位点必须有一个 E^+ 等位基因，*ee* 基因型的个体可以携带斑纹基因，但并不会产生这一表型。

哺乳动物的黑色素细胞在 *TYR*、*TYRP1* 和 *DCT* 基因的控制下产生真黑色素和/或褐黑色素，而这两种色素的比例则是由作用于 *MC1R* 的两种蛋白所控制的，α-促黑激素是 *C1R* 的激动剂，而刺豚鼠信号蛋白是其拮抗剂。研究表明，*ASIP* 基因 5′区插入了一个

图 2-11　苏格兰高地牛 *MC1R* 与 *PMEL* 基因互作产生不同的毛色（Schmutz and Dreger, 2013）
图 A、C、E. *MC1R* 基因型为 $E^D/-$，*PMEL* 基因型分别为 D/D、D/d^H、d^H/d^H；图 B、D、F. *MC1R* 基因型为 e/e，*PMEL* 基因型分别为 D/D、D/d^H、d^H/d^H

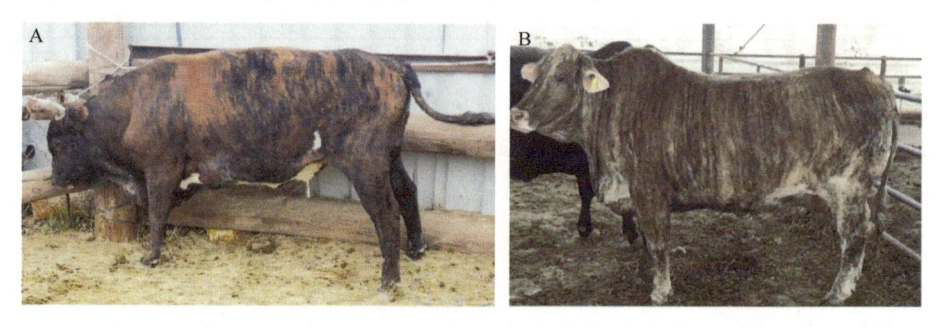

图 2-12　黄牛不同虎斑表型（雷初朝提供）
A. 黑红虎斑花纹；B. 黑黄虎斑花纹

全长的长散在核元件（LINE），促使其超表达，认为其与斑纹性状相关（Girardot et al., 2006），该等位基因被定义为 A^{br}。

（五）斑点和花斑被毛表型

斑点表现为白色和有色区域相间分布，其位置、大小及形状随机分布，无固定模式，在许多品种中都是一种较为普遍的毛色表型（图 2-13），如荷斯坦牛和海福特牛的毛色。利用微卫星标记对德国荷斯坦牛的斑点性状进行数量性状位点（QTL）分析，发现 6 号染色体对这一性状的 QTL 效应较大，而 3 号染色体的 QTL 效应较小，*KIT* 基因位于 6 号染色体，而 *KIT* 基因在人、小鼠、猪中都与色素减少有关，故认为 *KIT* 基因是控制牛斑点性状一个非常重要的候选基因（Reinsch et al., 1999）。

对瑞士褐牛花斑性状（图 2-14）的研究表明，*KIT* 基因外显子 9 的一个 InDel 变异（c.1390_1429del），使得 KIT 蛋白 C 端替代了 50 个氨基酸，该 InDel 可能是导致瑞士褐牛产生花斑表型的致因变异（Häfliger et al., 2020a）。

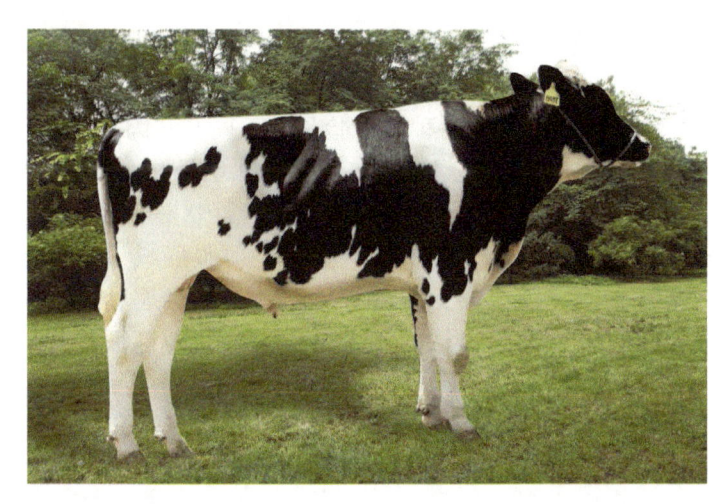

图 2-13　荷斯坦牛的斑点性状（山东奥克斯畜牧种业有限公司提供）

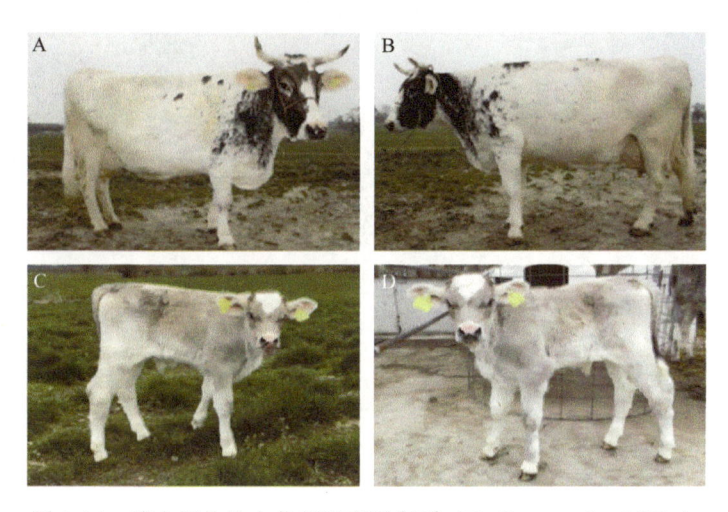

图 2-14　瑞士褐牛的白色花斑表型家系（Häfliger et al., 2020a）
A 和 C 为母子；B 和 D 为母子

（六）沙毛表型

在比利时蓝牛和短角牛中有沙毛、有色毛（红色或黑色）和白毛三种毛色，沙毛是指白毛和有色毛混杂的一种毛色表型。沙毛、有色毛和白毛符合孟德尔规律的共显性遗传。有色毛等位基因用 r 表示，白毛等位基因用 R 表示，杂合子 Rr 代表沙毛表型。控制牛沙毛表型的基因为肥大细胞生长因子（mast cell growth factor，*MGF*）基因，被定位在 5 号染色体上。*MGF* 基因外显子 7 的一个错义突变导致其编码的一个氨基酸的改变（p.Ala193Asp），该突变与沙毛表型相关（Seitz et al., 1999）。rr 基因型为有色毛，*Rr* 基因型为沙毛，*RR* 基因型则为白毛，表现为明显的剂量依赖效应。该位点一个基因的拷贝可表现为脸部和四肢少许的白毛，也可表现为不均匀的杂色斑块甚至白毛与有色毛分布在牛全身，两个拷贝产生几乎白色的表型，但在耳朵周围有色素分布。

（七）白脸表型

白脸是指牛脸部分或绝大部分为白色，且与体躯毛色相异的一种毛色表型（图2-15）。该毛色表型在海福特牛、西门塔尔牛及海福特牛或西门塔尔牛的杂交后代中是一种普遍的表型。育种试验表明，这两个品种的白脸是由不同的基因造成的。研究表明，海福特牛的白脸性状可能是6号染色体上的 *KIT* 基因造成的，其致因突变还未被鉴定（Grosz and MacNeil，1999）。至于西门塔尔牛的白脸性状是否也由该基因造成，目前还没有定论。对于白脸性状，一个潜在的副作用是对眼癌或牛鳞状细胞癌有更大的易感性。该病通常发生于瞬膜或第三眼睑，且病情发展迅速。"护目镜"（牛眼周围有色素沉着，酷似护目镜）通常被认为是一个对牛有利的特征，其具体的遗传机理还不清楚。

图2-15　典型的西门塔尔牛白脸性状（山东奥克斯畜牧种业有限公司提供）

（八）白色背线表型

白色背线是指从牛头颈部、脊柱到尾巴、腿部和下腹部为一条延伸的白色线条，该性状见于比利时蓝牛和瑞士褐牛等品种（图2-16）。研究表明，该性状是由6号与29号染色体之间的染色体片段易位造成的。白色背线（Cs）由 *Cs6* 和 *Cs29* 两个等位基因控制（图2-17）。6号染色体上包含 *KIT* 基因在内的一个长度为492 kb的染色体片段掉落（这里，把它分为A、B、C、D、E 5个部分）后通过非同源末端连接其A、E末端，融合后形成一个环形的易位中间体；易位中间体在C、D之间打开后插入29号染色体中，把29号染色体分为α、β、γ 3个部分，α-D和C-β通过复制依赖的微同源介导的插入诱导复制融合两个黏性末端；第一次易位产生 *Cs29* 位点。此后，29号染色体中一个长度为575 kb的片段（B C βγ）通过类似的机制易位到6号染色体中，产生第2个 *Cs* 基因，即 *Cs6*。两个等位基因相互独立，都能单独导致牛的白色背线表型的产生（Durkin et al.，2012）。

图 2-16　牛的白色背线表型（Durkin et al.，2012）

A 为比利时蓝牛；B、C 为瑞士褐牛

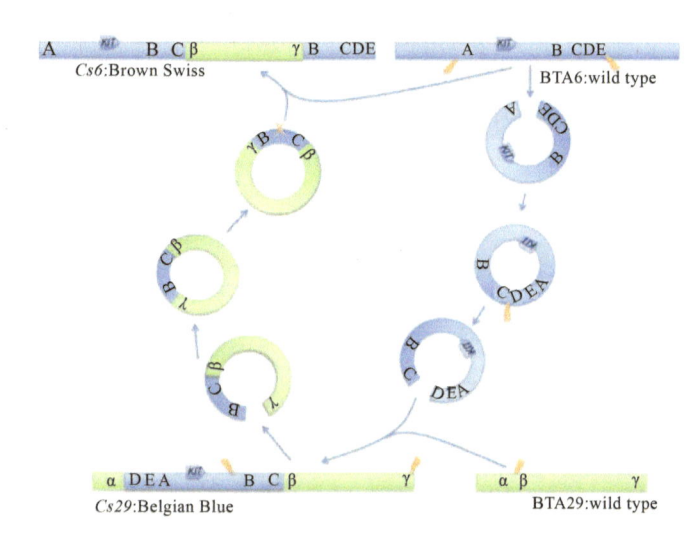

图 2-17　牛白色背线（Cs）易位示意图（Durkin et al.，2012）

Brown Swiss：瑞士褐牛；Belgian Blue：比利时蓝牛；wild type：野生型

（九）白腰带表型

白腰带是一种非常特殊的牛毛色表型，躯干中部为环状白色被毛，头部和后躯为较深的有色被毛，酷似一条白色的腰带，该表型见于荷兰牛、加洛韦牛和瑞士褐牛（图 2-18）。通过对 6 个半同胞家系进行关联分析，证实白腰带表型在瑞士褐牛中属于常染色体显性遗传。使用 186 个微卫星标记对 6 个家系共 88 个个体进行基因组扫描，将白腰带表型的候选基因定位到 3 号染色体的端粒区域，进一步使用 19 个微卫星标记将其精细定位到 922 kb 的区域（Drögemüller et al., 2009）。研究表明，*TWIST2* 基因上游约 16 kb 处的一个 6 kb 非编码序列 CNV 可能是导致牛白腰带的致因变异（Mishra et al., 2017）。

图 2-18　表现白腰带毛色和褐色毛色的瑞士褐牛（Drögemüller et al., 2009）

（十）卷毛表型

卷毛是指牛被毛长且卷曲，该性状见于弗莱维赫牛（图 2-19），出现卷毛的个体卷毛密布全身，甚至头部都有卷毛覆盖。该表型为常染色体显性遗传，在弗莱维赫牛中发生频率小于 1%。由于拥有卷毛表型的牛更容易被蜱虫等寄生虫寄生而被饲养者认为是一种影响牛经济效益的表型。Daetwyler 等（2014）利用一头卷毛的母牛作为对照，对"千牛基因组计划"中的 3222 头弗莱维赫牛进行全基因组关联分析，发现 19 号染色体的 *KRT27* 基因是卷毛表型的致因基因。*KRT27* 基因中错义突变（c.276C>G）导致编码蛋白的 92 位由天冬酰胺（Asn）变为赖氨酸（Lys），使蛋白质的螺旋起始结构发生变化，进而影响牛的被毛生长。

图 2-19　卷毛表型的弗莱维赫牛（Daetwyler et al., 2014）
A. 被毛短且直；B. 被毛卷曲

（十一）多毛与光滑毛表型

被毛是维持温血动物体热的重要保证之一。生存在寒冷地区的家牛，其长的被毛是抵御严寒的重要保证，而生存在炎热地区的家牛，其长的被毛则不利于散热和抵抗寄生虫，而且热应激是影响家牛采食和生长的重要因素之一。有研究表明，相比于非光滑的牛，被毛光滑的牛被毛更短且表面光滑（图 2-20），更易调节体温，这对夏季高温酷暑下的奶牛产奶尤为重要。

图 2-20　牛的光滑毛与多毛表型（Littlejohn et al.，2014）
A 和 B 分别为牛半同胞家系的野生型（wild type）和突变型（mutant）

对新西兰奶牛被毛的研究表明，催乳素基因（PRL）和催乳素受体基因（PRLR）可能是影响家牛多毛和光滑毛性状的重要候选基因。研究指出，多毛性状的致因基因为 *PRL* 基因（ss1067289409；chr23：35105313A＞C），该基因位点的错义突变引起 PRL 一个氨基酸的改变（p.Cys221Gly），导致该蛋白中的三个二硫键断裂，从而影响蛋白质的功能。光滑毛性状的致因基因为 *PRLR* 基因（ss1067289408；chr20：3913658GCdelG），该基因突变导致该蛋白质的翻译提前终止（Littlejohn et al.，2014）。

三、中国黄牛被毛表型与基本毛色

我国幅员辽阔，从北向南分布着 55 个地方黄牛品种。由于我国古代先民钟爱黄色，在家牛育种和扩繁的时候有意选择黄色毛色的牛留种，所以习惯称为"黄牛"。其实，我国家牛的被毛除黄色外，还有很多其他颜色，如以黄色和褐色毛色为主的大别山牛和皖南牛、以红棕色毛色为主的秦川牛和郏县红牛、以黑色毛色为主的渤海黑牛和务川黑牛，等等。

中国黄牛的毛色基调单一，呈现花色毛色的品种很少。目前，对中国黄牛毛色的研究集中在 *MC1R*、*TYRP1* 和 *ASIP* 等几个主要的毛色基因上。对湘西黄牛 *MC1R* 基因的多态性研究发现，湘西黄牛 *MC1R* 基因 310 位缺失碱基 G，导致产生红色的毛色（燕海峰等，2010）。通过对中国荷斯坦牛、鲁西黄牛和渤海黑牛 *MC1R* 基因的研究，检测出 3 种等位基因（E^D、E^+和 e），其中等位基因 E^D 主要表现为黑色表型，由此推断等位基因 E^D 与黑色素的合成有关（Gan et al.，2007）。通过检测文山黄牛、昭通黄牛、迪庆黄牛和短角牛 *MC1R* 基因多态性，共发现 3 种等位基因（E^D、E^+和 e）和 5 种基因型（E^+/E^+、E^D/E^D、E^D/E^+、E^+/e 和 E^D/e），与毛色表型关联分析后发现黑色表型与 E^+ 和 E^D 等位基因有关，红色表型与 e 等位基因有关，而黄色和褐色等其他毛色表型可能由其他毛色相关基因控制（唐贺等，2010）。通过分析中国 22 个代表性地方品种 111 头黄牛、陕西石峁遗址 4000 年前 8 个古代黄牛样本及国外 27 个品种 149 个个体的全基因组数据，发现

ASIP 基因从爪哇野牛向中国南方瘤牛渗入，可能是中国南方瘤牛毛色独特的原因之一（Chen et al., 2018）。对 991 头中国黄牛、48 头安格斯牛和 104 头婆罗门牛 *TYRP1* 基因（c.1300C>T）多态性研究，发现该多态位点与中国黄牛的棕色毛色表型不相关（荣誉等，2019）。

中国黄牛的毛色一直是动物遗传学家和育种工作者关注的话题，也是重要的品种鉴别和选育标准。首先，一些动物在个体成熟时会发生被毛颜色变化，这种变化可能是合成黑色素的几个基因间表达的开/关或细胞传导信号改变的结果，目前在家牛中还没有深入的研究。其次，黑色素浓度的变化可能与家牛环境适应性相关，而且许多酪氨酸酶家族的生长因子与黑色素合成有潜在关联。最后，用国外肉牛毛色相关基因的研究结果对中国地方黄牛品种进行验证，发现中国地方黄牛毛色与国外肉牛毛色的结果不一致，提示中国地方黄牛毛色的形成机制与国外肉牛不同。因此，深入挖掘决定中国地方黄牛毛色的候选基因，对中国地方黄牛品种资源的保护和选育具有重要意义。

第三节　黄牛角的遗传

头盖附件是哺乳动物进化过程中的获得性结构。连续的环境和行为变化使得反刍动物出现了不同的附件，如牛科和鹿科动物的角都是出生后发育的。角为头部表皮与真皮特化形成的产物，根据其结构的不同，可分为洞角、瘤角、鹿角、犀角和叉角羚角。牛角是由外角蛋白层和内含气腔的骨组成的成对存在的洞角，且不同牛品种之间角形差异很大。

在男耕女织的原始社会，牛角是黄牛力量的象征，常被当作一种神圣的物件，受到很多牧民的喜爱。对于有蹄类哺乳动物而言，角是其自卫和争夺交配权的工具。近年来，随着畜牧业的发展，奶牛或肉牛由传统的放养逐渐变为现代化集中饲养；在密集饲养下，角不仅没有什么价值，而且牛只之间相互用角打斗，容易造成损伤，影响牛的胴体质量。另外，牛的一对大角也需要消耗很多的营养物质，降低了饲料的转化率。所以，给牛犊去角已成为现代化养牛业中一种公认的实践管理方法。迄今为止，欧洲 80%的奶牛和 46%的肉牛都被人工去角。实践证明，犊牛去角之后比较温顺，有利于牛群的管理，但这也给犊牛造成了不必要的应激，违背了动物福利原则。因此，探究牛角形成过程中参与调控的基因及其表达机制对于养牛业的发展进步具有重要意义。

一、牛无角的遗传

牛无角与有角是一对相对性状，其中无角对有角为显性遗传。牛无角性状的基因定位于 1 号染色体（*Bos taurus* autosome 1，BTA1）上，对 1 号染色体一段 4 Mb 区域进行分析，进一步把无角性状的基因区域缩小到 1 Mb。Medugorac 等（2012）运用高通量测序、高密度 SNP 基因分型和聚合酶链反应（PCR）的方法分析了 1675 头不同品种牛的无角性状与基因的关系，发现一段 202 bp 的 InDel 与欧洲牛无角性状密切相关。该 InDel 位于 *IFNAR2* 和 *OLIG1* 基因之间且不改变任何编码序列或剪接位点。由于单倍型 P_{202ID} 起源于凯尔特（Celtic）地区肉牛的无角牛，因此用 P_C 表示肉牛的无角基因（图 2-21），当携带一个或两个拷贝的 P$_{202ID}$ 等位基因时，肉牛就会表现为无角，其基因型可以用 Pp 或 PP 表示。Medugorac 等（2012）还发现荷斯坦牛中存在 260 kb 的单倍型与其无角性状密切相关，该单倍型包含 5 个完全连锁的突变（P$_{5ID}$、P$_{G1654405A}$、P$_{C1655463T}$、P$_{C1768587A}$ 和 P$_{80kbID}$）。因其存在于弗里生-荷斯坦牛的无角性状中，故把奶牛的无角基因称为 P_F，P_C 和 P_F 两个无角等位基因相互独立且彼此不重组，只要有其中一个无角等位基因存在，牛就会表现为无角。只有当野生型等位基因 p_{rs} 纯合时，牛才表现为有角。因此，P_C、P_F 和 p_{rs} 三个等位基因组成一组复等位基因，控制牛的无角与有角性状。无角牛一共包括 5 种基因型，其中纯合无角基因型（PP）为：P_F/P_F、P_C/P_C 和 P_C/P_F 三种；杂合无角基因型（Pp）为 P_C/p_{rs} 和 P_F/p_{rs} 两种，有角基因型（pp）只有 p_{rs}/p_{rs} 一种（图 2-21）。

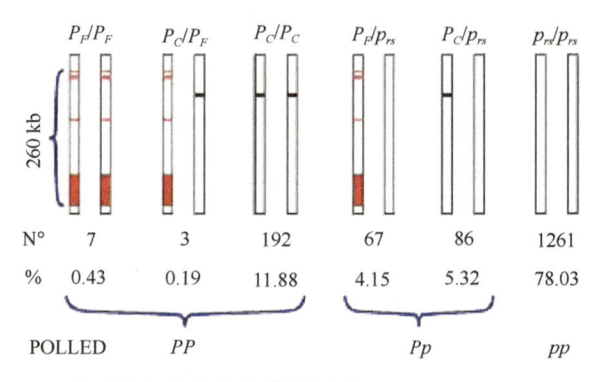

图 2-21 牛无角与有角性状的基因型（Medugorac et al.，2012）

N° 代表样本数，%代表百分比，POLLED 代表无角牛，PP 代表纯合无角牛基因型，Pp 代表杂合无角牛基因型，pp 代表有角牛基因型

除了以上两种常见的无角突变，Medugorac 等（2017）通过对土雷诺-蒙古利亚牛进行基因分型和 SNP 位点分析还发现，其 1 号染色体一个 219 bp 片段的插入/缺失与土雷诺-蒙古利亚牛的无角表型密切相关，标记为 P_M 基因（Mongolian POLLED，蒙古无角牛），这是目前发现的第三种无角基因位点。由于土雷诺-蒙古利亚牛的生存环境长期与外界隔绝，该无角突变之前从未被发现过。最近，第四种无角突变位点在一头巴西内洛尔独角公牛上被发现，通过对内洛尔牛进行全基因组测序，发现一个 110 kb 的重复与无角性状相关，记为 P_G 基因（Guarani POLLED，瓜拉尼无角牛），但是其插入位点还有待进一步研究确认。目前，通过 SNP 分型，已确定 P_G 起源于普通牛（Utsunomiya et al.，2019b）。

综上所述，目前发现 1 号染色体上的 4 个基因突变位点与肉牛和奶牛的无角性状密切相关，分别是 P_C、P_F、P_M 和 P_G，其中 P_C 与 P_F 基因突变位点是最常见和应用最广泛的黄牛无角性状的分子标记，可用于肉牛和奶牛无角品种或品系的选育。

二、牛畸形角的遗传

牛的畸形角（scurs）是一种比正常角短，介于有角和无角之间的一种角畸形症。牛的畸形角形态各异，从非常短的角芽到 15 cm 长的角都有，但是都不能发育成正常的角（Capitan et al.，2011）。虽然畸形角和正常角发生位置一样，形成物质也基本相同，但是其最大的差别是畸形角直接与表皮相连，不像正常角那样与头骨密切连接；另外，畸形角的骨中心没有气腔，而且头盖骨和角的骨中心充满软组织，具体形态见图2-22。Capitan等（2011）通过对牛畸形角群体进行SNP分析，将畸形角的关键基因定位在牛4号染色体的1.7 Mb区域内，并发现引起该症状的原因是 *TWIST1* 基因1号外显子上的10 bp重复（c.148-157 bp）导致移码突变，使得 *TWIST1* 基因的2个功能性结构域完全失活，从而导致该基因失活。进一步研究发现，牛畸形角个体的基因型均为 *TWIST1* 基因10 bp重复（c.148-157 bp）杂合子，正常有角牛个体均为 *TWIST1* 基因纯合子，牛的 *TWIST1* 基因10 bp重复（c.148-157 bp）纯合突变是致死的。

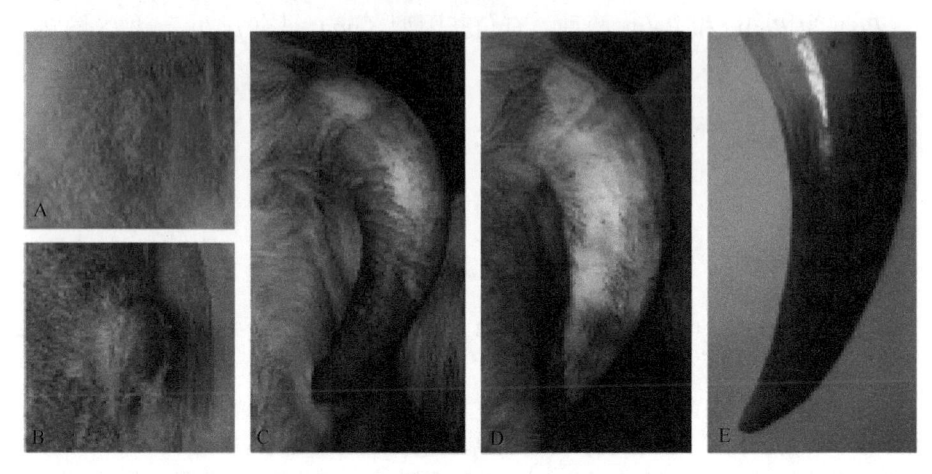

图2-22　牛畸形角与正常角的比较（Capitan et al.，2011）
A. 鳞片状小片；B. 小畸形角（长约2 cm）；C与D. 长畸形角（长约15 cm），末端有不规则的角蛋白鞘；E. 正常角（长约25 cm），末端有正常的角蛋白鞘

三、无角牛的培育

角是牛重要的外貌性状，但是在进入集约规模化饲养后，牛角不仅容易在集中运输和屠宰过程中对牛只和饲养人员造成伤害，还可能在饲养过程中破坏圈舍、损坏设施，从而造成不必要的经济损失，因此，长期以来，牛的无角表型都是选择和研究的目标。世界各国的科学家在培育新的肉牛品种时都非常注重培育无角牛，目前已经成功培育出多个无角品种。随着时代的发展，分子遗传技术正逐步与经典的育种方法相结合应用于牛的育种。Carlson等（2016）通过转录激活因子样效应物核酸酶（TALEN）基因编辑技术将无角牛的P_{202ID}位点插入到荷斯坦牛胚胎基因组中，成功生产出无角荷斯坦牛，通过检测，这些基因编辑牛都为无角牛，且不存在其他表型症状，表明利用基因编辑技术可以培育出无角奶牛，有利于提高奶牛的动物福利水平，并方便其规模化管理。这一研究证明，通过基因编辑手段将牛无角位点突变引入有角牛成纤维细胞中，可以获得无角牛，为无角牛品系或品种的培育提供了新的研究方法。Medugorac等（2017）通过全基因组测序，发现在无角位点上有121 kb的片段从黄牛渗入牦牛中，导致牦牛也变成了无角，这为牦牛无角品系的培育提供了理论依据。

曾璐岚等（2017）利用PCR方法对93头无角夏南牛和20头有角夏南牛单倍型P_{202ID}

位点进行检测，发现 P_C/P_C、P_C/p_{rs} 和 p_{rs}/p_{rs} 3 种基因型（表 2-3，图 2-23）。从图 2-23 和表 2-3 可以看出，无角夏南牛又分为纯合无角牛与杂合无角牛，纯合无角夏南牛（母牛 4 头）的基因型为 P_C/P_C，只有 1 条扩增带 571 bp，其基因型频率为 3.54%；杂合无角夏南牛（其中种公牛 2 头，母牛 87 头）的基因型为 P_C/p_{rs}，有 2 条扩增带 571 bp 和 369 bp，基因型频率为 78.76%，无角夏南牛总的基因型频率为 82.30%；有角夏南牛（公牛 1 头，母牛 19 头）为隐性纯合子，其基因型为 p_{rs}/p_{rs}，只有 1 条扩增带 369 bp，其基因型频率为 17.70%。分子鉴定结果表明，113 头夏南牛的基因型与其有角和无角性状完全一致，分子鉴定成功率 100%。因此，本研究的结果可以用于夏南牛中无角与有角性状的分子鉴定，也适用于国内其他黄牛品种无角与有角性状的分子鉴定。这个标记简单实用，可以用于肉牛无角品系的选育，具有重要的推广价值。

表 2-3　夏南牛 P_{202ID} 位点的 PCR 扩增片段大小、基因型与基因型频率

品种	样本数	PCR 扩增片段大小/bp	基因型	基因型频率/%
无角夏南牛 （种公牛 2 头，母牛 87 头）	89	369 和 571	P_C/p_{rs}	78.76
无角夏南牛 （母牛 4 头）	4	571	P_C/P_C	3.54
有角夏南牛 （公牛 1 头，母牛 19 头）	20	369	p_{rs}/p_{rs}	17.70

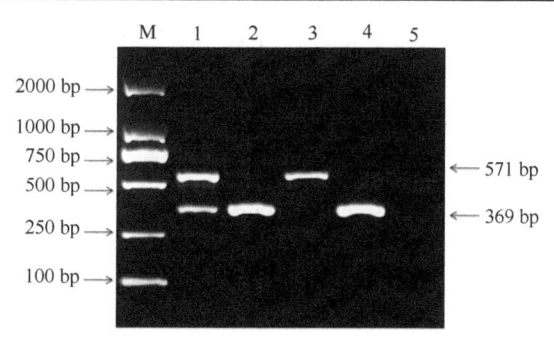

图 2-23　夏南牛无角与有角性状的基因型（曾璐岚等，2017）
M 为分子质量标准，1 为杂合无角牛，2、4 为有角牛，3 为纯合无角牛，5 为空白对照

因此，利用 PCR 方法对夏南牛单倍型 P_{202ID} 位点进行检测，可以快速有效地鉴定其角的有无及相应的基因型，因此，该技术可以直接用于夏南牛无角品系的培育，加快选育进程。

夏南牛无角品系的具体选育步骤如下。

1) 利用上述 PCR 技术，对夏南牛种公牛、基础母牛进行分子鉴定，筛选出纯合无角种公牛与纯合无角基础母牛。

2) 利用纯合无角种公牛与纯合无角母牛（基因型均为 P_C/P_C，只有 1 条扩增带 571 bp）进行本交或人工授精，后代均为纯合无角牛，这是最佳的夏南牛无角品系选育方案。

3) 鉴于夏南牛无角母牛 95% 以上均为杂合无角牛的事实，利用纯合无角种公牛（基因型均为 P_C/P_C，只有 1 条扩增带 571 bp）与杂合无角母牛（基因型为 P_C/p_{rs}，有 2 条扩增带 571 bp 和 369 bp）交配，后代 100% 为无角牛，但有 50% 为杂合无角牛。需要对杂合无角牛进行分子鉴定，筛选出纯合无角基础母牛。

4）理论上讲，只要有夏南牛纯合无角种公牛、足够的夏南牛纯合无角基础母牛，经过1~2代的交配，夏南牛无角品系就可以建成了。

因此，利用分子鉴定技术，可以大大加快夏南牛无角品系的选育进程。

第四节　黄牛头型的形态特征与遗传

头骨是动物发育较早的部位，其结构复杂、遗传特征相对稳定，其形态结构是动物适应环境和长期进化的结果。头骨的比较解剖学研究一直被用来区分动物系统发育属性，在哺乳动物中头骨形态往往用来区分种和亚种，可以较为客观地反映动物身体的形态变异，常常作为分类鉴定的重要依据。

一、牛头骨的形态差异

头骨的形态是反映牛品种遗传进化和品种改良的重要特征。早在1983年日本学者就曾研究爪哇野牛与东南亚牛种的头骨差异；青海省煌源牧校牦牛课题组（1986）研究了青海牦牛头骨的外部形态结构与其他牛只的差异，从头骨的整体形态、正面、侧面、腹面和上面观察记录，青海高原型牦牛头骨的外部形态结构与青海黄牛及其他类型的牦牛有着显著的差异，具有独特的品种特性，青海环湖型牦牛和白牦牛头骨外形绝大部分与高原型牦牛相似，少部分与青海黄牛相近，从解剖学角度提示它们之间存在一定的血缘关系。许其欢和叶昌辉（1994）以湛江成年水牛头骨为研究材料，通过测量头背长、头基长、头深、头后宽、额长、额顶宽、额小宽、颅高、鼻骨长、鼻颌长、鼻颌宽、鼻后孔宽等17项头骨和3项角的测量指标，对水牛头骨数量特征进行了研究，研究结果为水牛品种的鉴定提供了依据。

二、牛头型特征

牛的头型有轻重、粗细、长窄和短宽之分，头部所表现的特征最为明显，亦可用来区别生产用途和性别特征。根据品种进行划分，早熟品种牛头轻而短，晚熟品种牛头狭而长；根据用途进行划分，役用牛头较粗重，肉牛头短额阔且面宽多肉，奶牛头细长而清秀；根据性别划分，公牛头短宽而深、粗重，有雄性姿态，而母牛头清秀、细致，性温和。中国黄牛头型的长窄和短宽这两种表现形态，通常作为外部形态特征的标记之一，头长和头宽的比率大小基本决定了头型，额窦间距离在不同品种之间存在差异，这一指标往往决定了头宽。

中国黄牛品种多、分布广泛，在品种间和个体间头骨必然存在差异，根据《中国畜禽遗传资源志　牛志》（2011）记载的各牛品种外貌特征，按照北方型、中原型、南方型和培育品种对中国黄牛头型进行整理，如表2-4所示。尽管关于中国黄牛头型遗传学的研究相对较少，但头骨作为一个相对稳定的遗传特征，可以较为客观地反映动物身体的形态变异，常常作为分类鉴定的重要依据。

表 2-4　中国黄牛头型特征

类型	品种	头型特征
北方型	延边牛	公牛头方正；母牛头清秀
	复州牛	公牛头短额宽；母牛外貌清秀，头部稍窄
	蒙古牛	公母牛均头短宽而粗重，眼大有神
	西藏牛	公母牛均头平直而狭长
	柴达木牛	公牛头偏短小；母牛头狭长，清秀，额宽广
中原型	秦川牛	公牛头较大，颈短粗；母牛头长额狭
	南阳牛	公牛头雄壮方正，多微凹；母牛头清秀而窄长，多凸起
	鲁西牛	公牛头方正，颈短厚；母牛头清秀，颈长短适中
	晋南牛	公牛头短额宽，眼大有神，颈短而粗；母牛头清秀
	渤海黑牛	公母牛头均呈矩形，头颈长度基本相等
南方型	枣北牛	公牛头方额宽，颈粗短；母牛头较窄长而清秀
	峨边花牛	公牛头宽、粗重；母牛头小、狭长
	大别山牛	公牛头方额宽，颈短而粗；母牛头狭长而清秀
	南丹牛	公牛头稍短而粗；母牛头较清秀
	雷琼牛	公牛头重，额平；母牛面形清秀，头轻，额平
培育品种	中国荷斯坦牛	公牛头短、宽而雄伟；母牛头清秀、狭长
	中国西门塔尔牛	公母牛均为白头，头大，额宽
	新疆褐牛	公母牛头长短适中，额宽微凹，头顶枕骨凸出
	夏南牛	公牛头方正，额平直；母牛头清秀，额平、稍长
	辽育白牛	公牛头方正，额宽平直，头顶有长毛；母牛头清秀

三、牛头型的遗传

有关中国黄牛头型遗传学的研究相对较少。陈幼春等（1980）曾对三河牛与西门塔尔牛杂交群体进行研究，发现杂交一代有西门塔尔牛典型的头型（宽额型）占 70.21%，因此在杂交选育过程中头型可以有效地预计杂交效果；耿社民等（1990）对西镇牛的头型特征分析发现，西镇牛的头型明显表现为长窄和短宽两种类型，所占比例分别为 54.1% 和 45.9%。临夏牛分布于甘肃省临夏回族自治州，处于蒙古牛产区，认为临夏牛属于蒙古牛的一个类群，涂正超等（1994）对临夏牛头型特征进行了研究，发现临夏牛头型长窄较多，占 66.18%，其余为短宽型。秦庆国等（1997）对固原黄牛头骨的遗传变异进行了研究，证明头长和额窦间距决定头型的表型分布，并建议将这两项计量指标作为形态标记。

第五节　黄牛乳房形态的遗传

乳汁由乳房内的乳腺合成，家畜的泌乳性能取决于乳腺等乳房内部结构及其泌乳机能的分化，乳房的外部形态在一定程度上反映了乳房内部的结构状况。通常使用一定泌乳期内的产奶量来衡量家畜的泌乳性能，乳房性状对产奶量有重要的影响，因此对乳房性状进行选择可以达到提高家畜产奶量的育种目的。

乳头和乳房结构对奶牛的产奶非常重要。奶牛乳房形态和机能直接影响乳汁的分泌与排出，与产奶量关系密切。奶牛的乳房和乳头结构评估有许多相关的性状，包括乳房附着性、乳房长度、乳房宽度、乳房深度、乳房平衡、乳头位置、乳头数量、乳头长度、乳头直径。乳头和乳房结构对肉牛的影响是多方面的，既影响肉牛的健康和寿命，也影响犊牛的生产性能。拥有大的漏斗状乳头和下垂的乳房的奶牛患乳房炎的风险更高。同时，乳头和乳房结构也影响犊牛的哺乳能力。例如，母牛下垂的乳房和大的瓶状乳头，难以被犊牛找到，因而不易哺乳，而连接良好的乳房和适度的乳头可以更好地给犊牛哺乳。因此，具有适度乳头和乳房的母牛，其产犊性能较好。了解牛的乳房内部结构和外部形态，并在育种中加以应用，对于选育高产乳用牛、提高经济效益具有积极意义。

一、牛乳房的内部结构

牛的乳房是泌乳器官，乳腺是由皮肤腺体衍生而成的。乳房由乳房中部的一条中悬韧带和两侧的两条侧悬韧带将其悬吊于腹壁上。中悬韧带将乳房分为左右两半，每一半乳房的中部又被结缔组织隔开，分为前后两个乳区，即乳房被分为前后左右4个乳区。4个乳区相互独立，有各自的乳汁分泌系统。

乳房内部结构包括乳腺泡、乳池和乳腺导管。乳腺泡由单层立方体或柱状上皮细胞构成，具有分泌作用，是泌乳的基本单位，是将血液中的营养物质转变为乳汁的重要结构。乳腺泡的大小与产奶量呈显著正相关关系。不同泌乳阶段，乳腺泡的大小会发生变化，奶牛的乳腺泡体积在泌乳早中期保持稳定，但到泌乳后期会显著缩小。乳池是乳汁从乳腺泡转移之后的集中储存处。研究表明，乳池的大小与乳含量呈显著正相关关系，因此通过乳池的大小能够推测产奶量，通过超声扫描技术可以测得乳池的大小。乳腺导管由平滑肌构成，可以储存乳汁，收缩时又参与乳汁的排出。对乳房的超声扫描显示许多乳腺导管直接通向乳头。乳腺导管的粗细与通畅程度显著影响排乳速度，从而间接影响产奶量。

二、牛乳房的外部形态

母牛的乳房形态与产奶量有密切关系，就乳房形态而言，乳房的长、宽、深，乳静脉直径以及乳头形状对产奶量都有一定的影响。因而在奶牛改良过程中，可在产奶性能选择的同时加强对乳房形态的选择，使乳房形态不断朝有利于产奶的方向发展，以保证奶牛长期保持其高产奶性能。

（一）乳房长度

乳房长度是乳房在腹部附着部的前后距离，对产奶量有一定影响。奶牛的乳房长度与产奶量呈显著正相关关系，乳房长度越长，产奶量越高。但也有研究表明，乳房长度与产奶量的相关性没有达到显著水平或二者呈显著负相关关系。因此，乳房长度与产奶量的关系还不明确，需要进一步研究。

（二）乳房宽度

乳房宽度是左乳房和右乳房最外侧的间距，是影响产奶量的重要性状之一，与奶牛产奶量呈正相关关系，乳房宽度的增加会提高日产奶量。研究表明，初产牛的后乳房宽度与泌乳期30天产奶量、90天产奶量、305天产奶量均呈正相关关系（马双青和徐庆林，2000）。乳房宽度主要通过乳房围度间接影响305天产奶量（张慧林等，2001）。在对优良乳房的选择中应重视乳房宽度的选择，这对提高产奶量的相关育种研究具有意义。同时，乳镜宽度与产奶量呈中等强度的正相关关系，且乳镜宽度的遗传力属于中等遗传力，可以通过对乳镜宽度的选择来提高乳房宽度和产奶量。

（三）乳房深度

乳房深度是乳房底平面与飞节之间的距离，对产奶量的影响因物种和个体差异而不同。奶牛的产奶量与乳房深度呈显著正相关关系。有研究表明，乳房深度与胎次呈正相关关系，随着胎次增加，乳房深度会有一定程度的加深。乳房深度主要是通过与乳房纵沟深的显著正相关关系来间接影响产奶量的。

（四）乳静脉直径

乳静脉位于左侧乳房前。乳静脉显露，且乳静脉粗大、弯曲、分支多是血液循环良好的标志。乳井的粗细同样是乳静脉大小的标志。奶牛的产奶量与乳静脉直径显著或接近显著正相关，且当胎次增加时，乳静脉的直径增加。因此，对泌乳性能进行选育时，可以将乳静脉直径作为一种参考指标。

（五）乳房形状

乳房形状既与产奶量密切相关，又是独立于产奶量的一个经济性状，为保持长期高产，可以在提高泌乳性能的同时加强对乳房形状的选择。乳房形状的遗传在各国奶牛挤奶机械化过程中受到极大重视。已发现不同牛种具有不同的乳房形状，在同一品种内不同公牛的后代也具有不同的乳房特点。奶牛的乳房形状可分为盆状、碗状和圆形，产奶量较高的是盆状乳房，碗状和圆形次之。通常盆状乳房的深度较小，患乳房炎的可能性更小，是最为理想的乳房形状。奶牛的乳房也可按形状分为常规乳房和下垂乳房，其中下垂乳房患乳房炎的概率更高，造成产奶量下降的概率更大。奶牛的乳房形状影响机器挤奶的效果。盆状乳房套上挤奶杯后，挤奶杯无弯曲，挤奶顺畅。圆形乳房套上挤奶杯后，挤奶杯有弯曲，造成不能挤尽、乳房内存乳、易引起乳房炎。一个理想型的乳房必须前后伸展，长度良好，比较细致柔软，挤奶后收缩明显，4个乳头部位方正、大小适中、距离恰当、乳房静脉分支多、突显于乳房表面。

乳房质地对产奶量有显著影响。根据乳房质地和腺体组织的发达程度，奶牛乳房质地可分为腺体乳房和肉质乳房，腺体乳房占95.5%。奶牛要求乳房形状巨大，结缔组织不宜过分发达，紧紧地直接连接在两股之间的腹下，4个乳区发育均匀对称，4个乳头大小适中，间距较宽，乳房充奶时底线平坦，即"方圆乳房"，乳静脉弯曲明显，被毛稀疏，富有弹性，乳腺发达，即"腺体乳房"。乳房质地对奶牛305天产奶量有极显著的影响，腺体乳房要优于肉质乳房，乳房较充盈硬实的个体产奶量高。肉牛同样要求有发育良好的乳房，以便有足够的乳汁哺育犊牛。同时，杂交牛乳房比本地黄牛容积增大，位置前移，乳头加粗增长，乳头之间的距离加大，乳房上被毛逐渐稀疏变细，乳静脉变粗，乳房表面血管外露，皱褶增多，这种变异情况随代数的增加而更为明显。

（六）乳头特征

乳头长度是乳头基部到顶部的距离。乳头的长度、直径、间距和形状与产奶量存在相关性。奶牛的乳头长度与产奶量呈显著正相关关系，乳头长对应日产奶量高。奶牛的乳头长度随着胎次的增加而变长，在头胎牛中乳头越长的个体产奶量越高，但这并不意味着乳头越长越有优势，当奶牛乳头长度超过一定范围时，感染乳房炎的概率也会增大，长度适宜的乳头有利于挤奶和保护乳头不受损伤。乳头直径随着胎次的增加而变大，直接选择乳头直径大的奶牛可以提高奶产量。乳头直径与乳头长度呈显著正相关关系，越长的乳头其直径越大。乳头间距是左右乳头的顶部间和基部间的距离。研究证明，奶牛的产奶量与乳头间距呈显著正相关关系。随着产奶量的增加，乳头之间的距离有增加的趋势，乳房高度有减小的趋势。

奶牛的乳头有尖形、圆形、扁平、圆盘、倒置、尖盘、圆形扁平和圆环形，乳头形状与产奶量有一定的相关性，且与挤奶设备密切相关，选育乳头形状有利于育种工作。乳头末端形状的遗传参数一直是研究的目标，乳头末端的特性影响细菌进入乳头管的速率，因此确定乳头末端在遗传防御机制中所起的作用十分重要。

（七）牛副乳头

正常的奶牛有 4 个乳头，但有的牛一出生就会有 5 个或 6 个乳头，多余的乳头称为副乳头。副乳头可以位于乳房后，或位于正常前后乳头之间，抑或作为正常乳头的后乳头。多出的乳头不仅对机器挤奶有负面影响，还会充当细菌的收集器，因此在犊牛出生后 4～6 周内便将多余的副乳头剪掉。牛副乳头是一种常见的牛乳房异常，具有中至高的遗传能力和少基因或多基因遗传模式。Pausch 等（2012）利用全基因组关联分析以确定与副乳头发育相关的基因，发现在 BTA5、BTA6、BTA11、BTA17 存在 4 个显著的基因座，其中 BTA6、BTA11、BTA17 上三个基因座包含高度保守的 Wnt 信号通路基因，即 *EXOC6B*、*DKK2* 和 *LEF1* 基因可能参与牛副乳头的发育，该结果为 Wnt 信号通路参与异常乳头发育提供了证据。

三、牛乳房相关性状的遗传

在奶牛乳房相关性状中，前乳房附着、后乳房高度、后乳房宽度、乳房间距、乳房深度、前乳头位置、乳头长度的遗传力分别为 0.37、0.32、0.30、0.29、0.23、0.52、0.29（DeGroot et al.，2002），属于中等及以上的遗传力性状，对于这些遗传力较高的性状可以通过系统选育来提高。泌乳系统中的后乳房宽度、后乳房高度及悬韧带之间呈强正相关关系，是乳房性状选育的重点。加强对乳房性状中的中高遗传力性状的选择，尤其是后乳房性状的选择，有利于提高奶牛的产奶性能。需要指出的是，在奶牛乳房相关性状中，除了基本的遗传参数外，很少从基因组水平研究奶牛乳房相关性状形成的候选基因。

中国黄牛品种的遗传因素对产奶量的影响可以通过乳房性状来表现，随着现代化挤奶技术的进步与研究，需要对乳房性状有深刻认知，因此对于乳房性状与产奶量的相关性研究至关重要。尽管关于中国黄牛乳房形态遗传的研究很少，但是奶牛的乳房和乳头结构评估有许多相关的性状，且具有中等及以上的遗传力，因此对于中国黄牛的乳房内部结构和外部形态需要进一步深入研究，进而明确其性状特点，探究其遗传潜力，这对于选育高产乳用牛、提高经济效益具有重要意义。

第六节　黄牛特殊体型外貌的遗传

家牛作为重要的畜禽物种，同人类生活极为密切，是人类重要的肉、奶和皮革的来源。在长期的自然选择和人工选育过程中家牛出现了丰富的外貌表型特征。大部分和人们生活以及生产息息相关的表型很容易被人们观察和研究，如毛色、牛角、体型等。然而还有一些具有重要生物学功能的特殊表型特征常常被人们忽略，研究也相对较少，如瘤牛的肩峰、腹垂，肉牛的双肌与牛耳型等。

一、瘤牛肩峰的遗传

肩峰是位于瘤牛胸廓背侧区域上方的一种肌肉结构，最易发育于雄性公牛。它的大部分体积由颈部菱形肌和胸部肌肉及其与颈部韧带和胸筋膜的连接组成（图 2-24）。然而在普通牛中很少有这么明显的肩峰存在。虽然肩峰是瘤牛一个非常明显的外貌特征，但是目前关于瘤牛肩峰的进化机制以及重要性尚没有研究。Utsunomiya 等（2019a）根据肩峰肌肉含有大量的大理石花纹的脂肪的现象推测肩峰可能起到储存能量和水分的作用，但是这一推测没有得到分子证据的充分支持。肩峰是瘤牛一个非常明显的外形标记，但作为一个表型性状，其遗传机制目前还是一个谜。

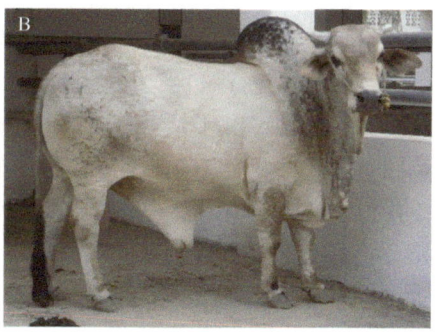

图 2-24　瘤牛的肩峰（Quratulain Hanif 提供）
A. 母牛；B. 公牛

二、瘤牛腹垂的遗传

腹垂通常是悬挂于牛腹部的一块结构松散的皮肤组织，常见于生活在热带和亚热带的瘤牛中，而在普通牛中很少能被观察到。因此部分研究者推测，瘤牛之所以能进化出腹垂，是因为腹垂能够扩大全身的皮肤面积，在炎热的环境中能帮助瘤牛更好地散热。在雌性瘤牛中可以很好地分辨出腹垂所在的位置以及腹垂的大小（图2-25A），而由于腹垂靠近雄性生殖器，对雄性瘤牛的腹垂相对难以分辨（图2-25B）。为了解析腹垂产生的遗传机制，Aguiar 等（2018）通过全基因组关联分析（GWAS），初步鉴定出 *HMGA2* 的第 3 内含子上存在拷贝数变异，而这一变异与瘤牛腹垂的长度紧密相关。同年，da Silva Romero 等（2018）对坎奇姆牛的腹垂的长度进行了研究，结果显示与腹垂长度相关的候选基因位于 5 号染色体上的 *TMEM176A* 和 *TMEM176B*。表明瘤牛腹垂长度相关的候选基因很复杂，需要加大样本量进行系统研究，才能得到可靠的结论。

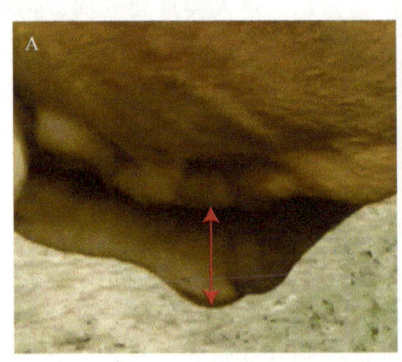

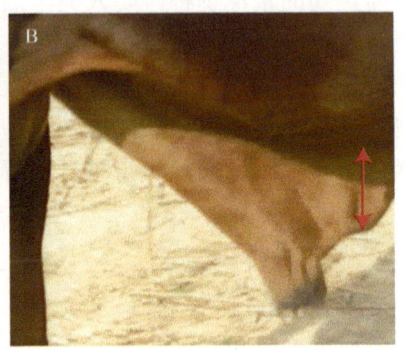

图 2-25　沙希瓦雌性和雄性瘤牛的腹垂（Khan，2016）
A. 母牛腹垂；B. 公牛腹垂

三、牛双肌的遗传

双肌是一种遗传性疾病，这种疾病是肌生成抑制蛋白基因（*MSTN*）突变所致，*MSTN* 突变的个体表现出骨骼肌增生、肌肉质量增加，个体拥有更加肥大的半腱肌和半膜肌，肌肉线条更加明显。双肌一般发生在几个肉牛品种中，但是仅在比利时蓝牛和皮埃蒙特牛中流行（图 2-26）。肌生成抑制蛋白是转化生长因子 β（TGF-β）超家族的成员，该家族对于适当调节骨骼肌质量至关重要，肌生成抑制蛋白的缺乏会导致小鼠的体型大小增加 2~3 倍。为了解析双肌在比利时蓝牛和皮埃蒙特牛这两种肉牛中的遗传机制，Grobet 等（1997）使用定位候选基因的方法证实了位于 2 号染色体 *MSTN* 上存在一个编码 TGF-β 的 11 bp 缺失，并推测该缺失是造成比利时蓝牛出现双肌表型的重要突变。同年，McPherron 和 Lee（1997）克隆了牛 *MSTN* cDNA 并检查其在正常情况下的表达模式和序列，结果显示在比利时蓝牛的编码区中有纯合 11 bp 的缺失，在同一区域上受测的皮埃蒙特牛也发生了 G-A 转换，该转换将半胱氨酸残基变为酪氨酸残基。这种 11 bp 的缺失以及碱基的转换均使得该分子所在的活性区域失活，导致牛出现双肌。

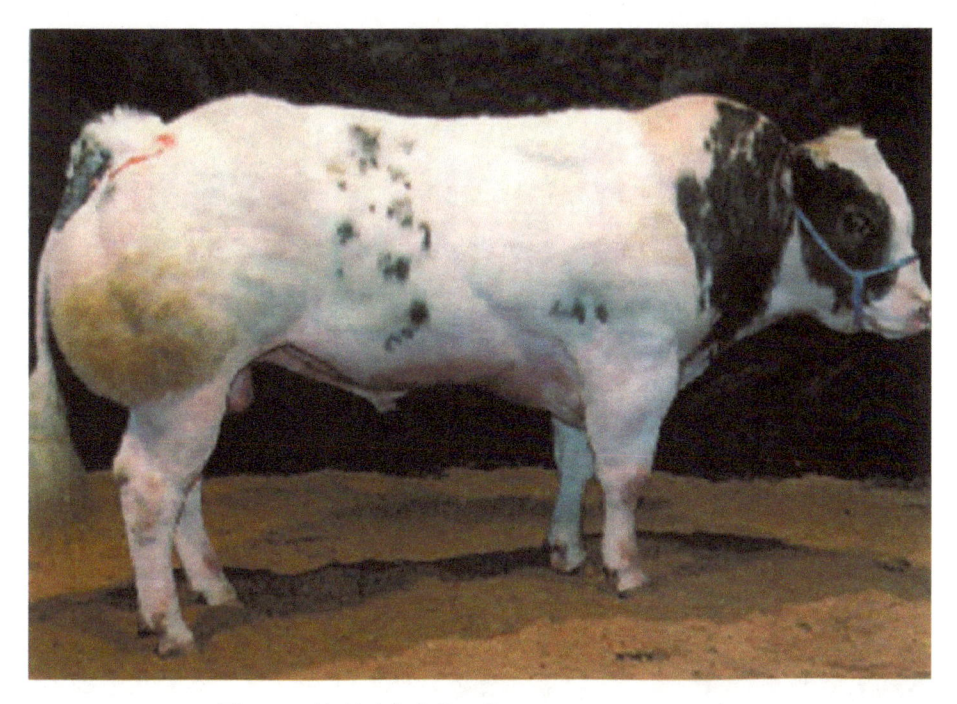

图 2-26 比利时蓝牛的双肌（Grobet et al.，1997）

四、牛耳型的遗传

耳朵是哺乳动物重要的听觉器官，能将外界的声音转化成神经信号，并传递给大脑。对于长耳的动物，耳朵在搜集声音的过程中至关重要，可以使动物保持警觉。耳朵主要由外耳、中耳和内耳三部分构成。外耳由耳郭和外耳道组成，主要负责收集外界声波。外耳除耳垂由脂肪组织、结缔组织及丰富的毛细血管构成外，其余均由弹性软骨和薄层皮肤构成。外耳在接受外界信号的过程中起到至关重要的作用，但其发育过程和遗传机制十分复杂。目前关于牛耳的相关研究较少，Koch 等（2013）为了解析高地牛外耳残疾病症（图 2-27）的相关遗传机制，通过全基因组关联分析将该致病突变定位于 *HMX1* 基因下游一个保守区域 76 bp 的序列重复，该序列的重复导致 *HMX1* 在胚胎发育时期引起外耳先天畸形。

黄牛品种的外耳表型非常丰富，按照外耳面积可以将牛耳分为大耳、中耳和小耳三个类型（图 2-28）。Shen 等（2023）通过对 158 头云岭牛耳面积性状进行全基因组关联分析（GWAS），鉴定出 6 号染色体 36.78～38.80 Mb 区域与大小耳型显著相关，最显著的位点是位于 *IBSP* 基因第 7 外显子上的错义突变（A→G），该突变可导致其蛋白质三维结构发生改变，大小耳型牛间的 mRNA 表达量差异显著。通过对 9 个牛品种的基因组扫描，发现在大耳型瘤牛中 *IBSP* 均处于正选择状态。对突变位点的基因型和等位基因突变频率统计分析发现，大耳型的印度瘤牛为 GG 型，小耳型的普通牛为 AA 型，而在中国南方瘤牛群体中 3 种基因型都存在。G 到 A 的突变主要发生在生活在寒冷环境下的小耳型普通牛中，而生活在热带或亚热带的大耳型牛种中该突变频率几乎为零，因此推测该 *IBSP* 错义突变是影响牛耳型大小的主要因素。

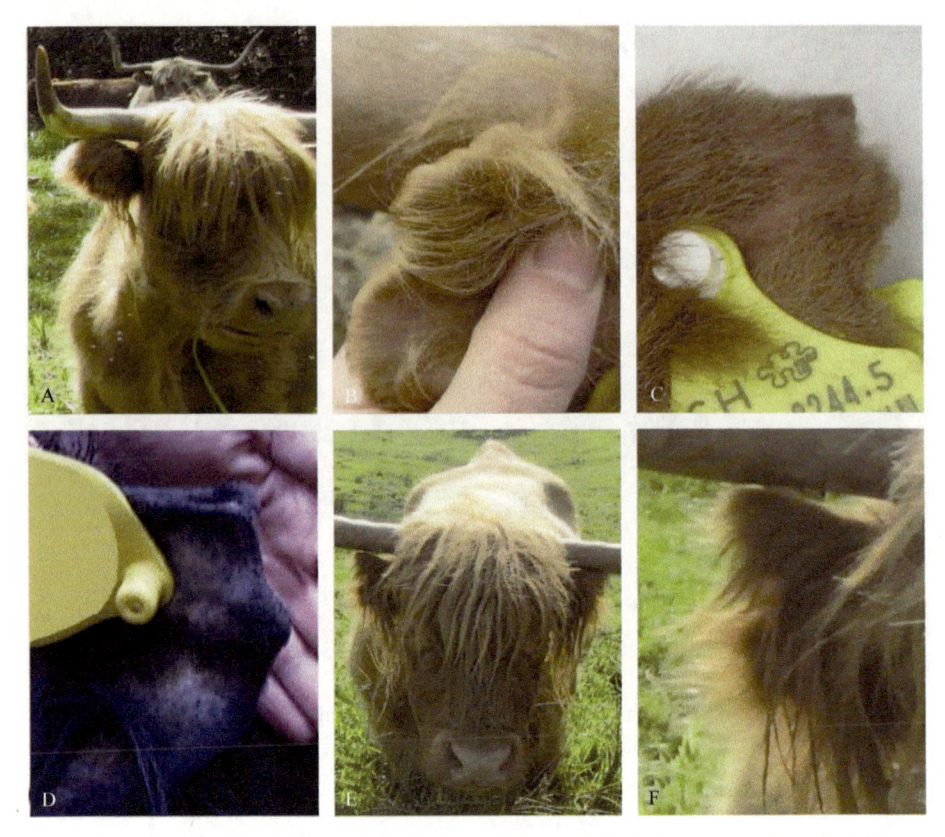

图 2-27　高地牛残耳图（Koch et al.，2013）
A. 正常的耳朵；B、C、D. 轻度残缺的耳朵；E. 中度残缺缩短的耳朵；F. 严重残缺的耳朵

图 2-28　牛耳型图（沈加飞提供）

第七节 黄牛的畸形遗传

牛的畸形遗传是指遗传物质的改变导致牛出现身体骨骼结构畸形或功能障碍，且可以遗传的疾病。在过去 50 年里，由于有效应用基于数量遗传学的育种方案，牛的生产性能有了大幅度的提高。高强度的选择，加上人工授精技术的普及和应用，极大地提高了牛产业的经济效益，但随之而来的问题是，牛群的近交系数逐渐增大，群体有效含量逐渐降低，因此养牛业面临着遗传病的定期暴发。在家畜育种中，尤其是在人工授精技术广泛应用的牛育种中，分析并淘汰引起牛遗传病的有害基因尤为重要。本节综述了牛蜘蛛腿综合征、牛脊椎畸形综合征、牛并趾症、牛短脊椎综合征、牛侏儒症、牛肺发育不全和水肿综合征的分子遗传学最新研究进展。

一、牛蜘蛛腿综合征

牛蜘蛛腿综合征（arachnomelia syndrome，AS）是一种主要在欧洲瑞士褐牛和德系西门塔尔牛群体中出现的以骨骼畸形为病理特征的先天致死性遗传病，因患病犊牛外观像蜘蛛而得名。患病犊牛出生时已死亡或者出生后不久死亡，患病犊牛体重较轻，头部、背部和四肢的骨骼均表现畸形。主要特征是：①头部畸形，包括下颌骨短，上颌骨向下凹陷，上颌前端呈圆锥形，并向上微微翘起；②背部畸形，脊柱向背侧弯曲，呈"蜷缩驼背"状态，但是肋骨和肩胛骨正常；③四肢僵直，骨骼畸形，后肢畸形尤为严重，掌骨和跖骨向内侧弯曲与身体平行或呈一定角度，长骨骨干比正常犊牛细而脆弱，骨端正常，即所谓的"蜘蛛腿"，经常伴有自发性骨折，在分娩过程中可能会伤害母牛产道，腿部肌肉有萎缩现象。患病犊牛长骨的外径和内径偏小，但是骨密质部分宽度未发生改变。患病个体一般同时存在 3 种上述部位的畸形，不单独出现某个症状。

系谱分析推断患有牛蜘蛛腿综合征的瑞士褐牛个体均来自美国 Norvic Larry 牛场的瑞士褐公牛 LILASON，患病德系西门塔尔牛则都可以追溯到同一头公牛 Semper。系谱分析后证实该病在两个群体中均属于常染色体隐性遗传疾病。但是两个群体 AS 的基因定位结果不同，推测可能存在不同的突变机制。瑞士褐牛 AS 是由 5 号染色体 *SUOX* 基因外显子 4 中插入一个 G 碱基（c.363-364insG）所致，该插入突变会导致 SUOX 蛋白的氨基酸序列 124 位置发生移码突变，且该移码突变导致提前产生终止密码子（Drögemüller et al.，2010）。而西门塔尔牛的 AS 由 23 号染色体上的 *MOCS1* 基因外显子 11 上的一个 2 bp 缺失突变（c.1224_1225delCA）引起，预测该突变将造成移码突变，产生不成熟的短链蛋白，进而引起 MOCS1A 蛋白的功能丧失（Buitkamp et al.，2011）。目前已建立了一种荧光自动化检测方法，能够对引起西门塔尔牛和瑞士褐牛 AS 的两个突变位点同时进行检测。

二、牛脊椎畸形综合征

牛脊椎畸形综合征（complex vertebral malformation，CVM）是近年来新发现的致死性牛常染色体隐性遗传缺陷病。1999 年，丹麦科学家 Agerholm 最先报道该病，随后在美国、英国、日本等国家的荷斯坦牛群中也发现存在 CVM。CVM 主要表现为胎牛流产、死胎、早产，多见于妊娠 260 天前的流产，严重影响荷斯坦牛的繁殖力，使得产犊间隔延长、产奶量下降、返情率升高、母牛淘汰率增加，造成严重的经济损失。从外表来看，CVM 病牛表现为初生重下降，舌头常伸出口腔外，腹部突出，颈胸椎结合部位（脖子）变短，大量椎骨愈合且脊柱侧凸，前肢腕关节出现对称弯曲等症状（Agerholm et al.，2001）。Thomsen 等（2006）证实牛 CVM 的发生是由于 *SLC35A3* 基因第 4 外显子 559 处发生 G→T 突变，导致 180 处缬氨酸置换为苯丙氨酸，致使异常的核苷酸糖转运到高尔基体。

三、牛并趾症

牛并趾症，也称为骡蹄症，是一种常染色体隐性遗传病，但在不同品种中表现不同的外显率，感染者一般一个或多个蹄均可表现骡蹄症。1967 年最早报道牛并趾症，目前已经在多个牛品种中发现该症，但大部分都发生在美国荷斯坦牛中。荷斯坦母牛患病个体 15 号染色体的 *LPR4*（脂蛋白受体相关蛋白 4）基因第 33 外显子发生两个连续的碱基突变（C4863A、G4864T），导致 *LPR4* 基因的两个遗传密码子发生改变，从而改变保守的类表皮样生长因子蛋白的结构（Martin et al.，2007）。

四、牛短脊椎综合征

牛短脊椎综合征是一种单一常染色体隐性遗传缺陷。患病犊牛体重严重减小，脊椎缩短，四肢细长。断层扫描显示，牛脊椎畸形，相邻椎体骨骺部分或完全融合，在一些部位，由于没有骨骺和椎间盘，骨干相邻椎体融合，出现附肢骨内骨骺的骨化过程紊乱。此外，尸体剖检也发现牛肾脏、睾丸、心脏出现畸形。牛短脊椎综合征由 21 号染色体的 *FANCI* 基因突变引起，横跨 *FANCI* 基因外显子 25～27 处一段 3.3 kb 片段的缺失，引起 877 位的氨基酸移码突变，将原来正常的 451 个羧基端氨基酸突变为 26 个氨基酸残基，且使外显子 28 的终止子引起无义 RNA 衰变，导致蛋白质表达异常及组织发育紊乱（Carole et al.，2012）。

五、牛侏儒症

牛侏儒症为软骨发育异常、软骨发育不良和软骨营养不良导致的侏儒表型，主要表现为新生犊牛四肢短、体型矮小，全身骨骼发育缺陷，四肢、头部、脊椎缩短或畸形等。牛侏儒症主要是由基因缺陷引起的，影响软骨形成和发育，导致不正常的骨骼形态和结构。微效多基因多位点突变导致软骨基质发育不良，骨骺生长盘部分消失引起长骨末端内软骨骨化不完全。德克斯特牛中侏儒症是由 *ACAN* 基因编码区的 4 bp 插入引起的（Cavanagh et al.，2007）。牛侏儒症属于不完全显性遗传，杂合子牛的侏儒表型不明显，而纯合子牛表现出严重的不成比例侏儒症，通常在妊娠期死亡。安格斯牛侏儒症与

PRKGR 基因突变有关（Koltes et al.，2009）。提洛尔灰牛侏儒症是由 *EVC2* 基因突变引起的，为隐性遗传，外显子 19 的 2 bp 缺失使该基因的蛋白质翻译提前终止，导致软骨发育受阻和侏儒症的发生（Leonardo et al.，2014）。

六、牛肺发育不全和水肿综合征

牛肺发育不全和水肿综合征是一种先天性致死性遗传疾病，表现为胎牛广泛的皮下水肿，合并肺发育不全和淋巴系统发育不全，在短角牛和海福特牛等品种中均有报道。目前发现两种不同的致病机制，对斯洛文尼亚斯卡牛病例的研究结果表明，6 号染色体 *ADAMTS3* 基因的错义突变（NM_001192797.1：c.1222C＞T）为该病的致因突变，而对丹麦荷斯坦牛病例的研究结果则显示 20 号染色体三倍体可能为致病原因（Häfliger et al.，2020b）。

七、中国牛畸形遗传病的研究现状

以上所述 6 种牛畸形遗传病，在中国牛群体中仅对蜘蛛腿综合征、脊椎畸形综合征和短脊椎综合征进行了遗传缺陷检测。对新疆褐牛常用公牛和母牛核心群中的蜘蛛腿综合征的遗传检测发现，被检测牛群不存在蜘蛛腿综合征的致病等位基因，说明该群体中不存在传播蜘蛛腿综合征的风险（席艾力·依明等，2012；田月珍等，2012）。对北京荷斯坦牛脊椎畸形综合征的遗传缺陷检测表明，荷斯坦母牛脊椎畸形综合征有害基因携带者为 21 头，携带率为 3.80%，有害基因频率为 1.90%（韶青等，2014）。对另一项北京荷斯坦种公牛和母牛脊椎畸形综合征的遗传检测表明，其脊椎畸形综合征有害基因频率分别为 4.41% 和 2.85%（李艳华等，2011）。对北京 636 头荷斯坦母牛的短脊椎综合征的研究表明，其有害基因的携带率为 6.8%，有害基因频率为 3.4%（李艳华等，2016）。

牛畸形遗传病会对牛业发展造成巨大打击，因此对我国牛畸形遗传病的研究、候选基因的确定及遗传缺陷检测，可以为牛遗传缺陷的监控和合理选种选配提供科学依据。防止牛畸形遗传病携带者个体之间的交配，减少经济损失，对于我国牛产业的健康发展十分必要，具有重要的实践意义。

本 章 小 结

从体型外貌来看，黄牛主要有乳用、肉用、兼用和役用四大类，尤以乳用和肉用为主。黄牛体型大小的遗传，参与控制的基因很多，其中 *PLAG1* 是影响黄牛体型大小效应最大的一个基因，已证明 *PLAG1* 的一个单核苷酸多态性位点 rs109815800 与部分中国地方黄牛品种的体高、十字部高、体长和胸围显著相关，该位点可作为中国黄牛体型大小选育的有效分子标记，用于黄牛体型大小的选育。毛色是家牛十分重要的表型特征，常见的毛色主要有黄色、红色、黑色、棕色和白色，通常由 *TYR*、*MC1R*、*MITF*、*ASIP*、*KIT* 等基因控制。但中国黄牛毛色形成机制复杂，与国外家牛完全不同。1 号染色体上的 4 个基因突变位点（P_C、P_F、P_M 和 P_G）与肉牛和奶牛的无角性状密切相关，其中 P_C

与 P_F 基因突变位点是最常见和应用最广泛的家牛无角性状的分子标记，可用于肉牛和奶牛无角品系的选育。在奶牛乳房相关性状中，前乳房附着、后乳房高度、后乳房宽度、乳房间距、乳房深度、前乳头位置、乳头长度属于中等及以上的遗传力性状，通过系统选育可以提高产奶性能。对黄牛特殊的体型外貌性状，如瘤牛的肩峰、腹垂，肉牛的双肌与牛耳型等的遗传学研究，以及对黄牛常见遗传病的研究与检测，可为肉牛与奶牛产业的发展提供理论基础。

参 考 文 献

陈幼春, 于汝梁, 吴凤春, 等. 1980. 西门塔尔牛与三河牛杂交群体的角相基因频率. 中国农业科学, 13(3): 85-90.
耿社民, 常洪, 武彬. 1990. 西镇牛种质特性研究 一、外形特征的遗传分析. 黄牛杂志, 16(3): 30-33.
国家畜禽遗传资源委员会. 2011. 中国畜禽遗传资源志 牛志. 北京: 中国农业出版社.
李艳华, 乔绿, 张胜利, 等. 2011. 北京地区荷斯坦牛脊椎畸形综合征的调查研究. 中国奶牛, (8): 4-7.
李艳华, 杨超, 朱玉林, 等. 2016. 北京地区荷斯坦牛短脊椎综合征的分子筛查. 中国奶牛, (4): 23-26.
马双青, 徐庆林. 2000. 黑白花奶牛乳房数量性状与产奶量相关性的研究. 甘肃畜牧兽医, 30(1): 10-11.
秦国庆, 孙金梅, 常洪, 等. 1997. 固原黄牛头骨变异的研究. 黄牛杂志, 23(4): 24-26.
青海省煌源牧校牦牛课题组. 1986. 青海牦牛头部骨骼的外部形态结构及其与黄牛的若干差异. 中国牦牛, (1): 31-41.
荣誉, 姚一博, 党瑞华, 等. 2019. 中国黄牛酪氨酸关联蛋白 1(TYRP1)基因多态性的研究. 中国牛业科学, 45(2): 1-4.
韶青, 梁若冰, 云鹏, 等. 2014. 京郊部分牛场荷斯坦母牛脊椎畸形综合征(CVM)遗传缺陷检测. 中国奶牛, (23): 19-22.
唐贺, 高英凯, 苗永旺. 2010. 4 个黄牛群体黑素皮质素受体 1(MC1R)基因变异研究. 畜牧兽医学报, 41(6): 639-643.
田月珍, 焦士会, 谭世新, 等. 2012. 新疆褐牛蜘蛛腿综合征的遗传检测. 畜牧与兽医, 44(7): 77-79.
涂正超, 邱怀, 张英汉. 1994. 临夏黄牛某些种质特征的研究报告. 黄牛杂志, 20(2): 34-38.
席艾力·依明, 王雅春, 黄锡霞, 等. 2012. 新疆褐牛核心群母牛蜘蛛腿综合征的遗传检测. 中国兽医学报, 32(9): 1295-1298.
许其欢, 叶昌辉. 1994. 湛江水牛头骨数量特征的聚类分析. 长沙水电师院自然科学学报, 9(1): 105-108.
燕海峰, 李志才, 易康乐, 等. 2010. 湘西黄牛毛色控制基因 *MC1R* 多态性研究. 家畜生态学报, 31(4): 14-20.
曾璐岚, 郝新兴, 祁兴磊, 等. 2017. 夏南牛无角性状的分子鉴定技术及应用. 中国牛业科学, 43(4): 27-29.
张慧林, 郭亚宁, 任涛, 等. 2001. 用奶牛乳房性状预测产奶量的研究. 西北农林科技大学学报(自然科学版), 29(5): 44-47.
Agerholm JS, Bendixen C, Andersen OD, et al. 2001. Complex vertebral malformation in Holstein calves. Journal of Veterinary Diagnostic Investigation, 13(4): 283-289.
Aguiar TS, Torrecilha RBP, Milanesi M, et al. 2018. Association of copy number variation at intron 3 of HMGA2 with navel length in *Bos indicus*. Frontiers in Genetics, 9: 627.
Berryere TG, Schmutz SM, Schimpf RJ, et al. 2003. TYRP1 is associated with dun coat colour in Dexter cattle or how now brown cow. Animal Genetics, 34(3): 169-175.
Bouwman AC, Daetwyler HD, Chamberlain AJ, et al. 2018. Meta-analysis of genome-wide association studies for cattle stature identifies common genes that regulate body size in mammals. Nature Genetics,

50(3): 362-367.

Brenig B, Beck J, Floren C, et al. 2013. Molecular genetics of coat colour variations in White Galloway and White Park cattle. Animal Genetics, 44(4): 450-453.

Buitkamp J, Semmer J, Götz KU. 2011. Arachnomelia syndrome in Simmental cattle is caused by a homozygous 2-bp deletion in the molybdenum cofactor synthesis step 1 gene(MOCS1). BMC Genetics, 12(1): 11.

Candille SI, Kaelin CB, Cattanach BM, et al. 2007. A β-defensin mutation causes black coat color in domestic dogs. Science, 318(5855): 1418-1423.

Capitan A, Grohs C, Weiss B, et al. 2011. A newly described bovine type 2 scurs syndrome segregates with a frame-shift mutation in TWIST1. PLoS One, 6(7): 1-8.

Carlson DF, Lancto CA, Zang B, et al. 2016. Production of hornless dairy cattle from genome-edited cell lines. Nature Biotechnology, 34(5): 479-481.

Carole C, Steen AJ, Wouter C, et al. 2012. A deletion in the bovine *FANCI* gene compromises fertility by causing fetal death and brachyspina. PLoS One, 7(8): e43085.

Cavanagh JAL, Tammen I, Windsor PA, et al. 2007. Bulldog dwarfism in Dexter cattle is caused by mutations in ACAN. Mammalian Genome, 18(11): 808-814.

Chen N, Cai Y, Chen Q, et al. 2018. Whole-genome resequencing reveals world-wide ancestry and adaptive introgression events of domesticated cattle in East Asia. Nature Communications, 9(1): 2337.

da Silva Romero AR, Siqueira F, Santiago GG, et al. 2018. Prospecting genes associated with navel length, coat and scrotal circumference traits in Canchim cattle. Livestock Science, 210: 33-38.

Daetwyler HD, Capitan A, Pausch H, et al. 2014. Whole-genome sequencing of 234 bulls facilitates mapping of monogenic and complex traits in cattle. Nature Genetics, 46(8): 858-865.

DeGroot BJ, Keown JF, Van Vleck LD, et al. 2002. Genetic parameters and responses of linear type, yield traits, and somatic cell scores to divergent selection for predicted transmitting ability for type in Holsteins. Journal Dairy Science, 85(6): 1578-1585.

Dorshorst B, Henegar C, Liao X, et al. 2015. Dominant red coat color in Holstein cattle is associated with a missense mutation in the coatomer protein complex, subunit alpha (COPA) gene. PLoS One, 10(6): e0128969.

Drögemüller C, Engensteiner M, Moser S, et al. 2009. Genetic mapping of the belt pattern in Brown Swiss cattle to BTA3. Animal Genetics, 40(2): 225-229.

Drögemüller C, Tetens J, Sigurdsson S, et al. 2010. Identification of the bovine Arachnomelia mutation by massively parallel sequencing implicates sulfite oxidase(SUOX)in bone development. PLoS Genetics, 6(8): e1001079.

Durkin K, Coppieters W, Drögemüller C, et al. 2012. Serial translocation by means of circular intermediates underlies colour sidedness in cattle. Nature, 482(7383): 81-84.

Gan H, Li J, Wang H, et al. 2007. Allele frequencies of TYR and MC1R in Chinese native cattle. Animal Science Journal, 78(5): 484-488.

Girardot M, Guibert S, Laforet M, et al. 2006. The insertion of a full-length *Bos taurus* LINE element is responsible for a transcriptional deregulation of the Normande Agouti gene. Pigment Cell Research, 19(4): 346-355.

Graphodatskaya D, Joerg H, Stranzinger G. 2000. Polymorphism in the MSHR gene of different cattle breeds. Veterinarni Medicina, 45: 290-295.

Grobet L, Martin LJR, Poncelet D, et al. 1997. A deletion in the bovine myostatin gene causes the double-muscled phenotype in cattle. Nature Genetics, 17: 71-74.

Grosz M, MacNeil M. 1999. The "spotted" locus maps to bovine chromosome 6 in a Hereford-cross population. Journal of Heredity, 90: 233-235.

Gutiérrez-Gil B, Wiener P, Williams JL. 2007. Genetic effects on coat colour in cattle: Dilution of eumelanin and phaeomelanin pigments in an F2-backcross Charolais × Holstein Population. BMC Genetics, 8(1): 56.

Häfliger IM, Hirter N, Paris JM, et al. 2020a. A de novo germline mutation of KIT in a white-spotted Brown

Swiss cow. Animal Genetics, 51(3): 449-452.
Häfliger IM, Wiedemar N, Svara T, et al. 2020b. Identification of small and large genomic candidate variants in bovine pulmonary hypoplasia and anasarca syndrome. Animal Genetics, 51(3): 382-390.
Hou J, Qu K, Jia P, et al. 2020. A SNP in PLAG1 is associated with body height trait in Chinese cattle. Animal Genetics, 51(1): 87-90.
Huang YZ, Zhan ZY, Li XY, et al. 2014. SNP and haplotype analysis reveal IGF2 variants associated with growth traits in Chinese Qinchuan cattle. Molecular Biology Reports, 41(2): 591-598.
Khan MS. 2016. Judging and Selection in Sahiwal Cattle. AIP-ILRI Publication. International Livestock Research Institute, Pakistan.
Klungland H, Vage DI, Gomezraya L, et al. 1995. The role of melanocyte-stimulating hormone (MSH) receptor in bovine coat color determination. Mammalian Genome, 6(9): 636-639.
Koch CT, Bruggmann R, Tetens J, et al. 2013. A non-coding genomic duplication at the HMX1 locus is associated with crop ears in highland cattle. PLoS One, 8: e77841.
Koltes JE, Mishra BP, Kumar D, et al. 2009. A nonsense mutation in cGMP-dependent type II protein kinase (PRKG2) causes dwarfism in American Angus cattle. Proceedings National Academy Science USA, 106(46): 19250-19255.
Kühn C, Weikard R. 2007. An investigation into the genetic background of coat colour dilution in a Charolais × German Holstein F2 resource population. Animal Genetics, 38(2): 109-113.
Leonardo M, Vidhya J, Cinzia B, et al. 2014. Deletion in the *EVC2* gene causes Chondrodysplastic Dwarfism in Tyrolean Grey cattle. PLoS One, 9(4): e94861.
Littlejohn MD, Henty K, Tiplady K, et al. 2014. Functionally reciprocal mutations of the prolactin signalling pathway define hairy and slick cattle. Nature Communications, 5(1): 5861.
Liu M, Zhang CG, Lai XS, et al. 2017. Associations between polymorphisms in the NICD domain of bovine *NOTCH1* gene and growth traits in Chinese Qinchuan cattle. Journal of Applied Genetics, 58(2): 241-247.
Liu Y, Duan XY, Liu XL, et al. 2014. Genetic variations in insulin-like growth factor binding protein acid labile subunit gene associated with growth traits in beef cattle (*Bos taurus*) in China. Gene, 540(2): 246-250.
Martin H, Ottmar D, Imke T, et al. 2007. Congenital syndactyly in cattle: four novel mutations in the low density lipoprotein receptor-related protein 4 gene (*LRP4*). BMC Genetics, 8(1): 5.
McPherron AC, Lee SJ. 1997. Double muscling in cattle due to mutations in the myostatin gene. Proceedings National Academy Science USA, 94: 12457-12461.
Medugorac I, Graf A, Grohs C, et al. 2017. Whole-genome analysis of introgressive hybridization and characterization of the bovine legacy of Mongolian yaks. Nature Genetics, 49(3): 470-475.
Medugorac I, Seichter D, Graf A, et al. 2012. Bovine polledness—an autosomal dominant trait with allelic heterogeneity. PLoS One, 7(6): e39477.
Mishra NA, Drögemüller C, Jagannathan V, et al. 2017. A structural variant in the 5'-flanking region of the *TWIST2* gene affects melanocyte development in belted cattle. PLoS One, 12(6): e0180170.
Pausch H, Jung S, Edel C, et al. 2012. Genome-wide association study uncovers four QTL predisposing to supernumerary teats in cattle. Animal Genetics, 43(6): 689-695.
Philipp U, Lupp B, Mömke S, et al. 2011. A MITF mutation associated with a dominant white phenotype and bilateral deafness in German Fleckvieh cattle. PLoS One, 6(12): e28857.
Reinsch N, Thomsen H, Xu N, et al. 1999. A QTL for the degree of spotting in cattle shows synteny with the KIT locus on chromosome 6. Journal of Heredity, 90(6): 629-634.
Rouzaud F, Martin J, Gallet PF, et al. 2000. A first genotyping assay of French cattle breeds based on a new allele of the *extension* gene encoding the melanocortin-1 receptor (Mc1r). Genetics Selection Evolution, 32(5): 511-520.
Schmutz SM, Berryere TG, Ciobanu DC, et al. 2004. A form of albinism in cattle is caused by a tyrosinase frameshift mutation. Mammalian Genome, 15(1): 62-67.
Schmutz SM, Dreger DL. 2013. Interaction of *MC1R* and *SILV* alleles on solid coat colors in Highland cattle.

Animal Genetics, 44(1): 9-13.

Seitz JJ, Schmutz SM, Thue TD, et al. 1999. A missense mutation in the bovine *MGF* gene is associated with the roan phenotype in Belgian Blue and Shorthorn cattle. Mammalian Genome, 10(7): 710-712.

Shen J, Xia X, Sun L, et al. 2023. Genome-wide association study reveals that the *IBSP* locus affects ear size in cattle. Heredity, 130: 394-401.

Thomsen B, Horn P, Panitz F, et al. 2006. A missense mutation in the bovine *SLC35A3* gene, encoding a UDP-N-acetylglucosamine transporter, causes complex vertebral malformation. Genome Research, 16(1): 97-105.

Utsunomiya YT, Milanesi M, Fortes MRS, et al. 2019a. Genomic clues of the evolutionary history of *Bos indicus* cattle. Animal Genetics, 50(6): 557-568.

Utsunomiya YT, Torrecilha RBP, Milanesi M, et al. 2019b. Hornless Nellore cattle (*Bos indicus*) carrying a novel 110 kbp duplication variant of the polled locus. Animal Genetics, 50(2): 187-188.

Wang Y, Viennet C, Robin S, et al. 2017. Precise role of dermal fibroblasts on melanocyte pigmentation. Journal of Dermatological Science, 88(2): 159-166.

Wiedemar N, Drogemuller C. 2014. A 19-Mb de novo deletion on BTA 22 including MITF leads to microphthalmia and the absence of pigmentation in a Holstein calf. Animal Genetics, 45(6): 868-870.

Xu JW, Zheng L, Li LJ, et al. 2019. Novel copy number variation of the *KLF3* gene is associated with growth traits in beef cattle. Gene, 680: 99-104.

Xu W, He H, Zheng L, et al. 2018. Detection of 19-bp deletion within *PLAG1* gene and its effect on growth traits in cattle. Gene, 675: 144-149.

Xu Y, Cai HF, Zhou Y, et al. 2014. SNP and haplotype analysis of paired box 3(*PAX3*) gene provide evidence for association with growth traits in Chinese cattle. Molecular Biology Reports, 41(7): 4295-4303.

Zheng L, Xu JW, Li JC, et al. 2019a. Distribution and association study in copy number variation of *KCNJ12* gene across four Chinese cattle populations. Gene, 689: 90-96.

Zheng L, Zhang GM, Dong YP, et al. 2019b. Genetic variant of *MYLK4* gene and its association with growth traits in Chinese cattle. Animal Biotechnology, 30(1): 30-35.

Zhong JL, Xu JW, Wang J, et al. 2019. A novel SNP of *PLAG1* gene and its association with growth traits in Chinese cattle. Gene, 689: 166-171.

（雷初朝、韩浩园、成海建、宋恩亮、粟福星编写）

（张俸伟、沈加飞、吕阳参与本章内容的资料收集和整理等工作，谨表谢忱！）

第三章 中国黄牛免疫遗传学研究

免疫系统在黄牛疾病的发生以及抗病性方面发挥至关重要的作用，该系统的建立、完善离不开遗传基因的控制和后天发育条件的限制。目前对于黄牛免疫遗传学的研究主要集中于五方面：红细胞抗原遗传与生产性状，牛白细胞抗原（bovine leucocyte antigen，BoLA）遗传与生产性状，免疫球蛋白及其多样性，Toll 样受体（Toll-like receptor，TLR）与抗病性状，细胞因子与抗病性。本章主要讨论黄牛免疫系统相关蛋白及其基因的结构、表达调控以及多态性与生产性能和抗病性的关系等问题。

第一节 中国黄牛红细胞抗原遗传与生产性状

一、中国黄牛红细胞抗原遗传系统

黄牛血型的研究分析可以追溯到 20 世纪 40~60 年代（Tolle and Beuche，1958），当时研究主要集中于血型系统多态性的分析及其对黄牛亲缘关系的鉴定，以及生产和抗病性状遗传标记的发掘。黄牛红细胞抗原遗传系统作为重要的血型系统，是通过严格的免疫学实验和红细胞抗原的遗传规律构建的，在黄牛中已经发现的 12 个红细胞抗原系统中包含了至少 100 多种红细胞抗原因子（Antalíková et al.，2007）。表 3-1 列出了这 12 个红细胞抗原系统的简况。

表 3-1 12 个红细胞抗原系统

编号	系统名称	基因名称	染色体定位	参考文献
1	A	*EAA*	BTA15	Bishop et al.，1994；Ma et al.，1996
2	B	*EAB*	BTA12	Bishop et al.，1994；Kappes et al.，1994；Méténier-Delisse et al.，1997；Ma et al.，1996
3	C	*EAC*	BTA18	Bishop et al.，1994；Kappes et al.，1994；Méténier-Delisse et al.，1997；Ma et al.，1996
4	FV	*EAFV*	BTA17	Oldenbroek and Bouw，1974；Schmid and Buschmann，1985；Thomsen et al.，2001
5	J	*EAJ*	BTA11	Stormont，1949；Conneally et al.，1962；Ma et al.，1996
6	L	*EAL*	BTA3	Bishop et al.，1994；Ma et al.，1996
7	M	*EAM*	BTA23	Bishop et al.，1994；Ma et al.，1996
8	R	*EAR*	BTA16	Bishop et al.，1994；Kappes et al.，1994；Ma et al.，1996
9	S	*EAS*	BTA21	Bishop et al.，1994；Kappes et al.，1994；Ma et al.，1996
10	T	*EAT*	BTA19	Bishop et al.，1994；Kappes et al.，1994；Ma et al.，1996
11	Z	*EAZ*	BTA10	Bishop et al.，1994；Kappes et al.，1994；Ma et al.，1996；Ostrand-Rosenberg，1975
12	Rh	*RHD*、*RHCE*	BTA2q45	Méténier-Delisse et al.，1997

黄牛红细胞抗原遗传系统比较复杂，其中 L、Z、R 和 T 均呈现双等位基因遗传，其他抗原遗传系统更加复杂，尤其是 B 和 C 抗原系统（Méténier-Delisse et al.，1997）。

黄牛的 *FV*（Andersson-Eklund et al., 1990）和 *R*（Miller, 1966）基因均编码完整的蛋白质产物，因此各自成为独立的遗传系统，其表型比较明确，并且 *FV* 和 *R* 基因均呈现共显性遗传（Hines et al., 1977）。在黄牛中，研究较多的是红细胞抗原遗传系统中的 B、C、FV、J、M、Z 和 Rh 抗原系统。

（一）B 和 C 抗原系统

黄牛 B 和 C 抗原系统是比较复杂的遗传系统，分别由一系列密切联系的连锁基因位点编码，在世代遗传中通过特定的组合作为一种单元，即单倍型遗传（Oosterlee and Bouw，1972）。B 抗原系统具有 45 种抗原因子，在已经研究过的所有黄牛品种中共有 1000 多种单倍型，平均每个品种有 200 多种单倍型；C 抗原系统具有 20 多种抗原因子，共有 150 多种单倍型（Eggen and Fries，1995；Méténier-Delisse et al., 1997）。

（二）FV 抗原系统

黄牛的 F 抗原系统由 F、V 和 N'抗原因子组成，Oldenbroek 和 Bouw（1974）将黄牛的 F 和 N'抗原系统归并为 F 系统，但是 F 和 N'抗原系统是否能够合并为 F 系统存在争议，因为未发现这两个系统之间的血清学吸附关系以及其他严谨的实验证据证明 F 和 N'属于同一抗原系统。Schmid 和 Buschmann（1985）则基于组成 F 抗原系统的 F、V 和 N'抗原因子，认为 FV 和 N'是两个独立的血型系统。黄牛 FV 抗原系统中的 F 和 V 抗原的编码基因均位于 BTA17 上同一座位，呈共显性遗传。Antalíková 等（2007）发现黄牛 FV 抗原系统中红细胞 V 抗原是一类结合于细胞膜上的 *N*-糖基化唾液酸甘油蛋白。

（三）J 抗原系统

黄牛血清中的 J 物质是一种可溶性糖脂蛋白，与人类的 Lewis 物质和绵羊的 R 物质相似，能够吸附到红细胞表面（Stormont，1949）。黄牛的 J 抗原基因位点表现为复等位基因，具体表型为有些黄牛个体的红细胞 J 物质滴度很低，而且需要大量的抗-J 抗体物质才能使红细胞溶血，有些个体的红细胞有较高的 J 物质滴度，只需要少量抗体物质就能导致红细胞溶血（Stormont，1949；Conneally et al., 1962）。

（四）M 抗原系统

黄牛的主要组织相容性复合体（major histocompatibility complex，MHC），或 BoLA，其中 BoLA-A16 抗原与红细胞 M'抗原具有较高的遗传连锁程度（Davies et al., 1994），后来的研究进一步表明红细胞 M'抗原就是 BoLA-A16-I 型抗原，或者 M'和 BoLA-A16 抗原是具有相同相对分子质量和抗原决定簇的 I 型多肽（Hønberg et al., 1995）。

（五）Z 抗原系统

黄牛的 Z 抗原系统为单抗原因子系统，不受多抗原因子复杂性的影响，是研究红细胞抗原杂合性和抗原表达的理想血型系统，Z 抗原在黄牛中有 3 种表型，即显性纯合子（Z/Z）、杂合子（Z/–）和隐性纯合子（–/–）（Stormont，1952），而且该抗原在不同表型的表达量受单一等位基因,即 Z 基因的控制(Ostrand-Rosenberg,1975)。

(六)Rh 抗原系统

黄牛的红细胞膜具有 rhesus(Rh)样蛋白,编码该蛋白的 Rh 基因具有 3 种剪切异构体,长度分别为 245 bp、1012 bp 和 1400 bp,这些剪切异构体序列与灵长类 Rh 样 cDNA 的同源性达到 73%,且均在 3′非翻译区包含一个多态性微卫星位点;3 种剪切异构体中 1400 bp 的剪接体由于 134 个核苷酸的缺失而发生了移码突变,其结构特征与人类 Rh4 cDNA 异构体很相似;黄牛的 Rh 基因被定位于 BTA2q45(Méténier-Delisse et al.,1997)。

二、中国黄牛红细胞抗原多态性与生产性状

(一)红细胞抗原 A 与生产性状

在黄牛的一些复杂经济性状遗传过程中,细胞抗原在牛群的不同频率有可能作为一种遗传标记。Owen 等(1944)报道红细胞抗原 A 在根西牛的频率为 87.6%,在荷斯坦牛的频率为 46.1%。根据新西兰奶牛协会提供的 1949~1950 年有关荷斯坦牛群的数据,未发现红细胞抗原 A 频率与乳脂含量之间有直接相关关系(McClure,1952)。

(二)红细胞抗原 B 与生产性状

Andersson-Eklund 等(1990)发现携带 $B^{BO}1^{YD'}$ 等位基因的瑞典红白花奶公牛在乳蛋白率和乳脂率方面的育种值分别达到 0.8 个单位和 1.0 个单位,均高于未携带此等位基因的个体;种公牛平均 1.0 个单位育种值的增加将会使得其子代奶牛生产性能提升 0.5%,这些公牛的雌性后代的乳脂率将会提升 1×0.005×4.1%≈0.02%,超过牛群均值;从种公牛遗传了 $B^{BO}1^{YD'}$ 等位基因的子代奶牛的乳脂含量平均预期为 0.04 个单位,将超过其他未携带此等位基因的后代。另外,每个携带 $B^{BO}1^{YD'}$ 等位基因的子代奶牛在产乳量方面的育种值降低 1.7 个单位,也就是平均每头子代奶牛产乳量降低 1.7×0.005×5400 kg=45.9 kg,将导致标准乳(fat-corrected milk,FCM)育种值的降低。携带 $B^{O}1^{A'}$ 等位基因的公牛在增重率方面的育种值增加 0.9 个单位,意味着携带一个 $B^{O}1^{A'}$ 等位基因的公牛雄性后代日增重达到 0.9×0.005×1000 g=4.5 g。红细胞抗原 B 基因座位的 12 个父本等位基因之间的互作对于产乳量、FCM、乳脂量和增重率的影响达到 5%的显著水平,但是对于乳成分性状的影响不显著。

(三)红细胞抗原 J、L、M 和 Z 与生产性状

Andersson-Eklund 等(1990)发现 J 抗原与产乳性状具有高度的相关性,J 抗原的存在提升了产乳量和乳脂含量,从而增加了乳脂校正乳、乳脂和乳蛋白产量,其育种值增加值为 0.6~1.3;L 抗原与乳蛋白率和乳蛋白量之间存在正相关关系;M 抗原与乳脂含量和日增重之间有正相关关系;Z 抗原的存在对于乳脂产量可能有影响。J 抗原的基因座位之间的互作对于产乳量、FCM、乳脂量和乳蛋白量有显著影响,但是对于乳成分和增重性状的影响不显著。M 抗原的基因座位之间的互作对于乳蛋白量具有显著影响。

第二节　中国黄牛 BoLA 遗传与生产性状

一、中国黄牛 BoLA 及其基因的分布、组成和染色体定位

（一）黄牛 BoLA 概述

主要组织相容性复合体（major histocompatibility complex，MHC）基因是动物体内由紧密连锁、高度多态的基因座位所组成的一个基因家族，其编码产物是白细胞表面的 MHC 抗原，在抗原识别、免疫排斥和免疫应答调控方面发挥着重要作用，MHC 基因是动物抗病育种的候选基因（禹文海和鲁绍雄，2007）。Amorena 和 Stone（1978）首次报道了黄牛的 MHC Ⅰ 类抗原，并将黄牛 MHC 命名为牛白细胞抗原（bovine leucocyte antigen，BoLA），而且证实了 BoLA 的遗传模式。

BoLA 基因命名委员会通过多次讨论会专门讨论利用血清学、细胞学、等电聚焦和限制性片段长度多态性（RFLP）等方法对黄牛 *BoLA* 分型的确认和命名。血清学对单倍型的命名是 W（workshop）+数字，如在 *BoLA-A* 区域的单倍型被命名为 A+数字。黄牛 *BoLA* 标准化命名为：区-亚区-位点.外显子*等位基因，如 *DRB3.2*22B* 是指 *BoLA* 基因 Ⅱ 类区域 *DRB3* 基因的第 2 个外显子（exon）的第 22B 等位基因（Davies，1997；王兴平，2004）。

（二）黄牛 *BoLA* 基因及其染色体定位

黄牛 *BoLA* 基因被定位于 23 号常染色体（BTA23）上，可分为 Ⅰ、Ⅱ 和 Ⅲ 类基因，其中 Ⅰ 和 Ⅱ 类基因亦分别被称为 A 区和 D 区，目前的研究仅集中于 Ⅰ 和 Ⅱ 类基因；*BoLA-*Ⅱ 类基因又可分为 Ⅱ 类 a 和 Ⅱ 类 b 两个亚区，它们之间的重组距离为 17 cM，Ⅱa 类包含了 *DQA1*、*DQA2*、*DQB1*、*DQB2*、*DRA*、*DRB1*、*DRB2* 和 *DRB3* 基因，而 Ⅱb 类包含了 *DIB*、*DNA*、*DOB*、*DYB* 和 *TCP1* 基因（高树新，2005）。Hess 等（1999）通过筛选酵母人工染色体库并将其与黄牛染色体进行荧光原位杂交而将典型的 *BoLA-*Ⅱ 类基因 *DQA*、*DQB*、*DRA* 和 *DRB3* 基因定位于 BTA23q21，同时将非典型的 *DYA*、*DIB*、*LMP2*、*LMP7*、*TAP2*、*DOB*、*DMA*、*DMB* 和 *DNA* 定位于 BTA23q12-q13（图 3-1）。

二、中国黄牛 *BoLA* 基因及其编码产物

（一）*BoLA-*Ⅰ 类基因及其编码产物

1. *BoLA-*Ⅰ 类基因

早期血清学和 Southern 杂交等研究表明黄牛基因组可能存在 10～20 个 *BoLA-*Ⅰ 类基因（Hess et al.，1999），但是后来确定的 *BoLA-*Ⅰ 类基因表达位点只有 *BoLA-A*，长度为 770～1650 kb，编码产物是 BoLA-Ⅰ 类抗原的 α 链（禹文海和鲁绍雄，2007）。*BoLA-*Ⅰ 类基因可分为 *BoLA-*Ⅰa 典型基因和 *BoLA-*Ⅰb 非典型基因，*BoLA-*Ⅰa 基因编码产物在体细胞表面表达，并且能够呈递自身蛋白抗原或者胞内病毒蛋白抗原；而 *BoLA-*Ⅰb 基

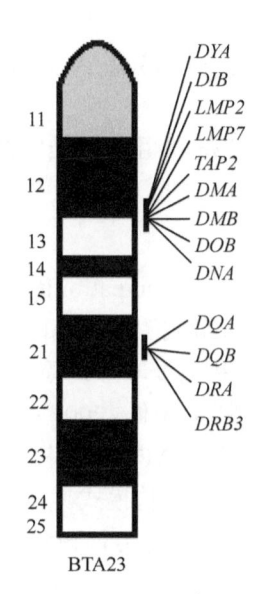

图 3-1　黄牛 23 号染色体 G 带模式及其 *BoLA*-Ⅱ类 a 和 b 亚区基因的定位
（改自 Hess et al., 1999）

因编码产物的功能具有独特性，并且其表达受到严格限制。*BoLA*-Ⅰ类基因的不同等位基因编码了至少 50 多种 BoLA-Ⅰ类抗原产物，已经统一命名的 *BoLA*-Ⅰ类基因有 37 个（高树新，2005）。

2. BoLA-Ⅰ类抗原

BoLA-Ⅰ类基因的编码产物是 BoLA-Ⅰ类抗原，几乎所有有核细胞和血小板表面都有 BoLA-Ⅰ类抗原分布，BoLA-Ⅰ类抗原尤其在免疫系统相关细胞中浓度较高，而在神经元、肌肉和红细胞中浓度较低。BoLA-Ⅰ类抗原是由 α 链（重链）和 β2 微球蛋白（轻链）通过非共价键连接构成的异源二聚体，其中 α 链由 *BoLA*-Ⅰ基因编码，分子质量为 44 000 Da，包含 346 个氨基酸残基，分为 α1 功能区、α2 功能区、α3 功能区、跨膜区和胞质区；而 β2 微球蛋白游离于细胞之外，不由 *BoLA* 基因编码，分子质量为 12 000 Da，包含约 100 个氨基酸残基（Stear et al., 1988）。BoLA-Ⅰ类抗原的主要功能是进行内源性抗原的呈递，能够与细胞内产生并经过蛋白酶降解的内源性抗原肽段形成稳定的肽-BoLA-Ⅰ类分子复合体，通过囊泡运输排出细胞后被 T 细胞识别并引发免疫反应（Davies，1997）。

（二）*BoLA*-Ⅱ类基因及其编码产物

1. *BoLA*-Ⅱ类基因

BoLA-Ⅱ类基因的Ⅱa 和Ⅱb 两个亚区分别编码 BoLA-Ⅱ类抗原的 α 链和 β 链。*BoLA*-Ⅱa 亚区包括 *DR* 和 *DQ* 两个基因座，与 *BoLA*-Ⅰ类基因区紧密连锁，其中 *DR* 基因座包含了 *DRA*、*DRB1*、*DRB2* 和 *DRB3* 四个基因位点，*DQ* 基因座含有 *DQA* 和 *QDB* 两个基因。*DR* 基因座上的 *DRA* 基因缺乏多态性，*DRB1* 为假基因，*DRB2* 基因具有一定的多态性但表达水平较低，*DRB3* 基因是具有高度多态性和高表达水平且编码功能性

限制因子的基因。*DQ* 基因座上的 *DQA* 和 *DQB* 位点均表达且表现出高度的多态性，其中在 *DQA* 位点已发现存在 *DQA1*、*DQA2* 和 *DQA3* 三个复等位基因，在 *DQB* 位点上至少存在 *DQB1* 和 *DQB2* 两个复等位基因，它们均能高效表达（Baingall and Marasa, 1998; Muggli-Cockett, 1998）。*BoLA*-Ⅱb 亚区含有 *DYA*、*DYB*、*DOB*、*DIB*、*DNA*、*DMA*、*DMB*、*TAP1*、*LMP2* 和 *LMP7* 基因，其中只有 *DMA* 和 *DMB* 基因的表达得到了证实（Muggli-Cockett, 1998; 禹文海和鲁绍雄, 2007）。

BoLA-Ⅱa 亚区中的 *DA* 类基因（包括 *DRA*、*DQA*、*DNA*、*DMA*、*DYA* 等）编码的蛋白均包含 α1 功能区、α2 功能区、跨膜区和胞质区；*BoLA*-Ⅱb 亚区中的 *DB* 类基因（包括 *DYB*、*DRB*、*DQB*、*DMB*、*DIB* 等）编码的蛋白包含 β1 功能区、β2 功能区、跨膜区和胞质区（Muggli-Cockett, 1998; 王兴平, 2004; 禹文海和鲁绍雄, 2007）。

2. BoLA-Ⅱ类抗原

BoLA-Ⅱ类基因的编码产物是 BoLA-Ⅱ类抗原。该类抗原在细胞组织的表达也具有明显的时空差异特征，其表达主要局限于活化 T 细胞和抗原呈递细胞。BoLA-Ⅱ类抗原也是由 α 链（重链）和 β 链（轻链）通过非共价键连接构成的异源二聚体，α 链和 β 链分别由 229 个和 238 个氨基酸残基构成，分子质量分别为 33 000 Da 和 28 000 Da，两条链的结构极为相似。BoLA-Ⅱ类抗原的主要功能是进行外源性抗原的呈递，BoLA-Ⅱ类抗原分子在细胞内被合成、加工、修饰和装配后能够与被溶酶体降解的外源抗原片段结合，通过囊泡运输到细胞表面后被 CD_4^+ T 淋巴细胞激活，并引发免疫反应（Davies, 1997; 禹文海和鲁绍雄, 2007）。

（三）*BoLA*-Ⅲ类基因及其编码产物

BoLA-Ⅲ类基因位于Ⅰ和Ⅱ类基因之间，主要编码补体成分 C2、C4、B 因子、热休克蛋白 70（heat shock protein 70，HSP70）、肿瘤坏死因子 α（tumor necrosis factor-α，TNF-α）、TNF-β 和 21-羟化酶。*BoLA*-Ⅲ类基因的表达产物为补体成分，不参与抗原的呈递，对其研究较少（Davies, 1997; 禹文海和鲁绍雄, 2007）。

三、中国黄牛 *BoLA* 基因的遗传特征

（一）*BoLA* 基因具有高度的多态性

除了 *BoLA* 基因，几乎所有哺乳动物的 *MHC* 基因均具有高度的多态性。*BoLA* 基因的多态性主要集中于编码多肽结合区的第二个外显子上；作为 *BoLA* 基因重要的功能区域，高度表达的 *DRB3* 位点第二个外显子的多态性也最为丰富，*DQ* 位点的多态性次之。

Andersson 等（1986）首次利用人类白细胞抗原（human leucocyte antigen，HLA）探针杂交和 RFLP 方法对 *BoLA-DRA*、*DOB*、*DNA*、*DYA* 和 *DYB* 等基因及其多态性进行分析，发现上述基因具有较丰富的多态性，后来更多的学者也发现了 *BoLA* 基因更多的多态性和等位基因。迄今为止，*BoLA* 基因命名委员会命名的 *BoLA-A* 等位基因有 37 个；*BoLA*-Ⅱa 亚区的等位基因有：1 个 *DRA*、2 个 *DRB1*、1 个 *DRB2*、92 个 *DBB3*、47 个

DQA 和 52 个 *DQB*；*BoLA*-Ⅱb 亚区的等位基因有：1 个 *DIB*、1 个 *DMA*、1 个 *DMB*、2 个 *DOA*、4 个 *DOB*、3 个 *DYA*、1 个 *TAP2* 和 1 个 *LMP7*（Davies，1997；禹文海和鲁绍雄，2007）。

（二）*BoLA* 基因呈单倍型遗传

由于在同一条染色体上 *BoLA* 各基因位点之间的距离比较近，亲本在产生配子时发生同源重组的概率很低，因此，在亲本繁殖后代时 *BoLA* 基因是以基因组合即单倍型的方式传递给子代的。所以，子代的 *BoLA* 基因单倍型作为完整的遗传单元分别来自父本和母本。

（三）*BoLA* 基因具有高度连锁不平衡性

BoLA 基因在不同基因位点上的等位基因之间存在高度连锁不平衡性。Våge 等（1992）发现 *BoLA-DQ* 单倍型 *1A* 和 *BoLA-A* 单倍型 *A11* 之间存在高度连锁不平衡。Davies（1997）的研究也发现 *DRA* 与 *DRB* 之间、*DQA* 与 *DQB* 之间、*DR* 与 *DQ* 之间以及 D 区与 A 区之间都存在着高度连锁不平衡。目前已命名的 *BoLA*-Ⅱa 亚区等位基因中实际检测到的 *DR-DB* 单倍型数目只有 38 种，远远低于理论上可以形成的单倍型数目，说明 *DR* 和 *DB* 两个亚区基因之间的重组率极低，主要呈单倍型遗传。

四、中国黄牛 BoLA 及其基因的遗传分型

（一）BoLA 抗原的血清学分型方法

早期对于 BoLA 抗原的遗传分型检测主要采用血清学方法，包括白细胞凝集和淋巴细胞毒理实验等，其基本原理是利用抗体与活淋巴细胞表面抗原结合后在补体成分的介导下破坏细胞膜，从而导致染料能够进入使得细胞着色，依此区分不同表型的 BoLA 抗原。传统的血清学方法虽然能够检测到抗原的遗传多态性，但是无法获得 *BoLA* 基因的遗传多态性信息。

（二）基于 PCR 扩增的分型方法

随着 PCR 扩增技术在 20 世纪 80 年代的出现，各种基于 PCR 的基因扩增及其遗传多态性和测序的技术飞速发展，如聚合酶链反应-扩增片段长度多态性（polymerase chain reaction-amplified fragment length polymorphism，PCR-AFLP）、聚合酶链反应-限制性片段长度多态性（polymerase chain reaction-restriction fragment length polymorphism，PCR-RFLP）、聚合酶链反应-单链构象多态性（polymerase chain reaction-single-strand conformational polymorphism，PCR-SSCP）和聚合酶链反应-双链构象多态性（polymerase chain reaction-double-strand conformational polymorphism，PCR-DSCP）等被用于 *BoLA* 基因的扩增测序及其遗传多态性分析。

（三）基于 DNA 直接测序的分型方法

随着 DNA 测序技术和生物信息分析方法的发展，以及各种 DNA 直接测序成本的

降低，DNA 直接测序的分型方法具有明显的优势。因此，利用 DNA 直接测序技术能高效、快速地进行检测。

五、黄牛 *BoLA* 基因多态性与生产性状

BoLA 基因多态性与黄牛生产性状的关系是黄牛抗病育种候选基因研究的热点内容，国内外学者主要集中于 *BoLA* 基因多态性与奶牛产奶量、乳蛋白量、乳脂量、乳蛋白率以及乳脂率的相关性研究。

（一）国外黄牛 *BoLA* 基因多态性与生产性状

Zanotti（1990）报道等位基因 *BoLA-W10*、*BoLA-W11* 和 *BoLA-W18* 对意大利荷斯坦奶牛的产奶量有负向影响，*BoLA-W6* 和 *BoLA-W10* 对乳蛋白量具有负向影响，*BoLA-W11* 对乳脂率有负向影响。Weigel 等（1990）发现 *BoLA-*Ⅰ类基因的等位基因 *W14* 或 *W8* 与美国艾奥瓦州的荷斯坦奶牛产奶量、乳脂量和乳脂率的提升相关，等位基因 *W11* 与乳脂量和乳脂率的降低相关，而 *W31* 或 *W30* 与乳脂率的降低相关。Simpson 等（1990）报道，*BoLA-*Ⅰ类基因等位基因 *W6* 与冰岛牛产奶量、乳蛋白量和乳脂量的下降相关，虽然等位基因 *W6* 与乳房炎的发病有关，但是无证据表明产奶量、乳蛋白量和乳脂量的下降是由乳房炎的发病导致的。Arriens 等（1996）的研究结果表明 *BoLA-*Ⅰ类基因等位基因 *BoLA-A* 对瑞士褐牛（Braunvieh）和弗莱维赫牛（Fleckvieh）的胴体性状和繁殖性状没有影响。

Sharif 等（1999）发现 *BoLA-DRB3* 等位基因与加拿大娟姗牛的 305 天产奶量、乳脂量和乳蛋白量之间没有显著的相关性；在加拿大荷斯坦牛中也发现等位基因 *BoLA-DRB3*16* 和 *BoLA-DRB3*23* 与上述产奶性状之间无显著相关性，但是等位基因 *BoLA-DRB3*8* 与上述产奶性状之间存在显著相关性，*BoLA-DRB3*22* 与产奶量和乳蛋白量的减少相关。Nascimento 等（2006）报道等位基因 *BoLA-DRB3*54* 与巴西 Gyr 奶牛（属于瘤牛）乳蛋白量和乳脂率的降低显著相关，等位基因 *BoLA-DRB3*6* 与乳蛋白量的降低相关，而 *BoLA-DRB3*7* 与乳蛋白量的提升有关。Rupp 等（2007）对加拿大荷斯坦牛的研究表明，等位基因 *BoLA-DRB3.2*11* 和 *BoLA-DRB3.2*23* 均与产奶量的提升相关，分别与乳中体细胞数降低和升高相关。Pashmi 等（2009）对伊朗荷斯坦牛的研究则发现，等位基因 *BoLA-DRB3.2*22* 和 *BoLA-DRB3.2*11* 对乳脂率存在正向影响，而 *BoLA-DRB3.2*22* 对乳蛋白率存有正向影响。Pokorska 等（2018）对波兰荷斯坦牛的分析也证实了等位基因 *BoLA-DRB3.2*22* 与产奶量的提升有关。

（二）中国黄牛 *BoLA* 基因多态性与生产性状

关于国内黄牛 *BoLA* 基因多态性与生产性状的研究主要集中于 *BoLA* 基因的扩增克隆及其多态性的分析，而分析 *BoLA* 基因多态性与生产性状相关性的研究较少。

1. 中国黄牛 *BoLA* 基因多态性

孙东晓等（2001）采用 PCR-RFLP 方法对蒙古牛 *BoLA-DRB3* 和 *BoLA-DQB* 基因第

2 外显子的多态性进行了检测，发现均存在多碱基突变，且 *BoLA-DRB3* 基因第 2 外显子的第 70、182 位的碱基以及 *BoLA-DQB* 基因第 2 外显子的第 24、38、74、108、122、138 和 177 位的碱基突变处于哈迪-温伯格平衡（Hardy-Weinberg equilibrium）状态。瞿冬艳等（2008）采用 PCR-RFLP 方法利用限制性内切酶 *Hae*Ⅲ、*Bst*YⅠ分别对鲁西牛、渤海黑牛、盱眙水牛和中国荷斯坦牛 *BoLA-DRB3.2* 基因序列多态性进行分析，发现 4 个牛种在 *Hae*Ⅲ酶切位点上均表现为多碱基突变，鲁西牛、渤海黑牛和中国荷斯坦牛在 *Bst*YⅠ酶切位点上表现为多碱基突变，而盱眙水牛未检测到突变；鲁西牛和盱眙水牛在 *Hae*Ⅲ酶切位点的突变偏离哈迪-温伯格平衡状态，中国荷斯坦奶牛在 *Bst*YⅠ酶切位点的突变也偏离哈迪-温伯格平衡状态，而鲁西牛和渤海黑牛在酶切位点的碱基突变达到哈迪-温伯格平衡。禹文海等（2011）通过 PCR-RFLP 和 PCR 扩增测序方法对云南高峰牛的 *BoLA-DQB.2* 多态性进行检测后发现了其共有 17 个等位基因，其中 *Hae*Ⅲ酶切位点存在 5 个复等位基因，*Rsa*Ⅰ酶切位点存在 11 个复等位基因，而 *Taq*Ⅰ酶切位点存在 1 个复等位基因；*Hae*Ⅲ和 *Taq*Ⅰ酶切位点的突变处于哈迪-温伯格平衡状态，而 *Rsa*Ⅰ酶切位点则未达哈迪-温伯格平衡。

2. 中国黄牛 *BoLA* 基因多态性与生产性状的关系

王兴平（2004）采用 PCR-RFLP 和 PCR-SSCP 方法对秦川牛、鲁西牛、南阳牛和晋南牛 *BoLA-DRB3.2* 和 *BoLA-DRA.2* 序列多态性和部分生产性状进行了相关性分析，发现南阳牛 18 月龄体长在 *BoLA-DRB3.2* 的 *Hae*Ⅲ-RFLP 标记效应显著；2 岁南阳牛体高在 *BoLA-DRA.2* 的 SSCP 标记效应显著，3 岁南阳牛体高在 *DRA*-SSCP 和 *DRB3-Msp*Ⅰ-RFLP 标记效应显著；*BoLA-DRB3.2* 的 *Hae*Ⅲ-RFLP 位点，*AC* 基因型对体尺有显著效应。毕伟伟（2011）利用 PCR-SSCP 方法分析了 *BoLA-DRB3.2* 基因序列变异与鲁西牛生长发育性状的关系，发现 *BoLA-DRB3.2* 基因序列的三种基因型，即 *AA*、*AB* 和 *BB* 与不同生长发育性状有相关性：*AA* 基因型个体的体长极显著高于 *AB* 基因型，*AA* 基因型个体的胸围、腹围和体重极显著高于 *AB* 基因型和 *BB* 基因型，说明 *AA* 基因型对牛的生长发育有利。

六、中国黄牛 BoLA 及其基因与疾病

由于 BoLA 在抗原呈递免疫激活及其基因变异对疾病敏感性方面发挥重要作用，因此有关 BoLA 及其基因与疾病尤其是奶牛乳房炎的研究得到了各国研究者的重视。自从 Caldwel 和 Cumberland（1978）首次报道 BoLA-Ⅰ类抗原与牛眼扁平细胞癌相关性以后，黄牛 BoLA 与疾病之间相关性的研究报道不断增加。

（一）BoLA 及其基因与奶牛乳房炎的关系

在 BoLA 及其基因与奶牛乳房炎关系的研究中，Solbu 等（1982）首次报道 *BoLA-W6* 等位基因和乳房炎易感性有关，而 *W2* 和乳房炎抗性相关。Oddgeirsson 等（1988）通过研究冰岛奶牛 *BoLA* 与体细胞数和乳房炎的关系后发现，*BoLA-W6* 和 *BoLA-W6.1* 与牛奶

中体细胞数的升高有关，而 *BoLA-W6.2* 和 *BoLA-W11* 与牛奶中胰蛋白酶抗性的增高相关。Weigel 等（1990）发现 *BoLA-W14*（*W8*）和 *BoLA-W11* 与美国艾奥瓦州的荷斯坦奶牛乳房炎发生率的降低有关。Våge 等（1992）发现 BoLA-A 抗原与挪威奶牛的乳房炎易感性之间无相关性。Mejdell 等（1994）研究发现 *BoLA-A2* 与挪威人工授精公牛后代奶牛乳房炎相对抗性相关。Aarestrup 等（1995）通过分析 *BoLA*-Ⅰ类基因单倍型与 333 头丹麦奶牛及其杂交后代乳房炎的关系后发现，*BoLA-A11* 和 *BoLA-A12*（*A30*）等位基因与牛奶中体细胞数目的减少相关，*BoLA-A21* 和 *BoLA-A26* 等位基因和牛奶中体细胞数目的增加相关。

Dietz 等（1997）利用 PCR-RFLP 方法对 *BoLA-DRB3.2* 位点进行基因分型后与美国 4 个州的 1100 头荷斯坦奶牛奶样的体细胞数相关性进行分析，发现等位基因 *DRB3.2*16* 与奶样中体细胞数的激增和乳房炎风险的增加相关。Sharif 等（1998）发现等位基因 *BoLA-DRB3.2* 与娟姗奶牛奶样的体细胞分值（somatic cell score，SCS）之间无相关性，而等位基因 *DRB3.2*16* 则与荷斯坦奶牛奶样的 SCS 的降低显著相关，等位基因 *DRB3.2*23* 则与荷斯坦奶牛急性乳房炎的发病显著相关。高树新（2005）采用 PCR-SSCP 基因分型方法对中国荷斯坦牛、中国西门塔尔牛和三河牛 *BoLA-DRA*、*BoLA-DQA*、*BoLA-DQB* 和 *BoLA-DRB3* 的遗传多态性与奶牛乳房炎的相关性进行了研究，发现 *BoLA-DRA.2* 基因的 *CC* 基因型、*BoLA-DQA.2* 的 *BB* 和 *FF* 基因型、*BoLA-DQA.2* 的 *DD* 基因型、*BoLA-DRB3.2* 的 *EE* 基因型与中国西门塔尔牛和三河牛乳房炎易感性相关；而 *BoLA-DRA.2* 的 *BC* 基因型、*BoLA-DQA.2* 的 *AA* 基因型、*BoLA-DQB2* 的 *AA* 基因型、*BoLA-DRB3.2* 的 *BB* 基因型可能与中国西门塔尔牛和三河牛乳房炎抗性相关。Chu 等（2012）利用 PCR-RFLP 基因分型方法发现 *BoLA-DRB3.2* 及 *BoLA-DRB3* 基因第 1 外显子 3'端部分序列的 *Bst*Y Ⅰ *AA* 是抗乳房炎的优势基因型，而 *Bst*Y Ⅰ *BB* 是抗乳房炎的劣势基因型。

（二）BoLA 及其基因与其他疾病的关系

黄牛 BoLA 及其基因除了与奶牛乳房炎有关，还与持久性淋巴细胞增多症（persistent lymphocytosis，PL）、嗜皮菌病（dermatophilosis）和口蹄疫（foot and mouth disease，FMD）等疾病有关。

七、中国黄牛 *BoLA* 基因与抗病育种

综合 *BoLA* 基因各个位点及其等位基因多态性与黄牛生产和抗病性状关系来看，*BoLA-DRB3* 基因位点在国内外黄牛品种中均呈现丰富的遗传多态性，该基因在不同品种群体的特定基因型不仅与体高、体长、体重、生长发育、产奶量、乳蛋白率和乳脂率等生产性状密切相关，还与奶牛体细胞分值和乳房炎易感性密切相关，因此 *BoLA-DRB3* 基因位点可以作为黄牛抗病育种的潜在候选基因位点，并且将为肉牛和奶牛重要生产性状早期选育提供标记辅助选择（marker assisted selection，MAS）的有效方法，为培育生长发育快、生产性状优良和抗乳房炎等疾病的优良黄牛新品种/品系提供重要技术参考。

第三节　中国黄牛免疫球蛋白及其多样性

机体的免疫系统能够识别和清除抗原，此过程即为免疫应答（immune response）。免疫应答可分为固有免疫（innate immunity）和适应性免疫（adaptive immunity）。固有免疫是指机体在病原体入侵后迅速非特异地识别和清除抗原并发挥抗感染效应，也可清除体内病变和衰老的细胞。适应性免疫是机体长期受到抗原刺激后对特定抗原产生的记忆性免疫应答，当机体再次遭受相同抗原侵染后能够更加高效、迅速和持久地产生免疫反应。适应性免疫又可分为体液免疫（humoral immunity）和细胞免疫（cellular immunity），在适应性免疫中浆细胞（效应 B 细胞）能够产生特异性识别和中和相应抗原的免疫球蛋白（抗体），免疫球蛋白在体液免疫中有重要作用。

黄牛免疫球蛋白的研究始于 20 世纪 60 年代，虽然取得了一定进展，但是对于其基因结构方面的研究不够完善和充分。

一、免疫球蛋白的基本结构和功能

（一）免疫球蛋白的结构

免疫球蛋白分子结构呈"Y"形，是由 2 条相同的重链（heavy chain，H 链）和 2 条相同的轻链（light chain，L 链）通过数个二硫键连接组成的异质二聚体，重链和轻链均由各自的同源区（homology region）组成，哺乳动物免疫球蛋白的重链包含 4 个同源区（V_H、C_H1、C_H2 和 C_H3），轻链则含有 2 个同源区（V_L 和 C_L）（图 3-2）（Poljak et al.，1976）。由机体产生的不同类型抗体的重链和轻链的 N 端第一个同源区的氨基酸序列差异比较大，因此被称为可变区（variable region，V_H 或 V_L），重链和轻链的可变区构成了免疫球蛋白的抗原结合位点。重链和轻链的可变区以外的其他区域的氨基酸序列相对保守，被称为恒定区（constant region，C_H 或 C_L）。

由于重链和轻链之间除了链间共价二硫键，还存在许多非共价相互作用，因此在打开链间共价二硫键之后还需要在较极端的化学条件下（pH、尿素作用等）才能将免疫球蛋白解聚成单独的多肽链（Poljak et al.，1976；马力，2016）。免疫球蛋白分子被木瓜蛋白酶降解后产生的 Fab 区段由 L 链、Fd 多肽链和 Fc 区段构成，在被胃蛋白酶降解后可以打开 H 链之间的二硫键，从而产生 Fab′区段，其由 L 链和 Fd′多肽链构成。Fab 区段（antigen-binding fragment）是免疫球蛋白的抗原结合区段，包含了免疫球蛋白的轻链和重链的 V_H 和 C_H1 区段；免疫球蛋白的 Fc 区段（crystallizable fragment）是免疫球蛋白与效应分子或细胞相互作用的部位，包含了除 C_H1 以外的其他重链恒定区（图 3-2）。免疫球蛋白重链上 C_H1 和 C_H2 之间的氨基酸残基构成铰链区（hinge region），连接免疫球蛋白分子的 Fab 和 Fc 区段（图 3-2）。Fc 区段多肽链的长度及其所包含的 N-糖基化和寡甘露糖多糖位点数量的差异决定了免疫球蛋白有 5 种重链类型，即 C_μ、C_γ、C_α、C_δ 和 C_ε，也由此分别构成了 5 种类型的免疫球蛋白分子，即 IgM、IgG、IgA、IgD 和 IgE（图 3-3）。

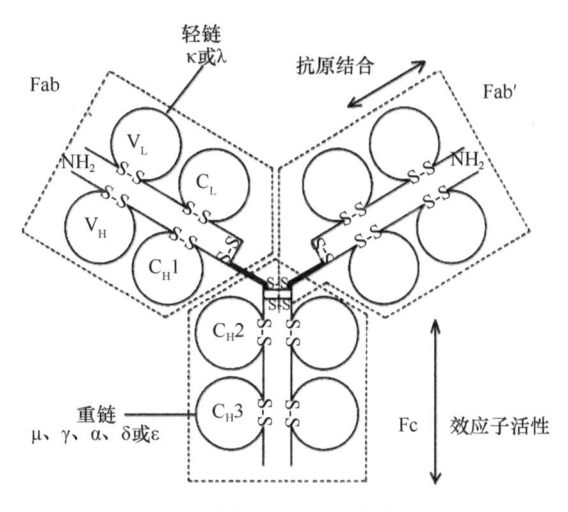

图 3-2 免疫球蛋白分子结构示意图（改自 Poljak et al.，1976）

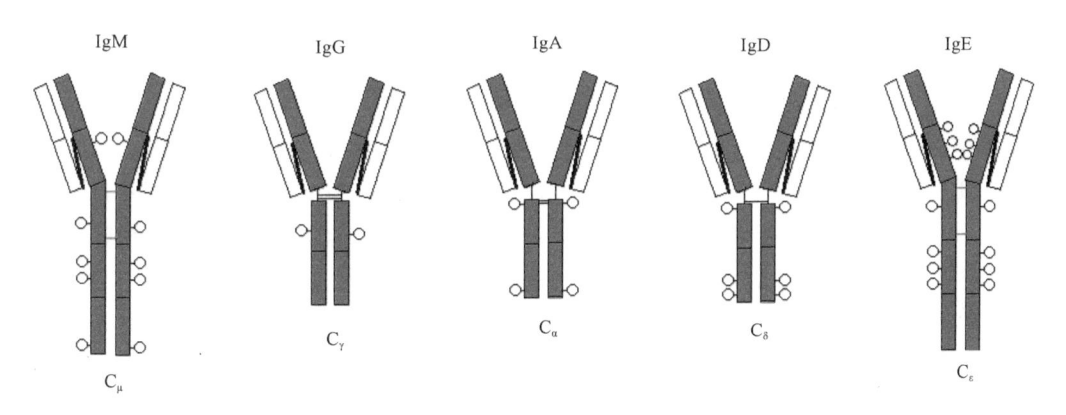

图 3-3 五种类型免疫球蛋白分子基本结构示意图（改自 Arnold et al.，2007）

图中白色长方形条带表示免疫球蛋白的轻链，灰色条带表示免疫球蛋白的重链，小圆圈表示 N-糖基化和寡甘露糖多糖位点，不同免疫球蛋白的多糖位点及其数量有差异，C_μ、C_γ、C_α、C_δ 和 C_ε 分别表示 IgM、IgG、IgA、IgD 和 IgE 的 Fc 区段。轻链（L）由 2 个同源区构成，即 V_L 和 C_L；重链（H）由 4 个同源区构成，即 V_H、C_H1、C_H2 和 C_H3。C_H1 和 C_H2 通过铰链区连接。免疫球蛋白分子被木瓜蛋白酶降解后产生的 Fab 片段由 L 链、Fd 多肽链和 Fc 区段构成，在被胃蛋白酶降解后可以打开 H 链之间的二硫键，从而产生 Fab'区段，其由 L 链和 Fd'多肽链构成，图中标出了链内和链间的二硫键以及 L 链和 H 链的 N 端

（二）免疫球蛋白的类型和功能

免疫球蛋白的轻链只有一个 C_L 同源区，而重链 C_H 同源区的数量在不同类型免疫球蛋白中有所不同，IgM 和 IgE 各有 3 个 C_H 同源区，而 IgG、IgA 和 IgD 则只有 2 个 C_H 同源区（图 3-2，图 3-3）。机体内，不同的免疫球蛋白存在的形态和结构有所不同，IgM 可以通过二硫键和 J 链（J chain）连接构成五聚体，IgA 则通过二硫键和 J 链组成二聚体，而 IgG、IgD 和 IgE 则以单体形式存在（图 3-4）。

IgM 是体液免疫首先产生的抗体类型，主要存在于血液和淋巴液中，形成五聚体后对多价抗原具有很强的亲和力，主要功能在于激活补体系统（Ehrenstein and Notley，2010）。IgG 以单体形式大量存在于血液和细胞外液，主要功能是促进吞噬细胞的吞噬和通过相应受体通过胎盘屏障赋予胎儿被动免疫（Medesan et al.，1998）。IgA 主要以单

IgM(五聚体)　　　　　　　　　IgA(二聚体)

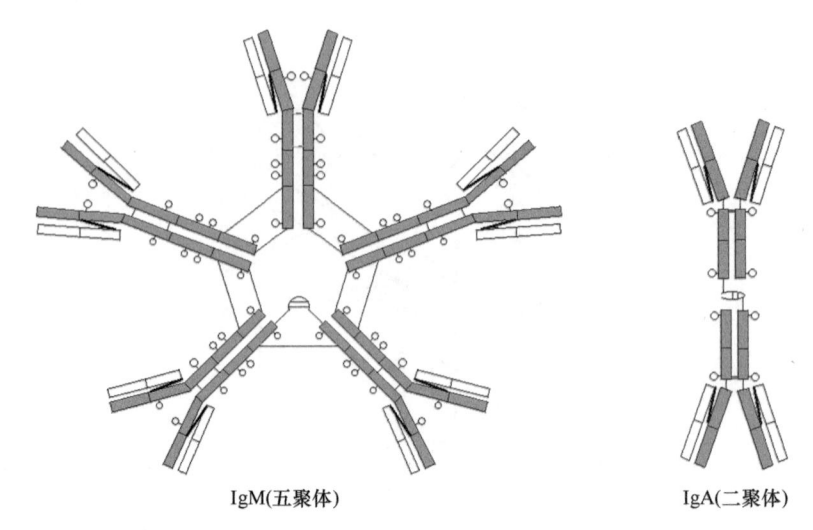

图 3-4　IgM 和 IgA 分子通过二硫键和 J 链分别形成五聚体和二聚体（改自 Arnold et al.，2007）

图中白色长方形条带表示免疫球蛋白的轻链，灰色条带表示免疫球蛋白的重链，小圆圈表示 N-糖基化和寡甘露糖多糖位点，不同免疫球蛋白的多糖位点及其数量有差异

体、二聚体或多聚体形式存在于血清、黏膜以及外分泌物中，在血清以单体形式存在的 IgA 可以介导细胞毒理作用，以二聚体形式存在的 IgA 是黏膜免疫系统的重要组成部分，能够抑制病原体的侵入和增殖（Underdown and Schiff，1986）。IgD 以单体形式存在于血清和组织液，可以激活白细胞的抗菌功能并发挥免疫监督功能（Chen et al.，2009）。IgE 以单体形式存在于血液中，且其含量相对于其他免疫球蛋白最低，其功能主要与机体的过敏反应和抵御寄生虫对机体的侵染有关（Revoltella et al.，1980）。

二、黄牛免疫球蛋白重链基因

牛和其他哺乳动物类似，胚系免疫球蛋白基因包含了重链和 κ、λ 轻链基因，这些基因均定位于不同的染色体上。重链基因包含了 V、D、J 和 C 四种不同的基因片段，而轻链基因包含数目不等的 V、J 和 C 三种不同的基因片段，这些基因片段在基因组 DNA 上并非连续线性排列而是被内含子序列隔开。

黄牛免疫球蛋白的重链基因被定位于 BTA21q23—q24，其组成和其他哺乳动物类似，也由可变区 V_H、D_H、J_H 以及恒定区 μ、δ、γ、ε 和 α 基因片段组成，已经鉴定的 V_H、D_H 和 J_H 基因片段分别有 15 个、10 个和 6 个，恒定区基因片段 μ、δ、γ、ε 和 α 依次排列在 J_H 基因的 3′端（Koti et al.，2010）（图 3-5）。

（一）黄牛 V_H 基因

黄牛 V_H 基因序列全长达 250 kb，被定位于 BTA21q24；已经发现的 V_H 基因片段归属于 3 个基因家族，即 *IGHV1*、*IGHV2* 和 *IGHV3*，其中 *IGHV2* 和 *IGHV3* 家族中的基因全部是假基因，只有 *IGHV1* 家族包含的 10 多个 V_H 基因片段被功能性表达（Koti et al.，2010）（图 3-5）。

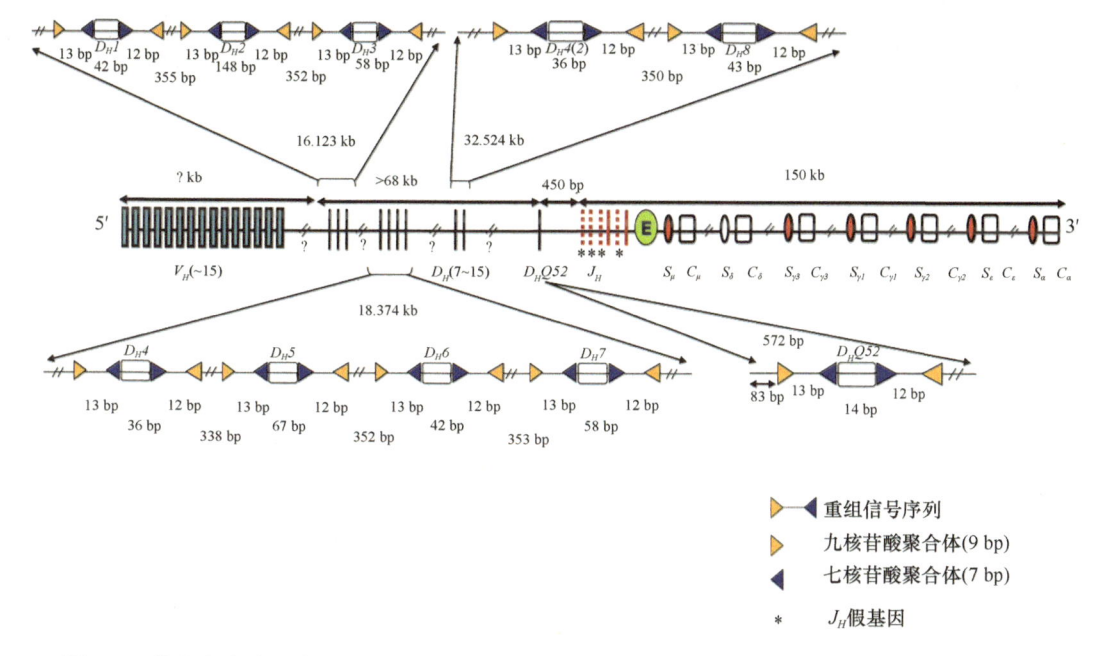

图 3-5 黄牛免疫球蛋白重链基因片段在 BTA21q23—q24 的分布图示（改自 Koti et al., 2010）

（二）黄牛 D_H 基因

黄牛 D_H 基因序列全长达 68 kb，目前已经鉴定的黄牛 D_H 基因片段有 10 个，即 D_H1、D_H2、D_H3、D_H4、D_H5、D_H6、D_H7、$D_H4(2)$、D_H8 和 D_HQ52，归属于 4 个基因家族。D_H1、D_H2 和 D_H3 归属于同一家族，其 DNA 序列长度为 16.123 kb；D_H4、D_H5、D_H6 和 D_H7 归属于同一基因家族，其 DNA 序列长度为 18.374 kb；$D_H4(2)$ 和 D_H8 归属于同一基因家族，其 DNA 序列长度为 32.524 kb；D_HQ52 单独为一个基因家族，其 DNA 序列长度为 572 bp（Koti et al., 2010）。黄牛 10 个 D_H 基因序列均具有的明显特征是重复性 GGT 和 TAT 密码子，而且每个 D_H 基因片段的两侧翼均有重组信号序列（recombination signal sequence，RSS），该序列的 5′端和 3′端分别有长度为 13 bp 和 12 bp 的间隔子（spacer）序列（Koti et al., 2010）（图 3-5）。

（三）黄牛 J_H 基因

黄牛 J_H 基因全长 1.8 kb，在 BTA21 图谱中位于恒定区 μ 基因 5′端上游约 7 kb 处，已经鉴定的黄牛 J_H 基因片段有 6 个，即 J_H1、J_H2、J_H3、J_H4、J_H5 和 J_H6，其中 J_H4 和 J_H6 具有潜在编码功能，而其余 4 个基因片段由于重组信号序列（RSS）或者 5′端和 3′端剪切序列的突变而丧失编码功能，为假基因（Zhao et al., 2003；Koti et al., 2010；马力，2016）（图 3-5）。更为有趣的是，Hosseini 等（2004）在 BTA11 上发现的 J_H 基因位点也包含了 6 个 J_H 基因片段，其中也只有 J_H4 和 J_H6 具有潜在编码功能，该段 J_H 基因位点序列被认为是 BTA21 上相应位点的复制序列。该基因的数目和序列变异对于抗体多样性的形成具有重要作用，小鼠具有 4 个功能性 J_H 基因片段，人和兔则具有 6 个功能性 J_H 基因片段，与其他哺乳动物相比，黄牛 6 个 J_H 基因片段中具有编码功能的基因较少（李敏，2005）。

（四）黄牛重链恒定区基因

黄牛免疫球蛋白因为重链恒定区抗原差异而被分为 IgM、IgD、IgG、IgE 和 IgA 五种类型，分别由 C_μ、C_δ、C_γ、C_ε 和 C_α 基因编码；IgG 又有 IgG1、IgG2 和 IgG3 三类同种异型体；黄牛免疫球蛋白重链恒定区基因全长 125 kb，在染色体上按照如下顺序线性排列：5′-μ–5 kb–δ–33 kb–$\gamma3$–20 kb–$\gamma1$–34 kb–$\gamma2$–20 kb–ε–13 kb–α-3′（Zhao et al.，2003）（图 3-6）。

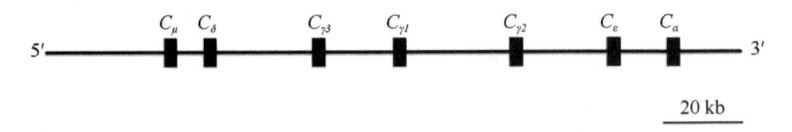

图 3-6　黄牛重链恒定区基因位点物理图谱示意图（改自 Zhao et al.，2003）

1. 增强子序列特征

通过黄牛 5′端 E_μ 增强子核心序列与其他哺乳动物的对应序列比较分析，发现黄牛 5′端 E_μ 增强子核心区域内缺失 μE3 模体，且在 μA 和 μB 之间有一缩短的间隔子（Zhao et al.，2003）。

2. C_μ 基因

黄牛 IgM 的重链恒定区由 C_μ 基因的 4 个外显子（CH1、CH2、CH3 和 CH4）编码，而 C_μ 基因的另外 2 个外显子（TM1 和 TM2）编码蛋白跨膜区（图 3-7）；黄牛的 C_μ 基因序列与绵羊的同源性最高（88%），与猪（62%）、大鼠（62%）、兔（58%）、人（56%）、小鼠（54%）和鸡（28%）的同源性依次降低（Mousavi et al.，1998）。

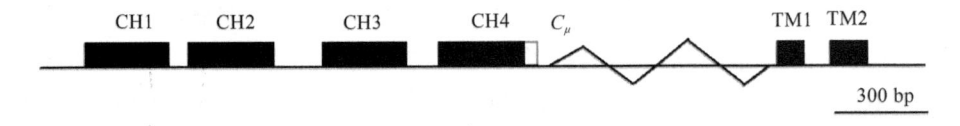

图 3-7　黄牛 C_μ 基因结构示意图（改自 Mousavi et al.，1998）

黄牛 IgM 可以形成五聚体 IgM，而且 Tobin-Janzen 和 Womack（1992）通过 DNA 印迹（Southern blot）发现黄牛基因组存在 2 个 C_μ 基因条带，但在黄牛的免疫球蛋白重链恒定区胚系基因中 C_μ 是否以多拷贝形式存在尚无定论。

3. C_δ 基因

黄牛 IgD 的重链恒定区由 C_δ 基因编码，该基因位于 C_μ 基因下游大约 5.1 kb 处，该基因的 3 个外显子（$C_\delta1$、$C_\delta2$ 和 $C_\delta3$）编码 IgD 的重链恒定区，另外 2 个外显子（δM1 和 δM2）编码跨膜区，还有 2 个外显子（δH1 和 δH2）编码铰链区（Zhao et al.，2002）（图 3-8）。Zhao 等（2002）认为黄牛 C_δ 基因转换区上游约 4 kb 的 DNA 序列由 C_μ 基因

上游增强子 E_μ 和外显子 $C_\delta 2$ 之间的同样长度的序列复制而来,因为 δM2 和 $C_\delta 1$ 之间的内含子序列中包含的长散在核元件 B(B-long interspersed nuclear element)具有编码反转录酶的潜力,该元件可能与以上序列的复制和转座有关(Zhao et al.,2002)。

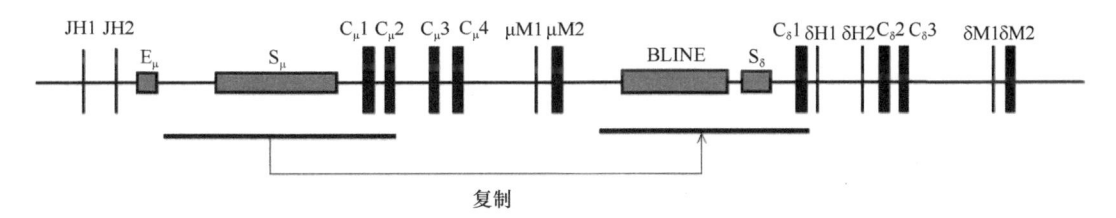

图 3-8 黄牛 C_μ 和 C_δ 基因结构示意图(改自 Zhao et al.,2002)

图中■表示外显子,下方的黑色粗线表示复制 DNA 片段,E_μ 表示位于 5'端内含子的增强子,S_μ 表示 S_μ 基因转换区(switch μ),S_δ 表示 S_δ 基因转换区(switch δ),BLINE 表示长散在核元件 B

4. C_γ 基因

黄牛 IgG 由 C_γ(*IGHG*)基因编码。根据黄牛 IgG 的重链恒定区抗原特性的差异而分为 IgG1、IgG2 和 IgG3 三类同种异型体,分别由 *IGHG1*($C_{\gamma 1}$)、*IGHG2*($C_{\gamma 2}$)和 *IGHG3*($C_{\gamma 3}$)基因编码,*IGHG1* 与 *IGHG2* 和 *IGHG3* 基因序列的同源性分别高达 83%和 85%,因此,推测 *IGHG2* 和 *IGHG3* 基因可能是长期进化过程中由 *IGHG1* 基因复制而来的(Zhao et al.,2003;马力,2016)。

IGHG1 和 *IGHG2* 基因结构相同,除了 3 个外显子(CH1、CH2 和 CH3)外,还有编码铰链区 13 个氨基酸残基的外显子,CH2 和 CH3 之间内含子两侧翼有 16 bp 和 25 bp 的保守序列(Morton et al.,2001);*IGHG3* 基因又有 2 个等位基因,即 *IGHG3^a* 和 *IGHG3^b*,分别编码 IgG3a 和 IgG3b 两种亚型,这两种等位基因中包含的 3 个外显子(CH1、CH2 和 CH3)与 *IGHG1* 和 *IGHG2* 基因相同,CH2 和 CH3 之间内含子两侧翼也有 16 bp 和 25 bp 的保守序列,两组等位基因(*IGHG1&IGHG2*,*IGHG3^a* 和 *IGHG3^b*)编码的铰链区氨基酸残基数目(分别为 13 个和 37 个)以及各自 CH2 和 CH3 外显子之间内含子序列的存在差异;*IGHG3^a* 等位基因与 *IGHG1* 和 *IGHG2* 的差异只在于 CH1 和 CH2 外显子之间编码铰链区氨基酸残基外显子序列的差异,等位基因 *IGHG3^b* 和 *IGHG3^a* 之间的差异在于 CH2 和 CH3 外显子之间的内含子序列中多出一个 41 bp 的重复单元,且两个重复单元之间又有一个 84 bp 的插入序列(Rabbani et al.,1997)(图 3-9)。*IGHG3* 与 *IGHG1* 和 *IGHG2* 基因在 CH1 和 CH2 外显子之间编码铰链区氨基酸序列上的差异,导致编码产物 IgG3 相对于 IgG1 和 IgG2 的铰链区更长、更灵活,所以 IgG3 能够与抗原更加有效地结合(李敏,2005)。

5. C_ε 基因

黄牛 IgE 的重链恒定区由 C_ε 基因的 4 个外显子(CH1、CH2、CH3 和 CH4)编码,C_ε 基因还有编码铰链区的外显子,该基因全长约 5.0 kb,只有一个拷贝,在染色体上线性排列于 C_γ 基因的下游(Koti et al.,2010)(图 3-5)。

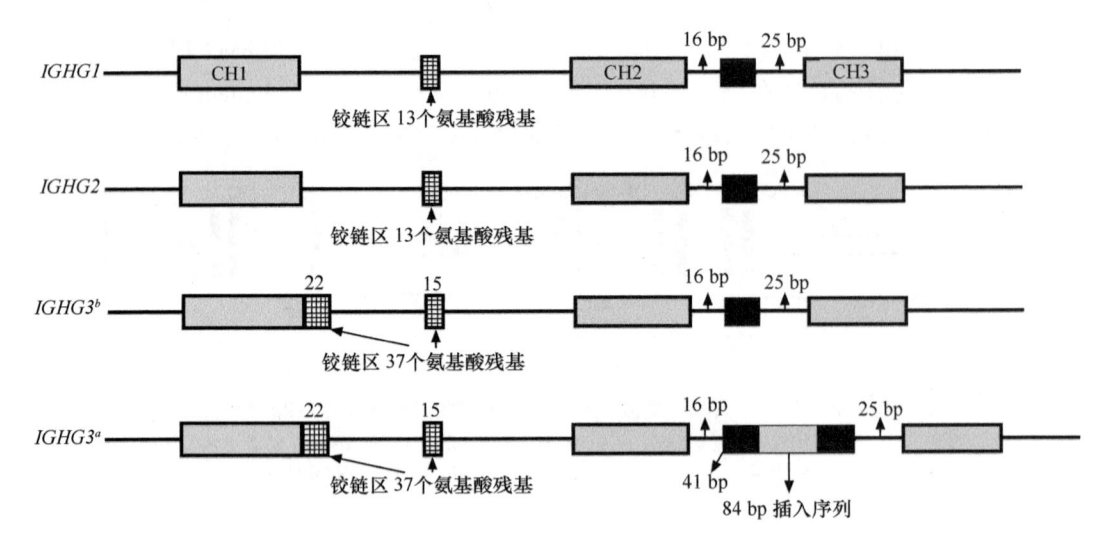

图 3-9　黄牛 *IGHG1* 和 *IGHG2* 以及 *IGHG3* 的 2 个等位基因结构比较示意图（改自 Rabbani et al., 1997）
图中黑色框表示在所有 *IGHG* 基因中均相同的 41 bp 重复单元，除了 *IGHG3*[a] 等位基因，其他所有 *IGHG* 基因的 CH2 和 CH3 外显子之间的内含子核苷酸数目高度保守

6. C_α 基因

黄牛 IgA 的重链恒定区由 C_α 基因的 3 个外显子（CH1、CH2 和 CH3）编码，C_α 基因还有编码铰链区的外显子，该基因在染色体上线性排列于 C_ε 基因的下游 3′端（Koti et al., 2010）（图 3-5）。

三、黄牛免疫球蛋白轻链基因

黄牛在免疫球蛋白轻链基因的表达方面与其他家养动物类似，主要表达产物为 λ 链，该基因位点在 BTA17 上（Tobin-Janzen and Womack，1996）。虽然有证据表明黄牛体内也低水平表达 κ 链，但是对其表达系统的研究尚不够深入，这种低水平表达的原因可能是该基因功能丧失或者缺失主要片段（如小鼠的 λ 基因系统）（Arun et al., 1996）。

Ivanov 等（1988）首次发表黄牛免疫球蛋白 λ 轻链基因序列后，该 cDNA 序列被后来的研究者有效用作探针进行 λ 链基因的后续研究。Sinclair 等（1995）通过克隆序列组装发现了单一基因家族，即 $V_\lambda 1$，其是黄牛主要表达的免疫球蛋白轻链基因家族，进一步分析发现，通过框架区（framework region，FR）序列特征和互补决定区（complementarity determining region，CDR）的长度差异可以将此基因家族分为 3 个亚家族，即 $V_\lambda 1a$、$V_\lambda 1b$ 和 $V_\lambda 1c$。后来 Parng 等（1996）的研究也印证了上述结果。为了进一步阐明黄牛免疫球蛋白的组装及其多样性，研究者（Sinclair et al., 1995；Parng et al., 1996）通过分离黄牛生殖细胞并对其 V_λ 基因序列进行分析，发现生殖细胞的 V_λ 基因具有完整的阅读框序列，但是脾脏 V_λ 基因 cDNA 缺失该阅读框序列，因此将生殖细胞的 V_λ 基因序列命名为 $V_\lambda 1a$。陈丽梅（2005）克隆了黄牛免疫球蛋白 λ 轻链基因的恒定区（C_λ）序列，通过对比发现获得的 4 段 C_λ 序列与小鼠的同源性高于人的。

四、黄牛免疫球蛋白多样性

(一) 免疫球蛋白多样性来源

通过数量相对有限的抗体基因产生大量的抗体是脊椎动物免疫系统所具有的一个强大功能和重要特点，例如，猪、鸡、牛、羊和兔等不同家养动物只有数量相对少的胚系 V 基因且不同物种的抗体基因数目差异较大，因此抗体的多样性主要通过抗体基因的重排、连接，碱基的突变、缺失、插入，以及基因转换等产生（Takahashi et al., 2000）。免疫球蛋白多样性源自 4 种方式：V（D）J 重组、体细胞超突变（somatic hypermutation, SHM）、基因转换（gene conversion, GCV）和类别转换重组（class switch recombination, CSR）。

1. V（D）J 重组

在 V（D）J 重组中，组成免疫球蛋白重链可变区的 D 和 J 基因片段发生重组后再与 V 片段发生重组形成重链可变区基因，免疫球蛋白轻链可变区基因由 V 和 J 片段重组形成（Tonegawa，1983）。

2. SHM

SHM 是在机体受抗原刺激后 B 细胞激活进一步分化过程中，在免疫球蛋白重链和轻链可变区引入大量突变位点的重要机制，该机制所产生的突变位点主要集中于基因转录起始位点上游区域且在高频转录的序列中才发生，而且在 V（D）J 重组序列及其 J 片段下游内含子突变位点较多，但是在增强子和恒定区序列中突变位点很少（Franklin and Blanden，2006）。

3. GCV

GCV 是首先在鸡的法氏囊和兔的阑尾中发现的进一步增加免疫球蛋白多样性的机制，在人类机体也有发生，用于补充 V（D）J 重组产生抗体多样性的不足，首先由激活诱导的胞苷脱氨酶（activation-induced cytidine deaminase，AID）催化，在即将重组的 V 片段中的尿嘧啶脱去氨基引入 U:G 突变，然后在尿嘧啶-DNA 糖基水解酶（uracil-DNA glycosylase，UNG）和脱嘌呤/嘧啶内切酶 1（apurinic/apyrimidinic endonuclease 1，APE1）的催化下在 DNA 链上形成单链缺口，互补链上也通过上述机制形成缺口，从而导致双链断裂，两条链暴露的 3′端会在一系列蛋白质的识别辅助下找到并入侵同源的 DNA 双链，进而以假基因为供体进行同源重组，结果导致功能性 V 基因部分片段被 V 假基因部分对应片段替换，同时作为同源重组供体的 V 假基因序列保持不变（Darlow and Stott，2006）。

4. CSR

机体在受到病原体侵染后为了更加有效、特异地清除病原体产生免疫反应，在 CSR 机制作用下只通过改变免疫球蛋白重链恒定区而使得本来产生 IgM 的 B 细胞转而表达除 IgD 以外的其他免疫球蛋白，CSR 也是发生在免疫球蛋白基因 DNA 序列上的缺失重组过程，首先是待重组位置产生 DNA 双链断裂，然后进行重组连接（Xu et al., 2012）。

（二）中国黄牛免疫球蛋白多样性产生机制

由于黄牛组织绒毛膜型胎盘屏障的阻隔，胎牛免疫前组库（preimmune repertoire）的发育是在母体抗体缺失的条件下进行的，同时源自生殖细胞免疫球蛋白重链和轻链基因位点有限的多态性，一同限制了黄牛免疫球蛋白多样性的来源（Sinclair et al., 1995; Kaushik et al., 2002）。因此，黄牛必须拥有其他免疫球蛋白多样化的策略。在黄牛中，决定免疫球蛋白多样性的重链和轻链可变区 V_H 和 V_λ 基因片段数量有限，而且各片段之间的基因序列同源性很高，因此，目前认为 V（D）J 重组和 CSR 是黄牛免疫球蛋白多样性产生的重要机制。

1. V（D）J 重组

免疫球蛋白可变区中 6 个高变多肽环区（hypervariable polypeptide loop）介导抗原的识别，其中重链（CDR1H、CDR2H 和 CDR3H）和轻链（CDR1L、CDR2L 和 CDR3L）各有 3 个这样的互补决定区（complementarity determining region，CDR），其中 CDR3H 构成重链抗原结合位点的基部，能够与抗原决定簇最大限度结合，因此决定了抗体的特异性（Wilson and Stanfield，1994）。Koti 等（2010）发现在成年黄牛 IgM 的 V_H-D_H 基因连接处通过 V（D）J 重组机制插入 13～18 bp 的保守短核苷酸序列（conserved short nucleotide sequence，CSNS），使得 *CDR3H* 基因编码区延长到 61 个密码子，因此这种通过 V（D）J 重组机制插入 CSNS 是黄牛免疫球蛋白多样性产生的特殊机制，在其他物种中尚未发现。与其他物种相比，黄牛 IgM 拥有最长的 *CDR3H* 基因序列（表 3-2）。马力（2016）发现了黄牛 IgM 的 2 个编码基因 C_μ 线性排列在同一重链基因位点上，但在不同发育时期的各个组织主要表达 $C_{\mu2}$ 基因，认为黄牛主要通过增加连接多样性程度和 *CDR3H* 基因平均长度来弥补可变区基因片段数目有限而导致的 V（D）J 重组多样性的不足，另外，超长 *CDR3H* 序列主要通过 D_H8 基因片段参与重组。

表 3-2 不同物种 IgM 的 *CDR3H* 基因编码序列长度（改自 Kaushik et al., 2002）

物种	CDR3H 基因编码序列长度（密码子）(bp)
人类	2～26
小鼠	2～19
兔	4～19
绵羊	5～18
黄牛	3～61
猪	3～25
鸡	15～30
骆驼	10～24

2. CSR

Kaushik 等（2009）通过外周淋巴细胞 cDNA 建库测序分析，对患有白细胞黏附缺陷症（leukocyte adhesion deficiency，LAD）的 18 月龄黄牛 IgM 和 IgG 多样性产生机制进行了研究，分别在 IgM 和 IgG 编码基因中发现了 24 个 VDJC$_\mu$ 和 25 个 VDJC$_\gamma$ 重组位点，进一步分析后认为：① *CDR3H* 超长基因序列的表达仅限于黄牛 IgM；② 在 B 细胞克隆选择（clonal selection）和亲和力成熟（affinity maturation）过程中也通过常规的 SHM 机制进行 V（D）J 重组编码黄牛 IgM；③ SHM 机制在黄牛 IgM 和 IgG 多样性产生中发挥显著作用，同时多样性产生的"热点"存在于 *FR1*、*FR3* 和 *CDR1H* 基因片段；④ 在 VDJC$_\mu$ 和 VDJC$_\gamma$ 重组中核苷酸的替换突变率显著高于颠换突变率。Koti 等（2010）通过对源自胎牛 B 细胞的 V（D）J 重组进行分析后发现，在未暴露于抗原的情况下 *CDR3H* 基因中也发现了替换、缺失和插入突变，因此发生在成体的 SHM 机制对于丰富新生后代个体抗体库的多样性具有重要作用。

第四节　中国黄牛 Toll 样受体与抗病性状

一、Toll 样受体结构及其功能

（一）Toll 样受体概述

Toll 及 Toll 样受体（Toll-like receptor，TLR）最初在研究黑腹果蝇胚胎发育中被发现，其对果蝇的胚胎发育和抗病原体感染具有重要作用，后来人类又鉴定出了与果蝇 TLR 具有同源性的 TLR4（Medzhitov et al.，1997）。越来越多的研究表明 TLR 在病原体的识别、炎症的抑制、免疫力的提升和传染病信号介导等方面发挥着重要的作用。

（二）TLR 的结构及其配体

TLR 家族在不同物种中的成员数量不同，如在人类中有 10 个成员，在小鼠中有 12 个。TLR 的配体有源自病原体的外源性配体和源自宿主自身细胞的内源性配体。TLR 属于 I 型跨膜蛋白，由胞外区、跨膜区和胞内区三部分组成。胞外区含有 550~980 个氨基酸且富含亮氨酸重复序列，跨膜区富含半胱氨酸，胞内区包含约 200 个氨基酸并有 3 个保守结构域（Aderem and Ulevitch，2000）。TLR 在免疫相关细胞组织和其他细胞组织都有分布，且不同的 TLR 在不同组织细胞的表达量有所不同（Jin and Lee，2008）。

TLR1、TLR2、TLR4、TLR6 和 TLR10 属于"三结构域"亚家族，它们与疏水性配体如脂蛋白、脂磷壁酸（lipoteichoic acid，LTA）、脂多糖（lipopolysaccharide，LPS）等结合并被激活；而 TLR3、TLR5、TLR7、TLR8 和 TLR9 属于"单结构域"亚家族，它们与亲水性蛋白或者核酸相互作用。

1. TLR1、TLR2 及其配体

TLR2 在识别菌体脂蛋白和脂肽方面发挥重要作用，并与 TLR1 和 TLR6 在发挥功能方面具有密切联系。TLR1 和 TLR2 能够形成复合体来识别三酰基脂肽，但是二酰基脂肽由于缺乏氨基脂链而无法被 TLR1-TLR2 或 TLR1-TLR6 复合体识别（Buwitt-Beckmann et al.，2005）（图 3-10）。

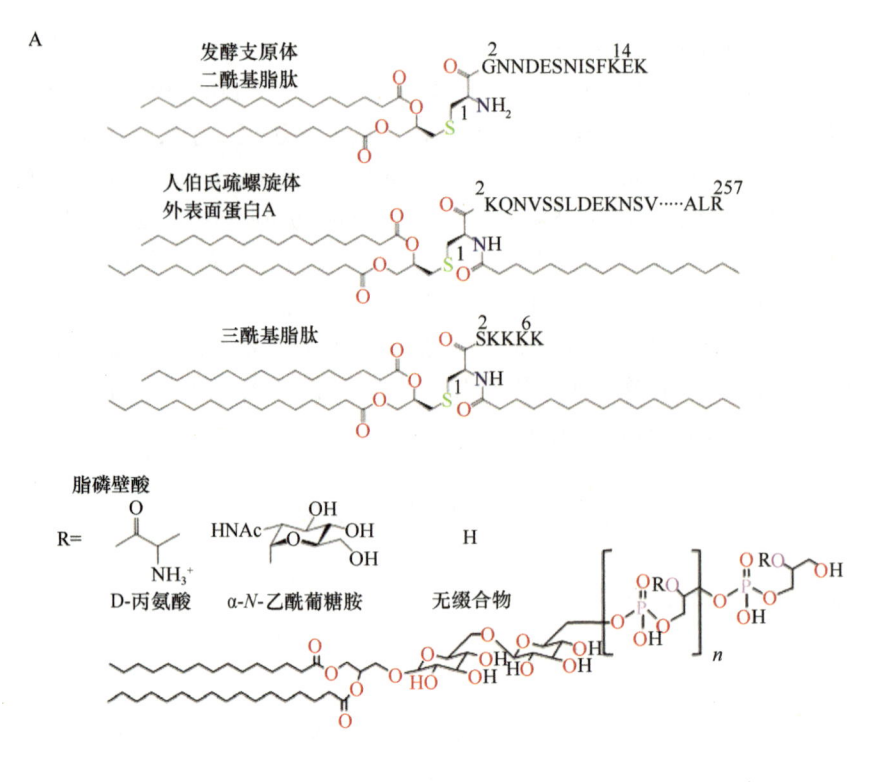

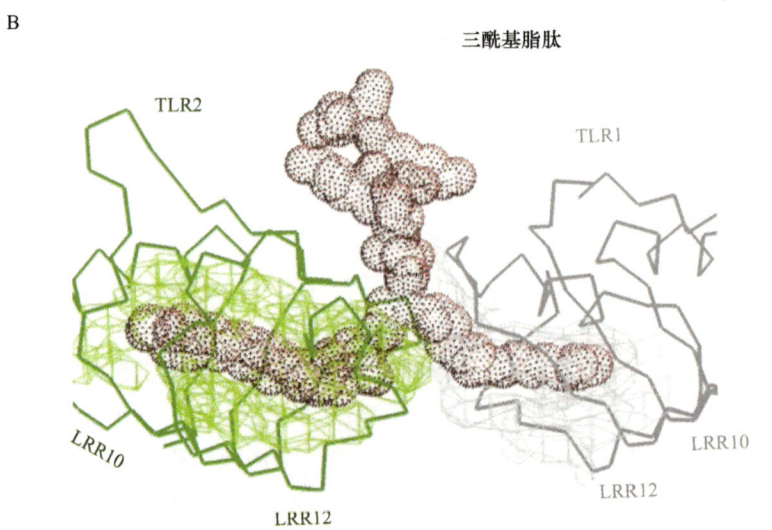

图 3-10 TLR1、TLR2 及其配体相互作用示意图（改自 Jin and Lee，2008）

A. 发酵支原体二酰基脂肽（MALP-2）、人伯氏疏螺旋体外表面蛋白 A（OspA）、三酰基脂肽（Pam$_3$CSK$_4$）和金黄色葡萄球菌脂磷壁酸的结构；B. TLR1-TLR2 复合体的抗原结合位点分别用灰色和绿色区域表示，TLR1-TLR2 复合体分子表面的残基参与形成的分子口袋用网状结构表示，三酰基脂肽的空间填充模型结构用红色表示，LRR（leucine-rich repeat）是富含亮氨酸重复序列

2. TLR3 及其配体

TLR3 可以识别病毒复制过程中产生的双链 RNA（dsRNA），dsRNA 能够与 TLR3 侧面凸出部分的 N 端和 C 端位点互作，TLR3 的 N 端包含 LRRNT 和 LRR1～LRR3 模

体，C 端包含 LRR21～LRR23 模体（Alexopoulou et al.，2001）（图 3-11）。

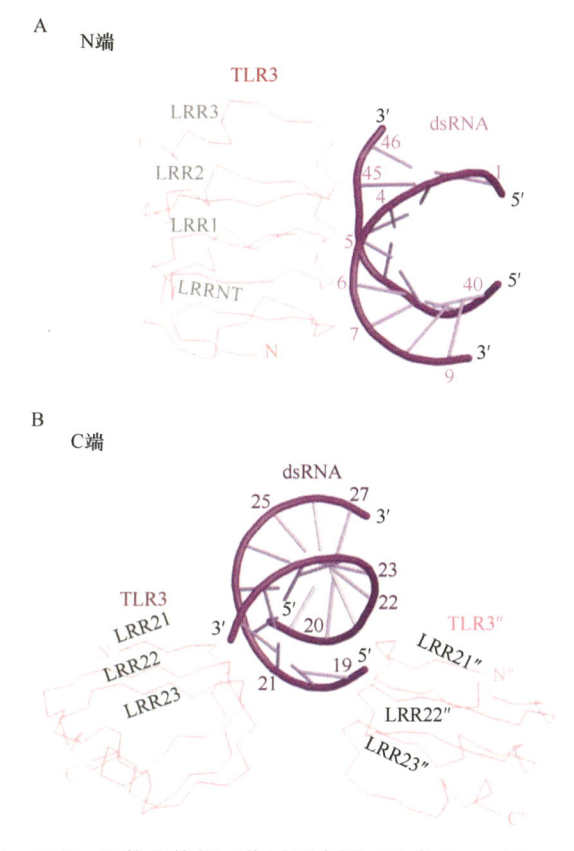

图 3-11　TLR3 及其配体相互作用示意图（改自 Jin and Lee，2008）

图中所示 TLR3 的 N 端（A）和 C 端（B）结合位点结构；LRR 模体与 dsRNA 直接互作的部分用粉红色表示；RNA 分子上的核苷酸残基用数字表示；TLR3 同源二聚体中的另一个 TLR3 分子右上方添加了两撇

3. TLR4 及其配体

TLR4 及其配体 MD-2 能够特异识别脂多糖（lipopolysaccharide，LPS），而 LPS 作为革兰氏阴性菌外膜的糖脂在诱导先天性免疫反应中发挥重要作用（Erridge et al.，2002）。如图 3-12A 所示，包括脂质 A（大肠杆菌）、合成拮抗剂依立托伦（Eritoran）和脂质 IVa 在内的 LPS 均由一个脂质 A 的疏水部分和一个多糖的亲水部分组成。TLR4 的辅助受体 MD-2 由 β 折叠构成口袋状的高级结构，其中反向平行的 β 折叠分布在袋状结构的一侧，而内部具有的疏水性氨基酸残基带有正电荷，能够与配体结合（图 3-12B，图 3-12C）（Kim et al.，2007）。TLR4 与 MD-2 之间的相互作用通过 TLR4 所带电荷及其之间氢键的差异进行介导，TLR4 带有负电荷的 A 区域能够与 MD-2 分子所带正电荷氨基酸残基结合，TLR4 带有正电荷的保守性较低的 B 区域能够与 MD-2 分子所带负电荷氨基酸残基结合（图 3-12B）。MD-2 分子通过口袋内部带有正电荷的疏水性氨基酸残基与合成拮抗剂依立托伦和脂质 IVa 有效结合，然后与 TLR4 相互作用，诱导免疫反应（图 3-12C）（Kim et al.，2007）。

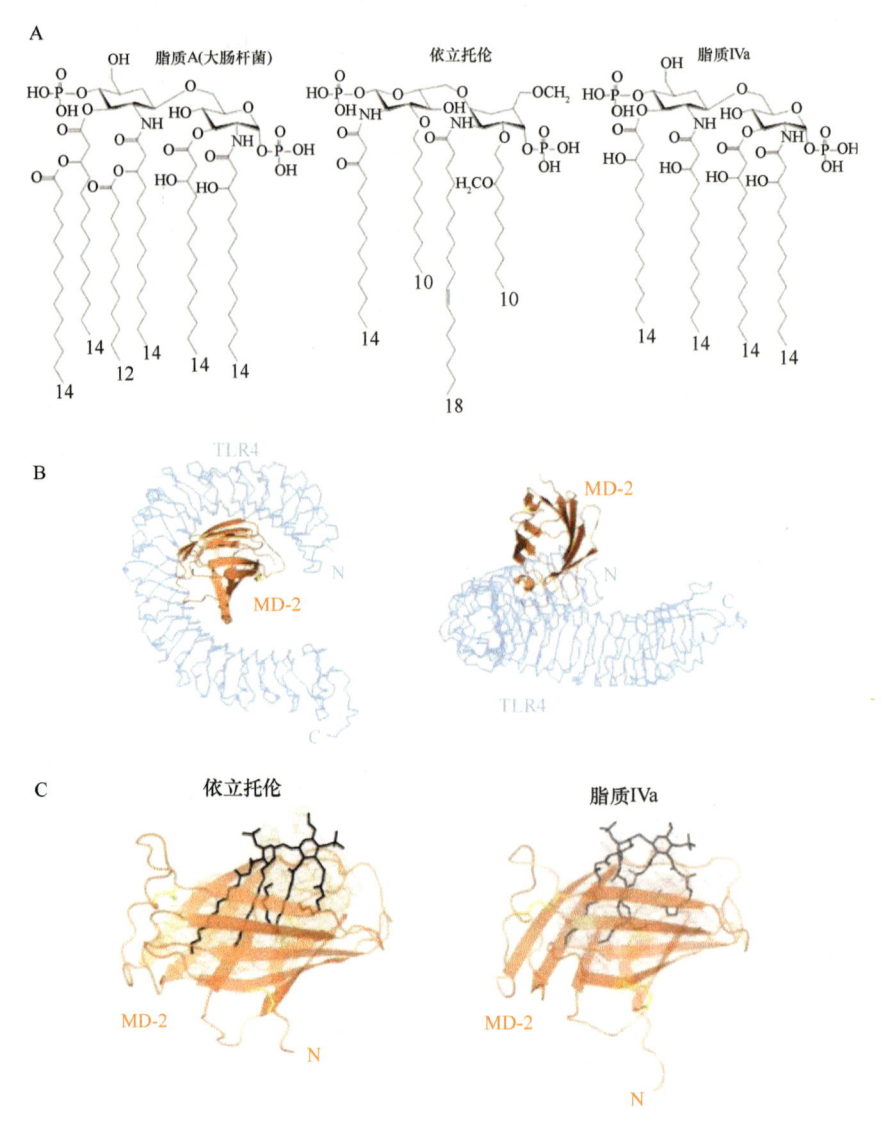

图 3-12　TLR4-MD-2 及其配体相互作用示意图（改自 Jin and Lee，2008）

A. 脂质 A（大肠杆菌）、合成拮抗剂依立托伦和脂质 IVa 的结构示意图，脂质链中的碳原子编号标在下方；B. TLR4-MD-2 复合体的整体结构，左图表示顶面观，右图表示侧面观；C. MD-2 与拮抗性配体依立托伦（左）和脂质 IVa（右）形成复合体的结构示意图。图中 MD-2、依立托伦和脂质 IVa 分别用橙色、黑色和灰色表示，二硫键用黄线表示，形成 MD-2 疏水性口袋的表面分子残基用网状结构表示

4. 配体诱导的 TLR 家族的激活

众多研究表明，与 TLR 家族成员互作配体的种类繁多，有亲水性的核酸、疏水性的脂多糖和脂蛋白等；配体分子大小也有差异，有合成的小分子，也有生物大分子（Akira and Hemmi，2003）。虽然 TLR 家族成员结合的配体差异较大，但是 TLR1-TLR2-脂肽、TLR3-dsRNA 和 TLR4-MD-2-LPS 复合体均具有"m"状的二聚体结构，表明其他 TLR 家族成员与拮抗性配体结合后也能形成二聚体，TLR 胞外区域的二聚体化可能引起其胞

内 Toll/白细胞介素 1 受体（Toll/interleukin 1 receptor，TIR）结构域的二聚体化，进而开启信号转导（Kim et al.，2007；Jin and Lee，2008）（图 3-13）。

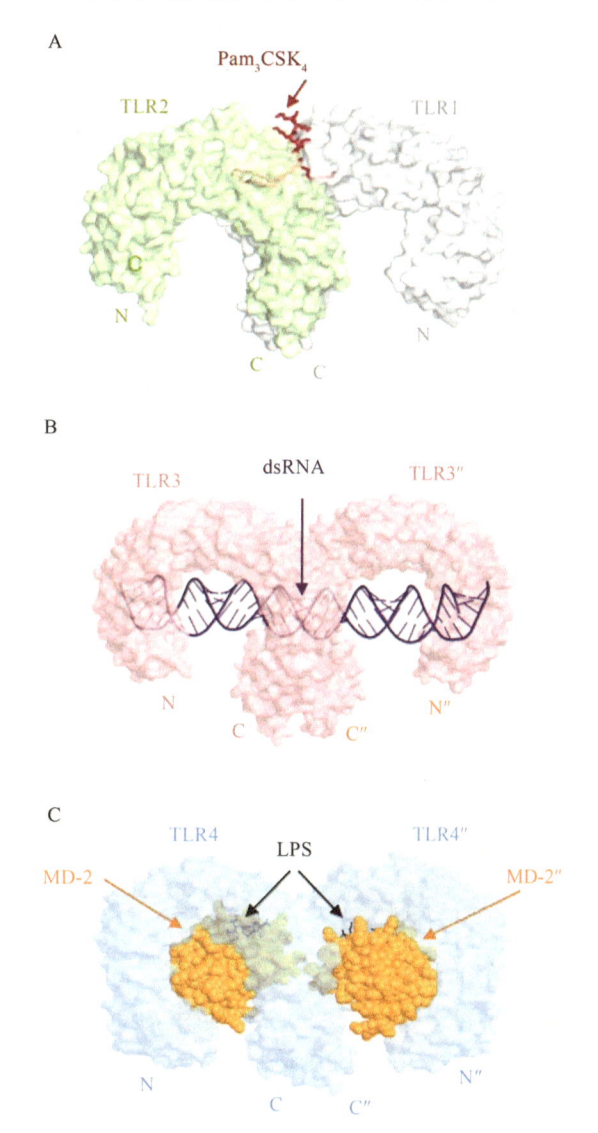

图 3-13　TLR 家族成员通过与拮抗性配体结合后诱导产生的"m"状二聚体（改自 Jin and Lee，2008）
A. TLR1-TLR2-Pam₃CSK₄ 晶状体结构示意图，图中 TLR1、TLR2 和 Pam₃CSK₄ 分别用灰色、绿色和红色表示；B. TLR3-dsRNA 晶状体结构示意图，图中 TLR3 和 dsRNA 分别用粉红色和紫色表示；C. TLR4-MD-2-LPS 复合体结构示意图，图中 TLR4、MD-2 和 LPS 分别用蓝色、橙色和黑色表示。图中 TLR3、TLR4 和 MD-2 同源二聚体中的另一个分子右上方添加了两撇

5. TLR 信号通路

TLR 信号通路中不同的 TLR 家族成员与配体结合后诱导的信号转导中主要包含了 MyD88 依赖性通路（MyD88-dependent pathway）和 MyD88 非依赖性通路（MyD88-independent pathway）。在 MyD88 依赖性通路中，TLR 家族成员与配体结合后需要进一步激活 MyD88 或 MyD88 与其他蛋白质形成的复合体才能进行下游信号转导；

TLR1-TLR2、TLR2-TLR6 复合体与配体的结合进一步激活 TOLLIP-MyD88- TIRAP 复合体而进行下游信号转导，TLR5、TLR7/8 和 CTSK-TLR9 复合体分别与配体结合后直接激活 MyD88 而进行下游信号转导。在 MyD88 非依赖性通路中，TLR3 与 dsRNA 的结合、TLR4-MD2 与脂多糖的结合分别通过激活 TRIF（TIR-domain-containing adapter-inducing interferon-β）和 TRIF-相关接头分子（TRIF-related adaptor molecule，TRAM）而进行下游信号转导，并不通过 MyD88 的参与。

二、中国黄牛 *TLR* 基因多态性与抗病性

由于 TLR 在病原体的识别、免疫细胞的激活，以及先天性免疫和适应性免疫的启动等方面发挥着重要的作用，*TLR* 基因的变异及其多态性对于黄牛的疾病感染以及抗病性方面有非常重要的影响。目前关于 *TLR* 基因家族的变异及其多态性对于黄牛抗病性的影响等方面的研究主要集中于 *TLR1*、*TLR2*、*TLR4* 和 *TLR6*。

（一）*TLR1* 基因多态性与黄牛抗病性

TLR1 基因连同 *TLR6-TLR1-TLR10* 基因族位于 BTA6 上，且 *TLR1* 被认为是奶牛乳房炎分子标记的候选基因之一（Jann et al.，2009）。Russell 等（2012）通过对 *TLR1* 基因上游区域和编码区的突变检测，发现了上游区域-79（T>G）和 3′非翻译区+2463（C>T）两个 SNP 位点对于荷斯坦奶牛临床乳房炎（clinical mastitis，CM）的发生有显著影响。孙丽萍（2013）通过 PCR-RFLP、PCR-SSCP 和直接测序结合分析，在 *TLR1* 基因中检测到了 5 个突变位点，即 C632T、G1409A、A1475C、G1550A 和 G1596A，发现在 G1596A 位点 *GA* 基因型黄牛患结核病的危险程度是 *GG* 基因型的 2.43 倍，而其他位点的不同基因型在牛结核病感染组和对照组之间差异不显著。

（二）*TLR2* 基因多态性与黄牛抗病性

黄牛 *TLR2* 基因被定位于 BTA17，共有 2 个外显子，mRNA 序列总长 3513 bp，编码 784 个氨基酸（McGuire et al.，2006）。在 *TLR* 基因家族成员中，*TLR2* 基因的表达活性较高，几乎所有组织都有表达，在脾脏表达量最高。有关 *TLR2* 基因多态性与黄牛抗病性方面的研究更多地集中于抗奶牛乳房炎，另外还有与其他疾病关系的研究。

1. *TLR2* 基因多态性与奶牛乳房炎抗性

Goldammer 和 Zerbe（2004）首次报道患有乳房炎奶牛乳腺中 *TLR2* 基因的表达量是健康个体的 4~13 倍，说明 *TLR2* 基因与乳房炎发病有密切关系。马腾壑等（2007）利用 PCR-RFLP 方法对中国荷斯坦奶牛、三河牛和中国西门塔尔牛 *TLR2* 基因外显子 2 的多态性进行鉴定分析，发现 385 位点的颠换（T>G）导致 *Eco*R V 酶切 *BB* 基因型与乳房炎抗性相关；后来张翠霞（2008）对中国荷斯坦奶牛的研究也证实了 *TLR2* 基因 385 位点 *Eco*R V 酶切 *BB* 基因型与奶样的体细胞分值（SCS）降低和乳房炎抗性相关。刘利（2009）通过 DNA 测序、PCR-RFLP 和创造酶切位点-限制性片段长度多态性（created restriction site-RFLP，CRS-RFLP）方法对中国荷斯坦奶牛、鲁西黄牛和渤海黑牛 *TLR2*

基因外显子 2 的多态性及其与乳房炎的相关性进行了分析，发现只有 *Hin*1 Ⅱ 酶切多态位点（c.827A＞G）与 SCS 有相关性，该位点 *B* 等位基因的 SCS 显著低于 *A* 等位基因。白杰等（2011）对中国荷斯坦奶牛和新疆褐牛的 *TLR2* 基因进行了 PCR-RFLP 检测和 DNA 测序，发现了 3 个 SNP 位点，其中 E+189 位点对奶牛的 SCS 有显著影响，推断 *TLR2* 基因 SNP 位点在 2 个品种内的分布差异是新疆褐牛比中国荷斯坦奶牛乳房炎发病率低的原因之一。孙丽萍（2013）在 *TLR2* 基因中检测到了 3 个突变位点，即 T385G、G398A 和 C1828T，其中 T385G 位点的 *GG* 基因型的 SCS 显著高于 *GT* 和 *TT* 基因型，关联分析表明另外两个基因型的 SCS 差异不显著。

2. *TLR2* 基因与其他疾病的关系

除了乳房炎，*TLR2* 基因还与黄牛的其他炎性疾病有关。在黄牛 *TLR2* 基因序列中，编码 TLR2 分子中 227、350 和 326 位氨基酸的多态性 SNP 可以作为黄牛免疫相关性状的候选基因位点（Jann et al.，2008）。周峰（2012）通过对南阳牛 *TLR2* 基因片段的直接测序，检测到 6 个 SNP 位点（A631G、A1689G、C1708T、A1779C、G1782T 和 A1814G）与牛结核病相关。孙丽萍（2013）发现 *TLR2* 基因在 T385G 位点是 *GG* 基因型的黄牛个体布鲁氏菌病发生的危险程度是 *TT* 基因型个体的 2.048 倍，*GG* 是疾病易感基因型。董慧敏（2014）向奶牛子宫注射金黄色葡萄球菌和大肠杆菌菌液，注射后奶牛子宫中 *TLR2* 基因表达量显著增加，表明 *TLR2* 高表达可能与子宫内膜炎有关联。

（三）*TLR4* 基因多态性与黄牛抗病性

黄牛 *TLR4* 基因定位于 BTA8 的远端，长度约为 11 kb，包含了 3 个外显子（长度依次为 95 bp、164 bp 和 2265 bp）和 2 个内含子（长度依次为 5 kb 和 3 kb）（McGuire et al.，2006）。有关黄牛 *TLR4* 基因的研究主要集中于其与奶牛乳房炎的相关性和抗病性。

Goldammer 和 Zerbe（2004）通过 RT-PCR 和 RT-qPCR 等方法检测到患有乳房炎的奶牛乳腺中 *TLR4* 表达丰度相对健康个体增高，因此认为 *TLR4* 也是奶牛乳房炎候选基因。王兴平等（2007）利用 CRS-RFLP 方法对中国荷斯坦奶牛、三河牛和中国西门塔尔牛 *TLR4* 基因第 3 外显子的多态性进行检测，结果发现 27（C＞T）位点的突变导致氨基酸的替换，在 3 个黄牛群体中 *A* 和 *B* 等位基因均有分布，但 *A* 等位基因占优势（＞78%），关联分析表明，*AA* 基因型为乳房炎抗性基因型，且 *A* 等位基因为乳房炎抗性有利基因。林嘉鹏（2009）通过 PCR-RFLP 方法在中国荷斯坦奶牛和新疆褐牛 *TLR4* 基因第 3 外显子中共检测到 *TLR4* E3+1656、*TLR4* E3+2021 和 *TLR4* E3+2414 三个 SNP 位点，其中 *TLR4* E3+2021 位点的 *AA* 基因型可能与乳房炎抗性有关，且 *A* 等位基因是乳房炎抗性的有利基因，进一步采用 RT-qPCR 检测新疆褐牛不同基因型个体中 TLR 信号通路下游的部分基因表达水平发现，*TLR4* E3+2021 突变位点可能引起了核内转录因子 NF-κB 表达量的变化以及 IL-1β 表达量的改变。陈仁金等（2013）利用 PCR-SSCP 技术对中国荷斯坦牛 *TLR4* 基因第 3 外显子进行多态性检测发现，存在 1760C＞T 突变，有 3 种基因型：*CC*、*TC* 和 *TT*，其中 *CC* 基因型个体的 SCS 最小二乘均值极显著低于 *TT* 和 *TC* 基因型个体，*CC* 基因型可作为中国荷斯坦牛 SCS 分子标记来筛选抗乳房炎个体。

赵刚等（2015）以正在杂交育种的BMY牛及其亲本婆罗门牛、红安格斯牛为研究对象，并以中国荷斯坦牛和加系西门塔尔牛为对照，利用PCR-SSCP在*TLR4*基因228 bp片段中检测到了535（A/C）、546（T/C）、605（T/A）和618（G/C）4个SNP位点，发现云岭牛和婆罗门牛有*A*、*B*、*C* 3个等位基因和*AA*、*AB*、*BB*、*BC* 4种基因型，其中*BB*基因型的牛感染蜱的量显著低于*AA*基因型，*B*等位基因可作为婆罗门杂交牛抗蜱选育的分子标记。

（四）*TLR6*基因多态性与黄牛抗病性

黄牛*TLR6*基因被定位于BTA6上，包含了2个外显子和1个内含子（McGuire et al., 2006）。TLR6能够与TLR2聚合成异源二聚体而增强对特定抗原的病原体相关分子模式（pathogen associated molecular pattern，PAMP）的识别，在病原体感染机体的早期激活巨噬细胞和单核细胞等进行抗原呈递并做出免疫应答（Jack et al., 2005）。关于黄牛*TLR6*基因多态性与抗病性的研究相对较少，主要集中于*TLR6*基因与奶牛乳房炎相关性方面。

Opsal等（2006）在挪威红牛*TLR6*基因mRNA序列中发现了G149A突变位点。储明星等（2009）采用PCR-SSCP和PCR-RFLP方法检测了中国荷斯坦母牛*TLR6*基因多态性并用最小二乘法分析了该基因多态性与SCS的相关性，发现*TLR6*基因mRNA序列中存在6个多态位点：T853A、G855A、G1793A、C1859A、G1934A和A1980G，进一步分析表明*TLR6*基因T853A和G855A突变位点的*B*等位基因以及A1980G突变位点的*J*等位基因可作为提高奶牛乳房炎抗性的潜在DNA标记。李强子等（2016）利用PCR-SSCP和直接测序方法在中国荷斯坦牛的*TLR6*基因mRNA序列中检测到G640A突变位点，发现该位点*GA*和*AA*基因型个体的SCS极显著低于*GG*基因型个体，因此*GA*基因型可作为低SCS牛的优良基因型加以应用。

周秀敏等（2017）采用PCR-SSCP在中国荷斯坦牛*TLR6*基因编码区发现了G209A错义突变位点，该突变导致TLR6中第70位的天冬氨酸变为天冬酰胺，并有*AA*、*BB*和*AB*三种基因型，说明中国荷斯坦牛*TLR6*基因多态性丰富且G209A位点可以作为抗病育种的潜在位点。

第五节　中国黄牛细胞因子与抗病性

一、细胞因子概述

细胞因子是由机体造血系统、免疫系统和炎症反应激活细胞产生的多肽、蛋白质或者糖蛋白，在调节细胞增殖分化、机体免疫应答、造血功能和生长发育等方面发挥着重要作用。细胞因子主要包括白细胞介素（interleukin，IL）、干扰素（interferon，IFN）、肿瘤坏死因子（tumor necrosis factor，TNF）、集落刺激因子（colony-stimulating factor，CSF）、表皮生长因子（epidermal growth factor，EGF）和神经生长因子（nerve growth factor，NGF）等（金伯泉，2001）。细胞因子可由机体的淋巴细胞和肿瘤细胞产生，也可以通过基因工程制备，淋巴细胞可分泌IL-2、IL-4、IL-5、IL-6、IL-10、IL-13、IFN和TNF-β

等细胞因子，肿瘤细胞可分泌 IL-2、IL-6 和 CSF 等。随着现代生物工程技术的飞速发展，目前发现和研制出的各类细胞因子数量很多，如白细胞介素就有 IL-1～IL-35。

在黄牛细胞因子研究方面，涉及较多的是 IL 和 IFN，IL 主要用于免疫佐剂或治疗剂和新型基因工程疫苗研制，IFN 主要用于重组干扰素研制和疾病的预防与治疗。

二、中国黄牛白细胞介素及其抗病性

黄牛 IL 的研究主要集中于 *IL-2*、*IL-4*、*IL-15*、*IL-18* 和 *IL-32* 基因的克隆、表达以及抗体的研制，尤其对于 *IL-2* 的研究最多。

（一）黄牛 *IL-2* 基因的克隆及其多克隆抗体研制

IL-2 主要是由 T 淋巴细胞或 T 淋巴细胞系产生的一类最有力的 T 细胞生长因子，成分是糖蛋白，在免疫调节、感染疾病治疗、抗肿瘤和抗毒素方面具有非常重要的应用价值。黄牛 IL-2 作为免疫佐剂在牛支气管炎病毒、牛疱疹病毒疫苗免疫以及奶牛乳房炎的防治中发挥很好的作用（Reddy et al.，1993）。Cerretti 等（1986a）首次克隆了黄牛 *IL-2* 基因 cDNA，序列长度为 775 bp，可读框（ORF）长度为 465 bp，在 poly（A）端具有 AATAAA 结构；编码 155 个氨基酸，分子质量约为 19 555 Da，黄牛 IL-2 与人和小鼠 IL-2 的氨基酸序列相似性分别为 65%和 50%，而且黄牛 IL-2 相对于人和小鼠具有的特殊性在于其 N 端偶联有单独的糖基化位点。

国内学者克隆测序得到的不同黄牛品种甚至同一品种的 *IL-2* 基因长度有所差异。申宏旺等（2008）以黑白花奶牛外周血淋巴细胞提取的总 RNA 为模板，克隆到的 *IL-2* 基因全长为 501 bp，ORF 长度为 465 bp，编码 155 个氨基酸，并将克隆到的基因进行原核表达获得 17 kDa 的 IL-2。刘杰等（2011）以鲁西黄牛外周血淋巴细胞为材料，克隆到的 *IL-2* 基因长度为 468 bp，编码 155 个氨基酸，基因序列与 GenBank 中已有的水牛、普通牛、绵羊、山羊和猪的同源性分别为 98.9%、98.5%、97.0%、95.9%和 84.7%。盖仁华等（2011）将克隆得到的奶牛 *IL-2* 基因在大肠杆菌中表达获得了分子质量为 23.50 kDa 的 BoIL-2 重组蛋白，并将纯化的重组蛋白免疫新西兰兔成功制备兔源 rBoIL-2 多克隆抗体。盖仁华等（2012）以中国荷斯坦奶牛外周血淋巴细胞为材料，克隆到的 *IL-2* 基因长度为 477 bp，编码 158 个氨基酸，与已经发表的普通牛和奶牛 *IL-2* 基因序列的同源性分别为 99.4%和 98.7%。

（二）黄牛 *IL-4* 基因的克隆及其多克隆抗体研制

IL-4 主要由 T 细胞、单核细胞、肥大细胞和嗜碱性粒细胞产生，调节淋巴细胞的分化和免疫应答，在白血病、肿瘤、自身免疫性疾病和感染性疾病的治疗方面具有重要的价值，但是目前关于 IL-4 生物学功能的研究在人类和模式动物中较多，在黄牛方面的研究较少（陈祥等，2011）。Heussler 等（1992）通过聚合酶链反应-cDNA 末端快速扩增法（PCR-RACE）等方法克隆到黄牛 *IL-4* 基因全长序列，其 cDNA 长度为 570 bp，ORF 长度为 504 bp，编码由 135 个氨基酸组成的、分子质量为 15.1 kDa 的 IL-4 前体，IL-4

前体经过加工去除长度为 24 个氨基酸的疏水性导肽链后形成 12.6 kDa 的未糖基化的黄牛 IL-4 蛋白，其中包含一个可能与天冬酰胺相偶联的糖基化位点。Buitkamp 等（1995）通过荧光原位杂交将黄牛 *IL-4* 基因定位于 BTA7q15—q21。陈祥等（2011）通过原核表达载体在大肠杆菌中表达黄牛 *IL-4* 基因，得到了重组黄牛 IL-4 蛋白（rBoIL-4），并制备了抗 rBoIL-4 的单克隆抗体（mAb）。

（三）黄牛 *IL-15* 基因的克隆及其多克隆抗体研制

IL-15 与 IL-2 虽然具有相似的生物学功能，但是由于二者结合受体不同，IL-15 又具有独特的功能，在先天性免疫和获得性免疫中都发挥重要作用，对于 T 细胞和自然杀伤细胞（NK 细胞）的趋化、活化增殖、发育、凋亡的抑制有重要作用，还能促进 B 细胞的分化增殖及其免疫球蛋白的分泌，另外，IL-15 还能与 IL-2、IL-7 和 IL-12 协同作用促进 T 细胞分泌 γ 干扰素（IFN-γ）（Sato et al.，2007）。房红莹等（2009）从中国荷斯坦奶牛外周血单核细胞中提取的 RNA 中克隆到 *IL-15* 基因，其全长 489 bp，编码 162 个氨基酸，该基因序列与 GenBank 中公布的普通牛的序列同源性高达 100%，将该基因通过大肠杆菌原核表达获得分子质量为 3.3 kDa 的融合蛋白，发现该融合蛋白被纯化后能够与 6×His 的单克隆抗体和鼠抗猪 IL-15 的多克隆抗体发生明显的反应。

（四）黄牛 *IL-18* 基因的克隆及其多克隆抗体研制

IL-18 基因最初是从小鼠的肝脏 RNA 中克隆获得的，IL-18 与 IL-12 协同作用能够诱导 Th1 细胞等产生 IFN-γ 并增强 IFN-γ 对抗原刺激的反应；在缺乏 IL-12 的条件下，IL-18 能够诱导 T 细胞、NK 细胞、嗜碱性粒细胞和肥大细胞产生 IL-4 或 IL-13；IL-18 是联系机体天然免疫和获得性免疫的关键活性分子，在免疫调节、抗病原体感染、抗肿瘤和慢性炎症性疾病中发挥重要作用（Robertson et al.，2006）。国内外对于人类和小鼠 IL-18 的研究较多，但对于黄牛 IL-18 的研究较少。

Shoda 等（1999）首次克隆到黄牛 *IL-18* 基因 cDNA 序列，其 ORF 长度为 582 bp，预测编码的蛋白质前体含有 192 个氨基酸残基，且预测的 IL-18 氨基酸序列与小鼠和人的 IL-18 同源性分别为 65% 和 78%，进一步通过脂多糖（LPS）刺激，黄牛 *IL-18* 基因 mRNA 在外周血单核细胞源性巨噬细胞（monocyte-derived macrophage）中持续稳定表达，并未上调表达。

国内学者克隆测序得到的不同黄牛品种甚至同一品种的 *IL-18* 基因长度也有所差异。刘文强等（2005）分别从 LPS 活化的中国荷斯坦奶牛脾细胞和肺泡巨噬细胞中克隆到编码 BoIL-18 成熟蛋白的 cDNA 基因，长度为 480 bp，将其进行原核表达后得到分子质量为 38 kDa 的融合蛋白，该蛋白经纯化并复性后对外周血单核细胞具有增殖作用且对 IFN-γ 有诱生作用；牛巨噬细胞持续表达 *IL-18* 基因 mRNA，但是被 LPS 活化的外周血单核细胞只有微弱表达，肝和脾细胞经 LPS 活化后也可以检测到 *IL-18* 基因 mRNA 的表达。张林等（2006）从中国荷斯坦奶牛外周血淋巴细胞提取的 RNA 中克隆获得 *IL-18* 基因全长 cDNA 为 598 bp，与 GenBank 中公布的普通牛的核苷酸和推导氨基酸序列同源性分别为 99.5% 和 99%。田兆菊等（2007）将黄牛 *IL-18* 基因进行原核表达获得了分子质量约为 44 kDa 的 BoIL-18 融合蛋白，该融合蛋白纯化后对外周血单核细胞具有明显的增殖作用且对 IFN-γ 有诱生作用。张立霞等（2012）从延边黄牛脾淋巴细胞中扩增克隆出 *IL-18* 基因全长 cDNA，长度为 760 bp，ORF 长度为 582 bp，延边黄牛 *IL-18* 基因序列与牛、山羊、绵羊、马和猪已公布序列的同源性均大于 90%。

（五）黄牛 *IL-32* 基因的克隆及其多克隆抗体研制

IL-32 是 Kim 等（2005）在研究 IL-18 时发现的一种高表达的炎症性细胞因子，其表达依赖于 IL-12 和 IL-15，且在 IL-18 的刺激下表达量升高，该细胞因子还能够诱导 TNF-α 的产生，被命名为 IL-32。T 细胞、NK 细胞、单核细胞和上皮细胞在接受抗原刺激时能够分泌 IL-32，还可以通过基因工程技术生产重组 IL-32（如 γIL-32）；IL-32 主要由 IFN-γ 诱导产生且 *IL-32* 基因在免疫组织高表达；IL-32 可诱导 IL-1β、IL-6、TNF-α、IL-10 等因子的产生，还可诱导细胞凋亡，因此，IL-32 作为一种炎症性细胞因子，与机体适应性免疫应答和疾病尤其是自身免疫性炎症性疾病的严重程度有关（魏育蕾，2012）。人类 *IL-32* 基因被定位于 16p13.3 上，含有 8 个外显子，通过不同的可变剪接可以形成 α、β、γ、δ、ε 和 ζ 六种亚型（Shoda et al.，2007）（图 3-14）。通过表达序列标签（EST）同源性比对分析，发现马 IL-32β 与人 IL-32β 的同源性最高（31.8%），其后依次为牛 IL-32β（28.1%）、羊 IL-32β 和猪 IL-32β，且 IL-32β 在人、马和牛中存在不同的剪接异构体（魏育蕾，2012）。

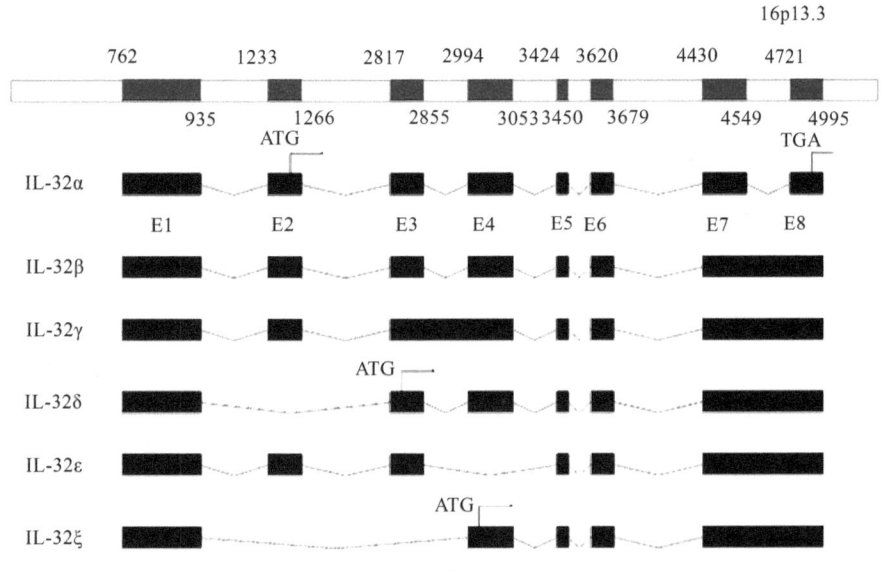

图 3-14 人类 *IL-32* 基因的 6 个剪接异构体（Shoda et al.，2007）
图中 E1～E8 表示外显子 1～8，图顶的数据单位为 bp

关于黄牛 IL-32 及其基因的研究国内外鲜有报道，目前只对黄牛 *IL-32* 不同亚型基因进行了克隆分析和功能验证。Jaekal 等（2010）从荷斯坦牛外周血单核细胞样品中克隆了 *IL-32β* 亚型基因，其 cDNA 全长 516 bp，包含的 ORF 编码 171 个氨基酸残基，预测的 IL-32 氨基酸序列与人 IL-32β 亚型的氨基酸序列同源性仅为 27.5%；重组黄牛 IL-32β

分子质量为 26 kDa，能够刺激人单核 THP-1 细胞产生 IL-8，还能刺激黄牛外周血单核细胞表达 *TNFα* 和 *IL-6* 基因的 mRNA。魏育蕾（2012）发现 *IL-32β* 基因在秦川牛体内主要分布于脾和肾，并从秦川牛脾中分子克隆了牛 *IL-32β* 基因的可变剪接体 *IL-32γ* 基因，*IL-32γ* 相对于可变剪接体 *IL-32β* 多了第二个内含子，从而导致 IL-32γ 蛋白多出 47 个氨基酸；构建了牛 *IL-32γ* 基因的原核表达载体，并在大肠杆菌中表达出其蛋白。

三、中国黄牛干扰素及其抗病性

（一）干扰素概述

干扰素（interferon，IFN）是在特定的诱生剂作用下，由细胞产生的一类具有广谱抗病毒活性的糖蛋白，具有广谱的抗病毒、抑制细胞增殖、调节免疫应答和抗寄生虫等多种生物学活性（Kim et al.，2011）。哺乳动物的干扰素可分为Ⅰ型、Ⅱ型和Ⅲ型，Ⅰ型包括了 IFN-α、IFN-β、IFN-δ、IFN-τ 和 IFN-ω，Ⅱ型指的是 IFN-γ，Ⅲ型指的是 IFN-λ。干扰素的分类、产生细胞及其受体等信息见表 3-3。

表 3-3　哺乳动物干扰素的分类、产生细胞及其受体

干扰素分类	名称	产生细胞	受体	参考文献
Ⅰ型	IFN-α	单核吞噬细胞 B 细胞 成纤维细胞	IFN-αR1、IFN-αR2	Greenway et al.，1992
	IFN-β	成纤维细胞		
	IFN-δ	单核吞噬细胞 B 细胞		
	IFN-τ	子宫内膜上皮细胞		
	IFN-ω	造血细胞		
Ⅱ型	IFN-γ	T 细胞 NK 细胞	IFN-γR1、IFN-γR2	Estes，1996
Ⅲ型	IFN-λ	Th 细胞 NK 细胞	IFN-λR1、IL-10R2	Kotenko et al.，2003

干扰素基因均由 5'非翻译区（5'-untranslated region，5'-UTR）、信号肽编码区、成熟肽编码区和 3'-UTR 组成，5'-UTR 除了与基因的表达调控有关，还与病毒的诱生有关，不同干扰素含有的信号肽数目不同，不同干扰素基因编码的氨基酸数目和结构均有差异，干扰素分子 N 端与同种细胞的抗病毒活性有关，而 C 端与异种细胞的抗病毒活性有关（Oritani et al.，2001）。

（二）干扰素的生物学功能

1. 抗病毒活性

干扰素具有广谱的抗病毒活性，能够抑制多种病毒的增殖，包括 DNA 病毒、RNA 病毒和肿瘤相关或者无关病毒等，从而减少病毒对于机体细胞的破坏和损伤。黄牛干扰素（BoIFN）抗病毒活性具有相对的种属特异性，其在同种来源的细胞上的活性大于在异种细胞上的活性；BoIFN 的作用是间接通过细胞产生抗病毒蛋白（anti-virus protein，

AVP）来发挥作用，而且不同的 AVP 抗病毒机制也有差异（Müller et al.，1994）。

2. 抗肿瘤作用

干扰素对于体外培养和体内增殖的细胞均有抑制作用，且对快速生长的细胞抑制作用更强，基于此重要功能，干扰素被用于肿瘤性疾病的防治；干扰素主要通过抑制肿瘤细胞增殖、抑制肿瘤相关病毒复制、调动机体免疫系统杀伤清除肿瘤细胞和增强 NK 细胞活力等多种途径发挥抗肿瘤作用（Belardelli et al.，2002）。

3. 免疫调节作用

干扰素的免疫调节作用主要体现在以下几方面：①刺激免疫系统的反应，促进抗体产生，提高免疫细胞的活性；②增加 NK 细胞活性杀伤肿瘤细胞，活化巨噬细胞并释放 IFN-γ，促进抗原呈递细胞组织相容性抗原及其受体的表达，以及抗原呈递细胞和 T 细胞的相互作用；③在 Th1 细胞和 Th2 细胞分泌的细胞因子调节网络中起协同作用，影响细胞的增殖分化，调节机体免疫应答（Collins et al.，1998）。

（三）黄牛干扰素的结构特征

黄牛干扰素（bovine interferon，BoIFN）的研究始于 20 世纪 80 年代，研究得比较清楚的是 I 型和 II 型，BoIFN 的结构特征、分类和生物学活性等与其他哺乳动物的干扰素相似（表 3-4）（史喜菊，2004）。

表 3-4 BoIFN 的分类及其特征比较（改自史喜菊，2004）

BoIFN 分类	名称	产生细胞	主要诱导物	基因特征	蛋白质特征	生物活性
I 型	BoIFN-α	T 细胞、B 细胞和巨噬细胞	病毒	位于 BTA9，570 bp，无内含子，超过 12 种亚型	189 AA，信号肽 23 AA，成熟肽 166 AA，成熟蛋白分子质量约为 19 kDa	单体、无糖基化位点、有 2 个二硫键、抗病毒作用较快、免疫调节作用较弱
	BoIFN-β	成纤维细胞	病毒、细菌、dsRNA	位于 BTA9，561 bp，无内含子，超过 3 种亚型	186 AA，信号肽 21 AA，成熟肽 165 AA，成熟蛋白分子质量约为 19 kDa	单体、有 2 个糖基化位点、有 1 个二硫键、抗病毒作用快、免疫调节作用较弱
	BoIFN-τ	胚胎滋养层细胞	妊娠反应	位于 BTA9，588 bp，无内含子，超过 9 种亚型	195 AA，信号肽 23 AA，成熟肽 172 AA，成熟蛋白分子质量约为 20 kDa	单体、有 1 个糖基化位点、有 2 个二硫键、抗病毒作用弱、免疫调节作用较弱
	BoIFN-ω	造血细胞	病毒	位于 BTA9，588 bp，无内含子，超过 7 种亚型	195 AA，信号肽 23 AA，成熟肽 172 AA，成熟蛋白分子质量约为 20 kDa	单体、无糖基化位点、有 2 个二硫键、抗病毒作用快、免疫调节作用较弱
II 型	IFN-γ	T 细胞和 NK 细胞	抗原、有丝分裂原	位于 BTA1，501 bp，3 个内含子，1 种亚型	166 AA，信号肽 23 AA，成熟肽 143 AA。成熟蛋白在 38 位糖基化者分子质量约为 20 kDa；在 38 位和 108 位均糖基化者分子质量约为 25 kDa	二聚体、有 2 个糖基化位点、无二硫键、抗病毒作用慢、免疫调节作用较强

（四）黄牛干扰素克隆及其抗体研制

黄牛机体内的干扰素基因正常情况下处于沉默状态，只有在受到病毒感染或其他诱导条件下才能表达，但是自然状态下表达的干扰素量少且难以提纯。干扰素作为广谱的抗病毒剂和免疫佐剂在黄牛病毒性传染病的防控中具有非常重要的作用，因此，必须采用基因工程手段生产大量重组干扰素。国内外在 *BoIFN* 基因克隆及其抗体研制方面取得了诸多进展，主要集中于 *BoIFN-α*、*BoIFN-β* 和 *BoIFN-γ* 基因的相关研究，但是国内有关 *BoIFN* 基因的研究比较滞后，从 21 世纪初期开始才进行了较多研究。

1. *BoIFN-α* 基因克隆、表达及抗体研制

Velan 等（1985）首先以人类 *IFN-α* 基因为探针克隆出 *BoIFN-α* 基因序列，推测 *BoIFN-α* 至少有 10～12 个亚型，并测序分析了其中 A、B、C、D 亚型。后来 Chaplin 等（1996）从轮状病毒感染的犊牛肠上皮细胞中克隆了 *IFN-α* E、*IFN-α* G、*IFN-α* F 和 *IFN-α* H 亚型基因，并在昆虫细胞系进行了 *BoIFN-α* E 亚型基因的表达，对 BoIFN-α E 亚型蛋白的活性进行了研究。Charleston 等（2001）发现细胞病牛病毒腹泻病毒（cytopathic bovine virus diarrhoea virus，cpBVDV）感染胎牛后可以诱导 BoIFN-α 的产生，但是非细胞病牛病毒腹泻病毒（non-cytopathic bovine virus diarrhoea virus，ncpBVDV）感染胎牛后却无法诱导产生 BoIFN-α。

史喜菊（2004）克隆了晋南牛、中国荷斯坦牛、福安水牛、富钟水牛、牦牛以及野牦牛的 *BoIFN-α* 基因并构建了原核表达质粒，发现 6 个牛种 *BoIFN-α* 基因全长均为 498 bp，编码的成熟蛋白含有 166 个氨基酸，与文献报道的 *BoIFN-α* 各亚型相比，只有中国荷斯坦牛的 *BoIFN-α* 基因与 *BoIFN-α* A 亚型存在一个点变异，其余 5 个克隆均为 *BoIFN-α* 新亚型，通过原核表达获得了分子质量为 20 kDa 的特异蛋白，该蛋白具有一定的抗病毒能力。张永红等（2009）从鲁西黄牛基因组 DNA 克隆的 *BoIFN-α* C2 亚型基因全长 498 bp，编码的成熟蛋白含有 166 个氨基酸，与已报道的 BoIFN-α C 亚型同源性为 97.6%；另外，将克隆的基因通过原核表达可得到 40 kDa 的融合蛋白，进一步纯化蛋白后免疫昆明系小鼠并制备了高滴度的 BoIFN-α 抗血清。为了提高 BoIFN-α 在毕赤酵母中的表达量，王延群（2013）通过密码子偏爱性、G+C 含量和 A+T 富含区等对 *BoIFN-α* 基因进行优化设计，修改优化碱基 134 bp，共涉及 110 个编码氨基酸；预测优化后基因与原基因序列的核酸同源性为 73.1%，优化后基因编码蛋白与原基因编码蛋白序列一致；进一步将优化基因通过重组质粒 pPIC9K-opti-BoIFN-α 转染毕赤酵母获得分子质量为 19 kDa 的蛋白，通过对转染毕赤酵母的筛选获得高效分泌表达菌株。

2. *BoIFN-β* 基因克隆、表达及抗体研制

国内外关于 *BoIFN-β* 基因及其相关研究报道较少。BoIFN-β 的蛋白前体由 188 个氨基酸组成，其中包含了 23 个氨基酸组成的信号肽和 165 个氨基酸组成的成熟蛋白，成熟蛋白分子质量为 20 kDa，含有 3 个半胱氨酸，第 141 位半胱氨酸是 BoIFN-β 抗病毒活性所必需的，分别在第 110 位和第 153 位形成 N-糖基化位点（刘华兰，2008）。*BoIFN-β* 基因属于多基因家族，而人类和小鼠等只有单个的 *IFN-β* 基因（Runkel et al., 1998）。国内外对于基因重组 BoIFN-β 产品的研制鲜有报道。刘华兰（2008）从牛外周血淋巴细胞克隆的编码 BoIFN-β 成熟蛋白的基因长度为 498 bp，与 GenBank 报道的 *BoIFN-β* 基因同源性为 100%；BoIFN-β 成熟蛋白与野猪、马、猫和狗 IFN-β 成熟蛋白的氨基酸序列同源性分别为 59%、50%、51% 和 46%；通过原核表达获得了 28.6 kDa 的蛋白包涵体，

并通过构建真核表达载体转化毕赤酵母获得了阳性克隆。

3. *BoIFN-γ* 基因克隆、表达及抗体研制

Cerretti 等（1986b）首先以人类 *IFN-γ* 基因 cDNA 为探针分离出 *BoIFN-γ* 基因序列，预测其 ORF 编码的 BoIFN-γ 前体蛋白由 166 个氨基酸组成，分子质量为 19 393 Da，与人类 IFN-γ 比对分析表明 BoIFN-γ 成熟蛋白含有 143 个氨基酸，分子质量为 16 858 Da，与人类和小鼠 IFN-γ 成熟蛋白的氨基酸同源性分别为 63%和 47%。Alluwaimi（2000）采用 RT-PCR 在泌乳后期奶牛乳腺细胞中检测到了 *BoIFN-γ* 基因 mRNA 的表达，此结果对于揭示基因重组 BoIFN-γ 在泌乳后期奶牛乳腺中的生物学活性具有重要意义。

史喜菊（2004）从中国荷斯坦奶牛外周血淋巴细胞克隆的 *BoIFN-γ* 基因 cDNA 全长 501 bp，编码的前体蛋白含有 166 个氨基酸，与 GenBank 所报道的 *BoIFN-γ* 存在不同程度的变异；通过原核表达获得 18 kDa 目的蛋白；在酵母中高效表达的 BoIFN-γ 具有较好的抗病毒活性。胡洋（2008）从黄牛脾淋巴细胞总 RNA 克隆的 *BoIFN-γ* 基因全长 498 bp，编码 166 个氨基酸，克隆获得的 *BoIFN-γ* 基因与 GenBank 发布的 *BoIFN-γ* 同源性达到 100%，通过原核表达获得分子质量约为 25 kDa 的融合蛋白，将纯化蛋白免疫新西兰白兔，制备的 BoIFN-γ 多克隆抗血清与表达的融合蛋白具有良好的免疫反应性。宋佰芬等（2011）将长度为 510 bp 的 *BoIFN-γ* 基因片段进行原核表达获得了 22 kDa 的重组蛋白，免疫印迹（Western blot）分析结果表明该重组蛋白能与组氨酸标签（His-tag）的单克隆抗体反应，用酶联免疫吸附试验（ELISA）测定小鼠血清的抗体效价均在 1：32 000 以上，说明该蛋白具有较好的活性和免疫效果。钱琨等（2016）将 *BoIFN-γ* 基因克隆到大肠杆菌诱导表达并纯化蛋白作为抗原免疫 BALB/c 小鼠制备单克隆抗体，结果筛选到的 9 株单克隆抗体与原核、真核表达的 BoIFN-γ 都具有良好的反应性。尹昌善等（2017）从延边黄牛脾淋巴细胞提取的总 RNA 中克隆了 462 bp 的 *BoIFN-γ* 基因片段，该片段序列与欧洲牛、印度牛的同源性分别为 99.8%和 99.6%。

本 章 小 结

免疫系统在黄牛疾病的发生以及抗病性方面发挥着至关重要的作用，该系统的建立和完善离不开先天遗传基因的控制和后天发育条件的限制，因此研究免疫系统相关蛋白及其基因的结构、表达调控、多态性，免疫系统相关蛋白与黄牛生产性能和抗病性的关系，以及抗病育种具有重要的价值。黄牛的 12 个红细胞抗原系统中包含了至少 100 多种红细胞抗原因子，其中细胞抗原 B、L、M、Z 和 J 对于奶牛的产乳量、FCM、乳脂量、乳蛋白量和乳蛋白率等具有不同的影响。黄牛 *BoLA* 基因被定位于 23 号常染色体（BTA23）上，可分为Ⅰ、Ⅱ和Ⅲ类基因，其中Ⅰ和Ⅱ类基因亦分别被称为 A 区和 D 区，目前的研究仅集中于Ⅰ和Ⅱ类基因；*BoLA* 基因具有高度的多态性且不同等位基因之间存在高度连锁不平衡性；*BoLA* 基因多态性与奶牛产奶量、乳蛋白量、乳脂量、乳蛋白率和乳脂率之间存在相关性；BoLA 及其编码基因还与奶牛乳房炎、持久性淋巴细胞增多症、嗜皮菌病和口蹄疫等疾病存在关联。黄牛具有 5 种类型的免疫球蛋白分子，即 IgM、

IgE、IgG、IgA 和 IgD，不同的免疫球蛋白在机体内存在的形态和结构有所不同，IgM 可以通过二硫键和 J 链连接构成五聚体结构，IgA 则通过二硫键和 J 链组成二聚体结构，而 IgG、IgD 和 IgE 则以单体形式存在；黄牛的胚系免疫球蛋白基因包含了重链和 κ、λ 轻链基因，重链基因包含了 V、D、J 和 C 四种不同的基因片段，而轻链基因包含数目不等的 V、J 和 C 三种不同的基因片段，这些基因片段在基因组 DNA 上并非连续线性排列而是被内含子隔开；黄牛机体内主要通过抗体基因的重排、连接和突变等机制产生大量的抗体从而使免疫系统具有强大的功能。黄牛 TLR 基因的变异及其多态性在抗病性方面有非常重要的影响，其中 TLR1、TLR2、TLR4 和 TLR6 基因多态性与结核病、乳房炎和蜱虫病具有显著相关性。黄牛细胞因子主要包括 IL、IFN、TNF、CSF、EGF 和 NGF 等，其中研究应用较多的是 IL 和 IFN，IL 主要用于免疫佐剂或治疗剂和新型基因工程疫苗研制，IFN 主要用于重组干扰素研制和疾病的预防与治疗。

参 考 文 献

白杰, 林嘉鹏, 袁芳, 等. 2011. TLR2 基因多态性与奶牛体细胞评分的相关性研究. 畜牧兽医学报, 42(3): 356-362.

毕伟伟. 2011. 鲁西牛微卫星标记和 MHC 多态性及其与生长发育性状的关系. 山东农业大学硕士学位论文.

陈丽梅. 2005. 牛免疫球蛋白 lambda 轻链恒定区序列的克隆与研究. 中国农业大学博士学位论文.

陈仁金, 王珍珍, 杨章平, 等. 2013. 中国荷斯坦牛 Toll 样受体 4 基因的遗传多态性与体细胞评分的关联分析. 中国畜牧兽医, 40(11): 134-138.

陈祥, 张成全, 徐正中, 等. 2011. 重组牛白细胞介素 4 的原核表达及其单克隆抗体研制. 细胞与分子免疫学杂志, 27(6): 653-655.

储明星, 李春苗, 石万海, 等. 2009. 荷斯坦母牛 TLR6 基因多态性及其与体细胞评分关系的研究. 畜牧兽医学报, 40(11): 1621-1629.

董慧敏. 2014. 金黄色葡萄球菌和大肠杆菌混合感染奶牛子宫对 TLR2、TLR4 及相关细胞因子影响的研究. 扬州大学硕士学位论文.

房红莹, 陈钜豪, 张欣, 等. 2009. 牛白细胞介素 15 基因的克隆及在大肠杆菌中的表达. 华南农业大学学报, 30(1): 81-85.

高树新. 2005. BoLA 基因多态性及其与奶牛乳房炎的关联内研究. 内蒙古农业大学博士学位论文.

盖仁华, 平丽, 李广兴. 2012. 奶牛白细胞介素 2 基因的克隆及序列分析. 动物医学进展, 33(11): 17-21.

盖仁华, 王衡, 郎跃深, 等. 2011. 牛白细胞介素 2 基因原核表达及多克隆抗体制备. 中国畜牧兽医, 38(12): 71-75.

胡洋. 2008. 牛 γ 干扰素基因克隆和表达及多克隆抗体制备. 东北农业大学硕士学位论文.

金伯泉. 2001. 细胞和分子免疫学. 北京: 科学出版社: 125-130.

李敏. 2005. 牛免疫球蛋白重链基因中 JH, Eμ 片段敲除的研究和 JH, Eμ 基因的分析. 中国农业大学博士学位论文.

李强子, 刘丽霞, 岳炳辉, 等. 2016. 荷斯坦牛 TLR 6 基因 c.640G>A 多态性与体细胞评分的相关分析. 浙江农业学报, 28(8): 1332-1337.

林嘉鹏. 2009. 新疆褐牛 Toll 受体 4 外显子Ⅲ多态性与奶牛体细胞评分的相关性研究. 新疆农业大学硕士学位论文.

刘华兰. 2008. 牛干扰素克隆、表达和鸡传染性支气管炎病毒受体鉴定. 华中农业大学硕士学位论文.

刘杰, 谢昆, 蒋成砚, 等. 2011. 黄牛白细胞介素-基因的克隆与序列分析. 山东农业大学学报(自然科学版), 42(2): 205-210.

刘利. 2009. *TLR2* 基因多态性及其与奶牛乳房炎的相关分析. 吉林大学硕士学位论文.

刘文强, 胡敬东, 杨少华, 等. 2005. 牛白细胞介素 18 成熟蛋白 cDNA 基因的克隆和表达. 畜牧兽医学报, 36(9): 873-876.

马力. 2016. 荷斯坦奶牛免疫球蛋白重链基因位点结构及其多样性形成机制的研究. 中国农业大学博士学位论文.

马腾壑, 许尚忠, 王兴平, 等. 2007. 奶牛 *TLR2* 基因遗传变异与乳房炎体细胞评分的相关研究. 畜牧兽医学报, 38(4): 332-336.

钱琨, 赵巍, 黄大卢, 等. 2016. 牛 γ 干扰素基因的原核表达及其单克隆抗体的研制. 畜牧与兽医, 48(9): 11-15.

瞿冬艳, 王爱勤, 李树春, 等. 2008. 牛亚科 4 个群体 MHC-DRB3.2 座位酶切多样性分析. 西北农业学报, 17(1): 31-33.

申宏旺. 2007. 牛白细胞介素 2 基因的克隆及原核表达. 内蒙古农业大学硕士学位论文.

申宏旺, 希尼尼根, 苏丽娅, 等. 2008. 牛白细胞介素-2 基因的克隆与序列分析. 中国兽医杂志, 44(4): 12-13.

史喜菊. 2004. 牛 *IFNα/β* 基因的克隆、表达及重组蛋白的应用研究. 中国农业大学博士学位论文.

宋佰芬, 刘哲, 曹宏伟, 等. 2011. 牛 γ 干扰素基因的表达及其多克隆抗体的制备. 动物医学进展, 32(5): 36-39.

孙东晓, 张沅, 李宁. 2001. 蒙古牛 *MHC-DRB3* 和 *DQB* 基因的 PCR-RFLP 多态性分析. 农业生物技术学报, 9(4): 342-345.

孙丽萍. 2013. 奶牛精液品质和抗病及抗运输应激的分子机制研究. 华中农业大学博士学位论文.

田兆菊, 郑玉姝, 刘翠艳, 等. 2007. 牛 IL-18 融合蛋白的原核表达及生物学活性测定. 农业生物技术学报, 15(4): 579-583.

王兴平. 2004. 中国部分黄牛 *BoLA* 基因多态性与生产性能的相关分析. 西北农林科技大学硕士学位论文.

王兴平, 许尚忠, 马腾壑, 等. 2007. 牛 *TLR4* 基因的遗传多态性与乳房炎的关联分析. 畜牧兽医学报, 38(2): 120-124.

王延群. 2013. 牛 α 干扰素在毕赤酵母中的高效分泌表达及活性研究. 中国农业科学院硕士学位论文.

魏育蕾. 2012. 牛白细胞介素 32 基因 β、γ 亚型的分子克隆与功能验证. 西北农林科技大学硕士学位论文.

尹昌善, 张立霞, 薛书江, 等. 2017. 延边黄牛 γ-干扰素基因的克隆与序列分析. 延边大学农学学报, 39(1): 83-86.

禹文海, 鲁绍雄. 2007. 牛 MHC(BoLA)基因的研究进展. 中国牛业科学, 33(1): 20-23.

禹文海, 鲁绍雄, 和占龙, 等. 2011. 云南高峰牛 *MHC-DQB* 基因外显子 2 遗传多态性分析. 中国畜牧兽医, 38(10): 117-121.

张翠霞. 2008. *TLR2* 基因的 SNPs 及其与奶牛乳腺炎的相关分析. 四川农业大学博士学位论文.

张立霞, 高旭, 宋建臣, 等. 2012. 延边黄牛白细胞介素 18 基因的克隆及序列分析. 中国畜牧兽医, 39(5): 55-59.

张林, 金宁一, 马鸣潇, 等. 2006. 牛 *IL-18* 基因的克隆及遗传进化分析. 中国免疫学杂志, 22: 68-71.

张永红, 王长法, 李景鹏. 2009. 鲁西黄牛 α 干扰素基因的原核表达及其抗血清的制备. 动物医学进展, 30(5): 41-44.

赵刚, 余梅, 崔群维, 等. 2015. 牛血液组胺浓度、*TLR4* 基因多态性与抗蜱能力的关联分析. 中国奶牛, 6: 1-5.

周峰. 2012. *TLR2* 基因多态性与牛结核病的易感相关性研究. 河南科技大学硕士学位论文.

周秀敏, 李强子, 毕英杰, 等. 2017. 荷斯坦牛 TLR6 基因多态性分析. 中国草食动物科学, 37(1): 1-3.

Aarestrup FM, Jensen NE, Ostergård H. 1995. Analysis of associations between major histocompatibility complex (BoLA) class I haplotypes and subclinical mastitis of dairy cows. Journal of Dairy Science, 78(8): 1684-1692.

Aderem A, Ulevitch RJ. 2000. Toll-like receptors in the induction of the innate immune response. Nature, 406(6797): 782-787.

Akira S, Hemmi H. 2003. Recognition of pathogen-associated molecular patterns by TLR family. Immunology Letters, 85(2): 85-95.

Alexopoulou L, Holt AC, Medzhitov R, et al. 2001. Recognition of double-stranded RNA and activation of NF-kappa B by Toll-like receptor 3. Nature, 413(6857): 732–738.

Alluwaimi AM. 2000. Detection of IL-2 and IFN-gamma mRNA expression in bovine milk cells at the late stage of the lactation period with RT-PCR. Research in Veterinary Science, 69(2): 185-187.

Amorena B, Stone WH. 1978. Serologically defined (SD) locus in cattle. Science, 201(4351): 159-160.

Andersson L, Böhme J, Peterson PA, et al. 1986. Genomic hybridization of bovine class II major histocompatibility genes: 2. Polymorphism of *DR* genes and linkage disequilibrium in the DQ-DR region. Animal Genetics, 17(4): 295-304.

Andersson-Eklund L, Danell B, Rendel J. 1990. Associations between blood groups, blood protein polymorphisms and breeding values for production traits in Swedish Red and White dairy bulls. Animal Genetics, 21(4), 361-376.

Antalíková J, Simon M, Jankovicová J, et al. 2007. Biochemical and histochemical characterization of the cattle V red blood cell antigen with monoclonal antibody IVA-41. Hybridoma, 26(4): 255-257.

Arnold JN, Wormald MR, Sim RB, et al. 2007. The impact of glycosylation on the biological function and structure of human immunoglobulins. Annual Review of Immunology, 25: 21-50.

Arriens MA, Hofer A, Obexer-Ruff H, et al. 1996. Lack of association of bovine MHC class I alleles with carcass and reproductive traits. Animal Genetics, 27(6): 429-431.

Arun SS, Breuer W, Hermanns W. 1996. Immunohistochemical examination of light-chain expression (lambda/kappa ratio) in canine, feline, equine, bovine, bovine and porcine plasma cells. Zentralblatt Veterinarmedizin. Reihe A, 43(9): 573-576.

Baingall KT, Marasa BS. 1998. Identification of diverse BoLA DQA3 genes consistent with non-allelic sequences. Animal Genetics, 29(2): 123-129.

Belardelli F, Ferrantini M, Proietti E, et al. 2002. Interferon-alpha in tumor immunity and immunotherapy. Cytokine & Growth Factor Reviews, 13(2): 119-134.

Bishop MD, Kappes SM, Keele JW, et al. 1994. A genetic linkage map for cattle. Genetics, 136(2): 619-639.

Buitkamp J, Schwaiger FW, Solinas-Toldo S, et al. 1995. The bovine interleukin-4 gene: genomic organization, localization, and evolution. Mammalian Genome, 6(5): 350-356.

Buwitt-Beckmann U, Heine H, Wiesmuller KH, et al. 2005. Toll-like receptor 6-independent signaling by diacylated lipopeptides. European Journal of Immunology, 35(1): 282-289.

Caldwell J, Cumberland PA. 1978. Cattle lymphocyte antigens. Transplantation Proceedings, 10(4): 889-892.

Cerretti DP, McKereghan K, Larsen A, et al. 1986a. Cloning, sequence, and expression of bovine interleukin 2. Proceedings National Academy Science USA, 83(10): 3223-3227.

Cerretti DP, McKereghan K, Larsen A, et al. 1986b. Cloning, sequence, and expression of bovine interferon-gamma. Journal of Immunology, 136(12): 4561-4564.

Chaplin PJ, Entrican G, Gelder KI, et al. 1996. Cloning and biologic activities of a bovine interferon-alpha isolated from the epithelium of a rotavirus-infected calf. Journal of Interferon & Cytokine Research, 16(1): 25-30.

Charleston B, Fray MD, Baigent S, et al. 2001. Establishment of persistent infection with non-cytopathic bovine viral diarrhoea virus in cattle is associated with a failure to induce type I interferon. The Journal of General Virology, 82(Pt 8): 1893-1897.

Chen K, Xu W, Wilson M, et al. 2009. Immunoglobulin D enhances immune surveillance by activating antimicrobial, proinflammatory and B cell- stimulating programs in basophils. Nature Immunology, 10(8): 889-898.

Chu MX, Ye SC, Qiao L, et al. 2012. Polymorphism of exon 2 of BoLA-DRB3 gene and its relationship with somatic cell score in Beijing Holstein cows. Molecular Biology Reports, 39(3): 2909-2914.

Collins RA, Camon EB, Chaplin PJ, et al. 1998. Influence of IL-12 on interferon-gamma production by bovine leucocyte subsets in response to bovine respiratory syncytial virus. Veterinary Immunology and Immunopathology, 63(1-2): 69-72.

Conneally PM, Patel JR, Morton NE, et al. 1962. The J substance of cattle. VI. Multiple alleles at the J locus. Genetics, 47(7): 797-805.

Darlow JM, Stott DI. 2006. Gene conversion in human rearranged immunoglobulin genes. Immunogenetics, 58(7): 511-522.

Davies CJ. 1997. Nomenclature for factors of the BoLA system, 1996: report of the ISAG BoLA Nomenclature Committee. Animal Genetics, 28: 159-168.

Davies CJ, Joosten I, Andersson L, et al. 1994. Polymorphism of bovine MHC class I genes. Joint Report of the Fifth International Bovine Lymphocyte Antigen (BoLA) Workshop, Interlaken, Switzerland, 1 August 1992. European Journal of Immunogenetics, 21(4): 239-258.

Dietz AB, Cohen ND, Timms L, et al. 1997. Bovine lymphocyte antigen class II alleles as risk factors for high somatic cell counts in milk of lactating dairy cows. Journal of Dairy Science, 80(2): 406-412.

Eggen A, Fries RA. 1995. Integrated cytogenetic and meiotic map of the bovine genome. Animal Genetics, 26(4): 215-236.

Ehrenstein MR, Notley CA. 2010. The importance of natural IgM: scavenger, protector and regulator. Nature Review Immunology, 10(11): 778-786.

Erridge C, Bennett-Guerrero E, Poxton IR. 2002. Structure and function of lipopolysaccharides. Microbes and Infection, 4(8): 837-851.

Estes DM. 1996. Differentiation of B cells in the bovine. Role of cytokines in immunoglobulin isotype expression. Veterinary Immunology and Immunopathology, 54(1-4): 61-67.

Franklin A, Blanden RV. 2006. A/T-targeted somatic hypermutation: critique of the mainstream model. Trends in Biochemical Sciences, 31(5): 252-258.

Goldammer T, Zerbe H. 2004. Mastitis increases mammary mRNA abundance of beta-defensin 5, toll-like-receptor-2 (TLR2), and TLR4 but not TLR9 in cattle. Clinical and Diagnostic Laboratory Immunology, 11(1): 174-185.

Greenway AL, Overall ML, Sattayasai N, et al. 1992. Selective production of interferon-alpha subtypes by cultured peripheral blood mononuclear cells and lymphoblastoid cell lines. Immunology, 75(1): 182-188.

Hess M, Goldammer T, Gelhaus A, et al. 1999. Physical assignment of the bovine MHC class IIa and IIb genes. Cytogenetics and Cell Genetics, 85(3-4): 244-247.

Heussler VT, Eichhorn M, Dobbelaere DA. 1992. Cloning of a full-length cDNA encoding bovine interleukin 4 by the polymerase chain reaction. Gene, 114(2): 273-278.

Hines HC, Haenlein GFW, Zikakis JP, et al. 1977. Blood antigen, serum protein, and milk protein gene frequencies and genetics interrelationships in Holstein cattle. Journal of Dairy Science, 60(7): 1143-1151.

Hønberg LS, Larsen B, Koch C, et al. 1995. Biochemical identification of the bovine blood group M' antigen asa major histocompatibility complex class I-like molecule. Animal Genetics, 26(5): 307-313.

Hosseini A, Campbell G, Prorocic M, et al. 2004. Duplicated copies of the bovine JH locus contribute to the Ig repertoire. International Immunology, 16(6): 843-852.

Ivanov VN, Karginov VA, Morozov IV, et al. 1988. Molecular cloning of a bovine immunoglobulin lambda cDNA. Gene, 67(1): 41-48.

Jack CS, Arbour N, Manusow J, et al. 2005. TLR signaling tailors innate immune responses in human microglia and astrocytes. Journal of Immunology, 175(7): 4320-4330.

Jaekal J, Jhun H, Hong J, et al. 2010. Cloning and characterization of bovine interleukin-32 beta isoform. Veterinary Immunology and Immunopathology, 137(1-2): 166-171.

Jann OC, King A, Corrales NL, et al. 2009. Comparative genomics of Toll-like receptor signalling in five species. BMC Genomics, 10: 216.

Jann OC, Werling D, Chang JS, et al. 2008. Molecular evolution of bovine Toll-like receptor 2 suggests substitutions of functional relevance. BMC Evolutionary Biology, 8: 288.

Jin MS, Lee JO. 2008. Structures of the toll-like receptor family and its ligand complexes. Immunity, 29(2):

182-191.
Kappes SM, Bishop MD, Keele JW, et al. 1994. Linkage of bovine erythrocyte antigen loci B, C, L, S, R′ and T′ and the serum protein loci post-transferrin 2 (PTF 2), vitamin D binding protein (GC) and albumin (ALB) to DNA microsatellite markers. Animal Genetics, 25(3): 133-140.
Kaushik A, Shojaei F, Saini SS. 2002. Novel insight into antibody diversification from cattle. Veterinary Immunology and Immunopathology, 87(3-4): 347-350.
Kaushik AK, Kehrli ME Jr, Kurtz A, et al. 2009. Somatic hypermutations and isotype restricted exceptionally long CDR3H contribute to antibody diversification in cattle. Veterinary Immunology and Immunopathology, 127(1-2): 106-113.
Kim BH, Shenoy AR, Kumar P, et al. 2011. A family of IFN-γ-inducible 65-kD GTPases protects against bacterial infection. Science, 332(6030): 717-721.
Kim HM, Park BS, Kim JI, et al. 2007. Crystal structure of the TLR4-MD-2 complex with bound endotoxin antagonist Eritoran. Cell, 130(5): 906-917.
Kim SH, Han SY, Azam T, et al. 2005. Interleukin-32: A cytokine and inducer of TNFα. Immunity, 22(1): 131-142.
Kotenko SV, Gallagher G, Baurin VV, et al. 2003. IFN-λs mediate antiviral protection through a distinct class II cytokine receptor complex. Nature Immunology, 4(1): 69-77.
Koti M, Kataeva G, Kaushik AK. 2010. Novel atypical nucleotide insertions specifically at VH-DH junction generate exceptionally long CDR3H in cattle antibodies. Molecular Immunology, 47(11-12): 2119-2128.
Ma RZ, Da Beever JEY, Green CA, et al. 1996. The male linkage map of the cattle (*Bos taurus*) genome. Journal of Heredity, 87(4): 261-271.
McClure TJ. 1952. Correlation study of bovine erythrocyte antigen A and butterfat test. Nature, 170(4321): 327.
McGuire K, Jones M, Werling D, et al. 2006. Radiation hybrid mapping of all 10 characterized bovine Toll-like receptors. Animal Genetics, 37(1): 47-50.
Medesan C, Cianga P, Mummert M, et al. 1998. Comparative study of rat IgG to further delineate the Fc: FcRn interaction site. European Journal of Immunology, 28(7): 2092-2100.
Medzhitov R, Preston HP, Janeway CA. 1997. A human homologue of the *Drosophila* Toll protein signals activation of adaptive immunity. Nature, 388(6640): 394-397.
Mejdell CM, Lie O, Solbu H, et al. 1994. Association of major histocompatibility complex antigens (BoLA-A) with AI bull progeny test results for mastitis, ketosis and fertility in Norwegian cattle. Animal Genetics, 25(2): 99-104.
Méténier-Delisse L, Hayes H, Leroux C, et al. 1997. Isolation and molecular characterization of bovine rhesus-like transcripts and chromosome mapping of the relevant locus. Animal Genetics, 28(3): 202-209.
Miller WJ. 1966. Evidence for two new systems of blood groups in cattle. Genetics, 54(1): 151-158.
Morton HC, Storset AK, Brandtzaeg P. 2001. Cloning and sequencing of a cDNA encoding the bovine FcR gamma chain. Veterinary Immunology and Immunopathology, 82(1-2): 101-106.
Mousavi M, Rabbani H, Pilström L, et al. 1998. Characterization of the gene for the membrane and secretory form of the IgM heavy-chain constant region gene (Cμ) of the cow (*Bos taurus*). Immunology, 93(4): 581-588.
Muggli-Cockett N. 1998. Identification of genetic variation in the bovine major histocompatibility complex DRB-like genes using sequenced bovine genomic probes. Animal Genetics, 19(3): 213-225.
Müller U, Steinhoff U, Reis LF, et al. 1994. Functional role of type I and type II interferons in antiviral defense. Science, 264(5167): 1918-1921.
Nascimento CS, Machado MA, Martinez ML, et al. 2006. Association of the bovine major histocompatibility complex (BoLA) *BoLA-DRB3* gene with fat and protein production and somatic cell score in Brazilian Gyr dairy cattle (*Bos indicus*). Genetics and Molecular Biology, 29(4): 641-647.
Oddgeirsson O, Simpson SP, Ross DS, et al. 1988. Relationship between the bovine major histocompatibility complex (BoLA), erythrocyte markers and susceptibility to mastitis in Icelandic cattle. Animal Genetics, 19(1): 11-16.
Oldenbroek JK, Bouw B. 1974. Further studies on the relation between the F and N′ blood group systems in

cattle. Animal Blood Groups and Biochemical Genetics, 5(1): 59-62.
Oosterlee CC, Bouw B. 1972. Structure of Loci for Blood Groups in Animals. Budapest: XIIth European Conference on Animal Blood Groups and Biochemical Polymorphism.
Opsal MA, Våge DI, Hayes B, et al. 2006. Genomic organization and transcript profiling of the bovine toll-like receptor gene cluster TLR6-TLR1-TLR10. Gene, 384: 45-50.
Oritani K, Kincade PW, Zhang C, et al. 2001. Type I interferons and limitin: a comparison of structures, receptors, and functions. Cytokine & Growth Factor Reviews, 12(4): 337-348.
Ostrand-Rosenberg S. 1975. Gene dosage and antigenic expression on the cell surface of bovine erythrocytes. Anim Blood Groups and Biochemical Genetics, 6(2): 81-99.
Owen RD, Stormont CJ, Irwin MR. 1944. Differences in Frequency of Cellular Antigens in Two Breeds of Dairy Cattle. Journal of Animal Science, 3(4): 315-321.
Parng CL, Hansal S, Goldsby RA, et al. 1996. Gene conversion contributes to Ig light chain diversity in cattle. Journal of Immunology, 157(12): 5478-5486.
Pashmi M, Qanbari S, Ghorashi SA, et al. 2009. Analysis of relationship between bovine lymphocyte antigen DRB3.2 alleles, somatic cell count and milk traits in Iranian Holstein population. Journal of Animal Breeding and Genetics, 126(4): 296-303.
Pokorska J, Kulaj D, Dusza M, et al. 2018. The influence of BoLA-DRB3 alleles on incidence of clinical mastitis, cystic ovary disease and milk traits in Holstein Friesian cattle. Molecular Biology Reports, 45(5): 917-923.
Poljak RJ, Amzel LM, Phizackerley RP. 1976. Study on the three-dimensional structure of immunoglobulins. Progress in Biophysics & Molecular Biology, 31: 67-93.
Rabbani H, Brown WR, Butler JE, et al. 1997. Polymorphism of the *IGHG3* gene in cattle. Immunogenetics, 46(4): 326-331.
Reddy DN, Reddy PG, Xue W, et al. 1993. Immunopotentiation of bovine respiratory disease virus vaccines by interleukin-1 beta and interleukin-2. Veterinary Immunology and Immunopathology, 37(1): 25-38.
Revoltella R, Jayakar SD, Tinelli M, et al. 1980. Parasite-reactive serum IgE antibodies in African populations. Relations to intestinal parasite load. International Archives of Allergy and Applied Immunology, 62(1): 23-33.
Robertson MJ, Mier JW, Logan T, et al. 2006. Clinical and biological effects of recombinant human interleukin-18 administered by intravenous infusion to patients with advanced cancer. Clinical Cancer Research, 12(14Pt1): 4265-4273.
Runkel L, Pfeffer L, Lewerenz M, et al. 1998. Differences in activity between alpha and beta type I interferons explored by mutational analysis. The Journal of Biological Chemistry, 273(14): 8003-8008.
Rupp R, Hernandez A, Mallard BA. 2007. Association of bovine leukocyte antigen (BoLA) DRB3.2 with immune response, mastitis, and production and type traits in Canadian Holsteins. Journal of Dairy Science, 90(2): 1029-1038.
Russell CD, Widdison S, Leigh JA, et al. 2012. Identification of single nucleotide polymorphisms in the bovine Toll-like receptor 1 gene and association with health traits in cattle. Veterinary Research, 43(1): 17-28.
Sato N, Patel HJ, Waldmann TA, et al. 2007. The IL-15/IL-15Rα on cell surfaces enables sustained IL-15 activity and contributes to the long survival of CD8 memory T cells. Proceedings National Academy Science USA, 104(2): 588-593.
Schmid DO, Buschmann HG. 1985. Blutgruppen bei Tieren. Stuttgart: Enke Verlag.
Sharif S, Mallard BA, Wilkie BN. 1999. Associations of the bovine major histocompatibility complex DRB3 (BoLA-DRB3) with production traits in Canadian dairy cattle. Animal Genetics, 30(2): 157-160.
Sharif S, Mallard BA, Wilkie BN, et al. 1998. Associations of the bovine major histocompatibility complex DRB3 (BoLA-DRB3) alleles with occurrence of disease and milk cell score in Canadian dairy cattle. Animal Genetics, 29(3): 185-193.
Shoda H, Fujio K, Yamamoto K. 2007. Rheumatoid arthritis and interleukin-32. Cellular and Molecular Life Sciences, 64(19-20): 2671-2679.

Shoda LK, Zarlenga DS, Hirano A, et al. 1999. Cloning of a cDNA encoding bovine interleukin-18 and analysis of IL-18 expression in macrophages and its IFN-gamma-inducing activity. Journal of Interferon & Cytokine Research, 19(10): 1169-1177.

Simpson SP, Oddgeirsson O, Jonmundsson JV, et al. 1990. Associations between the bovine major histocompatibility complex (BoLA) and milk production in Icelandic dairy cattle. Journal of Dairy Research, 57(4): 437-440.

Sinclair MC, Gilchrist J, Aitken R. 1995. Molecular characterization of bovine Vλ regions. Journal of Immunology, 155(6): 3068-3078.

Solbu H, Spooner RL, Lie O. 1982. A possible influence of the bovine major histocompatibility complex (BoLA) on mastitis. Madrid: Proceedings of the 2nd World Congress on Genetics Applied to Livestock Production: 368-371.

Stear MJ, Dimmock CK, Newman MJ, et al. 1988. BoLA antigens are associated with increased frequency of persistent lymphocytosis in bovine leukaemia virus infected cattle and with increased incidence of antibodies to bovine leukaemia virus. Animal Genetics, 19(2): 151-158.

Stormont C. 1949. Acquisition of the J substance by the bovine erythrocyte. Proceedings National Academy Science USA, 35(5): 232-237.

Stormont C. 1952. The F-V and Z systems of bovine blood groups. Genetics, 37(1): 39-48.

Takahashi T, Iwase T, Tachibana T, et al. 2000. Cloning and expression of the chicken immunoglobulin joining(J)-chain cDNA. Immunogenetics, 51(2): 85-91.

Thomsen H, Reinsch N, Xu N, et al. 2001. Mapping of the blood group systems J, N′, R′, and Z show evidence for oligo-genetic inheritance. Animal Genetics, 33(2): 107-117.

Tobin-Janzen TC, Womack JE. 1992. Comparative mapping of IGHG1, IGHM FES, and FOS in domestic cattle. Immunogenetics, 36(3): 157-165.

Tobin-Janzen TC, Womack JE. 1996. The immunoglobulin lambda light chain constant region maps to *Bos taurus* chromosome 17. Animal Biotechnology, 7(2): 163-172.

Tolle A, Beuche H. 1958. Der Abstammungsnachweis beim Rind durch Blutgruppen. Zuchtungskunde, 30: 341.

Tonegawa S. 1983. Somatic generation of antibody diversity. Nature, 302(5909): 575-581.

Underdown BJ, Schiff R. 1986. Immunoglobulin A: strategic defense initiative at the mucosal surface. Annual Review of Immunology, 4: 389-417.

Våge DI, Lingaas F, Spooner RL, et al. 1992. A study on association between mastitis and serologically defined class I bovine lymphocyte antigens (BoLA-A) in Norwegian cows. Animal Genetics, 23(6): 533-536.

Velan B, Cohen S, Grosfeld H, et al. 1985. Bovine interferon alpha genes. Structure and expression. The Journal of Biological Chemistry, 260(9): 5498-5504.

Weigel KA, Freeman AE, Stear MJ, et al. 1990. Association of class I bovine lymphocyte antigen complex alleles with health and production traits in dairy cattle. Journal of dairy Science, 73(9): 2538-2546.

Wilson IA, Stanfield RL. 1994. Antibody-antigen interactions: new structures and new conformational changes. Current Opinion in Structural Biology, 4(6): 857-867.

Xu Z, Zan H, Pone EJ, et al. 2012. Immunoglobulin class-switch DNA recombination: induction, targeting and beyond. Nature Reviews. Immunology, 12(7): 517-531.

Zanotti M. 1990. Histocompatibility and production performances in Italian Holstein Friesian bulls. Edinburgh: Proceedings of the 4th World Congress on Genetics Applied to Livestock Production: 489.

Zhao Y, Kacskovics I, Pan Q, et al. 2002. Artiodactyl IgD: the missing link. The Journal of Immunology, 169(8): 4408-4416.

Zhao Y, Kacskovics I, Rabbani H, et al. 2003. Physical mapping of the bovine immunoglobulin heavy chain constant region gene locus. The Journal of Biological Chemistry, 278(37): 35024-35032.

（蔡欣编写）

第四章 中国黄牛生化遗传与蛋白质组学研究

生化遗传学是生物化学和遗传学相结合的一个遗传学分支学科,其研究遗传物质的理化性质,以及遗传物质对蛋白质生物合成和机体代谢的调节控制。生化遗传研究在1955年Smiths发明了淀粉凝胶电泳以后才得以迅速发展。中国黄牛的生化遗传标记研究始于20世纪80年代初,主要研究内容是血液蛋白和酶的多态性的类别、频率及应用。在此后的10~20年,寻找牛血液蛋白(包括同工酶)多态性及与生产性状相关的蛋白质多态性成为研究热点。

蛋白质作为基因表达的直接产物,其变异反映了基因的变异。基因突变、等位基因的广泛存在以及编码蛋白基因的不同剪接体的大量发现也就决定了蛋白质具有丰富的多态性,而且蛋白质的多态性属于典型的孟德尔遗传,这种多态性可以较明显地表现在电泳图谱上或酶的活力上。因此,根据蛋白质来源不同,可以将生化遗传标记分为:①血液生化标记;②酶蛋白生化标记;③乳蛋白生化标记;④公畜精液和母畜阴道黏液生化标记;⑤体组织生化标记;⑥其他体液生化标记。在研究层次上,从单个蛋白水平、多蛋白水平,直到蛋白质组学水平。

第一节 血液蛋白多态性研究

一、血液蛋白多态性的概念

血液蛋白多态性是指在黄牛品种或群体中,不同个体之间的血液蛋白存在两种或两种以上的表型,且表型频率大于1%。任何蛋白质一级结构中的氨基酸排列顺序都是由基因决定的。生物体的基因组DNA受体内及环境中各类理化因子的影响可发生突变,其结果有可能不导致基因产物序列的改变(同义突变),也有可能导致蛋白质产物的氨基酸序列改变或功能性RNA碱基序列的改变(非同义突变)。其中仅导致表达产物氨基酸序列改变,但对蛋白质的生理功能没有影响的沉默突变是形成蛋白质多态性的主要原因。蛋白质多态性是生物界存在的一种普遍现象,是遗传学、法医学等研究的重要遗传标记。

二、血液蛋白多态性的测定方法

血液蛋白多态性分析一般从血液中分离出蛋白质,然后用淀粉凝胶电泳和聚丙烯酰胺凝胶电泳分离蛋白质,通过染色就可显现出差异的带纹,以确定同一位点的等位基因,进而进行分析。其基本步骤分为采血、分离血浆和血细胞(蛋白质分离)、电泳分离(蛋白质电泳)、染色与脱色、分型判定等过程。

(一)采血

采集牛的样本通常为血液,一般采用颈静脉采血法,也可使用尾根静脉采血法。通常采用生理盐水配制的1%肝素钠溶液进行新鲜血液抗凝。

(二)分离血浆和血细胞

由于血浆和血细胞含有不同的蛋白质成分,采集血样后应尽早把血浆(清)和血细胞分离开。一般采用离心法,上层为血浆(清),下层是不含血浆(清)成分的血细胞。血细胞在电泳前还需用1~1.5倍体积的灭菌蒸馏水制得溶血液。

(三)电泳分离

血液蛋白多态性电泳分离的原理是不同种类的大分子物质所带电荷不同,在一定电场强度下,其在不同电泳介质中移动的速度也不同。国际上用于血液蛋白多态性检测的标准电泳方法主要是淀粉凝胶电泳法,少数采用垂直板聚丙烯酰胺凝胶电泳或等电聚焦法,个别蛋白质还需要用乙酸纤维素薄膜电泳法或者琼脂糖凝胶电泳法检测。目前,常用的电泳支持介质是水平板淀粉凝胶和垂直板聚丙烯酰胺凝胶。

(四)染色与脱色

蛋白质经凝胶电泳后,各分离区的蛋白质染色以氨基黑10 B较为合适,也有用考马斯亮蓝等染料的,用不同的染料染色,其染色的方法不同。例如,用氨基黑10 B染色,电泳后的凝胶经染色后再脱色,胶面就显现清晰的电泳条带。

(五)分型判定

血液蛋白分型的判定是根据电泳后的沉淀带即表现型直接判定个体的基因遗传型。一般说来,每个遗传基因控制单个或几个一组的沉淀带的出现,两个遗传等位基因控制的沉淀带构成了该个体的电泳图,据此可以判定个体的遗传基因型,即纯合型和杂合型。

不同样品的同一种蛋白质电泳都在完全一致的条件下进行。电泳区带的定型采用电泳图谱来判定。对于蛋白质基因位点的基因型命名按照各组分在电场中向阳极方向迁移的快慢来确定。由两个等位基因控制的一般用 *AA*、*BB*、*AB* 来表示其基因型,*BB* 代表迁移率较快的条带,*AA* 代表迁移率较慢的条带,*AB* 表示迁移率既有快带也有慢带的表型。若由三个共显性等位基因控制,一般用 *AA*、*BB*、*CC*、*AB*、*BC*、*AC* 来表示其基因型,*BB* 代表迁移率最快的带型,*CC* 次之,*AA* 表示迁移率最慢的带型(图4-1)。

三、中国黄牛血液蛋白多态性的类型与频率

(一)中国黄牛血液蛋白多态性的类型

中国黄牛血液蛋白多态性主要研究的是血液中血清和血细胞蛋白的多态性及其与特征性状、性能的关系以及品种间的亲缘关系。在我国研究的黄牛品种涉及秦川牛、鲁西牛、南阳牛、晋南牛、延边牛、郏县红牛、安西牛、迪庆牛、凉山牛等30多个地方

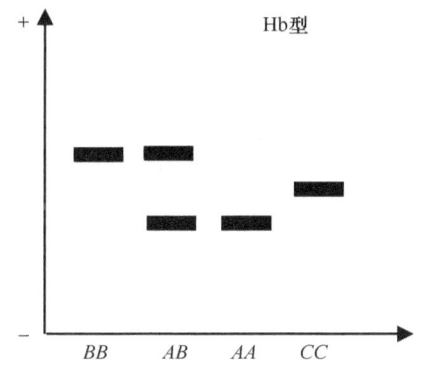

图 4-1 Hb 电泳模式图

黄牛品种，共检测了 21 个蛋白（酶）座位，发现有 9 个座位存在多态性，其中较为常见的多型座位有血红蛋白（Hb）、白蛋白（Alb）、后白蛋白（Pa）、转铁蛋白（Tf）、后转铁蛋白-1（Ptf-1）、碱性磷酸酶（Akp）6 个座位（表 4-1）。在黄牛群体中，蛋白位点少的有两个等位基因，最多的可达 7 个复等位基因。当然对于某一特定个体而言，最多也只能有两个等位基因。

表 4-1 中国黄牛血液蛋白多型等位基因

座位名称	英文名称及缩写	样品来源	等位基因
血红蛋白	Hemoglobin（Hb）	红细胞	A、B、C、Y
白蛋白	Albumin（Alb）	血清	A、B、C、D、X、Y
后白蛋白	Postalbumin（Pa）	血清	A、B、C、X
转铁蛋白	Transferrin（Tf）	血清	A、$A1$、B、$D1$、$D2$、E、F
后转铁蛋白-1	Post-transferrin-1（Ptf-1）	血清	A、B、C
碱性磷酸酶	Alkaline phosphatase（Akp）	血清	A、O

（二）中国黄牛血液蛋白多态性特征

1. 血红蛋白（Hb）多态性特征

大量研究表明，中国黄牛血红蛋白变异型虽然有近 10 种，但除了 Hb^A、Hb^B 和 Hb^C 外，其余几种十分稀少。在碱性介质中，BB 基因型的泳动速度最快，其次为 CC 和 AA 基因型（图 4-1）。Hb^A 基因是最常见的，在已测定的所有牛品种中都存在，其中以欧洲牛的基因频率最高，除娟姗牛、更赛牛外，一般为 0.9~1.0，如欧洲各国的黑白花牛一般为 1.0。Hb^B 则没有 Hb^A 普遍，基因频率一般都很低，甚至没有；在世界上有两个牛种群的 Hb^B 基因频率较高，其中以印度瘤牛最高，一般为 0.45 左右。Hb^C 的基因频率很低，在欧洲牛中几乎没有，在印度牛和非洲牛中也很少，较多出现在东南亚地区的牛种中，但基因频率也不高（0.05~0.30），只是在印度尼西亚巴厘岛上的巴厘牛中基因频率高达 0.8065（Namikawa and Widodo, 1978）。

在我国 30 个黄牛品种中都检测到 Hb^A、Hb^B 两种变异体（表 4-2）。除延边牛、西藏黄牛外，其余 28 个品种全有 Hb^C，在鲁西牛、西镇牛和临夏黄牛中还出现了 Hb^Y。从

表 4-2 可以看出,在 4 个等位基因中,Hb^A 基因频率最高,除大别山牛、川西黄牛和凉山黄牛外,其余都高于 0.5;Hb^C 基因频率为 0.000~0.369,并且南方牛略高于北方牛;Hb^B 基因频率为 0.010~0.450,以大别山牛和复州牛较高,分别为 0.450 和 0.378。

表 4-2 30 个中国黄牛品种 6 个位点的基因频率

序号	品种	Alb A	B	C	D	X	Y	Hb A	B	C	Y	Ptf-1 A	B	C
1	延边牛	0.959	0.024	0.012	0.004	0.000	0.000	0.923	0.077	0.000	0.000	0.122	0.695	0.183
2	蒙古牛	0.885	0.062	0.083	0.000	0.000	0.000	0.807	0.184	0.008	0.000	0.088	0.710	0.202
3	复州牛	0.915	0.085	0.000	0.000	0.000	0.000	0.585	0.378	0.037	0.000	0.096	0.846	0.059
4	安西牛	0.890	0.110	0.000	0.000	0.000	0.000	0.865	0.125	0.010	0.000	0.105	0.665	0.230
5	鲁西牛	0.433	0.567	0.000	0.000	0.000	0.000	0.825	0.052	0.108	0.016	0.155	0.789	0.057
6	晋南牛	0.621	0.350	0.014	0.014	0.000	0.000	0.725	0.157	0.118	0.000	0.181	0.768	0.051
7	平陆牛	0.516	0.449	0.021	0.005	0.000	0.000	0.811	0.010	0.179	0.000	0.171	0.781	0.048
8	郏县红牛	0.557	0.433	0.010	0.000	0.000	0.000	0.705	0.043	0.252	0.000	0.240	0.683	0.077
9	秦川牛	0.443	0.543	0.014	0.000	0.000	0.000	0.825	0.084	0.091	0.000	0.380	0.445	0.175
10	西镇牛	0.425	0.551	0.000	0.007	0.010	0.007	0.757	0.081	0.159	0.004	0.366	0.382	0.252
11	宣汉牛	0.242	0.753	0.000	0.000	0.000	0.005	0.561	0.071	0.369	0.000	0.586	0.379	0.035
12	南阳牛	0.394	0.602	0.004	0.000	0.000	0.000	0.688	0.034	0.278	0.000	0.282	0.620	0.098
13	文山牛	0.247	0.755	0.000	0.000	0.000	0.000	0.646	0.095	0.260	0.000	0.431	0.562	0.008
14	大别山牛	0.207	0.793	0.000	0.000	0.000	0.000	0.279	0.450	0.271	0.000	0.283	0.710	0.007
15	温岭牛	0.243	0.738	0.020	0.000	0.000	0.000	0.707	0.051	0.242	0.000	0.384	0.495	0.121
16	峨边牛	0.311	0.689	0.000	0.000	0.000	0.000	0.727	0.062	0.211	0.000	0.295	0.454	0.270
17	闽南牛	0.078	0.922	0.000	0.000	0.000	0.000	0.676	0.154	0.170	0.000	0.156	0.839	0.006
18	徐闻牛	0.024	0.971	0.000	0.005	0.000	0.000	0.663	0.064	0.272	0.000	0.547	0.453	0.000
19	隆林牛	0.080	0.920	0.000	0.000	0.000	0.000	0.732	0.076	0.192	0.000	0.585	0.415	0.000
20	海南牛	0.059	0.892	0.020	0.020	0.000	0.000	0.696	0.045	0.259	0.000	0.196	0.485	0.319
21	固原黄牛	0.810	0.190	0.000	0.000	0.000	0.000	0.799	0.108	0.093	0.000	0.502	0.498	0.000
22	川西黄牛	—	—	—	—	—	—	0.424	0.352	0.133	0.000	—	—	—
23	雷州牛	0.024	0.971	0.000	0.005	0.000	0.000	0.633	0.065	0.272	0.000	0.548	0.452	0.000
24	平利黄牛	0.206	0.382	0.353	0.060	0.000	0.000	0.611	0.142	0.247	0.000	0.376	0.357	0.267
25	临夏黄牛	0.738	0.259	0.003	0.000	0.000	0.000	0.887	0.097	0.008	0.018	0.812	0.188	0.000
26	早胜牛	—	—	—	—	—	—	0.780	0.143	0.082	0.000	—	—	—
27	渤海黑牛	—	—	—	—	—	—	0.772	0.088	0.140	0.000	—	—	—
28	蒙山牛	—	—	—	—	—	—	0.640	0.088	0.282	0.000	—	—	—
29	西藏黄牛	1.000	0.000	0.000	0.000	0.000	0.000	0.878	0.122	0.000	0.000	—	—	—
30	凉山黄牛	0.456	0.544	0.000	0.000	0.000	0.000	0.458	0.333	0.208	0.000	—	—	—

序号	品种	Pa A	B	C	X	Tf A	B	D1	D2	E	F	A1	Akp A	O
1	延边牛	0.541	0.459	0.000	0.000	0.228	0.000	0.374	0.142	0.256	0.000	0.000	0.081	0.920
2	蒙古牛	0.369	0.623	0.008	0.000	0.160	0.000	0.279	0.348	0.213	0.000	0.000	0.064	0.937
3	复州牛	0.686	0.314	0.000	0.000	0.191	0.000	0.378	0.229	0.186	0.016	0.000	0.083	0.917
4	安西牛	0.470	0.530	0.000	0.000	0.190	0.000	0.365	0.105	0.265	0.075	0.000	0.051	0.949

续表

序号	品种	Pa A	B	C	X	Tf A	B	D1	D2	E	F	A1	Akp A	O
5	鲁西牛	0.624	0.376	0.000	0.000	0.067	0.000	0.139	0.278	0.180	0.335	0.000	0.097	0.903
6	晋南牛	0.618	0.382	0.000	0.000	0.154	0.018	0.168	0.207	0.218	0.236	0.000	0.063	0.937
7	平陆牛	0.526	0.453	0.016	0.005	0.067	0.005	0.082	0.263	0.217	0.366	0.000	0.081	0.919
8	郑县红牛	0.548	0.447	0.000	0.005	0.076	0.000	0.105	0.167	0.152	0.500	0.000	0.091	0.909
9	秦川牛	0.682	0.226	0.092	0.000	0.154	0.000	0.241	0.193	0.135	0.278	0.000	0.197	0.803
10	西镇牛	0.619	0.327	0.054	0.000	0.134	0.024	0.058	0.120	0.257	0.408	0.000	0.092	0.808
11	宣汉牛	0.338	0.647	0.000	0.015	0.071	0.020	0.167	0.066	0.202	0.475	0.000	0.068	0.932
12	南阳牛	0.496	0.477	0.004	0.023	0.042	0.000	0.042	0.099	0.273	0.542	0.004	0.066	0.934
13	文山牛	0.262	0.739	0.000	0.000	0.108	0.000	0.008	0.015	0.215	0.654	0.000	0.108	0.892
14	大别山牛	0.700	0.300	0.000	0.000	0.071	0.000	0.036	0.057	0.357	0.479	0.000	0.098	0.902
15	温岭牛	0.420	0.575	0.000	0.005	0.134	0.015	0.000	0.015	0.104	0.733	0.000	0.094	0.907
16	峨边牛	0.546	0.449	0.000	0.005	0.092	0.020	0.100	0.148	0.301	0.337	0.000	0.074	0.926
17	闽南牛	0.378	0.617	0.000	0.006	0.022	0.000	0.000	0.072	0.144	0.761	0.000	0.046	0.954
18	徐闻牛	0.479	0.521	0.000	0.000	0.107	0.000	0.015	0.068	0.112	0.699	0.000	0.085	0.916
19	隆林牛	0.550	0.450	0.000	0.000	0.077	0.000	0.005	0.035	0.087	0.796	0.000	0.100	0.900
20	海南牛	0.245	0.745	0.000	0.010	0.034	0.000	0.015	0.015	0.088	0.848	0.000	0.035	0.965
21	固原黄牛	0.432	0.497	0.071	0.000	0.266	0.000	0.296	0.314	0.100	0.023	0.000	0.168	0.832
22	川西黄牛	—	—	—	—	0.144	0.000	0.485（D）		0.220	0.152	0.000		
23	雷州牛	0.479	0521	0.000	0.000	0.107	0.000	0.013	0.068	0.112	0.700	0.000	0.085	0.915
24	平利黄牛	0.577	0.374	0.049	0.000	0.130	0.007	0.178	0.189	0.264	0.232	0.000	0.261	0.739
25	临夏黄牛	0.439	0.561	0.000	0.000	0.199	0.000	0.320	0.216	0.285	0.000	0.000	0.209	0.791
26	早胜牛	0.546	0.454	0.000	0.000	0.140	0.000	0.470	0.130	0.260	0.000	0.000	0.211	0.789
27	渤海黑牛	0.629	0.371	0.000	0.000	0.177	0.000	0.323	0.145	0.355	0.000	0.000	0.255	0.745
28	蒙山牛	0.576	0.424	0.000	0.000	0.177	0.000	0.346	0.238	0.239	0.000	0.000	0.209	0.791
29	西藏黄牛	0.083	0.917	0.000	0.000	0.012	0.000	0.850（D）		0.033	0.000	0.000	—	—
30	凉山黄牛	—	—	—	—	0.267	0.000	0.567（D）		0.100	0.067	0.000		

注：1~20号牛品种数据引自陈幼春（1990）；21号引自秦国庆等（1997）；22号引自徐亚欧等（1989）；23号引自李加琪等（1991）；24号引自武彬等（1991）；25号引自邱怀等（1994）；26~28号引自邱怀和刘收选（1990）；29号引自陈智华等（1995）；30号引自余雪梅等（1990）；"—"表示该位点没有检测。"（D）"表示 D1 和 D2 等位基因频率没有区分，是二者频率之和

2. 白蛋白（Alb）多态性特征

已发现牛血清白蛋白多态性主要受 Alb^A、Alb^B、Alb^C、Alb^D、Alb^X、Alb^Y 6个复等位基因控制，它们呈共显性遗传，控制的条带泳动速度依次降低（图4-2）。Alb^A 是欧系牛种的优势基因，在普通的欧系肉牛和奶牛中 Alb^A 基因频率高达 0.90 以上，在我国西藏黄牛中 Alb^A 基因频率高达 1.0；Alb^B 是瘤牛和南非牛种的优势基因，印度的海里安娜牛、坎克瑞吉牛、吉尔牛的 Alb^B 基因频率都高达 0.9 以上；Alb^C 和 Alb^D 为稀有基因。

在我国30个黄牛品种检测的血清中，主要发现了4条泳动速度不同的带，即 Alb^A、

Alb^B、Alb^C 和 Alb^D，在西镇牛和宣汉牛中还发现了 Alb^X、Alb^Y，各基因频率见表 4-2。从表 4-2 可以看出中国黄牛的 Alb^A 基因频率明显由北向南逐渐降低，而 Alb^B 基因频率明显由北向南逐渐升高。

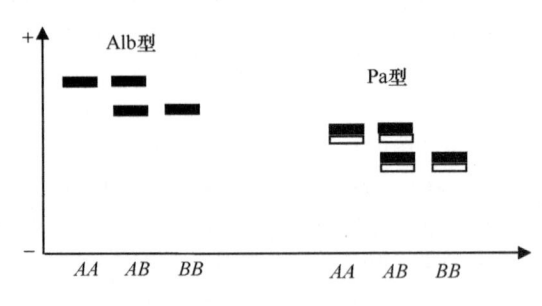

图 4-2　Alb 和 Pa 电泳模式图

3. 后白蛋白（Pa）多态性特征

后白蛋白的变异类型是一种在凝胶上比白蛋白的位置稍后些出现的条带。该座位受共显性等位基因 Pa^A、Pa^B、Pa^C 和 Pa^X 控制，最常见的变异类型为 Pa^A、Pa^B。每种基因决定一条明显的电泳带和一条色淡的带，共两条带（图 4-2）。在我国 30 个黄牛品种中这 4 种等位基因都存在，其中 Pa^A 和 Pa^B 占主要变异类型，Pa^A 和 Pa^B 基因频率相当（表 4-2）。

4. 转铁蛋白（Tf）多态性特征

牛血清中的转铁蛋白至少受 8 个等显性等位基因的支配，即 Tf^{A1}、Tf^A、Tf^B、Tf^{D1}、Tf^{D2}、Tf^F、Tf^E，其中 Tf^{D1} 和 Tf^{D2} 为 Tf^D 的两个亚型。每个基因各自支配 4 条带，泳动速度最快的带色淡且不经常看得见。纯合型表现为 3 条或 4 条带，杂合型的各带都重复而形成 4～8 条带（图 4-3）。大量资料表明，Tf^A 在所有牛种中都存在，但基因频率都不是很高；Tf^D 是广泛存在的基因，在欧洲血缘的牛种中更常见；Tf^F、Tf^B 为瘤牛所特有的基因，Tf^F 基因频率最高为 0.5 左右；Tf^E 被认为是欧洲大陆边缘地区的牛所特有的，而且基因频率较高。

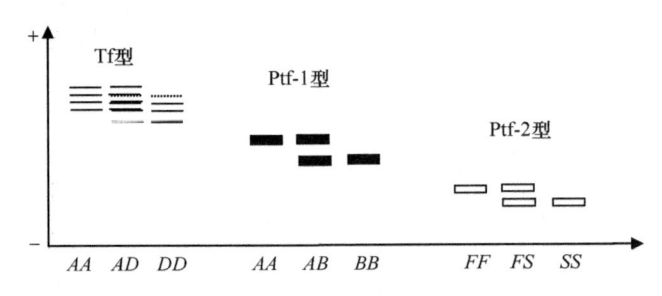

图 4-3　转铁蛋白和后转铁蛋白电泳模式图

在我国检测的 30 个黄牛品种中，转铁蛋白受 7 个复等位基因 Tf^{A1}、Tf^A、Tf^B、Tf^{D1}、Tf^{D2}、Tf^F 和 Tf^E 控制（表 4-2）。从表 4-2 中可以看出，在不同牛种中，Tf 等位基因的分布有很大差异。Tf^A、Tf^{D2}、Tf^E 在各个牛种中均出现，但 Tf^A 基因频率在凉山黄牛、固原黄牛和延边牛中较高，分别为 0.267、0.266 和 0.228，在西藏黄牛、闽南牛中较低；Tf^{D2} 基因频率在蒙古牛中最高，在海南牛、文山牛、温岭牛中较低；在所有品种中，除延边牛、复州牛、安西牛、秦川牛、宣汉牛、临夏黄牛、早胜牛、渤海黑牛和蒙山牛 Tf^{D1} 基因频率高于 Tf^{D2} 外，其他品种 Tf^{D2} 基因频率均高于 Tf^{D1}，当 Tf^{D1} 和 Tf^{D2} 合并后其基因频率有从北向南逐渐降低的趋势。Tf^F 基因在延边牛、蒙古牛、临夏黄牛、早胜牛、渤海黑牛、蒙山牛、西藏黄牛中未有发现，在海南牛、隆林牛、闽南牛、雷州牛及温岭牛中基因频率表现得很高（大于或等于0.7），在各等位基因中占绝对优势，并有从北向南逐渐升高的趋势。Tf^{A1}、Tf^B 为稀有基因，Tf^{A1} 基因只在南阳牛中有发现，Tf^B 基因在晋南牛、平陆牛、西镇牛、宣汉牛、温岭牛、峨边牛、平利黄牛中有发现。

5. 后转铁蛋白（Ptf）多态性特征

后转铁蛋白又分为后转铁蛋白-1 型（Ptf-1）和后转铁蛋白-2 型（Ptf-2）。后转铁蛋白-1 型是采用浓度梯度聚丙烯酰胺凝胶电泳法在转铁蛋白条带的后面检测到的一种蛋白质条带，被命名为后转铁蛋白-1。已知该座位受呈共显性的复等位基因 $Ptf\text{-}1^A$、$Ptf\text{-}1^B$ 和 $Ptf\text{-}1^C$ 的控制。后转铁蛋白-2 型是在后转铁蛋白-1 条带的后面检测到的另外一种蛋白质条带，被命名为后转铁蛋白-2。已知该座位受呈共显性的等位基因 $Ptf\text{-}2^F$ 和 $Ptf\text{-}2^S$ 的控制（图 4-3）。

在我国黄牛品种中研究比较多的为 Ptf-1，该位点由 3 个复等位基因 $Ptf\text{-}1^A$、$Ptf\text{-}1^B$、$Ptf\text{-}1^C$ 控制（表 4-2）。从表 4-2 可以看出，在不同牛种中，Ptf-1 等位基因的分布差异很大。$Ptf\text{-}1^A$ 和 $Ptf\text{-}1^B$ 等位基因在所有品种中都存在，且 $Ptf\text{-}1^B$ 等位基因在群体中占绝对的优势，在复州牛和闽南牛中基因频率高达 0.8 以上；$Ptf\text{-}1^C$ 等位基因在徐闻牛、隆林牛、临夏黄牛、雷州牛、固原黄牛中未发现。

（三）中国黄牛血液蛋白多态性的频率

表 4-2 汇总了 30 个中国黄牛品种（群体）6 个蛋白基因位点的等位或复等位基因及其频率，由表 4-2 可以看出：①不同品种同一蛋白基因位点的等位或复等位基因数有差异；②等位或复等位基因数相同的品种，各个基因的频率也不一样；③中国黄牛具有丰富的遗传多样性。

第二节 血液同工酶及其多态性研究

一、同工酶的概念与分类

（一）同工酶的概念

广义的同工酶（isozyme，isoenzyme）是指催化相同的化学反应，但其蛋白质分子结构、理化性质和免疫性能等都存在明显差异的一组酶。按照国际生化协会命名委员会（CBN）的建议，只把其中因编码基因不同而产生的具有多种分子结构、催化相同反应的酶称为同工酶。最典型的同工酶是乳酸脱氢酶（LDH）同工酶。同工酶的编码基因先转录成 mRNA，mRNA 再翻译产生组成同工酶的肽链，不同的肽链能以不聚合的单体形式存在，也可聚合成纯聚体或杂交体，从而形成同一种酶的不同结构形式。

（二）同工酶的分类

同工酶可分为基因性或原级同工酶及次生性或转译同工酶两类。

1. 基因性或原级同工酶

基因性或原级同工酶是指由不同基因编码产生的肽链而衍生的同工酶。这些不同基因可以在不同染色体或在同一染色体的不同位点上。这类同工酶因分子结构差异较大，彼此间无交叉免疫。但同工酶的不同基因也可以是同源染色体的等位基因，这种成对的等位基因上两个基因结构不同的情况，在遗传学上称为杂合子。杂合子在同一个体中可合成同一种酶的两种不同肽链或亚基，形成同工酶。在生物群体的不同个体中，有时同一基因位点上的一个或一对基因也可以发生遗传变异，从而产生变异的酶，出现群体中的遗传多态性。不同个体中这些遗传变异的酶也属于基因性同工酶。由同一基因转录出的前体 RNA，经过不同的加工剪接过程而生成多种不同的 mRNA，mRNA 再翻译出多种肽链，从而组成一组同工酶。

2. 次生性或转译同工酶

由同一基因、同一 mRNA 翻译生成原始的酶蛋白，原始的酶蛋白再经过不同的化学修饰，如酰胺基水解、磷酸化、肽链断裂、糖链上的糖基增减等形成不同结构的酶蛋白，它们的免疫性往往相同。国际生化协会命名委员会（CBN）建议只将原级同工酶列为同工酶，而将次生性同工酶称为共合酶，但不少生化学家还是把上述各类酶的不同结构形式都包括在广义的同工酶概念中。

（三）牛血液同工酶

牛血液同工酶是指存在于牛血液中的同工酶。这些同工酶是基因表达后的产物，具有明显的种属特异性和组织特异性，遗传稳定，且一般不易受外界环境、生理、疾病等因素的影响，是一种十分重要的生化遗传标记。1958 年，Ashton 首先将同工酶酶谱技术应用于牛血液同工酶遗传多样性的研究。我国地方品种牛血液同工酶遗传多样性的研究起步较晚，始于 20 世纪 80 年代初期，我国畜牧工作者对我国地方牛品种血液同工酶进行了大量研究，同工酶已被广泛应用于牛品种（或类群）间亲缘关系的比较、品种起源的追溯、种群遗传结构的分析、品种类型的划分及杂种优势的预测等研究，已成为生化遗传学的主要研究内容之一。

二、血液同工酶多态性测定方法

血液同工酶及其多态性的测定和分析程序与血液蛋白多态性的分析方法基本相同。一般也是从血液中分离出同工酶，然后用淀粉凝胶电泳和聚丙烯酰胺凝胶电泳分离后，通过组织化学染色显带，根据电泳谱带迁移快慢和特征进行基因型判别。分型判定后进入统计分析步骤。需要注意的是，不同的酶采用不同的缓冲系统。

三、中国黄牛血液同工酶多态性的研究

关于我国地方黄牛品种血液同工酶多态性的研究主要集中在乳酸脱氢酶（LDH）同工酶、淀粉酶（AMY）同工酶、碱性磷酸酶（AKP）同工酶、酯酶（ES）同工酶 4 种同工酶上，但也涉及其他同工酶，如酸性磷酸酶（ACP）同工酶、碳酸酐酶（CAR）同工酶等，涉及 30 多个黄牛品种。其中主要特征如下。

（一）乳酸脱氢酶（LDH）同工酶特征

黄牛的 LDH 同工酶是由两种亚基构成的四聚体，由 H、M 两个等位基因控制，共有 5 种分子组成形式。牛属动物血液 LDH 同工酶谱的基本特征为 LDH1＞LDH2＞LDH3＞LDH4＞LDH5，但有时也会出现 LDH5≥LDH4、LDH2≥LDH1、LDH2＞LDH1、LDH3＞LDH2 等现象，这与武彬（1988）对秦川牛的研究结果一致（表 4-3）。

表 4-3 黄牛血清 LDH 同工酶占比的正常值（$\bar{X} \pm S$）（武彬，1988）

品种	测定头数	LDH1/%	LDH2/%	LDH3/%	LDH4/%	LDH5/%	A 亚单位占比/%	B 亚单位占比/%	B/A
秦川牛	37	39.81±6.02	32.62±4.25	14.91±2.82	6.95±2.82	5.71±2.50	73.47	26.53	0.36
晋南牛	25	36.19±5.65	33.57±4.00	15.96±5.58	6.19±3.28	8.09±4.50	70.90	29.10	0.41
南阳牛	39	37.70±5.72	33.57±4.33	16.25±4.24	6.27±2.92	6.22±5.03	72.58	27.42	0.38
延边牛	41	34.90±4.70	26.70±3.50	17.70±3.00	11.30±3.00	9.40±3.20	66.60	33.40	0.50
峨边花牛	47	40.62±3.14	29.06±3.94	16.58±3.80	7.34±2.48	6.40±2.45	72.54	27.46	0.38

牛属动物血液 LDH 同工酶的差异主要表现在酶的活性上：①品种间存在差异，武彬（1988）研究发现晋南牛的 LDH5 活性显著低于秦川牛和南阳牛（$P＞0.05$）。②个体间存在差异，秦川牛、晋南牛和南阳牛血清 LDH 同工酶的 LDH4、LDH5 的活性在个体间差异较大。③性别间存在差异，南阳牛、延边牛和峨边花牛血清 LDH3 活性在公牛、母牛间表现出显著差异（$P＜0.05$）。④不同生长发育阶段存在差异，黑白花奶牛在出生后第一个月内，血清 LDH3、LDH4 和 LDH5 的活性几乎为零。乳腺分泌期间（哺乳期）LDH 总活力显著高于静止期（$P＜0.05$）。刘又清（1995）在对鲁西牛的研究中也发现 LDH 同工酶谱在不同的发育阶段和不同组织中有差异。⑤群体间存在差异，在同样条件下，黑白花奶牛昆明群体血清 LDH总、LDH1、LDH2、LDH3 活性比贵州群体的大近一倍，LDH4 和 LDH5 差别更大，昆明群体 LDH-A 亚基与 LDH-B 亚基的比率小于贵阳群体，说明不同的选择条件、生态环境条件对 LDH 同工酶的表达有很大的影响。

（二）淀粉酶（AMY）同工酶特征

关于中国地方品种牛血液 AMY 同工酶多态性的研究报道很多，涉及 20 个地方牛品种（或类群）。牛血液 AMY 有 AMY1 和 AMY2 两种同工酶。牛血液 AMY1 同工酶

受 A、B、C 三个基因控制，一般表现为 AA、AB、AC、BB、BC、CC 6 种类型。聂龙（1995）用水平切片淀粉凝胶电泳技术对云南独龙牛的 41 种蛋白质（酶）的研究发现，福贡群体和贡山群体中的 AMY1 受 A 和 B 两个基因控制，未发现 C 基因。张才骏（1994，1995）对青海地区黑白花奶牛血清 AMY1 同工酶的研究结果表明，AMY1 受 4 个等位基因 A、B、C、D 控制，其中 B、C 基因频率分别为 0.5414 和 0.4412。另外，在 1 头牛中还发现比 AMY1 C 变异体泳动速度略慢的 AMY1 变异体，将其命名为 AMY1 D，说明青海地区黑白花奶牛的 AMY1 位点，除优势基因 B、C 与其他地区的黑白花奶牛相似以外，还有其他大部分地区黑白花奶牛所没有的两种变异体 AMY1 A 和 AMY1 D。

（三）碱性磷酸酶（AKP）同工酶特征

许多研究者对我国黄牛品种（秦川牛、晋南牛、南阳牛、延边牛、复州牛、鲁西牛和郏县红牛）的研究发现，血清 AKP 同工酶由 2 个等位基因 *FA*、*FO* 所控制，A 带是由显性基因 *FA* 所控制的，对不表现 A 带的统定为 *FO* 基因，一般情况下，*FA* 基因频率较低，而 *FO* 基因频率较高，但秦川牛、晋南牛和南阳牛 *FA* 基因频率稍高，与延边牛、复州牛、鲁西牛和郏县红牛的差异很明显。昆明及贵阳奶牛血清 AKP 同工酶的研究结果相似，黑白花奶牛 AKP 同工酶谱也显示出 2 种不同的表型，且 *FA* 基因频率在昆明群体中略低于贵阳群体。秦岭两侧的秦川牛、西镇牛、平利牛 3 个地方黄牛品种的血清 AKP 同工酶同样表现为 AKP-FA、AKP-FO 两种类型，其中 AKP-FO 的频率明显高于 AKP-FA，常洪（1994）认为，秦岭是不同类型黄牛群体的一个重要的分水岭，但秦岭两侧黄牛血液蛋白型的变异具有连续性。

（四）酯酶（ES）同工酶特征

牛属动物血液 ES 同工酶的研究报道较少。聂龙（1995）对独龙牛血清 ES 同工酶的研究表明，ES 同工酶受 A、B 两个等位基因控制，共有 AA、AB、BB 三种基因型，A 和 B 的基因频率相差不大；福贡群体和贡山群体间较为一致，但与鲁西牛、西藏黄牛的研究结果相差较大。鲁西牛 ES 同工酶共显示出 5 个蛋白区带，从阳极到阴极依次为 ES1～ES5，西藏黄牛血清 ES 同工酶受 A、B、D、E 4 个等位基因控制，表现出 AA、BB、DD、EE、AB、AD 6 种基因型，其中 A 和 D 为优势基因，ES 同工酶位点基因频率分布不符合哈迪-温伯格平衡，这可能是不同基因型牛对青藏高原特殊的生态条件具有不同的适应性所造成的。

（五）其他同工酶特征

我国地方品种牛血液同工酶多态性的研究除了 LDH、AMY、AKP、ES 4 种同工酶外，还涉及其他同工酶，如酸性磷酸酶（ACP）、碳酸酐酶（CAR）等。ACP 是一组在酸性环境中催化磷酸单酯水解的酶类，国内研究较少，聂龙（1995）对独龙牛、杨关福（1996）对徐闻黄牛和海南黄牛红细胞 ACP 同工酶的研究中均未发现多态现象。但研究发现，鲁西牛血清 ACP 同工酶有 ACP2 和 ACP3 两条活性区带，ACP3 活性最强，血浆中也显示有 ACP2 活性区带，活性也较强（刘又清，1995）。云南文山黄牛和迪庆黄牛的血液红细胞 CAR 同工酶受 *CARF*、*CARS* 两个等位基因控制；核苷磷酸化酶（NP）同工酶受 *NPA*、*NPB* 2 个等位基因控制；葡萄糖-6-磷酸脱氢酶（G6PD）同工酶位点仅在迪庆黄牛中出现多态性，受 *6-PGDA*、*6-PGDB* 两个等位基因控制，其中 *CARF*、*NPA*、*6-PGDA* 为优势基因（俞英，1997）。

第三节　乳蛋白多态性研究

一、乳蛋白多态性的概念

乳蛋白包括酪蛋白和乳清蛋白，酪蛋白包括 αS_1-酪蛋白（αS_1-Cn）、αS_2-酪蛋白（αS_2-Cn）、β-酪蛋白（β-Cn）和 κ-酪蛋白（κ-Cn），乳清蛋白主要成分有 α-白蛋白（α-La）、β-乳球蛋白（β-Lg）、血清白蛋白、少量免疫球蛋白、各种酶蛋白以及一些个体特有的蛋白等。乳蛋白的多态性是指同一种乳蛋白的不同结构类型，即该蛋白的氨基酸序列发生一个或多个氨基酸替代的类型。国际上牛的乳蛋白多态性研究始于 20 世纪 40 年代，国内对牛乳蛋白的多态性研究从 20 世纪 80 年代开始。许多研究发现，不同的乳蛋白存在多型性，而且这种多型性与牛的生产性能、产奶量、乳脂率、乳中成分及乳品加工等特性有关。

二、乳蛋白多态性的测定方法

乳蛋白多态性的测定和分析程序与血液蛋白多态性的分析方法基本相同。所不同的是乳蛋白多态性测定所用的材料为牛乳，采集新鲜牛乳后，低温保存，经脱脂处理后制备成乳蛋白溶液，然后进行聚丙烯酰胺凝胶电泳，用考马斯亮蓝 R250 染色，再用脱色液（甲醇：水：冰醋酸=4：15：1）脱色至透明；依据染色条带、电泳谱带迁移快慢和特征进行分型判定和分析。

三、黄牛乳蛋白多态性研究

牛的乳蛋白研究主要集中在 αS_1-酪蛋白（αS_1-Cn）、αS_2-酪蛋白（αS_2-Cn）、β-酪蛋白（β-Cn）、κ-酪蛋白（κ-Cn）、α-白蛋白（α-La）和 β-乳球蛋白（β-Lg）6 种主要的乳蛋白上。在国际上有关荷斯坦牛乳蛋白多态性的报道很多，国内也有来自北京、新疆、甘肃、青海、云南、四川、陕西等地中国荷斯坦奶牛乳蛋白多态性的研究报道。对黄牛的研究较少，有见于柴达木黄牛、青海海东黄牛、黄南黄牛、青海高原牛、三河牛、新疆褐牛等。

（一）牛乳蛋白多态性类型

已有的研究证明，αS_1-酪蛋白（αS_1-Cn）、αS_2-酪蛋白（αS_2-Cn）、β-酪蛋白（β-Cn）、κ-酪蛋白（κ-Cn）、α-白蛋白（α-La）和 β-乳球蛋白（β-Lg）6 种主要乳蛋白具有多态性，其 6 个位点的等位基因数目列于表 4-4。不同蛋白位点等位基因数不一样，αS_1-酪蛋白基因座有 5 个等位基因，αS_2-酪蛋白基因座有 4 个等位基因，β-酪蛋白基因座有 8 个等位基因，κ-酪蛋白基因座有 2 个等位基因，α-白蛋白基因座有 2 个等位基因，β-乳球蛋白基因座有 7 个等位基因，血清白蛋白基因座没有多态性。

表 4-4　牛乳中主要蛋白质的特性

蛋白质	分子量	氨基酸残基/mol	含量/(g/L)	等位基因
酪蛋白				
αS_1-Cn	23.6×10^3	199	1.0	αS_1-Cn^A、αS_1-Cn^D、αS_1-Cn^B、αS_1-Cn^C、αS_1-Cn^E
αS_2-Cn	25.2×10^3	207	2.6	αS_2-Cn^A、αS_2-Cn^B、αS_2-Cn^C、αS_2-Cn^D
β-Cn	23.9×10^3	209	9.3	β-Cn^{A1}、β-Cn^{A2}、β-Cn^{A3}、β-Cn^B、β-Cn^D、β-Cn^E、β-Cn^C、β-Cn^F
κ-Cn	19.0×10^3	169	3.3	κ-Cn^A、κ-Cn^B
乳清蛋白				
α-白蛋白	14.1×10^3	123	1.2	α-La^A、α-La^B
β-乳球蛋白	18.3×10^3	162	3.2	β-Lg^A、β-Lg^B、β-Lg^C、β-Lg^D、β-Lg^E、β-Lg^F、β-Lg^G
血清白蛋白	66.2×10^3	582	0.4	A

（二）乳蛋白多态性特征

1. 酪蛋白多态性特征

（1）αS_1-Cn

在 αS_1-Cn 座位上已经检测到 5 个呈共显性的等位基因 αS_1-Cn^A、αS_1-Cn^D、αS_1-Cn^B、αS_1-Cn^C 和 αS_1-Cn^E，分别控制一条电泳条带，这 5 个等位基因控制的条带的泳动速度依次降低。张才骏等（2001）报道柴达木黄牛该位点由 αS_1-Cn^B、αS_1-Cn^C 两个等位基因控制，等位基因频率分别为 0.783、0.217。

（2）αS_2-Cn

在 αS_2-Cn 座位上已经发现了 4 个呈共显性的复等位基因 αS_2-Cn^A、αS_2-Cn^B、αS_2-Cn^C、αS_2-Cn^D，它们分别控制的条带的泳动速度依次降低。

（3）β-Cn

在 β-Cn 座位上已经发现了 8 个呈共显性的复等位基因 β-Cn^{A1}、β-Cn^{A2}、β-Cn^{A3}、β-Cn^B、β-Cn^D、β-Cn^E、β-Cn^C、β-Cn^F，前 7 个分别控制的条带的泳动速度依次降低。张才骏等（2001）报道，在柴达木黄牛上发现了新等位基因 β-Cn^F，柴达木黄牛该位点由 β-Cn^A、β-Cn^B、β-Cn^F 三个等位基因控制，基因频率分别为 0.934、0.061、0.005。

（4）κ-Cn

在 κ-Cn 座位上已经发现了 2 个呈共显性的复等位基因 κ-Cn^A、κ-Cn^B，它们分别控制的条带的泳动速度依次降低。

2. 乳清蛋白多态特征

（1）β-Lg

在 β-Lg 座位上已经发现了 7 个呈共显性的复等位基因 β-Lg^A、β-Lg^B、β-Lg^C、β-Lg^D、β-Lg^E、β-Lg^F、β-Lg^G，其分别控制的条带的泳动速度依次降低。张才骏等（2001）报道

柴达木黄牛上 $\beta\text{-}Lg$ 位点由 $\beta\text{-}Lg^A$、$\beta\text{-}Lg^B$、$\beta\text{-}Lg^D$ 三种等位基因控制，$\beta\text{-}Lg^A$ 等位基因频率为 0.3214，$\beta\text{-}Lg^B$ 等位基因频率为 0.6786，$\beta\text{-}Lg^D$ 等位基因频率为 0.005，且基因杂合度较高，为 0.4362。

（2）α-La

在 α-La 座位上已经发现 2 个呈共显性的等位基因 $\alpha\text{-}La^A$、$\alpha\text{-}La^B$。张才骏等（2001）报道，从柴达木黄牛上分离出了 α-La AA、α-La AB 两种变异体，$\alpha\text{-}La^A$ 等位基因频率为 0.0089，$\alpha\text{-}La^B$ 等位基因频率为 0.9911；在杂种牛上只发现了一种基因型 α-La BB。

（三）同品种不同群体等位基因频率有差异

来自不同地区不同群体的中国荷斯坦牛主要乳蛋白位点的等位基因频率列于表 4-5。从表 4-5 可看出，不同群体有些等位基因的频率差异不大，但有些等位基因的频率差异还是很明显的。这可能是不同群体的来源不同和选育程度不同所致。

表 4-5　中国荷斯坦牛不同群体主要乳蛋白位点的等位基因频率

乳蛋白	等位基因	群体 1	群体 2	群体 3	群体 4
$\alpha S_1\text{-}Cn$	$\alpha S_1\text{-}Cn^B$	0.930	0.963	0.970	0.972
	$\alpha S_1\text{-}Cn^C$	0.070	0.037	0.030	0.028
$\beta\text{-}Cn$	$\beta\text{-}Cn^{A1}$	0.363	0.625	0.561	0.426
	$\beta\text{-}Cn^{A2}$	0.631	0.348	0.421	0.533
	$\beta\text{-}Cn^{A3}$	0.004	0.004	0.011	0.016
	$\beta\text{-}Cn^B$	0.001	0.025	0.007	0.024
$\kappa\text{-}Cn$	$\kappa\text{-}Cn^A$	0.688	0.678	0.744	0.798
	$\kappa\text{-}Cn^B$	0.312	0.322	0.256	0.202
$\beta\text{-}Lg$	$\beta\text{-}Lg^A$	0.231	0.386	0.387	0.533
	$\beta\text{-}Lg^B$	0.769	0.614	0.613	0.467
α-La	$\alpha\text{-}La^A$	0.000	—	0.000	—
	$\alpha\text{-}La^B$	1.000	—	1.000	—

第四节　生化遗传学在黄牛育种中的应用

一、血液蛋白多态性的应用研究

（一）血红蛋白多态性与中国黄牛生产性状的关系

史荣仙和付茂忠（1993）在研究四川西门塔尔牛时发现 Hb AA 型和 AB 型在第 1 胎 305 天产奶量上无显著差异（$P>0.05$）；在繁殖性状方面，Hb AA 型的产犊间隔极显著短于 AB 型 54.9 天（$P<0.01$）；Hb AA 型牛易患胸病综合征（张才骏等，1993），而 Hb AB 型牛几乎不出现高原应激，不发生胸病综合征。曹红鹤等（1999）发现 Hb BB 型对南阳牛和南阳牛×皮埃蒙特牛杂交牛的体高、体长、胸深有显著负效应，而对鬐甲、尻形状和肩部形状有显著正效应。辛亚平等（2004，2006）研究发现，Hb AA 型秦川母

牛 12 月龄体重、24 月龄体重显著高于 Hb AB 型母牛（$P<0.05$）。Hb AA 型秦川母牛的初情期年龄（AFS）、初产年龄（AFC）极显著早于 Hb AB 型母牛（$P<0.01$）。潘英树等（2009）发现 Hb^B 基因对草原红牛的臀部外形、日增重、胴体重和净肉重 4 个性状有正效应。

（二）白蛋白多态性与中国黄牛生产性状的关系

曹红鹤等（1999）对南阳黄牛和南阳牛×皮埃蒙特牛杂交牛群体研究后认为，Alb AA（相对 AB）对体长有显著的负效应，对腰宽、大腿肌肉多少及尻形 3 个性状有显著正效应。张吉清等（2003）研究表明，在哈萨克牛的腰角宽性状上，Alb AA 型的最小二乘估计（least squares estimate，LSE）值显著高于 Alb AB 型，这与曹红鹤等（1999）的报道是一致的。而潘英树等（2009）研究发现，Alb^A 对利木赞牛×草原红牛杂交牛的胸宽有负面影响。辛亚平等（2004，2006）研究发现，Alb BB 型秦川母牛 12 月龄体重、18 月龄体重显著高于 Alb AA 型（$P<0.05$）；Alb AA 型秦川母牛的初情期显著早于 Alb AC 型（$P<0.05$），Alb AA 型牛初情期最早为 489.9 天，Alb AB 型牛次之（497.1 天），Alb AC 型牛最晚（553.2 天）；Alb BB 型牛的初产年龄最早（945 天），产犊间隔最短（355 天）。

（三）后白蛋白多态性与中国黄牛生产性状的关系

张吉清等（2003）研究发现，Pa AA 型哈萨克牛的臀端高 LSE 值极显著高于 Pa AB 型（$P<0.01$）；对于十字部高性状，Pa AA 型的 LSE 值显著高于 Pa AB 型（$P<0.05$）。辛亚平等（2006）研究发现，Pa BB 型秦川母牛的初情期、初产年龄较早，以 Pa AA 型母牛的产犊间隔为短（364.33 天）。潘英树等（2009）研究发现，Pa^A 基因对利木赞牛×草原红牛杂交牛的日增重、胴体重、屠宰率和净肉重有正效应。

（四）转铁蛋白多态性与中国黄牛生产性状的关系

史荣仙和付茂忠（1993）研究发现，四川西门塔尔牛 Tf DD 型个体第 1 胎 305 天产奶量极显著高于 Tf AD 型，平均多产奶 389.92 kg；Tf DD 型个体初配年龄显著早于 Tf AD 型（$P<0.05$），提前 32.1 天。耿社民等（2000）研究发现，Tf AA 型秦川牛胸深的 LSE 值与其他基因型的 LSE 值差异极显著；Tf^{D1} 基因与秦川牛的体高、十字部高、胸宽、管围、体斜长 5 项体尺指标密切相关；Tf^E 基因与胸深、胸围、十字部宽、体重 4 项指标关系密切。张吉清等（2003）研究表明，在哈萨克牛胸深性状上，Tf AE 型的 LSE 值显著高于 Tf DE 型；在胸围性状上，Tf AE 型的 LSE 值极显著高于 Tf DE 型，说明 Tf DE 可以反映出哈萨克牛胸部深、胸围大的外貌特征。辛亚平等（2004，2006）研究发现，Tf DD 型秦川牛的初生重、6 月龄体重、12 月龄体重、24 月龄体重大，但与其他基因型差异不显著；Tf AA 型秦川母牛的初情期、初产年龄最早，分别为 543 天和 945 天，显著早于 Tf DD 型（$P<0.05$）。张永宏等（2008）研究表明，Tf^A 基因对利木赞牛×草原红牛杂交牛的尻长和净肉重有负效应，对胸宽、耆甲高、肩部特征、大腿肌肉多少、腰厚、臀部外形和日增重等 7 个性状有正效应，Tf^D 基因对其肩

部特征、腰厚、胴体重和净肉重也有正效应。

（五）后转铁蛋白多态性与中国黄牛生产性状的关系

张吉清等（2003）在哈萨克牛上发现，Ptf-1 AA 型个体胸深的 LSE 值显著高于 Ptf-1 AB 型个体，Ptf-1 AA 型可以反映哈萨克牛胸部深的外貌特征。辛亚平等（2004，2006）研究发现，Ptf-2 FF 型秦川母牛 12 月龄体重、18 月龄体重、24 月龄体重显著高于 Ptf-2 SS 型母牛（$P<0.05$）；而 Ptf-2 SS 型母牛的初情期（495 天）显著早于 Ptf-2 FS 和 Ptf-2 FF 型，初产年龄小（997.5 天），产犊间隔短（383.5 天）。张永宏等（2008）研究表明，$Ptf\text{-}1^A$ 基因对草原红牛的坐骨端高有负效应，对利木赞牛×草原红牛杂交牛的尻长和净肉重有负效应。

（六）血液蛋白多态性与中国黄牛分类研究

中国黄牛一直被中外学者认为是印地卡斯牛（属 Bos indicus）与特欧罗斯牛（属 Bos taurus）的混血。分布在内蒙古和西北一带牧区的黄牛都属于蒙古牛类型；分布在东北、河北、山东、河南、关中等黄河流域的黄牛属于华北型；分布在华南各省的黄牛属于华南型，有瘤牛形态的黄牛出现，体型除肩峰外，与华北黄牛很少有差别。这种分类主要是按照外貌特征来划分的，尚未从遗传结构方面去详细探讨。陈幼春（1990）利用 Hb、Alb、Tf、Pa、Ptf-1、Akp 6 个血液蛋白位点分析了我国 20 个地方黄牛品种，结果表明我国这 20 个黄牛品种可以分为两大系统三类。第一系统是土雷诺-蒙古利亚（turano-mongolia）系统，属于这一系统的黄牛有延边牛、蒙古牛、安西牛和复州牛，也就是第一类北方型牛。第二系统是具有瘤牛血统的牛，可分为两类，即中间型牛和南方型牛，秦川牛、西镇牛、峨边花牛、晋南牛、平陆牛、郏县红牛、南阳牛、鲁西牛、大别山牛属于中间型牛，主要分布在长江上游、黄河流域；宣汉牛、文山牛、温岭牛、徐闻牛、隆林牛、闽南牛、海南牛属于南方型牛，接近瘤牛系牛种，并含有巴厘牛的血统；李加琪等（1991）也报道海南牛和雷州牛先聚在一起，然后和隆林牛聚在一起，属于南方型牛。陈智华等（1995）研究表明，西藏黄牛与蒙古牛、安西牛聚为一类，属于北方型牛，为普通牛种。邱怀和刘收选（1990）研究报道，早胜牛和秦川牛亲缘关系较近，蒙山牛和南阳牛关系密切，而蒙山牛和延边牛亲缘关系较远，延边牛单独成为一类；这表明早胜牛、蒙山牛属于中间型牛。

二、同工酶多态性的应用研究

同工酶是基因表达的产物，遗传稳定，且具有高度特异性。目前血液同工酶多态性在中国牛地方品种遗传育种中常用来分析种群遗传结构、追溯品种起源、划分品种类型、探讨种群亲缘关系、预测杂种优势等。

（一）种群遗传结构分析

聂龙（1995）对独龙牛福贡群体和贡山群体的 41 种蛋白质（同工酶）共计 44 个遗传座位进行了研究，利用 Tf、Hp、Amy、Est 等 4 个多态位点和 ACP、NP 等单态位点，计算出独龙牛的多态座位百分比（P）和平均杂合度（H）分别为 0.682、0.0262，较低的 H 值[哺乳动物种内平均杂合度的平均值为 0.050（Nevo et al.，1984）]反映出福贡和贡山独龙牛群体遗传结构单一、遗传多样性贫乏，可能是由于这两个群体由小群体引种而来，受到瓶颈效应（bottle neck effect）的作用，并伴随奠基者效应（founder effect）的发生，因此具有较少的等位基因或杂合性；福贡群体和贡山群体之间现在基本无遗传间隔。常洪（1990）研究指出，就 AKP 等 6 个血液蛋白位点的基因多态性而言，秦川牛是东亚遗传多态性最丰富的牛品种之一，具有中国牛的典型特征。

（二）品种起源追溯

俞英（1997）研究了云南文山牛和迪庆牛的 33 个血液蛋白（同工酶）座位，利用 CAR、NP、G6PD 等 6 个多态座位计算出两群体的多态座位百分比和平均杂合度分别为 0.1389、0.1667 和 0.0610、0.0691，说明文山牛和迪庆牛的遗传多样性较丰富；根据 Nei's 标准遗传距离对文山牛、迪庆牛和前人报道的延边牛、秦川牛、温岭牛、海南牛、荷斯坦牛、菲律宾牛、辛地红牛、巴厘牛进行聚类分析，结果发现迪庆牛、秦川牛、延边牛和荷斯坦牛聚为一类，此类具有典型的普通牛特征，说明迪庆牛可能主要起源于普通牛；文山牛、海南牛、温岭牛和辛地红牛聚为一类，此类具有典型的瘤牛特征，说明文山牛可能主要起源于瘤牛，并与爪哇牛有一定的血缘关系。

（三）品种类型划分

邱怀（1987）对我国 7 个黄牛品种的 AKP 等 4 个多态蛋白（同工酶）位点进行了研究，并利用 Nei's 标准遗传距离计算出模糊相似关系，采用传递闭色模糊聚类法对其进行分类，结果发现 7 个黄牛品种可分为四类：秦川牛、晋南牛和南阳牛聚为一类，郏县红牛和鲁西牛聚为一类，复州牛和延边牛各自成一类；我国 7 个黄牛品种在许多位点上都表现了亚洲牛的特点，特别是南阳牛，在 Hb^C 上反映了瘤牛的特点，这和体型外貌的表现是一致的。

赖松家（1995）研究了我国 12 个水牛地方品种的 AMY 同工酶遗传多态性，根据 AMY1 位点 3 个等位基因的频率计算出欧氏遗传距离系数，采用最短距离法聚类发现，12 个地方类群间遗传距离较小，亲缘关系较近，当 Dm（Dm 表示两个群体第 m 位点遗传距离）=0.1384 时，所有的地方类群聚为一类；当 Dm=0.1097 时，丘陵和平原牛群、高原牛群分别各为一类。杨关福（1996）研究表明，徐闻黄牛和海南黄牛的多态座位百分比相同，这从一个侧面说明这两个群体遗传结构的相似性，为徐闻黄牛和海南黄牛合称为雷琼黄牛的观点提供了佐证。

（四）种群亲缘关系探讨

屈虹（1988）对羚牛、同羊和秦川牛的血清 LDH、ES 同工酶谱进行了分析比较。从 LDH、ES 同工酶谱分析可以看出，羚牛介于牛、羊之间，与羊亚科的同羊有较近的亲缘关系，与牛亚科的秦川牛亲缘关系较远。同工酶是由基因控制的，是分子水平上的表型，其电泳区带数目、泳动速度、相对含量及染色强度等都反映了基因的活动或调控状态，即反映了遗传本质。

三、乳蛋白多态性的应用研究

（一）乳蛋白型与奶畜生产性能的关系

乳蛋白量受品种、畜群、采样日期、泌乳期、家畜年龄、胎次、体细胞计数和饲养等因素的影响较大。酪蛋白产量、酪蛋白率和乳蛋白率遗传力估计值分别为 0.11、0.26 和 0.53。酪蛋白率与产奶量、脂肪量、蛋白量、脂肪率和蛋白率的遗传相关性分别为 0.81、–0.61、0.95、0.34 和 0.17，表型相关性分别为 –0.76、–0.21、–0.28、0.51 和 0.96。由于酪蛋白占乳中总蛋白质的 91%，因此酪蛋白量与乳总蛋白量、酪蛋白率与乳蛋白率之间的遗传相关性很高（分别为 0.95、0.96）。酪蛋白率与产奶量强负相关（–0.76），说明根据酪蛋白率选择可导致产奶量下降。

有关乳蛋白型与第一泌乳期产奶量之间关系的研究表明，β-酪蛋白、κ-酪蛋白位点有等位基因 *A* 的苏联黑斑奶牛产奶量较高。β-酪蛋白 *A*² 基因与产奶量的关系较大。αS₁-酪蛋白 BB 型奶牛产奶量和脂肪量较高。进一步的研究发现，αS₁-酪蛋白、β-酪蛋白和 κ-酪蛋白显著影响奶畜乳蛋白产量，BB 型奶牛产奶量高于 BC 型，但二者差异不显著。αS₁-酪蛋白中的 *B* 基因、β-酪蛋白中的 *A*² 基因频率的增加会引起产奶量的增加。αS₁-酪蛋白 BB 型奶牛产奶量显著高于 AA 型、AB 型。κ-酪蛋白中 *B* 基因频率的增加可导致第一泌乳期产奶量和乳蛋白率的增加。在西门塔尔牛和褐色阿尔卑牛品种研究中发现，αS₁-酪蛋白 CC 型奶牛蛋白质的含量显著高于 BB 型。大多数研究认为，αS₁-酪蛋白、κ-酪蛋白 *B* 基因和 β-酪蛋白 *A*² 基因的频率呈正相关关系。据估计，αS₁-酪蛋白、β-酪蛋白、κ-酪蛋白和 β-乳球蛋白的方差贡献占产奶量总表型方差的 8.9%，占蛋白量方差的 8.6%，占脂量总方差的 5.0%。αS₁-酪蛋白或 β-酪蛋白位点对第一泌乳期产奶量和蛋白量加性遗传方差的贡献大于 κ-酪蛋白和 β-乳球蛋白位点。但对总脂量而言，β-乳球蛋白、β-酪蛋白位点变异占加性遗传方差的比例大于 αS₁-酪蛋白、κ-酪蛋白位点。β-乳球蛋白 AA 型奶牛产奶量显著高于 AB 型。西门塔尔牛和褐色阿尔卑牛品种奶牛，含有 β-乳球蛋白 *A* 基因的纯合体或杂合体母牛后代乳中 A 型乳球蛋白居多，但 *B* 基因却没有这个规律。β-乳球蛋白对乳蛋白总量有显著影响，但对产奶量、乳脂量的影响不大。β-乳球蛋白位点与乳脂率、酪蛋白率和乳脂量有较大的相关关系。β-乳球蛋白位点对第一泌乳期产奶量的影响小于 αS₁-酪蛋白、β-酪蛋白和 κ-酪蛋白位点。

到目前为止，大多数报道都重视研究乳蛋白对第一泌乳期生产性能的作用。奶业生产中任何单个位点（血型、乳蛋白型、血清蛋白标记性状和其他生化标记性状）在育种工作中的应用都取决于这些位点与终生生产性能的关系而不是与特定泌乳期生产性能的关系。即使乳蛋白型与第一泌乳期生产性能有一定的相关性，但不能检出与终生生产性能的关系，乳蛋白位点分型的经济效益也会受到影响。据报道，κ-酪蛋白 BB 型奶牛在前三个泌乳期和 61 月龄的总产奶量都高于 AB 型、AA 型。前三个泌乳期内 κ-酪蛋白和蛋白量相关，因此增加牛群中 κ-酪蛋白位点 *B* 的基因频率对乳品工业特别有利。

（二）乳蛋白型与生长、繁殖特性的关系

虽然人们对乳蛋白型与生长、繁殖性状之间的关系进行了广泛的研究，但缺乏乳蛋白

和其他性状之间关系的研究。αS$_1$-酪蛋白 BB 型奶牛妊娠率高于 BB 型，分娩日期没有显著差异，κ-酪蛋白与妊娠率、分娩日期无显著相关性。αS$_1$-酪蛋白 BC 型、β-酪蛋白 AA 型，κ-酪蛋白 AB 型、α-白蛋白 BB 型和 β-乳球蛋白 AB 型奶牛初产年龄小于其他相应位点的各种基因型。犊牛初生重和周岁体重受各酪蛋白与 β-乳球蛋白位点的影响较大，κ-酪蛋白位点对配种次数有显著影响。56 个所研究的生长、繁殖性状中的 4 个性状在 αS$_1$-酪蛋白、β-酪蛋白、κ-酪蛋白和 β-酪蛋白位点基因替代的加性效应达显著水平。αS$_1$-酪蛋白、β-酪蛋白、κ-酪蛋白和 β-乳球蛋白位点结合基因型对 14 个生长、繁殖性状中的 2 个性状有显著效应。在不同泌乳期，乳蛋白型与初配日期、分娩日期、配种次数无关，所以，根据乳蛋白型选种不会影响繁殖性能。一般来说，乳蛋白位点对青年母牛生长、繁殖性状的影响很小。因此在奶牛业中对乳蛋白型的选择不会对生长、繁殖性状产生重要影响。

（三）乳蛋白型与奶酪制作的关系

酪蛋白是唯一的可凝固乳蛋白，因此奶酪的产量和质量基本上取决于乳中酪蛋白的特性，乳蛋白型与奶酪制作有一定程度的相关性。3 种酪蛋白组分显著影响凝乳块的硬度。κ-酪蛋白 B 型牛奶制酪产量高于 A 型，主要是由于前者在制作过程中随乳清流失的脂肪量较少。凝固快、凝块硬度适中的 κ-酪蛋白 B 型牛奶特别适用于制作奶酪。β-乳球蛋白位点对奶酪产量、凝块硬度和热稳定性有显著作用，这在高温处理原料奶时特别重要。β-酪蛋白 A1A1 型、κ-酪蛋白 BB 型和 β-乳球蛋白 BB 型牛奶的制酪产量高于相应蛋白质的其他基因型。对娟姗牛乳脂率和黑白花牛产奶量的长期选择，导致两品种 κ-酪蛋白位点的基因频率分别为 0.879、0.208。娟姗牛 κ-酪蛋白 BB 型个体所占比例大于黑白花奶牛，这是该位点 B 基因频率的差异造成的。娟姗牛 κ-酪蛋白 BB 型奶牛较多，在乳品加工业中较受欢迎。研究认为乳蛋白型的主要作用是提升乳制品的产量并改善其质量，而不是增加产奶量和乳脂量。对于大部分（70%以上）利用鲜奶制作奶酪的国家来说，这个问题特别重要。

由上述研究可以看出，乳蛋白型对奶酪制作有显著效应。选择有利的乳蛋白型可以提升奶酪产量并改善其质量。增加牛群中 κ-酪蛋白位点 B 基因的频率有助于提高产奶量和奶酪产量。

第五节　可变剪接与蛋白质多态性

蛋白质多态性产生的原因之一就是基因转录的前体 mRNA（pre-mRNA）的可变剪接。本节将主要讨论前体 mRNA 可变剪接的定义及分类、黄牛基因可变剪接的特征及其与蛋白质多态性的关系。

一、可变剪接的定义及分类

（一）可变剪接的定义

在基因进行转录的过程中，首先形成包含所有内含子和外显子序列的前体 mRNA，剪接体选择性地对前体 mRNA 剪接，形成含有不同序列的同一基因成熟 mRNA 的过程，称为基因的可变剪接（Modrek and Lee，2002）。最典型的可变剪接实例是果蝇 DSCAM 基因的前体 mRNA 可以产生 38 016 个不同的成熟 mRNA，这个数目是果蝇整个基因数目的 2 倍（Black，2000）。基因的可变剪接丰富了基因的表达产物，并且相同基因的不同转录产物可能在不同的组织内差异表达；此外，可变剪接还具有一定程度的物种特异性，这使得基因的可变剪接具有很强的潜在研究价值。

（二）可变剪接的分类

根据 Wang 等（2008）对基因可变剪接的定义，将编码区可变剪接分为 8 种类型（图 4-4）。①外显子跳读（exon skipping，ES）：在成熟的 mRNA 中，中间一个或几个外显子被选择性地丢失；②内含子保留（intron retention，IR）：在成熟的 mRNA 中，中间一个或几个内含子被选择性地保留；③5′端可变剪接位点（alternative 5′ splice site，A5SS）：内含子的 5′端被选择性地保留在上一个外显子下游形成一个新的外显子；④3′端可变剪接位点（alternative 3′ splice site，A3SS）：内含子的 3′端被选择性地保留在下一个外显子上游形成一个新的外显子；⑤互斥外显子可变剪接：一个基因产生的不同转录本之间含有自己特异的外显子；⑥第一外显子可变剪接：一个基因产生的不同转录本第一个外显子存在差异，通常情况下这个基因的不同转录本可能由于 5′-UTR 的不同而在转录表达时使用不同的启动子；⑦最后一个外显子可变剪接（alternative last exon，ALE）：一个基因产生的不同转录本最后一个外显子存在差异；⑧3′-UTR 串联可变剪接：一个基因表达的转录本具有不同的相邻序列作为 3′-UTR。

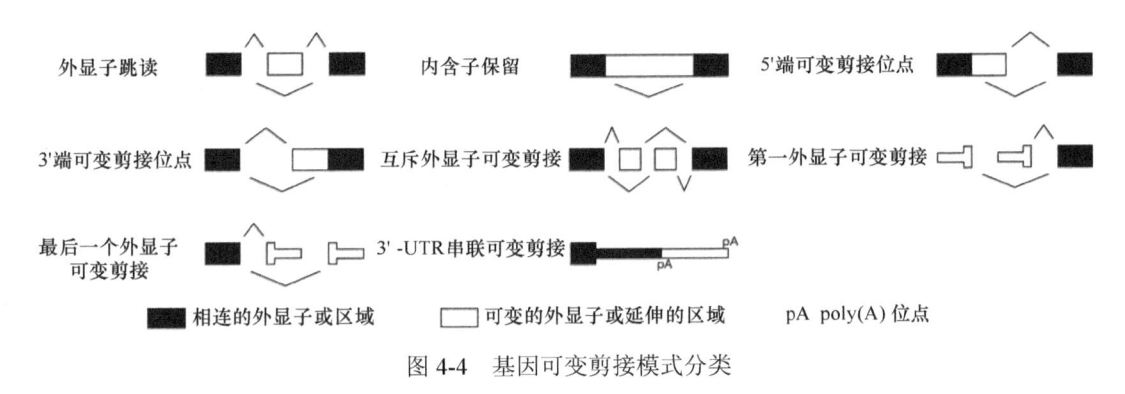

图 4-4　基因可变剪接模式分类

二、黄牛基因的可变剪接及其特征

（一）黄牛基因的可变剪接研究

1. 黄牛单个基因的可变剪接研究

对黄牛基因可变剪接的研究可以追溯到 1987 年之前，Ricketts 和 Yeh 分别报道了编码牛甲状腺球蛋白（thyroglobulin）和弹性蛋白（elastin）的基因发生可变剪接的现象（Yeh et al.，1987，Ricketts et al.，1987）。在二代高通量测序普遍应用之前，对黄牛基因可变剪接的研究一直围绕着单个基因开展，并且主要集中在对可变剪接的检测、描述和组织表达分析层面。组织表达分析的结果均显示基因的可变剪接在不同组织存在着多样性，并且在某些组织内表现出特异表达的特征。Li 等（2013）检测到牛 *DBC1* 基因存在两种不同的转录本亚型，并进行了组织表达谱分析，发现两种转录本在不同组织中差异表达。Zhou 等（2014）发现牛 *NFIX* 基因存在至少 5 种不同的转录本（图 4-5），并发现不同转录本在不同组织内的表达呈现出多样性和组织特异性。Vuocolo 等（2003）对三种人 δ 样蛋白 1 同源物（Dlk-1）的不同转录本亚型进行了分析，结果显示只有 Dlk-1-C2 在牛的脂肪组织内表达。

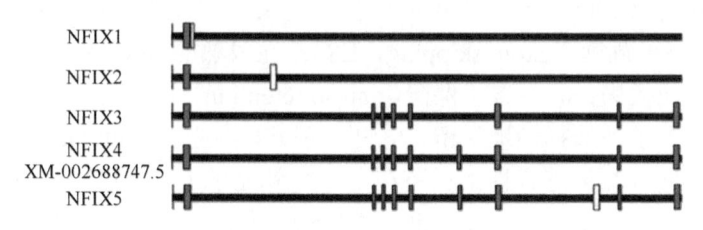

图 4-5　牛 *NFIX* 基因不同转录本外显子分布模式

黑色横线为内含子部分，灰色方块为外显子部分，白色方块为发生可变剪接的新外显子（相对于 NFIX4）；"XM-002688747.5" 是 NFIX4 转录本的登录号

2. 黄牛全基因组范围内的可变剪接研究

二代高通量测序的出现，大大地提高了组织检测的范围，人们发现了更多的基因存在可变剪接现象。在人类的研究中，早期报道 40%～60% 的人类基因发生了可变剪接（Vuocolo et al.，2003）；但这之后，微阵列芯片分析表明人类 70%～80% 的基因发生了可变剪接（Johnson et al.，2003）；近期，由于高通量测序技术的迅速兴起，这个数据已更新至 95%（Pan et al.，2008）。但利用高通量测序技术对黄牛基因可变剪接进行研究相对比较滞后。在对牛不同组织的转录组测序结果中均有对基因可变剪接的报道，但只是对可变剪接的发现进行了初步分类和统计。周扬（2017）用 SOAPsplice 软件分别预测了四类牛皮下脂肪组织内已知基因的可变剪接模式，总共检测到 4753 个基因发生了可变剪接，占总检测基因数目的 38.85%。由于实验个体数目的限制，实际上牛脂肪组织内基因发生可变剪接的比例要远远高于这个数字。

（二）黄牛基因可变剪接的特征

1. 不同类型可变剪接发生的频率

高通量测序技术的出现，使得在全基因组层面上对可变剪接的评估成为可能。与人类的研究结果一致，黄牛基因发生不同类型可变剪接的频率并不一致。在周扬（2017）的研究中检测到的主要可变剪接类型为外显子跳读、内含子保留、5′端可变剪接位点和 3′端可变剪接位点。检测到的第一外显子可变剪接、最后一个外显子可变剪接和互斥外显子可变剪接相对很少，尤其是互斥外显子可变剪接只在成年公牛皮下脂肪组织中检测到 2 个事件。

2. 可变剪接发生的序列特征

可变剪接发生的位置具有一定的保守特征，内含子的边界碱基组成一般为 GT-AG、GC-AG 或 AT-AC。在基因转录过程中，剪接体开始对前体 mRNA 的序列进行加工，剪接体组成元件 U1 snRNP、U2AF35 和 U2AF65 分别识别并结合内含子 5′端和 3′端剪接位点。其识别的剪接位点具有一定的保守性，识别位点序列和剪接体识别保守序列的差异会影响剪接体的剪接能力。在黄牛的研究中，基因发生可变剪接的位点序列与已知的人类剪接体 5′端剪接位点识别序列 AGGURAGU 和 3′端剪接位点识别序列 CCUCUCUCUUCCUCCUNAGG（RNA 水平）比较类似（图 4-6）；内含子 5′端剪接位点 GT 相邻的 2 个外显子碱基更倾向于 AG，内含子 5′端剪接位点 AG 下游更倾向于 RAG（R 包括 A 和 G）；内含子 3′端剪接位点相邻下游外显子第一个碱基为 G 的可能性最大，并且内含子 3′端剪接位点 AG 上游为富含 CT（RNA 水平为 CU）的序列。

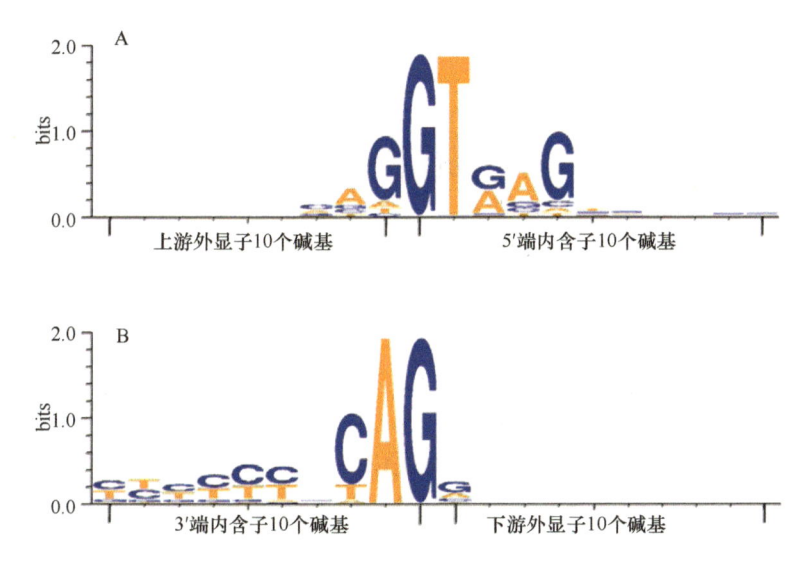

图 4-6 牛脂肪组织中剪接体识别位点和序列分析
A. 内含子 5′端剪接体识别位点和序列分析；B. 内含子 3′端剪接体识别位点和序列分析

三、可变剪接对基因表达蛋白质的影响

（一）非编码区可变剪接对基因表达蛋白质的影响

可变剪接极大地丰富了基因在转录层面的多态性，其同时也间接地影响了蛋白质层面的多态性。在可变剪接过程中，可变剪接产生的位置会对蛋白质的多态性产生不同程度的影响。可变剪接如果发生在前体 mRNA 除内含子外的非翻译区，如 5′-UTR 和 3′-UTR，则一般不会影响蛋白质的序列组成，但由于 5′-UTR 和 3′-UTR 的改变，则可能会影响该蛋白质的表达水平，从而可能从表达层面对蛋白质的作用进行调控，并且可能会出现组织特异性的表达现象。*PPARG* 基因由于具有不同的启动子而表达两种蛋白质亚型 PPARG1 和 PPARG2，PPARG1 在多种组织中均表达，PPARG2 仅在脂肪组织中高表达，

并且研究显示，PPARG2 而不是 PPARG1 对脂肪的形成起到激活作用（Ren et al.，2002）。*PPARG* 的这两种可变剪接模式在周扬（2017）对黄牛可变剪接的研究中也得到了证实。

（二）编码区可变剪接对基因表达蛋白质的影响

可变剪接如果发生在前体 mRNA 的外显子或内含子区域，则会造成外显子片段的丢失或内含子片段的插入，改变成熟 mRNA 的编码序列，就会从氨基酸序列层面对蛋白质的多态性产生影响。但这种方式对蛋白质多态性的影响也是多样的。如果可变剪接发生的位置影响了成熟 mRNA 的编码能力，则会产生非编码 RNA，不会表达为蛋白质；如果可变剪接导致成熟 mRNA 编码区序列的变化为 3 的倍数（3 个碱基编码一个氨基酸），则不会改变剪接位点后序列编码的氨基酸序列组成；如果成熟 mRNA 编码区序列的变化不为 3 的倍数，则会引起剪接位点后序列编码的氨基酸序列组成发生变化，甚至导致翻译提前终止。蛋白质序列的改变则会导致同一基因的不同表达亚型具有不同的功能。例如，*STIM2* 基因的可变剪接可以选择性地激活或抑制钙离子调控通道 12（Rana et al.，2015）。对人类的研究发现，少于 50%的同一基因的不同表达亚型会存在互作，并且大部分同一基因的不同亚型在组织特异性的分化中发挥着重要的作用（Yang et al.，2016）。在黄牛基因的研究中，周扬（2017）对 *C/EBPα*、*CIDEC* 和 *TUSC5* 三个基因的不同可变剪接异构体翻译的蛋白质进行了细胞定位分析，发现可变剪接没有改变 CCAAT/增强子结合蛋白 α（CCAAT enhancer binding protein alpha，CEBPα）和诱导细胞凋亡的 DFFA 样效应因子 C（cell death-inducing DFFA-like effector C，CIDEC）的细胞定位，但改变了肿瘤抑制候选基因 5（tumor suppressor candidate 5，TUSC5）表达产物在细胞质的分布，进而可能会影响 TUSC5 的功能。但目前大部分对黄牛基因功能的研究还是局限于对某一基因的一个蛋白质亚型进行研究，并由此蛋白质亚型的功能代表整个基因的功能，这使得对基因功能的认识出现了严重的片面性。因此，对基因功能的研究需要考虑基因在转录过程中发生可变剪接的可能性，并且将基因的功能研究进一步细化到对其中单个产物分别研究，从而更加全面地认识基因的功能及其参与的调控网络。

第六节　蛋白质组学研究

一、蛋白质组学的定义及研究方法

（一）蛋白质组学的定义

在细胞或组织中表达的所有蛋白质被称为蛋白质组，1994 年由澳大利亚学者 Williams 和 Wilkins 等提出，其可以随着细胞的状态，以及组织的发育阶段或组成形式等发生变化。为了更好地明确蛋白质在细胞或组织中的变化模式，兴起了以蛋白质组为研究对象，研究细胞、组织或生物体蛋白质组成及其变化规律的一门科学，被称为蛋白质组学（proteomics）（Domon and Aebersold，2006）。

蛋白质组学是理解基因功能最重要的方法之一，但它比基因组学复杂得多。基因表达水平的波动可以通过分析转录组或蛋白质组来区分细胞的两种生物状态。蛋白质是生物功能的效应器，其水平不仅依赖于相应的 mRNA 水平，还依赖于宿主的翻译调控。仅仅依靠 mRNA 来解释生物的功能并不完全准确。因此，蛋白质组学被认为是与生物系统最相关的数据集。

（二）蛋白质组学的研究方法

对单个黄牛蛋白质的研究可以追溯到 1950 年之前。但由于技术的限制，对蛋白质组的研究在近几年才刚刚兴起。蛋白质的数目要远远高于基因的数目，如何高通量地对蛋白质进行分析是过去乃至现在和将来需要解决和进一步优化的问题。

图 4-7 汇总了目前已有的一些蛋白质或蛋白质组的分析方法。传统的蛋白质纯化技术是基于色谱开展的，如离子交换色谱法（IEC）、分子排阻色谱法（SEC）和亲和色谱法。酶联免疫吸附试验法（ELISA）和蛋白质印迹法（Western blotting）则可用于选择性蛋白质的分析。这些技术仅限于分析少数个别蛋白质，但也无法确定蛋白质表达水平。

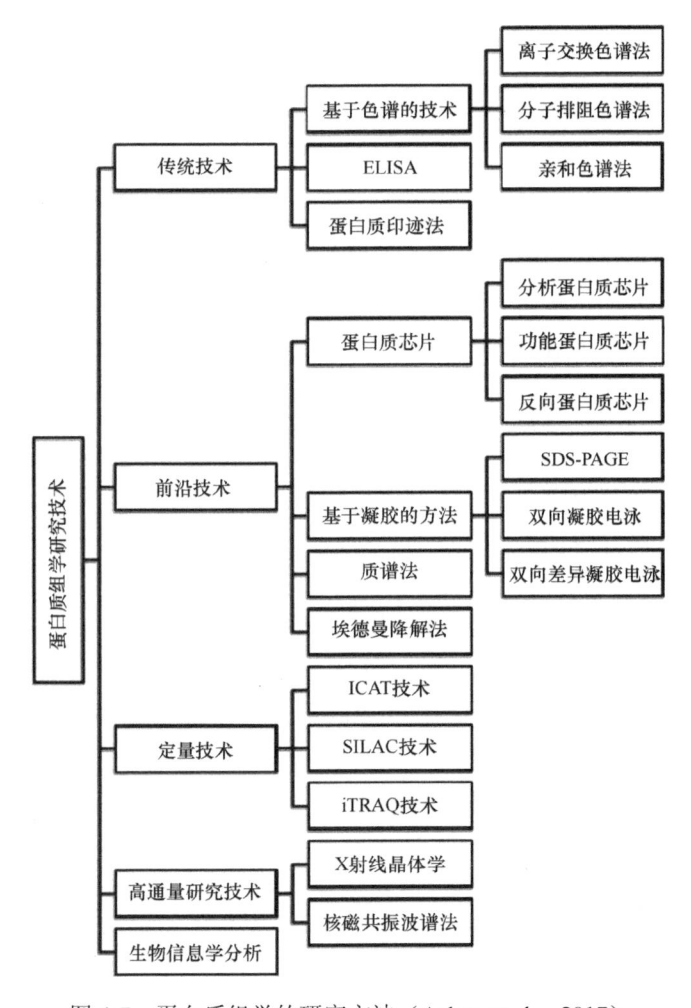

图 4-7　蛋白质组学的研究方法（Aslam et al., 2017）

采用十二烷基硫酸钠-聚丙烯酰胺凝胶电泳（SDS-PAGE）、双向凝胶电泳（2-DE）和双向差异凝胶电泳（2D-DIGE）技术可以分离复杂蛋白质样品。目前，蛋白质微阵列或蛋白质芯片已经被用于高通量和快速表达分析。然而，蛋白质微阵列对于探索完整基因组的功能还存在着不足，只能对已知的蛋白质进行研究。近些年发展了多种蛋白质组学的分析方法，如质谱已经发展成分析复杂蛋白质混合物的具有更高灵敏度的方法。此外，埃德曼降解（Edman degradation）技术已经发展到能确定特定蛋白质的氨基酸序列。同位素编码亲和标签（ICAT）技术、细胞培养中氨基酸稳定同位素标记（SILAC）技术、同位素标记相对和绝对定量（iTRAQ）技术是近年来发展起来的定量蛋白质组学技术。另外，结合 X 射线晶体学和核磁共振波谱法还可以提供蛋白质的三维结构，可能有助于理解蛋白质的生物学功能。

二、黄牛蛋白质组学研究进展

蛋白质组学已经成为补充基因组学研究和进一步理解复杂生物学过程的关键研究工具。近几年对黄牛的研究也逐渐从基因组学和转录组学层面扩展到蛋白质组学。但对黄牛的蛋白质组学研究主要集中在以下三大领域：精子蛋白质组学研究、牛奶成分及合成机制调控的蛋白质组学研究、牛肉质量的蛋白质组学研究。

（一）黄牛产奶性状的蛋白质组学研究

对黄牛产奶性状的蛋白质组学研究主要包括两方面内容：牛奶成分和牛奶合成机制调控的蛋白质组学研究。

1. 牛奶成分的蛋白质组学研究

对于牛奶成分的蛋白质组学研究相对较早，牛奶是一种有价值的天然产品，为后代提供必需营养素、生长因子和免疫保护的基质。传统上，牛奶蛋白分为三大类：酪蛋白、乳清蛋白和牛奶脂肪球膜蛋白（MFGMP）。通过广泛的分馏技术，可以将乳清蛋白从酪蛋白中分离出来并进一步加工，从而可以提取和鉴定牛奶中的低丰度蛋白质组分。

对于牛奶中蛋白质成分的探索起步较早，也是人们对牛奶成分的初步探索，近几年依旧有文章对不同地方种牛及特殊牛中乳蛋白成分的报道。Mol 等（2018）利用基于高分辨率质谱对印度本地牛在不同泌乳期获得的牛乳进行了比较蛋白质组学分析，共鉴定了 564 种蛋白质，其中 403 种蛋白质在不同泌乳期差异显著。Bhat 等（2020）采用高分辨率质谱定量蛋白质组学纳米液相色谱-质谱联用/四极杆飞行时间质谱（LC-MS/Q-TOFMS）技术，对克什米尔牛和泽西牛的乳汁蛋白组进行了研究，发现两种牛共有 81 个高丰度和 99 个低丰度蛋白质显著差异表达，在蛋白质组水平上明显区分了两个品种，并且克什米尔牛乳中 FMO3 酶的含量是泽西牛乳中的 17 倍，突出了克什米尔牛的奶制品的经济优势。近 10 年来，由于人们对牛奶中的生物活性蛋白越来越感兴趣，对牛乳蛋白质组的研究越来越多，从对高丰度蛋白的研究逐渐转到对低丰度蛋白的研究。有关牛生物活性蛋白对人的生物学功能的交叉反应性的研究表明，对牛乳蛋白质组的进一步研究是必要的。Tacoma 等（2016）对美国两个主要奶牛品种荷斯坦牛和泽西牛生产的脱脂乳中的低丰度蛋白进行了表征和比较，并结合分离策略有效地富集了来自美国荷斯坦牛和泽西牛的低丰度蛋白，使用蛋白质组学技术分析牛奶，共鉴定出 935 种低丰度蛋白，并对其进行了比较。

2. 牛奶合成调控机制蛋白质组学研究

乳腺和肝均可以影响牛奶合成，因此，对于牛奶合成调控机制的研究主要从两方面展开。前期大量的研究试图通过基因组学和转录组学技术鉴定对产奶性状有重大影响的关键基因；然而，从蛋白质组层面上来揭示牛奶合成调控机制是非常必要的。Peng 等（2008）利用 SDS-PAGE 发现超过 50 种蛋白质与乳腺组织中的细胞摄取、代谢和脂类分泌有关。Lu 等（2012）基于 2-DE/MS 进行蛋白质组学分析，鉴定出调节乳蛋白合成的功能蛋白。

肝是包括奶牛在内的反刍动物的重要代谢器官，在碳水化合物、脂肪、蛋白质、维生素、激素等物质的代谢中起着至关重要的作用。在对牛奶合成调控机制的研究中很容易忽视肝的作用，但肝是牛奶中主要成分的重要合成场所。肝通过糖异生作用产生葡萄糖，并能产生甘油三酯、胆固醇等成分，这些成分通过血液循环提供给乳腺，在哺乳期合成乳蛋白和脂肪。有关肝对牛奶成分合成调控机制的研究已经逐渐开展。Moyes 等（2013）利用 iTRAQ 技术揭示了泌乳早期和中期肝蛋白质组的显著变化。Xu 等（2019）采用 iTRAQ 技术，对荷斯坦奶牛泌乳周期三个时期的肝蛋白质组进行了研究，构建了不同泌乳时期肝蛋白质组，并鉴定了与牛奶合成、泌乳有关的候选功能蛋白/基因。

（二）黄牛产肉性状的蛋白质组学研究

1. 牛肉颜色的蛋白质组学研究

对于黄牛的产肉性状而言，肉质是大家普遍关心的问题。近年来，一些蛋白质组学分析揭示了一些可表征牛肉品质性状良好的生物标志物。在牛肉的颜色方面，Joseph 等（2012）比较了颜色稳定和颜色不稳定牛肉的肌浆蛋白质组，鉴定了 16 种具有差异的丰富的蛋白质，包括抗氧化蛋白和伴侣蛋白，并发现颜色稳定性可归因于抗氧化蛋白和伴侣蛋白的过量，表明有必要开发针对肌肉的加工策略来改善牛肉的颜色；Nair 等（2016）采用双向电泳和串联质谱技术，在蛋白质组水平探讨了牛肉半膜肌内颜色稳定性变异的蛋白质组学基础，发现肌浆蛋白质组的差异丰度有助于肌肉颜色稳定性的变化。

2. 牛肉嫩度的蛋白质组学研究

在牛肉的嫩度方面，Silva 等（2019）利用 2D-PAGE 技术比较了公牛和阉牛骨骼肌的蛋白质组，发现糖酵解酶的丰度和磷酸化与牛肉嫩度和肌内脂肪的变化有关；Picard 等（2018）用反相蛋白质阵列（RPPA）测定了 5 种不同嫩度和肌内脂肪含量的肌肉中蛋白质的相对丰度；Rosa 等（2018）用双向凝胶电泳（2-DE）和质谱技术研究了不同基因型组合对最长肌蛋白质组的影响，发现 *UOGCAST* 和 *CAPN4751* 基因型导致肌肉代谢相关蛋白表达的变异，从而影响肉的嫩度。

（三）黄牛繁殖性状的蛋白质组学研究

繁殖是肉牛场和奶牛场高效发展的一个重要元素，也是黄牛研究者关心的一个核心问题。不育症和亚生育率给畜牧业造成了巨大的经济损失，目前至少70%的牛是通过人工授精生产的。在配种过程中，精液的质量至关重要。精液中精子活力和精浆成分对于配种成功至关重要。研究显示，不同公牛在精子和精浆蛋白丰度方面的差异可能是导致繁殖能力差异的原因。Kasimanickam等（2019）利用双向凝胶电泳技术比较了不同繁殖能力的公牛精子和精浆蛋白质组，发现HSP90、ZFP34、IFNRF4、BCL62、NADHD、TUBB3和组蛋白H1在高育性公牛精子中的丰度高于低育性公牛。重要的受精事件是由精子表面的蛋白质补体驱动的，了解在这些过程中发挥作用的蛋白质对动物繁殖的调控至关重要。Byrne等（2012）利用蛋白质组学技术完成了成熟公牛精子质膜部分419个蛋白质的鉴定，并且所鉴定的大量蛋白质在哺乳动物物种之间是保守的，功能分析显示这些蛋白质在精卵通信、获能和受精中起着关键作用。另外，公牛射精质量对于受精成功也是非常关键的。Mostek等（2018）利用双向差异凝胶电泳（2D-DIGE）和蛋白质印迹法（Western blotting）结合2D-PAGE研究了低质量和高质量射精的蛋白质组差异，发现高质量射精和低质量射精的蛋白质谱存在显著差异，并确定了14个蛋白质点对应的10个蛋白质丰度存在差异（Mostek et al., 2018）。精子中某些蛋白质的表达与生育能力之间的关系是近年来研究的热点。Muhammad Aslam等（2018）采用双向差异凝胶电泳和基质辅助激光解吸电离-飞行时间质谱（MALDI-TOF-MS）技术对高育性公牛和低育性公牛精子蛋白质组进行了比较，发现了一些潜在的分子可以作为公牛生育能力的生物标记。

本 章 小 结

生化遗传学是遗传学的一个重要分支学科，它研究遗传物质的理化性质，以及遗传物质对蛋白质生物合成和机体代谢的调节控制。初期的生化遗传研究主要集中在血液蛋白和酶多态性的类别、频率及其应用上。本章主要介绍了血液蛋白多态性、同工酶及其多态性、乳蛋白多态性的概念及其检测方法，中国黄牛血液蛋白多态性、血液同工酶多态性、乳蛋白多态性的类型与频率及其在黄牛育种中的应用。在我国，研究所涉及的黄牛品种有秦川牛、鲁西牛、南阳牛、晋南牛、延边牛、郏县红牛、安西牛、迪庆牛、凉山牛等30多个，共检测了21个蛋白（酶）座位，发现有9个座位存在多态性。关于我国地方黄牛品种血液同工酶遗传多态性的研究主要集中在乳酸脱氢酶（LDH）同工酶、淀粉酶（AMY）同工酶、碱性磷酸酶（AKP）同工酶、酯酶（ES）同工酶4种同工酶，也涉及其他同工酶，如酸性磷酸酶（ACP）同工酶、碳酸酐酶（CAR）同工酶等，涉及30多个黄牛品种。牛的乳蛋白研究主要集中在 $αS_1$-酪蛋白（$αS_1$-Cn）、$αS_2$-酪蛋白（$αS_2$-Cn）、β-酪蛋白（β-Cn）、κ-酪蛋白（κ-Cn）、α-白蛋白（α-La）和β-乳球蛋白（β-Lg）6种主要的乳蛋白，对中国荷斯坦奶牛研究报道较多，对黄牛的研究较少。其应用主要是利用生化遗传标记进行标记辅助育种、探讨种群亲缘关系、划分品种类型、追溯品种起源和分析种群遗传结构等。

本章还介绍了可变剪接的定义及分类、黄牛基因的可变剪接及其特征、可变剪接对蛋白质多态性的影响等。结合黄牛蛋白质组学的研究，阐述了蛋白质组学的定义、研究方法及黄牛产奶性状、产肉性状及繁殖性状的蛋白质组学研究现状。

参 考 文 献

曹红鹤, 王雅春, 陈幼春, 等. 1999. 南阳、皮埃蒙特及其杂交牛的血液生化遗传标记与生长性状关系. 畜牧兽医学报, (6): 496-503.
常洪. 1990. 秦川牛遗传抽样检测报告. 西北农业大学学报, 18(4): 57-62.
常洪. 1994. 秦岭两侧黄牛群体遗传检测报告. 畜牧兽医学报, 25(2): 116-123.
陈幼春. 1990. 中国黄牛生态种特征及其利用方向. 北京: 农业出版社.
陈智华, 钟金成, 邓晓英, 等. 1995. 西藏黄牛血液蛋白多态性研究. 黄牛杂志, 增刊: 80-83.
樊云碧. 1990. 黑白花奶牛血清淀粉酶同工酶的研究. 西南民族学院学报(自然科学版), 16(3): 37-39.
付茂忠. 1993. 海子水牛血液蛋白多态性研究. 江苏农业科学, (1): 64.
耿社民, 袁志强, 沈伟, 等. 2000. 秦川牛运铁蛋白多态性与体尺、体重性状的关系分析. 中国畜牧杂志, 36(6): 10-11.
金星光. 1980. 关于延边黄牛血清LDH同工酶正常酶谱的研究成果. 延边农学院学报, (3): 21-24.
拉尼, 邓晓莹, 烈措, 等. 1996. 西藏黄牛血清淀粉酶、酯酶同工酶遗传特性的研究. 西南民族学院学报(自然科学版), 22(2): 193-195.
赖松家. 1995. 中国水牛血清淀粉酶多态性及型命名研究. 四川农业大学学报, 13(2): 203-207.
李加琪, 杨关福, 吴显华 等. 1991. 华南黄牛血液蛋白多态性及其应用研究. 华南农业大学学报, 增刊: 5-10.
李齐发, 谢庄. 2001. 中国地方品种牛血液同工酶遗传多样性研究进展. 黄牛杂志, (4): 36-39.
李永通. 1990. 奶牛血清碱性磷酸酶的遗传规律及其生产性能的相关研究. 中国奶牛, (1): 49-51.
李永通, 任铁, 陆曼姝. 1993. 奶牛血清LDH同工酶与生产性能的相关研究. 贵州农业科学, (5): 43-46.
刘又清. 1995. 鲁西黄牛同工酶研究. 内蒙古农牧学院学报, 16(4): 29-32.
罗军. 1994. 乳蛋白多态性研究概况(上). 黄牛杂志, (4): 47-49.
罗军. 1995. 乳蛋白多态性研究概况(下). 黄牛杂志, (1): 45-55.
罗军, 王惠生. 1995. 黄牛遗传标记研究概况(中). 黄牛杂志, (3): 41-44.
聂龙. 1995. 独龙牛遗传多样性及其种群遗传结构的等位酶分析. 遗传学报, 22(3): 185-191.
潘英树, 张永宏, 高妍, 等. 2009. 草原红牛血液蛋白多态性及与生产性能相关性. 中国兽医学报, 29(12): 1636-1639.
秦国庆, 常洪, 耿社民, 等. 1997. 固原黄牛血液多态性研究. 黄牛杂志, 23(3): 11-19.
邱怀. 1987. 中国黄牛血液蛋白多态性与其遗传关系. 西北农业大学学报, (4): 1-5.
邱怀, 刘收选. 1990. 中国部分黄牛血液蛋白多态性与遗传关系研究. 黄牛杂志, 3: 9-12.
邱怀, 涂正超, 张英汉. 1994. 临夏黄牛血液蛋白多态性特征的分析. 西北农业学报, 3(3): 67-70.
屈虹. 1988. 羚牛、羊、牛血清同工酶的比较研究. 兽类学报, (2): 113-116.
史荣仙. 1994. 江汉水牛血液蛋白多态性研究. 湖南农业科学, (3): 50-52.
史荣仙. 1996. 中国水牛血液蛋白多态性研究. 四川农业大学学报, 14(4): 586-599.
史荣仙, 付茂忠. 1993. 西门塔尔牛血液多态性与生产性能的相关性研究. 中国畜牧杂志, 29(5): 22-23.
武彬. 1988. 秦川、晋南和南阳黄牛血清乳酸脱氢酶谱型的初步研究. 畜牧兽医学报, 19(1): 18-22.
武彬. 1989. 家畜育种中生化遗传标记的应用. 畜牧兽医杂志, (3): 42-45.

武彬, 常洪, 耿社民. 1991. 平利黄牛品种资源遗传检测的研究. 西北农业大学学报, 19(1): 21-26.
辛亚平, 高雪, 郭亚宁. 2006. 秦川牛血液蛋白多态性与繁殖性状关系的研究. 畜牧兽医学报, 37(2): 193-198.
辛亚平, 张英汉, 昝林森, 等. 2004. 秦川牛血液型与生长性状关系的研究. 中国农学通报, (6): 4-6, 31.
徐亚欧, 冯蜀举, 张成忠, 等. 1989. 川西黄牛血液蛋白遗传特征研究初报. 西南民族学院学报(畜牧兽医版), 15(1): 29-34.
许尚忠. 2013. 中国黄牛学. 北京: 中国农业出版社.
许玉德. 1997. 黑白花奶牛LDH同工酶的发育遗传学分析. 草与畜杂志, (1): 21-22.
杨关福. 1996. 徐闻黄牛和海南黄牛血液蛋白的遗传多样性. 华南农业大学学报, 17(2): 23-27.
殷国荣. 1993. 聚丙烯酰胺凝胶电泳分离奶牛血清碱性磷酸酶同工酶及鉴定组织来源. 畜牧兽医学报, 24(2): 125-129.
余雪梅, 张学舜, 肖干进, 等. 1990. 凉山黄牛血液蛋白多态性研究. 黄牛杂志, 3: 24-27.
俞英. 1997. 云南文山黄牛和迪庆黄牛遗传多样性的蛋白电泳研究. 动物学研究, 18(3): 333-339.
张才骏. 1994. 青海黑白花奶牛的血液生化遗传多样性. 中国奶牛, (5): 43-45.
张才骏. 1995. 青海地区黑白花奶牛的遗传变异性与基因分化. 中国奶牛, (5): 23-26.
张才骏, 王勇, 卢福山. 2001. 青海东部黄牛生化遗传标记的研究. 青海科技, (2): 27-28.
张才骏, 张武学, 李军祥. 1993. 西宁地区西门塔尔牛血液蛋白质多态性的研究. 青海畜牧兽医杂志, 23(3): 4-7.
张吉清, 杨武, 武学忠, 等. 2003. 哈萨克牛四种蛋白多态与体尺性状关系的分析. 黄牛杂志, 29(2): 16-18.
张永宏, 潘英树, 高妍. 2008. 草原红牛转铁蛋白和后转铁蛋白多态性及其与生产性能相关性研究. 安徽农业科学, 36(33): 14538-14539.
周扬. 2017. 秦川牛脂肪沉积相关基因筛选及可变剪接对基因表达和细胞定位的影响研究. 西北农林科技大学硕士学位论文.
朱德高. 1984. 峨边花牛血清LDH同工酶的研究成果. 畜牧兽医杂志, (4): 1-4.
左福元. 1993. 德宏水牛血液蛋白多态性研究. 云南畜牧兽医, (2): 5-7.
Aslam B, Basit M, Nisar MA, et al. 2017. Proteomics: Technologies and their applications. J Chromatogr Sci, 55(2): 182-196.
Bhat SA, Ahmad SM, Ibeagha-Awemu EM, et al. 2020. Comparative milk proteome analysis of Kashmiri and Jersey cattle identifies differential expression of key proteins involved in immune system regulation and milk quality. BMC Genomics, 21(1): 161.
Black DL. 2000. Protein diversity from alternative splicing. A challenge for bioinformatics and post-genome biology. Cell, 103(3): 367-370.
Byrne K, Leahy T, McCulloch R, et al. 2012. Comprehensive mapping of the bull sperm surface proteome. Proteomics, 12(23-24): 3559-3579.
Domon B, Aebersold R. 2006. Mass spectrometry and protein analysis. Science, 312(5771): 212-217.
Johnson JM, Castle J, Garrett-Engele P, et al. 2003. Genome-wide survey of human alternative pre-mRNA splicing with exon junction microarrays. Science, 302(5653): 2141-2144.
Joseph P, Suman SP, Rentfrow G, et al. 2012. Proteomics of muscle-specific beef color stability. J Agric Food Chem, 60(12): 3196-3203.
Kasimanickam RK, Kasimanickam VR, Arangasamy A, et al. 2019. Sperm and seminal plasma proteomics of high- versus low-fertility Holstein bulls. Theriogenology, 126: 41-48.
Li M, Sun X, Hua L, et al. 2013. Molecular characterization, alternative splicing and expression analysis of bovine DBC1. Gene, 527(2): 689-693.
Lu LM, Li QZ, Huang JG, et al. 2012. Proteomic and functional analyses reveal MAPK1 regulates milk protein synthesis. Molecules, 18(1): 263-275.
Modrek B, Lee C. 2002. A genomic view of alternative splicing. Nat Genet, 30(1): 13-19.
Mol P, Kannegundla U, Dey G, et al. 2018. Bovine milk comparative proteome analysis from early, mid, and late lactation in the cattle breed, Malnad Gidda (*Bos indicus*). OMICS, 22(3): 223-235.

Mostek A, Westfalewicz B, Slowinska M, et al. 2018. Differences in sperm protein abundance and carbonylation level in bull ejaculates of low and high quality. PLoS One, 13(11): e0206150.

Moyes KM, Bendixen E, Codrea MC, et al. 2013. Identification of hepatic biomarkers for physiological imbalance of dairy cows in early and mid lactation using proteomic technology. J Dairy Sci, 96(6): 3599-3610.

Muhammad Aslam MK, Sharma VK, Pandey S, et al. 2018. Identification of biomarker candidates for fertility in spermatozoa of crossbred bulls through comparative proteomics. Theriogenology, 119: 43-51.

Nair MN, Suman SP, Chatli MK, et al. 2016. Proteome basis for intramuscular variation in color stability of beef semimembranosus. Meat Sci, 113: 9-16.

Namikawa T, Widodo W. 1978. Electrophoretic variations of hemoglobin and serum albumin in Indonesian cattle including Bali cattle (*Bos banteng*). Jap J Zootech Sci, 11: 817-827.

Nevo E, Beiles A, Ben-Shlomo R. 1984. The evolutionary significance of genetic diversity: ecological, demorgraphic and life history correlates//Mani GS. Evolutionary Dynamics of Genetics Diversity. Berlin: Springer.

Pan Q, Shai O, Lee LJ, et al. 2008. Deep surveying of alternative splicing complexity in the human transcriptome by high-throughput sequencing. Nat Genet, 40(12): 1413-1415.

Peng L, Rawson P, McLauchlan D, et al. 2008. Proteomic analysis of microsomes from lactating bovine mammary gland. J Proteome Res, 7(4): 1427-1432.

Picard B, Gagaoua M, Al-Jammas M, et al. 2018. Beef tenderness and intramuscular fat proteomic biomarkers: muscle type effect. PeerJ, 6: e4891.

Rana A, Yen M, Sadaghiani AM, et al. 2015. Alternative splicing converts STIM2 from an activator to an inhibitor of store-operated calcium channels. J Cell Biol, 209(5): 653-669.

Ren D, Collingwood TN, Rebar EJ, et al. 2002. PPARγ knockdown by engineered transcription factors: exogenous PPARγ2 but not PPARγ1 reactivates adipogenesis. Genes Dev, 16(1): 27-32.

Ricketts MH, Simons MJ, Parma J, et al. 1987. A nonsense mutation causes hereditary goitre in the Afrikander cattle and unmasks alternative splicing of thyroglobulin transcripts. Proc Natl Acad Sci USA, 84(10): 3181-3184.

Rosa AF, Moncau CT, Poleti MD, et al. 2018. Proteome changes of beef in Nellore cattle with different genotypes for tenderness. Meat Sci, 138: 1-9.

Silva LHP, Rodrigues RTS, Assis DEF, et al. 2019. Explaining meat quality of bulls and steers by differential proteome and phosphoproteome analysis of skeletal muscle. J Proteomics, 199: 51-66.

Tacoma R, Fields J, Ebenstein DB, et al. 2016. Characterization of the bovine milk proteome in early-lactation Holstein and Jersey breeds of dairy cows. J Proteomics, 130: 200-210.

Vuocolo T, Pearson R, Campbell P, et al. 2003. Differential expression of Dlk-1 in bovine adipose tissue depots. Comparative Biochemistry and Physiology Part B: Biochemistry and Molecular Biology, 134(2): 315-333.

Wang ET, Sandberg R, Luo S, et al. 2008. Alternative isoform regulation in human tissue transcriptomes. Nature, 456(7221): 470-476.

Wilkins MR, Sanchez JC, Gooley AA, et al. 1996. Progress with proteome projects: why all proteins expressed by a genome should be identified and how to do it. Biotechnol Genet Eng Rev, 13: 19-50.

Xu L, Shi L, Liu L, et al. 2019. Analysis of liver proteome and identification of critical proteins affecting milk fat, protein, and lactose metabolism in dariy cattle with iTRAQ. Proteomics, 19(12): e1800387.

Yang X, Coulombe-Huntington J, Kang S, et al. 2016. Widespread expansion of protein interaction capabilities by alternative splicing. Cell, 164(4): 805-817.

Yeh H, Ornstein-Goldstein N, Indik Z, et al. 1987. Sequence variation of bovine elastin mRNA due to alternative splicing. Collagen and Related Research, 7(4): 235-247.

Zhou Y, Cai H, Xu Y, et al. 2014. Novel isoforms of the bovine nuclear factor I/X (CCAAT-binding transcription factor) transcript products and their diverse expression profiles. Anim Genet, 45(4): 581-584.

（陈宏、周扬、高雪编写）

第五章 中国黄牛行为遗传学研究

动物的行为遗传学研究不多，特别是有关黄牛的行为遗传学研究更少。本章主要介绍黄牛性情、耐热性状、采食行为及高海拔适应性的遗传学研究进展。

第一节 黄牛的性情遗传学研究

一、黄牛性情的定义和检测方法

（一）黄牛性情的定义和重要性

黄牛性情是指黄牛对人和环境刺激所产生的一系列复杂行为反应的总称，如对人的逃离反应、各种应激中的情绪反应、对仪器设备的躲避反应、以资源占有为基础的攻击行为和母性攻击行为。作为行为学的一部分，性情与动物福利有着千丝万缕的联系。对于黄牛来说，动物福利是指黄牛在人类的饲养环境下，如何减少应激反应（如不受痛苦、恐惧和压力威胁），保证其基本的自然需求。事实上，黄牛的性情也与生长性状、肉质性状、繁殖性状、劳动安全等有着紧密的联系。关于黄牛的性情如何影响生长、肉质、繁殖和疾病抗性等性状，Haskell 等（2014）发表了黄牛性情性状遗传选择的综述。在不久的将来，黄牛性情性状必将是黄牛遗传育种研究的一个重要方向。

（二）黄牛性情的检测方法

对于黄牛的性情，有很多检测方法，可以简单地归为限制类测试（限制得分和逃离速度等）和非限制类测试（逃离距离、温顺得分和旷场测试等）。也可以根据性状检测方法的不同，分为主观测试（通过打分系统进行评价）和客观测试（通过计步器、秒表、计数器、心率监测系统等工具进行评价）。在检测方法的稳定性上，常用重复力来进行评价。一般来说，客观测试的重复力大于主观测试的重复力。图 5-1 为一些黄牛性情检测方法示意图。

1. 限制得分

在肉牛和奶牛的生产实践中，为了某些目的（如称重、挤奶、修蹄、疫苗注射和体温测量），需要将牛只驱赶进入特定的装置以方便进行处理。当牛只处于特定装置内时，操作者可以用打分系统来评估动物对限制的反应强度（没有反应、温顺的反应或安静的反应、激烈的反应或野性的反应或暴力的反应），最终获得测试个体的限制得分（图 5-1A）。中国农业大学王雅春教授团队在测量中国荷斯坦奶牛直肠体温和颈部皮肤皱褶厚度时，对其进行了性情性状的评分（张驰等，2018）。这种检测方法的优势是可以灵活穿插于生产实践中，所消耗的人力、物力和财力较小，对生产的影响也较小。事

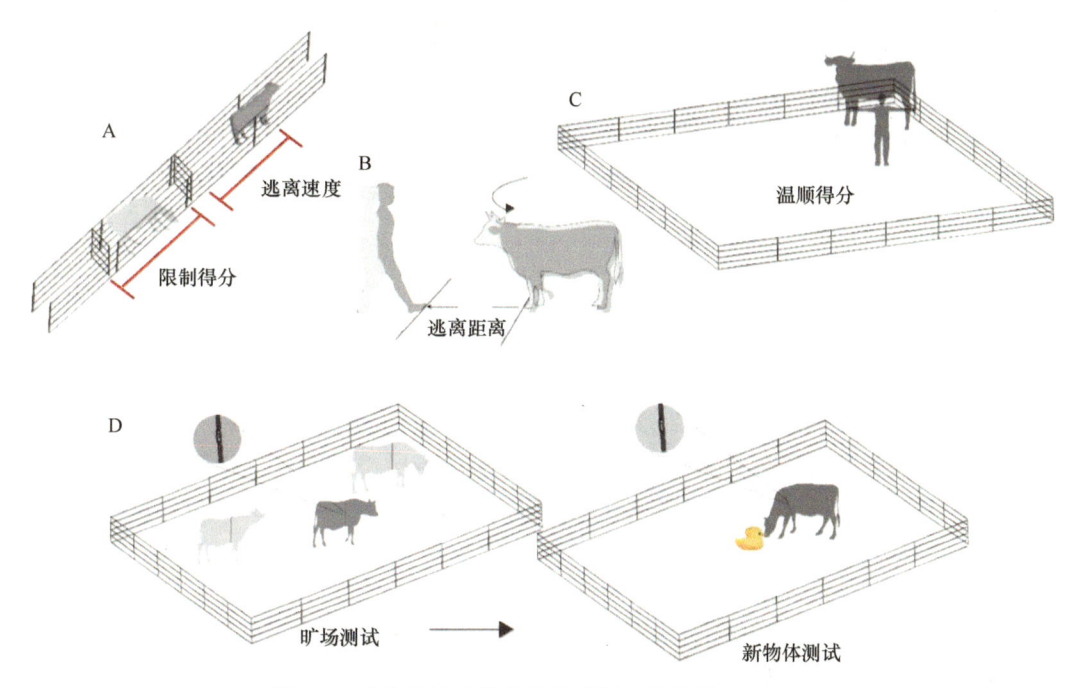

图 5-1 黄牛性情检测方法示意图（陈秋明，2020）

实上，在奶牛挤奶过程中，除了以评分制打分外，也可以通过记录奶牛挤奶过程中的步数、踢腿次数、退缩次数等指标来进行奶牛性情评价。

2. 逃离速度

很多限制得分检测所用的装置后面还接着一段笔直的围栏通道，这就为逃离速度的检测提供了方便。当牛只从限制装置释放后，其在一段笔直的围栏通道沿着事先定义的距离（这个距离一般很短，1～3 m）以自有的速度向前移动时，这个速度就是逃离速度，有的时候结果也以逃离时间的形式呈现（图 5-1A）。很多国外的研究者一般使用红外线结合秒表的简易装置进行检测，测试的结果既准确客观，又不耗费人力资源，对生产的影响也较小。逃离速度是目前推广最多的黄牛性情检测方法。

3. 逃离距离

对于草场上的放牧个体，或养殖密度不高的圈养个体，可以使用逃离距离进行性情评价。逃离距离是指牛只对正在以特定步幅接近它的操作者启动离开的距离（图 5-1B）。逃离距离在检测肉牛性情上应用也较广。对于奶牛而言，由于其较为温顺，与人的接触程度较高，因此称为接触距离。一些研究者使用打分机制对操作者在围栏中与奶牛的接触反应进行评分。该方法的优点是人力、物力和财力消耗较小，对生产的影响也较小，缺点是对养殖密度大的牧场不易进行检测。

4. 温顺得分

非限制类测试的主要类型是温顺得分。测试时，首先需要将牛只从其所属群体进行分离，驱赶其进入另一块围栏，经过一段时间的适应反应，操作者尽量驱赶牛只进入围栏一角,促使牛只在该区域静立一段时间。操作者根据动物在整个过程中的反应进行打分,最终得到温顺得分。有时也只针对牛只在围栏一角的反应进行打分(图5-1C)。这种方法的优点是对人力资源消耗小,缺点是操作不方便,有时会对操作者造成身体上的伤害,因此在性情较暴躁的肉牛上使用程度不高,但是在性情较温顺的奶牛上使用程度较高。

5. 旷场测试

旷场测试是另一种非限制类测试,是从实验动物行为学研究中借鉴来的测试项目。测试开始时,首先将牛只驱赶进入一个事先定义的旷场区域(周围有围栏或墙壁等),让牛只在其中自由活动(没有人或其他事物干扰),这期间的行为被视频设备或其他检测系统记录。操作者可以根据视频设备或其他检测系统所得到的行为指标(如移动步数、发声次数、移动时间、粪尿排泄次数等)来衡量牛只的性情。该项测试可以反映牛只的离群反应、应激状态下的情绪表现、适应能力等。

在旷场测试之后,有的研究还使用同一检测系统进行新物体测试。新物体测试是指在旷场测试后,将一个与牛只不熟悉的物体(如交通灯、大黄鸭玩偶等)放入旷场的某一区域(可以是中心,也可以是一角),测量牛只与新物体的反应(包括接触时间、接触潜伏期等)的一项测试(图5-1D)。该项测试能衡量动物对新物体的认知或识别能力以及恐惧程度。旷场测试和新物体测试的缺点明显,消耗的人力、物力、财力较多,对生产也有影响,因此较少应用。

西北农林科技大学雷初朝教授团队通过限制得分、逃离速度、逃离距离、旷场测试和新物体测试的检测方法对中国南方的肉牛培育品种——云岭牛进行性情评价,发现性情性状与体尺性状存在负相关关系(Chen et al.,2020;陈秋明,2020)。该团队是目前唯一进行中国肉牛性情评价的研究团队。中国农业大学王雅春教授团队是目前唯一进行中国荷斯坦牛性情评价的研究团队。

随着时间的推移、测量次数的增加和接触程度的加深,这些性情检测方法的结果会呈现一定程度的降低。此外,这些性情检测方法是否彼此存在相关性,也是现阶段研究的热点。例如,雷初朝教授团队在云岭牛性情性状的研究中,发现限制得分和逃离速度、逃离距离和逃离速度之间存在显著的正相关关系(Chen et al.,2020)。国外的研究也发现限制得分和逃离速度之间呈现显著的中度正相关关系(Hoppe et al.,2010;Cafe et al.,2011)。

此外,一些黄牛性情性状对于动物福利和人身安全也有影响。例如,由于母性因素,当雌性个体产犊或哺育幼崽时,会对饲养员或其他牛只表现出防御性的攻击行为,这就是母性攻击性,是野生动物的进化优势,然而在集约化的饲养环境中,这种攻击性会对饲养员或其他牛只造成巨大的困扰(Turner et al.,2013)。还有一些性状也会对动物福利产生重要影响,如以资源占有为基础的攻击行为,乐于和群体内其他个体接近的社交行为等(Mackay et al.,2013)。

二、黄牛性情的遗传变异

（一）黄牛性情的品种间差异

从遗传改良的进程上来说，品种间的选择（用一个性状较优的品种替换性状较差的品种）是最快速的遗传选择。品种间的差异也是另一个遗传选择方法——杂交选择的基础条件。在操作的难易程度上，相对温顺的普通牛和相对暴躁的瘤牛之间的差异是显而易见的（Haskell et al., 2014）。对普通牛各品种之间的性情差异也有报道。例如，西北农林科技大学雷初朝教授团队发现云岭牛的逃离距离、限制得分和逃离速度显著高于婆罗门牛，但是在旷场测试和新物体测试中的趋势则相反（Chen et al., 2020；陈秋明，2020）。这些品种之间的差异表明性情性状是受遗传控制的。

（二）黄牛性情的品种内差异

1. 黄牛性情的遗传力

在已经确定最佳品种或者杂交的情况下，品种内的选择是获得遗传改良进展的唯一办法。性状的遗传改良首先要获得该性状的遗传力。表 5-1 为部分黄牛品种性情性状的遗传力，从表 5-1 可以看出，性情性状的遗传力变化较大，利木赞牛温顺得分的遗传力为 0.39，婆罗门牛逃离速度的遗传力可以达到 0.49，而中国荷斯坦牛直肠测温时限制得分的遗传力只有 0.03（常瑶等，2019）。

表 5-1 部分黄牛品种性情性状的遗传力

品种	年龄	测试项目	遗传力±标准差	文献
婆罗门牛	犊牛	限制得分	0.27±0.1	Schmidt et al., 2014
婆罗门牛	犊牛	逃离速度	0.49±0.1	Schmidt et al., 2014
内洛尔牛	约550天	限制得分	0.16±0.09	Valente et al., 2015
内洛尔牛	约550天	逃离速度	0.27±0.07	Valente et al., 2015
内洛尔牛	断奶时	逃离速度	0.21±0.02	Valente et al., 2016
安格斯牛	约224天	温顺得分	0.21±0.02	Walkom et al., 2018
利木赞牛	约240天	温顺得分	0.39±0.03	Walkom et al., 2018
挪威红牛	成年泌乳牛	挤奶时间	0.05±0.01	Wethal and Heringstad, 2019
挪威红牛	成年泌乳牛	挤奶时踢腿次数	0.06±0.01	Wethal and Heringstad, 2019
挪威红牛	成年泌乳牛	挤奶流速	0.48±0.04	Wethal and Heringstad, 2019
挪威红牛	成年泌乳牛	拒绝挤奶次数	0.02±0.01	Wethal and Heringstad, 2019
安格斯牛	断奶时	限制得分	0.10±0.06	Hine et al., 2019
中国荷斯坦牛	成年泌乳牛	限制得分	0.03±0.0001	常瑶等，2019

2. 黄牛性情的数量性状位点

现阶段黄牛品种内的遗传改良已经从表型选择发展到标记辅助选择，甚至是基因组选择。而进行标记辅助选择或者基因组选择，首先需要定位影响表型值的数量性状位点。数量性状位点的实质是一个性状由多个基因决定，且每个基因都是微效的。表 5-2 为部分黄牛品种性情性状的数量性状位点。西北农林科技大学雷初朝教授团队利用全基因组重测序数据在云岭牛的逃离距离、限制得分和逃离速度上分别鉴定到 5 个、2 个和 2 个数量性状位点，且这些位点都能够解释约 18%的表型方差（Chen et al.，2020；陈秋明，2020）。Glenske 等（2011）发现 29 号染色体上的候选基因 *DRD4* 与安格斯牛温顺测试中的表现存在相关性，这是迄今为止在黄牛性情上最让人信服的候选基因。

表 5-2　部分黄牛品种性情性状的数量性状位点

品种	测试项目	物理位置	候选基因	文献
内洛尔牛	逃离速度	1：73354330-73406566	—	Valente et al.，2016
内洛尔牛	逃离速度	2：65072013-65082628	*NCKAP5*	Valente et al.，2016
内洛尔牛	逃离速度	5：22596661-22604723	—	Valente et al.，2016
内洛尔牛	逃离速度	5：119287445-119302785	—	Valente et al.，2016
内洛尔牛	逃离速度	9：98759214-98767952	*PARK2*	Valente et al.，2016
内洛尔牛	逃离速度	11：67385287-67404876	*ANTXR1*	Valente et al.，2016
内洛尔牛	逃离速度	15：16598639-16662233	*GUCY1A2*	Valente et al.，2016
内洛尔牛	逃离速度	17：639678-671693	*CPE*	Valente et al.，2016
内洛尔牛	逃离速度	26：47061401-47095621	*DOCK1*	Valente et al.，2016
吉尔牛	称重反应	1：35014129	*POU1F1*	dos Santos et al.，2017
吉尔牛	称重反应	1：40353369	*EPHA6*	dos Santos et al.，2017
吉尔牛	称重反应	1：60231667	*ZBTB20*	dos Santos et al.，2017
吉尔牛	称重反应	25：14541927	*ABCC1*	dos Santos et al.，2017
吉尔牛	称重反应	25：19995956	*VWA3A*	dos Santos et al.，2017
吉尔牛	称重反应	14：72106554	*KIAA1429*	dos Santos et al.，2017
吉尔牛	称重反应	5：60513092	*NTN4*	dos Santos et al.，2017
云岭牛	逃离距离	1：125762672-125774477	*SLC9A9*	Chen et al.，2020
云岭牛	逃离距离	5：97486216-97505944	*LRP6*	Chen et al.，2020
云岭牛	逃离距离	13：33712392-33712438	*ZEB1*	Chen et al.，2020
云岭牛	逃离距离	18：533054-1901576	*LOC789753*	Chen et al.，2020
云岭牛	逃离距离	24：48301611-48353223	*CTIF*	Chen et al.，2020
云岭牛	限制得分	18：29709853-29912648	*CDH8*	Chen et al.，2020
云岭牛	限制得分	24：27931314-28079625	—	Chen et al.，2020
云岭牛	逃离速度	7：74204494-74241039	*GABRG2*	Chen et al.，2020
云岭牛	逃离速度	7：71734012-72346559	*PWWP2A*	Chen et al.，2020

三、黄牛性情选育的壁垒和前景

（一）黄牛性情选育的壁垒

黄牛性情选育无法实施的原因可以从主客观两个方面来解析。从客观上来说，一个性状被纳入选择指数需要计算其在多性状选育中的加权值。黄牛性情性状的影响是多方面的（包括生长、肉质和劳动力成本等），因此估计黄牛性情性状在选择指数中的加权值存在较大的困难。另外一个原因是，由于黄牛性情性状的检测较为困难，因此缺乏可以纳入选择指数的基因型和表型相关信息参数。虽然国外对黄牛性情性状的检测及性情性状与生长、肉质等性状的相关性已经有报道，但是由于品种间的差异，这些表型及其相关信息并不适用于我国黄牛。由于我国黄牛的养殖规模较小，缺乏像国外的养殖协会这样的组织对性状的选育进行指导，而我国农业部门对黄牛具体生产的指导有限，因此对我国黄牛性情性状的评估和记录还处于起步阶段，甚至尚未起步。此外，虽然我国的一些引入品种和培育品种已经开始利用选择指数进行育种，但是将黄牛性情性状纳入现有的体系，将会对总选择指数产生影响，这也是育种实践中不可忽略的。

从主观上来说，占据生产主体的普通牛较瘤牛温顺，因此往往容易忽视瘤牛性情评估的重要性。性情性状的其他影响因素，如年龄的增大、对外部刺激的习惯化、牧场系统的改良都能使黄牛的性情变得更加温顺，导致生产者不重视用遗传选择的方法来改良黄牛的性情。虽然一些瘤牛的生产者也意识到黄牛行为反应的降低将增加它们在激烈市场竞争中的生存力，但是性情性状评估及其后续处理的巨大财力、人力和物力负担让黄牛育种者望而却步。

（二）黄牛性情选育的前景

由于黄牛性情性状的改良对于黄牛生产力（肉质、生长、劳动安全）的影响，在未来将性情性状纳入黄牛育种选择指数还是可以预见的。国外的一些育种协会和政府组织已经在奶牛中开发出性情性状的估计育种值方法，并且在肉牛中形成了标准化的性情性状检测方法，这将给予中国黄牛育种者极大的信心。随着人工授精技术的大范围使用、农场规模的不断扩大、性情性状检测方法的不断成熟、表型记录的不断完善、基因分型成本的不断下降和估计遗传净产值算法的开发，未来黄牛性情性状的选育将变得唾手可得。

第二节　黄牛耐热的遗传学研究

作为世界牛品种资源宝库的重要组分，中国黄牛品种资源十分丰富。然而在国内有关热应激方面的研究多见于奶牛，对黄牛耐热性的研究极少。我国北方黄牛以普通牛为主，南方黄牛以瘤牛为主，中原黄牛则为普通牛和瘤牛的混合类型。由于中国幅员辽阔，横跨寒温带、中温带、暖温带、亚热带、热带以及特殊的青藏高原区6个温度带，南北温度差异悬殊，因此中国黄牛是研究热适应性的理想模型。

一、热应激原理

（一）热应激的定义与阶段

热应激的定义：动物产生的热量超过动物将其散发至周围环境中的能力时，就会发生热应激。

热应激一般分为3个阶段。第一阶段为紧急反应阶段，即动物发生热应激后，尚未适应的早期阶段。根据生理状况，该阶段又可分为休克和反休克。第二阶段为抵抗阶段，在此阶段，肾上腺素和去甲肾上腺素合成量增加，随后刺激中枢神经系统，引起呼吸频率加快，心肌收缩加强，心跳加快，汗腺开始分泌汗液，使体温下降。机体皮质醇水平上升，促进糖原异生和蛋白质的分解，新陈代谢趋于正常，而全身性非特异性抵抗力高出正常值。第三阶段为衰竭阶段，在持续高温环境下，肾上腺皮质激素和肾上腺髓质激素分泌增加，中枢神经系统受到负调控，最终使得皮质醇分泌减少。由于自身调节能力有限，持续高温环境下应激继续加深，可导致营养不良、机体贮备耗竭、机体稳态被破坏并最终导致动物死亡。

（二）普通牛和瘤牛耐热机制的差异

牛是恒温动物，通过平衡体内产生的热量及其对周围环境的散热来调节体温，使之与环境温度同步。热交换有热传导、热对流和热辐射3种方式，其中热传导和热对流引起的热损失主要取决于动物每单位体重的表面积、体表与大气之间的温差以及机体与周围环境大气的热传导率。热辐射引起的损失则取决于动物体表的性质，例如皮肤和毛发的反射性质。

印度瘤牛、欧洲普通牛和非洲普通牛起源于同一祖先，但是上万年间却经历了完全不同的进化过程。在自然选择下，瘤牛在进化过程中获得了更加耐热的基因，因此拥有更强的耐热性，具体差异如下。

1）与欧洲普通牛相比，瘤牛新陈代谢产热少、机体散热快，对水分需求量小，因此体温调节能力更强。许多瘤牛品种可通过降低生长速率和产奶量以减少自身新陈代谢产热，有利于其在高温环境下生存。另外，瘤牛和普通牛的分布具有明显的地理差异，且与气候环境相关。瘤牛对热带、亚热带环境的适应性使它们能够有效地面对炎热潮湿的环境、营养不良与疾病的挑战。在高温条件下，瘤牛比普通牛在产热和散热之间具有更好的平衡能力，这种平衡能力是通过其内在的代谢差异、传导、辐射、出汗和呼吸蒸发的有效散热来实现的。然而，关于瘤牛耐热性的遗传学和表观遗传学研究甚少。

2）瘤牛拥有更高的血管密度，这种结构使血液流动阻力降低，可加快血液循环速度，有助于机体散热。研究表明，在高温环境中，婆罗门牛皮肤的热传导阻力值低于欧洲短角牛，因此可以更快地通过热传导过程散热。

3）瘤牛光滑的被毛可在很大程度上反射太阳光，降低热辐射。很多瘤牛品种的浅色被毛也起到了同样的作用。与瘤牛相比，普通牛大多具有浓密的被毛，这在很大程度上阻碍了体表与周围环境的热对流与热传导，从而加剧热应激。研究还发现，当长期暴露在过高的环境温度中时，牛的被毛颜色会逐渐变浅以抵抗热应激，这种现象在婆罗门牛中尤为明显。

4）不仅瘤牛的汗腺密度比普通牛更高，而且瘤牛的汗腺更大且更接近皮肤表面。当环境温度过高时，动物可通过汗腺分泌汗液使机体蒸发散热加强。随着空气温度逐渐接近皮肤温度，汗液蒸发成为动物与周围环境热交换的主要途径。实验表明，发生热应激后，瘤牛的汗液分泌量比普通牛更多。此外，瘤牛的垂皮增大了体表面积，这也是瘤牛耐热性更好的原因之一。

5）在细胞水平上，瘤牛具有更强的热适应性。在同样的高温环境下，欧洲普通牛（如安格斯牛）淋巴细胞的活力要比瘤牛下降得更快，即瘤牛的淋巴细胞对高温诱导的细胞凋亡具有更好的抗性。当瘤牛和普通牛胚胎短期暴露在过高的环境温度中时，瘤牛胚胎的存活数量要比普通牛更多。

（三）热应激对黄牛生产的影响

随着全球变暖趋势加剧，局部高温天气增多，热应激已成为危害畜牧生产的重要因素之一，特别是在热带及亚热带地区。热应激会刺激黄牛的下丘脑神经元，导致机体瘦素和脂联素水平升高，进而导致其采食量减少，对黄牛生产不利。此外，体温、呼吸和出汗率的增加也会引起激素分泌紊乱、蛋白质代谢紊乱以及水的摄入量增加，损害机体的多种生理功能，包括产奶量、生殖和免疫功能等。据统计，热应激每年对全球畜产品造成的直接经济损失超过 12 亿美元，所以减轻热应激对动物的影响，对畜牧业的可持续发展非常重要。

二、黄牛耐热性的遗传

（一）普通牛耐热性的全基因组重测序分析

被毛发育是动物适应热带环境的重要生理过程，是动物在热带环境中具有更好适应能力的生物学基础。牛有一种被毛叫光滑毛，为野生型，表现为非常短而光滑的被毛，牛还有一种被毛叫长粗毛，为突变型，表现为非常长而粗糙的被毛。

牛的催乳素信号通路不仅参与泌乳，而且对牛的被毛形态和体温调节也有显著影响，这很可能是由催乳素基因（*PRL*）及催乳素受体基因（*PRLR*）突变所致。Littlejohn 等（2014）发现，在塞内波尔牛及其杂交牛中，由 *PRLR* 基因编码序列中 1 bp 缺失（20：39136558 GC>G）引起的移码突变导致终止密码子提前终止，使 PRLR 蛋白变短，从而导致牛光滑毛表型。除塞内波尔牛以外，其他品种（包括南美克里奥尔牛）的光滑毛表型与 *PRLR* 基因内含子的 2 个 SNP（rs42551770 和 rs137009256）密切相关（Porto-Neto et al., 2018），而与 Littlejohn 等（2014）报道的结果不一致，表明牛的光滑毛很可能是由 *PRLR* 基因的不同突变所致。

（二）瘤牛耐热性的全基因组重测序分析

瘤牛适应热带、亚热带气候的重要特征是具有耐热适应性。因此，瘤牛比欧洲普通牛更能适应高温环境。Kim 等（2017）在催乳素释放激素基因（*PRLH*）中检测到一个错义突变（AC_000160.1：g.11764610 G>A），该突变在瘤牛群体中高度保守（73%），表明 *PRLH* 基因突变可能在调节催乳素表达方面具有选择性优势，这可能与非洲瘤牛的耐热性有关。Kim 等（2017）还发现，超氧化物歧化酶 1 基因（*SOD1*）的第 3 外显子存在一个错义突变（AC_000158.1：g.3116044 T>A 或 T>C），该突变在瘤牛中高度保守（95%），这也与非洲瘤牛的耐热性有关。Edea 等（2018）利用基因芯片技术对埃塞俄比亚瘤牛和欧洲普通牛进行了全基因组分析，发现真核生物翻译起始因子 2α 激酶 4

基因（*EIF2AK4*）、热休克因子 1 基因（*HSF1*）和肌球蛋白-1a 基因（*MYO1A*）在瘤牛中受到强选择，推测这些基因可能参与热应激反应并与瘤牛耐热性相关。

（三）瘤牛耐热性的转录组学分析

以耐热性著称的印度地方牛品种比杂交牛更能适应热带气候。Khan 等（2020）使用转录组测序分析对印度地方瘤牛品种和杂交牛进行了全面比较，并分析了可能导致地方瘤牛品种耐热表型的主要分子标记和信号通路。在高温胁迫下，凋亡基因（*BCL2L11*、*FASLG*、*TICAM2*、*TLR4*、*APC*、*CASP3*、*MAPK8*、*MLKL*、*XIP*、*VIM* 和 *HMGB2*）在杂交牛中的表达上调，而在地方瘤牛品种中下调。PTEN（磷酸酶与张力蛋白同源物）信号通路驱动细胞凋亡，该信号通路在地方瘤牛品种中失活，而在杂交牛中被激活，这表明杂交牛中细胞凋亡的可能性高于地方瘤牛品种，表明细胞凋亡通路的激活与热应激反应密切相关。此外，大多数热休克蛋白基因家族成员 *HSPA4*、*HSPB8*、*HSPA1A*、*HSPA8*、*HSP90AB1* 和 *HSP90AA1* 以及热休克蛋白调节因子基因 *HSF1* 和 *EEF1A1* 在杂交牛中均下调/无差异表达，但在地方瘤牛品种中上调表达。杂交牛中涉及泛素化的基因差异表达量高于地方瘤牛品种，如 *UBE2G1*、*UBE2S*、*UBE2H*、*UBA52* 和 *UBA1* 在杂交牛中被发现下调/无差异表达，在地方瘤牛品种中上调表达，表明泛素化与耐热性呈正相关关系。此外，地方瘤牛品种中抗氧化酶编码基因（*GPX3*、*NUDT2*、*CAT*、*CYCS*、*CCS*、*PRDX5*、*PRDX6*、*PRDX1*、*SOD1* 和 *CYBB*）的高表达也有利于瘤牛应对由于热应激而产生高水平的自由基。

（四）黄牛耐热性的分子标记

动物的耐热性是一个数量性状，受到多个基因的调控。分子标记技术的最新发展使得鉴定特定基因座的遗传变异及其与相关性状之间的联系成为可能。许多环境因素如温度、相对湿度和太阳辐射等会导致热应激。温度和相对湿度通常被认为是引起热应激的最重要的因素，并经常结合在温湿指数（THI）中。研究发现，5 个热适应候选基因（*PRLH*、*SOD1*、*HSPB7*、*EIF2AK4* 和 *HSF1*）的错义突变在中国黄牛群体中呈现明显的地理分布规律，且与气候参数极显著相关。这些基因在瘤牛中受到强选择，表明这些基因上的错义突变很可能与瘤牛的耐热性相关。牛耐热性的主要候选基因归纳于表 5-3。

表 5-3　牛耐热性候选基因及其位点信息

基因	位点	参考文献
PRL	23：35105313A＞C（p.Cys221Gly）	Littlejohn et al.，2014
PRLR	20：39136558 GC＞G（p.Leu462*）、rs42551770、rs137009256	Littlejohn et al.，2014；Porto-Neto et al.，2018
PRLH	AC_000160.1：g.11764610 G＞A	Kim et al.，2017
SOD1	AC_000158.1：g.3116044 T＞A 或 T＞C	Kim et al.，2017
HSF1	rs135258919	Rong et al.，2019
HSPB7	rs524782145	Zeng et al.，2019
EIF2AK4	rs109669012	Wang et al.，2019
MYO1A	rs209999142、rs208210464、rs110123931、rs135771836	Jia et al.，2019

第三节 黄牛的采食行为研究

一、黄牛的采食行为概述

(一) 黄牛的采食与采食行为

黄牛作为草食性反刍家畜,主要以植物的根、茎、叶和籽实为食。黄牛的采食就是黄牛主动地将食物摄入口中经咀嚼后吞咽的过程。黄牛无上门齿,舌是摄取食物的主要器官。黄牛的舌较长,可伸出口外,舌面粗糙,运动灵活而有力,能将草卷入口内。黄牛无上门齿且齿垫不发达,是用上颌齿龈和下颌门齿将草切断,而一些不能咬断的植物则靠头部的牵引动作扯断,散落的饲料用舌舐取。黄牛的采食行为作为连续性行为,有走动、觅食(嗅、舐、嚼)和采览、咀嚼和咽下等过程。采食行为是家畜接受外来的物质信息,物质信息传送到大脑的信息感受部位,来辨别饲料或饲草的适口性、丰富度、形状、气味、味道等。这是牛同周围复杂环境交互的结果,也是表露整体综合机能的活动。采食行为的意义是将机体所需要的各种营养物质摄入体内,以满足生存繁衍和生产产品的需要(许先查和刁其玉,2010)。采食时的行为模式因物种、食性、饲料种类而异。自然条件下黄牛的觅食和采食需要消耗较多时间,而在日益现代化的今天,人工饲喂条件下则节省了牛的觅食时间,黄牛采食行为模式也迥然不同。

(二) 黄牛的口食行为与采食行为

黄牛作为草食家畜,其采食主要分口食行为与采食行为两种。

1. 口食行为

黄牛将饲料吞入口腔一次叫作口食,是其采食的主要方式。黄牛的口食行为是指其每一次对牧草的啃食行为,反映了黄牛的采食率与口食标度(常国军,2014)。黄牛的口食状态是指在现代化牧场的管理过程中,定期进行喂食,使其对牧草进行啃食,是采食效率及采食标度的一种正面反应。黄牛舌的扫动可以决定口食的面积与口食的深度,口食面积与口食深度又共同决定口食量。以上各种参数反映出黄牛在口食过程中的主要特点以及相互之间的联系。

2. 采食行为

黄牛在进食过程中,从对牧草开始采食直到头部或前肢转移到下一个进食的草丛时的状态叫作牛的采食行为。黄牛的采食行为和表现与其年龄及种类有关,通常情况下黄牛的采食行为表现出总体的一致性和具体的差异性,这主要是其在采食过程中和草丛的相互作用所导致的。黄牛本身的生理状态、采食能力和草丛的相互作用关系,都会对其采食行为产生不同的影响。因此,在黄牛的采食行为中,采食效率受到牧草状态及其特征的影响。

(三) 黄牛的采食行为特点

黄牛作为草食动物,在野生或放牧状态时,主要靠采食周围的牧草来获取生长发育所需的营养物质。而在现代饲养管理技术中，舍饲条件下给予黄牛各种饲草饲料，其采食行为也发生了变化。

在放牧状态下，黄牛以本来的采食方法采食牧草。黄牛通常不采食被排泄物污染过的、茸毛多的或外表粗糙的植物。黄牛喜爱吃带有碱性的草和水，而不喜欢吃酸性植物。在采食时，黄牛低摆折头，将鼻端紧贴地面，依靠采食经验选择性地边走边采食牧草，直接吞咽或咀嚼后吞咽下去。受下腭构造所限，黄牛无法采食到 5 cm 以下的牧草，一般认为牧草高度在 15～25 cm 最适合其采食。黄牛在采食牧草时，其头部会略微地左右摆动、缓慢前进、不断变换啃草的位置，被采食的放牧地会形成一条采食道，宽度约为黄牛身体的宽度。若草地植被稀疏粗糙，或在崎岖不平的山坡，黄牛采食的活动范围就会扩大，采食道也不清晰。在有一定面积的放牧地，黄牛会在牧区内往复或迂回有选择性地采食牧草。而在一些比较狭窄的牧区内，黄牛则会根据放牧地的形状较为集中采食。

在舍饲状态下，黄牛在卷入和咀嚼较长的青贮牧草时，撕草和摆头动作等习惯会导致干草或青贮牧草被拽出草架而浪费。为此，舍饲草架的栅栏做成斜栅，以抑制黄牛的摆头动作，或者做成黄牛能够摆头但不能后退的草架。对于饲槽中的粉状饲料，黄牛只需靠舌头舔食入口即可。在调制黄牛饲料时不宜粉碎太细，适当加水即可，保持松散，以防拌得过湿或黏成团块，造成舔食困难。黄牛是复胃草食家畜，采食速度快，常不经仔细咀嚼即行吞下，待卧息时再进行反刍。所以饲喂草料应注意清除铁丝、铁钉等金属异物，以免黄牛吞食后造成瘤胃、网胃创伤，甚至造成创伤性心包炎。另外，还要注意清除饲料中的其他异物（孙树春和张鹤平，2015）。

（四）黄牛的采食行为参数

1. 采食速度

黄牛的采食速度一方面取决于自身的年龄、生理状态等条件；另一方面与草地植被条件，特别是植物种类、营养成分以及每口采食量等因素有关。

2. 采食时间

在放牧地，黄牛在连续放牧的条件下，有比较明确的采食时间。黄牛采食的时间为 4～9 h/d，由 4～6 个采食期完成，咀嚼速度为 60～80 回/min，每日摄入的干物质量为 6～12 kg（孙树春和张鹤平，2015）。一般情况下，饲料的营养价值越高，采食时间越短。在肥育期，肉牛自由采食以精料为主的饲料时，采食时间为 4 h/d 以下，虽然在营养方面得到了满足，但其行为方面的需求未得到满足，加上厌倦的环境和高密度的饲养等原因，卷舌和啃栏等异常行为会反复出现。一般黄牛的采食盛期集中在日出、日落时间段。另外，在这两个时间段之间有几次补充采食时间段，根据季节不同有所变化，夏季等白天气温高时，在日出、日落的时间段以外会增加夜间采食，相反在春季和秋季等会增加白天的采食时间。日出时间段的采食开始时间可随日出的时间而变化。

3. 每口采食量

每口采食量对草地状况尤为敏感，它往往随着牧草高度和密度的降低而减少。当每口采食量（干物质）从 200 mg/口降到 10 mg/口时，采食速度要增加 1 倍以上。研究发现，当每口采食量（干物质）从 112.62 mg/口降到 78.79 mg/口时，采食口数增加了 39.01%，采食速度增加了 42.25%（白哈斯，2003），以此来维持全天自由采食量的相对平衡。

4. 每步口数

黄牛的每步口数没有显著差异，因季节不同而略有不同，其中冬季的每步口数最多，夏季每步口数最少。原因是冬季牧草干枯，选择性很低，故游走次数少，每步口数增加；而夏季选择牧草的机会增多，游走增加，导致每步口数减少。其次，沙丘冬季牧草大多局部聚集分布，而黄牛往往在某个采食斑块停留较长时间，以进行采食，这就导致冬季每步口数增加。另外，草高且较齐时黄牛每步口数也明显增加。

5. 进食速度

进食速度受采食速度与每口采食量的影响，黄牛通过调节采食速度和每口采食量来调节进食速度的相对稳定，进而达到采食量的相对稳定。

6. 采食量与进食速度的关系

黄牛的日采食量为进食速度和采食时间之积，而进食速度（g/min）又可表示为采食速度（口/min）和每口采食量（g/口）之积。进食速度不仅随季节和放牧率变化，也随采食量变化，还随季节与每口采食量变化，说明三者之间有很强的相关性。放牧黄牛可以通过采食时间调节日采食量，特别是通过最终进食速度调控日采食量。

二、影响牛采食行为的因素

影响牛采食行为的因素除了牛的遗传生理等自身特征外，还有以下几个主要因素，如牛的采食经验、生态环境条件、草地植被状态和季节等。

（一）牛的自身生理状况

牛从出生到成年经历不同的生长发育期，每个发育期的营养需求量都不一样，采食行为也不尽相同。遗传因素是影响牛采食行为的重要因素之一。不同种类的牛，采食行为存在明显的差异。牛采食的最终目标是获取所需的各种营养物质来满足其生存、生长和繁殖的需要，而牛本身的内部状态是影响其采食行为最直接、最主要的因素。

饥饿状态和饱腹状态是动物饮食行为和消化生理的两种不同的生理状态（王岭，2010）。牛在很长一段时间不曾进食且消化道食物已排空到一定程度的时候进入饥饿状态；牛充分采食后，消化道已充满食物为饱腹状态。饥饱是改变牛体状态进而影响采食行为的重要因素之一，而且随着摄入不同营养组成的饲草，牛体内所需营养也会发生剧烈变化。大型草食动物具有某种机制能够使它们感觉到采食后带来的体内内部状态变化，从而反馈调节它们接下来的食性选择行为。因此，牛的饥饱状态对其采食行为具有重要的影响。

（二）牛的采食经验

采食经验是影响牛采食行为最重要的因素，几乎所有的调控都是以产生采食经验为目的的。一方面，牛通过采食、消化、代谢后的经验来判断"好"与"坏"的食物，与食物味道无关，只与食物所含某种化学物质有关。另一方面，牛会结合视觉、嗅觉、味觉、触觉等对牧草的适口性产生采食经验，在以后的采食过程中辨别目标牧草（任劲飞等，2017）。黄牛的采食经验可在相当长的时间内影响其采食行为。采食经验的获得由诸多因素组成，具体如下。

1. 学习

采食经验可以通过学习来获得，学习方式包括自身学习和向其他群体学习。向其他群体学习又包括两个方面，即向母牛学习和向其他成年牛学习。向母牛学习是最佳的学习方式，多在犊牛中发生，犊牛会趋向于母牛所采食的食物，而母牛不采食的食物则会避免采食。同时犊牛会自我学习采食新的食物，若采食后感到营养丰富，就会大量采食，但采食后若有不适，即使母牛采食，犊牛也会避免采食。牛也会向其他有经验的牛群学习处理食物信息的经验。牛成年后，向其他群体学习的行为会逐渐减弱，更多地开始依靠自身的采食经验来进行采食（Villalba and Landau，2012）。

2. 视觉

牛的采食行为受视觉的调控，牛可以通过视觉来观察牧场草群的高度、颜色和形状等，将视觉线索与食物质量联系起来，预判附近食物资源，确定觅食策略，保证在觅食过程中的路径简短，减少能量消耗，提高采食效率。草丛高度和草丛密度作为草食家畜利用视觉识别的标志性参数，直接决定家畜采食量。目前国内外主要研究如何利用视觉信息来调控家畜的采食行为，将来可能更多地集中于用视觉信息来人为调控家畜的采食行为。

3. 触觉

在采食过程中，使牛产生触觉的主要因素是草丛高度木质化的角质层、针、刺、钩、针毛等物理性状。带有这类性状的牧草的适口性低，牛采食消耗的能量多，牛会避免采食这类食物，并形成触觉记忆。但触觉不作为主要影响因素，因为当牧草营养含量相差极大时，牛还是会选择采食营养价值高的牧草。控制放牧牛分布区域强有力的管理工具之一就是触觉记忆。

4. 味觉

家畜有甜、鲜、咸、酸和苦五种基本味觉。甜味与碳水化合物含量高低有关，鲜味与蛋白质营养有关，咸味与盐（氯化钠和矿物质等）有关，苦味与抗营养物质或有毒物质有关，酸味与溶液中的质子浓度有关。甜味浓的食物可以补充能量，鲜味浓的食物能补充蛋白质，酸味浓的食物可以补充蛋白质、脂肪、碳水化合物等营养物质，咸味浓的食物能保持体液平衡，苦味浓的食物多半含有害物质。通过味觉可有效调控家畜的采食行为。

5. 嗅觉

家畜在不接触食物的情况下，可以通过嗅觉来接收食物产生的挥发性物质。牛通过气味来判断喜好食物，并做出采食与否的抉择。某些腐败和霉变的食物具有特殊的气味，牛摄入会产生厌食、呕吐等应激反应，造成其生产性能下降。因此，牛通过嗅觉采食食物其实也是实行自我保护的一种机制。同样，营养含量丰富的食物也具有特定的气味，牛会趋向于采食此类食物。因此，也可以依据嗅觉原理来制作诱食剂，以改善和增强牧草气味，从而促进牛的采食。

（三）生态环境条件

影响牛采食行为的环境因素有很多。气候条件（温度、湿度、降雪量、降雨量、风沙等）、地形条件（戈壁沙漠、丘陵、高海拔山区、草原、山坡等）和水源都会对牛的采食行为产生影响。气候条件主要考虑温度和降水量的影响，在夏天或温度高的地区，牛的采食多在温度适宜、湿度适中的清晨和傍晚。每日采食时间为6~9 h，休息时间有6~8 h进行反刍。降雨量低会导致牧草减产，以至于达不到牛的采食高度，出现跑青现象（包胡斯楞，2017）。尤其是戈壁沙漠地区，牧草种类单一且温度过高会使牧草营养成分和化学组成改变，导致牛生产性能降低。地形条件对放牧牛采食行为的影响较大，而对舍饲牛基本没有影响。山坡坡度越大，采食耗能越高，牛的采食效率也随之下降。因此，一般选择坡度小于10°的草地作为放牧地（任劲飞等，2017）。水源作为主要的生境条件，其位置会直接影响牛采食的空间分布。植被被采食的概率会随着距水源的距离变远而急剧下降。水源的远近会影响牛在天然草地中的游走距离，饮水的频率会影响牛的游走时间。

（四）草地植被状态

草地植被状态大致包括植物的种类、形态、营养成分、气味和味道，以及植物的空间结构、物候期、成熟度和相对可利用性（李静，2014）。牛品种不同甚至同一品种的不同个体对植物品种以及生长阶段都表现出不同的选择性，这种选择性也会随着季节和植物种类组成的变化而改变，甚至在一天的不同时间段里，牛采食的选择性也会略有不同。

牧草的营养组成（蛋白质、脂肪、纤维素、碳水化合物、矿物质、维生素等）是评价该牧草营养价值的重要指标，若牧草中的营养物质（碳水化合物、各种氨基酸）缺乏或存在单宁、皂素等有毒成分，会使牛产生各种疾病，影响牛的生产性能（周艳春，2005）。牧草的物理、化学和生物因素，如颜色、大小、嫩度、口感、气味和味道等也很重要。在口感上，牛喜欢吃甜的食物。木质化程度较高的牧草，会降低草场的利用率，因为牛不喜欢采食消耗能量多且难以啃食的牧草。牛偏爱适口性高且幼嫩的植物或部位。因此，舍饲牛的日粮通常会选择蛋白质、能量和氮、磷等元素含量高，纤维素含量低，适口性好，易消化的幼嫩植物体和植物幼嫩部分，从营养学角度来看，舍饲牛比放牧牛具有更大的优越性。此外，草地植被的空间结构（分布状态、丰富度、可利用量等）也会影响牛的采食行为。牛会根据偏爱牧草的远近、采食的难易程度以及在草场中的游走距离之间的平衡来做出选择。

(五) 季节

牛在不同季节的采食速度、采食持续时间会存在差异。冬季牛的采食速度下降、持续时间延长。研究发现，在春、夏季随着环境温度的升高，成年肉牛代谢逐渐旺盛，无须通过采食来增加代谢产热，导致采食量下降，增重降低；而秋、冬季环境温度降低，机体需要维持体温和增重，因此采食量增加，饲料消耗也增加。季节也可以通过影响植物群落而间接改变牛的采食行为。不同季节的气候因素（降水、温度）差异较大，草地植被随着季节的推移，营养价值会逐渐降低，在适口性和营养含量上幼嫩期＞生长期＞枯黄期，随之而来的就是牛的采食速率下降，采食量减少，最终影响营养的摄入和平衡，冬季表现较为明显（李直强，2019）。值得一提的是，由于初春草场可食性牧草较少，春季牛的每口采食量、日采食量比冬季还要低，采食时间、采食速率与全天采食口数增加，这种情况会随着温度回升和雨水的增多而逐渐改善。

第四节　黄牛高海拔适应性的遗传学研究

中国地域辽阔，地形复杂，有四大高原，其中青藏高原是中国最大、世界海拔最高的高原，面积约 250 万 km^2，被称为"世界屋脊""地球第三极"。青藏高原一般海拔在 3000～5000 m，平均海拔 4200 m 以上，这里海拔高、温度低、湿度小、紫外辐射强、昼夜温差大、饲草短缺，是动物生存最恶劣的环境之一，故青藏高原的动物不得不进行高原适应性进化，以应对高海拔地区的极端环境。

青藏高原主要生存着西藏牛、日喀则驼峰牛、樟木牛、阿沛甲咂牛、柴达木牛、迪庆牛、甘孜藏牛 7 个地方黄牛品种，虽然地理环境和遗传差异使黄牛品种表现出不同的外形特征，但是长期的高海拔环境促使它们进化出相同的高海拔适应性。

一、牛高海拔适应基因研究

在高海拔地区，空气压力较低，意味着空气中的氧气分子较少。海拔每提升 304 m，就会损失大约 3% 的氧气。2438 m 以上被定义为高海拔，这里呼吸一次得到的氧气分子大约少 25%，氧气水平下降对动物的机体有负面影响，但是动物会找出办法补偿氧气缺乏。通过对位于西藏林芝（海拔 3000 m）和辽宁沈阳（海拔 50 m）的娟姗牛进行蛋白质组学和 miRNA 图谱的综合分析，发现林芝娟姗牛有可能通过抑制急性期反应、凝血系统和补体系统，促进肝 X 受体/类维生素 X 受体活化，以调节炎症稳态来适应高海拔缺氧的恶劣环境（Kong et al.，2019）。

短期暴露在高海拔环境下会发生急性高原病，包括肺水肿和脑水肿，而长期暴露在低氧环境中会发生高原肺动脉高压。高原肺动脉高压的致死风险随着海拔和年龄的增加而提高，这是高原犊牛早期死亡的原因之一。对生存在高海拔环境的黑安格斯牛进行全外显子序列分析发现，*EPAS1* 基因的一个双重突变，可能是导致其在高海拔地区出现遗传性高原肺动脉高压的致因突变（Newman et al.，2015）。

在青藏高原，体型可能是影响牛高海拔适应能力的重要因素。*HMGA2* 基因与人类和家畜的身高有关，其中非同义 SNP（A64P）在西藏牛与其他低海拔牛之间显示出高水平的种群分化。另外，西藏牛中 *ADH7* 基因也在高海拔环境的正向选择中发生进化，且有 3 个非同义 SNP 在西藏牛与其他牛种之间发生高度分化。*ADH7* 编码的Ⅳ类醇脱氢酶作为视黄醇脱氢酶非常活跃，该基因在藏族人群的自然选择下同样呈现出进化趋势，并且与体重和体重指数相关（Wu et al.，2019）。

Zhang 等（2020）对青藏高原地区黄牛进行了拷贝数变异（CNV）分析，发现具有强烈选择信号的基因 *LETM1*、*TXRND2*、*STUB1*、*NOXA1*、*RUVBL1* 和 *SLC4A3* 可能与低氧适应性有关，并且该研究发现，对高海拔环境的适应可能不仅取决于单个 CNV，而且取决于表现出强阳性选择的多个 CNV 的组合。

高海拔环境不仅使基因组发生适应性进化，也对与呼吸作用息息相关的线粒体基因组有正向选择作用。线粒体通过氧化磷酸化产生 95% 的真核细胞能量，其中编码的 13 个蛋白参与线粒体内膜上 4 个呼吸链复合体Ⅰ～Ⅳ的组成。线粒体基因组因其功能的重要性而在进化中主要受中性选择或净化选择的作用，但越来越多的研究表明，在环境压力胁迫下，由于能量需求增加但氧供应不足，线粒体基因也会受到正选择作用。在高海拔物种的适应中，氨基酸的变异可能导致线粒体中呼吸链复合体和电子传递效率的改变。通过对高海拔藏牦牛和低海拔家牛线粒体 DNA 测序分析，在 *ND1*、*ND2*、*ND3*、*ND4L*、*ATP6* 和 *ATP8* 基因中发现了多个 SNP 和单倍型，可能与藏牦牛的高原适应性相关（Shi et al.，2018；Wang et al.，2018；Mao et al.，2019）。

二、牛高海拔适应基因的渗入

普通牛在约 3600 年前随着人类的迁徙进入青藏高原，而家养牦牛最早在约 7300 年前被游牧民族驯化。牦牛是长期生活在青藏高原的原始畜种，在严酷的高海拔自然压力下，进化出了极强的耐高寒低氧等耐高海拔性状。由于牦牛和黄牛存在不完全生殖隔离，它们的杂交后代雄性不育而雌性可育，经过长期的自然杂交或者人工杂交，西藏地方黄牛可能通过基因渗入获得了来自牦牛的耐高海拔基因。西藏牛在约 1900 年前与牦牛进行持续的杂交，并发生基因渗入事件，西藏牛至今还保留着约 1.2% 的牦牛血统，渗入片段主要富集在疾病防御和低氧应答等相关通路（Chen et al.，2018）。在渗入区域检测到与高原适应性相关的基因：缺氧诱导因子（HIF）通路上的 *COPS5*、*IL1A*、*IL1B*、*Mmp3*、*EGLN1*，参与调节低氧反应及钙稳态的基因 *RYR2* 和 *SDHD*，以及抗肠炎相关基因 *IL-37*。IL-37 蛋白是一种重要的先天性免疫抑制剂，在抵抗肠道炎症中发挥着作用，可能对黄牛进入青藏高原适应不同环境具有一定的作用。

Wu 等（2018）在牦牛和西藏牛的基因渗入区域注释到 HIF 通路中的关键基因 *EGLN1*、*EGLN2* 和 *HIF3A*，且 *EGLN1* 基因的单倍型网络支持基因渗入的方向是从牦牛到西藏牛。在应对缺氧的反应中，生物体倾向于诱导不适应表型的产生，如提高血红蛋白浓度等，经检测，拥有与牦牛相似的 *EGLN1* 单倍型的西藏牛个体具有更低的红细胞计数、血红蛋白浓度和血细胞比容，即得到来自牦牛渗入基因型的西藏牛具有更好的高海拔适应性。通过计算高海拔群体（西藏牛）和低海拔群体（欧洲家牛、印度瘤牛、中国其他地方黄牛和韩牛）的 F_{ST}（群体间遗传分化指数），在牦牛与西藏牛之间发生了强烈的基因渗入的区域发现了与高原低氧适应相关的候选基因：血管扩张剂刺激磷蛋白基因（*VASP*）。缺氧诱导因子-1α（HIF-1α）依赖的 *VASP* 抑制是缺氧调节的屏障功能障碍的控制点，是调节低氧环境下机体正常功能的重要途径。西藏牛存在来自印度瘤牛的基因渗入，其中 *HRAS* 基因指导合成一种参与调节细胞分裂的 H-Ras 蛋白，该蛋白可以降低西藏牛辐射敏感度，提高其抗辐射能力。干扰素调控因子 7（IRF7），作为 I 型干扰素抗致病性感染的关键调节因子，参与重要的免疫反应。印度瘤牛起源于印度次大陆，印度次大陆属于热带季风气候，全境炎热，辐射强烈，印度瘤牛具有很强的免疫力，适应当地环境的瘤牛通过基因渗入使得西藏牛适应了青藏高原的强辐射环境。

三、人类与畜禽高海拔适应性的候选基因

世世代代生活在高海拔环境中的动物受到相同的选择压力，从生理和基因上适应并存活在这种环境中，以趋同进化的方式演化出相似的形态特征。当人类迁徙到高海拔环境时，他们会带上家畜、家禽，包括猪、牛、羊、鸡等，这些动物暴露在与人类相同的选择压力下，也进化出相似的高海拔适应能力。人类和家养动物高海拔适应性的候选基因列于表 5-4，希望为中国黄牛高海拔适应性研究提供参考。

表 5-4 家养动物与人类高海拔适应性的相关候选基因（Witt and Huerta-Sánchez，2019）

物种	地区	候选基因
人	青藏高原	***EPAS1***、***EGLN1***、*PPARA*、*SLC52A3*、***EDNRA***、*PTEN*、*ANGPTL4*、*Cyp17A1*、*CYP2E1*、*HMOX2*、*CAMK2D*、*GRB2*、*ANKH*、*RP11-384F7.2*、*HLA-DQB1/HLA-DPB1*、*ZNF532*、*KCTD12*、*VDR*、*PTGIS*、*COL4A4*、*MKL1*、***HBB***、*MTHFR*
	埃塞俄比亚高原	*VAV3*、*RORA*、*SLC30A9*、*COL6A1*、*HGF*、*BHLHE41*、*SMURF2*、*CASP1*、*CIC*、***LIPE***、*PAFAH1B3*、*CBARA1*、*ARNT2*、*THRB*、***EDNRB***
	安第斯高原	***EDNRA***、*VEGF*、*TNC*、*CdH1*、***PRKAA1***、*NOS2A*、*BRINP3*、*SH2B1*、*PYGM*、*TBX5*、*DST*、*SGK3*、*COPS5*、*ANP32D*、*SENP1*、*PRDM1*、*PFKM*、***EGLN1***
牛	青藏高原	***EGLN1***、*HIF3A*、*HMGA2*、*ADH7*、***C10orf67***
	埃塞俄比亚高原	*BDNF*、*TFRC*、***PML***
牦牛	青藏高原	*ADAM17*、*ARG2*、*MMP3*、*CAMK2B*、*GCNT3*、*HSD17B12*、*WHSC1*、*GLUL*
马	青藏高原	***EPAS1***、*NADH6*
	安第斯高原	***EPAS1***、*TENM2*、*CYP3A* 簇
猪	青藏高原	*RGCC*、***GRIN2B***、*C9ORF3*、*GRID1*、*PLA2G12A*、*ALB*、*SPTLC2*、*GLDC*、*ECE1*、*GNG2*、*PIK3C2G*、***C10orf67***
鸡	青藏高原	*SLC35F1*、***RYR2***
狗	青藏高原	***EPAS1***、***HBB***、*AMOT*、*SIRT7*、*PLXNA4*、*MAFG*、*ENO3*、*KIF1C*、*KIF16B*、*DNAH9*、*NR3C2*、*SLC38A10*、*ESYT3*、***RYR3***、*MSRB3*、***CDK2***、*GNB1*、***C10orf67***
山羊	青藏高原	***EPAS1***、*SIRT1*、*ICAM1*、*DSG3* 簇、*YES1*、*JUP*、***CDK2***、***EDNRA***、*SOCS2*、*NOXA1*、*ENPEP*、*KITLG*、***FGF5***、***RYR2***
绵羊	青藏高原	*FGF7*、*MITF*

注：粗体表示该基因在多个群体间共享

已有的研究显示，中国地方黄牛的高海拔适应能力主要来自其他牛种（牦牛和印度瘤牛）高海拔适应基因的渗入。目前有关高海拔牛属动物的研究主要集中于牦牛上，关于中国地方黄牛耐高海拔性状的研究还比较匮乏，因此对于遗传资源更为丰富的地方黄牛的高海拔适应能力的进一步探索，有助于加深人们对耐高海拔性状的认知。

本 章 小 结

黄牛性情是指黄牛对人和环境刺激所发生的一系列复杂行为反应的总称。黄牛性情性状的检测方法分为限制类测试（限制得分和逃离速度等）和非限制类测试（逃离距离、温顺得分和旷场测试等）两大类。国内外对黄牛性情性状的遗传学研究较少，目前在部分黄牛品种性情性状的遗传力、QTL 和候选基因方面取得了一些进展，期望在不久的将来能把黄牛的性情性状作为一个指标纳入黄牛育种中去。牛的耐热性是一个数量性状，受到多个基因的调控。普通牛和瘤牛耐热机制存在明显的差异，瘤牛比普通牛更耐热。研究发现，5 个热适应候选基因（*PRLH*、*SOD1*、*HSPB7*、*EIF2AK4* 和 *HSF1*）的错义突变在中国黄牛群体中呈现明显的地理分布规律，且与气候参数极显著相关。牛的采食分为口食行为与采食行为两种，在放牧和舍饲条件下牛的采食行为特点迥然不同。牛的采食行为参数主要有采食速度、采食时间、每口采食量、每步口数、进食速度等。影响牛采食行为的因素既有牛的遗传生理等自身特征，也有牛的采食经验、生态环境条件、草地植被状态和季节等因素。青藏高原被称为"世界屋脊"，平均海拔 4200 m 以上。青藏高原对黄牛的产肉与奶牛的产奶有很大的影响。中国地方黄牛的高海拔适应能力主要来自牦牛的高海拔适应基因的渗入。目前有关高海拔牛属动物的研究主要集中于牦牛上，关于中国地方黄牛耐高海拔性状的研究还比较匮乏。对中国地方黄牛高海拔适应能力的遗传学研究，对于培育适应高海拔环境的奶牛与肉牛新品种具有重要意义。

参 考 文 献

白哈斯. 2003. 放牧牛行为生态及其生产能力研究. 东北师范大学博士学位论文.
包胡斯楞. 2017. 自然放牧条件下蒙古牛采食行为、体尺变化及血液指标的研究. 内蒙古农业大学硕士学位论文.
常国军. 2014. 草食家畜的采食行为与牧场管理. 北京农业, (15): 139.
常瑶, 李想, 张海亮, 等. 2019. 北京地区中国荷斯坦牛性情遗传评估. 畜牧兽医学报, 50: 712-720.
陈秋明. 2020. 云岭牛和婆罗门牛性情性状的 GWAS 研究. 西北农林科技大学博士学位论文.
李静. 2014. 大型草食动物采食空间异质性的初步研究. 东北师范大学硕士学位论文.
李直强. 2019. 草地退化和放牧时期对牛羊采食行为及采食互作关系的影响. 东北师范大学硕士学位论文.
任劲飞, 王召锋, 侯扶江. 2017. 放牧家畜采食的调控. 家畜生态学报, 38(2): 9-13.
孙树春, 张鹤平. 2015. 牛的行为与精细饲养管理技术指南. 北京: 化学工业出版社.
王岭. 2010. 大型草食动物采食对植物多样性与空间格局的响应及行为适应机制. 东北师范大学博士学位论文.
许先查, 刁其玉. 2010. 犊牛采食行为的研究进展. 中国奶牛, (6): 19-21.

张驰, 罗宇茜, 王嘉熠, 等. 2018. 奶牛性情评定方法及其影响因素分析. 畜牧兽医学报, 49: 488-496.

周艳春. 2005. 放牧家畜(牛)在植物个体与斑块水平采食行为的研究. 东北师范大学硕士学位论文.

Cafe LM, Robinson DL, Ferguson DM, et al. 2011. Cattle temperament: persistence of assessments and associations with productivity, efficiency, carcass and meat quality traits. Journal of Animal Science, 89: 1452-1465.

Chen N, Cai Y, Chen Q, et al. 2018. Whole-genome resequencing reveals world-wide ancestry and adaptive introgression events of domesticated cattle in East Asia. Nature Communications, 9(1): 2337.

Chen Q, Zhang F, Qu K, et al. 2020. Genome-wide association study identifies genomic loci associated with flight reaction in cattle. Journal of Animal Breeding and Genetics, 137: 477-485.

dos Santos FC, Peixoto MGCD, de Souza FPA, et al. 2017. Identification of candidate genes for reactivity in Guzerat (*Bos indicus*) cattle: a genome-wide association study. PLoS One, 12(1): e0169163

Edea Z, Dadi H, Dessie T, et al. 2018. Genome-wide scan reveals divergent selection among taurine and zebu cattle populations from different regions. Animal Genetics, 49: 550-563.

Glenske K, Prinzenberg EM, Brandt H, et al. 2011. A chromosome-wide QTL study on BTA29 affecting temperament traits in German Angus beef cattle and mapping of DRD4. Animal, 5: 195-197.

Haskell MJ, Simm G, Turner SP. 2014. Genetic selection for temperament traits in dairy and beef cattle. Frontiers in Genetics, 5: 368.

Hine BC, Bell AM, Niemeyer DDO, et al. 2019. Immune competence traits assessed during the stress of weaning are heritable and favorably genetically correlated with temperament traits in Angus cattle. Journal of Animal Science, 97: 4053-4065.

Hoppe S, Brandt H, König S, et al. 2010. Temperament traits of beef calves measured under field conditions and their relationships to performance. Journal of Animal Science, 88: 1982-1989.

Jia P, Cai C, Qu K, et al. 2019. Four novel SNPs of *MYO1A* gene associated with heat-tolerance in Chinese cattle. Animals, 9: 964.

Khan RIN, Sahu AR, Malla WA, et al. 2020. Transcriptome profiling in Indian Cattle revealed novel insights into response to heat stress. bioRxiv, doi.org/10.1101/2020.04.09.031153.

Kim J, Hanotte O, Mwai OA, et al. 2017. The genome landscape of indigenous African cattle. Genome Biology, 18: 34.

Kong Z, Zhou C, Li B, et al. 2019. Integrative plasma proteomic and microRNA analysis of Jersey cattle in response to high-altitude hypoxia. Journal of Dairy Science, 102(5): 4606-4618.

Littlejohn MD, Henty KM, Tiplady K, et al. 2014. Functionally reciprocal mutations of the prolactin signalling pathway define hairy and slick cattle. Nature communications, 5: 5861.

Mackay JRD, Turner SP, Hyslop J, et al. 2013. Short-term temperament tests in beef cattle relate to long-term measures of behavior recorded in the home pen. Journal of Animal Science, 91: 4917-4924.

Mao X, Shi Y, Liang X, et al. 2019. Genetic diversities of *MT-ND3* and *MT-ND4L* genes are associated with high-altitude adaptation. Mitochondrial DNA Part B, 4: 324-328.

Newman JH, Holt TN, Cogan JD, et al. 2015. Increased prevalence of *EPAS1* variant in cattle with high-altitude pulmonary hypertension. Nature Communications, 6(1): 6863

Porto-Neto LR, Bickhart DM, Landaeta-Hernandez AJ, et al. 2018. Convergent evolution of slick coat in cattle through truncation mutations in the prolactin receptor. Frontiers in Genetics, 9: 57.

Rong Y, Zeng M, Guan X, et al. 2019. Association of *HSF1* genetic variation with heat tolerance in Chinese cattle. Animals, 9: 1027.

Schmidt SE, Neuendorff DA, Riley DG, et al. 2014. Genetic parameters of three methods of temperament evaluation of Brahman calves. Journal of Animal Science, 92: 3082-3087.

Shi Y, Hu Y, Wang J, et al. 2018. Genetic diversities of *MT-ND1* and *MT-ND2* genes are associated with high-altitude adaptation in yak. Mitochondrial DNA Part A, 29: 485-494.

Turner S, Jack M, Lawrence A. 2013. Precalving temperament and maternal defensiveness are independent traits but precalving fear may impact calf growth. Journal of Animal Science, 91: 4417-4425

Valente TS, Baldi F, Sant'Anna AC, et al. 2016. Genome-wide association study between single nucleotide polymorphisms and flight speed in Nellore cattle. PLoS One, 11(6): e0156956.

Valente TS, Sant'Anna AC, Baldi F, et al. 2015. Genetic association between temperament and sexual precocity indicator traits in Nellore cattle. Journal of Applied Genetics, 56: 349-354.

Villalba JJ, Landau SY. 2012. Host behavior, environment and ability to self-medicate. Small Ruminant Research, 103(1): 50-59.

Walkom SF, Jeyaruban MG, Tier B, et al. 2018. Genetic analysis of docility score of Australian Angus and Limousin cattle. Animal Production Science, 58: 213-223.

Wang J, Shi Y, Elzo MA, et al. 2018. Genetic diversity of *ATP8* and *ATP6* genes is associated with high-altitude adaptation in yak. Mitochondrial DNA Part A, 29(3): 385-393.

Wang K, Cao Y, Rong Y, et al. 2019. A novel SNP in *EIF2AK4* gene is associated with thermal tolerance traits in Chinese cattle. Animals, 9: 375.

Wethal KB, Heringstad B. 2019. Genetic analyses of novel temperament and milkability traits in Norwegian Red cattle based on data from automatic milking systems. Journal of Dairy Science, 102: 8221-8233.

Witt KE, Huerta-Sánchez E. 2019. Convergent evolution in human and domesticate adaptation to high-altitude environments. Proceedings of the Royal Society B: Biological Sciences, 374(1777): 20180235.

Wu D, Yang C, Wang M, et al. 2019. Convergent genomic signatures of high-altitude adaptation among domestic mammals. National Science Review, 7(6): 952-963.

Wu DD, Ding XD, Wang S, et al. 2018. Pervasive introgression facilitated domestication and adaptation in the *Bos* species complex. Nature Ecology & Evolution, 2: 1139-1145.

Zeng L, Cao Y, Wu Z, et al. 2019. A missense mutation of the *HSPB7* gene associated with heat tolerance in Chinese indicine cattle. Animals, 9: 554.

Zhang Y, Hu Y, Wang X, et al. 2020. Population structure, and selection signatures underlying high-altitude adaptation inferred from genome-wide copy number variations in Chinese indigenous cattle. Frontiers in Genetics, 10: 1404.

（雷初朝、陈秋明、汪聪勇、曾璐岚编写）

第六章　中国黄牛细胞遗传学研究

　　细胞遗传学是细胞学和遗传学相结合的一门交叉学科。它的研究对象就是遗传物质的载体——染色体。家畜的细胞遗传学研究始于20世纪20年代，那时只能简单地确定各种家畜的染色体数目。到了20世纪50年代，由于染色体理论的发展，组织培养、秋水仙碱的应用，低渗处理、空气干燥等一系列方法的出现和技术上的重大突破，哺乳动物和人类细胞遗传学的研究进入非常旺盛的时期。20世纪70年代以后，染色体各种分带技术的发明与应用，使细胞遗传学的研究内容更丰富、更广泛，使科研人员有可能准确地识别每一条染色体以及鉴定出每一条染色体的微小变化，从而使细胞遗传学成为一个广阔的研究领域。

　　人类细胞遗传学研究工作的不断深入，也促进了家畜染色体研究工作的开展。家畜染色体的研究和应用主要是在近20年中，迄今为止有关各种家畜染色体的研究均有不少报道，一些研究成果应用于生产，并初见成效。染色体的研究主要表现在以下几个方面。①通过不同物种染色体的比较研究，不仅可以探讨家畜的演化过程、系统发育的变异规律，而且可以根据染色体同质性、相似性的程度，确定物种间的亲缘关系和种间杂交的可能性。②通过同一物种不同品种间染色体的研究，探讨各品种间的亲缘关系，以提供品种资源分类的依据。③通过各种家畜染色体畸变个体的研究，为遗传疾病的诊断，寻找选种的细胞遗传学标准，淘汰因染色体变异而繁殖机能、生产性能降低的种畜提供依据。④通过对性畸形个体染色体组成和结构的研究，探索性别决定的遗传机制。⑤通过对远缘杂种染色体组成的研究，探讨远缘杂种不育的遗传机制。⑥通过对正常生物染色体的研究和绘制染色体图，进行基因定位，并且随着染色体工程的发展，将会克服远缘杂交的困难，为动物遗传育种展现出一条崭新的途径。因而染色体研究已成为动物遗传育种学、病理学、繁殖学等学科中一个非常重要的课题，它在理论和实践上都有重要的现实意义。

　　牛的染色体研究始于20世纪20年代，1927年Kralinger就已确定了牛的染色体数为$2n=60$。其后，1962年Sasaki和Makino通过细胞培养，1965年Melander通过水解法处理，观察到公母牛染色体之间的差异，确认公牛的染色体为60，XY，母牛为60，XX。以后牛的染色体研究主要是利用外周血淋巴细胞培养和抽取骨髓细胞培养法进行。20世纪70年代以后，由于各种分带技术的应用，牛染色体研究更加活跃，并在染色体研究的同时，不断地与牛的繁殖、育种、疾病诊断等畜牧生产实践问题，以及牛的起源进化、性别决定和杂种不育机制等理论研究紧密地联系在一起，从而不断地给这项研究赋予新的活力，并取得了很大进展。中国黄牛的细胞遗传学研究从20世纪70年代末开始，主要研究内容是分析染色体的数目、形态特征、核型特征、带型特征、遗传多态性、变异类型与遗传效应，以及细胞遗传学的应用等。迄今为止，已对中国黄牛半数以上的品种开展过细胞遗传学研究,其研究结果在品种鉴定、品种分类、选种选配、疾病诊断等方面发挥了重要作用。

第一节 黄牛染色体数目和形态特征

染色体是基因的载体,要进行中国黄牛的细胞遗传学研究与分析,首先必须对黄牛染色体的基本特征有所了解。在细胞水平上,遗传物质以染色体的形式表现出来。在高等动物中,染色体特征已作为物种的标志之一。染色体特征的综合表现包括染色体的数目、形态和大小,它具有稳定的遗传特性,可以作为一个物种甚至一个品种或一个个体的遗传标记。

一、黄牛染色体的数目

在黄牛的体细胞中都有特定的染色体数目,一般情况下,染色体的数目是恒定的。在体细胞中染色体成对存在,大小、结构、形态相同的两个染色体叫同源染色体。同源染色体之一构成的一套染色体称为一个染色体组。黄牛一个染色体组所携带的全部基因称为黄牛基因组。在一般动物细胞中都含有两个染色体组,称为二倍体（2n）；含有体细胞染色体数目一半的生殖细胞,称为单倍体（n）。中国黄牛的正常染色体数目为 60 条（表 6-1）,可配成 30 对,其中一对为性染色体,29 对为常染色体。在母牛中有一对较大、相同的性染色体,称为 X 染色体。在公牛中,有一个与母牛大小相同的性染色体和一个小的性染色体,这个小的性染色体称为 Y 染色体。普通牛有 60 条染色体,29 对常染色体全为端着丝粒染色体,只有 X 染色体是一对亚中着丝粒染色体,X 染色体比 1 号染色体稍小。Y 染色体较小,并具有多态性,有中着丝粒 Y 染色体和端着丝粒 Y 染色体两种类型。

表 6-1 牛的染色体数目（陈宏,1990）

种名	学名	染色体数
黄牛	*Bos taurus*	60
瘤牛	*Bos indicus*	60
沼泽型水牛	*Bubalus bubalus*- Swamp Buffalo	48
河流型水牛	*Bubalus bubalus*-River Buffalo	50
牦牛	*Poephagus grunniens*	60

分析染色体数目的方法是对分散良好、染色体相互不重叠、团聚性好的中期分裂象细胞中的所有染色体在显微镜下观察计数,一般观察计数 50 个以上的细胞,求其平均数,80%以上细胞的染色体数目均数代表该个体的染色体数目。如陈宏 1990 年对中国 4 个黄牛群体的每个个体观察了大量中期分裂象细胞的染色体,二倍体染色体数目的观察统计结果见表 6-2。由表 6-2 可见,蒙古牛、秦川牛、岭南牛、西镇牛染色体数为 2n=60 的细胞占总观察细胞数的比例分别为 86.51%±3.53%、86.50%±1.92%、85.77%±3.25%、86.12%±3.45%,平均为 86.23%±0.35%。2n≠60 的细胞占比平均为 13.77%±0.35%。说明

4 个中国黄牛群体正常体细胞的染色体数目为（2n）60。在此前后，郭爱朴等（1983）、于汝梁等（1989）、门正明和韩建林（1988）、陈琳等（1988）先后对丽江黄牛、晋南牛、鲁西牛、南阳牛、郏县红牛、峨边花牛、温岭高峰牛、甘肃本地牛、海南牛、新疆褐牛、荷斯坦牛等多个品种开展了研究，其结果与中国黄牛染色体数目的许多报道一致。

表 6-2 中国 4 个黄牛群体的染色体数目

群体	性别	头数	观察细胞数	染色体数目及比例/%（以个体频率为基础求得 $\bar{X} \pm S$）							
				<57	58	59	60	61	62	>63	4n
蒙古牛	公	10	579	28 4.13±3.49	8 1.47±1.22	12 2.30±1.32	501 87.24±3.26	0 0	0 0	3 0.46±0.77	27 4.41±2.30
	母	5	293	13 5.09±2.47	8 2.00±1.86	10 3.21±2.62	245 85.05±3.97	1 0.30±0.67	2 0.49±0.70	1 0.32±0.70	13 3.54±2.27
	合计	15	872	41 4.45±3.13	16 1.64±1.42	22 0.61±1.81	746 86.51±3.53	1 0.10±0.38	2 0.16±0.44	4 0.41±0.72	40 4.12±2.25
秦川牛	公	12	584	24 4.12±1.20	6 0.84±1.42	8 1.35±1.92	503 86.15±1.48	7 1.19±1.61	3 0.51±0.83	8 1.36±1.74	25 4.31±2.09
	母	4	229	9 3.89±2.51	3 1.30±0.87	3 1.30±0.87	200 87.41±2.82	1 0.42±0.84	0 0	1 0.44±0.88	12 5.24±1.92
	合计	16	813	33 4.05±1.57	9 1.09±1.27	11 1.33±1.65	703 86.50±1.92	8 0.72±1.26	3 0.37±0.72	9 1.10±1.57	37 4.57±1.92
岭南牛	公	6	442	16 3.85±2.72	7 1.47±1.69	7 1.57±0.95	385 87.08±3.77	0 0	1 0.22±0.53	6 1.23±2.08	20 4.59±1.66
	母	5	400	12 3.00±0.69	8 1.96±1.38	9 2.28±1.43	337 84.21±1.76	1 0.25±0.56	1 0.27±0.59	5 1.24±1.50	27 6.78±1.60
	合计	11	842	28 3.46±2.02	15 1.69±1.66	16 1.89±2.11	722 85.77±3.25	1 0.11±0.37	2 0.24±0.53	11 1.23±1.74	47 5.59±1.93
西镇牛	公	9	560	16 2.72±1.50	14 2.43±2.11	18 3.22±2.11	480 85.99±3.91	2 0.32±0.65	2 0.75±1.47	4 0.75±0.88	24 4.22±2.50
	母	12	786	19 2.54±1.82	11 1.46±1.15	17 1.82±11.53	674 86.21±3.24	6 0.87±0.91	5 0.64±0.83	4 0.51±0.77	50 5.96±2.22
	合计	21	1346	35 2.62±1.65	25 1.84±1.50	35 2.40±1.97	1154 86.12±3.45	8 0.63±0.83	7 0.69±1.26	8 0.61±0.81	74 5.21±2.47

二、黄牛染色体的大小

染色体的大小常常用染色体的相对长度来衡量，而不用染色体的绝对长度。染色体的绝对长度是指每一条染色体从一端到另一端的实际长度，因为绝对长度在细胞分裂不同时期因染色体的收缩程度不同而有变化，甚至同一个体不同分裂时期细胞中的染色体绝对长度差异都很大，所以常用相对长度。进行染色体分析时，常常利用染色体的相对长度反映生物染色体的大小，或者进行不同品种、不同物种染色体核型间的比较研究。相对长度（relative length）是指某单个染色体的长度与包括 X 染色体在内的单倍性常染色体的总长度之比，以百分率表示：相对长度=某条染色体长度/（单倍性常染色体总长+X 染色体的长度）×100。根据染色体相对长度的概念，染色体的大小只能在同一细胞内或同一生物类群间不同对染色体间比较分析和鉴别。在染色体特征分析中，一般都进行染色体相对长度的分析，各对染色体的相对长度在细胞分裂的各个时期基本稳定。因此，根据染色体的大小可以初步识别各对染色体。陈宏（1990）测量了中国 4 个黄牛群体 35 个个体、170 个中期分裂象细胞的染色体长度，计算了相对长度，统计结果见表 6-3。1 号染色体最大，依次逐渐变小，X 染色体比 1 号染色体稍小，Y 染色体的大小介于 26 号染色体和 27 号染色体之间。

表 6-3 中国 4 个黄牛群体常染色体相对长度

群体	蒙古牛	秦川牛	岭南牛	西镇牛	平均
头数	9	10	9	7	—
测量细胞数	32	54	52	32	—
1	5.398±0.196	5.423±0.246	5.474±0.188	5.506±0.223	5.450±0.050
2	4.783±0.174[CD]	4.841±0.204	4.896±0.211	4.913±0.176	4.858±0.057
3	4.530±0.097[BCD]	4.625±0.157	4.629±0.127	4.664±0.123	4.612±0.031
4	4.422±0.086[D]	4.473±0.137	4.470±0.128	4.518±0.100	4.471±0.032
5	4.310±0.091[D]	4.347±0.112	4.341±0.109	4.388±0.106	4.347±0.036
6	4.119±0.080[D]	4.203±0.116	4.225±0.096	4.280±0.104	4.207±0.024
7	4.094±0.093[d]	4.118±0.108	4.121±0.086	4.153±0.094	4.122±0.010
8	3.990±0.085	3.997±0.096	4.010±0.079	4.009±0.081	4.002±0.024
9	3.872±0.111	3.889±0.097	3.903±0.073	3.917±0.079	3.895±0.019
10	3.750±0.111	3.757±0.111	3.780±0.105	3.778±0.096	3.766±0.015
11	3.622±0.086	3.617±0.094	3.626±0.101	3.651±0.094	3.629±0.015
12	3.495±0.095	3.458±0.116	3.456±0.086	3.464±0.100	3.468±0.018
13	3.343±0.086	3.308±0.097	3.323±0.086	3.304±0.089	3.320±0.018
14	3.229±0.070	3.196±0.089	3.208±0.076	3.209±0.081	3.211±0.014
15	3.122±0.068	3.093±0.084	3.106±0.077	3.107±0.109	3.107±0.012
16	3.047±0.064[BC]	2.990±0.092	3.012±0.079	3.008±0.100	3.014±0.024
17	2.954±0.064[bc]	2.905±0.085	2.909±0.067	2.913±0.098	2.920±0.018
18	2.850±0.067	2.813±0.092	2.821±0.083	2.818±0.086	2.826±0.017
19	2.773±0.80[D]	2.734±0.083	2.740±0.092	2.729±0.076	2.744±0.020
20	2.678±0.078[C]	2.662±0.078	2.643±0.091	2.640±0.095	2.656±0.018
21	2.600±0.077[C]	2.581±0.075	2.553±0.089	2.572±0.083	2.577±0.018
22	2.573±0.074[cd]	2.503±0.083	2.474±0.078	2.488±0.067	2.510±0.027
23	2.443±0.094[C]	2.404±0.079	2.389±0.086	2.408±0.073	2.411±0.022
24	2.342±0.085	2.324±0.084	2.308±0.084	2.312±0.073	2.322±0.015
25	2.243±0.096[d]	2.253±0.090	2.214±0.084	2.193±0.087	2.226±0.027
26	2.155±0.095	2.156±0.098	2.146±0.075	2.113±0.094	2.143±0.020
27	2.069±0.088[d]	2.065±0.096	2.069±0.082[d]	2.018±0.093	2.055±0.025
28	1.984±0.083[D]	1.973±0.097	1.984±0.089[D]	1.924±0.087	1.966±0.029
29	1.884±0.109	1.872±0.097	1.903±0.089[D]	1.835±0.094	1.874±0.029
X	5.380±0.276	5.385±0.246[CD]	5.264±0.246	5.153±0.247	5.296±0.256
Y	2.110±0.148[d]	2.112±0.166	2.112±0.166	2.051±0.140	2.096±0.138

注：B 和 b、C 和 c、D 和 d 分别代表秦川牛、岭南牛和西镇牛，大写表示差异极显著 $P<0.01$，小写表示差异显著 $P<0.05$

三、黄牛染色体的形态特征

染色体形态特征一般用臂比率（arm index）、着丝粒指数（centromere index）和染色体臂数（NF）等参数表示。按照臂比率，Levan 等（1964）将染色体划分为中着丝粒染色体（M）、中央着丝粒染色体（m）、亚中着丝粒染色体（SM）、亚（近）端着丝粒染色体（ST）和端着丝粒染色体（T），后来科研人员将中着丝粒染色体（M）和中央着丝粒染色体（m）通称为中着丝粒染色体（M）。

1. 臂比率

臂比率是指某条染色体的长臂长度与短臂长度的比率,即

$$臂比率=长臂长度/短臂长度$$

2. 着丝粒指数

着丝粒指数是指某一染色体短臂长度占该染色体长度的比率。它决定着丝粒的相对位置,即

$$着丝粒指数=短臂长度/该染色体长度×100$$

按着丝粒指数,Levan 等(1964)将染色体划分为 4 种类型,见表 6-4。

表 6-4 染色体形态类型的划分

着丝粒指数	染色体形态类型
50.0～37.5	中着丝粒染色体(M)
37.5～25.0	亚中着丝粒染色体(SM)
25.0～12.5	亚端着丝粒染色体(ST)
12.5～0.0	端着丝粒染色体(T)

也有人依据臂比率对染色体进行形态类型划分,见表 6-5。

表 6-5 染色体的臂比率与染色体类型的关系

臂比率	染色体类型	染色体形态	代表符号
1.0～1.7	中着丝粒染色体	着丝粒在染色体的中部或接近中部	M
1.7～3.0	亚中着丝粒染色体	着丝粒在染色体中部的上方	SM
3.0～7.0	亚端着丝粒染色体	着丝粒靠近端部,具有一个长臂和一个极短的臂	ST
7.0 以上	端着丝粒染色体	着丝粒在染色体的端部,染色体只一个长臂	T

大量的研究表明,中国黄牛有 60 条染色体,29 对常染色体全为端着丝粒染色体,X 染色体为双臂亚中着丝粒染色体,Y 染色体为中、亚中或端着丝粒染色体。所以在中国黄牛染色体分析时,对常染色体一般不计算臂比率和着丝粒指数,而只计算性染色体的臂比率和着丝粒指数。着丝粒的位置可以作为初步识别各对染色体的标志。在中国黄牛中 Y 染色体具有多态性。北方黄牛多为中着丝粒染色体,南方黄牛大多为端着丝粒染色体。中原黄牛两种类型的 Y 染色体都存在。

3. 染色体臂数

染色体臂数(NF)是根据着丝粒的位置来确定的,端着丝粒染色体臂数为 1,中或亚中着丝粒染色体臂数为 2。中国黄牛的染色体臂数为 61 或 62,端着丝粒 Y 染色体臂数为 61,中或亚中着丝粒 Y 染色体臂数为 62。染色体臂数也是物种或品种的特征。

四、黄牛染色体的核型及其分析

1. 染色体核型

核型(karyotype)是指将一个生物细胞中的染色体图像进行剪切,按照同源染色体

配对、分组、依大小排列的图形。核型反映了一个物种所特有的染色体数目及每一条染色体的形态特征，包括染色体相对长度、着丝粒的位置、臂比率、随体的有无、次缢痕的数目及位置等。核型是物种最稳定的细胞遗传学特征和标志，代表了一个个体、一个物种甚至一个属或更大类群的特征。

2. 染色体核型分析

核型分析（karyotype analysis）是将一个细胞内的染色体利用显微摄影的方法，将生物体细胞内整个染色体拍下来，然后同源染色体配对，再按照形态、大小和它们相对恒定的特征排列起来，制成核型图（karyogram），并进行染色体特征分析的过程。按照同一物种不同个体许多细胞染色体的核型特征绘制出的染色体模式图称为染色体组型，也可以说染色体组型是指理想的、模式化、标准的染色体组成，是根据许多细胞的染色体形态学特征描绘而成的。染色体组指的是一个生物细胞中同源染色体之一构成的一套染色体。所以染色体核型分析有时也叫染色体组型分析，在一些文献中染色体核型和染色体组型常常有混用的情况。

核型分析主要是对染色体的数目、形态特征进行分析。分析的步骤一般包括：①取样、细胞培养和染色体标本的制备；②观察细胞分裂象，寻找和选择合适的分裂细胞，染色体计数和显微照相；③通过剪切、测量和计算进行分析；④通过对染色体特征的识别和排列进行核型分析；⑤资料的显示和比较，包括柱形图和统计检验等。一个中期细胞的染色体的排列可以手工进行，也有相应的计算机程序，可用计算机进行核型分析。

在染色体核型分析中，一般观察 50 个以上细胞的染色体形态，计数染色体数目，测量长度，在提交的染色体核型报告中需要有染色体核型排列图，以反映个体细胞染色体的核型特征，鉴定并标明染色体的数目和结构变异的染色体序号，最后标注染色体核型式，附上分裂中期图片，即构成染色体核型图，根据核型分析，分辨和识别各个染色体形态结构及其有无异常，进行不同生物染色体核型比较，探讨进化规律。经过许多中国黄牛品种染色体的核型分析，正常黄牛的染色体核型见图 6-1。由于中国黄牛一个细胞中全部 60 条染色体只有两种形态，染色体一般不分组，29 对常染色体从大到小依次排列，分别编号为 1~29 号，一对性染色体排列在最后（图 6-1）。

3. 染色体核型的表示法

由于染色体检查在动物遗传育种和临床兽医中的广泛应用，染色体异常的报道也日益增多，为此规定染色体核型表示法的统一标准显然是十分必要的。核型表示方式也叫核型式，它能简明地表示一个个体、一个品种或一个物种染色体的组成。一般前面的数字代表一个个体、一个品种或一个物种细胞内染色体的总数，在逗号后的两个字母代表性染色体的组成和类型。例如，在牛上，60，XX 表示染色体数 60，性染色体 XX，正常母牛核型；60，XY 表示染色体数 60，性染色体 XY，正常公牛核型。在牛上，61，XXX 表示染色体数为 61，母性，X 染色体多了一条。各种染色体变异都可用相应的核型式表示。现将 1978 年人类细胞遗传学命名常务委员会拟订的"人类细胞遗传学命名的国际体制"中的染色体符号和缩写术语列表归纳于表 6-6，现已广泛应用于动物的染色体核型分析。

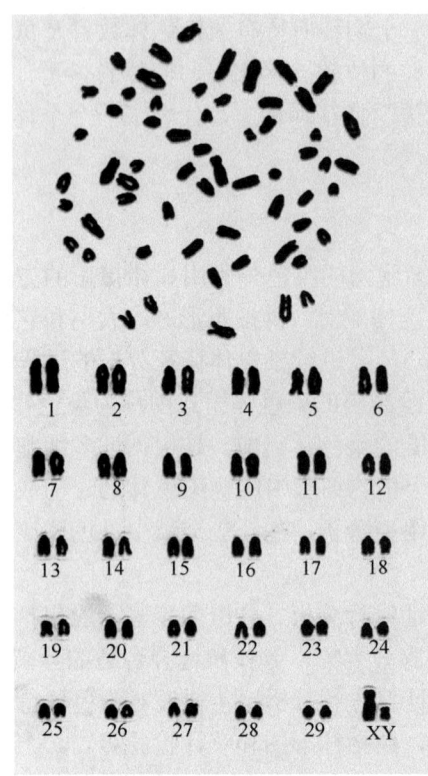

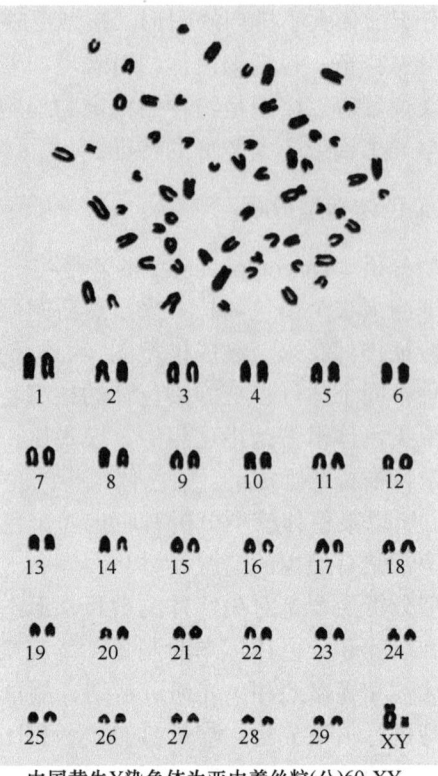

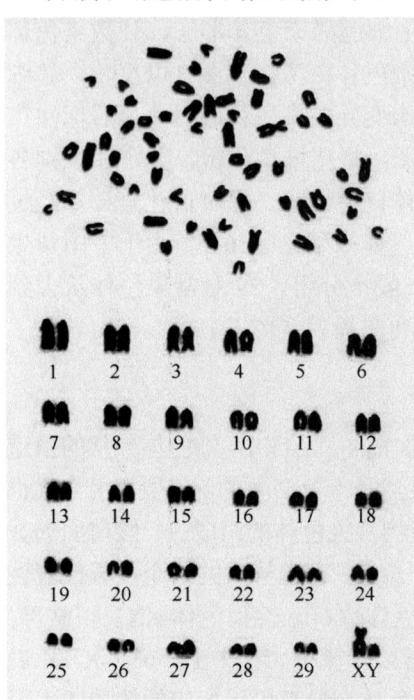

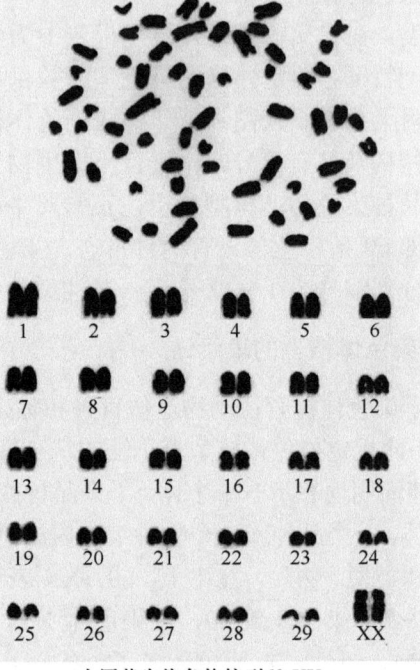

图 6-1 中国黄牛的染色体核型（陈宏，1990）

表 6-6 染色体命名符号和缩写术语表

表示符号	说明	表示符号	说明
AI	第一次成熟分裂后期	dit	核网期
AII	第二次成熟分裂后期	dmin	双微小点
ace	无着丝粒碎片	dup	重复
→	从…到…	e	互换
b	断裂	end	内复制
cen	着丝粒	=	总数
chi	异源嵌合体	f	断片
:	断裂	fem	女性或雌性
::	断裂与重接	g	裂隙
cs	染色体	h	次缢痕
ct	染色单体	i	等臂染色体
cx	复杂	ins	插入
del	缺失	inv	倒位
der	衍生染色体	/	相嵌的两细胞株间的符号
dia	浓缩期	mn	众数
dic	双着丝粒体	mos	嵌合体
dip	双线期	oom	卵原细胞中期
dir	正位	p	染色体短臂
dis	远侧端	Pac	粗线期
lep	细线期	( )	其内为结构发生变化的染色体
MI	第一次成熟分裂中期	Pat	来自父亲
MII	第二次成熟分裂中期	pcc	前成熟的染色体
mal	男性或雄性	prx	近侧端
mar	标记染色体	psu	假
mat	来自母亲	prz	粉碎
med	中央	q	染色体长臂
min	微小点	qr	四射体
r	环状染色体	?	表示对染色体或染色体结构难确定或不明
rcp	相互易位	sce	姐妹染色单体互换
rea	重排	;	在涉及一个以上染色体结构中,将染色体和染色体区分开
rec	重组染色体	tr	三射体
rob	罗伯逊易位	tri	三着丝粒体
s	随体	(=)	用于区别同源染色体
spm	精原细胞中期	var	染色体的可变区
t	易位	xma	交叉
tan	串联易位	+、-	+、- 在染色体组成或编号的前面,则表示整个染色体增加或减少;如在臂符号后面,则表示臂长度的增减
ter	末端(染色体的端部)		
zyg	偶线期		

第二节 黄牛性染色体及其多态性

一、黄牛的性染色体

黄牛的性染色体组成为 XY 型，一对性染色体，在母牛中是两个大的亚中着丝粒性染色体，即母牛的性染色体组成为 XX，其大小仅次于 1 号染色体。公牛为一个大的亚中着丝粒 X 染色体和一个小的中或亚中或近端着丝粒 Y 染色体，其大小介于 26 号染色体与 27 号染色体之间。因此牛的核型式为母牛 60,XX、公牛 60,XY。近端着丝粒 Y 染色体与小的常染色体大小形态相似，不易区分。在这类中期分裂细胞中，可看到一条大的亚中着丝粒 X 染色体和 59 条近端着丝粒染色体。采用常规-C 带方法即可准确地鉴定出 Y 染色体，如图 6-2 所示。观察表明，近端着丝粒 Y 染色体有一个较明显的短臂，但在晚中期的细胞中几乎看不到短臂的存在。这可能与染色体在不同时期的收缩程度有关。由于公牛和母牛性染色体大小、特性，特别是所携带的基因的差异，可以利用细胞遗传学和分子遗传学等各种方法进行性别鉴定和控制。

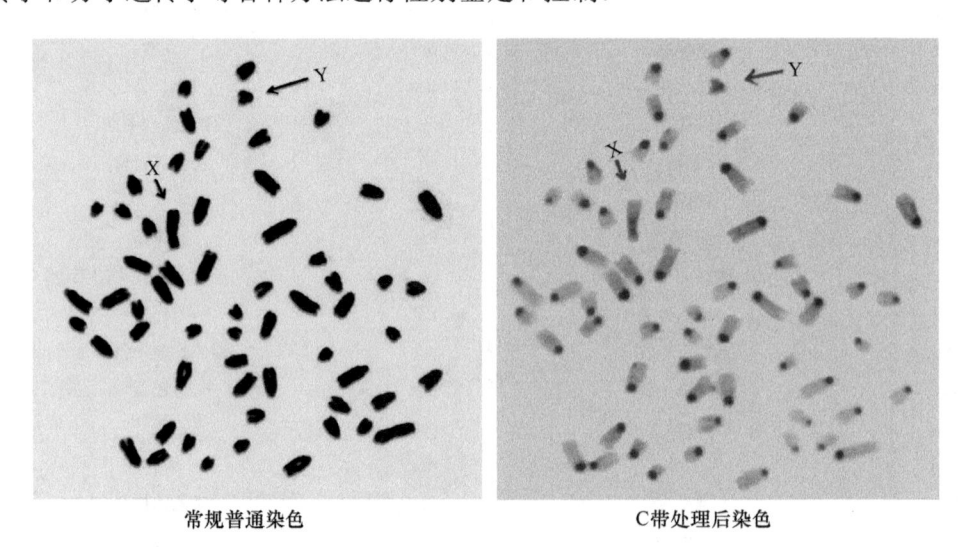

常规普通染色　　　　　　　　C带处理后染色

图 6-2 常规-C 带连续染色鉴别近端着丝粒 Y 染色体（陈宏，1990）

二、性染色体的多态性

染色体的多态性是指不同个体间或不同品种间同一染色体在形态和大小上的差异。在中国黄牛中，南方和北方黄牛不但 Y 染色体形态存在多态性，而且性染色体的大小也存在差异。

（一）Y 染色体的多态性

将中国 4 个黄牛群体及国内外已报道的部分牛种或品种 Y 染色体的形态及频率列于表 6-7 和图 6-3。从表 6-7 和图 6-3 可以看出，蒙古牛 Y 染色体全为中或亚中着丝粒染色体，西镇牛 Y 染色体全为近端着丝粒染色体，秦川牛和岭南牛都具有两种类型的 Y 染色体。秦川牛以中或亚中着丝粒 Y 染色体为主（占 75%），岭南牛以近端着丝粒 Y 染色体居多（占 83.33%）。由此表明，Y 染色体不但在种间、品种间存在着多态性，而且在品种内也存在多态现象。在陕西境内，蒙古牛、秦川牛、岭南牛和西镇牛从北向南分布，中间相隔秦岭，中或亚中着丝粒 Y 染色体的频率存在由高变低的趋势。近端着丝粒 Y 染色体的频率有由低变高的趋势。从许多中国黄牛品种 Y 染色体的研究看，北方牛（蒙古牛、甘肃本地黄牛、新疆褐牛）为中或亚中着丝粒 Y 染色体，南方牛（海南牛、温岭高峰牛、峨边花牛、西镇牛等）几乎都是近端着丝粒 Y 染色体，中原地区的品种（秦川牛、晋南牛、郑县红牛等）多为两种着丝粒 Y 染色体的混合型，偏北的以中或亚中着丝粒 Y 染色体为主，偏南的以近端着丝粒 Y 染色体为主。

表 6-7　一些牛种及黄牛品种染色体核型和 Y 染色体形态

	种及品种	公牛头数	核型	中或亚中着丝粒染色体 头数	中或亚中着丝粒染色体 比例/%	近端着丝粒染色体 头数	近端着丝粒染色体 比例/%	参考文献
国内品种	蒙古牛	10	60,XY	10	100.00	0	0.00	陈宏，1990
	秦川牛	12	60,XY	9	75.00	3	25.00	陈宏，1990
	岭南牛	16	60,XY	11	16.67	5	83.33	陈宏，1990
	西镇牛	9	60,XY	0	0.00	9	100.00	陈宏，1990
	甘肃本地牛	2	60,XY	2	100.00	0	0.00	门正明和韩建林，1988
	新疆褐牛	10	60,XY	10	100.00	0	0.00	朱海等，1990
	晋南牛	9	60,XY	7	77.78	2	22.22	于汝梁等，1990
	郑县红牛	4	60,XY	1	25.00	3	75.00	于汝梁等，1990
	鲁西牛	26	60,XY	0	0.00	26	100.00	于汝梁等，1990
	南阳牛	10	60,XY	0	0.00	10	100.00	于汝梁等，1990
	峨边花牛	6	60,XY	0	0.00	6	100.00	于汝梁等，1990
	温岭高峰牛	9	60,XY	0	00.00	9	100.00	于汝梁等，1990
	云南丽江黄牛	2	60,XY	2	100.00	0	0.00	郭爱朴等，1983
	海南牛	9	60,XY	0	0.00	9	100.00	陈琳等，1988
国外品种	西门塔尔牛	19	60,XY	19	100.00	0	0.00	于汝梁等，1986
	荷斯坦牛	3	60,XY	3	100.00	0	0.00	陈文元等，1990
	瑞士红白花牛	9	60,XY	9	100.00	0	0.00	Gustavsson and Hageltorn，1976
	弗里斯牛	4	60,XY	4	100.00	0	0.00	村松晋，1988
	娟姗牛、夏洛莱牛和弗利斯牛	105	60,XY	105	100.00	0	0.00	Potter et al.，1979
	利木辛牛	2	60,XY	2	100.00	0	0.00	门正明和韩建林，1988
	安格斯牛	2	60,XY	2	100.00	0	0.00	门正明和韩建林，1988
	瘤牛	55	60,XY	0	0.00	55	100.00	Potter et al.，1979

（二）性染色体相对长度的多态性

中国 4 个黄牛群体的性染色体相对长度见表 6-8。从表 6-8 可以看出，在 X 染色体

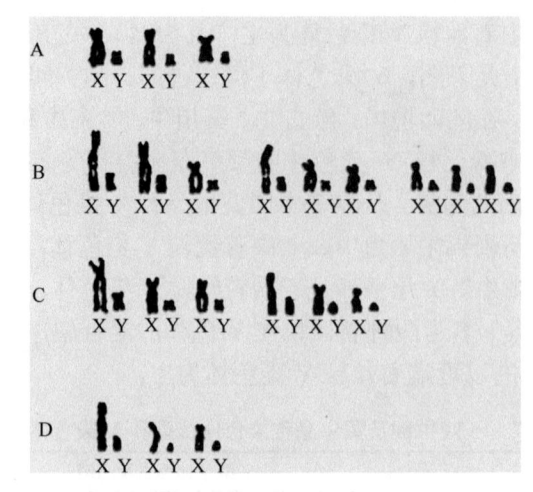

图 6-3　性染色体的多态性（陈宏，1990）
A. 蒙古牛；B. 秦川牛；C. 岭南牛；D. 西镇牛

表 6-8　中国 4 个黄牛群体性染色体参数比较

群体		蒙古牛	秦川牛	岭南牛	西镇牛
头数		9	10	9	7
测量细胞数		32	54	52	32
X 染色体	相对长度/%	5.380±0.276^D	5.385±0.246^{CD}	5.264±0.246	5.153±0.247
	着丝粒指数/%	34.249±1.838^{CD}	33.956±1.826^{CD}	32.236±1.901	32.252±1.799
	臂比率	1.929±0.156^{CD}	1.948±0.168^{CD}	2.112±0.178	2.110±0.174
	染色体类型	SM	SM	SM	SM
Y 染色体	相对长度/%	2.110±0.148^d	2.112±0.166^{cd}	2.051±0.140	2.028±0.098
	着丝粒指数/%	46.594±1.631^C	45.801±2.208^C	43.739±2.393	
	臂比率	1.149±0.078^C	1.189±0.115^C	1.297±0.128	
	染色体类型	M	M 和 T	M 和 T	T

注：B、C、D 分别代表秦川牛、岭南牛和西镇牛，数字肩部的大写字母表示与其代表的品种差异极显著（$P<0.01$），小写字母表示差异显著（$P<0.05$）。

相对长度上，秦岭以北两个品种（蒙古牛和秦川牛）相近，秦岭以南两个品种（岭南牛和西镇牛）相近。而蒙古牛、秦川牛与西镇牛之间分别有显著差异（$P<0.05$），秦川牛与岭南牛有显著差异（$P<0.05$）。这说明秦岭以北两个品种比秦岭以南两个品种 X 染色体相对长度大。

Y 染色体的相对长度与 X 染色体具有同样的趋势，蒙古牛与秦川牛、岭南牛与西镇牛之间均无显著差异，而蒙古牛、秦川牛与西镇牛、岭南牛之间均有显著差异，即秦岭以南两个品种（岭南牛和西镇牛）比秦岭以北两个品种（蒙古牛和秦川牛）Y 染色体要小。这与 Potter 和 Upton（1979）报道的普通牛和瘤牛性染色体的情况相似。

（三）黄牛性染色体臂比率和着丝粒指数的差异

黄牛性染色体的臂比率和着丝粒指数见表 6-8。从表 6-8 可以看出，蒙古牛与秦川牛之间在 X 染色体和 Y 染色体的着丝粒指数、臂比率上均无显著差异。而蒙古牛、秦川牛与岭南牛在 X 染色体和 Y 染色体的着丝粒指数、臂比率上均有显著差异，岭南牛与西镇牛在 X 染色体的着丝粒指数及臂比率上无显著差异。蒙古牛、秦川牛与西镇牛在

X染色体的着丝粒指数及臂比率上均有极显著差异。这说明不同的品种X染色体的臂比率和着丝粒指数是有差异的，这也可以作为一个品种特征的标志。

（四）黄牛母牛两条X染色体臂比率的差异

在观察和测量中发现，不同群体、不同个体的母牛两条X染色体的臂比率有差异（图6-4）。在秦川牛和蒙古牛母牛的分裂细胞中，有些个体或细胞两条X染色体臂比率相当，且短臂相对较长。有些个体两条X染色体臂比率大小有差异。在岭南牛和西镇牛的中期分裂细胞中，也存在类似情况。但是两条X染色体臂比率相当的细胞，大部分臂比率较大，短臂较短。对蒙古牛（3头，6个细胞）、岭南牛（6头，15个细胞）、西镇牛（4头，15个细胞）母牛两条X染色体的臂比率分别统计（每个细胞中较大臂比率的X染色体统计在一起，较小的统计在一起），结果见表6-9。从表6-9可以看出，蒙古牛、岭南牛细胞内两条X染色体臂比率存在极显著差异（$P<0.01$）。而在西镇牛母牛内两条X染色体臂比率无显著差异，这是由于有些细胞两条X染色体臂比率大小相当并且较大，平均后使差异变小，但在不同的个体中，两者有明显的差异（图6-4）。较大臂比率的X染色体，在不同牛群间均无显著差异。而较小臂比率的X染色体，蒙古牛与西镇牛有显著差异。这个分析表明，尽管X染色体都属于亚中着丝粒染色体，但X染色体在相对长度和臂比率上可能存在两种类型。两种类型在不同群体所占的比例不同，在蒙古牛中，相对长度大的、臂比率小的X染色体占的比例大，在西镇牛中，相对长度小的、臂比率大的X染色体占的比例大。这种现象可能与牛的起源进化或不同群体中X染色体的收缩程度不同有关。

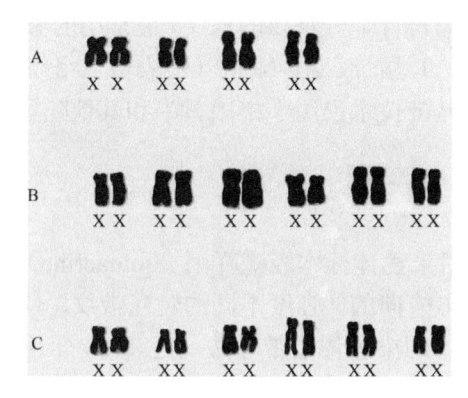

图6-4 不同黄牛群体母牛细胞X染色体形态（陈宏，1990）
A. 蒙古牛；B. 岭南牛；C. 西镇牛

表6-9 不同群体母牛两条X染色体臂比率的比较

群体	头数	细胞数	臂比类型	臂比率	细胞内两条X染色体差异	群体间比较
蒙古牛	3	6	较大	2.141±0.292	**	d
			较小	1.819±0.065		
岭南牛	6	15	较大	2.119±0.200	**	
			较小	1.900±0.164		
西镇牛	4	15	较大	2.111±0.125		
			较小	1.972±0.147		

注：d表示蒙古牛与西镇牛臂比率较小的染色体有显著差异；**表示两条X染色体大小差异极显著（$P<0.01$）

第三节　黄牛染色体显带研究

染色体显带（chromosome banding，又称染色体分带）是 20 世纪 60 年代末发明的一种细胞遗传学新技术，染色体显带技术是经特殊的物理、化学等因素处理后，再对染色体标本进行染色，使其呈现特定的深浅不同的带纹的方法。用普通细胞学染色方法，染色体着色是均匀的，但经分带处理后，染色体在纵向结构上显现一定的带纹，这种带纹在不同物种、品种或不同个体，同一个体的不同对染色体上是不同的，而且带纹相对比较稳定，把这种带纹特征称为带型。因此，染色体带纹的特征可作为一种遗传标记，使科研人员能更有效地识别染色体，确定染色体组型，更深入地研究染色体的结构和功能，为牛的育种提供必要的细胞学依据。在牛的核型中，除性染色体外几乎所有或大部分常染色体为近端着丝粒染色体，这些近端着丝粒染色体之间形态相似，相邻染色体对间的大小相差不大，用染色体的常规分析方法很难正确识别某一染色体。染色体显带技术出现以后，对牛的每一对染色体的识别就容易多了，它不但能正确地识别牛的每一条染色体，而且能识别每一条染色体的细微变化，从而把牛的染色体研究推向更高一层。

染色体带型是以染色体显带技术为基础的。染色体显带显示了染色体的内部结构分化，为揭示染色体在成分、结构、行为、功能等方面的奥秘提供了更详细的信息。显带技术不仅解决了染色体的识别问题，还能获得染色体及其畸变的更多细节，使染色体结构畸变的断点定位更加准确。自 20 世纪 70 年代以来，染色体显带技术不断发展，对黄牛遗传鉴定和资源学研究都具有十分重要的意义。最常用的染色体显带技术有：Q 显带、G 显带、C 显带、R 显带、T 显带、Ag-NOR（银染核仁组织区）和 SCE（姐妹染色单体交换）等。这些染色体显带技术已用于中国黄牛和其他哺乳动物的染色体研究。

一、Q 带的研究

Q 带也叫荧光带，是指染色体标本经喹吖因（quinacrine）等荧光染料染色后，沿着每个染色体的长度上显示出横向的、强度不同的荧光带纹，使染色体产生广泛的线性差别。Q 显带是牛中最早应用的染色体显带方法，是 1968 年由瑞典细胞化学家卡斯佩松（Caspersson T.）建立的显带技术。Q 带十分恒定，每对染色体的带纹数目、大小、强度和分布是特定的。该技术采用喹吖因或喹吖因介子荧光染料与染色体的碱基发生特异性作用，在紫外线照射下呈现荧光带，这些区带相当于 DNA 分子中 AT 碱基对丰富的部分。Q 显带技术应用的前提是染色体上的碱基组成是非均匀性的。喹吖因分子在插入染色体 DNA 时无序列选择性，但在富含 AT 的区域发出的荧光更亮。鸟嘌呤的散在分布使喹吖因的荧光减弱，可能也影响荧光的激发效率。采用该法已完成了对牛全套染色体核型分析，将牛 30 对染色体一一分辨和鉴别。目前可结合计算机图像分析系统来进行 Q 带核型分析。在中国，Q 带的研究在猪等其他家畜中有报道，由于研究 Q 带要求的设备较高，而且 Q 带与 G 带带纹一样，因此，在中国黄牛中 Q 带几乎没有研究，而关于国外牛种的 Q 带带型有报道，牛的 Q 带带型特征见图 6-5。

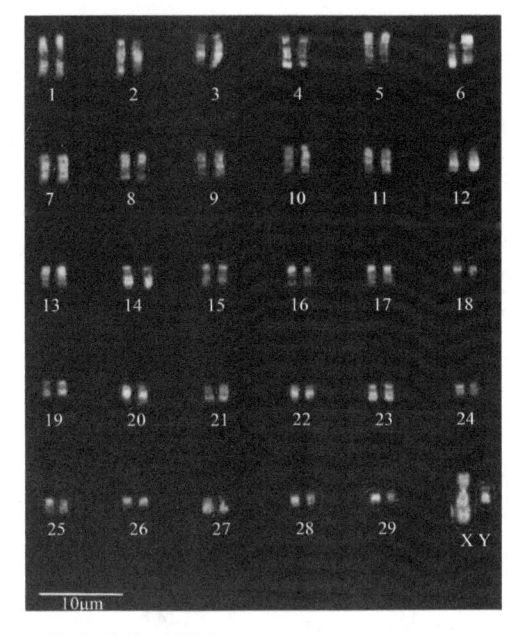

图 6-5　牛的 Q 带带型特征（Gustavsson and Hageltorn，1976）

二、G 带的研究

当染色体经胰蛋白酶或某些盐类处理、吉姆萨（Giemsa）染料染色后，沿染色体长度上所显示的丰富带纹称为 G 带。G 带带型与 Q 带相似，其带纹精细、清晰、分辨率高，技术比较简单，制片可以长期保存，用光学显微镜即可观察。在某些几乎不显示荧光的区段，用 G 带染色技术都能染色。G 带在动物染色体的研究中得到了广泛应用，是应用最广的一类带型，其中以胰蛋白酶消化法最常用、效果最好。

牛的 G 带研究始于 Schnedl（1972），他用胰蛋白酶消化法对牛 G 带进行了研究，并对 G 带做了简要分析，但并没有对每一条带的特征进行描述。1973 年，Evans 等利用 G 显带技术对山羊、绵羊和牛染色体的同源性进行了研究，从而发现除性染色体外，山羊和牛常染色体的 G 带带型十分相似，绵羊的双臂染色体的每一条臂的 G 带带型在山羊和牛的常染色体中都有一定的近端着丝粒染色体相对应。以后牛的 G 带研究相继有许多报道。1976 年 Gustavsson 等以瑞典红白花牛为对象，用胰蛋白酶法制作了 G 带，并描述了每一条染色体的带型特点，他认为牛的染色体共有深浅带 238 条，并绘制了 G 带带型模式图。同年，Clin 等用同样的方法，以西门塔尔牛为研究对象，进行了牛的 G 带研究，他不但对牛每一条染色体的带型进行了详细的描述，而且第一次对牛的 G 带带型进行了区段划分和命名，他将牛 30 对染色体划分为 84 个区 311 条带。他比 Gustavsson 等的工作做得更深入、更细致，为以后牛的 G 带研究奠定了基础。中国黄牛 G 带的研究始于 1980 年（马正蓉等，1980），随后有一些相关报道。

1990 年，陈宏比较系统地研究了三个中国黄牛品种秦川牛、岭南牛和西镇牛的 G 带带型，在对秦川牛、岭南牛和西镇牛高质量的 G 带带型中期分裂细胞的分析中，参照了 Lin 等（1977）和第一届国际家畜染色体显带核标准化会议（Ford et al.，1980）上的标准 G 带带型，研究了中国黄牛的 G 带带型特征（图 6-6），该研究使牛的 G 带更加精细，

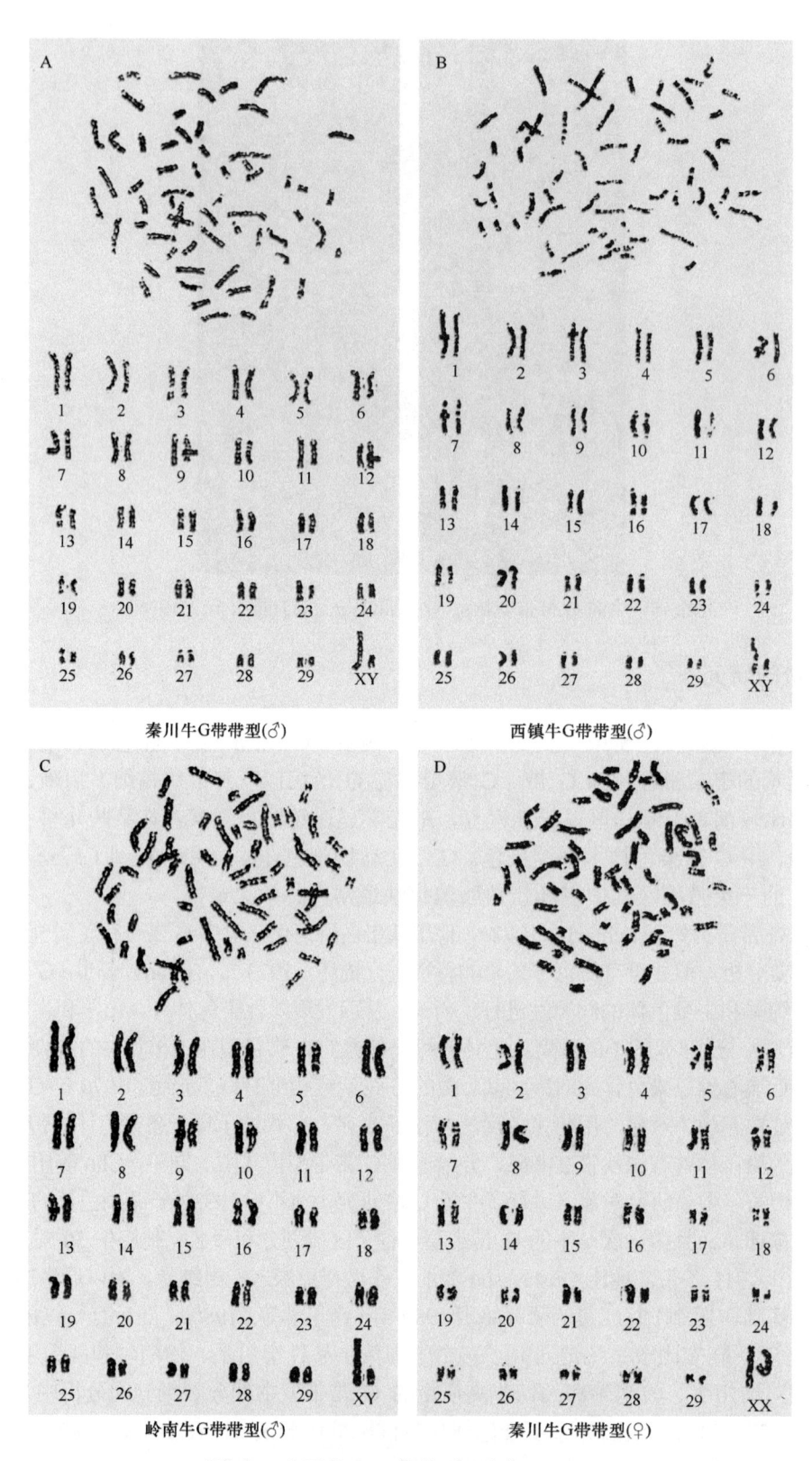

图 6-6　中国黄牛 G 带带型（陈宏，1990）

将牛的 G 带划分为 86 个区 354 条带，其中 29 对常染色体着丝粒部位均表现为负染带。每一条染色体沿染色体臂出现特征性带型，在所有晚前期近端着丝粒常染色体的近端着丝粒顶端可见到一个浅染带，这个浅染带在不同对染色体上的大小和深浅有所不同，在秦川牛的一些个体中，26 号或 27 号染色体表现较明显的浅带，而在岭南牛和西镇牛中不太明显。这个顶端浅带在中期染色体上往往看不到。虽然每一条染色体都有其独特的带纹，但要区别小的常染色体（25~29 号），还必须用晚前期的 G 分带染色体。带纹的精细程度与染色体分裂时期有着密切的关系。

3 个黄牛品种的 X 染色体着丝粒部位均为深染，沿长臂 1/2 处有一明显的负染带，近端有两条正染带，远端有两条正染带。短臂有两条较明显的正染带，其中近端那条比远端深得多。所有的中或亚中着丝粒 Y 染色体的着丝粒部位被深染，中期细胞的 Y 染色体，短臂除末端浅带外，其余部分为负染。长臂几乎全被深染或半深染。在晚前期的细胞中，Y 染色体长臂末端表现为浅染，近端为深染，中部出现小的负染区。秦川牛、岭南牛、西镇牛的近端着丝粒 Y 染色体，微小短臂为浅染。着丝粒和长臂近端的 1/2 为深染，末端有一浅带，长臂的中部有一明显的负染区。

中国 3 个地方黄牛群体，除 Y 染色体的形态和带型略有差异外，常染色体和 X 染色体 G 带带型基本相似。为了便于牛 G 带带型特征的描述，需要对牛染色体 G 带进行区带的划分和命名。作者参照人类染色体带型命名法则及 Lin 等（1977）对牛 G 带区带的划分和命名的方法，选择形态学上特有的浅的或深的带以及着丝粒、末端作为界标（landmark），进行区带的划分和命名。从邻近着丝粒的带开始，到臂端为止，依次编 1 区、2 区、3 区等。在同一区内，界标带就是该区的 1 号带，其次为 2 号、3 号等。根据 3 个黄牛群体 G 带的共同特征，我们进行了黄牛 G 带区带的划分、编号和命名，并绘制了黄牛 G 带带型模式图（图 6-7），该模式图可作为黄牛 G 带带型标准用于牛不同品种和个体间的比较分析。

图 6-7　中国黄牛 G 带带型模式图（陈宏，1990）

现将黄牛 G 带带型特征（表 6-10）描述如下。

表 6-10　黄牛 G 带带型特征

染色体号	特征
1 号染色体	21 条带，中间一条浅带将染色体分为 3 个区，1 区有 4 条深带，前两条带相对深染。3 区也有 4 条深带，末端为 1 条浅带
2 号染色体	18 条带，中间一条浅带将染色体分为 3 个区，1 区第 1 条暗带比其他暗带相对较深，第二、三条带有时融合为一条带。3 区有 3 条暗带，末端为负染区
3 号染色体	18 条带，3 号染色体的主要特征标志是 1 区的 13 带和 2 区的 21 带之间夹着一条很浅的带。2 区 4 条深带，3 区有 2 条浅带
4 号染色体	分 3 区 16 条带，在整个染色体上有 3 条相对平均分配的深染带。其中带 21 较浅
5 号染色体	16 条带，该染色体有明显的 3 个深染区，中部深染区由紧靠在一起的 3 条暗带组成，两条深染带各由 2 条暗带组成。该染色体这种特殊的带型是最容易识别的一个染色体
6 号染色体	14 条带，从着丝粒向臂端有相对平均分配的 4 条深带，远端有 2 条浅带
7 号染色体	13 条带，靠着丝粒近端的第二条暗带特别深，这条深带是识别这一染色体的重要标志，带 41 和 43 有时融合成一条较深的带
8 号染色体	14 条带，靠近着丝粒 2/3 长度内有 3 条深染带，其中，第一条深染带可细分为 2 条紧挨的暗带。远端区有 2 条暗带
9 号染色体	12 条带，从着丝粒到远端有 2 条染色相对逐渐减弱的深染带
10 号染色体	13 条带，有 4 个特殊的深染区，以此可容易识别。1 区和 4 区各有 1 条暗带，2 个中间深染区各由 2 条暗带组成
11 号染色体	11 条带，这条染色体的主要特征是有 4 条相似的暗带，沿色体相对均匀分配
12 号染色体	11 条带，与 11 号染色体相比，12 号染色体在第一个暗带之后有一个特有的浅带，接着有 2 条暗带，末端有 1 条浅带
13 号染色体	12 条带，这条染色体的主要特征是近端靠着丝粒区有 2 条暗带，远端区有 3 条浅带
14 号染色体	11 条带，近端有 2 条浅带，远端有 1 条浅带，中部有 2 条较深的暗带，这是识别这一染色体的主要标志
15 号染色体	15 条带，靠近着丝粒有 1 条很深的暗带，这条暗带在较长的染色体可细分为 2 条带，接着是一个较宽的负染区。之后有 2 条深带，在较长的染色体上，这 2 条深带各自可分为 1 条浅带和 1 条深带。末端为 1 条浅带
16 号染色体	9 条带，靠近着丝粒有 2 条相对靠近的暗带，远端 1/3 处有 1 条较大的负染区。之后，末端区有 1 条暗带和 1 条浅带。这些特征容易区分 15 号和 16 号染色体
17 号染色体	10 条带，近端区和远端区各 1 条浅带，中部有 2 条靠近的深浅带
18 号染色体	9 条带，近端 1 条暗带，中部有 2 条靠近的深染带，这两条带有时融合为 1 条宽的深染带。末端有 1 条浅带，很明显。该染色体分为三部分，容易被识别
19 号染色体	11 条带，该染色体仅有近端 1 条暗带。之后其余带都是浅带，使得该染色体容易被识别
20 号染色体	9 条带，近端区有 1 条深染带，末端区有 1 条更深的暗带，两者之间有 1 条浅带
21 号染色体	8 条带，整个染色体上有 2 条比 20 号染色体靠得还近的深染带
22 号染色体	8 条带，近端有 1 条深染带，2 区有 2 条靠紧的深染带，在较短的染色体上，可融为 1 条宽的深染带
23 号染色体	8 条带，有 3 条分布均匀的暗带
24 号染色体	7 条带，近端有 2 条靠近的暗带，末端可见 1 条浅带
25 号染色体	7 条带，近端有 2 条暗带，其中 13 带比 15 带较深，末端为 1 条浅带
26 号染色体	6 条带，近端有 2 条暗带，与 25 号染色体相比，没有末端带
27 号染色体	8 条带，短臂上有 1 条明显的浅带，长臂近端还有 3 条靠得很近的暗带，远端有 1 条浅带，末端区为负染
28 号染色体	7 条带，近端和末端各有 1 条浅带，中部为 1 条暗带
29 号染色体	6 条带，近端有 1 条深的暗带，紧接着有 1 条浅带。它是染色体组中最小的一对
X 染色体	短臂：有 8 条带，有 2 条较深的带，近端的深带和着丝粒之间有 1 条浅带，末端为负染。着丝粒区为深染。 长臂：有 12 条带，分两区，长臂上有 4 条暗带，近端的 2 条（q13，q15）有时可融为 1 条宽的暗带，在近端 2 条暗带与远端 2 条暗带之间为一明显的负染区。远端区有 1 条浅带，末端区为负染
Y 染色体（M）	6 条带，着丝粒区域为深浅区，在长臂和短臂末端各有 1 条浅带
Y 染色体（T）	近端着丝粒 Y 染色体短臂为浅带，着丝粒区域为半深染，长臂近端是 1 条较深的暗带，末端为 1 条浅带

注：M. 中着丝粒 Y 染色体；T. 近端着丝粒 Y 染色体

在黄牛染色体 G 带制备中应该注意，牛 G 带带纹的表现与胰蛋白酶的处理和细胞所处的时期有关。胰蛋白酶处理时间不足，不能显示清楚的带纹；胰蛋白酶处理时间稍长，染色体膨胀、变形，染色变淡，仍观察不到清楚的带纹。当姐妹染色单体并在一起时，容易出现明显而清晰的带纹。在 G 显带中，其带纹的数目和精细程度随染色体长度的增加而增大。前中期和晚前期的染色体比中中期的染色体带纹相对丰富和精细（图6-8）。

中期 ◄──── 前中期
5号染色体

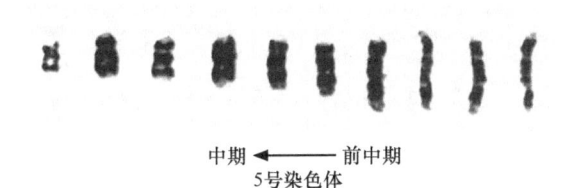

图 6-8　不同分裂时期染色体 G 带的变化特征（陈宏，1990）

三、C 带的研究

C 显带是专门显示异染色质结构的染色体显带技术。C 显带技术由 Pardue M.L. 在 1970 年建立。在细胞分裂的间期和前期，由于异固缩（heteropycnosis）作用，结构异染色质即可被识别。但在分裂中期，异染色质通常不表现出来，只有用特殊的方法，如酸、碱、高温处理等，才可显示 C 带。C 阳性带通常识别组成性异染色质，它含有高度重复的卫星 DNA。在哺乳动物中，异染色质区含有未知的活动基因，C 显带技术被认为在预处理过程中选择性地保留了 C 带 DNA 而丢失了非 C 带 DNA。不同生物 C 带的阳性区分布不同，C 带一般在着丝粒旁出现，在次缢痕处和随体的臂上，也发现有 C 带。另外，哺乳动物的 Y 染色体，往往整条或整个长臂都是异染色质，C 带极为明显，这一点可以作为一些物种识别 Y 染色体的重要标志。在中国黄牛上，C 带的阳性区分布在常染色体的着丝粒部位和整个 Y 染色体上，X 染色体上没有，但不同染色体上，同源染色体之间 C 带的大小和深浅是不同的。牛的 C 显带研究始于 1973 年，H. J. Evans 首先进行了牛的 C 显带研究，他发现牛的异染色质区在常染色体的着丝粒部位和 Y 染色体上。随后，关于牛 C 带的研究国内外均有不少报道，同时，本课题组对多个国内牛品种 C 带进行了研究。

（一）中国黄牛 C 分带显示的一般特征

C 带是异染色质的特异性染色所显示的带纹，中国 4 个黄牛群体 C 带核型类似，其中秦川牛 C 带核型如图 6-9 所示。从图 6-9 可以看出，牛的 C 带阳性区出现在所有常染色体着丝粒部位和 Y 染色体上，即所有常染色体的着丝粒部位被深染，长臂均为浅染，X 染色体不出现或有很少的 C 带阳性区，整个染色体为浅染，两种形态的 Y 染色体均为半深染，着色程度介于常染色体着丝粒部位深染区与长臂及 X 染色体浅染区之间，Y 染色体的这种 C 带特征，与常染色体具有明显区别，通过常规-C 带连续染色，很容易识别经普通染色不能识别的近端着丝粒 Y 染色体（图 6-2）。这说明 X 染色体上异染色质少，基因活跃，在 X 染色体中的 DNA 复制首先完成。结合其他显带方法，从染色体

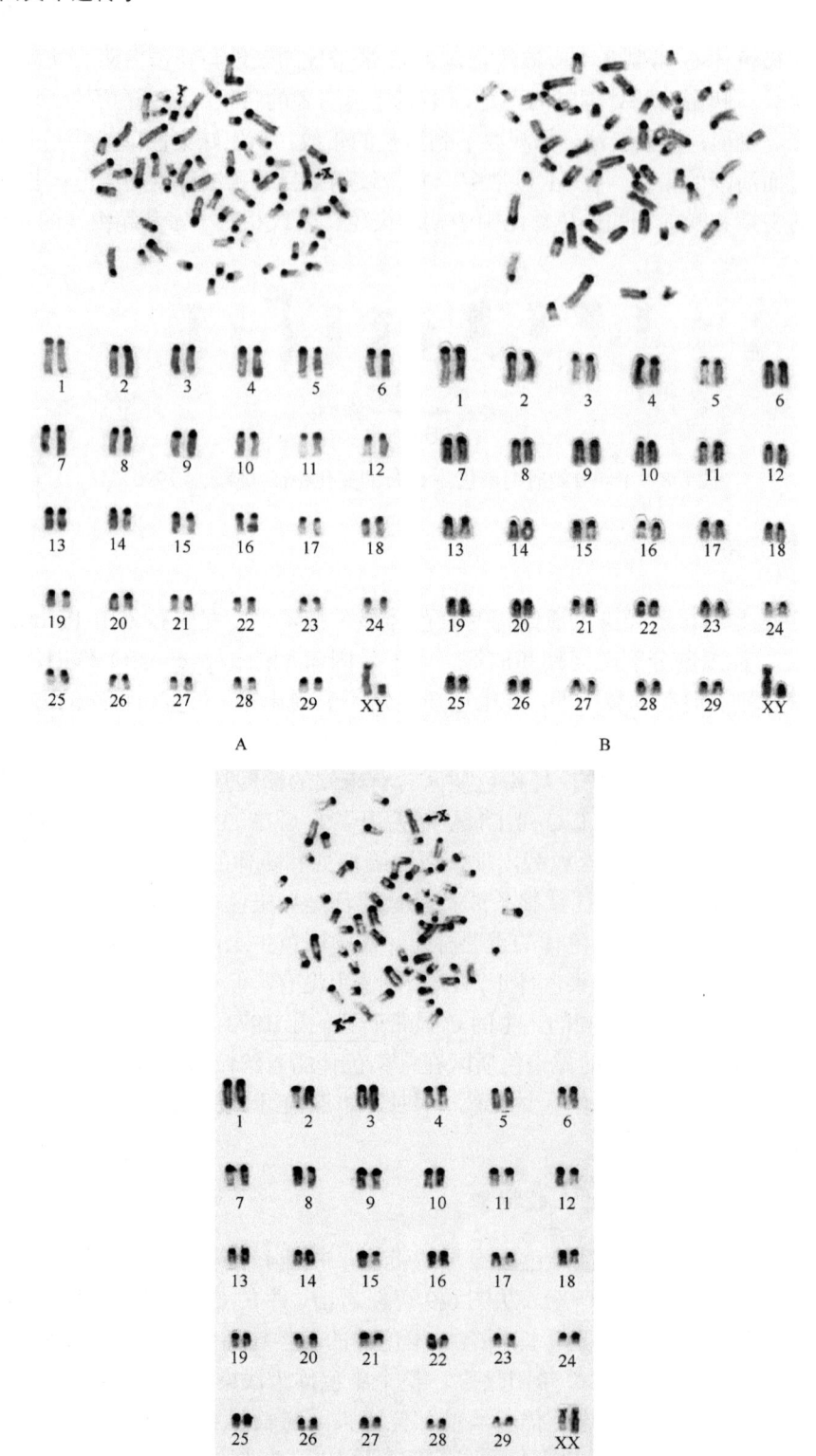

图 6-9　秦川牛 C 带核型（陈宏，1990）
A. 秦川牛公牛（中着丝粒 Y 染色体）；B. 秦川牛公牛（近端着丝粒 Y 染色体）；C. 秦川牛母牛

的着色程度来看，牛的染色质可分为三类：一类是 1~29 号常染色体着丝粒区，为结构异染色质区，二类是常染色体长臂和 X 染色体的常染色质区，三类是 Y 染色体，介于一类和二类之间。

（二）C 带的多态性

（1）形态的多态性

牛的常染色体 C 带虽然位置相同，但形态不同。常染色体上 C 带的形态有圆形、三角形、椭圆形和半圆形。

（2）同一个体不同对染色体 C 带的多态性

在同一品种内同一个体同一细胞不同对染色体间 C 带的大小有明显的差异，如西镇牛 17 号、18 号染色体 C 带比其他各对染色体要小。这种差异有时也表现在不同细胞间。

（3）同品种不同个体 C 带的多态性

本实验发现，在相同的实验条件下，同一品种不同个体 C 带的大小、清晰程度均有明显的差异。X 染色体上一般不表现异染色质 C 带，全为浅染，但在西镇牛的个别个体中，可观察到 X 染色体着丝粒部位和靠近着丝粒的短臂上有异染色质的存在。

（4）同源染色体间 C 带的多态性

在家猪与人上已有报道，几乎所有的染色体对的同源染色体间 C 带的大小都有一定的差异，并且这种差异的表现程度又因品种、个体乃至细胞而异，从而增加了 C 带多态性的复杂性。在陈宏教授课题组研究中，在中国黄牛上也观察到不但细胞间、个体间、染色体对间 C 带的大小有差异，而且在一些同源染色体间两条染色体的 C 带大小也有明显的差异。

还有报道，家猪上同一个体不同对染色体间、同一对染色体在不同个体间、同一个体不同的同源染色体间以及品种间均有 C 带多态现象。在牛上可观察到不同品种间在一些染色体（如 29 号染色体）上 C 带有差异，但由于牛常染色体形态和 C 带位置的相似性，不能准确地识别某一染色体，而阻碍了个体间、品种间 C 带的深入分析和研究。

关于牛 C 带多态性的研究比较少，其原因可能是牛常染色体全为近端着丝粒染色体，而且相邻对间的长度差异甚微，不易准确判断某一染色体及同源染色体对。牛染色体不像家猪的染色体，形态多样，容易找出同源染色体。

C 带与其他带型相比保守性最差、变异性最大，有着广泛的多态现象。遗传方式属典型的孟德尔遗传（Christensen and Smedegard，1978，1979），既然 C 带的多态性在品种、群体、家系和个体间广泛存在，并且是可遗传的，那么科研人员就可以利用这些多态性作为遗传标记，来进行品种考察、个体识别，还可将其作为选种的标记之一。

四、Ag-NOR 的研究

银染技术是专门用来研究核仁组织区（NOR）中 18S+28S rRNA 基因的功能与转录活性的，银染是对 NOR 的特异性染色，它染的物质是靠近 NOR 的蛋白质。利用银染-G 带连续染色法，就可进行 NOR 的定位。通常每一个体 NOR 的数目是各自独有的，就算来自同一个体的不同细胞也是如此，NOR 在一特定染色体上着色的程度是一种固有的特性。Henderson 和 Bruère（1979）首先通过银染-G 带连续染色，将普通牛（*Bos taurus*）的 Ag-NOR 定位于 2、3、4、5 和 28 号常染色体的末端，并指出每个细胞的 Ag-NOR 数目为 3～10 个，众数为 6～7 个。1981 年 Berardino 报道，普通牛（荷斯坦牛、弗利斯牛）的 Ag-NOR 定位于 2、3、4、11 和 28 号常染色体的末端。郭爱朴等（1982）对中国北方黑白花奶牛 Ag-NOR 进行了研究，首次发现 Ag-NOR 也存在于 X 染色体上，平均每细胞 Ag-NOR 数为（6.45±0.19）个，其中常染色体上为 6.17 个，X 染色体上为 0.28 个。郭爱朴（1983）又报道，云南丽江黄牛平均每细胞的 Ag-NOR 数为 5.13 个，牦牛为 5.76 个，犏牛为 5.42 个。Mayr 和 Hruber（1987）也把瘤牛的 Ag-NOR 定位于这几对染色体上。陈文元等（1990）报道，黑白花奶牛的 Ag-NOR 出现在 2、3、4、5、26 和 28 号染色体的末端。奶牛与牦牛的杂交一代和杂交二代 Ag-NOR 定位于 2、3、4、5、11、26 和 28 号染色体上。从以上可以看出，不同牛种的 Ag-NOR 数目存在差异，说明 Ag-NOR 的分布和数目具有品种特征。在猪上，这方面的工作进行得比较多，而且已发现不同品种种猪 Ag-NOR 的数目不同，并与猪的起源进化有关（詹铁生等，1989）。在牛上，由于这方面的工作做得不多，资料积累较少，从起源进化上分析还有一定的困难，但可以肯定地说，它与牛的进化有着密切的关系。在此基础上，陈宏教授课题组研究了中国 4 个黄牛品种蒙古牛、秦川牛、岭南牛和西镇牛的 Ag-NOR。

（一）Ag-NOR 的定位

对中国 4 个黄牛群体 40 个银染着色好、清晰的中期分裂细胞进行剪贴、配对，按大小排列，结果表明，除秦川牛 8 号染色体上没有银染颗粒外，在 4 个黄牛群体中，2、3、4、5、8、11、23、26 和 28 号常染色体末端均出现了银染颗粒，在 X 染色体的着丝粒部位也有银染颗粒出现，这个结果初步表明，黄牛的 Ag-NOR 定位于上述常染色体的末端和 X 染色体的着丝粒部位。

（二）Ag-NOR 的多态性

（1）不同染色体上 Ag-NOR 的多态性

牛的 Ag-NOR 呈圆形颗粒，在出现 Ag-NOR 的染色体中，不同对的染色体 Ag-NOR 的大小往往有很大差异，大的 Ag-NOR 可比小的大几倍（图 6-10）。

（2）同源染色体上 Ag-NOR 的多态性

从 Ag-NOR 的核型可以看出，一些同源染色体两条都有 Ag-NOR，在一些同源染色体上，一条上面有 Ag-NOR，而另一条上面则没有，在大小上，有时一条同源染色体上的 Ag-NOR 大，另一条同源染色体上的小，一般一条染色体的两个姐妹染色单体上都有。

（3）不同细胞间 Ag-NOR 分布的多态性

虽然牛的 Ag-NOR 定位于 2、3、4、5、8、11、23、26、28 号常染色体的末端和 X 染色体的着丝粒部位，但在某一细胞中并不是这些染色体上都表现出 Ag-NOR，陈宏教授课题组对 4 个黄牛群体每个细胞常染色体末端的 Ag-NOR 数目进行了统计，同一个体不同细胞的 Ag-NOR 数目是不同的，同一个体不同细胞 Ag-NOR 数目的变化范围，在蒙古牛、秦川牛、岭南牛中为 3～10 个，在西镇牛中为 2～10 个。

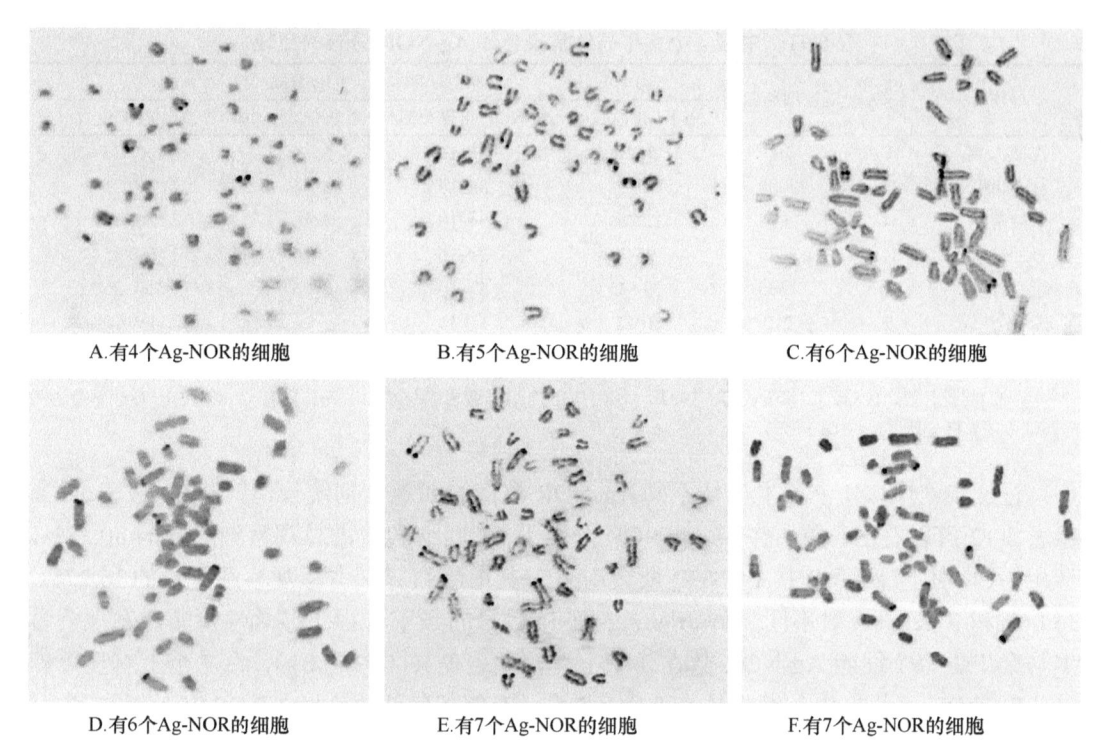

A. 有4个Ag-NOR的细胞　　B. 有5个Ag-NOR的细胞　　C. 有6个Ag-NOR的细胞

D. 有6个Ag-NOR的细胞　　E. 有7个Ag-NOR的细胞　　F. 有7个Ag-NOR的细胞

图6-10　黄牛细胞中Ag-NOR数目（陈宏，1990）

（4）不同个体间Ag-NOR数目的多态性

在4个黄牛品种中，有时不同个体平均每个细胞Ag-NOR的数目存在明显差异。如蒙古牛的68号和67号牛平均每个细胞的Ag-NOR数目分别为4.785个和6.129个，差异极显著（$P<0.01$），秦川牛的101号与39号牛平均每个细胞的Ag-NOR数目分别为4.824个和5.760个，差异极显著（$P<0.01$），岭南牛和西镇牛都有同样的情况，即使平均每个细胞Ag-NOR数目相当的两个个体，Ag-NOR数目不同的细胞的频率也有差异，如岭南牛的58号和60号牛Ag-NOR数目分别为5.491个和5.497个，基本接近，但它们Ag-NOR为5个的细胞分别占总观察细胞的33.33%和39.22%。

（5）不同品种间Ag-NOR数目的比较

中国4个黄牛群体Ag-NOR数目资料汇总于表6-11。从表6-11可以看出，蒙古牛、秦川牛、岭南牛和西镇牛平均每个细胞Ag-NOR的数目分别为（5.818±0.513）个、（5.473±0.316）个、（5.377±0.279）个和（5.178±0.354）个。蒙古牛平均每个细胞Ag-NOR的数目最多，西镇牛最少，经显著性t检验，蒙古牛与岭南牛之间差异显著（$P<0.05$），蒙古牛与西镇牛之间差异极显著（$P<0.01$），说明Ag-NOR数目具有品种特性。虽然其他牛群体之间Ag-NOR数目差异不显著，但可以看出一个趋势，北方牛的Ag-NOR数目偏高，接近于欧洲品种，南方牛的Ag-NOR数目偏低，从北向南Ag-NOR数目有降低的趋势。从已报道的资料获悉，云南丽江黄牛Ag-NOR数目为（5.13±0.11）个，更加说明了这一点。

表 6-11 中国 4 个黄牛群体常染色体 Ag-NOR 分布的比较

群体	头数	观察细胞数/个	常染色体 Ag-NOR 分布			
			Ag-NOR 总数/个	Ag-NOR 出现范围/个	众数/个	每个细胞 Ag-NOR 数目/个
A 蒙古牛	7	596	3441	3~10	5~6	5.818±0.513[cD]
B 秦川牛	11	2002	10 793	3~10	5~6	5.473±0.316
C 岭南牛	11	2928	15 764	3~10	4~6	5.377±0.279
D 西镇牛	11	1839	9547	2~10	5~6	5.178±0.354
总计	40	7365	39 545	2~10	4~6	5.462±0.268
丽江黄牛[1]	5	210	1077	1~10	5	5.13±0.11
黑白花牛[2]	11	470	3 032	3~12	5~7	6.45±0.19

注：[1]郭爱朴等，1983，[2]郭爱朴等，1982；数据右肩的 c 表示蒙古牛与岭南牛差异显著（$P<0.05$），D 表示蒙古牛与西镇牛差异极显著（$P<0.01$）

进一步对中国 4 个黄牛群体不同 Ag-NOR 数目的细胞分别统计，其结果列于表 6-12。从表 6-12 可以看出，蒙古牛中 Ag-NOR 众数为 6，其细胞数占总观察细胞数的 30.88%，秦川牛、岭南牛、西镇牛中 Ag-NOR 众数均为 5，其细胞数分别占总观察细胞数的 36.27%、36.06% 和 37.22%。对不同品种相应 Ag-NOR 数目的频率进行了显著性检验，发现蒙古牛与秦川牛每个细胞 Ag-NOR 数在 3 个上有极显著差异（$P<0.01$），在 7 个上有显著差异（$P<0.05$），蒙古牛与岭南牛在 3 个、5 个、7 个上有显著差异（$P<0.05$），蒙古牛与西镇牛在 5、8、10 个上有显著差异（$P<0.05$）、在 3 和 7 个上有极显著差异（$P<0.01$）；秦川牛与岭南牛在 9 个上有显著差异（$P<0.05$），与西镇牛在 8 个上有极显著差异（$P<0.01$）；岭南牛与西镇牛在各分布频率上均无显著差异。这表明，不同品种不仅在 Ag-NOR 平均数上有差异，而且在不同 Ag-NOR 数目的细胞频率上也有差异。似乎从北向南，相距愈远，差异有增大的趋势。

表 6-12 中国 4 个黄牛群体 Ag-NOR 分布频率的比较

群体	蒙古牛 A				秦川牛 B			岭南牛 C		西镇牛 D
检验	头数		t 检验		头数	t 检验		头数	t 检验	头数
Ag-NOR 数	7	A 与 B	A 与 C	A 与 D	11	B 与 C	B 与 D	11	C 与 D	11
	频率/%				频率/%			频率/%		频率/%
2	0.00±0.00				0.00±0.00			0.00±0.00		0.04±0.12
3	1.58±1.94	**	*	**	5.00±2.26			4.61±2.94		7.32±4.61
4	13.29±10.41				14.21±6.89			16.14±7.24		18.21±7.37
5	27.29±10.11		*	*	36.27±8.17			36.06±5.29		37.22±6.20
6	30.88±11.71				27.12±5.74			28.63±6.19		27.10±7.55
7	18.24±8.07	*	*	**	10.96±5.31			10.66±4.28		7.83±5.58
8	5.43±5.04			*	4.11±2.65		**	2.85±2.26		1.32±1.60
9	1.91±2.35				1.71±1.47	*		0.61±0.63		0.77±0.71
10	1.38±1.58			*	0.63±0.76			0.42±0.30		0.18±0.32
合计	100				100.04			99.98		99.99

注：表中合计不为 100% 是因为有四舍五入
**表示两者之间差异极显著（$P<0.01$）；*表示两者之间差异显著（$P<0.05$）

（三）Ag-NOR 联合

（1）Ag-NOR 联合的方式

研究发现，牛的 Ag-NOR 联合的方式较多，归结起来主要有以下 4 种（图 6-11）。

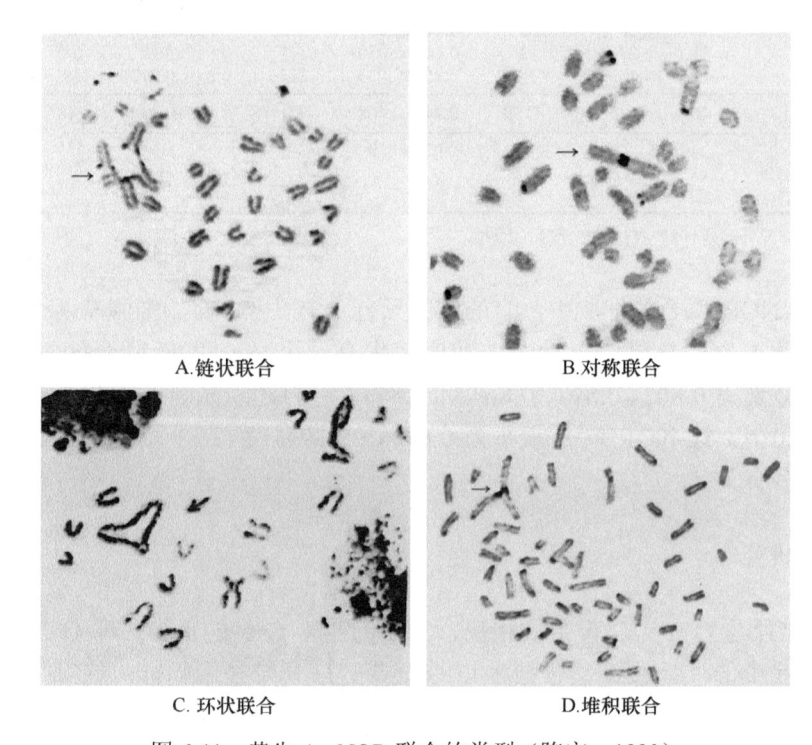

A. 链状联合　　　　　　　　B. 对称联合

C. 环状联合　　　　　　　　D. 堆积联合

图 6-11　黄牛 Ag-NOR 联合的类型（陈宏，1990）

1）链状联合，是指两条染色体各一条姐妹染色单体上 Ag-NOR 的结合，两条和多条染色体的这种联合，形成链状（图 6-11A），这种联合占 60% 以上。

2）对称联合，是指两条染色体的两条姐妹染色单体上 Ag-NOR 的相互结合（图 6-11B），这种联合占 20%～30%。

3）环状联合，是指 3 条以上的染色体采用链状联合的方式，形成一个封闭的环（图 6-11C），这种联合一般较少。

4）堆积联合，这种联合是 3 条以上具有 Ag-NOR 的染色体的 Ag-NOR 部位聚集在一起，形成放射状（图 6-11D），这种联合也少见。后两种联合方式占 5%～10%。

通过观察发现，Ag-NOR 联合既可发生在同源染色体之间，也可发生在异源染色体之间。

（2）Ag-NOR 联合的频率

中国 4 个黄牛群体 Ag-NOR 联合的观察结果列于表 6-13。从表 6-13 可以看出，秦川牛、蒙古牛、岭南牛和西镇牛 Ag-NOR 联合的频率分别为 0.149、0.135、0.146 和 0.153，经 t 检验 4 个品种之间均无显著差异。该结果比郭爱朴等（1982）报道的丽江黄牛和黑白花奶牛偏低，比陈文元等（1990）报道的黑白花奶牛偏高。

表 6-13　中国 4 个黄牛群体 Ag-NOR 联合

作者	群体	头数	观察细胞数	有 Ag-NOR 联合的细胞		有一个 Ag-NOR 联合的细胞		有两个以上 Ag-NOR 联合的细胞	
				细胞数	频率	细胞数	频率	细胞数	频率
陈宏	蒙古牛	7	596	74	0.135±0.025	63	0.802±0.284	11	0.198±0.284
	秦川牛	11	2002	333	0.149±0.067	293	0.891±0.070	40	0.109±0.070
	岭南牛	11	2928	429	0.146±0.030	371	0.861±0.121	58	0.139±0.121
	西镇牛	11	1839	283	0.153±0.033	244	0.871±0.077	39	0.129±0.077
	合计	40	7365	1119	0.146±0.008	971	0.856±0.038	148	0.144±0.038
其他作者	丽江黄牛[1]	5	210	44	0.21±0.09				
	黑白花奶牛[2]	11	470	102	0.22				
	黑白花奶牛[3]	2	27	2	0.07				

注：[1]和[2]郭爱朴等，1982；[3]陈文元等，1990

在有 Ag-NOR 联合的细胞中，有的细胞只有一个联合，有的细胞有两个或多个联合（图 6-11）。蒙古牛、秦川牛、岭南牛和西镇牛有一个 Ag-NOR 联合的细胞占总联合细胞的比例分别为 0.802、0.891、0.861 和 0.871，它们之间无显著差异。牛的 Ag-NOR 联合频率远比猪（Ag-NOR 联合频率为 0.61%～2.39%）的高，这可能与牛的 Ag-NOR 数目比猪的多有关。

五、R 带的研究

R 带的带纹与 Q 带、G 带带纹相反，它是 Q 带、G 带的反带，即 G 带的深染带恰好是 R 带的浅染带，所以 R 显带技术与 Q 显带、G 显带技术配合，就可收到相辅相成的效果。R 带是中期染色体标本经磷酸盐缓冲液处理，以吖啶橙或吉姆萨染色，显示的带与 G 带明暗相间、带型正好相反，所以又称反带。R 带不仅有助于确定染色体的重排以及两臂末端的变化，还有可能成为阐明染色体结构的一种重要工具。R 显带技术和 G 显带技术产生的染色体带呈互补性，两种染色体显带技术可以揭示染色体上同一基本现象的相互关联的两个方面。Di Berardino 和 Lannuzzi（1982）、Di Berardino（1985）曾用荧光染色法制备了牛的 R 带，对每一条带的带纹特征进行了详细描述，并绘制了 R 带的模式图。在国内，还尚未见有关牛 R 带的报道。R 带可使 G 带不显示正染带的部分显示较弱的荧光，从而可观察黄牛各对染色体内部重排以及两臂末端结构的变化。

六、T 带的研究

T 带又称端粒带，是专门显示染色体端粒部位的区带。一般染色体标本经一定的方法处理后吉姆萨或吖啶橙染色使染色体端粒所呈现的深染带即为 T 带。1973 年，Dutrillaux 首先采用加热变性（87℃）并用吉姆萨或吖啶橙染色的方法制备了 T 带。T 带是 R 带的一部分，能准确定位于染色体的末端，T 显带技术有助于分析染色体的末端缺失、易位等畸变。T 带在人类和其他动物中研究得较多。但在牛上研究得甚少。Mezzelani 等（1996）使用 27 个黏粒探针作为染色体标记，通过荧光原位杂交（FISH）鉴定了牛染色体 T 带，揭示了牛 T 带的位置和大小。

七、姐妹染色单体交换的研究

姐妹染色单体交换（sister chromatid exchange，SCE）是指两条姐妹染色单体在相同位置上发生同等对称的片段交换，而染色体的外形不变，因而在常规吉姆萨染色时，由于两条姐妹染色单体均染成相同的颜色而无法识别。1973 年 Latt 等发现，在细胞培养过程中，加入一定量的 5-溴脱氧尿嘧啶核苷（BrdU）后，进行分裂的细胞，在进行 DNA 复制的过程中，BrdU 能取代胸腺嘧啶核苷而掺入新复制的 DNA 链中。因此，在处于第二个分裂周期的细胞中，同一染色体的两条姐妹染色单体，一条由双股都含有 BrdU 的 DNA 链组成，另一条由只有单股含 BrdU 的 DNA 链组成。因而这条姐妹染色单体对某些染色剂的亲和力降低。故用吉姆萨染液染色时，可清楚地看到双股都含有 BrdU 的 DNA 链组成的姐妹染色单体着色浅，而单股含 BrdU 的 DNA 链所组成的姐妹染色单体着色较深（图 6-12）。这样就可以利用姐妹染色单体分化着色的技术，检查细胞中姐妹染色单体交换情况。许多突变剂和致癌剂可诱发 SCE 和染色体断裂、重排，这些诱变因素对 SCE 要比染色体畸变敏感得多。因此，SCE 分析已成为检测 DNA 损伤、生物遗传稳定性、染色体脆性位点常用的细胞遗传方法。在医学细胞遗传学的研究中，SCE 已作为检出化学诱变剂和化学致癌物的灵敏指标之一，有些遗传病患者或肿瘤患者的 SCE 频率高于正常人。在家猪上，曾有人将 SCE 频率作为检测饲料中某种成分对遗传物质影响的一个指标进行研究。

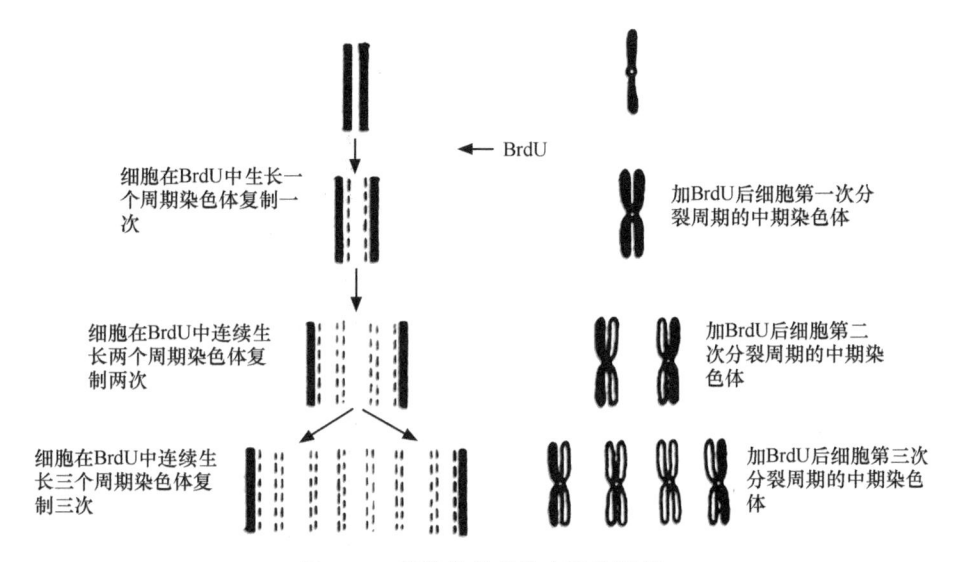

图 6-12　姐妹染色单体交换的原理

在健康牛中，每个细胞 SCE 平均（2.760±0.206）个，但在牛白血病病毒阳性的牛中，每个细胞 SCE 平均达（4.800±0.219）个，在患淋巴瘤的牛中，每个细胞 SCE 平均达（8.800±0.219）个。马正蓉等（1980）对正常牛 SCE 进行了研究，结果表明，每个细胞的 SCE 平均为（5.9±1.2）个，范围为 2~13 个。似乎可以这样认为，搞清牛的自发 SCE 频率，对于发现和诊断某种疾病以及评价饲养管理中某些不利因素是有帮助的。

八、高分辨显带

通常染色体的研究都是在细胞分裂的正中期分裂象上进行的。在这一时期应用的染色体显带技术，显示的条带较少，难以进一步识别和分析染色体细微结构的异常。20世纪70年代后期，由于细胞同步化方法的应用和染色体显带技术的改进，可获得更长且带纹更为丰富的染色体，这种染色体即称为高分辨显带染色体。1975年以后，美国细胞遗传学家Ronneys等，1976年Yunis等建立了高分辨显带法，先用氨甲蝶呤使细胞分裂同步化，然后用秋水仙碱进行短时间处理，使之出现大量的晚前期和早中期的分裂细胞。这些分裂象细胞的染色体比正中期染色体长，显带后可制作出分带细、带纹更多的染色体。应用此法在人的前中期分裂象可显示555~842条带，晚前期可显示843~1256条带，而从早前期获得的更长的染色体上可显示出3000~10 000条分辨率更高的条带。高分辨显带技术能为染色体及其畸变提供更多的细节，有助于发现更多细微的染色体异常，可对染色体的断裂点进行更为精确的定位，这些对基因图的详细绘制有重要价值，在医疗诊断、动植物育种等方面是一种用途广泛的重要技术。在国内有关牦牛和水牛的高分辨染色体G显带已有报道，但在黄牛上尚未见报道，但随着高分辨显带技术的不断发展，家畜染色体的显带数目将随之增加，从而大大提高了对染色体的分辨能力，这无疑有助于研究染色体的结构、检测染色体的畸变、分析种间或品种间染色体的差异，从而进行基因的准确定位等。

九、染色体显带的命名与识别

（一）染色体显带的命名

为了便于染色体带型分析和交流，必须要有一套染色体显带的命名法。为此，1971年在巴黎召开了有关人类染色体标准化会议，制定了人类分带染色体的模式图和命名标准。根据这一命名法，在染色体标本上，一条染色体被着丝粒分为短臂（p）和长臂（q）；对染色体带型的识别和命名是按照染色体明显而恒定的形态特征来进行的，一般以染色体上的着丝粒和某些特别显著的带作为界标（landmark），两个界标之间的区域称为区（region）。依照明显的形态特征即界标将染色体分为几个区。每个区中可以包括若干个带。区和带以序号命名，从着丝粒两侧的带开始，作为1区1号带，向两臂远端延伸，依次编为2区、3区等，1区内也依次编为1号带、2号带等。定为界标的染色体带就作为下一个区的1号带。每一个染色体带的命名，由连续书写的符号组成。例如，1q32表示1号染色体长臂的3区2号带。如果一个带又分成若干亚带（即高分辨带），则在带号之后加小数点，再书写亚带的编号。亚带也由着丝粒向远端依次编号，如1p36.2表示1号染色体短臂的3区6号带中的2号亚带。如果亚带又再细分，则在原亚带编号后再加数字，不需再加标点，如1p36.21。请注意这些数字并非十进位的数字，只是带型符号。所以，染色体显带的命名包括：①染色体和编号数；②染色体的臂号；③区号；④带号。着丝粒将一个完整的带切为两半，这个带就被当成两个带，各划归相应臂的一侧，应为1区1号带。界标本身是一个明显的带，应划归远心端，相当于该区的1号带。

每条带的编号标在模式图中该区或该带的中部。因为一条染色体的所有区段都可以划入染色体带，所以就没有带间区域。在人类的染色体显带命名法制定以后，其他动植物染色体的分带也参考了这个规则。

（二）显带染色体的识别

利用染色体显带技术可以更加精确地识别每条染色体。但显带染色体的识别和表征，常因显带方法和染色反应而不同，不同的染色体显带方法识别的对象和目的不同。对于Q显带、G显带、R显带来说，每一条染色体上所示的分带的精细程度和带的数目，也因染色体所处的时期、收缩情况，制片的质量，处理和染色的时间不同而不同，一般晚前期、早中期比中中期分裂象染色体显带数要多些，而且带纹狭些。不过这三种方法染出的带型基本上是一致的，科研人员可以将所显示的结果综合在一起绘制成染色体带型标准模式图。对于C带、Ag-NOR和T带来说，它们是特异性的染色带，一般不存在以上情况。C带反映异染色质存在的部位，Ag-NOR反映核仁组织区活性、位置和数目，T带反映染色体端粒的情况，所以根据不同的情况可以对整个染色体和染色体局部的变化进行识别和分析。

为了阐明各种家畜的染色体构成、比较种间或品种间染色体的变异，通常采用核型分析法，但普通核型分析法往往对形态、大小相似的染色体分析有一定的难度。如果对染色体标本进行显带核型分析，即先行显带而后进行核型分析，相比之下，显带核型在染色体的识别、配对和排序上更加准确，因而应用广泛。

第四节　黄牛染色体变异类型与频率

科研人员在对正常黄牛染色体核型、组型特征研究的基础上，发现了染色体的多型性，同时也对染色体异常个体进行了研究。有些染色体变异直接与家畜育种、繁殖和饲养管理有着密切的关系，各种染色体缺陷所引起的早期胚胎死亡、繁殖机能降低已给畜牧生产造成了巨大损失。在牛方面，近10%的合子具有染色体变异，这些合子中约有90%的胚胎死亡，因此，降低牛群染色体缺陷水平是提高牛生产能力的一个重要方面。

一、黄牛染色体的多型性

染色体具有二重性，除了前述的稳定性以外，它还是个高度变异的体系。这主要是指在正常畜群中经常可见各种染色体结构和形态的差异，如某些带纹的大小、着色强度的差异及同源染色体的形态和大小差异等，这种变异称为染色体的多型性（polymorphism）。

（一）染色体多型性的一般特征

染色体的多型性一般具有下述特征。
1）主要表现为两条同源染色体的形态、大小或着色方面的不同。
2）按孟德尔方式遗传，在个体中是恒定的，在群体中具有变异。

3）集中表现在某些染色体的一定部位，这些部位都是含有高度重复 DNA 的结构异染色质所在之处。

4）通常不具有明显的表型或病理学意义。否则，传统上则称为染色体畸变，以区别于染色体的变异。

在家畜的染色体中，含有高度重复 DNA 的结构异染色质的分布是不均匀的，它集中于着丝粒、随体、次缢痕和 Y 染色体上。因此，染色体的多型性也集中表现在这些部位。

（二）C 带多型性

C 带在家畜中存在广泛的多型性。在牛、羊等家畜中，关于 C 带多型性的报道不多，牛、羊的染色体全为端着丝粒染色体，而且相邻染色体对间的长度差异甚微，不易准确判断某一染色体及同源染色体对。然而，牛存在同源染色体间 C 带大小的差异以及非同源染色体间大小和部位的差异。黄牛 X 染色体、Y 染色体与所有常染色体的 C 带着色就有很大不同。

（三）Ag-NOR 多型性

在对普通牛、瘤牛和奶牛 Ag-NOR 的研究中，不同作者将 Ag-NOR 定位于不同的染色体上（表 6-14），共涉及 10 对染色体，其中公认的有 2 号、3 号、4 号、11 号和 28

表 6-14　部分牛种的 Ag-NOR 数目及分布

品种	头数	观察细胞数	Ag-NOR 总数	每细胞 Ag-NOR 均数	分布范围	众数	显示 Ag-NOR 的染色体对	参考文献
延边牛	4	240	1 315	5.48	3～9	—	2、3、4、11、21（22）、28	于汝梁，1993
蒙古牛	5	193	1 249	6.47	3～11	—	2、3、4、11、28	于汝梁，1992
蒙古牛	7	596	3 441	5.82±0.51	3～10	5～6	2、3、4、5、8、11、23、26、28、X	陈宏，1990
鲁西牛	26	152	883	5.81±1.38	2～9	5～7	2、3、4、11、22（21）、28	于汝梁等，1991
晋南牛	9	201	1 210	6.11	3～8	6	2、3、4、11、21（22）、28	于汝梁等，1991
秦川牛	11	2 002	10 793	5.47±0.32	3～10	5～6	2、3、4、5、11、23、26、28、X	陈宏，1990
岭南牛	11	2 928	15 764	5.38±0.28	3～10	4～6	2、3、4、5、8、11、23、26、28、X	陈宏，1990
西镇牛	11	1 839	9 547	5.18±0.35	2～10	5～6	2、3、4、5、8、11、23、26、28、X	陈宏，1990
四川黄牛	72	—	—	4.30+1.35	—	—	—	张成忠等，1992
丽江黄牛	5	210	1 077	5.13±0.11	1～10	5	2、3、4、5、28	郭爱朴，1983
温岭高峰牛	4	215	1 262	5.89±1.02	3～8	5～6	2、3、4、11、21、28	辛彩云等，1993
牦牛	3	91	524	5.76±0.15	2～10	6	2、3、4、5、28	郭爱朴，1983
四川荷斯坦牛	2	27	157	5.80	1～8	5	2、3、4、26、28	陈文元等，1990
中国荷斯坦牛	11	470	3 032	6.45±0.19	3～12	7	2、3、4、5、28、X	郭爱朴等，1982
犏牛	3	140	759	5.42±0.13	1～9	6	2、3、4、5、28	郭爱朴，1983
奶牛×牦牛	4	196	974	5.65	1～9	6	2、3、4、5、11、26、28	陈文元等，1990

注："—"表示没有相关数据

号染色体，另外还有 5 号、8 号、21（22）号、23 号、26 号和 X 染色体。由于大多数作者是通过常规染色法进行 NOR 定位的，并未经银染-G 带连续染色加以证实，所以，关于牛的 NOR 在染色体上的准确定位问题，还需做进一步的研究工作。从表 6-14 中 Ag-NOR 分布范围来看，除了一例蒙古牛和一例中国荷斯坦牛外，其余所有牛的 Ag-NOR 数目均在 1~10 个，由此推断，牛的 Ag-NOR 可能分布在 5~6 对染色体上，超过 7 对染色体的可能性不大。比较表 6-14 中各品种间的差异，可见牛的 Ag-NOR 同样具有品种特征。牛 Ag-NOR 的大小在不同对染色体间和两条同源染色体间的差异都很大，甚至一个大的 Ag-NOR 可比小的大几倍。此外，牛群中还有较高频率的 Ag-NOR 联合，黄牛平均为 14.6%，奶牛平均为 22%，联合的方式多种多样，存在明显的多型性。综上所述，牛的 Ag-NOR 也是一种极其重要的细胞遗传学标记。

（四）性染色体多型性

在牛和羊等家畜中，曾报道过 X 染色体臂比率和相对长度的变化，导致了形态发生多态。而更多的报道是关于 Y 染色体的多态。牛的 Y 染色体有明显的形态变异。美洲野牛、瘤牛及瘤牛型黄牛的 Y 染色体为近端着丝粒染色体，而其他野牛、牦牛和普通牛型黄牛为中或亚中着丝粒染色体。表 6-15 列出了我国部分黄牛品种的性染色体特征。由表 6-15 可见，我国南方牛种包括海南牛、四川黄牛、温岭高峰牛，其多为近端着丝粒 Y 染色体，北方黄牛品种如延边牛、蒙古牛、新疆褐牛为中或亚中着丝粒 Y 染色体，中原地区的黄牛，部分为近端着丝粒 Y 染色体，如鲁西牛和南阳牛，部分为两种着丝粒 Y 染色体的混合型，即双重核型，如秦川牛、晋南牛、郑县红牛和岭南牛。可见牛的 Y 染色体的多型性具有明显的生态-地理效应。显然，它与我国牛的起源和品种形成的系统史有关。

表 6-15　中国部分黄牛品种的性染色体特征

品种	头数（公）	X 染色体 臂比率	着丝粒位置	Y 染色体 臂比率	着丝粒位置	参考文献
延边牛	11	1.90	亚中着丝粒	1.24	中着丝粒	于汝梁等，1993
蒙古牛	4	2.24	亚中着丝粒	1.78	亚中着丝粒	于汝梁等，1993
蒙古牛	2	2.10	亚中着丝粒	1.95	亚中着丝粒	门正明和韩建林，1988
蒙古牛	10	1.93	亚中着丝粒	1.15	中着丝粒	陈宏，1990
乌珠穆沁牛	4	2.24	亚中着丝粒	1.78	亚中着丝粒	辛彩云等，1994
科尔沁牛	2	—	—	—	亚中着丝粒	齐福印，1988
新疆褐牛	10	—	—	—	中着丝粒	朱海，1990
鲁西牛	26	1.99	亚中着丝粒	3.19	近端着丝粒	于汝梁等，1991
南阳牛	10	2.26	亚中着丝粒	—	亚端或近端着丝粒	于汝梁等，1991
晋南牛	9	2.10	亚中着丝粒	1.16（7）(2)*	中、近端着丝粒	于汝梁等，1991
郑县红牛	4	—	—	(1)(3)	中、近端着丝粒	于汝梁等，1990
秦川牛	3	1.88	亚中着丝粒	1.48	中着丝粒	张莉等，1986
秦川牛	10	2.30	亚中着丝粒	1.34（7）(3)	中、近端着丝粒	于汝梁等，1991
秦川牛	12	1.95	亚中着丝粒	1.19（9）(3)	中、近端着丝粒	陈宏，1990
岭南牛	6	2.11	亚中着丝粒	1.30（1）(5)	中、近端着丝粒	陈宏，1990

续表

品种	头数（公）	X染色体 臂比率	X染色体 着丝粒位置	Y染色体 臂比率	Y染色体 着丝粒位置	参考文献
西镇牛	9	2.11	亚中着丝粒	—	近端着丝粒	陈宏，1990
峨边花牛	10	—	亚中着丝粒	—	近端着丝粒	于汝梁等，1989
四川黄牛	72	—	亚中着丝粒	—	近端着丝粒	张成忠等，1992
丽江黄牛	2	1.87	亚中着丝粒	1.11	中着丝粒	郭爱朴，1983
温岭高峰牛	9	2.22	亚中着丝粒	3.06	近端着丝粒	辛彩云等，1993
海南牛	9	—	亚中着丝粒	—	近端着丝粒	陈琳，1990
徐闻牛	4	—	亚中着丝粒	—	近端着丝粒	于汝梁等，1989
三江牛	3	—	亚中着丝粒	—	近端着丝粒	龚荣慈等，1992
宣汉牛	12	—	亚中着丝粒	—	近端着丝粒	龚荣慈等，1992
云南高峰牛	1	—	亚中着丝粒	—	近端着丝粒	单祥年等，1980a
文山牛	2	—	亚中着丝粒	—	近端着丝粒	俞英等，1996
迪庆牛	2	—	亚中着丝粒	—	中着丝粒	俞英等，1996
西藏牛	4	1.71	亚中着丝粒	1.68	中着丝粒	陈智华等，1995
中国荷斯坦牛	10	—	—	—	亚中着丝粒	张成忠等，1992
中国荷斯坦牛	1	1.25	中着丝粒	2.10	中着丝粒	门正明和韩建林，1988
独龙大额牛	1	2.35	亚中着丝粒	1.93	亚中着丝粒	单祥年等，1980b

注："—"表示没有相关数据

*括号中的数字为具有中和近端着丝粒Y染色体的牛头数

通过对中国黄牛Y染色体多态性（多型性）的研究，陈宏等提出，在长期进化过程中，中国北方黄牛受普通牛的影响大，南方黄牛受瘤牛的影响大，中原黄牛同时受到普通牛和瘤牛的影响，是由普通牛和瘤牛长期交汇融合形成的特殊黄牛品种。

二、黄牛染色体的变异类型

即使是正常的个体，在调查大量细胞的情况下，也可观察到自然产生变异的细胞，主要表现在染色体数目和结构上。当然这种异常的频率一般比较低。在陈宏的研究中，在正常黄牛群体中既观察到染色体数目的变异，也观察到结构的变异。

（一）染色体多倍体畸变

1. 染色体的多倍体

在陈宏的研究中，对中国4个黄牛正常群体中期淋巴细胞的观察表明，正常个体除了二倍体的细胞外，还有少部分的多倍体细胞，如三倍体、四倍体（图6-13）和六倍体（图6-14），观察结果列于表6-16。4个黄牛群体正常个体四倍体细胞的频率为4%～6%，这与已报道的牛正常个体多倍体细胞频率为4%～10%相符。但这个频率远比家猪的多倍体细胞频率（0.45%～0.6%）高。这说明多倍体的出现具有种的特征。

B.秦川牛四倍体细胞(4n)

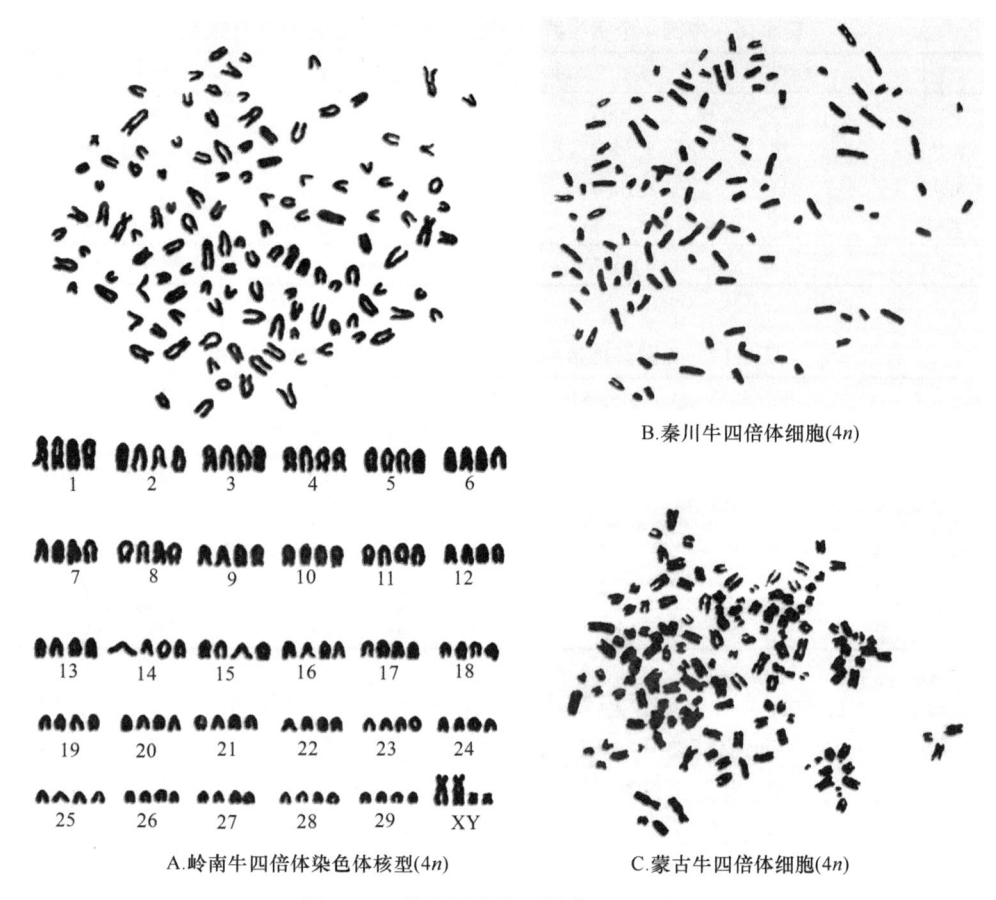

A.岭南牛四倍体染色体核型(4n)　　C.蒙古牛四倍体细胞(4n)

图 6-13　黄牛四倍体（陈宏，1990）

图 6-14　蒙古牛六倍体细胞（6n）（陈宏，1990）

对美国海福特牛群体调查的结果见表 6-17。从中可以看出。虽然大部分细胞是 2n）60 的正常细胞，却也见到了非整倍体，其畸变率为 16.6%（11.7%～17.8%）。多倍体占

表 6-16 中国 4 个黄牛群体正常个体多倍体细胞数及其频率

群体	观察头数	观察细胞数	多倍体细胞数	多倍体细胞频率/%
蒙古牛	15	872	40	4.12±2.25
秦川牛	16	813	37	4.57±1.92
岭南牛	11	842	47	5.59±1.93
西镇牛	21	1346	74	5.21±2.47
总计	63	3873	198	4.87±0.65

表 6-17 美国海福特牛染色体数目变异与多倍体的频率

调查群体	调查头数	<58	58	59	60	61	62	合计	畸变率/%	2n	多倍体	合计	多倍体频率/%
海福特牛	17	3	12	37	419	35	4	510	17.8	1576	124	1700	7.3
	15	3	4	27	375	39	2	450	16.7	1402	98	1500	6.5
	4	0	1	6	106	6	1	120	11.7	357	43	400	10.8
	4	0	2	10	101	5	2	120	15.8	379	21	400	5.3
合计	40	6	19	80	1001	85	9	1200	16.6	3714	286	4000	7.2

7.2%（5.3%～10.8%）。凡是有淋巴瘤或不角化症的牛其核型有 60、61、62 条染色体。有人提出，在近交系海福特牛中，三倍体细胞和多倍体细胞多于二倍体细胞。在肥大的夏洛莱牛中，四倍体细胞比正常牛多。已查明，多倍体细胞与肌肉肥大程度有相关关系。Яковлев（1986）在牛的细胞遗传学检查中发现含多倍体细胞的个体在 15%以上，通常它们的精子生产水平低下。在以后的许多研究中都有类似的现象，只不过各种牛的频率不同而已。在法国 5 个人工授精的品种中进行的调查表明，多倍体频率在夏洛莱牛、曼因安乔牛、利木赞牛、诺尔曼德牛和弗里斯牛中分别为 2.16%、5.09%、3.22%、3.58% 和 4.20%。联邦德国曾对广大的饲养牛群进行了大规模的调查，也可见到染色体数目和结构的异常，其中有缺失、断裂和环状等。

2. 二倍体/五倍体嵌合体

二倍体/五倍体嵌合体在我国秦川牛中已发现，一般外形正常，发育良好，性器官外观正常，仅无生育能力。在我国滩羊中也发现了二倍体/四倍体嵌合体、二倍体/五倍体嵌合体。还有报道，在对表现为中枢神经系统异常症状的牛进行核型调查时，发现大部分细胞（28 例中有 23 例）是二倍体/四倍体嵌合体．如果能以细胞学方法鉴定，尽早从育种群中移除，那么对牛的育种和生产来说将减少不必要的损失。

（二）染色体结构的变异

一般来讲，正常个体的染色体畸变是自然发生的，其原因不详。但从 Fries 和 Stranzinger（1982）、Bomsel-Helmreich（1965）等许多人工诱变的研究结果来看，染色体畸变与外源性因素（如某些化学物质、X 射线、紫外线等）和内源性因素（如母体生理状况等）密切相关，所以这些畸变的自然发生频率，对于评价各种诱变因素影响是非常重要的，这或许也为了解牛品种遗传稳定性和饲养群体状态等提供了一些重要的资料。

1. 正常个体染色体的结构变异类型与频率

在陈宏的研究中，染色体结构的变异类型有：染色体间隙（图 6-15）、染色单体裂隙（图 6-16A）、染色单体缺失（图 6-16B）、染色单体断裂（图 6-16C）、染色体断裂（图 6-16D）及断片等。

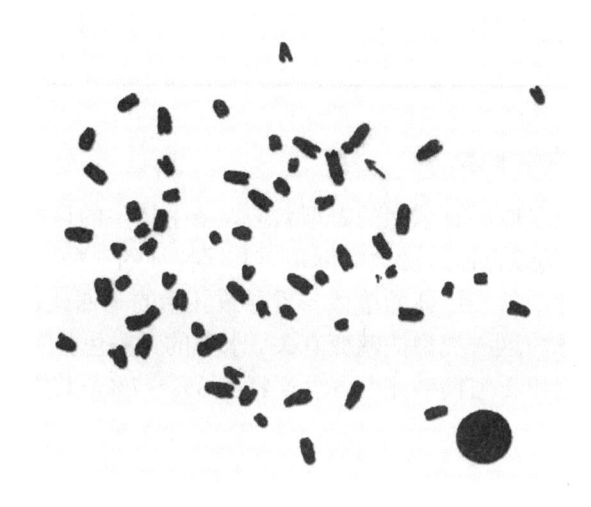

图 6-15　染色体有间隙的细胞（陈宏，1990）

A. 染色单体裂隙　　　　B. 色单体缺失

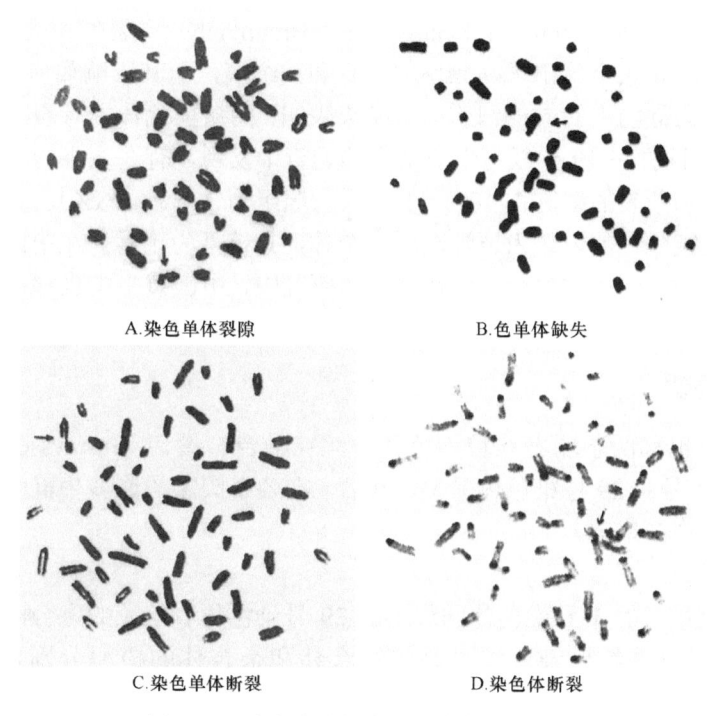

C. 染色单体断裂　　　　D. 染色体断裂

图 6-16　染色体结构变异（陈宏，1990）

4个黄牛群体染色体结构变异的统计见表6-18。从表6-18可以看出，正常牛染色体的畸变率为2%～3%。在变异的类型中，以染色单体裂隙和染色体间隙多。

表6-18　4个黄牛群体染色体结构变异及频率（陈宏，1990）

群体	头数	观察细胞数	染色单体缺失	断片	染色单体裂隙	染色单体断裂	染色体间隙	染色体断裂	染色体结构畸变率/%
蒙古牛	15	216	1	1	1	1	2	0	2.78
秦川牛	10	302	0	1	3	0	3	1	2.65
岭南牛	11	206	0	0	1	0	1	2	1.94
西镇牛	11	258	0	1	2	1	3	1	3.10

2. 常染色体的三体和单体

常染色体数目的缺陷似乎有强烈的表型效应，新生犊牛的这类畸变却很少见。现有报道报告了几例18三体综合征，多数病例是有共同特征的，如胎儿下腭不全症。23三体的母犊表现为侏儒症。常染色体的单体一贯导致胚胎的早期死亡。弯关节、脑积水、隐睾和心脏异常等畸形与这一类型的畸变有关。水牛的常染色体三体性可引起致死的短腭综合征。家牛的死胎和新生犊牛死亡占总产犊的3%～7%，其中相当多是由染色体异常造成的。

3. 裂隙与次缢痕

裂隙和次缢痕在正常个体中也会以低频率出现。Mary 和 Schloger 曾报道，在对澳大利亚的福莱克威（Fleckvich）牛和布劳威琪（Braunvich）牛裂隙和次缢痕的调查中，在137头牛中，有4头个体出现高频率的裂隙和次缢痕，但其影响如何未作记载。

对8头繁殖力低的牛的淋巴细胞分析结果表明，两条染色体中有裂隙和次缢痕的细胞占5%～10%。同样在19头低育性更赛牛的调查中发现，有3头牛的大中型染色体高频率地发生裂隙和断裂的细胞占10%～15%（对照组为2.5%～5.8%）。另外，有例患遗传性类角化症的犊牛，被记载为裂隙高频率个体，其核型为正常。在中国黄牛中，科研人员对裂隙与次缢痕的关注较少，但在陈宏的研究中，中国黄牛中也存在染色体的裂隙或称间隙，因为发生的频率较低，所以没有与性能做关联性分析。

4. 罗伯逊易位

罗伯逊易位也称两条端着丝粒染色体着丝粒融合。最初 Gustavsson 和 Rockborn（1964）报道了1号和29号染色体易位，其后，在各个国家的许多牛群中都进行了这项研究，至今已有许多报道。

（1）1/29 易位

1/29 易位是最大的1号染色体同最小的29号染色体着丝粒的融合，形成一个比X染色体还大的亚中着丝粒染色体。易位纯合体和杂合体的核型分别表示为 58,XX,t(1q,29q)和59,XY,t(1q,29q)。这种易位是根据G带和Q带染色确定的。1/29易位目前已在26个国家30多个牛品种中发现,在瑞典红白花牛群中,这种易位纯合体和易位杂合体的频率分别为0.34%和14%。在目前统计的20多个品种的3000头牛中,1/29易位发生频率约为6%,可见这种染色体畸变发生频率是不低的,而且带有广泛的世界性分布特点。

易位杂合体和易位纯合体都能按孟德尔规律传递,在整个牛群中扩散。大量研究证明,这种易位影响牛群的繁殖机能。瑞典Gustavsson和Hageltorn(1976)对牛的1/29易位做了大量的研究,结果表明,发生1/29易位的公牛繁殖力下降,用1/29易位杂合子公牛配种,28天不返情率下降3.0%~3.5%,56天不返情率下降4.5%,与正常牛差异显著。瑞典红白花牛群中具有13%~14%的1/29易位个体,造成繁殖力下降6%~13%,使瑞典农业每年损失200万克朗。1969~1979年的10年间,瑞典人工授精协会对2600头公牛进行了细胞学鉴定,淘汰了发生染色体易位的个体,使公牛繁殖力得以提高。

易位公牛一般性欲和勃起良好,但精液品质下降,繁殖力和精子活力低下。据统计,易位携带者公牛的雌性后代情期返情率下降6%~10%,配种期延长,受胎的输精次数增加。这种染色体易位的干扰,使家畜繁殖力下降,已给畜牧生产造成了巨大损失。在俄罗斯Яковлев(1986)研究了2头易位种公牛的繁殖性能,发现易位公牛,特别是易位纯合体,一次射精量的平均精子数下降,用这种精液配种的母牛情期不返情率比正常核型公牛精液配种的母牛低17.7%。Popescu(1977a)在两头半血西门塔尔兄弟公牛的研究中观察到了1/29易位,因受胎率低,决定予以淘汰。在我国,于汝梁等(1986)在对内蒙古西门塔尔牛进行的细胞遗传学检查中,也发现了1/29易位的杂合体和纯合体,并发现该公牛的精子活力明显下降。由此可见,1/29易位造成繁殖力下降是肯定的,在我国黄牛牛群中是否也存在1/29易位、我国某些地区牛群繁殖力降低是否由于种公牛的1/29易位,这些问题都有待于进一步研究。

(2)其他形式的罗伯逊易位

除了1/29易位外,还有其他形式的罗伯逊易位(表6-19),如2/4易位、13/21易位、1/25易位、3/4易位、5-6/15-16易位、27/29易位等,这些易位并不像1/29易位那样分布广泛,一些影响还必须进一步研究。

表6-19 1/29易位以外的罗伯逊易位(村松晋,1988)

品种	调查国	易位类型	调查个体	病例数
弗利辛牛	英国	t(2q, 4q)	—	1
西门塔尔牛	新西兰	t(13q, 21q)	13	1
德国西门塔尔牛	西德	t(1q, 25q)	—	1
利木赞牛	法国	t(3q, 4q)	—	1
英国短角牛	英国	5-6/15-16	—	1
更赛牛	美国	t(27q, 29q)	—	1
日本褐牛	日本	t(5q, 21q)	10	8

5. XX/XY 嵌合体

在牛上,广泛分布着60,XX/60,XY的细胞嵌合体,这种核型多存在于异性双胎的情况下，因经过胎盘微血管交换血液而产生。据报道，约有 90%的双生间雌个体的核型为 60,XX/60,XY 嵌合体，这种嵌合体的细胞有 30%～40%为 60,XX 型，有 58%～70%为 60,XY 型。外部仅表现外阴小，但一般具有两性生殖系统和发育不全的生殖器官，这种牛是没有生育能力的。也有报道，对双生间雌的淋巴细胞和成纤维细胞的分析，只看到正常的雌性细胞。

有报道，双生间雌的淋巴细胞 60,XY 细胞的频率根据不同病例可见 1%～100%的各种不同现象。Marcum（1970）曾对 129 例异卵双生的资料进行了综合分析，发现：①出现嵌合体与异性双胎有关；②淋巴细胞中 60,XY 细胞的频率，虽然因病例不同而多种多样，尽管其频率低，但仍表现为双生间雌；③每个个体 60,XY 细胞的频率在 9 月龄到 15 月龄的长时期中大体是一致的；④同一个个体的脾、骨髓等造血器官 60,XY 细胞的频率同末梢淋巴细胞的频率大致相同。

双生间雌通常是不育的，但也有报道，患有双生间雌症的嵌合体为可育的，这样的病例也仅有一例，是荷兰母牛，60,XX 占 74%，60,XY 占 26%。

有报道，与双生间雌同产的雄性公牛，睾丸中有来自母牛的 60,XX 细胞，但频率很低。但也有报道睾丸中不存在嵌合现象，这就需要做进一步的研究了。但从实际情况来看，异性双生的公牛生殖能力低下。据报道，对一个 5 岁 2 个月的弗利辛嵌合体公牛进行检查，发现其精子少，死精子多，可育力低。目前大多数研究者普遍认为双生间雌同次产的嵌合体公牛生殖能力低下。

有报道，60,XX/61,XYY 类型的种公牛，常表现为睾丸发育不全，血液中激素含量不足，精子生产水平低下。此外，核型为 60,XX/61,XXY、60,XY/61,XXY 的嵌合体通常表现为不育。在水牛中异性双生或三生中，公牛、母牛、犊牛均为 50,XX/50,XY 嵌合体，均无生育能力。

除了异性双生间雌有嵌合体外，在单胎牛中也发现有嵌合体现象，单胎母犊也携带着像双生间雌母牛一样的 60,XY 细胞。Wijeratne 等（1977）报道了进行 3 次以上人工授精仍未怀孕的 36 头弗利辛母牛的细胞遗传学检查，结果 36 头中有 12 头呈现 60,XX/60,XY 嵌合体，其中 5 头为单胎，4 头为双生间雌，3 头不明。这些牛的可育性降低，给生产带来了影响。产生单胎嵌合体的原因，可设想是异卵双胎着床后，雄性胚胎早期死亡，并被吸收或流产，只留下雌胎，才出现了单胎发育。因此，如果对早期犊牛进行细胞遗传学鉴定，以便尽早淘汰，势必会给生产带来益处。

6. 性染色体三体和单体

性染色体三体和单体即核型中多一条或少一条性染色体。这种核型类似于人类先天性睾丸发育不全和先天性卵巢发育不全。在牛上，核型为 61,XXX、61,XXY 的均表现为繁殖机能上的缺陷。公牛性腺发育不全，生长发育受阻，清精或死精，没有生育能力。目前尚未发现牛的 59,XO 个体及并发症。但在挪威兰德瑞斯猪中发现了 4 头核型为 37,XO 的个体，它们在 40～85 kg 体重内不发情，其中 1 头有卵巢和发育不全的阴茎，其余 3 头卵巢发育不全，而且四肢弯曲稍短，可见这一类型变异在家畜中是存在的。在水牛中，性染色体三体为 51,XXX，表现为不育。

第五节　染色体标记与牛起源、进化

一、染色体进化与牛的起源

20 世纪 60 年代末，Ohno S. 通过对哺乳动物的性染色体进化与性连锁基因的研究，提出了假说：哺乳动物的 X 染色体在其遗传组成上是极为保守的，它们含有相同的遗传信息。20 世纪 70 年代以后，在关于 60 种哺乳动物（包括各种家畜）X 染色体的比较研究中发现：各种哺乳动物的 X 染色体的相对长度差异为 5%～6%，G 带带型都有相同的两条深染的特征带，种间差异只反映在一些较小带型的变化上，从而从细胞水平证实了 Ohno S. 的假说。

有人对牛科的几个物种如山羊、绵羊与牛染色体的 G 带和 Ag-NOR 作了比较，虽然它们的染色体数目不同，但 G 带有极大的相似性，Ag-NOR 的数目和变化范围亦相近，为 3～10，并且各物种的 Ag-NOR 出现在具有 G 带同源性的染色体上。由此看来，染色体进化与物种起源密切相关。

一般认为，在哺乳动物染色体的进化过程中，各近缘物种染色体数目的差异几乎全是由于染色体着丝粒处发生融合（罗伯逊融合）或者断裂（罗伯逊断裂）。家牛属、牦牛属、准野牛属和野牛属 4 属的牛，虽然染色体数目不同，但染色体臂数全部是 62，其核型也非常相似，所以这 4 个属间能形成种间杂种。

二、染色体进化与品种的形成

在哺乳动物染色体的进化过程中，除了上述的罗伯逊融合和罗伯逊断裂机制外，染色体臂间与臂内倒位、易位、缺失及异染色质的增生等亦有非常重要的意义，尤其是对种的分化和品种的形成具有决定性的作用。

从进化细胞遗传学的角度看，同一物种具有相对恒定的染色体数目、形态和结构，而家养后的品种分化，则是基因水平的差异。染色体的易位、倒位和重排等畸变为基因排列的差异提供了基础。关于牛 Y 染色体的两种形态，经 G 带证实，中或亚中着丝粒 Y 染色体的短臂与端着丝粒 Y 染色体长臂末端同源。由此认为，瘤牛型黄牛 Y 染色体是普通黄牛 Y 染色体臂间倒位的结果。关于 C 带大小及其在品种间存在的广泛差异，可能是染色体进化中异染色质增生的结果。至于 Ag-NOR 的多态现象，它本身反映的就是 rRNA 基因的排列状况和活性大小，说明在品种的形成过程中它具有不可忽略的重要意义。

三、染色体标记与牛品种的分类

在众多的细胞遗传学指标中，目前筛选出的较为适于品种分类的指标是 Ag-NOR 数目与 Y 染色体的形态。考察牛品种的起源、进行牛品种分类最好的细胞遗传学标记是 Y 染色体特征。具有肩峰的瘤牛（*Bos indicus*）是近端着丝粒 Y 染色体，无肩峰的普通牛（*Bos taurus*）、巴厘牛、蒙古利亚牛是中或亚中着丝粒 Y 染色体。我国的黄牛品种中（表6-15），南方牛种有较高的肩峰，Y染色体形态也与瘤牛的相似，属近端着丝粒染色体；北方牛种无肩峰，Y染色体为中或亚中着丝粒染色体；中原地区的牛种有较低的肩峰，Y染色体在部分品种中为近端着丝粒染色体、部分品种有两种核型。因此，Y染色体的着丝粒位置类别，是中国家牛起源进化的一个有力证据。黄河中下游流域是欧洲原牛（*Bos primigenius*）和亚洲原牛（*Bos namadicus*）两个原始群体的重叠分布地带。

雷初朝等（2000a）根据牛的Y染色体多态性，把中国黄牛大致分为三大区域（图6-17）：①中国的北部，包括西北牧区、青藏高原、蒙古高原、东北平原的辽阔土地和云南西北部分地区，是北方黄牛的分布区，其Y染色体为中或亚中着丝粒染色体，这些黄牛是图6-17中的1~8号；②中原地区，包括黄河中下游和秦岭以北的狭小地域，是中原黄牛的分布区，其Y染色体为中（亚中）和近端着丝粒染色体混合型，这些黄牛是图6-17中的10~13号；③中国的南部，包括长江中下游至珠江、海南岛及云贵高原与四川地区，是南方黄牛的分布区，其Y染色体为近端着丝粒染色体，这些黄牛是图6-17中的14~25号。这个分类与利用微卫星标记进行的分析相吻合。值得注意的是，云南省是南方黄牛（云南高峰牛和文山牛）与北方黄牛（丽江牛和迪庆牛）的聚居区，还分布有半野生动物大额牛。

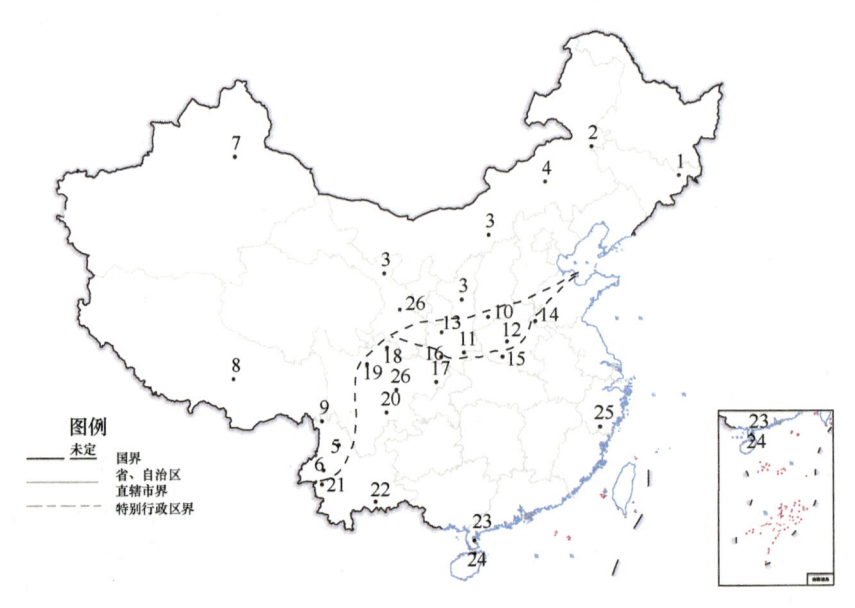

图6-17　中国26个牛种分布图（陈宏，1990）

1. 延边牛；2. 科尔沁牛；3. 蒙古牛；4. 乌珠穆沁牛；5. 迪庆牛；6. 丽江牛；7. 新疆褐牛；8. 西藏牛；9. 大额牛；10. 晋南牛；11. 岭南牛；12. 郏县红牛；13. 秦川牛；14. 鲁西牛；15. 南阳牛；16. 西镇牛；17. 宣汉牛；18. 平武牛；19. 三江牛；20. 峨边花牛；21. 云南高峰牛；22. 文山牛；23. 徐闻牛；24. 海南牛；25. 温岭高峰牛；26. 中国荷斯坦牛

从Y染色体的形态考察，我国的晋南牛、郏县红牛、秦川牛和岭南牛具有双重核型，说明它们的血统受原牛亚洲亚种，即瘤原牛（*Bos p. namadicus*）和原牛欧洲亚种（*Bos p. primigenius*）两方的影响，但影响的程度各不相同，地理位置偏南的岭南牛和郏县红牛分别有83.33%和75%的公牛Y染色体为近端着丝粒染色体，说明它们受瘤原牛的影响大，而偏北的晋南牛和秦川牛正好相反,绝大多数公牛(分别占 77.78%和 75%)为中或亚中着丝粒染色体,表明它们更多地继承了欧洲亚种的血统。即使考虑由于观察头数的限制,具体比例可能存在一定水平的抽样误差,这个倾向也是确信无疑的。现知的南方牛品种都具有近端着丝粒 Y 染色体,就此而言当属瘤牛型,而与巴厘牛、爪哇牛不同;这个事实也有悖于一度流行的所谓南方黄牛有巴厘牛血统之说,而与现知的血液免疫学、生物化学、形态学以至家畜文化史证据吻合一致。因此,从细胞学角度获得的证据支持排除巴厘牛对华南黄牛有基本血统贡献的可能性。而澳大利亚的近代育成品种抗旱王(Droughtmaster)牛,也被检出了两种类型的 Y 染色体,主要原因是在杂交育成的后期用了不同的父本品种。最后用 Brahma 公牛产生的抗旱王公牛为近端着丝粒 Y 染色体,用南非的 Sanga(该品种为亚中着丝粒 Y 染色体)公牛产生的抗旱王公牛有亚中着丝粒 Y 染色体。可见,Y 染色体的多态性可以作为父系牛品种的遗传标记,用来考察群体血统成分。

第六节 黄牛染色体研究与育种及生产

一、染色体与家畜育种

染色体数目和结构的改变,均会带来一定的遗传缺陷,特别是繁殖机能,直接影响畜牧生产。因此降低牛群染色体的缺陷水平、提高牛的繁殖力,已为越来越多的畜牧工作者所关注。在国外,许多养牛业发达的国家已将细胞遗传的监测应用于畜牧生产,特别是一些国家已开始将 1/29 易位作为种公牛选择的指标之一。由此可见,随着细胞遗传学研究的不断深入,对染色体与畜牧生产的关系也越来越明确,细胞遗传应用于畜牧生产将会显示出更大的经济效益。在我国,染色体的监测对于种畜的选择和引进已被重视。在晋南牛的种公牛精子建设中,陈宏等承担了种公牛染色体的分析工作,该研究通过淋巴细胞培养法对拟选入精子库的 13 头晋南种公牛的染色体进行了研究和监测。其结果表明,晋南牛 Y 染色体存在多态性,具有中(亚中)(7 头)和近端(6 头)着丝粒 Y 染色体双重核型;对其体细胞染色体畸变类型和频率分析表明,染色体多倍体有三倍体、四倍体和六倍体,其总畸变率为 4.13%。结构变异的类型有:染色体间隙、染色单体裂隙、染色单体缺失、染色单体断裂、染色体断裂、着丝粒断裂等,其总畸变率为 2.54%。经比较分析,所研究的 13 头晋南种公牛染色体的畸变率在正常范围内,可以作为拟选入精子库的种公牛。我国对家畜染色体的应用研究虽然起步较晚,但发展很快,从长远考虑,细胞遗传学检测在牛育种中已成为必需。

二、染色体与黄牛的亲缘关系

从上一节可以看出,亲缘关系近的物种间,染色体组型及带型有着非常大的相似性。牛科中,牛、山羊和绵羊 Ag-NOR 数目和 G 带的相似性,提示染色体与动物的起源进化和亲缘关系有着密切的关系,染色体可作为一种"活化石",对它的深入研究及染色体研究与考古学、生化遗传学、分子遗传学研究的有机结合,有助于真正搞清楚黄牛的起源进化与亲缘关系问题。1990年,陈宏用银染技术对中国4个地方黄牛品种(蒙古牛、秦川牛、岭南牛和西镇牛)40头牛的Ag-NOR作了比较研究,并根据不同Ag-NOR个体的细胞频率用数学方法估计了4个品种间的遗传距离,以此对4个品种进行聚类分析。结果表明,在4个地方黄牛品种中,西镇牛与岭南牛关系最近,西镇牛与蒙古牛关系最远,这与Y染色体多态性、牛体型、牛进化历史、地理分布及生态类型的研究结果一致。

三、染色体与环境检测及黄牛的饲养管理

某些化学及物理因素会诱发染色体畸变,从而影响畜牧生产。所以,目前一致认为,细胞遗传学的一些指标可作为监测某些化学及物理因素的可靠依据。在当前的奶牛和肉牛生产中,广泛使用了饲料添加剂、促长剂、增瘦剂等,这些物质对牛体有无副作用,特别是对种牛的繁殖机能有无影响,可通过对种牛染色体畸变率的检查来监测。另外,在兽医临床上,新药不断出现,并且在诊断上采用了超声等技术,会不会对牛体特别是种牛产生不良影响,也可用细胞遗传学的方法来检查。

四、染色体与性别的早期诊断与控制

在性别控制问题未完全解决之前,性别的早期诊断在畜牧生产上是很有意义的。目前,就性别诊断来讲,科研人员进行了许多有益的探索,若用染色体来进行性别诊断无疑是一种行之有效而可靠的方法。20世纪80年代,人类就已用腹壁穿刺法抽取羊膜细胞,进行短期培养,制备染色体标本,进行性别诊断。在牛上已有人用此法进行了尝试,这种方法应用于牛上就更容易些,这是由牛核型中X和Y染色体的特殊形态所决定的。目前,胚胎冷冻、切割等技术已在牛上获得成功,如果能用其中一部分通过细胞遗传学或分子遗传学方法进行胚胎的性别鉴定,其鉴定的准确率可达到百分之百,然后根据目的进行移植,将会大大提高奶牛业的经济效益。

目前,科研人员利用性染色体决定性别的基本原理,利用流式细胞仪分离精液,把X精子和Y精子分开,制备成性控精液,可按后代的性别需求进行配种,用X精子配种,后代全是雌性,用Y精子配种,后代全是雄性。目前,在奶牛业中已经推广使用。当然,在使用中还有一些问题亟待解决,如果能不断克服低受胎率的瓶颈,将给牛业生产带来辉煌的前景。

鉴于细胞遗传学在畜牧生产和家畜育种中越来越重要,在牛的遗传育种与繁殖中,要足够重视黄牛细胞遗传学的研究。特建议:①各级领导和育种组织要重视这一工作,把细胞遗传学的检查作为选种必要的手段之一,逐步制定出种牛选种的细胞遗传学标准。②对现有种公牛和将产生后备公牛的母牛进行细胞遗传学检查,确认无突变后,方可用于育种。③对留种后备牛进行早期细胞遗传学检测,尽早淘汰染色体缺陷的个体。④对我国黄牛进行一次普遍的细胞遗传学检查,从细胞遗传学上搞清楚品种间的亲缘关系,结合DNA分子标记多态性、体质外貌、生态类型以及考古等方面的资料,提出比较实际的分类,以利于品种的开发和利用。

本 章 小 结

  细胞遗传学是细胞学和遗传学相结合的一门遗传学分支学科。它的研究对象是遗传物质的载体——染色体。主要研究内容是染色体数目、形态特征、核型特征、带型特征、遗传多态性、变异类型与遗传效应的分析,以及细胞遗传学的应用等。迄今为止,中国黄牛已有半数以上的品种开展过细胞遗传学研究,其研究结果在品种鉴定、品种分类、选种选配、疾病诊断等方面发挥了重要作用。中国黄牛的染色体数为 $2n=60$,29 对常染色体全为端着丝粒染色体,X 染色体为双臂亚中着丝粒染色体,Y 染色体为中、亚中或端着丝粒染色体。母牛核型为 60,XX,公牛核型为 60,XY。中国黄牛染色体的多态性主要表现在 Y 染色体形态的多态性、大小的多态性、分带特征的多态性等方面。正常黄牛染色体的畸变有一定的类型和频率,存在染色体的多倍体、二倍体/五倍体嵌合体、染色体间隙、染色单体裂隙、染色单体缺失、染色单体断裂、染色体断裂和断片等。严重的染色体变异会造成性状的改变,也会对生产性能产生影响,如性染色体三体和单体、XX/XY 嵌合体、罗伯逊易位、常染色体的三体和单体等。染色体的研究在牛的遗传育种中有重要作用,通过染色体标记可进行黄牛起源进化的探讨、品种分类、品种选育、环境监测、性别诊断和控制等。

参 考 文 献

薄吾成. 1989. 试论中国黄牛渊源. 黄牛杂志, 4(48): 14-16.
常洪. 1995. 家畜遗传资源学纲要. 北京: 中国农业出版社.
陈宏. 1987. 牛的染色体研究简况及其应用. 黄牛杂志, 4(40): 34-38.
陈宏. 1990. 中国四个地方黄牛群体的染色体研究. 西北农业大学硕士学位论文.
陈宏. 1991. 中国四个地方黄牛品种染色体的研究(摘要). 黄牛杂志, 17(2): 8-10.
陈宏, 雷初朝, 邱怀. 2000. 三个黄牛品种染色体的 G 带模式图研究. 西北农业大学学报, 28(2): 54-59.
陈宏, 刘丹利, 李俊霞. 1995a. 丹麦红牛的染色体分析. 黄牛杂志, 21(2): 8-10.
陈宏, 邱怀. 1994a. 秦川牛 Y-染色体多态性与精液品质、体尺及外貌特征关系的探讨. 黄牛杂志, 20(2): 14-15.
陈宏, 邱怀. 1994b. 通过银染核仁组织区(Ag-NORs)多态性对牛品种间遗传关系的探讨. 黄牛杂志, 20(3): 3-5.
陈宏, 邱怀. 1994c. 四品种黄牛正常牛体细胞染色体畸变分析. 黄牛杂志, 20(4): 1-2.
陈宏, 邱怀. 1995. 陕西延安蒙古牛群体的染色体研究. 黄牛杂志, 21(3): 12-14.
陈宏, 邱怀, 何福海. 1995. 岭南牛的染色体分析. 西北农业大学学报, 23(2): 40-44.
陈宏, 邱怀, 刘成玉, 等. 1996. 西镇牛染色体的研究. 黄牛杂志, 22(2): 16-19.
陈宏, 邱怀, 詹铁生. 1993b. 中国四个地方黄牛品种性染色体多态性的研究. 遗传, 15(4): 14-17.
陈宏, 邱怀, 詹铁生. 1994. 黄牛品种银染核仁组织区(Ag-NORs)多态性的研究. 西北农业大学学报, 22(4): 18-22.
陈宏, 邱怀, 詹铁生, 等. 1993a. 秦川牛染色体的研究. 畜牧兽医学报, 24(1): 17-21.
陈宏, 徐廷生, 雷初朝, 等. 2001. 黄牛 Ag-NOR 染色体联合的类型和频率. 遗传, 23(6): 526-528.
陈琳, 于汝梁, 陈幼春. 1988. 海南黄牛染色体的初步观察. 中国畜牧杂志, (5): 29-30.
陈文元, 王喜忠, 王子淑, 等. 1980. 牦牛(Bos grunniens)染色体的研究. 中国牦牛, 1: 41-44.

陈文元, 王喜忠, 王子淑, 等. 1981. 牦牛(*Bos grunniens*)染色体的研究. 细胞生物学杂志, (2): 9-12.
陈文元, 王喜忠, 王子淑, 等. 1990. 牦牛、黑白花牛及其杂交后代的染色体研究. 中国牦牛, 8: 23-27.
陈宜峰, 单祥年, 曹筱梅, 等. 1978. 云南野牛的染色体. 遗传学报, 5(3): 249-250.
陈幼春. 1987. 关于中国牛种分类标准的商榷. 中国黄牛, 2(37): 10-12.
陈智华, 钟金城, 邓晓莹, 等. 1995. 西藏黄牛染色体的研究. 黄牛杂志, 21(4): 1-2.
村松晋. 1982. 关于牛的染色体研究. 国外畜牧学-草食家畜, 4: 25-26.
村松晋. 1988. 动物染色体. 哈尔滨: 黑龙江人民出版社.
高导良弘. 1987a. 有关家牛染色体异常的最新研究(1). 岳治权译. 中国黄牛, 2: 89-93.
高导良弘. 1987b. 有关家牛染色体异常的最新研究(2). 岳治权译. 中国黄牛, 3: 71-74.
龚荣慈, 张成忠, 冯蜀举, 等. 1992. 四川黄牛的分类地位与染色体G带核型研究. 黄牛杂志, (1): 19-24, 93, 2.
郭爱朴. 1983. 牦牛、黄牛及其杂交后代犏牛的染色体比较研究. 遗传学报, 10(2): 137-148.
郭爱朴, 郭丹玲, 张守仁, 等. 1982. 中国北方黑白花奶牛银染核仁组织区(Ag-NORs)的研究. 畜牧兽医学报, 13(8): 152-160.
郭爱朴, 郭丹玲, 张守仁, 等. 1983. 黑白花奶牛白血病病例的染色体观察. 畜牧兽医学报, 14(3): 201-206.
黄右军. 1989. 三品种杂交水牛及其亲、子代染色体的研究. 畜牧兽医学报, 20(2): 123-128.
贾敬肖, 张莉, 张永明, 等. 1987. 黑白花奶牛的XX/XY嵌合体一例. 遗传, 9(5): 22.
雷初朝, 陈宏, 胡沈荣. 2000a. Y染色体多态性与中国黄牛起源和分类研究. 西北农业学报, 9(4): 43-47.
雷初朝, 陈宏, 詹铁生, 等. 2000b. 晋南种公牛染色体监测. 西北农业大学学报, 28(6): 110-114.
李野. 1980. 家畜染色体研究及其在生产上的应用. 国外畜牧学-草食家畜, 2: 49-50.
李智乾. 1987. 牛不同品种细胞遗传学的比较分析. 畜牧学文摘-遗传繁育, 3: 3-4.
吕群. 1979. 几种家畜淋巴细胞培养方法和染色体组型. 遗传, 3(2): 29-31.
马正蓉, 丁斐, 俞秀璋, 等. 1980. 牛染色体的G带、C带、姐妹单体互换的观察. 动物学研究, 1(3): 313-316.
门正明, 韩建林. 1988. 四个品种黄牛染色体组型及其Y染色体多态性的研究. 甘肃农业大学学报, 2: 39-34.
齐福印. 1988. 科尔沁牛染色体14/24易位的初步研究. 兽医大学学报, (3): 243-245.
邱怀, 武彬. 1987. 中国黄牛血液蛋白多态性与其遗传关系. 西北农业大学学报, 15(4): 1-7.
单祥年, 陈宜峰, 罗丽华, 等. 1980a. 我国黄牛属(*Bos*)五个种的染色体比较研究. 动物学研究, 1(1): 75-81.
单祥年, 陈宜峰, 罗丽华, 等. 1980b. 大额牛核型分析. 遗传, 2(5): 25-27.
王清义. 1990. 牛罗伯逊易位的分布及其影响. 黄牛杂志, 2(50): 9-11.
吴醒夫. 1983. 人类染色体命名国际标准化. 昆明: 云南人民出版社.
武彬. 1984. 中国部分黄牛血液蛋白多态性和同工酶及其品种间遗传关系的初步研究. 西北农业大学硕士学位论文.
西北农学院畜牧系遗传组. 1988. 秦川牛染色体核型分析. 中国黄牛, 3: 17-20.
辛彩云, 于汝梁, 李绍宏, 等. 1993. 温岭高峰牛的染色体研究. 黄牛杂志, (1): 21-25, 95, 2.
辛彩云, 于汝梁, 斯琴. 1994. 乌珠穆沁牛的染色体研究. 遗传, (1): 20-22.
于汝梁, 陈琳, 陈幼春. 1989. 峨边花牛的染色体分析. 黄牛杂志, (1): 10-11.
于汝梁, 陈琳, 王丹冰, 等. 1986. 内蒙西门塔尔牛染色体1/29易位的初步研究. 畜牧兽医学报, 17(1): 1-6.
于汝梁, 陈琳, 辛彩云, 等. 1991. 中原地区四个黄牛的品种Y染色体多态性及其在黄牛品种分类中的意义. 畜牧兽医学报, 22(4): 132-133.
于汝梁, 辛彩云, 陈琳. 1993. 中国黄牛Y染色体多态性及品种起源演变的探讨. 中国农业科学, (5):

61-67, 101-103.

于汝梁, 辛彩云, 李绍宏, 等. 1990. 温岭高峰牛的染色体易位(简报). 黄牛杂志, 3(51): 21.

余桂馨, 张成忠, 钟光辉, 等. 1983. 西门塔尔牛双生间雌个体遗传的初步分析. 昆明: 全国动物染色体组型及斑带学术讨论会.

俞英, 文际坤, 朱芳贤, 等. 1996. 云南文山黄牛和迪庆黄牛的遗传多样性比较研究. 黄牛杂志, (S1): 50-55.

詹铁生, 袁志发, 柳万生. 1989. 银染核仁组织区(Ag-NOR)与家猪品种的起源进化. 畜牧兽医学报, 20(1): 1-6.

张榜, 杨继元. 1990. 岭南牛. 黄牛杂志, 2(50): 66-67.

张成忠, 龚荣慈, 徐亚欧, 等. 1992. 四川黄牛的研究. 黄牛杂志, (2): 11-17.

张莉, 贾敬肖, 陈宏. 1986. 秦川牛的二倍体/五倍体的嵌合体. 西北大学学报自然科学版, 16(1): 65-68, 125.

朱海, 李远超, 刘肖, 等. 1990. 新疆褐牛染色体罗伯逊 1/29 易位的发现及对牛繁殖性能的影响. 全国畜禽遗传标记研讨会交流材料.

Яковлев А. 1986. 细胞遗传学在提高牛繁殖品质上的作用. 李远超译. 国外畜牧学-草食家畜, 6: 31-34.

Графодатский АС. 1982. 几种农畜染色体组型的进化特点. 王朝芳译. 国外畜牧学-草食家畜, 3: 5-7.

Di Berardino D. 1981. Ag-NORs variation and banding homologies in two species of *Bubalus bubalis* and *Bos taurus*. Can J Genet Cytol, 23: 89-99.

Di Berardino D. 1985. The high resolution RBA-banding pattern of bovine chromosomes. Cytogenet Cell Genet, 39: 136-139.

Di Berardino D, Lannuzzi L. 1982. Detailed description of R-banded bovine chromosomes. The Journal of Heredity, 73: 434-438.

Bloom SE. 1976. An improved technique for selective silver staining of NOR in human chromosomes. Hum Genet, 34: 199-206.

Bomsel-Helmreich O. 1965. Heteroploidy and embryonic death. Ciba Foundation Symposium-Preimplantation Stages of Pregnancy. Chichester: John Wiley & Sons, Ltd: 246-269.

Christensen K, Smedegard K. 1978. Chromosome markers in domestic pigs. C-band polymorphism. Hereditas, 88: 269-272.

Christensen K, Smedegard K. 1979. Chromosome markers in domestic pigs. A new C-band polymorphism. Hereditas, 90: 303-304.

Crossley R, Clarke A. 1962. The application of tissue culture techniques to the chromosoma 1 analysis of *Bos taurus*. Genet Res, 3: 167-168.

Diamond JR, Dunn HO, Howell WM. 1975. Centromeric and telomeric staining regions in the chromosomes of cattle (*Bos taurus*). Cytogenet Cell Genet, 15: 332-337.

Eldridge FE. 1975. High frequency of a Robertsonian translocation in on herd of Bvitish White cattle. Vet Rec, 97: 71-72.

Evans HJ, Buckland RA, Sumner AT. 1973. Chromosome homology and heterochromatin in goat, sheep and ox studied by banding techniques. Chromosoma, 42: 383-402.

Fechheimer NS. 1979. Cytogenetics in animal production. Journal of Dairy Science, 62: 844-853.

Ford CE, Pollock, Gustavsson L. 1980. Proceeding of the first international conference for the standardisation of banded karyotypes of domestic animals. Hereditas, 92: 145-162.

Franklin EE. 1985. Banding of chromosomes and karyotyping. Cytogenetics of livestock. Westport: Avi Publishing Company: 45-59.

Fries R, Stranzinger G. 1982. Chromosoma 1 mutations in pigs derived from X-irradiated semen. Cytogenetic and Genome Research, 34(1-2): 55-66.

Goodpasture C, Bloom SE. 1975. Visualization of nucleolar organizer region in mammalian chromosomes using silver staining. Chromosoma, 53: 37-50.

Gustavsson I, Hageltorn M. 1976. Staining technique for definite identification of individual cattle

chromosomes in routine analysis. The Journal of Heredity, 67: 175-178.
Gustavsson I, Hageltorn M, Zech L. 1976. Recognition of the cattle chromosomes by the Q-and G-banding techniques. Heredita, 82: 157-166.
Gustavsson I. 1977. Cytogenetic analysis of chromosome 2 current utilization and speculation of future applications. Ann Génét Sél anim, 9(4): 459-462.
Gustavsson I. 1978. Distribution and effects of the 1/29 translocation cattle. Journal of Dairy Science, 62: 825-835.
Gustavsson I, Rockborn G. 1964. Chromosome abnormality in three cases of lymphatic leukaemia in cattle. Nature, 203(4948): 990.
Halnan CRE. 1976. A cytogenetic survey of 1101 Australian cattle of 25 different breeds. Ann Génét Sél anim, 8(2): 131-139.
Hare WCD, Elizabeth L Singh. 1987. Cytogenetics in Animal Reproduction. Commonwealth Agricultural Bureaux, Farnham Royal.
Henderson LM, Bruère AN. 1977. Association of nucleolus organiger chromosomes in domestic sheep shown by silver staining. Cytogenet Cell Genet, 19: 326-334.
Henderson LM, Bruère AN. 1979. Conservation of nucleolus organizer regions during evolution in sheep, goat, cattle and aoudad. Can J Genet, 21: 1-8.
Kieffer NM, Patnak S. 1976. The G-and C-banding characteristics of four species of bovidae. Journal of Animal Science, 43: 219.
Kieffer NT, Cartwright TC. 1968. Sex chromosomes polymorphism in domestic cattle. Journal of Heredity, 59: 34-36.
Krallige H. 1927. Über die Chromosomenforschung in der Saugetierklasse. Anat Anz, 63: 209-214.
Lei CZ, Chen H, Zhang HC, et al. 2006. Origin and phylogeographical structure of Chinese cattle. Animal Genetics, 37: 579-582.
Levan A, Fredga K, Sandberg AA. 1964. Nomenclature for centromeric position on chromosomes. Hereditas, 52: 201-202.
Lin CC, Newton DR, Church RB. 1977. Identification and nomenclature for G-banded bovine chromosomes. Can J Genet Cytol, 19: 271-282.
Makino S. 1944. Karyotypes of domestic cattle, zebu and domestic buffalo (Chromosome studies in domestic mammals). Cytologia, 13: 247-262.
Marcum J B. 1970. Sex-chromosome chimerism in bovine freemartins. Univ. Missouri Columbia. Dissertation Abstracts, Vol.30: 3504-B to 3505-B.
Mayr B, Hruber K. 1987. Nucleolus organizer regions and heterochromatin in the zebu (*Bos indicus* L.). Theoretical and Applied Genetics, 73: 832-835.
Mezzelani A, Castiglioni B, Eggen A, et al. 1996. T-banding pattern of bovine chromosomes and karyotype reconstitution with physically mapped cosmids. Cytogenetic and Genome Research, 73(3): 229-234.
Patnak S. 1979. Cytogenetic research techniques in humans and laboratory animals that can be applied most profitably to livestock. Journal of Dairy Science, 62: 836-843.
Popescu CP. 1973. L'hétérochromatine constitutive dans le caryotype bovin normal et anormai. Ann Génét Sél anim, 16: 183-188.
Popescu CP. 1977. Les anomalies chromosomiques des bovins (*Bos taurus* L.). Etat actuel des connaissances. Ann Génét Sél anim, 9: 463-470.
Potter WL, Upton CP, Cooper J, et al. 1979. C- and G-banding patterns and chromosoma 1 morphology of some breeds of Australian cattle. Australian Veterinary Journal, 55: 560-567.
Potter WL, Upton PC. 1979. Y chromosome morphology of cattle. Australian Veterinary Journal, 55: 539-541.
Sasaki MS, Makino S. 1962. Revised study of the chromosomes of domestic cattle and horse. Journal of Heredity, 53: 157-162.
Schnedl W. 1972. Giemsa banding, Quinacrine fluorescence and DNA-replication in chromosomes of cattle (*Bos taurus*). Chromosoma, 38: 319-328.

Tuck-Muller CM, Bordson BL, Varela M, et al. 1984. NOR association with heterochromatin. Cytogenet Cell Genet, 38: 165-170.

Warburton D, Atwood CK, Henderson SA, et al. 1976. Variation in the number of genes for rRNA among human acrocentric chromosomes with frequency of satellite association. Cytogenet Cell Genet, 17: 221-230.

Wijeratne W V, Munro I B, Wilkes P R. 1977. Heifer sterility associated with single-birth freemartinism. The Veterinary Record, 100(16): 333-336.

（陈宏编写）

第七章 中国黄牛分子数量遗传学研究

吴仲贤教授指出：孟德尔遗传学是第一代遗传学，它和数学相结合产生了第二代遗传学——群体遗传学，群体遗传学又和统计学相结合产生了第三代遗传学——数量遗传学。数量遗传学的主要任务之一是利用表型记录、系谱资料和遗传参数通过数学模型来预测个体的育种值及生产潜能，用于选种。数量性状受多基因控制，但经典数量遗传学将这些基因看成一个整体，并未涉及任何基因组 DNA 序列信息，数量性状对我们而言依然是个"黑箱"。分子生物学和遗传学的发展，特别是分子标记的出现，使得在 DNA 水平上研究数量性状成为可能。由此，数量性状的遗传研究进入了分子数量遗传学（也称现代数量遗传学）时代。分子数量遗传学继承了传统数量遗传学的核心内容，以分子标记技术为手段来对数量性状基因进行定位、克隆和功能研究，最终达到从分子水平上改良数量性状的目的。

第一节 分子数量遗传学的研究内容和方法

随着分子标记的开发、高通量测序技术的成熟和基因组定点编辑技术的出现，分子数量遗传学的研究内容不断发展和丰富。基于分子标记可以定位黄牛数量性状位点（quantitative trait locus，QTL）（控制数量性状表型的 DNA 位点或片段），确定该位点的表型贡献率，同时利用位于 QTL 侧翼的标记结合个体估计育种值进行分子标记辅助选择（molecular marker assisted selection，MAS），实现黄牛的早期选种。分子标记的高通量分型技术使分子标记辅助选择进入基因组选择（genomic selection，GS）阶段，基因组选择是指通过覆盖全基因组范围内的高密度分子标记估计出不同染色体片段或单个标记效应值，然后将个体全基因组范围内片段或标记效应值累加，获得基因组估计育种值（genomic estimated breeding value，GEBV），进行育种值估计，可以简单理解为全基因组范围内的分子标记辅助选择。基因组选择的出现在一定程度上弱化了基于 QTL 定位的分子标记辅助选择，但 QTL 的定位，特别是主效基因的鉴定，却是实施黄牛基因编辑的前提。基因编辑技术对快速培育畜禽新品种（系）具有重要作用，是未来动物育种不可或缺的技术手段。

一、分子标记辅助选择与 QTL 定位技术

（一）数量遗传学的基本概念

数量遗传学是根据遗传学的基本原理，运用适宜的遗传模型和数理统计分析方法，分析数量性状遗传规律的学科。方差分析是数量遗传学研究的基本方法，生物群体的表

型方差（phenotypic variance，V_P）被剖分为基因型方差（genotypic variance，V_G）和环境方差（environmental variance，V_E），并进一步将基因型方差分解为加性效应方差（additive effect variance，V_A）、显性效应方差（dominance effect variance，V_D）和上位效应方差（epistatic effect variance，V_I）（刘榜，2019）。

$$V_P = V_A + V_D + V_I + V_E$$

其中，加性效应是指基因位点内等位基因之间以及非等位基因之间的累加效应，是上下代遗传中可以固定的遗传分量；显性效应是指基因位点内等位基因之间的互作效应，是可以遗传但不能固定的遗传分量；上位效应是指不同基因位点的非等位基因之间相互作用所产生的效应。根据以上遗传模型，经典数量遗传学提出了定量描述数量性状遗传规律的 3 个最基本且重要的遗传参数：遗传力（heritability）、重复力（repeatability）和遗传相关（genetic correlation）。遗传力是育种值变量（V_A）在表型变量（V_P）中所占的比率，反映的是可以稳定遗传给下一代的基因型效应；重复力是同一数量性状多次度量值之间的组内相关系数，可以反映表型稳定性；遗传相关是指不同性状之间的相关性，反映的是当对某一性状进行选种时，另一性状表型可能会随之降低或升高。这些经典数量遗传学中的概念在分子数量遗传学中同样适用。

（二）数量性状主效基因的判定

在控制一个性状的所有基因位点中，通常都存在一个或数个效应较大的基因，它们能单独解释表型总变异的 10%~50% 甚至更多，当其中一个位置明确的基因效应达到一定阈值时，即可将该位置处的基因称为主效基因。通常认为效应在 0.5~1 个表型标准差以上的基因可称为主效基因，它在动植物中普遍存在，服从孟德尔分离规律。在 DNA 标记出现以前，利用经典数量遗传学的统计分析（孔繁玲，2006），可以实现数量性状主效基因的定性检测，但无法确定其表型效应大小，也无法实现其基因组定位。

1. 多峰分布检测

主效基因在分离群体中会形成表型的多峰分布。检测多峰分布特征的最好方法是利用两个极端表型品系（品种）杂交的子代群体，当主效基因的等位基因为不完全显性和超显性时，F_2 代群体的表型分布会出现 3 个峰值，回交群体的分布出现两个峰值。

2. 非正态性检验

虽然一个主效基因的效应大小不足以形成多个明显的峰值，但会使分布的正态性发生偏离。通过分离群体性状值分布的正态性检验，可对主效基因进行鉴别。

3. 方差同质性检验

一个杂交组合产生很多家系时，若存在主效基因，那么不同家系中其分离情况不同，这会使各家系的方差不同质。通过家系方差的同质性检验，可对主效基因进行鉴别。

4. 亲子相似分析

若没有主效基因存在，则子代均值更接近双亲均值；若存在主效基因，则子代均值将偏向某一亲本。

5. 极大似然分析

这种方法是在一系列假设下，利用分离群体的性状观测值，根据多峰分布原理，构造观测值的极大似然函数，通过极大似然比来判断有关假设是否成立，从而判断该性状是由单个主效基因控制，还是由微效多基因控制或由主效基因和微效多基因共同控制，而且可同时估计主效基因的基因频率和加性效应、显性效应。与上述各种方法相比，其统计功效相对较高。

（三）QTL 定位

DNA 标记的出现和应用使 QTL 定位和表型效应估计成为可能。在早期基因组扫描研究中，由于分子标记密度不够，鉴定出的 QTL 通常是一段较长的 DNA 片段，其可能包含了多个基因。此时，可以在该区域内选择覆盖密度更高的 DNA 标记并扩大资源群体数量做进一步的精细定位，或者利用候选基因分析进行进一步筛选和验证。到目前为止，Animal QTLdb 数据库中已经收录了国际上发表的影响猪 646 个性状的 25 610 个 QTL，影响鸡 380 个性状的 7812 个 QTL，影响牛 574 个性状的 99 652 个 QTL，影响羊 225 个性状的 1658 个 QTL。由于 QTL 定位区间一般在 10 cM 以上，定位精度远不能满足对单个基因效应的识别，难以进行功能基因的分离和克隆。随着第三代分子标记 SNP 的出现和高通量 SNP 芯片及高通量测序技术的诞生，全基因组关联分析（genome-wide association study，GWAS）策略应运而生。它使得 QTL 的定位和表型效应估算实现以碱基为单位，即每个显著关联的分子标记代表一个 QTL。中国农业大学在国内外首次利用 Illumina 生产的牛商用 50 K SNP 芯片开展了奶牛产奶性状的 GWAS，检测到与产奶量、乳脂量、乳蛋白量、乳脂率和乳蛋白率显著相关的 75 个重要候选基因，并验证了 *GPIHBP1* 基因影响奶牛乳脂性状的分子机制。随后陆续开展了奶牛乳成分、乳房炎、体型、繁殖以及公牛精子质量等性状的 GWAS。

1. 候选基因分析

候选基因是指已知生物学功能和序列，并参与目标性状生长发育过程或可能会导致目标性状表型大幅变异的功能基因（包括非编码 RNA）。候选基因分析（candidate gene approach）的基本原理是假设所选标记或基因本身就是影响性状的主效基因，根据已有的生理、生化背景知识，直接从已知或潜在的基因中挑选出可能对该性状有影响的候选基因，也可利用比较医学、比较基因组学等的研究结果，将其他物种（如人类、小鼠等）中发现的控制某些同类或相似性状的基因作为畜禽经济性状的候选基因。选定候选基因后，利用分子生物学技术研究这些基因和相关的 DNA 标记对某种数量性状的遗传效应，筛选出对该数量性状有影响的主效基因和 DNA 标记，并估计出它们对数量性状的效应值。候选基因分析已被广泛应用于猪、牛、羊等家畜重要经济性状的 QTL 检测上。一个比较经典的范例是美国学者 Rothschild 等通过研究发现雌激素受体基因（*ESR*）是控制猪产仔性状的重要候选基因。另外，牛的双肌（double-muscular）基因[又称肌生成抑制蛋白（myostatin）基因，*MSTN*；又称 *GDF8*]和绵羊多羔基因（*FecB*）也是应用此方法鉴定出的影响牛的肌肉生长和绵羊产仔数的重要基因，并且已经应用于育种实践（张慧等，2010）。

候选基因分析的一般步骤包括：①选择可能的候选基因，确定待扩增基因的局部片段；②根据待扩增局部片段的序列信息设计用于扩增基因的引物序列；③检测扩增片段内的突变，根据突变建立高效简便的基因分型技术以揭示候选基因内的多态性；④选择用于进行候选基因分析的群体，获取目标性状的表型资料，并对群体内每个个体进行基因型检测；⑤分析候选基因多态性与生产性状变异的关系；⑥为了排除候选基因与控制目标性状的 QTL 在分析群体中暂时处在连锁不平衡状态，需要进一步证实所发现的候选基因与性状关系的真实性。畜禽候选基因效应的真实性通常是通过同一群体的更多世代或不同群体是否具有相同或类似遗传效应来进一步印证的。

候选基因分析具有不需要特殊试验设计、统计检验效率较高、成本低廉、操作简便、检测方案易于实施、适用于除高度连锁不平衡群体之外的任何群体以及可直接运用于分子育种实践等优点。不过，候选基因分析的缺点也很明显。一方面，确定候选基因是一个含有较多主观推测成分的过程，候选基因效应的真实性在畜禽中缺乏有效的分子生物学验证手段，而与之配套的下游统计分析方法亦不能直接判定所筛选的候选基因是目标性状的主效基因还是与 QTL 连锁的间接标记；另一方面，人们确定候选基因多基于激素调控、生化路径、比较生物学等背景信息，这使得可用的候选信息十分有限，信息瓶颈的限制已成为候选基因分析最明显的缺点之一。

2. 基因组扫描法

基因组扫描法（genome scanning approach）的基本原理是：当多态 DNA 标记与 QTL 存在连锁不平衡时，因为不同距离的 DNA 标记与 QTL 的连锁紧密程度不同，标记基因型间的均值因 QTL 不同基因型的作用而呈现差异，DNA 标记与 QTL 间的连锁距离越远，DNA 标记与 QTL 间的重组率越高，高重组率会使更多比例的低值 QTL 基因型"掺入"本来代表高值 QTL 基因型的标记基因型中，这样标记基因型间的均值差异就小，反之则大。根据这一原理可借用统计分析手段将各个标记与 QTL 间的关联程度检测出来。补充说明一下，所谓连锁不平衡（linkage disequilibrium，LD）是指基因组中不同基因座间存在的非随机关联，即不同基因座的非等位基因间的非随机组合。一般来说，连锁不平衡程度越大，两位点重组率越小，遗传距离越近。遗传距离一般用厘摩（cM）表示，1 cM 意味着1%的重组率。据此，可以实现 QTL 的定位。

QTL 定位的基本步骤：①构建作图群体，选择数量性状具有相对差异的近交系或远交群体（家系），进行杂交或选配，获得分离世代群体或系谱信息完整的分离家系；②选择合适标记，检测分离群体内个体各标记的基因型，构建遗传图谱；③进行严格的性能测定，获得个体的准确表型值；④分析 DNA 标记和 QTL 之间是否存在连锁，检测 QTL 的位置，并估计相应参数。需要说明的是，虽然统计模型的配合和算法的选择在基因组扫描分析中很重要，但基因组扫描结果的正确性主要取决于所用资源群体的质量，而一个资源群体质量的高低又主要取决于该群体内个体在世代传递过程中由减数分裂积累的有效重组事件数目,以及性状表型值测定的准确性。Karim 等(2011)通过基因组扫描法结合分子生物学试验方法成功地分离了猪 *IGF2* 基因、绵羊 *MSTN* 基因和黄牛 *PLAG1* 基因。

连锁分析按定位时所涉及分子标记数目可分为单标记定位法、区间定位法和复合区间定位法等;按参数估计的算法可分为方差分析法、回归分析法、最大似然法和贝叶斯法等;按参数分布假设可分为参数分析法和非参数分析法;按研究群体的性质可分为近交系杂交法(如 F_2 设计法和回交设计法)和远交分离群体分析法(如女儿设计和孙女设计)等。

(1) 单标记定位法

单标记定位法通过检测单个标记与QTL是否连锁来判断某标记附近是否存在QTL,估计其重组率并分析其遗传效应。其基本思想是,若某标记附近存在 QTL 或标记本身就属于 QTL,则标记与 QTL 存在部分连锁或完全连锁。此时,在分离群体中,不同标记基因型的个体携有某种 QTL 基因型的概率会不相等,从而导致不同标记基因型个体的性状均值出现差异。

利用 t 检验对 DNA 标记与性状进行关联检测,在共显性情况下,有 3 种标记基因型,其中 DNA 标记的加性效应估计值(两个纯合子表型差异的平均值):

$$\bar{a} = \frac{m_2 - m_0}{2}$$

其方差为

$$V_A = \frac{1}{4}\left(\frac{m_2}{n_2 - 1} + \frac{m_0}{n_0 - 1}\right)$$

DNA 标记的显性效应估计值(杂合子表型与纯合子表型均值的差值):

$$\bar{d} = m_1 - \frac{(m_2 + m_0)}{2}$$

其方差为

$$V_D = \frac{S_1^2}{n_1 - 1} + \frac{1}{4}\left(\frac{S_2^2}{n_2 - 1} + \frac{S_0^2}{n_0 - 1}\right)$$

式中,m_0、m_1、m_2 分别代表 3 种基因型的样本均值,m_1 为杂合子样本均值;n_0、n_1、n_2 分别代表 3 种基因型的样本容量;S_0、S_1、S_2 分别代表 3 种基因型的样本标准差。

单标记定位法一次只分析一个标记,可判断标记与 QTL 是否连锁,在连锁的情况下可采用极大似然估计等方法来估算重组率和 QTL 的效应,但单标记定位法存在如下缺点:①不能确定 QTL 的位置;②不能判断与标记连锁的 QTL 的数目;③一般需要较大的样本容量。因此,单标记定位法已逐渐过渡到双标记甚至多标记分析。

(2) 区间定位法

针对单标记定位法存在的不足,采用双标记分析。一般双标记分析采用的是区间定位法,一次分析两个相邻的标记,可以判断两个标记之间是否存在 QTL 及其位置和效应。对两个标记位点所包括的区间,计算出相应的对数优势比(logarithm of the odd score,LOD 值),将同一连锁群体上所有标记的 LOD 值连接起来,即得到表示

QTL 可能位置的 QTL 似然图谱。QTL 位置可估计为似然图谱上曲线最高处所对应的位点。然而,双标记分析与单标记定位法一样,一次用到的标记数少,未能充分利用标记的全面信息,分析结果会受到其他 QTL 的干扰,这往往会得出不精确甚至错误的结论,在同一染色体上存在多个 QTL 时尤为如此。多标记分析可克服这一缺陷。

(3) 复合区间定位法

多标记分析是同时利用多个标记进行 QTL 作图分析。由于同时在多个标记位置检测 QTL,在数学上不易实现,所以往往在分析一个标记区间时利用其他标记的信息。具有代表性的是复合区间定位法。这种方法是区间定位法的改进,在进行双标记的区间分析时,利用多元回归控制其他区间内可能存在的 QTL 的影响,从而提高 QTL 位置和效应估计的精度,这在同一连锁群上存在多个 QTL 的情况下尤为有效。因此,复合区间定位法是在实际研究中应用较为广泛的一种 QTL 定位方法。

用常规连锁分析估计出的 QTL 位置的置信区间一般都在 10 cM 以上,当 QTL 粗略定位后,可在该区域内选择覆盖密度更高的 DNA 标记并扩大资源群体数量做进一步的精细定位,将其定位于更狭小的区域,再结合候选基因分析策略就可能找到该性状的主效基因。

3. 全基因组关联分析

动物重要经济性状的全基因组关联分析（genome-wide association study, GWAS）原理是借助分子标记,进行总体关联分析,在全基因组范围内选择遗传变异进行基因分型,统计分析每个变异与目标性状之间的关联性大小,选出最相关的遗传变异进行验证,并根据验证结果最终确认其与目标性状之间的相关性,如与牛体高显著相关的主效基因 *HMGA2* 的鉴定。

GWAS 的具体方法与传统的候选基因分析相似。最早主要是用单阶段方法,即选择足够多的样本,一次性地在所有研究对象中对目标分子标记进行基因分型,然后分析每个标记与目标性状的关联,统计分析关联强度。目前,GWAS 主要采用两阶段或多阶段方法。在第一阶段用覆盖全基因组范围的 SNP 进行对照分析,统计分析后筛选出较少数量的阳性标记,第二阶段或随后的多阶段中采用更大样本的对照样本群进行基因分型,然后结合两阶段或多阶段的结果进行分析。这种设计需要保证第一阶段筛选与目标性状相关标记的敏感性和特异性,尽量减少分析的假阳性或假阴性,并在第二阶段应用大量样本群进行基因分型验证。需要指出的是,关联分析不等同于连锁分析。虽然连锁是引起关联的一个重要原因,但关联也可以由其他非连锁的原因引起,如自然群体中选择、突变和迁移的因素会造成群体结构的分层和群体的混合等。如果样本的随机性得不到充分保证,或没有很好地估计出群体结构差异对连锁不平衡产生的影响,关联分析有可能得到假阳性的连锁结果,因此在进行关联分析前需要用适当数量、分布均匀且稳定可靠的共显性标记对群体进行结构分析和调整。

(四) 分子标记辅助选择

QTL 一旦得到定位,确定了该位点对表型的贡献率,就可以利用分子标记直接进行分子标记辅助选择 (molecular marker assisted selection)。分子标记辅助选择通过提高标记在育种群体中的基因频率来间接提高有利 QTL 基因频率，从而提高全群的遗传进展水平。与传统选择方法相比，分子标记辅助选择有以下突出优点：一是除利用了传统选择用到的表型、系谱信息外，还充分利用了遗传标记的信息，因而具有更大的信息量；二是由于分子标记辅助选择不易受环境的影响，且没有性别、年龄的限制，因而允许进行早期选种，可缩短世代间隔，提高选择强度，从而提高选种的效率和准确性；三是对于低遗传力性状和难以测量的性状（如肉质性状等），其优越性更为明显。

二、分子标记的高通量分型技术与基因组选择

尽管基于 QTL 定位的分子标记辅助选择在畜禽育种中已经取得了很大进展，但由于畜禽的重要经济性状为多基因控制，仅仅用鉴定出的一个或少数几个基因解释性状的变异是不全面的，微效基因累加起来所带来的表型变异却被忽视了，因此分子标记辅助选择存在一定的局限性。理想的方法是在全基因组层面上充分利用基因组的信息鉴定出影响目标性状表型变异的所有分子标记并对其利用，这就是近年来提出的基因组选择。

基因组选择（genomic selection，GS）的思想是 Meuwissen 等于 2001 年最早提出来的。结合表型性状以及系谱信息，通过覆盖全基因组范围内的高密度标记进行育种值估计，可以简单地理解为全基因组范围内的分子标记辅助选择。随着芯片和测序技术的快速发展，高通量 SNP 标记检测成本不断降低，使得基因组选择技术应用于育种实践成为可能（杨宁和姜力，2018）。

（一）分子标记的高通量分型技术

高通量的分子标记分析是实施基因组选择的前提。值得注意的是，GWAS 和基因组选择均需要分子标记的高通量分型技术，前者是通过鉴定与表型显著关联的分子标记，用于分子标记辅助选择、作为基因编辑的位点或通过赋予适当权重用于基因组选择，而后者是通过分子标记的分型，结合表型性状以及系谱信息，获得基因组估计育种值（genomic estimated breeding value，GEBV）。在动物育种中，最常用的分子标记是单核苷酸多态性（single nucleotide polymorphism，SNP），全基因组 SNP 分型是复杂性状遗传机理解析和基因组选择的基础。高通量 SNP 分型技术，包括 SNP 芯片分型、简化基因组测序分型以及重测序分型，这些技术已应用于动物育种中。由于基于全基因组测序的变异能够直接包含因果突变位点而不依赖于突变位点与 QTL 的连锁，因而有学者推测未来 5~10 年基于全基因组测序的基因组选择会广泛应用于动物育种中。但当前较高的分型成本和较低的经济回报限制了基于全基因组测序的分型技术在基因组选择中的应用。目前应用较多的是低成本的全基因组分型策略，即在可承受的测序成本范围内，通过测序与填充技术相结合，获得大量符合需求的个体测序信息（袁泽湖，2020）。

1. 基因芯片分型

利用已知的 SNP 位点侧翼的序列设计探针，探针固定在芯片上后，待测定样本的 DNA 与芯片杂交并扫描杂交荧光信号，从而鉴定这些探针位点（SNP 位点）的基因型。

最有代表性的品牌是 Illumina 和 Affymetrix。基因芯片分型本质上是通过对已知 SNP 多态位点的扫描，来确定样本在这个位点的基因型，因此，需要预先知道基因组 SNP 多态性信息（一般来源于大规模重测序），然后筛选 SNP 设计芯片，才能进行后续的基因分型。目前黄牛基因芯片已达到 777 K（Illumina BovineHD BeadChip），即该芯片包含了 777 000 个 SNP 位点，按照黄牛最新版本的参考基因组 ARS-UCD1.2（全长 2 715 837 454 bp），平均每 3.5 kb 包含一个 SNP 位点。

2. 核心个体法

核心个体法的一个重要任务就是从群体中选择合适的核心个体，使填充的准确性最高。Druet 等提出了基于系谱的分子亲缘矩阵（numerator relationship matrix，A）的核心个体选择策略，其核心思想是使测序群体与填充群体的遗传关系最近（De Roos et al., 2011）。第二种策略是使得被选个体的基因组尽可能的独立，即只需使被选个体之间的亲缘关系最远。这两个策略的优点在于仅使用系谱信息就能选出核心个体，不需要增加额外的分型成本。其局限性是对于放牧群体，如绵羊、牦牛等或发展中国家的畜禽群体，获得完整、可靠的系谱信息往往比较困难。对一定数量的核心个体进行深度测序（>10×），随后将这些深度测序的个体作为参考群体对低密度分型的数据进行填充。例如，千牛基因组计划（1000 bull genomes project）以及绵羊基因组数据库计划（sheep genome database project）就是采用的这种分型策略。

3. 低深度测序分型

对群体中所有个体进行低深度测序，随后对缺失的区域进行填充。与核心个体法分型策略不同，低深度测序分型策略通过对大量个体进行低深度测序来获得群体中所有的单倍型而不是寄希望于某几个核心个体携带群体可能的所有单倍型。对于低深度测序分型而言，样本大小和单倍型的多样性能够决定分离位点分型的准确性。此外，对单个个体进行低深度测序分型还有可能将杂合子错判为纯合子。因而，低深度测序分型对于小样本而言不能准确地分型。人类复杂疾病的 GWAS 显示，对于常见变异，如最小等位基因频率（minor allele frequency，MAF）大于 0.2% 的位点，3000 个个体 4× 低深度测序的 GWAS 统计效力与 2000 个个体的 10×GWAS 统计效力相当。在大样本群体（如上万个样本）中即便是 0.1× 测序，也能较为准确地鉴定出变异位点，因而通过低深度测序分型策略在群体水平鉴定变异位点是可行的。在猪的育种中，已有利用低深度测序分型策略进行分型的报道。

无论是何种低成本的全基因组分型技术，其基本的理论基础都是利用最低的成本尽可能多地覆盖群体所有的单倍型，而后利用填充软件进行填充。无论哪种分型策略都需要考虑两个核心问题：一是选择哪些个体进行测序；二是选择的个体测序深度是多少。3 种分型策略有各自的优缺点，基于核心个体的分型策略应用较广，如在奶牛和肉羊的基因组选择中广泛采用这一策略。

（二）基因组选择

基因组选择是通过全基因组中大量的遗传标记估计出不同染色体片段或单个标记

效应值，然后将个体全基因组范围内片段或标记效应值累加，获得基因组估计育种值（GEBV），其理论假设是在分布于全基因组的高密度 SNP 标记中，至少有一个 SNP 能够与影响该目标性状的 QTL 处于连锁不平衡状态，这样使得每个 QTL 的效应都可以通过 SNP 得到反映。相比于最佳线性无偏预测（BLUP）方法，基因组选择可以有效降低计算个体亲缘关系时孟德尔抽样误差的影响。相比于 MAS 方法，基因组选择模型中包括了覆盖全基因组的标记，能更好地解释表型变异。

由于基因组选择需要估计的不同染色体片段或分子标记效应比较多，远远多于有表型记录的个体数，因此会产生自由度不足的问题，为了解决这个问题，数量遗传学家先后提出了 4 种估计方法：最小二乘法（least squares method，LSM）、最佳线性无偏预测（BLUP）、贝叶斯法 A 法（Bayes A）和贝叶斯法 B 法（Bayes B）（尹立林等，2019）。

1. 最小二乘法

最小二乘法假设所有染色体片段或分子标记效应都是相同的。这种方法首先分别检验每一个染色体片段或分子标记，并进行显著性检验，将效应不显著的染色体片段或分子标记的效应设定为 0，之后再估计效应显著的染色体片段或分子标记。这种方法由于设定了显著性水平，因此在进行多重比较时通常将染色体片段效应估计过高，易造成假阳性结果。

2. 最优线性无偏预测

这种方法将染色体片段或分子标记效应设为随机效应，由于估计随机效应时不需要自由度，因此可以对所有的染色体片段效应同时进行估计，但是这种方法假设所有的染色体片段或分子标记效应相同，因而造成效应估计的不准确。

3. 贝叶斯法

贝叶斯法与 BLUP 相似，但是该方法在估计染色体片段或分子标记效应时考虑到存在效应不同的 QTL 的情况。其中贝叶斯法 A 法认为所有 SNP 都有效应，贝叶斯法 B 法是在 A 法的基础上提出来的，该方法假定在整个基因组中只有部分 SNP 有效应，比较符合实际情况，因此使效应的估计更加准确。

自 2009 年起世界上一些奶业发达国家如美国、加拿大首先开始在奶牛育种中使用基因组选择。2012 年，由中国农业大学牵头成功构建了中国唯一的奶牛基因组选择参考群体，该群体包括约 9000 头中国荷斯坦奶牛，并首次使用基因组选择对青年公牛进行遗传评估。基因组选择技术的应用使中国公牛选择准确性提高了 22 个百分点、世代间隔缩短了 4.5 年、遗传进展加快了 1 倍，大大提高了中国自主培育种公牛的能力。该技术已成为农业农村部《全国奶牛遗传改良计划（2021—2035 年）》中的核心技术。中国肉牛基因组选择研究也紧跟国际前沿，2008 年中国农业科学院北京畜牧兽医研究所在内蒙古锡林郭勒盟乌拉盖地区组建了西门塔尔肉牛参考群体，积极开展肉牛基因组选择研究。从 2010 年开始，我国农业部（现农业农村部）委托中国农业科学院北京畜牧兽医研究所组建"国家肉牛遗传评估中心"。截至 2015 年 5 月，已收到来自全国各地 45 家种公牛公司共 3575 头种公牛和全国 10 家肉牛核心育种场延边牛、西门塔尔牛、短角牛、槟榔江水牛、大通牦牛等 5 个品种的核心母牛群的生产性能数据。同时，2015 年完成了国家肉牛遗传评估中心平台软件的开发以及"国家肉牛遗传评估中心"网站（http://www.ngecbc.org.cn/web/index）的建设。并配合农业部良种补贴项目，从 2011 年开始，完成近 8000 头肉用（兼用）种公牛的育种值估计，利用估计育种值筛选的 3810 头种公牛入选 2011~2015 年畜牧良种补贴项目肉用种公牛名单。

三、分子设计育种与基因编辑技术

分子设计育种是指利用已鉴定出的各种重要育种性状 QTL 信息，在充分考虑基因与基因互作和基因与环境互作等因素的基础上，模拟预测各种基因型组合的表型，从中选择符合特定育种目标的基因型组合，利用基因编辑技术在动物个体中实现这种最优基因型组合，达到快速培育新品种（系）的目标，即按需定制基因组。

目前分子设计育种还处于起步阶段，一是控制数量性状的 QTL（因果基因或因果突变）并未完全解析，二是基因编辑技术的效率还不够高，三是基因编辑动物的生产成本还很高，尤其是对于单胎家畜。因果基因或因果突变的鉴定是实施分子设计育种的前提，因果基因的鉴定依赖于该基因发生影响其表达或功能的突变。如果一个基因对表型存在调控作用，但该基因在群体中不发生突变，那么利用常规技术是无法鉴定出来的。一种可行的策略是通过候选基因分析，利用基因编辑技术改变该基因的 DNA 序列，观察个体表型变化。与因果基因的鉴定相比，因果突变的鉴定较为困难，需要从因果基因的众多突变中筛选出真正影响因果基因功能的突变，而不是与因果突变紧密连锁的代理突变（proxy mutation）。因果突变的鉴定对分子标记辅助选择、基因组选择和单碱基编辑具有重要意义。

（一）传统的转基因技术

20 世纪 80 年代以来，转基因技术一直是动物遗传育种领域的研究热点。它在改良动物生产性状、提高畜禽抗病力以及生产人药用蛋白等非常规畜牧产品方面均有着广阔的应用前景。传统的转基因技术是指将已知的外源基因移入动物细胞并随机整合到基因组中，从而使其得以表达的技术，主要包括原核注射、病毒载体等（张霞等，2017）。

1. 原核注射

原核注射是指利用显微注射技术将外源 DNA 导入受精卵的雄原核中，随着受精卵的发育，外源基因随机整合到受精卵的基因组中，将受精卵移植入受体输卵管或子宫中获得转基因动物的方法。与其他转基因方法相比，原核注射简单易行，导入的基因片段大，长度可达 100 kb。缺点是该方法不能用于晚期胚胎。外源 DNA 随机整合入宿主染色体中，筛选插入位点非常困难，在家畜中整合效率较低。

2. 电穿孔

电穿孔是利用脉冲电场临时改变细胞膜的状态和通透性，将外源基因导入细胞内的一种技术。电穿孔之后，外源性 DNA 进入细胞，与基因组随机整合。这是最简单高效的一种将外源基因导入细胞内的方法。因此，很多实验室利用这种方法获得转基因供体细胞以用于体细胞核移植，最终获得转基因动物。但该方法需要在体细胞上进行长期的筛选，导致体细胞的状态不佳，会影响克隆动物的出生率。

3. 病毒载体

常见的用于转基因的病毒载体主要包括慢病毒载体和腺病毒载体。

慢病毒载体来源于慢病毒。慢病毒属于反转录病毒的大家族，能够转导非分裂细胞并且主动运输慢病毒基因组到细胞核。慢病毒载体可以通过与去透明带的合子共培养直接进入胚胎，或通过直接注射进入合子或卵母细胞的卵周隙中。慢病毒进入宿主细胞后，病毒 RNA 基因组反转录成 DNA，然后整合到宿主基因组。与原核注射相比，慢病毒载体法转基因更加高效。例如，将携带绿色荧光蛋白基因的慢病毒感染猪的合子，共出生 46 头仔猪，32 头携带绿色荧光蛋白基因，其中 30 头表达绿色荧光蛋白。慢病毒载体转基因技术还存在一些缺陷。使用慢病毒载体制作转基因动物，由于在胚胎的第一次卵裂中存在多点整合，出生的转基因动物有显著的嵌合，同时癌基因的激活或基因沉默会导致一些不必要的副作用。

腺病毒载体来源于腺病毒。腺病毒属于微小病毒科，具有高效感染哺乳动物细胞的能力（基本上达到 100%），并且能将两侧为反向重复序列的单链 DNA 转入细胞中。病毒 DNA 可以通过随机整合和同源重组的方式整合入细胞的基因组。腺病毒载体的缺点是不易制作并且花费较为昂贵，其容量较小，只能携带小于 4.5 kb 的片段，这就限制了其在转基因领域的广泛应用。

4. 反转录转座子

反转录转座子是指以 RNA 为中介反转录成 DNA 后进行转座的可动元件。与慢病毒相比，转座子能更高效地将 DNA 整合进基因组。这种转座系统基于一种转座酶的能力，来催化两侧是末端反向重复序列的插入。反转录转座子在植物中被发现，现在被广泛应用于动物和植物上。其中，两种最常用的系统是 PB（piggy Bac）和 SB（sleeping beauty）系统。这两种系统在哺乳动物细胞中都具有高效的插入和切除作用。在携带容量方面，转座子比慢病毒要好一些，能携带 14~18 kb 的插入片段。此外，由于这种方法不需要筛选标记，所以可以用于生产无标记的转基因动物。转座子生产转基因动物的缺点是它能在动物基因组中催化产生多个插入位点，从而导致得到的每个转基因动物都是独特的，并且由于转基因的随机分离，得到的后代也是独特的。

在过去的几十年中，传统的转基因技术发挥了重要的作用，也获得了多种转基因动物，但是由于其效率较低、随机整合等缺点，限制了它们的广泛应用，人们对基因组进行精细编辑的迫切需求促进了新型基因编辑技术的出现。

（二）基因编辑技术

基因编辑技术是对目标基因组进行"编辑"，实现针对基因组特定 DNA 片段的删除、插入或修饰的技术。近年来，人们开发了三大人工核酸酶技术，即锌指核酸酶（zinc finger nuclease，ZFN）技术、转录激活因子样效应物核酸酶（transcription activator-like effector nuclease，TALEN）技术和CRISPR/Cas9（clustered regulatory interspaced short palindromic repeats/CRISPR-associated 9）技术。高效精准的基因编辑技术使畜禽在农业发展和生物医学研究中拥有更大的潜力（马宇浩等，2020）。

1. ZFN 技术

ZFN 作为第一代人工核酸酶，是由锌指结构的 DNA 识别域和 DNA 切割域 *Fok* I 融合而成，DNA 识别域包括 3 个或更多的 Cys2His2 锌指蛋白，并且每个锌指与 3 个连续的 DNA 碱基对相互作用。*Fok* I 内切酶只有形成二聚体的时候才有活性。因此，在基因组的特定位点上具有适当距离相反方向上的两个单独的 ZFN 二聚体能够在靶 DNA 上产生双链断裂（DBS），并诱导 DBS 修复通路，包括直接连接双链 DNA 断裂末端的非同源重组末端连接以及有外源 DNA 片段存在的同源性修复。

2. TALEN 技术

TALEN 技术是一种崭新的分子生物学技术，是基于对 DNA 识别域（TALEN 结合臂）和人工改造的核酸内切酶的切割域（*Fok* I）的结合对细胞基因组进行修饰而实现的。TALEN 的 DNA 识别域由一些非常保守的重复氨基酸序列模块组成，每个模块由 34 个氨基酸组成，其中，第 12 和 13 位的氨基酸种类是可变的，并且决定该模块识别靶位点的特异性。DNA 识别域结合到靶位点上以及 *Fok* I 的切割域形成二聚体后，可特异性地对目标基因 DNA 实现切断，在非同源末端连接修复过程中，DNA 双链断开后，碱基的随机增减会造成目标基因功能缺失。利用 TALEN 的序列模块，可组装成特异结合任意 DNA 序列的模块化蛋白质，从而达到靶向操作内源性基因的目的。TALEN 技术解决了 ZFN 技术不能识别任意目标基因序列以及识别序列经常受上下游序列影响等问题，而且具有比 ZFN 技术更好的灵活性，使基因操作变得更加简单方便，并且其脱靶效应和细胞毒性非常低。但是，TALEN 模块的组装比较费时费力，这会影响该技术的大范围推广。

3. CRISPR/Cas9

CRISPR 系统由三部分组成：3'端为 CRISPR 序列，CRISPR 序列由众多短而保守的重复序列区和间隔序列区组成；中间区域为 CRISPR 关联基因（CRISPR associated，Cas）；5'端为 tracrRNA（trans-activating CRISPR RNA）序列，主要是与 CRISPR 序列结合，形成引导 RNA（guide RNA）。目前常用的系统为 CRISPR/Cas9 系统。当该系统行使功能时，首先 CRISPR 序列转录形成成熟的 crRNA（CRISPR RNA）分子，crRNA 分子中包含间隔序列，通过与 tracrRNA 结合形成引导 RNA。引导 RNA 的识别作用主要依赖于目标序列下游 3'端的原间隔序列邻近基序（protospacer adjacent motif，PAM），PAM 由 NGG 3 个碱基组成（N 为任意碱基）。在满足 PAM 序列的基础上，复合物的间隔序列会与目标序列相配对，长度通常为 20 bp 左右，并特异性地切割目标序列，切割的位置在 PAM 位点上游的第三位点。2012 年出现了使用单链引导 RNA（single guide RNA，sgRNA）来代替 crRNA 和 tracrRNA 所组成的复合物，使 CRISPR 系统更加简便。

在 ZFN 技术和 TALEN 技术中，均需要构建和测试靶向每个 DNA 序列的蛋白质，以成功构建基因编辑系统。CRISPR 系统仅需要设计靶向目标序列的 sgRNA，无须对蛋白质做任何设计或改变，操作上更加简便，将为畜禽育种提供新的方法。

（三）基因编辑技术在黄牛育种中的应用进展

牛奶中含有乳蛋白过敏原 β-乳球蛋白（β-lactoglobulin, β-Lg），牛乳汁中的 β-Lg 被认为是引起婴幼儿乳过敏症的主要过敏原。中国农业大学课题组使用 ZFN 技术，通过体细胞核移植方法使编码 β-Lg 的 *BLG* 基因产生了 9 bp 和 15 bp 的缺失，成功获得了 *BLG* 基因敲除奶牛。该研究团队还培育出了可以表达人乳铁蛋白、人 α-乳清蛋白和人溶菌酶等功能蛋白的转基因奶牛。部分人患有乳糖不耐受症，不能很好地利用牛奶中的营养。内蒙古大学的研究团队使用 TALEN 技术将 β-糖苷酶基因插入牛基因组中，插入序列启动子为 β-酪蛋白启动子，使其仅在牛乳腺中特异表达，在泌乳过程中激活。这样，牛奶通过简单的加热就能水解乳糖。这项研究为乳糖不耐受症患者提供了安全经济的牛奶。调控牛奶营养成分的关键基因仍在不停地探索中，这些研究将为提高牛奶品质和利用奶牛乳腺生物反应器生产重组蛋白奠定基础。

在集约化饲养管理中，牛角可能加剧动物间的相互撞击，甚至会对饲养人员造成一定的威胁。虽然在现代集约化牛饲养中可采取犊牛去角的方法，但这给犊牛带来了不必要的应激，而且违背了动物福利。明尼苏达大学 Carlson 等（2016）使用 TALEN 技术，将无角基因 *Pc* 导入受体细胞，通过体细胞核移植的方法获得了无角的荷斯坦奶牛。同时，他们进行了全基因组测序，未发现任何脱靶现象。2020 年，加州大学戴维斯分校 Alison L.Van Eenennaam 团队追踪并报道了基因编辑无角公牛的 6 个后代，这 6 个后代均为无角牛，后代的遗传符合孟德尔遗传规律。对后代个体进行全基因组 20× 测序，并未发现基因组上非特异性突变。这项研究加速了无角荷斯坦奶牛的培育，对动物相似性状的选育具有指导意义。

2015 年，西北农林科技大学张涌课题组针对荷斯坦奶牛的肺结核病进行了基因编辑育种，使用 TALEN 技术将 SP110 核体蛋白基因插入奶牛基因组中，体外和体内的攻毒实验结果显示，基因编辑牛能够有效控制分枝杆菌的生长和繁殖，从而提高奶牛对肺结核病的抵抗力。Jeong 等（2016）借助 CRISPR/Cas9 技术将人 *FGF2* 基因导入牛成纤维细胞的 *β-casein* 基因内含子中，对牛囊胚进行体细胞核移植，在细胞和胚胎水平上均检测到人 *FGF2* 基因的表达，为最终得到表达人 *FGF2* 的基因编辑牛奠定了基础。有研究表明 *BMP15* 和 *GDF9* 基因在雌性动物的卵泡发育过程中发挥着重要作用，冯万有（2015）利用 CRISPR/Cas9 靶向基因编辑技术使水牛 *BMP15* 和 *GDF9* 基因发生突变，由此提出了提高水牛繁殖性能的可行性。高旭健（2016）在牛上利用 CRISPR/Cas9 介导的同源打靶技术，对乳腺特异性表达人胰岛素的转基因动物制备进行了初步研究。

第二节　体尺性状的分子数量遗传学研究

体型外貌是体躯结构的外在表现，具有标准体型的牛群生产性能良好、经济效益高，故对中国黄牛体尺、体重等生长性状的遗传研究具有重要的经济价值。准确测量体尺、体重是进行遗传研究的基础。根据《肉牛生产性能测定技术规范》，肉牛体尺测量主要包括体高、体斜长、胸围、腹围、管围、坐骨端宽（又称臀端宽）等，体重的测量包括 6 月龄体重、周岁体重、1.5 岁体重、2 岁体重、3 岁体重等（详见第一章第二节）。

一、黄牛体尺性状测量的基本知识

（一）测定时的注意事项

1）测量前以标准量具校正各种测量器具。
2）选择平坦坚硬的场地进行测量。
3）在家畜体态自然、姿势端正时进行实测。
4）测量操作时手的松紧度要准确，规格划一。

（二）测量的部位和方法

常用于测量的项目有以下 16 项。
体高：从鬐甲最高点到地面的垂直距离。（测杖）
前肢高：肘突到地面的垂直距离。（测杖）
腰角高：腰角至地面的垂直距离。（测杖）
尻高：尻部最高处到地面的垂直距离。（测杖）
臀端高：臀端至地面的垂直距离。（测杖）
体长：由肩端到臀端的长度。（测杖）
头长：由头顶部中央至两鼻孔上缘连线的中央长度。（卡尺）
额长：头顶部中央到两眼内角连线中点的距离。（卡尺）
胸深：肩胛骨后缘至胸骨间的垂直距离。（卡尺）
额宽：两眼外角间的距离。（卡尺）
胸宽：两侧肩胛骨后角间的直线距离。（长尺）
腰角宽：两侧腰角间的直线距离。（卡尺）
髋宽：两侧髋骨结节间的距离。（卡尺）
臀端宽：坐骨结节两外侧隆起间的距离。（卡尺）
胸围：沿肩胛骨后缘绕胸一周所量取的周径。（卷尺）
管围：左前肢管部最细处（上 1/3）的水平周径。（卷尺）

二、体型外貌的线性评定

奶牛的体型外貌性状在育种中并不具备像生产性状那样的科学意义，但是完全忽视奶牛的体型外貌性状也是不可取的。总的来说，正确地、科学地评定体型外貌，期望可以获得优秀的个体。欧美国家从 20 世纪 80 年代开始普遍推行了体型外貌的"线性评定方法",主要根据奶牛的生物学特性,将那些对奶牛生产性能的发挥有明显的促进作用,并通过育种手段可以改进的体型外貌性状,作为评定的主要性状。对于体型性状的表现状态给予定量的描述,即线性评分。我国自 20 世纪 80 年代中期开始开展奶牛体型外貌线性评定方法的研究和推广工作,构建了我国的奶牛体型外貌线性评分体系,并且在全国各地培训了一批鉴定员。目前,我国种牛遗传评定中使用的体型外貌资料均是来自线性评定方法的结果。线性评分系统的应用与推广也加快了奶牛群体的选育进展。

三、体尺性状的遗传参数研究

(一)遗传评定与遗传参数估计

近 40 年来,随着奶牛育种方法和计算机技术的飞速发展,我国使用的公牛育种值估计方法也经历了一个发展过程。20 世纪 70 年代主要采用同期同龄比较法;80 年代初期改用预期差法,并根据产奶量、乳脂率和体型外貌评分,加权成总性能指数(TPI),按照 TPI 值的高低对测定公牛进行排队选择;自 70 年代中后期,随着线性模型理论和方法的日趋完善及计算机技术的发展,BLUP 法开始在奶牛遗传评定中得到应用。我国育种界对线性模型的研究工作始于 80 年代初,1986 年首先在北京市尝试用 BLUP 方法估计公牛的育种值,1988 年开始使用公畜模型 BLUP 对联合后裔测定的公牛进行遗传评定。90 年代初在北京市首先开始,随后在其他部分省市使用更科学合理的动物模型 BLUP 法,北京奶牛中心公布的 1998 年《中国乳用种公牛遗传评估概要》,利用了北京荷斯坦奶牛 1979～1996 年的生产性能记录资料,其中包括 51 322 头母牛的 82 064 条有效产奶量记录、34 796 头母牛的 46 825 条乳脂率记录和 18 108 头母牛的 16 202 条体型线性评分记录,对 432 头公牛进行了遗传评定,与此同时每头有关母牛也都获得了一个估计育种值。我国首次对奶牛性能进行遗传参数估计是在 20 世纪 70 年代中后期和 80 年代初期,所用的方法主要是半同胞分析和公牛内母女回归,但其后关于遗传参数估计方面的报道少之又少。80 年代以来,世界上关于家畜遗传参数估计的方法有了很大发展,目前世界各国普遍使用的方法是约束最大似然法(restricted maximum likelihood,REML)。张勤等(1995)首次用 REML 对北京市荷斯坦牛产奶量进行了遗传参数估计。总体来说,由于我国各省区市的奶牛群体都较小,各场数据往往出现信息不对称,并且可利用的数据资料很有限,难以得到可靠的遗传参数估计值。

(二)体尺性状遗传参数研究进展

遗传力、遗传相关、表型相关是选择育种中常用的遗传参数,遗传参数作为畜牧业工作者育种的一项重要参考指标,研究人员已在多个物种内展开研究。

周振勇等(2015)采用动物模型和非求导约束最大似然法对新疆褐牛的生长发育和经济性状的遗传参数进行了评估。结果显示,新疆褐牛生长性状初生重、6 月龄体重、周岁体重、2 岁体重的遗传力分别为 0.45、0.37、0.38、0.34,属中等水平遗传力,并且周岁体重、2 岁体重、体斜长、体高等指标存在较强的表型相关和遗传相关。研究结果为新疆褐牛早期选种选育工作提供了理论基础。

皮南牛是皮埃蒙特牛和南阳黄牛杂交改良的后代。采用多性状动物模型最佳线性无偏预测（BLUP）和约束最大似然法（REML）对皮南牛的 31 个性状进行遗传相关分析。结果发现，在非遗传因素方面，不同年龄阶段的皮南牛大多数体尺和体重受性别、出生年份、场别、出生季节影响显著。性状遗传评定的结果显示，初生重、6 月龄体重、周岁体重、1.5 岁体重、2 岁体重、成年体重和体尺的遗传力大多属于中等偏高遗传力。同时，6 月龄和 12 月龄的体尺和体重遗传相关和表型相关均为正相关，这为皮南牛种群及新品种的选育提供了理论依据。

（三）体尺性状育种研究手段

随着人类需求的增加、社会变革和科技进步，当前动物育种已经逐渐进入分子育种时代。根据英国、美国等西方发达国家和联合国粮食及农业组织的预测，21 世纪全球畜牧业 90% 的畜禽品种将会逐步应用分子育种技术。分子育种将几乎涉及遗传资源的保护和开发利用、选种选配、杂种优势预测、数量性状位点（QTL）的检测与利用等育种的所有领域。近年来，我国科研工作者在肉牛常规育种技术、肉牛分子育种技术及转基因育种技术三个方面进行了深入的研究和实践。

目前，常规育种技术仍然是我国培育肉牛品种的主要技术手段，在本品种选育提高的基础上采用杂交方式培育商业化肉牛品种。美国、加拿大、澳大利亚等肉牛业发达国家已经建立起十分完善的数据库和遗传评估中心，进行良种登记和选种选配，由此形成了完整的育种组织体系和技术体系。从欧美及日本、韩国等国家西门塔尔牛、夏洛莱牛、利木赞牛以及日本和牛选育工作可以看出，常规育种技术仍然是培育肉牛品种的主要技术手段。开展全国乃至几个国家的联合育种可以显著提高选种和育种效率。例如，美国为提高肉牛遗传信息评估的准确性和科学性，将近 30 个肉牛品种的遗传信息评估都交由 4 所大学负责遗传评定，每一个育种数据库规模都在 200 万条记录以上，同时开展国际联合评估。借助于这个良好的技术体系，北美和欧洲等地先后培育了数十个专门化的肉牛品种，加快了肉牛业的产业化发展步伐。

伴随着生物技术和遗传学理论的不断发展，分子生物技术与常规育种技术结合逐步成为提高肉牛育种效率的有效方式，分子标记与常规育种技术组装集成，保证了品种培育中对优良基因的选择，使选种的准确性空前提高，缩短了育种时间。研究表明，利用基因组选择对奶牛选种可提高准确性，缩短世代间隔，获得相同遗传进展所需的育种成本比常规育种（后裔测定）体系降低 96.4%。这也正是基因组选择策略受到推崇的原因。目前，基因组选择已成为国际动物育种领域的研究热点，基因组选择在不久的将来会成为肉牛育种的主要方式之一。

四、体尺性状的关联分析研究进展

对南阳牛、秦川牛、郏县红牛的生长性状与 *GHSR* 基因的 SNP 位点进行关联分析，结果发现 *GHSR* 基因的遗传变异在不同群体中与腰角宽、尻长、坐骨端宽存在显著关联；同时在南阳牛群体中，6 月龄体重和日增重与 *GHSR* 基因 G2 基因座的遗传变异显著相关（张宝，2008）。综上，*GHSR* 基因可以被选作遗传标记进行选种选育。

对郏县红牛、南阳牛和鲁西牛 *SH2B1* 基因多态性研究表明，该基因存在与十字部高、体高以及 12 月龄体高显著相关的 SNP 位点（Yang et al.，2012；杨明娟，2011），表明该基因可以作为生长性状的分子标记基因。

王鑫磊（2009）对 3 个黄牛品种 *GLI2* 基因多态性分析发现，*GLI2* 基因的 G1 基因座有 *TT*、*TC*、*CC* 3 种基因型。*CC* 基因型个体的体高、十字部高、腰角宽、胸宽、管围显著大于 *TT* 基因型个体，*TC* 基因型个体的体长显著大于 *TT* 基因型个体。

在南阳牛、秦川牛、郏县红牛、晋南牛这 4 个地方黄牛品种中发现 *LEPR* 基因外显子 4 存在显著影响黄牛生长表型的 SNP。南阳牛的 6 月龄体重、体高、体斜长、胸围，12 月龄体高、体斜长、胸围，以及平均日增重都与该 SNP 显著相关；同时，郏县红牛中该基因与个体胸围、坐骨端宽显著相关（Guo et al.，2008）。

Li 等（2020）对秦川牛、郏县红牛、南阳牛 *PLAG1* 基因的 SNP 位点与体尺、体重性状的关联分析发现，在秦川牛中，该位点与体高、胸围、胸宽、胸深、腰围、十字部高、臀高、腹围等体尺性状显著相关；在南阳牛中，该位点与臀高、臀宽显著相关；在郏县红牛中，该位点与体高、胸围、腹围、体重显著相关。

侯佳雯（2020）通过对 451 头雌性成年云岭牛进行分析，发现 *PLAG1* 基因存在一处 InDel 突变，该突变与体高、十字部高和胸围显著相关，该基因可以作为选育云岭牛生长性状的候选基因。

Zhong 等（2010）对 *BMP4* 基因变异与秦川牛、鲁西黄牛、南阳牛和郏县红牛体尺性状进行了关联分析，结果表明，在 *BMP4* 基因外显子中存在多态微卫星，其与 4 个品种的肩高、鲁西黄牛和南阳牛的臀高以及秦川牛的胸围存在显著关联。

第三节　生长发育性状的数量遗传学研究

在我国大部分地区，黄牛主要役用，这也造成了其前躯较为发达而后躯偏弱、产肉性能不高等特点。随着经济的发展和人们生活水平的提高，我国牛肉的消费需求迅速增加，中国黄牛的选育方向经历了从役用到肉用的转变。中国黄牛品种具有耐粗饲的优点，同时也存在产肉率低、生长缓慢等缺点。尽管通过提高饲养水平和改善饲养环境可以提高其产肉性能，但料重比较高且效果不明显，生长发育性状的数量遗传学研究一直备受关注。

一、衡量生长发育性状的主要指标

衡量肉牛生长发育性状的指标主要有初生重、断奶重、周岁体重、平均日增重（克/日）等，这些性状都能充分地反映生长发育性状的经济意义。牛初生重的大小影响它后期的生长发育，甚至还波及其后一生的生产性能和宰后胴体等级。断奶重反映牛早期生长状况，同时也可表示母牛泌乳力的大小和母性（如哺乳行为、护仔和抚育行为等）的强弱。初生重、断奶重、周岁体重以及成年体重之间存在着密切的遗传相关。育肥期日增重和饲料转化率是评定个体生长发育性状非常重要的两个指标，而且它们之间有较强的相关性。

二、生长发育性状的遗传参数估计

数量性状的群体遗传参数是数量遗传学的重要组成部分，估计特定群体的遗传参数，是家畜育种最基本的重要工作。正确估测遗传参数对家畜育种规划起着非常重要的作用。遗传参数的估计会因世代、畜群结构、畜群饲养管理及参数估计时所采用方法的不同而有所差异（张沅，1996）。遗传参数除了具有群体特异性外，更具有性状特异性。同一性状在不同的文献中的估计值存在一定差异属于正常情况，但其基本趋势一致，变化范围是有限的，因此，仍可反映该性状的基本遗传特性。

表 7-1 中列出了国内外学者对于牛主要生长发育性状的遗传参数估计值，由表 7-1 可知，牛生长发育性状的遗传力为中等以上；从性状间的相关关系可以看出，生长发育性状之间呈现出较高的遗传相关。在育种工作中，可以利用两个性状之间较高的遗传相关，只选择其中一个较易测定的性状，从而间接地改进和提高另一性状的选择效果。

表 7-1　牛主要生长发育性状的遗传参数估计值

性状	遗传力	相关系数				数据来源
		（1）	（2）	（3）		
（1）初生重	0.38（0.27~0.49）		0.57	0.25		①②③④
（2）断奶重	0.39（0.34~0.44）	0.033		0.39		①②③④
（3）周岁体重	0.29（0.18~0.39）	0.130	0.348			①②③④
		（4）	（5）	（6）	（7）	
（4）平均日增重（♂）	0.40		0.60	−0.80	0.40	⑤
（5）平均日增重（♀）	0.10	0.80		−0.55	0.30	⑤
（6）饲料利用率	0.30	−0.70	−0.50		−0.40	⑤
（7）生长能力	0.30	0.35	0.30	−0.42		⑤

注：相关系数中，对角线上半部为遗传相关系数，对角线下半部为表型相关系数。生长能力指一定时期内所达到的最大体重
①Manuel et al.，2019；②Zhou et al.，2015；③Torres-Vázquez and Spangler，2016；④De Oliveira et al.，2018；⑤张沅，1996

第四节　屠宰性状的分子数量遗传学研究

衡量肉牛肉用性能的性状主要包括胴体重、屠宰率、净肉率、背膘厚、眼肌面积、大理石花纹等。胴体重、屠宰率、净肉率是反映牛胴体品质的重要指标，并且与肉牛的产肉量有密切关系（牛红等，2016）。大理石花纹是决定牛肉品质等级的主要因素之一，大理石花纹的丰富程度，直接影响牛肉的风味及营养价值（De Oliveira et al.，2018）。

一、屠宰性状的遗传参数估计

国内外学者对于牛主要屠宰性状的遗传参数估计值见表 7-2，牛屠宰性状的遗传力

基本均为中等以上，除了胴体重与背膘厚之间的遗传相关为负相关外，其他性状之间均表现出较强的遗传相关。屠宰率和净肉率的遗传相关，国外未见相关报道，国内研究报道两者之间的遗传相关为 0.89，表型相关为 0.75，相关性非常强。

表 7-2 牛主要屠宰性状的遗传参数估计值

性状	遗传力	相关系数 (1)	(2)	(3)	(4)	数据来源
（1）胴体重	0.41（0.30~0.51）		−0.05	0.60	0.13	①~⑨
（2）背膘厚	0.34（0.23~0.45）	0.35		0.13	0.15	①~⑨
（3）眼肌面积	0.39（0.32~0.45）	0.52	0.03		0.36	①~⑨
（4）大理石花纹	0.55（0.48~0.62）	0.10	0.00	0.30		①~⑨
（5）肉骨比	0.32（0.21~0.39）					⑩
（6）有价值肉块比例	0.31（0.22~0.40）					⑩
（7）皮下脂肪厚度	0.40（0.30~0.50）					⑩
（8）屠宰率	0.31					①
（9）净肉率	0.39					①

注：相关系数中，对角线上半部为遗传相关系数，对角线下半部为表型相关系数
①牛红等，2016；②Bhuiyan et al.，2017；③Manuel et al.，2019；④Zhou et al.，2015；⑤Torres-Vázque and Spangler，2016；⑥De Oliveir et al.，2018；⑦Sabrinaet al.，2018；⑧Buzanskas et al.，2017；⑨Meirelles et al.，2016；⑩张沅，1996

二、屠宰性状的主效基因及 SNP 研究

遗传图谱的发展和牛基因组计划的完成都为牛的分子标记辅助选择提供了重要遗传信息，人们已发现在染色体上分布着控制数量性状的微效多基因。近几十年来，科学家找到了部分与牛屠宰性状重要基因紧密连锁的分子标记，确定了一些影响屠宰性状的重要功能基因及数量性状位点（quantitative trait locus，QTL）。已报道了众多与牛屠宰性状相关的重要功能基因，其中重要的相关基因包括 *GH*、*GHR*、*GHRH*、*GHRHR*、*GHSR*、*IGFBP-3*、*IGF-1*、*IGF-2*、*DGAT1*、*DGAT2*、*Leptin*、*LEPR*、*TG*、*CAST*、*MC3R*、*MC4R*、*NPY*、*POMC*、*CART*、*Ghrelin*、*HTR2A*、*MSTN*、*Myf-6*、*MyoG*、*MyoD1*、*H-FABP*、*GDF9*、*BMP15*、*FABGL*、*PLAG1*、*ANGPTL4*、*RXRG*、*AMAC1*、*ACAA1*、*ACAA2*、*ACAD8*、*ACADM* 等。截至目前，肌生成抑制蛋白基因（*MSTN*，又称 *GDF8*）是所发现的对牛生长发育性状及屠宰性状影响具有主要效应的少数基因之一，也是发现的第一个组织大小的负调控因子。

第五节 泌乳性状的分子数量遗传学研究

提高奶牛产奶量，改善乳成分、体型、繁殖性能和乳房炎抗性是当前我国奶牛育种的主要方向。关于泌乳性状的研究主要集中于产奶量、脂肪产量、蛋白产量、乳脂率、乳蛋白率、产奶寿命等。这些性状多数为数量性状，与生产效益密切挂钩，由于受微效多基因调控，因此表现出复杂的多样性。

一、泌乳性状的遗传评定与遗传参数估计

奶业是现代农业的重要组成部分，在国民经济中占有举足轻重的地位。泌乳性状是各国奶牛育种的主要目标性状，包括产奶量和乳脂率等。20 世纪初，随着数量遗传学的发展，重复力、遗传力和遗传相关三大遗传参数的提出，在奶牛育种中率先开展了有关泌乳量的遗传参数估计的研究。奶牛群体的遗传改良可通过育种目标性状的遗传评估和综合选择指数实现，且需要以遗传参数作为基础。经过多年持续选育，中国奶牛的遗传改良取得了较大进展。通过大量的分析研究，对奶牛泌乳性状的遗传参数进行了估计并应用于实际生产，主要用于选种工作，可为准确选种及早期选种提供科学依据，主要泌乳性状的遗传参数总结归纳于表 7-3 和表 7-4。

表 7-3 奶牛主要泌乳性状的遗传力和重复力

性状	遗传力	重复力
产奶量	0.25～0.40	0.40～0.60
乳脂量	0.27～0.43	0.40～0.70
排乳最高速度	0.35～0.86	
产犊间隔时间	0.15	0.04～0.20
发情长短	0.18～0.21	
非脂干物质	0.53～0.83	
体型评分	0.30～0.60	

表 7-4 奶牛主要泌乳性状间的相关系数

性状	表型相关 r_P	遗传相关 r_A	环境相关 r_E
产奶量和产脂量	0.93	0.85	0.96
产奶量和乳脂率	-0.14	-0.20	-0.10
产脂量和乳脂率	0.23	0.26	0.22

二、泌乳性状的 QTL 研究

泌乳性状作为牛生产性能的主要性状，也是遗传育种研究的重要内容之一。关于泌乳性状的 QTL 研究，主要的性状涉及产奶量、乳脂率等。但是由于牛属于单胎动物，相对于猪、禽，其生长周期、繁殖周期和世代间隔较长，因此牛泌乳性状 QTL 定位的相关研究较少。

现有研究表明，在几个染色体上可能存在着影响产奶量的 QTL，能够互相印证的主要有 3 号、6 号、9 号和 21 号染色体（姜建萍，2017）。Ron 等（2001）在 DBDR 家系中发现 3 号染色体上具有影响产奶量的遗传标记，Zhang 等（1998）在荷斯坦牛家系使用孙女设计的研究结果与之相符合。Georges 等（1995）发现了 6 号染色体上的 QTL，Velmala 等（1999）在芬兰奶牛、Olsen 等（2002）在挪威奶牛中均发现 6 号染色体上有影响产奶量的标记。Vilkki 等（1997）在芬兰奶牛中发现 9 号染色体上有影响产奶量的 QTL 存在，Zhang 等（1998）的研究验证了其存在的可能性。此外，在以色列荷斯坦牛家系中发现 21 号染色体上有一个标记显著影响产奶量，其他研究也表明 21 号染色体可

能有这样的 QTL（邱志国，2007）。

三、泌乳性状与相关基因的关联分析

目前，大量的研究主要集中在采用分子标记辅助选择的方法进行基因多态性与泌乳性状关联分析，筛选有效的差异显著的标记位点，期望为奶牛的选种选育提供科学参考，进一步提高选种选育的准确性。与牛泌乳性状相关的候选基因总结归纳于表 7-5。

表 7-5 与牛泌乳性状相关的候选基因信息

基因名称	突变位点	突变类型	相关性状	参考文献
GHR	cDNA 836 nt	T→A	产奶量	王思伟等，2018；邱峥艳等，2011
DGAT1	第 8 外显子	G→A	产奶量和乳脂率	王思伟等，2019；卢振峰等，2014
GH	1978 nt 处	T→C	产奶量	马彦男等，2013
FASN	第 34 外显子		乳脂率	武秀香等，2010
NKA1B2	第 2 内含子	C→T	产奶量	付忠华等，2016
DRB3			产奶量	杨东英，2008
STAT5A			产奶量	鲍斌等，2008
CDKN1A			产奶量	Han et al.，2017
ATF3			产奶量和乳脂率	李艳华，2019
SESN2	13 个 SNP 共形成 3 个连锁区域		乳蛋白量	李艳华，2019
ACSBG2			乳脂率	李艳华，2019
NR4A1	27 992 897 nt 处	C→T	乳脂率	李艳华，2019
DDIT3			乳脂率	李艳华，2019
IL-8	2 789 nt 处 2 862 nt 处	A→G T→C	乳脂率	陈仁金等，2010

四、泌乳性状与体尺性状的关联分析

不同品种的奶牛其最佳体重和体尺不同，每一个品种都有其标准。Musa 等（2011）研究表明，奶牛产奶量与胸围、腹围、体长和体高之间存在极显著相关关系，相关系数分别为 0.36、0.20、0.54 和 0.28，体长可以更好地预测产奶量。尼满等（2008）研究表明，初生重为 31~39 kg 的新疆褐牛产奶量最为理想，且在一定范围内产奶量与体重成正比，通常体型大的奶牛比体型小的奶牛产奶量高，但在生产中并非奶牛体型越大、体重越高越好，因为体型大的奶牛对应采食量也高，提高了饲喂成本。因此，在实际生产中适宜的体重和体尺才是最为理想的。

第六节 其他性状的分子数量遗传学研究

大多数研究的重点性状都是与经济效益密切相关的生产性状，但也有一部分性状与主要生产性能没有直接的关联。但是，随着研究的不断深入，有些性状对实际生产的间接影响非常显著。现就常见的与生产性能存在关联的几个性状进行总结。

一、繁殖性状的分子数量遗传学研究

人工授精技术对我国家畜品种遗传改良成果的贡献率高达 95%。一般来说，母牛的繁殖性能遗传力不高，公牛睾丸周径的遗传力为 0.40～0.81，睾丸周径与射精量的遗传相关为 0.68，在改善整个群体繁殖性能方面，睾丸周径有着较高的评估价值，并具有测量简单、选择效果好等优点，是遗传改进公牛及其半同胞母牛繁殖力的重要指标。桑扎根等（2021）研究发现，新疆褐牛睾丸周径与体重的相关系数为 0.860，睾丸周径与体尺、体重存在极显著的多元回归关系，多元回归方程为 $Y= -33.392+0.038X_1+0.099X_2+0.082X_3+0.193X_4+0.030X_5+0.407X_6-0.033X_7$（式中，$Y$ 为睾丸周径，X_1 为体高，X_2 为体直长，X_3 为体斜长，X_4 为胸围，X_5 为腹围，X_6 为管围，X_7 为估测体重）。李会玲等（2007）研究表明，公牛的阴囊周径与体重、体高存在正相关关系，尤其是对于荷斯坦公牛来说。上述研究说明公牛体尺指标越明显、体重越大，其睾丸周径越大，精液品质越好，这些相关性可为繁殖选育中种公牛选种提供一定的依据。

二、牛角性状的分子数量遗传学研究

FNAR2 和 *GCFC1* 基因在有角和无角牦牛角基间和皮肤间的转录量差异都显著（$P<0.05$）。*Olig2* 和 *Foxl2* 基因在有角和无角牦牛角基间的转录量差异极显著（$P<0.01$）（佘昌平等，2016）。推测这些基因可能是牛角性状的关键候选基因，对牛角的形成具有重要作用。

三、奶牛乳头长度的分子数量遗传学研究

乳头长度的遗传力为 0.3，为中等遗传性状，应当给予足够的关注。根据世界荷斯坦弗里生牛协会（WHFF）的体型鉴定标准，乳头长度最大为 5 cm，4～6 cm 为较适宜范围。现有研究表明，一胎、二胎和三胎及以上组中乳头长度在 4.5～5.5 cm 的个体分别占 63.3%、69.8%和 68.6%，说明乳头长度为 4.5～5.5 cm 较适宜。有研究揭示，根据产奶性能获得的最适乳头长度为 5.7 cm，且乳头长度与体细胞数的关系也说明乳头不宜过长，今后的研究中应继续增加样本量，从生产性能最优的角度给出最适的乳头长度范围，以此作为奶牛选种育种的参考标准。

第七节 重要经济性状的因果突变的鉴定

分子数量遗传学研究的一个重要内容就是因果基因和因果突变的鉴定。因果基因的鉴定需要解决的关键问题是与表型关联性最强的分子标记（lead SNP）所在的基因是不是因果基因。基于分子生物学实验技术，如在细胞和个体水平利用干扰、过表达、基因编辑等技术，可以进行判别。确定了 lead SNP 所在的基因是因果基因后，下一步需要利用连锁不平衡原理鉴定因果突变。如果 lead SNP 位于启动子，则可以考虑因果突变通过改变启动子活性而影响 RNA 表达；如果 lead SNP 位于外显子，则可以考虑因果突变影响蛋白质功能；如果 lead SNP 位于 3′-UTR，则可以考虑因果突变通过改变 miRNA 与靶

基因 mRNA 的结合而影响基因表达；如果 lead SNP 位于内含子，则可以考虑因果突变通过改变可变剪接、可变腺苷酸化、m^6A 修饰等而影响蛋白质功能或表达。如果 lead SNP 所在的基因不是因果基因，那么真正的因果基因仍需挖掘。对于这类 lead SNP，可以从增强子的角度来考虑。

一、表达数量性状位点的鉴定

牛 770 K 基因芯片中约 2/3 的 SNP 位于基因区间，这说明 GWAS 筛选到的显著 SNP 位点大多位于非编码区或者是同义突变。先前人们认为显著 SNP 会影响距其最近的基因，进而影响表型，但有研究发现因果基因并不是离显著变异最近的基因。Cinar 等（2012）通过分析 *AMBP*、*GC* 和 *PPP1R3B* 的多态性和表达量，并与 11 个猪肉品质性状进行关联，发现 SNP 可以通过影响基因的表达进而影响表型。这种能够影响基因表达的基因组变异称为表达数量性状位点（expression quantitative trait locus，eQTL）。这一概念最早是 2001 年由 Jansen 和 Nap 提出的。eQTL 的本质是将每个基因的 mRNA 表达量作为数量性状，并与全基因组 SNP 进行关联分析。因此，eQTL 的鉴定需要整合基因组和转录组数据。如果 GWAS 研究中鉴定出的 lead SNP 与 eQTL 的 lead SNP 重叠，那么就可以找到受 lead SNP 影响的基因，将其作为候选因果基因进行验证。

Ponsuksili 等（2014）通过整合 GWAS 和 eQTL 数据，在三元杂交猪群体中筛选到了影响猪肉品质的 lead SNP，其分别位于 4 号染色体和 6 号染色体，并分别与 *ZNF704*、*IMPA1* 和 *OXSR1* 以及 *SIGLEC10* 和 *PIH1D1* 的表达量有关；而在德系长白群体中，lead SNP 位于 6 号染色体，它与 *PIH1D1*、*SIGLEC10*、*TBCB*、*LOC100518735*、*KIF1B*、*LOC100514845* 及两个未知基因的表达量显著相关，并且这些基因的表达量与表型显著相关。这一结果表明 GWAS 筛选到的 lead SNP 可以通过影响基因的表达而调控肉品质。在牛的研究中，已有在肝脏和肌肉中进行 eQTL 分析的报道。

二、三维基因组学鉴定

研究表明，哺乳动物细胞内长约 2 m 的 DNA 分子，以高度折叠浓缩成染色质的方式存储于直径大约 8 μm 的细胞核内，形成复杂有序的三维结构，使得在线性基因组上相距很远的基因组调控元件与其靶基因在三维空间上充分接近，从而发挥功能元件的精细调控作用。基因组染色质三维结构的变化，如启动子与增强子互作的改变，会导致基因表达及其调控模式发生异常，进而引起表型变化。但传统的基因组学功能研究无法系统揭示这种三维调控信息。三维基因组学正是以研究基因组空间构象与基因转录调控关系为主要内容的一个新的学科方向，它的出现推动了基因组学第三次发展浪潮的到来。

（一）基因组三维结构层次

1. 染色质疆域

利用显微观测技术和染色体构象捕获技术，人们发现在细胞核内，每条染色质并不是无序分布的，而是各自倾向占据独立的空间，这些区域称为染色质疆域（territory）。染色质疆域并不是完全隔开的，不同的染色质疆域也可以在边界处产生互作。

2. 染色质区室

染色质可以分为常染色质和异染色质，前者是指碱性染料染色后，着色较浅的那部分染色质，该区域的染色质折叠压缩程度低，通常处于转录激活状态；后者是指碱性染料染色后，着色较深的那部分染色质，该区域的染色质折叠压缩程度高，通常处于转录抑制状态。显微观测研究表明，两者在细胞核内是相互分离的，异染色质倾向分布于核仁和核纤层相关区域，而常染色质倾向分布于核仁和核纤层之间的区域。基于转座酶研究染色质可进入性的高通量测序技术（assay for transposase-accessible chromatin with high-through sequencing，ATAC-seq）和染色质免疫沉淀测序（chromatin immunoprecipitation sequencing，ChIP-seq）实验表明，染色质中的常染色质区域和异染色质区域是间隔分布的。高通量染色质构象捕获技术（high-throughput chromosome conformation capture，Hi-C）表明相同状态的染色质区域之间互作较强，不同状态的染色质区域之间互作较弱，这使得基因组互作矩阵呈现"棋盘形"或"方格形"。在三维基因组中，常染色质区域被命名为染色质区室A（compartment A），异染色质区域被命名为染色质区室B（compartment B）。这种结构被Hi-C和电子显微观测技术证实。染色质区室并不是固定不变的，区室A和区室B可以发生相互转换，这种转换与染色质的表观修饰和基因转录活性密切相关。

虽然染色质区室与染色质状态存在对应关系，但是在三维基因组中，染色质区室的鉴定并不依赖于染色质的状态，而是利用数理统计的方法对高通量测序数据进行分析，通过计算特定大小的染色质片段（生物信息学中称为bin）内特征向量的大小来判定A、B区室。在早期研究中，由于高通量测序费用高昂，基因组测序深度（即测序数据量与基因组大小的比值）不足，因此常采用1 Mb的bin（即分辨率为1 Mb）鉴定染色质区室，其大小在1 Mb以上。但随着测序成本大幅度降低，目前可达到300×的测序深度，使得人们可以在1~10 kb分辨率下鉴定染色质区室，结果发现染色质区室大小的中位数仅为15 kb。这表明，基因组三维结构的鉴定依赖于测序深度和所用分辨率的大小（所用分辨率取决于测序深度）。综上，染色质三维结构目前有两种不同的模型，如图7-1所示。随着分子生物学和高通量测序技术的发展，更加精细的三维结构将会被鉴定出来。

3. 拓扑关联结构域

染色质三维结构的另一层次是拓扑关联结构域（topologically associating domain，TAD）。TAD最初是利用5C技术，在30 kb分辨率下，研究包含小鼠*Xist*基因的4.5 Mb DNA片段互作时鉴定出来的一种自我互作域，它不同于染色质区室，不受组蛋白修饰的影响。深入研究发现，TAD在基因组中是普遍且广泛存在的，且TAD边界处会显著富集结构蛋白CTCF，限制调控元件的互作距离（Dixon et al.，2012）。随后人们将TAD定义为：由于结构蛋白形成的边界阻断了染色质环挤压而形成的一种互作域（图7-1，模型2）。其中互作域是指在高通量测序构建的互作矩阵中某一片段内部两两互作形成的

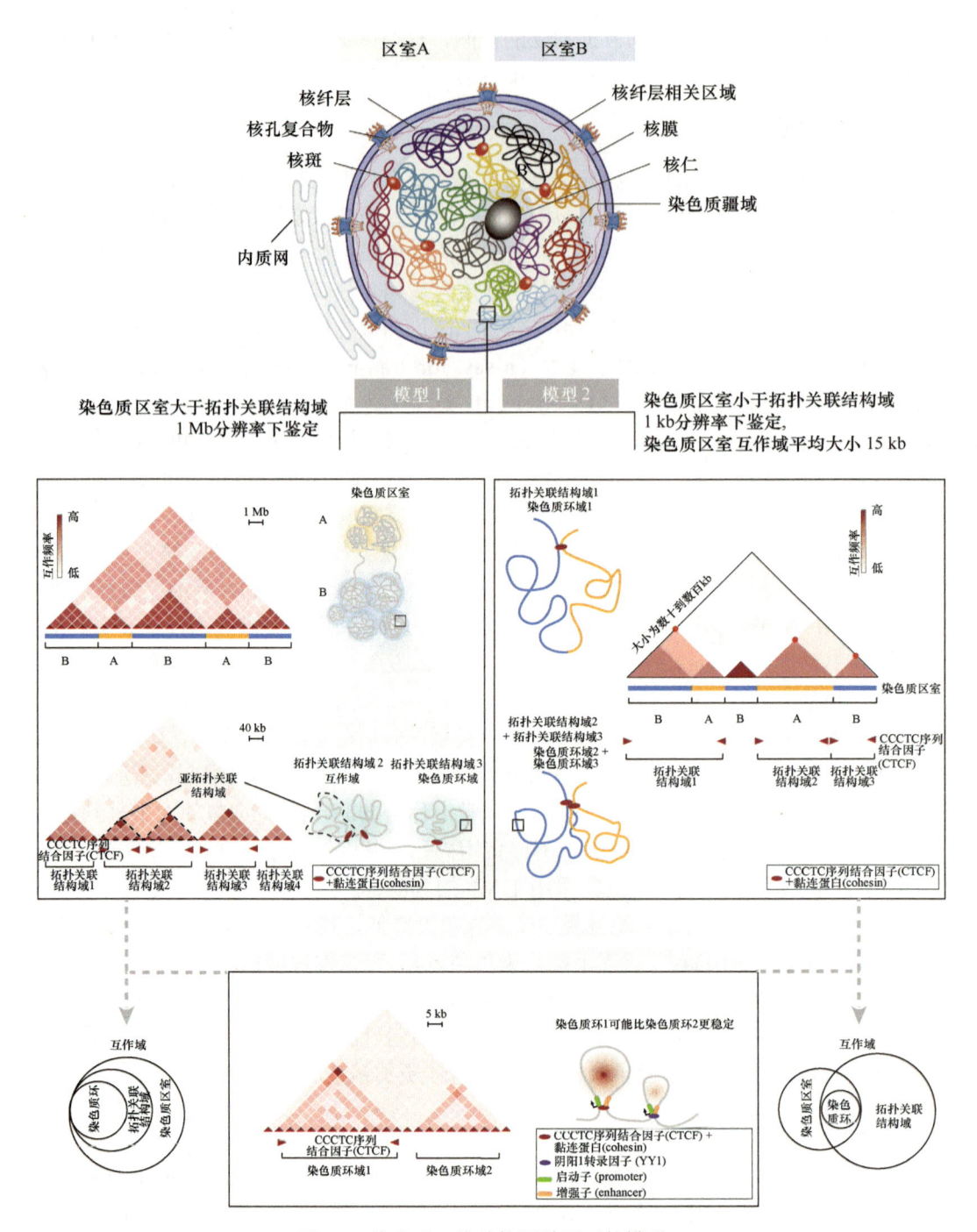

图 7-1 染色质三维结构两种不同的模型

染色质在细胞核内占据特定的空间位置，称为染色质疆域。靠近核纤层和核仁的染色体片段转录活性较低，称为区室 B，位于两者之间和核斑附近的染色体片段转录活性较高，称为区室 A。目前关于区室和拓扑关联结构域（TAD）有两种不同的模型，一种认为区室要比 TAD 大，TAD 是另一层次的高级结构，一种认为区室通常要比 TAD 小，它是三维结构的基本单位，TAD 是在区室的基础上由 CTCF 介导形成的。启动子与增强子互作的鉴定往往需要更高的测序深度和分辨率，两者互作可以由 CTCF 介导，也可以由其他因子如 YY1 等介导，但前者往往比后者更加稳定，在互作热图中会呈现为颜色较深的顶点，称为 loop peak

"方块"或"三角形",当在其顶点处存在一个"亮点"时,代表结构蛋白形成的 TAD 两个边界存在显著互作,且形成了染色质环。值得注意的是,目前针对 TAD 开发的算法并未考虑 TAD 边界是否存在结构蛋白结合,也未鉴定 TAD 边界是否成环,由此鉴定出的结构也称为 TAD(图 7-1,模型 1)。

TAD 通过明显的边界与相邻区域分离开来,形成一个独立的调控单元,主要功能是限制调控元件的互作距离。TAD 边界通常具有较高的保守性,但也存在一些细胞特异的 TAD 边界。TAD 边界的染色质结构蛋白 CTCF 和黏连蛋白(植物中 TAD 边界一般缺少绝缘蛋白,边界不明显),对于维持 TAD 结构及稳定性具有重要作用,不但可以指导染色质折叠成高级结构,还可以正确指导远距离转录调控,该边界发生变化会导致基因调控变得紊乱。TAD 边界通常具有与基因激活相关的组蛋白修饰,如 H3K4me3 和 H3K36me3。敲除黏连蛋白(环形挤压模型中 TAD 形成关键蛋白)的编码基因后,尽管 CTCF 和黏连蛋白结合的 TAD 边界已经消失,但仍然存在 TAD 样结构,这种 TAD 样结构可能是染色质区室域。研究表明,TAD 与染色质区室域是彼此拮抗的,敲除人类癌症细胞黏连蛋白复合物 RAD21 或小鼠 NIPBL 的编码基因会导致染色质环和 TAD 的消失,但是会使染色质区室域明显加强。

4. 染色质环

随着测序深度的增加,在 TAD 内部进一步发现了更加细小的互作结构,这是由 TAD 内调控元件远距产生的,称为染色质互作环。与 TAD 两端边界成环相似,调控元件间的远距互作也会使染色质成环。因此广义上讲,染色质环(loop)包括 TAD 环和染色质互作环,这点一定要注意,因为在许多研究报道中并没有进行严格区分。染色质环在互作矩阵中表现为一个"亮点",在统计学上的意义是两位点间的互作频率显著高于其周围其他两位点间的互作频率。这意味着,即使启动子与增强子存在显著互作,但其互作频率并未显著高于其周围两位点间的互作频率时,在统计学上并不能被鉴定为染色质环。TAD 的生物学意义之一是将调控元件互作限定在其内部,因此互作环要比 TAD 环小。TAD 和染色质环是随着测序深度和相应算法而定义的,因此采用不同算法和分辨率得到的结果会存在不同。互作环是三维基因组学研究的热点,可以有效注释基因组功能元件互作。2003 年至今,人类"DNA 元件百科全书(ENCODE)"已揭示了几十万个基因组功能元件,这些调控元件对基因的精准表达调控起到了至关重要的作用。例如,*MYC* 基因启动子和 *PVT1* 基因启动子可以竞争性地与 *PVT1* 基因内部 4 个增强子相互作用,当 *PVT1* 基因启动子区发生突变后,增强子与 *MYC* 基因启动子在三维空间上的相互作用增强,促进癌症发生;敲除 *Sox9* 基因远端增强子后导致小鼠性别逆转;位于 *FTO* 基因内含子中的肥胖相关变异会与 *IRX3* 基因启动子产生远距互作。由此可见,互作环对基因的精准表达调控起着至关重要的作用。

(二)染色质环挤压模型

TAD 是在 CTCF 和黏连蛋白的挤压作用下形成的(图 7-2)。在这个模型中,CTCF 和黏连蛋白亚基 RAD21 锚定黏连蛋白复合物可以形成环状蛋白结构并且可以在染色质上移动，黏连蛋白可以招募 NIPBL 和 MAU2 蛋白，并且通过 WAPL 蛋白从染色质上释放。黏连蛋白向外挤压染色质，直到黏连蛋白遇到 CTCF 形成的 TAD 边界。TAD 通常是组织或细胞群体水平"平均"后的结果，而不同细胞处在环形挤压的不同阶段，这造成了单细胞 Hi-C 鉴定的 TAD 并不完全相同。

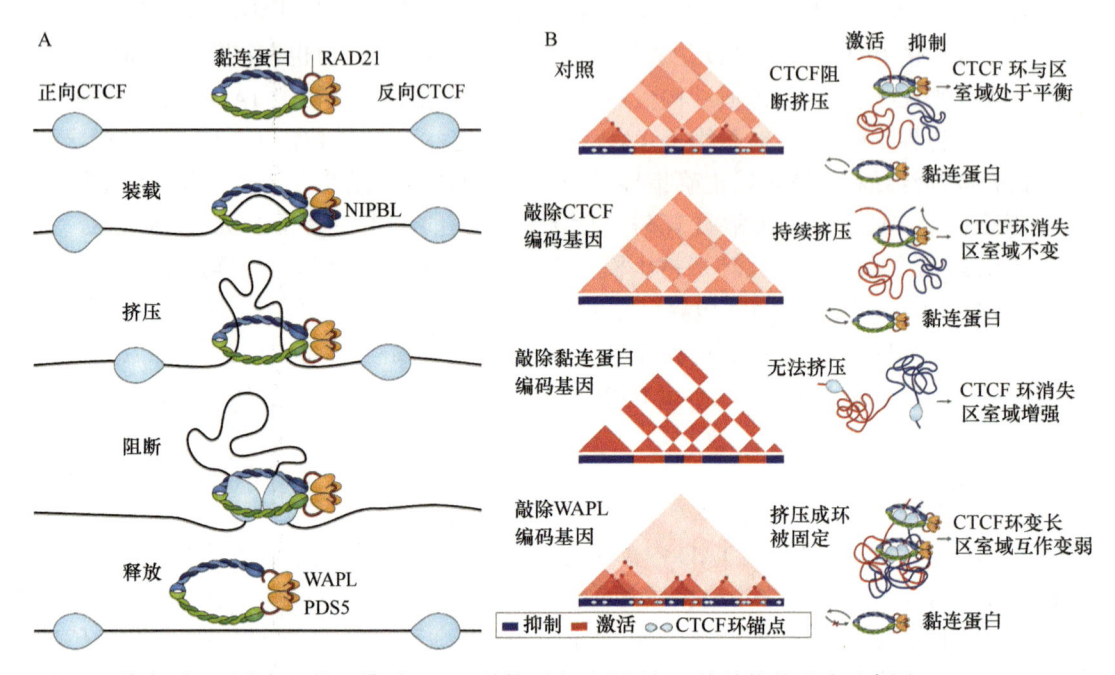

图 7-2 染色质环形成之环挤压模型（A）及结构蛋白对基因组三维结构的影响示意图（B）（Rowley and Corces，2018）

染色质环两个边界处的 CTCF 结合位点通常是反向的，且其基序（motif）是面对面的。改变 CTCF 基序的方向会破坏环和 TAD 的形成。这些结果强有力地说明了 CTCF 会促进染色质环的形成。敲除 CTCF 编码基因后，染色质环结构消失，但是染色质区室及其互作仍然存在，表明染色质区室和 TAD 是相互独立形成的。敲除蛋白装配蛋白 NIPBL 和 MAU2 的编码基因并不影响 CTCF 与 DNA 的结合，但会使黏连蛋白无法装载到 DNA 上，导致染色质环结构消失，同时不同类型染色质区室的互作域区分更加明显。敲除 RAD21 的编码基因也会出现相似的结果。敲除黏连蛋白释放因子 WAPL 或 PDS5 的编码基因不会影响已有的染色质环结构，而是会形成新的、更大的染色质环，表明黏连蛋白停留时间会影响染色质环的大小。此外，黏连蛋白在染色质上的移位需要 ATP，因为非特异性抑制 ATP 酶或特异性突变黏连蛋白复合物中的 ATP 酶结构域会抑制这种移位。基因转录也有利于促进黏连蛋白的移位，进而促进其环形结构的形成。TAD 形成的环形挤压模型也可以解释 TAD 内部调控元件互作环的形成。在挤压过程中，活性启动子与增强子接触，在转录因子和其他辅因子（如 YY1）的作用下产生稳定互作，形成环形结构，或者 TAD 环形成后，在特定时间或外界环境刺激下，启动子和增强子被激活，两者在 TAD 内产生随机碰撞，在转录因子和其他辅因子（如 YY1）的作用下产生稳定互作，形成互作环。

(三)三维基因组学的应用

1. 构建基因组三维结构

利用三维基因组测序数据可以构建基因组三维结构，包括染色质区室、TAD 和染色质环，其中染色质环是目前最为精细的基因组三维结构，也是三维基因组学研究的热点，因为染色质环通常涉及调控元件的互作。TAD 通常是基因组结构变异研究的热点，因为基因组大片段的插入、缺失、倒位和易位等会导致 TAD 的消失、融合或产生新的 TAD，改变基因表达调控模式。因此，基因组三维结构的构建对系统解析基因的转录调控具有重要意义。此外，基于三维基因组测序数据可以构建基因组三维模型，对揭示基因组在细胞核内的空间分布具有重要意义。例如，2017 年，Jonas Paulsen 等利用 Hi-C 数据构建了基因组三维模型，并结合 ChIP-seq 技术鉴定了核纤层相关 TAD（图 7-3）。

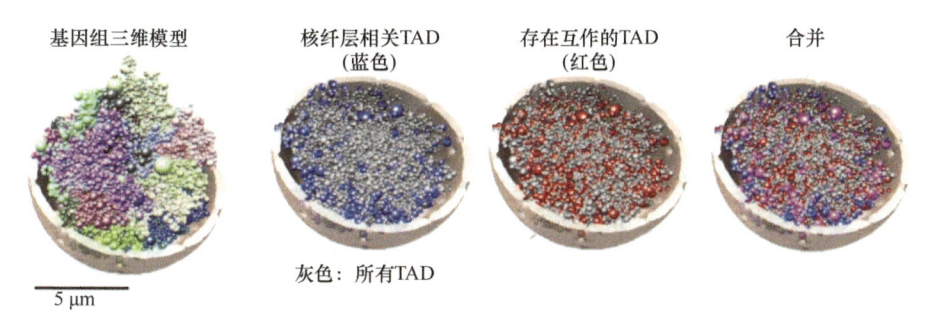

图 7-3 基因组三维模型（Paulsen et al.，2017）

2. 构建基因组单倍型

单倍型是单倍体基因型的简称，指在单条染色体上一系列遗传变异位点的组合。单倍型的鉴定对挖掘致病基因、追踪个体亲缘关系和发掘优异等位基因变异等具有重要意义。但传统测序技术只能收集得到个体的基因型，而不能直接获知遗传变异的两个等位突变在哪条亲本染色体上，为此通常需要对待测个体的双亲进行测序，来提高单倍型构建的准确性。2014 年，Kuleshov 团队利用三代基因组测序技术，直接获得了长达 10 kb 的读长（reads），组装出高分辨率的基因组单倍型。2013 年，任兵教授团队开发了基于 Hi-C 数据组装单倍型的方法，该方法能很好地解决单倍型组装不能跨过着丝粒的问题，从而获得了准确率达 98% 的全基因组完整的单倍型。针对 Hi-C 数据，研究人员开发了 HapCUT2 软件，专门用于单倍型构建。基于 Hi-C 数据构建基因组单倍型的基本原理是通过寻找杂合的遗传变异位点，利用 Hi-C 数据中的顺式双端读长对同源染色体间远距离遗传变异位点进行连锁分析，分成两套单倍型图谱（图 7-4）。三维基因组学已成为目前基因组单倍型构建的重要补充手段。

3. 辅助基因组组装

目前二代和三代测序都是借助全基因组鸟枪法将基因组打断成小片段然后进行测序，然后将这些小片段重新拼接起来还原基因组信息。基因组组装的过程是将 reads 拼接成重叠群（contig），再将 contig 组装成较长的支架（scaffold），最后将 scaffold 定位

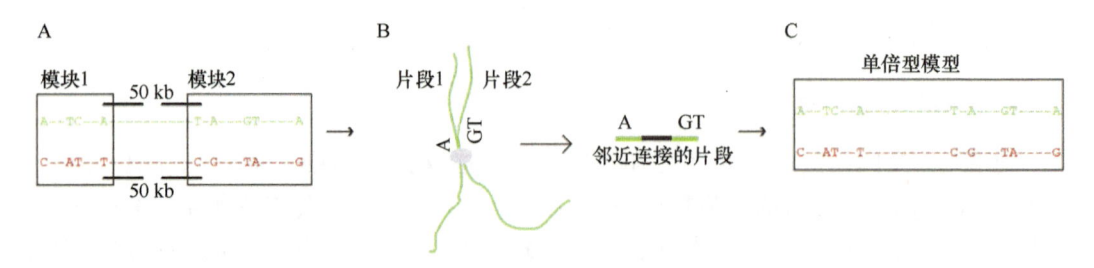

图 7-4 基于 Hi-C 数据构建单倍型的原理（Selvaraj et al., 2013）
A. 绿色和红色序列表示两个同源染色体的单倍型；B. Hi-C 数据中的读长信息包含了片段 1 和片段 2 中的部分碱基；C. 得到的新的单倍型

到染色体上。染色体水平参考基因组是后续功能基因研究的基础，早期的基因组一般都通过高密度遗传图谱进行染色体挂载，然而构建作图群体，耗时较长，再加上有些物种无法构建作图群体，故很多基因组都在 scaffold 甚至 contig 水平。随着 Hi-C 技术的发展，越来越多的研究者转而利用 Hi-C 将基因组挂载至染色体水平。Hi-C 不依靠群体，用单一个体就能将基因组序列组装到染色体水平，还能纠正基因组的组装错误，目前已成为基因组组装的重要手段。Hi-C 辅助基因组组装的基本原理：细胞核内同一染色体上位点间的交互频率高于不同染色体间的交互频率，从而实现将初步组装的 contig 分配到各染色体群组中。另外，染色体内部两位点间的交互频率与线性距离一般近似服从幂次递减定律，因而通过交互频率的高低确定每个染色体群组中的不同 contig 或 scaffold 的顺序与方向。在已知染色体数目和基因组草图序列的前提下，其基本步骤是：第一步，根据 scaffold/contig 的 Hi-C 交互矩阵进行聚类，属于同一条染色体的 scaffold/contig 聚到一起；第二步，确定同一条染色体上多个 scaffold/contig 的排列顺序；第三步，确定 scaffold/contig 的方向性，从而达到辅助组装基因组的目的。目前利用 Hi-C 技术已经辅助完成多个物种的基因组组装。

4. 解析遗传变异的表型调控机制

人、动物、植物 GWAS 鉴定出的显著位点绝大部分并不位于基因编码区，解析这些位点的分子调控机制是后 GWAS 时代的研究重点。基因组染色质三维结构的变化，如启动子与增强子互作的改变，会导致基因表达及其调控模式发生异常，进而引起表型变化。因此与表型变异相关的非编码区突变可能会通过影响增强子活性来调控靶基因的表达。研究表明，前列腺癌的风险等位基因的转录因子结合位点改变，导致启动子转化为增强子，并影响长链非编码 RNA（lncRNA）不同转录本的表达和肿瘤发生。如图 7-5 所示，rs6426749-*G* 等位基因与 TFAP2A 蛋白稳定结合，提高了含有 rs6426749 的增强子的活性，促进了 *LINC00339* 的表达。过表达的 *LINC00339* 抑制 *CDC42* 基因的表达，*CDC42* 基因的低水平表达增加了骨质疏松症的发生率。反之，rs6426749-*C* 等位基因可以降低骨质疏松症的发生风险。除此之外，研究报道，杂合子体细胞突变可以在一个精确的非编码位点引入 MYB 转录因子的结合基序，从而在 *TAL1* 癌基因上游产生一个超级增强子。小鼠成肌调节因子 *MYOD* 基因启动子可以通过 loop 结构与其上下游 1 Mb 内的多个内含子型或基因间区型增强子互作，进而促进 *MYOD* 基因的表达，*MEF2C* 基因也具有相同的转录调控机制。由此可见，loop 结构介导的增强子与启动子互作在机体生长发育过程中发挥着重要作用。

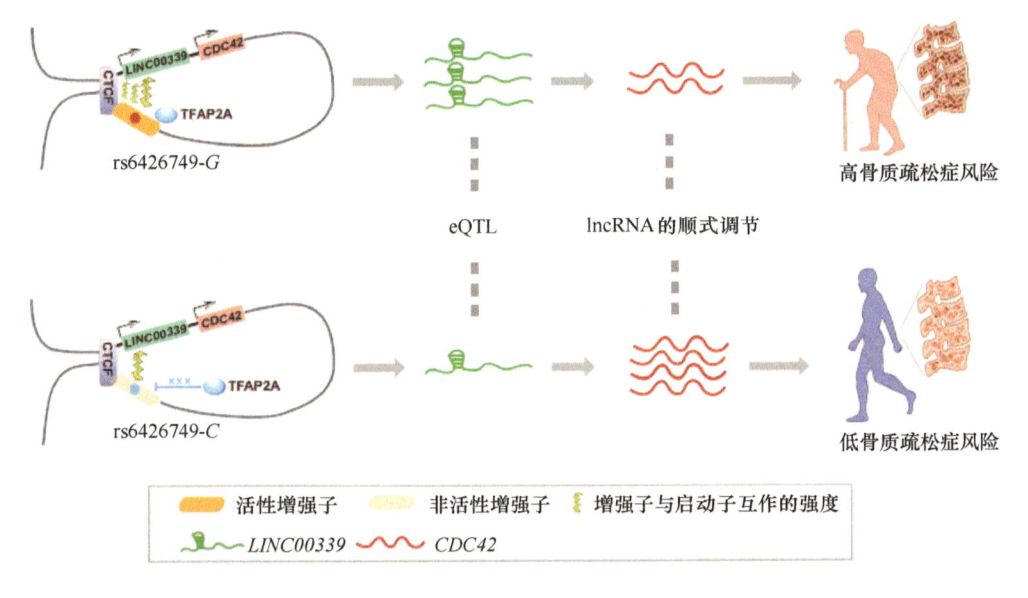

图 7-5 遗传变异（rs6426749）如何影响骨质疏松症（Chen et al.，2018）

结构变异（structural variation，SV）可以通过破坏如 TAD 来改变调控元件的拷贝数或基因组三维结构。由于这些位置效应，SV 可以影响断点的基因表达，从而导致疾病。在解释这些变异类型的致病潜力时，必须考虑 SV 对三维基因组和基因表达调控的影响。研究表明，*IHH* 基因增强子的重复发生在拓扑关联结构域内（intra-TAD），导致组织特异性失调，并与足并趾多趾畸形相关。*SOX9* 基因相关的 TAD 边界重复会导致新 TAD 的形成，并与烹调综合征、短指和指甲发育不全有关。在 *LMNB1* 基因上 TAD 边界的缺失导致增强子激活和成人脱髓鞘脑白质营养不良。*EPHA4* 基因的增强子簇倒位导致增强子异常激活和 *WNT6* 失调，并与韦伯综合征、拇指和食指并指有关。*MEF2C* 位点的平衡易位导致调节功能丧失，并与大脑异常（包括胼胝体发育不良）和发育迟缓有关。

目前，动物基因组功能注释（Functional Annotation of Animal Genomes，FAANG）项目已经完成了荷斯坦奶牛、阿尔卑斯山羊、白来航鸡、大白猪的肝脏和 T 细胞三维基因组解析工作，但并未鉴定基因组 loop 结构。此外，西北农林科技大学陈宏教授题组也已完成秦川牛肌肉基因组三维结构及其对肌肉发育相关基因的转录调控研究。结果发现，胎牛和成年牛肌肉中存在大量差异 loop 结构，包含 447 个增强子，其中与基因启动子成环的增强子有 240 个；构建了牛肌肉基因组调控元件互作图谱，在共计 4716 对启动子-增强子互作中有 142 个肌肉发育相关基因（如 *ACVR1*、*BMP5*、*CAPN3*、*EGR3*、*FGF* 及其受体家族、*FOX* 及其受体家族、*IGF1*、*IGFBP5*、*MEF2C*、*MEF2D* 等）受到 303 个增强子调控，这些结果为肌肉发育的分子调控机制解析提供了数据支撑。

三维基因组学是后基因组学时代和后 GWAS 时代的研究热点，利用三维基因组学可以更加深入鉴定并解析表型变异的关键突变及其分子机制，是基于高通量测序技术的基因组学和 GWAS 发展的必然结果。因此系统解析畜禽基因组染色质三维结构有望为畜禽精准育种和遗传改良提供理论基础。

本 章 小 结

由于黄牛的大多数生产性状属于数量性状，且与经济效益密切相关。因此，数量性状也被称为经济性状，大多数的研究都集中于对数量性状的研究。又由于数量性状由微效多基因或者主效基因调控，呈现出连续性变异，环境因素影响又比较大，因此，研究数量性状的难度较大。本章主要对中国黄牛分子数量遗传学的研究内容和方法进行了总结和归纳。研究方法主要包括分子标记辅助选择、QTL 定位技术、基因组选择与分子标记的高通量分型技术、分子设计育种与基因编辑技术等。研究内容主要包括黄牛体型外貌评定、体尺性状、生长发育性状、屠宰性状、泌乳性状，以及其他主要数量性状的遗传学分析。从各数量性状的三大遗传参数估计、各性状间的相关分析、性状主效基因的 SNP 分析、分子标记辅助选择分析、性状表型值与基因型之间的关联分析、重要经济性状因果突变的鉴定等方面进行了剖析。这些研究结果已经为中国黄牛的育种工作提供了科学的理论依据，并大幅度提高了选种的准确性和早期性，显著降低了种用个体的养殖数量，节约了种用个体的养殖空间，大大降低了养殖成本、提高了养殖效益。随着生物技术以及数理统计分析技术的迅速提高，基因组选择育种以及分子设计育种、基因编辑技术在育种工作中的应用迅速发展起来，未来的黄牛育种速度更快、选种准确性更高、育种效果更显著。三维基因组学是后基因组学时代和后 GWAS 时代的研究热点，是基于高通量测序技术的基因组学和 GWAS 发展的必然结果，利用三维基因组学可以更加深入地鉴定并解析表型变异的关键突变及其分子机制，从而真正实现分子育种，实现精准育种。

参 考 文 献

鲍斌, 房兴堂, 陈宏, 等. 2008. 中国荷斯坦牛 STAT5A 基因遗传多态性与泌乳性状的相关分析. 中国农业科学, (6): 1872-1878.

陈付英, 牛晖, 施巧婷, 等. 2018. 郏县红牛生长发育性状全基因组关联分析. 中国牛业科学, 44(5): 24-28.

陈仁金, 杨章平, 毛永江, 等. 2010. 中国荷斯坦牛 IL8 基因遗传多态性与泌乳性状以及体细胞评分的关联. 遗传, 32(12): 1256-1262.

冯万有. 2015. 基于 CRISPR/Cas9 系统靶向敲除水牛 BMP15 和 GDF9 基因的研究. 广西大学博士学位论文.

付忠华, 辛立卫, 张春光, 等. 2016. NKA1B2 基因 intron2 上 C2343T 与产奶性状的关联分析. 中国畜牧兽医, 32(6): 51-52, 10.

高旭健. 2016. CRISPR/CAS9 技术介导的人胰岛素(hINS)在牛成纤维细胞中定点整合的研究. 内蒙古大学硕士学位论文.

侯佳雯. 2020. PLAG1 基因多态性与中国黄牛体尺性状的相关性研究. 西北农林科技大硕士学位论文.

姜建萍. 2017. 中国荷斯坦牛全基因组 indel 分析及产奶性状关键基因鉴定. 中国农业大学博士学

位论文.

孔繁玲. 2006. 植物数量遗传学. 北京: 中国农业大学出版社.

李会玲, 刘素娟, 张英汉, 等. 2007. 种公牛阴囊周径与其体重、体高间的相关性研究. 中国牛业科学, 33(5): 4-7.

李艳华. 2019. 中国荷斯坦牛 DDIT3、RPL23A、SESN2 和 NR4A1 基因对产奶性状的遗传效应研究. 中国农业大学博士学位论文.

刘榜. 2019. 家畜遗传学. 北京: 中国农业出版社.

卢振峰, 刘莉莉, 赵国丽, 等. 2014. 三河牛 DGAT1 基因 K232A 位点与产奶性状的关联分析. 中国奶牛, (Z1): 13-16.

吕世杰, 陈付英, 张子敬, 等. 2020. 南阳牛生长性状相关基因组区域全基因组关联分析. 中国畜牧兽医, 47(1): 74-82.

马彦男, 贺鹏迦, 朱静, 等. 2013. GH 基因遗传多态性与中国荷斯坦牛泌乳性状的遗传效应分析. 中国兽医学报, 33(12): 1943-1948.

马宇浩, 高爽, 董向会, 等. 2020. 基因编辑在农业动物中的应用进展. 农业生物技术学报, 28(12): 2230-2239.

尼满, 刘武军, 朱勇. 2008. 新疆褐牛的体尺、体重对产奶量的影响. 中国牛业科学, 34(4): 44-47.

牛红, 宝金山, 吴洋, 等. 2016. 中国西门塔尔牛肉用群体重要经济性状遗传参数估计. 畜牧兽医学报, 47(9): 1817-1823.

邱峥艳, 孟纪伦, 芦春艳, 等. 2011. 草原红牛与中国荷斯坦牛 GHR 基因多态性及与产奶性状相关性分析. 中国畜牧杂志, 47(13): 18-20.

邱志国. 2007. 湘西黄牛遗传多样性及微卫星标记与生长发育性状相关性研究. 湖南农业大学硕士学位论文.

桑扎根, 魏趁, 杨楠, 等. 2021. 新疆褐牛种公牛精液生产性状遗传参数估计. 中国畜牧杂志, 57(8): 113-119.

佘昌平, 吴晓云, 梁春年, 等. 2016. 牦牛角性状候选基因的筛选. 畜牧兽医学报, 47(6): 1147-1153.

田万年, 张守发, 李香子, 等. 2011. 延边黄牛 α-肌动蛋白 1 基因的多态性及其与生长性状的相关分析. 中国畜牧兽医, 38(8): 153-157.

王思伟, 王学清, 石少轻, 等. 2018. 河北地区中国荷斯坦奶牛 GHR 基因 F279Y 位点多态性与泌乳性状遗传效应分析. 河北农业科学, 22(6): 60-64.

王思伟, 王学清, 石少轻, 等. 2019. 河北地区中国荷斯坦牛 DGAT1 基因多态性与泌乳性状遗传效应分析. 中国奶牛, (4): 14-20.

王鑫磊. 2009. 黄牛 GLI2、BMP7 基因多态性及其与生长性状的关联分析. 西北农林科技大学硕士学位论文.

武秀香, 杨章平, 王小龙, 等. 2010. 中国荷斯坦奶牛 FASN 基因遗传多样性及与泌乳性能的相关性分析. 中国畜牧杂志, 46(1): 1-4.

杨东英. 2008. 中国荷斯坦乳牛 DRB3 基因多态性的 PCR-SSCP 分析及其与泌乳性状的相关性. 中国兽医科学, (10): 889-892.

杨明娟. 2011. 中国黄牛 SH2B1 基因遗传变异及 MYOG 基因表达研究. 西北农林科技大学硕士学位论文.

杨宁, 姜力. 2018. 动物遗传育种学科百年发展历程与研究前沿. 农学学报, 8(1): 55-60.

尹立林, 马云龙, 项韬, 等. 2019. 全基因组选择模型研究进展及展望. 畜牧兽医学报, 50(2): 233-242.

袁泽湖. 2020. 整合 GWAS 和 eQTL 先验的绵羊部分肉用性状全基因组选择研究. 兰州大学博士学位论文.

张沅. 1996. 动物育种学各论. 北京: 北京农业大学出版社.

张宝. 2008. 6 个黄牛品种 ND5、GHSR 基因遗传变异及其与生长性状关联分析. 西北农林科技大学硕士学位论文.

张慧, 王守志, 李辉. 2010. 畜禽全基因组选择. 东北农业大学学报, 41(3): 145-149.

张勤, 张沅, Haussmann H, 等. 1995. 北京市荷斯坦牛头胎产奶量的遗传统计分析. 北京农业大学学报, 21(4): 435-440.

张霞, 刘晓研, 苗义良. 2017. 基因编辑技术在猪现代育种和动物模型构建中应用的研究进展. 中国细胞生物学学报, 39(5): 659-667.

张智慧, 李伟, 韩永胜. 2018. 牛体尺影响因素及其应用. 中国畜牧杂志, 54(1): 9-12.

周振勇, 李红波, 闫向民, 等. 2015. 新疆褐牛主要经济性状的遗传参数估计. 中国农学通报, 31(2): 8-12.

Bhuiyan MSA, Kim HJ, Lee DH, et al. 2017. Genetic parameters of carcass and meat quality traits in different muscles (longissimus dorsi and semimembranosus) of Hanwoo (Korean cattle). Journal of Animal Science, 95(8): 3359-3369.

Buzanskas ME, Pires PS, Chud TCS, et al. 2017. Parameter estimates for reproductive and carcass traits in Nelore beef cattle. Theriogenology, 92: 204-209.

Caetano SL, Savegnago RP, Boligon AA, et al. 2013. Estimates of genetic parameters for carcass, growth and reproductive traits in Nellore cattle. Livestock Science, 155(1): 1-7.

Carlson DF, Lancto CA, Zang B, et al. 2016. Production of hornless dairy cattle from genome-edited cell lines. Nature Biotechnology, 34(5): 479-481.

Chen XF, Zhu DL, Yang M, et al. 2018. An osteoporosis risk SNP at 1p36.12 acts as an allele-specific enhancer to modulate LINC00339 expression via long-range loop formation. The American Journal of Human Genetics, 102(5): 776-793.

Cinar MU, Kayan A, Uddin MJ, et al. 2012. Association and expression quantitative trait loci (eQTL) analysis of porcine *AMBP*, *GC* and *PPP1R3B* genes with meat quality traits. Molecular Biology Reports, 39: 4809-4821.

De Oliveira HR, Ventura HT, Costa EV, et al. 2018. Meta-analysis of genetic-parameter estimates for reproduction, growth and carcass traits in Nellore cattle by using a random-effects model. Animal Production Science, 58(9): 1575.

De Roos APW, Schrooten C, Druet T. 2011. Genomic breeding value estimation using genetic markers, inferred ancestral haplotypes, and the genomic relationship matrix. Journal of Dairy Science, 94(9): 4708-4714.

Dixon JR, Selvaraj S, Yue F, et al. 2012. Topological domains in mammalian genomes identified by analysis of chromatin interactions. Nature, 485(7398): 376-380.

Georges M, Nielsen D, Mackinnon M, et al. 1995. Mapping quantitative trait loci controlling milk production in dairy cattle by exploiting progeny testing. Genetics, 139(2): 907-920.

Guo Y, Chen H, Lan X, et al. 2008, Novel SNPs of the bovine *LEPR* gene and their association with growth traits. Biochemical Genetics, 46(11-12): 828-834.

Han B, Liang W, Liu L, et al. 2017. Determination of genetic effects of *ATF3* and *CDKN1A* genes on milk yield and compositions in Chinese Holstein population. BMC Genet, 18(1): 47.

Jawasreh K, Ismail ZB, Iya F, et al. 2018. Genetic parameter estimation for pre-weaning growth traits in Jordan Awassi sheep. Veterinary World, 11(2): 254.

Jeong YH, Kim YJ, Kim EY, et al. 2016. Knock-in fibroblasts and transgenic blastocysts for expression of human FGF2 in the bovine β-casein gene locus using CRISPR/Cas9 nuclease-mediated homologous recombination. Zygote, 24(3): 442-456.

Karim L, Takeda H, Lin L, et al. 2011. Variants modulating the expression of a chromosome domain encompassing PLAG1 influence bovine stature. Nature Genetics, 43(5): 405-413.

Kause A, Mikkola L, Strandén I, et al. 2015. Genetic parameters for carcass weight, conformation and fat in five beef cattle breeds. Animal, 9(1): 35-42.

Li Z, Wu ML, Zhao HD, et al. 2020. The *PLAG1* mRNA expression analysis among genetic variants and relevance to growth traits in Chinese cattle. Anim Biotechnol, 31(6): 504-511.

Manuel M, Cavani L, Menezes TJ, et al. 2019. Estimação de parâmetros genéticos para características de pesos e pesos metabólicos na desmama e pós-desmama em bovinos Brahman. Arquivo Brasileiro de Medicina Veterinária e Zootecnia, 71(1): 274-280.

Meirelles SLC, Mokry FB, Espasandín AC, et al. 2016. Genetic parameters for carcass traits and body weight using a Bayesian approach in the Canchim cattle. Genetics and Molecular Research, 15(2): gmr.15027471.

Myers MG, Cowley MA, Münzberg H. 2008. Mechanisms of leptin action and leptin resistance. Annu Rev Physiol, 70: 537-556.

Musa AM, Mohammed SA, Abdalla HO, et al. 2011. Linear body measurements as an indicator of Kenana cattle milk production. Online J Anim Feed Res, 1(6): 259-262.

Olsen HG, Gomez-Raya L, Vage DI, et al. 2002. A genome scan for quantitative trait loci affecting milk production in Norwegian dairy cattle. Journal of Dairy Science, 85(11): 3124-3130.

Paulsen J, Sekelja M, Oldenburg AR, et al. 2017. Chrom3D: three-dimensional genome modeling from Hi-C and nuclear lamin-genome contacts. Genome Biology, 18: 21.

Ponsuksili S, Murani E, Trakooljul N, et al. 2014. Discovery of candidate genes for muscle traits based on GWAS supported by eQTL-analysis. International Journal of Biological Sciences, 10(3): 327.

Ron M, Kliger D, Feldmesser E, et al. 2001. Multiple quantitative trait locus analysis of bovine chromosome 6 in the Israeli Holstein population by a daughter design. Genetics, 159(2): 727-735.

Rowley MJ, Corces VG. 2018. Organizational principles of 3D genome architecture. Nature Reviews Genetics, 19: 789-800.

Sabrina K, Olivieri BF, Bonamy M, et al. 2018. Estimates of genetic parameters for growth, reproductive, and carcass traits in Nelore cattle using the single step genomic BLUP procedure. Livestock Science, 216: 203-209.

Selvaraj S, Dixon JR, Bansal V, et al. 2013. Whole-genome haplotype reconstruction using proximity-ligation and shotgun sequencing. Nature Biotechnology, 31: 1111.

Torres-Vázquez JA, Spangler ML. 2016. Genetic parameters for docility, weaning weight, yearling weight, and intramuscular fat percentage in Hereford cattle. Journal of Animal Science, 94(1): 21-27.

Velmala RJ, Vilkki HJ, Elo KT, et al. 1999. A search for quantitative trait loci for milk production traits on chromosome 6 in Finnish Ayrshire cattle. Animal Genetics, 30(2): 136-143.

Vilkki HJ, De Koning DJ, Elo K, et al.1997. Multiple marker mapping of quantitative trait loci of Finnish dairy cattle by regression. Journal of Dairy Science, 80(1): 198-204.

Yang M, Qu L, Liu J, et al. 2012. Polymorphisms and effects on growth traits of the *SH2B1* gene in Chinese cattle. Livestock Science, 143(2-3): 283-288.

Zhang Q, Boichard D, Hoeschele I, et al. 1998. Mapping quantitative trait loci for milk production and health of dairy cattle in a large outbred pedigree. Genetics, 149(4): 1959-1973.

Zhang YL, Liu J, Zhao F, et al. 2013. Genome-wide association studies for growth and meat production traits in sheep. PLoS One, 8(6): e66569.

Zhang Y, Zhang J, Gong H, et al. 2019. Genetic correlation of fatty acid composition with growth, carcass, fat deposition and meat quality traits based on GWAS data in six pig populations. Meat Science, 150: 47-55.

Zhong X, Zan LS, Wang HB, et al. 2010. Polymorphic CA microsatellites in the third exon of the bovine *BMP4* gene. Genet Mol Res, 9(2): 868-874.

Zhou ZY, Li HB, Yan XM, et al. 2015. On genetic parameter estimation of Xinjiang brown cattle's main economic characters. Agricultural Science & Technology, 16(8): 1735-1740.

（张建勤、曹修凯、程杰编写）

第八章 中国黄牛 mtDNA 遗传多样性与母系起源研究

线粒体是真核细胞中进行生物能量代谢的重要细胞器，一直是生物化学及相关领域最吸引人的研究对象之一。自从 20 世纪 60 年代发现线粒体含有 DNA 以来，线粒体 DNA（mtDNA）的遗传多样性与母系起源研究引起了遗传学家的极大兴趣。本章主要介绍 mtDNA 的遗传特征、黄牛 mtDNA 的遗传多样性与母系起源的关系。

第一节 mtDNA 的遗传

一、mtDNA 的基本结构

在哺乳动物中，mtDNA 通常是环状、共价闭合的双链 DNA 分子，双链分子的内外两条环链有不同的核苷酸含量，外环链富含鸟嘌呤，称为重链（H 链），而内环链富含胞嘧啶，称为轻链（L 链），共由 15 000~17 000 个碱基对组成，分为编码区和非编码区。编码区有 37 个基因，包括 13 个编码蛋白质（多肽）的基因（编码细胞色素 c 氧化酶亚基的 *CO I*、*CO II*、*COIII*、*Cytb*、*ATPase6*、*ATPase8*，编码 NADH 的 7 个亚基的 *ND1*、*ND2*、*ND3*、*ND4*、*ND5*、*ND6*、*ND4L*）、22 个编码 tRNA 的基因（*TA*、*TR*、*TN*、*TC*、*TQ*、*TD*、*TE*、*TG*、*TH*、*TI*、*TL1*、*TL2*、*TK*、*TM*、*TF*、*TP*、*TS1*、*TS2*、*TT*、*TW*、*TY*、*TV*）、2 个编码 rRNA（12S rRNA 和 16S rRNA）的基因。而非编码区是 mtDNA 的控制区，也叫 D-loop 区。黄牛 mtDNA 的基本结构与大多数哺乳动物的 mtDNA 一样，由 37 个基因和一段 910 bp 长的 D-loop 区组成（图 8-1），其 mtDNA 大小为 16 338 bp（Anderson et al.，1982）。

二、mtDNA 的遗传特征

mtDNA 是哺乳动物细胞核外唯一的遗传物质，与核遗传物质相比，具有独特的遗传特征。

1）结构简单稳定，分子量远小于核基因组：黄牛 mtDNA 和其他哺乳动物 mtDNA 一样，其结构一般为共价、闭合、环状分子。黄牛的 mtDNA 分子量小，为 16 338 bp（Anderson et al.，1982），远小于黄牛的核基因组 2.72 Gb。

2）密码子的特殊性：真核生物核基因的密码子具有完全通用性，但其 mtDNA 有些例外，其密码子有 3 处不同于通用密码子：①UGA 不是终止密码子，而是色氨酸的密码子；②AGA、AGG 不是精氨酸的密码子，而代表终止密码子；③AUA 是甲硫氨酸的密码子。

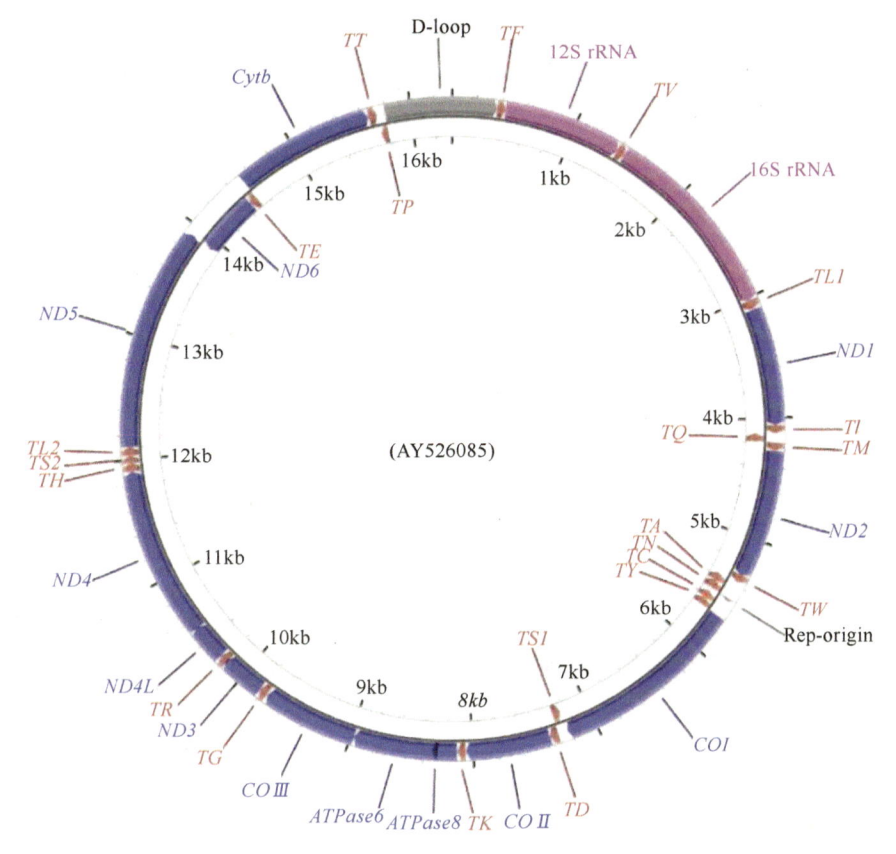

图 8-1 普通牛 mtDNA 基因组的结构（Anderson et al., 1982）
Rep-origin：复制起点

3）多拷贝基因组：线粒体中的 mtDNA 是多拷贝的，平均每个线粒体中含有 2.6 个 mtDNA 分子，多的可达 1000 个。

4）无组织特异性：动物正常个体的 mtDNA 在不同组织中都是一样的。

5）严格遵守母系遗传：动物精子一般不含或含有极少量 mtDNA 分子，卵子含有大量的 mtDNA 分子，受精卵中的 mtDNA 分子 99.9%来自卵子，仅通过卵子的细胞质传到下一代。因此，mtDNA 表现出严格的母系遗传特性。所以，一个母系祖先的后代具有相同的 mtDNA 类型。

6）进化速率高于核 DNA：哺乳动物 mtDNA 核苷酸的替代率每年约为 10^{-8}，其突变率比核 DNA 高 5~10 倍。

三、mtDNA 的应用

由于哺乳动物 mtDNA 结构简单、稳定、遵循母系遗传，在世代传递过程中没有重组，驯化了的家畜一般能保持其野生祖先 mtDNA 类型。因此，mtDNA 作为一个可靠的母性遗传标记，广泛用于评估家畜种及品种的起源、演化与分类的研究。mtDNA 在不同种间、种内不同群体间具有广泛的多态性，特别是在 mtDNA D-loop 区、*Cytb* 基因、12S rRNA、16S rRNA 和 mtDNA 全基因组序列方面，都可以表现出多态性，可以用于家畜母系起源、遗传多样性、系统发育和种群结构研究。为了更科学地保护和利用中国及世界家牛地方品种资源，可以对其 mtDNA 遗传多样性进行研究，这对追溯地方牛品种的形成、起源进化及遗传资源评价具有重要的意义。

第二节　mtDNA RFLP 研究

mtDNA 限制性片段长度多态性（restriction fragment length polymorphism，RFLP）分析的原理是，对某种家畜（如黄牛）同一品种不同个体的 mtDNA，利用同一种限制性内切酶对其进行酶切消化，看该内切酶在不同个体的 mtDNA 中是否有酶切位点的一种分析方法。mtDNA RFLP 分析是在测序技术还没有普遍应用的前提下进行的，主要于 20 世纪 90 年代应用较多，也是研究动物种内群体间亲缘关系和群体遗传多样性的有效方法之一。mtDNA RFLP 分析可以为黄牛的母系起源提供有效、可靠的遗传标记。

Loftus 等（1994）首次对来自欧洲、亚洲和非洲的 13 个牛品种共 130 头牛的 mtDNA 进行了 RFLP 分析，结果发现两种 mtDNA 类型，分别为欧洲型和亚洲型，其中欧洲牛和非洲牛具有几乎完全相同的 mtDNA 类型，说明二者可能起源于一个共同祖先，而亚洲牛则可能起源于另一个祖先，并将世界牛种划分为两种类型——欧洲类型和亚洲类型，两种类型在 575 000~1 150 000 年前开始分化，证明亚洲瘤牛为独立驯化牛种。兰宏等（1993）对云南黄牛和大额牛进行 mtDNA RFLP 研究，发现云南黄牛具有普通牛和瘤牛两个起源，而大额牛的酶切类型与瘤牛相同，其起源与瘤牛有密切关系。文际坤等（1996）利用 8 种限制性内切酶对文山牛和迪庆牛的 mtDNA 进行 RFLP 研究，结果表明这两个牛品种在遗传上同时具有普通牛和瘤牛血统，并发现文山牛以瘤牛血统为主，迪庆牛以普通牛血统为主。聂龙等（1996）用 14 种限制性内切酶分析海南黄牛和徐闻黄牛共 6 头牛的 mtDNA RFLP，结果只有 Sal I 在两头海南黄牛中检测到多态性，两个品种的 mtDNA 单倍型全部为 A 型，即瘤牛的血统，表明海南可能是瘤牛的另一个发源地。何正权等（1999）利用 15 种限制性内切酶研究了 4 个贵州地方黄牛品种和一个培育品种的 mtDNA RFLP，发现在贵州黄牛中存在瘤牛和普通牛两种类型的 DNA 分子类型，推测贵州黄牛有普通牛和瘤牛两种母系起源。Yu 等（1999）为了揭示我国南方黄牛的起源和遗传变异，对贵州、海南与广东等地的 11 个地方黄牛品种和 1 个培育品种的 mtDNA 进行 RFLP 研究，结果表明云南地方黄牛，特别是德宏牛和迪庆牛的 mtDNA 遗传多样性非常丰富。这些研究为鉴定不同牛品种的母系起源提供了可靠的遗传标记，即通过分析牛 mtDNA 在限制性内切酶作用下产生的限制性多态类型，便可判定该牛的母系起源是瘤牛还是普通牛。

第三节　mtDNA D-loop 序列多态性研究

自牛的 mtDNA 全序列公布以来，mtDNA D-loop 序列已被广泛用于评估家牛的遗传多样性、群体遗传结构及系统发育关系等研究（Loftus et al.，1994；Troy et al.，

2001；Mannen et al.，2004）。通过分析欧洲牛、非洲牛和印度瘤牛群体的 mtDNA D-loop 序列变异，Loftus 等（1994）首次从分子水平证明家牛存在普通牛与瘤牛两大独立的驯化事件。随后，一系列 mtDNA D-loop 序列多态性研究表明，全世界的家牛均有普通牛与瘤牛两大母系起源（图 8-2）。几乎所有的普通牛 mtDNA D-loop 序列都属于一个大的 T 支系，该 T 支系又包括 6 个单倍型组，即 T、T1、T2、T3、T4 和 T5（Troy et al.，2001；Mannen et al.，2004；Achilli et al.，2008）。这些单倍型组分布在世界各地，其中 T1 单倍型组几乎只分布在非洲大陆牛品种中，T2 单倍型组几乎只分布在中东和近东安拉托利亚牛品种中，T3 单倍型组在整个欧洲大陆牛品种中占主导地位，T4 单倍型组只分布于亚洲东部的家牛中（Mannen et al.，2004；Achilli et al.，2009；Cai et al.，2014）。普通牛所有的 T 单倍型组（T4 除外）在近东地区都有发现，且该地区家牛的遗传多样性明显高于其他地区，结合家牛的考古学记录以及各 T 单倍型组的地理分布特点，支持欧洲普通牛起源于近东的结论（Troy et al.，2001）。然而，Beja-Pereira 等（2006）通过对欧洲现代牛和 5 个意大利原牛 mtDNA D-loop 序列分析，并不支持欧洲牛起源于近东的假说，提出欧洲牛是本地驯化的、有多个起源的观点。所有的瘤牛 mtDNA 序列都聚类到一个大的 I 支系，包括 I1 和 I2 两个单倍型组（Chen et al.，2010）。据推测，I1 单倍型组可能起源于印度河流域，主要包括印度的拉贾斯坦邦和现今的巴基斯坦，而 I2 单倍型组具有复杂的遗传模式，很难确定其起源。I1 单倍型组向东迁移，在东南亚和中国的瘤牛中占优势。此外，在西南亚、印度河流域、中亚、尼泊尔、不丹、中国、蒙古和巴西，都为普通牛和瘤牛的混合母系起源（Chen et al.，2010）。

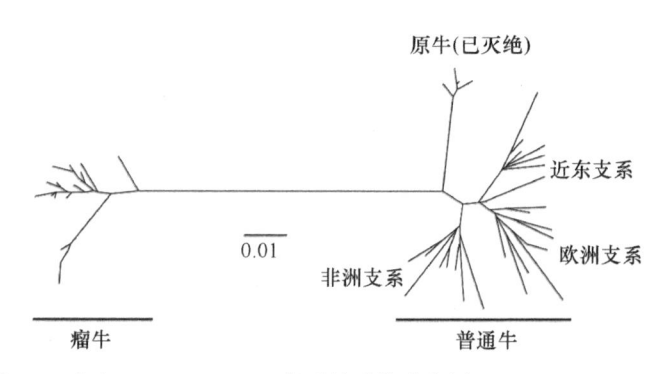

图 8-2　家牛 mtDNA D-loop 序列的系统发育树（Troy et al.，2001）

雷初朝等（2004）首次对我国部分地方黄牛的 mtDNA D-loop 序列变异进行了研究，发现中国地方黄牛主要为普通牛与瘤牛两个母系起源。随后，对中国地方黄牛品种 mtDNA D-loop 序列变异研究越来越多，在我国黄牛中共发现 6 种普通牛单倍型组（T、T1～T5）和 2 种瘤牛单倍型组（I1 和 I2）（Lai et al.，2006；Lei et al.，2006；Jia et al.，2007；Xia et al.，2019a）。T3 是中国黄牛中普通牛 T 支系中的优势单倍型组，其次是 T2 和 T4；瘤牛 I1 为中国南方黄牛的主要单倍型组，瘤牛 I2 只在中国西南地区（云贵高原和西藏）以及新疆地区黄牛中有分布（Lei et al.，2006；Xia et al.，2019a）。Jia 等

(2010)对亚洲6个国家黄牛的mtDNA D-loop序列进行了分析，首次在蒙古牛和平武牛中鉴定出稀有单倍型组T5。T1单倍型组最早在延边牛和早胜牛中被发现，但频率很低（Lei et al., 2006）。Jia等（2010）在中国不同黄牛群体（长白山牛、秦川牛、通江牛、延边牛、沿江牛和早胜牛）中发现T1支系有零星分布，而以北方品种较多，并根据变异位点重新命名了亚洲发现的T1支系为T1a。Jia等（2007）首次发现西藏地区的黄牛品种——阿沛甲咂牛有牦牛的mtDNA渗入。夏小婷等（2017）对西藏牛的mtDNA D-loop序列进行比对分析，揭示了西藏牛具有普通牛和瘤牛两种母系起源，并发现西藏牛中存在牦牛mtDNA的渗入。来自中国古代家牛的mtDNA证据表明：中国普通牛起源于近东，在公元前3000～前2000年引入中国北方地区，而瘤牛在公元前1500年以后才从南方向北方迁徙进入中原地区（Cai et al., 2014）。Xia等（2019a）通过mtDNA D-loop序列研究，证明中国地方黄牛具有丰富的遗传多样性（表8-1），发现中国北方黄牛以普通牛T支系为主，南方黄牛以瘤牛I支系为主，中原黄牛为普通牛T支系与瘤牛I支系的混合起源，从而揭示了中国地方黄牛的母系起源具有明显的地理分布规律（图8-3）。

表8-1　中国57个黄牛品种/群体的mtDNA单倍型组分布与遗传多样性（Xia et al., 2019a）

品种/群体	样本数	普通牛 T1a	T2	T3	T4	T5	瘤牛 I1	I2	单倍型多样度	核苷酸多样度
哈萨克牛	4	0	0	3	1	0	0	0	1.000±0.177	0.0046±0.0012
阿泰勒白头牛	14	0	2	10	0	0	2	0	0.835±0.070	0.0151±0.0055
蒙古牛	50	1	8	34	2	1	2	2	0.980±0.009	0.0127±0.0028
延边牛	11	1	4	5	1	0	0	0	0.945±0.066	0.0060±0.0008
长白山牛	15	2	2	9	2	0	0	0	0.943±0.034	0.0048±0.0004
沿江牛	14	1	2	10	1	0	0	0	0.967±0.037	0.0060±0.0009
安西牛	10	0	1	8	1	0	0	0	0.911±0.077	0.0044±0.0008
临夏牛	6	0	3	2	1	0	0	0	1.000±0.096	0.0079±0.0012
武威牛	6	0	2	4	0	0	0	0	1.000±0.096	0.0059±0.0009
渤海黑牛	18	0	0	9	4	0	5	0	0.928±0.052	0.0230±0.0039
鲁西牛	15	0	2	3	3	0	7	0	0.971±0.039	0.0287±0.0022
晋南牛	13	0	3	5	1	0	4	0	0.910±0.056	0.0248±0.0045
郏县红牛	11	0	0	6	0	0	5	0	0.782±0.093	0.0257±0.0033
南阳牛	10	0	0	3	2	0	5	0	0.911±0.062	0.0270±0.0034
岭南牛	154	1	23	50	11	0	69	0	0.989±0.031	0.0119±0.0050
秦川牛	14	0	3	7	3	0	1	0	0.933±0.062	0.0260±0.0042
西镇牛	10	0	0	4	2	0	4	0	0.899±0.021	0.0255±0.0004
大别山牛	11	0	0	1	1	0	9	0	0.491±0.175	0.0160±0.0074
皖南牛	8	0	0	2	2	0	4	0	0.893±0.012	0.0290±0.0044
夷陵牛	49	0	0	6	6	0	37	0	0.599±0.083	0.0186±0.0031
恩施牛	13	0	0	3	1	0	9	0	0.795±0.109	0.0229±0.0054
黄陂牛	22	0	2	2	2	0	16	0	0.753±0.096	0.0227±0.0040

续表

品种/群体	样本数	普通牛 T1a	T2	T3	T4	T5	瘤牛 I1	I2	单倍型多样度	核苷酸多样度
郧巴牛	8	0	1	1	0	0	6	0	0.893±0.111	0.0219±0.0082
枣北牛	9	0	2	3	2	0	2	0	0.889±0.071	0.0217±0.0069
温岭牛	10	0	0	0	0	0	10	0	0.644±0.152	0.0009±0.0003
巴山牛	15	0	1	3	3	0	8	0	0.829±0.085	0.0257±0.0035
川南牛	7	0	1	3	0	0	3	0	0.857±0.137	0.0272±0.0047
峨边花牛	5	0	0	5	0	0	0	0	0.600±0.175	0.0007±0.0002
汉源牛	4	0	0	4	0	0	0	0	1.000±0.177	0.0046±0.0011
凉山牛	8	0	1	4	0	0	3	0	0.929±0.084	0.0268±0.0054
平武牛	9	0	0	1	3	1	4	0	0.917±0.092	0.0287±0.0039
三江牛	37	0	8	13	6	0	10	0	0.889±0.025	0.0219±0.0029
通江牛	53	1	3	28	5	0	16	0	0.946±0.017	0.0232±0.0020
宣汉牛	9	1	0	4	1	0	3	0	1.000±0.052	0.0256±0.0052
闽南牛	9	0	0	2	0	0	7	0	0.861±0.087	0.0202±0.0081
湘西牛	46	0	2	2	3	0	39	0	0.820±0.054	0.0139±0.0035
广丰牛	30	0	0	5	0	0	25	0	0.589±0.099	0.0094±0.0042
吉安牛	26	0	0	1	2	0	23	0	0.572±0.111	0.0113±0.0048
锦江牛	18	0	0	6	1	0	11	0	0.641±0.097	0.0251±0.0032
隆林牛	14	0	1	5	0	0	8	0	0.868±0.068	0.0255±0.0031
南丹牛	10	0	0	4	0	0	6	0	0.867±0.107	0.0252±0.0045
涠洲牛	12	0	0	0	0	0	12	0	0.576±0.163	0.0007±0.0003
雷州牛	11	0	0	0	0	0	11	0	0.782±0.107	0.0030±0.0010
海南牛	5	0	0	0	0	0	5	0	0.000±0.000	0.0000±0.0000
关岭牛	22	0	0	13	1	0	8	0	0.883±0.056	0.0238±0.0025
黎平牛	21	0	0	3	2	0	14	2	0.724±0.101	0.0211±0.0040
思南牛	23	0	2	8	2	0	10	1	0.877±0.061	0.0260±0.0018
务川黑牛	19	0	3	7	1	0	8	0	0.965±0.036	0.0252±0.0020
威宁牛	36	0	1	15	1	0	19	0	0.854±0.051	0.0248±0.0012
迪庆牛	15	0	1	11	2	0	1	0	0.943±0.045	0.0101±0.0052
云南高峰牛	7	0	0	0	1	0	2	4	0.667±0.160	0.0176±0.0090
昭通牛	21	0	2	11	1	0	7	0	0.948±0.031	0.0238±0.0031
滇中牛	20	0	1	5	4	0	8	2	0.963±0.033	0.0268±0.0017
文山牛	18	0	0	1	1	0	16	0	0.484±0.138	0.0105±0.0056
阿沛甲咂牛	12	0	0	4	2	0	1	5	0.833±0.100	0.0303±0.0031
日喀则驼峰牛	14	0	0	7	1	0	5	1	0.967±0.037	0.0282±0.0030
西藏牛	36	2	1	31	2	0	0	0	0.956±0.017	0.0064±0.0022
总计	1097	10	88	396	94	2	490	17	0.904±0.008	0.0257±0.0001

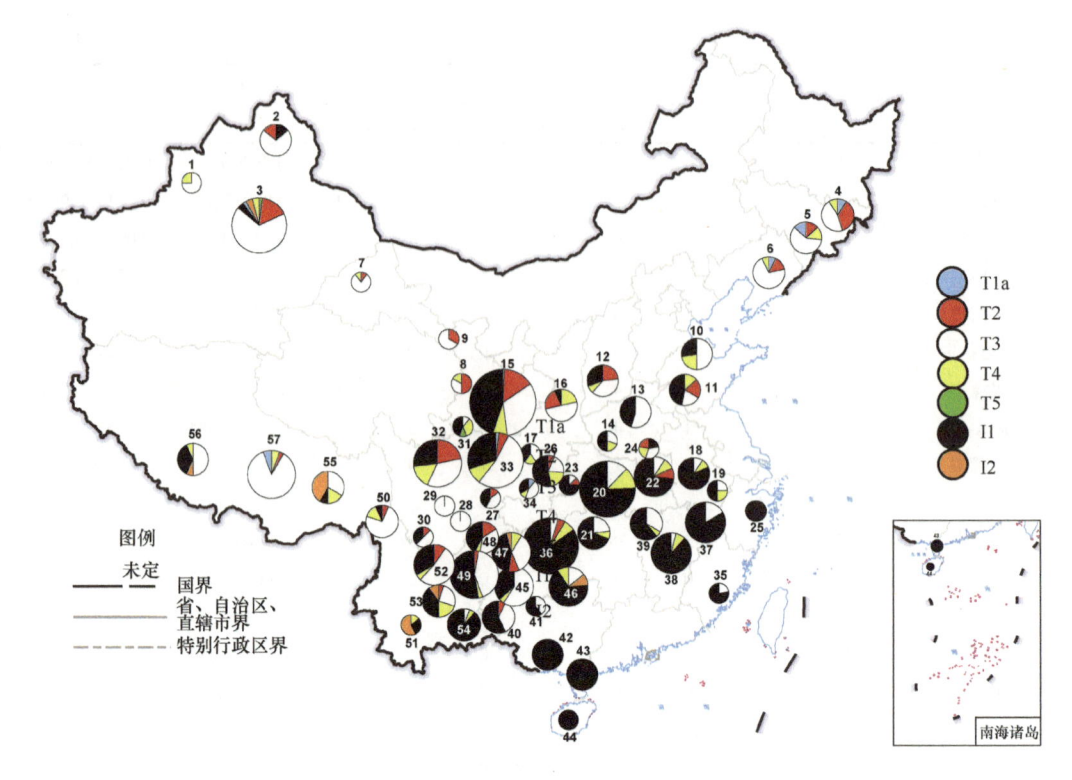

图 8-3　中国 57 个黄牛品种/群体中 mtDNA 单倍型组的地理分布（Xia et al.，2019a）

圆圈的大小代表品种/群体的样本大小。1. 哈萨克牛；2. 阿泰勒白头牛；3. 蒙古牛；4. 延边牛；5. 长白山牛；6. 沿江牛；7. 安西牛；8. 临夏牛；9. 武威牛；10. 渤海黑牛；11. 鲁西牛；12. 晋南牛；13. 郏县红牛；14. 南阳牛；15. 岭南牛；16. 秦川牛；17. 西镇牛；18. 大别山牛；19. 皖南牛；20. 夷陵牛；21. 恩施牛；22. 黄陂牛；23. 郧巴牛；24. 枣北牛；25. 温岭牛；26. 巴山牛；27. 川南牛；28. 峨边花牛；29. 汉源牛；30. 凉山牛；31. 平武牛；32. 三江牛；33. 通江牛；34. 宣汉牛；35. 闽南牛；36. 湘西牛；37. 广丰牛；38. 吉安牛；39. 锦江牛；40. 隆林牛；41. 南丹牛；42. 涠洲牛；43. 雷州牛；44. 海南牛；45. 关岭牛；46. 黎平牛；47. 思南牛；48. 务川黑牛；49. 威宁牛；50. 迪庆牛；51. 云南高峰牛；52. 昭通牛；53. 滇中牛；54. 文山牛；55. 阿沛甲咂牛；56. 日喀则驼峰牛；57. 西藏牛

第四节　mtDNA 基因多态性研究

在黄牛 mtDNA 的 37 个基因中，除细胞色素 b（$Cytb$）基因研究较多外，非蛋白编码基因中的 2 个 rRNA 基因（12S rRNA 和 16S rRNA 基因）也是常见的分子标记。

一、mtDNA $Cytb$ 基因多态性研究

$Cytb$ 基因是动物 mtDNA 13 个重要的功能蛋白编码基因中了解得较清楚的基因之一。黄牛 $Cytb$ 基因长度为 1140 bp，编码 379 个氨基酸，一般不发生碱基的缺失和插入变异。$Cytb$ 基因的进化速率适中，能用通用引物进行扩增，一个较小的基因片段就包含从种内到种间、属间乃至科间的进化遗传信息，是一个十分有用的分子标记，因而广泛用于动物种内、种间、属间乃至科间的系统进化方面的研究。

利用 mtDNA $Cytb$ 基因标记来阐明中国黄牛遗传多样性及母系起源的研究较多。Cai 等（2007）对中国 4 个北方黄牛品种（延边牛、蒙古牛、早胜牛和哈萨克牛）、6 个中原

黄牛品种（秦川牛、晋南牛、渤海黑牛、南阳牛、鲁西牛和郏县红牛）、8个南方黄牛品种（宣汉牛、西镇牛、黎平牛、威宁牛、闽南牛、吉安牛、雷州牛和海南牛）共136个个体的 Cytb 基因全序列进行分析，发现 Cytb 基因具有较高的核苷酸多样度和单倍型多样度（表8-2），聚类分析表明中国黄牛具有普通牛和瘤牛2个母系起源，并剖析了普通牛和瘤牛2个支系在中国大陆的基因流动模式。为了深入分析中国不同地方黄牛品种之间的遗传关系，蔡欣等（2012）又对18个地方黄牛品种136个个体的 Cytb 基因全序列进行了分析，发现北方黄牛和南方黄牛组内的平均遗传距离相对较小，但北方黄牛和南方黄牛组间的平均遗传距离差异较大；中原黄牛和北方黄牛组间的遗传分化程度要大于中原黄牛和南方黄牛组间的遗传分化程度，表明中原黄牛相对于北方黄牛而言，受南方瘤牛的遗传影响更大。此外，研究还发现中原黄牛如秦川牛和晋南牛受北方普通牛的影响大，鲁西牛、郏县红牛和南阳牛受南方瘤牛的影响大。耿荣庆等（2008）分析了18头雷琼牛 Cytb 基因全序列，结合徐闻牛和海南牛群体的 Cytb 基因序列进行比对分析，发现海南牛与徐闻牛 Cytb 基因序列差异非常小，徐闻牛、海南牛与雷琼牛 Cytb 基因序列差异也较小，且三者还共享同一种单倍型，从分子水平证明3个地方牛群体（雷琼牛、徐闻牛和海南牛）都起源于瘤牛，为徐闻牛和海南牛合称为雷琼牛提供了母系遗传学依据。林瑞意等（2010）和汪琦等（2016）分别对务川黑牛和三江黄牛 Cytb 基因全序列进行聚类分析表明，务川黑牛和三江黄牛均为普通牛和瘤牛2个母系起源。

表8-2 中国18个黄牛品种 Cytb 基因序列的遗传多样性（Cai et al.，2007）

组别	品种	样本数	多态位点	单倍型	核苷酸多样度	单倍型多样度
北方黄牛	延边牛	6	1	2	0.000 29	0.333
	蒙古牛	5	3	3	0.000 75	0.524
	早胜牛	7	20	3	0.007 08	0.700
	哈萨克牛	11	46	9	0.010 38	0.945
	小计	29	52	12	0.005 48	0.764
中原黄牛	秦川牛	8	25	5	0.008 23	0.857
	晋南牛	8	25	4	0.009 84	0.786
	渤海黑牛	8	26	5	0.010 48	0.857
	南阳牛	8	25	6	0.009 84	0.929
	鲁西牛	9	21	5	0.007 87	0.806
	郏县红牛	7	29	4	0.010 25	0.714
	小计	48	59	17	0.009 51	0.811
南方黄牛	宣汉牛	11	28	9	0.009 41	0.945
	西镇牛	6	24	5	0.010 28	0.933
	黎平牛	6	23	6	0.009 98	1.000
	威宁牛	6	21	6	0.009 26	1.000
	闽南牛	7	19	3	0.007 68	0.667
	吉安牛	5	21	5	0.007 44	1.000
	雷州牛	11	6	5	0.000 96	0.618
	海南牛	7	3	4	0.000 75	0.714
	小计	59	49	26	0.006 52	0.839
总计		136	105	47	0.009 23	0.848

二、mtDNA 12S rRNA 和 16S rRNA 基因多态性研究

动物 mtDNA 的 12S rRNA 基因和 16S rRNA 基因比较保守，进化速率慢，用通用引物进行扩增测序较为容易，可以准确反映动物之间的进化关系。有关中国黄牛 mtDNA 12S rRNA 和 16S rRNA 基因多态性的研究不多。孟彦等（2006）利用 PCR-SSCP 方法对 10 个黄牛品种（鲁西牛、渤海黑牛、大别山牛、南阳牛、晋南牛、秦川牛、中国西门塔尔牛、日本和牛、海福特牛和安格斯牛）353 个个体的 mtDNA 12S rRNA 基因多态性进行了分析，结果发现该基因存在 3 种单倍型（Ⅰ、Ⅱ、Ⅲ），其中单倍型Ⅰ出现的频率最低，仅出现在 1 头晋南牛中；单倍型Ⅱ主要存在于中国地方黄牛品种中，在中国西门塔尔牛中的频率很低，在 3 个国外品种海福特牛、安格斯牛和日本和牛中不存在单倍型Ⅱ；单倍型Ⅲ在这 10 个黄牛品种中均有分布，但以国外牛品种最丰富。我国地方黄牛品种的平均多态性信息含量为 0.232～0.423，基本属于中度多态，说明我国地方黄牛品种 mtDNA 12S rRNA 基因的多态性比较丰富，而国外品种较为贫乏。祁琪等（2018）利用 PCR-SSCP 技术与 DNA 测序技术相结合，探究了秦川牛 mtDNA 12S rRNA 和 16S rRNA 基因的遗传特征及其与生长性状（体高、十字部高、体长、胸围、胸宽、胸深、尻长、坐骨端宽以及腰角宽）的关系，以寻找与黄牛生长性状相关的分子标记，结果在秦川牛 mtDNA 12S rRNA 基因上发现 2 个多态位点，但其对秦川牛 9 个生长性状都无显著影响（$P>0.05$）。在秦川牛 mtDNA 16S rRNA 基因上也发现 2 个多态位点，其中 1 个位点对生长性状影响显著（$P<0.05$）。Yan 等（2019）对 10 个中国黄牛品种（秦川牛、南阳牛、郏县红牛、早胜牛、蒙古牛、恩施牛、夏南牛、荷斯坦牛、草原红牛和德南牛）以及 2 个国外牛品种（安格斯牛和日本和牛）共计 251 个个体的 mtDNA 16S rRNA 遗传多样性进行分析，结果发现黄牛 16S rRNA 基因中的核苷酸变异都是转换（62.3%）或颠换（37.7%），且转换频率高于颠换，未发现插入/缺失；中国黄牛品种的平均单倍型多样度均高于两个国外牛品种，说明中国黄牛品种具有较丰富的遗传多样性；对 10 个中国黄牛品种 16S rRNA 单倍型进行聚类分析，结果表明，北方黄牛中的草原红牛和蒙古牛起源于普通牛，恩施牛主要起源于瘤牛，但对于亲缘关系复杂的中原黄牛而言，瘤牛和普通牛对它们的影响因品种而异，表明 10 个中国黄牛品种为普通牛和瘤牛起源。这些结果为我国黄牛的种质资源保护、杂交育种和品种改良奠定了分子遗传学基础。

第五节　mtDNA 全基因组研究

早期对黄牛 mtDNA 遗传多样性和起源的研究，多集中于 mtDNA 的部分区域，如 D-loop 区和 *Cytb* 基因序列等。随着测序技术的发展，研究者开始关注黄牛 mtDNA 基因组全序列变异，这对进一步研究黄牛 mtDNA 支系内部结构、发现新的支系很有意义。

利用 mtDNA 基因组序列变异，人们估算出普通牛和瘤牛之间的分歧时间约为 33 万年（Achilli et al., 2008, 2009）（图 8-4）。基于家牛 mtDNA 基因组的遗传变异研究表明，普通牛 T 支系的亚单倍型组包括两个进化枝——T1′2′3′（T4 作为 T3 支系的亚进化枝）和 T5（Achilli et al., 2008）。但并不是所有的普通牛都属于大的 T 单倍型组。MtDNA

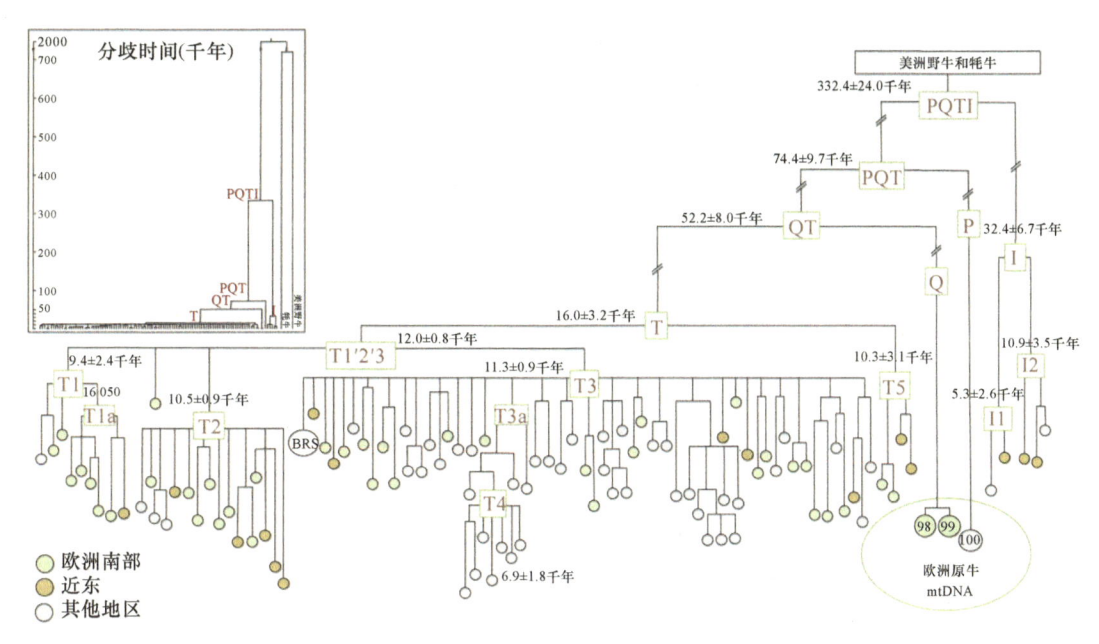

图 8-4　家牛 mtDNA 全序列系统发育树（Achilli et al.，2008）

用 ML（极大似然法）法估计进化支系和亚支系的分歧时间。该系统发育树使用牦牛和美洲野牛序列来定根。BRS 表示普通牛参考序列 V00654（Anderson et al.，1982）

全基因组分析揭示普通牛还存在 5 个稀有单倍型组 P、Q、R、C 和 E。单倍型组 P 主要分布于欧洲北部和中部已经灭绝的原牛中（Edwards et al.，2007；Achilli et al. 2009），被认为是欧洲原牛特有的单倍型组；随后在亚洲家牛（韩国牛、日本牛和中国东北的延边牛）中也发现存在 P 单倍型组，但与欧洲原牛的 P 单倍型组差异很大，暗示亚洲原牛可能对东北亚的家牛有基因贡献（Achilli et al.，2008；Noda et al.，2018；Xia et al.，2021）。Q 单倍型组最早在意大利牛中被发现（Achilli et al.，2009），随后在埃及牛中也发现了高频率的 Q 单倍型组，而 Q 单倍型组与最大的单倍型组 T 显示出极高的相似性，暗示单倍型组 Q 很可能是近东起源（Bonfiglio et al.，2010；Olivieri et al.，2015）。单倍型组 R 主要发现于濒临灭绝的现代意大利家牛品种中，系统发育分析表明，单倍型组 R 代表普通牛 mtDNA 聚类中最早的分支，很可能起源于欧洲原牛（Achilli et al.，2009；Bonfiglio et al.，2010）。单倍型组 E 发现于德国的原牛中（距今约 6000 年）（Edwards et al.，2007）。牛 mtDNA 单倍型组 T、I、P、Q、R、E 之间的进化关系见图 8-5。随后，人们又在中国古代东北原牛中鉴定了新单倍型组 C，距今约 10 660 年（Zhang et al.，2013）。新单倍型组 C 与单倍型组 T、I、P、Q、R 的进化关系见图 8-6，由图 8-6 可以看出，C 单倍型组确实属于新的原牛支系。

关于中国黄牛 mtDNA 全基因组研究的报道不多。Chen 等（2018）利用 mtDNA 全基因组鉴定出中国瘤牛特有支系，该支系属于瘤牛 I1 单倍型组的一个亚支系，命名为 I1a（图 8-7）。随后，Xia 等（2019b）分析了广西 3 个黄牛品种（隆林牛、南丹牛和涠洲牛）的 mtDNA 全基因组多样性，进一步验证了 I1a 支系确实在广西瘤牛中占主导地位。Xia 等（2019c）通过对云南肉牛品种云岭牛的 mtDNA 全基因组分析，揭示了云岭牛具有丰富的母系遗传多样性，并在 T 支系中鉴定了一个新的 T6 单倍型组。作为云岭

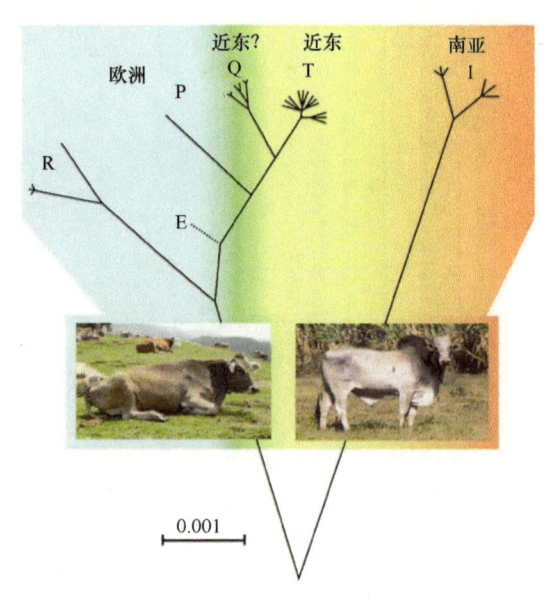

图 8-5　牛 mtDNA 单倍型组 T、I、P、Q、R、E 的进化关系（Achilli et al., 2009）

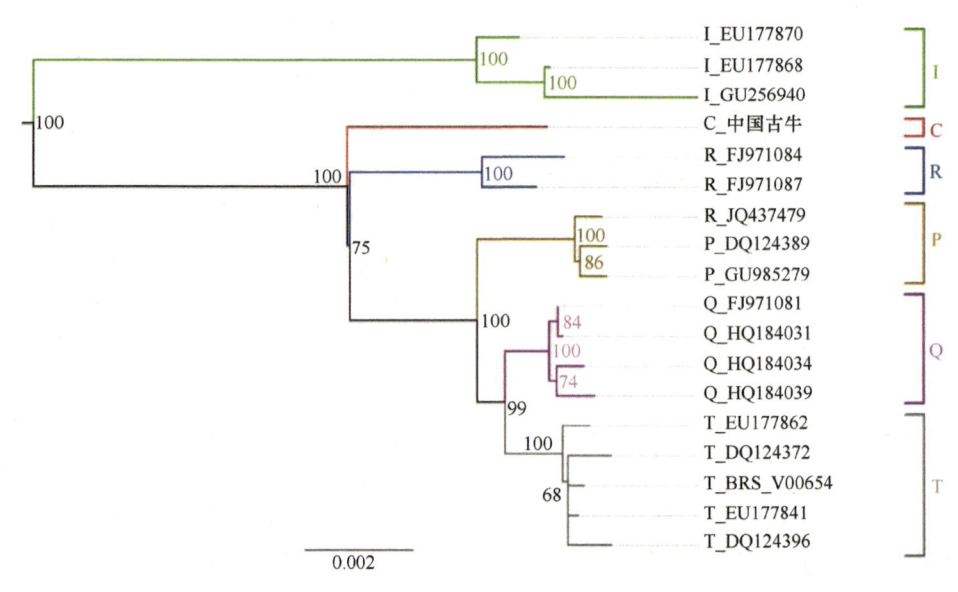

图 8-6　牛 mtDNA 新单倍型组 C 与 T、I、P、Q、R 的进化关系（Zhang et al., 2013）

牛母本来源的云南地方黄牛，其母系起源独特而复杂，T6 单倍型组究竟来源于哪个云南地方黄牛品种，需要进一步研究。Xia 等（2021）对土雷诺-蒙古牛系统的 10 个家牛群体 170 个样本的 mtDNA 全基因组进行分析，证实蒙古牛各群体具有非常高的单倍型多样度（表 8-3），具有 T1、T2、T3、T4、Q、P、I 和牦牛单倍型组，其中 T3 占 60.8%，T4 占 16.5%，T2 占 12.0%，其他单倍型组的比例很低，需要指出的是，稀有单倍型组 Q 专一性在西藏牛中发现 3 个个体，说明来自西南亚的古代原牛已经迁徙到西藏广大区域，由于西藏高原的封闭性与原始性，很好地保存了史前遗留下来的独特的原牛母系 mtDNA 遗传资源。在土雷诺-蒙古牛系统中，鉴定出两个 T3 亚支系（$T3_{119}$ 和 $T3_{055}$），

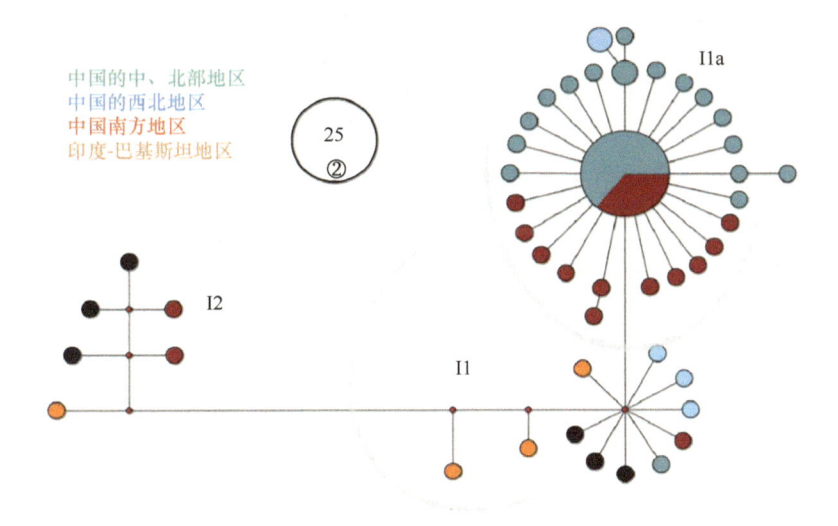

图 8-7　瘤牛 mtDNA 全基因组网络图（Chen et al.，2018）

黑色圆圈代表已发布的参考序列

表 8-3　土雷诺-蒙古牛各群体的遗传结构与遗传多样性（Xia et al.，2021）

群体	样本	\multicolumn{8}{c	}{单倍型组}	h	Hd	Pi
		T1	T2	T3	T4	Q	P	I	牦牛			
雅库特牛	5		2	3						4	0.900	0.0010
蒙古牛	30		7	12	6			1	4	13	0.941	0.0028
哈萨克牛	8	1	3	3				1		6	0.893	0.0045
柴达木牛	5			3			2			3	0.800	0.0092
安西牛	5		3	2						3	0.800	0.0011
延边牛	7	3			3		1			5	0.905	0.0018
西藏牛	67		1	49	3	3		3	8	38	0.970	0.0027
韩国韩牛	28		3	20	4		1			26	1.000	0.0014
日本三岛牛	8	1			7					3	0.464	0.0004
日本和牛	7			4	3					7	1.000	0.0005
总计	170	5	19	96	26	3	2	7	12	108	0.994	0.0022

注：h. 单倍型数目；Hd. 单倍型多样度；Pi. 核苷酸多样度

这两个亚支系是土雷诺-蒙古牛系统特有的。为了研究现代蒙古牛系统与古代东亚牛的系统发育关系，该研究把蒙古牛系统的 mtDNA 全基因组序列与陕西石峁遗址（大约 3900 年前）6 个古代牛 mtDNA 序列（Chen et al.，2018）进行比对，发现这 6 个样本都属于土雷诺-蒙古牛系统：3 个样本为 T3$_{119}$，1 个样本为 T3$_{055}$，2 个样本为 T4 支系。该研究指出，来自西亚的 T4、T3$_{119}$ 和 T3$_{055}$ 普通牛支系可能代表最早的家牛，至少在 3900 年前就已经进入中国北方地区，并保留到今天。

综上所述，分析家牛 mtDNA 全基因组序列变异，可以精细地区分单倍型组内部的分支，有助于揭示局部地区家牛的独立驯化或扩张事件，由此发现的一系列稀有单倍型组，可以反映出当地野牛和家牛之间可能存在的基因交流，进一步揭示家牛的驯化过程可能比先前认为的更复杂。

第六节　中国古代黄牛的 mtDNA 研究

中国很多考古遗址都发现了牛骨遗骸，最早可至公元前 7500~前 5000 年，但早期的牛骨经评估后被证明是野牛（袁靖等，2007）。截至 2019 年，没有考古学或遗传学方面的证据表明中国家养黄牛是由本地野牛驯化而来的。一般认为驯化黄牛最早由近东地区引入中国，最先到达中国西北地区，时间是 4000~5000 年前，稍早于齐家文化（傅罗文等，2009；Cai et al., 2014）。

目前，所有已知的中国古代驯化家牛均属于普通牛 mtDNA 单倍型（表 8-4）。Cai 等（2014，2015）通过对中国陕西、吉林、内蒙古、新疆、青海、河南和山西等多个考古遗址出土的古代黄牛 mtDNA 分析认为，近东起源的普通牛可能随着早期人群的迁徙通过两条路线进入中国：一条是新疆→西北（甘青地区）→中原路线，主要引入 T2 和 T3 支系；另一条是西亚→欧亚草原→东北亚→中原路线，主要引入 T3 和 T4 支系。其中，普通牛 T2、T3 和 T4 支系同时在河南二里头遗址、河南花地嘴遗址、河南望京楼遗址和内蒙古大山前遗址出土的古代黄牛遗骸中被发现（Cai et al., 2014，赵欣等，2018），且 T3 支系在中国古代黄牛中频率最高（表 8-4）。中国古代黄牛 T3 支系的分布模式与现代北方家牛相似（Xia et al., 2019a），暗示中国古代黄牛对现代黄牛的重要遗传贡献（傅罗文等，2009；Cai et al., 2014；栾伊婷，2016）。

表 8-4　中国古代家养普通牛的单倍型支系分布频率（赵欣等，2018）

序号	考古遗址	样本	T2	T3	T4	参考文献
1	河南花地嘴	5	1（20%）	3（60%）	1（20%）	赵欣等，2018
2	河南望京楼	10	1（10%）	6（60%）	3（30%）	赵欣等，2018
3	吉林后套木嘎	1	0	1（100%）	0	栾伊婷，2016
4	山西周家庄	6	0	5（83.3%）	1（16.7%）	Brunson et al., 2016
5	山西陶寺	17	0	15（88.2%）	2（11.8%）	Brunson et al., 2016; Cai et al., 2014
6	河南二里头	9	1（11.1%）	7（77.8%）	1（11.1%）	Cai et al., 2014
7	陕西石峁	10	0	7（70%）	3（30%）	蔡大伟等，2016
8	陕西泉护村	5	0	4（80%）	1（20%）	蔡大伟等，2014
9	内蒙古大山前	13	1（7.7%）	8（61.5%）	4（30.8%）	Cai et al., 2014
10	青海长宁	17	0	17（100%）	0	Cai et al., 2015
11	宁夏打石沟	—	0	—（80%）	—（20%）	蔡大伟等，2016
12	新疆小河	11	3（27.3%）	8（72.7%）	0	Cai et al., 2014

Zhang 等（2013）对一个全新世早期（距今约 10 660 年）牛下颌骨的 mtDNA 基因组进行分析，发现其属于新的、独特的普通牛 C 单倍型组。随后，在后套木嘎遗址（距今 5000~6500 年）中同样发现了属于 C 单倍型组的古代样本，但在现代家牛中并未发现 C 单倍型组的存在，说明这一支系的原牛可能并没有被人类驯化，其对现代家牛没有直接的基因贡献（栾伊婷，2016）。值得注意的是，在 5000 年前的后套木嘎遗址古代样本中还发现了一个个体属于驯化家牛的 T3 单倍型组，这是目前已知驯化家牛在中国东北地区出现的最早时间，同时也进一步支持了近东驯化家牛经由欧亚草原-东北亚这条

路线传入我国北方地区（栾伊婷，2016）。

通过对古代家牛 mtDNA D-loop 序列变异分析，Cai 等（2014）首次发现 T3 支系内部有一种单倍型在中国古代黄牛中占主导地位，其特征是 16119（T3$_{119}$）T→C 变异，并推算出该支系的最近共祖时间是距今约 5117 年，表明该支系可能是它们到达中国北方或者向东迁移途中形成的。除该支系外，Xia 等（2021）在对石峁遗址（距今 3835～3975 年）古代家牛 mtDNA 全基因组序列的分析中，还发现另一 T3 支系（T3$_{055}$）与 T4 支系一起，在古牛和现代土雷诺-蒙古利亚牛（亚洲北部和东部分布的普通牛）中特有且占主导地位。此外，在对不同遗址的古代黄牛样本中均检测到这 3 个支系，且频率很高，这表明在约 4000 年前来自近东的 3 个家牛支系（T3$_{119}$、T3$_{055}$ 和 T4）已经到达中国北方并发生群体扩张，这可能代表了最初到达亚洲的驯化家牛事件，并对中国现代黄牛的遗传结构产生了深远影响。

第七节　mtDNA 多态性与黄牛的起源进化

由于 mtDNA 结构简单、稳定、单性母系遗传，在世代传递过程中没有重组，驯化了的家畜一般能保持其野生祖先 mtDNA 类型，而且它不受外来公畜杂交改良的影响，样品来源比较容易。因此，mtDNA 可作为一个可靠的母系遗传标记广泛用于家畜品种/群体的起源、演化和分类研究。

Watanabe 等（1989）最早对菲律宾牛 mtDNA 进行了限制性酶切研究，结果表明瘤牛的 mtDNA 为限制性 A 型，普通牛为 B 型。随后研究者对中国地方黄牛进行 mtDNA RFLP 分析，发现 A 型和 B 型都有，从而认为中国黄牛是普通牛和瘤牛的混合起源（兰宏等，1993；聂龙等，1996）。随着测序技术的发展，序列分析逐渐应用于家畜 mtDNA 研究，它比 RFLP 法更精细、更准确，人们可以直接在核苷酸水平上揭示家畜 mtDNA 的差异。PCR 技术的发明和应用，使 mtDNA 模板的制备大大简化，也使全自动测序技术得到迅速的发展，在动物 mtDNA 遗传多样性研究中具有现实性和可操作性。

最初人们对黄牛 mtDNA 核苷酸序列多态性的研究主要集中在部分区域，如 mtDNA D-loop 全序列（雷初朝等，2004；Lei et al.，2006；Jia et al.，2007；Xia et al.，2019a）、*Cytb* 基因全序列（蔡欣等，2012）。研究发现，中国黄牛具有丰富的遗传多样性，而且有普通牛和瘤牛 2 个母系起源，这与 mtDNA RFLP 方法获得的结论一致。mtDNA 全基因组研究的兴起，使得精细地研究线粒体内部分支成为可能，对于揭示动物特定群体的起源成为可能。例如，Achilli 等（2008）揭示了东亚牛特有的 T4 支系就是聚在 T3 内部的一个亚分支，Mannen 等（2004）揭示了东亚牛可能是起源自近东的特殊分支。Chen 等（2018）利用线粒体全基因组数据鉴定出中国瘤牛群体在线粒体上属于瘤牛 I1 单倍型组下的一个亚支系（I1a），表明中国瘤牛的特殊母系起源。

综上所述，在中国黄牛 mtDNA 遗传多态性研究中，不论是何种方法，都揭示了中国地方黄牛具有普通牛和瘤牛两大母系起源。相比于国外牛品种，中国地方黄牛具有丰富的 mtDNA 遗传多样性，并且存在不同于国外牛的特有亚支系，表明中国地方黄牛是世界牛种资源宝库中重要的组成部分。

本 章 小 结

黄牛 mtDNA 是环状、共价闭合的双链 DNA 分子，由 37 个基因和一段 910 bp 长的 D-loop 区组成，其 mtDNA 大小为 16 338 bp。与核遗传物质相比，mtDNA 具有结构简单稳定、多拷贝、无组织特异性、严格的母系遗传、进化速率高等特点，在世代传递过程中没有重组，因此，mtDNA 作为一个可靠的母性遗传标记，广泛用于家畜的起源、演化与分类研究。对家牛 mtDNA D-loop 序列多样性的研究发现普通牛属于 T 支系（T、T1～T5），瘤牛属于 I 支系（I1 和 I2），揭示了全世界的家牛为普通牛与瘤牛两大母系起源，其中普通牛起源于近东，瘤牛起源于印度河流域。中国地方黄牛具有丰富的 mtDNA 遗传多样性，共有 6 种普通牛单倍型组（T 和 T1～T5）和 2 种瘤牛单倍型组（I1 和 I2），揭示中国北方黄牛以普通牛 T 支系为主，南方黄牛以瘤牛 I 支系为主，中原黄牛为普通牛 T 支系与瘤牛 I 支系的混合起源，表明中国地方黄牛具有明显的地理分布规律。对中国古代家牛 mtDNA D-loop 的研究表明，中国普通牛起源于近东，在公元前 3000～前 2000 年引入中国北方地区，瘤牛在公元前 1500 年以后从南向北迁徙进入中原地区。mtDNA 全基因组分析揭示，全世界的普通牛还存在 5 个稀有单倍型组 P、Q、R、C 和 E，其中单倍型组 C 是在中国东北原牛中发现的，单倍型组 Q 与 P 是在西藏牛与延边牛中发现的，表明中国黄牛是世界牛种资源宝库中的重要组成部分。对中国地方黄牛 mtDNA 遗传多样性的研究，对追溯地方黄牛品种的形成、起源进化及遗传资源评价具有重要的意义。

参 考 文 献

蔡大伟, 胡松梅, 孙玮璐, 等. 2016. 陕西石峁遗址后阳湾地点出土黄牛的古 DNA 分析. 考古与文物, (4): 122-127.

蔡大伟, 胡松梅, 孙洋, 等. 2014. 陕西泉护村古代黄牛的分子考古学研究. 考古与文物, (5): 116-120.

蔡欣, 雷初朝, 王珊, 等. 2012. 基于 mtDNA *cytb* 基因变异的中国黄牛品种间遗传关系分析. 四川大学学报(自然科学版), (5): 179-184.

傅罗文, 袁靖, 李水城. 2009. 论中国甘青地区新石器时代家养动物的来源及特征. 考古, 5: 80-86.

耿荣庆, 常洪, 冀德君, 等. 2008. 雷琼牛母系起源的遗传学证据. 畜牧兽医学报, 39(7): 849-852.

何正权, 张亚平, 简承松, 等. 1999. 贵州黄牛品种间 mtDNA 的限制性片段长度多态性研究. 动物学研究, 20(1): 7-11.

兰宏, 熊习昆, 林世英, 等. 1993. 云南黄牛和大额牛的 mtDNA 多态性研究. 遗传学报, 20(5): 419-425.

雷初朝, 陈宏, 杨公社, 等. 2004. 中国部分黄牛品种 mtDNA 遗传多态性研究. 遗传学报, 31(1): 57-62.

林瑞意, 杨胜林, 徐龙鑫. 2010. 贵州务川黑牛 mtDNA *Cyt b* 基因遗传多样性研究. 云南农业大学学报(自然科学版), 25(5): 622-625.

孟彦, 许尚忠, 昝林森, 等. 2006. 10 个牛品种线粒体 12S rRNA 基因多态性分析. 遗传, 28(4): 42-46.

聂龙, 陈永久, 王文, 等. 1996. 海南黄牛和徐闻黄牛线粒体 DNA 的多态性及其品种分化关系. 动物学研究, 17(3): 269-274.

栾伊婷. 2016. 后套木嘎遗址古代牛的分子考古学研究. 吉林大学硕士学位论文.

祁琪, 邵文涵, 杨灵芝, 等. 2018. 秦川牛 mtDNA 12S rRNA 和 16S rRNA 基因多态性及其与生长性状的相关分析. 中国兽医学报, 38(11): 2205-2211.

汪琦, 钟金城, 柴志欣, 等. 2016. 三江黄牛 mtDNA Cytb 基因序列多态性及其系统进化分析. 中国畜牧杂志, 52(15): 20-27.

文际坤, 俞应, 赵开典, 等. 1996. 云南文山牛和迪庆牛 mtDNA 的多态性研究. 畜牧兽医学报, 27(1): 94-96.

夏小婷, 马志杰, 张成福, 等. 2017. 西藏牛 Y 染色体 USP9Y 基因与 mtDNA D-loop 区遗传多态性研究. 中国畜牧杂志, 53(11): 30-34.

袁靖, 黄蕴平, 杨梦菲, 等. 2007. 公元前 2500 年～公元前 1500 年中原地区动物考古学研究——以陶寺、王城岗、新砦和二里头遗址为例//中国社会科学院考古研究所考古科技中心. 科技考古(第二辑). 北京: 科学出版社: 12-34.

赵欣, 顾万发, 吴倩, 等. 2018. 河南省郑州地区青铜时代遗址出土牛骨的 DNA 研究. 南方文物, (4): 126-134.

Achilli A, Bonfiglio S, Olivieri A, et al. 2009. The multifaceted origin of taurine cattle reflected by the mitochondrial genome. PLoS One, 4: e5753.

Achilli A, Olivieri A, Pellecchia M, et al. 2008. Mitochondrial genomes of extinct aurochs survive in domestic cattle. Current Biology, 18: R157.

Anderson S, de Bruijn MH, Coulson AR, et al. 1982. Complete sequence of bovine mitochondrial DNA conserved features of the mammalian mitochondrial genome. Journal Molecular Biology, 156: 683-717.

Beja-Pereira A, Caramelli D, Lalueza-Foxe C, et al. 2006. The origin of European cattle: Evidence from modern and ancient DNA. Proceedings National Academy Science USA, 103(21): 8113-8118.

Bonfiglio S, Achilli A, Olivieri A, et al. 2010. The enigmatic origin of bovine mtDNA haplogroup R: sporadic interbreeding or an independent event of *Bos primigenius* domestication in Italy? PLoS One, 5: e15760.

Brunson K, Zhao X, He N, et al. 2016. New insights into the origins of oracle bone divination: Ancient DNA from Late Neolithic Chinese bovines. Journal of Archaeological Science, 74: 35-44.

Cai D, Luan Y, Gao Y, et al. 2015. Molecular archaeological research on ancient cattle from the early bronze age changning site, Qinghai Province. Asian Archaeology, 3: 167-175.

Cai D, Sun Y, Tang Z, et al. 2014. The origins of Chinese domestic cattle as revealed by ancient DNA analysis. Journal of Archaeological Science, 41: 423-434.

Cai X, Chen H, Lei C, et al. 2007. mtDNA Diversity and genetic lineages of eighteen cattle breeds from *Bos taurus* and *Bos indicus* in China. Genetica, 131(2): 175-183.

Chen N, Cai Y, Chen Q, et al. 2018. Whole-genome resequencing reveals world-wide ancestry and adaptive introgression events of domesticated cattle in East Asia. Nature Communications, 9: 2337.

Chen SY, Lin BZ, Baig M, et al. 2010. Zebu cattle are an exclusive legacy of the South Asia neolithic. Molecular Biology Evolution, 27(1): 1-6.

Edwards CJ, Bollongino R, Scheu A, et al. 2007. Mitochondrial DNA analysis shows a Near Eastern Neolithic origin for domestic cattle and no indication of domestication of European aurochs. Proceedings of Royal Society B: Biological Sciences, 274: 1377-1385.

Jia S, Chen H, Zhang G, et al. 2007. Genetic variation of mitochondrial D-loop region and evolution analysis in some Chinese cattle breeds. Journal Genetics Genomics, 34: 510-518.

Jia S, Zhou Y, Lei C, et al. 2010. A new insight into cattle's maternal origin in six Asian countries. Journal Genetics Genomics, 37: 173-180.

Lai S, Liu Y, Liu Y, et al. 2006. Genetic diversity and origin of Chinese cattle revealed by mtDNA D-loop sequence variation. Molecular Phylogenetics Evolution, 38: 146-154.

Lei CZ, Chen H, Zhang HC, et al. 2006. Origin and phylogeographical structure of Chinese cattle. Animal Genetics, 37(6): 579-582.

Loftus RT, Machugh DE, Bradley DG, et al. 1994. Evidence for two independent domestications of cattle. Proceedings National Academy Science USA, 91: 2757-2761.

Mannen H, Kohno M, Nagata Y, et al. 2004. Independent mitochondrial origin and historical genetic differentiation in North Eastern Asian cattle. Molecular Phylogenetics Evolution, 32: 539-544.

Noda A, Yonesaka R, Sasazaki S, et al. 2018. The mtDNA haplogroup P of modern Asian cattle: A genetic legacy of Asian aurochs? PLoS One, 13: e0190937.

Olivieri A, Gandini F, Achilli A, et al. 2015. Mitogenomes from Egyptian cattle breeds: new clues on the origin of haplogroup Q and the early spread of *Bos taurus* from the Near East. PLoS One, 10: e0141170.

Troy CS, Machugh DE, Bailey JF, et al. 2001. Genetic evidence for Near-Eastern origins of European cattle. Nature, 410: 1088-1091.

Watanabe T, Masangkay JS, Wakana S, et al. 1989. Mitochondrial DNA polymorphism in native Philippine cattle based on restriction endonuclease cleavage patterns. Biochemical Genetics, 27: 431-438.

Xia X, Huang G, Wang Z, et al. 2019b. Mitogenome diversity and maternal origins of Guangxi cattle breeds. Animals, 10: 19.

Xia X, Qu K, Li F, et al. 2019c. Abundant genetic diversity of Yunling cattle based on mitochondrial genome. Animals, 9: 641.

Xia X, Qu K, Zhang G, et al. 2019a. Comprehensive analysis of the mitochondrial DNA diversity in Chinese cattle. Animal Genetics, 50(1): 70-73.

Xia XT, Achilli A, Lenstra JA, et al. 2021. Mitochondrial genomes from modern and ancient Turano-Mongolian cattle reveal an ancient diversity of taurine maternal lineages in East Asia. Heredity, 126: 1000-1008.

Yan L, She Y, Elzo MA, et al. 2019. Exploring genetic diversity and phylogenic relationships of Chinese cattle using gene mtDNA 16S rRNA. Archives Animal Breeding, 62: 325-333.

Yu Y, Nie L, He ZQ, et al. 1999. Mitochondrial DNA variation in cattle of South China: origin and introgression. Animal Genetics, 30(4): 245-250.

Zhang H, Paijmans JL, Chang F, et al. 2013. Morphological and genetic evidence for early Holocene cattle management in northeastern China. Nature Communications, 4: 2755.

（雷初朝、夏小婷、房兴堂编写）

第九章　中国黄牛 Y 染色体 DNA 多态性与父系起源研究

第一节　Y 染色体 DNA 大小、组成与基因数目

Y 染色体具有与其他染色体不同的特性，它 95%的区域在减数分裂重组过程中不与 X 染色体配对重组（Skaletsky et al., 2003），被称为 Y 染色体雄性特异区（male specific region, Y chromosome, MSY）。只有位于 Y 染色体两个末端的拟常染色体区（pseudoautosomal region, PAR）在减数分裂过程中与 X 染色体发生重组，交换遗传物质。

一、牛 Y 染色体的 DNA 大小

牛的 Y 染色体大约为 51 Mb，其中拟常染色体区约 6 Mb。Y 染色体核型分析表明不同血统牛的 Y 染色体形态和大小都不同。普通牛（*Bos taurus*）Y 染色体是亚中着丝粒染色体，而瘤牛（*Bos indicus*）则是近端着丝粒染色体。这种差异被认为可能是染色体重组、着丝粒易位和臂间倒位造成的。

牛的 Y 染色体目前已完成了约 43.3 Mb 序列的组装（GenBank 登录号为 CM001061.2）。牛的 MSY 可分为 X 退化区、Y 变迁区和 Y 扩增区。X 退化区位于 MSY 的两个末端，分为 X 退化 1 区和 X 退化 2 区，X 退化 1 区为 1.4 Mb，位于 Yp，X 退化 2 区 1.1 Mb，位于 Yq。X 退化区基因与其在 X 染色体上的同源基因的相似度在 70%～95%，并且这些基因都是单拷贝基因（表 9-1）。

表 9-1　牛 MSY 基因与人和小鼠的比较

序列区域	基因	拷贝数	组织表达	染色体位置		
				牛基因组的旁系同源基因	人基因组的直系同源基因	小鼠基因组的直系同源基因
X 退化区	*EIF1AY*	1	睾丸	X（82%）	X 和 Y	X 和常染色体
	OFD1Y	1	广泛表达	X（88%）	X	X
	USP9Y	1	广泛表达	X（89%）	X 和 Y	X 和 Y
	UTY	1	广泛表达	X（84%）	X 和 Y	X 和 Y
	DDX3Y	1	主要在睾丸	X（87%）	X 和 Y	X 和 Y
	ZFY	1	广泛	X（94%）	X 和 Y	X 和 Y（mc）
	EIF2S3Y	1	睾丸	X（87%）	X	X
	SRY	1	主要在睾丸	X（77%）	X 和 Y	X 和 Y
	RBMY	1	广泛表达	X（73%）	X 和 Y（mc）	X 和 Y（mc）
	ZRSR2Y	1	广泛表达+	X（88%）	X	X
	RPL23AY	1	广泛表达	常染色体	—	—
	UBE1Y	1	广泛表达	X（86%）	X	X 和 Y（mc）
Y 变迁区	*PRAMEY*	10	睾丸特异表达	常染色体	—	—

续表

序列区域	基因	拷贝数	组织表达	染色体位置		
				牛基因组的旁系同源基因	人基因组的直系同源基因	小鼠基因组的直系同源基因
Y 变迁区	TSPY	19	睾丸特异表达	X 和常染色体		
Y 扩增区	ZNF280BY	230	主要在睾丸	常染色体	—	—
	ZNF280AY	79	主要在睾丸	常染色体	—	—
	HSFY	190	主要在睾丸	X	X 和 Y（mc）	X
	TSPY	157	睾丸特异表达	X 和常染色体	X 和 Y（mc）	X 和 Y（mc）
	EGLY	3	主要在睾丸	—	—	—
	BTY1	4	主要在睾丸	—	—	—
	BTY2	2	主要在睾丸	—	—	—
	BTY3	78	主要在睾丸	—	—	—
	BTY4	83	主要在睾丸	—	—	—
	BTY5	87	主要在睾丸	—	—	—
	BTY6	96	主要在睾丸	—	—	—
	BTY7	174	主要在睾丸	—	—	—
	BTY8	146	主要在睾丸	—	—	—
	BTY9	98	主要在睾丸	—	—	—
	BTY10	117	主要在睾丸	—	—	—

注：改自 Chang 等（2013），括号中的百分数是同源基因与牛 Y 染色体基因的相似度，"+"表示存在，"—"表示不存在，mc 表示多拷贝

Y 变迁区约为 3.3 Mb，位于 X 退化 1 区和 Y 扩增区之间，由一些重复序列和非重复序列组成。牛的 Y 扩增区约为 34.8 Mb（约占 MSY 的 85%）。Y 扩增区序列的 69% 是一些类回文序列，它们在染色体内的相似度可达 99%。双参数点图分析发现 Y 扩增区由精细排列的反向重复序列组成（Yang et al.，2011；Chang et al.，2013）。对用于牛 Y 染色体测序的海福特牛（个体名字为 L1 Domino 99375）Y 染色序列（GenBank 登录号 CM001061.2）的分析发现，其 Y 扩增区约由 80 个重复单位组成（Chang et al.，2013），每个重复单位长约 420 kb。这种结构组成与小鼠的 Y 染色体很相似，而与灵长类的 Y 染色体相差较大。

二、牛 MSY 组成和基因数目

Chang 等（2013）利用 RNA 测序（RNA-seq）技术对牛的 MSY 进行了转录组分析（GenBank 登录号 GAQO00000000），鉴定了 1274 个蛋白编码基因和 367 个非编码 RNA。由此可知牛 MSY 的基因密度约为 31.2 基因/Mb。这个基因密度值在牛所有染色体上是最高的，如 X 染色体的基因密度约为 9.4 基因/Mb，常染色体上约为 10.2 基因/Mb（图 9-1）。这些研究表明牛的 Y 染色体具有很高的基因密度和转录活性，这与先前的 Y 染色体基因含量少和转录活性低的理论完全不同。

第九章 中国黄牛 Y 染色体 DNA 多态性与父系起源研究 | 239

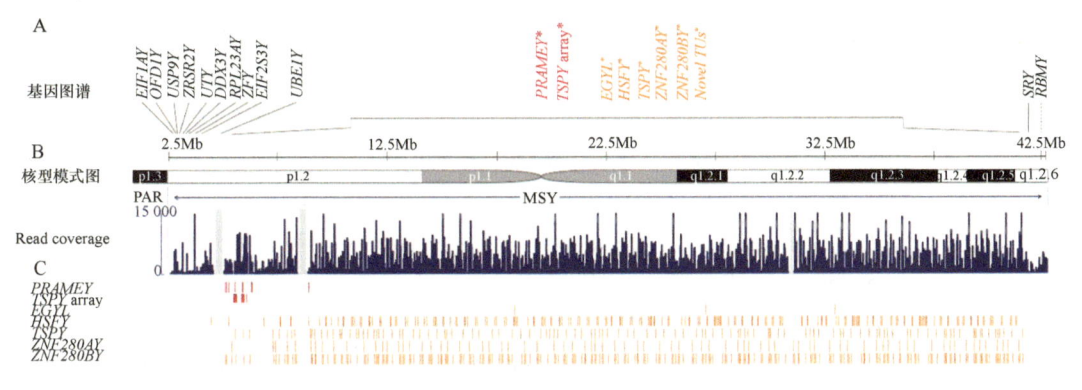

图 9-1 牛 MSY 转录组分析（Chang et al., 2013）

A. 牛 Y 染色体上的基因, 10 个单拷贝基因位于短臂一个 2.5Mb 的范围内, 另外两个单拷贝基因 SRY 和 RBMY 位于长臂的末端, 而多拷贝基因占 MSY 的大部分, RBMY 没有出现在公布的牛 Y 染色体测序草图中, 而是用辐射杂交图谱的方法得到的; B. 睾丸组织 RNA 测序与 Y 染色体基因组的比对, Read coverage 为测序片段覆盖度; C. 牛 Y 染色体 6 个预测蛋白编码基因不同拷贝位于染色体的位置。其中 PRAMEY 和 TSPY array 只在特定的区域

目前, 在牛 Y 染色体上所发现的 1274 个基因属于 28 个基因家族, 包括 12 个单拷贝基因、16 个多拷贝基因（表 9-1）, 其中 16 个基因家族是牛科动物所特有的（Chang et al., 2013）。牛 Y 染色体 12 个单拷贝基因位于 X 退化区, 它们在 X 染色体上有同源基因。在 Y 变迁区有 TSPY 基因以及一个牛科动物特有的 PRAMEY 基因。在这个区域, TSPY 基因有 19 个拷贝, 串联重复在一个 600 kb 的区域内。值得注意的是, PRAMEY 基因只在 Y 变迁区, 并没有扩增到牛 Y 染色体的扩增区（Chang et al., 2013）。

牛 Y 染色体的扩增区含有 4 个多拷贝基因家族, 包含 HSFY、TSPY、ZNF280BY 和 ZNF280AY 基因。通过分析, 它们在海福特牛上的拷贝数分别为 190、136、234 和 79。HSFY 和 TSPY 基因在不同哺乳动物 Y 染色体上很保守, 是由原始性染色体退化而来的。这两个基因在牛的 Y 染色体比在人 Y 染色体上有更多的扩增。TSPY 在人上为 35 个拷贝, HSFY 为 2 个拷贝（Skaletsky et al., 2003）。ZNF280BY 和 ZNF280AY 基因则是牛科动物特有的 Y 染色体基因。另外, 牛 Y 染色体还有 11 个假定的、尚没有确认的牛科特异性编码基因, 包括 EGLY 和 10 个牛 Y 染色体特有转录本[Bovid-specific Transcript, Y-linked（BTY）1~10], 它们的拷贝数在 2~174 变化（表 9-1）（Chang et al., 2013）。

有趣的是, ZNF280BY、ZNF280AY 和 PRAMEY 基因在牛的 Y 染色体上形成了一个 60 kb 的基因簇, 并在 17 号染色体上还有对应的同源基因簇（Yang et al., 2011）。这个常染色体基因簇按 ZNF280B-ZNF280A-PRAMEA 顺序排列, 其不仅在真兽亚纲动物上高度保守, 在非胎生的脊椎动物中也高度保守, 如负鼠、鸡、青蛙和斑马鱼。与此形成鲜明对比, 相对应的 Y 染色体基因簇只出现在牛科动物的 Y 染色体上。因此可以推断这 3 个 Y 染色体基因家族是从牛 17 号染色体转移进化过来的, 并在 Y 染色体上扩增（Yang et al., 2011; Chang et al., 2013）。

Chang 等（2013）通过分析发现 HSFY、TSPY 和 ZNF280BY 经历过两次进化扩张。第一次扩张发生在第三纪中新世, 1400 万~2000 万年前, 这个时期地球的气候经历了急剧的变化, 牛科动物从羚羊亚科分化出。第二次扩张则发生在上新世, 大约 500 万年前，这个时期更多的牛亚科物种出现。由此可见，Y 染色体基因的扩张对牛亚科物种的多样化是有贡献的。

第二节 Y-STR 研究

动物 Y 染色体上存在至少 4 种类型的多态分子标记，即单核苷酸多态性（single nucleotide polymorphism，SNP）、插入/缺失（InDel）、短串联重复序列（short tandem repeat，STR，又称微卫星 DNA）和拷贝数变异（copy number variation，CNV）。Y 染色体短串联重复序列（Y chromosomal short tandem repeat，Y-STR）标记是进化速率较快的一种多重分子标记。由于确定性误差的存在，单纯利用低突变率的 SNP 研究动物的起源进化、多样性和迁徙历史等问题会直接影响结果的准确性。然而，Y-STR 标记在动物群体中是可变的。因此，结合 Y-SNP 和 Y-STR 两种分子标记，可以较为准确地反映动物的起源、多样性等问题。当前，Y-SNP 和 Y-STR 标记相结合已被广泛用于家牛的相关研究当中。鉴于此，本节就 Y-STR 标记的分型技术原理和方法，以及其在世界家牛，特别是中国黄牛中的研究概况进行论述，并就存在的问题和发展趋势进行展望。

一、Y-STR 标记分型技术的原理和方法

Y-STR 标记的分型技术经历了传统的凝胶电泳分型到当前的测序分型，原理简单。通过对标记片段进行 PCR 扩增和电泳检测，根据扩增片段大小确定其等位基因。PCR 产物有多种检测方法。最早采用聚丙烯酰胺凝胶电泳或银染的方法，这类方法不仅费时费力，而且结果不够准确。伴随测序技术的发展，当前多采用荧光分型技术确定等位基因及其大小，该技术是在 Y-STR 引物合成时，用不同颜色的荧光化学试剂对上游引物的前 6 个碱基进行标记，再经 PCR 扩增，将 PCR 产物在毛细管自动测序仪中进行电泳扫描，然后用生物软件对收集到的数据进行处理，将 PCR 产物片段大小、数量多少的信息转化成直观准确的波形图谱。荧光分型技术具有通量高、检测灵敏、自动化分析程度高等优点，因此，近年来在动物的群体遗传研究中得到了广泛应用。

二、中国黄牛 Y-STR 标记研究

Y 染色体易受选择压力的影响，遗传变异程度低。但是 Y 染色体单倍型仍有着不可替代的作用，作为单倍体，只需少量的 Y 染色体分子标记就可以构建 Y 染色体特异单倍型，阐明父系遗传多样性，所以选择合适的 Y 染色体分子标记，是研究父系起源的关键。大量的研究表明，有效的 Y 染色体分子标记需要满足以下条件：①Y 染色体的特异性；②单拷贝扩增；③多态性丰富。近年来，随着测序技术的进步和生物信息学的发展，研究人员已经获得了越来越多的黄牛 Y 染色体序列，并发现了大量有效的 Y 染色体分子标记，极大地促进了世界范围内黄牛 Y 染色体遗传多样性与父系起源的研究。

根据以上选择分子标记的要求，Edwards 等（2011）发现 4 个 Y-STR 位点（INRA124、INRA126、INRA189 和 BM861）均具有普通牛和瘤牛特异的等位基因，可以用来研究

杂交牛群雄性介导的基因渗入情况。随后，Li等（2007）研究了38个Y-STR位点在17头公牛中的多态性，发现其中14个Y-STR位点具有不同程度的多态性，为大规模使用Y-STR标记研究家牛起源进化开了先河。

由于微卫星标记具有较高的多态性，使用多个Y-STR标记就可以构建远比Y-SNP标记丰富的单倍型，这样就可以很好地从父系遗传角度研究群体的Y染色体多样性和群体结构。Kantanen等（2009）使用5个Y-STR标记（INRA124、INRA189、BM861、DYZ1和BYM-1）研究了欧洲34个家牛品种的Y染色体遗传多样性，构建了26种Y染色体单倍型。Li等（2013）选择了5个Y-STR标记（INRA124、INRA126、INRA189、BM861和BYM-1）研究了埃塞俄比亚北部地区牛群的群体遗传结构，共构建了16种Y染色体单倍型，但发现Y染色体单倍型多样度较低，各群体内多样度也较低，群体结构简单。

在寻找合适的黄牛Y-STR位点的过程中，发现部分曾经用于父系遗传多样性与起源的标记并非Y染色体特异标记。有学者重新分析了此前常用的Y-STR标记INRA124和INRA126，发现这两个标记在公牛与母牛中均有扩增产物，不是黄牛Y染色体特有的，因此不能作为黄牛Y染色体遗传多样性与父系起源研究的特异分子标记。而利用Y-STR标记UMN0103、UMN2405和UMN2303，发现黄牛具有丰富的遗传多样性，证明这些微卫星标记在研究黄牛起源与群体遗传多样度方面具有很大的潜力（Li et al.，2013）。

20世纪90年代以来，Y-STR标记或Y-STR与Y-SNP标记相结合被广泛用来分析世界不同地区（如欧洲、非洲、美洲以及东亚）牛品种/群体的Y染色体单倍型多样性、群体结构及遗传背景（Pérez-Pardal et al.，2010；Pelayo et al.，2017）。在欧洲牛品种中，Götherström等（2005）检测到能够区分普通牛Y1和Y2单倍型组的2个Y-SNP位点，发现Y1单倍型组主要分布在欧洲北部，Y2单倍型组在欧洲中部和南部占优势。一些学者认为Y染色体单倍型组的上述地理分布模式与现代牛的育种活动有关而并非与历史事件相关，部分研究者则认为Y1和Y2单倍型组的分布特征反映了2个不同奶牛群体的发展以及与扩张有关的奠基者效应（Edwards et al.，2011）。可以看出，Y-STR标记或Y-STR与Y-SNP标记相结合，已被广泛用于全世界各地家牛群体的遗传多样性、父系起源等研究，表现出上述标记在揭示牛种间遗传差异、品种/群体多样性状况以及品种形成历史等方面巨大的潜力。

中国黄牛遗传资源丰富，地方黄牛品种达55个之多。尽管国内黄牛父系遗传研究相比国外稍晚，但目前研究者已基于Y-STR标记以及Y-STR与Y-SNP标记的结合，对中国黄牛的起源、遗传多样性及基因流动迁移模式等做了大量的研究报道。最初，研究者利用Y-STR标记对部分中国黄牛品种进行了遗传多样性、起源及牛种间特异分子标记的鉴定等研究，初步揭示了中国黄牛中普通牛和瘤牛Y染色体单倍型分布特征及基因流动迁移模式，即北方种群中普通牛Y染色体单倍型频率最高，南方种群中瘤牛Y染色体单倍型占有优势，中原黄牛品种中同时具有普通牛和瘤牛两种Y染色体单倍型；在中国不同地域，瘤牛单倍型频率呈现自南而北、自东而西逐渐降低的趋势（常振华，2011）。然而，由于研究标记类型单一、检测分辨率低等因素的影响，未能系统地揭示中国黄牛的父系遗传多样性和谱系地理分布等问题。此后，荧光分型技术的发展，极大地促进了 Y-STR 标记在中国黄牛遗传资源研究方面的应用。目前，部分研究者利用 Y-STR 和 Y-SNP 标记对一些先前尚未涉及的中国地方黄牛品种/群体（如云岭牛、皖南牛和南丹牛等）进行了分析（Li et al.，2013；夏小婷等，2017；侯佳雯等，2018；李秀良等，2019），并更加系统地开展了中国黄牛的父系遗传研究。

Xia 等（2019）使用 BM861 和 INRA189 这两个经典的 Y-STR 标记区分了家牛的普通牛和瘤牛起源。在由 Y-SNP 来确定中国黄牛的主要 Y 染色体单倍型组区分中国黄牛的 3 种父系起源上，结合前人的数据对中国 33 个黄牛品种的 908 个公牛个体进行了父系鉴定，得到了更为精细的单倍型划分。在对 877 头中国黄牛的研究中共发现 14 种 Y 染色体单倍型，包括 11 个普通牛 Y 染色体单倍型和 3 个瘤牛 Y 染色体单倍型（表 9-2），其中 Y1 细分为 2 个 Y 染色体单倍型，Y2 细分为 9 个 Y 染色体单倍型，Y3 细分为 3 个 Y 染色体单倍型。作为对照组的 30 头荷斯坦奶牛的 Y 染色体单倍型全部为 Y1-98-158，与国外报道的相一致；32 头夏南牛的 Y 染色体单倍型全部为 Y2-102-158，与父本夏洛莱牛的单倍型相一致。中国黄牛有 3 个父系起源。其中 Y2-104-158 和 Y2-102-158 主要分布在中部和北部；Y3-88-156 主要分布在中国南方；4 个单倍型 Y2-108-158、Y2-110-158、Y2-112-158、Y3-92-156 属于西藏牛特异的单倍型。从而说明中国北方黄牛的普通牛 Y2 单倍型组频率自北向南逐渐减少，南方黄牛的瘤牛 Y3 单倍型组频率自北向南逐渐增加，中原地区为普通牛 Y2 单倍型组与瘤牛 Y3 单倍型组的交汇处，少量 Y1 单倍型组可能与国外牛的基因渗入有关（图 9-2）。基于 Y-STR 和 Y-SNP 标记对中国黄牛的父系遗传研究获得了与其 mtDNA 母系遗传研究相一致的结论，这为全面了解中国黄牛的遗传多样性状况、群体遗传结构和起源进化提供了理论依据，为培育专门化的中国肉牛新品种/品系提供了宝贵的遗传信息和数据资料。

综上所述，当前已有 50 多个家牛的 Y-STR 标记被发掘，这些标记可与 Y-SNP 结合，用于世界家牛的父系遗传多样性和起源进化的研究中。利用这些标记已经系统揭示了中国黄牛的遗传多样性状况和父系遗传背景，这为充分挖掘和合理利用中国黄牛遗传资源奠定了基础。然而，需要指出的是，当前还有一些中国地方黄牛品种/群体尚未开展相关研究。同时，和海量的全基因组的遗传变异相比，可利用的 Y-STR 标记数量相对来说非常少，今后应开展更多 Y-STR 和 Y-SNP 标记的中国黄牛遗传资源研究，这将有助于更精确地揭示中国黄牛品种的遗传多样性和遗传背景，为其开发利用提供基础材料。

三、普通牛 Y-STR 分布特征

Y 染色体基因组序列已经公布，这为进一步探究牛 Y 染色体基因组中重复序列分布特征奠定了基础。对牛 Y 染色体基因组中 STR 丰度和频率分析发现，普通牛 Y 染色体基因组中 1~6 bp 基序组成的 STR 数量为 17 273 个，占 0.75%，其平均长度、频率和密度分别为 18.80 bp/Mb、398.92 loci/Mb 和 7500.62 bp/Mb；其中单核苷酸重复的 STR 数量为 8073 个，占 46.74%，平均长度为 15.45 bp/Mb，提示单核苷酸组成的 STR 所占比

表 9-2 中国 33 个黄牛品种/群体 Y 染色体单倍型和单倍型多样度（Xia et al., 2019）

地理分组	品种/群体（代码）	样本数	Y1-98-158	Y1-100-158	Y2-90-158	Y2-94-158	Y2-98-158	Y2-102-158	Y2-104-158	Y2-106-158	Y2-108-158	Y2-110-158	Y2-112-158	Y3-88-156	Y3-90-156	Y3-92-156	单倍型多样度
北方黄牛	哈萨克牛（KH）	11	1					14	3								0.5476±0.1188
	蒙古牛（MG）	43	1	2	1			18	23								0.5504±0.0377
	安西牛（AX）	28						3	21	1				3			0.4286±0.1080
	延边牛（YB）	32	1					30	1								0.1230±0.0777
中原黄牛	秦川牛（QC）	47		3		2	1		8	30				3			0.5652±0.0756
	晋南牛（JN）	10							7					3			0.4667±0.1318
	南阳牛（NY）	31							19	2				10			0.5333±0.0654
	鲁西牛（LX）	44						10						34			0.3594±0.0699
	郏县红牛（JX）	22							12	6				4			0.6234±0.0728
	早胜牛（ZS）	23						1	10	11				1			0.6047±0.0574
	渤海黑牛（BH）	35	7					7	4					17			0.6908±0.0549
南方黄牛	岭南牛（LN）	77						3	5	1	1			66	2		0.2621±0.0648
	皖南牛（WN）	46	1					1	1					42			0.1681±0.0741
	大别山牛（DBS）	49												49			0.0000±0.0000
	夷北牛（ZB）	15							1					11	3		0.4476±0.1345
	三江牛（SJ）	8												8			0.0000±0.0000
	宣汉牛（XH）	14							1					13			0.1429±0.1188
	吉安牛（JA）	33		2		1		2						28			0.2803±0.0995
	锦江牛（JJ）	11						2						8	1		0.4727±0.1617
	广丰牛（GF）	7												7			0.0000±0.0000
	夹岭牛（GL）	50						6						43		1	0.2506±0.0744
	雷岭牛（LZ）	22							1	2				19			0.2554±0.1161
	务川黑牛（WC）	5	1							2				2			0.8000±0.1640
	威宁牛（GZWN）	19	2					3						14			0.4444±0.1239

续表

地理分组	品种群体(代码)	样本数	Y1-98-158	Y1-100-158	Y2-90-158	Y2-94-158	Y2-98-158	Y2-102-158	Y2-104-158	Y2-106-158	Y2-108-158	Y2-110-158	Y2-112-158	Y3-88-156	Y3-90-156	Y3-92-156	单倍型多样度
	思南牛 (SN)	22	2											20			0.1732±0.1009
	文山牛 (WS)	20						1						19			0.1000±0.0880
	隆林牛 (LL)	13												13			0.0000±0.0000
	南丹牛 (ND)	25												23	2		0.1533±0.0915
南方黄牛	渭洲牛 (WZ)	28												25	3		0.1984±0.0924
	恩施牛 (ES)	9							1					8			0.2222±0.1662
	海南牛 (HN)	17												17			0.0000±0.0000
	西藏牛 (TB)	43	3		1					26	1	2	10	1			0.5858±0.0701
	日喀则驼峰牛 (RKZ)	8					1	1						7			0.2500±0.1802
	总计	877	19	7	1	4	1	102	118	82	1	2	10	518	11	1	0.6106±0.0164
对照组	夏南牛 (Xianan)	32						32									0.0000±0.0000
	荷斯坦牛 (Holstein)	30	30														0.0000±0.0000

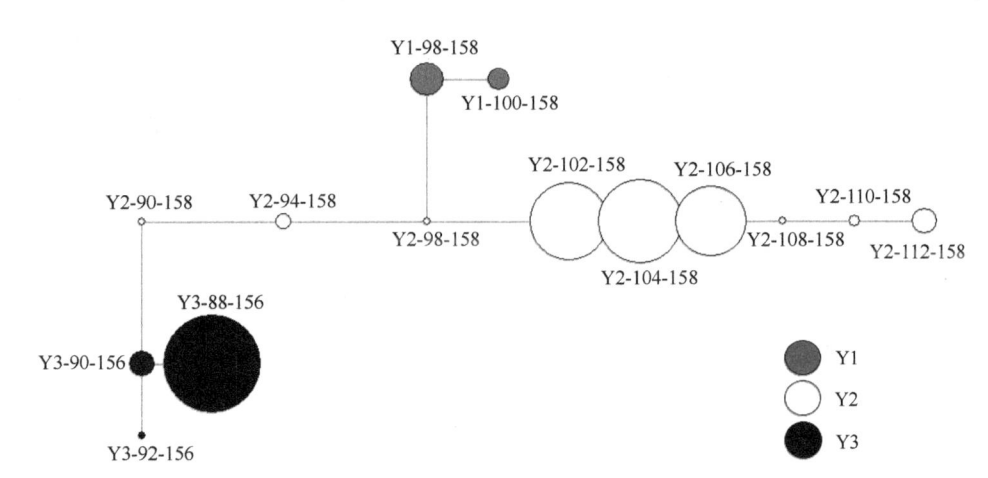

图 9-2 中国黄牛 Y 染色体单倍型中介网络图（Xia et al., 2019）

例最高，其次所占比例从高到低依次为 2 个、4 个、3 个、5 个、6 个核苷酸组成的 STR；不同的 STR 重复次数不同，最高为二核苷酸，重复数达 42 次；研究还提示 A、AC、AT、AAC、AGC、GTTT、CTTT、ATTT 和 AACTG 9 种重复基序的单纯 STR 在普通牛 Y 染色体基因组序列中含量较高（表 9-3）（Ma, 2017）。该研究初步明确了普通牛 Y 染色体基因组中单纯 STR 分布特征，促进了人们对普通牛 Y 染色体中重复序列分布状况和组成的了解，为今后继续探究 STR 等重复序列在 Y 染色体基因组中的作用和功能奠定了基础。

表 9-3 普通牛 Y 染色体基因组中单一型 STR 分布特征（Ma, 2017）

基序重复类型	数目/个	总长度/bp	平均长度/(bp/Mb)	频率/(loci/Mb)	密度/(bp/Mb)	数量占比/%
单核苷酸	8 073	124 733	15.45	186.44	2 880.67	46.74
A	7 777	120 776	15.53	179.61	2 789.28	
C	296	3 957	13.37	6.84	91.39	
二核苷酸	3 948	103 572	26.23	91.18	2 391.95	22.86
AC	2 493	69 506	27.88	57.58	1 605.22	
AT	1 062	26 804	25.24	24.53	619.03	
AG	392	7 244	18.48	9.05	167.30	
CG	1	18	18	0.02	0.42	
三核苷酸	2 001	34 113	17.05	46.20	787.83	11.58
AAC	662	12 030	18.17	15.29	277.83	
AGC	609	10 272	16.87	14.06	237.23	
AAT	385	6 360	16.52	8.89	146.88	
AGG	180	2 877	15.98	4.16	66.44	
CAC	82	1 257	15.33	1.89	29.03	
AAG	79	1 239	15.68	1.82	28.61	
CTA	3	63	21	0.07	1.46	
CCG	1	15	15	0.02	0.35	
四核苷酸	2 070	37 140	17.94	47.81	857.73	11.98
GTTT	574	11 048	19.25	13.26	255.15	

续表

基序重复类型	数目/个	总长度/bp	平均长度/(bp/Mb)	频率/(loci/Mb)	密度/(bp/Mb)	数量占比/%
CTTT	565	9 836	17.41	13.05	227.16	
ATTT	551	9 344	16.96	12.73	215.80	
ATAC	172	2 760	16.05	3.97	63.74	
CCCT	112	2 012	17.96	2.59	46.47	
AGAT	53	1 432	27.02	1.22	33.07	
ATGC	22	352	16	0.51	8.13	
AATT	6	96	16	0.14	2.22	
ACGC	3	60	20	0.07	1.39	
GTCA	3	48	16	0.07	1.11	
ACAG	2	32	16	0.05	0.74	
CATC	2	32	16	0.02	0.37	
GAAT	2	40	20	0.02	0.46	
GGTG	1	16	16	0.02	0.37	
TTAG	1	16	16	0.02	0.37	
TTCC	1	16	16	0.02	0.37	
五核苷酸	**1 149**	**24 265**	**21.12**	**26.54**	**560.39**	**6.65**
AACTG	695	14 745	21.22	16.05	340.53	
CTGAT	311	6 260	20.13	7.18	144.57	
ATTTT	62	1 285	20.73	1.43	29.68	
AAGTG	45	1 190	26.44	1.04	27.48	
GTTTT	30	635	21.17	0.69	14.67	
ATGCT	2	40	20	0.05	0.92	
CTTTT	2	45	22.5	0.05	1.04	
CCTCC	1	20	20	0.02	0.46	
CTCTT	1	45	45	0.02	1.04	
六核苷酸	**32**	**954**	**29.81**	**0.74**	**22.03**	**0.19**
ATAGAT	23	636	27.65	0.53	14.69	
CAAAAA	3	72	24	0.07	1.66	
CCCTCT	2	114	57	0.05	2.63	
GGAGGG	2	54	27	0.05	1.25	
CGTGTG	1	36	36	0.02	0.83	
GCGTGC	1	42	42	0.02	0.97	
总计	17 273	324 777	18.80	398.92	7 500.62	

普通牛 Y 染色体 DNA 中其他类型重复序列（如转座子、长散在元件和复合 STR 等）的分布特征及生物学功能，还有待今后深入探究。同时，发掘更多的普通牛 Y-STR 标记，将其与 Y-SNP 标记结合，进而用于家牛遗传多样性、群体结构及起源驯化等研究，也是今后的研究重点之一。

第三节　Y-SNP 研究

Y 染色体由于其雄性特异性及独特的结构特征成为研究父系起源进化的理想工具。牛 Y 染色体雄性特异区与 X 染色体不存在同源性，为单倍体。由于 Y 染色体绝大部分为非重组区，故单倍型保持完整，不易受重组和回复突变的影响，突变率低，比常染色体更能稳定遗传，是进化事件的忠实记录者。由于 Y 染色体的有效群体大小最多为常染色体有效群体的 25%，因此其遗传漂变较多（Jobling and Tyler-Smith，2003）。人工授精技术的普及往往会让有效群体进一步减小。因此，Y 染色体是瓶颈效应、奠基者效应和群体扩张等近期群体事件的重要指标。在一个自然群体中，雄性比雌性具有更大的流动性和繁殖影响力，而在家畜育种过程中，雄性的选择是基于育种目标来确定的。

Y-SNP 一般是指 Y 染色体雄性特异区（MSY）的 SNP 标记，是研究早期动物与人类起源及迁徙路线的理想父系标记。早期的研究者利用 Y-SNP 标记，将家牛的 Y 染色体分为普通牛（Y1、Y2）和瘤牛（Y3）3 种单倍型组（Edwards et al.，2011）。用来判定家牛父系起源的 Y-SNP 很多，其中最经典的两个标记分别为 *UTY* 基因内含子 19 上的一个 A/C 突变，以及 *ZFY* 基因内含子 5 上的一个 2 bp 的插入/缺失位点，这两个标记可以用来鉴定 3 种单倍型组（表 9-4）。

表 9-4　家牛 Y 染色体单倍型组分型

单倍型组	*UTY19*（SNP）	*ZFY10*（SNP）	*ZFY10*（InDel）
Y1	C	C	—
Y2	A	C	GT
Y3	A	T	GT

研究者利用一系列 Y-SNP 标记对欧洲的家牛品种进行分型，发现 Y1 单倍型组主要分布在欧洲北部，Y2 单倍型组在欧洲的中部和南部占优势，而欧洲中部的牛介于 Y1 和 Y2 两种单倍型组之间（Edwards et al.，2011）。随后，对中国地方黄牛品种/群体 Y 染色体遗传多样性的研究发现，中国黄牛以普通牛 Y2 单倍型组和瘤牛 Y3 单倍型组为主，且 Y2 单倍型组主要分布在北方黄牛品种中，Y3 单倍型组则集中在南方黄牛品种中，中原地区是 Y2 和 Y3 单倍型组的混合区域（Li et al.，2013；Xia et al.，2019）。在中国黄牛群体中也检测到了极少数个体为普通牛 Y1 单倍型组，推测可能是国外肉牛品种的基因渗入所致（Li et al.，2013）。

基于全基因组重测序分析结果，世界家牛又可细分为 5 个父系起源（欧洲普通牛、欧亚普通牛、东亚普通牛、中国瘤牛和印度瘤牛），分别用 Y1、Y2a、Y2b、Y3a 和 Y3b 来表示（Chen et al.，2018）。Cao 等（2019）利用 Chen 等（2018）的研究找到的 Y-SNP 位点设计引物，对中国地方黄牛 Y2a 和 Y2b 单倍型组的分布进行检测，结果表明 Y2a 主要分布在中国北方黄牛品种，但是在部分中原地方品种和南方品种中也有发现；Y2b 在西藏牛中占主导地位，但是在几个北方和中原地方品种中也有分布（图 9-3）。

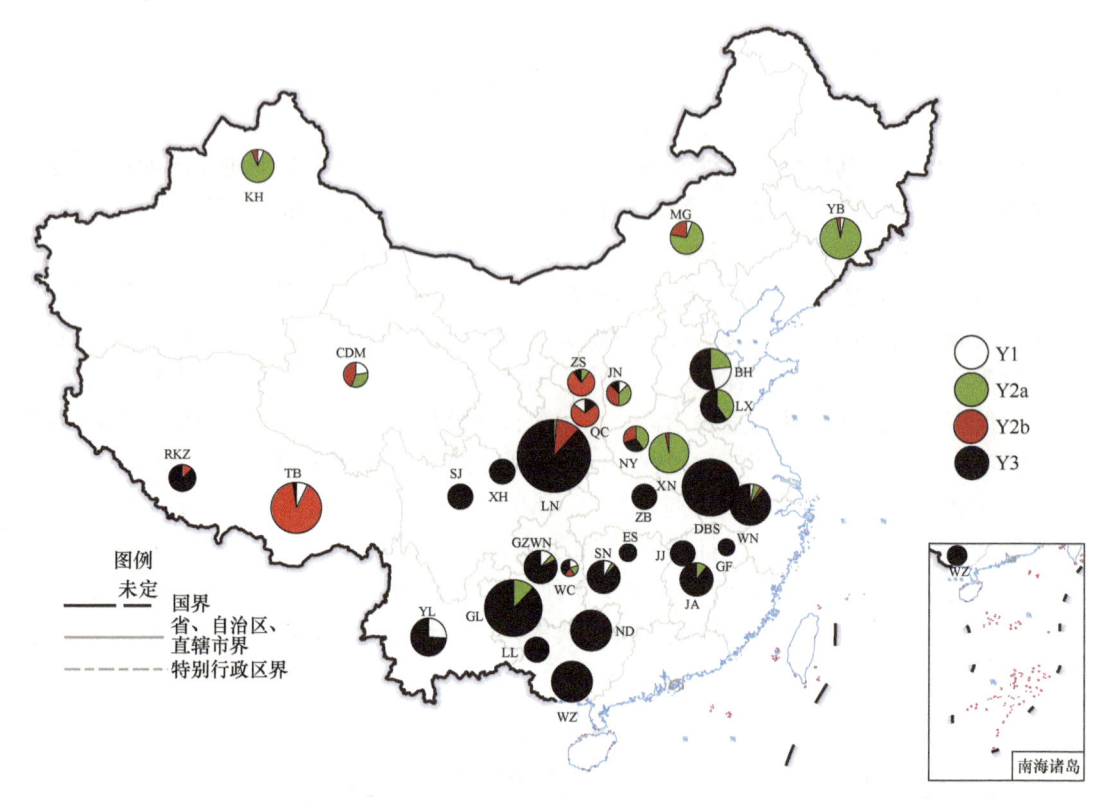

图 9-3 中国 31 个黄牛品种 Y1、Y2a、Y2b 和 Y3 单倍型组的地理分布（Cao et al.，2019）
YL. 云岭牛；XN. 夏南牛；CDM. 柴达木牛；图中其他黄牛品种名缩写与表 9-2 一致

第四节 Y 染色体 DNA 类型与起源进化

一、中国黄牛 Y 染色体类型

牛的 Y 染色体是基因组中最小的染色体，约占单倍体基因组的 1.7%。不同牛种的 Y 染色体在大小和形态上存在差异。普通牛是中或亚中着丝粒 Y 染色体，瘤牛是近端着丝粒 Y 染色体，细胞遗传学证据表明这种差异可能是着丝粒易位、臂间倒位和染色体重组造成的。

自 20 世纪 80 年代以来，众多学者对中国地方黄牛的染色体核型进行了分析，结果表明，中国黄牛 Y 染色体具有多态性，有中、亚中和近端着丝粒 Y 染色体。中国北方黄牛多为中和亚中着丝粒 Y 染色体，南方黄牛多为近端着丝粒 Y 染色体，中原黄牛在品种内个体间多具有中、亚中和近端着丝粒 Y 染色体 3 种类型。说明中国黄牛起源于普通牛和瘤牛。在进化过程中，中国北方黄牛受普通牛的影响大，南方黄牛受瘤牛的影响大，中原黄牛同时受到普通牛和瘤牛的影响，是由普通牛和瘤牛长期交汇融合形成的。Y 染色体形态体现了牛种的特征，是黄牛品种的父系起源及类型研究的重要依据之一。

二、中国黄牛 Y 染色体单倍型与起源进化

在全基因组重测序技术普及之前，在家牛 Y 染色体上找到的 SNP 分子标记十分有限，尽管可以将家牛 Y 染色体单倍型分为 Y1、Y2 和 Y3 3 个主要的支系，但对 Y 染色体的单倍型分辨率较低。

而微卫星标记具有较高的多态性，使用多个 Y-STR 标记就可以构建远比 Y-SNP 标记丰富的单倍型，这样就可以很好地从父系遗传角度研究群体的 Y 染色体多样性和群体结构。由于 Y-SNP 与 Y-STR 分子标记各有特点，只有将两者结合才能完整地反映黄牛群体的 Y 染色体单倍型多样度与父系起源。已经有越来越多的研究将二者结合起来分析牛群的 Y 染色体单倍型结构和父系起源历史。

国内学者基于 Y-SNP 和 Y-STR 分子标记对黄牛 Y 染色体单倍型多样性进行了系统研究，发现中国牛群普通牛 Y2 单倍型频率较高，南方牛群 Y3 单倍型频率较高，Y 染色体单倍型呈现明显的地理分布特征。北方牛群中普通牛 Y 染色体单倍型频率最高，瘤牛 Y 染色体单倍型在南方种群中占有优势，中原黄牛同时具有普通牛和瘤牛 Y 染色体单倍型。瘤牛 Y 染色体单倍型频率呈现自南而北、自东而西逐渐降低的趋势，这种基因流动模式的形成可能是由历史事件、地理隔离以及气候环境差异等造成的。

近年来，全基因组重测序的价格逐渐降低，使得可以从全基因组层面对 Y 染色体遗传变异进行全面扫描。我国学者对全世界 213 头公牛的全基因组数据进行了分析。通过鉴定 Y 染色体雄性特异区的 SNP，发现了 745 个 Y-SNP 位点，基于这些 Y-SNP 位点，在全世界家牛原有的 3 个父系的基础上进行了进一步的分类，将全世界家牛至少分为 5 个明显不同的父系，分别为 Y1、Y2a、Y2b、Y3a 与 Y3b，即欧洲普通牛、欧亚普通牛、东亚普通牛、中国南方瘤牛和印度瘤牛（图 9-4）。这 5 种单倍型组的分布规律如下。欧洲牛种有 3 种单倍型，主要为 Y1 和 Y2a，携带 Y2b 单倍型的个体较少。Y1 主要存在于欧洲西部的牛品种，代表性品种为安格斯牛、荷斯坦牛、海福特牛和曼安茹牛。Y2a 子分支主要分布于欧洲中南部和中国西北部牛品种，欧洲中南部的品种包括夏洛莱牛、

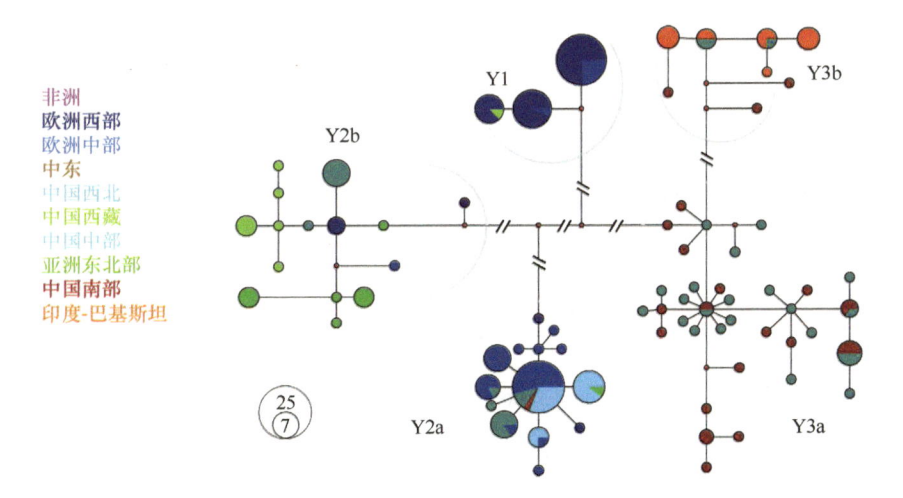

图 9-4　使用 745 个 Y-SNP 构建的 Y 染色体单倍型网络图

德国黄牛、西门塔尔牛、皮埃蒙特牛,中国西北部的品种包括哈萨克牛、柴达木牛和蒙古牛。此外,日本口之岛牛、中国山东地区的鲁西牛和渤海黑牛也属于 Y2a。Y2b 单倍型主要集中分布于中国西藏和东北亚地区的牛品种,包括西藏牛,以及日本和韩国的牛品种,此外,娟姗牛也为 Y2b,中国大陆也有一些携带 Y2b 单倍型的品种,如巴山牛、郏县红牛。Y3 单倍型是瘤牛所特有的,分为两个分支。中国南方的瘤牛主要为 Y3a,主要品种为皖南牛、广丰牛、锦江牛;Y3b 主要由来自印度的瘤牛构成,包括吉尔牛、婆罗门牛、内洛尔牛,也有少量的中国牛属于 Y3b。中国中北部地区牛品种由 Y2a、Y2b 和 Y3a 混杂而成(Chen et al.,2018)。

本 章 小 结

Y 染色体是决定生物个体性别的性染色体的一种,同时 Y 染色体的雄性特异区严格遵循父系遗传,使得 Y 染色体一直以来都备受关注。Y 染色体遗传标记可用于牛的父系起源研究,限于技术水平,此前,牛 Y 染色体特异性 SNP 标记只有若干个。目前利用 Y 染色体基因组重测序数据,已经开发了更多的遗传标记,这为进一步研究牛的起源和遗传多样性提供了帮助。但是由于技术原因和受重视程度不高,目前牛的 Y 染色体参考基因组序列还不够完善,并且基因组为普通牛的 Y 染色体参考基因组,考虑到瘤牛和普通牛的 Y 染色体差异较大,亟须组装瘤牛的 Y 染色体参考基因组或者是牛的泛基因组,才能更进一步研究牛的 Y 染色体结构、基因功能、起源和进化过程。

参 考 文 献

蔡欣. 2006. 中国黄牛母系和父系起源的分子特征与系统进化研究. 西北农林科技大学博士学位论文.

常振华. 2011. 中国黄牛 Y 染色体微卫星和 SNPs 遗传多样性与起源研究. 西北农林科技大学硕士学位论文.

侯佳雯, 夏小婷, 贾玉堂, 等. 2018. 皖南牛 Y-STRs 与 Y-SNPs 遗传多样性研究. 中国牛业科学, 44(1): 30-32.

李秀良, 张俸伟, 曹艳红, 等. 2019. 南丹牛 Y-SNPs 与 Y-STRs 遗传多样性研究. 中国牛业科学, 45(2): 26-28.

辛亚平. 2007. 中国部分黄牛群体 Y 染色体微卫星多态性与分子进化及生产性能关系初步研究. 西北农林科技大学博士学位论文.

夏小婷, 邹勇, 党瑞华, 等. 2017. 关岭牛 Y 染色体遗传多样性与父系起源研究. 中国牛业科学, (6): 6-8.

张志清. 2005. 中国四个黄牛品种的父系和母系起源研究. 西北农林科技大学硕士学位论文.

Cao Y, Xia X, Hou J, et al. 2019. Y-chromosomal haplogroup distributions in Chinese cattle. Animal Genetics, 50: 412-413.

Chang TC, Yang Y, Retzel EF, et al. 2013. Male-specific region of the bovine Y chromosome is gene rich with a high transcriptomic activity in testis development. Proc Natl Acad Sci USA, 110: 12373-12378.

Chen N, Cai Y, Chen Q, et al. 2018. Whole-genome resequencing reveals world-wide ancestry and adaptive introgression events of domesticated cattle in East Asia. Nature Communications, 9: 2337.

Edwards CJ, Ginja C, Kantanen J, et al. 2011. Dual origins of dairy cattle farming – evidence from a comprehensive survey of European Y-chromosomal variation. PLoS One, 6(1): e15922.

Götherström A, Anderung C, Hellborg L, et al. 2005. Cattle domestication in the Near East was followed by hybridization with aurochs bulls in Europe. Proc Biol Sci, 272: 2345-2350.

Jobling MA, Tyler-Smith C. 2003. The human Y chromosome: an evolutionary marker comes of age. Nature Reviews Genetics, 4(8): 598-612.

Kantanen J, Edwards CJ, Bradley DG, et al. 2009. Maternal and paternal genealogy of Eurasian taurine cattle (*Bos taurus*). Heredity, 103(5): 404-415.

Li M, Zerabruk M, Vangen O, et al. 2007. Reduced genetic structure of north Ethiopian cattle revealed by Y-chromosome analysis. Heredity, 98: 214-221.

Li R, Zhang XM, Campana MG. 2013. Paternal origins of Chinese cattle. Animal Genetics, 44(4): 446-449.

Liu WS, de León FAP. 2004. Assignment of SRY, ANT3, and CSF2RA to the bovine Y chromosome by FISH and RH mapping. Anim Biotechnol, 15: 103-109.

Ma ZJ. 2017. Abundance and characterization of perfect microsatellites on the cattle Y chromosome. Animal Biotechnology, 28(3): 157-162.

Pérez-Pardal L, Royo LJ, Beja-Pereira A. 2010. Multiple paternal origins of domestic cattle revealed by Y-specific interspersed multilocus microsatellites. Heredity, 105(6): 511-519.

Pelayo R, Penedo MC, Valera M, et al. 2017. Identification of a new Y chromosome haplogroup in Spanish native cattle. Animal Genetics, 48(4): 450-454.

Skaletsky H, Kuroda-Kawaguchi T, Minx PJ, et al. 2003. The male-specific region of the human Y chromosome is a mosaic of discrete sequence classes. Nature, 423: 825-837.

Xia X, Yao Y, Li C, et al. 2019. Genetic diversity of Chinese cattle revealed by Y-SNP and Y-STR markers. Anim Genet, 50(1): 64-69.

Yang Y, Chang TC, Yasue H, et al. 2011. *ZNF280BY* and *ZNF280AY*: autosome derived Y-chromosome gene families in Bovidae. BMC Genomics, 12: 13.

（陈宁博、乐祥鹏、田全召、马志杰、夏小婷编写）

第十章 中国黄牛微卫星标记研究

自从 20 世纪 80 年代发现了高度重复序列以后，动物卫星 DNA 和微卫星 DNA 的研究进入一个快速发展的时期。起初卫星 DNA 的研究主要采用分子杂交的方法，以 DNA 指纹的形式揭示生物的遗传变异和多态性。在 PCR 仪出现以后，人们开发了许多微卫星引物，使微卫星 DNA 的研究变得简单而容易，并不断用于动物的遗传育种实践。本章主要介绍微卫星 DNA 的概念和特征、研究方法及黄牛微卫星的研究与应用。

第一节 微卫星 DNA 的概念与特点

一、微卫星 DNA 的概念

在人类和动物基因组中通常含有高度重复序列，它是由短的或较长的碱基重复序列所组成，并分布于整个基因组中。这种串联重复序列不含有合成蛋白质的编码遗传信息，不能转录和翻译。由于串式重复的数目不同，它比单拷贝序列区域表现出更高的多样性。卫星 DNA 就是生物基因组中的高度重复序列，按照排列重复的数目和序列单位的组成可划分为两个不同的种类：小卫星 DNA（minisatellite DNA）和微卫星 DNA（microsatellite DNA）（Peters et al., 1998）。小卫星 DNA 描述的是较长的重复 DNA 序列，每一个位点由 2 次到几百次重复组成，每一个重复单位长度为 7～65 个碱基，也有报道，重复单位长度为 9～100 个碱基。小卫星 DNA 能分布在整个基因组中。微卫星 DNA 又称短串联重复序列（short tandem repeat，STR）或简单重复序列（simple sequence repeat，SSR）。每一个重复单位由 1～6 个核苷酸的短序列单位组成，可重复几十次甚至百万次的核苷酸序列，这些序列也广泛分布于真核生物基因组中。微卫星重复序列可分为 3 种类型：完全重复型、复合型、不完全重复型。完全重复型微卫星是指核心序列以不间断的重复方式首尾相连构成的 DNA；复合型微卫星是指 2 种或 2 种以上的串联核心序列由 3 个或 3 个以上连续的非重复碱基分隔开，但这种连续的核心序列重复数不少于 5；不完全重复型微卫星是指在微卫星的重复核心序列之间有 3 个以下的非重复碱基，但其两端的连续重复的核心序列重复数大于 3。在动物基因组中，以 CA 或 GT 两种脱氧核糖核苷酸排列最普遍。

迄今为止重复序列的功能和意义还不清楚。然而，不同的作者对此有不同的看法，有人认为串联重复变异数目在基因表达调节中起着作用。Nanda 等（1991）认为，它们对 DNA 结构的维持是必要的。Mäueler 等（1992）发现特异性蛋白质结合在这些序列上，但他们没有描述这种结合的作用。

微卫星位点由微卫星的核心序列与其两侧的侧翼序列构成。侧翼序列使微卫星位点具有特异性，而微卫星本身的重复单位的变异则使微卫星位点具有多态性。在某个个体基因组中两条同源染色体的相对位置上，如果两侧翼序列（侧翼序列相同）间所包含的微卫星重复碱基和重复单位数目相同，则该个体在该微卫星位点的基因型是纯合的；如果微卫星重复单位数目不同或重复碱基成分不同，则其基因型为杂合的。

基因型的判断是以某微卫星的侧翼序列作为特异引物的，利用设计好的引物，特异的微卫星位点通过 PCR 可被简便快速地扩增。之后根据不同等位基因之间的碱基和长度差异，利用高分辨率的非变性聚丙烯酰胺凝胶电泳将它们区分开来。由于微卫星 DNA 呈孟德尔共显性遗传，故检测时扩增带为一条的是纯合子，扩增带为两条的是杂合子。这正是利用微卫星多态检测技术来进行各项研究的基础。

微卫星 DNA 的高度多态性主要来源于串联数目的不同。关于微卫星 DNA 多态性产生的机制，目前普遍认为是链滑动错配。在 DNA 合成过程中，一条单链 DNA 可以发生一次性的脱位，生成一个中间性的结构后，再与另一条单链 DNA 错配，形成链滑动错配，继续 DNA 的复制和修复。滑动错配可以造成缺失、插入或碱基替换。在 STR 中，一条 DNA 单链可以向后折叠后再与另一条单链复性，在复性的位置形成环状突出，DNA 修复酶可以将环状突出全部或部分切除，造成缺失，也可以在无突出链相对突出的位置形成一个缺口，再由 DNA 聚合酶填补此缺口，DNA 重复的数目增加，造成插入突变。

二、微卫星 DNA 的特点

（一）在基因组中广泛分布

微卫星随机均匀分布于所有真核生物基因组中，它们不仅大量分布于基因的间隔区和内含子中，还分布于基因的外显子和调控区（如启动子、增强子）。在基因组中平均 30～35 kb 中就存在一个微卫星。在哺乳动物中每个基因都至少存在 1 个微卫星，而牛基因组中约 188 kb 中含有一个 $(AC/TG)_n$ 微卫星。

（二）多态性丰富

微卫星本身的重复单位数变异是形成微卫星多态性的基础。重复次数的多少与微卫星位点等位基因数呈强的正相关关系，即重复次数越多，该微卫星位点等位基因数越多，多态性越丰富。目前，牛微卫星位点等位基因数的变动范围为 2～18 个。微卫星的突变率很高，比一般的 DNA 突变高几个数量级。微卫星的突变速率在不同物种以及同一物种的不同位点甚至在同一位点的不同等位基因间都存在着很大的差异，在哺乳动物中大多数的微卫星的突变率估计为每世代 10^{-5}～10^{-2}，牛微卫星的自然突变率为 0.004。

（三）相对保守性

研究微卫星特性时发现，在哺乳动物中，特别是一些紧密相关的物种中微卫星位点具有很高的保守性，某一物种的微卫星引物可在关系密切的物种中使用。Yang 等（1999）用 5 个牛微卫星引物研究山羊，其中 3 个牛微卫星引物在 4 个山羊品种中获得了特异性扩增产物。戚文华等（2013）利用生物信息学方法搜索牛和绵羊基因组中完整型微卫星序列，分析结果表明，牛和绵羊微卫星序列总长度分别为 14.26 Mb 和 12.41 Mb，占其全基因组长度的比例分别为 4.78‰和 4.80‰，通过检验表明，牛和绵羊染色体长度与其所含微卫星数量具有高度正相关性。牛和绵羊基因组微卫星各重复类型的数量、比例、密度和丰度基本一致，牛和绵羊基因组中单碱基重复类型微卫星数量最多（比例分别为 45.33%、44.42%）。许多研究结果证明反刍动物中的牛、绵羊和山羊 3 个物种微卫星分布规律相似度最大。因此，可用绵羊或山羊的微卫星标记引物来构建牛的遗传图谱。这样可以减少获取微卫星的工作量和加快基因组作图的工作进度。微卫星序列既有极保守的特性——其核心序列在不同基因组中有很高的同源性，又有高度变异的特性——重复单位数目的改变（这是不同个体 DNA 指纹图表现出多态性的直接原因）。因此，微卫星这种既保守又变异的特点充分反映了生物多样性。微卫星在研究物种进化、起源及分类上会有很大的作用。

（四）微卫星 DNA 的缺点

开发和合成新的 SSR 引物投入高、难度大，现有的 SSR 标记数量有限，不能标记所有的功能基因，不能构建饱和的 SSR 遗传图谱。由于不同物种中微卫星侧翼序列不同，往往需要针对物种进行费时费力的特异性引物设计。目前针对微卫星的研究普遍是基于等位基因之间只存在重复单位数目差异的假设，通过使用与重复序列两端的侧翼序列配对的引物进行 PCR 扩增，然后电泳分析不同的等位基因。但是，一些研究显示微卫星位点在序列上也存在许多变异。微卫星重复序列两端的侧翼序列可以发生插入或缺失，而且多为几个相邻碱基同时发生，从而可能出现同源异型（微卫星重复序列相同，但 PCR 产物长度不同）或者是异源同型（微卫星重复序列不同，但 PCR 产物长度相同）现象。此外，SSR 多态性的检测和应用在很大程度上依赖 PCR 扩增的效果，PCR 扩增受到许多因素的影响，这些影响使一些等位基因无法扩增出来，这些没有被扩增的等位基因称为"无效基因"。微卫星无效等位基因也称哑等位基因，是指排除 DNA 质量和 PCR 技术问题，某位点无可见的扩增条带或扩增条带少于预期值。

第二节　微卫星多位点 DNA 指纹的研究与应用

一、DNA 指纹的概念

DNA 指纹技术是 Jeffreys 和他的合作者于 1985 年建立的，并首先用于人类的基因组分析。此后，DNA 指纹技术越来越多地用于动物、植物和微生物的遗传分析，并不断扩大到动植物育种等领域的应用研究。DNA 指纹可理解为用分子生物学方法制备的、来自无编码遗传信息 DNA 片段的、具有高度个体特异性的 DNA 带纹图谱。由于这些序列缺少编码遗传信息，在自然界通常没有被选择。在进化过程中这些变异的积累就导致了一个物种内非亲缘个体基因组中的巨大差异。因此，简单重复序列和它们相邻的区域表现出特别高的多样性。DNA 指纹技术就是利用了这些序列的易变性和与之相关的高度个体特征的潜在性。来自基因组不同区域的许多序列片段可通过 DNA 指纹技术进行检测，使重复序列的高度多样性同时产生多位点基因带谱，这种带谱就称为 DNA 指纹。

二、DNA 指纹的制备方法

自从 1985 年 DNA 指纹技术建立以来，DNA 指纹的制备方法得到了进一步发展和简化，特别是寡核苷酸探针的发展大大地促进了真核种类个体特异性 DNA 指纹的研究。

DNA 指纹制备的第一步是从组织和有核细胞，如肌肉组织、精子、血液（淋巴细胞）、毛囊细胞和内脏器官（脾、肾、肝、睾丸等）中分离所需的 DNA，接着 DNA 用一种限制性内切酶消化，由于这些酶切位点在整个基因组中是随机分布的，因此，会出现不同长度的 DNA 片段。DNA 的分子结构使得这些片段带有负电，接着借助琼脂糖凝胶电泳使其分开，并且单个片段泳动的距离依赖于它的分子长度。

电泳后，DNA 在凝胶上固定，或者通过 DNA 印迹法（Southern blotting）将凝胶转移到一个膜上，使其固定。为了使简单重复序列的片段变为可见，必须用相应的微卫星 DNA 探针杂交。杂交前，DNA 双链片段通过碱性试剂的处理变为单链，以至于在随后的杂交期间探针能与互补的 DNA 单链片段结合。

为了能够证明探针是否结合到预测的 DNA 链上，所用的探针必须事先被标记。对其标记有放射性和非放射性两种方法，放射性标记通过放射性同位素的嵌入而标记；非放射性标记，如通过地高辛-dUTP 的加入而进行。接着，探针所结合的位置通过相应的方法来证明。在放射性标记情况下，通过覆盖 X-胶片的放射自显影显示探针结合位置；在非放射性方法中，探针结合位置通过染色反应显现，从而得到制备的微卫星 DNA 指纹。

在 DNA 指纹的制备过程中，卫星或微卫星 DNA 多位点探针能够同时检测许多基因位点。按照基因组重复序列的种类，多位点探针又可划分为小卫星探针和微卫星探针两大类。小卫星探针通常从不同的真核生物中分离并作为探针使用。微卫星探针也叫寡核苷酸探针，它们由短的碱基序列组成并能够通过化学合成而获得。由于寡核苷酸探针在化学上很纯并可长期保存，越来越多的寡核苷酸探针被生产和应用，如$(GTG)_5$、$(CAC)_5$、$(AT)_8$、$(CA)_8$、$(CT)_8$、$(CT)_4(CA)_5$、$(GAA)_6$、$(GACA)_4$、$(GATA)_4$、$(GATA)_3(GACA)_2$、$(GGCA)_3$、$(TCC)_5$、$(TTAGGG)_3$、$(TG)_n$、$(TC)_n$ 等。

三、DNA 指纹的遗传特点

在合适的不同的限制性内切酶-微卫星 DNA 探针-物种的结合中，DNA 指纹是个体特异性的。除同卵双生和同卵多生外，一般情况下，一个种内的所有个体能够表现不同的 DNA 指纹带谱并能容易被识别。我们用了 3 种限制性内切酶 4 种 DNA 探针做了 5 个畜种（牛、绵羊、猪、马和山羊）66 个动物个体的 DNA 指纹，没有任何两个个体表现相同的 DNA 指纹带谱。如果没有突变，同一个个体的不同组织能够表现一致的 DNA

指纹带谱，这是因为不同组织含有一致的遗传物质。

对动物（如牛、绵羊和山羊）许多家系的遗传分析证明，借助 DNA 指纹方法所产生的带谱遵循孟德尔遗传规律。如果没有突变发生，一个后代的 DNA 指纹带谱将由双亲的带谱派生和组成，也就是说，一个后代的每一条带都可追溯到父亲或母亲的带。两个双亲将它们带的 50% 传递给每一个后代。

四、DNA 指纹的分析方法

DNA 指纹不仅能够用于个体或家系水平的遗传分析，而且也能够用于群体遗传结构的分析。为此，遗传学家和统计学家根据 DNA 指纹建立了一系列统计分析模型。

1. 带纹相似率

带纹相似率（band sharing-rate，BSR）计算公式为

$$\mathrm{BSR} = \frac{2n_{xy}}{n_x + n_y}$$

式中，n_x 为 x 个体带的数量，n_y 为 y 个体带的数量，n_{xy} 为 x 和 y 个体共有带的数量。这个公式可以计算个体间的遗传相似程度。平均带纹相似率与两个非亲缘个体一条带同时出现的平均概率 P_b 相一致。

2. 遗传相似性指数

遗传相似性指数（GS）的计算公式为

$$\mathrm{GS} = \frac{2N_{ij}}{N_i + N_j}$$

式中，N_{ij} 为两个群体 i 和 j 之间共同的等位基因数，N_i 和 N_j 分别是群体 i 和 j 全部的等位基因数。

据此可以导出更多的公式：两个个体具有一致 DNA 指纹带谱的概率（P_i）：

$$P_i = \left[1 - 2P_b + 2P_b^2\right]^N$$

式中，$P_b \approx$ BSR。

3. 一条带平均等位基因频率

一条带平均等位基因频率（q）的计算公式为

$$q = 1 - \sqrt{(1 - P_b)}$$

4. 一个片段为杂合子的平均概率

一个片段为杂合子的平均概率（h）的计算公式为

$$h = \frac{2q(1-q)}{2q - q^2} = \frac{2(1-q)}{2-q}$$

5. 群体间相似性指数

群体间相似性指数（$\bar{S}_{ij}$）的计算公式为

$$\bar{S}_{ij} = 1 + \bar{S}'_{ij} - \frac{\bar{S}_i + \bar{S}_j}{2}$$

式中，$\bar{S}'_{ij}$为两个群体配对的个体间平均带纹相似率，反映了两个群体的相似性和亲缘关系的远近；$\bar{S}_i$为i群体内个体间的平均带纹相似率；$\bar{S}_j$是j群体内个体间的平均带纹相似率。

6. 群体间分化指数

群体间分化指数（F'_{st}）的计算公式为

$$F'_{st} \approx \frac{1 - S_b}{2 - S_w - S_b}$$

式中，S_b为i和j两个群体所有个体配对的平均带纹相似率；S_w为i群体所有个体配对间的平均带纹相似率。利用这个公式可以计算出两个群体间的差异分化情况。

7. 群体间遗传距离

群体间遗传距离（D'_{ij}）的计算公式为

$$D'_{ij} = -\ln\left(\frac{\bar{S}'_{ij}}{\sqrt{\bar{S}_i \cdot \bar{S}_j}}\right)$$

式中，$\bar{S}'_{ij}$为两个群体配对个体间的平均带纹相似率；$\bar{S}_i$为i群体内个体间的平均带纹相似率；$\bar{S}_j$是j群体内个体间的平均带纹相似率。利用这个公式可以计算不同群体间的遗传距离，以此可以进行聚类分析，研究群体的亲缘关系。

五、牛DNA指纹的研究与应用

DNA指纹对于家畜遗传多样性的检测是一个很有效的工具。自从这个方法发展以来，人们已用各种不同的小卫星探针和微卫星探针及不同的限制性内切酶研究了几乎所有家畜种类的DNA指纹。其中，大部分探针能够产生信息丰富的多态性DNA指纹带谱。迄今为止，几十种小卫星探针、三十多种微卫星探针和多种限制性内切酶已用于牛和其他家畜的DNA指纹制备。由于DNA指纹具有许多优点，即带谱高度个体特征潜在性、躯体的稳定性和遵守孟德尔遗传模型，这一方法得到了广泛应用。许多研究结果证明，DNA指纹方法能够检测家畜个体间及群体间广泛的遗传多样性。因此，它已用于牛等动物遗传育种的许多方面。

（一）证身和父系测验

在牛的育种中，DNA指纹已用于个体的识别和父系测验。Trommelen等（1993）用

DNA 指纹的方法已成功地确定了与人工授精有关的混淆精液样品的来源。他们对精液 DNA 用 HaeⅢ消化，并与探针(CAA)₅、INS 和 33.6 杂交，将所获得的 DNA 指纹进行比较，以此分辨人工授精所用的精液来自哪头公牛。在草原畜牧业中，由于人类游牧生活，人工授精在一些区域还难以进行，通常使公畜在群体中保持一定比例，让其自然交配。在这种情况下，人们能够借助 DNA 指纹的方法，确认所选并作为下一代的种畜来自于哪个父亲。在牛上，人们已经尝试通过 DNA 指纹检测异性双生雌雄嵌合体。Plante 等（1992）通过血样测验了牛的 31 对孪生子并发现，其中 30 对表现了一致性的 DNA 指纹带谱。然而研究也发现，来自雄性和雌性孪生子皮肤样品的 DNA 指纹是不同的。

（二）群体遗传结构的分析

研究人员利用 Jeffreys 等（1985）建立的系列统计分析模型（见"DNA 指纹的分析方法"部分），研究了牛及其他动物的群体遗传结构。这些公式解决了借助于 DNA 指纹进行群体遗传结构分析的数学统计问题，为群体遗传结构分析提供了可能。此后，通过 DNA 指纹，许多野生和家养动物的不同群体遗传结构被分析，群体内和群体间的亲缘程度被估计，这些研究结果已为种和品种的资源保存及杂交改良提供了很有价值的资料。陈宏等（1999）曾用地高辛标记的 4 种微卫星探针和小卫星 DNA 探针[(GTG)₅、(TG)ₙ、(TC)ₙ 和 M13]及三种限制性内切酶（HaeⅢ、HinfⅠ 和 HindⅢ），研究了 4 个畜种（牛、绵羊、猪和马）核基因组多位点 DNA 指纹及其多样性（图 10-1）。结果表明，有信息的、具有个体特异性的 DNA 指纹带型的出现依赖于物种-限制性内切酶-DNA 探针的结合。探针(GTG)₅ 与限制性内切酶 HaeⅢ和 HinfⅠ 的结合对于所有测定的动物种类是适合的，而限制性内切酶 HindⅢ对于所有测定的物种-探针的结合是不适合的。DNA 指纹技术揭示了个体间高度的 DNA 多态性，所有试验动物个体表现了完全不同的 DNA 指纹带谱。根据 DNA 指纹带谱，在 4.4~23.1 kb 的片段长度区域内，可计算个体间的带纹相似率。在相同限制性内切酶/探针的结合中，不同物种表现了不同的带纹相似率。在同一物种内，不同的片段长度区域具有完全不同的带纹相似率。通过带纹相似率的比较发现，两个绵羊品种的个体间存在不同的近交程度。借助于带纹相似率进一步估计了 DNA 指纹数据：依据限制性内切酶/探针的不同结合，个体间表现一致性带纹图谱的概率在牛为 $9.40×10^{-7}$~$8.56×10^{-4}$，绵羊为 $1.90×10^{-6}$~$3.20×10^{-3}$，猪为 $1.26×10^{-6}$~$8.79×10^{-4}$，马为 $3.45×10^{-5}$~$7.37×10^{-3}$。非亲缘个体间一条带平均等位基因频率在牛为 0.078~0.329，绵羊为 0.219~0.252，猪为 0.272~0.329，马为 0.272~0.307。根据非亲缘个体间带纹相似率，估计了一个片段为杂合子的平均概率在 4.4~23.1 kb 的片段长度区域分别为：牛 0.90~0.96，绵羊 0.86~0.88，猪 0.80~0.84，马 0.82~0.84。在 HaeⅢ/(TG)ₙ 组合中，黑头绵羊的平均带纹相似率为 0.34，欧洲盘羊为 0.50。根据带纹相似率，估算的群体平均杂合度为 0.83~0.90。用 HaeⅢ/(TG)ₙ 组合的指纹相似率，估算了两品种间的相似性指数（0.89）和遗传距离（0.29）。同时，也揭示了依据限制性内切酶/探针的结合，不同物种表现了明显的、种族特异性的单态带。这些单态带的特征可用于物种的鉴定与识别，如牛的不同个体在 HinfⅠ/(GTG) DNA 指纹带谱中 2.45 kb 的条带（图 10-1）。

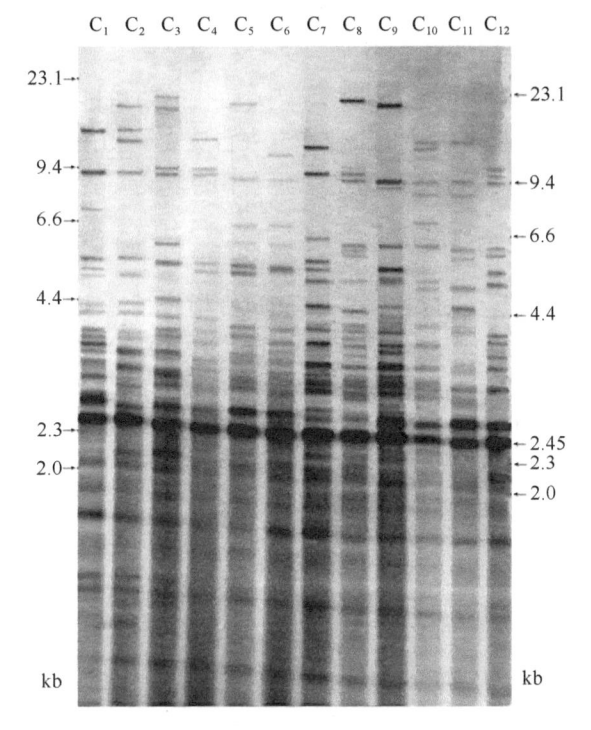

图 10-1　牛不同个体的 $Hinf$I /（GTG）DNA 指纹带谱

C1～C12：牛的不同个体，两边的数字表示片段区域范围

（三）连锁分析

在牛的育种项目中，人们感兴趣的是主要经济性状，如产奶量、乳蛋白量、生长速度、饲料利用率等。为了提高这些性状的生产性能，人们已开始探索微卫星多位点 DNA 指纹与主要经济性状的连锁关系。Dunnington 等（1990）研究了经选择的不同品系鸡的 DNA 指纹并发现，带纹的 48% 具有品系特征。Plotsky 等（1993）通过同一品系鸡高脂肪和低脂肪极端值个体间的比较发现，所有特征带中的一条带在强度上有差异。Dolf 等（1993）发现，饲料利用率与 DNA 指纹的特性具有直线回归关系。在牛上，DNA 指纹与之有关的连锁发现也已报道。随着 DNA 指纹在家畜中的不断研究，关于数量性状位点与 DNA 指纹带型间的连锁关系会不断被发现。

（四）性别诊断

由于家畜的一些生产性能与性别有着密切的关系，早期胚胎的性别诊断一直是一个有趣的课题。动物 DNA 指纹的研究表明，一些 DNA 指纹带仅与一个性别相联系，特别是在鸟类中，已有更多的报道。Millar 等（1992）用 pV47-2 探针在褐色海鸥中检测到 W 染色体上的特异性片段，因此，这个带纹仅表现在雌性鸟（ZW）中。Georges 等（1990）在牛上通过 pUCJ 探针发现了位于 X 染色体上的片段，他们也发现，在 Benoni 的系谱中 ABH2 指纹带表现了 Y 染色体的连锁。因此，性别特异性探针的发展，将会提供早期胚胎性别诊断的新方法。

（五）突变分析

DNA 指纹带谱能按孟德尔规律遗传，有关后代的带纹能够追溯到双亲的带纹上。所以，后代中出现而双亲中没有出现的带肯定来自突变。利用这种方法，人们能够分析动植物的突变率。通过 DNA 指纹的研究发现，牛的自然突变率为 0.004。

（六）亲缘关系和近交程度的估计

具有较近亲缘关系或近交的动物个体间 DNA 指纹带谱表现出较高的相似度。单卵双生或多生具有一致的 DNA 指纹带谱。Mannen 等（1993）在日本黑牛中用 DNA 指纹资料估计了亲缘系数，建立了亲缘系数与带纹相似率的回归关系（Y）0.049+0.684X，式中，Y 为亲缘系数；X 为带纹相似率）。在鹅和靛蓝鹀（*Passerina cyanea*）上，也报道了关于用 DNA 指纹资料估计个体间的亲缘系数，并发现，带纹相似率与亲缘系数之间存在较大的相关关系。

第三节 微卫星 DNA 多态性分型研究与应用

一、微卫星 DNA 多态性分型的一般检测步骤

到了 20 世纪 90 年代以后，相比于 DNA 指纹的杂交方法，PCR 技术的出现和 PCR 仪的应用，使得微卫星 DNA 多态性分型研究和应用更加简便、更为容易，而且可以研究基因组特定区段微卫星 DNA 的多态性。特定微卫星 DNA 多态性分型的研究主要依靠 PCR 扩增、电泳和测序方法。通常采用以下步骤：采样→基因组 DNA 的提取→PCR 扩增→电泳或测序→条带与基因分型判断→统计分析。在这个过程中，分型是关键，分型方法的选择也至关重要。微卫星标记自出现以来就得到了广大科研工作者的青睐，它是研究遗传多样性、连锁分析等的一种很好的工具，尽管其操作简单、实验步骤也不烦琐，但是在大规模、多批次的数据收集和分析时仍存在着很大的难度。

二、微卫星引物与 PCR 扩增

由于微卫星的两侧翼区比较保守，研究人员在不同物种中开发了许多微卫星引物，在牛上，在常染色体上人们已相继开发了 30 对微卫星引物，表 10-1 是联合国粮食及农业组织（FAO）和国际动物遗传学会（ISAG）联合推荐的应用于牛的微卫星标记。在 Y 染色体上开发了 40 多对微卫星引物（表 10-2）。只要合成微卫星引物就可以进行 PCR 扩增了。然而，并非每对引物都可在牛基因组中检测到多态性，一般每对引物都需要预先用 20~50 个个体的混合样品进行 PCR 扩增，如果检验存在多态性，则可大规模进行 PCR 检测。

三、微卫星 DNA 的电泳分型

样品 DNA 经 PCR 扩增以后，常用并比较经济的方法是通过电泳进行分析，目前电泳的方法有以下几种。

表 10-1　牛常染色体微卫星引物的信息

标记名称	染色体	GenBank登录号	引物序列	片段大小/bp	退火温度/℃
TGLA44（D2S3）	2	—	AACTGTATATTGAGAGCCTACCATG CACAACTTAGCGACTAAACCACCA	172	58～65
IDVGA2（D2S7）	2	—	GTAGACAAGGAAGCCGCTGAGG GAGAAAAGCCAAGAGCCAGACC	119～147	65
ILSTS033（D12S31）	12	—	TATTAGAGTGGCTCAGTGCC ATGCAGACAGTTTTAGAGGG	132～158	58
IDVGA55（D18S16）	18	AF270681	GTGACTGTATTTGTGAACACCTA TCTAAAACGGAGGCAGAGATG	199	55～57
IDVGA46（D19S18）	19		AAATCCTTTCAAGTATGTTTTCA ACTCACTCCAGTATTCTTGTCTC	205	55
INRA063（D18S5）	18	X71507	ATTTGCACAAGCTAAATCTAACC AAACCACAGAAATGCTTGGAAG	167～189	55～58
INRA005（D12S4）	12	X63793	CAATCTGCATGAAGTATAAATAT CTTCAGGCATACCCTACACC	135～149	55
ILSTS005（D10S25）	10	L23481	GGAAGCAATGAAATCTATAGCC TGTTCTGTGAGTTTGTAAGC	176～194	54～58
HEL5（D21S15）	21	X65204	GCAGGATCACTTGTTAGGGA AGACGTTAGTGTACATTAAC	145～171	52～57
HEL1（D15S10）	15	X65202	CAACAGCTATTTAACAAGGA AGGCTACAGTCCATGGGATT	99～119	54～57
INRA035（D16S11）	16	X68049	TTGTGCTTTATGACACTATCCG ATCCTTTGCAGCCTCCACATTG	100～124	55～60
ETH152（D5S1）	5	Z14040/G18414	TACTCGTAGGGCAGGCTGCCTG GAGACCTCAGGGTTGGTGATCAG	181～211	55～60
ETH10（D5S3）	5	Z22739	GTTCAGGACTGGCCCTGCTAACA CCTCCAGCCCACTTTCTCTTCTC	207～231	55～65
HEL9（D8S4）	8	X65214	CCCATTCAGTCTTCAGAGGT CACATCCATGTTCTCACCAC	141～173	52～57
CSSM66（D14S31）	14	—	ACACAAATCCTTTCTGCCAGCTGA AATTTAATGCACTGAGGAGCTTGG	171～209	55～65
INRA032（D11S9）	11	X67823	AAACTGTATTCTCTAATAGCTAC GCAAGACATATCTCCATTCCTTT	160～204	55～58
ETH3（D19S2）	19	Z22744	GAACCTGCCTCTCCTGCATTGG ACTCTGCCTGTGGCCAAGTAGG	103～133	55～65
BM2113（D2S26）	2	M97162	GCTGCCTTCTACCAAATACCC CTTCCTGAGAGAAGCAACACC	122～156	55～60
BM1824（D1S34）	1	G18394	GAGCAAGGTGTTTTTCCAATC CATTCTCCAACTGCTTCCTTG	176～197	55～60
HEL13（D11S15）	11	X65207	TAAGGACTTGAGATAAGGAG CCATCTACCTCCATCTTAAC	178～200	52～57
INRA037（D10S12）	10	X71551	GATCCTGCTTATATTTAACCAC AAAATTCCATGGAGAGAGAAAC	112～148	57～58
BM1818（D23S21）	23	G18391	AGCTGGGAATATAACCAAAGG AGTGCTTTCAAGGTCCATGC	248～278	56～60

续表

标记名称	染色体	GenBank登录号	引物序列	片段大小/bp	退火温度/℃
ILSTS006（D7S8）	7	L23482	TGTCTGTATTTCTGCTGTGG ACACGGAAGCGATCTAAACG	277～309	55
MM12（D9S20）	9	Z30343	CAAGACAGGTGTTTCAATCT ATCGACTCTGGGGATGATGT	101～145	50～55
CSRM60（D10S5）	10	—	AAGATGTGATCCAAGAGAGAGGCA AGGACCAGATCGTGAAAGGCATAG	79～115	55～65
ETH185（D17S1）	17	Z14042	TGCATGGACAGAGCAGCCTGGC GCACCCCAACGAAAGCTCCCAG	214～246	58～67
HAUT24（D22S26）	22	X89250	CTCTCTGCCTTTGTCCCTGT AATACACTTTAGGAGAAAAATA	104～158	52～55
HAUT27（D26S21）	26	X89252	AACTGCTGAAATCTCCATCTTA TTTTATGTTCATTTTTTGACTGG	120～158	57
TGLA227（D18S1）	18	—	CGAATTCCAAATCTGTTAATTTGCT ACAGACAGAAACTCAATGAAAGCA	75～105	55～56
TGLA126（D20S1）	20	—	CTAATTTAGAATGAGAGAGGCTTCT TTGGTCTCTATTCTCTGAATATTCC	115～131	55～58
TGLA53（D16S3）	16	—	GCTTTCAGAAATAGTTTGCATTCA ATCTTCACATGATATTACAGCAGA	143～191	55
SPS115（D15）	15	FJ828564	AAAGTGACACAACAGCTTCTCCAG AACGAGTGTCCTAGTTTGGCTGTG	234～258	55～60
ETH225（D9S1）	9	Z14043	GATCACCTTGCCACTATTTCCT ACATGACAGCCAGCTGCTACT	131～159	55～65
TGLA122（D21S6）	21	—	CCCTCCTCCAGGTAAATCAGC AATCACATGGCAAATAAGTACATAC	136～184	55～58
INRA023（D3S10）	3	X67830	GAGTAGAGCTACAAGATAAACTTC TAACTACAGGGTGTTAGATGAACTC	195～225	55

表 10-2　牛 Y 染色体微卫星引物的信息

名称	前链/后链	引物（5′→3′）	重复类型
INRA124	F	GATCTTTGCAACTGGTT TG	$(GT)_4A(TG)_9$
	R	CAGGACACAGGT TCTGACAA TG	
UMN0307	F	GATACAGCTGAGTGAC TAAC	$(CA)_{18}$
	R	GTGCAGACA TC TGAGCTGTG	
UMN0103	F	ACACAGAGTAT TCACCTGAG	$(CA)_{22}$
	R	ATTTACCTGGGTCAAAGCAC	
UMN2404	F	GGTACAATTGAAAATATG	$(CA)_{18}N_{10}(TA)_8$
	R	TGTACCTACAC TGATATGTT	
INRA189	F	TTTTGTTTCCCGTGCTGAG	$(TG)_{22}$
	R	GAACCTCGTCTCCTTGTAGCC	
BM861	F	TTGAGCCACCTGGAAAGC	$(GT)_6C(TG)_{10}$
	R	CAAGCGGTTGGTTCAGATG	

续表

名称	前链/后链	引物（5'→3'）	重复类型
UMN0929	F	ACCAGCTGATACACAAGTGC	$(CA)_{19}$
	R	GGTCAGAGAATGAAACAGAG	
UMN0108	F	GATACAGCTGAGTGACTAAC	$(TG)_{18}$
	R	GTGCAGACATCTGAGCTGTG	
UMN0920	F	GTTGAGGACTCTTGCATCTG	$(TG)_{12}$
	R	CACAGGCCTAGAAGATTGAG	
UMN0803	F	GATCACATCCCCCTCAC	$(CA)_4CCCTC(ACACAA)_6$
	R	CTGCTTCTCTTGTCCGCTAA	
UMN2908	F	GGACTGAAGCG AGTTAGCAC	$(TG)_4N_4(TG)_7$
	R	CACATCCCTGCTCACACACG	
UMN0905	F	ATCAACCGTGGTAGCTCTAA	$(CA)_{16}$
	R	CTAGAATGTAAACCAGCTGC	
UMN2008	F	CAAGCATATCAGTGGCCTGG	$(CA)_2GA(CA)_{11}G(CA)_3$
	R	GCTGCAAGGAAACTATTTCA	
UMN3008	F	TTGTGGAGGACTATTCATGG	$(TG)_{17}$
	R	TGGGACTCGACAGGACACC	
UMN0307	F	GATACAGCTGAGTGACTAAC	$(CA)_{15}$
	R	GTGCAGACACTGAGCTGTG	
UMN1203	F	AACCAGTTGCGCACTCACCA	$(CA)_{13}$
	R	AGGCGACTTGTTCACAAGGT	
UMN0907	F	CTGTTGATACTTTCTTCCTG	$(TG)21(TTA)3$
	R	CTGATGGACATCTGATATTC	
UMN154	F	CTTCCTGAGAGTGTTCCAGT	$(TG)_{15\sim21}(TTA)_3$
	R	TATTCACAAGGCCTCTGGAC	
UMN2303	F	TACTTGCTTGAGACTTACTG	$(TG)_{17}$
	R	TGTGAACACATCTGATTCTG	
UMM2001	F	TCAGGCAAGACTACTGGAGC	$(CA)_{18}$
	R	TACCCTGGCGATTCTGCAA	

（一）琼脂糖凝胶电泳

琼脂糖凝胶电泳是一种非常简便、快速、最常用的分离纯化和鉴定核酸的方法。利用琼脂糖凝胶电泳分析微卫星标记，在实验技术上具有以下优点：第一，不需要标记，操作安全；第二，制胶简单；第三，时间短，电泳 1~2 h 就可在紫外灯下观察结果。进行微卫星座位研究时发现，大多数微卫星引物的 PCR 扩增产物可以通过这种方法得到很好的分离，但个别在琼脂糖凝胶上分辨率太低，有时无法显示微卫星多态性，特别是只有微小差异的片段，即使胶浓度达到 2.5%~3.0% 也分不开。琼脂糖凝胶电泳虽然操作简单，但由于其分辨率不高、灵敏度低，因此，在微卫星 DNA 分型中应用不多。

（二）聚丙烯酰胺凝胶电泳（PAGE）-银染技术

聚丙烯酰胺凝胶是由丙烯酰胺单体，在催化剂 N,N,N,N'-四甲基乙二胺（TEMED）和过硫酸铵的作用下，丙烯酰胺聚合形成长链，聚丙烯酰胺链在交联剂、N,N'-亚甲基双丙烯酰胺的参与下，链与链之间交叉连接而形成凝胶。适宜分离、鉴定低分子量蛋白质、小于 1 kb 的 DNA 片段和用于 DNA 序列分析，其装载的样品量大，回收 DNA 纯度高，分辨率高，长度仅相差 0.2%（即 500 bp 中的 1 bp）的核苷酸分子即能分离。

聚丙烯酰胺凝胶电泳是微卫星分型中一种常用的方法，可以分离小于 500 bp 的 DNA 片段。聚丙烯酰胺凝胶电泳分为变性和非变性两种。这两种方法在操作上基本相同，只是非变性聚丙烯酰胺凝胶的配制和电泳缓冲液中不含有变性剂，电泳时双链 DNA 不会解链，以双链形式电泳；而变性聚丙烯酰胺凝胶电泳上样缓冲液、制胶时要加入尿素等变性剂，PCR 产物 DNA 双链解离成单链。聚丙烯酰胺凝胶电泳结合银染技术灵敏度比较高，微量的 PCR 产物就可以跑出清晰的带型，是一种较好的分离微卫星的 PCR 扩增产物片段的方法，在微卫星分型中发挥了很大的作用，国内外许多研究者都倾向于使用这种方法研究微卫星多态性。虽然丙烯酰胺有神经毒性，但是当它聚合后就可认为没有毒性；银染有时在主带外有显色较浅的影子带，可以通过改变退火温度、延伸时间、循环次数、模板量和染色时间等来减到最小。

采用聚丙烯酰胺凝胶电泳分型的不足之处在于，数据收集完全依赖于人工，同一胶板不同等位变异的校对和胶板间数据的统一是一项量大而复杂的工作，因此总的工作量大、耗时长、试验结果容易受到一些因素的影响，降低了结果的准确性。

（三）荧光标记引物测序法

采用不同颜色的荧光染料标记每对微卫星引物中的一条，将含有不同荧光标记、扩增片段长度差异较大的 PCR 产物和标准分子量样品在同一泳道中电泳，通过毛细管电泳，利用软件（GeneScan、Genotyper 等）进行图像收集和分析，精确计算出微卫星等位变异扩增片段的大小。这种方法可以克服肉眼分辨能力的限制等缺点，得到更加清晰的图谱和准确的分析结果，快捷准确，实现了微卫星标记与高效、自动化技术的结合。此种方法的缺点是序列分析仪的价格较高，使其应用的广泛性受到了限制。

四、微卫星 DNA 多态性的研究与应用

（一）探讨品种及个体间的亲缘关系

前面讲过，微卫星 DNA 标记是进行物种亲缘关系研究及遗传多样性分析的有效工具。研究表明，微卫星等位基因数目与重复单位数目有明显的正相关关系，它能更加有效地揭示遗传多样性，而且特别适用于其他类型标记所揭示变异水平低的物种。物种间微卫星的分布存在一定的保守性，且亲缘关系越近，分布规律越相似。钱林东等（2010）以云南文山黄牛为试验材料，采用 10 对常染色体微卫星 DNA 标记对标准的三联体（即在母子关系已知的情况下，鉴定假设父亲与子代是否有亲生关系）和单亲两种情况下的

亲子关系进行了检测分析。结果表明，常染色体微卫星 DNA 标记在标准的三联体和单亲两种情况下都能用来准确地进行亲子鉴定。1995 年的世界动物遗传协会建议并讨论了一套由 9 个微卫星标记组成的 3 个多重 PCR 反应体系作为牛谱系检测的标准方法。孙维斌（2003）用 13 个微卫星标记分析了秦川牛、中国荷斯坦牛、郏县红牛、南阳牛、鲁西牛、渤海黑牛、延边牛和晋南牛 8 个黄牛品种共计 314 个个体的遗传多态性，共检测出 338 个等位基因、869 种基因型，显示了中国黄牛品种有极其丰富的遗传多样性，在此基础上探讨了 8 个黄牛品种间的遗传关系，为秦川牛产肉性能的高效选育和各黄牛品种分子标记数据库的建立、种质资源的保存及利用提供了分子遗传学依据。

（二）构建基因组图谱及 QTL 定位

微卫星是构建完整基因组图谱使用的主要标记。利用微卫星标记与某些功能基因或 QTL 的连锁关系，可将一些功能基因或 QTL 定位在某个染色体上或连锁群中。利用微卫星构建牛基因组图谱的基本思路是：以微卫星为基础，在基因组中每隔一定的距离找到 1 个多态性微卫星标记，当这些标记达到一定饱和度（平均间隔不大于 20 cm 并覆盖 90%以上基因组）时便可由此绘制出一个基本的基因组图谱，同时可借助这些微卫星标记找到基因组中任何控制表型的功能基因或 QTL，并对其进行操作和利用。自从牛基因组分析开展以来，研究人员先后发表了 7 个牛基因组图谱。Barendse 于 1994 年建成牛的第一张卫星标记遗传连锁图谱之后，Kappes（1997）发表的牛的第二代图谱上有 1236 个标记，图谱总长 2990 cm，常染色体上标记间平均距离为 2.5 cM。Barendse 构建的中等密度牛基因组连锁图总计有 746 个标记，其中 601 个为微卫星标记。到 1998 年 6 月 30 日为止，罗斯林研究所牛基因组数据库中的基因位点数为 2338 个，微卫星标记为 1285 个。美国农业部构建了牛遗传图谱框架（平均标记间隔 8.9 cM），其中含 313 个标记，244 个微卫星标记。吴登俊于 1999 年报道牛的微卫星标记为 1285 个，而到 2001 年汤波从 GenBank 中收集到 1742 个牛的微卫星 DNA 标记。李向阳等（2005）对 6 个微卫星标记在草原红牛遗传育种中的应用进行了研究，绘制了草原红牛微卫星图谱，为草原红牛育种工作打下了基础。

（三）分析群体遗传结构

微卫星多态性反映着物种的进化历史。共有的等位基因在该物种基因组中最为古老、保守，其余的等位基因则是在进化过程中由插入缺失等机制造成的，而平均基因杂合度则反映了群体遗传结构变异程度的高低。已有研究利用微卫星标记技术分析了肉牛杂交亲本群体的遗传结构和遗传变异并预测了杂种优势，在此基础上利用个体模型对 18 个肉牛杂交组合的实际杂交效果进行了评估。刘波等（2005）利用 PCR 和电泳-银染技术检测了秦川牛及秦利牛杂种群体 ETH152、ETH225、BM2113、CSSM66、HEL5、HEL1、TGLA126 等 7 个微卫星位点，结果表明它们均为高度多态位点，可在秦川牛及秦利牛杂种群体连锁分析中作为理想标记。党瑞华（2005）应用微卫星 DNA 标记方法对秦川牛、鲁西牛、晋南牛、中国西门塔尔杂交牛、夏洛莱杂交牛 5 个肉牛群体的 10 个微卫星位点进行了多态性分析，共筛选出 7 个位点，这些微卫星位点的多态性信息含量绝大多数在 0.9 以上，均属于高度多态位点,表明 5 个肉牛群体具有丰富的遗传多样性,具有较大的育种选择潜力。

微卫星多态性分析在畜禽遗传多样性评估,以及品种资源的分类、保存和利用方面发挥着重要作用。Nei 和 Takezaki（1996）认为微卫星比传统的血液和蛋白多态座位更具有多态性,根据其计算出的人类遗传杂合度为 0.3～0.8,因此使用微卫星估计亲缘关系较近的种群间的遗传距离,以及绘制系统发育树时更为精确和高效。吴伟等（2000）利用 4 种微卫星标记对南阳牛、延边牛、韩牛、西门塔尔牛、皮埃蒙特牛与南阳牛杂种 5 个品种/群体的等位频率、杂合度、有效等位基因数、遗传距离等进行了遗传检测,在此基础上进行了聚类分析,从分子水平上揭示了这几个品种间的遗传结构关系。

MacHugh 等（1998）利用 20 对常染色体微卫星的基因型数据,评估了 7 个欧洲谱系牛品种的遗传结构,对个体间潜在的亲缘关系的系统发育树进行了构建,并使用主成分分析（PCA）对品种和个体间的结构进行了探究。Lirón 等（2006）通过对 9 对微卫星标记的多态性检测,探究了 4 个 Creole 牛品种（来自阿根廷和玻利维亚）、4 个欧洲普通牛品种和 2 个美国瘤牛群体的遗传多样性和群体间关系,研究表明 Creole 牛具有较高的遗传多样性;而瘤牛特异等位基因在 Creole 牛中被检测到,则揭示了中等程度的瘤牛基因渗入情况。Qi 等（2010）分析了来自亚洲和欧洲 29 个牦牛群体的 mtDNA 和 17 对常染色体微卫星位点的多态性,在 22 个牦牛群体中检测到了家牛的特异性 mtDNA 或常染色体微卫星等位基因,这表明牦牛与当地的家牛群体间普遍存在基因交流,保护牦牛遗传多样性变得十分紧迫。罗永发等（2006）利用 10 个微卫星标记检测了 13 个家牛品种的多态性,讨论了群体内和群体间的遗传变异情况,并将 10 个中国黄牛品种和 3 个国外牛品种分为 3 类：普通牛（包括延边牛、蒙古牛、哈萨克牛和西藏牛等）、瘤牛（包括阿沛甲咂牛和日喀则驼峰牛）和引进牛（德国黄牛、夏洛莱牛和西门塔尔牛）。

综上所述,微卫星 DNA 标记是目前较为理想的分子标记,被广泛应用于牛的遗传育种研究。除了以上研究之外,在我国,黄牛的微卫星标记还主要用于牛的起源进化研究、亲缘关系鉴定以及与经济性状的关联分析等。

第四节　微卫星多态性与重要性状的关联性研究

许多研究者采用微卫星 DNA 标记在牛基因组中筛选出了大量与生长发育或生产性能具有关联效应的等位基因,并应用于牛的育种实践。

一、中国地方黄牛微卫星多态性与重要性状的关联研究

在鲁西牛中,研究发现 7 个微卫星位点（ETH185、BM711、BM1824、TGLA53、BM1821、DVGA55、DVGA16）的基因型与鲁西牛的体高、体长、管围、腹围和体重等性状具有显著相关性,这种相关性为鲁西牛的早期基因型选种提供了分子标记基础。在秦川牛中,研究发现 BM2113、IDVGA27、IDVGA2、TGLA44 四个微卫星位点与秦川牛的尻长、体斜长、体高、腰高、胸深、腰角宽和坐骨端宽等性状极显著相关。刘波等（2005）以秦川牛及其与利木赞牛、德国黄牛、红安格斯牛杂交 F_1 代牛群体为研究

对象，发现 ETH225、BM1500、BM2113、CSSM66 和 HEL9 微卫星位点与牛的体高、体长、十字部高、胸围、体重和尻长等性状均显著相关，说明微卫星 DNA 对秦川牛体尺性状有显著影响，可有效地加速秦川肉牛的选育进程。孙维斌（2003）研究发现，6 个微卫星位点对秦川牛的体尺性状影响显著，其中 CSSM66、IDVGA-3 和 HEL9 位点对秦川牛的尻长、体躯指数、尻宽指数、体长、臀端宽和尻宽具有负标记效应（$P<0.05$）；BM2113、INRA005 和 ETH152 位点对秦川牛的体尺性状有显著的正标记效应。雷雪芹（2002）选择了位于不同染色体上的 12 个微卫星位点，对单胎母牛混合样、随机双胎母牛混合样及极端个体（连续产双胎的母牛）混合样进行扩增，发现 HEL13、INRA005 和 BM1824 位点在双胎牛中总是比单胎牛缺一个大约 200 bp 的等位基因；而 ETH152 位点在双胎牛中比单胎牛多出 222 bp 和 206 bp 两个等位基因；微卫星位点 HEL13、BM1824、ETH152 及 INRA005 在秦川牛中均表现出明显的差异，因此以上微卫星位点被认为可作为牛双胎性状的微卫星标记。

在早胜牛中，研究发现 6 个微卫星位点（D12S4、D18S5、D14S31、D11S15、D15S10、D19S2）在该牛群体中存在较为丰富的多态性，且与初生重、6 月龄体重、成年体重、体高、体长、胸围和管围具有相关性，这些微卫星位点可用于早胜牛遗传资源评价及早期选育改良（迟浩斌，2019）。在西镇牛中，总共发现 12 个微卫星位点（IDVGA2、BM2113、DVGA55、ETH225、HEL9、ILSTS005、BM1824、ETH10、DAVG44、ILST093、IDVGA27、BM1905）与西镇牛的体高、体长、胸围、管围、腰角宽和体重等性状显著相关，可用于指导西镇牛的育种工作。在宣汉牛中，通过对宣汉母牛遗传多样性的检测，发现有 11 个微卫星位点（IDVGA2、ETH225、HEL9、ILSTS005、BM1824、ETH10、DVGA55、DAVG44、BM2113、ILST093、IDVGA27）与该牛的体高、体长、胸围、管围和体重等性状具有显著或极显著的效应关系，在分子水平上为宣汉牛科学合理保种、早期选种和高效育种提供了理论依据，可应用于宣汉牛选育改良实践（王斌等，2018）。在湘西黄牛中，研究发现微卫星 IDVGA27、ETH10、BM2113 和 BM1824 位点多态性与该牛的胸围、胸深、腰角宽和十字部高等性状存在显著相关性，同时，这 4 个位点在该牛群体中都不处于哈迪-温伯格平衡状态，均属于高度多态性，为进一步改善湘西黄牛的肉用选育提供了依据。在哈萨克牛中，通过分析微卫星 DNA 标记在哈萨克牛中的多态分布及其与部分生长性状间的关系，发现 IDVGA-2、IDVGA-46 和 TGLA-44 位点的等位基因与牛的额宽、头长、体高、臀端高和体长等性状显著相关，这为哈萨克牛生长性状的标记辅助选择提供了遗传标记的可能性。迄今为止，在中国黄牛的许多品种中都已有微卫星多态性与经济性状的相关性研究。

二、中国培育牛品种微卫星多态性与重要性状的关联研究

草原红牛是新中国成立后我国培育的第一个肉乳兼用型品种。研究发现微卫星位点 ETH225 的等位基因 B 与草原红牛的腿围、胸深和净肉率存在正相关关系。IDVG44 位点的基因型对体重和日增重有显著影响；IDVGA55 位点的基因型对牛的体高、胸围、坐骨端高有显著影响，同时发现 IDVGA55 的等位基因 C 对体高、十字部高和坐骨端高

等体尺性状具有正向效应；BM2113 的等位基因 C 对管围、净肉重和净肉率等性状有正向影响；ETH225 的等位基因 A 对腰角宽具有正向影响；IDVGA46 的等位基因 C 对 5 个肌肉度评分性状和 4 个肉用性状有负向影响；BM1824 的等位基因 A 对十字部高有正向效应，等位基因 C 对胸深性状有正向效应；TGLA44 的等位基因 E 对肉用性状有正向影响（杨国忠等，2005）。这为草原红牛向肉牛新品系的培育提供了理论依据。

中国荷斯坦牛是从国外引进的荷兰牛在中国不断驯化，以及和本地黄牛级进杂交并经长期选育而逐渐形成的。研究发现，微卫星座位（BMS2258、SOD1、BM723）与中国荷斯坦牛夏、秋季谷胱甘肽过氧化物酶（GSH-Px）、超氧化物歧化酶（SOD）、钠钾 ATP 酶活性和日产奶量存在显著相关性，这为奶牛耐热性分子标记辅助选择提供了参考（李大齐等，2010）。储明星等（2006）发现北京荷斯坦牛的 7 个微卫星座位均与体细胞评分有显著相关性。郭继刚等（2006）研究表明，微卫星基因座 UWCA9、IDVGA-2、BM3413 对荷斯坦奶牛的产奶量、胸围和体高影响显著。研究人员在北京荷斯坦奶牛群体中检测到了 6 个微卫星座位 BM4505、BM1905、BM1443、BM415、BM143 和 BM711，其中，BM4505 对乳脂率和干物质率影响显著，BM1905 和 BM143 对蛋白率和乳糖率影响显著，BM1443 对蛋白率影响显著，BM415 对乳脂率、蛋白率、乳糖率和干物质率均影响显著，BM711 对乳脂率影响显著。研究人员还在这些座位上找到了一些影响产奶性状的增效基因，这对提高中国荷斯坦奶牛的产乳性能有一定的参考价值。研究发现，在奶牛的 23 号染色体上有与 $HSP70$ 基因紧密连锁的 3 个微卫星标记 BMS468、BM1258 和 BM1815，$HSP70$ 基因可能是奶牛热应激反应的候选基因。研究结果表明，耐热系数、红细胞钾含量及高温期日产奶量下降率的最有利基因型来自 BMS468 基因座和 BM1815 基因座；BM1258 的最有利基因型 101 bp/99 bp 个体，其在高温期的日产奶量下降率最低（刘延鑫等，2010）。微卫星位点 BM143、BM302 对泌乳量影响较大；BM302 等 5 个位点对乳脂率存在显著影响（$P<0.05$）；UWCA9 等 4 个位点与乳蛋白含量呈显著相关关系（$P<0.05$）。这些将成为有效分析奶牛产奶性能的微卫星标记。

中国西门塔尔牛是兼具奶牛和肉牛特点的兼用型品种，已成为我国牛肉生产的重要品种。研究发现，BMS468 座位中存在 5 个等位基因与中国西门塔尔杂种肉牛运输后 7 天的平均日增重和发病率呈显著相关关系。而 BM1258 座位中有 6 个等位基因与发病率显著相关（刘延鑫等，2018）。有人在西门塔尔牛的 4 条染色体上发现有 12 个微卫星属于高度多态，BMS711 位点对乳脂率有显著性影响（$P<0.05$）；BM1905 位点与奶中乳糖含量呈显著相关关系。微卫星位点 ILSTS093、BP7、BM1329、BM062 对中国西门塔尔牛的产奶性状（乳糖含量、乳蛋白含量）均有不同程度的影响，且 BP7 和 BM1329 位点对牛的乳脂率影响显著。因此，这些微卫星座位可作为牛运输应激性状和产奶性状潜在的遗传标记。

相比于国外牛品种的微卫星研究，对中国黄牛微卫星 DNA 位点的研究颇多，对微卫星 DNA 的研究，为中国黄牛的育种改良和性能改善提供了分子标记育种信息，可加速肉牛育种、促进我国黄牛改良为统一的专门化品种。

第五节　利用微卫星DNA标记进行黄牛的亲子鉴定

随着现代生物科技的不断发展，人工授精、胚胎移植等技术在奶牛育种中已被广泛应用，并极大地加快了奶牛常规育种的进程。但实际操作中由于设备落后、技术故障、管理不善等，易发生精液混合、胚胎混淆及后代身份贻误，从而造成系谱信息错误。大规模奶牛联合育种工作的开展及BLUP技术的广泛应用，使得种公牛在牛育种中的影响越来越大。系谱信息错误产生的误差会在整个选育过程中被几何级地放大，并极有可能造成群体的大规模近交，导致种群退化，从而导致育种过程中不可挽回的重大损失。因此，在奶牛、肉牛育种中应用亲子鉴定技术鉴别个体身份，修正错误系谱信息，有着极为重要的现实意义。亲子鉴定应用的材料和技术方法较多，如血型鉴定法、微卫星DNA鉴定法、生化遗传法等。在此我们主要讨论应用微卫星多态性进行亲子鉴定的技术。利用微卫星多态性进行亲子鉴定，即以多个微卫星在1个群体中等位基因频率为基础，通过计算排除概率，便可进行亲子鉴定。该亲子鉴定方法具有灵敏度高、分型结果可靠、位点多、多态性好、可使用半自动化进行检测等优点。PCR技术的出现，使少量的目的DNA片段在短时间内能迅速获得扩增。微卫星片段大小合适，一般小于400 bp，适于PCR扩增，这个技术的优点使得微卫星分型检测技术与DNA指纹技术相比，更适用于常规的奶牛和肉牛的亲子鉴定，是目前亲子鉴定的主要发展方向。

一、微卫星DNA亲子鉴定统计分析方法

（一）利用亲子关系相对概率进行亲子鉴定

当用微卫星分型资料不能排除亲子关系时，就需要计算亲权指数（PI）和亲子关系相对概率（W）。亲权指数（PI）（亲权指数计算如表10-3所示）是假设其父提供生父基因成为子代生父的可能性和随机公畜提供生父基因成为子代生父的可能性比值。当所检测的各位点之间没有遗传连锁关系时，在所有检测的位点，每一个位点就可以计算出一个PI值。多个位点的累计PI值等于各个位点PI值的乘积。上述计算出的PI值是一个绝对值，通常把PI值转换成亲子关系相对概率（W）。计算出PI值后，由下列公式进行转换：

$$W=PI/（PI+1）×100\%$$

按照国内外亲子鉴定的惯例，当$W \geq 99.73\%$时，则可以认为假想父与子女具有亲生关系。当$W<99.73\%$时，则可以认为假想父与子女不具有亲生关系。

（1）在母子对已确定的情况下，假想父的亲权指数（PI）和亲子关系相对概率（W）的计算

在假想父与生父亲无任何亲缘关系的条件下，常染色体共显性遗传标记母子和假想父的亲权指数计算如表10-3所示。

表 10-3　常染色体共显性遗传标记母子和假想父的亲权指数计算公式

序号	母亲	子代	假想父亲	PI
1	A_iA_j ($i{\neq}j$)	A_iA_i	A_iA_i	$1/P_i$
	A_iA_r ($r{\neq}i, j, k$)	A_iA_r	A_iA_i	
	A_jA_j	A_iA_j ($i{\neq}j$)	A_iA_i	
	A_iA_i	A_iA_i	A_iA_i	
2	A_kA_j ($k{\neq}i, j$)	A_iA_j ($i{\neq}j$)	A_iA_r ($r{\neq}i, j, k$)	$1/2P_i$
	A_iA_i	A_iA_i	A_iA_j ($i{\neq}j$)	
	A_jA_j	A_iA_j ($i{\neq}j$)	A_iA_r ($r{\neq}i, j, k$)	
	A_iA_r ($r{\neq}i, j, k$)	A_iA_j ($i{\neq}j$)	A_iA_j ($i{\neq}j$)	
	A_iA_j ($i{\neq}j$)	A_iA_i	A_iA_r ($r{\neq}i, j, k$)	
	A_iA_j ($i{\neq}j$)	A_iA_i	A_iA_j ($i{\neq}j$)	
3	A_iA_r	A_iA_j ($i{\neq}j$)	A_iA_j ($i{\neq}j$)	$1/(P_i+P_j)$
	A_iA_j ($i{\neq}j$)	A_iA_j ($i{\neq}j$)	A_iA_i	
	A_iA_j ($i{\neq}j$)	A_iA_j ($i{\neq}j$)	A_iA_j ($i{\neq}j$)	
4	A_iA_j ($i{\neq}j$)	A_iA_j ($i{\neq}j$)	A_iA_r ($r{\neq}i, j, k$)	$1/2(P_i+P_j)$

注：P_i 是第 i 个等位基因频率；P_j 是第 j 个等位基因频率

当前概率取 0.5 时，即被检验的嫌疑父亲是孩子的生父或不是生父的机会均等。则亲子关系相对概率（W）的计算如下：

$$W = \text{PI} \times \frac{\text{PI}}{\text{PI}+1} \times 100\%$$

2006 年，Lee SY 利用 14 个微卫星位点对 962 个良种马进行血缘关系鉴定，排除率达到 0.9998。2005 年，孙业良等用 9 个微卫星 DNA 对确定母女关系的 2 头陶赛特羊和 7 个嫌疑父亲进行亲子鉴定，为母本确定的 1 头陶赛特羊找到了父亲。2004 年，贾名威等用 6 个微卫星 DNA 对已确定母女关系的 2 头奶牛和 5 个嫌疑父亲进行亲子鉴定，为母本已知的 1 头奶牛在嫌疑父亲中找出了父亲。微卫星 DNA 技术由于分型简便、易于标准化，已成为目前亲权鉴定中检测的主流遗传标记。

（2）单亲亲权指数（PI）和亲子关系相对概率（W）的计算

在假想父与生父亲无任何亲缘关系的条件下，单亲亲子鉴定中各种遗传组合的亲权指数计算如表 10-4 所示。

表 10-4　单亲亲子鉴定各种遗传组合亲权指数计算公式

序号	子代	假想父	PI
1	A_iA_i	A_iA_i	$1/P_i$
2	A_iA_i	A_iA_j ($i{\neq}j$)	$1/2P_i$
3	A_iA_j ($i{\neq}j$)	A_iA_i	$1/2P_i$
4	A_iA_j ($i{\neq}j$)	A_iA_j ($i{\neq}j$)	$1/4P_i+1/4P_j$
5	A_iA_j ($i{\neq}j$)	A_iA_k ($k{\neq}i, j$)	$1/4P_i$

注：P_i 是第 i 个等位基因频率；P_j 是第 j 个等位基因频率

（二）利用电泳扫描峰值曲线确认亲子关系

当肯定子代某个标记基因来自生父，而假想父也带有这个基因的情况下，则不能排除它是该子代的生父，这一结论主要是根据实验结果来分析生物。当得到父代和子代的微卫星位点扩增电泳图后，可以根据各个个体间实验结果的相似程度来确定它们之间的关系。更方便的方法是用扫描仪对电泳图扫描，获得各位点的检测峰值图，峰值曲线一样的个体可以判定存在父子关系，并可估计出它是该子代生父的可能性大小。

利用相似物种中已有的微卫星引物，对模板 DNA 要求相对较低，适合使用非损伤性 DNA 提取方法（是指从动物唾液、精液和毛发的细胞核中提取 DNA），当对稀有动物或凶猛动物取样时，既不惊扰它们，又安全可靠。此外，用微卫星 DNA 进行亲子鉴定还有着其他方法不可比拟的准确性，使得这一技术发展迅速，尤其是人类基因组计划对动物研究方面的不断渗透，使该技术有了更广阔的应用前景，在促进畜牧业发展及提高畜产品质量方面得到了广泛应用。

（三）统计分析方法

根据等位基因数（A）、等位基因频率（P）、期望杂合度（He）和多态性信息含量（PIC）等 4 个指标分析微卫星标记多态性；计算一致性概率（PI_E）度量标记分析个体识别效率；计算累积非父排除概率（CPE）分析标记的亲子鉴定效力。

1. 多态性信息含量

多态性信息含量（PIC）的计算公式为

$$PIC = 1 - \sum_{i}^{n} p_i^2 - \sum_{i}^{n-1}\sum_{j}^{n} 2p_i^2 p_j^2$$

式中，p_i 和 p_j 分别为群体中第 i、j 个等位基因的频率，n 为等位基因数。

2. 一致性概率

一致性概率（PI_E）的计算公式为

$$PI_E = \sum P_i^4 + \sum \left(2p_i p_j\right)^2$$

式中，p_i 和 p_j 分别为在一个标记座位上第 i 个和第 j 个等位基因的频率（$i \neq j$）。

K 个标记的总体一致性概率（PI_C）是单标记一致性概率（PI_K）的乘积：

$$PI_C = \prod^{m} PI_K$$

式中，m 为单标记数。

3. 排除概率

排除概率（PE）是在亲子鉴定中一个随机的个体被排除为亲生父亲的概率，是评价微卫星标记在亲子鉴定中实用价值大小的一个指标。

1）当没有另一亲本信息时，排除子代与假设亲本是亲子关系的排除概率：

$$P = 1 - 4\sum_{i}^{n} p_i^2 + 2\left(\sum_{i}^{n} p_i^2\right)^2 + 4\sum_{i}^{n} p_i^3 - 3\sum_{i}^{n} p_i^4$$

2）当已知一个亲本信息时，排除子代与无关的另一假设亲本是亲子关系的排除概率：

$$P = 1 - 2\sum_{i}^{n} p_i^2 + \sum_{i}^{n} p_i^3 + 2\sum_{i}^{n} p_i^4 - 3\sum_{i}^{n} p_i^5 - 2\left(\sum_{i}^{n} p_i^2\right)^2 + 3\sum_{i}^{n} p_i^2 \sum_{i}^{n} p_i^3$$

3）排除子代与无关的假设父母双亲是亲子关系的排除概率：

$$P = 1 + 4\sum_{i}^{n} p_i^4 - 4\sum_{i}^{n} p_i^5 - 3\sum_{i}^{n} p_i^6 - 8\left(\sum_{i}^{n} p_i^2\right)^2 + 8\left(\sum_{i}^{n} p_i^2\right)\left(\sum_{i}^{n} p_i^3\right) + 2\left(\sum_{i}^{n} p_i^3\right)^2$$

4）累积排除概率（CPE）：

$$\text{CPE} = 1 - (1 - P_1)(1 - P_2)\cdots(1 - P_K)$$

5）个体识别能力（DP）是测量一个遗传标记系统在个体识别鉴定中的实用价值的客观指标，对某一遗传标记而言，多态性越高，个体识别能力越强。

$$\text{DP} = 1 - 2 \times \left(\sum_{i=1}^{n} p_i^2\right)^2 + \sum_{i=1}^{n} p_i^4$$

式中，n 为等位基因的数目，P_i 为基因座上第 i 个等位基因的频率。

二、亲子鉴定在黄牛生产中的应用

近年来在奶牛生产中进行亲权鉴定十分广泛，并产生了巨大的经济效益。Ron 等（1996）曾做过估计，假设有 5% 的系谱错误，如果不加纠正，在以后 20 年内将给以色列的荷斯坦奶牛业带来 2 亿美元的损失。Vankan 和 Faddy（1999）在对由 505 头公牛组成共 5960 个个体的育种群进行分析时，估计了多重公畜交配群体亲子鉴定的可靠性与有效性，结果表明，当排除可能性为 99% 时，可靠性达 98%~99%；当排除可能性降低到 90% 以下，并且有 20% 未知父畜时，可靠性低，仍需进一步检测；并强调在实验室用 DNA 进行亲子鉴定时排除率至少应为 99%。贾名威等（2004）对 7 头中国荷斯坦奶牛进行亲子鉴定，使用 6 个 STR 位点，累积个体鉴别力为 0.999 97，累积非父排除能力为 0.988 27。Rosa 等（2003）用 15 个微卫星对 63 头小公牛和母牛进行亲权鉴定，非父排除概率达到了 99.96%。管峰等（2005）使用 4 个微卫星鉴别精液来源，累积个体鉴别力达 0.9999。王静等（2009）利用 14 个微卫星座位对种公牛进行个体识别和亲权鉴定，14 个微卫星座位的累积个体识别能力为 99.99%。张浩等（2014）用 17 个微卫星座位鉴定了天祝白牦牛群体的累积排除概率，一个候选亲本的累积排除概率为 99.7%，2 个候选亲本的累积排除概率为 99.9%。

STR 由于可以和标记辅助选择（MAS）联合使用，而且可用的位点很多、技术成熟、稳定性高、重复性好，因此在亲权鉴定中被大量应用。在一些亲权鉴定中 mtDNA 可以作为 STR 方法的一个重要补充，用于排除上述特例情况，在研究母子亲权鉴定中也能起到很大的作用。如今 DNA 亲子鉴定技术已经基本成熟，但成本仍然偏高，在一些中小型育种单位应用还少。如果能降低成本从而大面积推广，会更能让这种技术为我国现代奶牛育种的发展服务。

三、展望

由于系谱错误对奶牛的遗传改良存在很大的负面影响，且目前世界范围的奶牛系谱错误率较高，因此开展奶牛的亲子鉴定、发展奶牛亲子鉴定技术平台，将具有很大的生产效益和科研价值。虽然，微卫星具有判型错误率高、不同实验室结果可比性差等缺点，但由于多态性高，目前仍是黄牛亲子鉴定中的首选标记。随着 SNP 标记检测技术的发展，SNP 有成为新一代亲子鉴定标记的可能。在亲子关系推断中排除法目前仍然是各种动物及人类亲子鉴定中的首选方法，但它受判型错误的影响很大，容易造成错误的推断。似然法能够考虑判型错误等的影响，且在大规模的亲子推断中比排除法效率更高。随着标记检测技术的进步，更为稳健的推断方法（如似然法等）将会更多地应用于黄牛的亲子鉴定。

近年来，国外利用计算机收集、管理种公牛及其后代的信息资料，建立了强大的奶牛育种数据库信息系统。通过数据库信息对种公牛的品质给予评价，从而进行选优汰劣，改良奶牛品质。到目前为止，我国种公牛自主培育体系尚未建立，90%以上的种公牛依赖国外引种，造成我国优秀遗传资源闲置和资金浪费，同时部分种公牛站出现后备公牛严重缺乏、种公牛断档问题。要适应我国现代奶牛业的发展，就必须自主选育培育优秀种公牛。在各种亲子鉴定技术中，微卫星具有位点多、多态性好、受选择压力小、易半自动化检测等优点，微卫星分型技术成为目前国内外权威机构进行亲子鉴定最常用的方法之一，被人们广泛应用。借助成熟的 STR 分型技术和计算机强大的数据管理功能，对检测奶牛 STR 分型结果实现了电子化保存，形成了奶牛基因身份识别数据库，不仅有利于补充和完善奶牛系谱登记制度，而且便于确认优秀种公牛、进行自主选育培育和进一步形成我国的奶牛育种核心群。国内对建立奶牛数据库进行了研究，但相关报道较少。因此，建立奶牛基因身份识别数据库满足我国奶牛业发展应成为科研工作者研究的一个重要方向。

本 章 小 结

微卫星作为一种评估动物遗传多样性的理想分子标记，自 20 世纪 90 年代以来，就在畜禽遗传资源研究中显示出日益重要的作用。微卫星标记具有较高的突变率，因而在许多物种中显示出较高水平的遗传变异，通过微卫星进行亲缘关系鉴定，可用于牛育种改良，包括杂交个体的选择、配种方案的制定、亲缘关系近交率的确定以及群体遗传参数的估计。目前，对于微卫星变异的机制尚不明确。尽管微卫星的应用取得了很大的成功，并且变得越来越普遍，但微卫星标记的局限性也是应该考虑的重要问题。

国内外研究者采用微卫星标记技术筛选到了许多与牛经济性状（生长发育性状、

胴体性状、肉质性状、多胎性状以及初生重等）显著相关的微卫星标记基因型。因此，可以利用微卫星标记挖掘我国地方牛品种的优良特性，改良和提高牛品种的生产性能，为地方牛品种合理保种和高效育种提供一定的理论基础，可应用于地方牛品种选育改良实践。

参 考 文 献

陈宏, Leibenguth F, 邱怀. 1999. 家畜多位点 DNA 指纹的研究及应用. 黄牛杂志, (6): 1-7.

迟浩斌, 韩向敏, 郎侠, 等. 2019. 早胜牛微卫星多态性及其与生长性状的关联分析. 中国畜牧兽医, 46(7): 1976-1985.

储明星, 王超, 李学伟, 等. 2006. 6 个微卫星座位与北京荷斯坦母牛乳成分性状关系的研究. 农业生物技术学报, (4): 468-473.

党瑞华. 2005. 五个肉牛群体屠宰性状的 DNA 分子标记研究. 西北农林科技大学硕士学位论文.

管峰, 杨利国, 艾君涛, 等. 2005. STR 基因座在奶牛个体识别中的应用. 中国农学通报, (2): 4-6.

郭继刚, 赵宗胜, 廖和荣, 等. 2006. 奶牛微卫星基因座与产奶性能及体尺性状相关性的研究. 中国畜牧杂志, (19): 5-8.

贾名威, 杨利国, 管峰, 等. 2004. 应用 6 个 STR 基因座进行奶牛亲子鉴定. 南京农业大学学报, (1): 74-77.

雷雪芹. 2002. 牛羊多胎性状的 DNA 分子标记研究. 西北农林科技大学博士学位论文.

李大齐, 刘延鑫, 张军民, 等. 2010. 不同季节荷斯坦牛 3 个微卫星座位与 GSH-Px、SOD 和 Na^+/K^+-ATP 酶活性及日产奶量的关系. 遗传, 32(4): 381-386.

李向阳. 2005. 草原红牛微卫星 DNA 多态性的研究. 吉林大学硕士学位论文.

刘波. 2006. 秦川牛及其杂交后代生长发育性状的分子标记研究. 西北农林科技大学硕士学位论文.

刘波, 陈宏, 张润锋, 等. 2005. 秦川牛及秦利杂种牛 7 微卫星基因座多态性研究. 哈尔滨: 第十三次全国动物遗传育种学术讨论会.

刘延鑫, 李大齐, 崔群维, 等. 2010. 奶牛 HSP70 基因表达及其连锁微卫星标记与耐热性状的相关性. 遗传, 32(9): 935-941.

刘延鑫, 孙宇, 李业亮, 等. 2018. 2 个与 HSP70 基因连锁的微卫星座位与牛运输应激性状的关联分析. 中国畜牧兽医, 45(2): 456-462.

罗永发, 王志刚, 李加琪, 等. 2006. 采用微卫星标记分析 13 个中外牛品种的遗传变异和品种间的遗传关系. 生物多样性, 14: 498-507.

戚文华, 蒋雪梅, 肖国生, 等. 2013. 牛和绵羊全基因组微卫星序列的搜索及其生物信息学分析. 畜牧兽医学报, 44(11): 1724-1733.

钱林东, 张自芳, 田应华, 等. 2010. 利用微卫星 DNA 标记进行黄牛的亲子鉴定. 云南农业大学学报, (1): 75-80.

孙维斌. 2003. 秦川牛肉用性状及八个黄牛品种遗传关系的 DNA 分子标记研究. 西北农林科技大学博士学位论文.

汪湛, 田雨泽, 刘和凤. 2005. 应用血型分析技术对奶牛亲子关系正确率的调查初报. 中国畜牧兽医, 32(3): 22-23.

王斌, 昝林森, 杜宝民, 等. 2018. 宣汉牛微卫星 DNA 与生长发育性状的关联分析. 农业生物技术学报, 26(7): 1174-1185.

王静, 刘丑生, 张利平, 等. 2009. 微卫星在种公牛个体识别与亲缘鉴定方面的应用. 遗传, 31(03): 285-289.

吴伟, 王栋, 曹红鹤. 2000. 微卫星DNA标记对5个中外黄牛品种/群体遗传结构的研究. 吉林农业大学学报, (4): 5-10.
杨波, 张劳. 2001. 微卫星标记及其在动物基因图谱构建中的应用. 草食家畜, 114(增刊): 69-75.
杨国忠, 任文陟, 张嘉保, 等. 2005. 草原红牛及其杂种牛若干生产性能的微卫星标记研究. 畜牧与兽医, (8): 4-7.
张浩, 安添午, 何建文, 等. 2014. 微卫星DNA在牦牛亲权鉴定中的应用研究. 畜牧与饲料科学, 35(6): 56-59.
赵凤, 刘林, 石万海, 等. 2014. 荷斯坦牛亲子鉴定检测方法的建立与应用. 中国奶牛, (Z3): 7-11.
周磊, 刘林, 初芹, 等. 2011. 奶牛亲子鉴定应用的标记和方法研究进展. 中国奶牛, (2): 26-29.
Dolf G, Schläpfer J, Hagger C, et al. 1993. Quantitative traits in chicken associated with DNA fingerprint bands. EXS, 67: 371-377.
Dunnington EA, Gal O, Plotsky Y, et al. 1990. DNA fingerprints of chickens selected for high and low body weight for 31 generations. Anim Genet, 21(3): 247-257.
Georges M, Lathrop M, Hilbert P, et al. 1990. On the use of DNA fingerprints for linkage studies in cattle. Genomics, 6(3): 461-474.
Jeffreys AJ, Brookfield JFY, Semeonoff R. 1985. Positive identification of an immigration test-case using human DNA fingerprints. Nature, 317(6040): 818-819.
Kantanen J, Edwards CJ, Bradley DG, et al. 2009. Maternal and paternal genealogy of Eurasian taurine cattle (*Bos taurus*). Heredity, 103(5): 404-415.
Kappes SM. 1997. A second generation linkage map of the bovine genome. Genome Research, 112(7): 235-249.
Lambert DM, Millar CD, Jack K, et al. 1994. Single- and multilocus DNA fingerprinting of communally breeding pukeko: do copulations or dominance ensure reproductive success? Proceedings of the National Academy of Sciences of the United States of America, 91(20): 9641-9645.
Lee SY, Cho GJ. 2006. Parentage testing of Thoroughbred horse in Korea using microsatellite DNA typing. J Vet Sci, 7(1): 63-67.
Li MH, Zerabruk M, Vangen O, et al. 2007. Reduced genetic structure of north Ethiopian cattle revealed by Y-chromosome analysis. Heredity, 98(4): 214-221.
Lirón JP, Peral-García P, Giovambattista G. 2006. Genetic characterization of Argentine and Bolivian Creole cattle breeds assessed through microsatellites. J Hered, 97(4): 331-339.
MacHugh DE, Loftus RT, Cunningham P, et al. 1998. Genetic structure of seven European cattle breeds assessed using 20 microsatellite markers. Anim Genet, 29(5): 333-340.
Mannen H, Tsuji S, Mukai F, et al. 1993. Genetic similarity using DNA fingerprinting in cattle to determine relationship coefficient. J Hered, 84(3): 166-169.
Mäueler W, Muller M, Köhne AC, et al. 1992. A gel retardation assay system for studying protein binding to simple repetitive DNA sequences. Electrophoresis, 13(1-2): 7-10.
Millar CD, Lambert DM, Bellamy AR, et al. 1992. Sex-specific restriction fragments and sex ratios revealed by DNA fingerprinting in the Brown Skua. Journal of Heredity, 83(5): 350-355.
Nanda I, Zischler H, Epplen C, et al. 1991. Chromosomal organization of simple repeated DNA sequences used for DNA fingerprinting. Electrophoresis, 12(2-3): 193-203.
Nei M, Takezaki N. 1996. The root of the phylogenetic tree of human populations. Molecular Biology and Evolution, 13(1): 170-177.
Peters JM, Queller DC, Imperatriz-Fonseca VL, et al. 1998. Microsatellite loci for stingless bees. Mol Ecol, 7: 784-787.
Plante Y, Schmutz SM, Lang KD, et al. 1992. Detection of leucochimaerism in bovine twins by DNA fingerprinting. Anim Genet, 23(4): 295-302.
Plotsky Y, Cahaner A, Haberfeld A, et al. 1993. DNA fingerprint bands applied to linkage analysis with quantitative trait loci in chickens. Anim Genet, 24(2): 105-110.
Qi XB, Jianlin H, Wang G, et al. 2010. Assessment of cattle genetic introgression into domestic yak populations using mitochondrial and microsatellite DNA markers. Anim Genet, 41(3): 242-252.

Ron M, Blanc Y, Band M, et al. 1996. Misidentification rate in the Israeli dairy cattle population and its implications for genetic improvement. J Dairy Sci, 79(4): 676-681.

Rosa AJ, Schafhouser E, Hassen AT, et al. 2003. Use of Molecular Markers to Determine Parentage in Multiple Sire Pastures. Iowa State University Animal Industry Report.

Trommelen GJ, Den Daas NH, Vijg J, et al. 1993. Identity and paternity testing of cattle: application of a deoxyribonucleic acid profiling protocol. J Dairy Sci, 76(5): 1403-1411.

Vankan DM, Faddy MJ. 1999. Estimations of the efficacy and reliability of paternity assignments from DNA microsatellite analysis of multiple-sire matings. Animal Genetics, 30: 355-361.

Visscher PM, Woolliams JA, Smith D, et al. 2002. Estimation of pedigree errors in the UK dairy population using microsatellite markers and the impact on selection. Journal of Dairy Science, 85: 2368-2375.

Yang L, Zhao SH, Li K, et al. 1999. Determination of relationships among five indigenous Chinese goat breeds with six microsatellite markers. Animal Genetics, 30(6): 452-455.

（党瑞华、陈宏编写）

（白福霞、王刚、李梅、安小娅参与了本章内容材料的收集、整理等工作，在此表示感谢！）

第十一章 中国黄牛功能基因的分子遗传特征研究

牛肉已成为当今世界第二大肉类消费产品，牛肉的生产包括"产量"和"质量"两大方面。骨骼肌是动物体内最丰富的组织之一，占肉用动物体重的 45%~60%，其生长发育是决定"产量"的主要因素，也是家畜最重要的性状之一。肌内脂肪（intramuscular fat，IMF）含量则是影响牛肉风味、嫩度、多汁性和表观接受程度等品质"质量"的关键因素之一。提高牛肉的"产量"与"质量"一直以来是黄牛育种的核心目标，经过国内外研究人员数十年的研究与选育，已有不少肉质和产量相关基因得到研究和挖掘，并逐步应用于黄牛的选育工作。中国黄牛功能基因的分子特征研究基本上是从 20 世纪末开始的，到目前为止研究所涉及的基因有 100 多个，其主要内容是揭示功能基因在黄牛品种内的遗传变异，为中国黄牛的分子育种提供理论基础。所研究的功能基因包括与黄牛肉质、脂肪代谢、繁殖、生长发育、能量代谢、泌乳性状等相关的基因。为此，本章将重点介绍中国黄牛这些功能基因的分子遗传特征。

第一节 肉质与脂肪相关基因的分子遗传特征

随着物质基础和生活质量的提高，消费者对牛肉的肉质、口感的要求逐渐提高，这在一定程度上要求在选育过程中注重对黄牛脂肪沉积能力的选择。肌内脂肪（IMF）的相对含量则是影响牛肉风味、嫩度、多汁性和表观接受程度等品质"质量"的关键因素之一。黄牛肌内脂肪沉积是一个涉及脂肪生成、脂肪降解及脂肪酸转运的动态平衡过程，一旦合成代谢的能力大于分解代谢，脂肪沉积就能够增加，而当原始平衡遭到破坏时，脂肪沉积则相应减少。牛肉肌内脂肪的沉积及分布受到如品种、饲养条件等诸多因素的影响，而利用分子生物学技术提高牛肉肌内脂肪沉积是一种行之有效的途径。那么，如何实现生长速度、胴体、肉质性状和脂肪沉积的共同改良已成为育种工作者所面临的一大难题和热门课题。目前，该领域分子机制的研究主要围绕着骨骼肌生长和脂肪沉积相关基因在进行，因此，本节将就这些基因在中国黄牛上的分子遗传特征的研究进行列举与说明。

一、*IGF1R* 基因的分子遗传特征

胰岛素样生长因子 1 受体（insulin-like growth factor 1 receptor，IGF1R）基因，位于牛 21 号染色体，由 26 个外显子和 25 个内含子组成，能够调控机体的生长发育，影响机体的免疫调节功能，同时对机体生长发育如肌肉、骨骼的形成、生长具有显著的调控作用。另外，*IGF1R* 能够激活多条信号通路，从而对转录前后水平起到调节作用，进而调节细胞的增殖和凋亡。因此，*IGF1R* 具有广泛的生物学功能，是研究肌肉发育的重要

候选因子。2019 年，陈宏教授团队马懿磊发现 *IGF1R* 基因在秦川牛（QC）、晋南牛（JN）、夏南牛（XN）和南阳牛（NY）的 537 头母牛群体中存在 InDel 多态性，均表现 *II*、*ID* 和 *DD* 3 种基因型。而且，在晋南牛和南阳牛中，InDel 多态性与部分生长性状显著相关（$P<0.05$）。就 *IGF1R* 基因拷贝数变异（CNV）分布而言，在晋南牛、秦川牛和南阳牛中分布较离散（图 11-1）。在晋南牛、秦川牛和南阳牛中，CNV 多态性与部分生长性状显著相关（$P<0.05$）；RT-qPCR 实验发现 *IGF1R* 基因在胎牛与成年牛时期肌肉表达量存在显著差异，干扰 *IGF1R* 基因能够抑制肌细胞增殖，也能够抑制肌细胞分化。

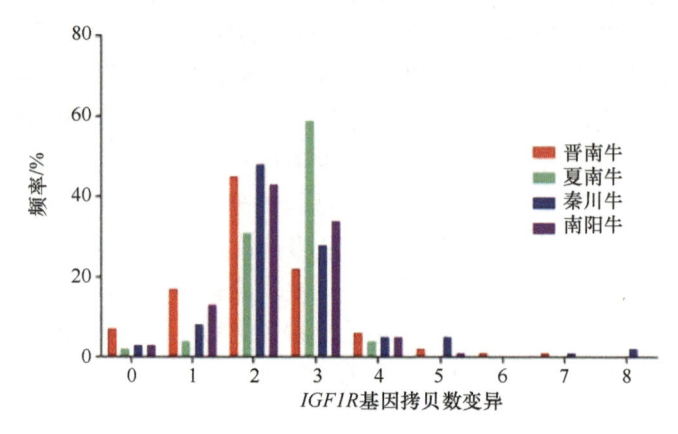

图 11-1　4 种中国黄牛中 *IGF1R* 基因的拷贝数变异分布

二、*TCAP* 基因的分子遗传特征

TCAP（titin-cap）基因编码激酶的一个底物蛋白，该基因位于牛 19 号染色体，由 2 个外显子和 1 个内含子组成，在心肌和骨骼肌中与肌连蛋白（titin）Z1-Z2 结构域结合，并且高度表达。肌连蛋白是一个巨大的带有激酶活性的弹性蛋白，它可在 1/2 的肌节中表达，使得肌原纤维与肌相关蛋白相附着。2010 年李静在 48 头延边黄牛群体中发现 *TCAP* 基因存在 3 个 SNP 突变（g.267C>T、g.300T>C 和 g.336A>G）。关联分析发现，基因型 *AA* 对蒸煮损失有一定的负面影响，基因型 *AB* 对彩度存在一定的正面影响，基因型 *BB* 对甘氨酸含量存在一定的正面影响。

三、*DECR1* 基因的分子遗传特征

DECR1（2,4-dienoyl-CoA reductase 1），即线粒体 2,4-双烯酰辅酶 A 还原酶 1 基因，2,4-双烯酰辅酶 A 还原酶 1 是进行不饱和脂肪酸氧化的关键酶，该基因位于牛 14 号染色体，由 10 个外显子和 9 个内含子组成。不饱和脂肪酸的降解是经过 β-氧化循环的 4 个反应而进行的，该过程中分解顺式双键除需要 β-1 氧化所需的酶外，还需要特定辅酶。2010 年李静在 48 头延边黄牛中发现 *DECR1* 基因存在 2 个 SNP 突变（g.23263A>G 和 g.23473C>T）。关联分析发现，基因型 *AA* 对蒸煮损失、pH 性状有一定的负效应；基因型 *BB* 对 pH 有一定的负面影响；基因型 *AB* 对亮度有一定的正面影响。基因型 *BB* 对肉豆蔻酸的组成有一定的负面影响；基因型 *BB* 对硬脂酸、亚麻酸含量有一定的正面影响；

基因型 BB 对组氨酸与赖氨酸含量有一定的负面影响。

四、PRKAG3 基因的分子遗传特征

PRKAG3（protein kinase AMP-activated non-catalytic subunit γ3），即蛋白激酶 AMP 活化的非催化亚基-γ3 基因，该基因位于牛 2 号染色体，由 15 个外显子和 14 个内含子组成，该基因突变可导致蛋白激酶 AMPK 活性改变，AMPK 被激活主要通过改变机体内脂类和糖代谢，使其朝着抑制消耗、促进生成的方向进行，细胞能量迅速得到恢复，从而对细胞耗尽作出反应。2010 年李静在 48 头延边黄牛中发现 PRKAG3 存在 1 个 SNP（g.4738C>T）。关联分析发现，基因型 AB 对嫩度存在一定的正面影响；基因型 AB 对红色度和黄色度有一定的负面影响；基因型 AA 对天冬氨酸含量有一定的正面影响；基因型 AB 对谷氨酸、丙氨酸、脯氨酸和缬氨酸含量均有一定的正面影响。

五、PPARγ 基因的分子遗传特征

过氧化物酶体增殖物激活受体 γ（peroxisome proliferator-activated receptor γ，PPARγ）基因，位于牛 22 号染色体，由 7 个外显子和 6 个内含子组成，是机体内脂肪细胞形成的关键性决定因子。2015 年，周梅等利用 PCR-SSCP 技术与 DNA 测序相结合的方法检测了 PPARγ 基因全部外显子及部分内含子 SNP，发现该基因第 1 内含子 1 个突变位点：g.26106A→G；第 2 外显子 1 个突变位点：g.26760T→C；第 3 外显子 1 个突变位点：g.28735T→C；第 5 外显子 2 个突变位点：g.42945A→G、g.43043T→A；第 6 外显子 2 个突变位点：g.54266A→G、g.54359T→A。结果发现 4 个多态位点均处于哈迪-温伯格平衡状态。在第 1 内含子多态位点中，延边黄牛和安西牛、德西牛、利西牛 3 个二元杂交牛群体的多态性信息含量（PIC）均处于中度多态，夏西牛群体 PIC 处于低度多态；在第 3 外显子、第 5 外显子和第 6 外显子 3 个多态位点中，延边黄牛和 4 个二元杂交牛群体的 PIC 均处于中度多态。相关分析结果显示：第 1 内含子的 TT 基因型在降低牛肉蒸煮损失和提高花生四烯酸含量上有一定的正效应（$P<0.05$）；CT 基因型在提高组氨酸含量上有一定的正效应（$P<0.01$）。第 3 外显子的 CC 基因型对提高苏氨酸、谷氨酸和天冬氨酸含量有一定的正效应（$P<0.01$）。第 5 外显子的 GG 基因型对提高油酸、亚油酸、硬脂酸、α-亚麻酸、棕榈酸、棕榈油酸、肉豆蔻酸和精氨酸含量有一定的正效应（$P<0.01$）。第 6 外显子的 TT 基因型对剪切力和花生四烯酸含量有一定的负效应（$P<0.05$），对提高蛋白质含量有一定的正效应（$P<0.01$）。

六、CIDEC 基因的分子遗传特征

CIDEC（cell death inducing DFFA like effector C）基因全称为细胞凋亡诱导 DFFA 样效应因子 C 基因，位于牛 22 号染色体上，由 8 个外显子和 7 个内含子组成，该基因的异常高表达会导致胱天蛋白酶（caspase）依赖的细胞凋亡。2015 年 Mei 等在 531 头秦川牛中发现 CIDEC 基因中存在 5 个 SNP（g.9815G>A、g.9924C>T、g.13281C>T、 g.13297A>G 和 g.13307G>A），其中 g.9815G>A 是一个错义突变，可以导致精氨酸到谷氨酰胺的改变，并表现出两种基因型（*GG* 和 *AG*）；g.9924C>T 是一个同义突变，表现出 3 种基因型（*CC*、*CT* 和 *TT*）；而 g.13281C>T、g.13297A>G 和 g.13307G>A 三者之间完全连锁，仅表现出 2 种基因型（*CC-AA-GG* 和 *CT-AG-GA*）。这些多态性与体长、胸宽、背膘厚和眼肌面积之间存在显著相关性（$P<0.05$）；这 5 个位点中 *GG*、*CT* 和 *CT-ag-ga* 是最有益的基因型。

七、*CAST* 基因的分子遗传特征

CAST（calpastatin）基因为钙蛋白酶抑制蛋白基因，位于牛 7 号染色体上，由 39 个外显子和 38 个内含子组成，可编码专一且高效的钙蛋白酶抑制蛋白。许多研究表明，*CAST* 基因突变与猪的肌内脂肪含量、肌肉嫩度、肌肉蛋白质水解、眼肌面积、背膘厚、大理石花纹评分、眼肌宽度、胴体重等肉质性状相关，与牛的宰前活重、胴体重、净肉重、失水率等肉质性状相关。因此，推测 *CAST* 基因可以作为一个与肉质性状相关的候选基因。2006 年，Schenkel 等在 628 头安格斯牛、利木赞牛、夏洛莱牛和西门塔尔牛及杂交商品牛中，利用 PCR-RFLP 检测出 *Rsa* I 多态性（C>G），该突变与眼肌嫩度和眼肌面积有关，并能导致脂肪产量显著增加。2014 年，张彩霞在早胜牛庆阳类群和平凉类群、南杂牛（南德温牛×早胜牛庆阳类群）、秦杂牛（秦川牛×早胜牛平凉类群）、西杂牛（西门塔尔牛×早胜牛平凉类群）5 个肉牛群体共计 362 个个体中采用 PCR-SSCP 技术，发现 *CAST* 基因存在 9 个 SNP 位点，分别为 A220G、A223G、G239A、C369T、G375A、G6222A、T6234C、T6308C 和 G6332A，其中，C369T 和 G375A 位于第 9 外显子，G6222A、T6234C 和 T6308C 位于第 18 外显子，但未进行相关性状的关联分析。

八、*LEP* 基因的分子遗传特征

LEP（leptin）基因，也被称为瘦素基因，位于牛 4 号染色体，由 3 个外显子和 2 个内含子组成，可编码瘦素，瘦素由脂肪细胞分泌，具有调节摄食行为、减少能量消耗和抑制动物采食的作用。瘦素能显著影响脂类和糖类的代谢，能够加速机体自身脂解和脂类氧化，此外，瘦素还可以作为神经内分泌激素，通过抑制食物摄取并提高代谢率来限制脂肪的储存，在能量平衡中起着重要作用。2005 年 Schenkel 等在安格斯牛、夏洛莱牛、利木赞牛和西门塔尔牛共 1111 头牛中检测出 4 个多态性位点，其中，E2JW 和 E2FB 多态性与眼肌嫩度有关，且两者存在互作。启动子中的两个 SNP——UASMS1 和 UASMS3 完全连锁，且与脂肪产量显著相关。2009 年，刘洪瑜采用 PCR-SSCP 及测序方法，在 *LEP* 基因第 2 外显子发现 73C>T 的突变位点，该位点多态性与秦川牛宰前活重、背膘厚极显著相关（$P<0.01$），与眼肌面积显著相关（$P<0.05$），*CC* 基因型和 *CT* 基因型的宰前活重、背膘厚极显著高于 *TT* 基因型（$P<0.01$），*CC* 基因型的眼肌面积显著高于 *CT* 基因型和 *TT* 基因型（$P<0.05$）；生物信息学研究发现该位点突变导致了编码蛋白的精氨酸突变为半胱氨酸，导致蛋白质二级结构部分丢失，进而改变了三级结构中的空间位置，这些变化可能与该基因功能的改变有关。

九、*TG* 基因的分子遗传特征

甲状腺球蛋白（thyroglobulin，TG）基因是与脂肪沉积相关的重要基因，位于牛 14 号染色体上，由 50 个外显子和 49 个内含子组成。*TG* 基因不仅位于影响脂肪沉积的数量性状位点，而且编码甲状腺激素的前体，在能量代谢中具有重要的生物学功能。三碘甲腺原氨酸（T_3）和甲状腺素（T_4）由甲状腺滤泡上皮细胞中的甲状腺球蛋白（TG）加工而成，储存于甲状腺中。甲状腺激素在发育和代谢调节中具有重要的生物学功能，对脂肪细胞的分化、生长和脂肪仓库的稳态也有影响。由于 *TG* 基因 5′侧翼区在基因转录调控中的重要作用，*TG* 基因 5′侧翼区的遗传变异已作为提高牛肉大理石花纹水平的主要标志之一。在一些肉牛群体中，位于 *TG* 基因 5′侧翼区 TG5 的 SNP 已被证明与大理石花纹评分有显著相关性。然而，*TG* 基因不仅被映射到 QTL 的脂肪沉积性状区域，而且被认为是功能候选基因，也是断奶后平均日增重、初生重和断奶重性状的位置候选基因。2014 年，夏广军等在 105 头延边黄牛中发现在 *TG* 基因第 48 外显子上存在 C218T 和 A430G 两个突变位点，其中 C218T 位点的不同基因型与胸宽、大理石花纹等级显著相关（$P<0.05$），*CC* 基因型个体大理石花纹等级显著高于 *CT* 基因型个体（$P<0.05$），*TT* 基因型个体胸宽显著高于 *CT* 基因型个体（$P<0.05$）。A430G 位点的不同基因型与体重、尻长、坐骨端宽、宰前活重和眼肌面积显著相关（$P<0.05$），*GG* 基因型个体的宰前活重和眼肌面积显著高于 *AA* 基因型和 *AG* 基因型个体（$P<0.05$）。*GG* 基因型个体的体重显著高于 *AA* 基因型个体（$P<0.05$），*AA* 和 *AG* 基因型个体的尻长显著高于 *GG* 基因型个体（$P<0.05$），*AG* 基因型个体的坐骨端宽显著高于 *GG* 基因型个体（$P<0.05$）。

十、*FABP3* 基因的分子遗传特征

脂肪酸结合蛋白 3（fatty acid binding protein 3，FABP3）是脂肪酸结合蛋白家族中的一员，又被称为心脏型脂肪酸结合蛋白（heart fatty acid binding protein），*FABP3* 基因位于牛 2 号染色体上，由 4 个外显子和 3 个内含子组成。在长链脂肪酸摄取与氧化中起重要作用，常被作为影响脂肪沉积的候选基因之一加以研究。

李武峰等（2004）利用 PCR-RFLP 方法发现牛 *FABP3* 第 2 内含子 *Hae*Ⅲ-RFLP 位点，此酶切位点是由 1006 位的碱基 C→G 突变引起的。王卓（2008）发现秦川牛第 1 外显子 SNP 杂合体在后腿围、背膘厚、大理石花纹等级、胴体胸深及嫩度等方面显著高于纯合子。李志才和易康乐（2010）发现 *FABP3* 基因的多态性与湘西黄牛的牛肉肌内脂肪含量和大理石花纹等级间存在显著的相关性。

十一、*CACNA2D1* 基因的分子遗传特征

CACNA2D1（calcium voltage-gated channel auxiliary subunit alpha 2 delta 1）基因可编码钙电压门控通道辅助 $\alpha_2\delta_1$ 亚基，而电压依赖型钙离子通道是在肌肉收缩、腺体分泌、突触传递以及翻译调节等过程中发挥作用的重要信号蛋白。牛 *CACNA2D1* 基因位于 4 号染色体上，由 42 个外显子和 41 个内含子组成。张猛等（2011）借助高通量 SNP 芯片

技术在 136 头中国西门塔尔牛群体中对 *CACNA2D1* 基因的遗传变异进行了研究。发现在中国西门塔尔牛 *CACNA2D1* 基因上总计 12 个有效 SNP 位点，其中位点 1 不同基因型个体在肉色性状方面差异显著（$P<0.05$），位点 2 不同基因型个体在大腿肉厚方面差异显著（$P<0.05$），位点 3 不同基因型个体在胴体重、屠宰率、眼肌面积和大腿肉厚几个重要屠宰性状上差异显著（$P<0.05$），在肉色性状上的差异达到了极显著水平（$P<0.01$）。

十二、*LPL* 基因的分子遗传特征

LPL（lipoprotein lipase）基因位于牛 8 号染色体上，由 10 个外显子和 9 个内含子组成，可编码脂蛋白脂肪酶，脂蛋白脂肪酶是分解动物循环脂蛋白中的乳糜微粒和极低密度脂蛋白中的甘油二酯，释放出脂肪酸和甘油的限速酶。脂蛋白脂肪酶介导的脂解作用也可促进脂蛋白间的脂质交换。郭燕青等（2007）分别以安格斯牛、海福特牛、夏洛莱牛、秦川牛、鲁西牛、晋南牛、西门塔尔牛、蒙古牛 8 个牛群体共 292 份血样，1 头安格斯牛的脂肪组织为材料，运用生物信息学、同源克隆和 RT-PCR 技术，对牛 *LPL* 基因进行了克隆、鉴定与序列分析。将 *LPL* 基因作为牛脂肪代谢相关肉质性状的候选基因，运用 PCR-SSCP、PCR-RFLP 和测序相结合的方法对 *LPL* 基因的部分 DNA 片段进行了 SNP 检测，实验结果表明 *LPL* 基因第 2 内含子的 *Hinf*Ⅰ-RFLP 位点 *BB* 基因型个体的眼肌面积显著高于 *AA* 和 *AB* 基因型。

十三、*MRF* 家族基因的分子遗传特征

肌肉调控因子（muscle regulatory factor，MRF）家族，又称为生肌决定因子（myogenic determination，MyoD）家族，是在骨骼肌生成过程中参与分子调控机制的一个重要转录因子家族，其中 *MyoD* 基因是启动和维持骨骼肌细胞分化发育和生长的一个主要调控基因，位于牛 15 号染色体上，由 3 个外显子和 2 个内含子组成。在骨骼肌发生（肌细胞形成、成肌细胞分化和肌纤维形成）所经过的一系列形态、细胞和分子的变化过程中，从定向分化的确定与维持、细胞的迁移与增殖，到终极分化及损伤后的组织修复，每一步都涉及不同细胞因子及诸多转录因子在转录水平上的精确协调作用。2009 年，甘乾福等以西门塔尔牛、安格斯牛、鲁西牛、秦川牛、晋南牛、夏洛莱牛、利木赞牛、海福特牛 8 个品种共 326 个个体为材料，采用 PCR-RFLP 方法检测了 *MRF* 基因家族的多态性，发现：①*MyoD* 基因不同基因型与眼肌面积之间显著相关：*BB* 基因型和 *AB* 基因型个体的眼肌面积显著大于 *AA* 基因型个体（$P<0.05$）。②*MyoG* 基因不同基因型与宰前活重和眼肌面积之间显著相关：*BB* 基因型和 *AB* 基因型个体的宰前活重和眼肌面积显著大于 *AA* 基因型个体（$P<0.05$）；与胴体长之间存在极显著的相关关系：*BB* 基因型个体的胴体长极显著长于 *AB* 基因型个体（$P<0.01$），而 *AB* 基因型个体的胴体长又极显著长于 *AA* 基因型个体（$P<0.01$）。③*Myf5* 基因不同基因型与肉质和胴体组成性状不存在相关性。④*Myf6* 基因不同基因型与胴体长之间显著相关：*BB* 基因型个体的胴体长显著长于 *AA* 基因型和 *AB* 基因型个体（$P<0.05$）。此外，2012 年，贾伟德选取秦川牛、夏南牛、南阳牛、延边牛、郏县红牛和鲁西牛等 6 个群体为研究对象，运用 PCR-SSCP 技术和测

序技术系统地寻找 *MyoD* 家族 4 个基因 *Myf3*、*Myf4*、*Myf5* 和 *Myf6* 的 SNP，并对这些 SNP 与肉质性状的相关性进行分析。发现 6 个 SNP，分别是 *Myf3*（166C＞G）、*Myf4*（959A＞G）、*Myf5*（1553A＞C 和 1142A＞G）、*Myf6*（131T＞G 和 232A＞C），其中 *Myf3*（166C＞G）为错义突变。关联分析结果表明，*Myf5*（1142A＞G）和 *Myf6*（131T＞G）两种突变类型与肌内脂肪含量、大理石花纹等级、系水力、眼肌面积和嫩度显著相关（$P<0.05$）。此外，*Myf4* 基因的 959A＞G 突变与肉的嫩度和系水力极显著相关（$P<0.01$）。6 个多态位点在 6 个牛品种的等位基因和基因型频率存在显著差异，所有 SNP 位点基因型分布属于中度多态（$0.25<PIC<0.5$）。研究结果显示，1142A＞G、959A＞G 和 131T＞G 在上述试验群体中对肉质有潜在的影响，可以用作分子标记。

十四、*CDIPT* 基因的分子遗传特征

CDP-甘油二酯-肌糖-3-磷脂酰转移酶（CDP diacylglycerol inositol-3 phosphatidyl transferase，CDIPT），又叫磷脂酰肌醇合成酶，是 CDP-乙醇磷脂酰转移酶 I 类家族成员之一，*CDIPT* 基因位于牛 25 号染色体上，由 6 个外显子和 5 个内含子组成。该酶是一个完整的膜蛋白，存在于内质网和高尔基体的细胞质边。在糖代谢过程中，葡萄糖生成甘油醛-3-磷酸，再生成磷脂酸。磷脂酸有两个反应途径：一个是生成甘油二酯，进而生成脂肪；另一个是生成 CDP-甘油二酯，进而生成磷酸肌醇。CDIPT 是调控磷脂酸生成 CDP-甘油二酯和磷酸肌醇的关键酶。而且磷脂酰肌醇分支产物也是普遍存在的第二信使，它作用于许多 G 蛋白偶联受体、调控细胞生长的酪氨酸激酶、钙代谢和下游的蛋白激酶活性。王洪程（2011）运用 PCR-RFLP 技术在 638 只秦川牛中寻找牛 *CDIPT* 基因多态位点，并进行其与性状的关联分析，结果发现：1496G＞A 位点的多态与背膘厚和大理石花纹等级之间显著相关（$P<0.05$）；*GG* 基因型和 *AG* 基因型个体背膘厚显著高于 *AA* 基因型个体（$P<0.05$），*GG* 基因型个体大理石花纹等级显著高于 *AA* 基因型个体（$P<0.05$）。此外，Fu 等（2013）在 618 头秦川牛中检测到 *CDIPT* 基因 3'非翻译区的 3 个 SNP，分别为 3'-UTR_108A＞G、3'-UTR_448G＞A 和 3'-UTR_477C＞G。发现了 3 种基因型，分别命名为 *AA*、*AB*、*BB*（3'-UTR_108A＞G），*CC*、*CD*、*DD*（3'-UTR_448G＞A）和 *EE*、*EF*、*FF*（3'-UTR_477C＞G）。关联分析发现基因型 *BB* 的腰部肌肉面积明显大于基因型 *AA*。基因型 *CC* 的个体背膘明显比基因型 *DD* 的个体厚。*EE* 基因型个体的背脂肪也比 *FF* 基因型个体的背脂肪明显厚。

十五、*DNMT* 家族基因的分子遗传特征

DNMT 是 DNA 甲基转移酶（DNA methyltransferase）基因。在该酶的作用下，*S*-腺苷甲硫氨酸（*S*-adenosylmethionine，SAM）提供的甲基与胞嘧啶结合，发生 DNA 甲基化，DNA 甲基化修饰的主要位点是 CpG 二核苷酸序列的胞嘧啶。DNMT 家族主要包括 DNMT1、DNMT2、DNMT3a、DNMT3b 及 DNMT3L。其中 DNMT1 主要在有丝分裂过程中发挥作用，维持复制过程中新合成链的 DNA 甲基化模式与模板链相同。DNMT3a 和 DNMT3b 高度同源，主要功能为形成新的 DNA 甲基化，但其作用在不同发

育阶段又有其特异性。DNMT3b 主要是在胚胎早期发育形成新的 DNA 甲基化过程中发挥关键作用的酶，尤其表现在受精卵着床过程；DNMT3a 主要在胚胎发育的后期及细胞分化过程中发挥作用。DNA 甲基化被作为一种新的分子标记在动物遗传育种上的应用研究主要集中在两个方面：一方面可以预测畜禽杂种优势；另一方面可以作为检测动物生长性状、胴体性状的辅助选择标记。Liu 等（2012）在 153 头商业化品种雪龙牛（复州黄牛与利木赞牛的杂交后代，再与日本和牛杂交产生的 F_1 代）中发现了 *DNMT3b* 基因的 9 个 SNP，并从 6 个新的 SNP 中选择了 3 个进行基因分型（SNP1——g.63029349C>T、SNP2——g.63032883G>A 和 SNP3——g.63039420A>G），并分析了与 16 种肉质性状的可能关联。关联分析表明，SNP2 与瘦肉颜色评分和短肋评分显著相关，SNP3 对屠宰率和背膘厚有显著影响。SNP2 基因型为 *GG* 的个体与基因型 *AA* 相比，瘦肉颜色评分增加了 7%，短肋评分增加了 146%。与基因型 *GG* 和 *AA* 相比，基因型为 *AG* 的 SNP3 的牛的屠宰率分别增加了 35.7% 和 24%，背膘厚分别增加了 28.8% 和 29.2%。基因型组合分析显示，SNP1 和 SNP2 之间以及 SNP2 和 SNP3 之间在眼肌面积和活体重方面具有显著的相互作用。此后，Liu 等（2015a）又陆续在 *DNMT1*、*DNMT3a*、*DNMT3b*、*DNMT3L* 等 DNMT 家族基因上检测了多态性，并与肉质性状进行了关联分析，相关分析表明，*DNMT1* 基因第 17 外显子中的 SNP1（13154420A>G）与肋眼宽度和瘦肉颜色评分显著相关（$P<0.05$）。此外，*DNMT3a* 基因中有 6 个 SNP 与牛肉品质性状存在显著关联。与 *GG* 基因型相比，具有 *DNMT3a* 野生型 *AA* 基因型的个体在胴体重、冷胴体重、侧腹厚度、肩胛短肋厚度、肩胛短肋评分和肩胛皮瓣重方面均有所增加。同样的，*DNMT3b* 基因中的 6 个 SNP 中有 5 个与牛肉质量性状显著相关。

十六、*SSTR2* 基因的分子遗传特征

生长抑素受体 2（SSTR2）是具有 7 个跨膜结构域的蛋白受体，有两个亚型（SSTR2A 和 SSTR2B），同属于跨膜 G 蛋白偶联受体（GPCR）家族，通过与细胞膜结合而在细胞信号转导途径中起重要作用。GPCR 包括 5 个成员（SSTR1、SSTR2、SSTR3、SSTR4 和 SSTR5）。在这 5 种生长抑素受体中，SSTR2 主要在人类的大脑皮层、垂体和肾上腺中表达，*SSTR2* 基因位于牛 19 号染色体上，由 2 个外显子和 1 个内含子组成。据报道，它通过负调控 Wnt/β-catenin 途径对细胞发挥抑增殖和促凋亡作用。2019 年 Cheng 等调查了 *SSTR2* 基因 CNV 在 6 个中国黄牛品种（夏南牛、秦川牛、南阳牛、吉安牛、鲁西牛和皮南牛）中的分布，结果表明，夏南牛、秦川牛和南阳牛的 CNV 多态性更高，并对夏南牛、秦川牛和南阳牛进行了生长性状与 *SSTR2* 基因 CNV 之间的关联分析。此外，还研究了 *SSTR2* 基因 CNV 对 *SSTR2* mRNA 表达水平的影响，结果显示 *SSTR2* 基因 CNV 与成年南阳牛的肌肉或脂肪组织均无显著相关性。

十七、*HSP70-1* 基因的分子遗传特征

HSP70-1（heat shock protein 70-1）基因全称为热休克蛋白基因，位于牛 23 号染色体上，由 1 个外显子组成。HSP70 广泛分布于细胞的各个部分，它作为分子伴侣广泛参

与所有细胞内蛋白质的从头合成、定位、成熟、降解及调节过程。2011年武秀香等在雷琼牛、云岭牛和云南高峰牛3个南方黄牛群体及中国西门塔尔牛群体（367头）中进行了分子遗传特征鉴定。在 *HSP70-1* 基因中总共检测到13个突变，其中5个突变（g.329A>G、g.576T>C、g.1199C>G、g.1221A>C、g.1334C>T）位于5′非翻译区，8个突变（g.1501A>G、g.1745C>T、g.1926A>G、g.2540C>T、g.2720C>T、g.3035A>G、g.3062A>G 和 g.3343A>G）位于外显子区。雷琼牛和云南高峰牛 g.329A>G、g.1334C>T、g.1745C>T、g.3035A>G 和 g.3343A>G 为中度多态位点，其余位点为低度多态位点；中国西门塔尔牛 g.329A>G 和 g.1334C>T 为中度多态位点。雷琼牛 *HSP70-1* 基因 g.1334C>T 位点对血红蛋白浓度有显著影响；云南高峰牛 g.1221A>C 位点对谷草转氨酶浓度有显著影响；云岭牛 g.329A>G 位点对血红蛋白浓度有显著影响；各群体的其他位点对血液指标效应不显著。外显子区突变位点中，雷琼牛、云南高峰牛和云岭牛 g.3343A>G 位点变异对红细胞钾和碱性磷酸酶效应显著（$P<0.05$）。通过荧光定量PCR技术发现，*HSP70-1* 基因 g.3343A>G 位点形成的3种基因型（*CC*、*CT* 和 *TT*）在雷琼牛血液组织的表达量存在差异。*TT* 基因型个体 *HSP70-1* 基因的表达量是 *CC* 基因型个体的1.361倍，*CT* 基因型个体 *HSP70-1* 基因的表达量是 *CC* 基因型个体的1.282倍，进一步验证了 *HSP70-1* 基因作为南方黄牛耐热特性候选基因的可能性。

十八、*SCD1* 基因的分子遗传特征

SCD1（stearoyl-coenzyme A desaturase 1）基因全称为硬脂酰辅酶A脱饱和酶1基因，位于牛26号染色体上，由6个外显子和5个内含子组成。硬脂酰辅酶A脱饱和酶1是饱和脂肪酸生成单不饱和脂肪酸过程中的限速酶，催化饱和脂肪酸的脂酰辅酶A脱氢。2011年武秀香等通过对中国西门塔尔牛（480头）*SCD1* 基因遗传变异及其效应分析发现，*SCD1* 基因 g.878C>T 位点 *CC* 基因型个体肌间脂肪含量显著高于 *TT* 基因型个体（$P<0.05$），大理石花纹评分低于 *TT* 基因型个体（$P>0.05$），剪切力值显著低于 *TT* 基因型个体（$P<0.05$）；*SCD1* 基因 g.762T>C 位点 *TT* 基因型个体肌间脂肪含量显著高于 *CC* 基因型个体（$P<0.05$）。

十九、*DGAT1* 基因的分子遗传特征

DGAT1（diacylglycerol acyltransferase 1）基因全称为二酰基甘油酰基转移酶1基因，位于牛14号染色体上，由15个外显子和14个内含子组成，二酰基甘油酰基转移酶1是脂肪细胞中控制甘油三酯合成的核心酶，在细胞甘油脂类的代谢中起重要的中心作用。2011年武秀香等通过对中国西门塔尔牛（480头）*DGAT1* 基因遗传变异及其效应分析发现，*DGAT1* 基因在 10 433 bp 和 10 434 bp 处存在 AA/GC 双碱基突变。碱基突变 *GC/GC* 基因型个体肌间脂肪含量显著高于 *AA/AA* 基因型个体（$P<0.05$）。单倍型分析发现，*CTGC* 基因型个体肌间脂肪含量和剪切力值较其他单倍型个体分别提高了5.7%和14.6%（$P<0.05$）。综合2011年武秀香等对 *SCD1* 基因的分析，结果显示 *SCD1* 基因和 *DGAT1* 基因是肉牛肉质性状的候选基因，揭示了 *SCD1* 和 *DGAT1* 基因多基因聚合在分

子选育中的应用前景。

二十、*AdPLA* 基因的分子遗传特征

AdPLA（adipose-specific phospholipase A2）基因全称为脂肪特异性磷脂酶 A2 基因，又称磷脂酶 A 和酰基转移酶 3（phospholipase A and acyltransferase 3，PLAAT3）基因，位于牛 11 号染色体上，由 6 个外显子和 5 个内含子组成，在脂肪分解的自分泌/旁分泌调节中发挥着重要的主导作用。小鼠 *AdPLA* 基因与肥胖有关，提示 *AdPLA* 是一种新的生长性状候选基因。2012 年，Sun 等对 *AdPLA* 基因的多态性进行了筛选，发现了 3 个新的 SNP（g.43638506C>T、g.43658457T>C 和 g.43661404T>C）并通过 DNA 测序和 PCR-RFLP 方法对中国 5 个地方牛品种的 1253 头牛（南阳牛 210 头、秦川牛 224 头、鲁西牛 168 头、郏县红牛 414 头和草原红牛 237 头）进行了研究。SNP 单倍型-性状关联分析显示，在 P6-*Eco*RII 基因座的两个生长性状中，*CC* 基因型个体显著高于 *TT* 基因型个体（$P<0.05$）。此外，P8-*Fba*I 基因座与一些生长性状有显著相关性，*TT* 基因型个体高于 *CC* 基因型个体（$P<0.05$）。进一步分析证实，这两个 SNP 存在连锁不平衡，单倍型 H2 在牛的生长性状上优于其他单倍型，均在 P6-*Eco*RII 和 P8-*Fba*I 位点上具有优势等位基因，这与 SNP 单倍型-性状关联分析结果一致。因此，它们可以作为牛遗传育种的遗传标记，在育种项目中具有潜在的应用价值。

二十一、*PRDM16* 基因的分子遗传特征

PRDM16（pr/set domain 16）蛋白是一种锌指蛋白，可促进棕色脂肪细胞生成基因表达、抑制白色脂肪细胞生成基因表达，*PRDM16* 基因的突变与骨髓增生异常综合征和白血病发生有关。该基因位于牛 16 号染色体上，由 19 个外显子和 18 个内含子组成。2009 年，陈宏教授团队王璟等通过 PCR-SSCP、DNA 测序和 CRS-PCR-RFLP 方法检测了中国牛品种：郏县红牛、南阳牛、秦川牛和中国荷斯坦牛共 1031 头的 *PRDM16* 基因第 2、3、4、5、7、8 和 9 外显子的多态性，发现了 3 种突变（NC_007314.3：g.577G>T、614T>C 和 212237T>C）。相关分析发现，牛体重和平均日增重纯合子基因型均低于其他基因型。因此，*PRDM16* 基因特异性 SNP 可能是标记辅助选择中有用的生长性状的分子标记。

二十二、*SIRT* 家族基因的分子遗传特征

沉默信息调节因子 2（SIRT2）或 sirtuin 2，是烟酰胺腺嘌呤二核苷酸（NAD^+）依赖性的脱乙酰酶。在哺乳动物中，SIRT2 同源物有 7 个，即 SIRT1~SIRT7，其中牛 *SIRT4* 和 *SIRT7* 基因分别位于 17 和 19 号染色体上，在调节脂质代谢、细胞生长和代谢中起着至关重要的作用。这表明它们是影响动物体型和肉质特征的潜在候选基因。Gui 等（2014）通过 DNA 测序，在 468 头秦川牛的 *SIRT4* 和 *SIRT7* 基因中共鉴定出 3 个 SNP。其中包括 *SIRT4* 基因 3′非翻译区（3′-UTR）的一个新 SNP——g.13915A>G 和 *SIRT7* 基因中两

个新的同义替换 SNP2——g.3587C>T 和 SNP3——g.3793T>C。相关分析表明，3 种 SNP 均能显著影响秦川牛的某些体型和肉质性状。这些新发现将为利用 *SIRT4* 和 *SIRT7* 基因选育中国牛提供基础。

二十三、*PNPLA3* 基因的分子遗传特征

patatin 样类磷脂酶结构域蛋白 3（patatin-like phospholipase domain-containing protein 3，PNPLA3）基因，位于牛 5 号染色体上，由 11 个外显子和 10 个内含子组成。其编码的蛋白质是类磷脂酶结构域蛋白（PNPLA）家族成员，是一种三酰甘油脂肪酶，介导脂肪细胞中甘油三酯的水解。在能量平衡、脂肪代谢调节、葡萄糖代谢和脂肪肝发生等方面发挥重要作用。Wang 等（2016）研究了 3 个品种（秦川牛、南阳牛、郑县红牛）660 头中国本地牛 *PNPLA3* 基因的遗传变异，应用四引物扩增受阻突变体系 PCR 技术（T-ARMS-PCR）和 PCR-RFLP 方法对 4 个 SNP，即 SNP1——g.2980A>G、SNP2——g.2996A>T、SNP3——g.36718A>G、SNP4——g.36850G>A 进行了基因型分析。相关分析表明，这 4 个 SNP 对秦川牛群体的生长性状有显著影响（$P<0.05$），而组合单倍型对秦川牛群体的生长性状无显著影响（$P>0.05$）。qPCR 发现牛 *PNPLA3* 基因仅在脂肪组织中表达。SNP 与 mRNA 表达分析显示，在 SNP1 中 AG 的表达远远高于 AA 和 GG（$P<0.05$）。这与生长性状关联分析的结果一致，而 SNP4 的结果则不一致。这些结果支持了在中国牛育种中应用 *PNPLA3* 基因 SNP 进行标记辅助选择的可能性。

二十四、*FLII* 基因的分子遗传特征

FLII（flightless-1）基因是肌动蛋白重塑蛋白基因，位于牛 19 号染色体上，由 30 个外显子和 29 个内含子组成。FLII 是凝胶素超家族的成员，由 15 个串联亮氨酸富集的重复序列结构域（LRR，N 端）和 5 个串联凝胶素样结构域（GLD，C 端）组成。大量证据表明，FLII 在动物脂肪和肌肉的发育中发挥重要作用。通过这两个区域，FLII 在肌动蛋白重构、抗炎症和抗免疫反应方面发挥作用。Choi 等（2015）发现 FLII 作为一种协同调节因子可以抑制 PPAR 和 RXR 的转录活性，并阻断 PPAR（r）/RXR（s）复合物的形成，从而抑制脂肪细胞的分化。FLII 通过与雌激素受体（ER）相互作用，促进激素刺激基因的表达。Liu 等（2016）通过 DNA 测序和 PCR-RFLP 方法，检测了 4 个中国本土黄牛品种（$n=628$）的两个同义突变（rs41910826 和 rs444484913）和一个内含子突变（rs522737248）。关联分析表明，这些 SNP 与生长性状和基因表达相关（$P<0.05$）。在 rs41910826 位点，郑县红牛、南阳牛、秦川牛品种 *TT* 和/或 *CT* 基因型个体具有较好的体型。与此一致的是，在成年秦川牛肌肉中，实时荧光定量 PCR 研究发现 *CT* 基因型牛的 *FLII* mRNA 水平显著升高。对于 rs444484913 位点，*TT* 和/或 *TC* 基因型与秦川牛体尺性状增加显著相关，qPCR 数据显示，*TT* 基因型更有利于胎儿肌肉中 *FLII* 的表达。在 rs522737248 位点，*AA* 基因型个体在 4 个品种中均极具优势。这些发现有力地证明了 *FLII* 基因的 3 个 SNP 可作为未来牛育种标记辅助选择的分子标记。

二十五、*PPAR* 家族基因的分子遗传特征

过氧化物酶体增殖物激活受体（PPAR）是一组转录因子，在脂质代谢、胰岛素信号通路、葡萄糖代谢和脂肪细胞分化等几个生理过程中发挥着重要的生理作用。目前发现的 PPAR 有 3 种亚型：PPARa、PPARb/d 和 PPARc。PPARc 是研究最广泛的亚型，主要调节能量代谢和胰岛素敏感性。PPARc 在不同的组织，尤其是脂肪组织中表达量最高，表明其对脂肪细胞发育有重要作用。此外，还检测到 PPARc 可以激活脂蛋白脂肪酶、肝 X 受体 α 和脂代谢相关的脂肪酸结合蛋白。因此，PPARc 的功能障碍可能导致能量代谢紊乱和机体发育紊乱。因此，PPARc 是影响生物体生长性状的潜在因素，该基因位于牛 8 号染色体上，由 14 个外显子和 13 个内含子组成。Huang 等（2018）在中国 6 个牛品种 514 个个体中鉴定到 3 个 *PPARc* 基因 SNP：内含子 SNP1——g.57386668C>G 和第 7 外显子 SNP2——g.57431964C>T、SNP3——g.57431994T>C。这些 SNP 位点在 6 个群体中的关联分析表明，SNP1 和 SNP3 位点显著影响南阳牛断奶后的生长性状，尤其是体重，其结果表明 SNP1 和 SNP3 是潜在的牛育种的分子标记（图 11-2）。

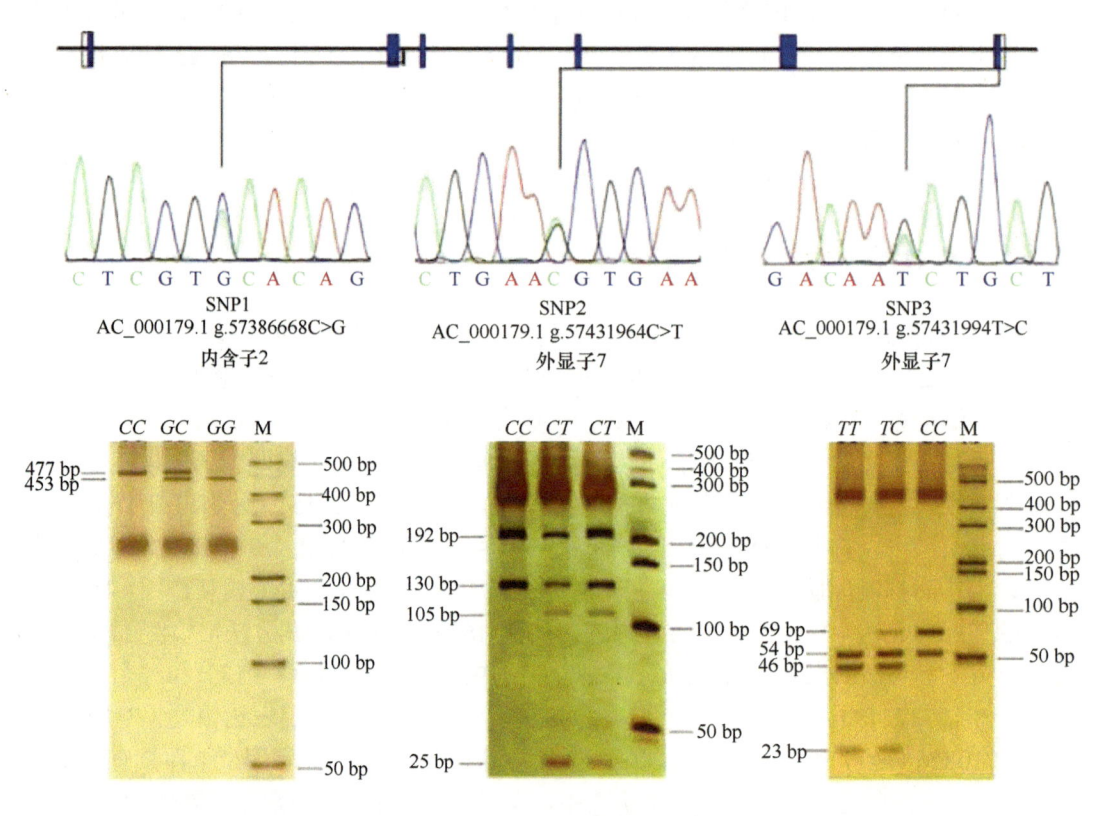

图 11-2 牛 *PPARc* 基因中 SNP 的示意图和基因分型
从上到下：牛 *PPARc* 基因的结构、测序的突变峰、识别的 SNP 细节、基因分型的电泳图

二十六、*HSD17B8* 基因的分子遗传特征

17β-羟基类固醇脱氢酶 8 型（HSD17B8）是脂质和甾体代谢的重要调节因子，

HSD17B8 基因位于牛 23 号染色体上，由 9 个外显子和 8 个内含子组成，在生殖器官和周围组织中检测到有 *HSD17B8* 表达。Rotinen 等（2009）认为 HSD17B8 蛋白可以调节具有生物活性的雌激素和雄激素的浓度。雌性类固醇调节脂肪组织的脂肪酸代谢，而睾酮抑制脂蛋白脂肪酶（LPL）活性并刺激脂解。性激素反过来又控制着许多重要的生理活动，如生长和生殖。猪 *HSD17B8* 基因定位于猪淋巴细胞抗原（SLA）复杂区域，被认为是生长和肉质性状的候选基因。已发现控制背脂厚度、平均日增重和体重的数量性状位点（QTL）在含有 SLA 复杂区域的染色体中。此外，*HSD17B8* 基因启动子区的多态性也与猪的生殖性状有关。牛 *HSD17B8* 基因内含子 5 和 8 中的 SNP 与肉质性状相关，使 *HSD17B8* 基因成为这些 QTL 位置的候选基因。转录谱分析显示，*HSD17B8* 基因主要表达于输卵管、肝脏和睾丸。Ma 等（2015）鉴定了地方黄牛种群 469 个个体（173 头南阳牛、296 头郑县红牛）*HSD17B8* 基因 3 个 SNP（SNP1——内含子 1-g.91A＞G、SNP2——外显子 1-g.90A＞G 和 SNP3——内含子 8-g.86A＞G）。所检测到的 SNP 与地方黄牛群体（南阳牛和郑县红牛）的生长特征（体重、体斜长、体高、胸围、臀围和平均日增重）显著相关，说明 *HSD17B8* 基因多态性可作为肉牛生长性状和肉质性状选择的分子标记。

二十七、*STAT3* 基因的分子遗传特征

信号转换器和转录激活因子（STAT）属于潜在的细胞质转录因子家族，它将信号从细胞膜传递到细胞核（Schust and Berg，2004）。它们控制关键的细胞和生理过程，并在免疫调节、细胞凋亡、脂质代谢和结直肠癌中发挥作用。STAT3 是一种在增殖前脂肪细胞和脂肪细胞中表达的转录因子（Deng et al.，2000），它通过细胞因子、生长因子或营养物质刺激下单个酪氨酸（T705）的磷酸化而被激活（Turkson and Jove，2000）。*STAT3* 基因位于牛 19 号染色体上，由 25 个外显子和 24 个内含子组成。Song 等（2015）在秦川牛（*n*=371）和郑县红牛（*n*=122）两个中国地方牛品种的 493 个个体中发现 5 个 SNP：第 16 外显子 g.65812G＞A 和第 13 内含子 g.43591G＞A、第 19 内含子 g.67492T＞G、第 19 内含子 g.67519T＞C，以及第 20 内含子 g.68964G＞A。在秦川牛群体中，在 g.43591G＞A 位点，基因型 *AA* 个体的体长指数和背脂厚度与基因型 *GG* 个体显著不同。在 g.65812G＞A 位点，*GA* 基因型个体的体长、胸围和后脂肪厚度显著优于 *AA* 基因型个体。在 g.67492T＞G 位点，通过超声测定，*GG* 基因型个体的腰部肌肉面积显著大于 *TT* 基因型个体；*CC* 基因型个体的体长和胸围显著大于 *TT* 基因型个体，两种基因型之间的背脂厚度存在显著差异。在 g.68964G＞A 位点，*GA* 基因型个体的体长明显大于 *AA* 基因型个体（$P<0.05$）；对于背脂厚度，*GA* 基因型个体显著优于 *AA* 基因型个体（$P<0.01$）。

二十八、*Foxa2* 基因的分子遗传特征

叉头框 A2（*Foxa2*）基因位于牛 13 号染色体上，由 10 个外显子和 9 个内含子组成，被认为是最有效的转录激活因子之一，参与控制摄食行为和能量稳态。*Foxa2* 在分化的脂肪细胞中的表达可诱导涉及葡萄糖和脂肪代谢的基因，如葡萄糖转运蛋白-4 基因、己糖激酶-2 基因、肌肉-丙酮酸激酶基因、激素敏感脂肪酶基因、解偶联蛋白-2 基因和解

偶联蛋白-3 基因的表达（Wolfrum et al., 2003）。Foxa2 在肥胖和摄食行为的中央调控中发挥着基本和主要的生理功能。Liu 等（2014a）通过 DNA 池测序、PCR-RFLP 和 PCR-ACRS 方法检测了 3 个中国牛品种（350 头秦川牛、286 头郏县红牛、186 头南阳牛）822 个个体的 *Foxa2* 基因多态性。结果表明，筛选出了 4 个 SNP 突变（SV），包括第 4 内含子的 2 个突变（SV1：g.7005C>T 和 SV2：g.7044C>G），第 5 外显子的 SV3：g.8449A>G 和 3′-UTR 的 1 个突变（SV4：g.8537T>C）（图 11-3）。单突变与 24 月龄生长性状的关联分析显示，SV4 位点与所有 3 个品种的生长性状均显著相关（$P<0.05$ 或 $P<0.01$）。单倍型组合 CCCCAGTC 也与郏县红牛的胸围和体重显著相关（$P<0.05$）。

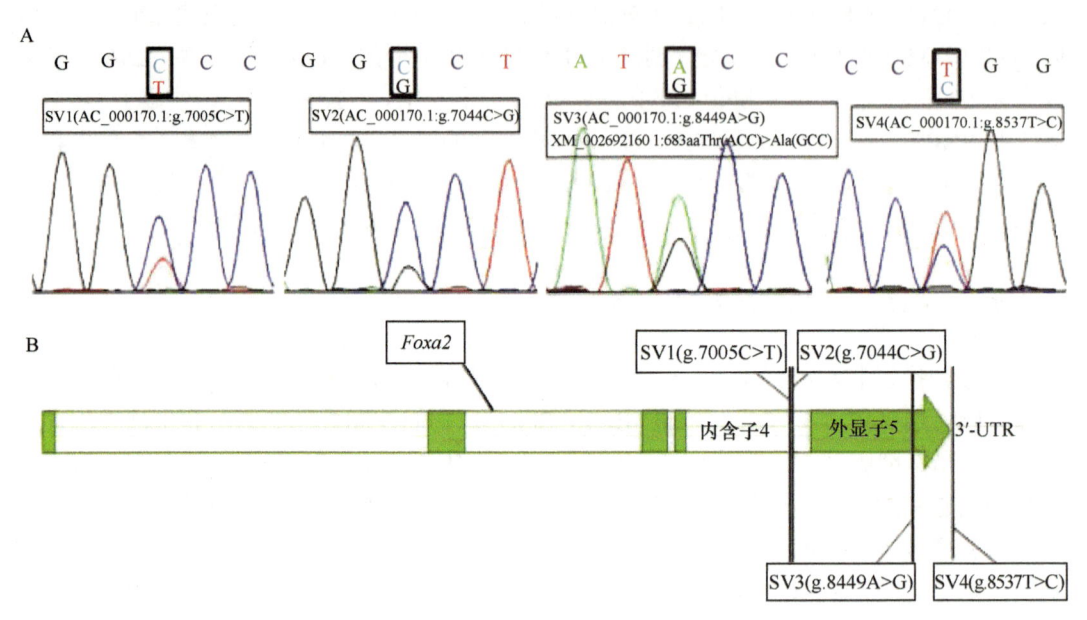

图 11-3　牛 *Foxa2* 基因的 SNP 检测情况
A. 牛 *Foxa2* 基因中 4 个 SNP 的 DNA 池测序图；B. 4 个 SNP 在牛 *Foxa2* 基因特征图中的位置

二十九、*SREBP1c* 基因的分子遗传特征

固醇调节元件结合蛋白 1c（sterol regulatory element-binding protein 1c，*SREBP1c*）基因位于牛 19 号染色体上，由 21 个外显子和 20 个内含子组成，该基因参与脂肪形成和调控脂肪酸生物合成，并在核糖体发生、细胞分化、细胞周期进展、细胞凋亡等过程中发挥重要作用。2010 年，Huang 等对 941 头中国黄牛（包括 265 头南阳牛、235 头秦川牛、441 头郏县红牛）*SREBP1c* 基因进行了遗传变异鉴定，发现了两个 SNP 位点，分别是 g.10781C>A 和 g.10914G>A。与南阳牛生长特性的关联分析表明，牛 *SREBP1c* 基因中的 SNP 对初生重、6 月龄和 12 月龄的平均日增重有显著影响。

三十、总结与展望

从 20 世纪 90 年代中期开始，我国各主要肉牛产区和科研院所展开了我国黄牛肉质性状的分子标记的挖掘工作，对秦川牛、鲁西牛、晋南牛、南阳牛和延边牛中国五大黄牛以及其他品种，以及五大黄牛与安格斯牛、利木赞牛和西门塔尔牛等杂交后代遗传资源群体进行了大量的分子标记挖掘与功能基因分析，随着挖掘和分析种群与数量的扩大，大量的功能基因和分子标记已被证实对肉质性状具有重要的调控作用。由于在实际生产中所能采集到的肉质性状，主要集中在体重、日增重、胴体重等性状上，而相对眼肌面积、肋眼宽度等精细肉质性状采集难度较大，这限制了对功能基因和分子标记与肉质性状的进一步精细化挖掘和实践应用，下一步我国黄牛的肉质性状相关基因的研究应当在充分提高种群覆盖度和群体覆盖度的基础上，进一步实现肉质性状的精细化分析与记录，并进一步解析其潜在作用机制，实现标记辅助选择育种的实践与推广，助力肉牛产业发展。

第二节 繁殖相关基因的分子遗传特征

中国养牛业在农业经济中所占比重不高，当前的牛肉产量和质量已日渐无法满足人们的需求。加快中国黄牛产业的发展，提高种母牛繁殖效率已成为必然选择和主要的培育方向之一。繁殖性状是中国黄牛养殖中的重要经济性状，繁殖性能的高低直接关系到生产成本和生产效率，选择繁殖率较高的种母牛进行育种推广，可以不断优化母牛群体繁殖性能，使种群获得较高的繁殖效率。虽然中国黄牛整体繁殖效率相比国际水平较低，但我国本土黄牛品种具有丰富的遗传资源，是黄牛繁殖相关基因研究的理想样本群体。因此，我国高度重视肉牛产业的发展，大力推进牛群遗传改良进程，提高肉牛生产水平、繁殖水平和经济效益。同时，利用分子生物学技术确定与繁殖相关的重要候选基因及其遗传标记对提高肉牛繁殖性能的分子育种具有重要意义。

一、*GPR54* 基因的分子遗传特征

G 蛋白偶联受体 54（G protein-coupled receptor 54，GPR54）基因是与牛性成熟相关性状的主效基因之一，是动物青春期启动的开关基因，位于牛 7 号染色体上，由 5 个外显子和 4 个内含子组成，其变化能够导致牛性成熟的变化及差异。2015 年，周梅等选择 42 头安徽本地黄牛、44 头西门塔尔牛及 116 头杂交牛作为试验群体，发现 *GPR54* 启动子区 GPR973 序列存在 2 个 SNP，分别是位于编码区起点上游第 816 位和第 754 位的 g.816C>T 和 g.754T>C，西门塔尔牛和安徽地方黄牛分别只有 1 种基因型，西门塔尔牛的基因型全部为 *CCTT*，安徽地方黄牛的基因型全部为 *TTCC*，分析其单倍型，结果显示连锁不平衡。g.816C>T 突变位点附近存在 TCF-1 和 AP-3（2）转录因子结合位点，g.754T>C 附近及其本身存在 TFIID、NF-1、CAC-binding_pro 和 TCF-1 转录因子以及 F 位点等。从 g.816C>T 到 g.754T>C 形成一个以 TCF-1 开头结尾的复合转录因子结合区域，其中还包含一个 TFIID 结合的 G/TATAAA 盒。经过预测，该目的片段含有一个从 –878 bp 至 –638 bp 的启动子区。通过双萤光素酶报告基因验证了西门塔尔牛和安徽地方黄牛不同 *GPR54* 基因型的启动子效率，报告基因验证两种单倍型的启动子存在明显差

异，其中-816CT-754 启动子的效率要比-816TC-754 提高 34.31%（$P<0.01$）。通过对不同品种牛 *GPR54* 基因进行实时荧光定量 PCR，结果显示与双萤光素酶报告基因检测结果一致。C-816CT-754T 牛和 T-816TC-754C 牛的表达差异明显（$P<0.05$），其中 C-816CT-754T 牛的表达量是 T-816TC-754C 牛的 2.6 倍。通过对不同品种牛进行关联分析，基因型为 *816CC754TT* 的牛初情期与基因型为 *816TT754CC* 的牛相比提前了 1.28 个月，且二者差异极显著（$P<0.01$）。

二、*TMEM95* 基因的分子遗传特征

TMEM95（transmembrane protein 95）基因全称为跨膜蛋白 95 基因，位于牛的 19 号染色体上，由 7 个外显子和 6 个内含子组成，*TMEM95* 基因是一种蛋白质编码基因，与精子生成有关。2014 年发现 *TMEM95* 基因 c.483C>A 位点有一个无义突变，该突变导致弗兰维赫（Fleckvieh）公牛的繁殖性能下降。2019 年，Zhang 等在 765 头 13 种不同的中国黄牛上对 *TMEM95* 基因的两个多态性位点 g.27056998_27057000del-CT 和 c.483C>A 进行了分子遗传特征鉴定，发现 c.483C>A 无义突变位点在中国本土黄牛的 *TMEM95* 基因中不存在；但是，Zhang 等首先在 11 个牛品种的 *TMEM95* 基因中发现了一个移码插入/缺失（InDel）突变（g.27056998_27057000del-CT），该突变改变了终止密码子的位置，使 C 端 16 个氨基酸变为 21 个氨基酸。

三、*GRB10* 基因的分子遗传特征

GRB10（growth factor receptor-bound protein 10）基因全称为生长因子受体结合蛋白 10 基因，位于牛 4 号染色体上，由 22 个外显子和 21 个内含子组成，其在哺乳动物胎盘的生长发育中发挥重要作用。2016 年，Wu 等在长白山黑牛（日本和牛与中国本土延边黄牛杂交而成的 F_1 代商品牛）上研究了 *GRB10* 基因的 SNP 位点与牛超排卵性状之间的关系，他们的测序结果显示该基因存在点突变，统计分析显示突变与超排卵性状有显著相关性。从杂合子中收集到的大量胚胎表明，*GRB10* 基因的突变对恢复的胚胎数量有显著影响，但对胚胎质量没有影响。因此，*GRB10* 基因可作为供体选择的有用生物标志物。

四、*HIF-3α* 基因的分子遗传特征

HIF-3α（hypoxia inducible factor 3 subunit alpha）基因全称为缺氧诱导因子-3 亚单位 α 基因，位于牛 18 号染色体上，由 16 个外显子和 15 个内含子组成，与低氧损伤有关。2015 年，Deng 等利用 PCR-RFLP 技术检测了 300 头长白山黑牛 *HIF-3α* 基因中的 SNP。克隆和测序结果表明，该多态性是由 *HIF-3α* 基因 278 bp 位置的点突变引起的，产生 3 种基因型（*AA*、*AB* 和 *BB*）。关联分析表明，多态性对未受精胚胎数量（NUE）有显著影响（$P<0.05$），因此，该基因可作为一个有用的生物标志物，用于供体选择、超排卵改善和辅助生育。

五、FSHR 基因的分子遗传特征

FSHR（follicle stimulating hormone receptor）基因全称为卵泡刺激素受体基因，位于牛 11 号染色体上，由 10 个外显子和 9 个内含子组成，FSHR 介导卵泡刺激素（FSH）的功能，在生殖过程中起着重要作用。Yang 等（2014）研究了鲁西牛的 FSHR 基因多态性，并分析了其与胚胎移植后妊娠率和胚胎移植当天激素浓度的关系。分析了位于 FSHR 基因 5′UTR 区域的一个已报道的 SNP：g.278G＞A，在 132 头鲁西牛中检测到 3 种基因型（GG、GA 和 AA）。统计分析表明，GG 基因型受体在胚胎移植当天雌激素水平显著高于 GA 和 AA 基因型受体。胚胎移植后，不同基因型的受孕率无显著差异。他们的结论是，这些基因位点的变异对鲁西牛的妊娠率没有显著影响。

六、PGR 基因的分子遗传特征

PGR（progesterone receptor）基因全称为孕激素受体基因，位于牛 15 号染色体上，由 9 个外显子和 8 个内含子组成，介导孕激素的生物学效应，在妊娠的建立和维持中发挥核心作用。2013 年，Tang 等检测了鲁西牛 PGR 基因的多态性，并分析了其与胚胎移植后妊娠率和胚胎移植当天激素浓度的关系。在 132 头鲁西牛受体中，分析了已经报道的 PGR 基因的 1 个 SNP——g.59752G＞C。g.59752 GG 基因型和 g.59752 GC 基因型的妊娠率明显高于 g.59752 CC 基因型。此外，高妊娠率基因型组在胚胎移植当天孕酮浓度高，雌激素浓度低。这些结果首次表明 PGR 基因的 g.59752G＞C 多态性对胚胎移植后的妊娠率有明显影响，提示 PGR 基因的 g.59752G＞C 多态性可能是胚胎移植受体选择的潜在标记。

七、ESRα 基因的分子遗传特征

ESRα（estrogen receptor alpha）基因全称为雌激素受体 α 基因，位于牛 4 号染色体上，由 15 个外显子和 14 个内含子组成。ESRα 介导雌激素的生物学效应，在妊娠的建立和维持中发挥核心作用。2013 年，Tang 等检测了鲁西牛 ESRα 基因的多态性，并分析了其与胚胎移植后妊娠率和胚胎移植当天激素浓度的关系。在鲁西牛的 132 个受体中，分析了一个在 ESRα 基因上发现的新的 SNP 突变——g.75935G＞C。ESRα 基因 g.75935 GC 和 g.75935 CC 基因型的妊娠率明显高于 g.75935 GG 基因型。此外，高受孕率基因型组在胚胎移植当天孕酮浓度高，雌激素浓度低。这些结果首次表明 ESRα 基因的 g.75935G＞C 多态性对胚胎移植后的妊娠率有明显影响，提示 ESRα 基因的 g.75935G＞C 多态性可能是胚胎移植受体选择的潜在标记。

八、RXRG 基因的分子遗传特征

RXRG（retinoid X receptor gamma）基因全称为类视黄醇 X 受体 γ 基因，位于牛 3 号染色体上，由 11 个外显子和 10 个内含子组成。研究人员对 RXRG 基因作为牛双胎性状的候选基因进行了研究。在 3′-UTR 检测到一个新的 SNP 位点——g.1941A＞G，采用 RFLP 法测定了鲁西单胎牛、鲁西双胎牛、中国西门塔尔牛、安格斯牛和西门塔尔牛×蒙古牛的不同基因型。多态性信息含量值表明，鲁西单胎牛和鲁西双胎牛的多态性为中度多态性，且鲁西双胎牛的多态基因座不符合哈迪-温伯格平衡。鲁西牛双胎或单胎性状在该 SNP 位点的不同基因型之间差异极显著。

九、ADCY5 基因的分子遗传特征

腺苷酸环化酶 5（adenylate cyclase 5，ADCY5）是脂质和甾体代谢的重要调节因子，ADCY5 基因位于牛 1 号染色体上，由 21 个外显子组成。ADCY5 是腺苷酸环化酶家族的一员，以调节多种神经精神疾病（如帕金森病）相关的锥体外系运动系统而闻名，ADCY5 基因多态性也与机体的糖代谢异常、糖尿病和肥胖等有关。在已报道的全基因组关联分析中，ADCY5 的变异被证实与人类妊娠期有关，该基因变异与胎儿的低出生率、初生重及胎盘重量等密切相关。2021 年蓝贤勇教授团队成员李洁等采用 8 对引物对 768 例健康且处于同一生理阶段（未发情期）的成年荷斯坦牛的单侧卵巢样本的基因组 DNA 进行插入/缺失（InDel）筛选，发现了 ADCY5 基因 3 个新 InDel 变异，分别为 rs385624978（P3-D11-bp）、rs433028962（P5-I19-bp）和 rs382393457（P8-D19-bp），其最小等位基因频率（MAF）分别为 0.188、0.365 和 0.06。其中，P3-D11-bp 位点多态性与卵巢宽度和黄体直径均显著相关；而 P5-I19-bp 位点与白体直径相关性显著，且纯合突变型个体的白体直径大于其他基因型的个体，这提示 ADCY5 可作为奶牛繁殖分子标记辅助选择育种中新的靶基因。

十、HSD17B3 基因的分子遗传特征

17β-羟基类固醇脱氢酶 3 型（17β-hydroxysteroid dehydrogenase 3，HSD17B3）是脂质和甾体代谢的重要调节因子，HSD17B3 基因位于牛 8 号染色体上，由 11 个外显子组成。作为雌激素合成的前体物质，雄激素（如睾酮）可以通过激活 17β-羟基类固醇脱氢酶（HSD17B）参与雌激素合成，而 HSD17B3 正是睾酮合成的关键催化剂。已有研究表明，在雌性激素受体基因敲除小鼠的卵巢中，HSD17B3 的异常表达导致血浆睾酮水平升高。在正常女性和多囊卵巢综合征女性中也检测到假两性畸形患者 HSD17B3 基因的错义突变。2021 年蓝贤勇教授团队成员李洁博士等通过检测 1110 个健康的、处于同一生理阶段（未发情期）的成年荷斯坦牛的单侧卵巢发现，无论是在转录水平还是翻译水平，HSD17B3 基因在牛的各组织内都广泛表达且在卵巢组织中为高表达。此外，李洁等还鉴定到牛 HSD17B3 基因的 3 个 InDel 多态性位点，分别为 P1-D15-bp（内含子 2）、P4-D19-bp（内含子 19）和 P5-I5-bp（下游 200 bp）。经群体验证后发现，三者的最小等位基因频率（MAF）为 0.180～0.482，多态性信息含量（PIC）为 0.296～0.499。此外，性状关联分析结果显示：P1-D15-bp 和 P4-D19-bp 与卵巢大小显著相关，而 P5-I5-bp 与卵巢重量显著相关；卵巢体积与 P4-D19-bp 和 P5-I5-bp 的多态性均显著相关；P4-D19-bp 或 P5-I5-bp 的基因型为缺失/缺失（DD）的奶牛，其卵巢体积更大，这与卵巢重量

（P5-I5-bp）和卵巢高（P4-D19-bp）的趋势也一致。P4-D19-bp 的多态性还与成熟卵泡数量显著相关。此外，*HSD17B3* 基因的表达水平在卵巢重量或卵巢体积的最大组和最小组之间差异显著，提示 *HSD17B3* 基因可能通过改变表达量来影响卵巢相关性状。而且，李洁等进一步预测到 P1-D15-bp 和 P4-D19-bp 可以分别影响转录因子 GATA 绑定蛋白 GATA-1、下游转录调控因子 USF 与 *HSD17B3* 基因的结合，表明所检测到的内含子突变可能通过调节转录因子与 *HSD17B3* 基因的结合来影响 *HSD17B3* 的转录，进而影响卵巢重量等繁殖相关性状。

十一、*SEPT7* 基因的分子遗传特征

隔蛋白 7（septin 7，SEPT7）基因，为 *septin* 基因家族的成员之一，其编码蛋白具有鸟苷三磷酸酶（GTPase）活性，现已被证实与肿瘤发生及精子细胞分化、成熟和运动有密切关系。*SEPT7* 基因位于牛 4 号染色体上，包含 19 个外显子。*SEPT7* 参与细胞的发育及分化。*SEPT7* 敲除会引起 C2C12 细胞（小鼠肌母细胞系）形态改变，而 *SEPT7* 过表达会影响神经胶质瘤细胞的迁移及神经树突的发育。此外，*SEPT7* 还与多种疾病，如唐氏综合征和糖尿病有关。近年来，*SEPT7* 基因还被证实与生殖相关。在特发性弱精子症患者中 *SEPT7* 表达水平显著降低，揭示了其对雄性生殖细胞也有一定的调控作用，但关于 *SEPT7* 对雌性生殖能力影响的研究仍较欠缺。先前的研究表明，*SEPT7* 是 miRNA 家族重要成员 miR-202 的靶基因，miR-202 可以下调 *SEPT7* 基因的表达，且精源 miR-202 靶向 *SEPT7* 并通过细胞骨架重塑调节牛胚胎的首次卵裂。考虑到 miR-202 同时也参与卵泡的发育、类固醇的生成以及卵母细胞的成熟，所以 miR-202 可能通过靶向 *SEPT7*，而对雌性生殖细胞的发育进行调节。2023 年，蓝康澍等选取 408 头中国荷斯坦奶牛为研究对象，根据 Ensembl 数据库筛选了 *SEPT7* 基因中的插入/缺失（InDel）位点，通过 PCR-琼脂糖凝胶电泳技术进行多态性检测，最终筛选出具有多态性的突变位点 rs526657655（NCBI 数据库显示缺失序列 CACACACACACACG），检测到 3 种基因型：*II*（野生型）、*ID*（杂合缺失突变型）和 *DD*（纯合缺失突变型）。对 PCR 产物进行测序后，发现发生在该位点的缺失突变序列与 NCBI 数据库上的序列不符（CACACACAG），所以发生在该位点的突变为一个新的缺失突变。SPSS 软件分析结果显示，该突变位点与卵巢的长度显著相关（$P<0.05$），且 *DD* 基因型个体的卵巢较 *ID* 基因型和 *II* 基因型个体的卵巢长。该位点基因型分布属于中度多态（$0.25<PIC<0.5$）。上述实验研究结果表明 *SEPT7* 基因对卵巢性状具有潜在影响，可被用作母牛高繁殖力个体筛选的分子标记。

十二、*ITGβ5* 基因的分子遗传特征

整合素控制细胞与细胞外基质（ECM）的黏附，并参与细胞-细胞和细胞-ECM 的相互作用。当 ECM 配体与整合素结合时，几种信号蛋白和接头蛋白被招募到整合素胞浆结构域，激活下游信号通路。据报道，整合素对细胞的生命活动也有显著影响。此外，精子和卵母细胞之间的融合也依赖于细胞间和细胞外基质的相互作用。整合素 β5（integrin β5，*ITGβ5*）基因位于牛 1 号染色体上，由 16 个外显子和 15 个内含子组成。

该基因影响细胞运动和迁移，以及与细胞生长、分化和凋亡相关的信号通路，可能在卵巢发育中具有至关重要的作用。前期研究结果表明，该基因对小鼠卵巢发育、牛卵泡大小和牛卵泡生长有显著影响，有文献报道，由于 *ITGβ5* 控制细胞增殖和凋亡，其在卵巢卵泡选择中至关重要，相对于小卵泡，*ITGβ5* 在大卵泡中的表达上调。综上，*ITGβ5* 在受精、胚胎形成和胚胎着床等阶段发挥多种重要作用。近期研究表明，全基因组关联分析支持 *ITGβ5* 作为牛繁殖力选育的候选基因。2021 年，蓝贤勇教授团队赵佳宁等通过设计 *ITGβ5* 基因内 6 个潜在插入/缺失（InDel）多态性位点的特异性引物，并收集来自不同母牛个体的 696 份卵巢样本，进行遗传变异检测。根据基因组测序结果，将这 6 个潜在变异位点与 NCBI 数据库中可获得的基因组序列及其下游区域进行比对，以供参考。在 6 个潜在变异位点中，位于牛 *ITGβ5* 基因下游 4000 bp 的 rs522759246（g.69192856-69192868 del GTCAGATACGGGA），即 primers 1 deletion-13 bp（P1-D13-bp）位点具有多态性。该 InDel 位点呈现 3 种不同的基因型：纯合插入/插入（*II*）、纯合缺失/缺失（*DD*）和杂合插入/缺失（*ID*）。其中，等位基因 D 的频率为 0.152，多态性信息含量（PIC）为 0.224，呈低度多态性。重要的是，对 P1-D13-bp 位点多态性与卵巢表型性状进行了相关性分析，结果表明，P1-D13-bp 与卵巢宽度显著相关，与分泌孕酮的黄体直径极显著相关。鉴于卵巢和黄体在生殖中的重要性，推测 *ITGβ5* 对母牛繁殖力有显著影响，该基因多态性可以用作分子标记。

十三、*DENND1A* 基因的分子遗传特征

DENND1A（differentially expressed in normal and neoplastic cells domain-containing protein 1A）基因位于牛 11 号染色体上，由 24 个外显子和 23 个内含子组成，编码内涵体膜转运蛋白，其具有三方 N 端，差异表达于正常细胞和肿瘤细胞中的 DENN 结构域。DENN 结构域作为 rab 特异性鸟嘌呤核苷酸交换因子，它通过与小 GTP 酶 Rab35 相互作用，促进内吞作用和受体介导的转运。*DENND1A* 在小鼠中被敲除会影响原始生殖细胞的发育，并导致小鼠胚胎死亡，这表明与细胞信号转导有关的 *DENND1A* 是胚胎器官系统发育所必需的。据报道，*DENND1A* 基因与磷酸肌醇-3-磷酸、脂质和其他内吞/内体蛋白相关，因此，它可能调节胰岛素和黄体生成素（LH）受体转换，并影响卵巢功能。此外，*DENND1A* 的变异还与加拿大荷斯坦奶牛的胚胎生产性状（胚胎总数和活胚胎数）相关。几项 GWAS 研究已将 *DENND1A* 基因确定为奶牛繁育相关的潜在候选基因。2021 年，郑娟善等在 1064 头荷斯坦奶牛中鉴定出了 2 个 InDel 位点，即 P4-del-26-bp 和 P8-ins-15-bp，每个 InDel 位点均呈现 3 种不同的基因型：纯合插入/插入（*II*）、纯合缺失/缺失（*DD*）和杂合插入/缺失（*ID*），最小等位基因频率（MAF）（即缺失型等位基因 D 的频率）分别为 0.471 和 0.230；通过分析单倍型组合，得到了 4 种不同的组合基因型。根据性状关联分析结果，P4-del-26-bp 与卵巢宽度和黄体直径显著相关，P8-ins-15-bp 与卵巢宽度、卵巢重量、成熟卵泡数、成熟卵泡直径呈显著相关性。此外，组合基因型的关联分析结果还表明，2 个 InDel 的组合基因型与卵巢宽度、卵巢重量、黄体直径和成熟卵泡直径显著相关，其中，*DD*26-*ID*15 的基因型组合被发

现是卵巢宽度和黄体直径的最佳组合基因型。相反，*II*26-*II*15 和两种组合（*II*26-*ID*15 和 *ID*26-*ID*15）分别是卵巢重量和成熟卵泡性状的最佳组合基因型。这表明最佳组合基因型与各位点的优势基因型相关。因此 *DENND1A* 基因的 2 个 InDel 突变及其组合与牛繁殖性状有潜在的相关性，可以在牛繁殖性能选育的标记辅助选择（MAS）中发挥重要作用。

十四、*PROP1* 基因的分子遗传特征

PROP1（Prophet of paired-like homeobox 1）基因，位于牛 7 号染色体上，包含 4 个外显子和 3 个内含子。*POU1F1* 基因是 POU1F1 通路中的关键基因，受 PROP1 转录因子的调控，*PROP1* 和 *POU1F1* 基因突变对人和小鼠垂体发育有显著影响。*PROP1* 基因在垂体中特异性表达，在垂体促性腺激素、生长激素、催乳素和促甲状腺素的发生中起重要作用。由 POU1F1 信号通路基因与奶牛群体部分繁殖性状的显著关联可见，该信号通路基因多态性与奶牛的雌性和雄性繁殖性状有关。2013 年，蓝贤勇等在 1951 头荷斯坦牛群体中发现 *PROP1* 基因第 173 氨基酸位发生错义突变，即组氨酸突变为精氨酸（p.His173Arg）；相关分析发现，该基因外显子 3 的 p.His173Arg 错义突变与公牛受孕率（sire conception rate，SCR）降低显著相关。此外，该突变还与奶牛生产寿命、蛋白质产量和净值指数增加显著相关。

十五、总结与展望

普遍认为，牛为单胎动物。黄牛通常一胎仅产一犊，与其他畜禽相比繁殖周期十分漫长，这严重制约了黄牛产业的发展。牛在自然状态下的双胎率不足 3%，20 世纪在黄牛繁殖性状上的研究主要集中在传统遗传选择、激素诱导和激素免疫上，都或多或少存在着周期过长或效率不稳定等问题。近二十年来，科研人员对黄牛繁殖性状的研究则主要集中在了功能性基因及其多态性位点的辅助育种选择上。中国黄牛繁殖性状的主要研究则集中在了双胎率较高的鲁西牛及部分杂交牛上，所选择出的基因及位点也多与雌激素相关受体有关。而受限于过长的繁殖周期和过低的自然多胎率，进一步的研究在个体采集和性状指标收集上也面临着巨大的困难。下一步我国黄牛的繁殖性状相关基因研究可以考虑在小家系中进行多代次的采集和记录，通过新一代高通量测序技术实现精细化分析与挖掘。

第三节 生长相关基因的分子遗传特征

我国地方黄牛品种遗传资源丰富，具有适应性和繁殖能力强、耐粗饲、有害性状的遗传频率低等优点。但目前本土黄牛品种的日粮转化效率及生长速率与国外商品化品种仍存在一定差距。提高本土黄牛生长性状、增加牛肉产量是目前亟待解决的问题之一。在家畜育种过程中，通过对生长性状相关的基因多态性位点进行发掘、深入探究多态性与生长性状之间的连锁遗传关系，可有效促进分子标记辅助育种、提高育种效率、加快

我国黄牛育种进程。本节将对目前国内黄牛与生长性状相关的分子育种研究现状进行概括与总结。

一、*NPC*家族基因的分子遗传特征

NPC1（nuclear pore complex intracellular cholesterol transporter 1）基因，即核孔复合物细胞内胆固醇转运蛋白 1 基因，位于牛 24 号染色体上，由 25 个外显子和 24 个内含子组成；*NPC2*（nuclear pore complex intracellular cholesterol transporter 2）基因位于牛 10 号染色体上，由 4 个外显子和 3 个内含子组成。*NCP1*与*NCP2*基因与 C 型尼曼氏病有关，在机体脂类代谢中起着重要作用，参与 SREBP 信号通路中胆固醇的运输过程。2015 年，党永龙对 4 个中国黄牛品种共计 1168 头牛（秦川牛 518 头、晋南牛 205 头、郏县红牛 273 头、南阳牛 172 头）的*NPC1*与*NPC2*基因进行了遗传变异位点检测，发现*NPC1*基因上有 4 个 SNP 位点，分别是 g.10710G＞A、g.21992C＞T、g.22007C＞T 和 g.36976T＞C；*NPC2*基因上有 3 个 SNP 位点，分别是 g.T2456C、g.T4762C 和 g.A8349G（图 11-4）。经关联分析发现，在 2.0 岁龄的秦川牛群体中，*NPC1*-g.36976T＞C 与体重显著相关（$P<0.05$），在 3.5 岁龄的秦川牛群体中，*NPC1*-g.10710G＞A 与胸围、腰角宽和体重显著或极显著相关（$P<0.05$ 或 $P<0.01$），由于*NPC1*-g.21992C＞T 和*NPC1*-g.22007C＞T 具有强连锁关系，这两个位点均与腰角宽显著相关（$P<0.05$）。*NPC1*基因组合基因型与胸围、腰角宽和体重极显著相关（$P<0.01$），基因型为*H2H6*（AG-CC-CC-TT）的个体是表型较大的个体。在 2.0 岁龄的晋南牛群体中，*NPC2*-g.T2456C 位点与体高、十字部高、体长、胸围和体重显著或极显著相关（$P<0.05$ 或 $P<0.01$），*NPC2*-g.T4762C 位点与十字部高、胸围和体重显著相关（$P<0.05$）；*NPC2*-g.A8349G 位点与十字部高显著相关（$P<0.05$）；*NPC2*基因组合基因型与十字部高、胸围和体重显著相关（$P<0.05$），组合基因型为*H05H05*（CT-TT-AA）的个体是具有较大体尺表型的个体。在 2.0 岁龄的秦川牛群体中，*NPC2*-g.A8349G 与胸围、尻长和体重显著相关（$P<0.05$），在这个群体中，*NPC2*组合基因型与体高显著相关（$P<0.05$），*H02H07*（CT-CT-GG）个体是体高表型较优个体。

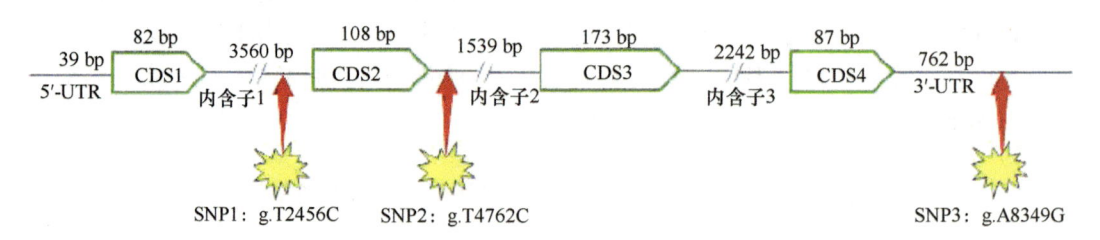

图 11-4　牛*NPC2*基因上 3 个 SNP 位点位置示意图
CDS. 编码区（coding sequence）

二、*GLI3*基因的分子遗传特征

GLI3（glioma-associated oncogene family zinc finger 3）基因全称为神经胶质相关癌

基因家族锌指3基因，位于牛4号染色体上，由16个外显子和15个内含子组成。*GLI3*基因是*GLI-Kruppel*基因家族中的一员，该家族还包括*GLI1*和*GLI2*，这3个基因编码的转录因子高度同源，都有5个保守的串联锌指结构以及特异性的组氨酸-半胱氨酸序列。*GLI-Kruppel*基因家族可介导所有脊椎动物的hedgehog（Hh）信号通路，并对无脊椎动物和脊椎动物发育过程中诱导和形成多种细胞类型有重要作用。2013年，Huang等在187头南阳牛、287头秦川牛、139头郏县红牛以及95头中国荷斯坦牛中检测了*GLI3*基因的遗传变异，通过聚合酶链反应-单链构象多态性（PCR-SSCP）和DNA池测序共鉴定了6个单核苷酸多态性（SNP），分别为SNP1——g.8143A>G、SNP2——g.123600T>C、SNP3——g.123696T>C、SNP4——g.128688A>G、SNP5——g.205649T>C、SNP6——g.205754A>C，包括牛*GLI3*基因内13个外显子和12个外显子-内含子边界。在708个个体中，发现了16个单倍型和13个组合基因型，并对连锁不平衡进行了评价。统计分析表明，SNP2、SNP3、SNP4与南阳牛种群初生重和6月龄体重显著相关（$P<0.05$）。11个组合基因型与5个不同年龄的体重无显著相关性。这些研究结果表明*GLI3*基因的多态性与生长性状存在关联，因此可能在肉牛育种计划中作为标记辅助选择的依据。

三、*STAM2*基因的分子遗传特征

STAM2（signal transducing adaptor molecule 2）基因全称为信号转导衔接分子2基因，位于牛2号染色体上，由15个外显子和14个内含子组成。该基因参与多种细胞因子和生长因子介导的细胞内信号转导，如在IL-2（白细胞介素2）和GM-CSF（粒细胞-巨噬细胞集落刺激因子）介导的信号转导中参与DNA合成和c-myc诱导，同时在T细胞发展中发挥作用。此外，当与内吞体运输必需分选复合物（endosomal sorting complex required for transport，ESCRT）复合时，*STAM2*通过多泡体（MVB）参与受体酪氨酸激酶的下调。在对中国武川黑牛品种的分析中，Yang等（2013）检测了159个个体*STAM2*基因启动子区的遗传变异，发现了7个SNP（g.523A>C、g.390A>C、g.324A>T、g.102G>A、g.46A>G、g.4G>T和g.37T>C）。对核心启动子区生物信息学软件分析表明，SNP在RNA二级结构、CpG岛、转录因子结合位点等方面对*STAM2*基因启动子的功能和结构有显著影响。关联分析表明，g.102G>A与该种群的肩高、胸围、管围、胸宽和臀高显著相关，研究者认为g.102G>A是牛生长性能有用的SNP标记。*AA*基因型个体的肩高、胸围、胸宽和臀高平均值均高于*GG*和*AG*基因型个体。*STAM2*基因的这种SNP可应用于标记辅助选择以提高牛的生长性能。

四、*Pax7*基因的分子遗传特征

Pax7（paired box 7）基因是沉默配对盒基因家族的成员，是肌卫星细胞的标记基因，位于牛2号染色体上，由8个外显子和7个内含子组成，其参与肌发生的多步骤过程，可调控干细胞向肌原性细胞的转化，参与骨骼肌的发育和再生，在肌卫星细胞的再生、存活、抗凋亡和自我更新中发挥重要作用，*Pax7*基因在肌卫星细胞的分层和迁移中也是必需的。

Pax7 作为一种转录因子，可以通过激活 Myf5 和 MyoD 这两种肌生决定基因来调控细胞进入肌生程序。此外，大量研究报道 Pax7 还是微 RNA（microRNA）如 miR-1、miR-206、miR-486 和 miR-682 的重要靶基因。这些 microRNA 在成肌细胞分化过程中被诱导，并直接靶向 Pax7 的 3′-UTR 下调其表达。总之，Pax7 在肌肉发育中的基本作用，使它可成为牛生长性状的候选基因。2013 年 Xu 等通过 DNA 池测序和 aCRS-RFLP 方法检测中国 5 个黄牛品种 1441 头牛（南阳牛 220 头、郑县红牛 398 头、秦川牛 425 头、鲁西牛 165 头、草原红牛 233 头）的 Pax7 基因多态性，在最后一个内含子发现了 3 个 SNP：SNP1（g.103688G>A）、SNP2（g.103735T>C）和 SNP3（g.103764A>T）。3 个位点的 G、T 和 A 等位基因频率在分离或组合时始终占优势。统计学分析显示，3 个 SNP 与体高、体重、胸围、腰围等体尺性状均表现出不同程度的显著相关性。此外，对单个 SNP 和组合基因型的分析发现，显著效应仅在早期生长阶段（6 月龄和 12 月龄）被检测到，而在 18 月龄或 24 月龄没有发现显著效应，这可能与 Pax7 主要参与骨骼肌发育初始阶段的功能一致。提示 Pax7 基因变异及其相应基因型可作为牛育种中性状选择的分子标记。

五、TMEM18 基因的分子遗传特征

跨膜蛋白 18 基因（TMEM18）在中枢神经系统中表达，其位于牛 8 号染色体上，由 5 个外显子和 4 个内含子组成。全基因组关联分析（GWAS）发现 TMEM18 基因与人类肥胖和体重指数（BMI）有关。马伟（2012）通过 DNA 测序在牛 TMEM18 基因中检测到两个新的单核苷酸多态性（SNP），即 g.3835G>A（错义突变：aa.Gly>Ser）和 g.3865A>G，通过用聚合酶链反应-限制性片段长度多态性（PCR-RFLP）和 Forced PCR-RFLP 方法对 1218 个中国本地牛个体的两个 SNP 进行基因分型。在南阳牛中，在 g.3835G>A 位点，其 SNP 与生长性状（尤其是体重和体高）的相关性更高。在 g.3865A>G 位点，AA 基因型的南阳牛个体的体重、平均日增重、胸围、体长（$P<0.05$）、身高和骨宽度（$P<0.01$）高于 GG 基因型。此外，XspI-MluI 组合对南阳牛生长特性的影响表明，在 6 月龄的南阳牛中，AAGG 组合基因型比 GGAG 具有更高的体重、体长、胸围和平均日增重（$P<0.05$）。

六、GHRHR 基因的分子遗传特征

GHRHR（growth hormone-releasing hormone receptor）基因全称为生长激素释放激素受体基因，位于牛 4 号染色体上，由 15 个外显子和 14 个内含子组成。GHRHR 基因主要表达于垂体，并定位于垂体前叶，其在调节生长激素轴以及垂体生长激素分泌细胞的发育和增殖中具有重要功能。此外，小鼠 GHRHR 基因中的某些突变还可诱发侏儒症。2012 年，Zhang 等使用 PCR-SSCP 和 DNA 测序鉴定了 GHRHR 基因 5′-UTR 中的一种新型 SNP（NM_181020：c.102C>T），揭示了 GHRHR 基因的多态性与 3 种中国牛（南阳牛 220 头、秦川牛 114 头、郑县红牛 142 头）的生长特性之间的关联性，NM_181020：c.102C>T 等位基因频率为 0.926～0.956。研究还发现该基因座与南阳牛的 6 月龄体重、0～6 月龄平均日增重以及 6～12 月龄平均日增重显著相关（$P<0.05$）。数据分析表明 GHRHR 基因可能是南阳牛育种的分子标记候选基因。

七、*AZGP1* 基因的分子遗传特征

AZGP1（alpha-2-glycoprotein 1）基因，又称 *ZAG*（*zinc-a2-glycoprotein*）基因，位于牛 25 号染色体，由 4 个外显子和 3 个内含子组成。AZGP1 参与脂质代谢且与恶病质患者的脂肪组织萎缩相关，此外，还与精子活力和受精有关。为了确定牛 *AZGP1* 基因是否存在突变，Zhang 等（2012a）通过 PCR-SSCP 和 DNA 测序技术联合策略研究了 *AZGP1* 基因的变异，在 6 个独立群体的 649 头牛中发现了 *AZGP1* 基因的 4 个错义突变，分析了 3 个中国地方牛品种的单倍型频率和连锁不平衡系数。研究结果表明，*AZGP1* 基因的多态性与牛的生长性状相关，可用于牛的标记辅助选择。

八、*Angptl4* 基因的分子遗传特征

Angptl4（angiopoietin-like protein 4）基因全称为血管生成素样蛋白 4 基因，位于牛 7 号染色体上，由 7 个外显子和 6 个内含子组成，是一种与脂质和能量代谢相关的分泌蛋白编码基因。Ma 等（2011）通过实时荧光定量 PCR 检测了 *Angptl4* 基因在南阳牛不同组织中的表达谱，发现 *Angptl4* 基因在背部脂肪和腹部脂肪中高表达。同时通过 DNA 测序发现 3 个 SNP（g.1145T>C、g.1422T>C 和 g.5095T>A）（图 11-5）。对 424 头中国地方牛进行了 *Angptl4* 基因的连锁不平衡分析和单倍型构建。从 SNP1422 和 SNP5095 中获得 4 个不同的单倍型（*CA、CT、TA* 和 *TT*）。所鉴定出的遗传变异与部分生长性状的关联分析表明，SNP1422 和 SNP5095 位点 *CCTT* 组合基因型个体的体高、体斜长、臀宽和十字部高显著高于 *TTTT* 组合基因型个体。通过对 SNP1422 基因型的关联分析，发现 *CC* 基因型个体在体高、体斜长、胸围、臀宽、十字部高和体重方面均高于 *TT* 基因型个体。

九、*GHRL* 基因的分子遗传特征

GHRL（ghrelin and obestatin prepropeptide）全称为胃促生长素和食欲抑制激素前体多肽，是一种脑肠肽，具有释放生长激素和诱导食欲的活性。*GHRL* 基因位于牛 22 号染色体上，由 5 个外显子和 4 个内含子组成，主要表达于胃黏膜，在控制食物摄入、胃酸分泌、能量平衡中起调控作用；2011 年，Sun 等对 1173 头中国地方黄牛（中国荷斯坦牛 473 头、南阳牛 390 头、秦川牛 136 头、郏县红牛 100 头、晋南牛 74 头）的 *GHRL* 基因遗传变异进行了检测，在 *GHRL* 基因上发现了 11 个突变位点，分别是 g.267G>A、g.271G>A、g.290C>T、g.326A>G、g.327T>C、g.420C>A、g.569A>G、g.945C>T、g.993C>T、g.4491A>G、g.4644G>A；在所有的突变位点中，SNP 位点与牛的初生重和体斜长之间存在显著相关性（$P<0.05$）。

十、*IGFBP-5* 基因的分子遗传特征

IGFBP-5（insulin-like growth factor binding protein 5）基因，即胰岛素样生长因子结合蛋白-5 基因，位于牛 2 号染色体上，由 4 个外显子和 3 个内含子组成。IGFBP-5 在牛

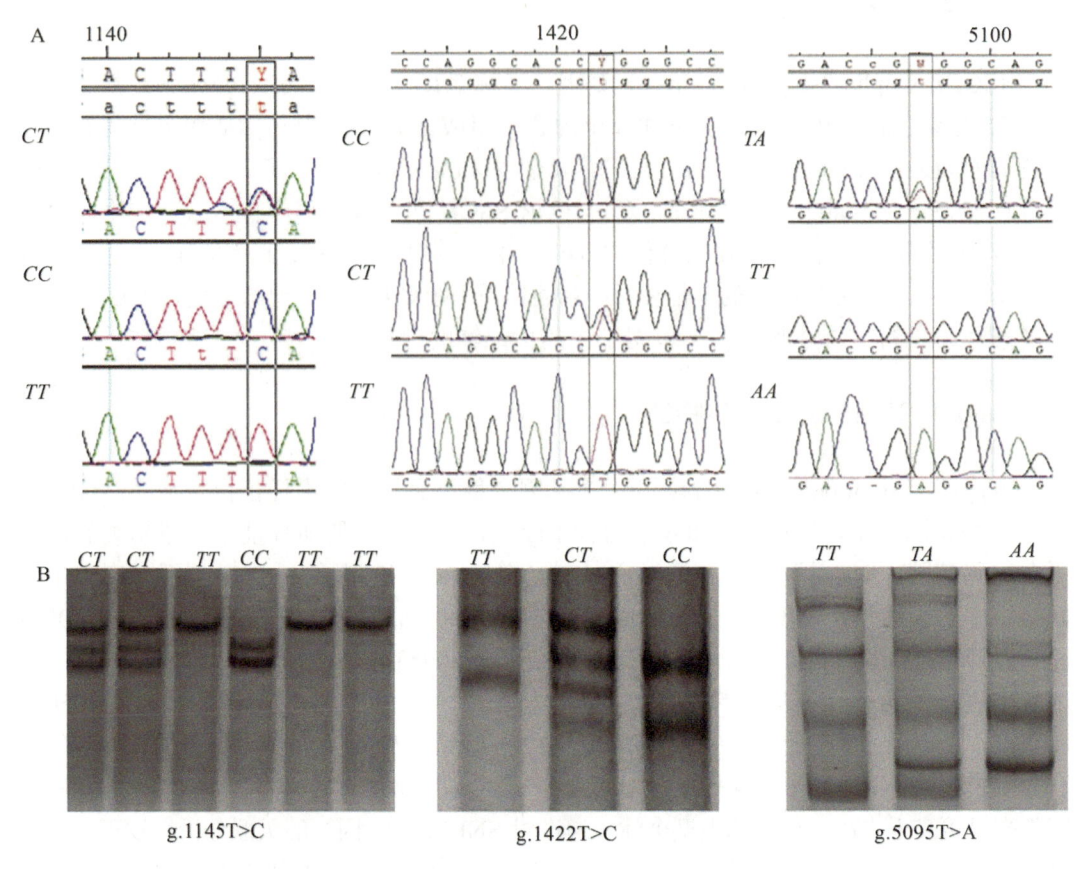

图 11-5　6 个群体 Angptl4 基因不同基因型的序列分析

A. 牛 Angptl4 基因中 3 个 SNP 的测序图；B. 牛 Angptl4 基因 SNP 的 PCR-SSCP 电泳图谱

肌细胞发育、奶牛泌乳等过程中起重要作用。2011 年，Xue 等选取 6 个牛品种或群体（鲁西牛、鲁西与西门塔尔杂交牛、南阳牛、夏南牛、郑县红牛和秦川牛）的 779 头牛检测了 IGFBP-5 基因的遗传变异，在所有品种中，GG 基因型个体的坐骨端宽平均值均低于 AA 和 AG 基因型个体（$P<0.05$）。最小二乘法分析还显示，基因型对秦川牛、郑县红牛和鲁西牛的胸围，郑县红牛的体斜长，鲁西牛的体高和南阳牛的体高具有显著影响（$P<0.05$）。

十一、PCSK1 基因的分子遗传特征

PCSK1（proprotein convertase subtilisin/type 1）基因，全称为前蛋白酶转化酶亚精氨酸/型 1 基因，也称 PC1/3、PC3 或 SPC3 基因，位于牛 7 号染色体上，由 14 个外显子和 13 个内含子组成，PCSK1 是一种内切酶，参与肽类激素前体的水解加工。2011 年，Shan 等对 734 头黄牛（南阳牛 244 头、秦川牛 189 头、郑县红牛 236 头、鲁西牛 65 头）的 PCSK1 基因进行遗传变异检测，发现了 3 个 SNP 位点，在初生重上发现显著的统计学差异。

十二、*Ghrelin* 基因的分子遗传特征

胃促生长素（ghrelin）是一种重要的肽类物质，能刺激动物摄食、调节能量平衡，*Ghrelin* 基因位于牛 22 号染色体上，由 5 个外显子和 4 个内含子组成。2012 年，Zhang 等通过 PCR-SSCP 和 DNA 测序，研究了 3 个中国黄牛群体 *Ghrelin* 基因的 SNP，分析了 5 个重叠的 DNA 片段，其中 3 个具有不同的基因型。在 *Ghrelin* 基因 –544～35 bp 区域（G-1）发现了 3 个基因型和 4 个 SNP（g.–415A>G、g.–414T>C、g.–321C>A、g.–172A>G），在 –1037～–509 bp（G-2）位点发现了 2 个基因型和 1 个 SNP（g.–726A>T）。在第 1 外显子、第 2 外显子和第 1 内含子中（G-4 基因座，+4～+427 bp）发现了 2 个基因型和 1 个 SNP（g.+205C>T，位于第 1 内含子）。这 6 个 SNP 在 5′-UTR 可能是转录因子的结合位点。在核心结合序列中发现 –415 bp 和 –414 bp 的 SNP 引起了位点的改变。虽然 –172 bp 位点的 SNP 没有改变结合位点，但同时产生了一个新的位点。3 个品种的基因型频率差异较大。方差分析结果显示，G-1 与 18 月龄南阳牛坐骨宽度（IW）显著相关（$P<0.05$）。对南阳牛 G-1 位点基因型与生长性状的最小二乘法分析表明，*CC* 基因型 18 月龄个体的坐骨宽度大于其他两个基因型。G-1 位点可作为牛生长发育性状的一个潜在候选遗传标记。

十三、*GDF10* 基因的分子遗传特征

GDF10（growth and differentiation factor 10）基因全称为生长分化因子 10 基因，位于牛 28 号染色体上，由 3 个外显子和 2 个内含子组成。该基因是胚胎和成人组织中细胞生长和分化的调节因子，同时也是骨形态生成蛋白（bone morphogenetic protein，BMP）最重要的成员之一。2012 年，Adoligbe 等检测了中国 5 个不同地方牛种群（鲁西牛 62 头、秦川牛 148 头、郏县红牛 71 头、南阳牛 48 头、夏南牛 38 头）*GDF10* 基因的多态性，从 367 头母牛中采集血样，按年龄分为 12～36 个月。采用 PCR-SSCP 方法检测 *GDF10* 基因的 SNP，并分析其与体尺性状的关系。分析发现 3 个 SNP：1 个在第 1 外显子（g.142G>A），2 个在第 3 外显子（g.11471A>G 和 g.12495T>C）。g.142G>A 和 g.12495T>C 都是同义突变，分别为 *GG*、*GA* 和 *PP*、*PB* 两种基因型。g.11471A>G 是一种导致丙氨酸转化为苏氨酸的错义突变。关联分析表明，3 个位点的多态性在秦川牛、郏县红牛和南阳牛群体中对体尺性状有显著影响。这些结果表明，*GDF10* 基因可能对上述牛群的体尺性状有潜在影响，可用于标记辅助选择。

十四、*RARRES2* 基因的分子遗传特征

RARRES2（retinoic acid receptor responder 2）基因全称为视黄酸受体应答者 2 基因，位于牛 4 号染色体上，由 9 个外显子和 8 个内含子组成。其编码一种新的脂肪因子蛋白，该蛋白在调节包括免疫反应、脂肪细胞分化、2 型糖尿病和代谢综合征在内的多种生理或病理过程中发挥重要作用。2012 年，Zhang 等采用 CRS-PCR、RFLP 和 DNA 测序等方法检测了 6 个牛品种 1300 头牛（秦川牛 219 头、郏县红牛 389 头、南阳牛 225 头、

草原红牛 220 头、鲁西牛 165 头和中国荷斯坦牛 82 头）*RARRES2* 基因的多态性。结果表明，在编码区有 3 个同义突变，分别为 NC_007302：g.117035859A＞G、g.117035706G＞A 和 g.117034290A＞G，在 3′-UTR 有 g.117033779C＞G 突变。此外，还分析了 4 个新 SNP 与 2 岁以下南阳牛生长性状的关系。在 P1-*Pvu*II 基因座，*BC* 基因型个体在 24 月龄时比 *AA*、*AC* 和 *AB* 基因型个体有更大的体高和股骨宽度。在 P3-*Bam*HI 基因座，24 月龄时 *AG* 基因型个体比 *GG* 基因型个体有更大的股骨宽度。这些结果表明 *RARRES2* 基因可能是分子标记辅助选择的潜在候选基因。

十五、*SH2B1* 基因的分子遗传特征

SH2B1（SH2B adaptor protein 1）基因编码了 SH2 结构域中包含介质家族的一个成员，位于牛 25 号染色体上，由 11 个外显子和 10 个内含子组成。*SH2B1* 基因编码的蛋白介导各种激酶的激活，并可能在细胞/生长因子受体信号转导及细胞转化过程中发挥作用。SH2B1 作为一种适配器蛋白，是瘦素敏感性、能量平衡、生长和体重的关键调节因子。SH2B1 最初被命名为 SH2-b，是 SH2B 家族的一员，包含保守的 N 端二聚化结构域（DD）、中央普列克底物蛋白同源性（PH）结构域和 C 端 Src 同源性 2（SH2）结构域。作为细胞信号转导的适配器蛋白，SH2B1 在中枢神经系统及脑、肝、肌肉和脂肪组织等外周组织中大量表达，此外，它还通过 SH2 结构域与多种蛋白结合。2012 年，Yang 等在 5 个中国牛品种的 1028 个个体中通过 PCR、RFLP 和 DNA 测序鉴定了 *SH2B1* 基因的 3 个 SNP，并研究了它们与南阳牛群体中几个生长性状的关系。5 个群体在多态性位点的遗传多样性都不高。连锁不平衡和单倍型频率分析显示，3 个 SNP 对生长性状均有显著影响。提示 SH2B1 可能参与调节牛的生长发育，*SH2B1* 基因可能是肉牛育种标记辅助选择的候选基因。

十六、*VEGF-B* 基因的分子遗传特征

VEGF-B（vascular endothelial growth factor-B）基因全称为血管内皮生长因子-B 基因，位于牛 29 号染色体上，由 7 个外显子和 6 个内含子组成。*VEGF*（血管内皮生长因子）家族由 *VEGF-A*、*VEGF-B*、*VEGF-C*、*VEGF-D*、*VEGF-E*、*VEGF-F* 和胎盘生长因子（*PLGF*）组成。*VEGF-B* 在心脏和胎儿出生后的大多数组织（包括肿瘤）中高表达，但在心肌和骨骼肌中含量最高。基因敲除试验表明，成年小鼠的正常心脏功能似乎需要 VEGF-B。VEGF-B 确切的生物学作用仍然不清楚，但最近的证据证实它既具有生理功能又具有病理功能。Pang 等（2012）采用 PCR-SSCP 和 DNA 测序方法，对中国 3 个地方黄牛品种 675 头牛（南阳牛 275 头、郏县红牛 143 头、秦川牛 257 头）*VEGF-B* 基因的 SNP 进行了检测，发现 3 个 SNP 和一个重复序列：g.782A＞G、g.1079C＞T、g.2129G＞A 和 g.1000-1001dup CT。还发现 *VEGF-B* 基因内含子 3 的多态性（g.1000-1001dup CT）与南阳牛体重存在显著相关性（$P<0.05$）。

十七、*KCNJ12* 基因的分子遗传特征

KCNJ12（potassium inwardly rectifying channel subfamily J member 12）基因全称为钾内向整流通道亚科 J 成员 12 基因，位于牛 19 号染色体上，由 4 个外显子和 3 个内含子组成。钾内向整流通道被磷脂酰肌醇 4,5-二磷酸激活，并可能参与控制可电刺激细胞的静息膜电位，同时可参与建立动作电位波形以及神经元和肌肉组织的兴奋性。*KCNJ12* 可能通过调节肌肉收缩和食物摄入而成为肌肉发育的候选基因。*KCNJ12* 基因在心肌细胞、神经元中普遍表达，在肿瘤治疗以及肌肉运动调节上发挥着重要作用，此外，在牛全基因组关联分析中还发现，*KCNJ12* 基因与牛体尺性状存在一定的关联性。2017 年，彭文文等以 *KCNJ12* 基因为研究对象，主要通过 PCR-RFLP 技术和 Tetra-primer ARMS-PCR（四引物扩增受阻突变系统 PCR）技术，在晋南牛（205 头）、夏南牛（243 头）和皮南牛（372 头）3 个中国黄牛品种中检测到 *KCNJ12* 基因存在 4 个 SNP 位点，分别为 SNP1（g.35992774T>G）、SNP2（g.35953919A>G）、SNP3（g.35989944T>C）和 SNP4（g.35956326G>A）。其中 SNP3（g.35989944T>C）位于第 3 外显子，等位基因 *T* 突变为 *C* 时，发生错义突变，对应氨基酸由半胱氨酸突变为精氨酸。在所研究的 3 个中国黄牛群体中，4 个位点的多态性信息含量均处于中度多态（0.25<PIC<0.5）。SNP1 位点与皮南牛的体高和腰角宽显著相关（$P<0.05$），与体斜长和胸围极显著相关（$P<0.01$）；SNP1 位点与晋南牛十字部高显著相关（$P<0.05$），与体斜长、胸围和尻长极显著相关（$P<0.01$）；与夏南牛十字部高显著相关（$P<0.05$），与胸围极显著相关（$P<0.01$）。SNP2 位点与晋南牛体高和胸围显著相关（$P<0.05$），与尻长极显著相关（$P<0.01$）；与夏南牛体高、十字部高和体重 3 个体尺性状均极显著相关（$P<0.01$），与管围显著相关（$P<0.05$）；与皮南牛十字部高显著相关（$P<0.05$），与体高、体斜长、胸围、腰角宽和尻长均极显著相关（$P<0.01$）。SNP3 位点与晋南牛胸围显著相关（$P<0.05$），与体高和十字部高极显著相关（$P<0.01$），*CC* 为优势基因型；与夏南牛胸围、腹围和体重极显著相关（$P<0.01$），*CC* 和 *CT* 为优势基因型；与皮南牛体高和尻长显著相关（$P<0.05$），与体斜长、十字部高、胸围和腰角宽极显著相关（$P<0.01$），*CC* 为优势基因型。SNP4 位点与晋南牛体斜长和胸围显著相关（$P<0.05$）；与夏南牛胸围极显著相关（$P<0.01$），与腹围显著相关（$P<0.05$）；与皮南牛体斜长、十字部高、胸围和腰角宽显著相关（$P<0.05$），与尻长极显著相关（$P<0.01$）。对秦川胎牛 6 种组织样的定量分析表明，该基因在试验的 6 种组织中，在肌肉组织中有最高表达量。在南阳牛、郏县红牛、吉安牛和广丰牛 4 个中国黄牛群体中检测了 *KCNJ12* 的 CNV 类型，并将其与生长性状进行了关联分析，发现 *KCNJ12* 的两个 CNV 与体高显著相关（$P<0.05$）。

十八、*PLA2G2D* 基因的分子遗传特征

PLA2G2D（phospholipase A2 group ⅡD）全称ⅡD 组磷脂酶 A2，是 PLA2 家族的成员，*PLA2G2D* 基因位于牛 1 号染色体上，由 4 个外显子和 3 个内含子组成。PLA2 家族主要是由催化水解磷脂形成的游离脂肪酸及溶血磷脂类的低分子量酶组成，这些酶参

与各种重要的生理过程，包括脂类代谢、细胞信号转导等。2014年，张良志等采用比较基因组杂交（comparative genomic hybridization，CGH）技术系统检测了12个中国黄牛品种、2个水牛品种和1个牦牛品种的基因组CNV。应用荧光定量PCR技术验证了9个拷贝数变异区域（copy number variant region，CNVR）候选位点。结果显示6个位点为阳性，阳性率为66.7%。挑选阳性CNVR分析了其对功能基因及表型性状的影响。结果显示CNVR14与*PLA2G2D*基因的mRNA表达显著负相关，CNVR14和CNVR237与地方黄牛体尺性状也显著负相关。

十九、*FHL1*基因的分子遗传特征

FHL1（four and a half LIM domains 1）基因全称为四个半LIM结构域蛋白1基因，在细胞增殖、分化和细胞骨架形成中发挥了重要的作用。该基因由13个外显子和12个内含子组成。2014年，徐瑶等对南阳牛和秦川牛基因组进行了高通量测序，通过GO（gene ontology）分析和通路（pathway）分析，初步确定了与肌肉生长发育相关的候选基因*FHL1*在牛肌肉组织中高表达，且与牛的一些重要数量性状如肌内脂肪含量、体高和脂肪酸含量等相关。*FHL1*与南阳牛6月龄坐骨端宽、18月龄体重、体斜长、胸围和日增重显著相关，且拷贝数增加类型的性状值显著高于拷贝数减少或者拷贝数不变类型。

二十、*SHH*基因的分子遗传特征

SHH（sonic hedgehog）基因，位于牛4号染色体上，由3个外显子和2个内含子组成。该基因调节脊椎动物肢体发育、脂肪形成和骨骼组织再生过程中的许多关键发育过程。2019年Liu等研究了11个中国黄牛品种（秦川牛、南阳牛、晋南牛、郏县红牛、鲁西牛、青海牛、夏南牛、中国荷斯坦牛、高原牦牛、犏牛、安格斯牛与犏牛杂交牛）648个个体的*SHH*-CNV分布，并进一步研究了拷贝数变化与基因表达和牛生长性状的关联。*SHH*-CNV在中国地方黄牛中表现出很高的变异性（图11-6）。在成体脂肪组织中*SHH*-CNV与*SHH*转录水平极显著负相关（$P<0.01$），表明*SHH*-CNV可能通过调节*SHH*的转录活性来影响脂肪分化。在5个牛品种中进行了*SHH*-CNV与体型性状的关联分析，结果显示，*SHH*-CNV的拷贝数增加类型在24月龄秦川牛中表现出明显更大的胸深，在18月龄南阳牛中表现出更大的体重、体长和胸围，而具有正常拷贝数的成年晋南牛具有更大的胸围和体重（$P<0.05$或$P<0.01$）。总而言之，这项研究表明了*SHH*基因在肉牛遗传改良中的潜在应用。

二十一、*GBP6*基因的分子遗传特征

GBP6（guanylate-binding protein 6）基因即鸟苷酸结合蛋白6基因，位于牛3号染色体上，由4个外显子和3个内含子组成。GBP6属于鸟苷酸结合蛋白家族成员，在干扰素和其他促炎性细胞因子的作用下表达，发挥重要的宿主天然免疫和细胞自主免疫作用，同时对细胞内细菌、病毒和寄生虫均有抑制作用。GBP在多种细胞过程（如信

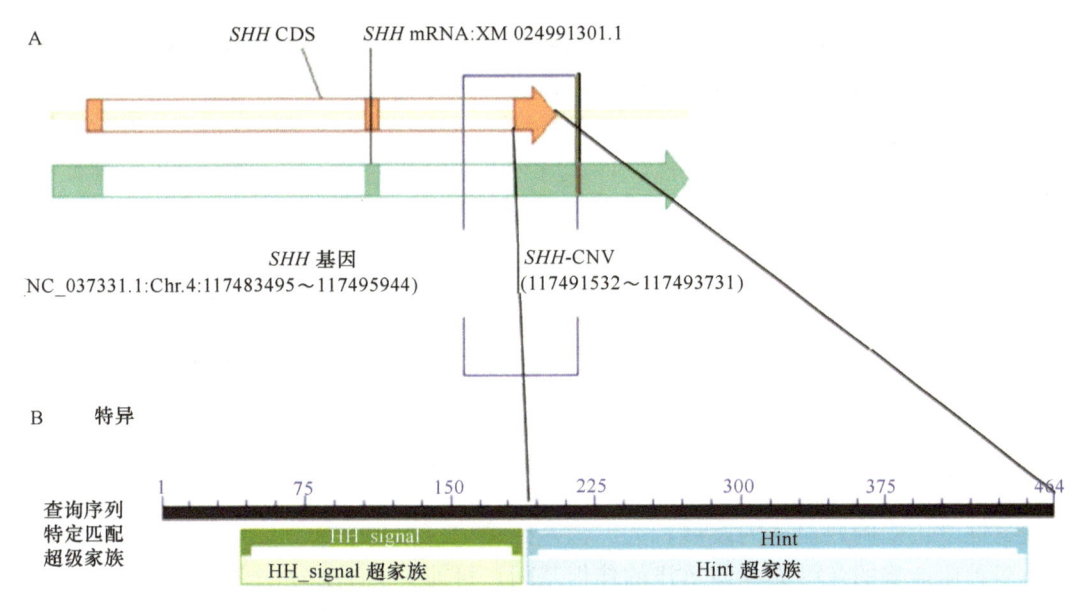

图 11-6　SHH-CNV 基因座和相关保守域的示意图

A. 基于 ARS-UCD1.2 装配，SHH-CNV 在牛 SHH 基因中的位置；B. 与 SHH 蛋白序列相关的保守域

号转导、翻译、囊泡运输和胞吐作用）中起着重要作用。先前的研究表明，GBP（如 GBP2 和 GBP4）的 CNV 与中国黄牛的生长特性有关。此外，在断奶阶段的内洛尔牛中 GBP6 与 CNV204 重叠存在，与生长特性显著相关。转录组分析还显示，GBP6 在安格斯牛的两种背最长肌（即坚韧和柔软）中表达量不同，坚韧的背最长肌中 GBP6 的表达水平上调。2020 年 Hao 等以 524 头雌性中国黄牛（南阳牛 112 头、秦川牛 105 头、夏南牛 213 头、德南牛 32 头、郏县红牛 32 头、早胜牛 30 头）为试验对象，确定了中国黄牛 GBP6 的 CNV 和转录表达（图 11-7），并分析了 GBP6 的 CNV 和表达与中国黄牛生长特性的关系。研究表明，GBP6 的 CNV 增加类型可被用作牛生长性状育种的候选标记。

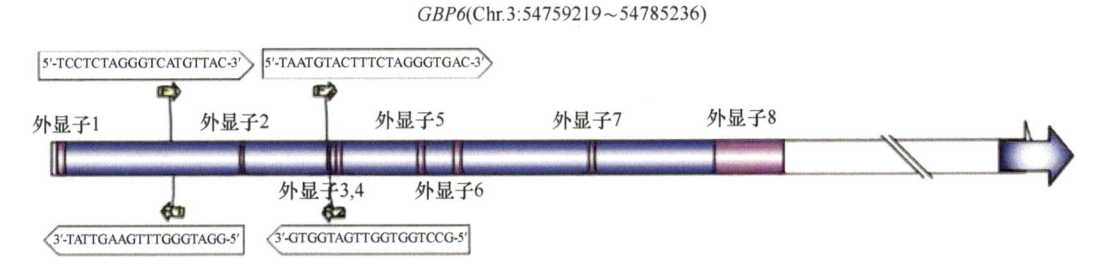

图 11-7　用于 GBP6 基因定量聚合酶链反应（qPCR）的两种引物

二十二、NCSTN 基因的分子遗传特征

NCSTN（nicastrin）基因位于牛 3 号染色体上，包含 18 个外显子和 17 个内含子，总长度为 121 Mb。NCSTN 基因编码呆蛋白（nicastrin），呆蛋白是 c-分泌酶复合物的一

部分，参与淀粉样前体蛋白的降解以产生 β-淀粉样蛋白肽。该基因突变可导致遗传性的痤疮。2020 年 Yao 等发现了 4 个中国黄牛品种（夏南牛 105 头、皮南牛 95 头、秦川牛 99 头以及云岭牛 119 头）中 NCSTN 基因拷贝数的不同分布，并将其与表型性状进行关联分析。结果表明，NCSTN 基因的 CNV 与多种生长特性相关，如管围、胸围和臀长（$P<0.05$），揭示了 NCSTN 基因在 CNV 方面的突出地位，表明 NCSTN 基因的 CNV 可以作为中国肉牛有希望的分子育种标记。

二十三、MLLT10 基因的分子遗传特征

MLLT10（MLLT10 histone lysine methyltransferase DOT1L cofactor）基因全称为 MLLT10 组蛋白赖氨酸甲基转移酶 DOT1L 辅因子基因，位于牛 13 号染色体上，由 26 个外显子和 25 个内含子组成，是一种蛋白质编码基因。MLLT10 与急性髓样和前体 T 细胞急性淋巴细胞白血病的发展相关。该基因编码一个转录因子，并已被鉴定为参与导致多种白血病的几种染色体重排的伴侣基因。目前关于 MLLT10 基因与牛生长性状之间相关性的报道较少。2020 年 Yang 等分析了 6 个不同牛品种（秦川牛、夏南牛、郏县红牛、延边牛、思南牛、云岭牛）的 CNV 类型与相应生长性状之间的相关性。结果发现秦川牛的拷贝数增加型多于缺失型和正常型，夏南牛的拷贝数增加型和正常型均少于缺失型，在云岭牛中，拷贝数增加型的频率在 3 种类型的 CNV 中占主导地位。相关分析结果表明，MLLT10 基因的 CNV（图 11-8）与 3 种牛的生长性状之间存在显著的相关性。此外，相关分析还表明，MLLT10 基因的 CNV 对生长特性如臀宽、臀长、锁骨宽度和管围具有显著影响（$P<0.05$）。该研究为牛的分子标记辅助育种提供了基础。

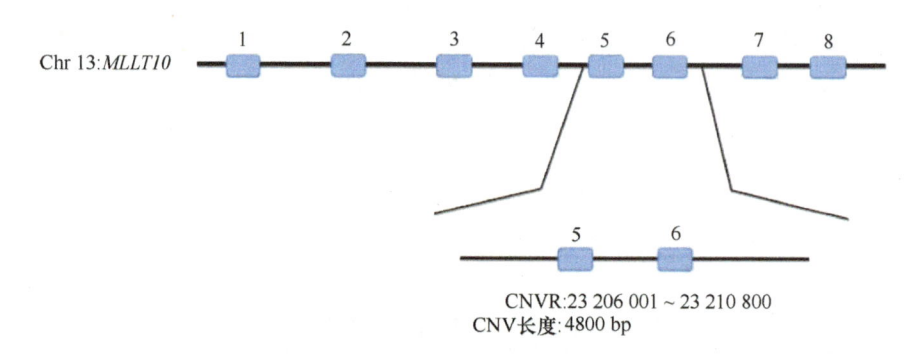

图 11-8　MLLT10 基因的 CNV 位置示意图

二十四、PLIN2 基因的分子遗传特征

PLIN2（perilipin 2）基因全称为脂滴包被蛋白 2 基因，位于牛 8 号染色体上，由 9 个外显子和 8 个内含子组成。脂滴包被蛋白 2 属于脂滴包被蛋白家族，主要分布在多种细胞中，包裹细胞内脂质储存液滴。2020 年 Yue 等在牛 PLIN2 基因中鉴定出 5 个新的 SNP，分别为 g.3036G>C、g.3964C>T、g.6458G>T、g.6555C>T 和 g.8231G>A。通

过 DNA 测序和 PCR-SSCP 对 4 个中国地方黄牛品种共 820 个个体进行测序，基于 5 个 SNP 鉴定出 5 个常见单倍型，其中最常见的单倍型（GCGCG）的发生频率为 69.0%。此外，南阳牛中 g.6458G>T 和 g.8231G>A 两个位点还与 18 月龄南阳牛平均体重和心脏周长有关；g.3964C>T 与 24 月龄南阳牛平均体重和心脏周长有关；g.6555C>T 与 6 月龄南阳牛平均体重有关。

二十五、*ACTL8* 基因的分子遗传特征

ACTL8（actin like 8）基因全称为肌动蛋白类似物 8 基因，位于牛 2 号染色体上，由 2 个外显子和 1 个内含子组成，该基因主要与微丝和细胞骨架的形成有关。2019 年 Cai 等在牛 *ACTL8* 基因中鉴定出 5 个 SNP 位点和两个插入/缺失（InDel）位点，分别是 SNP1（c.135418240A>G）、SNP2（c.135552895G>A）、SNP3（c.135553890G>A）、SNP4（c.135416770G>C）、SNP5（c.135415955A>G）、InDel1（rs714871276-17 bp）和 InDel2（rs714529542-16 bp）。其中 SNP1 与秦川牛的胸围显著相关，*AA* 和 *AG* 基因型优于 *GG* 基因型；SNP2 与秦川牛的胸深和臀长有关，*GG* 和 *AG* 基因型优于 *AA* 基因型；SNP3 与秦川牛的臀长有关，*AA* 和 *AG* 基因型优于 *GG* 基因型；SNP4 与秦川牛的胸围有关，*CG* 为优势基因型；SNP5 与臀高、体长、臀长和臀围显著相关，*AG* 为优势基因型；InDel1 与臀高、体长和臀长显著相关，*MM* 为优势基因型；InDel2 与秦川牛的体长、胸宽和坐骨端宽显著相关，*WW* 为优势基因型。在夏南牛中，SNP1 与胸深有关，*AA* 和 *GG* 基因型优于 *AG* 基因型；SNP2 与臀高、十字部高、胸围和臀长相关，*AG* 为优势基因型；SNP3 与臀高、十字部高、胸围和胸宽显著相关，*AA* 为优势基因型；InDel1 与十字部高、胸围和臀长相关，*MM* 为优势基因型；InDel2 与十字部高、胸围和臀长显著相关，*WW* 和 *WM* 基因型优于 *MM* 基因型。

二十六、*MXD3* 基因的分子遗传特征

MXD3（MAX dimerization protein 3）基因全称为 MAX 二聚化蛋白 3 基因，位于牛 7 号染色体上，由 9 个外显子和 8 个内含子组成，该基因编码的蛋白质与辅因子 MAX 形成异二聚体，辅因子 MAX 与靶基因启动子中的特定 E-box DNA 基序结合并调节其转录。MAX-MXD3 复合物的破坏与细胞增殖失控和肿瘤发生有关。2020 年 Hao 等在中国黄牛（499 头秦川牛和 177 头夏南牛）*MXD3* 基因中鉴定出 3 个 SNP 位点，分别是 SNP1（g.2694C>T）、SNP2（g.3801T>C）和 SNP3（g.6263G>A）（图 11-9）。其中 SNP1（g.2694C>T）位点与除体高外的其他所涉及的生长表型（体长、体重、胸围和十字部高）均显著相关；SNP2（g.3801T>C）位点与体高、体长、体重、胸围和十字部高之间也存在显著关联；3 个 SNP 位点的 *CC*、*TC* 和 *GA* 分别为优势基因型。大多数组合基因型对不同的身体特征都有影响（$P<0.01$ 或 $P<0.05$）。例如，SNP1-SNP2 组合基因型与体长、体重和十字部高之间有极显著的关联（$P<0.001$）。在 SNP1-SNP2 和两个生长性状体高、胸围之间也观察到了显著关联。

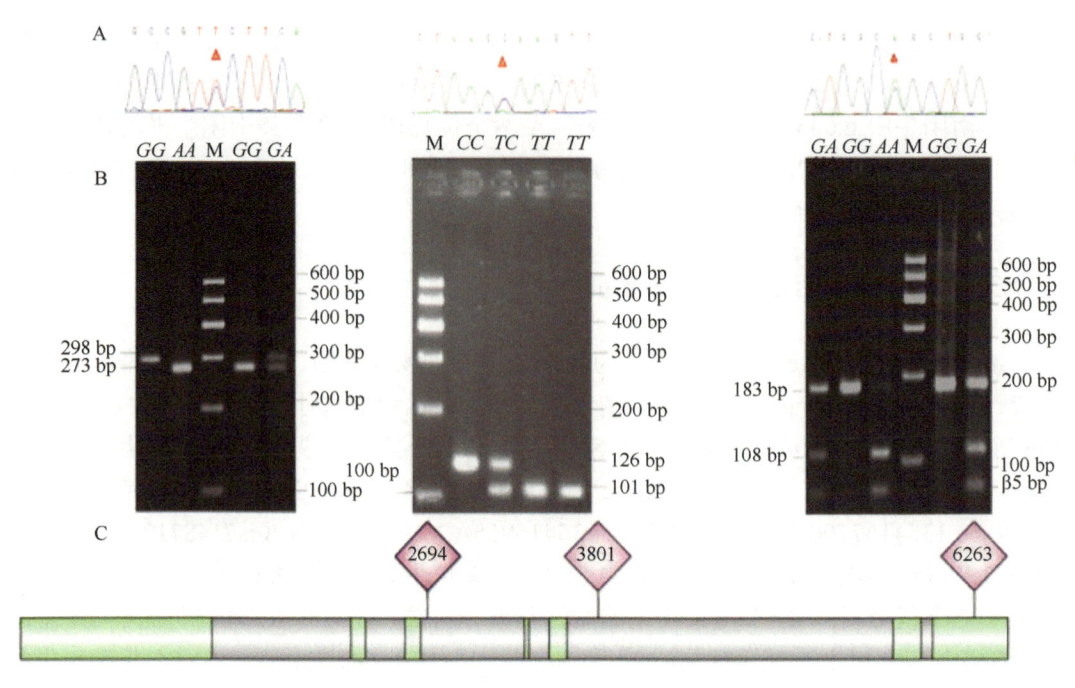

图 11-9 *MXD3* 基因内 3 个 SNP 的测序图（A）、电泳图（B）和结构图（C）

二十七、*SPARC* 基因的分子遗传特征

SPARC（secreted protein acidic and cysteine rich）基因全称为富含酸性和半胱氨酸的分泌蛋白基因，位于牛 7 号染色体上，由 10 个外显子和 9 个内含子组成，编码的蛋白质是骨骼钙化所必需的，但也参与细胞外基质的合成和促进细胞形态的改变。该基因产物与肿瘤抑制有关，也与基于细胞形状变化的转移相关，可以促进肿瘤细胞的侵袭。2020 年 Zhang 等在中国黄牛（176 头秦川牛、160 头夏南牛、136 头皮南牛、144 头郏县红牛）*SPARC* 基因中鉴定出 1 个新的 SNP 位点：g.12454T>C。g.12454T>C 突变对秦川牛和皮南牛的臀长和臀宽有显著影响（$P<0.05$），对郏县红牛的臀长和体长有显著影响（$P<0.05$），*TT* 为优势基因型。在夏南牛中，SNP 趋向于影响体高等生长性状，且 *CC* 基因型＞*CT* 基因型＞*TT* 基因型的效果，但它们之间的差异无显著性（$P>0.05$）。

二十八、*ACVR1* 基因的分子遗传特征

ACVR1（activin A receptor type 1）基因全称为激活素 A 受体 1 型基因，位于牛 2 号染色体上，由 11 个外显子和 10 个内含子组成，与 ACVR1 相关的疾病包括进行性骨化性纤维结构不良和脑干胶质瘤。已有研究发现，当敲除鼠科动物 *ACVR1* 基因时，会阻碍其胚胎的早期发育。2019 年 Cheng 等通过 GWAS，在中国黄牛（286 头皮南牛、122 头青海牛、216 头夏南牛、105 头秦川牛和 107 头南阳牛）*ACVR1* 基因中鉴定出 4 个突变位点，分别为 g.2715_2731del、g.41793C>T、g.33008_33024del 和 g.72567T>C。其

中 g.33008_33024del 与胫骨周长和胸围显著相关（$P<0.05$）。对于胫骨周长，*DD* 基因型的个体比 *WW* 和 *WD* 基因型的个体长得多。对于胸围，基因型 *DD* 和 *WD* 优于 *WW*。g.41793C>T 基因座与胸深显著相关（$P<0.05$）。对于胸深，基因型 *CC* 远优于 *GG*。g.33008_33024del 和 g.41793C>T 突变可能导致剪接因子的结合位点发生变化，进而产生生物学功能。

二十九、*RET* 基因的分子遗传特征

RET（ret proto-oncogene）基因位于牛 28 号染色体上，由 20 个外显子和 19 个内含子组成，与 RET 相关的疾病包括甲状腺癌、家族性延髓性甲状腺癌和多发性内分泌肿瘤 IIa 型。其相关途径包括 RET 信号转导和 G 蛋白信号转导 H-RAS 调节途径。与该基因相关的基因本体论（GO）注释包括钙离子结合和蛋白激酶活性。另外，已经证实 *RET* 的突变与散发性和遗传性内分泌肿瘤有关。考虑到 RET 在胃肠道、神经系统发育中的作用，RET 可能会通过调节营养吸收而在动物体尺中发挥关键作用。2019 年 Gao 等在中国黄牛（225 头秦川牛和 117 头南阳牛）*RET* 基因中鉴定出 2 个突变位点 SNP1（c.1407A>G）和 SNP2（c.1425C>G）。对于 SNP1 基因位点，在秦川牛中，*GG* 基因型的体高和臀高明显大于 *AA* 基因型；在 *AA*、*CG* 和 *GG* 的基因型个体之间观察到了胸围的显著差异；在南阳牛群体中，*AA* 基因型的个体比 *AG* 基因型的个体具有明显更长的胸围和坐骨宽度。对于 SNP2 基因位点，在秦川牛中，与 *AA* 基因型的个体相比，*GG* 基因型的个体在体高和髋部高度方面显示出显著优势，此外，*GG* 和 *CG* 基因型个体的胸围明显高于 *CC* 基因型个体。在南阳牛中，*GG* 基因型个体的腹围明显大于 *CC* 基因型个体。SNP1 和 SNP2 的组合基因型：在秦川牛群体中，*GG-GG* 基因型个体的体高显著高于 *AA-CC* 和 *AG-CC* 基因型个体，*GG-GG* 基因型个体的髋部高度明显高于 *AG-CC* 基因型个体，*GG-GG* 和 *AG-CG* 基因型个体的胸围明显大于 *AA-CC* 和 *AG-CC* 基因型个体。在南阳牛中，*AA-CC* 和 *AG-CG* 基因型个体的体高、臀宽、跖骨宽和臀高显著大于 *AG-CC* 基因型个体。*AG-CC* 基因型个体的腹围明显小于 *AA-CC*、*AG-CG* 和 *GG-GG* 基因型个体。此外，*AA-CC* 基因型个体的胸围比 *AG-CC* 基因型个体明显更大。

三十、*TRP* 基因的分子遗传特征

瞬时受体电位（TRP）的两个成员 TRPV1 和 TRPA1，是维持哺乳动物正常体重和繁殖的重要调节剂。*TRPV1*（transient receptor potential cation channel subfamily V member 1）基因全称为瞬时受体电位阳离子通道亚家族 V 成员 1 基因，位于牛 19 号染色体上，与 *TRPV1* 相关的疾病包括躯体形式障碍和灼口综合征。其相关途径包括离子通道转运和肽配体结合受体。*TRPA1*（transient receptor potential cation channel subfamily A member 1）基因全称为瞬时受体电位阳离子通道亚家族 A 成员 1 基因，位于牛 14 号染色体上，由 27 个外显子和 26 个内含子组成，与 *TRPA1* 相关的疾病包括家族性 1 发作性疼痛综合征和家族性发作性疼痛综合征。其相关途径包括离子通道转运和内皮素 1/EDNRA 的发育

信号传递。2019 年 Wu 等在中国黄牛（秦川牛 67 头、郏县红牛 240 头和鲁西牛 68 头）*TRPV1* 基因中检测到 10 个 SNP，共鉴定出 4 个突变位点，分别为 SNP1（g.16590C＞T）、SNP3（g.30327C＞T）、SNP4（g.33394A＞G）、SNP8（g.38471G＞A），在 *TRPA1* 基因中鉴定出 2 个突变位点，分别为 SNP9（g.41958C＞T）和 SNP10（g.42102G＞T）。在秦川牛中，SNP9 与管围显著相关，*TT* 为优势基因型；SNP10 与体高、体长、十字部高、距骨宽显著相关，*TT* 为优势基因型。在郏县红牛中，SNP3 与腰角宽相关，*TT* 为优势基因型；SNP8 与体长相关，*TT* 为优势基因型。在鲁西牛中，SNP4 与体重相关，*GG* 为优势基因型；SNP9 与管围相关，*CT* 为优势基因型；SNP10 与体重、体长、体高和胸围显著相关，*GG* 和 *GT* 为优势基因型。

三十一、*SERPINA3* 基因的分子遗传特征

SERPINA3（serpin family A member 3）基因全称为丝氨酸蛋白酶抑制剂进化枝 A（α-1 抗蛋白酶，抗胰蛋白酶）成员 3 基因，位于牛 21 号染色体上，由 5 个外显子和 4 个内含子组成。该蛋白的多态性似乎是组织特异性的，并影响蛋白酶的靶向性。在人上该蛋白序列的变异与阿尔茨海默病有关，该蛋白的缺乏与肝脏疾病有关。在帕金森病和慢性阻塞性肺疾病患者中已发现该基因的突变。2019 年 Yang 等在中国黄牛（皮南牛 265 头、夏南牛 205 头、柴达木牛 143 头、秦川牛 106 头和锦江牛 50 头）*SERPINA3* 基因中鉴定出 5 个 SNP 突变位点，分别是 g.648A＞G、g.6496T＞A、g.2495G＞A、g.2595T＞A 和 g.2615A＞G。在夏南牛中，g.648A＞G 与胸围和管围相关，*AG* 为优势基因型；在柴达木牛中，g.648A＞G 与管周长显著相关。在夏南牛中，g.6496T＞A 与胸围和管围显著相关，*TA* 为优势基因型；在柴达木牛中，g.6496T＞A 与体长显著相关。

三十二、*PLAG1* 基因的分子遗传特征

PLAG1（pleomorphic adenoma gene 1）基因全称为多形性腺瘤基因 1，位于牛 14 号染色体上，由 4 个外显子和 3 个内含子组成。*PLAG1* 受发育调节，在唾液腺的多形性腺瘤中被一致地重排。一些研究表明 *PLAG1* 可影响动物生长和体重。2019 年 Zhong 等在中国黄牛（秦川牛 85 头、皮南牛 203 头、夏南牛 120 头、吉安牛 74 头和郏县红牛 164 头）*PLAG1* 基因中鉴定出 g.48308C＞T 突变位点（SNP）。g.48308C＞T 与牛体高和十字部高显著相关，*C* 等位基因为优势基因。

三十三、*ADD1* 基因的分子遗传特征

脂肪细胞决定和分化因子 1（adipocyte determination and differentiation factor-1，ADD1）基因位于牛 6 号染色体上，由 19 个外显子和 18 个内含子组成。ADD1（α-亚单位）与 ADD2（adipocyte determination and differentiation factor-2）（β-亚单位）和 ADD3（adipocyte determination and differentiation factor-3）（γ-亚单位）一起组成内收蛋白家族。这些亚单位在细胞内相互作用，形成异二聚体，并通过它们的作用调控肌动蛋白和其他细胞骨架蛋

白的组装和稳定。与 *ADD1* 有关的疾病包括高血压、原发性心脏病和放线菌病。最近的研究表明肌动蛋白与猪的背脂厚度和肌内脂肪含量有关。ADD1 参与细胞间的接触，并调节肌动蛋白动力学和肾小管基底外侧的钠钾 ATP 酶的表达，从而调节复杂的肾小管对钠的重吸收。因此，ADD1 可能与生长特性和肌肉发育有关。2019 年 Huang 等在中国黄牛（秦川牛 116 头、郑县红牛 374 头及鲁西牛 65 头）*ADD1* 基因中共鉴定出 11 个 SNP 突变位点，分别为 SV1 的 g.47119G＞A、SV2 的 g.66290A＞G、SV2 的 g.66374G＞A、SV3 的 g.69262T＞A、SV4 的 g.70027G＞A、SV4 的 g.70051G＞A、SV5 的 g.82690C＞T、SV5 的 g.82714G＞T、SV6 的 g.85998T＞C、SV6 的 g.86239C＞T、SV6 的 g.86240A＞G。在郑县红牛中，SV1 基因座与体长相关，*A1B1* 为优势基因型；SV2 基因座与体长和胸围相关，*A4A4* 为优势基因型；SV5 基因座与跖骨宽有关，*B12B12* 为优势基因型；SV6 基因座与体高相关，*A13A13* 为优势基因型。

三十四、*MYLK4* 基因的分子遗传特征

MYLK4（myosin light chain kinase family member 4）基因全称为肌球蛋白轻链激酶家族成员 4 基因，位于牛 23 号染色体上，由 14 个外显子和 13 个内含子组成。肌球蛋白轻链激酶（MLCK）是一组蛋白质丝氨酸/苏氨酸激酶，目前分为两种亚型：MLCK1 在平滑肌中被发现，并使 Ser19 处的肌球蛋白 II 调节轻链磷酸化；MLCK2 位于横纹肌中。2019 年 Zheng 等在中国黄牛（秦川牛 85 头、皮南牛 120 头、夏南牛 116 头、南阳牛 107 头和柴达木牛 131 头）*MYLK4* 基因中共鉴定出 1 个 SNP 突变位点，即 G61595A。在秦川牛中，G61595A 对胸宽和臀宽有显著影响，等位基因 *G* 可能与秦川牛的胸宽和臀宽有关；在南阳牛中，G61595A 对胸深和体长有显著影响，*GG* 和 *AG* 为优势基因型，而 *AG* 和 *GG* 基因型个体的体长显著大于 *AA* 基因型，证明 *G* 等位基因与南阳牛的生长特性密切相关。

三十五、*TNF* 基因的分子遗传特征

TNF 是一种参与多种生物学功能的多功能细胞因子，*TNF* 基因位于牛 23 号染色体上，由 4 个外显子和 3 个内含子组成。人类 *TNF* 基因主要在脂肪细胞中表达。已经证明，TNF 在涉及转录调节、葡萄糖和脂肪酸代谢以及激素受体信号转导途径的许多节点上调或干扰脂肪细胞的代谢。2018 年 Fu 等在 537 头中国黄牛（南阳牛 139 头、郑县红牛 141 头、鲁西牛 120 头、秦川牛 30 头、渤海牛 35 头及高原牛 72 头）*TNF* 基因中鉴定出 1 个 SNP 突变位点，即 g.2130A＞G，该 SNP 位点与南阳牛的体重、心脏周长、平均日增重、臀宽和体长显著相关。

三十六、*GBP2* 基因的分子遗传特征

GBP2（guanylate-binding protein 2）基因全称为鸟苷酸结合蛋白 2 基因，位于牛 3 号染色体上，由 11 个外显子和 10 个内含子组成。GBP2 是鸟苷酸结合蛋白（GBP）家

族的成员之一。该家族包括多个成员，其中一些是由干扰素诱导的蛋白。这些蛋白质能够与鸟嘌呤核苷酸（如 GMP、GDP 和 GTP）结合，从而参与调控细胞的免疫和抗病毒响应。*GBP2* 基因编码的蛋白质具有 GTP 酶活性，主要起到将 GDP 水解为 GTP 的作用。此外，该蛋白还可能充当鳞状细胞癌的标志物。2018 年 Zhang 等在 436 头中国黄牛（夏南牛 96 头、皮南牛 145 头、锦江牛 65 头、吉安牛 70 头及柴达木牛 60 头）*GBP2* 基因中鉴定出 2 个 CNV 突变位点，分别是 CNV1（54 593 301～54 594 300 bp）和 CNV2（54 636 901～54 638 000 bp）。在皮南牛中，CNV1 获得型（gain）在体高和体斜长上的生长特性要好于缺失型（loss）/正常型（median），尤其是十字部高、胸围和臀围优于正常型；在夏南牛中，CNV1 获得型（gain）的管围优于正常型；在锦江牛中，CNV1 获得型在十字部高、臀长、胸围和体重方面也优于缺失型和正常型（$P<0.05$）；但是，在吉安牛和柴达木牛中，CNV1 正常型中表现出更好的体长性状。*GBP2* CNV2 的缺失型在皮南牛、夏南牛和锦江牛中表现出更大的体重、心脏周长和体长，但是，吉安牛和柴达木牛的体高和体长，获得型要好于缺失型。

三十七、*IGF1* 基因的分子遗传特征

IGF1（insulin-like growth factor 1）基因全称为胰岛素样生长因子 1 基因，位于牛 5 号染色体上，由 7 个外显子和 6 个内含子组成。该基因编码的蛋白质在功能和结构上与胰岛素相似，并且是参与介导生长和发育的蛋白质家族的成员。该基因编码的蛋白质由前体加工而成，并与特定受体结合并被分泌。该基因的缺陷是胰岛素样生长因子 1 缺乏的原因。通过实时定量 PCR 检测到的 IGF1 具有广泛的组织分布，如肌肉、肝脏、肾脏、心脏、大脑和肠，这意味着 IGF1 可能参与调节肌肉、软骨和骨骼等各种组织中细胞的发育和增殖。在人肺癌细胞（Calu-1 细胞）中，IGF1 使 M2-丙酮酸激酶（PKM2）磷酸化并改变其活性，导致缺氧诱导因子-1α（HIF-1α）、己糖激酶-2（HK2）和葡萄糖转运蛋白-1（GLUT1）的表达增加，从而调节糖酵解速率。此外，缺乏 IGF1 的小鼠表现出多种异常，包括宫内发育迟缓、发育缺陷和围产期死亡率增加。反过来说，IGF1 肽的过表达或给药显著增加了大鼠的体重和胴体重。成骨细胞前体细胞中 IGF1 受体的遗传缺失显示小鼠骨量和矿物质沉积率较低。因此 IGF1 是潜在选择牲畜生长相关性状的目标之一。2018 年 Gui 等在 487 头秦川牛的 *IGF1* 基因中鉴定出 5 个 SNP 突变位点，分别是 g.5172T>G、g.56495C>A、g.56501C>T、g.56801C>T 和 g.71090T>G。其中 g.5172T>G、g.56501C>T 和 g.71090T>G 与生长性状显著相关。

三十八、*MC4R* 基因的分子遗传特征

MC4R（melanocortin 4 receptor）基因全称为黑素皮质素 4 受体基因，位于牛 24 号染色体上，由 1 个外显子组成。该基因编码的蛋白质是膜结合受体，是黑素皮质素受体家族的成员，与促肾上腺皮质激素和促黑激素（melanophore stimulating hormone，MSH）相互作用，并由 G 蛋白介导。这是一个无内含子的基因。该基因的缺陷是常染色体显性肥胖的原因。通过基因靶向使 *MC4R* 失活会导致小鼠发展成与肥胖症、高胰岛素血症和

高血糖症相关的成熟发作肥胖症候群。*MC4R* 基因的几种突变，包括移码突变、无义突变和错义突变，与人类遗传性肥胖有关。迄今为止，与 *MC4R* 相关的肥胖是单基因肥胖的最普遍形式，约占儿童和成人肥胖病例的 4%。2009 年 Zhang 等在 594 头中国黄牛（240 头南阳牛、68 头秦川牛、146 头郑县红牛、43 头晋南牛、36 头安格斯牛及 61 头中国荷斯坦牛）*MC4R* 基因中鉴定出 4 个 SNP 突变位点，分别是 g.293C>G、g.193A>T、g.192T>G、g.129A>G。其中 g.293C>G 和 g.129A>G 这两个连锁的 SNP 与 6 月龄南阳牛的体重和日增重显著相关（$P<0.05$），但对 24 月龄南阳牛体重和日增重无显著影响（$P>0.05$），其中 *AA* 为优势基因型。

三十九、*LEPR* 基因的分子遗传特征

LEPR（leptin receptor）基因全称为瘦素受体基因，位于牛 3 号染色体上，由 21 个外显子和 20 个内含子组成。该基因编码的蛋白质属于细胞因子受体 GP130 家族，已知该蛋白通过激活胞质 STAT 蛋白来刺激基因转录。该蛋白是瘦素（调节体重的脂肪细胞特异性激素）的受体，并参与脂肪代谢的调节以及正常淋巴细胞生成所需的新型造血途径。该基因的突变与肥胖和垂体功能障碍有关。在人类中，*LEPR* 基因突变与肥胖类 2 型糖尿病相关。牛 *LEPR* 基因的遗传变异与牛奶泌乳性状和脂肪性状有关。

2008 年 Guo 等在 653 头中国黄牛（251 头南阳牛、149 头秦川牛、144 头郑县红牛、49 头安格斯牛及 60 头晋南牛）*LEPR* 基因中鉴定出 5 个 SNP 突变位点，分别是 g.26767T>C、g.26805C>T、g.27050A>G、g.27063G>A 及 g.27079G>A。PCR-SSCP 分析后，检测到两种单倍型——M（TCAGG）和 N（CTGAA），并检测到 3 种观察到的基因型——*MM*、*MN* 和 *NN*。在 6 月龄南阳牛中，*MM* 基因型个体的体高和平均日增重显著高于 *NN* 基因型个体（$P<0.05$），*MM* 基因型个体的体高和体长大于 *MN* 和 *NN* 基因型个体（$P<0.05$ 或 $P<0.01$），*MM* 和 *MN* 基因型个体的胸围大于 *NN* 基因型个体（$P<0.05$）。在 12 月龄南阳牛中，*MM* 基因型个体的体高和体长均大于 *MN* 和 *NN* 基因型个体（$P<0.05$ 或 $P<0.01$），*MM* 和 *MN* 基因型个体的胸围大于 *NN* 基因型个体（$P<0.05$ 或 $P<0.01$）。

四十、*MT-ND5* 基因的分子遗传特征

MT-ND5（mitochondrially encoded NADH: ubiquinone oxidoreductase core subunit 5）基因全称为 NADH 脱氢酶亚基 5 基因。该基因由线粒体 DNA 编码，与 *MT-ND5* 相关的疾病包括线粒体疾病、脑病、乳酸性酸中毒和中风样发作以及莱伯遗传性视神经病变。许多其他研究表明，奶牛和肉牛的经济性状与线粒体 DNA（mtDNA）序列变异之间存在关联，如 mtDNA 多态性与牛奶产量、脂肪百分比和能量之间存在一定关联。此外，产犊率与 mtDNA 多态性之间也存在显著关联。2008 年 Zhang 等在 714 头中国黄牛（251 头南阳牛、149 头秦川牛、144 头郑县红牛、49 头安格斯牛、61 头中国荷斯坦牛及 60 头晋南牛）*MT-ND5* 基因中鉴定出 3 个 SNP 突变位点，分别是 P1（g.12900T>C）、P2（g.12923A>T）、P3（g.12924C>T）。*MT-ND5* 基因的 P2 位点多态性与南阳牛的生长有关。单倍型 B 的个体在 6 月龄时具有比单倍型 A 更大的坐骨宽度（$P<0.01$），并且在 6

月龄时具有更好的体高、体长、体重和平均日增重（$P<0.05$）。

四十一、*SMAD3* 基因的分子遗传特征

SMAD（sma and mad related protein，sma 和 mad 相关蛋白）蛋白家族是一组细胞内信号转导蛋白，在转化生长因子 β（TGF-β）信号通路中发挥作用，并将信号从细胞表面传递到细胞核，调节基因活性和细胞增殖。此外，它还具有抑制肿瘤的作用。*SMAD3* 基因位于牛 10 号染色体上，由 10 个外显子和 9 个内含子组成，是 SMAD 转录因子的一员，在 TGF-β 信号通路和调节肌肉生长中发挥关键作用，能抑制肌肉发育。首先，SMAD3 能够通过干扰 bHLH 转录因子在 E-box 序列上的组装抑制 MyoD 家族的活性，从而抑制肌发生。肌肉调控因子（MRF）和肌细胞增强因子 2（MEF2）家族是调节心肌细胞形成和分化的两大主要类群。研究表明，TGF-抑制剂激活的 SMAD3 可以抑制 MEF2 依赖的转录，并抑制肌发生中的末端分化。其次，肌生成抑制蛋白（myostatin）是 TGF-β 超家族成员之一，可以负调节肌肉质量，并通过 SMAD3 介导功能基因的表达诱导骨骼肌萎缩。同时，*SMAD3* 缺乏还可导致肌肉再生受损。2016 年，Shi 等采用 DNA 池测序和 PCR-RFLP 技术检测了中国 4 个牛品种（秦川牛、郏县红牛、南阳牛、草原红牛）*SMAD3* 基因的 SNP，并探究了其对秦川牛基因表达和生长性状的影响。结果发现 4 个新的 SNP（NC_007308.5）c.-2017A>G、g.101664C>G、g.105829A>G、g.114523A>G。在 4 个牛品种的启动子、内含子 3 和内含子 5 中发现了 c.-2017A>G、g.101664C>G、g.105829A>G、g.114523A>G 与 *SMAD3* 基因表达显著相关（$P<0.05$）。此外，4 个 SNP 与 2 岁龄秦川牛臀长、胸围和体重显著相关（$P<0.05$）。其结果为 *SMAD3* 中的 SNP 与牛的生长性状相关提供了证据，表明这 4 个 SNP 有可能成为肉牛育种和遗传学研究的新的分子标记。

四十二、*Nanog* 基因的分子遗传特征

Nanog 基因编码的蛋白质是一种 DNA 结合同源盒转录因子，参与胚胎干细胞（embryonic stem cell，ESC）的增殖、更新和多能性。*Nanog* 基因编码的蛋白质可以阻断胚胎干细胞的分化，也可以抑制自身在分化细胞中的表达。*Nanog* 是一种重要的多能转录调控因子，位于牛 5 号染色体上，由 4 个外显子和 3 个内含子组成，可将体细胞转化为诱导多能干细胞（induced pluripotent stem cell，iPSC），其过表达可导致生长分化因子 3（growth and differentiation factor 3，GDF3）的高表达，影响动物的生长性状。2016 年，张萌等在南阳牛、秦川牛、郏县红牛、晋南牛等 6 个牛品种中发现了 6 种新的外显子 SNP：SNP1（g.101871292C>T）、SNP2（g.101871288T>C）、SNP3（g.101873711G>A）、SNP4（g.101875351A>T）、SNP5（g.101875555C>T）、SNP6（g.101875565C>A）。郏县红牛和南阳牛的 SNP5 和 SNP6 均存在较强的连锁不平衡。此外，SNP3、SNP4、SNP5 与表型相关。SNP3 位点 *GG* 基因型和 SNP4 位点 *AA* 基因型的南阳牛体斜长、胸围、体高和脊骨宽度较好。在郏县红牛中观察到 SNP5-*C* 等位基因在体高和管围上有优势。SNP3 和 SNP4（GGAA）的组合对体高、体斜长和胸围有正向影响。这些发现可能

表明 *Nanog* 作为牛生长性状的调节剂，可能是牛育种和遗传学研究中标记辅助选择（MAS）的候选基因。

四十三、*I-mfa* 基因的分子遗传特征

I-mfa（inhibitor of MyoD family a）基因，别名 *MDFI* 基因，位于牛 23 号染色体上，由 7 个外显子和 6 个内含子组成，其编码的产物是生肌决定因子家族（MyoD 家族）a 的抑制物，在胚胎发育时期的生骨节高度表达，能直接与 MyoD 家族蛋白成员的 bHLH 域结合并抑制其活性，或通过掩盖 MyoD 家族成员的核定位信号（NLS），使之保留在细胞质中抑制其转录活性，从而达到抑制肌肉形成的目的。2016 年，Huang 等采用聚合酶链反应-单链构象多态性和 DNA 池测序方法检测了中国 3 个牛品种 541 头牛 *I-mfa* 基因的多态性。结果表明，P3 基因座具有两个新的完全连锁的 SNP（NC_007324.4：g.12284A＞G 和 g.12331T＞C），分别导致错义突变 p.S(AGC)113G(GGC)和同义突变 p.H(CAT)128H(CAC)。P4 基因座有一个新的 SNP（NC_007324.4：g.16432C＞A），导致无义突变 p.C(TGC)241X(TGA)。结果表明，这 3 个 SNP 与鲁西牛、秦川牛和郏县红牛群体的表型性状相关（$P<0.05$ 或 $P<0.01$）。突变型在生长性状上较好，与野生型纯合子相比，杂合子的二倍型具有更好的生长性状。研究结果表明，*I-mfa* 基因的多态性与生长性状相关，可用于肉牛育种中的标记辅助选择。

四十四、*CaSR* 基因的分子遗传特征

CaSR 为钙敏感受体基因，位于牛 1 号染色体上，由 8 个外显子和 7 个内含子组成，该基因编码的蛋白质是一种质膜 G 蛋白偶联受体。*CaSR* 能感知循环钙浓度的微小变化，还能将这些信息偶联到胞内信号通路，从而改变甲状旁腺激素的分泌或肾阳离子的处理，进而维持矿物离子平衡。*CaSR* 可以接收 L-Phe 刺激胰高血糖素样肽-1（glucagon-like peptide-1，GLP-1）分泌的信号，起到使食欲减退的作用。此外，氨基酸刺激肽酪氨酸（也称为酪酪肽，peptide tyrosine，PYY）的分泌也受到 *CaSR* 的急性调控，最终抑制摄食过程。总之，*CaSR* 在食物摄入和消化中的重要性不容忽视，尤其是在氨基酸的摄入方面。最近研究发现 *CaSR* 与生长性状关系密切，其突变可能会影响基因功能。2017 年，Yue 等（2017）采用 DNA 测序和 PCR-SSCP 方法在 3 个中国代表性品种 520 个个体中鉴定了 *CaSR* 基因的 5 个 SNP：g.67630865T＞C、g.67638409G＞C、g.67660395G＞C、g.67661546C＞G、g.67661892A＞C。鲁西牛、秦川牛和郏县红牛群体中的 3 个 SNP——P4-2、P7-1 和 P7-4 属于中等遗传多样性（$0.25<PIC<0.5$）。此外，他们还对 3 个牛品种的 5 个序列变异的单倍型频率和连锁不平衡系数进行了评价。*CaSR* 的连锁分析和单倍型结构在品种间存在差异。连锁分析表明，在郏县红牛群体中，P4-2 和 P7-4 位点存在完全连锁不平衡。列出了 11 个单倍型（频率＞0.03），Hap1（-TGGGC-）单倍型频率在鲁西牛中最高（27.30%），Hap6（-TGGCC-）单倍型频率在秦川牛和郏县红牛中最高，分别为 21.70%和 32.30%。关联分析表明，是的，此处应改为 P4-2、P7-1 和 P7-4 基因座均与生长性状显著相关，组合基因型 *TTGCGC* 与郏县

红牛胸围、体重的相关性较其他基因型显著。结果表明，*CaSR* 基因可能是中国牛育种中对生长性状影响较大的一个候选基因。

四十五、*NOTCH1* 基因的分子遗传特征

NOTCH1 作为一种膜系转录因子基因，位于牛 11 号染色体上，由 36 个外显子和 35 个内含子组成。当 NOTCH1 被其配体激活时，将触发 Notch 的两个蛋白水解。切割后的 Notch 细胞内结构域（NICD）将被释放并移位到细胞核，与免疫球蛋白 κ J 区重组信号结合蛋白（recombination signal binding protein for immunoglobulin kappa J region, RBP-J）相互作用，从而激活特定靶基因。在骨骼肌生成中，Notch 通路激活在体外和体内抑制成肌细胞的分化已经为人们所知。NICD 的异位表达显著抑制小鼠肌源性 C2C12 细胞系的分化（Kato et al.，1997）。Notch 还显著参与调控激活的肌源性干细胞的增殖和分化。此外，Notch 信号通路通过调节自我更新和分化等关键过程来维持肌肉干细胞的静止状态和稳态。NOTCH1 是关键的 Notch 受体之一，NOTCH1 的激活可通过表达成肌前标记 Pax3 而促进成肌前体细胞的增殖。2017 年，Liu 等通过 DNA 池法、PCR-RFLP 法和 DNA 测序法检测了秦川牛 448 个个体中 *NOTCH1* 基因的多态性。在 NICD 结构域内发现了 5 个新的 SNP：g.A48250G、g.A49068G、g.A49239C、g.C49307T 和 g.C49343A，并研究了由这 5 个 SNP 组合而成的 8 个单倍型。SNP 效应与生长性状的关联分析表明，g.A48250G 与体高、体重、十字部高显著相关；g.A49239C 仅与体高显著相关。这表明，*NOTCH1* 基因是一个重要的候选基因，在肉牛育种计划中可以作为一个有前景的标记。

四十六、*ATBF1* 基因的分子遗传特征

AT 基序结合因子 1（AT motif binding factor 1，ATBF1）基因，定位于牛 18 号染色体上，由 10 个外显子和 9 个内含子组成，在垂体和神经系统发育中起重要作用。因此，它影响了家畜的生长和发育。*ATBF1* 基因也与 Janus 激酶信号转导器和转录激活因子（JAK STAT）通路密切相关。2017 年，许晗等首次在 644 头秦川牛和晋南牛的 *ATBF1* 基因中发现 5 个新的 SNP。这 5 个新 SNP 被命名为 SNP1——g.140344C>G、SNP2——g.146573T>C、SNP3——g.205468C>T、SNP4——g.205575A>G、SNP5——g.297690C<T。其中 SNP1 和 SNP2 是同义编码的 SNP，SNP5 是错义编码的 SNP，其他 SNP 均在内含子上。单倍型分析发现，两个品种有 18 个单倍型，秦川牛和晋南牛分别有 3 个和 5 个紧密相连的基因座。关联分析表明，SNP1 与秦川牛的十字部高显著相关。SNP2 与晋南牛的胸围和体斜长显著相关。SNP3 与秦川牛的 4 个生长性状有显著的相关性。此外，不同组合基因型 SNP1 SNP3、SNP1 SNP4 和 SNP2 SNP5 与牛的生长性状也显著相关。*ATBF1* 基因的某些多态性与特定年龄黄牛的生长性状有关。这些结果表明，*ATBF1* 基因可以作为牛标记辅助选择的候选基因。

四十七、*Wnt8A* 基因的分子遗传特征

Wnt8A 是 *Wnt* 基因家族一个非常重要的成员，位于牛 7 号染色体上，包含 6 个外显子和 5 个内含子，在人类中编码包含 351 个氨基酸的蛋白质。*Wnt8A* 参与了许多基本的代谢过程。多项研究表明，*Wnt8A* 信号转导可通过调节腹侧中胚层的转录阻遏物、Vox 和 Ved 的表达来阻止背组织的扩张，并有助于神经系统的发育。*Wnt8A* 也参与早期内耳发育，并通过 β-受体的协同激活在胚胎肿瘤和胚胎干细胞中发挥关键作用。也有研究表明，*Wnt8A* 对胚胎发生早期的体型有重要影响。2017 年，Huang 等采用 DNA 池测序和 PCR-RFLP 方法检测了中国秦川牛 396 个个体 *Wnt8A* 的多态性。在 *Wnt8A* 基因中发现了 4 个新的 SNP，包括 3 个内含子 SNP（SNP1——g.T-445C、SNP2——g.G244C、SNP3——g.G910A）和一个外显子 SNP（SNP4——g.T4922C）。此外，还研究了 4 个 SNP 与生长性状的关系。结果显示，SNP2（g.G244C）与肩高、臀高、体长、臀宽、体重显著相关（$P<0.05$）。SNP3（g.G910A）对臀宽有显著影响（$P<0.05$）。CC-GC-GA-CC 单倍型组合与体重、体高、体斜长显著相关（$P<0.05$）。这些结果表明，*Wnt8A* 基因可能是一个影响生长发育的潜在候选基因，SNP 可作为分子标记用于肉牛育种的早期标记辅助选择。

四十八、*AR* 基因的分子遗传特征

AR（androgen receptor）是编码雄激素受体的基因，位于牛 X 染色体上，由 9 个外显子和 8 个内含子组成。AR 作为核受体超家族的一员，可以调控下游靶基因，从而改变细胞的各种功能。AR 对雄激素的功能起着至关重要的桥梁作用。AR 是一种转录因子，与睾酮（T）结合后被激活，参与调控发育相关和生殖相关基因的表达。一些研究表明，AR 介导雄激素相关体细胞特征的表达，如肌肉质量和力量。2018 年，Zhao 等发现，在秦川牛中，*AR* 基因 24-bp InDel 位点（AC_000187.1g.4187270-4187293del AATTTATTGGGAGATTATTGAATT）与体高、胸围、腰围、十字部高、体斜长、体重和臀高显著相关；在鲁西母牛中，3 种基因型之间的体高、体斜长、胸围、臀围、体重和臀高差异显著，在鲁西公牛中，3 种基因型之间的体高、胸围、臀围、臀高和体重差异显著；在南阳母牛中，3 种基因型之间的臀宽存在显著差异；在郑县红牛中，3 种基因型之间的臀高和腹围存在显著差异，*DD* 为优势基因型。

四十九、*SDC3* 基因的分子遗传特征

黏结蛋白聚糖（syndecan-3，SDC3）属于 I 型跨膜蛋白家族的硫酸肝素蛋白聚糖（HSPG），是一种新的摄食行为和体重调节器。*SDC3* 基因编码的蛋白质属于合成蛋白多糖家族。它可能通过影响肌动蛋白细胞骨架而在细胞形状的组织中发挥作用，可能通过糖依赖机制从细胞表面传递信号。该基因的等位基因变异与肥胖有关。在牛中，*SDC3* 基因的全长为 38 589 bp，位于 2 号染色体上，由 5 个外显子和 4 个内含子组成。研究证据表明 SDC3 参与了能量平衡的调节。2016 年，Huang 等采用混合 DNA 测序和聚合酶链反应-单链构象多态性（PCR-SSCP）方法，在中国 3 个地方黄牛品种 555 头牛（秦川

牛 116 头、郑县红牛 374 头、鲁西牛 65 头）中检测了 4 个 SNP（SNP1～SNP4），内含子中的一个 SNP 为 g.28362A＞G，3 个外显子中的 SNP 分别为 g.30742T＞G、g.30821C＞T 和 g.33418A＞G。统计分析表明，SDC3 基因的 SNP 与牛体高、体斜长、胸围和管围显著相关（P＜0.05）。突变型在生长性状上较好，与野生型纯合子相比，杂合子具有更好的生长性状。其结果证实了 SDC3 基因的多态性与生长性状相关，其可能用于肉牛育种计划中的标记辅助选择。

五十、BMPER 基因的分子遗传特征

BMP 结合内皮调节因子（BMPER）是一种骨形态生成蛋白（BMP）的抑制剂，在脂肪细胞分化、脂肪发育和能量平衡中发挥重要作用，BMPER 基因位于牛 4 号染色体上，由 15 个外显子和 14 个内含子组成。BMPER 编码一种与 BMP 相互作用并抑制其功能的分泌蛋白。BMP 是一种多肽生长因子，属于转化生长因子超家族。BMP 家族的一些成员，如 BMP7 和 BMP4，促进白色脂肪细胞分化，介导棕色脂肪发育和能量平衡。BMP 家族另一重要成员 BMP8b 的等位基因变异与中国地方牛的体尺生长模式有关。研究发现，BMP7 基因的 SNP 和单倍型变异与南阳肉牛的生长模式有关。肌肉组织中 BMP7 表达增加导致肌肉肥大。BMPER 表达和转录水平对控制 BMP 途径活性至关重要，而 BMP 途径活性反过来调节肌肉质量，促进肌肉生长，抑制肌肉丢失。因此，有大量证据表明，BMP 家族基因的等位基因变异和 BMPER 表达水平的变异对家畜生长和肉类生产有影响。2015 年，Zhao 等检测了中国 4 个地方牛群体 732 个个体（455 头秦川牛、112 头郑县红牛、101 头巴山牛、64 头蜀宣花牛）BMPER 基因的多态性，并探讨了其对体型性状的影响。鉴定出 SNP1（g.100597G＞A）、SNP2（g.105331C＞A）和 SNP3（g.105521G＞A）3 个 SNP 和 8 个不同的单倍型。在 SNP-SNP 组合中，SNP2-SNP3 在秦川牛中具有强连锁性。4 个牛群体在 3 个 SNP 位点上均属于中间遗传多样性。在 SNP1 中，AA 基因型与体型大小有关。对于 SNP2 来说，杂合子基因型个体的臀长比其他两种纯合子基因型个体的大。在 SNP3，GG 基因型的个体臀长和臀宽较小。在秦川牛群体中共检测到 7 个单倍型组合，关联分析结果显示，单倍型组合 4/2（AAA/CAA）的个体臀长显著大于单倍型组合 Hap3/1 和 Hap3/3 的个体（P＜0.05），表明，BMPER 基因可以作为牛育种的遗传标记。

五十一、SMO 基因的分子遗传特征

Smoothened（SMO）是一种跨膜蛋白，SMO 基因位于牛 4 号染色体上，由 13 个外显子和 12 个内含子组成。SMO 介导的 Hedgehog（Hh）信号通路是胚胎发育过程中细胞生长和模式形成的关键调节因子，也参与了成年动物干细胞更新和组织稳态的调节。通路的扰动与出生缺陷和各种癌症有关。SMO 属于卷曲蛋白（FzD）类 G 蛋白偶联受体（GPCR）超家族，是 Hh 通路必不可少的信号转换器。具体来说，SMO 将细胞外 Hh 蛋白信号转化为细胞内胶质相关转录因子（glim-1-3）蛋白信号，从而激活核内靶基因。SMO 基因作为 Hh 通路的核心元件，在揭示其分子结构、功能机制以及在细胞和发育过

程中的作用方面，从果蝇到人类都取得了巨大的进展。模型动物功能研究表明，*SMO* 基因通过 Hh 通路参与骨形成和肌形成。对 520 头秦川牛 *SMO* 基因检测发现了 8 个 SNP（SNP1——g.22935C＞T、SNP2——g.22939T＞C、SNP3——g.23232C＞T、SNP4——g.23283C＞A、SNP5——g.23329C＞T、SNP6——g.23458T＞G、SNP7——g.23633T＞C、SNP8——g.23641C＞A）和 5 个单倍型。关联分析表明，SNP2、SNP3/5、SNP4 和 SNP6/7 与部分体型性状显著相关（$P<0.05$）。同时，野生型合并单倍型 Hap1/Hap1 个体的体斜长显著大于 Hap2/Hap2 个体（$P<0.05$）。研究结果表明，*SMO* 基因的变异可能会影响秦川牛的体型性状，将野生型单倍型 Hap1 与在 *SMO* 基因中检测到的这些 SNP 的野生型等位基因结合起来，可以为培育优良体型性状的牛提供一定的参考。

五十二、*ANGPTL3* 基因的分子遗传特征

血管生成素样蛋白 3（angiopoietin like 3，ANGPTL3），是一种调节脂质、葡萄糖和能量代谢的分泌蛋白，*ANGPTL3* 基因位于牛 3 号染色体上，由 7 个外显子和 6 个内含子组成。ANGPTL3 是由 *ANGPTL3* 基因编码的肝脏分泌蛋白（Conklin et al.，1999），是一个分泌糖蛋白家族，在结构上与血管生成素相似，在调节脂质、葡萄糖和能量代谢中发挥特殊作用（Arca et al.，2013）。ANGPTL3 通过抑制脂蛋白脂肪酶，从而提高血浆脂质和高密度脂蛋白胆固醇（HDL-C）水平（Foka et al.，2014）。人类 ANGPTL3 影响胰岛素敏感性和游离脂肪酸（FFA）的转运，并在肝脏和脂肪组织之间的串扰中发挥重要作用（Arca et al.，2013）。Chen 等（2015）在 9 种不同的郑县红牛组织中测定了 *ANGPTL3* 的转录谱。在 707 头牛样本中鉴定了牛 *ANGPTL3* 基因的编码区和启动子区的多态性，并与生长和肉质性状进行了关联分析。共鉴定出牛 *ANGPTL3* 基因的 4 个 SNP，包括启动子区 SNP1（rs469906272：g.38T＞C）、外显子 1 中 SNP2（rs451104723：g.38T＞C）和 SNP3（rs482516226：g.509A＞G）、外显子 6 中 SNP4（rs477165942：g.8661T＞C）。在南阳牛和郑县红牛中，与 *TT* 基因型个体相比，SNP1-*TC* 基因型个体在出生和 24 月龄时具有较大的体重（$P<0.05$），与 *TT* 基因型个体相比，*TC* 基因型个体在 6 月龄、12 月龄、18 月龄和 24 月龄时的髋骨宽明显大；与 *AA* 基因型个体相比，SNP2-*TT* 和 SNP2-*TA* 基因型个体的初生重和 24 月龄重显著大，表明 *T* 等位基因可能与初生重和 24 月龄体重增加有关，*TT* 和 *TA* 基因型个体在 6 月龄、12 月龄、18 月龄和 24 月龄的髋骨宽显著大于 *AA* 基因型个体；对于 SNP3，*AG* 基因型的南阳牛和郑县红牛在 4 个不同年龄段的髋骨宽显著大于 *AA* 基因型个体，表明等位基因 *G* 可能与增加的髋骨宽有关。

五十三、*CIDEC* 基因的分子遗传特征

细胞凋亡诱导 DFFA 样效应因子 C（cell death inducing DFFA like effector C，CIDEC），是与脂肪营养不良、糖尿病和肝脂肪变性相关的代谢重要调节因子，*CIDEC* 基因位于牛 22 号染色体上，由 8 个外显子和 7 个内含子组成。CIDE 蛋白家族由 3 个成员（CIDEA、CIDEB 和 CIDEC）组成，在代谢的各个方面已成为重要的调节因子。CIDEC 在啮齿动物中也被称为脂肪特异性蛋白 27（Fat-specific protein of 27，Fsp27），在人类

中也被称为 CIDE3，被认为是单侧脂滴形成和最佳能量储存所必需的。*CIDEC* 基因敲除小鼠由于高能量消耗而出现瘦表型和脂肪组织萎缩。这种小鼠系也能抵抗饮食引起的肥胖和胰岛素抵抗。*CIDEC* 的变化与异常的脂质代谢有关。根据前人的研究，推测 *CIDEC* 基因在牛的生长性状中起重要作用。Wang 等（2015）在南阳牛 *CIDEC* 基因的 5 个转录区中发现了 10 个新的 SNP（图 11-10），它们位于 22 个转录因子的识别序列（潜在的顺式作用元件）中，形成 9 种不同组合。关联分析结果表明，与 H1-H8 相比，H8-H8 双倍型个体 18 月龄体重显著大，生长速度更快（$P<0.01$）。测定了不同单倍型的转录活性，结果与关联分析相符。H8 单倍型的转录活性比 H1 单倍型高 1.88 倍（$P<0.001$）。推测潜在的顺式作用元件的单倍型可能影响 *CIDEC* 的转录活性，从而影响牛的生长特性。该结果可用于肉牛育种中的分子标记辅助选择。

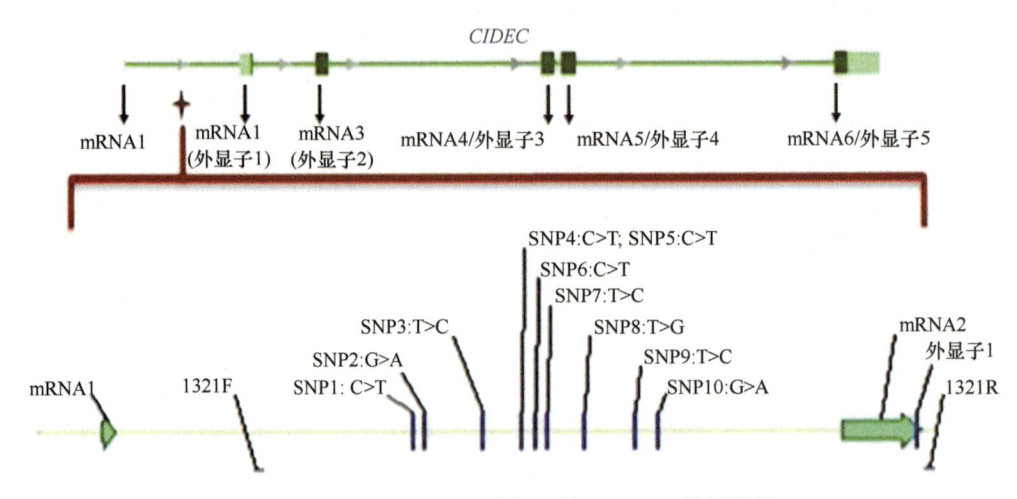

图 11-10　牛 *CIDEC* 基因的结构和外显子 1 及其侧翼的 SNP

五十四、*CFL2* 基因的分子遗传特征

CFL2（cofilin 2）是肌动蛋白结合蛋白丝切蛋白（cofilin）家族的新成员，*CFL2* 基因位于牛 21 号染色体上，由 4 个外显子和 3 个内含子组成。CFL2 是一个 18.7 kDa 的肌动蛋白结合蛋白，主要在哺乳动物的骨骼肌和心肌表达，被认为是肌肉组织肌动蛋白装配的调节器，对正常肌肉功能和肌肉再生起着重要的作用。利用外显子 1a 和外显子 1b 选择性剪接人类和小鼠的 *CFL2* 基因，形成两个转录本 *CFL2a* 和 *CFL2b*，*CFL2a* 转录本在多种组织中被发现，而 *CFL2b* 主要在成熟骨骼肌中表达，参与肌纤维生成、肌纤维生长发育（Zhao et al.，2009）。使用 DNA 测序和 PCR-RFLP 方法在牛 *CFL2* 基因中鉴定出 3 个 SNP，包括外显子 4 中的错义突变（NC_007319.5：g.2213C>G）、外显子 4 中的同义突变（NC_007319.5：g.1694T>A）和内含子 2 中的一个突变（NC_007319.5：g.1500G>A）。此外，评估了秦川牛 488 个个体 3 个序列变异的单倍型频率和连锁不平衡系数。秦川牛的所有 3 个 SNP 均属于中等遗传多样性（0.25<PIC<0.5）。对 3 种 SNP 的单倍型分析显示，总共鉴定出 8 种不同的单倍型。Hap4（-GTC-）的单倍型频率最高（34.70%）。分析表明，SNP1（g.2213C>G）和 SNP2（g.1694T>A）基因座具有强连锁性。

关联分析表明，3个SNP位点（g.1500G＞A、g.1694T＞A和g.2213C＞G）与秦川牛种群的生长特性显著相关。表明 *CFL2* 基因可能是影响秦川牛生长特性的重要候选基因。

五十五、*LHX3* 基因的分子遗传特征

LIM-homeodomain 3（*LHX3*）是垂体和运动神经元发育所需的基因，也在听觉系统中表达（Kriström et al.，2009）。LHX3通过与组蛋白乙酰转移酶复合物亚基LXXLL相互作用蛋白（histone acetyltransferase complex subunit LXXLL-interacting protein，LANP）和TATA结合蛋白相关因子1（TATA-binding protein-associated factor 1，TAF-1）相互作用，参与调节垂体基因的表达（Hunter et al.，2013）。在牛中，*LHX3* 基因位于11号染色体上，有8个外显子和7个内含子，编码403个氨基酸。Huang等（2015）通过DNA测序和PCR-SSCP方法鉴定了4个主要中国牛品种（南阳牛、秦川牛、郏县红牛和中国荷斯坦牛）802个个体 *LHX3* 基因的多态性，发现了3个已知的SNP（SNP1——g.7553G＞A、SNP2——g.7631C＞T、SNP3——g.7668C＞G）和7个新的SNP（SNP4——g.10385G＞T、SNP5——g.10427T＞C、SNP6——g.10478A＞C、SNP7——g.10684T＞G、SNP8——g.10686C＞T、SNP9——g.10734G＞A、SNP10——g.10777C＞A）。结果表明，在这些牛群体中10个SNP可以组成17个单倍型和18个双倍型。关联分析表明，SNP1和SNP6基因型与南阳牛6月龄、12月龄、18月龄体重显著或极显著相关（$P<0.05$ 或 $P<0.01$）。研究结果说明 *LHX3* 基因可能是肉牛育种标记辅助选择的候选基因。

五十六、*MC3R* 基因的分子遗传特征

黑素皮质素3受体（melanocortin 3 receptor，MC3R）基因位于牛13号染色体上，由1个外显子组成。MC3R属于视紫红质样G蛋白偶联受体家族，在饲料转化效率和能量稳态中起着至关重要的作用（Begriche et al.，2013；Irani and Haskell-Luevano，2005），该基因的多态性对生长性状、脂肪沉积和肥胖的影响已得到研究。先前的研究表明，*MC3R* 敲除（−/−）小鼠表现出瘦肉量减少、脂肪量增加以及对限制摄食的代谢适应（Chen et al.，2000）。在人类中，*MC3R* 基因有超过20个突变位点（Cieslak et al.，2013），其中6Thr＞Val、81Val＞Ile和335Ile＞Ser具有较强的肥胖易感性（Tao，2007）。在猪 *MC3R* 基因中检测到两种沉默的SNP与日增重显著相关（Weisz et al.，2011）。对鸡和红狐的关联研究表明，*MC3R* 基因多态性与体重、胴体重、饲料效率和腹部脂肪量之间存在显著相关性。然而，关于 *MC3R* 基因与牛体尺性状和肉质性状相关性的研究很少。Yang等（2015）对秦川牛（$n=271$）*MC3R* 基因外显子1的3个同义突变（g.429T＞C、g.537T＞C和g.663T＞C）进行了测序。关联分析显示，这些SNP与秦川牛的体尺性状和肉质性状显著相关。具有野生纯合子基因型 *TTTT* 和 *TT* 的个体比突变杂合子基因型 *TCTC* 和 *TC* 个体具有更大的胸深、胸围、背脂肪厚度、肌内脂肪含量和腰肌面积。这些结果表明 *MC3R* 基因影响秦川牛的肉质性状，并且可能是标记辅助选择的良好候选基因。

五十七、*NCAPG* 基因的分子遗传特征

非 SMC 凝聚素 I 复亚基 G（non-SMC condensin I complex subunit G，NCAPG）基因位于牛 6 号染色体上，由 22 个外显子和 21 个内含子组成。该基因编码凝聚素复合体的一个亚基，该亚基负责染色体在有丝分裂和减数分裂过程中的凝聚和稳定。同时，该基因在 8 号和 15 号染色体上存在假基因。Liu 等（2015b）在秦川牛群体（n=300）中检测到一个位于内含子区域的突变（g.47747T>G）、一个同义突变（g.52535A>G）和一个错义突变（g.53208T>G），导致氨基酸改变（pIle442Met）。关联分析表明，这些 SNP 与秦川牛的生长性状显著相关，*NCAPG* 基因可能参与了长臀肌的发育。这些 *NCAPG* 基因多态性可能对秦川牛最佳体型的标记辅助选择有一定的参考价值。

五十八、*HNF-4α* 基因的分子遗传特征

肝细胞核因子-4α（hepatocyte nuclear factor-4α，HNF-4α）属肝细胞核因子家族的一员，在调控肝、胰腺细胞发育、分化和正常功能相关基因的表达以及维持葡萄糖稳态方面发挥重要作用。该基因位于牛 13 号染色体上，由 10 个外显子和 9 个内含子组成。Wang 等（2014）研究了 3 个中国地方黄牛品种（n=660）*HNF-4α* 基因的多态性，发现了 6 个新的 SNP，其中 1 个突变发生在编码区，其他突变发生在内含子区。统计分析表明，4 个 SNP（g.53729T>C、g.53861A>G、g.65188A>C 和 g.65444T>C）对 2 岁龄秦川牛的生长性状有显著影响（$P<0.05$）。此外，还鉴定了这 4 个 SNP 位点的单倍型，并分析了其对生长性状的影响。结果表明，单倍型 2、7、9 和 11 在秦川牛、南阳牛和郏县红牛中占优势，分别占 73.2%、59.6%和 67.1%。在所有样品中，Hap9（TAAT）的比例都非常高，说明具有单倍型 Hap9 的个体对环境的适应能力更强。这些结果有利于对牛生长性状的分子标记辅助选择的应用。

五十九、*Pax3* 基因的分子遗传特征

沉默配对盒基因 3（paired box 3，*Pax3*）属于 PAX 转录因子超家族，位于牛 2 号染色体上，由 9 个外显子和 8 个内含子组成。*Pax3* 能够通过影响肌祖细胞的存活，在肢体肌肉组织的胚胎发生和出生后形成中发挥重要作用。随着细胞成熟，表达 *Pax3* 基因的细胞从皮膜组织的中心区域转移到肌节，在肌节中，*Pax3* 基因通过直接结合 145 bp 的顺式作用元件来调控 *Myf5* 的表达，从而促进骨骼肌的发育。在人类中，一些影响 *Pax3* 基因 DNA 结合特性的 SNP 已经在 Waardenburg 综合征（Ⅲ型）患者中被描述，该患者显示出严重的肌肉骨骼异常。最近对 *Pax3* 基因的同源基因 *Pax7* 的研究报道表明，其 7 个 SNP 均显示与牛的生长性状有显著相关性。此外，在德国牛中还发现了 *Myf5* 基因（*Pax3* 的下游基因）的 SNP 与体重之间的显著相关性，在韩国牛中也发现了活体重和胴体重之间的显著相关性。Xu 等（2014）检测了 5 个中国牛品种 1241 个个体（220 头南阳牛、398 头郏县红牛、224 头秦川牛、166 头鲁西牛、233 头草原红牛）*Pax3* 基因的多态性，并探讨了其对生长性状的影响。通过 DNA 池测序和 aCRS-RFLP 方法鉴定了 3

个新的变异位点（AC_000159：g.−580T＞G、g.4617A＞C 和 g.79018Ins/del G），其分别位于 5′-UTR、第 4 外显子和第 6 内含子。共构建了 8 个单倍型，其中 H1（TAG）、H2（GCG）和 H3（GAG）3 种主要单倍型的频率占 81.7%以上。统计分析表明，3 个 SNP 与 6 月龄和/或 12 月龄南阳牛和草原红牛的体高和体斜长显著相关（$P<0.05$），其结果提供了牛 *Pax3* 基因变异的完整扫描，为利用这些变异作为早期标记辅助选择方案中的潜在遗传标记提供了依据。

六十、*IGFALS* 基因的分子遗传特征

IGFALS 基因全称为胰岛素样生长因子酸性不稳定亚基（insulin-like growth factor acid labile subunit）基因，位于牛 25 号染色体上，由 2 个外显子和 1 个内含子组成。该基因编码一种血清蛋白，该血清蛋白能与 IGF 结合并调节生长、发育和其他生理过程。IGFALS 与生长激素相互作用，增加其半衰期并促进其血管定位（Leong et al.，1992）。有报道称，人体和骨骼大小的性别效应取决于 *IGFALS* 基因。也有研究表明，来自出生后生长缺陷的病例个体的多个 *IGFALS* 突变与肌萎缩侧索硬化（amyotrophic lateral sclerosis，ALS）水平、IGF1、IGFBP-3 和生长激素水平以及青春期开始延迟有关。Iniguez 和 Felizardo（2011）分析了人胎盘中 *IGFALS* mRNA 和蛋白质的表达，结果显示小胎龄（SGA）和适宜胎龄（AGA）新生儿 IGF1、IGFBP-3、IGFALS 的 mRNA 表达和蛋白质含量的增加有所不同。这些研究提示，*IGFALS* 的突变以及由此产生的 mRNA 和蛋白质表达水平的变化，可能在功能上影响体高等生长性状。Liu 等（2014b）对中国秦川牛（$n=300$）*IGFALS* 基因进行测序发现，在该基因的 2 个外显子上有 4 个 SNP（g.1219T＞C、g.1893T＞C、g.2612G＞A、g.2696A＞G）（图 11-11）。SNP g.2696A＞G 导致 IGFALS 羧基端富亮氨酸重复区天冬酰胺向天冬氨酸转变（p.N574D）。相关分析显示，SNP g.1219T＞C 与臀宽显著相关（$P<0.05$），SNP g.2696A＞G 与体高显著相关（$P<0.05$）。研究结果表明，*IGFALS* 基因的多态性与牛的生长性状有关，可以作为肉牛生长性状选择的遗传标记。

六十一、*LXRα* 基因的分子遗传特征

肝 X 受体 α（liver X receptor α，LXRα）是脂质和能量代谢的重要调节因子。*LXRα* 基因位于牛 15 号染色体上，由 11 个外显子和 10 个内含子组成。Ma 等（2014）采用实时荧光定量聚合酶链反应（RT-qPCR）检测了 *LXRα* 基因在 11 种不同牛组织中的表达谱，发现 *LXRα* 基因主要在脾、肝、脂肪组织、肾、肌肉和肺中表达。同时，还发现了 4 个 SNP，分别为 g.1028T＞C、g.1514T＞C、g.2929G＞A、g.3493T＞C。在 445 头中国地方黄牛中进行了 SNP 与生长和体尺相关性状的关联分析。结果显示，g.1028T＞C 和 g.1514T＞C 的杂合基因型在体高、体斜长、髋骨宽和臀围 4 个体型性状上表现出分子杂种优势（$P<0.05$）。4 个位点的多重效应分析表明，*TC-TC-GG-TT* 组合基因型个体的体高、体斜长、髋骨宽和臀围显著高于其他组合基因型（$P<0.05$）。4 个基因座基因型组合对体尺性状的影响与 g.1028T＞C 和 g.1514T＞C 基因座的影响一致。牛 *LXRα* 基因的

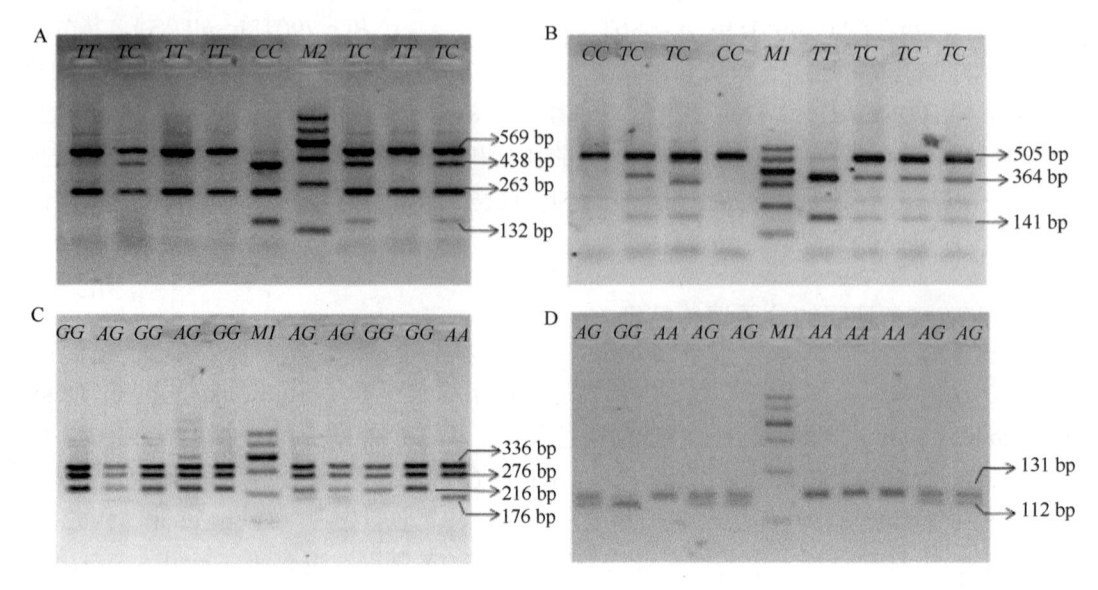

图 11-11　*IGFALS* 基因 PCR 产物电泳图

各分图上方的字母代表不同的基因型。A. TT=569 bp+263 bp，TC=569 bp+438 bp+263 bp+132 bp，CC=438 bp+263 bp+132 bp；B. CC=505 bp，TC=505 bp+364 bp+141 bp，TT=364 bp+141 bp；C. GG=336 bp+276 bp+216 bp，AG=336 bp+276 bp+216 bp+176 bp+40 bp，AA=336 bp+276 bp+176 bp+40 bp；D. AA=131 bp，AG=131 bp+112 bp+19 bp，GG=112 bp+19 bp。由于 40 bp 和 19 bp 片段太小，而琼脂糖凝胶电泳的分辨能力有限，因此，在该凝胶电泳图上无法看到 40 bp 和 19 bp 的电泳条带

g.1028T>C 和 g.1514T>C 可能是牛生长性状潜在的遗传标记。这些结果表明 *LXRα* 基因在许多组织中表达，并可能为进一步研究中国地方黄牛的体型特征提供重要的分子信息。

六十二、*IGF2* 基因的分子遗传特征

胰岛素样生长因子 2（insulin-like growth factor 2，IGF2）基因位于 29 号染色体上，由 10 个外显子组成。*IGF2* 编码的蛋白质作为哺乳动物生长发育中有效的细胞生长和分化因子，在肌肉生长以及成肌细胞的增殖和分化中起着重要作用。IGF2 在肌肉中的自分泌或旁分泌作用可能会刺激整个肌肉组织中多种细胞类型（包括肌肉内的脂肪细胞）的生长，对动物的生长性状具有重要影响。

2013 年，Huang 等在 4 个中国黄牛品种（265 头南阳牛、723 头秦川牛、440 头郏县红牛和 94 头中国荷斯坦牛）中检测出 *IGF2* 基因第 8 内含子中的 4 个 SNP（SNP1——g.17G>A、SNP2——g.220C>T、SNP3——g.221A>G、SNP4——g.1393A>G），这 4 个突变都是非编码突变，虽然不能导致氨基酸的改变，但经与生长性状的关联分析发现，具有 SNP2-3-*TT-GG*（SNP2：g.220C>T 和 SNP3：g.221A>G）基因型的个体的体重显著大于具有 SNP2-3-*CC-AA* 和 *CT-AG* 基因型的个体（$P<0.01$ 或 $P<0.05$）。在 18 月龄和 24 月龄时，等位基因 SNP2-3-*TG* 可能与 18 月龄和 24 月龄体重增加有关；在郏县红牛群体中，具有 SNP4-*GG*（g.1393A>G）基因型的个体在 24 月龄的体重极显著高于具有 SNP4-*AA* 和 *AG* 基因型的个体（$P<0.01$），这表明等位基因 SNP4-*G* 可能与郏县红牛

24 月龄体重相关。在牛 IGF2 基因的 4 个 SNP 中，野生纯合基因型和杂合基因型的生长性状值低于突变纯合基因型。在郑县红牛群体中，SNP1-AA、SNP2-3-TT-GG 和 SNP4-GG 与不同年龄牛的体重高度相关。在育种中可以选择基因型为 SNP1-AA、SNP2-3-TT-GG 和 SNP4-GG 的牛留种，以获得更大的体重。

六十三、ZBED6 基因的分子遗传特征

ZBED6（zinc finger BED-type containing 6）是一种新型的转录因子，被认为在骨骼肌的发生和发育中起 IGF2 转录的阻遏作用。牛 ZBED6 基因位于 16 号染色体上，仅包含一个外显子，并编码 980 个氨基酸。它的单个外显子包含 900 多个密码子和两个与 DNA 结合的 BED 结构域。对 ZBED 衍生的 BED 结构域进行比对以测试可能的重组和重复，结果表明 ZBED 基因驯化后，编码 BED 结构域的序列有多个独立的重复。ZBED6 是特定于胎盘哺乳动物的、衍生自驯化的 DNA 的转座子。ZBED6 作为一种新型的转录因子，似乎对胎盘哺乳动物的基因转录调控至关重要，它在所有胎盘哺乳动物的共同祖先中都进化出了必不可少的功能。它是胎盘哺乳动物所独有的基因，并且在物种间高度保守，根据现有的基因组序列数据，ZBED6 在相同的基因组位置上被发现，并且在 26 种胎盘哺乳动物中显示出近 100% 的氨基酸同一性。Huang 等于 2014 年对 723 头秦川牛的研究发现，ZBED6 在牛中具有广泛的组织分布，在启动子中有一个非编码突变（SNP1：g.826G＞A）和两个错义突变（SNP2：g.680C＞G 和 SNP3：g.1043A＞G）。牛群体的 3 个 SNP、23 个组合基因型和 8 个单倍型与不同的生长性状显著或极显著相关（$P<0.05$ 或 $P<0.01$）。突变型和单倍型在生长性状方面表现优异。与野生型纯合子相比，杂合子双型与更大的生长性状相关。SNP1-AA、SNP2-GG 和 SNP3-GG 基因型的个体能获得更大的生长性状。SNP2-GG 和 SNP3-GG 是牛 ZBED6 基因编码区中存在的两个错义突变，推测这些突变会改变蛋白质的氨基酸序列，可能会影响 ZBED6 自身的翻译效率或改变其功能。

六十四、SIRT2 基因的分子遗传特征

SIRT2 全称为 sirtuin 2（沉默信息调节因子 2 基因），定位于牛 18 号染色体上，由 16 个外显子和 15 个内含子组成。沉默信息调节因子是一个复杂的蛋白质家族，与酵母 III 类 NAD^+ 依赖性蛋白/组蛋白脱乙酰酶具有同源性。沉默信息调节因子家族具有脱乙酰酶 NAD^+ 依赖性和 ADP 核糖基转移酶的活性，在衰老、炎症和新陈代谢中起着重要的作用。SIRT2 是表达最丰富的沉默信息调节因子基因，SIRT2 蛋白是脂肪细胞中最丰富的沉默调节蛋白，分布在整个细胞质中，主要与微管共定位并起 α-微管蛋白的作用，SIRT2 的过表达抑制成熟脂肪细胞的分化并促进脂肪分解，而降低 SIRT2 的表达则促进脂肪形成。2014 年，Li 等成功地通过四引物扩增受阻突变体系 PCR 技术（T-ARMS-PCR）对 SIRT2 的 g.4140A＞G 多态性进行了基因分型。试验选取了 1255 头中国黄牛：南阳牛（$n=210$）、秦川牛（$n=224$）、鲁西牛（$n=168$）、郑县红牛（$n=416$）和草原红牛（$n=237$）。卡方检验表明，所有样本中 SNP2（g.4140A＞G）均处于哈迪-温伯格平衡状态（$P>0.05$）。

该多态性与 24 月龄南阳牛的体重之间存在显著关联。与 AA 基因型的个体（体重 364.49 kg）相比，G 携带者（AG，377.99 kg；GG，385.69 kg）具有显著更大的体重（分别为 $P \leqslant 0.045$，$P=0.008$），该 SNP 位于牛 SIRT2 的非编码区，不会导致氨基酸变化。

六十五、BMP7 基因的分子遗传特征

BMP7 基因，全称为骨形态生成蛋白 7（bone morphogenetic protein 7）基因，牛 BMP7 基因定位于 13 号染色体上，其编码区由 7 个外显子组成，其大小与人 BMP7 基因相似。骨形态生成蛋白（BMP）是构成转化生长因子 β（TGF-β）超家族的生长因子，在胚胎发生和成年期均调节细胞命运决定、增殖、凋亡和分化等过程，而 BMP7 在棕色脂肪形成和能量消耗中起作用，有研究证明 BMP7 可能间接影响生长性状的调节和体内脂肪的分布。Huang 等于 2013 年对 602 头中国黄牛（175 头南阳牛、287 头秦川牛和 140 头郏县红牛）中 BMP7 基因的遗传变异进行了初步研究。试验采用 PCR-SSCP 技术对 5 个 SNP 位点进行了基因分型：SNP1（g.33254T>C）、SNP2（g.82960C>T）、SNP3（g.83078G>A）、SNP4（g.84784G>A）、SNP5（g.84917T>C）。SNP1、SNP3 和 SNP5 分别位于内含子 2、6 和 7 中，SNP2 和 SNP4 分别位于外显子 6 和 7 中，在 SNP1 位点鉴定出 3 个基因型，在 SNP2、SNP3、SNP4 和 SNP5 位点均鉴定出 2 个基因型。对于 SNP4 和 SNP5，两个 SSCP 基因型也被确定并命名为 SNP4/5-GG-TT（纯合子）和 SNP4/5-GA-TC（杂合）基因型。3 个牛群中 SNP2-5 的基因型频率均符合哈迪-温伯格平衡（$P>0.05$）。统计结果表明，南阳牛种群在 12 月龄和 24 月龄 SNP1、SNP4 和 SNP5 与体重、体斜长和胸围有关；选择 SNP1-CC 和 SNP4/5-AA-CC 基因型的牛可以获得更大的体重、体斜长和胸围，有助于中国黄牛的分子标记辅助育种。

六十六、PROP1 基因的分子遗传特征

POU1F1 基因祖先蛋白（PROP1，Prophet of paired-like homeobox 1），可通过 POU1F1/PROP1 途径在生长中起着重要作用。其中，POU1F1 在垂体中特异性表达，并且在垂体促性腺激素、生长激素（GH）、催乳素（PRL）和内源性甲状腺素的形成中起重要作用。大量研究发现，PROP1 基因突变不仅是导致 GH、PRL 和促甲状腺激素 β 亚基（TSH-β）缺乏的原因，而且显著影响并直接调节 POU1F1 基因的表达水平。为此，PROP1 基因被认为对牛的生长性状有影响。在牛 PROP1 蛋白的活性结构域中发现了一个关键的功能性错义突变（H173R），该错义突变可能导致 GH、PRL、TSH 和 Pit-1 的缺陷，进而影响生长性状。Pan 等（2013）在 5 个中国地方黄牛品种（200 头秦川牛、405 头郏县红牛、204 头南阳牛、160 头鲁西牛、238 头草原红牛）中确认了一个关键的功能性错义突变，也称 AC_000164：g.41208950A>G，导致 His>Arg 和 PROP1 基因外显子 3 区域的变化。通过不同基因型与牛生长性状的关联分析，发现 AG 和 AA 基因型的母牛比 GG 基因型的母牛具有更好的生长性状。这些发现表明，A 等位基因对生长性状有积极影响。

六十七、*PAX6* 基因的分子遗传特征

PAX6（paired box 6）基因编码一个转录因子，定位于牛 15 号染色体上，由 17 个外显子和 16 个内含子组成，属于 *PAX* 基因家族，其编码的转录因子在眼、鼻、中枢神经系统和胰腺的发育中具有重要功能。Huang 等（2013a）在 4 个主要中国牛种 817 头母牛（276 头南阳牛、308 头秦川牛、141 头郏县红牛、92 头中国荷斯坦牛）*PAX6* 基因的内含子 2、8 和 11 中鉴定出 3 个 SNP，揭示了 8 个单倍型和 13 个双倍型。3 个 SNP，分别命名为 SNP1——PAX6-Intron 2-C1482T、SNP2——PAX6-Intron 8-T148C、SNP3——PAX6-Intron 11-C2416T。具有 SNP2-*CC* 和 SNP3-*CC* 基因型的个体在出生、6 月龄和 12 月龄的体重极显著高于具有 SNP2 或 SNP3-*TT* 和 *TC* 基因型的个体（$P<0.01$）。在牛 *PAX6* 基因的这些 SNP 中，杂合基因型的生长特性值低于突变体纯合基因型的生长特性值。SNP2 和 SNP3 与中国黄牛出生、6 月龄和 12 月龄的体重高度相关。证明 *PAX6* 中的某些多态性与某些年龄的生长性状有关，*PAX6* 基因可以用作肉牛育种计划中标记辅助选择的候选基因。

六十八、*SH2B2* 基因的分子遗传特征

SH2B2[以前称为具有 PH 和 SH2 域（APS）的衔接子蛋白]是 Src 同源性 2B（SH2B）家族的成员，*SH2B2* 基因位于牛 25 号染色体上，由 11 个外显子和 10 个内含子组成。SH2B 家族包含 3 个成员（SH2B1、SH2B2 和 SH2B3），具有 N 端保守的二聚化结构域（DD）、中央普列克底物蛋白同源性（PH）域和 C 端 Src 同源性 2（SH2）结构域。其中，SH2B2 在细胞信号转导中充当衔接蛋白，介导了胰岛素刺激的 c-Cb1/CAP/TC10 途径的激活。特别值得注意的是，在胰岛素反应性组织中，尤其是在脂肪组织中，SH2B2 表达水平较高。Yang 等（2013）通过 PCR-RFLP 和测序技术，从 5 个中国牛品种的 959 个个体中获得了 *SH2B2* 基因的 4 个 SNP 位点。基于这 4 个突变位点，鉴定出 12 种单倍型。通过关联分析发现，*CC* 和 *CT*（SNP1220 位点）基因型，*DI*（4 bp InDel 位点）和 *CC*（SNP21049 位点）基因型对生长性状有积极影响。此外，当使用 CCDITTCC 组合时，个体在早期就表现出最好的表型。这些结果表明 SNP1220、4 bp InDel 和 SNP21049 与黄牛的生长性状相关，表明 *SH2B2* 基因是肉牛育种计划中标记辅助选择的候选基因。

六十九、*SIRT1* 基因的分子遗传特征

沉默信息调节因子 1（SIRT1，sirtuin 1）基因位于牛 28 号染色体，由 10 个外显子和 9 个内含子组成。SIRT1 的功能是去除蛋白质上的乙酰基团（去乙酰化），在一些生物学过程中发挥了一定的作用。SIRT1 在哺乳动物的健康和疾病中起着至关重要的作用，通常与最复杂的生理过程有关，包括新陈代谢、癌症发生和衰老，这些过程是通过 NAD^+ 介导的。哺乳动物的 SIRT1 调节一些控制新陈代谢和内分泌信号转导的转录因子，如过氧化物酶体增殖物激活受体 γ（peroxisome proliferator-activated receptor γ, PPARγ)、过氧化物酶体增殖物激活受体 γ 共激活器 1α（peroxisome proliferator-activated receptor γ coactivator 1α, PGC-1α)、解偶联蛋白 2（uncoupling protein 2, UCP2)、核因子 κB（nuclear factor kappa B, NF-κB）和分叉头盒 O1（forkhead box O1, FOXO1）蛋白的表达，从而对葡萄糖稳态和胰岛素分泌产生明显影响。SIRT1 与 PPARγ 相互作用并通过与其辅因子核受体共抑制子（NCoR）及类视黄醇和甲状腺激素受体的沉默介质（SMRT）对接来抑制其转录活性。Li 等（2013）在南阳（$n=210$)、郏县（$n=416$)、秦川（$n=224$)、鲁西（$n=168$）和草原红牛（$n=237$）中测定了 *SIRT1* 基因 5 个新的 SNP：g.-382G>A、g.-274C>G、g.17324T>C、g.17379A>G 和 g.17491G>A（图 11-12)，关联分析显示，在南阳牛群体中，SNP g.-274C>G 与 24 月龄体重显著相关，而 g.17379A>G 与 6 月龄和 12 月龄体重显著相关。

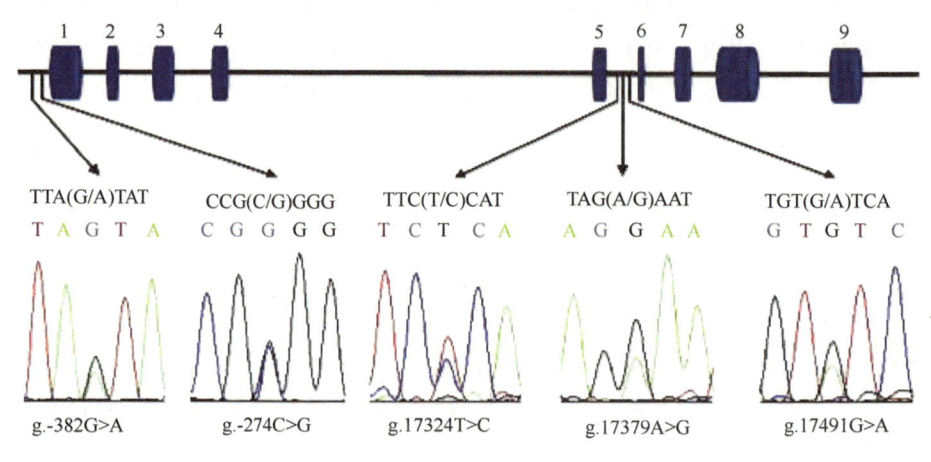

图 11-12　*SIRT1* 基因的示意图以及 5 个已鉴定 SNP 的定位

七十、*HGF* 基因的分子遗传特征

肝细胞生长因子（hepatocyte growth factor, HGF)，也称为分散因子（SF）/肝生成素 A（hepatopoietin A, HPTA)，属于可溶性细胞因子家族，其中包括巨噬细胞刺激蛋白（MSP)，其是最重要的生长因子之一。HGF 由间充质细胞分泌，并在主要上皮来源的细胞中充当多功能细胞因子。通过刺激迁移、细胞运动和基质侵袭，它在血管生成、肿瘤生成和组织再生中起着关键作用，牛 *HGF* 基因由 19 个外显子和 18 个内含子组成，位于 4 号染色体上，长度约 81 704 bp。Cai 等（2013）在 5 个品种的 1433 头中国黄牛[南阳牛（$n=225$)、郏县红牛（$n=415$)、秦川牛（$n=470$)、鲁西牛（$n=84$）和草原红牛（$n=239$)]*HGF* 基因中检测出 10 个新的 SNP 位点：g.288T>C、g.20538T>C、g.48326A>G、g.51267G>A、g.67663A>T、g.71490T>C、g.71628G>A、g.72801G>A、g.77172G>T 和 g.77408T>G。在南阳牛中，在 18 月龄，*L1-CC* 基因型个体的髋骨宽大于 *L1-CT* 和 *L1-TT* 基因型个体（$P<0.05$)；在 12 月龄，*L2-GG* 基因型个体的体高、体重和平均日增重均高于 *L2-AA* 或 *L2-AG* 基因型个体（$P<0.05$)。*L3-GG* 基因型个体在 12 月龄表现出比其他牛同期更高的平均日增重（$P<0.05$)。

七十一、*Wnt7a* 基因的分子遗传特征

Wnt7a（Wnt family member 7a）是 *Wnt* 基因家族的成员，它编码信号蛋白。Wnt7a 调节多种细胞和发育途径，这些细胞和发育途径直接影响成年女性生殖道的产前生长并维持成人的正常子宫功能，并且也有助于神经系统的发育。在肌发生过程中，Wnt7a 在再生过程中被上调表达并刺激肌卫星细胞的对称扩增。过度表达 Wnt7a 促进肌肉再生，并增加肌卫星细胞的数量和比例。缺乏 Wnt7a 的肌肉在再生后显示出肌卫星细胞数量的显著减少。Wnt7a 通过平面细胞极性途径的信号转导控制着肌卫星细胞的稳态水平，因此调节了肌肉的再生潜力。有研究人员通过 PCR-RFLP 方法在 448 头秦川牛的 *Wnt7a* 基因中检测到 3 个突变（g.4926T>C、g.21943A>G 和 g.63777C>T）。在 g.63777C>T 基因座，基因型为 G_3G_3 的个体与基因型为 A_3A_3 的个体相比，具有更大的体高、体重、胸围和尻宽（$P<0.01$ 或 $P<0.05$），这意味着等位基因 G_3 可能与秦川牛体高、体重、胸围有关。基因座 g.4926T>C-TT(A1A1)/g.21943A>G-AA(A2A2)/g.63777C>T-CC(A3A3) 的组合优于单个分子标记。

七十二、*RXRα* 基因的分子遗传特征

类视黄醇 X 受体 α（RXRα）是核受体（NR）超家族必不可少的成员，被认为是细胞分化、生长的关键调节剂。与配体激活的转录因子家族其他成员一样，RXRα 具有许多蛋白质结构域，包括 tral 强保守 DNA 结合域（DBD）、可变的 N 端域、柔性铰链和 C 端配体结合域（LBD）。*RXRα* 基因位于牛 11 号染色体，由 14 个外显子和 13 个内含子组成。RXRα 信号转导在发育中起着重要作用，RXRα 与其他小分子诱导剂结合可以促进体外的成肌分化。此外，RXRα 还调节编码脂质、葡萄糖、胆汁酸、胆固醇代谢的关键酶的基因的表达，RXRα 参与炎症反应发展、诱导细胞分化和凋亡并抑制细胞增殖。在 27919:T>A-28139:T>C 连锁型中，*TTGA* 基因型个体的胸围显著高于 *TAGG* 基因型个体（$P<0.05$），*AAGA* 基因型个体的体重也显著高于 *TAGG* 基因型个体（$P<0.05$）。在 T28139C-G28142A 位点，*TCAG* 基因型个体的胸围、腹围和体重均远高于 *TTGG*（$P<0.01$）、*TTGA* 和 *TCGG* 基因型的个体（$P<0.05$）。对于 T27919A-T28139C 位点，*TCTA* 和 *TCTT* 基因型个体的胸围和十字部高显著低于 *TTTA* 基因型个体（$P<0.05$），并且 *TCAA* 和 *TCTT* 基因型个体的体重显著高于 *TTTA* 基因型个体（$P<0.05$）。

七十三、*FBXO32* 基因的分子遗传特征

FBXO32 是 F-box 蛋白家族的成员，是泛素蛋白连接酶复合体的 4 个亚基之一，*FBXO32* 基因的表达似乎与肌肉发育和蛋白质水解密切相关，表明其可用作可靠的肌原纤维蛋白水解指标，*FBXO32* 由于其在肌肉发育中的基本作用而被认为是生长性状的候选基因，牛 *FBXO32* 基因位于由 11 个外显子组成的 13 号染色体上，长度超过 54 484 bp。研究人员对 7 个不同的牛品种共 1313 个个体[郏县红牛（$n=405$）、南阳

牛（n=204）、秦川牛（n=213）、鲁西牛（n=83）、晋南牛（n=83）、草原红牛（n=238）和中国荷斯坦牛（n=87）]进行了研究。结果发现 4 个 SNP 变异：g.2139A>C、g.22830A>G（同义突变），g.44675T>C 和 g.53423A>G，在 24 月龄的南阳牛中，基因座 g.2139A>C 和 g.53423A>G 与体斜长显著相关，在 g.2139A>C 位点上，具有 AA 基因型的母牛比具有 AC 和 CC 基因型的母牛具有更长的体斜长。g.2139A>C 和 g.53423A>G 与 24 月龄南阳牛的体斜长显著相关。g.2139A>C 和 g.53423A>G 位点的 AA 基因型可以作为牛体斜长的分子标记。

七十四、VEGF 基因的分子遗传特征

VEGF（vascular endothelial growth factor）基因全称为血管内皮生长因子基因，也称为 VEGF-A，位于牛 23 号染色体上，由 8 个外显子和 7 个内含子组成。VEGF 是血管发育的关键调节剂，在发育性血管形成和缺氧诱导的组织血管生成中起着至关重要的作用。血管生成是一个复杂而协调的过程，VEGF 在血管的再生中是必需的。研究表明，VEGF 是肌肉毛细血管的重要生长因子，VEGF 依赖性信号转导不足会导致小鼠骨骼肌细胞凋亡。另一项研究表明，VEGF 与骨形态生成蛋白（BMP）特别是 BMP2 相互作用，这与正常骨骼发育过程中的骨形成密切相关。最新的研究表明，Tristetraprolin（TTP，别名 ZFP36、TIS11、GOS24、NUP475）和 VEGF 基因参与肥胖的调节，而 VEGF mRNA 可能是 Tristetraprolin 在脂肪细胞中的靶标。上述所有的研究均表明 VEGF 基因是血管生成的重要调节剂，其调节动物发育和血管的再生或新血管的生长。因此，它可能是研究动物生产性状的潜在候选基因。2010 年 Pang 等在 671 头中国黄牛（271 头南阳牛、257 头秦川牛、143 头郑县红牛）VEGF 基因中共鉴定出 3 个 SNP 突变位点，分别是 g.6765T>C（ss130456744）、g.6860A>G（ss130456745）和 g.6893T>C（ss130456746）。其中，ss130456744 对南阳牛的初生重、6 月龄体重和胸围有显著影响（$P<0.05$），并且与中国黄牛的早期生长发育有关。

七十五、MyoG 基因的分子遗传特征

肌细胞生成蛋白（myogenin，MyoG）基因位于牛 16 号染色体上，由 3 个外显子和 2 个内含子组成。MyoG 在肌细胞分化过程中起着中心调节作用，直接影响着动物的产肉能力。一方面，MyoG 基因调节肌肉特异性基因的表达。另一方面，MyoG 基因可能负责调控初级纤维的数量，从而可以通过控制胚胎肌肉的发育来改变成熟动物的肌肉纤维的数量和类型。因此，由突变引起的 MyoG 基因表达水平或其蛋白结构的变化可能影响肌细胞分化过程，并最终影响肌肉特性。2011 年 Xue 等在 779 头中国黄牛（48 头南阳牛、473 头秦川牛、73 头郑县红牛、67 头夏南牛、65 头鲁西牛及 53 头鲁西牛×西门塔尔牛杂交牛）MyoG 基因中发现 1 个 SNP 突变位点，为 g.314T>C，并发现此 SNP 与 4 个品种（鲁西牛、夏南牛、郑县红牛和秦川牛）的尻长显著相关（$P<0.05$），与 3 个群体（鲁西牛×西门塔尔牛杂交牛、南阳牛和夏南牛）的髋骨宽显著相关（$P<0.05$），与两个群体（鲁西牛×西门塔尔牛杂交牛和南阳牛）的腰高显著相关（$P<0.05$），与鲁

西牛的体长显著相关（$P<0.05$）。

七十六、*NPY* 基因的分子遗传特征

NPY（neuropeptide Y）基因，即神经肽 Y 基因，位于牛 4 号染色体上，包含 6 个外显子和 5 个内含子。NPY 是最有效的致癌因子之一，可以对动物的行为和其他生理功能产生多种影响，但最明显的影响是刺激进食。NPY 的脑室内给药会导致小鼠食欲亢进、产热减少和肥胖。在人类中，*NPY* 基因中的 g.T1128C 多态性导致 NPY 信号肽中第 7 位的亮氨酸被脯氨酸取代（Leu7Pro）。据报道，其多态性与高血清胆固醇和低密度脂蛋白胆固醇水平有关。这些发现表明，*NPY* 基因是人和牲畜体重、脂肪或生长相关性状的候选基因。2010 年 Zhang 等在 338 头中国黄牛（100 头南阳牛、68 头秦川牛、130 头郏县红牛、40 头晋南牛）*NPY* 基因中鉴定出 5 个 SNP 突变位点，分别是 g.38017C>G、g.34240C>A、g.34168G>A、g.32463A>C 和 g.32302C>G，并发现 g.32463A>C 和 g.32302C>G 与 6 月龄、12 月龄、18 月龄南阳牛的体斜长和胸围显著相关（$P<0.05$），但对 24 月龄南阳牛的两个生长性状没有显著影响（$P>0.05$）。

七十七、*SST* 基因的分子遗传特征

SST（somatostatin）基因，即生长抑素基因，位于牛 1 号染色体上，包含 2 个外显子和 1 个内含子。SST 是一种环状的 14 肽类激素，从羊的下丘脑中分离得到。SST 广泛分布于动物的脑、胰腺、胃肠道等神经系统和外周组织中。经研究证实，SST 具有极其强大的生物学活性，如对生长激素分泌和释放有抑制作用，对处于基础状态和受刺激状态下的多种内分泌、外分泌细胞功能具有强大的抑制效应。另外，SST 作为一种抑制性因子，对动物的生长、发育和代谢等多种生理过程均有极其重要的作用。2010 年 Gao 等在 694 头中国黄牛（48 头南阳牛、389 头秦川牛、73 头郏县红牛、64 头鲁西牛、67 头夏南牛、53 头鲁西牛与西门塔尔牛的杂交牛）*SST* 基因中检测出 1 个 SNP 突变位点，为 g.126G>A，并发现其与体长、体高、腰角宽、胸围和髋骨宽显著相关。*AA* 基因型个体在 1.5 岁时的体高、体长、腰角宽和髋骨宽显著低于 *AG* 基因型个体；而在 2 岁时 *AA* 基因型个体的腰角宽、体长和髋骨宽显著低于 *AG* 基因型个体；在 2.5 岁时，*AA* 基因型个体的体长、腰角宽和髋骨宽明显低于 *AG* 基因型个体。

七十八、*KLF7* 基因的分子遗传特征

KLF7（Kruppel-like factor）基因，即 Kruppel 样因子 7 基因，位于牛 2 号染色体上，包含 5 个外显子和 4 个内含子。*KLF7* 基因广泛表达于脂肪细胞和各种人类组织包括胰腺、骨骼肌和肝。KLF7 的 C 端包含 3 个锌指结构，氨基酸由富含丝氨酸的疏水氨基酸和带负电荷的谷氨酸残基组成。共转染分析发现 KLF7 主要起转录激活作用。在人类脂肪细胞中过表达 *KLF7* 则脂连蛋白（adiponectin）和瘦素（leptin）表达减少，而 IL-6 表达增加。过表达 *KLF7* 还会导致平滑肌细胞己糖激酶-2 和 HepG2 细

胞中葡萄糖转运蛋白-2表达减少。2010年Ma等在918头中国黄牛（228头秦川牛、251头南阳牛、439头郑县红牛）*KLF7*基因中检测出3个SNP突变位点，分别是g.41401C＞T、g.42025T＞C和g.42075A＞G，并且发现基因型为T_2T_2、C_2C_2（T42025C）、A_3A_3（A42075G），单倍型为$C_1C_1C_2C_2A_3A_3$和$C_1T_1T_2C_2A_3G_3$的牛表现出更好的生长特性（$P<0.01$）。这些研究结果表明*KLF7*基因可能对牛的生长性状有重要影响。

七十九、*PRLR*基因的分子遗传特征

PRLR（prolactin receptor）基因，即催乳素受体基因，位于牛20号染色体上，包含12个外显子和11个内含子。PRLR是细胞因子受体超家族的成员，在生殖、免疫、发育、代谢、渗透调节等不同的生物学过程中具有重要作用。*PRLR*基因在大脑、肝、性腺等多种组织中均有表达。催乳素（PRL）是由垂体前叶产生的肽类激素，对动物的乳腺和性腺发育起着重要作用，是动物生理、繁殖所必需的激素。催乳素若要发挥其作用，必须与其受体结合，并作用于相应的靶细胞上。*PRLR*与猪的繁殖性能相关，国内外学者对*PRLR*多态性与猪繁殖性能的关系进行了大量研究，并确定*PRLR*基因是影响猪繁殖性能十分理想的候选基因。2010年Lv等在665头中国黄牛（283头南阳牛、151头秦川牛、116头郑县红牛、62头鲁西牛、53头晋南牛）*PRLR*基因中检测出3个SNP突变位点，分别为g.1267G＞A、g.1268T＞C和第18位氨基酸的错义突变Ser（AGT）＞Asn（AAC），并且发现*PRLR*基因的多态性与南阳牛的生长性状显著相关。基因型为*BB*的6月龄个体比基因型为*AA*的个体具有更大的坐骨端宽、体重和平均日增重（$P<0.01$），并且在6月龄具有更大的体高、体斜长和胸围（$P<0.05$）。

八十、*GDF5*基因的分子遗传特征

GDF5（growth and differentiation factor 5）基因，位于牛13号染色体，包含2个外显子和1个内含子。参与骨骼和软骨的发育和维持。2010年，Liu等对465头中国黄牛*GDF5*基因的遗传变异进行了检测，发现外显子1上存在一处SNP位点（g.586T＞C），分析结果显示，该SNP与牛的背膘厚、大理石花纹评分显著相关。

八十一、*RBP4*基因的分子遗传特征

RBP4（retinol binding protein 4）基因全称为视黄醇结合蛋白4基因，位于牛26号染色体上，包含7个外显子和6个内含子。RBP4由外周组织产生，研究发现该基因参与葡萄糖和脂质代谢。2010年，Wang等对818头中国黄牛（283头南阳牛、134头郑县红牛、306头秦川牛、95头中国荷斯坦牛）*RBP4*基因的遗传变异进行了鉴定，发现内含子3上有一处4 bp的InDel（g.3486-3489 del.TCTG；NC 007327），外显子3上存在两个SNP（g.3571C＞G、g.3571C＞T），该突变导致相应的氨基酸发生变化，即CCG（Pro）＞CGG（Arg）、CTG（Leu），将鉴定到的4 bp InDel基因型描述为*WW*、*WD*和

DD，并与 SNP 位点连锁，连锁基因型描述为 *WW*（*CC*）、*WD*（*CG & CT*）和 *DD*（*GG & GT*）。对 4 bp InDel 和两种新的 SNP 多态性与南阳牛生长性状（体高、体长、胸围、尻宽、体重、初生重和平均日增重）的关系的研究结果表明，与 *WD* 和 *DD* 基因型相比，*WW* 基因型个体的初生重、6 月龄体重和平均日增重（6 月龄和 12 月龄）更大（$P<0.05$）。对于 SNP 位点，与基因型 *CG*、*GT*、*CT* 和 *GG* 个体相比，*CC* 基因型个体的初生重、6 月龄体重和平均日增重（6 月龄和 12 月龄）更大。其他生长性状与基因型没有显著的相关性。因此，*RBP4* 基因中存在的 4 bp InDel 和 SNP 位点可能对黄牛初生重、6 月龄体重和平均日增重（6～12 月龄）有负面效应。

八十二、*MEF2A* 基因的分子遗传特征

MEF2A（myocyte enhancer factor 2A）基因全称为肌细胞增强因子 2A 基因，位于牛 21 号染色体上，包含 15 个外显子和 14 个内含子，参与脊椎动物骨骼肌的发育和分化。2010 年，Chen 等对 3 个中国地方黄牛品种 1009 头牛（287 头秦川牛、272 头南阳牛、450 头郏县红牛）的 *MEF2A* 基因进行了遗传变异位点鉴定，发现了 3 个 SNP 突变位点，分别是 g.1598C>T、g.1641G>A 和 g.1734C>T。对 3 个 SNP 位点与牛的生长性状进行关联分析发现，g.1598C>T 位点与黄牛 6 月龄和 12 月龄的体斜长有关，g.1641G>A 位点与黄牛 12 月龄平均日增重有关，g.1734C>T 位点与黄牛 6 月龄平均日增重和体重有关。

八十三、*GAD1* 基因的分子遗传特征

GAD1（glutamate decarboxylase 1）基因，即谷氨酸脱羧酶 1 基因，位于牛 2 号染色体上，包含 18 个外显子和 17 个内含子。GAD1 催化抑制性神经递质 γ-氨基丁酸（GABA）的合成。2010 年，Li 等对 3 个中国地方黄牛品种 726 头牛（305 头秦川牛、277 头郏县红牛、144 头南阳牛）的 *GAD1* 基因进行了遗传变异位点鉴定，发现 1 个 SNP 突变位点（g.12345T>C），在 3 个品种中，南阳牛 *GAD1* 基因中的 SNP 突变与 24 月龄个体的体斜长、体重、胸围和平均日增重显著相关（$P<0.05$）。

八十四、*NUCB2* 基因的分子遗传特征

NUCB2（nucleobindin 2）基因，即核连蛋白 2 基因，位于牛 15 号染色体上，包含 14 个外显子和 13 个内含子。NUCB2 是一种分泌蛋白，在大鼠下丘脑核内的摄食相关区域中广泛表达。2010 年，Li 等对 3 个中国地方黄牛品种 686 头黄牛（324 头秦川牛、211 头郏县红牛、151 头南阳牛）的 *NUCB2* 基因进行了遗传变异位点鉴定，发现了 2 个 SNP 位点，分别是 g.27451G>A 和 g.27472T>C，*NUCB2* 基因中 2 个突变位点的基因型对 24 月龄牛的体斜长、体重、胸围和平均日增重均有显著影响（$P<0.05$）。

八十五、POMC 基因的分子遗传特征

POMC（proopiomelanocortin）基因，即阿片黑素皮质素前体基因，可以编码多种不同功能的肽类激素，包括黑素皮质素、促脂解素和 β-内啡肽，它们主要参与采食和能量平衡调控。POMC 基因位于牛 11 号染色体上，包含 4 个外显子和 3 个内含子。POMC 基因对动物的摄食行为和能量稳态起着重要作用。2009 年，张春雷等对 480 头牛（68 头秦川牛、113 头南阳牛、146 头郏县红牛、19 头鲁西牛、30 头晋南牛、43 头安格斯牛、61 头荷斯坦牛）的 POMC 基因进行了遗传变异位点检测，结果显示，P1 和 P2 位点未表现多态性，在 P3 位点共发现 3 个 SNP，分别是 g.811845C>T、g.811821T>C 和 g.811797A>G，这 3 个 SNP 连锁出现，组成 CTA 和 TCG 两种单倍型，P3 位点存在 2 个等位基因，有 AA、AB 和 BB 3 种基因型，其中 BB 为优势基因型。南阳牛突变型（BB）个体的 6 月龄体重和 0~6 月龄的平均日增重高于 AA 基因型个体。

八十六、GHSR 基因的分子遗传特征

GHSR（growth hormone secretagogue receptor）基因，即生长激素分泌受体基因，位于牛 1 号染色体上，包含 3 个外显子和 2 个内含子。GHSR 是饥饿素的唯一受体。此外，通过表达、克隆、鉴定 GHSR 基因，发现该基因是一种先前未知的 G 蛋白偶联受体基因，主要表达于脑、垂体和胰腺。2009 年，Zhang 等对 544 头黄牛（240 头南阳牛、141 头秦川牛、133 头郏县红牛、30 头晋南牛）GHSR 基因进行了遗传变异位点检测，发现 2 个 SNP 位点，分别是 g.456G>A 和 g.667C>T，GHSR-MM 基因型个体比 GHSR-MN 基因型个体表现出更高的体重和平均日增重。

八十七、ADIPOQ 基因的分子遗传特征

ADIPOQ（adiponectin）全称脂联素，是一种重要的脂肪细胞因子，参与调节能量稳态平衡、葡萄糖代谢、脂肪代谢及炎症反应等生理过程。牛的 ADIPOQ 基因位于 1 号染色体上，靠近大理石花纹等级、眼肌面积和脂肪厚度相关的 QTL，包含 3 个外显子，在该基因启动子区存在一个拷贝变异。通过启动子活性分析，确定该可变拷贝位于启动子核心区域内。研究人员分别构建了报告基因载体 pGL3-Adp-1D（包含 1 个重复序列）和 pGL3-Adp-2D（包含 2 个重复序列）来研究可变拷贝对启动子的影响。结果显示，在 3T3-L1 和 C2C12 细胞中，pGL3-Adp-1D 的活性高于 pGL3-Adp-2D；1D1D 基因型个体的肌肉和脂肪组织中 ADIPOQ 基因 mRNA 表达量均高于 1D2D 基因型个体。证明拷贝数的增加抑制了启动子活性，导致 mRNA 表达量降低。关联分析结果显示，该拷贝数变异与牛的体尺显著相关。

八十八、NPM1 基因的分子遗传特征

NPM1（nucleophosmin）基因全称为核仁磷蛋白基因，定位于牛 20 号染色体上，包

含 12 个外显子和 11 个内含子。核仁磷蛋白是一种多功能核仁磷酸化蛋白。*NPM1* 基因参与细胞增殖、分化、死亡等多种基础生物学过程。2011 年 Huang 等克隆了牛 *NPM1* 基因，并在该基因上检测到 6 个 SNP，这些变异与牛的体尺性状显著相关。在牛的 *NPM1* 基因编码区发现一个 12 bp 的缺失变异，通过序列分析发现，该变异是一个三碱基（GAT/A）重复元件。为了分析重复元件对基因功能的影响，2014 年，张良志分别构建了 *NPM1* 基因的缺失和野生单倍型表达载体 pEGFP-C1-NPM-10R（缺失型）和 pEGFP-C1-NPM-14R（野生型）（两个载体中均包含了不同的三碱基重复元件），并转染 C2C12、3T3-L1、293T 和 293A 细胞。结果显示，在所有细胞中，野生型（pEGFP-C1-NPM-14R）的表达量要高于缺失型（pEGFP-C1-NPM-10R），而且野生型的表达产物在核内呈点状散在分布，缺失型的表达产物在核内成簇蓄积分布。候选基因表达分析显示，在转染野生型载体细胞系中，与增殖和分化正相关的基因 *Ki67*、*MyoG* 和 *PPARγ* 表达量要显著高于缺失型，而且免疫印迹和免疫荧光试验也验证了这个结果。说明 *NPM1* 基因编码区重复元件缺失导致该基因表达产物在核内蓄积，并影响了该基因的功能。

八十九、*MICAL-L2* 基因的分子遗传特征

MICAL-L2（molecule interacting with CasL-like 2）基因全称为微管相关单加氧酶样蛋白 2 基因，定位于牛 25 号染色体上，包含 18 个外显子和 17 个内含子。MICAL-L2 参与了多个重要的细胞通路，如轴突导向、细胞运动、细胞间连接的形成、囊泡运输和癌细胞转移等。2014 年，徐瑶等发现 *MICAL-L2* 基因在牛肌肉组织中高表达，且与牛的一些重要数量性状位点相关，*MICAL-L2* 基因拷贝数变异与南阳牛 6 月龄体高、体斜长和 12 月龄体重、体斜长显著相关，且拷贝数减少类型的性状值显著高于拷贝数增加类型。

九十、*MYH3* 基因的分子遗传特征

MYH3（myosin heavy chain 3）基因全称为肌球蛋白重链 3 基因，定位于牛 19 号染色体上，包含 42 个外显子和 41 个内含子，其与骨骼肌发育密切相关。2014 年，徐瑶等通过对南阳牛和秦川牛基因组进行高通量测序，发现 *MYH3* 基因在牛肌肉组织中高表达，且与牛的一些重要数量性状位点相关，*MYH3* 基因拷贝数变异与南阳牛 6 月龄体高、体斜长、胸围和 18 月龄体重显著相关，且拷贝数增加类型的性状值显著高于拷贝数减少和拷贝数不变类型。

九十一、*SDC1* 基因的分子遗传特征

SDC1（syndecan-1）是Ⅰ型跨膜运输的黏结蛋白聚糖（syndecan）家族中的一个硫酸乙酰肝素蛋白多糖（HSPG）。*SDC1* 基因位于牛 11 号染色体上，包含 5 个外显子和 4 个内含子，主要在正常上皮和组织细胞中表达，在能量平衡中发挥作用。2011 年，Sun 等对 1173 头牛（南阳牛 390 头、秦川牛 136 头、郏县红牛 100 头、晋南牛 74 头、荷斯

坦牛 473 头）的 *SDC1* 基因遗传变异进行了检测，在 *SDC1* 基因上发现两个突变位点，分别是 g.21514C>G 和 g.22591C>T。关联分析发现，两个突变与牛的初生重和体斜长显著相关（$P<0.05$）。

九十二、*ANGPTL8* 基因的分子遗传特征

ANGPTL8（angiogenin-like protein 8）基因全称为血管生成素样蛋白 8 基因，是一种主要在肝脏和脂肪组织中表达的基因，ANGPTL8 已被认为是一种新型的脂肪因子。*ANGPTL8* 基因定位于牛 7 号染色体上，由 4 个外显子和 3 个内含子组成。ANGPTL8 可调控甘油三酯的吸收，影响脂肪组织和脂质的形成，也可通过促进糖原的合成，参与糖代谢过程，因此 *ANGPTL8* 基因可能在调节葡萄糖和脂质代谢中具有重要作用。2018 年 Fu 等在 537 头中国黄牛（南阳牛 139 头、郏县红牛 141 头、鲁西牛 120 头、秦川牛 30 头、渤海牛 35 头及高原牛 72 头）的 *ANGPTL8* 基因中经测序鉴定出 2 个 SNP 突变位点：g.629G>A 和 g.884T>C。其中，g.884T>C 与南阳牛的体重、心脏周长、平均日增重、臀宽和体长显著相关。

九十三、*LHX4* 基因的分子遗传特征

LHX4 基因位于牛 16 号染色体上，包含 6 个外显子和 5 个内含子，通过与 *POU1F1* 和 *PROP1* 基因增强子结合，促进生长激素 1（*GH1*）基因的表达。因此，它影响了家畜的生长和发育。Ren 等（2014）通过混合 DNA 样本测序和 PCR-SSCP 方法，在牛 *LHX4* 基因编码区和非编码区共鉴定了 13 个 SNP：SNP1（g.34924G>A）、SNP2（g.34933C>T）、SNP3（g.34993C>T）、SNP4（g.35011G>A）、SNP5（g.35014T>C）、SNP6（g.42243G>A）、SNP7（g.42542G>A）、SNP8（g.42553A>G）、SNP9（g.42631A>G）、SNP10（g.42702T>C）、SNP11（g.45014 C>T）、SNP12（g.45294G>A）、SNP13（g.45311G>A）。研究人员还对中国黄牛品种个体进行了连锁不平衡分析。结果表明，在南阳牛群体中 SNP1～SNP6 与 6 月龄和 18 月龄体重有关，但它们的 20 种组合基因型之间没有显著关联。*LHX4* 基因的某些多态性与特定年龄黄牛的生长性状有关。这些结果表明，*LHX4* 基因可以作为牛标记辅助选择的候选基因。

九十四、*POU1F1* 基因的分子遗传特征

垂体转录因子 1（POU1F1）是 POU 结构域中同源异型蛋白之一，也是被鉴定出的第一个垂体释放因子。据报道 POU1F1 是重要的组织特异性转录因子，主要正向调控促甲状腺激素 β 亚基（TSH-β）、生长激素（GH）和催乳素（PRL）基因的表达，对哺乳动物的生长发育、新陈代谢起重要的调控作用，具有提高生长速度、减少脂肪沉积等广泛的生物学功能。因此，成为众多育种学家关注的焦点。该基因位于牛染色体 1q21—22，由 6 个外显子和 5 个内含子组成，其基因突变可导致垂体发育不全，并阻碍 *GH*、*PRL* 和 *TSH* 基因的正常表达，从而使个体因多种垂体激素缺乏而矮小。鉴于 *POU1F1* 在生

长发育中的重要作用及对 GH、PRL、TSH 基因的正向调控，本研究将 POU1F1 基因作为黄牛体尺、体重性状的候选基因，以期为黄牛发育、产肉性能分子筛选体系的建立及新品系的选育提供科学依据。2005 年陈宏教授团队刘波等利用 PCR-RFLP 技术在相同季节 4 月（±10 天）龄纯种秦川牛（QQ）及杂种牛秦安（AQ）、秦德（DQ）、秦利（LQ）4 个群体的 164 个个体中研究了 POU1F1 基因多态性及其与体重、体尺等生长性状之间的相关性。结果表明，QQ 及 AQ、DQ、LQ 群体 POU1F1-HinfⅠ基因座的 451 bp 的 PCR 产物被限制性酶 HinfⅠ消化后表现多态性，它们的等位基因 A/B 频率分别为 0.232/0.768、0.333/0.667、0.178/0.822 和 0.181/0.819，且均处于哈迪-温伯格平衡状态。同时，在 4 个群体中，POU1F1 基因座上不同基因型与体重、体尺等生长性状相关分析的结果表明，4 个群体内 AB、BB 基因型个体在胸围、十字部高指标上显著高于 AA 基因型个体（$P<0.05$），即 BB、AB>AA（$P<0.05$），POU1F1 基因可作为秦川牛胸围、十字部高候选基因之一，但在体长指标上均无显著差异（$P>0.05$），所以不宜作为体长指标候选基因。初步认为 BB 为优势基因型，相应地 B 为优势等位基因，对选择有正向效应。

九十五、*PROP1* 基因的分子遗传特征

PROP1（Prophet of paired-like homeobox 1）全称为垂体特异性转录因子祖先蛋白，具有 DNA 结合和转录激活能力。Pit-1（也称为 POU1F1）是垂体特异转录因子，其祖先蛋白是 PROP1。PROP1 蛋白在垂体发育过程中位于 POU1F1 的上游，该蛋白在垂体中特异性表达。大量研究表明，*PROP1* 突变不仅是导致生长激素（GH）、催乳素（PRL）、促甲状腺激素（TSH）缺陷的原因，还显著影响 *POU1F1* 基因的表达水平。*PROP1* 基因的错义突变（H173R）可能导致 GH、PRL、TSH 和 Pit-1 的缺陷，从而影响生长性状。2013 年，Pan 等研究发现 *PROP1* 基因中的 H173R 突变与牛生长性状相关联。他们对 5 个中国本土品种 1207 头牛（秦川牛 200 头、郏县红牛 405 头、南阳牛 204 头、鲁西牛 160 头、草原红牛 238 头）的 H173R 突变进行了基因分型，鉴定出了 3 种基因型（*AA* 基因型、*AG* 基因型、*GG* 基因型），其中 *AA* 基因型是最主要的一种基因型，*G* 等位基因是次要等位基因。关联分析显示，H173R 突变与所分析品种的体重、平均日增重和身体参数显著相关。在所有分析的品种中，与 *GG* 基因型牛相比，*AG* 或 *AA* 基因型牛具有更好的生长性能。这些发现表明，*A* 等位基因对生长性状有积极影响。因此，H173R 突变可被视为选择具有优良生长性状个体的 DNA 标记，有助于肉牛行业的育种和遗传学研究。

九十六、总结与展望

针对黄牛生长性状的研究，相对于其他性状，由于生长性状测量采集相对方便，检测指标、类型丰富，结果反映直观且具有选育综合性、代表性较强等特点，一直以来都是功能基因和位点挖掘的热点研究方向，也是实际应用中最为方便的选育指标。目前，针对黄牛生长性状的研究主要集中在骨骼发育、肌肉生长、激素调控及采食代谢等相关基因上，筛选出了大量的潜在功能位点，但总体研究较为初步，大部分位点缺乏机

制探究，距离真正普及到育种工作还甚遥远。下一步我国黄牛生长性状相关基因的研究应深入探究众多功能基因和位点的作用机制，并在实际育种工作中通过辅助选择试点进行推广。

第四节 能量代谢相关基因的分子遗传特征

在生长发育过程中，能量的代谢与转移是重要的能量传递方式，让牛吃进去的饲料尽可能地转化成肌肉、脂肪和牛乳是当前研究的热点之一，同时在牛的生长发育过程中，减少能量以甲烷等温室气体形式代谢出去，也是研究者所关心的问题之一。利用分子生物学技术在分子水平上对基因加以鉴定，从而进行个体上的选育，可以极大程度地节约时间和降低育种成本，同时也可以解决上述问题，造福畜牧业，为解决温室效应提供新思路。

一、*SOD1* 基因的分子遗传特征

超氧化物歧化酶 1（superoxide dismutase 1，SOD1）基因定位于牛 1 号染色体上，由 5 个外显子和 4 个内含子组成。研究发现，*SOD1* 基因主要存在于真核细胞的细胞核、细胞质及线粒体膜间隙中。2019 年，曾璐岚等对中国 31 个地方黄牛品种和 2 个国外品种共 786 个个体的 DNA 样品进行了分型，分析了 *SOD1* 基因突变的遗传多样性与中国黄牛耐热性的关系。结果发现在 *SOD1* 基因中检测到 AC_000160.1：g.11764610G＞A 和 AC_000158.1：g.3116044T＞A/C 两个错义突变，造成编码的苯丙氨酸突变为异亮氨酸或亮氨酸；关联分析结果表明，错义突变与中国黄牛分布地点的年平均温度（T）、湿度（H）以及温湿指数（THI）极显著相关（$P<0.01$），从而证明该错义突变与中国黄牛的耐热性密切相关。

二、*HSPB7* 基因的分子遗传特征

热休克蛋白 B7（heat shock protein family B member 7，HSPB7）基因，也叫作心血管热休克蛋白 7 基因，定位于牛 2 号染色体上，由 3 个外显子和 2 个内含子组成。该基因在心脏中高度表达，主要编码心血管小热休克蛋白。近些年，研究发现，*HSPB7* 基因的单核苷酸多态性与心肌病和心力衰竭密切相关，可能会参与抵抗机体热应激。2019 年，曾璐岚等选择错义突变 *HSPB7*：NC037329.1：g.136054902C＞G 对中国 31 个地方黄牛品种和 2 个国外品种共 786 个个体的 DNA 样品进行分型，分析 *HSPB7* 基因突变的遗传多样性与中国黄牛耐热性的关系。结果表明，在 *HSPB7* 基因中检测到 NC037329.1：g.136054902C＞G 一个错义突变，造成丙氨酸突变为甘氨酸；关联分析结果表明，错义突变与中国黄牛分布地点的年平均温度（T）、湿度（H）以及温湿指数（THI）极显著相关（$P<0.01$），即携带等位基因 G（HSPB7），从而证明该错义突变与中国黄牛的耐热性密切相关。

三、*EIF2AK4* 基因的分子遗传特征

真核生物翻译起始因子 2α 激酶 4（eukaryotic translation initiation factor 2 alpha kinase 4，EIF2AK4）属于丝氨酸-苏氨酸激酶家族，*EIF2AK4* 基因定位于牛 10 号染色体上，由 39 个外显子和 38 个内含子组成，在应对热休克、氧化应激和病毒感染等方面发挥关键作用。另外，研究发现，*EIF2AK4* 基因在瘤牛中受到强选择，因而推测该基因可能参与热应激反应并与瘤牛耐热性相关。2019 年，曾璐岚等选择错义突变 *EIF2AK4*：NC037337.1：g.35615224T>G 对中国 31 个地方黄牛品种和 2 个国外品种共 786 个个体的 DNA 样品进行分型，分析该基因突变的遗传多样性与中国黄牛耐热性的关系。结果表明，在 *EIF2AK4* 基因中检测到 NC037337.1：g.35615224T>G 一个错义突变，造成异亮氨酸变为丝氨酸；关联分析结果表明，错义突变与中国黄牛分布地点的年平均温度（T）、湿度（H）以及温湿指数（THI）极显著相关（$P<0.01$），即携带等位基因 G（*EIF2AK4*），从而证明其错义突变与中国黄牛的耐热性密切相关。

四、*HSF1* 基因的分子遗传特征

热休克因子 1（heat shock factor 1，HSF1）是热休克蛋白的转录因子，*HSF1* 基因定位于牛 14 号染色体上，由 14 个外显子和 13 个内含子组成。动物机体发生热应激或某些损伤后，HSF1 可通过调控热休克蛋白的表达来提高机体在不良环境下的防御能力以维持机体稳定。HSF1 在真核生物中高度保守，其活性通过蛋白质之间的相互作用和翻译后修饰调控，从而在调节机体发育和代谢中起重要作用。2019 年，曾璐岚等选择错义突变 *HSF1*：NC037341.1：g.616087A>G 为候选突变位点，对中国 31 个地方黄牛品种和 2 个国外品种共 786 个个体的 DNA 样品进行分型，分析突变的遗传多样性与中国黄牛耐热性的关系。结果表明，在 *HSF1* 基因中检测到 NC037341.1：g.616087A>G 一个错义突变，造成缬氨酸突变为丙氨酸。关联分析结果表明，错义突变与中国黄牛分布地点的年平均温度（T）、湿度（H）以及温湿指数（THI）极显著相关（$P<0.01$），即携带等位基因 G（*HSF1*）的个体分布在 T、H 和 THI 更高的地区，从而证明该错义突变与中国黄牛的耐热性密切相关。

五、*NRIP1* 基因的分子遗传特征

NRIP1（nuclear receptor interacting protein 1）基因，即核受体相互作用蛋白 1 基因，也叫 *RIP140*，位于牛 1 号染色体上，由 1 个外显子组成。NRIP1 是一种转录辅抑制因子，其可以通过与核受体的 AF2 结合发生相互作用。NRIP1 广泛参与调控多种转录因子的活性。以往研究发现 NRIP1 对葡萄糖摄取、糖酵解、三羧酸循环、脂肪酸氧化、线粒体生物合成和氧化磷酸化等途径的基因表达有重要的调节作用。2012 年，刘栋对秦川牛、南阳牛、鲁西牛、郏县红牛、草原红牛、中国荷斯坦牛、安格斯牛、哈萨克牛、牦牛和德秦牛（杂交）共 1809 个个体的 *NRIP1* 基因进行了遗传变异位点检测，发现 2 个 SNP 位点（c.605A>G 和 c.1301T>C）。在 c.605A>G 位点共检测到 *AA*、*AG* 和 *GG* 3

种基因型，该突变位点与南阳牛 18 月龄的体重和日增重均显著相关，且 *AG* 基因型个体的指标值显著高于 *GG* 基因型个体（$P<0.05$），*GG* 基因型个体的指标值显著高于 *AA* 基因型个体（$P<0.05$）。

六、*MGAT2* 基因的分子遗传特征

MGAT2（alpha-1,6-mannosyl-glycoprotein 2-beta-N-acetylglucosaminyltransferase）基因，位于牛 10 号染色体上，由 1 个外显子组成。*MGAT2* 基因主要在小肠中表达，在脂肪的摄取、吸收，以及脂质合成、储存和再合成过程中起着重要作用。2011 年，Qu 等对 1145 头黄牛（秦川牛 226 头、南阳牛 199 头、郏县红牛 398 头、鲁西牛 110 头、草原红牛 212 头）的 *MGAT2* 基因进行了遗传变异位点检测，发现了 2 个 SNP 位点，分别是 m.84G>T 和 m.756A>G，前者是错义突变，后者是同义突变。研究发现，m.84G>T 位点与 6 月龄个体的体重和平均日增重显著相关，*TT* 基因型个体的体重和平均日增重高于 *GG* 基因型个体。

七、*BMP8b* 基因的分子遗传特征

骨形态生成蛋白 8b（bone morphogenetic protein 8b，BMP8b）属于转化生长因子 β（transforming growth factor β，TGF-β）超家族成员，*BMP8b* 基因定位于牛 3 号染色体上，由 7 个外显子和 6 个内含子组成。*BMP8b* 参与了机体重要生理过程，如原始生殖细胞的发育、骨组织的再生等。研究发现，*BMP8b* 基因在小鼠褐色脂肪组织中高表达，可以促进褐色脂肪组织产热。给小鼠饲喂高能日粮时，其褐色脂肪组织 *BMP8b* 基因表达量是饲喂普通日粮时的 4 倍。同时 $Bmp8b^{-/-}$ 小鼠（*Bmp8b* 敲除小鼠）代谢率低，对环境温度敏感，易发生饮食诱导的肥胖（diet-induced obesity），说明 *BMP8b* 基因在机体能量调节方面发挥着重要作用，因此推断 *BMP8b* 可以作为调节生长发育的候选基因。2014 年，曹修凯等利用 DNA 池测序技术及 Forced PCR-RFLP 技术对 3 个牛品种（秦川牛、郏县红牛、中国荷斯坦奶牛，共计 800 头）的 *BMP8b* 基因进行 SNP 扫描。结果发现 *BMP8b* 基因存在 5 个 SNP 位点（g.−242C>T、g.2164C>T、g.2639T>C、g.2900C>G 和 g.10817C>T），其中 g.−242C>T 位点位于 5′-UTR，g.2164C>T、g.2900C>G 和 g.10817C>T 位点均位于内含子区，g.2639T>C 位点位于第 3 外显子区，并产生同义突变（91Asp>Asp）。同时，对牛 *BMP8b* 基因 5 个 SNP 位点进行群体遗传学分析和连锁不平衡分析，结果表明，这 3 个牛品种存在较大差异，特别是中国荷斯坦奶牛与秦川牛和郏县红牛差异较大，这或许是不同的遗传背景和选择压力造成的。关联分析表明，g.−242C>T 位点对秦川牛胸围、体长、体重有显著影响（$P<0.05$），对郏县红牛体高、胸围、尻长和体重有显著影响（$P<0.05$），并且 *TC* 基因型对生长有抑制作用，在选种时应该去除；g.2164C>T 位点对秦川牛体高、体长、体重、腰角宽、尻长有显著影响（$P<0.05$），对郏县红牛体重有显著影响（$P<0.05$），并且 *TT* 基因型个体的生长性状值显著低于 *CC* 和 *TC* 基因型个体。因此，*TT* 基因型个体在选种时应予以淘汰；g.2639T>C 位点对秦川牛体重有显著影响（$P<0.05$），对郏县红牛腰角宽、尻长和体重有显著影响（$P<0.05$），并且

CC 基因型个体的生长性状值显著大于 TT 和 TC 基因型个体，因此在选种时应保留 CC 基因型个体。此外，g.2900C>G 和 g.10817C>T 位点对秦川牛和郑县红牛 10 个生长性状均没有显著影响（$P>0.05$）。因此，g.-242C>T、g.2164C>T 和 g.2639T>C 位点可以作为候选分子标记，用于肉牛标记辅助选择。对牛 BMP8b 基因表达规律的研究结果表明，BMP8b 基因有组织表达特异性，在脂肪组织高表达，在肌肉组织几乎不表达；随着日粮能量水平的提高（能量水平依次为 8.9 MJ/kg、10.4 MJ/kg 和 11.3 MJ/kg），皮下脂肪组织 BMP8b 基因表达量逐渐增加，并且各处理组间差异显著（$P<0.05$）；遗传变异对牛脂肪组织 BMP8b 基因表达有显著影响，g.-242C>T-CC 基因型个体表达量显著低于 g.-242C>T-TC 基因型个体（$P<0.05$）。

八、Orexin 基因的分子遗传特征

促食欲素基因（Orexin）位于牛 19 号染色体上，由 2 个外显子和 1 个内含子组成。Orexin 是重要的促进食欲的神经肽，属于中枢神经因子，通过位于下丘脑的食欲调节网络来进行食欲调节，能刺激家畜的食欲，提高家畜采食量，同时调节能量平衡，具有很高的研究价值。2007 年，张爱玲等采用 PCR-SSCP 和测序的方法分析了我国 3 个黄牛品种共计 283 个个体（其中郑县红牛 142 头、南阳牛 74 头、秦川牛 67 头）Orexin 基因的单核苷酸多态性，并分析了多态位点与部分牛生长发育性状的关系。在 3 个黄牛群体中，在 O-2（-178～-818 bp）DNA 片段上发现 4 处突变，分别为 g.-572T>C、g.-468C>T、g.-463A>T 和 g.-440A>G。同时在 O-5（-1752～-1394 bp）DNA 片段上共发现了 6 处突变，分别为 g.-1599C>G、g.-1574G>A、g.-1539T>C、g.-1537A>C、g.-1427C>T 和 g.-1420C>A。分析 Orexin 基因位点与南阳牛生长发育性状的关系，结果表明，O-2 位点对南阳牛 6 月龄体重、6 月龄日增重和 12 月龄日增重均有显著影响，O-2 和 O-5 位点互作时，对 6 月龄体重、12 月龄日增重的影响达到显著水平。O-5 位点对其他性状的影响没有达到显著水平。在 O-2 位点，南阳牛仅仅检测到了 B 基因型和 C 基因型。关联分析发现，B 基因型南阳牛 6 月龄和 12 月龄的体重和日增重显著高于 C 基因型个体。根据肉牛选育与适时屠宰的要求——生长时间短而又能尽快达到屠宰体重，早期选留 B 基因型个体比较合适。O-2 和 O-5 位点对秦川牛生长发育性状没有影响。

九、CRTC3 基因的分子遗传特征

CRTC3（CREB regulated transcriptional coactivator 3）基因全称为 CREB 调控的转录共激活因子 3 基因，位于牛 21 号染色体上，由 16 个外显子和 15 个内含子组成。CRTC3 基因编码的蛋白质可能诱导线粒体生物发生，并减弱脂肪组织中的儿茶酚胺信号转导，在葡萄糖和脂质代谢中起着广泛的作用。2019 年，Wu 等在 455 头中国地方黄牛（395 头秦川牛和 60 头郑县红牛）的 CRTC3 基因中鉴定出 4 个 SNP 位点，包括 2 个内含子 SNP（SNP1——g.62652A>G 和 SNP4——g.91297C>T）和 2 个外显子 SNP（SNP2——g.62730C>T 和 SNP3——g.66478G>C）。在秦川牛中，SNP1 位点的 AG 基因型个体的腰部肌肉面积值明显高于其他基因型个体（$P<0.01$）。在 SNP2 位点，CC 基因型个体的

体长、臀高、臀长和臀宽比其他基因型个体大（$P<0.05$）。因此，在 SNP2 基因座上，C 等位基因有助于筛选出具有上述性状的牛。在 SNP3 位点，GC 基因型个体比 GG 基因型个体具有更大的体长和胸深（分别为 $P<0.05$ 和 $P<0.01$）。这表明 SNP4 中的 T 等位基因可能与秦川牛更好的生长性状有关。单倍型组合和胴体性状之间的关联分析表明，具有 H1H1（-AACCCCCC-）单倍型的个体具有良好的生长性能。

十、OLR1 基因的分子遗传特征

OLR1（oxidized low density lipoprotein receptor 1）基因全称为氧化的低密度脂蛋白受体 1 基因，位于牛 5 号染色体上，由 6 个外显子和 5 个内含子组成。该基因编码属于 C 型凝集素超家族的低密度脂蛋白受体。该基因通过循环 AMP 信号通路进行调控，可能参与 Fas 诱导的细胞凋亡的调控。该蛋白可能起清道夫受体的作用。该基因的突变与动脉粥样硬化、心肌梗死的风险有关，并可能改变患阿尔茨海默病的风险。OLR1 基因在肝脏中可影响脂质代谢。在小鼠脂肪组织中，OLR1 基因的过度表达可能会降低胆固醇含量，导致游离脂肪酸的摄入量和脂质含量的下降。在猪脂肪组织中，OLR1 的表达与过氧化物酶体增殖物激活受体 γ（PPARγ）、Fas 细胞表面死亡受体和固醇调节元件结合蛋白 1c（SREBP1c）相关，这表明 OLR1 基因与脂肪沉积及 PPARγ 和 SREBP1c 等转录高度相关。2019 年，Gui 等在 520 头秦川牛 OLR1 基因中鉴定出 3 个 SNP 突变位点，分别是 G10563T（rs722568839）、T10588C（rs132917098）和 C10647T（rs45938133）。在 rs45938133 位点，与基因型 CC 的个体相比，TT 基因型个体背膘厚的平均值最高。在 rs132917098 位点，TT 基因型个体的背膘厚明显大于 CC 基因型个体。

十一、CART 基因的分子遗传特征

CART 基因位于牛 20 号染色体上，由 4 个外显子和 3 个内含子组成。该基因编码前蛋白，该蛋白经过水解处理可以产生多种生物活性肽，这些肽在食欲、能量平衡、体重维持以及应激等反应中起作用。施用可卡因和苯丙胺后，啮齿动物中类似基因转录物的表达上调。该基因的突变与人类对肥胖的易感性有关。2008 年，Zhang 等在 516 头中国地方黄牛（68 头南阳牛、240 头秦川牛、146 头郑县牛，43 头晋南牛及 19 头鲁西牛）的 CART 基因中鉴定出 9 个 SNP 突变位点，分别是 g.-636T>C、g.-521T>C、g.-431T>C、g.-398T>C、g.234A>G、g.707G>C、g.782G>A、g.1418C>T 及 g.1420C>G。在南阳牛中，$A1A1$ 基因型个体的体重比 $A1B1$ 基因型个体高 7.6%（$P<0.05$），C1 基因座的 $A1A1$ 基因型表现出更大的体重（$P<0.05$）。C2 位点与杂合子 $A2B2$ 的体重和平均日增重较低（$P<0.001$）有关。

十二、总结与展望

能量代谢所涉及范围十分广泛，不仅包括饮食代谢、体内物质循环，还包括耐热耐

寒、嗳气产排等。相对于其他性状，能量性状指标测量采集相对复杂，检测指标综合性强，且受环境、个体差异影响较大，这直接导致了相关研究重复性较差，难以深入。下一步我国黄牛能量性状相关基因的研究应当突破瓶颈，提升指标测量、采集的精细化程度和准确性，探究众多功能基因和位点的作用机制。

第五节 泌乳相关基因的分子遗传特征

泌乳性状是牛的重要经济性状之一，中国黄牛多为肉用牛或者役用牛，培养肉乳兼用或乳肉兼用的多用途的中国黄牛，一直是黄牛育种的目标之一。牛的泌乳性状一直是研究的热点，已有多个基因被证实能影响牛的泌乳性状，并在生产实践中提高牛的经济价值。黄牛的泌乳性状可以分为牛产乳量，牛乳中蛋白质、脂肪和其他营养物质的含量，初乳产量和乳房炎发病率等，通过 GWAS 等分析方法，目前已在中国黄牛中筛选出多个与泌乳相关的基因。

一、*β-Lg* 基因的分子遗传特征

β-乳球蛋白（β-lactoglobulin，β-Lg），属于乳清蛋白，对初生犊牛胃肠道免疫体系的形成有重要意义。*β-Lg* 基因位于牛 11 号染色体上，由 6 个外显子和 5 个内含子组成。*β-Lg* 基因的转录单位为 4.7 kb，包含 6 个外显子。乳清蛋白基因在进化上比较保守，编码区结构非常相似，这有力地支持了不同物种有共同起源的假说。乳蛋白编码基因在不同动物之间，甚至同种动物的不同个体之间存在不同程度的变异，表现出多态现象。目前，*β-Lg* 的多态性最先被发现，已有至少 12 种等位基因被检测出来，从 *A* 到 *J*，还有 *W* 和 *Dr*。几乎所有牛品种中都存在 *A* 和 *B* 等位基因，*C* 变异基因仅在奥地利泽西牛、德国泽西牛、古巴泽布牛和帕米尔牦牛中存在，*D* 等位基因仅存在于丹麦泽西牛、波兰西门塔尔牛、意大利布朗牛、莫迪卡纳牛等几个牛品种中，*E*、*F*、*G* 等位基因仅在班腾牛（*B. javanicus*）中被发现，其他的均为稀有基因，且仅在一个牛品种中被发现。Kuss 等（2003）对 *β-Lg* 基因 AP-2 结合位点的研究发现，在 *β-Lg* 启动子区的 –435 bp 处有一个 SNP 位点，碱基为 G 和 C，且该位点 *G* 等位基因与每日 β-Lg 分泌量和产乳量呈正相关关系。2004 年，张润锋在中国荷斯坦牛中验证发现 β-Lg 5′-UTR *AA* 基因型的 305 天泌乳量和乳脂率分别显著高于 *AB* 基因型和 *BB* 基因型（*P*＜0.05），*BB* 基因型的乳蛋白率显著高于 *AB* 基因型。

二、*κ-Cn* 基因的分子遗传特征

κ-酪蛋白（κ-casein，κ-Cn）是一类酪蛋白，牛的 *κ-Cn* 基因位于 6 号染色体上，大小接近 13 kb，含有 5 个外显子和 4 个内含子。酪蛋白是乳中的主要蛋白质，约占乳蛋白的 80%。牛乳中的酪蛋白约有 93% 以微团形式存在，称为酪蛋白微团，其主要作用是与可利用形式的 Ca^{2+} 螯合并转运到新生儿的骨骼中。牛 κ-酪蛋白经凝乳酶作用可以释放出一个十二肽，其活性类似于人的血浆蛋白纤维原 γ 链 C 端的一个十二肽，具有可抑制 ADP 诱

导的血小板凝集及其与纤维蛋白原结合的作用,即具有抑止血液凝固及抗血栓形成的作用。$κ\text{-}Cn$ 基因已检测出 11 个等位基因,分别是 A、B、C、D、E、F、G、H、I、J、$A(1)$。

目前的研究表明,$κ\text{-}Cn$ 基因型影响乳蛋白率,$κ\text{-}Cn$ BB 基因型奶牛产奶量高于 AA 基因型,并且 $κ\text{-}Cn$ B 等位基因可提高乳蛋白表达量,为 $BB>AB>AA$。Ron(1994)发现 $κ\text{-}Cn$ 和 $β\text{-}Lg$ AA 基因型互作位点对乳脂率有显著影响。祝香梅和张沅(2000)研究认为 $κ\text{-}Cn$ 位点和 $β\text{-}Lg$ 位点的 B 基因或其连锁基因对乳蛋白率、乳脂肪率有显著影响。另外,乳清中的干物质受 $κ\text{-}Cn$ 基因型显著影响,$κ\text{-}Cn$ 基因型还影响乳脂、乳糖含量,初乳、乳酪、乳清组成。

三、CSN1S2 基因的分子遗传特征

$αS_2$-酪蛋白($αS_2$-casein,$αS_2$-Cn,CSN1S2),属于乳蛋白中的酪蛋白。*CSN1S2* 基因位于牛 6 号染色体上,含有 19 个外显子和 18 个内含子,大小为 21～266 bp。外显子 1 不编码,外显子 2 编码保守的信号肽,最后两个外显子编码 3′端部分非翻译区。$αS_2$-Cn 是乳中主要的酪蛋白,在牛的脱脂乳中,$αS_2$-Cn 约占全酪蛋白(tCn)的 10%,*CSN1S2* 基因由一个位点 4 个等位基因编码,它们分别为 A、B、C、D。2006 年,付小波研究发现在 *CSN1S2*-P1 扩增片段中,中国荷斯坦牛 BC 基因型个体产奶量最好;在 *CSN1S2*-P2 扩增片段中,中国荷斯坦牛 AA 基因型个体的乳蛋白率最好,适合作为中国荷斯坦牛的标记辅助选择位点。在 *CSN1S2*-P2 扩增片段中,黄改奶牛 AA 基因型个体的乳脂率和乳蛋白率显著高于 BB 和 AB 基因型个体,AA 基因型个体产奶量也高于其他两种基因型,适合作为黄改奶牛的标记辅助选择位点。

四、IGFBP-3 基因的分子遗传特征

胰岛素样生长因子结合蛋白 3(insulin-like growth factor binding protein 3,IGFBP-3)是 IGF(insulin-like growth factor,IGF)家族成员。*IGFBP-3* 基因位于牛 4 号染色体上,由 5 个外显子和 4 个内含子组成。IGF 是一类既有胰岛素样合成代谢作用又有促生长作用的多肽,能介导 GH 促进多种组织细胞生长代谢,故 IGF 系统对胚胎、骨骼肌、骨骼的发育,以及细胞增殖、转化等具有重要作用。IGFBP-3 是乳腺中数量最多的 IGF 结合蛋白,IGFBP-3 结合于牛乳腺组织膜蛋白,IGFBP-3 结合蛋白已被证实为牛乳铁蛋白,乳铁蛋白能与 IGF 竞争结合 IGFBP-3。2004 年,张润锋首次利用 *IGFBP-3* 基因作为泌乳性状和泌乳相关性状的候选基因。IGFBP-3 基因座的 BB 基因型对 305 天泌乳量有正标记效应,AB 基因型的乳蛋白率显著高于 BB 基因型($P<0.05$)。IGFBP-3 BB 基因型的体细胞分值(somatic cell score,SCS)显著低于 AB 基因型($P<0.05$)。

五、MBL1 基因的分子遗传特征

MBL1(mannose binding lectin 1)基因,即甘露糖结合凝集素 1 基因,位于牛 28 号染色体上,由 5 个外显子和 4 个内含子组成。MBL1 是一种模式识别蛋白,是肝细胞分

泌后进入血液的，属于 C 型胶原凝集素（Ca^{2+} 依赖型超家族）。MBL 可以直接识别并黏合表面呈甘露糖和 N-乙酰基葡萄糖胺样的微生物细胞，并根据病原微生物的种类来调节自身的方向和密度。MBL 通过与两种丝氨酸蛋白酶结合来激活补体系统，分别是 MBL 相关丝氨酸蛋白酶 1（MBL-associated serine protease 1，MASP1）和 MBL 相关丝氨酸蛋白酶 2（MBL-associated serine protease，MASP2）。MBL-A 是多个亚单位的聚合体，每一个亚单位由 3 条完全相同的肽链构成，每条肽链 MBL 相对分子质量为 28 000～32 000，各肽链均有 4 个区域。2011 年，刘建博以 469 头中国荷斯坦牛、44 头鲁西黄牛和 24 头渤海黑牛为研究对象，鉴定 *MBL1* 基因 SNP 位点并分析其与产奶性能、血清中 MBL-A 和补体活性（CH50 和 ACH50）之间的相关性，结果发现了 5 个 SNP 位点，分别是 g.2194A>C、g.1446T>C、g.1330G>A、g.70G>A 和 g.105T>C。关联分析发现，多态性位点 g.1330G>A 与 CH50 显著相关（$P<0.05$）；g.70G>A 与血清中 MBL-A 水平和 CH50 活性显著相关（$P<0.05$）；中国荷斯坦牛在多态性位点 g.2194A>C、g.1446T>C 和 g.105T>C 的不同基因型与生产性状、CH50 活性、ACH50 活性和血清中 MBL-A 含量之间的相关性不显著（$P>0.05$）。

六、*LAP3* 基因的分子遗传特征

亮氨酸氨肽酶 3（leucine aminopeptidase 3，LAP3）基因定位于牛 6 号染色体上，由 13 个外显子和 12 个内含子组成。亮氨酸氨肽酶参与组织蛋白和某些肽类的降解更新，主要定位于毛细胆管上皮细胞，是反映肝、胆、胰等组织病变的酶。2011 年，郑雪等采用 PCR-SSCP、CRS-PCR、PCR-RFLP 以及直接测序的方法在 743 头中国荷斯坦牛、135 头鲁西黄牛及 38 头渤海黑牛中研究了 *LAP3* 基因的 SNP，共检测到 5 个 SNP，分别为 24794T>G、24803T>C、24846T>C、24564G>A 和 25415T>C，其中 24564G>A 为首次报道的位点。与中国荷斯坦奶牛产奶性能的关联分析表明，在 25415T>C 位点，*CC* 基因型个体的乳蛋白率高于 *TT* 基因型个体（$P<0.05$）。

七、*GABRG2* 基因的分子遗传特征

GABRG2（gamma-aminobutyric acid type A receptor subunit gamma 2）基因全称为 γ-氨基丁酸 A 型受体亚基 γ2 基因，位于牛 7 号染色体上，由 10 个外显子和 11 个内含子组成。GABRG2 主要参与调节 γ-氨基丁酸（GABA）门控的氯离子通道活性，并参与 GABA-A 受体的活性，与牛乳中蛋白质含量有关。2019 年，Zhou 等使用全基因组关联分析（GWAS）方法在 403 头雌性新疆褐牛中发现了 1 个 SNP（BTB-01731924）与牛奶中蛋白质含量显著相关，并将该 SNP 定位在 7 号染色体的 75.8 Mb 处，该 SNP 位于 *GABRG2* 基因内，最小等位基因频率（MAF）为 0.140，$P=2.98\times10^{-10}$。

八、*PLSCR5* 基因的分子遗传特征

PLSCR5（phospholipid scramblase family member 5）基因位于牛 1 号染色体上，由 8

个外显子和7个内含子组成。2019年，Wang等利用464头和牛的高密度SNP阵列对脂肪酸组成进行了全基因组关联分析（GWAS），发现了一个SNP（BovineHD0100034705）与牛乳中不饱和脂肪酸含量有关，最小等位基因频率为0.364，P=3.38E-10。

九、*CLASP1* 基因的分子遗传特征

CLASP1（cytoplasmic linker associated protein 1）基因全称为细胞质接头相关蛋白1基因，位于牛2号染色体上，由42个外显子和41个内含子组成。其多态性影响牛乳中多不饱和脂肪酸含量。2019年，Wang等使用全基因组关联分析（GWAS）方法对464头和牛泌乳相关基因进行了分析，在牛1号染色体上发现了一个SNP（BovineHD0200040673），其能影响多不饱和脂肪酸形成，进而影响牛乳中脂肪酸含量，最小等位基因频率为0.0728，P=39.19E-10。

十、*SMARCA2* 基因的分子遗传特征

SMARCA2（SWI/SNF related, matrix associated, actin dependent regulator of chromatin, subfamily A, member 2）基因全称为SWI/SNF相关基质相关染色质肌动蛋白依赖性调节剂亚家族A成员2基因，位于牛8号染色体上，由39个外显子和40个内含子组成。*SMARCA2*通过染色质重塑（DNA-核小体拓扑结构的改变）参与基因的转录激活和抑制。SWI/SNF是染色质重塑复合物的组成部分，它们执行关键的酶促活性，通过以ATP依赖性方式改变核小体中的DNA-组蛋白接触来改变染色质结构。*SMARCA2*基因多态性影响牛乳中多不饱和脂肪酸含量。2019年，Wang等使用全基因组关联分析（GWAS）方法对464头和牛泌乳相关基因进行了分析，在牛8号染色体上发现了一个SNP（BovineHD0800012682），其可影响牛乳中多不饱和脂肪酸含量，最小等位基因频率为0.05769，P=4.89E-7。

十一、*FHIT* 基因的分子遗传特征

脆性组氨酸三联体二腺苷三磷酸酶（fragile histidine triad diadenosine triphosphatase，FHIT）基因属于组氨酸三联体基因家族，位于牛22号染色体上，由10个外显子组成，间隔内插内含子。*FHIT*基因主要参与调控信号转导、细胞周期和诱导细胞凋亡等多个环节。大量研究证实，*FHIT*是一类肿瘤抑制基因的原型，它包含定位于常见脆弱位点的基因组位点，接触各种致癌物可能会破坏这些脆弱位点，对致癌物暴露最常见的反应是改变基因结构和功能位点的缺失。*FHIT*基因的异常与癌症的发生发展关系密切。对于*FHIT*基因的异常进行检测有助于癌症的早期发现、诊断及治疗。2020年，巨星等采集了388头新疆褐牛母牛的血液样本并收集了相关产奶性状，包括305天产奶量、乳脂量、乳脂率、乳蛋白量、乳蛋白率和体细胞数评分，采用PCR等方法检测了*FHIT*基因的多态性，在试验牛群体中进行基因型分型，计算不同基因型频率，并与各产奶性状进行关联分析，结果发现：在*FHIT*基因的内含子1上存在8

个 InDel 位点，其中 P2-23 bp 位点对第六胎次中的 305 天产奶量和乳蛋白率分别具有极显著和显著影响；P1-20 bp 位点对第二胎次的 305 天产奶量、乳脂量和乳蛋白量均具有显著影响；P3-24 bp 对第二胎次的 305 天产奶量，第三胎次的乳脂率、乳脂量、乳蛋白率和乳蛋白含量，第五胎次的体细胞数评分具有显著影响，对第三胎次的乳蛋白含量影响极显著；P4-24 bp 对第三胎次的乳脂率和第四胎次的乳脂量均具有显著影响；P5-21 bp 对第一胎次的乳蛋白率和体细胞数评分、第六胎次的 305 天产奶量和乳蛋白率分别具有显著和极显著影响；P6-18bp 对第三胎次的乳脂率具有显著影响；P7-27 bp 对第三胎次的体细胞数评分，第六胎次的乳脂率、乳脂量和体细胞数评分分别具有显著和极显著影响；P8-20 bp 对第二胎次的 305 天产奶量、乳蛋白量和体细胞数评分有显著影响。此外，*ID* 基因型个体通常比其他基因型个体呈现出更好的产奶性状。例如，P1-20 bp 位点中基因型为 *ID* 的个体在第二胎次的 305 天产奶量上比基因型为 *II* 或 *DD* 的个体高。

十二、*ADIPOQ* 基因的分子遗传特征

脂联素（adiponectin，ADIPOQ）是脂肪组织表达最丰富的蛋白质产物之一，它由脂肪细胞分泌，大量存在于血液循环中。人类和牛的 *ADIPOQ* 基因具有相似的结构，包括 3 个外显子，起始密码子位于第 2 外显子，终止密码子位于第 3 外显子。*ADIPOQ* 最早是由 Scherer 等在 3T3_L1 脂肪细胞中克隆得到的。ADIPOQ 是外周血中含量最高的蛋白质因子，它在与其受体 ADIPOQ1 和 ADIPOQ2 结合后，通过激活腺苷酸活化蛋白激酶、p38 丝裂原活化蛋白激酶和过氧化物酶体增殖物激活受体等信号分子而发挥抗炎、抗糖尿病、抗动脉粥样硬化等多种生物学作用。在动物实验中，2014 年 Pauletto 等研究发现 ADIPOQ 可以作为一种胰岛素超敏化激素，促进骨骼肌细胞的脂肪酸氧化和糖吸收，证明 ADIPOQ 是动物机体脂质代谢和血糖稳态的重要调节因子。此外，2005 年，Lord 等首次在猪的卵巢中鉴定到了 *ADIPOQ* 的表达，证明了 *ADIPOQ* 可能对动物的生殖过程具有一定的影响。随后，陆续有研究发现 *ADIPOQ* 在啮齿动物和禽类的卵巢中也有表达。同时，也有研究证实了该基因的 SNP 与人类的多囊卵巢综合征和 2 型糖尿病相关。而牛 *ADIPOQ* 基因被证实与奶牛卵巢静止的发生有关。2013 年张良志等通过双萤光素酶报告基因实验在 *ADIPOQ* 基因启动子活性的关键区域（−138~−12 bp）鉴定出 2 个 SNP（PR_-135A>G、PR_-68G>C），且该突变（−138~−12 bp）减弱了 3T3_L1 细胞中 *ADIPOQ* 的基础转录活性，同时还降低了脂肪细胞中 *ADIPOQ* mRNA 的表达，推测该突变可能会影响翻译效率，从而改变牛 *ADIPOQ* 基因的表达。此外，研究人员还通过 PCR-SSCP 实验在 5 个牛品种（秦川牛 311 头、南阳牛 222 头、郏县红牛 142 头、哈萨克牛 44 头、中国荷斯坦牛奶牛 66 头）中进行突变位点多态性的鉴定并与相关生长性状进行关联分析。结果表明：在 PR_-135A>G 多态性中，*G* 等位基因频率在所有检测群体中均较低。在 PR_-68G>C 多态性中，所有群体的 *C* 等位基因频率均较低（$P>0.05$），所有群体均处于哈迪-温伯格平衡（$P>0.05$），两个位点均处于连锁平衡。在秦川牛群体中，PR_-135A>G 与体高、体长、体斜长和体重显著相关，PR_-68G>C

与体长显著相关。2021 年，刘婷婷等在新疆褐牛群体中对 *ADIPOQ* 基因启动子区域的 67 bp 重复突变位点进行了鉴定，结果表明，*D* 等位基因的频率（0.972）高于 *I* 等位基因（0.028），表明 *D* 是新疆褐牛群体中的优势等位基因，由 PIC 值（0.498）可见，该位点具有中等遗传多样性（0.25＜PIC＜0.5）。将该突变位点与新疆褐牛产奶性状进行关联分析后发现，其与新疆褐牛第二胎次的产奶性状显著相关。在第二胎次中，该变异位点与 305 天产奶量、乳脂量（$P<0.01$）和乳脂率（$P<0.05$）显著相关。此外，*DD* 基因型个体的产奶量、乳脂量和乳蛋白量均值高于 *ID* 基因型个体。而在前 3 个胎次组中，*DD* 基因型个体的 SCS 均低于 *ID* 基因型个体。

本 章 小 结

目前，世界第二大肉类产品为牛肉，其生产包括"产量"和"质量"两大方面。那么，如何提高牛肉的产量和质量一直是黄牛育种的核心方向，经过国内外研究人员长期研究与选育，已有不少肉质和肉产量相关基因得到研究和挖掘，中国黄牛功能基因的分子特征研究基本上是从 20 世纪末开始的，到目前为止研究所涉及的基因已有 150 多个，主要研究内容是揭示功能基因在黄牛品种内的遗传变异，为中国黄牛的分子育种提供理论基础。所研究的功能基因包括与黄牛肉质、脂肪代谢、繁殖、生长发育、能量代谢、泌乳性状等相关的基因。对这些功能基因的研究，主要回答这 4 个问题：①基因在哪些组织中表达，基因是否存在多态性位点？②如果存在多态性位点，多态性位点的最小等位基因频率（MAF）是多少？③如果存在多态性位点且 MAF 不低，那么，这些多态性位点是否与性状之间存在显著关联？④如果与性状显著相关，其分子机制是什么，是否能被合理解释？这些多态性位点将有望在分子育种中得到应用。为此，对于每一个基因，介绍基因生理功能、基因的染色体位置、基因结构组成（外显子数目和内含子数目），利用现代分子生物学和分子遗传学方法揭示部分基因的组织表达情况，同时，利用现代分子生物技术（如 PCR-SSCP、PCR-RFLP、Forced PCR-RFLP、DNA 测序等）挖掘基因的遗传变异位点（SNP 位点、InDel、CNV），并报道这些变异位点与经济性状（体重、体高、体长、胸围、管围、十字部高等；肉质性状；泌乳性状）等的相关性，对有些基因位点揭示其分子机制，为这些有效 DNA 变异位点的分子应用奠定基础。将中国黄牛功能基因分为以下几类（表 11-1）：①黄牛肉质与脂肪相关基因；②黄牛繁殖相关基因；③黄牛生长相关基因；④黄牛能量代谢相关基因；⑤黄牛泌乳相关基因。20 世纪中后期到 21 世纪初，生命科学与生物技术的飞速发展，推动了农业育种由"耗时低效的传统育种"向"高效精准的分子育种"的革命性转变。这些黄牛功能基因的研究，将推动中国乃至国际肉牛产业向智能育种 4.0 版本迈进！

当前对黄牛泌乳性状的研究虽然还达不到对奶牛泌乳性状的选择育种工作那样的集约化和规模化，但泌乳性状对黄牛同样十分重要，不仅影响牛奶的产量，更影响着后代犊牛的生长发育。当前研究多集中在牛乳中脂肪酸和蛋白质含量上，下一步对我国黄牛泌乳性状相关基因的研究应当集中在乳汁成分和奶产量的提升上。

表 11-1 中国黄牛各性状部分功能基因汇总

性状	基因名称
肉质脂肪	IGF1R、TCAP、DECR1、PRKAG3、PPARγ、CIDEC、CAST、LEP、TG、FABP3、CACNA2D1、LPL、MyoD、CDIPT、DNMT1、DNMT3a、DNMT3b、SSTR2、HSP70-1、SCD1、DGAT1、AdPLA、PRDM16、SIRT7、PNPLA3、FLII、PPAR、HSD17B8、STAT3、Foxa2、SREBP1c
繁殖	GPR54、TMEM95、GRB10、HIF-3α、FSHR、PGR、ESRα、RXRG、HSD17B3、ITGβ5、SEPT7、DENND1A、ADCY5、PROP1
生长	NPC1、NPC2、GLI3、STAM2、Pax7、TMEM18、GHRHR、AZGP1、Angptl4、GHRL、SDC1、IGFBP-5、PCSK1、Ghrelin、GDF10、RARRES2、SH2B1、VEGF-B、KCNJ12、PLA2G2D、ADIPOQ、MYH3、FHL1、MICAL-L2、SHH、GBP6、NCSTN、MLLT10、PLIN2、ACTL8、MXD3、SPARC、ACVR1、RET、TRP、SERPINA3、PLAG1、ADD1、MYLK4、TNF、ANGPTL8、GBP2、IGF1、MC4R、LEPR、CART、MT-ND5、SMAD3、Nanog、I-mfa、CaSR、NOTCH1、ATBF1、Wnt8A、AR、SDC3、BMPER、SMO、ANGPTL3、CIDEC、CFL2、LHX3、MC3R、NCAPG、HNF-4α、PAX3、IGFALS、LXRα、IGF2、ZBED6、SIRT2、BMP7、PROP1、PAX6、SH2B2、SIRT1、HGF、Wnt7a、RXRα、FBXO32、VEGF、MyoG、NPY、SST、KLF7、PRLR、GDF5、RBP4、MEF2A、GAD1、NUCB2、POMC、GHSR、NPM1、LHX4、POU1F1、PROP1
能量代谢	SOD1、HSPB7、EIF2AK4、HSF1、NRIP1、MGAT2、BMP8b、Orexin、CRTC3、OLR1、CART
泌乳	β-Lg、κ-Cn、CSN1S2、IGFBP-3、MBL1、LAP3、GABRG2、PLSCR5、CLASP1、SMARCA2、FHIT、ADIPOQ

参 考 文 献

曹修凯. 2014. 牛 *BMP8b* 基因遗传变异及其表达规律研究. 西北农林科技大学硕士学位论文.

党永龙. 2015. 四个中国黄牛品种 *NPC1* 与 *NPC2* 基因遗传变异及其表达规律研究. 西北农林科技大学硕士学位论文.

郭艳青, 许尚忠, 孙宝忠, 等. 2007. 牛 *LPL* 基因的遗传变异与肉品质性状的关联分析. 农业生物技术学报, (5): 899-900.

李密杰. 2013. 秦川牛 *PPARGC1A* 基因功能验证及遗传变异研究. 西北农林科技大学博士学位论文.

李武峰, 许尚忠, 曹红鹤, 等. 2004. 3 个杂交牛种 *H-FABP* 基因第二内含子的遗传变异与肉品质性状的相关分析. 畜牧兽医学报, (3): 252-255.

李志才, 易康乐. 2010. 湘西黄牛的 *H-FABP* 基因对大理石花纹和肌内脂肪含量相关性分析. 中国牛业科学, 36(1): 1-4.

刘栋. 2012. 牛 *NRIP1* 基因的多态性检测与腺病毒表达载体的构建. 西北农林科技大学硕士学位论文.

刘洪瑜. 2009. 牛脂肪代谢相关基因遗传分析及其与秦川牛经济性状关联分析. 西北农林科技大学博士学位论文.

马伟. 2012. 牛 *TMEM18* 基因克隆、SNP 检测及其与部分经济性状的关联分析. 西北农林科技大学硕士学位论文.

马懿磊. 2019. 黄牛 *IGF1R* 基因遗传变异及其对成肌细胞增殖、分化的影响. 西北农林科技大学硕士学位论文.

潘传英. 2010. 特定转录因子在哺乳动物生长发育和体细胞重编程过程中的功能研究. 西北农林科技大学博士学位论文.

彭文. 2017. 中国三个黄牛群体 *KCNJ12* 基因多态性、mRNA 表达及其遗传效应的研究. 西北农林科技大学硕士学位论文.

王洪程. 2011. 秦川牛微卫星、*CDIPT* 基因多态性及其与生长性状的相关性研究. 西北农林科技大学硕士学位论文.

王卓. 2008. 秦川牛 *H-FABP*、*A-FABP* 和 *E-FABP* 基因 SNPs 及其与部分肉用性状关联分析. 西北农林科技大学硕士学位论文.

徐瑶. 2014. 黄牛全基因组分析及肌肉发育相关基因剂量效应研究. 西北农林科技大学博士学位论文.

曾璐岚. 2019. 黄牛5个热适应基因的多态性与气候参数的相关性研究. 西北农林科技大学硕士学位论文.

张爱玲. 2007. 黄牛 Orexin 和 Ghrelin 基因遗传多样性研究暨 Ghrelin 基因高效原核表达系统构建. 西北农林科技大学博士学位论文.

张良志. 2014. 中国地方黄牛基因组拷贝数变异检测及遗传效应研究. 西北农林科技大学博士学位论文.

张猛, 张立敏, 周正奎, 等. 2011. 中国西门塔尔牛 CACNA2D1 基因的遗传变异及其与屠宰性状的关联分析. 华北农学报, 26(4): 50-60.

张润锋. 2004. 陕西荷斯坦牛遗传多样性与泌乳性状关系的分子标记研究. 西北农林科技大学硕士学位论文.

祝梅香, 张沅. 2000. 北京地区荷斯坦牛乳蛋白遗传标记应用研究. 中国农业大学学报, 5(5): 74-80.

Arca, M, Minicocci I, Maranghi M. 2013. The angiopoietin-like protein 3: a hepatokine with expanding role in metabolism. Curr Opin Lipidol. 24(4): 313-320.

Begriche K, Girardet C, McDonald P, et al. 2013. Melanocortin-3 receptors and metabolic homeostasis. Prog Mol Biol Transl Sci, 114: 109-146.

Cai H, Lan X, Li A, et al. 2013. SNPs of bovine HGF gene and their association with growth traits in Nanyang cattle. Res Vet Sci, 95(2): 483-488.

Chen AS, Marsh DJ, Trumbauer ME, et al. 2000. Inactivation of the mouse melanocortin-3 receptor results in increased fat mass and reduced lean body mass. Nat Genet, 26(1): 97-102.

Chen NB, Ma Y, Yang T, et al. 2015. Tissue expression and predicted protein structures of the bovine ANGPTL3 and association of novel SNPs with growth and meat quality traits. Animal. 9(8): 1285-1297.

Cheng J, Cao X, Hao D, et al. 2019. The ACVR1 gene is significantly associated with growth traits in Chinese beef cattle. Livestock Science, 229: 210-215.

Chenkel FS, Miller SP, Ye X, et al. 2005. Association of single nucleotide polymorphisms in the leptin gene with carcass and meat quality traits of beef cattle. J Anim Sci, 83(9): 2009-2020.

Choi JS, Choi SS, Kim ES, et al. 2015. Flightless-1, a novel transcriptional modulator of PPARγ through competing with RXRα. Cell Signal, 27(3): 614-620.

Cieslak J, Majewska KA, Tomaszewska A, et al. 2013. Common polymorphism (81Val＞Ile) and rare mutations (257Arg＞Ser and 335Ile＞Ser) of the MC3R gene in obese Polish children and adolescents. Mol Biol Rep, 40(12): 6893-6898.

Conklin D, Gilbertson D, Taft DW, et al. 1999. Identification of a mammalian angiopoietin-related protein expressed specifically in liver. Genomics, 62(3): 477-482.

Deng J, Hua K, Harp J B. 2000. Activation of an autocrine IL-6-STAT3 pathway during early stages of 3T3-L1 adipogenesis. Obesity Research, 8: 51.

Foka P, Karamichali E, Dalagiorgou G. 2014. Hepatitis C virus modulates lipid regulatory factor Angiopoietin-like 3 gene expression by repressing HNF-1α activity. J Hepatol, 60(1): 30-38.

Fu CZ, Wang H, Mei CG, et al. 2013. SNPs at 3′-UTR of the bovine CDIPT gene associated with Qinchuan cattle meat quality traits. Genet Mol Res, 12(1): 775-782.

Fu W, Chen N, Han S, et al. 2018. Tissue expression and variation analysis of three bovine adipokine genes revealed their effect on growth traits in native Chinese cattle. Reprod Domest Anim, 53(5): 1227-1234.

Gao Y, Huang B, Bai F, et al. 2019. Two novel SNPs in RET gene are associated with cattle body measurement traits. Animals (Basel), 9(10): 836.

Hao D, Thomsen B, Bai J, et al. 2020. Expression profiles of the MXD3 gene and association of sequence variants with growth traits in Xianan and Qinchuan cattle. Vet Med Sci, 6(3): 399-409.

Huang J, Chen N, Li X, et al. 2018. Two novel SNPs of PPARγ significantly affect weaning growth traits of Nanyang Cattle. Anim Biotechnol, 29(1): 68-74.

Huang YZ, He H, Wang J, et al. 2011. Sequence variants in the bovine nucleophosmin 1 gene, their linkage and their associations with body weight in native cattle breeds in China. Anim Genet, 42(5): 556-559.

Huang YZ, Jing YJ, Sun YJ, et al. 2015. Exploring genotype-phenotype relationships of the LHX3 gene on growth traits in beef cattle. Gene. 561(2): 219-224.

Huang YZ, Jing YJ, Wei TB, et al. 2013a. The effect of haplotype variation in the bovine *PAX6* gene. Mol Biol Rep, 40(12): 6775-6784.

Huang YZ, Li JJ, Zhang CL, et al. 2016. Effect of genetic variations within the *I-mfa* gene on the growth traits of Chinese cattle. Anim Biotechnol, 27(4): 278-286.

Huang YZ, Sun YJ, Zhan ZY, et al. 2014. Expression, SNP identification, linkage disequilibrium, and haplotype association analysis of the growth suppressor gene *ZBED6* in Qinchuan beef cattle. Anim Biotechnol, 25(1): 35-54.

Huang YZ, Wang J, Zhan ZY, et al. 2013b. Assessment of association between variants and haplotypes of the *IGF2* gene in beef cattle. Gene, 528(2): 139-145.

Huang YZ, Wang KY, He H, et al. 2013c. Haplotype distribution in the *GLI3* gene and their associations with growth traits in cattle. Gene, 513(1): 141-146.

Huang YZ, Wang Q, Zhang CL, et al. 2016. Genetic variants in *SDC3* gene are significantly associated with growth traits in two Chinese beef cattle breeds. Anim Biotechnol, 27(3): 190-198.

Huang YZ, Zou Y, Lin Q, et al. 2017. Effects of genetic variants of the bovine *WNT8A* gene on nine important growth traits in beef cattle. J Genet, 96(4): 535-544.

Hunter CS, Malik RE, Witzmann FA, et al. 2013. *LHX3* interacts with inhibitor of histone acetyltransferase complex subunits LANP and TAF-1β to modulate pituitary gene regulation. PLoS One, 8(7): e68898.

Hunter CS, Rhodes SJ. 2005. LIM-homeodomain genes in mammalian development and human disease. Mol Biol Rep, 32(2): 67-77.

Irani BG, Haskell-Luevano C. 2005. Feeding effects of melanocortin ligands--a historical perspective. Peptides, 26(10): 1788-1799.

Kato H, Taniguchi Y, Kurooka H, et al. 1997. Involvement of RBP-J in biological functions of mouse Notch1 and its derivatives. Development, 124(20): 4133-4141.

Kriström B, Zdunek AM, Rydh A, et al. 2009. A novel mutation in the *LIM homeobox 3* gene is responsible for combined pituitary hormone deficiency, hearing impairment, and vertebral malformations. J Clin Endocrinol Metab, 94(4): 1154-1161.

Kuss AW, Gogol J, Geidermann H. 2003. Associations of a polymorphic AP-2 binding site in the 5'-flanking region of the bovine beta-lactoglobulin gene with milk proteins. J Dairy Sci, 86(6): 2213-2218.

Lan K, Shen C, Li J, et al. 2023. A novel indel within the bovine *SEPT7* gene is associated with ovary length. Anim Biotechnol, 34(1): 8-14.

Lan XY, Peñagaricano F, Dejung L, et al. 2013. A missense mutation in the *PROP1* (prophet of Pit 1) gene affects male fertility and milk production traits in the US Holstein population. Journal of Dairy Science, 96(2): 1255-1257.

Leong LY, Qin S, Cobbold SP, et al. 1992. Classical transplantation tolerance in the adult: the interaction between myeloablation and immunosuppression. Eur J Immunol, 22(11): 2825-2830.

Li J, Shen C, Zhang K, et al. 2021a. Polymorphic variants of bovine *ADCY5* gene identified in GWAS analysis were significantly associated with ovarian morphological related traits. Gene, 766: 145158.

Li J, Zhang S, Shen C, et al. 2021b. Indel mutations within the bovine *HSD17B3* gene are significantly associated with ovary morphological traits and mature follicle number. J Steroid Biochem Mol Biol, 209: 105833.

Li MX, Sun XM, Hua LS, et al. 2013. *SIRT1* gene polymorphisms are associated with growth traits in Nanyang cattle. Mol Cell Probe, 27(5-6): 215-220.

Liu M, Li B, Shi T, et al. 2019. Copy number variation of bovine *SHH* gene is associated with body conformation traits in Chinese beef cattle. J Appl Genet, 60(2): 199-207.

Liu M, Li M, Wang S, et al. 2014a. Association analysis of bovine *Foxa2* gene single sequence variant and haplotype combinations with growth traits in Chinese cattle. Gene, 536(2): 385-392.

Liu M, Liu M, Li B, et al. 2016. Polymorphisms of FLII implicate gene expressions and growth traits in Chinese cattle. Mol Cell Probes, 30(4): 266-272.

Liu M, Zhang C, Lai XS, et al. 2017. Associations between polymorphisms in the NICD domain of bovine *NOTCH1* gene and growth traits in Chinese Qinchuan cattle. J Appl Genet, 58(2): 241-247.

Liu X, Guo XY, Xu XZ, et al. 2012. Novel single nucleotide polymorphisms of the bovine methyltransferase 3b gene and their association with meat quality traits in beef cattle. Genet Mol Res, 11(3): 2569-2577.

Liu X, Usman T, Wang Y, et al. 2015a. Polymorphisms in epigenetic and meat quality related genes in fourteen cattle breeds and association with beef quality and carcass traits. Asian-Australas J Anim Sci, 28(4): 467-475.

Liu Y, Duan X, Chen S, et al. 2015b. NCAPG is differentially expressed during longissimus muscle development and is associated with growth traits in Chinese Qinchuan beef cattle. Genet Mol Biol, 38(4): 450-456.

Liu Y, Duan X, Liu X, et al. 2014b. Genetic variations in insulin-like growth factor binding protein acid labile subunit gene associated with growth traits in beef cattle (*Bos taurus*) in China. Gene, 540(2): 246-250.

Ma Y, Chen N, Li R, et al. 2014. *LXRα* gene expression, genetic variation and association analysis between novel SNPs and growth traits in Chinese native cattle. J Appl Genet, 55(1): 65-74.

Ma Y, Chen NB, Li F, et al. 2015. Bovine *HSD17B8* gene and its relationship with growth and meat quality traits. Science Bulletin, 60(18): 1617-1621.

Ma Y, Li RR, Hou F, et al. 2011. Comparative mapping and 3′UTR SNP detection of *ANGPTL4* gene in beef cattle. Journal of Animal & Veterinary Advances, 10(13): 1649-1655.

Pan CY, Wu CY, Jia WC, et al. 2013. A critical functional missense mutation (H173R) in the bovine *PROP1* gene significantly affects growth traits in cattle. Gene, 531(1): 398-402.

Pang YH, Lei CZ, Zhang CL, et al. 2012. Single nucleotide polymorphisms of the bovine *VEGF-B* gene and their associations with growth traits in the Nanyang cattle breed. Anim Biotechnol, 23(4): 225-232.

Ren G, Huang YZ, Wei TB, et al. 2014. Linkage disequilibrium and haplotype distribution of the bovine *LHX4* gene in relation to growth. Gene, 538(2): 354-360.

Ron MA.1994. Somatisation in neurological practice. Journal of Neurology, Neurosurgery, and Psychiatry, 57(10): 1161-1164.

Rotinen M, Celay J, Alonso MM, et al. 2009. Estradiol induces type 8 17beta-hydroxysteroid dehydrogenase expression: crosstalk between estrogen receptor alpha and C/EBPbeta. J Endocrinol, 200(1): 85-92.

Schust J, Berg T. 2004. A high-throughput fluorescence polarization assay for signal transducer and activator of transcription 3. Anal Biochem, 330(1): 114-118.

Shi T, Xu Y, Yang MJ, et al. 2016. Genetic variation, association analysis, and expression pattern of *SMAD3* gene in Chinese cattle. Czech J Anim Sci, 61(5): 209-216.

Song N, Gui LS, Xu HC, et al. 2015. Identification of single nucleotide polymorphisms of the signal transducer and activator of transcription 3 gene (STAT3) associated with body measurement and carcass quality traits in beef cattle. Genet Mol Res, 14(3): 11242-11249.

Stone RT, Keele JW, Shackelford SD, et al. 1999. A primary screen of the bovine genome for quantitative trait loci affecting carcass and growth traits. J Anim Sci, 77(6): 1379-1384.

Sun J, Jin Q, Zhang C, et al. 2011. Polymorphisms in the bovine ghrelin precursor (*GHRL*) and Syndecan-1 (*SDC1*) genes that are associated with growth traits in cattle. Mol Biol Rep, 38(5): 3153-3160.

Tang KQ, Yang WC, Pai B, et al. 2013. Effects of PGR and ESRα genotypes on the pregnancy rates after embryo transfer in Luxi cattle. Mol Biol Rep, 40(1): 579-584.

Tao YX. 2007. Functional characterization of novel melanocortin-3 receptor mutations identified from obese subjects. Biochim Biophys Acta, 1772(10): 1167-1174.

Turkson J, Jove R. 2000. STAT proteins: novel molecular targets for cancer drug discovery. Nature Publishing Group, 19(56): 6613-6626.

Wang J, Hua LS, Pan H, et al. 2015. Haplotypes in the promoter region of the *CIDEC* gene associated with growth traits in Nanyang cattle. Sci Rep, 5: 12075.

Wang X, Li T, Zhao HB, et al. 2013. Short communication: a mutation in the 3′ untranslated region diminishes microRNA binding and alters expression of the *OLR1* gene. J Dairy Sci, 96(10): 6525-6528.

Wang ZN, Cai HF, Li MX, et al. 2016. Tetra-primer ARMS-PCR identified four pivotal genetic variations in bovine *PNPLA3* gene and its expression patterns. Gene, 575(2 Pt 1): 191-198.

Wang ZN, Li MJ, Lan XY, et al. 2014. Tetra-primer ARMS-PCR identifies the novel genetic variations of bovine *HNF-4α* gene associating with growth traits. Gene, 546(2): 206-213.

Weisz F, Urban T, Chalupová P, et al. 2011. Association analysis of seven candidate genes with performance traits in Czech Large White pigs. Czech Journal of Animal Science, 56(8): 337-344.

Wolfrum C, Shih DQ, Kuwajima S, et al. 2003. Role of Foxa-2 in adipocyte metabolism and differentiation. J Clin Invest, 112(3): 345-356.

Wu Y, Zhang Z, Zhang JB, et al. 2016. Association of growth factor receptor-bound protein 10 gene polymorphism with superovulation traits in Changbaishan black cattle. Genet Mol Res, 15(4), DOI:10.4238/gmr15049262.

Xu H, Zhang SH, Zhang XY, et al. 2017. Evaluation of novel SNPs and haplotypes within the *ATBF1* gene and their effects on economically important production traits in cattle. Arch Anim Breed. 60(3): 285-296.

Xu Y, Cai H, Zhou Y, et al. 2014. SNP and haplotype analysis of paired box 3 (*PAX3*) gene provide evidence for association with growth traits in Chinese cattle. Mol Biol Rep, 41(7): 4295-4303.

Yang MJ, Fu JH, Lan XY, et al. 2013a. Effect of genetic variations within the *SH2B2* gene on the growth of Chinese cattle. Gene, 528(2): 314-319.

Yang WC, Li SJ, Chen L, et al. 2014. FSHR genotype affects estrogen levels but not pregnancy rates in Luxi cattle subjected to embryo transfer. Genet Mol Res, 13(1): 1563-1569.

Yang WC, Wang YN, Cui A, et al. 2015. Polymorphisms of the bovine *MC3R* gene and their associations with body measurement traits and meat quality traits in Qinchuan cattle. Genet Mol Res, 14(4): 11876-11883.

Yang YQ, Hui YT, Liu RY, et al. 2013b. Molecular cloning, polymorphisms, and association analysis of the promoter region of the *STAM2* gene in Wuchuan Black cattle. Genet Mol Res, 12(3): 3651-3661.

Yue B, Han F, Wu J, et al. 2017. Combined haplotypes of *CaSR* gene sequence variants and their associations with growth traits in cattle. Anim Biotechnol, 28(4): 260-267.

Zhang AL, Zhang L, Zhang LZ, et al. 2012a. Effects of *ghrelin* gene genotypes on the growth traits in Chinese cattle. Mol Biol Rep, 39(6): 6981-6986.

Zhang B, Chen H, Hua L, et al. 2008. Novel SNPs of the mtDNA *ND5* gene and their associations with several growth traits in the Nanyang cattle breed. Biochem Genet, 46(5-6): 362-368.

Zhang B, Guo YK, Li S, et al. 2012b. Genotype and haplotype analysis of the *AZGP1* gene in cattle. Mol Biol Rep, 39(12): 10475-10479.

Zhang CF, Chen H, Zhang ZY, et al. 2012c. A 5′UTR SNP of GHRHR locus is associated with body weight and average daily gain in Chinese cattle. Mol Biol Rep, 39(12): 10469-10473.

Zhang CL, Wang YH, Chen H, et al. 2009. Association between variants in the 5′-untranslated region of the bovine *MC4R* gene and two growth traits in Nanyang cattle. Mol Biol Re, 36(7): 1839-1843.

Zhang L, Li M, Lai X, et al. 2013. Haplotype combination of polymorphisms in the *ADIPOQ* gene promoter is associated with growth traits in Qinchuan cattle. Genome, 56(7): 389-394.

Zhang M, Pan CY, Lin Q, et al. 2016. Exploration of the exonic variations of the iPSC-related Nanog gene and their effects on phenotypic traits in cattle. Arch Anim Breed, 59(3): 351-361.

Zhang SH, Peng K, Zhang GL, et al. 2019. Detection of bovine TMEM95 p.Cys161X mutation in 13 Chinese indigenous cattle breeds. Animals, 9(7): 444.

Zhao CP, Gui LS, Li YK, et al. 2015. Associations between allelic polymorphism of the BMP Binding Endothelial Regulator and phenotypic variation of cattle. Mol Cell Probe. 29(6): 358-364.

Zhao HD, Wu ML, Wang SH, et al. 2018. Identification of a novel 24 bp insertion-deletion (indel) of the androgen receptor gene and its association with growth traits in four indigenous cattle breeds. Arch Anim Breed, 61(1): 71-78.

Zhao JN, Li J, Jiang FG, et al. 2021. Fecundity-associated polymorphism within bovine ITGβ5 and its significant correlations with ovarian and luteal traits. Animals, 11(6): 1579.

Zhao W, Zeng RX, Ba CF, et al. 2009. Cloning and sequence analysis of cDNA encoding CFL2b from porcine. Chinese Journal of Biochemistry and Molecular Biology, 25(4): 388-392.

Zheng JS, Deng TY, Jiang EH, et al. 2021. Genetic variations of bovine PCOS-related *DENND1A* gene identified in GWAS significantly affect female reproductive traits. Gene, 802: 145867.

Zhou J, Liu L, Chen C J, et al. 2019. Genome-wide association study of milk and reproductive traits in dual-purpose Xinjiang Brown cattle. BMC Genomics, 20(1): 827.

（潘传英、黄锡霞、张良志、徐美芳、王珂、黄洁萍编写）

（张雪莲、杨钰塔、唐琦、张阳海、杨海焱、崔文博、户会娜、刘暖、李铭、张新卫、张泰源参与了本章资料的收集、整理、归纳等工作，在此表示感谢！）

第十二章 中国黄牛全基因组学研究

第一节 全基因组遗传变异特征

一、全基因组基本特征

2003年9月,"牛基因组工程"正式启动,牛基因组测序工作主要由得克萨斯州的贝勒大学医学院(Baylor College of Medicine)及得克萨斯农业与机械大学(Texas Agriculture and Mechanic University)研究人员承担,美国国家人类基因组研究所为这项计划提供了 2500 万美元资金,得克萨斯州出资 1000 万美元,其余所缺的资金从其他渠道筹得。2009 年 4 月,历时近 6 年,300 余名研究者花费 5300 万美元,牛的基因组序列终于呈现在世人面前,相关的文章发表在《科学》(Science)杂志上。牛基因组的破译不仅有助于人们更深入地了解牛的驯化过程,提高牛肉、牛奶的质量,改善人类的生活质量,还能帮助人们更好地了解人类的疾病。

普通牛参考基因组先后有 9 个版本:bosTau1~bosTau9。最新的普通牛参考基因组是由美国农业部农业研究局(ARS)和加州大学戴维斯分校(UCD)合作组装完成的,其大小为 2.71 Gb。该版本的基因组包含 30 396 个基因,其中 21 039 个编码蛋白(表 12-1,图 12-1)。除了普通牛的参考基因组,还公布了两个瘤牛的参考基因组,分别是婆罗门牛(Brahman)和内洛尔牛(Nelore)。到目前为止还没有中国地方黄牛品种的参考基因组。

表 12-1 *Bos taurus* ARS-UCD1.2 牛基因组基本情况

类型	名称	参考序列	国际核酸序列数据库协作(INSDC)	长度/Mb	GC碱基占比/(GC)%	编码蛋白数量/个	核糖体RNA	转运RNA	其他RNA	基因	假基因
Chr	1	NC_037328.1	CM008168.2	158.53	40.1	2501	—	67	574	1420	204
Chr	2	NC_037329.1	CM008169.2	136.23	40.7	2748	—	50	595	1385	191
Chr	3	NC_037330.1	CM008170.2	121.01	41.8	3672	—	155	668	1965	257
Chr	4	NC_037331.1	CM008171.2	120	40.5	2056	—	63	474	1191	143
Chr	5	NC_037332.1	CM008172.2	120.09	41.7	3508	1	55	693	1880	269
Chr	6	NC_037333.1	CM008173.2	117.81	39.9	1861	—	51	435	997	148
Chr	7	NC_037334.1	CM008174.2	110.68	41.8	3543	2	56	646	1928	263
Chr	8	NC_037335.1	CM008175.2	113.32	41.2	2086	1	32	480	1159	177
Chr	9	NC_037336.1	CM008176.2	105.45	40	1485	1	41	454	883	150
Chr	10	NC_037337.1	CM008177.2	103.31	41.4	2509	—	65	533	1445	161
Chr	11	NC_037338.1	CM008178.2	106.98	42.9	3025	—	44	563	1423	136
Chr	12	NC_037339.1	CM008179.2	87.22	40.4	1014	—	50	361	674	81
Chr	13	NC_037340.1	CM008180.2	83.47	43.7	2342	—	44	497	1185	105

续表

类型	名称	参考序列	国际核酸序列数据库协作（INSDC）	长度/Mb	GC碱基占比/(GC)%	编码蛋白数量/个	核糖体RNA	转运RNA	其他RNA	基因	假基因
Chr	14	NC_037341.1	CM008181.2	82.4	41.3	1387	—	37	351	784	92
Chr	15	NC_037342.1	CM008182.2	85.01	41.7	2309	—	48	332	1568	304
Chr	16	NC_037343.1	CM008183.2	81.01	42.6	1903	—	32	475	1018	120
Chr	17	NC_037344.1	CM008184.2	73.17	42.3	1902	—	45	358	897	97
Chr	18	NC_037345.1	CM008185.2	65.82	45.4	3438	—	51	557	1727	173
Chr	19	NC_037346.1	CM008186.2	63.45	46	3561	1	70	705	1744	124
Chr	20	NC_037347.1	CM008187.2	71.97	41	776	1	31	262	576	97
Chr	21	NC_037348.1	CM008188.2	69.86	43	1520	2	26	549	990	126
Chr	22	NC_037349.1	CM008189.2	60.77	43.4	1966	1	25	370	810	72
Chr	23	NC_037350.1	CM008190.2	52.5	43.3	1867	—	201	390	1230	103
Chr	24	NC_037351.1	CM008191.2	62.32	41.8	974	—	19	250	518	72
Chr	25	NC_037352.1	CM008192.2	42.35	47.1	2003	—	67	322	1006	58
Chr	26	NC_037353.1	CM008193.2	51.99	42.9	1362	1	14	302	606	80
Chr	27	NC_037354.1	CM008194.2	45.61	41.7	657	3	36	187	429	42
Chr	28	NC_037355.1	CM008195.2	45.94	42.1	983	—	24	170	481	69
Chr	29	NC_037356.1	CM008196.2	51.1	44.2	1732	—	24	308	962	117
Chr	X	NC_037357.1	CM008197.2	139.01	40.4	2471	—	75	491	1555	333
	MT	NC_006853.1	CM008198.1	0.02	39.4	13	2	22	—	13	—
Un	—	—	—	87.44	45.8	522	4	39	171	709	205

注：本表源自 NCBI 官网，由马里兰大学生物信息学与计算生物学中心提交

二、全基因组 SNP 和 InDel 分布特征

（一）全基因组 SNP 和 InDel 的数目与特征

家牛每条染色体上的 SNP 和 InDel 的数目分布规律与家牛染色体的长度呈正相关关系，即 1 号染色体的 SNP 和 InDel 最多，25 号染色体的 SNP 和 InDel 最少。使用中国地方黄牛重测序数据，通过与最新的普通牛参考基因组比较，结果表明，中国 30 个地方黄牛品种的 SNP 数量为 8 753 080～35 421 943 个（表 12-2）。根据牛种来区分，瘤牛的 SNP 数量明显高于普通牛的 SNP 数量，同时拥有普通牛和瘤牛血统的地方品种 SNP 数量位于两者之间。从地理区域划分来看，中国东南地区和西南地区的瘤牛 SNP 数量均大于 2000 万个，最高可达 3000 万个以上，而普通牛的 SNP 数量在 1000 万个左右。西藏地区的牛同时拥有普通牛和瘤牛血统。按照品种划分，SNP 数目最多的是广西的隆林牛，数目最少的是青海的柴达木牛。除去个体数目对黄牛品种的 SNP 数目的影响，中国地方黄牛 SNP 数目呈现南方多而北方少的规律。中国黄牛现存的 InDel 数目为 1 027 154～4 326 788 个，其中 InDel 数目最多的是隆林牛，而 InDel 数目最少的是柴达木牛。InDel 和 SNP 的分布规律相似。

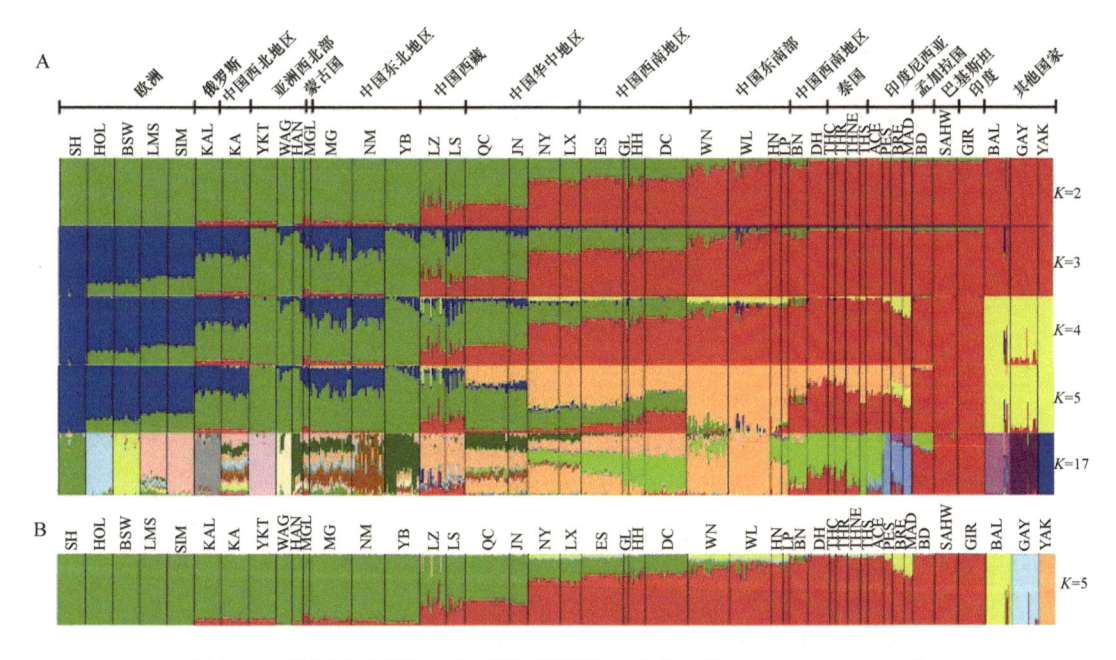

图 12-1 我国地方黄牛 50K 芯片不同祖先成分分析（Gao et al., 2017）

A. 不指定祖先的群体祖先成分分析[K（假设祖先群体的数量）=2、3、4、5、17]；B. 指定祖先的群体祖先成分分析，其中 5 个欧洲普通牛品种被指定为普通牛血统，两个印度瘤牛品种被指定为瘤牛血统，巴厘牛、大额牛和牦牛分别为 3 种血统。其中通过不指定祖先成分分析确定的属于杂交个体的爪哇牛和大额牛被剔除

表 12-2 中国 30 个黄牛品种重测序统计表

分布地区	品种	测序数目	SNP 数目/个	InDel 数目/个	转换/颠换比率（Ts/Tv）	纯合/杂合（Hom/Het）	纯合区域（ROH 长度）[a]
中原地区	渤海黑牛	5	15 825 178	1 810 975	2.380	0.297	231 500
	岭南牛	8	25 232 909	2 916 371	2.409	0.478	216 278
	郏县红牛	5	18 339 981	2 081 063	2.403	0.308	143 200
	鲁西牛	5	17 563 923	2 032 422	2.395	0.273	171 082
	巴山牛	5	20 741 825	2 341 033	2.418	0.350	72 386
	枣北牛	5	21 438 772	2 497 784	2.401	0.364	192 563
西北地区	安西牛	5	14 122 778	1 617 694	2.378	0.358	283 138
	柴达木牛	5	8 753 080	1 027 154	2.363	0.303	378 908
	蒙古牛	13	17 050 489	1 966 325	2.374	0.416	254 961
	哈萨克牛	9	13 877 094	1 581 298	2.376	0.444	240 022
	蒙古国牛	16	13 978 920	1 664 461	2.366	0.426	250 045
东北地区	延边牛	9	11 179 735	1 307 426	2.353	0.475	347 964
东南地区	隆林牛	21	35 421 943	4 326 788	2.411	0.528	190 007
	南丹牛	18	34 730 264	4 232 003	2.409	0.530	205 053
	皖南牛	5	22 311 998	2 666 776	2.415	0.451	270 458
	涠洲牛	20	32 435 834	3 983 331	2.416	0.614	246 252
	湘西牛	5	21 781 503	2 521 071	2.408	0.416	180 897
	闽南牛	11	30 160 410	3 587 258	2.405	0.486	177 342
	雷琼牛	15	32 620 740	3 944 173	2.414	0.665	263 291

续表

分布地区	品种	测序数目	SNP 数目/个	InDel 数目/个	转换/颠换比率 (Ts/Tv)	纯合/杂合 (Hom/Het)	纯合区域 (ROH 长度)[a]
西南地区	德宏牛	7	21 595 008	2 521 635	2.413	0.575	139 960
	滇中牛	6	22 629 836	2 646 079	2.408	0.548	114 974
	贵州威宁牛	5	19 274 780	2 204 753	2.395	0.403	172 059
	江城牛	5	20 785 032	2 405 912	2.415	0.541	249 506
	文山牛	6	23 138 473	2 702 829	2.416	0.459	117 293
	昭通牛	5	19 493 888	2 212 310	2.412	0.389	150 819
	景洪牛	5	18 842 239	2 196 749	2.413	0.539	259 538
西藏地区	西藏牛	10	15 355 344	1 783 012	2.375	0.447	299 050
	定结牛[b]	35	25 211 279	3 040 692	2.382	0.502	219 455
	日喀则牛	15	24 056 131	2 816 506	2.395	0.587	279 944
	迪庆牛	5	16 010 513	1 814 379	2.394	0.380	267 216

a. 平均 ROH 长度
b. 采样于西藏自治区日喀则市定结县

（二）全基因组 SNP 与起源进化分析

近年来，古 DNA 技术、全基因组重测序技术和芯片技术成为研究畜禽起源进化、遗传多样性、重要性状功能基因的理想工具。根据研究，现代家牛可能来自 10 500 年前不同地理区域的原牛的多次驯化事件。现代家牛主要来自两个驯化地——近东地区和印度河谷地区，这两个地区分别驯化了无肩峰的普通牛和有肩峰的瘤牛。基于基因芯片和全基因组的分类学研究，科学家认为普通牛的驯化接近东部地区的不同群体，随后普通牛扩散到世界各地，受到不同地区原牛的影响，同时经过不断的自然选择和人工选择，逐渐形成了欧洲普通牛、非洲普通牛、欧亚普通牛和东亚普通牛等主要的普通牛类群；瘤牛则至少形成了印度瘤牛、非洲瘤牛和中国瘤牛 3 个类群。

中国拥有丰富的牛品种资源，仅地方黄牛品种就多达 55 个，境内及周边还分布着印度野牛、大额牛、牦牛、爪哇牛等近缘牛种，这些牛种均能与家牛杂交，以上种种现象使得东亚家牛的形成历史非常复杂。Decker 等（2014）通过 50K 基因芯片对全世界家牛的起源进行分析，证明了中国的海南牛和鲁西牛含有爪哇牛的血统。中国学者进一步通过 50K 芯片对 20 个中国不同地方黄牛品种的遗传多样性进行分析，结果发现中国地方品种同时拥有普通牛和瘤牛的祖先成分。具体而言，中国北方黄牛拥有小于 10% 的瘤牛祖先成分，但是在中国西南地区有 90% 的瘤牛成分。同时，通过不同祖先成分分析发现，中国南方黄牛均有不同程度的爪哇牛和大额牛的血统渗入，而中国西藏地区的黄牛有零星的牦牛基因组渗入（图 12-1）。王洪程等（2015）对中国 6 个地方黄牛品种 46 个个体（37 头秦川牛、2 头南阳牛、2 头鲁西牛、1 头延边牛、2 头雷琼牛、2 头云南牛）进行了全基因组重测序数据分析，得出中国黄牛属于瘤牛和普通牛混合起源的结论。陈宁博（2019）对我国 22 个代表性地方品种和陕西石峁遗址的古代黄牛样品进行了全基因组重测序，同时与国外 27 个品种的全基因组数据进行系统比较，通过分析常染色体和 Y 染色体遗传变异，证明全世界家牛至少可以分为 5 个祖先和父系：欧洲普通牛，父系祖先为 Y1；欧亚普通牛，父系祖先为 Y2a；东亚普通牛，父系祖先为 Y2b；中国瘤牛，父系祖先为 Y3a；印度瘤牛，父系祖先为 Y3b。欧洲普通牛（Y1）主要分布在欧洲西部；欧亚普通牛（Y2a）主要分布在欧洲中南部和中国西北部。地理区域相距甚远的中国西藏和亚洲东北部的家牛形成了一个独特的东亚普通牛血统（Y2b）。瘤牛明显分为中国瘤牛（Y3a）和印度瘤牛（Y3b）两个血统。中国地方黄牛主要来源于 3 个祖先和父系，即东亚普通牛（Y2b）、欧亚普通牛（Y2a）与中国瘤牛（Y3a）（图 12-2）。东亚普通牛和中国南方瘤牛拥有极高的遗传多样性，中国瘤牛血统在东南沿海地区的频率最高，并呈现出由南到北逐渐下降的态势。

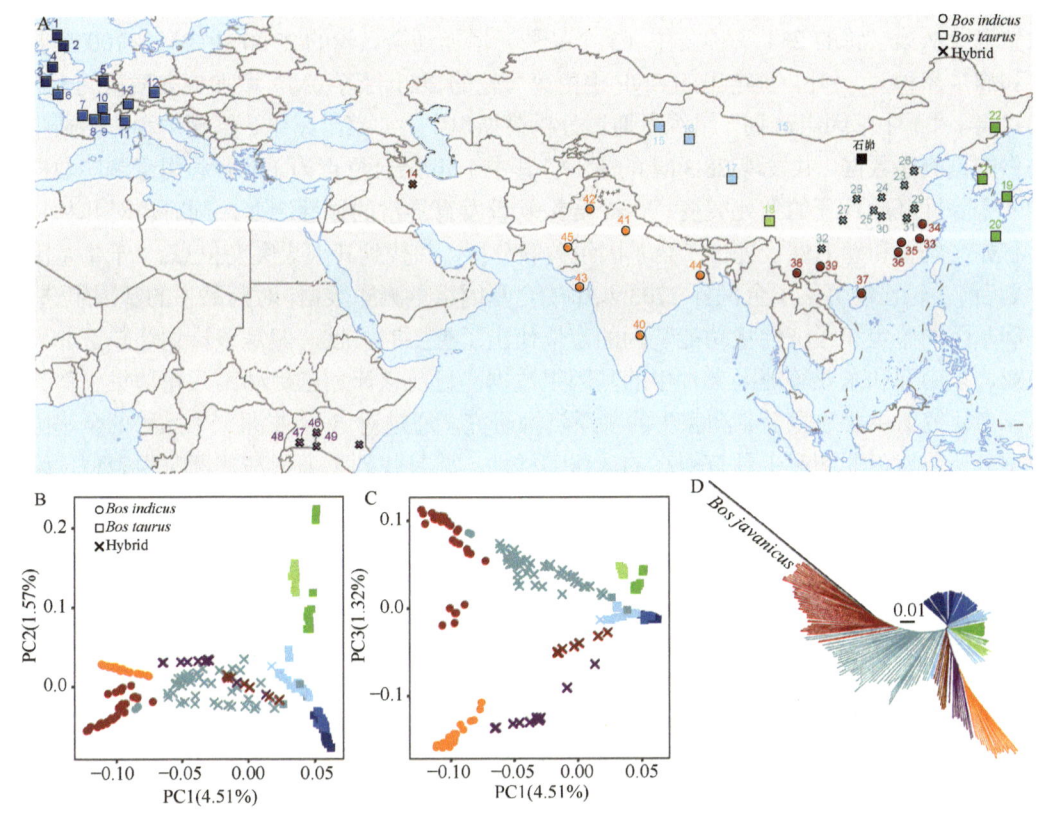

图 12-2 东亚家牛的群体结构和遗传关系

A. 本研究中 49 个现代牛品种的原产地信息，数字与表 12-2 中的品种名称一一对应。□代表普通牛，○代表瘤牛，×代表普通牛和瘤牛的杂交后代。依据主成分分析结果，对 PC1 和 PC2 作图（B），对 PC1 和 PC3 作图（C）。D. 依据全基因组常染色体 SNP 构建的邻接系统发育树。不同的颜色代表不同的地理分布群体

古 DNA 基因组证据显示，在 3900 年前，中国北方石峁遗址的家牛为东亚普通牛，通过与现代家牛基因组比较，推断普通牛进入中国至少经历了两次迁移事件。推测东亚普通牛至少在 3900 年前进入中国大陆，随后向周围地区扩散，向东进入中国东北地区，随后进入朝鲜半岛和日本；向西进入青藏高原边缘地带；而欧亚普通牛则随着东西方游牧民族的交流进入东亚地区，随后在中原地区逐渐替代东亚普通牛血统。

中国黄牛同时受到近缘野牛的影响，中国瘤牛基因组中保留了大约 2.93% 的爪哇牛血统，这种渗入导致了中国南方瘤牛独特的基因组遗传多样性。西藏的普通牛保留了约

1.2%的牦牛血统。

三、全基因组 SNP 与性状的关联研究

目前，利用基因组数据对世界家牛种质资源研究的项目和组织包括"千牛基因组计划"（1000 Bull Genomes Project）和国际家畜研究所（International Livestock Research Institute）等。为了更快地了解家牛的遗传进展，欧美发达国家牵头实施了"千牛基因组计划"，目前已进行到第七轮。"千牛基因组计划"旨在提供一个基因组变异数据库，对全基因组关联分析和基因组选育的数据进行补充。自从 2012 年"千牛基因组计划"实施以来，其测序的牛数量已经从第一轮的 234 头种公牛（3 个品种）增加到第六轮的 2700 头牛（>100 个普通牛和瘤牛品种），另外，鉴定出的 SNP 也由第一轮的 28.3 百万（M）增加到高质量的 88 M。2014 年，"千牛基因组计划"组织者通过分析荷斯坦牛、弗莱维赫牛、娟姗牛和安格斯牛种公牛的重测序数据，共发现 28.3 M 的 SNP，其中 1 kb 杂合位点为 1.44；利用重测序数据找到一个隐性胚胎致死的致死突变、一个导致软骨发育异常的显性突变，同时也对几种复杂性状如产奶量和卷毛性状进行了全基因组关联分析，并找到其因果突变位点。"千牛基因组计划"前 7 轮已经募集了全世界 2703 头牛的全基因组重测序数据，对商品牛的基因组选育、致病基因的鉴定和经济性状功能基因的定位作出了重要的贡献，但是该计划还缺乏非洲、南亚、东南亚和东亚等地区土种牛的基因组数据。目前该计划已启动第八轮募集工作。国际家畜研究所主要致力于非洲家牛的种质资源研究，通过对 5 个非洲家牛品种的全基因组数据分析，发现非洲瘤牛具有很高的遗传多样性，并且找到了大量与非洲瘤牛表型、耐热性、抗锥虫病相关的基因，为了解非洲牛广泛的适应性提供了全基因组水平的证据，但"千牛基因组计划"还在继续对非洲土种牛的基因组进行大量测序，旨在深度挖掘非洲土种牛的基因组遗传变异。除了这两个主要的项目和组织外，全世界的科研工作者还同时展开了对不同地区家牛品种遗传资源的研究。随着北欧、东北亚和南亚等地区牛基因组数据的公布，研究人员发现大量地方品种为适应当地环境而形成了与表型、适应性、抗病性、经济性状等有关的基因。由此可见，地方牛品种的遗传资源越来越受到重视。

在中国，地方黄牛品种资源的研究也备受关注，研究人员通过对中国不同地方黄牛进行基因芯片和重测序数据分型，通过 SNP 可以将不同区域的黄牛品种明显区分开，同时鉴定出一系列群体特异性和品种特异性的候选 SNP，这些 SNP 分别与中国地方牛的免疫、毛色、性成熟、体高、胚胎发育和环境适应性相关。

秦川牛及正在培育的秦川牛新品系，表现出良好的生产性能。通过比较发现，秦川牛和正在培育的秦川牛新品系全基因组 SNP 在 30 M 左右，很多与免疫和肉质相关的基因受到高强度选择。这些结果对我国秦川牛的选育具有一定的指导意义。

云岭牛是我国第一个采用三元杂交方式培育成的肉用牛品种，也是第一个适应我国南方热带、亚热带地区环境的肉牛新品种，通过重测序发现云岭牛的 SNP 数量为 30 M 左右，其中基因组中普通牛、印度瘤牛和中国本地黄牛特异的 SNP 可能与其快速生长、免疫抵抗和适应中国南方湿热环境相关。

外缘牛种对中国黄牛适应极端环境也作出了贡献。中国瘤牛拥有极高的 SNP 数量，其

中部分遗传变异来自近缘牛种爪哇牛的基因组渗入，爪哇牛对中国瘤牛的渗入 SNP 主要富集在感官和免疫相关通路；除此之外，牦牛对西藏的普通牛的渗入 SNP 主要富集在嗅觉、抗病和免疫等通路。这些渗入事件使中国瘤牛和西藏的普通牛快速获得了适应热带高温高湿环境和高原极端低氧环境的基因，这说明基因交流是家牛适应环境的重要方式之一。

第二节　全基因组拷贝数变异（CNV）的特征

基因组学是现代生物学研究的核心内容，主要包括基因组作图（如构建遗传图谱和物理图谱）、DNA 序列变异分析、基因功能分析和定位等。基因组中存在广泛的变异，而这些变异是个体间性状差异的基础。拷贝数变异（copy number variation，CNV）是基因组结构变异的主要形式，也是个体间表型多样性和群体适应性进化的主要遗传基础之一。作为基因组上广泛存在的重要遗传变异，虽然 CNV 发生的频率较低，但累计的序列长度明显超过了其他序列变异（如 SNP）。CNV 可以通过基因剂量改变和转录结构改变等来调节有机体的可塑性，所以对人和动物表型势必产生重要的遗传效应。随着生物技术和分析手段的发展，CNV 研究进入蓬勃发展时期，首先是各种不同物种 CNV 草图的构建，通过比较基因组学系统的分析，寻找对表型具有显著效应的 CNV；其次是进行 CNV 与各种不同表型性状的关联分析，使 CNV 的研究更加深入和实用。因此，本节将概述基因组 CNV 的概念、分布特征及其与起源进化和性状的关系，为中国黄牛育种中的遗传学研究与应用提供参考依据。

一、拷贝数变异（CNV）的概念

（一）CNV 的定义

基因组变异是指生物的基因组 DNA 上发生不可逆转的、可遗传的序列突变，主要包括单核苷酸突变（single-nucleotide variant，SNV）、多核苷酸突变（multi-nucleotide variant，MNV）、染色体倒置和易位。其中，多核苷酸突变又分为短的插入或缺失（InDel）和大片段拷贝数变异（CNV）。2006 年，在发表人类基因组 CNV 草图时，CNV 被定义为 1 kb 至数兆碱基对、与参考基因组拷贝数不同的 DNA 片段，是基因组 DNA 片段的亚微观突变（Redon et al., 2006）。随着检测技术的发展，越来越多小片段变异被发现，而原来的定义无法包含长度较小的结构变异。因此，Mills 等（2011）将 CNV 更准确地定义为一个物种两个个体之间的大于 50 bp 的基因组序列的插入或缺失变异。

（二）CNV 的形式

在基因组中，常见的 CNV 形式主要有以下几种（图 12-3）：①单个片段的重复；②单个片段的多次重复；③多个片段的多次重复；④单个片段的缺失；⑤复杂变异，又称复合多位点变异，是指在变异区域内既有某些片段的重复，又有某些片段的缺失。其中最常见的一种形式是片段重复（segmental duplication，SD）序列，它是指参考基因组序列中出现的长度大于 1 kb 的两个或两个以上的 DNA 序列，而且不同拷贝之间的序列

图 12-3　CNV 的常见类型

同源性大于 90%。在人类全基因组序列中 SD 序列所占百分比为 4%～5%，而 CNV 富集区的 SD 序列所占百分比平均约为 25%，CNV 稀有区为 2%～3%。

（三）CNV 的产生机制

CNV 主要是由 4 种导致片段缺失或重复的途径产生的（图 12-4）：①非等位基因同源重组（non-allelic homologous recombination，NAHR）可导致重复、缺失和倒位；②非同源末端连接（non-homologous end joining，NHEJ）产生一些结构简单的 CNV；③复制叉停滞与模板交换（fork stalling and template switching，FoSTeS）产生结构复杂的 CNV；④L1 介导的反转录转座（L1-mediated retrotransposition，long interspersed nuclearelement-1，

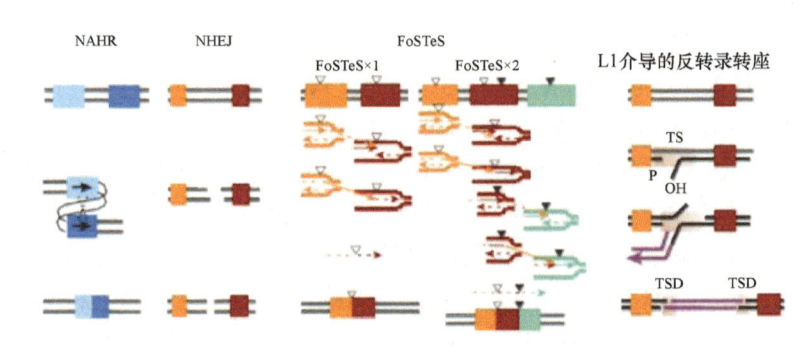

	非等位基因同源重组	非同源末端连接	L1介导的反转录转座	FoSTeS
结构变异类型	重复，缺失	重复，缺失	重复，缺失，复杂	惯导
同调侧翼断点（重排之前）	是	否	否	否
断点	内同调	碱基对的增加或删除，或微同源性	微同调	无规格
结构变异序列	全部	全部	全部	转座序列

图 12-4　CNV 形成的 4 种机制和特点

LINE1)(Kidd et al., 2008)。其中, NAHR 在基因组中的发生频率最高, LINE1 最低(Conlin et al., 2010)。CNV 的特点与产生机制密切相关。Korbel 等（2022）发现几乎所有的结构变异断点处序列都会出现机制特征序列, 如 NAHR 被低拷贝重复序列（low copy repeat, LCR）或其他重复元件包围, 或 NHEJ/FoSTeS 接头处的同源序列或反转座子 L1 序列元件同样会被其他重复元件包围等。

1. NAHR 造成基因组的重复、缺失和易位

NAHR 是发生在减数分裂期间的染色体重组的一种情况, 主要是由两个非等位基因之间的排列交叉引起的, 而且重组序列之间有很高的相似性（如同源基因）。相同染色体上重复序列间的非同源重组会导致重复片段的扩增、缺失和倒位; 不同染色体上重复序列间的非同源重组可形成染色体易位。NAHR 形成的代表性变异类型是低拷贝重复序列（LCR）和片段重复序列, 长度一般大于 10 kb, 重复片段之间相似性达到 95%～97%, 而且复杂的 LCR 和 SD 序列自身就可以形成 CNV。CNV 大多在减数分裂或有丝分裂时期形成。NAHR 产生的热点区域一般接近等位基因同源重组（allelic homologous recombination, AHR）区。

2. NHEJ 产生结构简单的 CNV

NHEJ 是真核生物细胞在不依赖 DNA 同源性的情况下, 为了避免 DNA 或者染色体断裂的滞留而造成 DNA 降解或对生命力的影响, 强行将两个 DNA 连接在一起的一种特殊 DNA 双链断裂（DNA double-strand break, DSB）修复机制。NHEJ 常被用于修复由电离辐射或活性氧类物质等造成的 DNA 双链断裂。NHEJ 有两个特点：①不需要同源 DNA 片段作为重组底物；②在连接点处以插入或缺失几个碱基的形式形成"信息标记"。NHEJ 介导的基因组重组常出现在重复元件（如长末端重复 LTR、短散布重复序列 LINE、长散布重复序列的 Alu、特殊重复序列 MIR、特殊重复序列 MER2 等）和可导致 DNA 双链断裂或可引起 DNA 弯曲的基序元件（如 TTTAA）上。另外, NHEJ 也可以通过基因组自身的结构特征来产生 CNV。

3. FoSTeS 产生结构复杂的 CNV

FoSTeS 是基于 DNA 复制过程的复制错误机制, 产生结构复杂的 CNV。Lee 等（2007）首次提出 FoSTeS 模式可能是人类基因组重排的一种机制。在此模式中, DNA 复制叉会拖延, 引起滞后链从原始模板上脱离后跳转到其他复制叉上重新开始 DNA 的合成, 新 DNA 合成的启动依赖于跳转后位点与原始复制叉位点的同源性。新模板不需要与原来复制叉模板序列接近或相似, 但是两者在三维空间结构上必须非常接近。很多结构复杂的 CNV 产生的机制可以通过 FoSTeS 来解释, 如 CGH 芯片检测到的 SMS/PTLS 位点和 LI/S1 位点及其他通过细胞遗传学实验检测到的复杂位点变异。FoSTeS 不仅可以产生较大的基因组重复, 还可以产生基因重复或倍增, 甚至是某个单独外显子的重排, 从而引起基因重复和外显子混编, 同时这也是驱动基因和基因组进化的机制。通过对人、细菌、酵母及其他模式动物基因组重排的分析, Hastings 等（2009）指出 FoSTeS 可能是所有生物基因和基因组结构变异的基础。它不仅自身可以产生 CNV，还可以为 NAHR 诱发的基因组重排提供所需的同源序列。

4. LINE1

LINE1 由 L1 介导、以 RNA 作为中介进行复制。L1 序列元件约占人类基因组序列的 16.89%，是目前人类基因组上最活跃的自主转座子。在人类基因组上存在约 516 000 个 L1 拷贝，但是仅有 80~100 个是全长序列（约 6 kb），而这些全长拷贝包含两个可读框（open reading frame，ORF）。LINE1 是通过 RNA 来介导的。L1 的反转录和整合是通过"目标引物反转录（TPRT）"过程来实现的。由此产生的插入序列两侧是复制的靶位点（TSD），这也是目标引物反转录的特点。L1 转座也是 Alu 元件、SNA 元件[重复散布元件非编码 RNA（SINER）、可变数目串联重复序列（VNTR）]和逆基因（retrogene）产生移动的主要原因。Korbel 等（2022）发现 30%的插入/缺失序列是由反转录转座造成的。

二、中国黄牛全基因组 CNV 数目与分布特征

（一）中国黄牛全基因组 CNV 数目

牛 SNP 芯片是全基因组水平高通量检测 CNV 的有效工具。Matukumalli 等（2009）利用 SNP 芯片检测不同牛品种基因组 CNV 后发现，在非洲牛、杂交牛和瘤牛品种中 CNV 出现的频率要高于普通牛品种；Sheikh 等（2022）利用牛 SNP50 基因芯片在 96 头印度牛中将 252 个潜在 CNV 连结为 71 个拷贝数变异区域（copy number variant region，CNVR）；Jiang 等（2010）使用 SNP 芯片在中国荷斯坦奶牛群体中检测到 466 个 CNVR。

比较基因组杂交（comparative genomic hybridization，CGH）技术是一种研究细胞系或生物标本的整个基因组 DNA 获得与缺失的分子细胞遗传学方法。利用 CGH 技术，Zhang 等（2014）检测了 12 个中国黄牛品种、2 个水牛品种和 1 个牦牛品种的基因组 CNV，构建了黄牛基因组 CNV 草图。在黄牛基因组上，检查到 470 个 CNVR，占全基因组的 2.13%，其中有 356 个 CNVR 位于已知染色体上，约为 38.76 Mb，占基因组的 1.47%，有 114 个 CNVR 位于未定位序列上。其中，有 314 个是缺失类型，112 个是插入类型，44 个属于复杂类型。据统计，缺失 CNVR 的数量是插入类型的 2.8 倍，而且复杂类型 CNVR 的长度要远大于插入或缺失类型。有 82 个 CNVR 仅出现在单个个体上，有 388 个 CNVR 出现在两个及以上个体中，有 48 个 CNVR 的频率大于 0.5（表 12-3，表 12-4）。在水牛和牦牛品种中，分别检测到 148 个、127 个 CNVR。其中，分别有 124 个、102 个 CNVR 位于已知染色体上，分别有 24 个、25 个 CNVR 位于未定位序列上；分别有 117 个、99 个 CNVR 是缺失状态，30 个、26 个 CNVR 是插入状态，1 个、2 个

表 12-3 基于 CGH 检测的牛基因组 CNVR 特点

品种	样本	数目/个	单一 CNVR/个	插入/个	缺失/个	复杂/个	总长度/bp
黄牛	24	470（19.6）	82（3.4）	112（4.7）	314（13.1）	44（1.8）	62 073 486（132 071）
牦牛	2	127（63.5）	32（16.0）	26（13.0）	99（49.5）	2（1.0）	22 650 037（178 347）
水牛	3	148（49.3）	31（10.3）	30（10.0）	117（39.0）	1（0.3）	33 602 584（227 045）

注：表中括号里的数据表示平均每个样本的数量

表 12-4 基于 CGH 检测的 CNVR 的长度分析

类别	黄牛	牦牛	水牛
总量/个	470（24）	127（2）	148（3）
缺失状态的数量/个	314	99	117
插入状态的数量/个	112	26	30
复杂状态的数量/个	44	2	1
CNVR 的总碱基数/bp	62 073 486	22 650 037	33 602 584
最短 CNVR 的长度/bp	13 383	13 425	13 370
最长 CNVR 的长度/bp	2 395 500	1 216 736	1 920 000
CNVR 的平均长度/bp	132 071	178 347	227 045
插入 CNVR 的总碱基数/bp	10 232 431	4 603 668	6 237 229
缺失 CNVR 的总碱基数/bp	35 742 377	16 551 079	26 429 778
复杂 CNVR 的总碱基数/bp	16 098 678	1 495 290	935 577
插入 CNVR 的平均长度/bp	91 242	177 064	207 908
缺失 CNVR 的平均长度/bp	113 829	167 183	225 896
复杂 CNVR 的平均长度/bp	365 879	747 645	935 577

注：第一行括号里的数据表示该品种的样本数

CNVR 属于复杂类型，缺失状态 CNVR 的数目要远多于插入的数目，而且复杂类型的 CNVR 片段较大。

Xu 等（2017）利用高通量测序技术系统检测了 2 个中国地方黄牛品种（南阳牛和秦川牛）的基因组变异。利用比较基因组学分析方法，将秦川牛基因组作为对照，发现南阳牛基因组中共包含 2907 个 CNV，涉及约 9.9 Mb，约占牛基因组的 0.37%。南阳牛和秦川牛表型存在明显不同，通过全基因组测序及分析发现，南阳牛基因组变异的丰富程度要高于秦川牛。CNV 片段的最小值是 1776 bp，最大值是 158 952 bp，平均值为 3183 bp，中值为 2220 bp。伴随着以美国太平洋生物公司（Pacific Bioscience）的单分子实时荧光测序技术和英国牛津纳米孔公司（Oxford Nanopore Technologies）的新型纳米孔测序法为代表的第三代测序技术的发展，CNV 的检测更为准确。结合第二代、第三代高通量测序技术，Huang 等（2021）利用 233 头牛的样本，报告了迄今为止最广泛、最准确的 CNV 数据集合。该研究共得到 18 196 个 CNVR，平均长度为 4703 bp，总长度为 85.58 Mb，占基因组的 3.26%，其中约 43.60%的 CNVR 大小为 5~100 kb。

（二）CNV 在黄牛染色体上的分布特征

CNV 在基因组中的分布具有一定规律：CNV 在基因组中大多为串联排列，并非随机分布；小的 CNV 片段发生频率比大片段更高；CNVR 的 GC 含量大于整个基因组的 GC 含量。最常见的 CNV 形式是单个片段重复（SD），其在不同拷贝之间的序列同源性大于 90%。CNV 和 SD 的发生具有高度的相关性，CNV 富集区的 SD 序列密度比 CNV 稀有区 SD 序列密度高（Redon et al.，2006）。Huang 等（2021）研究发现，在黄牛中约 10.34%的 CNV 分布在 SD 序列，约 9.00%的 CNV 存在于染色体的端粒区，均远高于随机分布的情况，即端粒区和片段重复区可能由于结构上的高度重复而更容易发生断裂事件从而产生 CNV（图 12-5）。

图 12-5　CNV 在转录位点附近分布情况（Huang et al.，2021）
牛基因组特殊区域的位置：SD 区用蓝色表示，端粒区用绿色表示，CNV 用红色表示

在中国黄牛的染色体中，CNV 在染色体上处于非随机分布状态。基于微阵列比较基因组杂交（aCGH）技术检测到不同染色体上 CNVR 的比例为 0.3%～4.07%。除线粒体外，5 号、15 号、18 号、23 号、27 号、29 号和 X 染色体也富含 CNV（>2.13%）（图 12-6）。而基于高通量测序技术（NGS）技术检测南阳牛和秦川牛 CNV，通过染色体之间的比较发现，CNV 在 X 染色体上的分布最多，其次是 12 号染色体，最少的是 25 号染色体。南阳牛和秦川牛在基因组结构变异方面存在较大差异，如南阳牛基因组拷贝数缺失变异（CNV loss）的类型比多拷贝数变异（CNV gain）的类型要多（图 12-7）（Xu et al.，2017）。

三、中国黄牛全基因组 CNV 与起源进化

（一）CNV 在进化中的作用

基因重复一直被认为是推动物种渐进式进化的核心机制（Hurles，2004）。在人类基因组进化过程中，选择会影响重复序列的形态结构。研究 CNV 有助于发现新基因，揭示基因组结构改变，以及研究人类进化过程中环境和基因组变化的互作。CNV 可以通

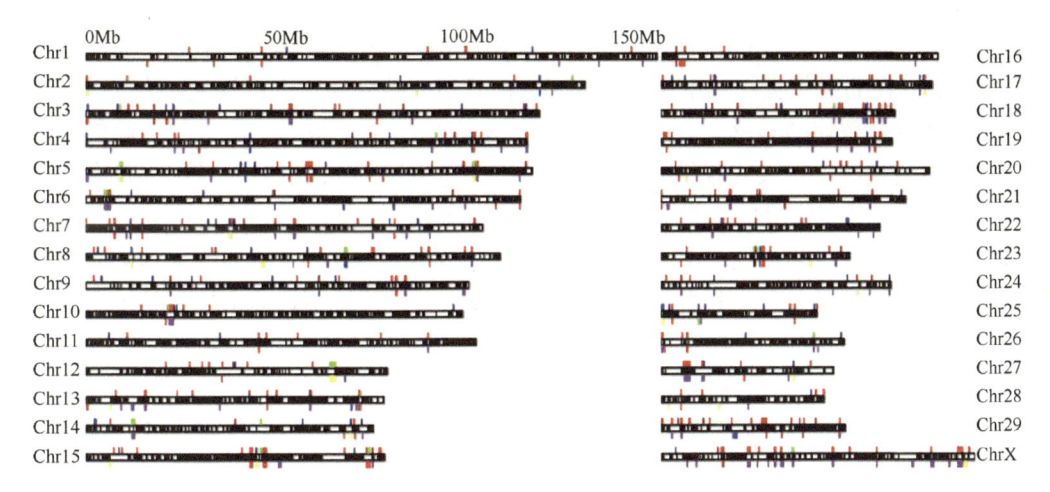

图 12-6 CNVR 在染色体上的分布图 (Zhang et al., 2015)

染色体上方表示普通牛的 CNVR, 3 种颜色表示 CNVR 的 3 种变异类型 (绿色-复杂, 红色-缺失, 蓝色-插入); 染色体下方表示牦牛和水牛的 CNVR, 不同颜色表示不同变异类型 (牦牛: 绿色-复杂, 红色-缺失, 蓝色-插入; 水牛: 黑色-复杂, 紫色-缺失, 黄色-插入); 染色体上黑色部分表示位于染色体上的注释基因 (数据来自 UCSC 网站牛基因组注释数据)

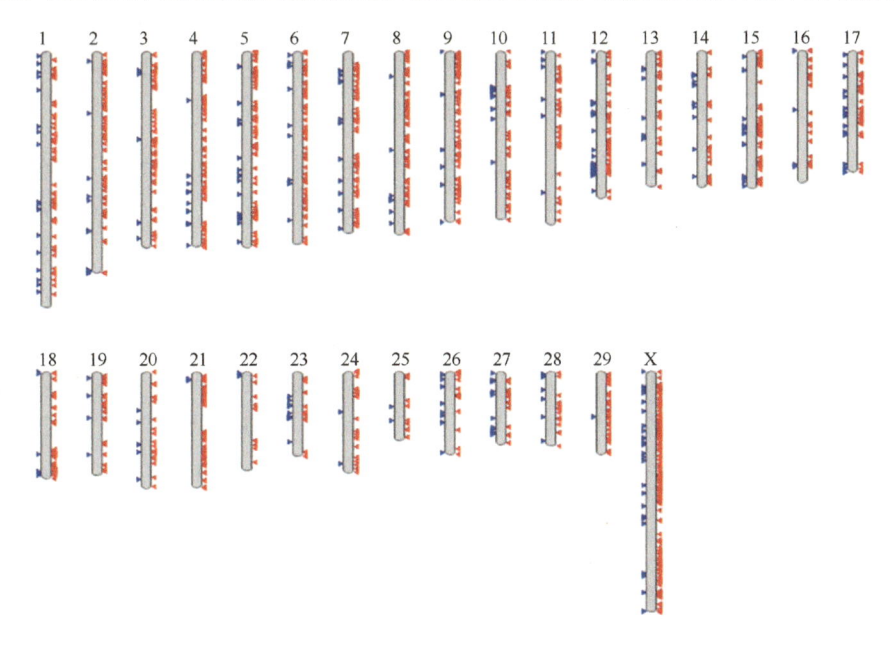

图 12-7 CNV 在染色体上的分布示意图 (Xu et al., 2017)
蓝色箭头代表拷贝数增加; 红色箭头代表拷贝数减少

过改变基因剂量或扰乱基因功能等机制导致疾病或影响某些性状。因此, CNV 一直暴露在进化的选择压力之下, 且 CNV 大多受到净化选择 (负选择) 的影响, 这个结论在人、非人灵长类动物、小鼠和果蝇的研究中都得到了证实。

Redon 等 (2006) 研究证实 CNV 大多位于功能基因和保守序列之外, 只有少量 CNV 与功能基因序列重合。Dumas 等 (2012) 应用比较基因组杂交技术, 分析了 24 473 个人及黑猩猩、大猩猩等 8 种非人灵长类动物的基因, 发现 4000 多个种系特异的多拷贝基因, 而且这个数量还随着进化在不断增长。这些种系特异 CNV, 对于研究人类特有性状的出现和进化至关重要,如与认知相关的基因 *DUF1220*,在人类中拷贝数最多,其次是非洲猿类和猩猩,在非灵长类动物中则是单拷贝,在其他非哺乳动物中则缺失。该基因位于智力障碍和精神分裂症的易感区之内(1q21.1),这说明 *DUF1220* 基因与人类大脑的认知行为有很大的关联性。对人或其他灵长类特异多拷贝基因的研究表明,CNV 中包含与适应性进化相关的基因。常见的人类特异多拷贝基因还有 *AQP7* 和 *AMY1* 等。同样,其他物种中也存在与适应性进化相关的多拷贝基因。Emerson 等(2008)研究果蝇 CNV 时发现高频率多拷贝基因都是与毒素相关的基因,如 *Cyp6g1* 基因,说明这些多拷贝基因受到潜在的正选择压力的影响。除了基因重复外,CNV 还可以导致外显子重排而产生新基因(Bickhart et al., 2017)。最新研究发现 CNV 似乎更多地分布在外显子区域(卡方检验,$P<0.00001$)(Huang et al., 2021)。在许多已知的高度可变基因的外显子区域均分布有 CNV。例如,牛 15 号染色体上的嗅觉受体(olfactory receptor,OR)基因、23 号染色体的主要组织相容性复合体(major histocompatibility complex,MHC/BoLA)基因、25 号染色体上的多药耐药蛋白 1(multidrug resistance protein 1,MRP1)基因等,均分布有 CNV。显然,CNV 在功能区的富集并非随机产生的,推测可能与环境适应性相关。

(二)CNV 与黄牛起源进化

1. 黄牛、水牛和牦牛基因组 CNVR 聚类分析

Zhang 等(2015)对黄牛、水牛和牦牛群体中检测到的 CNVR 进行聚类分析发现(图 12-8):①通过 CNVR 的聚类分析,可以将黄牛、水牛、牦牛区分开,而且同一个品种或群体很容易聚类到一起,这说明 CNVR 可以反映不同群体的遗传背景;②同一品种的个体很容易聚类到一起,这个结果暗示有些 CNVR 是品种特有的,可能是品种为适应环境或人类需求而产生的。因此,CNVR 可用于品种多样性和进化研究。这与之前 Liu 等(2018)提出的观点吻合,基因组的变异尤其是 CNVR,可以通过单独进化而产生,有些 CNVR 可能是某些群体在长期的适应性进化过程中形成的,具有种群特异性。而不同群体重叠 CNVR 则说明除了种群特异 CNVR 外,还存在一些种群共有 CNVR,这些 CNVR 可能是为了保证种群的生存或某些群体特性而被保留在基因组上的。

CNVR 具有种群或群体特异性。品种对 CNVR 也有较大影响,不同品种的选育历史可能会对 CNVR 频率造成影响。CNVR 在群体中的分布频率差异很大,这说明 CNVR 在不同的群体中经受的选择压力不同。对黄牛、水牛和牦牛 3 个群体的 CNVR 进行主成分分析(PCA)和非度量多维测度(NMDS)分析(图 12-9),发现 3 个群体在图中都会各自聚集到不同的位置,分析结果与聚类分析结果一致,说明 CNVR 可以反映群体的遗传差异。在更精细的分辨尺度下,仍可以根据 CNVR 将来自不同地区、不同品种的群体区分开(图 12-10)。此外,CNVR 在染色体上的分布是非随机的,这也说明 CNVR 受到了选择压力的影响。

2. 牛父系、母系起源分析

Zhang 等(2015)通过对 Y 染色体上两对引物和线粒体上一对引物进行扩增测序,

而分析了中国黄牛的父系和母系起源。父系起源是通过扩增产物上的 SNP 位点的变异和聚类来确定的（表 12-5，图 12-11A）；母系起源则是通过对扩增片段的聚类分析来确定的（图 12-11B）。

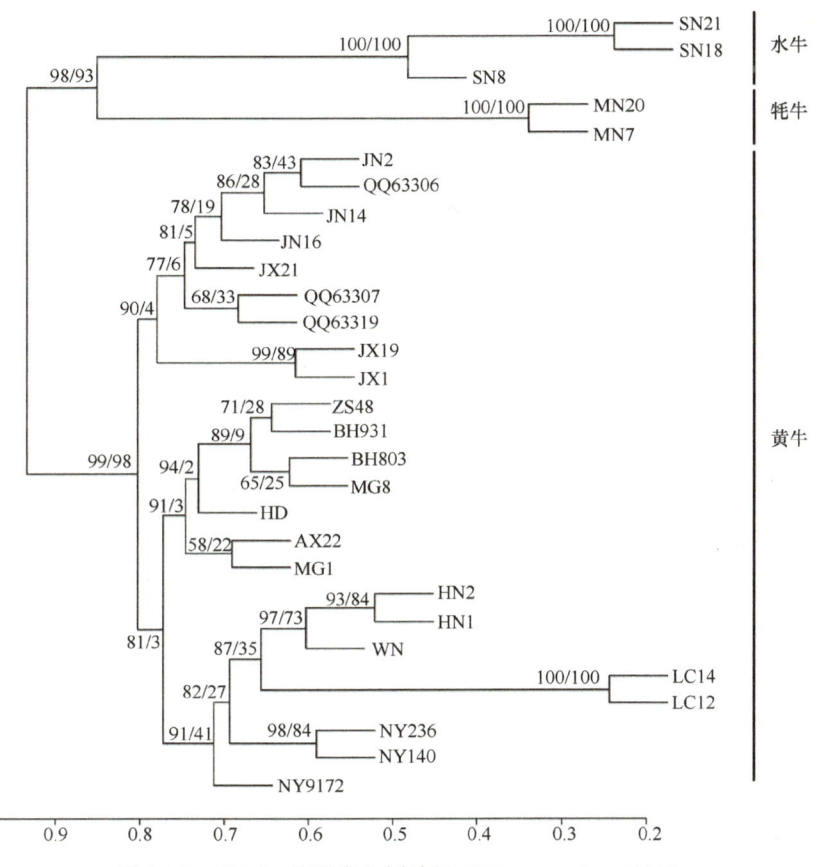

图 12-8 CNVR 的聚类分析结果（Zhang et al.，2015）

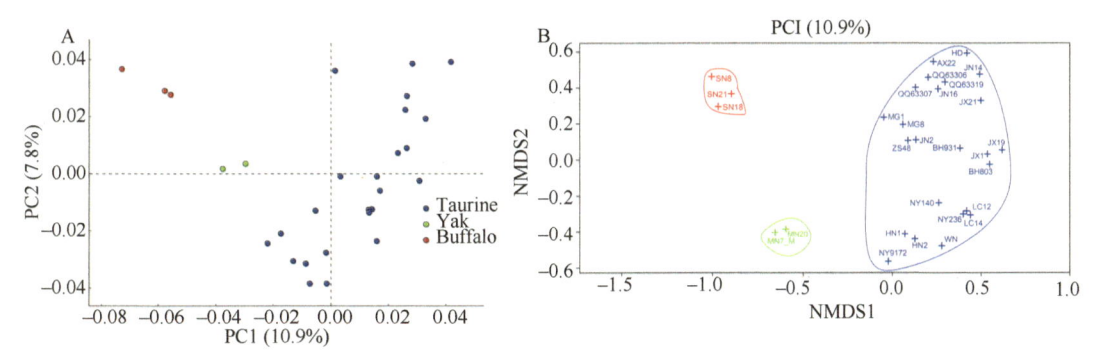

图 12-9 黄牛、水牛和牦牛 3 个群体的 CNVR PCA（A）和 NMDS 分析（B）（Zhang et al.，2015）

从表 12-5 可以看出，检测个体中存在 3 种 Y 染色体单倍型：Y1 单倍型个体（3 个）、Y2 单倍型个体（13 个）、Y3 单倍型个体（9 个），其中 Y1 和 Y2 单倍型属于普通牛起源，Y3 单倍型属于瘤牛起源。这与序列的聚类分析结果一致。通过对 mt DNA 体 D-loop

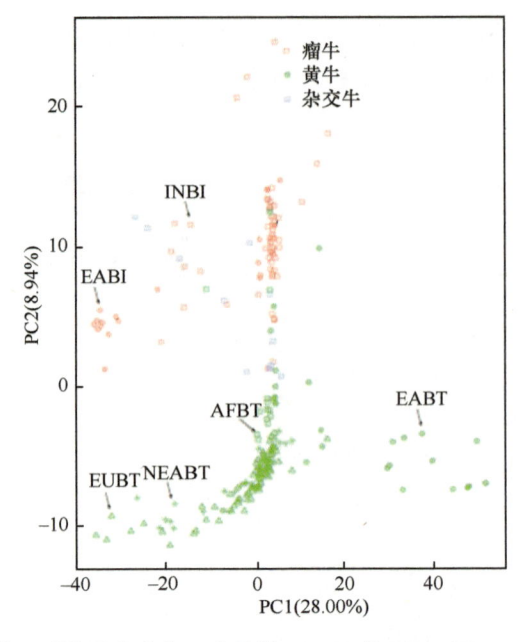

图 12-10 黄牛、瘤牛及杂交牛 3 个品种 CNVR 的 PCA（Huang et al., 2021）

AFBT. 非洲黄牛；EABI. 东亚瘤牛；EABT. 东亚黄牛；EUBT. 欧洲黄牛；INBI. 印度瘤牛；NEABT. 东北亚黄牛

表 12-5 中国黄牛个体父系、母系起源（Zhang et al., 2015）

分布区域	品种	个体编号	Y 单倍型	Y1/Y2（Ta）和 Y3（Ib）父系起源	mtDNA D-loop 母系起源
北方	蒙古牛	MG1	Y2	T	T
		MG8	Y2	T	T
北方	安西牛	AX22	Y2	T	NA
北方	早胜牛	ZS48	Y2	T	NA
中原	秦川牛	QQ63306	Y2	T	T
		QQ63307	Y1	T	I
		QQ63319	Y2	T	T
	南阳牛	NY140	Y3	I	I
		NY236	Y2	T	I
		NY9172	Y2	T	I
中原	晋南牛	JN2	Y2	T	I
		JN14	Y2	T	NA
		JN16	Y3	I	I
		JX1	Y3	I	T
		JX19	Y2	T	I
		JX21	Y2	T	T
		LC12	Y3	I	NA
		LC14	Y3	I	I

续表

分布区域	品种	个体编号	Y单倍型	Y1/Y2（Ta）和Y3（Ib）父系起源	mtDNA D-loop 母系起源
中原	渤海黑牛	BH803	Y3	I	T
		BH931	Y2	T	I
南方	海南牛	HN1	Y3	I	I
		HN2	Y3	I	I
南方	皖南牛	WN	Y3	I	NA
培育品种	中国荷斯坦牛	HD	Y1	T	T
引进品种	安格斯牛	A	Y1	T	T

注：T表示普通牛起源；I表示瘤牛起源；NA表示无

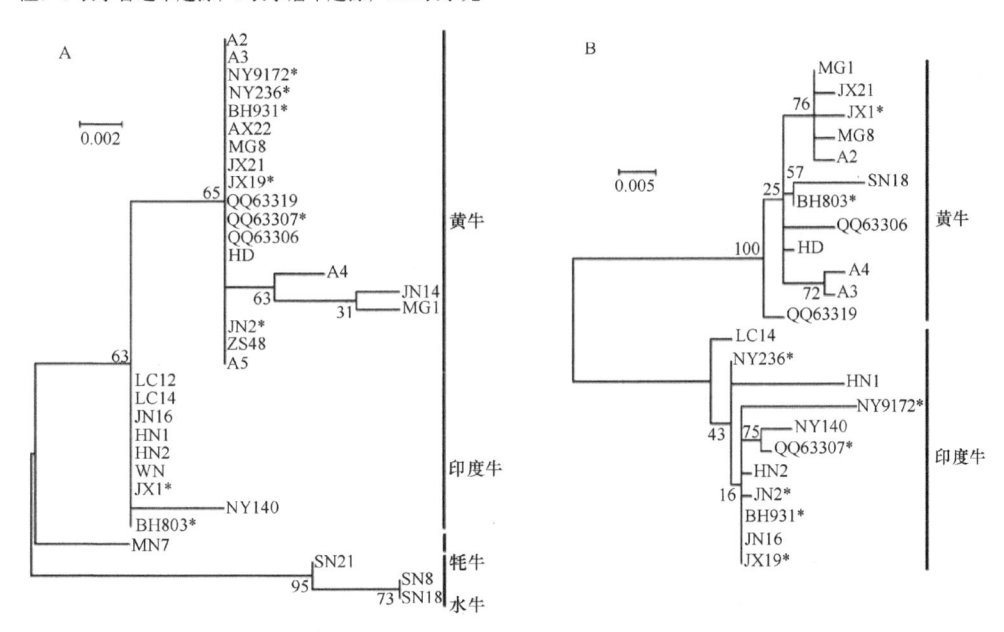

图12-11 牛父系、母系起源进化树（Zhang et al.，2015）
A. 依据Y染色体 *ZFY-10* 测序结果构建的进化树；B. 依据mtDNA测序结果构建的进化树；*指物种间同源的序列部分

区的进化树分析，发现检测个体有两种母系起源：普通牛起源（9个）和瘤牛起源（11个）。从进化树上可以看出无论是根据Y染色体序列还是线粒体D-loop区序列，都可以将检测个体分为2个群体：普通牛起源群体和瘤牛起源群体。将检测个体的父系和母系起源进行合并分析，发现有12个个体的父系起源和母系起源是一致的，而有8个个体的父系起源、母系起源是不一致的（包括渤海黑牛、晋南牛、南阳牛和秦川牛）（表12-5）。

3. 不同起源群体的CNVR分析

Zhang等（2015）对中国地方黄牛、牦牛和水牛进行了CNVR检测，结果显示在中国地方黄牛中检测到470个CNVR，在牦牛和水牛中分别检测到127个和148个CNVR。依据检测个体父系起源不同，将其分为3个亚群：Y1单倍型群体、Y2单倍型群体和Y3单倍型群体，分析CNVR在这3个单倍型亚群中的分布。在Y1单倍型群体中检测到125个CNVR，在Y2单倍型群体中检测到390个CNVR，在Y3单倍型群体中检测到324个CNVR；Y2和Y3单倍型群体拥有的CNVR数量要多于Y1单倍型群体。将3个群体的CNVR合并分析发现，105个CNVR是Y1（105/125，84%）和Y2（105/390，27%）两个亚群共有的；有254个CNVR是Y3（254/324，78%）和Y2（254/390，65%）两个亚群共有的；有72个CNVR是3个群体共有的（图12-12A）。就DNA序列的聚类分析结果来看，在3种单倍型中，Y1和Y2单倍型属于普通牛起源，而Y3单倍型则属于瘤牛起源，再次对群体进行分群后，在父系起源的瘤牛群体（Y3）中检测到324个CNVR，在父系起源的普通牛群体（Y1Y2）中检测到410个CNVR，其中有265个CNVR属于两个起源群体共有的（图12-12B）。依据母系起源的不同，在母系起源的瘤牛群体（Zebu）中检测到394个CNVR，在母系起源的普通牛群体（Taurine）中检测到288个CNVR，其中有228个CNVR属于两个起源群体共有的（图12-12C）。

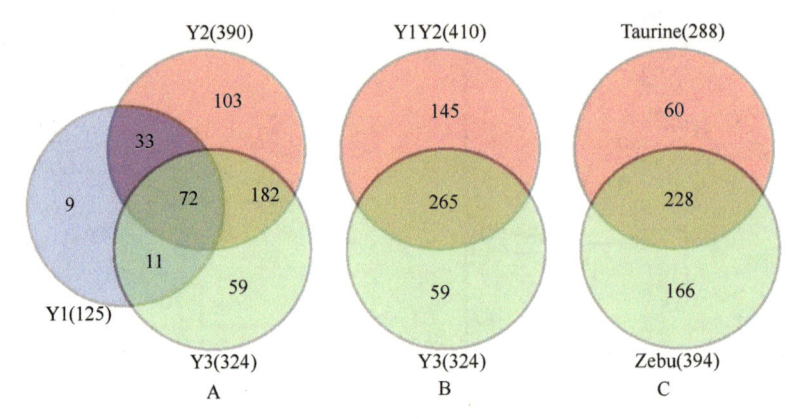

图12-12 CNVR在不同群体中的分布（Zhang et al., 2015）

A. CNVR在3种Y单倍型群体中的分布；B. CNVR在两种不同父系起源群体中的分布；C. CNVR在两种不同母系起源群体中的分布

4. CNVR的聚类分析

Zhang等（2015）对检测到的CNVR进行层次聚类分析，被检测个体可以划分为两大类：普通牛起源群体和瘤牛起源群体（图12-13）。将聚类结果与个体父系起源、母系起源比较发现，聚类结果与单纯依据父系起源和母系起源的聚类结果不同：①杂交个体分散到两个类群中（带"*"个体）；②JN16个体为瘤牛起源，却被划分在普通牛起源类群。相同之处是：单一起源个体的基本划分类群相同。Zhang等（2015）还对检测的所有品种和两个亚群（3个Y单倍型群体：Y1、Y2和Y3；母系起源的两个群体：普通牛群体和瘤牛群体）进行了主成分分析，结果更好地显示了CNVR与父系起源、母系起源的关联性（图12-14）。依据起源的不同，个体所处的位置会发生改变，普通牛起源和瘤牛起源个体会聚类到不同的位置，而杂交个体（8个父系起源与母系起源不一致的个体）则处于普通牛型和瘤牛型之间。这与聚类分析结果基本一致，说明CNVR可以反映个体的遗传背景差异。依据CNV的变异类型，对检测到的CNV进行热点图聚类分析，结果显示同一品种的个体很容易聚类到一起，然后是同一亚群的个体聚类到一起（图12-15）。

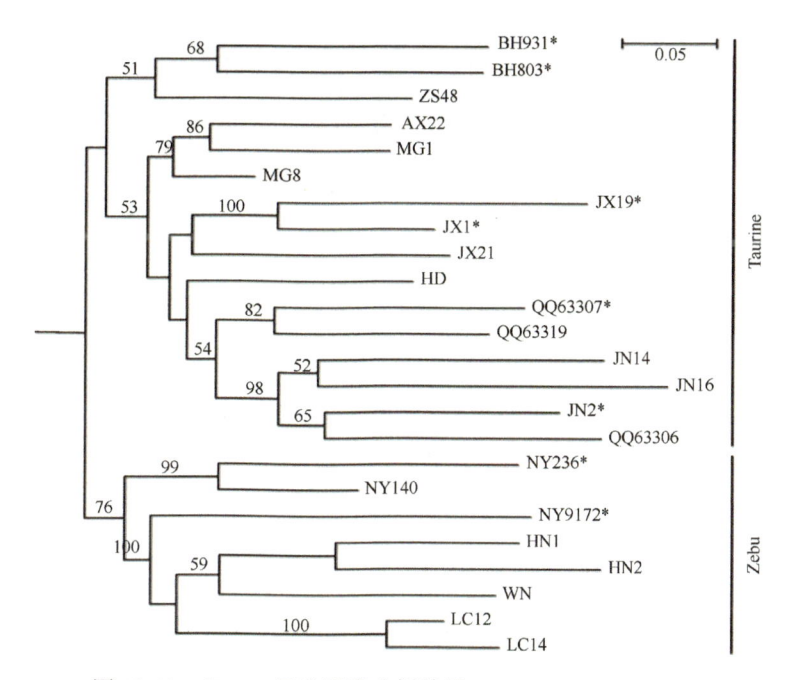

图 12-13　CNVR 层次聚类分析结果（Zhang et al., 2015）

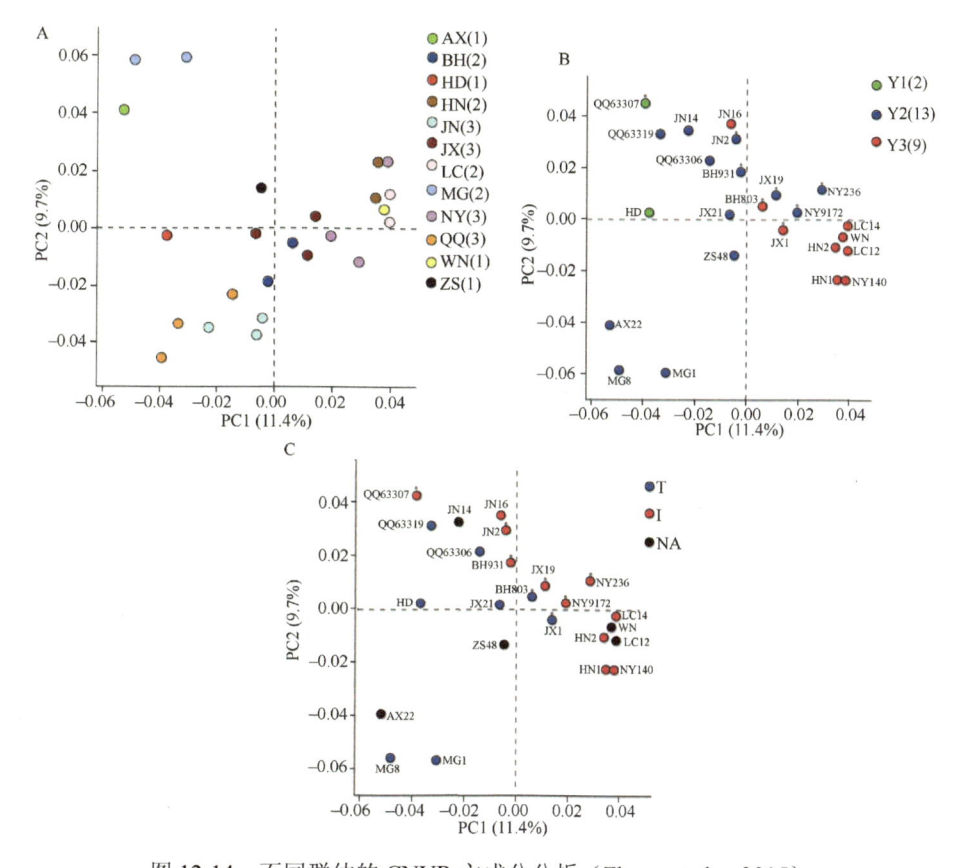

图 12-14　不同群体的 CNVR 主成分分析（Zhang et al., 2015）
A. 不同品种主成分分析结果；B. Y 单倍型群体主成分分析结果；C. 不同母系起源群体主成分分析结果

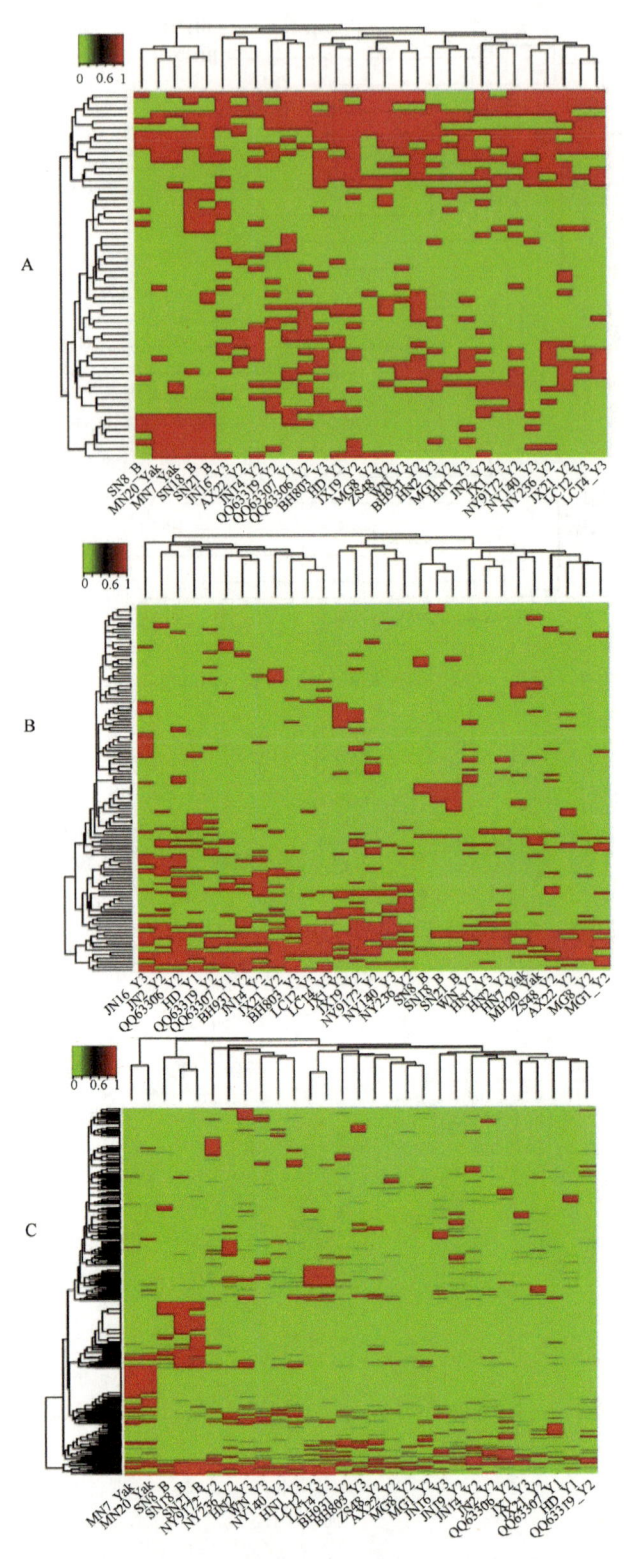

图 12-15　CNV 不同变异类型的聚类分析（Zhang et al.，2015）
A. 复杂类型的聚类结果；B. 插入类型的聚类结果；C. 缺失类型的聚类结果

5. 物种间共享 CNVR 的分析

Huang 等（2021）通过对牛、山羊、绵羊 3 个物种种间 CNVR 和 SNP 的比较，探究了种间共享变异的遗传机制，这对于理解物种进化的分子历程具有重要的生物学意义。研究发现 CNVR 在物种间高度共享，这与前人研究相同（Gazave et al., 2011），物种间共享的 CNVR 占了相当一部分比例（图 12-16），且并非随机生成的（图 12-17）。有趣的是，研究同时发现物种间共享的 CNVR 的比例远高于物种间共享的 SNP 的比例（图 12-18），均证明共享 CNVR 的维持并非随机的。

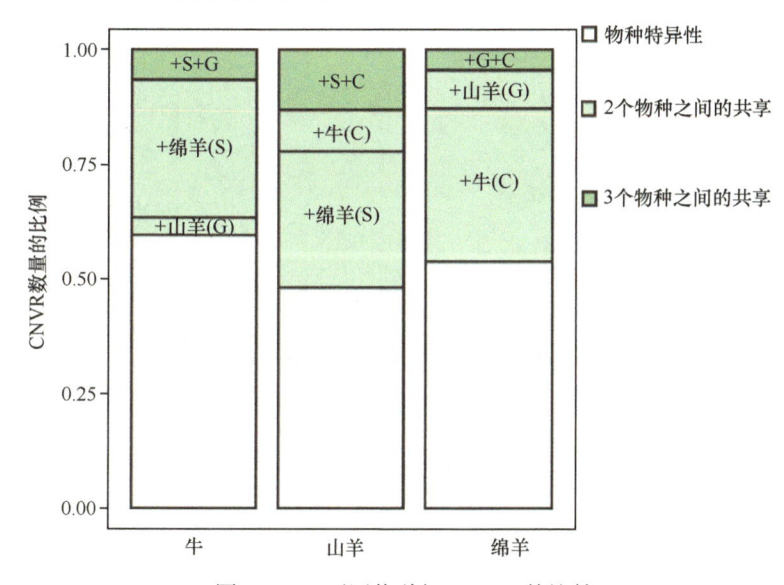

图 12-16 不同物种间 CNVR 的比较

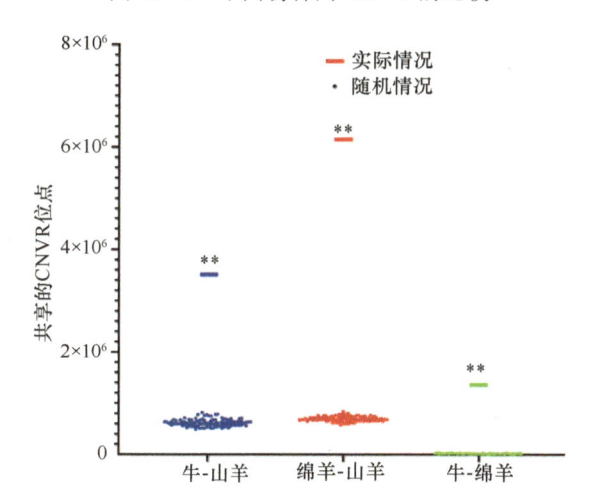

图 12-17 假定模型下共享 CNVR 的分布
**表示统计水平达极显著（$P<0.01$）

研究人员对物种间共享 CNVR 的发生机制进行了深入探究，通过与基因组上重组热点区、片段重复的比较分析以及物种间的进化分析发现，自然选择尤其是平衡选择造成了反刍动物种间共享 CNVR 的维持，并对牛进化过程中对环境的适应起到了重要作用（图 12-19，图 12-20）。

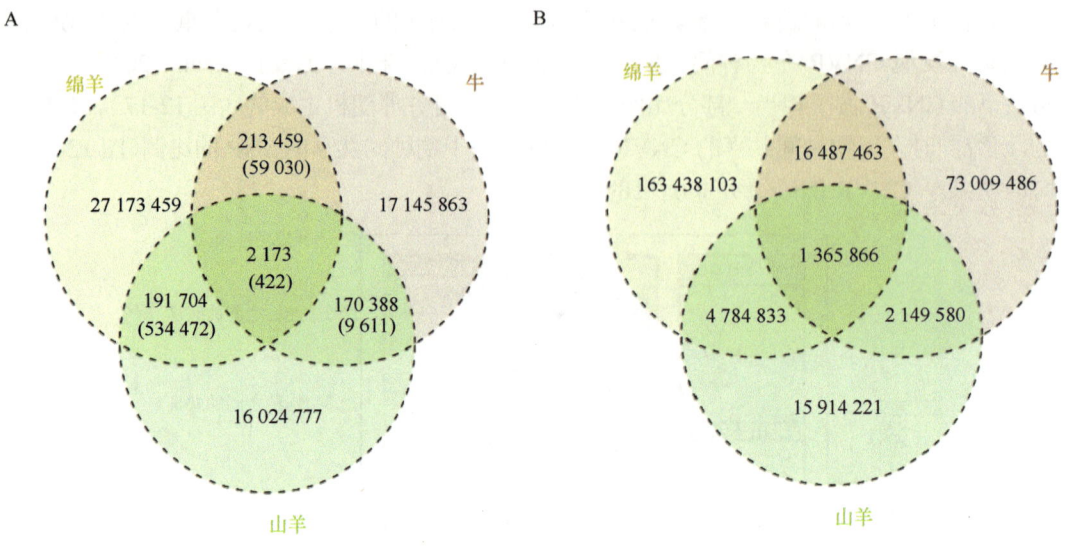

图 12-18　3 个物种间特有和共享 SNP（A）和 CNVR（B）的维恩图
括号内的数字表示具有相同位置和基因型的 SNP 的总数

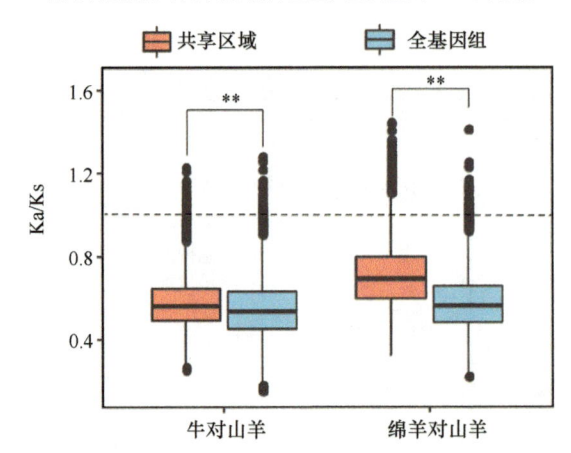

图 12-19　反刍动物种间共享 CNVR 与全基因组的 Ka/Ks（非同义替换率与同义替换率比值）的比较分析
**表示统计水平达极显著（$P<0.01$）

四、中国黄牛全基因组 CNV 与性状的关系研究

（一）CNV 的作用

1. CNV 对功能基因的影响

CNV 区域中的基因可能通过很多方式，如改变基因结构、调节基因表达方式或基因剂量来影响基因的表达情况，进而改变与该基因相关的表型性状（Zhang et al., 2009）。

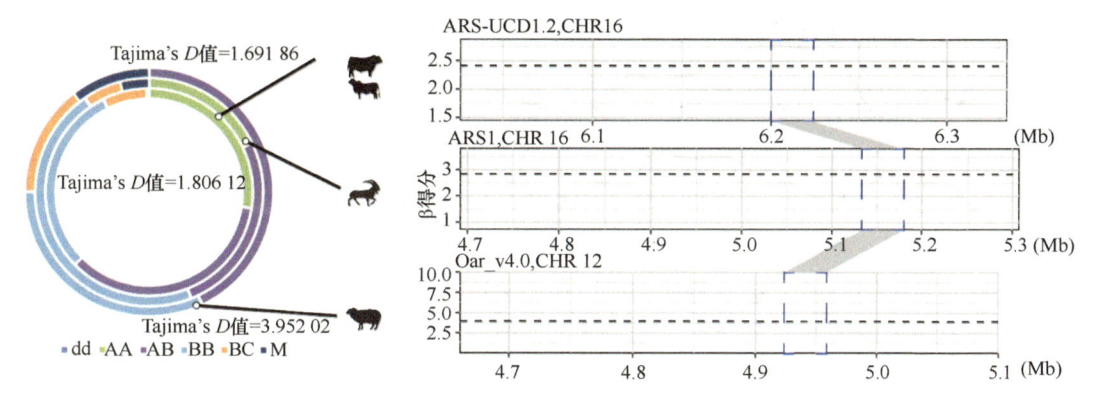

图 12-20 以 *CFH* 基因为例证明平衡选择在物种间共享 CNVR 维持的作用

左边的圆形图表示 3 种不同动物（牛、羊、猪）的 Tajima's *D* 值，右边的条形图表示 ARS-UCD1.2、ARS1 和 Oar_v4.0 上某些基因区域的 β 得分

①CNV 可以改变剂量敏感基因的表达水平从而引起表型改变。例如，*PMP22* 基因定位于 17p12 上的 1A 型进行性神经性腓骨肌萎缩症（CMT1A）易感区内，CNV 的重复会引起该基因过量表达，引起腓骨肌萎缩症；CNV 的缺失则会导致蛋白质表达量过低而引起压力敏感性神经性疾病。当 CNV 位于功能基因内部时会打乱基因的编码框，导致基因部分功能缺失或失活，如引起色盲症的红-绿视蛋白基因和色盲基因；位于不同功能基因之间的 CNV 会导致基因融合，不同基因的编码区和调控序列的改变会导致新基因出现。这种现象在疾病相关基因中比较常见，如遗传性胰腺炎患者存在 *PRSS1* 和 *PRSS2* 基因的融合。②通过移动或改变调控序列，CNV 可以影响位于其附近或特定位置上的功能基因变化，这种调控作用就是位置效应。例如，*SOX9* 基因突变会导致躯干发育异常，但是 Velagaleti 等（2005）发现位于该基因上游 900 kb 和下游 1.3 Mb 的两个平衡易位变异同样会引起躯干发育异常。删除等位基因可能会导致隐性等位基因暴露或其他功能多态性。例如，在常见的 Sotos 综合征中，缺失 *FXII* 基因的活性取决于剩余 *FXII* 等位基因功能的多态性（Kurotaki et al., 2005）。

2. CNV 对表型的影响

CNV 是由基因组重组造成的一种结构变异，它可以通过以下几种分子机制来影响个体的表型性状：剂量效应（gene dosage）、位置效应（position effect）、基因功能阻断（gene interruption）、基因融合（gene fusion）、暴露隐性等位基因（unmasking of recessive allele or reveal recessive alleles）、潜在的跃迁效应（potential transition effect）。动物在不同品种内的表型差异是多种因素共同作用的结果，其中，人工选择及其产生的选择性清除作用能够直接改变个体的基因组序列（Rubin et al., 2012），进而产生表型差异。因而选择表型具有显著差异的个体进行研究，有助于发现对差异性状有潜在作用的重要位点。在牛上，一些功能基因在 CNV 区域内逐渐被发现，如与产奶量和肉质相关的基因 *PLA2G2D*，其在荷斯坦奶牛基因组中高度重复（Stothard et al., 2011）。对牛 CNV 区域覆盖的基因进行 GO 分析，发现多数基因与感官和免疫等过程有关，这和在其他物种上的研究一致（Redon et al., 2006；Graubert et al., 2007）。

（二）黄牛 CNV 的功能注释

1. CNVR 中包含的功能基因

Zhang 等（2014）对基于 aCGH 技术检测的中国黄牛、水牛和牦牛基因组 CNV 进行 GO 富集分析，在检测到的 605 个 CNVR 中，有 253 个 CNVR 中包含功能基因，共包含 716 个基因。对其中 647 个注释基因进行 GO 分析（图 12-21）。结果显示，在分子功能上显著富集的基因主要与结合蛋白、膜、受体活性及分子转导活性等相关；而在细胞组分上显著富集的基因主要是与细胞成分、质膜等相关；在生物过程上显著富集的基因涉及很多生物过程，最显著富集的基因是参与初级代谢、感知等分子过程的基因。这与 Xu 等（2017）对基于 NGS 技术在南阳牛和秦川牛中检测得到的 CNV 基因注释结果大致相符。Xu 等（2017）在 2907 个 CNVR 中共发现了 1390 个转录本，在 783 个 CNVR 中发现了 495 个蛋白质编码基因，其余的大部分 CNVR 被注释为 RNA 序列，包含 snRNA、

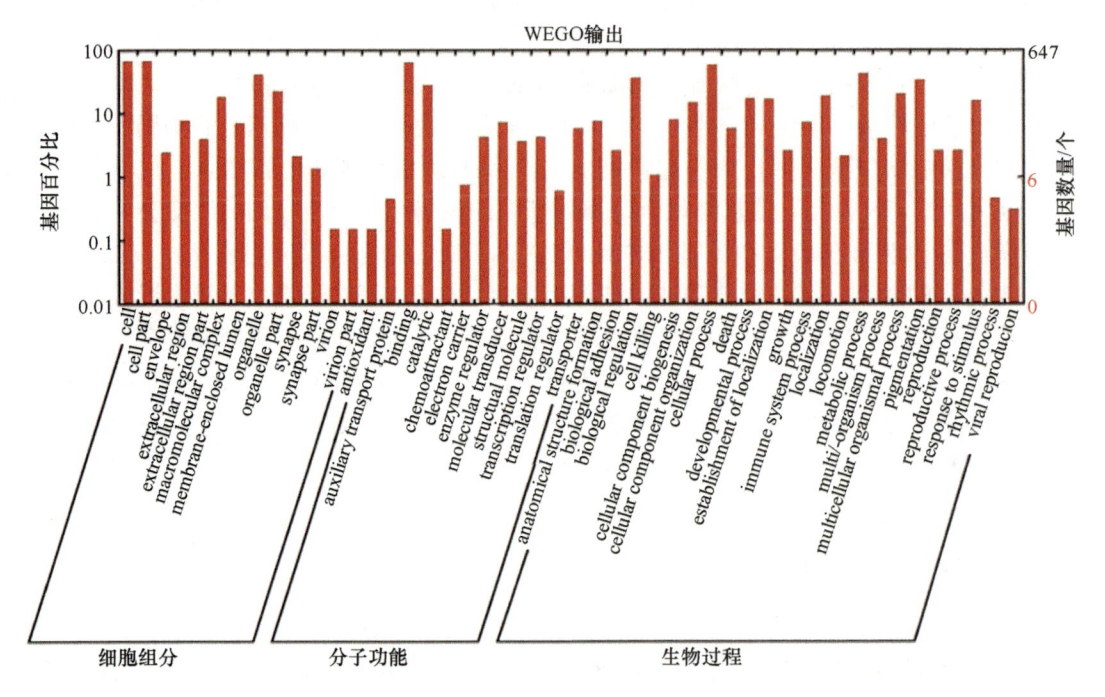

图 12-21　牛 CNVR 中包含的功能基因的 GO 分析

cell. 细胞；cell part. 细胞部分；envelope. 细胞外层结构；extracellular region. 细胞外区域；extracellular region part. 细胞外区域部分；macromolecular complex. 大分子复合物；membraneenclosed lumen. 膜腔；organelle. 细胞器；organelle part. 细胞器部分；synapse. 突触；synapse part. 突触部分；Virion. 病毒；Virion part. 病毒部分；antioxdant. 抗氧化；anxiliary transport protein. 纤毛运输蛋白；binding. 结合；catalytic. 催化；chemoattractant. 化学吸引剂；electron carrier. 电子载体；enzyme regulator. 酶调节剂；molecular transducer. 分子转换器；structual molecule. 结构分子；transcription regulator. 转录调节器；transporter. 转运器；anatomical structure formation. 形成解剖结构；biological adhesion. 生物黏附性；biological regulation. 生物调节；cell killing. 细胞死亡；cellular component biogenesis. 细胞组分的生物生成；cellular component organization. 细胞成分组织；cellular process. 细胞进程；death. 死亡；developmental processes. 发育过程；establishment of localization. 确定定位；growth. 生长发育；immune system process. 免疫系统程序；locomotion. 移动；localization. 定位；metabolic process. 代谢过程；multi-oranismal process. 多/畸形过程；multicellular organismal process. 多细胞生物过程；pigmentation. 色斑；reproduction. 繁殖；reproductive processes. 繁殖过程；response to stimuli. 响应刺激；rhythmic process. 律动过程；viral reproducion. 病毒复制

miRNA、rRNA 等类型。CNVR 覆盖的功能基因多数与环境应激、免疫应答等过程有关，少数与代谢、发育等过程有关；经 GO 和 Pathway 分析，初步确定了 6 个与肌肉生长发育相关的候选基因，其中，*FHL1*、*MICAL-L2* 和 *MYH3* 三个基因在牛肌肉组织中高表达，可以作为肌肉发育的候选基因。

2. CNVR 中包含的数量性状位点（QTL）

Zhang 等（2014）从牛的 QTL 数据库中下载 QTL 数据，然后分析这些 QTL 与定位于牛已知染色体上的 477 个 CNVR 之间的重叠率。发现有 89.5%（427/477）的 CNVR 与牛 QTL 重叠，涉及牛的多种性状：与外貌相关的 QTL 有 20 个，与健康相关的 QTL 有 107 个，与产奶性状相关的 QTL 有 254 个，与肉质和胴体相关的 QTL 有 275 个，与生产相关的 QTL 有 302 个，与繁殖相关的 QTL 有 288 个。这些位于 CNVR 中的 QTL 可能与中国牛的选育历史密切相关。

3. CNVR 中存在受到环境强烈选择的基因

通过群体分化指数（V_{ST}）的计算，Huang 等（2021）发现了许多在不同反刍动物群体间出现分化的 CNVR 位点，其中约有 1%（共 830 个区域）的 CNVR 属于高度分化（$V_{ST} \geqslant 0.5$）的区域，其注释后有许多位于基因的外显子区域（占高度分化区域的 18.31%），猜测可能和群体对不同环境适应的过程相关。对高度分化的 CNVR（$V_{ST} \geqslant 0.5$）进行基因注释和 KEGG 分析，发现这部分基因主要富集在营养和能量代谢（bta04911）、免疫应答、排毒、寄生虫抵抗（bta05146）、神经发育（bta04360）、繁殖（bta04915）和炎症的反应过程（bta04750）等多种代谢和功能通路，提示 CNVR 在反刍动物对环境的适应中发挥的重要作用。

（三）中国黄牛 CNV 与表型性状相关

目前，已鉴定了一些与牛生长发育、产奶、繁殖和疾病等重要性状相关的功能 CNV。*EDA* 基因外显子 3 缺失可使该基因失活，进而引发牛无汗性外胚层发育不良症；*SLC4A2* 基因的部分缺失可引发牛硬骨症（Drogemuller et al., 2001）；*MIMT1* 基因 3′端缺失可引发牛偶发性流产和死胎。在荷斯坦牛中，Seroussi 等（2013）研究发现 *PLA2G2D* 基因拷贝数的变化与奶牛的净效益、总乳蛋白量和乳脂率显著相关。Xu 等（2014a）和 Zhou 等（2018）分别利用 BovineSNP50 和 BovineHD SNP 芯片检测荷斯坦牛的 CNV，并进行了 CNV 与产奶性状的全基因组关联分析（GWAS），已挖掘得到一些与产奶性状相关的功能 CNV。在肉牛中，基于 CNV 的 GWAS 结果还发现了与饲料转化率和生长发育相关的功能 CNV。基于环境数据的 GWAS 与群体分化相结合，Huang 等（2021）挖掘到了 *IQCA1*、*CDH13* 等与温度适应相关的基因（图 12-22）。

在中国黄牛中，陈宏课题组根据挖掘到的 CNV，分析了 CNV 对生长发育相关功能基因表达量及表型性状的影响，发现了多个功能基因（如 *ADIPOQ*、*NPM1*、*SHH*、*MAPK10* 等）可用于肉牛的分子育种。例如，Zhang 等（2014）发现黄牛 CNVR14 与 *PLA2G2D* 基因 mRNA 的表达显著负相关；黄牛 CNVR14 和 CNVR237 与体尺性状显著负相关；

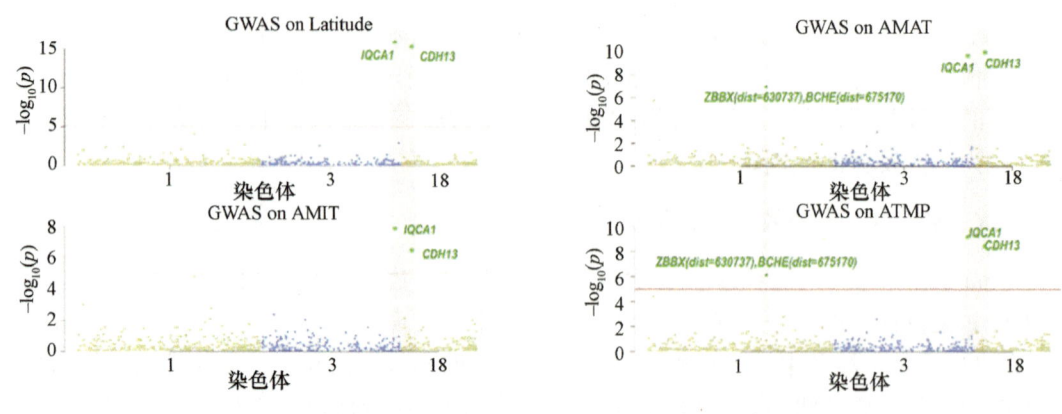

图 12-22　牛部分受选择 CNVR 和基因功能注释

ADIPOQ 基因启动子区的 CNV 会抑制启动子活性，并导致基因 mRNA 表达量降低；*NPM1* 基因编码区三碱基重复元件（GAT/A）改变会导致基因表达产物在核内蓄积，从而影响基因功能。Xu 等（2014b）确定 *MYH3* 基因 CNV 与基因表达、表型性状正相关；*MICAL-L2* 基因的 CNV 与基因表达、表型性状负相关（Xu et al.，2013）。Shi 等（2016）发现瘦素受体基因 *LEPR* 在秦川牛基因组中的拷贝数显著高于南阳牛，且对南阳牛的体重产生了遗传效应。Liu 等（2019）发现秦川牛 *SHH* CNV 对脂肪组织中 *SHH* 基因表达有剂量效应，*SHH* 拷贝数增加会抑制该基因表达，且 *SHH* CNV 与秦川牛、南阳牛和晋南牛的生长性状相关，秦川牛和南阳牛中拷贝数增加类型为优势型，晋南牛中，正常型为优势型；*MAPK10* CNV 与脑和肌肉相关基因（*MAPK10* 和 *MYOG*）的表达量显著负相关，且与南阳牛体高、胸围和体重相关，拷贝数正常型为优势型（时倩等，2016）。Yang 等（2017）发现了 *CYP4A11* CNV 增加型能促进牛生长，并且更多的 *CYP4A11* 拷贝能促进该基因的表达。Cao 等（2018）通过荟萃分析得出了关键的候选基因 *GBP4*，并且实验验证 *GBP4* CNV 缺失型促进牛的生长。Cheng 等（2019）发现 *SSTR2* CNV 与南阳牛胸围相关，并且缺失型为优势型。

五、结论与展望

CNV 是研究"基因组变异"引发"表型变化"的重点。随着生物技术的发展，如三代测序和组装技术的革新，基于 PacBio 等长读长测序数据，以及光学图谱 BioNano 和 Hi-C 技术等开展的 Scaffolding 反刍动物参考基因组研究已经取得了显著的突破，陆续完成了相关的研究工作，如牛（*Bos taurus*）基因组 ARS-UCD1.2 和水牛（*Bubalus bubalis*）基因组 UOA_WB_1。更精确的参考基因组，必将引领基因组学研究的新热潮，并进一步提高在全基因组范围内探测基因组变异的准确性。现有 CNV 检测技术各具优缺点，CNV 检测结果受到样本量、检测平台、分析方法等因素的影响而易存在差异，研究者应视具体情况予以选择应用并综合分析，才能得到更可靠的结果。畜禽的生长发育受多基因多通路综合调控，对牛 CNV 的研究已取得较好的进展。但是，尽管研究者已发掘了大量可影响表型的候选功能 CNV，但大多集中在黄牛 CNV 的鉴定及 CNV 与表型的关联分析方面，对 CNV 影响表型的功能机制的研究还很欠缺。因此，在未来的研究中，深入探究中国黄牛品种 CNV 对表型性状的遗传效应及潜在的分子机制势在必行。

第三节　全基因组 DNA 甲基化遗传特征

生物体内基因组上任何序列信息和结构的改变都可能会引起个体"表型变异"，并且这种变异可以稳定地遗传给后代。然而，近年来也有一些研究发现，生物在其 DNA 序列没有发生变异的情况下，基因表达水平发生了改变，同样能引起"表型变异"，并且这种"表型变异"也可以稳定地遗传给下一代，由于这种"表型变异"没有引起基因组上 DNA 序列的变化，因而被称为"表观遗传变异"（epigenetic variation）。表观遗传学包括 X 染色体失活、DNA 甲基化、组蛋白乙酰化等内容，其中以 DNA 甲基化和组蛋白乙酰化研究较多（Kelsey et al., 2017）。

DNA 甲基化（DNA methylation）是发生在 DNA 上的一种重要的遗传修饰作用，是表观遗传学的重要内容。DNA 甲基化通常主要在高等真核生物基因组的 C-磷酸-G（CpG）双核苷酸上发挥作用，通过 DNA 甲基转移酶来催化添加一个甲基基团（杨林林等，2020），动物的 DNA 甲基化主要发生在 5′-CpG-3′双核苷酸序列的胞嘧啶上，而植物的 DNA 甲基化发生在 CG、CHG 和 CHH（H 表示 A、C、T）核苷酸位点上。CpG 岛通常位于基因上游的启动子区或者基因的第 1 外显子中。DNA 甲基化现象在真核生物（包括植物和动物）中广泛存在，与生物的生长发育和生物对逆境的适应性息息相关。

DNA 甲基化作为表观遗传信息的重要组成部分，成为当前科学家关注的焦点。目前，我国相继完成了拟南芥、玉米、家蚕、鸡、猪、黄牛和大黄鱼等不同物种的 DNA 甲基化组等表观遗传修饰图谱的研究工作，并且取得了很多重要的研究成果，这为全面、深入地研究生物体内基因表达调控的分子遗传机制提供了很大的帮助。

表观遗传可以从更深层次和更微观的视角去揭示许多基因组学无法解释的问题。将黄牛的 DNA 甲基化水平与基因差异化表达联系在一起，能够从表观遗传学角度对黄牛肌肉生长发育的分子调控机制进行研究，以期为黄牛的分子育种工作提供科学的理论基础。

一、不同发育阶段黄牛全基因组 DNA 甲基化遗传特征

DNA 甲基化可以调控基因的时空表达，直接影响到动物的生长发育，一些关键基因的 DNA 甲基化水平升高将直接导致生长发育的异常。DNA 甲基化模式建立在配子形成时期，在胚胎发育的不同阶段，DNA 甲基化水平会产生很大的变化（Reik et al., 2001）。

（一）利用 MeDIP-seq 分析两个时期的牛肌肉组织的全基因组 DNA 甲基化遗传特征

Huang 等（2014）首次利用甲基化 DNA 免疫共沉淀测序（MeDIP-seq）技术，绘制出牛 2 个关键生长发育时期（胎牛和成年牛）肌肉组织全基因组水平的 DNA 甲基化图谱，发现两样品间大量基因的 DNA 甲基化修饰异常。两组样品 MeDIP-seq 的 reads

在每条染色体的尾端富集程度较其他区域高。高甲基化区域的长度主要集中在 900~1000 bp，大多含有 10~15 个 CpG。高甲基化区域在 5′-UTR 和 CDS 基因元件上覆盖度最高。

成年牛在基因内及其上下游 2 kb 区域的整体 DNA 甲基化水平高于胎牛，不同表达水平的基因的 DNA 甲基化水平不同，基因的表达水平和其对应的 DNA 甲基化程度负相关。如图 12-23A 所示，CpG 岛的 DNA 甲基化水平高于基因上游 2 kb 和下游 2 kb 的区域，其中，胎牛组 CpG 岛的 DNA 甲基化水平高于成年牛组。如图 12-23B 所示，基因内（intragenic）DNA 甲基化水平高于基因上游 2 kb 和下游 2 kb 的区域，胎牛组基因内的 DNA 甲基化水平低于成年牛组。从基因转录起始位点（transcription start site，TSS）上游 2 kb 开始，DNA 甲基化水平逐渐下调，接近基因转录起始位点（TSS）时达到最低，在转录起始位点（TSS）以后的 DNA 甲基化水平急剧上调，在整个基因内呈现高甲基化水平，DNA 甲基化水平到转录终止位点（transcription end site，TES）达到最高，在转录终止位点（TES）后的 DNA 甲基化水平逐渐下调。

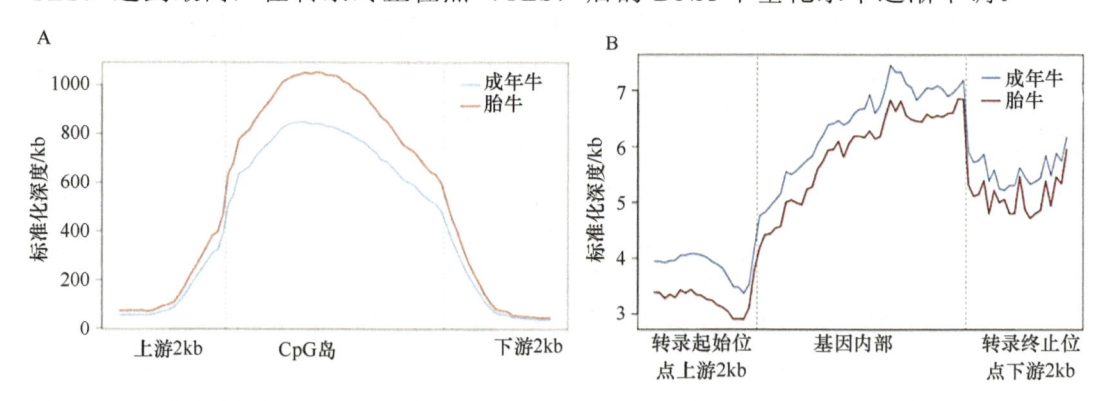

图 12-23　胎牛和成年牛 MeDIP-seq 的 reads 在 CpG 岛（A）和基因内（B）及其上下游 2 kb 的平均覆盖深度和差异（Huang et al.，2014）

（二）牛体外受精胚胎的基因组 DNA 甲基化模式

DNA 甲基化能够参与调节基因的组织特异性表达、X 染色体失活、基因印记和构建染色质结构等生物功能。在分化组织的细胞中，基因组 DNA 甲基化模式相对稳定，并随细胞分裂增殖而进行传递。但在哺乳动物的发育过程中，基因组 DNA 甲基化仅涉及生殖细胞形成过程和早期胚胎的着床前发育过程这两次广泛的基因组 DNA 甲基化模式重编。其中，早期胚胎的 DNA 甲基化状态容易受到环境的影响，这可能是胚胎发育能力和质量低下的原因（Chatterjee et al.，2017）。

早期胚胎的 DNA 甲基化模式可能在不同物种间存在差异。这是由于早期胚胎存在主动和被动的去甲基化过程，这已在牛、鼠和人等其他物种上得到证实，但在绵羊和兔的受精卵中却没有类似的模式。此外，对于中国黄牛来说，多个实验研究结果表明，精子基因组主动去甲基化的程度以及重新发生甲基化的时期等有所不同，推测这可能与不同作者所使用的检测方法和实验体系存在差异有关。

利用抗 5-甲基胞嘧啶（m^{5}C）抗体免疫荧光法对不同发育阶段的牛合子和胚胎进行

DNA 甲基化模式检测，环境条件分别是体外成熟（IVM）、体外受精（IVF）和体外培养（IVC），进而检测牛合子及早期胚胎的基因组 DNA 甲基化模式。实验结果表明：有 61.5% 的合子发生了雄原核去甲基化，而 34.6% 的合子没有发生去甲基化；当胚胎发育到 8 细胞时，甲基化水平明显下降，且一直到桑葚胚期仍维持低甲基化状态，但同一枚胚胎的不同卵裂球之间甲基化水平不同；在囊胚期，内细胞团细胞的甲基化水平很低，而滋养层细胞的甲基化水平却很高。该研究结果至少提示，以上环境可能对牛合子及早期胚胎的 DNA 甲基化模式有一定影响（侯健等，2006）。

另外，赵亚涵（2019）对牛体内生产囊胚、新鲜卵母细胞 IVF 囊胚及玻璃化冷冻卵母细胞 IVF 囊胚进行了全基因组 DNA 甲基化测序及生物学信息分析，结果表明，体内生产囊胚的全基因组甲基化水平高于新鲜卵母细胞 IVF 囊胚、玻璃化冷冻卵母细胞 IVF 囊胚，且其差异性甲基化区域（differentially methylated region，DMR）的甲基化水平也表现为体内生产囊胚高于其余两组。

二、牛肌肉组织中功能基因 DNA 甲基化与基因表达的关系

通常，基因组上 DNA 甲基化修饰的异常会导致基因表达的紊乱，异常的 DNA 甲基化修饰可以使胚胎死亡和诱发各种疾病的发生（Meehan，2003）。

DNA 甲基化可以通过与转录因子之间的直接模式、与"转录抑制复合物"之间的间接模式和改变染色体结构等方式参与基因的转录调控（Suzuki and Bird，2008；Laird，2010；Day and Sweatt，2011）。

在正常细胞的实验研究中，关于 DNA 甲基化可以导致基因表达抑制的实验有以下 3 个：①在体外构建载有目的基因和"甲基化的启动子"片段的基因载体，转染相应的培养细胞或者细胞系后，"甲基化的启动子"活性显著下降；②抑制甲基转移酶的活性，致使甲基化的基因产生"去甲基化"而表达；③甲基转移酶缺失，可以使甲基化的基因被"激活"而表达。

利用 MeDIP-seq 技术，对牛 2 个关键生长发育时期（胎牛和成年牛）肌肉组织全基因组水平的 DNA 甲基化进行分析，发现在全部基因中，表达水平上调的基因有 1885 个，下调的基因有 4889 个；启动子（promoter）区域甲基化水平上调的基因有 235 个，下调的基因有 143 个；该区域甲基化和表达水平负相关的基因有 77 个。基因本体（gene body）区域甲基化水平上调的基因有 3504 个，下调的基因有 2313 个；该区域甲基化和表达水平负相关的基因有 1054 个。

（一）各表达水平基因在基因及附近区域的 DNA 甲基化修饰

两组实验样品中基因表达（mRNA-seq）水平和 DNA 甲基化修饰（MeDIP-seq）水平在基因组启动子和基因本体上的分布见图 12-24。总体来看，基因的表达水平与其对应的 DNA 甲基化修饰程度相关。

由图 12-25 可知：基因上游 2 kb 到基因下游 2 kb 区间内的 DNA 甲基化修饰程度和基因的表达水平呈现出负相关关系，即基因表达水平越高，其 DNA 甲基化修饰程度越

低，反之亦然。特别是基因的转录起始位点（transcription start site，TSS）最为明显（图中左边竖虚线为 TSS）。实验中胎牛组（A）和成年牛组（B）整体 DNA 甲基化水平的趋势如下：从基因上游 2 kb 开始 DNA 甲基化水平逐渐下调，大概到 TSS 达到最低，TSS 以后的 DNA 甲基化水平急剧上调，在整个基因内部（intragenic）呈现高甲基化水平，DNA 甲基化水平到转录终止位点（transcription end site，TES）达到最高，在 TES（图中右边竖虚线为 TES）后的 DNA 甲基化水平逐渐下调。其中绿色折线代表表达水平最低的基因，或者称为沉默基因，这些基因在基因上下游 2 kb 区域和基因内部整体上 DNA 甲基化水平都很高，并且 DNA 甲基化水平波动不明显。启动子一般在 TSS 附近，从图 12-25 可以看出，启动子的 DNA 甲基化水平和基因表达水平负相关。

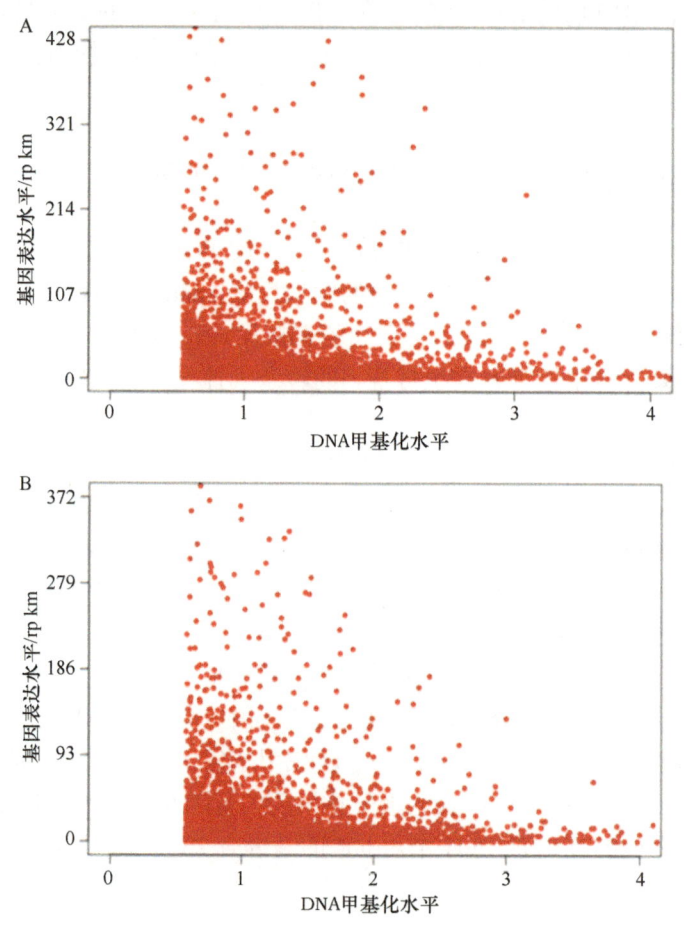

图 12-24　胎牛组（A）和成年牛组（B）基因表达与 DNA 甲基化修饰水平的分布规律（Huang et al.，2014）

（二）各类 DNA 甲基化修饰区域基因的平均表达水平

根据基因被 DNA 甲基化修饰的区域，将基因分为 4 类：只有启动子区域被 DNA 甲基化修饰；只有基因内部被 DNA 甲基化修饰；启动子区域与基因内部同时被 DNA 甲基化修饰；启动子区域与基因内部都没有被 DNA 甲基化修饰。

在以上统计的基础上，研究人员计算了每个样品中 4 类 DNA 甲基化修饰模式基因的平均表达水平及其方差，统计结果见图 12-26，可知：胎牛组启动子区 DNA 甲基化修饰基因的平均表达水平均低于成年牛组。

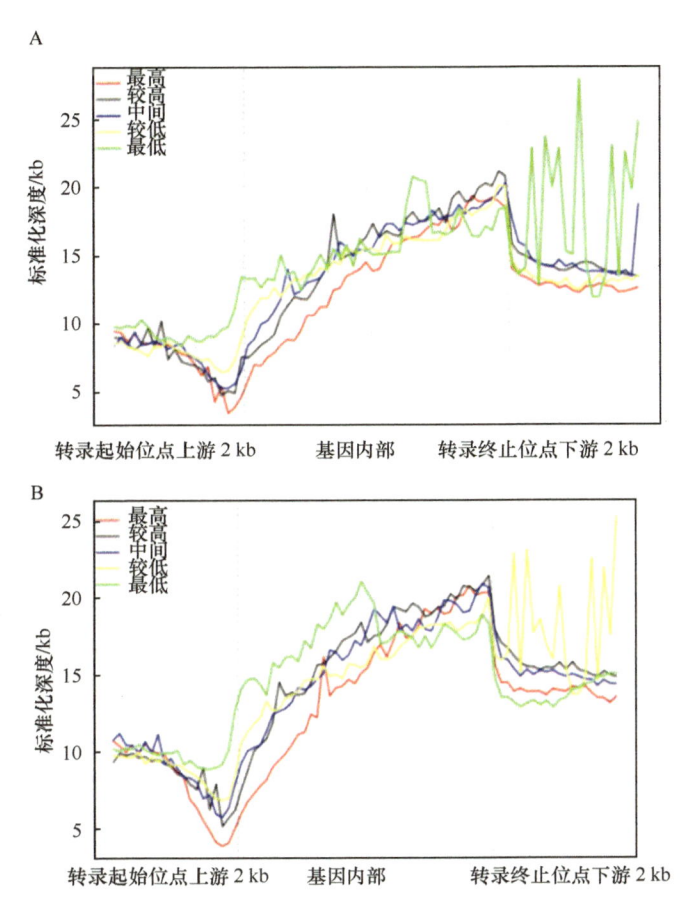

图 12-25　胎牛组（A）和成年牛组（B）5 种不同表达水平的基因的 DNA 甲基化分布（Huang et al.，2014）

不同颜色的折线代表不同表达量的基因。红色、黑色、蓝色、黄色和绿色代表表达程度依次降低的基因

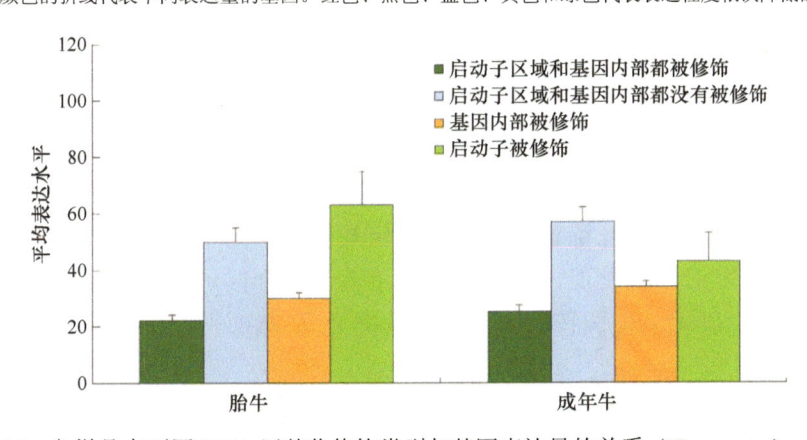

图 12-26　各样品中不同 DNA 甲基化修饰类型与基因表达量的关系（Huang et al.，2014）

三、启动子 DNA 甲基化与基因表达的关系

DNA 甲基化是一种遗传表观修饰现象，发生在启动子区域 CpG 位点的 DNA 甲基化是导致基因沉默的主要原因之一，启动子区域甲基化 CpG 位点的数目和密度，可能通过直接或间接作用而抑制目的基因的转录表达。

在哺乳动物中，基因启动子有两种类型：一种是非甲基化状态的启动子，另一种是甲基化的启动子。研究表明，活性较弱的启动子可以被较低的 DNA 甲基化修饰水平完全抑制；当启动子活性被"增强子"增强或者启动子的 DNA 甲基化修饰进行去甲基化处理时，启动子的转录活性会得到恢复；如果进一步增加启动子区 CpG 的 DNA 甲基化水平，也会进一步抑制启动子的转录活性（Bird，1992）。另外，单一 CpG 位点上的 DNA 甲基化与多个"沉默子"的协同作用（如组蛋白甲基化和乙酰化等）能更加稳定和强烈地抑制基因的转录表达（Boland and Christman，2008；Li et al.，2007）。

基因启动子区的 DNA 甲基化水平与基因 mRNA 表达水平相关，DNA 甲基化水平越高，越能强烈地抑制基因转录表达。在动物生长发育的不同阶段，基因启动子和基因本体 CpG 岛 DNA 甲基化水平的变化可能会导致基因表达的改变，从而影响动物的正常生长发育。

总之，DNA 甲基化可以抑制基因表达，检测候选基因的 DNA 甲基化状态和表达水平，可以从表观遗传修饰水平和转录水平上探讨 DNA 甲基化与黄牛生长发育的关系，对筛选黄牛表观分子标记以及研究与生长发育性状相关基因的功能机制具有重要的意义。DNA 甲基化作为表观分子标记在动物分子遗传育种中的研究刚刚起步，但根据 DNA 甲基化修饰对基因表达的重要调控作用，相信在不久的将来这种表观分子标记会在群体遗传关系分析、品种鉴定及分子标记辅助选择育种等方面发挥重要的作用。

（一）甲基化启动子序列，导致基因沉默

启动子虽然不编码蛋白质，但基因表达离不开启动子，一般情况下，RNA 聚合酶特异性地识别并结合启动子从而进行基因表达，启动子中含有很多由 GC 序列组成的 CpG 岛，这一区域易被甲基化，吸引参与基因阻遏的蛋白质，抑制转录因子与 DNA 的结合，进而抑制或沉默基因表达，从而影响动物的生长发育（Bethge et al.，2014）。

（二）甲基化启动子中转录因子的结合位点

研究发现，多发性骨髓瘤相关基因 *DAZAP2* 启动子的 CpG 岛上存在许多转录因子结合位点，用生物素探针标记非甲基化与甲基化转录因子结合位点，对细胞核蛋白进行提取，凝胶阻滞实验发现，转录因子的甲基化结合位点中的胞嘧啶阻止转录因子与该位点结合，高度甲基化使转录因子结合效率下降，从而抑制基因表达（李江，2010）。

（三）启动子中的甲基化启动子序列与其特异性蛋白结合

甲基化的启动子易与细胞核中的特异性蛋白结合，导致转录因子不能与启动子结

合，影响基因表达，若通过一定的措施去甲基化，则导致基因表达上调（张琪，2017）。

有实验将牛启动子区域甲基化差异相关基因的数据（MeDIP-seq）和这些差异基因对应的表达数据（RNA-seq）进行联合分析，筛选出表达负相关的共有差异基因后，将这些差异基因以全基因组为模板，与胎牛对照组进行比对，启动子区域甲基化水平上调和表达水平下调的基因有65个，甲基化水平下调和表达水平上调的基因有12个，也就是说，在全基因组中，启动子区域甲基化和表达水平负相关的基因有77个。启动子区域甲基化水平上调和表达水平下调基因qPCR验证结果见图12-27，由图12-27可知，启动子区域甲基化和表达水平负相关的37个基因在肌肉组织中的qPCR结果和高通量测序结果基本一致，除了*PJA2*、*FAM45A*和*MAPK1*基因，其他基因都表现为在胎牛组中的表达量最高，新生牛次之，成年牛最低。启动子区域甲基化水平下调和表达水平上调基因qPCR验证结果见图12-28，由图12-28可知，启动子区域甲基化和表达水平负相关的11个基因在肌肉组织中的qPCR结果和高通量测序结果完全一致，整体都表现为在胎牛组中的表达量最低，新生牛次之，成年牛最高（黄永震，2014）。

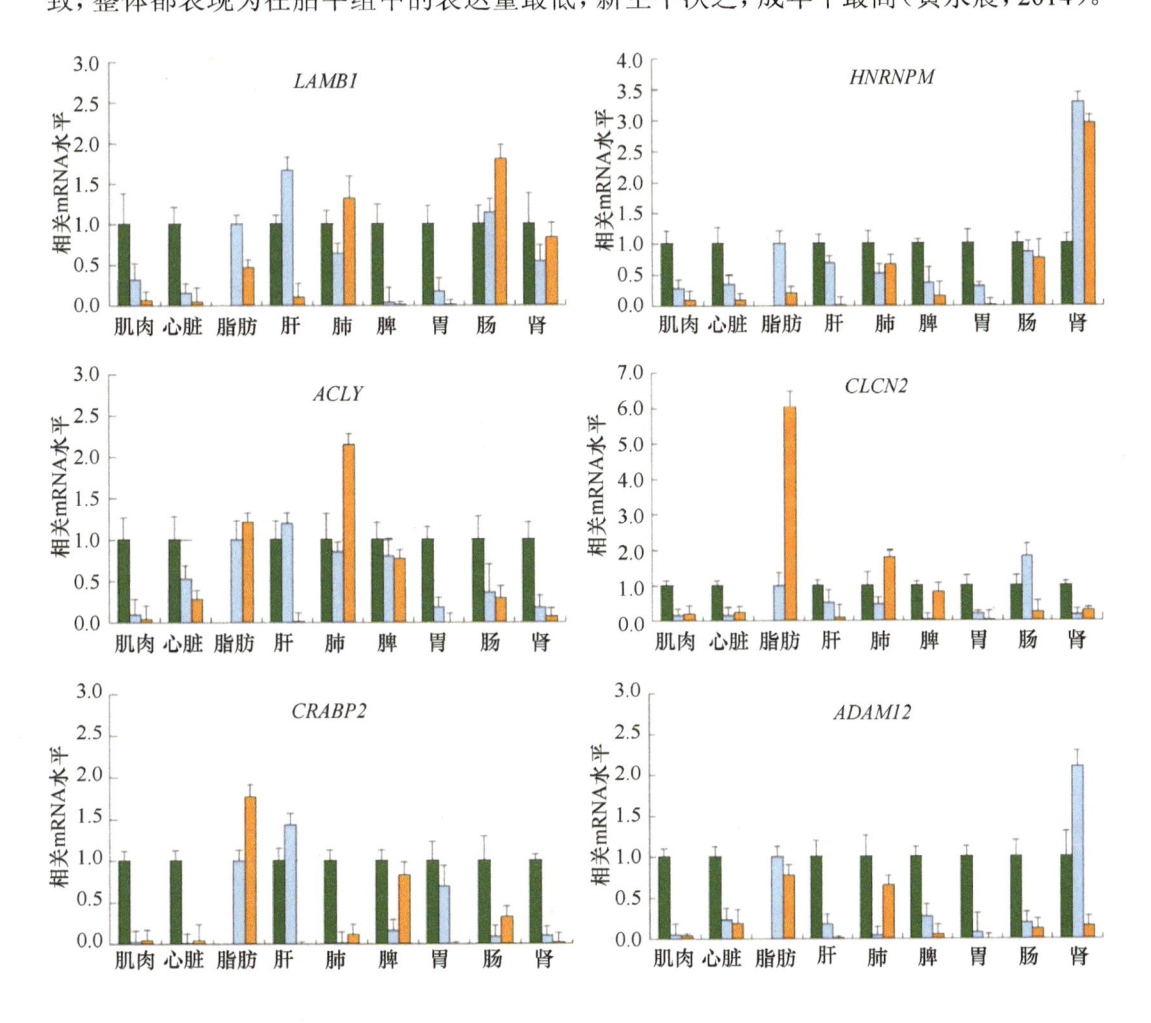

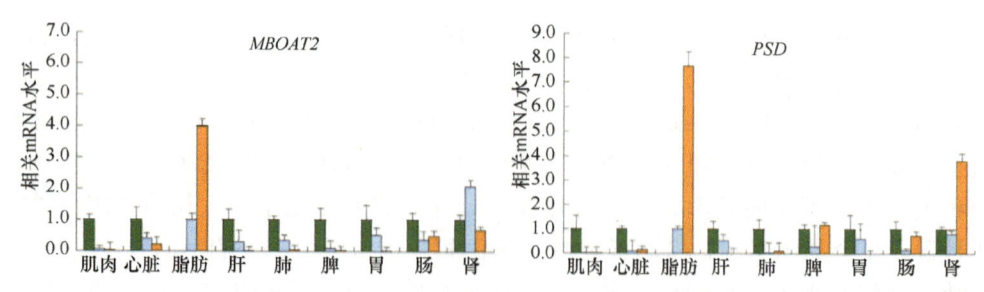

图 12-27　启动子区域甲基化水平上调和表达水平下调的相关基因的 qPCR 表达谱

mRNA 的表达水平是用内参 *ACTB* 基因和 *GAPDH* 基因标准化后的结果；绿色柱状图代表胎牛组中各个组织的表达量，为实验对照组；蓝色柱状图代表新生牛组中各个组织的表达量；黄色柱状图代表成年牛组中各个组织的表达量；横轴上的 9 个组织分别是：肌肉（背最长肌）、心脏、脂肪、肝、肺、脾、胃、肠和肾；每个柱状图的表达量是各个组织 3 次重复实验的平均值±标准误

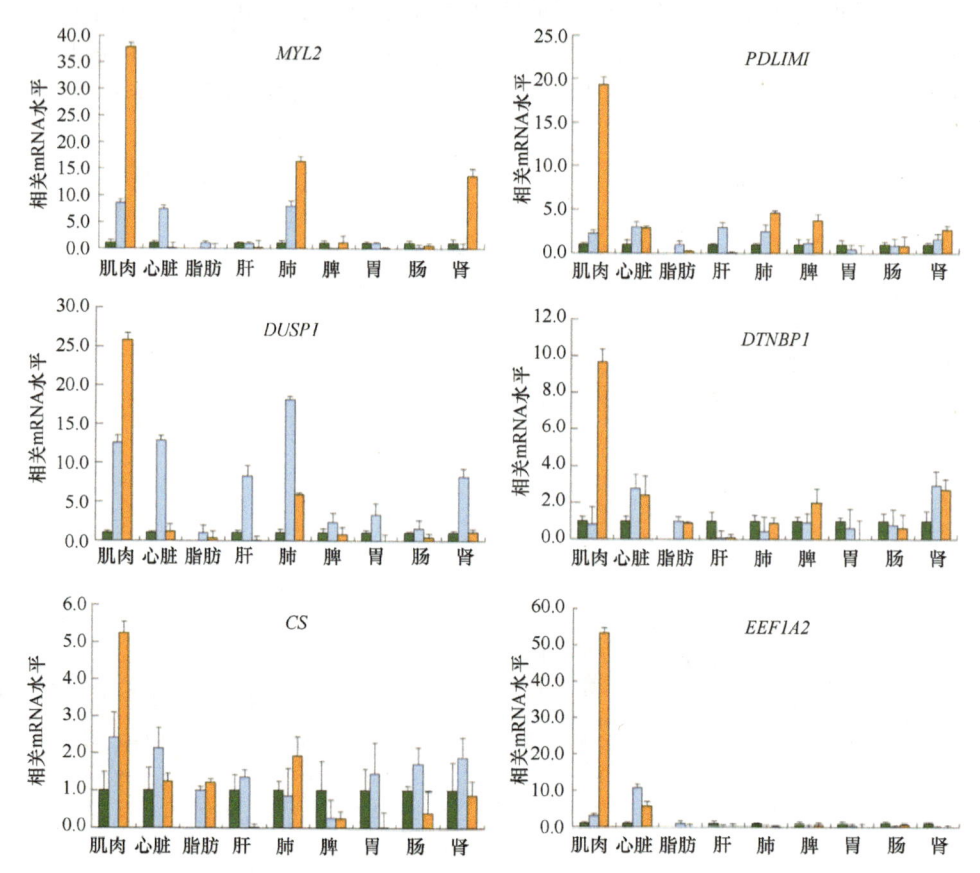

图 12-28　启动子区域甲基化水平下调和表达水平上调的相关基因的 qPCR 表达谱

mRNA 的表达水平是用内参 *ACTB* 基因和 *GAPDH* 基因标准化后的结果；绿色柱状图代表胎牛组中各个组织的表达量，为实验对照组；蓝色柱状图代表新生牛组中各个组织的表达量；黄色柱状图代表成年牛组中各个组织的表达量；横轴上的 9 个组织分别是：肌肉（背最长肌）、心脏、脂肪、肝、肺、脾、胃、肠和肾；每个柱状图的表达量是各个组织 3 次重复实验的平均值±标准误

四、基因本体 DNA 甲基化与基因表达的关系

虽然 CpG 岛基本不存在于基因本体上，然而基因本体上却普遍存在 DNA 甲基化（王

瑞娴和徐建红，2014）。目前对植物中的基因本体 DNA 甲基化研究较多，如拟南芥（Zilberman et al.，2007）；对于水稻来说，基因本体上普遍存在 CG 位点的甲基化。另外，有研究表明，基因本体的 DNA 甲基化在动植物中均有发生。Zemach 等（2010）对 17 种动植物和真菌的全基因组 DNA 甲基化进行了研究，结果表明基因本体的 DNA 甲基化在真核生物中就已经存在，这与 Feng 等（2010）的研究结果一致。

后续多种研究表明，基因本体的 DNA 甲基化会对基因转录水平造成影响。Zhang 等（2006）认为基因本体处于较高的 DNA 甲基化水平时，其转录处于中等水平。当 DNA 甲基化水平降低时，基因的表达水平则会上升（Zilberman et al.，2007）。Wang 等（2013）对水稻进行了全基因组的 DNA 甲基化水平鉴定和研究，结果表明，基因本体处于中等的 DNA 甲基化水平时，基因转录水平升高，而高 DNA 甲基化水平可能会对转录产生阻碍作用；对粗糙脉孢菌（*Neurospora crassa*）的研究表明，DNA 甲基化能够抑制转录的延伸（Rountree and Selker，1997）。而对于人类，结果则有所不同，针对人类的相关研究显示高表达的基因有非常高的 DNA 甲基化水平（Aran et al.，2011）；对金小蜂（*Nasonia vitripennis*）的研究得出了相同的结果，即高 DNA 甲基化水平的基因转录水平更高，而且 DNA 甲基化通常发生在有转录、翻译等功能的管家基因（house-keeping gene）上（Wang et al.，2013b）。表明基因本体的 DNA 甲基化与基因转录之间的关系不是普遍一致的，可能与特定的物种或细胞类型有关。另外，基因本体的 DNA 甲基化通过影响生长发育相关基因点突变和错配修复而影响基因的表达，从而影响动物的生长发育。

目前，基因本体 DNA 甲基化的功能还不是很明确，但越来越多的研究表明，基因本体的 DNA 甲基化可能与基因表达及 RNA 的选择性剪接有关，外显子的 DNA 甲基化程度高于内含子，外显子-内含子边界也会出现 DNA 甲基化程度的变化。虽然基因本体 DNA 甲基化对中国黄牛的影响还未见报道，但未来也是有价值的研究方向。

本 章 小 结

中国黄牛具有品种资源丰富、分布范围广、生态类型多样的特点，这也意味着中国黄牛的遗传多样性和独特的基因资源。利用全基因组重测序技术，能够获得中国黄牛基因组中大量的遗传变异，如 SNP、InDel 和 CNV 等。通过研究这些遗传变异的特征，发现其在不同牛种和不同黄牛品种间存在数量差异，对其测序数据进一步比较和分析，可以解析中国黄牛的起源和进化；将遗传变异位点与生长发育、肌肉生长、脂肪沉积、免疫、毛色、性成熟、体尺、胚胎发育和环境适应性等相关性状进行关联分析，可发现重要的受选择基因，提高中国黄牛分子育种的准确性和可靠性。由此可知，从中国黄牛的全基因组出发，利用海量的测序数据，充分挖掘隐藏在原始数据中的生物学信息，是促进牛品种保护和选育工作的重要手段。

DNA 甲基化（DNA methylation）是发生在 DNA 上的一种重要的遗传修饰作用，是表观遗传学的重要内容。黄牛全基因组 DNA 甲基化遗传特征表明，DNA 甲基化可以调控基因的时空表达，个体在不同生长发育阶段的 DNA 甲基化水平存在差异；同时，DNA

甲基化发生在基因的不同位置,对基因表达水平有不同的影响,如基因启动子区域的 DNA 甲基化水平和基因表达水平负相关;而当 DNA 甲基化发生在基因本体上时,DNA 甲基化水平的高低则对基因表达具有不同的作用。将黄牛的全基因组 DNA 甲基化水平与基因差异化表达结合起来进行研究,能够从表观遗传学方面解析黄牛生长发育的分子调控机制。

参 考 文 献

陈宁博. 2019. 全基因组重测序分析揭示东亚家牛的祖先与多重适应性基因渗入. 西北农林科技大学博士学位论文.

侯健, 刘蕾, 雷霆华, 等. 2006. 牛体外受精胚胎的基因组甲基化模式. 中国科学 C 辑: 生命科学, (4): 340-345.

黄永震. 2014. 黄牛肌肉生长发育相关基因甲基化鉴定及 *IGF2* 和 *ZBED6* 基因的转录调控研究. 西北农林科技大学博士学位论文.

李江. 2010. 多发性骨髓瘤相关基因 *DAZAP2* 启动子甲基化初步研究及抗 DAZAP2 多克隆抗体制备. 中南大学硕士学位论文: 1-63.

时倩, 廉猛, 房居高, 等. 2016. 声门上型喉鳞状细胞癌诱导化疗潜在靶向基因的初步分析. 中华耳鼻咽喉头颈外科杂志, 51(7): 504-510.

王洪程, 梅楚刚, 昝林森, 等. 2015. 牛全基因组测序研究进展. 西北农林科技大学学报(自然科学版), 43(11): 17-23.

王瑞娴, 徐建红. 2014. 基因组 DNA 甲基化及组蛋白甲基化. 遗传, 36(3): 191-199.

杨林林, 蒋涛, 隋亚鑫, 等. 2020. DNA 甲基化检测技术. 标记免疫分析与临床, 27(5): 898-904.

张良志. 2014. 中国地方黄牛基因组拷贝数变异检测及遗传效应研究. 西北农林科技大学博士学位论文.

张琪. 2017. 宫颈肿瘤相关巨噬细胞中 IL-10 基因的转录调控表达机制研究. 华北理工大学硕士学位论文: 1-57.

赵亚涵. 2019. 牛体内、外囊胚全基因组甲基化测序及分析. 中国农业科学院硕士学位论文.

Aran D, Toperoff G, Rosenberg M, et al. 2011. Replication timing-related and gene body-specific methylation of active human genes. Hum Mol Genet, 20(4): 670-680.

Bethge N, Lothe RA, Honne H, et al. 2014. Colorectal cancer DNA methylation marker panel validated with high performance in Non-Hodgkin lymphoma. Epigenetics, 9(3): 428-436.

Bickhart DM, Rosen BD, Koren S, et al. 2017. Single-molecule sequencing and chromatin conformation capture enable de novo reference assembly of the domestic goat genome. Nat Genet, 49(4): 643-650.

Bird A. 1992. The essential of DNA methylation. Cell, 70: 5-8.

Boland MJ, Christman JK. 2008. Characterization of Dnmt3b: thymine-DNA glycosylase interaction and stimulation of thymine glycosylase-mediated repair by DNA methyltransferase(s)and RNA. J Mol Biol, 379(3): 492-504.

Cao XK, Huang YZ, Ma YL, et al. 2018. Integrating CNVs into meta-QTL identified GBP4 as positional candidate for adult cattle stature. Funct Integr Genomics, 18(5): 559-567.

Chatterjee A, Saha D, Niemann H, et al. 2017. Effects of cryopreservation on the epigenetic profile of cells. Cryobiology, 74: 1-7.

Chen N, Cai Y, Chen Q, et al. 2018. Whole-genome resequencing reveals world-wide ancestry and adaptive introgression events of domesticated cattle in East Asia. Nature communications, 9(1): 1-13.

Cheng J, Jiang R, Cao X K, et al. 2019. Association analysis of SSTR2 copy number variation with cattle stature and its expression analysis in Chinese beef cattle. The Journal of Agricultural Science, 157(4):

365-374.

Choi JW, Choi BH, Lee SH, et al. 2015. Whole-genome resequencing analysis of Hanwoo and Yanbian Cattle to identify genome-wide SNPs and signatures of selection. Molecules and Cells, 38(5): 466-473.

Choi JW, Liao X, Park S, et al. 2013. Massively parallel sequencing of Chikso (Korean Brindle Cattle) to discover genome-wide SNPs and InDels. Molecules and Cells, 36(3): 203-211.

Conlin LK, Thiel BD, Bonnemann CG, et al. 2010. Mechanisms of mosaicism, chimerism and uniparental disomy identified by single nucleotide polymorphism array analysis. Hum Mol Genet, 19(7): 1263-1275.

Cosenza MR, Rodriguez-Martin B, Korbel JO. 2022. Structural variation in cancer: role, prevalence, and mechanisms. Annu Rev Genomics Hum Genet, 23: 123-152.

Daetwyler HD, Capitan A, Pausch H, et al. 2014. Whole-genome sequencing of 234 bulls facilitates mapping of monogenic and complex traits in cattle. Nature Genetics, 46: 858-865.

Day JJ, Sweatt JD. 2011. Epigenetic mechanisms in cognition. Neuron, 70(5): 813-829.

Decker JE, Mckay SD, Rolf MM, et al. 2014. Worldwide patterns of ancestry, divergence, and admixture in domesticated cattle. PLoS Genetics, 10(3): 1-14.

Drogemuller C, Distl O, Leeb T. 2001. Partial deletion of the bovine *ED1* gene causes anhidrotic ectodermal dysplasia in cattle. Genome Res, 11(10): 1699-1705.

Dumas LJ, Kim YH, Karimpour-Fard A, et al. 2007. Gene copy number variation spanning 60 million years of human and primate evolution. Genome Res, 17(9): 1266-1277.

Dumas LJ, O'Bleness SM, Davis MJ, et al. 2012. DUF1220-domain copy number implicated in human brain-size pathology and evolution. The American Journal of Human Genetics, 91(3): 444-454.

Elodie G, Fleur D, Carlos MS, et al. 2011. Copy number variation analysis in the great apes reveals species-specific patterns of structural variation. Genome Research, 21(10): 1626-1639.

Elsik CG, Tellam RL, Worley KC. 2009. The genome sequence of taurine cattle: a window to ruminant biology and evolution. Science, 324(5926): 522-528.

Emerson J J , Margarida C M , Borevitz J O , et al. 2008. Natural selection shapes genome-wide patterns of copy-number polymorphism in *Drosophila melanogaster*. Science, 320(5883): 1629-1631.

Eyal S, Shelly K, Maayan S, et al. 2013. Nonbactericidal secreted phospholipase A2s are potential anti-inflammatory factors in the mammary gland. Immunogenetics, 65(12): 861-871.

Feng SH, Cokus SJ, Zhang XY, et al. 2010. Conservation and divergence of methylation patterning in plants and animals. Proc Natl Acad Sci USA, 107(19): 8689-8694.

Gazave E, Darré F, Morcillo-Suarez C, et al. 2011. Copy number variation analysis in the great apes reveals species-specific patterns of structural variation. Genome Res, 21(10): 1626-1639.

Gao Y, Gautier M, Ding X, et al. 2017. Species composition and environmental adaptation of indigenous Chinese cattle. Scientific Reports, 7(1): 16196.

Gibbs R, Taylor J, Van Tassel C, et al. 2009. Genome-wide survey of SNP variation uncovers the genetic structure of cattle breeds. Science, 324(5926): 528-532.

Graubert TA, Cahan P, Edwin D, et al. 2007. A high-resolution map of segmental DNA copy number variation in the mouse genome. PLoS Genet, 3(1): e3.

Hastings PJ, Ira G, Lupski JR. 2009. A microhomology-mediated break-induced replication model for the origin of human copy number variation. PLoS Genet, 5(1): e1000327.

Huang YZ, Li YJ, Wang XH. et al. 2021. An atlas of CNV maps in cattle, goat and sheep. Sci China Life Sci, 64: 1747-1764.

Huang YZ, Sun JJ, Zhang LZ, et al. 2014. Genome-wide DNA methylation profiles and their relationships with mRNA and the microRNA transcriptome in bovine muscle tissue (*Bos taurine*). Sci Rep, 4: 6546.

Hurles M. 2004. Gene duplication: the genomic trade in spare parts. PLoS Biol, 2(7): E206.

Jiang L, Liu J, Sun D, et al. 2010. Genome wide association studies for milk production traits in Chinese Holstein population. PLoS One, 5(10): e13661.

Kawaharamiki R, Tsuda K, Shiwa Y, et al. 2011. Whole-genome resequencing shows numerous genes with nonsynonymous SNPs in the Japanese native cattle Kuchinoshima-Ushi. BMC Genomics, 12(1): 103-110.

Kelsey G, Stegle O, Reik W. 2017. Single-cell epigenomics: recording the past and predicting the future. Science, 358(6359): 69-75.

Kidd JM, Cooper GM, Donahue WF, et al. 2008. Mapping and sequencing of structural variation from eight human genomes. Nature, 453(7191): 56-64.

Kim J, Hanotte O, Mwai O, et al. 2017. The genome landscape of indigenous African cattle. Genome Biology, 18(1): 34.

Korbel JO, Sanders AD, Maggiolini FAM, et al. 2022. A high-resolution map of small-scale inversions in the gibbon genome. Genome Res, 32(10): 1941-1951.

Kurotaki N, Shen JJ, Touyama M, et al. 2005. Phenotypic consequences of genetic variation at hemizygous alleles: Sotos syndrome is a contiguous gene syndrome incorporating coagulation factor twelve (FXII) deficiency. Genetics in Medicine, 7(7): 479-483.

Laird PW. 2010. Principles and challenges of genome-wide DNA methylation analysis. Nature Reviews Genetics, 11(3): 191-203.

Locke D, Hillier L, Warren W, et al. 2011. Comparative and demographic analysis of orang-utan genomes. Nature, 469: 529-533.

Lee JA, Carvalho CM, Lupski JR. 2007. A DNA replication mechanism for generating nonrecurrent rearrangements associated with genomic disorders. Cell, 131(7): 1235-1247.

Lee KT, Chung WH, Lee SY, et al. 2013. Whole-genome resequencing of Hanwoo (Korean cattle) and insight into regions of homozygosity. BMC Genomics, 14: 519.

Li YQ, Zhou PZ, Zheng XD, et al. 2007. Association of Dnmt3a and thymine DNA glycosylase links DNA methylation with base-excision repair. Nucleic Acids Res, 35(2): 390-400.

Liao X, Peng F, Forni S, et al. 2013. Whole genome sequencing of Gir cattle for identifying polymorphisms and loci under selection. Genome, 56(10): 592-598.

Lindroth AM, Cao X, Jackson JP, et al. 2001. Requirement of CHROMOMETHYLASE3 for maintenance of CpXpG methylation. Science, 292(5524): 2077-2080.

Liu M, Li B, Shi T, et al. 2019. Copy number variation of bovine *SHH* gene is associated with body conformation traits in Chinese beef cattle. J Appl Genet, 60(2): 199-207.

Liu Y, Xu LY, Zhou Y, et al. 2018. Diversity of copy number variation in a worldwide population of sheep. Genomics, 110(3): 143-148.

Matukumalli LK, Lawley CT, Schnabel RD, et al. 2009. Development and characterization of a high density SNP genotyping assay for cattle. PLoS One, 4(4): e5350.

Meehan RR. 2003. DNA methylation in animal development. Semin Cell Dev Biol, 14(1): 53-65.

Mei C, Wang H, Liao Q, et al. 2018. Genetic architecture and selection of Chinese cattle revealed by whole genome resequencing. Molecular Biology and Evolution, 35(3): 688-699.

Mei C, Wang H, Zhu W, et al. 2016. Whole-genome sequencing of the endangered bovine species Gayal (*Bos frontalis*) provides new insights into its genetic features. Scientific Reports, 6(1): 19787.

Mills RE, Walter K, Stewart C, et al. 2011. Mapping copy number variation by population-scale genome sequencing. Nature, 470(7332): 59-65.

Porubsky D, Hoeps W, Ashraf H, et al. 2022. Recurrent inversion polymorphisms in humans associate with genetic instability and genomic disorders. Cell, 185(11): 1986-2005.

Qiu Q, Wang L, Wang K, et al. 2015. Yak whole-genome resequencing reveals domestication signatures and prehistoric population expansions. Nature Communications, 6(1): 10283.

Qiu Q, Zhang G, Ma T, et al. 2012. The yak genome and adaptation to life at high altitude. Nature Genetics, 44(8): 946-949.

Redon R, Ishikawa S, Fitch KR, et al. 2006. Global variation in copy number in the human genome. Nature, 444(7118): 444-454.

Reik W, Dean W, Walter J. 2001. Epigenetic reprogramming in mammalian development. Science, 293(5532): 1089-1093.

Rosse IC, Assis JG, Oliveira FS, et al. 2017. Whole genome sequencing of Guzerá cattle reveals genetic variants in candidate genes for production, disease resistance, and heat tolerance. Mammalian Genome,

28(1): 66-80.
Rountree MR, Selker EU. 1997. DNA methylation inhibits elongation but not initiation of transcription in *Neurospora crassa*. Genes Dev, 11(18): 2383-2395.
Rubin CJ, Megens HJ, Martinez Barrio A, et al. 2012. Strong signatures of selection in the domestic pig genome. Proc Natl Acad Sci USA, 109(48): 19529-19536.
Seroussi E, Klompus S, Silanikove M, et al. 2013. Nonbactericidal secreted phospholipase A2s are potential anti-inflammatory factors in the mammary gland. Immunogenetics, 65: 861-871.
Sheikh AF, Akansha S, Snehasmita P, et al. 2022. Genome-wide elucidation of CNV regions and their association with production and reproduction traits in composite Vrindavani cattle. Gene, 830: 146510.
Shi T, Xu Y, Yang M, et al. 2016. Copy number variations at *LEPR* gene locus associated with gene expression and phenotypic traits in Chinese cattle. Anim Sci J, 87(3): 336-343.
Stothard P, Choi JW, Basu U, et al. 2011. Whole genome resequencing of black Angus and Holstein cattle for SNP and CNV discovery. BMC Genomics, 12: 559.
Stothard P, Liao X, Arantes AS, et al. 2015. A large and diverse collection of bovine genome sequences from the Canadian Cattle Genome Project. GigaScience, 4: 49.
Suzuki MM, Bird A. 2008. DNA methylation landscapes: provocative insights from epigenomics. Nature Reviews Genetics, 9(6): 465-476.
Tsuda K, Kawaharamiki R, Sano S, et al. 2013. Abundant sequence divergence in the native Japanese cattle Mishima-Ushi (*Bos taurus*) detected using whole-genome sequencing. Genomics, 102(4): 372-378.
Velagaleti GVN, Bien-Willner GA, Northup J K, et al. 2005. Position effects due to chromosome breakpoints that map approximately 900 kb upstream and approximately 1.3 Mb downstream of SOX9 in two patients with campomelic dysplasia. The American Journal of Human Genetics, 76(4): 652-662.
Wang X, Wheeler D, Avery A, et al. 2013a. Function and evolution of DNA methylation in *Nasonia vitripennis*. PLoS Genet, 9(10): E1003872.
Wang YP, Wang XY, Lee TH, et al. 2013b. Gene body methylation shows distinct patterns associated with different gene origins and duplication modes and has a heterogeneous relationship with gene expression in *Oryza sativa* (rice). New Phytol, 198(1): 274-283.
Weldenegodguad M, Popov R, Pokharel K, et al. 2019. Whole-genome sequencing of three native cattle breeds originating from the northernmost cattle farming regions. Frontiers in Genetics, 9: 728.
Xu L, Cole JB, Bickhart DM, et al. 2014a. Genome wide CNV analysis reveals additional variants associated with milk production traits in Holsteins. BMC Genomics, 15: 683.
Xu Y, Jiang Y, Shi T, et al. 2017. Whole-genome sequencing reveals mutational landscape underlying phenotypic differences between two widespread Chinese cattle breeds . PLoS One, 12(8): e0183921.
Xu Y, Shi T, Cai H, et al. 2014b. Associations of *MYH3* gene copy number variations with transcriptional expression and growth traits in Chinese cattle. Gene, 535(2): 106-111.
Xu Y, Zhang L, Shi T. et al. 2013. Copy number variations of *MICAL-L2* shaping gene expression contribute to different phenotypes of cattle. Mamm Genome, 24, 508-516.
Yang M, Lv J, Zhang L, et al. 2017. Association study and expression analysis of *CYP4A11* gene copy number variation in Chinese cattle. Sci Rep, 7: 46599.
Zemach A, Kim MY, Silva P, et al. 2010. Local DNA hypomethylation activates genes in rice endosperm. Proc Natl Acad Sci USA, 107(43): 18729-18734.
Zhang F, Gu W, Hurles ME, et al. 2009. Copy number variation in human health, disease, and evolution. Annu Rev Genomics Hum Genet, 10: 451-481.
Zhang L, Jia S, Plath M, et al. 2015. Impact of parental *Bos taurus* and *Bos indicus* origins on copy number variation in traditional Chinese cattle breeds. Genome Biol Evol, 7(8): 2352-2361.
Zhang L, Jia S, Yang M, et al. 2014. Detection of copy number variations and their effects in Chinese bulls. BMC Genomics, 15(1): 480.
Zhang XY, Yazaki J, Sundaresan A, et al. 2006. Genome-wide high-resolution mapping and functional analysis of DNA methylation in Arabidopsis. Cell, 126(6): 1189-1201.
Zhou Y, Connor EE, Wiggans GR, et al. 2018. Genome-wide copy number variant analysis reveals variants

associated with 10 diverse production traits in Holstein cattle. BMC Genomics, 19(1): 314.

Zilberman D, Gehring M, Tran RK, et al. 2007. Genome-wide analysis of *Arabidopsis thaliana* DNA methylation uncovers an interdependence between methylation and transcription. Nat Genet, 39(1): 61-69.

（黄永震、陈宁博、张良志、王二耀、刘梅、刘贤、魏雪锋等编写）

第十三章 中国黄牛转录组学研究

第一节 肌肉组织转录组及其特征

一、转录组学概述

转录组学是致力于研究某一组织或细胞中基因的整体转录情况及调控规律的一门学科，从 RNA 水平研究基因的转录，是功能基因组学研究的一种重要手段，也是研究细胞表型和功能的一种重要方法。绝大多数的基因组序列都转录成蛋白质编码 RNA 或非编码 RNA（noncoding RNA，ncRNA）。大规模的转录组检测技术包括最早的差异杂交、mRNA 差异杂交、抑制杂交、DNA 芯片和基因表达系列分析（serial analysis of gene expression，SAGE）等方法，以及更有效和更常用的转录组测序（RNA-seq）的方法（Wang et al.，2009）。继第一代测序技术（双脱氧测序，又称桑格测序）之后，第二代测序即高通量测序（high-throughput sequencing，HTS）技术接踵而来，它弥补了桑格测序法通量较低、不能满足大批量测序的缺点，也相比于其他传统的转录组学技术有着高通量测序、捕获低表达的基因、自动化、高灵敏度、低成本的优势。随着高通量测序技术的不断进步以及研究的逐步深入，多种组学数据的整合分析将会不断挑战传统的科学思维模式，带来新的变革。

二、骨骼肌的生长发育规律

骨骼肌是家畜最大的组织，它的生长发育是肉用家畜的重要指标。肌肉组织主要由肌纤维、少量的脂肪组织和结缔组织组成，是生物体的重要组分。家畜的产肉量与肉品质和肌纤维的数量、直径直接相关。骨骼肌属于横纹肌，成熟肌纤维的直径为 10~100 μm，长度为 1~40 mm。肌纤维由多个细胞融合而成，一条肌纤维会出现少则几十个多则几百个细胞核。肌细胞内有许多细丝状肌原纤维，它们大都沿细胞长轴平行排列（图 13-1）。

骨骼肌的生长发育是一个复杂的生理过程，包括胚胎期肌纤维的形成、数量的确定和出生后肌纤维的肥大（Forbes et al.，2006）。骨骼肌起源于胚胎中胚层，中胚层进一步发育成体节，随着胚胎的发育，体节分化成为生骨节、生皮节和生肌节。生肌节细胞分化形成梭形单核的成肌细胞，成肌细胞向肌肉形成部位迁移，继续增殖，并彼此融合成为多核细胞，称为肌管，肌管进一步发育成骨骼肌（图 13-2）。另有一部分成肌细胞不发生融合，形成卫星细胞。动物在出生前肌纤维数目就已经确定，出生后基本保持恒定。肌肉的生长主要依靠肌纤维自身体积的增加，即肌纤维的肥大，而肌纤维的肥大则依赖于肌细胞内新肌原纤维和新细胞核的增加。因此，出生后肌纤维的生长总的来说包

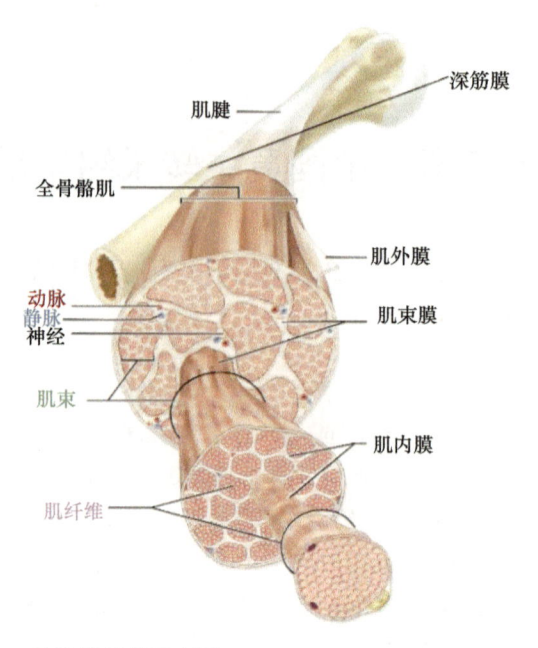

图 13-1　骨骼肌解剖示意图（McKinley and O'Loughlin，2011）

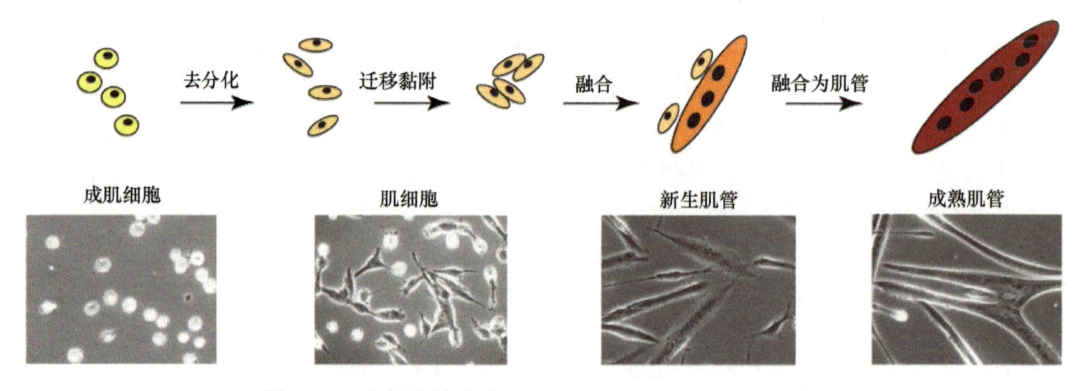

图 13-2　肌细胞的分化（Abmayr and Pavlath，2012）

括两个方面：一是肌纤维在刺激因子的作用下，通过凋亡相关途径启动肌细胞的凋亡程序；二是卫星细胞可以分裂成两个细胞，其中一个与邻近的肌纤维融合，并贡献一个细胞核从而增加细胞核数目。这样，肌纤维的细胞核数目不断增加，而卫星细胞的数目却保持恒定。研究表明，成年动物的卫星细胞基本处于静息期。当骨骼肌出现损伤时，卫星细胞会被激活并参与骨骼肌的损伤修复，在此过程中卫星细胞进行增殖、分化及融合，最终形成成熟的肌纤维，使受损的肌纤维得到修复。因此，肌细胞的凋亡和卫星细胞的增殖对出生后动物骨骼肌的生长具有重要作用。

在骨骼肌发育过程中，细胞从体节细胞形成成肌细胞，并沿着特定的肌源性途径进行增殖、终末分化，形成多核的肌纤维。肌细胞的增殖和分化由一系列正向调控因子和负向调控因子构成的调控网络所调节，整个过程由不同的环境因素和不同的信号转导通路调节，激活特定的转录因子进而调控基因表达。

肌肉的生长发育是影响肉牛产业发展的重要因素，肉牛的产肉力与成肌细胞的分化、肌细胞的数量和增殖分化密切相关。分析不同发育阶段肌肉组织的基因表达差异，对于揭示牛肌肉生成的遗传调控机制、提高牛肉产量、解决食品安全问题和满足牛肉供给具有重要意义。

三、黄牛不同发育阶段肌肉组织转录组及其特征

Sun 等（2015）采用链特异性去除核糖体 RNA 的转录组测序方法，对不同发育阶段（胚胎期 90 天，新生犊牛 1~3 天和 24 月龄成年期）秦川牛背最长肌进行高通量测序，共检测到 19 192 个已有注释信息的基因，其中，在胎牛、犊牛和成年牛中分别检测到 18 353 个、16 906 个和 17 418 个基因，分别有 1033 个、295 个和 178 个基因在胎牛、犊牛和成年牛中特异表达。相关性分析表明，犊牛和成年牛中基因表达丰度的相关性非常高，相关系数 R^2=0.933，远远高于胎牛和犊牛、胎牛和成年牛基因表达的相关系数，提示由胎儿至出生阶段，牛骨骼肌中基因表达发生了较大变化。差异表达基因分析显示，在 3 个不同发育阶段中共有超过 3400 个差异基因。在犊牛和成年牛中差异基因的数量较少（433 个上调，225 个下调），与犊牛和成年牛的基因整体表达趋势相一致。而在胎牛/犊牛和胎牛/成年牛中差异基因数量大量增加，具体为胎牛/犊牛中发现 2157 个差异基因（1031 个上调，1126 个下调），胎牛/成年牛中检测到 2662 个差异基因（1875 个上调，787 个下调）。此外，数百个基因在胎牛中高表达，而在出生后（犊牛和成年牛）的表达量则降低 90%以上，表明这些基因可能在胚胎期肌肉发育过程中具有重要作用。

不同发育阶段差异基因的功能注释显示，很多差异极显著的基因富集在肌肉生理相关的通路上，特别是"骨骼肌细胞分化"通路，该通路共包含 11 个基因，其中 9 个基因的表达量在秦川牛骨骼肌发育过程中显著改变，表明其在骨骼肌发育过程中具有重要作用。

贺花（2014）以妊娠 135 天左右的胚胎和出生后 30 月龄的秦川牛背最长肌为研究对象，利用高通量转录组测序技术鉴定牛肌肉发育过程中差异表达的基因，分别在 135 天胎牛和 30 月龄成年牛背最长肌中发现 14 852 个和 15 521 个基因表达，其中 6800 个基因差异表达。以胎牛期 135 天为对照，30 月龄成年牛背最长肌转录组中上调表达的基因有 1893 个，下调表达的基因有 4907 个。GO（gene ontology）功能富集分析表明，差异基因分别被显著富集到 95 个与生物学过程相关的条目，最显著富集的是发育过程（developmental process），其次是多细胞有机体发育（multicellular organismal development）、解剖结构发育（anatomical structure development）、系统发育（system development）等，它们和动物的生长发育过程密切相关。在 26 个显著富集的分子功能归类中，结合（binding）和蛋白结合（protein binding）是差异基因归类最多的两个条目，其次是核苷酸结合（nucleotide binding）、嘌呤核苷酸结合（purine nucleotide binding）、嘌呤核糖核苷酸结合（purine ribonucleotide binding）等。在 71 个显著富集的细胞组成归类中，最显著富集的 GO 条目是细胞内（intracellular），其次是细胞内部分（intracellular part）、细胞质（cytoplasm）、细胞器部分（organelle part）等。KEGG（Kyoto Encyclopedia of Genes and Genomes）通路分析表明，差异基因被显著富集到了 15 条通路中。最显著富集的通路是轴突导向（axon guidance），依次是细胞吞噬体通路（phagosome pathway）、细胞周期通路（cell cycle pathway）、肥厚型心肌病通路[hypertrophic cardiomyopathy（HCM） pathway]、扩张型心肌病通路（dilated cardiomyopathy pathway）等。

由上述研究可知，动物的转录组图谱随生长发育的不同阶段而相应改变，相对于胚胎期，牛出生后骨骼肌的不同发育阶段转录组图谱更接近。研究牛骨骼肌不同发育阶段的基因表达情况是分析基因调控网络控制的重要手段，可为中国黄牛的育种工作提供新思路、新方法和新的遗传学素材。

第二节　脂肪组织转录组及其特征

一、脂肪组织的分类及特征

（一）脂肪组织的种类及分布

根据脂肪组织的不同结构和功能，一般将其分为白（黄）色脂肪组织和棕色脂肪组织，二者的差异见表 13-1。一般所说的脂肪组织是指白色脂肪组织。白色脂肪组织为黄色或白色，其脂肪细胞多为圆形或多边形，中间有大的脂滴。其分布广泛，主要分布在皮下、内脏周围和肌间。分布在不同部位的白色脂肪组织具有不同的功能，例如，内脏周围的白色脂肪组织与胰岛素抗性以及心血管疾病有关，而皮下脂肪组织则不会导致以上危险。在畜牧业生产中，对皮下脂肪组织和肌间脂肪组织的关注程度最高。棕色脂肪组织呈现棕色，组织内有大量的毛细血管，并且脂肪细胞内存在小脂滴。其在成年动物中分布很少，在新生儿时期主要分布在肩胛、后颈和腋窝。

表 13-1　脂肪组织的分类（Saely et al., 2012）

特征	白色脂肪组织	棕色脂肪组织
分布	皮下、内脏周围、肌间、肌内	肩胛、后颈、腋窝等
功能	储存能量	产热
形态	单个大脂滴，线粒体数目不定	多个小脂滴，富含线粒体
与年龄的关系	随着年龄和体重增长而增加	随着年龄增加而减少
标志性基因	*Leptin*	*UCP1*

（二）不同发育阶段脂肪组织的特征

在个体发育过程中，脂肪组织的发育以及分布会发生很大的变化。棕色脂肪组织主要在幼年动物体内有分布；随着年龄的增长，棕色脂肪组织逐渐减少并消失，白色脂肪组织则会伴随个体一生，其内的细胞种类及分布等都会出现规律性的变化。在个体发育早期，脂肪组织以细胞分化为主；在个体成年之后，脂肪组织则以细胞内的脂肪沉积为主。van Harmelen 等（2003）对 189 名 17~73 岁的女性脂肪组织的发育研究结果显示，在脂肪组织的增大过程中，细胞体积的增大速度要明显快于细胞数目的增多。在牛生长过程中，肌间和肌内脂肪的含量在出生后会有所下降，并且在 24 月龄之前，年龄与大理石花纹无特定的关系。在脂肪沉积过程中，皮下脂肪的沉积要早于肌间和肌内脂肪的沉积。24 月龄以后，年龄对肌间和肌内脂肪沉积的作用才表现出来，且随着年龄的增大，大理石花纹越来越丰富。

二、牛脂肪组织转录组研究

(一) 牛脂肪组织转录组研究的不同阶段

棕色脂肪组织一般只在新生牛或更早时期可以观察到,对于棕色脂肪组织的辨认需要一定的技术,材料获取较为困难;另外,棕色脂肪组织在肉牛研究中的直接利用价值相对于白色脂肪组织较弱,因此,目前对于牛棕色脂肪组织转录组学的研究还没有文献报道。白色脂肪组织对于牛肉的肉质及能量的利用方向起着决定作用,合理地调控白色脂肪组织的分布可以有效地提高单头牛的经济价值。就取材方面,白色脂肪组织分布比较广泛,并且容易辨认。目前已有大量针对牛白色脂肪组织的研究。

对牛白色脂肪组织转录组学的研究在技术层面主要经历了三个阶段。第一阶段,利用芯片实现对转录组学层面的基因表达分析。例如,Wang等(2009)利用微阵列(microarray)对2种具有不同肌内脂肪含量的肌肉组织的转录组进行了比较分析,发现了97个可能和肌内脂肪沉积相关的差异表达基因;Sumner-Thomson等(2011)利用基因芯片比较了产前30天和出生后14天时脂肪组织的基因表达变化。第二阶段,利用数字基因表达谱(digital gene expression profiling, DGE)技术,将基因部分序列作为标签序列进行定量分析。例如,Jin等(2012)利用数字基因表达谱技术对两个杂交品种中具有不同厚度皮下脂肪组织的个体皮下脂肪组织进行了转录组分析,在两个品种中分别发现了36个和152个差异表达基因。第三阶段,利用第二代高通量测序技术,通过检测基因的整体序列对基因的表达进行评估,除了可以检测已知基因的表达量,还可以发现大量的新转录本、基因可变剪接以及基因编码区存在的结构变异。由于高通量测序技术的快速发展和价格的不断降低,至少80%的牛脂肪组织转录组学研究是建立在第二代高通量测序技术的基础上的。

(二) 利用第二代高通量测序技术对牛脂肪组织转录组研究的现状

韩国首尔大学的Lee等(2013)利用转录组测序技术对牛不同部位的脂肪组织,即网膜脂肪组织、皮下脂肪组织和肌内脂肪组织进行了基因表达比较分析;两两比较后,分别发现5797个、2156个和5455个差异表达基因。Sheng等(2014)利用转录组测序技术构建了牛皮下脂肪组织、肌内脂肪组织和肾周脂肪组织转录组图谱,并做了差异比较分析。西北农林科技大学的周扬(2017)利用转录组测序技术对不同发育阶段的牛皮下脂肪组织进行了转录组学研究,在成年牛和即将出生的胎牛皮下脂肪组织中共检测到2703个差异表达基因。在随后的几年间,研究人员利用转录组测序技术对牛脂肪组织开展了大规模的细致研究。截至2020年,至少有24篇文献报道了关于牛脂肪组织分布、不同阶段发育、肌间和肌内脂肪沉积能力以及不同品种间的差异等研究。例如,巴西圣保罗大学的Dos Santos Silva等(2019)挖掘了调控巴西内洛尔牛肌内脂肪含量的关键基因;同年,西北农林科技大学的宋成创比较了安格斯牛、柴达木福牛和牦牛皮下脂肪组织转录组的差异。从以上研究可以看出,利用第二代高通量测序技术对牛脂肪组织转录组进行的研究已经从最初对不同部位、不同发育时期脂肪组织差异的探索,逐渐延伸到更为细致的不同物种间脂肪组织的差异比较、特别物种的脂肪组织转录组的解析及特殊处理牛的脂肪组织转录组变化的层面,这也是将来牛脂肪组织转录组研究的一个长期趋势。

三、不同发育阶段牛脂肪组织转录组特征

（一）不同年龄牛脂肪组织转录组的特征

1. 不同年龄牛脂肪组织转录组数据相关性分析

不同发育阶段脂肪组织的转录组学特征和脂肪组织中不同分化时期的脂肪细胞的比例密切相关，并且研究显示存在较大差异，成年牛之间转录组基因表达的相关性均在0.9以上，胎牛与成年牛脂肪组织之间转录组基因表达的相关性仅为0.6左右（图13-3）。

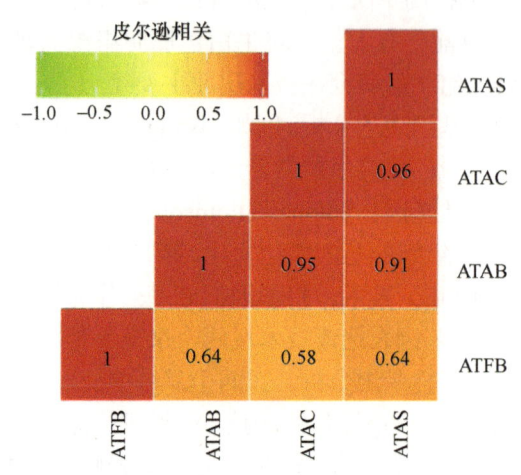

图13-3　不同脂肪组织转录组基因表达的相关性分析
ATFB. 胎牛脂肪组织；ATAB. 成年公牛脂肪组织；ATAC. 成年母牛脂肪组织；ATAS. 成年阉牛脂肪组织

2. 不同年龄阶段牛脂肪组织表达基因的特征

脂肪细胞分化主要包括4个阶段，每个阶段均有标志基因（图13-4A），第一阶段标志基因为 *LPL*（lipoprotein lipase）；第二和第三阶段标志基因为 *ADD1*（adipocyte determination and differentiation factor-1）、*C/EBPβ*（CCAAT enhancer binding protein beta）、*C/EBPδ*（CCAAT enhancer binding protein delta）、*C/EBPα*（CCAAT enhancer binding protein alpha）和 *PPARγ*（peroxisome proliferator-activated receptor γ）等；第四阶段标志基因为 *LIPE*（lipase E，hormone sensitive type）、*GPD*（glycerol-3-phosphate dehydrogenase）、*FAS*（fatty acid synthetase）、*ACC*（acetyl-CoA carboxylase，包括 *ACACA* 和 *ACACB* 等）和 *PCK1*（phosphoenolpyruvate carboxykinase-1）等。在牛早期发育阶段，脂肪组织中处于分化末期的脂肪细胞相对较少，且发育较为迟缓。转录组测序结果显示，牛进入成年时期后，至少12个脂肪组织内成脂分化标志基因开始上调表达（图13-4B）。

成年牛和胎牛脂肪组织中差异表达的基因，显著富集在与脂肪代谢相关的关键信号通路（PPAR信号通路）上，其中与脂肪代谢相关的基因大部分在成年牛脂肪组织内表达上调，与脂肪运输相关的基因，如 *Apo-AⅠ*（apolipoprotein AⅠ）和 *Apo-AⅡ*（apolipoprotein AⅡ）则在成年牛脂肪组织内表达下调（图13-5）。另外，相对于成年牛，胎牛脂肪组织内表达了更多的与核糖体相关的基因，从侧面说明脂肪沉积可能不是脂肪组

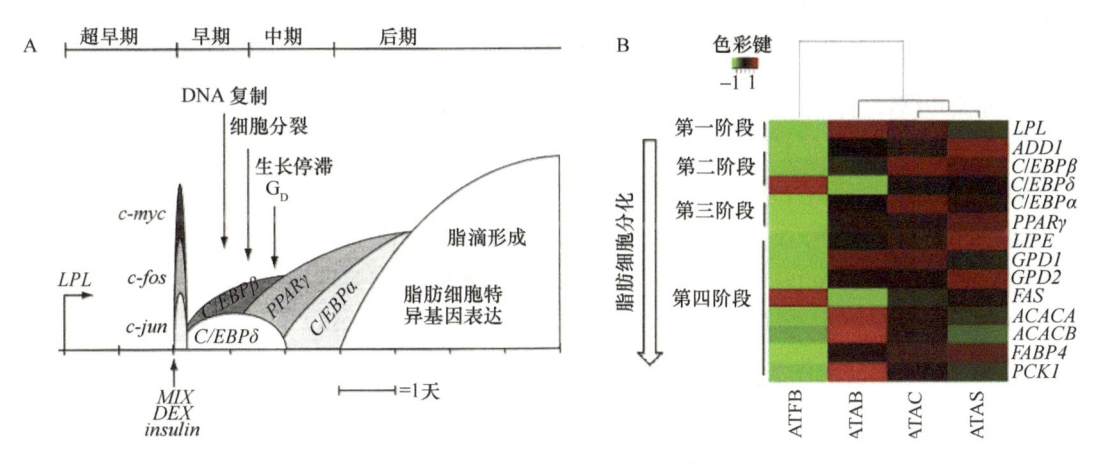

图 13-4 脂肪细胞分化过程中标志基因在 4 个脂肪组织内的表达量热图

A. 脂肪细胞分化不同阶段标志基因的表达（Ntambi and Young-Cheul，2000）。B. 标志基因在脂肪组织内的表达情况；ATFB. 胎牛脂肪组织；ATAB. 成年公牛脂肪组织；ATAC. 成年母牛脂肪组织；ATAS. 成年阉牛脂肪组织

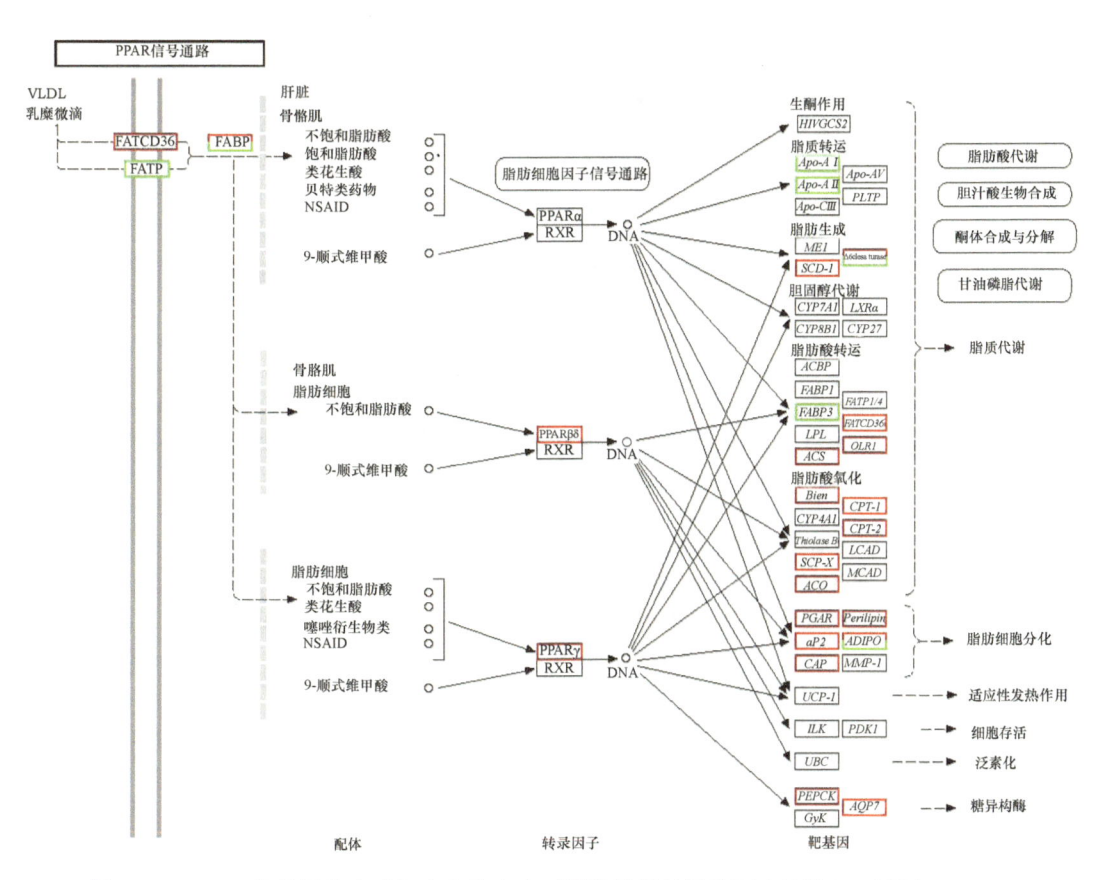

图 13-5 PPAR 信号通路中成年牛和胎牛皮下脂肪组织差异基因表达情况（周扬，2017）

红色框代表上调基因，绿色框代表下调基因

织在牛早期发育阶段的重点。这些从转录组水平上证明了成年牛脂肪组织相对于早期发育阶段的脂肪组织会有更多的脂肪细胞处于成脂分化末期，并进行着更为活跃的脂肪代谢（Zhou et al.，2014）。

(二)性别对牛脂肪组织转录组特征的影响

牛成年以后,性激素对脂肪组织的代谢及分泌模式产生调控作用,从而使不同性别的成年牛脂肪组织具有不同的转录组特征。在对不同性别成年牛(公牛、母牛、阉牛)脂肪组织的转录组研究中发现,差异表达基因显著富集在与脂肪应答或代谢相关的 GO 条目,如长链脂酰辅酶 A 代谢过程(long-chain fatty-acyl-CoA metabolic process)、脂酰辅酶 A 代谢过程(fatty-acyl-CoA metabolic process)、脂质代谢过程(lipid metabolic process)、酰基甘油代谢过程(acylglycerol metabolic process)和甘油三酯代谢过程(triglyceride metabolic process)(Zhou et al., 2014),图 13-6 展示了部分成年母牛和阉牛

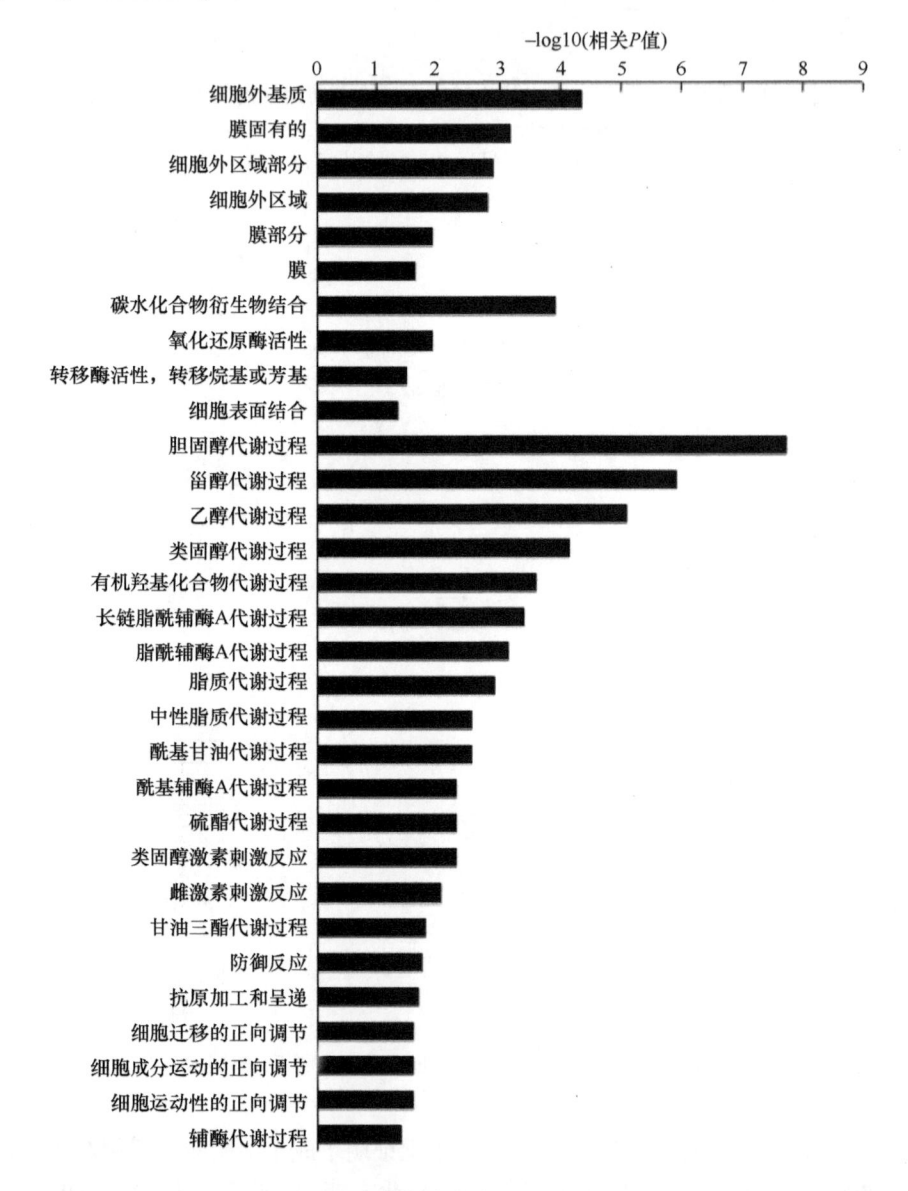

图 13-6 部分成年母牛和成年阉牛皮下脂肪组织差异基因功能聚类显著的 GO 条目(周扬,2017)

转录组差异基因富集分析的结果。血液中雌激素和雄激素的水平都和脂肪细胞的形态以及脂肪细胞分化和细胞因子分泌相关的调控基因表达存在一定的关系。对不同性别牛脂肪组织差异基因功能和参与的信号通路分析发现，与甾类激素相关的 GO 条目显著富集，并且在成年母牛脂肪组织和成年阉牛脂肪组织中，雌激素刺激应答 GO 条目显著富集（Zhou et al.，2014）。雄激素和雌激素可以通过多种方式影响脂肪组织的发育，包括影响脂肪的生成、脂肪细胞的分化、胰岛素的敏感性和脂肪因子的分泌（Newell-Fugate，2017）。例如，雄激素和雌激素都可以通过抑制脂蛋白脂肪酶（LPL）的活性来减少脂肪的沉积（Boivin et al.，2007）；在 Zhou 等（2014）的研究中，LPL 的表达量在阉牛脂肪组织（355.36 RPKM）中明显低于公牛脂肪组织（675.83 RPKM）和母牛脂肪组织（608.70 RPKM）；推测在公牛和母牛脂肪组织中雄激素和雌激素可能通过抑制 LPL 的活性，反向刺激 LPL 的表达量增加。

第三节 睾丸组织及精子转录组及其特征

一、精子发生机制

睾丸是雄性哺乳动物的生殖器官，基本功能是产生精子和分泌雄激素，主要由生精小管和睾丸间质组成。生精小管由界膜和生精上皮构成。界膜由基膜层、肌样细胞层和成纤维细胞层 3 层组织构成；生精上皮则包括支持细胞和生殖细胞。支持细胞有支持、保护、营养生殖细胞的功能；正常成熟的睾丸组织内有处于不同发育阶段的各级生精细胞，如精原细胞、初级精母细胞、次级精母细胞、精子细胞以及精子等。间质细胞、成纤维细胞、巨噬细胞和肥大细胞等构成睾丸间质。间质细胞能够分泌雄激素（多为睾酮），促进性腺发育和精子发生，维持雄性第二性征（图 13-7）。

精子发生可分为三个阶段：精原细胞的增殖和分化、精母细胞的减数分裂和精子形成。在精子细胞发生过程中，干细胞通过第一次有丝分裂产生精原细胞参与精子发生过程。精原细胞通过连续几次有丝分裂来产生前细线期精母细胞。前细线期精母细胞穿过血睾丸屏障进入减数分裂前期。在第一次减数分裂前期，原始细胞依次分化为不同的阶段（细线期、偶线期、粗线期、双线期），接着再进行第二次减数分裂。第一次减数分裂染色体数目减少，同源染色体分离，而第二次减数分裂是均等分裂，姐妹染色单体分离，因此减数分裂可产生圆形的单倍体精子。精子发生是指圆形精子经过细胞核的浓缩、顶体的形成、鞭毛的形成以及多余细胞质的丢弃等最终形成成熟的精子。在精子形成的最后阶段，精子被释放到输精管的管腔中（图 13-8）。

生精小管上皮由几代生殖细胞组成，这是因为从精原细胞到精子细胞的整个过程都有新一代细胞的参与，贯穿生精小管膜的内表面。其中，任何生殖细胞的命运都与某一输精管段相邻细胞的发育密切相关。这些细胞关联的一致性来自两种现象：其一，在生精小管的某一位点上，新的精原细胞开始分裂，并在一定时间间隔内进行精子发生；其二，一旦生殖细胞参与了精子发生，它们的分化率就总是相同的，每一步都有一个固定不变的持续时间。按照时间周期，可将在生精上皮细胞周期内发现的细胞关联划分为不同阶段。在公牛中，以精子发生为参考点可以将公牛的精子发生划分为 8 个时期（图 13-9）。

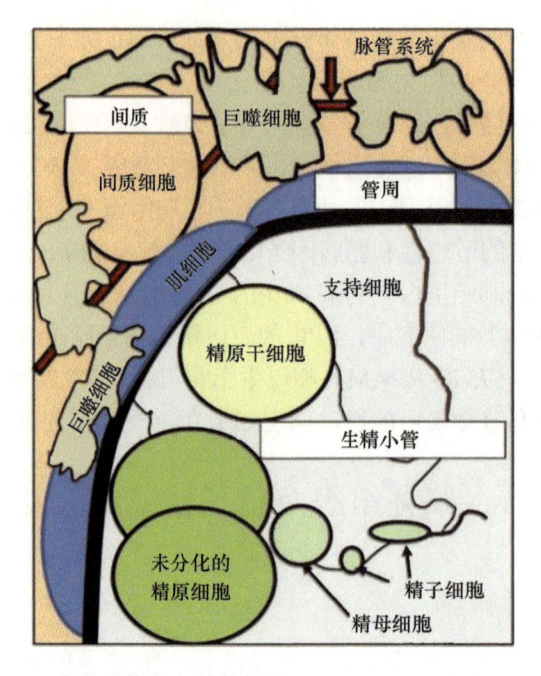

图 13-7　哺乳动物睾丸结构概述（Potter and Defalco，2017）

白色方框标注不同的区域：间质（interstitial）、管周（peritubular）和生精小管（seminiferous tubule）区域。间质区域包括以下细胞类型：间质细胞（黄棕色）、巨噬细胞（棕色）和脉管系统（红色）。管周区由肌细胞（蓝色）和巨噬细胞（棕色）组成。基底膜（粗黑线）将管腔间质和管周区与管腔分隔开。生精小管包含支持细胞（灰色）、精原干细胞（SSC，黄色）和晚期生殖细胞（不同深浅的绿色；非比例绘制的）

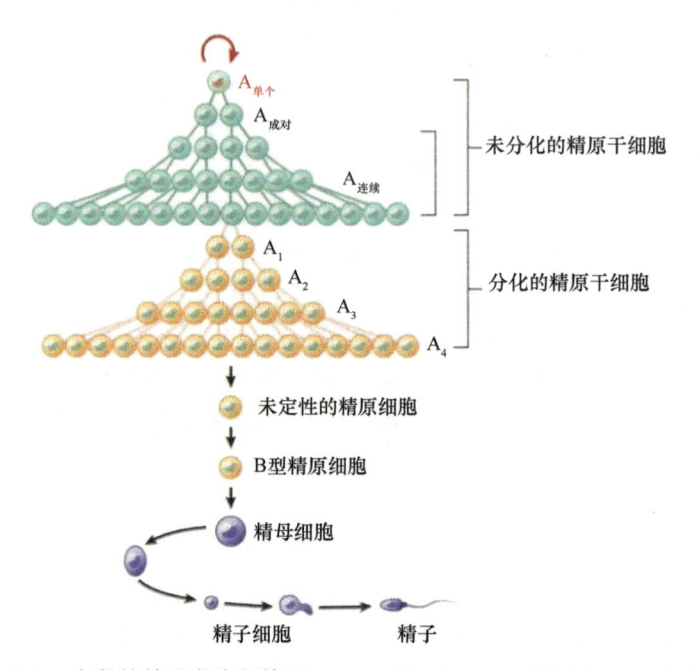

图 13-8　小鼠的精子发生规律（Kanatsushinohara and Shinohara，2013）

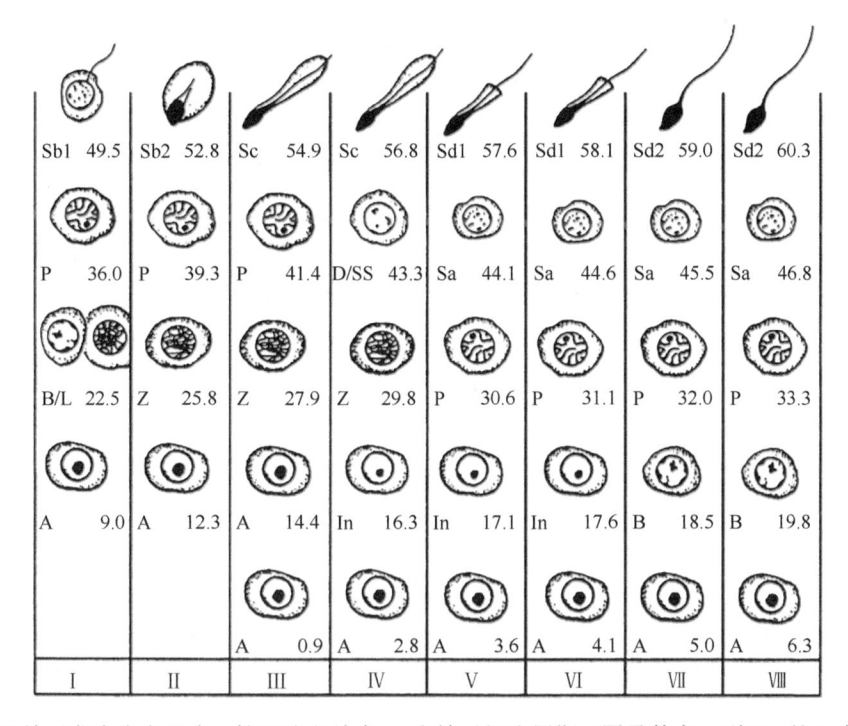

图 13-9 以精子发生为参照点（第Ⅷ阶段结束），牛精子细胞周期（罗马数字Ⅰ到Ⅷ）的 8 个阶段中的每一阶段的细胞关联（Staub and Johnson，2018）

A. A 型精原细胞；In. 中间型精原细胞；B. B 型精原细胞；L. 细线期初级精母细胞；Z. 偶线期初级精母细胞；P. 粗线期初级精母细胞；D. 双线期初级精母细胞；SS. 次级精母细胞；Sa. 圆形精子细胞；Sb1、Sb2、Sc、Sd1、Sd2. 精子细胞在分化的不同阶段的伸长状态；图中的数字为从精子发生起的持续时间（天）

Ⅰ期以 A 型精原细胞、B 型精原细胞或细线期初级精母细胞、粗线期初级精母细胞和 Sb1 精子细胞为特征。

Ⅱ期以 A 型精原细胞、偶线期初级精母细胞、粗线期初级精母细胞和 Sb2 精子细胞为特征。

Ⅲ期以两代 A 型精原细胞、偶线期初级精母细胞、粗线期初级精母细胞（Ⅳ期仍可见部分双线期精母细胞）和 Sc 精子细胞为特征。

Ⅳ期以 A 型精原细胞、中间型精原细胞、偶线期初级精母细胞、次级精母细胞和 Sc 精子细胞为特征。

Ⅴ期以 A 型精原细胞、中间型精原细胞、粗线期初级精母细胞和两代精子细胞（Sa 和 Sd1）为特征。

Ⅵ期以 A 型精原细胞、中间型精原细胞（Ⅶ期仍可见部分中间型精原细胞）、粗线期初级精母细胞和两代精子细胞（Sa 和 Sd1）为特征。

Ⅶ期以 A 型精原细胞、B 型精原细胞、粗线期初级精母细胞和两代精子细胞（Sa 和 Sd2）为特征。

Ⅷ期以 A 型精原细胞、B 型精原细胞、粗线期初级精母细胞、两代精子细胞（精子排出前的 Sa 和 Sd2）为特征。

在公牛中，生精上皮循环持续时间为 13.5 天。总的精子发生的持续时间为 61 天，是生精上皮循环的4.5倍。这个过程可以被分为三个阶段：精原细胞的增殖和分化（精母细胞发生）、精母细胞的减数分裂和细胞分化（精子形成），分别经历21天、23天和17天。

通过确定某一特定生殖细胞的寿命和理论产量并确定睾丸每种类型的生殖细胞数量，可以估测潜在的精子每日产量。每日每克的去囊睾丸精子产量是衡量精子形成效率的一个指标，可以很好地衡量物种间精子产量的差异。与其他物种相比，人类（$4 \times 10^6 \sim 6 \times 10^6$个/g）和牛（$12 \times 10^6$个/g）的精子形成效率低。人类睾丸精子形成效率较低的原因是精子形成时间较长，周期较长，生殖细胞密度较低。而牛精子形成效率较低，主要是由于特定发育阶段的生殖细胞退化。人类精子在减数分裂末期经历了30%~40%潜在精子产量的减少，公牛在减数分裂期间没有类似的损失或退化，但在公牛体内精母细胞发生过程中发现大量退化的生殖细胞。第一个退化期在A型精原细胞和中间型精原细胞之间，约有30%的损失。第二个30%的精子退化阶段发生在B1期和B1与B2期之间的阶段。如果没有这些早期的生殖细胞退化，预计公牛每天的精子产量约为30×10^6个/g。公牛在后续精子发生过程中没有明显的生殖细胞损失。

除了年轻男性在减数分裂末期生殖细胞显著减少外，老年男性在减数分裂前期还会经历生殖细胞的进一步退化。细线期后期、偶线期和粗线期初级精母细胞的缺失是老年男性每日精子产量下降的主要原因。由年龄引起公牛生育能力下降的相关文献报道很少，这是因为人工授精的公牛在经历生育能力下降和睾丸退化之前就被淘汰了。Wolf等（1965）将公牛青春期定义为一次射精收集到至少5000万个精子时的年龄，且精子活力至少达到10%。这个定义至今仍然有效，公牛青春期平均在42周左右，但根据品种的不同，这个年龄可以从38周到46周不等。从青春期开始，公牛的精子形成效率会持续提高，直到完全性成熟，公牛就能保证每天两次有效射精以产生足够的精子。在生产过程中，公牛通常每周采精3次，这是在精液产量和人工授精管理之间最优的方案。随着年龄的增长，精子的产生趋于减少，但也存在直到19岁依旧可生育的公牛。

近年来，基因芯片技术和高通量测序技术等在研究哺乳动物精子发生机制方面得到了广泛应用。从转录组角度来研究精子发生过程中基因的时空调控机制，主要采用了两种研究策略：①比较不同发育时期睾丸组织的基因表达时序，为研究睾丸发育的时序调控奠定了坚实的理论基础；②在睾丸组织中，分离精子发生过程中的各种细胞，分别进行组学研究。除此之外，在繁殖过程中，精子的质量、受孕率以及精子的抗冻性等都成为精子转录组学研究的重点。

二、睾丸组织转录组研究

目前，睾丸转录组研究较少。哺乳动物Y染色体雄性特异区（MSY）包含雄性生殖至关重要的基因簇。Y染色体的高度重复性和退化性阻碍了基因组和转录组的鉴定。Chang等（2013）通过直接睾丸cDNA选择和RNA测序方法研究了牛Y染色体的转录组。牛的Y染色体在结构、基因含量和密度方面与灵长类Y染色体有很大的不同。在牛Y染色体上鉴定的28个蛋白编码基因/家族中（12个单拷贝基因和16个多拷贝基因），16个是牛特异的。该研究发现的1274个基因使牛Y染色体的基因密度在基因组中最高；

相比之下，灵长类的 Y 染色体只有 31~78 个基因。此研究结果包括这些高度转录活性 Y 染色体基因及 375 个额外的非编码 RNA，挑战了 MSY 上的基因是贫乏的且具有转录惰性的普遍假说。另外，研究发现牛 Y 染色体基因主要在睾丸发育过程中表达，并受到不同程度的调控。Gao 等（2019）通过 RNA 测序对出生后 3 天（初生期）和 13 月龄（性成熟期）6 头牛的睾丸 mRNA 表达进行了全面分析，共鉴定出 22 118 个 mRNA，其中 3525 个 mRNA 在两个发育阶段差异表达（P-adjust＜ 0.05）。此外，GO 和 KEGG 富集分析显示这些差异表达的基因富集在精子发生中。与 lncRNA 进行关联分析后发现，目标基因（SPATA16、TCF21、ZPBP、PACRG、ATP8B3、COMP、ACE 和 OSBP2）与牛睾丸发育和精子生成相关。Liu 等（2021）对 3 月龄和 3 岁的皖东公牛睾丸进行 RNA 测序，发现有 5122 个 mRNA 差异表达（$P<0.05$），其中 CCDC83、DMRTC2、HSPA2、IQCG、PACRG、SPO11、EHHADH、SPP1、NSD2 和 ACTN4 与牛睾丸发育和精子生成相关。

三、精子转录组研究

在精子发生过程中，精子细胞向精子的分化包括染色质结构的改变，从而导致更高水平的 DNA 浓缩，这是通过用鱼精蛋白替换大多数组蛋白和大量损失其细胞质来实现的。在第一次减数分裂之前，精母细胞中有高水平的转录活性，随后转录率逐渐下降，在圆形精子细胞阶段出现短暂的激增。当精子细胞形成长精子细胞，即组蛋白被鱼精蛋白替代时，转录活动就停止了（Dadoune et al., 2004）。其中一项人类精子研究的体外试验也证实了此观点，该项研究使用了放射性标记的 UTP，在精子中没有发现转录的迹象。此外，精子的翻译活性也受到了损害，有证据表明精子没有或很少有翻译活性核糖体 RNA。这表明精子形成过程中，随着染色体的不断固缩，精子中基因转录在不断关闭，而在成熟精子中已经不能进行基因转录。然而，有研究表明 *sungrazer*、*tetleys-cup*、*flyer-cup*、*davis-cup*、*presidents-cup*、*schumacher*、*hale-bopp*、*gapds*、α 微管蛋白基因等基因在染色体固缩的长形精子细胞中的表达量显著高于圆形精子细胞，表明在精子形成过程中这些基因可能发挥了重要的作用。为了探究精子发生的机制，围绕精子形成、精子活率、精子的繁殖力等转录组相关研究不断。

（一）不同技术下的精子转录组测序

Gilbert 等（2007）通过 3 种方法（微量电泳、总体放大后比较拖尾效应、位于 5′ 端或 3′ 端目标序列的 PCR 扩增）检测了 RNA 完整性，并首次通过微阵列杂交技术检测了在精子细胞和精子中发现的 mRNA。精子中 RNA 完整性的研究表明，大部分低分子大小的片段是自然断裂的 mRNA。mRNA 调查显示，精子转录组中包含多种复杂的 mRNA，这些 mRNA 涉及多种细胞功能。Card 等（2013）首次利用 Illumina 测序技术检测了低温保存完整的牛精子转录谱，共挑选了来自 9 头公牛的精子 RNA，其受孕率得分为–2.9~3.5，并排除了基因组 DNA 和体细胞 mRNA。在选择性扩增 poly(A)+RNA 并进行高通量测序后，通过与牛基因组（UMD 3.1/bosTau6）比对，共鉴定出 6166 个转录本，还发现其中含有丰富的精子转录本 PRM1、HMGB4 和线粒体基因编码的转录本。

除鉴定了以前从未在精子中报道的转录本外，还发现了几个已知的来自不同物种的精子转录本，包括 *HMGB4*、*GTSF1* 和 *CKS2*。精子 RNA 无白细胞、睾丸生殖细胞和上皮细胞，分别表现为 *CKIT*、*CD45* 和 *CDH1* 扩增缺失。牛精子转录谱主要包含细胞核 mRNA，包括 33 个线粒体编码的 rRNA 和 mRNA，占精子转录谱 0.5% 的 mRNA。这些线粒体转录本非常丰富，在 FPKM 排名前 33 个转录本中占 32 个。该研究首次使用 RNA 测序对低温保存牛精子进行测序，完善了牛精子的转录谱。Raval 等（2019）利用 RNA 测序技术首次分析了瘤牛（*Bos indicus*）精子的整个转录谱，以获取其全部的 RNA 表达。分析发现，FPKM>0 的基因有 14 306 个，而 FPKM>5 的基因有 405 个。功能注释表明，精子转录本与分子过程（翻译、核糖体小亚基和大亚基组装）和细胞成分（细胞质小核糖体亚基和大核糖体亚基与细胞膜）相关，这些过程与已知的精子受精和精子形成功能有关。同时，利用微滴数字（droplet digital）PCR 技术对 RNA 测序的数据进行了验证，其中 *RN7SL1* 基因表达量高，*ZFP280B* 基因表达量低。Li 等（2021）对牛的圆形精子细胞、长形精子细胞和附睾精子进行了转录组测序，揭示了精子细胞由圆形向长形转变过程中顶体形成的调控网络。此外，揭示了精子发生过程中从长形精子细胞到附睾精子的基因表达调控过程，如泛素化、乙酰化、去乙酰化和糖基化，以及功能性 *ART3* 基因可能在精子发生过程中发挥的重要作用。

（二）牛不同精子活力与精子转录组的联系

精子活力是评价公牛精液质量的主要指标，它也可以用来评估公牛的生育潜力。Bissonnette 等（2009）通过微阵列技术与差异 RNA 转录本提取相结合的方法，发现一些基因的转录本与精子细胞的运动状态有关，并且发现与高活性状态相关的编码睾丸丝氨酸/苏氨酸特异性蛋白激酶基因（*TSSK6*）和金属蛋白酶非编码 RNA（*ADAM5P*）的转录本（$P<0.001$），RT-qPCR 也证实了这一点。Wang 等（2019）使用链特异性（strand-specific）建库 RNA 测序来分析 6 个具有不同精子运动的成对的全同胞荷斯坦公牛的精液转录组，并测定了 mRNA 在精子运动中的功能。在精液中检测到 20 875 个蛋白编码基因，其中 19 个在高精子能动性组（H：H1、H2 和 H3）和低精子能动性组（L：L1、L2 和 L3）中差异表达，如 *NKX1-2*、*AQP2*、*SUBH2BV* 等。

（三）牛不同繁殖率与精子转录组的联系

研究证实精子比父本的基因组更容易进入卵母细胞，同时它们还携带着精子形成的残余 mRNA。为了探究精子 RNA 对牛生育力的影响，Lalancette 等（2008）对具有极端不返情率（extreme non-return rate，NRR）的可育公牛的精子进行了差异转录谱分析，将研究对象分为低可育组和高可育组，并利用抑制消减杂交技术结合宏阵列分析发现了新的基因。在低生育能力的公牛中发现大量的 12S、18S 和大链 R（large chain R）rRNA 基因拷贝，而高 NRR 精子文库中与已知功能（如代谢、信号转导、翻译、糖基化和蛋白质降解）相关的转录本相比较高（29%），只有 10% 的低 NRR 序列具有这些功能。这一差异还体现在另外两个方面，在高 NRR 文库中有 17% 的牛基因组和 48% 的未知序列，而在低 NRR 文库中分别有 3% 的牛基因组和 80% 的未知序列。其中一些未知的转录本与在某些植物雄性生殖器官中检测到的表达序列标记相似,且与人类蛋白质同源。Feugang 等（2010）利用 Affymetrix 牛基因芯片分析了高生育能力和低生育能力荷斯坦公牛精子的 mRNA 图谱,大约 24 000 个转录本中有 415 个转录本差异表达(差异倍数≥2.0;$P<0.01$),这些转录本与不同的细胞功能和生物过程有关。高生育能力公牛精子中膜和细胞外空间蛋白位置的转录物浓度较高,而低生育能力公牛精子中转录和翻译因子的转录物浓度较低。Parthipan 等（2017）研究发现,从精液样本中分离得到的精子 RNA 表达水平与优良精子（年弃精率<25%；n=7）和劣质精子（年弃精率>40%；n=6）有关。优良组 *BMP2* 的相对表达水平明显高于劣质组,且与解冻后精子流速呈正相关关系。参与细胞凋亡的基因 *UBE2D3*、*CASP3* 以及自我平衡的基因 *HSFY2* 与精子解冻后快速渐进运动的百分比有显著的负相关关系。*NGF* 表达倍数与精样线粒体膜电位呈显著正相关关系,*BMP2* 表达水平与 *NGF*、*CASP3* 表达水平呈极显著正相关关系,因此,*BMP2* 表达水平可用于预测精子质量。*TRADD* 表达水平对纯精液标本线粒体膜电位和受孕率有显著负向影响,因此 *TRADD* 可决定牛受胎率（CR）。该研究充分证明精子转录本表达水平可用于预测高质量的精子生产和公牛的生育能力。Card 等（2017）利用 RNA 测序技术比较了高生育率（1.8<CR<3.5）和低生育率（−2.9<CR<−0.4）的奶牛精子转录谱,在高生育率和低生育率群体中分别鉴定出了 3227 个转录本和 5366 个转录本。两个群体间共有 2422 个转录本,高生育率群体特有 805 个转录本,低生育率群体特有 2944 个转录本。GO 分析表明,每个生育率群体特有的转录本在生物过程上存在差异,其中高生育率公牛转录本在生长和蛋白激酶活性的调节方面富集。此研究还发现 *COX7C* 表达水平与公畜生育能力呈负相关关系。Selvaraju 等（2017）用两个不同的平台（Ion Proton 和 Illumina）对公牛精子（n=3）的整个转录组进行了测序,发现牛精子包含 13 833 个基因的转录本[每百万转录本（TPM）>10],其中包括完整的和部分的转录本。这些精子转录本与精子发生、精子功能、受精和胚胎发育的不同阶段有关。精子中存在完整的妊娠相关糖蛋白（pregnancy-associated glycoprotein,PAG）转录本,表明精子转录本的影响可能超出了早期胚胎发育。精子转录本的特殊区域（外显子、内含子和外显子-内含子）有助于调节受精。转录本 *PRM1*、*CHMP5* 和 *YWHAZ* 的表达最丰富,参与了雄性配子的产生和精子功能。Singh 等（2019）通过 RNA 深度测序检测了 Frieswal 公牛（Holstein-Friesian × Sahiwal）精液的精子转录组丰度。根据受胎率对优质和劣质牛精子进行了鉴定,通过与 *Bos taurus* 参考基因组比对,在优质和劣质牛精子中分别鉴定出 3510 个和 6759 个功能转录本,这些转录本大多数与精子功能、胚胎发育和受精的其他功能有关。对前 5 位转录本（*AKAP4*、*PRM1*、*ATP2B4*、*TRIM71* 和 *SLC9B2*）的验证表明,优质杂交公牛精液的表达量显著高于劣质杂交公牛精液的表达量（$P<0.01$）。Selvaraju 等（2021）从 47 头不同生育率（高生育力和低生育力）的公牛中采集精液样本进行转录组测序,发现精子中包含 1100~1700 个完整的转录本,其中 *BCL2L11* 和 *CAPZA3* 基因与精子发生和胚胎后器官形态发生有关。高生育力公牛中这些上调基因（$P<0.05$）的生物学功能与精子发生（*AFF4* 和 *BRIP1*）、精子活力（*AK6* 和 *ATP6V1G3*）、获能和带状结合（*AGFG1*）、胚胎发育（*TCF7* 和 *AKIRIN2*）及胎盘发育（*KRT19*）有关。此外,顶体完整性和功能膜完整性组中上调的基因与生育率密切相关,表明控制精子功能膜完

整性和顶体完整性的基因影响公牛的生育能力。

（四）低温保存对精子转录组的影响

低温损伤是精液冷冻保存的一个主要问题，可能引起精子转录的改变，从而影响精子功能和能动性。Chen 等（2015）利用抑制消减杂交技术建立了互补 DNA 减法文库，结合微阵列技术和序列同源性分析对文库中差异表达基因进行筛选和分析，通过 DNA 芯片数据比较 9 头荷斯坦牛的新鲜精子和冷冻解冻精子，共鉴定出 19 个阳性差异表达的功能基因。在 15 个差异表达的单基因中表现出高序列同源性，其中 12 个在冻融精子中上调，其余 3 个在新鲜精子中上调，另外 4 个克隆由于序列不完整或没有显著的序列同源性而被鉴定为新基因，其中 *RPL31* 基因表达差异显著（$P<0.05$）。

四、犏牛雄性不育症的转录组测序

犏牛是普通牛（*Bos taurus*）和牦牛（*Bos grunniens*）的杂交种，其适应恶劣环境的能力远高于牦牛。F$_1$ 犏牛因生精停滞而不育，睾丸中生精基因调控不当。由生精阻滞引起的犏牛雄性不育严重制约了其在育种上的有效利用。虽然已有大量关于生精阻滞的机制研究，但是关于犏牛和牦牛睾丸之间的转录组差异的信息还很少。

Cai 等（2017）对牦牛和犏牛的睾丸组织学观察表明，犏牛睾丸中的生殖细胞以精原细胞为主，而各种分化的生殖细胞在牦牛睾丸中均有出现。转录组分析鉴定了 2960 个差异表达基因，其中 679 个基因表达上调，2281 个基因表达下调。显著富集的 GO 条目中包含了大量与雄性家畜不育相关的差异表达基因。*STRA8* 和 *NLRP14* 的上调可能与未分化精原细胞的积累和严重的细胞凋亡有关。下调的 *SPP1*、*SPIN2B* 和 *PIWIL1* 与细胞周期进程和精原基因组完整性相关，*CDKN2C*、*CYP26A1*、*OVOL1*、*GGN*、*MAK*、*INSL6*、*RNF212*、*TSSK1B*、*TSSK2*、*TSSK6* 参与减数分裂。此外，许多与精子组分相关的基因在犏牛中的表达也下调。Wnt/β-catenin 信号通路是排名前三的显著富集通路，*Wnt3a*、*PP2A* 和 *TCF/LEF-1* 的下调可能导致了犏牛精原细胞分化的阻滞。该研究提示，在精原细胞分化阶段，可能会出现产精阻滞，在减数分裂期间加剧，导致精子数量极少、存在形态异常和结构缺陷，使牛缺乏受精能力。

Wu 等（2019）使用雄性特异性引物和反转录定量 PCR 分析了牛 Y 染色体 X 退化区 10 个基因的 mRNA 表达模式。其中，*UTY*、*OFD1Y* 和 *USP9Y* 基因在杂交牛睾丸中广泛表达且表达量极显著高于其在普通牛和牦牛睾丸中的表达（$P<0.001$），*RBMY* 基因在睾丸特异性表达，*EIF1AY* 基因主要在睾丸表达，而杂交牛和普通牛的 *RBMY* 和 *EIF1AY* 表达没有显著差异。因此，根据杂交牛的不育模型，*UTY*、*OFD1Y* 和 *USP9Y* 的高表达可能与杂交牛的不育有关。Zhao 等（2019）对牦牛和犏牛的附睾进行比较转录组分析，在犏牛附睾中共鉴定出 3008 个差异表达的基因。*LCN9*、*SPINT4*、*CES5A*、*CD52*、*CST11*、*SERPINA1*、*CTSK*、*FABP4*、*CCR5*、*GRIA2*、*ENTPD3*、*LOC523530*、*DEFB129*、*DEFB128*、*DEFB127*、*DEFB126*、*DEFB124*、*DEFB122A*、*DEFB122* 和 *DEFB119* 在排名前 30 的差异表达基因中均下调，而 *NRIP1* 和 *TMEM212* 上调。此外，KEGG 富集分析显示差异表

达基因在内质网途径的蛋白加工（protein processing in endoplasmic reticulum pathway）显著富集，这可能是由于整个内质网（endoplasmic reticulum，ER）蛋白加工途径中 ER 相关基因的异常表达导致雄性犏牛 ER 蛋白加工途径的中断，从而使几个重要基因的表达下调。除 NEF 基因外，该通路中富集的其他差异表达基因均下调。

Wu 等（2020）分析了牦牛和犏牛睾丸的转录组，发现在犏牛和牦牛之间存在 6477 个差异表达基因（2919 个上调，3558 个下调）。进一步分析发现，未分化精原细胞的标记基因和凋亡调节基因表达上调，分化维持基因表达下调。在精原细胞有丝分裂过程中，大多数与有丝分裂时间点和细胞周期进程相关的差异表达基因在犏牛中表达下调。此外，几乎所有与突触复合体组装和减数分裂进程相关的差异表达基因在犏牛中也没有表达的迹象。数十个参与顶体形成和鞭毛发育的基因表达下调，表明生精停滞可能起源于精原干细胞的分化阶段，并在精原细胞有丝分裂和精母细胞减数分裂中加剧，从而导致犏牛中很少出现精子。

第四节　卵巢组织转录组及其特征

一、卵巢概述

卵巢是雌性动物的生殖器官，主要负责产生卵子和分泌雌性激素，形状呈稍扁的椭圆形。未经产的母牛卵巢组织稍向后移，多位于骨盆腔内；经产的母牛卵巢组织位于腹腔内，在耻骨前缘的前下方。卵巢的内部结构分为皮质和髓质，皮质主要由卵泡和结缔组织组成，分布于卵巢内部周围；髓质由疏松组织构成，分布于卵巢中央。母牛在出生前卵巢内就已具有大量的原始卵泡和原代卵原细胞，出生后随着年龄的增长数量逐渐减少，最后能发育成熟至排卵的只有极少数；在初情期后，静止的卵泡开始逐步发育成熟并排出卵子；性成熟后，卵巢内会进行发情周期的循环，包括卵泡的成熟、卵子的发生以及黄体的形成与退化等一系列复杂的生理过程。

（一）卵泡的发育

黄牛的卵巢皮质中包括不同发育阶段的卵泡。卵泡是卵巢中最小的结构和功能单位，由卵泡中央的卵母细胞、包围卵母细胞的颗粒细胞以及最外层的卵泡膜细胞组成，主要有分泌激素和雌性配子两种功能。一般根据母牛卵母细胞或者卵泡的体积、颗粒细胞的层数、卵泡膜的发育、卵母细胞在卵丘内的位置及腔的出现等（张运海，2000），将发育的卵泡分为原始卵泡、初级卵泡、次级卵泡、三级卵泡、成熟卵泡（又称赫拉夫卵泡），其中原始卵泡、初级卵泡和次级卵泡属于腔前卵泡（preantral follicle），而三级卵泡和成熟卵泡统称为有腔卵泡（antral follicle）。原始卵泡的直径为 40～100 μm，其中卵母细胞直径一般<20 μm（Bessa et al.，2013）；在卵泡发育开始后，包围着原始卵泡（primordial follicle，也称静止卵泡）的颗粒细胞由扁平状逐渐变成立方体状，直至在卵母细胞的周围形成一个颗粒细胞层（Fortune et al.，2000），完成原始卵泡转变为初级卵泡（primary follicle）的过程。

初级卵泡的生长主要是卵母细胞的生长。此时，卵泡的直径为 100～150 μm，卵母细胞直径为 25～35 μm。原始卵泡和初级卵泡两个阶段处于促性腺激素的不依赖期，这两个过程中几乎不产生促性腺激素受体或者促性腺激素。当包围卵母细胞的颗粒细胞分裂增殖形成复层、包围卵泡四周的皮质基质变为卵泡膜时，颗粒细胞合成并分泌多糖，多糖和蛋白质结合成糖蛋白，构成初级卵母细胞与颗粒细胞之间的透明带，初级卵泡发育成次级卵泡（secondary follicle）（王建辰，1993）。

次级卵泡中卵泡直径和卵母细胞直径分别为 150～250 μm、40～85 μm；次级卵泡是腔前卵泡的最后阶段，此时卵泡开始转入促性腺激素依赖期；次级卵泡中颗粒细胞的细胞膜上出现促卵泡素（FSH）受体和促黄体素（LH）受体，细胞内形成雌激素（E）、睾酮（T）、孕酮（P4）的受体（张运海，2000）。存于次级卵泡中的卵泡细胞逐渐分离，形成由卵泡分泌的充满卵泡液的腔隙；随着卵泡液增多和卵泡腔的扩大，卵母细胞被推向一边并被包裹在卵泡细胞团中形成卵丘；颗粒细胞贴在卵泡腔周围增殖形成颗粒复层至细胞大约 3000 个时，开始形成卵泡腔，发育成三级卵泡（third follicle）。

在三级卵泡中卵泡直径和卵母细胞直径分别为 200～370 μm、100～120 μm。此时，颗粒细胞和膜细胞均参与卵泡液的形成，如颗粒细胞在促卵泡素（FSH）的作用下，细胞膜上形成催乳素（PRL）受体；膜细胞分泌骨形态生成蛋白（BMP），可以促进颗粒细胞增殖和雌二醇生成。三级卵泡进一步发育至最大体积，卵母细胞直径发育至＞135 μm；颗粒细胞不再分裂增生，但颗粒细胞、膜细胞及间质细胞上的促黄体素（LH）受体进一步增多、催乳素（PRL）受体减少（王建辰，1993），此时卵泡发育成为成熟卵泡（mature follicle），直径可达 10～14 mm。成熟卵泡中的卵泡液急剧增加，腔体积达最大，导致卵泡壁变薄，卵丘内放射冠细胞与卵丘细胞出现裂隙，彼此联系松动，以致卵母细胞排出。

黄牛在多数情况下都是单胎，主要是因为母牛在每个发育周期中大多会出现 2～3 个卵泡波，而仅有最后一个卵泡波的优势卵泡成熟并排卵。众多研究证实：卵泡发生始于静息卵泡的活化，卵泡逐渐发育和生长至排卵前。这个过程经历 5 个阶段，从募集开始，原始卵泡发育成初级卵泡（直径到 2 mm），然后筛选，中小卵泡生长到 8 mm，最后直径大于 8 mm 的排卵前优势卵泡排卵，未排卵的次级卵泡退化并经历卵泡闭锁。卵泡实际上由卵母细胞及其周围体细胞的顺序分化而来，这些体细胞形成了颗粒层和卵泡膜层；哺乳动物卵母细胞的生长和发育依赖于卵母细胞与其周围细胞之间的双向通信。综上所述，卵巢卵泡的生长和发育受一系列复杂的时空相互作用严格调控，这是保证卵母细胞质量的主要因素，也是维持卵巢功能、阐释母牛个体繁殖潜力的一个研究方向。

(二) 卵子的发生

动物在胚胎期性别分化后，雌性胎儿的原始生殖细胞（primordial germ cell）分化为卵原细胞（oogonium），卵原细胞通过有丝分裂增殖。一般牛的卵原细胞有丝分裂期开始较早，并在胎儿期的前半期就结束（朱士恩，2009）。卵原细胞经最后一次有丝分裂后，发育成初级卵母细胞（primary oocyte）。初情期后，初级卵母细胞进入成熟分裂前期，被一层扁平的卵泡细胞包围形成原始卵泡。

初级卵母细胞在排卵前后不久完成第一次成熟分裂，变为次级卵母细胞（secondary oocyte），在受精过程中完成第二次成熟分裂。成熟分裂 I 期分为前期、中期和末期，而前期又分为细线期(leptotene)、偶线期(zygotene)、粗线期(pachytene)、双线期(diplotene)及终变期(diakinesis)。在此阶段染色质高度疏松，有完整的细胞核膜，称为核网期，即生发泡（germinal vesicle，GV）期。初级卵母细胞随着卵泡发育至次级卵泡时，卵母细胞表现出显著的转录活性；生长中的卵母细胞保持转录激活状态，mRNA合成一直持续到完全成熟，然后变成惰性转录（Walker and Biase，2020）；而在卵泡发育后期，RNA的合成不再能被检测到。

初级卵母细胞在第一次减数分裂末期生成了第一极体和次级卵母细胞。第二次减数分裂时，次级卵母细胞再次分裂成为卵细胞（卵子）和第二极体。第二次减数分裂持续时间很短，并终止于第二次成熟分裂中期（metaphase II，MII），待到受精过程中因精子的刺激而最终完成卵母细胞的成熟。卵母细胞的成熟是指卵母细胞逐步恢复减数分裂的能力并为受精和胚胎早期发育做准备的过程，表现为细胞核和细胞质的成熟。细胞核成熟表现为核膜崩解，即生发泡破裂（germinal vesicle breakdown，GVBD）；细胞质成熟主要是细胞器从GV期向MII期的状态分化以及RNA和蛋白质的积累（朱士恩，2009）。

卵母细胞经历强烈的基因转录和蛋白质翻译，为胚胎早期发育提供营养环境和调控机制。Walker和Biase（2020）对牛卵母细胞转录组已公开可用的数据进行整理（表13-2），发现对牛卵母细胞的研究主要集中在GV期和MII期，确定了多达13.5万个卵母细胞基因的转录本。卵母细胞的转录组测序研究可以更好地定义卵母细胞发育相关的功能基因，在分子水平上解释卵母细胞在不同发育阶段的生物学变化。

表13-2 利用RNA测序技术检测牛卵母细胞转录本的基因数（Walker and Biase，2020）

GV期卵母细胞	MII期卵母细胞	数据存取	参考文献
13 327	12 821	GSE52415	Graf et al.，2004
—	11 488	GSE59186	Jiang et al.，2014
10 181	8 941	GSE61717	Reyes et al.，2015
—	11 292～12 655	SRP078201	Wang et al.，2017
10 327	—	GSE99678	Biase and Kimble，2018

（三）黄体的形成与退化

黄体是卵泡成熟的延续，也是一个暂时性的激素分泌器官，主要作用是产生孕酮（Ryo et al.，2017）。成熟的卵泡破裂排出卵子后，卵泡腔内的卵泡液被排空，形成的负压使卵泡膜上部分血管破裂，腔内血液凝聚成块形成红体；此后，颗粒细胞层增生变大充满整个卵泡腔，并吸取类脂质变成黄体。同时，卵泡内膜快速分生出血管，含有类脂质的卵泡膜细胞融入黄体细胞之间，参与黄体的形成并为黄体细胞的增殖提供营养。在黄体退化时，颗粒细胞的细胞质空泡化、细胞核萎缩以及细胞膜血管退化，黄体的体积逐渐变小，颗粒层的黄体细胞逐渐被纤维细胞取代，整个黄体细胞被结缔组织取代形成白体（类似瘢痕）。

二、不同发育阶段卵巢组织的转录组研究进展

母牛卵泡生长发育的整个过程受到各种内分泌激素和卵泡内生长因子的调控。在最

基础的组织生理特征上,近年来已有很多对于不同阶段卵巢组织相关研究的报道,本部分将从转录组学的角度对其进行综合介绍和阐述。

不同发育阶段中的卵泡在一系列特定基因顺序表达的基础上进行转录和翻译,这是影响卵泡募集、选择及凋亡的内在关键性因素。近年来,研究者利用卵巢卵泡中卵母细胞、颗粒细胞、卵泡膜细胞、卵泡液以及黄体在发情周期中的各类基因、激素、受体及生长因子等表达量的变化来解释影响卵泡生长发育和卵子生成的重要因素,为生成优质卵子和提高黄牛产犊性能提供理论依据;也通过 RNA 测序对卵泡中各类细胞进行测序,以筛选与卵泡发育相关的调控基因,为黄牛育种研究奠定基础,并为改善黄牛基因结构信息和新基因的挖掘提供有价值的数据。

(一) 卵母细胞生长发育转录组研究

有研究报道,在卵母细胞生长过程中,当卵母细胞直径达到 110 mm 时,DNA 转录会从活性很强转变为极弱;Lodde 等(2008)通过放射性前体标记后的放射自显影显示牛 GV0 期卵母细胞具有强烈的 RNA 合成活性,而 GV1 期和 GV2 期转录活性逐渐降低,GV3 期与转录活性的整体抑制有关。母牛的卵母细胞基因组转录始于次级卵泡期。Labrecque 等(2015)利用 EmbryoGENE 微阵列平台对 GV0 到 GV3 过渡期间的卵母细胞进行转录组分析,结果表明,随着染色质紧密度的增加,有些基因的 mRNA 丰度逐渐降低;与此同时,一些组蛋白基因(*H2A*、*H2B*、*H3*、*H4* 和接头组蛋白 *H1* 家族)转录本逐渐增多并储存,这可能是在胚胎基因组转录激活前满足胚胎早期发育所必需的。

Misa 等(2011)收集小母牛(9~11 月龄)和成年母牛(4~6 岁)的卵巢组织,使用实时定量 PCR(RT-qPCR)和原位杂交技术对其卵母细胞和卵丘细胞中的 *BMP15* 和 *GDF9* 的表达进行测定,结果表明,*BMP15* 和 *GDF9* 在小母牛和成年母牛中 mRNA 表达明显不同,成年母牛卵巢中 *BMP15* 和 *GDF9* 的表达量明显高于小母牛卵巢。Reyes 等(2015)对单个牛卵母细胞进行 RNA 测序(RNA-seq),选择生胚泡和 MⅡ期卵母细胞的聚腺苷酸化 RNA 扩增和处理以进行 Illumina 测序,共得到 10 494 个基因,其中有 2455 个差异表达基因,通过差异表达基因丰度的不同研究卵母细胞成熟的差异基因表达谱。

(二) 颗粒细胞和卵泡膜细胞转录组研究

在卵泡生长发育过程中,颗粒细胞和卵泡膜细胞作为卵母细胞生长最重要的辅助细胞,通过内分泌、旁分泌和间隙连接等方式进行信息传递来影响卵泡和卵母细胞的生长发育。之前的众多研究证实卵母细胞和周围的卵泡细胞之间有很强的互相依赖关系(Gilchrist et al.,2008)。Robert 等(2011)比较了有或无促黄体素(LH)培养下小卵泡(<4 mm)和大卵泡(>8 mm)的颗粒细胞 mRNA 表达模式,通过差异显示和抑制消减杂交对牛颗粒细胞的 mRNA 池进行分析比较,鉴定出基质金属蛋白酶、上皮调节蛋白(EREG)、前列腺激素受体和孕激素受体与所检查卵巢生理最相关。Sayasith 和 Sirois(2015)研究排卵前牛卵泡中金属蛋白酶 17 基因(*ADAM17*)转录物调控时,利用 RT-qPCR 对使用人绒毛膜促性腺激素(hCG)后 0~24 h 牛卵泡中的总 RNA 进行检测,结果表明在颗粒细胞和卵泡膜细胞中:hCG 使用前(0 h),*ADAM17* 的 mRNA 表达水平很低,6~

12 h 时表达水平显著且短暂升高（$P<0.05$），24 h 后表达水平降至最低；他们还在转录调控的基础上通过对原代细胞的培养验证了 *ADAM17* 在卵泡细胞中的转录调控机制。

Feng 等（2017）发现 N-氨基甲酰谷氨酸（NCG）在小卵泡颗粒细胞中降低 *StAR*、*CYP11A1* 和 *CYP19A1* 的 mRNA 丰度（$P<0.05$），而精氨酸（ARG）对这 3 个基因的 mRNA 丰度并没有影响（$P>0.10$），推测 NCG 和 ARG 可能直接作用于牛颗粒细胞。Sinderewicz 等（2017）通过 RT-qPCR 检测不同卵泡类型的颗粒细胞和卵泡膜细胞中一些新的生长因子编码基因（*PGES*、*TFG*、*CD36*、*RABGAP1*、*DBI* 和 *BTC*）的 mRNA 表达水平及其与溶血磷脂酸（LPA）之间的关系，发现 LPA 受体与颗粒细胞中的 TFG、DBI 和 RABGAP1 以及卵泡膜细胞中的 TFG 的相互联系最强。Cesaro 等（2018）研究了利钠肽（NP）在牛卵泡偏离时和排卵时的 mRNA 表达水平，发现牛颗粒细胞中编码 NP 系统的 mRNA 在牛卵泡偏离和促性腺激素释放激素（GnRH）处理时受到调节，证实 NP 系统在单排卵物种中有调节生殖的作用。Martins 等（2019）研究了牛卵巢中抑瘤素 M（OSM）及其受体（OSMR）mRNA 表达水平对颗粒细胞的影响，发现卵泡偏离前后和排卵前的卵泡的颗粒细胞中 OSMR 转录水平很高（$P<0.001$），却均未检测到 OSM mRNA 的存在，进一步在排卵前后的卵泡和黄体试验中发现 OSMR 在卵泡闭锁、排卵和黄体溶解期间受到调节，因此证明 OSM 对卵泡和卵母细胞有调控作用。

Hatzirodos 等（2014）对小的（3～5 mm，$n=10$）和大的（9～12 mm，$n=5$）有腔卵泡膜进行转录分析，通过 23 000 个探针组发现 76 个差异表达基因，这些差异表达基因与细胞分化、蛋白质泛素化、Wnt 信号通路等过程相关；研究发现，不同于颗粒细胞，卵泡膜的转录谱在卵泡发育过程中相对稳定。Schütz 等（2016）研究发现，奶牛在优势卵泡发育过程中，中等大小卵泡中颗粒细胞和卵泡膜细胞中 *FGF9* 的 mRNA 丰度增加；而有雌二醇活性的优势卵泡中 *FGF9* 的 mRNA 丰度低于无雌二醇活性的次级卵泡，结果表明 FGF9 信号通路可能有助于奶牛正常卵泡发育和类固醇生成。

（三）卵泡液环境相关的转录组研究

卵泡液是卵泡和卵母细胞生存的微环境，对于卵母细胞质量有很重要的影响。Bessa 等（2013）对不同发育阶段的卵泡收集提取总 RNA，对其筛选的靶基因利用 RT-qPCR 检测，结果表明，很多基因在卵泡发育最后阶段前积累，并证实 *HDAC2* 基因是唯一在获能阶段观察到的差异表达基因。Khan 等（2016）对母牛的颗粒细胞、卵丘细胞和卵母细胞 3 个卵泡区在 FSH 持续期的独立转录组进行荟萃分析，鉴定出 12 个具有类似表达模式的基因簇；RT-qPCR 证实在 30 头母牛中均有 *ELAVL1*、*APP*、*MYC* 和 *PGR* 基因的表达，这些基因的组合可以预测卵母细胞的功能（灵敏度 83%）。

Warzych 等（2017）的研究结果表明，卵泡液中的脂肪酸与卵泡颗粒细胞中的 4 个基因（*SCD*、*FADS2*、*ELOVL5* 和 *GLUT8*）的 mRNA 表达相关，而卵丘细胞中只有 *SCD* 基因的表达，这有助于进一步理解卵母细胞与母体环境之间的能量代谢转化。Bertevello 等（2018）利用转录组学揭示了脂质代谢相关基因在卵泡膜细胞、颗粒细胞、卵丘细胞或卵母细胞等细胞中更具体的表达，表明卵泡中脂质代谢的发生可保证卵母细胞的能量供应、膜合成和脂质介导的信号来维持卵泡稳态。

（四）黄体细胞转录组研究进展

黄体在排卵后不久具有未成熟的血管系统，表明黄体细胞在低氧下存在。Reyes 等（2015）通过 RT-qPCR 对低氧下黄体中的葡萄糖转运蛋白 1 基因（*GLUT1*）进行测定，发现早期黄体中 *GLUT1* 的表达水平高于中期和后期；接着测量葡萄糖（0～25 mmol/L）和 GLUT1 抑制剂（细胞松弛素 B、STF-31）对黄体细胞 P4 产生的影响，结果证明前者可提高早期黄体细胞中的 P4 产量，但不增加中期、后期的 P4 产量，GLUT1 的两种抑制剂均可抑制早中期 P4 的产生，在牛早期黄体发育过程中，低氧条件可通过缺氧诱导因子 1（HIF1）的转录活性增强 *GLUT1* 的表达；而 *GLUT1* 通过支持 P4 产生来促进黄体功能。Castilho 等（2019）研究了牛黄体细胞形成与退化过程中成纤维细胞生长因子 22 基因（*FGF22*）及其受体基因 *FGFR1B* 的表达，RT-qPCR 结果表明，在黄体发育的所有阶段均检测到 *FGF22* 的表达；在氯前列醇引发的黄体溶解中 *FGFR1B* 的 mRNA 丰度显著增高（$P<0.05$），但 *FGF22* 的 mRNA 丰度未受影响，表明 FGF22-FGFR1B 系统在牛黄体的发育和消退过程中有潜在作用。Nishimura 等（2018）发现在牛卵泡期时 *BNIP3* 在大卵泡的颗粒细胞（>10 mm）中的 mRNA 和蛋白质表达量高于小卵泡（<8 mm），在黄体早期时 *BNIP3* 在 mRNA 和蛋白质水平的表达达到高峰并且在缺氧下 *BNIP3* 的 mRNA 表达量更高，验证了 *BNIP3* 在牛卵泡期和黄体形成期具有一定的作用。

第五节 胚胎发育的转录组及其特征

一、黄牛的胚胎发育

精子和卵子经过一系列严格有序的形态、生理及生物学变化，最终结合成可以发育为新个体的受精卵。最初受精卵为早期胚胎，并未与母体子宫建立组织联系，因此也称附植前胚胎发育。早期胚胎的发育分为 5 个主要阶段（图 13-10）。①卵裂阶段：受精卵按照一定规律进行多次有丝分裂，形成多个卵裂细胞（也称卵裂球）。②桑葚胚阶段：当透明带内卵裂球增多到 32 细胞期至 64 细胞期时，卵裂球之间排列更加紧密，细胞间界限逐渐消失（相邻细胞最大限度地接触），并产生细胞连接，整个胚胎形成一个紧缩细胞团，形似桑葚，故称为桑葚胚。③囊胚阶段：桑葚胚进一步发育后，胚胎细胞开始分化，其中的一端细胞个体较大、分布致密，称为内细胞团（inner cell mass，ICM），另一端细胞个体较小且沿着透明带内壁排列扩展，称为滋养层（trophectoderm，TE），滋养层和内细胞团之间出现囊胚腔，这一发育阶段便叫作囊胚。④孵化囊胚：囊胚进一步扩大，逐渐从透明带里伸展出来的过程叫作孵化囊胚。之后囊胚在没有透明带束缚下迅速扩展增大和分化，胚胎在孵化过程或者孵化后会分泌妊娠信号，初步与母体子宫建立联系。⑤胚胎原肠化阶段：在囊胚孵化后，内细胞团分化为上胚层（epiblast）和原始内胚层（primitive endoderm，也称下胚层），上胚层形成胚体外胚层、胚体中胚层以及绝大部分的胚内内胚层，下胚层则形成胚外内胚层。胚外内胚层与小部分胚内内胚层的细胞紧贴着滋养层生长，最终形成一个密闭的囊腔，此时的胚胎称为原肠胚（gastrula）（朱士恩，2009；Wei et al.，2017）。原肠胚的形成是牛胚胎发育的一个重要阶段，这个

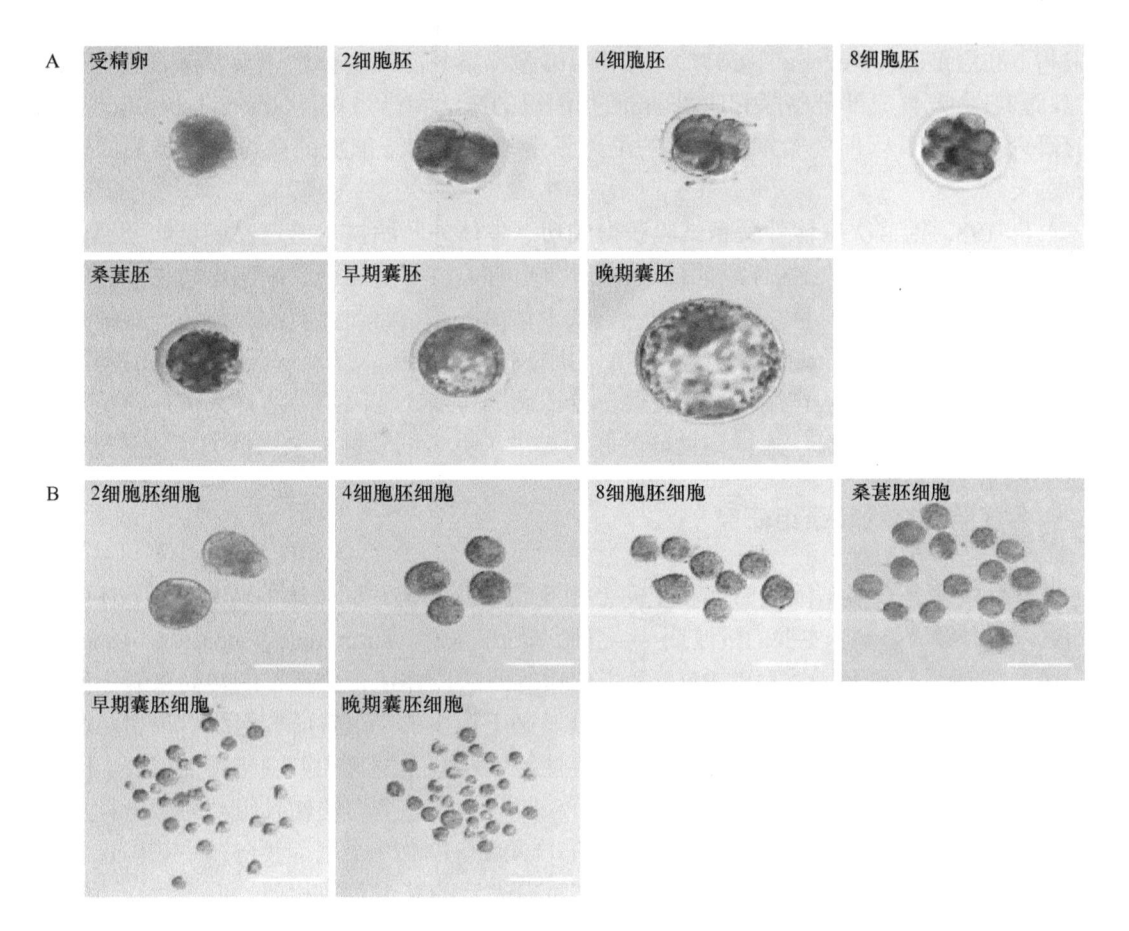

图 13-10　牛早期胚胎发育过程（Wei et al., 2017）

A. 牛受精卵（zygote）、2 细胞胚（2-cell embryo）、4 细胞胚（4-cell embryo）、8 细胞胚（8-cell embryo）、桑葚胚（morula）、早期囊胚（early blastocyst）和晚期囊胚（late blastocyst）植入前的显微成像；B. 在不同阶段从胚中分离出相应的单个卵裂球的显微成像。其中 2 细胞胚和 4 细胞胚为所有单个卵裂球完全恢复的显微成像

过程中牛胚胎进入快速发育期，体积迅速增大，形态也发生相应的变化，之后便进一步分化成各种组织、器官和系统。合子的形成发生在输卵管壶腹部，因此牛的早期胚胎在卵裂球至桑葚胚阶段都受输卵管环境调控，而在桑葚胚阶段或者囊胚阶段会从输卵管进入子宫角；牛属动物大多只排一个卵子，因此胚胎总是在黄体同侧子宫角的下 1/3 处（朱士恩，2009）。

胚胎在子宫中定位后附植，便与母体建立紧密的联系。胚胎大多会选择最有利的地方附植，以满足自身生长发育所需的营养，如子宫内血管稠密的地方。胚胎发育初期，所需的 RNA、蛋白质以及一些营养物质等都由卵母细胞提供；随着发育的进行，来自母体的转录本和蛋白质被特异性降解，而胚胎基因组被激活（Graf et al., 2014）。胚胎的控制发育从母体基因产物转移到胚胎基因产物的时期称为母体-胚胎转变（maternal-to-embryonic transition，MET）期，这一时期发生在牛的 8 细胞期至 16 细胞期（Graf et al., 2014）。在胚胎基因组激活后，胚胎会经历两个连续的谱系分离（consecutive lineage segregation），在囊胚孵化后形成 3 个类型的细胞——滋养外胚层细胞（TE）、上胚层细胞和下胚层细胞（Wei et al.，2017），上胚层细胞和下胚层细胞会进一步发育成胚胎干细胞，而 TE 会发育成部分胎膜和胎盘。胚胎基因组的激活和谱系规范（lineage specification）的研究对于牛着床前胚胎细胞命运的早期测定和牛胚胎干细胞的获得具有重要的价值和意义。

自 1982 年首次牛体外受精试验获得成功，牛体外胚胎技术迅速发展，如今已普遍用于养牛业生产。胚胎工程技术用于实践时要求有大量可用的胚胎来满足动物育种的需求，但牛的体外胚胎质量和发育能力一直低于体内胚胎，而如何解决此问题一直是科研的热点。转录组学的普遍应用以及 RNA 测序技术的发展，对于研究早期胚胎的基因结构和功能有很大的推动作用，通过观察差异转录本和差异基因的表达量来解释受精卵在不同时空下的发育情况，为得到良好的胚胎提供了更多细节性、全面性的理论基础。

二、牛胚胎发育的转录组研究

胚胎发育是众多基因在时间和空间上相互联系及配合共同表达的结果。母牛体内胚胎着床前会经历第一个主要的过渡期——胚胎基因组激活（embryonic genome activation，EGA），激活后控制胚胎发育的 RNA 和蛋白质等便从母体遗传物质控制转向来源于胚胎本身基因组调控，这对胚胎发育的持续进展是必不可少的。众多研究围绕着母牛与胚胎之间建立联系的分子机制、母牛本身的繁育性能以及胚胎发育的微观条件而展开。Jiang 等（2014）对牛体内单个成熟卵母细胞和着床前胚胎较为全面的转录组动力学进行了研究，发现参与卵母细胞和早期胚胎发育的有 11 488～12 729 个基因（已知牛基因总共有 22 000 个左右），共涉及 100 多条途径，跨阶段表达的基因总数相似，但表达基因的性质却是截然不同的。该研究鉴定出在不同时期差异表达基因共有 2845 个，其中在 4 细胞期至 8 细胞期差异最大，表明牛胚胎基因组在这一转变期被激活；该研究还首次比较了人类、小鼠和牛这 3 种哺乳动物的胚胎表达谱，发现这 3 个物种的母体沉淀基因都多于胚胎基因组激活基因，而且人和牛的胚胎转录组比人和小鼠的更相似，表明牛胚胎是更好的人类胚胎发育研究模型。Graf 等（2014）利用牛生发泡和中期 II 卵母细胞以及 4 细胞、8 细胞、16 细胞和囊胚阶段胚胎进行 RNA 测序，对 4 细胞胚胎中激活的基因进行 GO 分析，发现此阶段基因主要与 RNA 处理、翻译和转运相关，并在 8 细胞胚胎中发现各类功能基因以最大比例（50%左右）被激活，表明 4 细胞至 8 细胞胚胎阶段是从为 EGA 做准备到 EGA 的发生；还发现 16 细胞胚胎中被激活的基因功能与持续发生的转录和翻译一致，囊胚中出现早期谱系特异性的调节因子，此研究对胚胎基因组精细的定位可为早期发育受遗传、表观遗传和环境因素影响提供一个新的信息层面。牛的着床前胚胎发育要经历的另一个主要过程是桑葚胚到原肠胚阶段的谱系规范，这个过程为早期胚胎开始分化成不同细胞，进一步形成组织、器官和系统做准备。Wei 等（2017）对早期胚胎发育和维持胚胎干细胞多能性起作用的 96 个基因的 mRNA 水平进行分析，根据不同阶段所测表达量的不同，在牛的合子基因组激活前后两个时期中，鉴定出发育早期的 *NOTCH1* 基因以及发育晚期的 *TBX3* 和 *FGFR4* 两个基因；根据谱系特异性基因的表达模式，发现滋养外胚层细胞 KRT8 可能是牛滋养外胚层细胞的早期标记，*TDGF1*

和 *PRDM14* 可能在牛囊胚的上胚层和下胚层细胞的规范中起关键作用。

在胚胎着床前后，子宫内会进行一系列具有准确时序的内分泌变化，如子宫腺体会分泌子宫乳，子宫乳是胚胎附植过程的主要营养来源；子宫内膜受到黄体酮的调节在腔上皮和腺上皮细胞形成孕酮受体，从而刺激基质细胞和深层腺细胞产生孕激素，并以旁分泌方式作用于胚胎的上皮细胞和滋养层细胞。2012 年以来，对牛子宫内膜的植入前阶段进行 RNA 测序的转录组研究此起彼伏，Forde 等（2012）发现在牛妊娠的第 13 天，子宫内膜转录组发生最早的变化，差异基因数量较少；Bauersachs 等（2012）对母牛妊娠 15~18 天子宫内膜 RNA 测序，发现了 3300 多个差异基因；同年，发现母牛妊娠 15~16 天和相应环状非妊娠的子宫内膜有显著差异，直到第 18 天差异基因的数量进一步增多；特别是在妊娠 15~16 天的研究中，上调的基因多于下调的基因，可能是由于干扰素-τ（IFN-τ）对子宫内膜的激活作用，增加了干扰素刺激基因（*ISG*）的表达（Bauersachs and Wolf，2012）。大多数子宫内膜转录组的研究都是为了找到与妊娠建立有关的重要基因，因此也有研究直接从可生育（或高生育）和亚受精（或低生育）母牛的子宫内膜转录组差异出发，以解释母体与胚胎之间建立联系的分子机制。Minten 等（2013）利用全基因组关联分析技术在 6 条不同染色体上检测到 7 个 SNP 与生育力的适合度关联，研究结果表明，子宫功能的先天差异是反刍动物生育能力和早期妊娠成功与否的基础。同样，确定早期妊娠成功与否的母牛也有助于阐明控制妊娠期子宫内膜容受性和子宫功能的复杂生物学和遗传机制。

第六节　乳腺组织转录组及其特征

一、乳腺的结构及发育阶段

（一）乳腺的结构

乳腺组织由实质与间质两部分组成，实质部分由导管系统和腺泡构成，是乳汁合成和分泌的主要场所。腺泡由许多腺小叶聚集形成，腺小叶由单层乳腺上皮细胞构成。腺泡内侧为单层乳腺上皮细胞，外侧包围着一层肌上皮细胞。腺泡的整层乳腺上皮细胞将血液中的营养物质转化为乳汁后分泌到腺泡腔内，经过复杂的导管系统汇聚在乳腺导管中。成熟的乳腺上皮细胞具有泌乳功能，乳腺导管运输上皮细胞合成和分泌的乳汁，最后通过乳头排出体外。乳腺间质部分由脂肪垫、淋巴导管、神经及结缔组织构成（李庆章，2009），脂肪垫是导管生长、分化的场所，为乳腺实质部分的发育提供支持，并且调节一部分生长因子的合成。随着年龄和生殖状态的变化，乳腺经历生长、分化和退化的动态周期性过程。

（二）乳腺的发育阶段

乳腺的发育可以划分为 5 个时期，分别为胚胎期、青春期、妊娠期、泌乳期和退化期（图 13-11）。

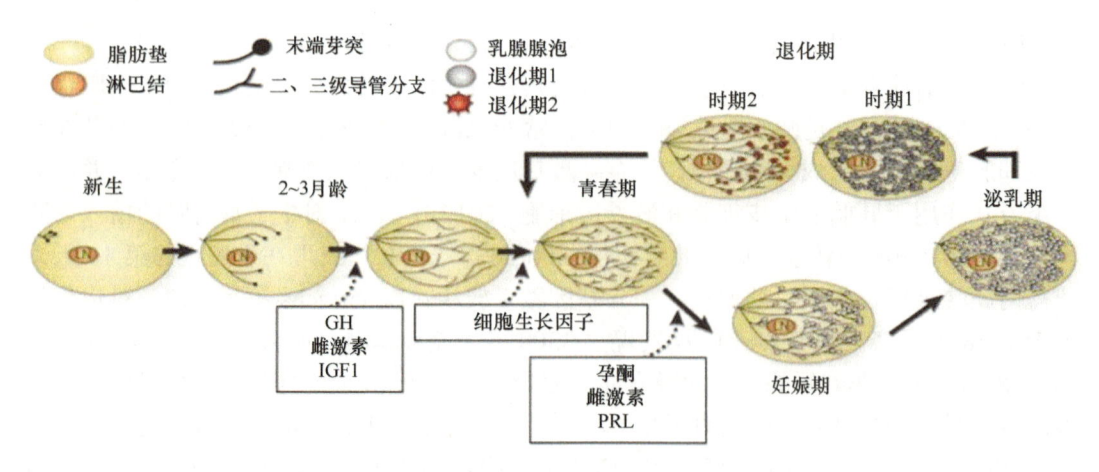

图 13-11　乳腺发育过程（Macias and Hinck，2012）

在胚胎期，上覆外胚层诱导形成乳芽，乳芽分化形成乳池和导管。进入青春期之前，乳腺以结缔组织和脂肪组织等基质组织的发育为主，结缔组织和脂肪组织逐渐积累增加，为后期乳腺的发育提供支持，此时乳腺与机体的发育速度保持一致。进入青春期后，由于大量激素分泌激增，乳腺进入快速发育阶段，发育速度超过机体。乳腺导管迅速向脂肪垫延伸，形成大量分支，构成复杂的导管系统，出现导管末端芽突，乳房体积增大，但此时乳腺腺泡尚未形成。妊娠早期，乳腺在孕酮、雌激素等的作用下加速发育，乳腺导管数量持续增加，出现三级导管分支，每个导管末端开始形成腺泡，但此时腺泡还不能泌乳；妊娠中期，腺泡出现分泌腔，且体积不断增大，逐渐取代脂肪组织和结缔组织；妊娠后期，乳腺细胞分化为泌乳能力强的单层立方上皮及柱状上皮样乳腺细胞，开始具备泌乳能力（Richert et al.，2000）。进入泌乳期后，乳腺细胞生命活动旺盛，直至达到泌乳高峰。泌乳高峰后，乳腺开始回缩，泌乳末期腺小叶基本停止泌乳，进入退化期。退化期腺泡腔萎缩变小，基质组织增多，腺泡逐渐被基质组织取代，乳腺组织退化，乳汁的合成与分泌停止。

二、影响奶牛乳腺发育及泌乳的信号通路

参与乳腺发育与泌乳调控的通路有 JSK/STAT 信号通路、MAPK/PI3K/AKT 信号通路及 RANKL 信号通路等。JAK2/STAT 信号通路是催乳素参与调控的下游信号通路，在腺泡生成及分化过程中发挥重要作用。催乳素受体与胞质酪氨酸激酶 JAK2 相关联，催乳素与其受体结合后激活该通路，JAK 发生磷酸化，并且激活转录因子 STAT 形成磷酸化二聚体后进入细胞核，通过与靶基因启动子的靶位点结合，激活转录，此通路也是激活 STAT5 的必要条件。STAT 蛋白家族在乳腺发育和泌乳周期调控中发挥重要作用。STAT5A 和 STAT5B 正向调控 AKT 的信号转导，但是 STAT3 对 AKT 产生抑制作用。STAT5 去磷酸化后，STAT5A 和 STAT5B 失活，STAT3 却被激活。PRL 依赖性的 STAT5 特异性结合 *Akt1* 基因启动子序列，启动 *Akt1* 的转录，进而激活细胞存活通路。对 *Jak2*[-/-] 和 *stat5*[-/-] 缺失型小鼠解剖发现，此类小鼠乳腺导管系统发育不完全，腺泡无泌乳能力；

特定条件下 PRL 诱导的腺细胞分化后，STAT5 的条件性缺失证明 STAT5 是维持妊娠的必要条件（Cui et al., 2004）。乳蛋白基因 *Csn2* 和 *Wap* 的启动子区存在 STAT5 受体，因此 PRLR/JAK/STAT 信号通路调控乳蛋白基因的表达进而影响乳品质。

RANKL 信号通路受孕酮调节，孕酮与孕酮受体结合后 RANKL 信号通路被激活，然后通过肿瘤坏死因子受体超家族成员 11a 调控广泛的生物学过程。*Rankl* 或 *Rank* 的缺失，会导致妊娠过程中腺泡发育畸形，并且 RANKL 的异位表达可以部分缓解孕酮受体缺失引起的乳腺导管畸形。这些激素和通路共同发挥作用，参与奶牛乳腺发育及泌乳调控过程。

三、乳腺组织转录组研究

一般来讲，从本次产犊开始到下次产犊结束，称为一个泌乳周期。奶牛的每一个泌乳周期都伴随着乳腺上皮细胞的增殖、分化和凋亡。泌乳周期内乳腺上皮细胞自我更新的增强及凋亡的减少对乳腺持续性泌乳具有重要意义（Dai et al., 2018）。乳腺完全退化后进入干乳期，乳腺上皮细胞增殖和分化能力逐渐加强，接近分娩时达到最高水平，乳腺上皮细胞的数目达到最大，乳腺发育达到最大程度。分娩后，乳腺上皮细胞的增殖能力大幅下降，但是仍有相当一部分细胞保持更新，用于乳腺细胞总数的维持。国内外学者对不同发育时期、乳成分不同的奶牛乳腺组织进行转录组测序分析，发现了一些与乳腺发育和细胞周期等相关的基因。

（一）不同发育阶段乳腺组织的转录组研究

Yang 等（2018）对干乳期和泌乳期第 180 天的中国荷斯坦奶牛乳腺进行转录组测序，筛选了 2890 个差异表达基因，其中泌乳期显著上调、下调的基因分别为 590 个和 2300 个；GO 富集分析表明，显著上调的基因富集于 69 个生物过程，包括细胞生长负向调控、生长因子活性及钠离子通道复合物等；显著下调的基因富集于 45 个生物过程，主要包括细胞分化、细胞黏附及细胞表面受体等。KEGG 分析表明，泌乳期奶牛乳腺显著上调和下调的基因主要富集于 PPAR、PI3K-AKT 和 TNF 等信号通路。Dai 等（2018）对干乳期和泌乳期中国荷斯坦奶牛的乳腺组织进行 RNA 测序，共发现了 881 个差异表达基因，其中 605 个基因上调，276 个基因下调；亚细胞分析表明，上调的差异表达基因主要富集在细胞膜和线粒体上，下调的基因主要位于细胞核和细胞质中。GO 分析表明，高丰度表达的基因大多与代谢过程、氧化还原过程、信号转导、蛋白质合成相关过程及乳腺发育相关的细胞增殖、细胞周期和细胞凋亡等有关；而下调的基因主要与炎症反应、免疫反应和防御反应有关。KEGG 分析表明，蛋白质合成相关的信号通路如蛋白质消化和吸收等显著富集在泌乳期，而干乳期奶牛蛋白质合成、能量生成和细胞生长的能力降低，但是免疫反应能力增强。

Seo 等（2016）对泌乳期 60 天、100~160 天、180~210 天和 240~270 天牛奶进行 RNA 测序，并对不同时期的差异表达基因与产奶量、乳脂肪、乳蛋白和乳固形物等性状进行关联分析，发现了 271 个与产奶性状相关的差异表达基因，其中 200 个、103 个、

28 个和 230 个差异表达基因分别与产奶量、乳脂肪、乳蛋白和乳固形物相关，所有性状的共表达基因有 83 个，这些与产奶性状相关的基因主要富集在循环系统和乳腺相关的生物学功能上。

（二）不同乳成分及环境下乳腺组织转录组研究

Cui 等（2014）对高、低乳蛋白率和脂肪率的 4 头泌乳期奶牛的乳腺组织进行 RNA 测序，通过 GO 和信号通路分析，发现 31 个差异表达的基因富集到蛋白质代谢、脂肪代谢、乳腺发育等生物学过程。对差异表达基因、已报道的数量性状位点和全基因组关联分析的整合分析结果表明，*TRIB3*、*SAA*（*SAA1*、*SAA3* 和 *M-SAA3.2*）、*VEGFA*、*PTHLH* 和 *RPL23A* 基因是影响乳蛋白和乳脂肪的候选基因。

乳脂肪球大小是乳腺组织最具有代表性的指标之一，可以用来研究泌乳期与泌乳相关的基因表达。Yang 等（2016）将产犊后 10 天和 70 天的奶牛按照 305 天产奶量、乳脂量和乳蛋白量分为高、低两组，利用 RNA 测序技术对高、低组的乳脂肪球进行测序，分别在产犊后 10 天的高低组、产犊 70 天后的高低组、产犊 10 天和 70 天的高组以及产犊 10 天和 70 天的低组中，分别发现了 1232 个、81 个、429 个和 178 个差异表达的基因，其中分别有 178 个、4 个、68 个和 22 个基因位于与产奶量性状相关的 QTL 区域内。GO 分析表明，与乳腺发育相关的基因主要有 *IRF6*、*AGPAT6*、*STAT5A*、*XDH*、*B4GALT1*、*BCL2L11* 和 *PRLR*，与脂肪酸代谢过程相关的基因主要有 *PRKAA1*、*AGPAT6*、*STAT5A*、*NCF1*、*CRYL1* 等。

在热应激时，奶牛食欲下降，总干物质采食量减少，能量和蛋白质摄取量也随之减少，从而造成奶牛的生产性能下降。热应激对不同胎次和泌乳阶段奶牛的产奶性能都有影响：头胎及 4 胎以上牛耐热性增强，受热应激影响较小，急性热应激对泌乳中期的影响较前、后期大。另外，热应激对高、中、低产奶牛的影响也不相同，生产水平越高，受热应激影响越严重。Dado-Senn 等（2018）对环境热应激的干乳期和冷应激下的妊娠晚期荷斯坦奶牛的乳腺组织进行 RNA 测序，在泌乳后期和乳腺退化早期发现了 3315 个差异表达基因，在泌乳后期和乳腺退化过程中发现了 880 个差异表达基因。乳腺退化早期的差异表达基因、信号通路和上游调控因子主要参与下调合成代谢、乳成分合成，上调细胞凋亡、细胞骨架降解和炎症反应等功能。结果还发现，环境热应激和冷应激情况下，共发现 180 个差异表达基因，这些基因与乳腺导管分支形态发生、炎症反应和细胞凋亡等有关。

（三）不同疾病状态下乳腺组织的转录组研究

牛支原体感染导致关节炎、肺炎、流产和乳房炎等，对养牛业造成巨大损失。Ozdemir 和 Altun（2020）对支原体感染牛和未感染牛的乳腺组织进行 RNA 测序，共发现 1310 个差异表达基因。GO 分析表明，这些差异表达的基因主要在代谢通路、T 细胞受体信号通路、哺乳动物雷帕霉素靶蛋白（mTOR）信号通路以及对癌症的免疫反应等信号通路中发挥作用。

乳腺纤维化对奶牛的健康具有重要影响，主要表现为泌乳失败。Miao 等（2020）对金黄色葡萄球菌感染激活和静止期牛乳腺成纤维细胞进行 RNA 测序分析，发现了 574 个差异表达基因，GO 分析表明，这些差异表达基因主要与免疫反应、细胞凋亡、受体结合和蛋白酶活性等有关。KEGG 分析表明，这些差异表达基因主要富集于癌症途径、细胞因子和细胞因子受体互作、PI3K-AKT 信号通路、Toll 样受体信号通路和 TNF 信号通路等。

第七节　肝脏转录组及其特征

一、肝脏与能量代谢

　　肝脏作为动物体代谢的枢纽，在机体能量代谢（包括脂肪和糖类等代谢）中发挥着重要作用（图 13-12）。肝脏是脂肪运输的枢纽。消化吸收后的一部分脂肪进入肝脏，之后再转变为体脂贮存起来。饥饿时，贮存的体脂可先被运送到肝脏，然后进行分解。在肝脏内，中性脂肪可水解为甘油和脂肪酸，肝脂肪酶可加速此反应，甘油可通过糖代谢途径被利用，而脂肪酸则可完全氧化为二氧化碳和水。此外，肝脏还是体内脂肪酸、胆固醇、磷脂合成的主要器官之一。当脂肪代谢紊乱时，脂肪可堆积于肝脏内形成脂肪肝。肝脏还可贮存肝糖原，糖原在调节血糖浓度方面具有重要作用。当劳动、饥饿、发热时，血糖大量消耗，肝细胞又能把肝糖原分解为葡萄糖进入血液循环，所以患肝病时血糖常有变化。肝脏还参与水、电解质平衡的调节。安静时机体的热量主要由身体内脏器官提供。因此，肝脏在动物的生长发育过程中扮演着重要角色。

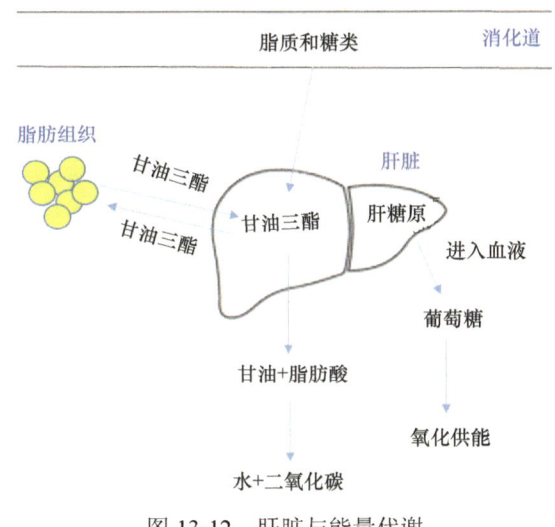

图 13-12　肝脏与能量代谢

二、肝脏的转录组学研究

　　在人和模式动物上，对肝脏的研究主要集中在能量代谢障碍引起的肥胖、血糖平衡的破坏、高血糖、高血脂等方面。目前对于黄牛肝脏转录组的研究，主要涉及抗寒性、饲料营养与能量代谢、泌乳、生长发育等方面。

（一）在抗寒方面的研究

肝脏是整个机体的能量调控中心，它通过调节糖原合成、脂肪生成和脂蛋白合成来调节整个机体的底物供应。蒙古牛是蒙古高原特色物种之一，在严酷的自然环境下，经过长期的适应性选择后，进化出了极强的抗寒生物学特征。齐昱等（2017）对冬季和夏季蒙古牛的皮肤、脂肪、肌肉和肝脏4种组织进行转录组测序分析，获得蒙古牛肝脏在冬季和夏季中差异表达基因89个，其中在冬季中上调的基因有28个，下调的基因有61个；功能富集及筛选之后锁定了成纤维细胞生长因子21（fibroblast growth factor 21，FGF21）。进一步研究发现，FGF21作为重要的内分泌肽激素在肝脏中表达量最高，并且在冬天表达量上调，这与冬天脂肪组织中脂肪酸摄取量降低，可能导致循环系统中游离脂肪酸水平升高的结果相一致。线粒体型甘油-3-磷酸酰基转移酶（glycerol-3-phosphate acyltransferase, mitochondrial，GPAM）编码基因作为FGF21的靶基因，在冬季肝脏组织中表达量也呈现下调趋势。*GPAM*是脂质合成代谢的关键酶基因，该酶催化起始甘油酯合成的第一步反应。因此，冬季蒙古牛循环系统中脂肪酸水平升高可诱导肝脏中*FGF21*的表达，继而降低*GPAM*的表达，从而抑制肝脏脂质的合成（图13-13）。抑制肝脏脂质的合成，一方面可以避免脂肪积累引起的肝细胞变性，另一方面可使循环系统中游离脂肪酸维持高水平，为其他组织提供代谢底物以抵御寒冷。

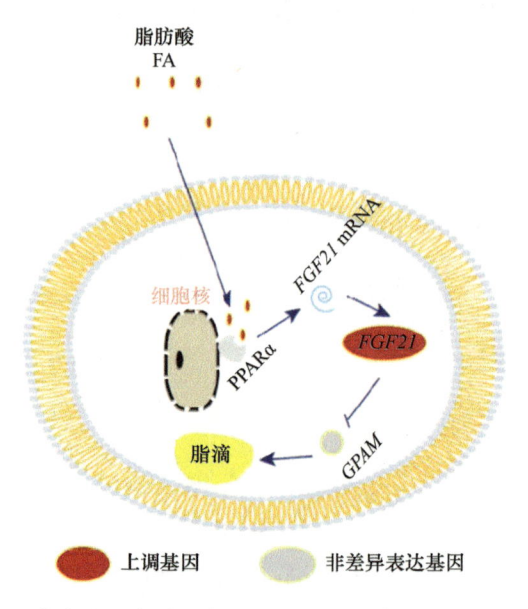

图13-13　蒙古牛抗寒过程中肝细胞的调控模式（齐昱等，2017）

（二）在饲料营养与能量代谢方面的研究

肝脏是机体能量代谢的中心，研究不同营养处理下肝脏基因表达量的变化情况，发掘不同营养水平间差异表达基因，并通过数据库挖掘这些差异表达基因所涉及的代谢通路，可为后续不同营养水平、饲喂效率及与肝脏代谢相关基因调控网络的研究奠定基础。史海涛（2016）通过对荷斯坦后备牛设置4组不同日粮粗饲料水平：S20组（20%青贮）、

S40组（40%青贮）、S60组（60%青贮）、S80组（80%青贮），对其肝脏进行了转录组测序分析，结果表明，随着组间青贮水平差距的加大，组间差异表达基因的个数也在增加，说明日粮青贮水平差别越大，组间基因表达差别越大，即日粮青贮水平对肝脏基因表达的影响非常明显。功能富集分析发现，这些差异表达基因主要与肝细胞氧化还原反应和脂质代谢等过程有关，其中最值得关注的是胆固醇生物合成过程。

动物机体的发育不但受到体内遗传物质的调控，外界环境对其影响也很大。饲粮及其成分就是这种环境因素的一个重要部分。肝脏参与多种物质代谢活动，是研究动物生长发育及代谢的理想模型。在幼龄动物中，肝脏生长速度明显高于体重增长速度（丁莉，2007）。白藜芦醇（resveratrol，RES）和血根碱（sanguinarine，SAG）是两种天然的植物提取物，二者添加到动物日粮中可以促进动物生长，还可缓解动物的热应激。张卫兵（2018）对荷斯坦母犊牛分别设置代乳粉（MR）组、白藜芦醇（RES）组和血根碱（SAG）组，结果发现，在不同日龄不同处理组，基因表达模式不同。差异分析及功能富集综合分析结果表明，犊牛日粮中添加RES和SAG可以显著影响犊牛肝脏基因的表达模式，RES促进断奶前犊牛肝脏中编码炎症、应激等因子的基因下调，促进消化、代谢方面因子的基因表达上调，促进犊牛生长；SAG促进断奶后180天犊牛肝脏中代谢、内分泌和蛋白质合成相关基因的下调，表明处理之间的差异在减小。

（三）在泌乳方面的研究

机体从消化道吸收的营养物质通过肝脏进入循环系统，并最终进入奶牛的乳腺。肝脏在奶牛哺乳期的能量代谢与平衡方面起着关键的作用（van Dorland et al.，2009）。从妊娠晚期到哺乳早期，机体与肝脏之间存在相当大的代谢适应，并通过营养的协调和相互转化支持奶牛的妊娠和哺乳。机体与肝脏之间存在代谢适应，其目的是增加肝脏胆固醇储备，这是促进肝脏中胆汁酸的形成和脂蛋白合成及分泌所必需的，从而为乳腺提供用于泌乳的胆固醇和甘油三酯。为建立竞争性内源RNA（ceRNA）调控网络来揭示潜在的奶牛肝脏乳脂形成的调控机制，Liang等（2017）对荷斯坦奶牛不同泌乳时期的肝脏组织进行转录组测序分析，发现大量差异表达mRNA、lncRNA和miRNA，通过共表达分析构建了41个ceRNA对（lncRNA-mRNA），涉及30个差异表达mRNA，其中有12个基因通过多种途径在代谢中发挥关键作用，包括*SREBP1*和*PPARα*这两个关键的肝脏脂质代谢基因；泌乳后参与脂质转运、脂肪酸氧化和胆固醇代谢的脂质代谢基因上调，而参与脂肪生成的基因下调，说明泌乳后更多的脂肪酸被转运到乳腺产生乳脂，但肝脏的脂肪合成下降，以满足体内平衡。因此，这12个基因被认为是影响乳脂形成的最有前途的候选基因。此外，该研究还发现这12个基因富集在PPAR、MAPK、mTOR、胰岛素、AMPK、PI3K-AKT和FoxO信号通路。显然，这12个受ceRNA机制调控的基因可能是奶牛肝脏乳脂形成的关键调控因子。

类似的，李茜等（2019）对泌乳初期和干乳期肝脏组织转录组进行了分析，鉴定出差异表达基因409个，在泌乳初期上调的基因有235个，下调的有174个，GO分析发现这些差异表达基因被富集到胆固醇、糖代谢、脂类及脂蛋白相关、脂类运输等过程中，KEGG分析发现，这些差异表达基因主要与AMPK通路、PPAR通路、脂肪酸代谢等相关。

第八节 其他组织转录组及其特征

对中国黄牛转录组学的研究,主要集中在与生长、繁殖和代谢相关的组织和器官中,如肌肉、脂肪、乳腺(牛奶)、睾丸、卵巢、肝脏等,相关研究已在前面几节进行了详细描述。除此之外,还有学者对牛的肺脏和皮肤转录组学进行了相关研究,本节将对这些内容进行叙述。

一、肺脏转录组学研究

呼吸窘迫是新生克隆牛死亡的主要原因。为研究新生克隆牛呼吸窘迫发生机制,Liu 等(2017)对克隆的新生牛和正常新生牛的肺组织进行转录组测序分析,共获得 1373 个差异表达基因。与正常牛相比,克隆牛的肺部中有 695 个基因上调,678 个基因下调,其中包括许多与表面活性剂的生物合成、分泌、运输、循环和降解相关的基因;对这些差异表达基因进行功能富集分析,发现这些差异表达基因与 ERK/MAPK 和 Notch 信号通路相关,这两个通路是与表面活性剂稳态相关的典型通路;与正常肺相比,控制脂质堆积、扩散和稳定性的表面活性剂蛋白 B 基因和表面活性剂蛋白 C 基因在克隆新生儿塌陷肺中的表达显著下调(图 13-14)。这些研究结果为克隆动物的肺衰竭和呼吸窘迫新生儿的基因表达变化提供了理论基础,为开发新的预防或治疗策略以降低克隆动物的死亡率和提高体细胞核移植技术的效率提供了宝贵的资源。

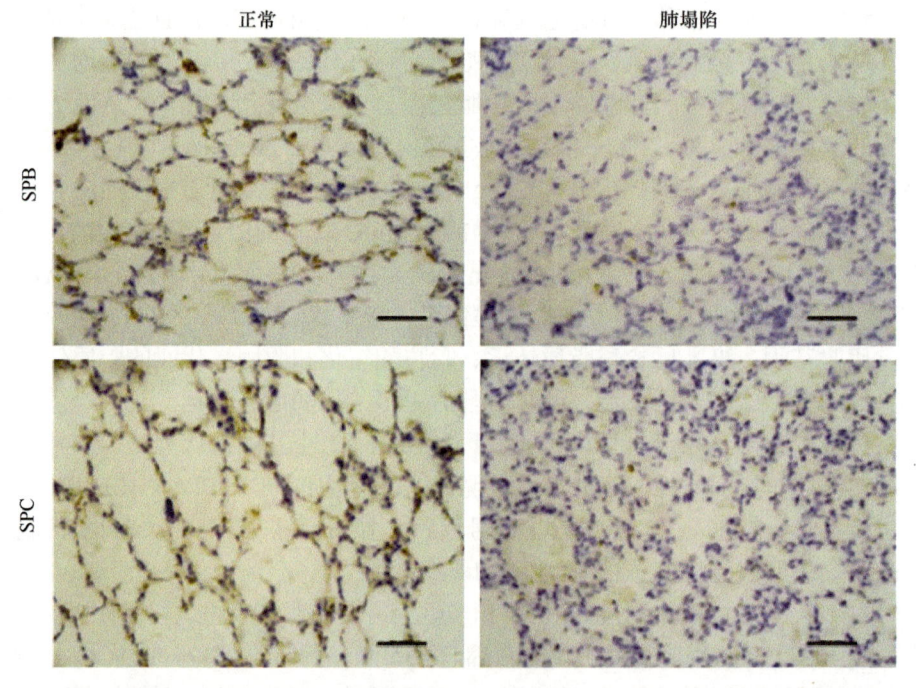

图 13-14 表面活性剂蛋白 B(SPB)和表面活性剂蛋白 C(SPC)在正常牛和肺塌陷牛肺部的表达量(标尺= 46.3 μm)(Liu et al., 2017)

二、皮肤转录组学研究

皮肤是包裹在动物体表面的一道天然屏障，不但具有保护和排泄的作用，还具备感受外界刺激并调节体温以适应环境温度变化的作用。蒙古牛分布于我国东北、华北北部和西北地区，可在极寒冷的环境下正常生存、生产，表现出较高的生产性能和遗传稳定性。为找到与蒙古牛抗寒性状相关的信号通路及候选基因，齐昱等（2017）对冬夏两季蒙古牛的皮肤进行转录组测序分析，在两组数据中获得差异表达基因182个，对这182个差异表达基因进行功能富集分析，发现它们与凝血相关通路、脂类运输和代谢相关通路、视黄醇代谢通路及与黑色素合成相关的酪氨酸代谢通路等相关，并获得8个与蒙古牛抗寒相关的候选基因，它们分别为脂肪酸结合蛋白1（fatty acid binding protein 1，*FABP1*）基因、脂联素C1Q与胶原结构域（adiponectin C1Q and collagen domain containing，*ADIPOQ*）基因、纤维蛋白原α链（fibrinogen alpha chain，*FGA*）基因、纤维蛋白原β链（fibrinogen beta chain，*FGB*）基因、纤维蛋白原γ链（fibrinogen gamma chain，*FGG*）基因、酪氨酸酶相关蛋白1（tyrosinase related protein 1，*TYRP1*）基因、多巴色素互变异构酶（dopachrome tautomerase，*DCT*）基因和*LOC101906373*。这些研究结果为进一步了解蒙古牛的抗寒机制及分子育种奠定了基础。

本 章 小 结

转录组学是研究某一组织或细胞中基因的整体转录情况及调控规律的一门学科，是功能基因组学研究的一种重要手段。肌肉的生长发育是影响肉牛产业发展的重要因素，肉牛的产肉力与成肌细胞的分化、肌细胞的数量和增殖分化密切相关。黄牛不同发育阶段肌肉组织中基因表达存在差异；不同发育阶段、不同部位、不同性别以及不同品种间的脂肪组织中基因表达也存在差异。不同活力、不同繁殖率的精子在转录组水平上存在显著差异，低温保存对精子转录组也存在影响。在卵母细胞成熟过程中，不同时期的细胞转录活性存在差异，而且不同卵泡类型的颗粒细胞、黄体和卵泡膜细胞的转录水平也存在差异。在牛的不同胚胎发育阶段，子宫内膜的转录组也有变化。牛的乳腺随着年龄和生殖状态的变化，经历生长、分化和退化的动态周期性过程，在不同发育阶段、不同乳成分及疾病状态下，乳腺组织的转录组水平都会发生变化。肝脏作为动物机体代谢的枢纽，在脂肪和糖类等能量代谢中发挥着重要作用，在环境温度、泌乳、饲料营养和能量代谢等条件影响下，肝脏组织的转录组水平都会发生变化。另外，健康的克隆牛和发生呼吸窘迫的牛的肺部转录组水平也发生了变化。转录组测序主要涉及基因表达水平的变化，对于不同组织转录组水平发生变化的具体基因见正文。

参 考 文 献

丁莉. 2007. 关中奶山羊周岁前消化系统发育规律的研究. 西北农林科技大学硕士学位论文.
贺花. 2014. 秦川牛肌肉生长发育相关基因和蛋白质的筛选及其初步鉴定. 西北农林科技大学博士学位论文.

李茜, 李妍, 高艳霞, 等. 2019. 基于转录组测序的奶牛泌乳初期与干奶期肝脏差异表达基因分析. 中国兽医学报, 39(12): 2458-2466.

李庆章. 2009. 乳腺发育与泌乳生物学. 北京: 科学出版社.

齐昱, 邢燕平, 潘静, 等. 2017. 基于转录组数据的蒙古牛皮肤组织抗寒相关信号通路及候选基因的筛选. 畜牧兽医学报, 48(12): 2301-2313.

史海涛. 2016. 青贮玉米添加水平对荷斯坦后备母牛养分消化和肝脏转录组的影响. 中国农业大学博士学位论文.

孙任任, 张赢予, 孙波, 等. 2011. 重组人 Elafin 对肝脏缺血-再灌注损伤的保护作用. 中国药业, 20(5): 6-7.

王建辰. 1993. 家畜生殖内分泌学. 北京: 中国农业出版社.

王丽贤. 2020. lncRNA MPNCR 影响奶牛乳腺上皮细胞增殖的机制研究. 西北农林科技大学硕士学位论文.

张卫兵. 2018. 白藜芦醇和血根碱对犊牛生长发育、瘤胃发酵和肝脏基因表达的影响. 中国农业科学院博士学位论文.

张运海. 2000. 牛卵泡发育及其调控. 动物科学与动物医学, (4): 15-18.

周扬. 2017. 秦川牛脂肪沉积相关基因筛选及可变剪接对基因表达和细胞定位的影响研究. 西北农林科技大学博士学位论文.

朱士恩. 2009. 家畜繁殖学. 北京: 中国农业出版社.

Abmayr SM, Pavlath GK. 2012. Myoblast fusion: lessons from flies and mice. Development, 139: 641-656.

Barr AB, Moore DJ, Paulsen CA. 1971. Germinal cell loss during human spermatogenesis. Reproduction, 25: 75-80.

Bauersachs S, Ulbrich SE, Reichenbach HD, et al. 2012. Comparison of the effects of early pregnancy with human interferon, alpha 2 (IFNA2), on gene expression in bovine endometrium. Biology of Reproduction, 86: 46.

Bauersachs S, Wolf E. 2012. Transcriptome analyses of bovine, porcine and equine endometrium during the pre-implantation phase. Animal Reproduction Science, 134: 84-94.

Bertevello PS, Teixeira-Gomes AP, Seyer A, et al. 2018. Lipid Identification and transcriptional analysis of controlling enzymes in bovine ovarian follicle. International Journal of Molecular Sciences, 19(10): 3261.

Bessa I, Nishimura R, Franco M, et al. 2013. Transcription profile of candidate genes for the acquisition of competence during oocyte growth in cattle. Reproduction in Domestic Animals, 48(5): 781-789.

Biase F, Kimble K. 2018. Functional signaling and gene regulatory networks between the oocyte and the surrounding cumulus cells. BMC Genomics, 19: 351.

Bissonnette N, Levesquesergerie J, Thibault C, et al. 2009. Spermatozoal transcriptome profiling for bull sperm motility: a potential tool to evaluate semen quality. Reproduction, 138: 65-80.

Boivin A, Brochu G, Marceau S, et al. 2007. Regional differences in adipose tissue metabolism in obese men. Metabolism, 56(4): 533-540.

Cai X, Yu S, Mipam T, et al. 2017. Comparative analysis of testis transcriptomes associated with male infertility in cattle yak. Theriogenology, 88: 28-42.

Card CJ, Anderson EJ, Zamberlan S, et al. 2013. Cryopreserved bovine spermatozoal transcript profile as revealed by high-throughput ribonucleic acid sequencing. Biology of Reproduction, 88(2): 49.

Card CJ, Krieger KE, Kaproth MT, et al. 2017. Oligo-dT selected spermatozoal transcript profiles differ among higher and lower fertility dairy sires. Animal Reproduction Science, 177: 105-123.

Castilho ACS, Dalanezi FM, Franchi FF, et al. 2019. Expression of fibroblast growth factor 22 (FGF22) and its receptor, FGFR1B, during development and regression of bovine corpus luteum. Theriogenology, 125: 1-5.

Cesaro MPD, Santos JTD, Ferst JG, et al. 2018. Natriuretic peptide system regulation in granulosa cells during follicle deviation and ovulation in cattle. Reproduction in Domestic Animals, 53(47): 710-717.

Chang TC, Yang Y, Retzel EF, et al. 2013. Male-specific region of the bovine Y chromosome is gene rich with a high transcriptomic activity in testis development. Proc Natl Acad Sci USA, 110: 12373-12378.

Chen X, Wang Y, Zhu H, et al. 2015. Comparative transcript profiling of gene expression of fresh and frozen-thawed bull sperm. Theriogenology, 83: 504-511.

Cui XG, Hou YL, Yang SH, et al. 2014. Transcriptional profiling of mammary gland in Holstein cows with extremely different milk protein and fat percentage using RNA sequencing. BMC Genomics, 15: 226.

Cui Y, Riedlinger, G, Miyoshi, K, et al. 2004. Inactivation of Stat5 in mouse mammary epithelium during pregnancy reveals distinct functions in cell proliferation, survival, and differentiation. Mol Cell Biol, 24: 8037-8047.

Dado-Senn B, Skibiel AL, Fabris TF, et al. 2018. RNA-seq reveals novel genes and pathways involved in bovine mammary involution during the dry period and under environmental heat stress. Sci Rep, 8(1): 11096.

Dadoune JP, Siffroi J, Alfonsi M. 2004. Transcription in haploid male germ cells. International Review of Cytology-a Survey of Cell Biology, 237: 1-56.

Dai WT, Zou YX, White RR, et al. 2018. Transcriptomic profiles of the bovine mammary gland during lactation and the dry period. Funct Integr Genomics, 18(2): 125-140.

Dos Santos Silva DB, Fonseca LFS, Pinheiro DG, et al. 2019. Prediction of hub genes associated with intramuscular fat content in Nelore cattle. BMC Genomics, 20(1): 520.

Feng T, Schutz LF, Morrell BC, et al. 2017. Effects of N-carbamylglutamate and L-arginine on steroidogenesis and gene expression in bovine granulosa cells. Animal Reproduction Science, 188: 85-92.

Feugang JM, Rodriguezosorio N, Kaya A, et al. 2010. Transcriptome analysis of bull spermatozoa: implications for male fertility. Reproductive Biomedicine Online, 21: 312-324.

Forbes D, Jackman M, Bishop A, et al. 2006. Myostatin auto - regulates its expression by feedback loop through Smad7 dependent mechanism. Journal of Cellular Physiology, 206: 264-272.

Forde N, Duffy GB, McGettigan PA, et al. 2012. Evidence for an early endometrial response to pregnancy in cattle: both dependent upon and independent of interferon tau. Physiological Genomics, 44: 799-810.

Fortune J, Cushman R, Wahl C, et al. 2000. The primordial to primary follicle transition. Mol Cell Endocrinol, 163(1-2): 53-60.

Gao Y, Li S, Lai Z, et al. 2019. Analysis of long non-coding RNA and mRNA expression profiling in immature and mature bovine (*Bos taurus*) testes. Front Genet, 10: 646.

Gilbert I, Bissonnette N, Boissonneault G, et al. 2007. A molecular analysis of the population of mRNA in bovine spermatozoa. Reproduction, 133: 1073-1086.

Gilchrist RB, Lane M, Thompson JG. 2008. Oocyte-secreted factors: regulators of cumulus cell function and oocyte quality. Hum Reprod Update, 14: 159-177.

Graf A, Krebs S, Zakhartchenko V, et al. 2014. Fine mapping of genome activation in bovine embryos by RNA sequencing. Proc Natl Acad Sci USA, 111(11): 4139-4144.

Hatzirodos N, Irving-Rodgers HF, Hummitzsch K, et al. 2014. Transcriptome profiling of granulosa cells of bovine ovarian follicles during growth from small to large antral sizes. BMC Genomics, 15(1): 1-19.

Jiang ZL, Sun JW, Dong H, et al. 2014. Transcriptional profiles of bovine in vivo pre-implantation development. BMC Genomics, 15: 756.

Jin W, Olson EN, Moore SS, et al. 2012. Transcriptome analysis of subcutaneous adipose tissues in beef cattle using 3′ digital gene expression-tag profiling. J Anim Sci, 90(1): 171-183.

Kanatsushinohara M, Shinohara T. 2013. Spermatogonial stem cell self-renewal and development. Annual Review of Cell and Developmental Biology, 29: 163-187.

Khan DR, Landry DA, Fournier E, et al. 2016. Transcriptome meta-analysis of three follicular compartments and its correlation with ovarian follicle maturity and oocyte developmental competence in cows. Physiological Genomics, 48(8): 633-643.

Labrecque R, Tessaro I, Luciano AM, et al. 2015. Chromatin remodelling and histone mRNA accumulation in bovine germinal vesicle oocytes. Molecular Reproduction and Development, 82(6): 450-462.

Lalancette C, Thibault C, Bachand I, et al. 2008. Transcriptome analysis of bull semen with extreme nonreturn rate: use of suppression-subtractive hybridization to identify functional markers for fertility. Biology of Reproduction, 78: 618-635.

Lee HJ, Jang M, Kim H, et al. 2013. Comparative transcriptome analysis of adipose tissues reveals that ECM-receptor interaction is involved in the depot-specific adipogenesis in cattle. PLoS One, 8(6): e66267.

Li X, Duan C, Li R, et al. 2021. Insights into the mechanism of bovine spermiogenesis based on comparative transcriptomic studies. Animals, 11(1): 80.

Liang R, Han B, Li Q, et al. 2017. Using RNA sequencing to identify putative competing endogenous RNAs (ceRNAs) potentially regulating fat metabolism in bovine liver. Scientific Reports, 7(1): 6396.

Liu H, Khan IM, Yin H, et al. 2021. Integrated analysis of long non-coding RNA and mRNA expression profiles in testes of calves and sexually mature Wandong bulls (*Bos taurus*). Animals, 11(7): 2006.

Liu Y, Rao Y, Jiang X, et al. 2017. Transcriptomic profiling reveals disordered regulation of surfactant homeostasis in neonatal cloned bovines with collapsed lungs and respiratory distress. Molecular Reproduction and Development, 84(8): 668-674.

Lodde V, Modina S, Maddox-Hyttel P, et al. 2008. Oocyte morphology and transcriptional silencing in relation to chromatin remodeling during the final phases of bovine oocyte growth. Molecular Reproduction and Development, 75(5): 915-924.

Macias H, Hinck L. 2012. Mammary gland development. Wiley Interdiscip Rev Dev Biol, 1(4): 533-557.

Martins KR, Haas CS, Ferst JG, et al. 2019. Oncostatin M and its receptors mRNA regulation in bovine granulosa and luteal cells. Theriogenology, 125: 324-330.

McKinley M, O'Loughlin VD. 2011. Human Anatomy. Third Edition. New York: McGraw-Hill.

Miao ZQ, Ding YL, Zhao N, et al. 2020. Transcriptome sequencing reveals fibrotic associated-genes involved in bovine mammary fibroblasts with *Staphylococcus aureus*. Int J Biochem Cell Biol, 121: 105696.

Minten MA, Bilby TR, Bruno RG, et al. 2013. Effects of fertility on gene expression and function of the bovine endometrium. PLoS One, 8: e69444.

Misa H, Kanako K, Koichi UK, et al. 2011. Quantitative analysis of bone morphogenetic protein 15 (BMP15) and growth differentiation factor 9 (GDF9) gene expression in calf and adult bovine ovaries. Reproductive Biology & Endocrinology, 9: 33.

Newell-Fugate AE. 2017. The role of sex steroids in white adipose tissue adipocyte function. Reproduction, 153(4): R133-R149.

Nishimura P, Okuda K, Gunji Y, et al. 2018. BNIP3 expression in bovine follicle and corpus luteum. J Vet Med Sci, 80(2): 368-374.

Ntambi JM, Young-Cheul K. 2000. Adipocyte differentiation and gene expression. The Journal of Nutrition, 130(12): 3122S-3126S.

Ozdemir S, Altun S. 2020. Genome-wide analysis of mRNAs and lncRNAs in *Mycoplasma bovis* infected and non-infected bovine mammary gland tissues. Mol Cell Probes, 50: 101512.

Parthipan S, Selvaraju S, Somashekar L, et al. 2017. Spermatozoal transcripts expression levels are predictive of semen quality and conception rate in bulls (*Bos taurus*). Theriogenology, 98: 41-49.

Potter SJ, Defalco T. 2017. Role of the testis interstitial compartment in spermatogonial stem cell function. Reproduction, 153(4): R151-R162.

Raval NP, Shah TM, George L, et al. 2019. Insight into bovine (*Bos indicus*) spermatozoal whole transcriptome profile. Theriogenology, 129: 8-13.

Reyes JM, Chitwood JL, Ross PJ. 2015. RNA-seq profiling of single bovine oocyte transcript abundance and its modulation by cytoplasmic polyadenylation. Molecular Reproduction and Development, 82(2): 103-114.

Richert MM, Schwertfeger KL, Ryder JW, et al. 2000. An atlas of mouse mammary gland development. J Mammary Gland Biol Neoplasia, 5(2): 227-241.

Robert C, Nieminen J, Dufort I, et al. 2011. Combining resources to obtain a comprehensive survey of the bovine embryo transcriptome through deep sequencing and microarrays. Mol Reprod Dev, 78(9): 651-664.

Ryo N, Hiroki H, Masamichi Y, et al. 2017. Hypoxia increases glucose transporter 1 expression in bovine corpus luteum at the early luteal stage. Journal of Veterinary Medical Science, 79(11): 1878-1883.

Saely CH, Geiger K, Drexel H. 2012. Brown versus white adipose tissue: a mini-review. Gerontology, 58(1): 15-23.

Sayasith K, Sirois J. 2015. Molecular characterization of a disintegrin and metalloprotease-17 (ADAM17) in granulosa cells of bovine preovulatory follicles. Molecular and Cellular Endocrinology, 411: 49-57.

Schütz LF, Schreiber NB, Gilliam JN, et al. 2016. Changes in fibroblast growth factor 9 mRNA in granulosa and theca cells during ovarian follicular growth in dairy cattle. Journal of Dairy Science, 99(11): 9143-9151.

Selvaraju S, Parthipan S, Somashekar L, et al. 2017. Occurrence and functional significance of the transcriptome in bovine (*Bos taurus*) spermatozoa. Scientific Reports, 7: 42392.

Selvaraju S, Ramya L, Parthipan S, et al. 2021. Deciphering the complexity of sperm transcriptome reveals genes governing functional membrane and acrosome integrities potentially influence fertility. Cell and Tissue Research, 385(1): 207-222.

Seo M, Lee HJ, Kim K, et al. 2016. Characterizing milk production related genes in Holstein using RNA-seq. Asian-Australas J Anim Sci, 29(3): 343-351.

Sheng X, Ni H, Liu Y, et al. 2014. RNA-seq analysis of bovine intramuscular, subcutaneous and perirenal adipose tissues. Mol Biol Rep, 41(3): 1631-1637.

Sinderewicz E, Grycmacher K, Boruszewska D, et al. 2017. Bovine ovarian follicular growth and development correlate with lysophosphatidic acid expression. Theriogenology, 106: 1-14.

Singh R, Junghare V, Hazra S, et al. 2019. Database on spermatozoa transcriptogram of catagorised Frieswal crossbred (Holstein Friesian X Sahiwal) bulls. Theriogenology, 129: 130-145.

Staub C, Johnson L. 2018. Review: Spermatogenesis in the bull. Animal, 12: s27-s35.

Sumner-Thomson JM, Vierck JL, McNamara JP. 2011. Differential expression of genes in adipose tissue of first-lactation dairy cattle. J Dairy Sci, 94(1): 361-369.

Sun X, Li M, Sun Y, et al. 2015. The developmental transcriptome landscape of bovine skeletal muscle defined by Ribo-Zero ribonucleic acid sequencing. Journal of Animal Science, 93: 5648-5658.

van Dorland HA, Richter S, Morel I, et al. 2009. Variation in hepatic regulation of metabolism during the dry period and in early lactation in dairy cows. Journal of Dairy Science, 92(5): 1924-1940.

van Harmelen V, Skurk T, Rohrig K, et al. 2003. Effect of BMI and age on adipose tissue cellularity and differentiation capacity in women. International Journal of Obesity, 27(8): 889-895.

Walker BN, Biase FH. 2020. The blueprint of RNA storages relative to oocyte developmental competence in cattle (*Bos taurus*). Biology of Reproduction, 102(4): 784-794.

Wang N, Li CY, Zhu HB, et al. 2017. Effect of vitrification on the mRNA transcriptome of bovine oocytes. Reproduction in Domestic Animals, 52(4): 531-541.

Wang X, Yang C, Guo F, et al. 2019. Integrated analysis of mRNAs and long noncoding RNAs in the semen from Holstein bulls with high and low sperm motility. Scientific Reports, 9: 2092.

Wang YH, Bower NI, Reverter A, et al. 2009. Gene expression patterns during intramuscular fat development in cattle. J Anim Sci, 87(1): 119-130.

Warzych E, Pawlak P, Pszczola M, et al. 2017. Interactions of bovine oocytes with follicular elements with respect to lipid metabolism. Animal Science Journal, 88(10): 1491-1497.

Wei QQ, Zhong L, Zhang SP, et al. 2017. Bovine lineage specification revealed by single-cell gene expression analysis from zygote to blastocyst. Biology of Reproduction, 97(1): 5-17.

Wolf FR, Almquist JO, Hale EB. 1965. Prepuberal behavior and puberal characteristics of beef bulls on high nutrient allowance. Journal of Animal Science, 24: 761-765.

Wu S, Mipam TD, Xu C, et al. 2020. Testis transcriptome profiling identified genes involved in spermatogenic arrest of cattleyak. PLoS One, 15(2): e0229503.

Wu Y, Zhang W, Zuo F, et al. 2019. Comparison of mRNA expression from Y‐chromosome X‐degenerate region genes in taurine cattle, yaks and interspecific hybrid bulls. Animal Genetics, 50: 740-743.

Yang B, Jiao BL, Ge W, et al. 2018. Transcriptome sequencing to detect the potential role of long non-coding

RNAs in bovine mammary gland during the dry and lactation period. BMC Genomics, 19(1): 605.

Yang J, Jiang JC, Liu X, et al. 2016. Differential expression of genes in milk of dairy cattle during lactation. Anim Genet, 47(2): 174-180.

Zhao W, Mengal K, Yuan M, et al. 2019. Comparative RNA-seq analysis of differentially expressed genes in the epididymides of yak and cattleyak. Current Genomics, 20(4): 293-305.

Zhou Y, Sun J, Li C, et al. 2014. Characterization of transcriptional complexity during adipose tissue development in bovines of different ages and sexes. PLoS One, 9(7): e101261.

（王昕、周扬、李明勋、黄洁萍编写）

（高源、宁庆庆在本章材料的收集整理中做了大量工作，在此表示衷心感谢！）

第十四章 中国黄牛表观遗传学研究

表观遗传学是研究核苷酸序列不发生改变的情况下基因表达发生可遗传变化的一门遗传学分支学科。表观遗传学研究内容包括非编码RNA（non-coding RNA，ncRNA）调控、DNA甲基化、基因组印记、RNA修饰、组蛋白修饰等。基因组DNA经过转录可以产生两大类RNA，即：能被翻译成蛋白质的编码RNA（coding RNA）；不具有或具有较低编码能力的ncRNA。2012年国际上发布的ENCODE研究数据显示，约75%的人类基因组序列能够转录形成RNA，其中约26%的转录产物为蛋白编码RNA，其余大部分的转录产物为ncRNA。ncRNA包括普遍存在的转运RNA（tRNA）、核糖体RNA（rRNA），以及具有组织表达特异性和时间表达特异性的干扰小RNA（small interfering RNA，siRNA）、微小RNA（microRNA，miRNA）、长链非编码RNA（long noncoding RNA，lncRNA）、环状RNA（circle RNA，circRNA）等。目前，ncRNA调控已然成为中国黄牛表观遗传学研究的热点和重点之一。为此，本章重点介绍ncRNA调控、DNA甲基化、RNA修饰和组蛋白修饰等内容。

第一节 miRNA组学研究

本节将对miRNA的发现、特征、功能机制、研究方法和黄牛miRNA研究成果等进行介绍。

一、miRNA概述

miRNA在细胞增殖和分化、生物发育及疾病发生发展中发挥重要作用，且随着对miRNA作用机制的深入研究，以及利用最新的如miRNA芯片等高通量技术手段对miRNA和疾病之间的关系进行研究，研究人员对于高等真核生物基因表达调控网络的理解将会提高到一个新的水平。

（一）miRNA的发现

1993年Lee等利用遗传筛选方法在线虫中首次发现一个22 nt小分子非编码RNA——lin-4。它的转录产物在幼虫L1后期表达，与lin-14 mRNA的3′非翻译区（3′-untranslated region，3′-UTR）序列互补，从而抑制lin-14蛋白的表达，使线虫由L1期向L2期转化；lin-14基因突变后，线虫虽然能够蜕皮，但只能停留在L1期，不能发育成成虫（Lee et al.，1993）。2000年Ruvkun团队在线虫研究中发现了一个相似的小分子非编码RNA——let-7，它也通过与靶基因3′-UTR结合来发挥调控作用，同时该研究还在人基因组中找到了同源基因（Reinhart et al.，2000）。当时，科学界认识到这类小 RNA 代表了一种高度保守的基因表达机制，但直到 2001 年在《科学》（Science）等杂志同期刊登的标志性文章分别发现果蝇、线虫、哺乳动物细胞中共有 96 种与 lin-4 和 let-7 相似的非编码小 RNA 后，此类小 RNA 才正式被命名为 miRNA（Elbashir et al., 2001）。

（二）miRNA 的定义

miRNA 是一类通过靶向信使 RNA（mRNA）3′-UTR 而发挥降解 mRNA 或阻遏 mRNA 翻译的、具有负调控作用的、高度保守的、长 18～25 nt（一般为 22 nt）的核苷酸序列。

（三）miRNA 的特征

1. 形态

成熟的 miRNA 为单链，其 5′端具有帽子结构，3′端有 poly(A)尾巴，它们可以与上游或下游的序列不完全配对形成茎环结构。

2. 编码能力

成熟的 miRNA 不编码蛋白质，它的经典调控机制是通过碱基互补配对方式以其种子序列（一般为 5′端前 8 个核苷酸序列）特异性结合靶基因 mRNA 的 3′-UTR 或 5′-UTR。

3. 来源

绝大部分 miRNA 为内源性 RNA。其中，编码基因位于内含子区并与宿主基因共同受到上游启动子调控的称为内含子 miRNA；位于基因间隔区的并可以独立转录的称为基因间 miRNA。此外，机体中还可能存在外源性 miRNA。

4. 定位

miRNA 主要存在于细胞质，少量存在于细胞核和外泌体。

5. 表达

miRNA 的表达具有时序和组织特异性。在不同组织和不同发育阶段，miRNA 的表达水平有显著差异，而且 miRNA 的表达是动态调控的。

6. 保守性

miRNA 具有高度的序列保守性。

7. 功能

miRNA 主要通过两种方式抑制靶基因的表达：第一种是使靶基因 mRNA 降解，RNA 诱导沉默复合物（RNA-induced silencing complex，RISC）抑制靶基因的正常转录使靶基因脱帽、脱尾并最终被降解；第二种是抑制其翻译，RISC 通过在翻译起始前抑制核糖体形成而阻碍翻译起始或在翻译过程中阻止核糖体前进从而导致翻译终止。

(四) miRNA 形成机制

miRNA 的形成机制如图 14-1 所示。在标准的 miRNA 生物发生途径中，初始 miRNA（pri-miRNA）转录本由细胞核中的 Drosha 和细胞质中的 Dicer 处理。pri-miRNA 由 RNA 聚合酶 II（Pol II）转录，起始于 7-甲基鸟苷（m⁷Gppp），终止于 3′-poly(A)尾巴。pri-miRNA 包含一个茎环结构，该结构被核酸内切酶 Drosha 及其双链 RNA（dsRNA）结合蛋白配体 DGCR8（在哺乳动物中）或 Pasha（在果蝇中）在核中切割。生成的前体 miRNA（pre-miRNA）通过输出蛋白 5（exportin 5）从细胞核中输出，然后进一步被核酸内切酶 Dicer 及其 dsRNA 结合伴侣 TRBP（反式激活反应 RNA 结合蛋白；在哺乳动物或果蝇中）释放 miRNA-miRNA 双链体。在 HSC70-HSP90 分子伴侣机制的支持下，该双链体

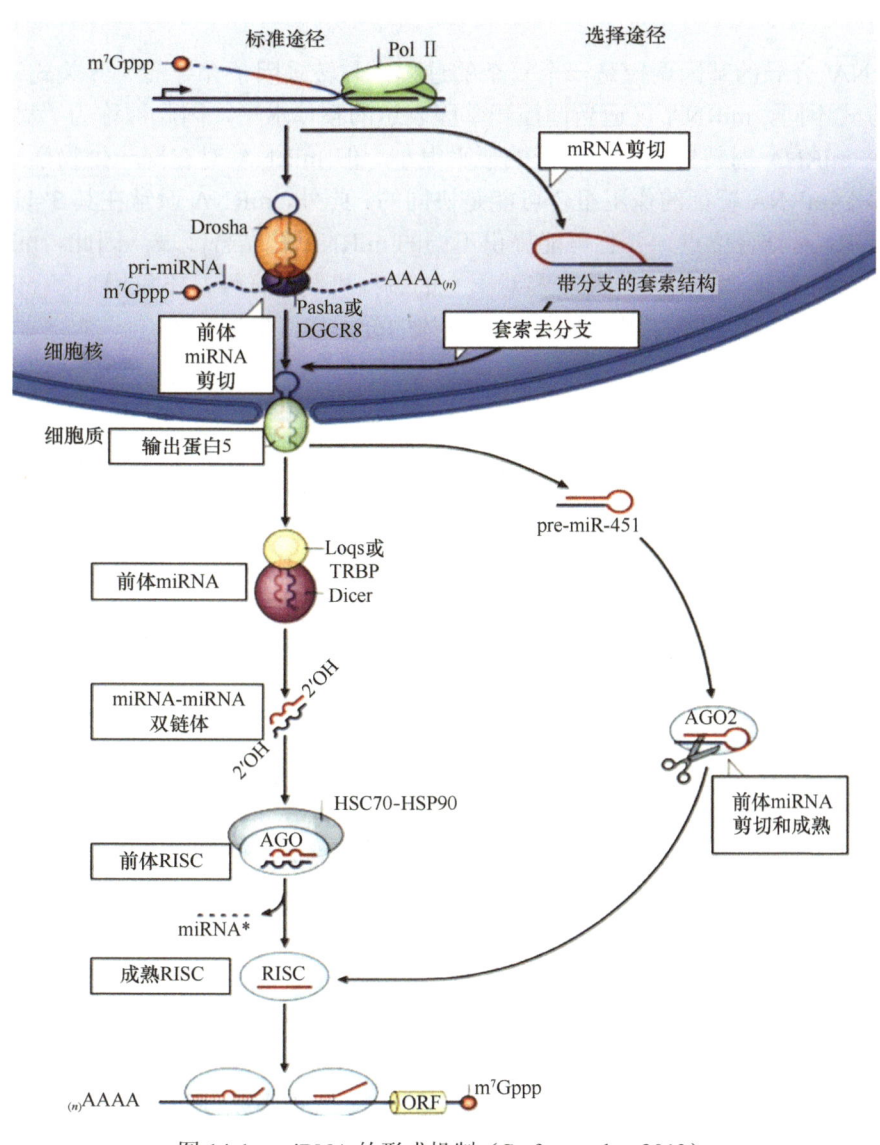

图 14-1　miRNA 的形成机制（Stefan et al.，2013）

以 dsRNA 的形式载入了 Argonaute（AGO）蛋白，形成一个 RNA 诱导沉默复合物前体（pri-miRISC）。随后的成熟步骤将降解 miRNA 的随从链，剩下的成熟导向链（guide strand）与 AGO 蛋白相互作用形成 RNA 诱导沉默复合物（RISC）。

替代途径通常替代 miRNA 前体加工的各个步骤。pri-miRNA 剪接可以用其他细胞途径的核酸酶代替，包括一般的 RNA 降解机制或 pre-miRNA 剪接因子。在这种情况下，pri-miRNA 是由分支的套索（mirtron）结构产生的，pri-miRNA 经剪接，套索脱支酶（Ldbr）去分支，然后折叠成 pre-miRNA 发夹，进入细胞质，参与典型的 miRNA 生物合成途径。在此特定情况下，pre-miRNA 在核输出后不经过 Dicer 的加工，而是直接加载到 AGO2 蛋白中，从而触发其成熟成单链 miRNA。

（五）miRNA 的分子作用机制

miRNA 介导的基因调控是一个复杂的过程，与转录因子介导的"开关式"基因表达调控方式不同。miRNA 仅适当调控靶基因表达的整体水平，因此被称为"微调剂"。尽管单个 miRNA 对特定靶基因的影响似乎很小，但 miRNA 对在同一生物学途径内起作用的多个 mRNA 靶标的作用组合可能是协同的。此外，mRNA 通常在其 3′-UTR 中具有多个 miRNA 结合位点，并且可能提供不同的 miRNA 靶结合区域，因此，miRNA 和 mRNA 之间的这种"一对多"和"多对一"的调控机制多样性，不仅增加了 miRNA 调控网络的复杂性，还提高了其协同性。其具体的分子作用机制如下。

1. 翻译抑制

miRNA 抑制 mRNA 翻译过程主要包括：抑制翻译的起始及启动后的翻译抑制。抑制翻译的起始主要通过 miRNA 诱导沉默复合物（miRISC）影响真核翻译起始因子 4F（eIF4F）帽识别 40S 小核糖体亚基募集或通过抑制 60S 亚基的掺入和 80S 核糖体复合物的形成来实现。一些与 miRISC 结合的靶标 miRNA 被转运到加工体中进行储存，接收到诸如压力等外源信号时可能会重新进入翻译阶段。启动后的翻译抑制则是由于 miRISC 可能抑制核糖体的延伸，导致它们从 mRNA 上脱落或促进新合成肽的降解。

2. 降解 mRNA

如果 miRNA 与靶位点完全互补或几乎完全互补，miRNA 的结合通常会促进靶 mRNA 降解（在植物中较常见），其结合位点通常在 mRNA 的编码区或者开放阅读框中。若互补程度不高，则阻遏调节基因的翻译。2002 年研究人员发现拟南芥 miRNA-39 与靶基因 mRNA 完全互补，导致 mRNA 在互补区中间切断降解，并提示 miRNA 的功能只取决于它与靶基因 mRNA 的 3′-UTR 之间的互补程度。

3. 参与表观遗传调控

部分 miRNA 可自身调节表观遗传元件表达，形成一个严格控制的反馈机制，这些 miRNA 被称为"epi-miRNA"，其异常表达通常与癌症的发生或进展相关，既受表观遗传调控，又可调控表观遗传元件表达。首次被发现的 epi-miRNA 为 miR-29 家族，在肺癌中 miR-29 家族成员直接与 DNMT3a 和 DNMT3b 的 3′-UTR 结合，抑制 DNMT3a 和

DNMT3b 的表达，从而使 DNA 低甲基化和肿瘤抑制因子 p15（又名 INK4b）和 ESR1 重新表达。另外，调节组蛋白修饰的酶也直接受 epi-miRNA 调控。EZH2（Zeste 基因增强子同源物 2）是 PRC2（polycomb 抑制复合物 2）的一个保守催化区域。由于 miR-26a、miR-101、miR-205 和 miR-214 的特异性下调，EZH2 在各种癌症中高表达。在肝癌细胞中，miR-101 靶向 PRC2 的 2 个亚单位：EZH2 和 EED，抑制 miR-101 会使 PRC2 活性增加及肝癌发生。在脑胶质瘤中，miR-128 下调导致 Bmi-1 过表达，通过染色质重塑造成肿瘤干细胞自我更新。此外，转录因子 YY1 也受 miR-29 家族成员调控，而 YY1 可将 PRC2 和 HDAC1 招募到特定的基因组位置，通过调节染色质结构控制多个细胞过程如细胞凋亡、细胞周期和肿瘤发生。另一种组蛋白脱乙酰酶 Sirt1，通过压缩染色质结构来发挥转录抑制作用，同时也受 miR-138 调控，并能够抑制 miR-138，从而形成一个双重负反馈回路。

4. pri-miRNA 可翻译成多肽

miRNA 成熟一般需要经历：基因转录产生 pri-miRNA，pri-miRNA 经 Drosha 酶复合体剪切产生 pre-miRNA，pre-miRNA 从细胞核进入细胞质，经 Dicer 酶复合体剪切产生成熟的 miRNA。一般认为成熟的 miRNA 才具有调控作用，有关 pri-miRNA 和 pre-miRNA 的功能相关报道并不多。2005 年，研究发现 pri-miRNA 可以进入细胞质内被核糖体识别为 mRNA，促进 miRNA 的表达，并翻译为多肽行使生理功能，而这些 pri-miRNA 翻译而成的多肽段就称为 miPEP（miRNA encoded peptide）（Dominique et al., 2015）。

5. 与其他功能蛋白结合

通常 miRNA 会与 AGO 蛋白复合体组成 RISC，靶向降解目标 mRNA，除经典调控途径外，还可以通过非经典调控途径与其他功能蛋白结合。在慢性白血病相关研究中曾发现类似作用模式，其揭示了 miR-328 不仅可以通过经典途径负调控癌基因 *PIM1*，其序列上还有一段 U/C 序列与癌基因 *C/EBPα* mRNA 上的一段序列相似，而这段序列与 RNA 结合蛋白 hnRNPE2 结合，竞争阻碍了 hnRNPE2 与 C/EBPα 蛋白的 mRNA 结合，导致 C/EBPα 核转录因子表达量上升。

6. miRNA 靶向调控线粒体相关基因 mRNA

靶向调控线粒体相关基因 mRNA 的 miRNA 被称为 mitomiRNA，一般其可以同时调控多个线粒体相关基因的 mRNA 表达，从而破坏线粒体的正常功能，如线粒体生物合成、能量代谢、钙稳态调节及线粒体自噬等。例如，miR-29 的缺失可上调转录共激活因子家族成员过氧化物酶体增殖物受体 γ 辅激活因子 α（PGC-1α）的表达，导致线粒体合成异常和大量的小线粒体病理性堆积；miR-181c 可负调控细胞色素 c 氧化酶亚单位 MT-COX1，又可促进 MT-COX2 的表达水平；miR-421 可靶向抑制 Pink1（靶向线粒体的丝氨酸/苏氨酸蛋白激酶），从而促进心肌细胞中线粒体的分裂，导致心肌细胞凋亡和心肌梗死。

7. miRNA 的跨界调控

miRNA 的跨界调控于 2012 年首次被发现,在人的各种脏器如心脏、肝、脾、肺、肾、胃、肠、脑以及血清中,均稳定检测到了包括 miR-156a、miR-166a、miR-168a 在内的多种植物 miRNA。随后的研究也不断证明 miRNA 跨界调控是确实存在的。例如,在喂食油菜花粉的小鼠血清里检测到高表达的 miR-166a 和 miR-159、在小鼠血清和尿液中检测到植物 miRNA、在人血清里检测到来自甘蓝的 miRNA 等。

8. miRNA 作为 TLR 的配体发挥功能

以上所描述的各种 miRNA 功能基本上都是通过与靶基因 mRNA 结合来调节靶基因的表达的,但 miRNA 也可以通过不依赖 miRNA 与 mRNA 结合来行使功能。Toll 样受体(Toll-like receptor,TLR)是天然免疫系统中宿主用于识别外来入侵抗原的一个蛋白家族。miRNA 独特的序列结构,可以以不依赖经典途径的与靶 mRNA 结合的方式充当 TLR 的配体,激活 TLR。有研究发现,miR let-7b 和人类免疫缺陷病毒(human immunodeficiency virus,HIV)的 ssRNA40 相似,都含有一个 GU-rich 结构域,而该结构正好是 TLR7 的识别位点,后续实验也证明 let-7b 的确能激活 TLR7。同时,外泌体分泌的 miR-21 和 miR-29a 到达肿瘤组织-正常组织的交界面,然后被位于该处的巨噬细胞摄取,激活巨噬细胞里的 TLR8,从而促进炎症因子的释放,最终促进肿瘤的生长和转移。miRNA 的这一功能也将为未来 miRNA 作为疾病治疗靶点提供新思路(Buonfiglioli et al., 2019)。

(六)miRNA 研究思路——对性状的调控作用

1. miRNA 的全基因组测序

基于第二代测序技术对 miRNA 进行测序,其过程主要分为 4 步:文库制备、簇的创建、测序(DNA 聚合酶结合荧光可逆终止子,荧光标记簇成像,在下一个循环开始前将结合的核苷酸剪切并分解)、数据分析。第二代测序在桑格测序等的基础上,通过基础创新,用不同颜色的荧光信号并经过特定的计算机软件处理,从而得到数百万条 miRNA 序列,能够快速、准确地鉴定出不同组织、发育阶段、疾病状态下已知和未知的 miRNA 及其表达差异。

2. miRNA 的实验验证

(1)实时定量 PCR(real-time quantitative PCR,RT-qPCR,也简称为 qPCR)

由于成熟 miRNA 长度较短,因此,难以设计成熟 miRNA 的有效特异引物和探针,于是对较长的前体 miRNA 分子进行 RT-qPCR 检测,利用前体 miRNA 的水平作为成熟的活性 miRNA 的替代标记。然而细胞内存在的前体 miRNA 的水平不能有效地指示相应的成熟 miRNA 水平,因此这种方法无法达到预想中的效果。目前已有新的 RT-qPCR 方法被用来解决检测 miRNA 中遇到的问题。该新方法利用一种茎环(stem-loop)状引物进行 miRNA 的反转录,然后进行 RT-qPCR。这个茎环状结构对成熟的 miRNA 3′端具有特异性,能够将非常短的成熟 miRNA 分子扩展并且增加一个通用的 3′端。这种茎环状结构也被认为可以形成一种空间的阻碍以防止对前体 miRNA 进行 PCR 引导，然后就可以利用 RT-qPCR 进行高特异性的 miRNA 的定量表达水平检测。

（2）Northern 印迹分析

Northern 印迹是一种常用的基于杂交检测 RNA 的方法，也可以通过该方法检测 miRNA 的含量。通过 miRNA 探针与 miRNA 杂交来检测 miRNA 在组织中的表达情况，还结合 RNA marker 通过凝胶电泳检测 miRNA 的分子大小。但该方法每次仅有一条 miRNA 探针与一个 miRNA 杂交，因此，不适合大规模的筛选实验，同时，Northern 印迹对样品的需求量较高，需要微克级样品才可避免假阴性。

（3）微阵列（microarray）分析

微阵列分析也称芯片分析，是一种基于杂交原理来检查 miRNA 的表达水平，从而分析 miRNA 的表达调控机制及由 miRNA 调控的基因表达的方法。微阵列采用高密度的荧光探针与 RNA 样本杂交，通过荧光扫描获得表达图谱，借助相应软件进行 miRNA 的表达分析，但微阵列以杂交为基础，因此同 Northern 印迹一样无法清楚区分序列差异很小的 miRNA，同时，也很难区分相同序列的前体 miRNA 和成熟 miRNA。

3. miRNA 的功能探究

探究 miRNA 功能最常用的方法为 miRNA 模拟物（miRNA mimic）法和 miRNA 抑制物（miRNA inhibitor）法，miRNA 模拟物和 miRNA 抑制物均为人工合成的大的 RNA 寡聚物。其中，miRNA 模拟物是双链，它的两条链的 3′端各带 2 nt 的悬垂结构，其与 miRNA 序列完全互补，模拟天然经 Dicer 切割后的 miRNA 双链。miRNA 模拟物转入细胞核后，可以提高 miRNA 的含量，利用 miRNA 模拟物可以研究 miRNA 对靶基因的抑制作用。而 miRNA 抑制物则是与对应 miRNA 完全互补的单链，转入细胞后，可以降低 miRNA 的含量，解除对靶基因的抑制。但转染细胞的 miRNA 模拟物多数被溶酶体降解，并没有被 AGO 蛋白识别，因此 RT-qPCR 检测到的效果并不一定能真实反映有作用的 miRNA 的量。而 miRNA 抑制物则可能干扰 PCR 的进行，使定量反应不准确。

锁核酸（locked nucleic acid，LNA）作为 miRNA 模拟物/miRNA 抑制物法的升级版，提高了 miRNA 模拟物法的稳定性以及 miRNA 抑制物法的效率。另外，在 miRNA 模拟物/miRNA 抑制物法的基础上还产生了化学修饰的双链微 RNA 模拟物（agomir）和专一性微核糖核酸拮抗物（antagomir）技术，该技术中 RNA 模拟物 3′端增加了硫代磷酸和胆固醇的修饰，每个 2′-O 也进行了甲基化修饰，RNA 模拟物的稳定性得以提高。此外，质粒载体表达产生 pri-miRNA 或 pre-miRNA，随后经加工产生的成熟 miRNA 也可以提高 miRNA 的表达。

2007 年，Ebert 等提出了高效降低 miRNA 有效含量的 miRNA 海绵（miRNA sponge）技术，其利用 miRNA 与 mRNA 的相互作用，设计出带有串联排列的 miRNA 结合位点的载体，这个载体通过转基因或者转染进入机体或细胞里，作为分子海绵吸附相应

miRNA，解除对靶基因的抑制。

若要稳定的 miRNA 上调/下调效果，还可以考虑慢病毒稳转细胞或转基因构建稳转细胞系或转基因动物。虽然相较于其他方法，该方法成本高、周期长，但能长时间在生理范围内改变相应的 miRNA 含量，同时得到的结果也更加可靠。特别是近年来突飞猛进的以 CRISPR/Cas9 为主的基因编辑技术，为稳定调节 miRNA 表达提供了选择。

4. miRNA 的定量和定位

荧光原位杂交（fluorescence *in situ* hybridization，FISH）技术是一种非常重要的非放射性原位杂交技术，具有无放射性、实验周期短、稳定性高、定位准确和灵敏度高等特点。该技术将报告分子标记核酸探针与靶 DNA 杂交，形成杂交体。随后，可利用该报告分子与荧光素标记的特异性亲和素直接的免疫化学反应，经荧光检测体系，在显微镜下对 DNA 进行定性、定量和定位分析。基于 FISH 的 miRNA 检测方法使用锁核酸（LNA）探针。LNA 由一类新型双环高亲和的 RNA 类似物组成，其中的核糖环通过亚甲桥连接 2-O 和 4-C 而被锁定，这样，LNA 探针就表现出对靶 miRNA 的显著亲和性和特异性，但利用 LNA-FISH 传统技术仍不能精确地提供 miRNA 表达的定量信息。

新型 LNA-ELF-FISH 技术将 LNA 探针对 miRNA 的唯一性识别性质与酶标记荧光（enzyme labeled fluorescence，ELF）结合在一起。ELF 能通过磷酸酶裂解产生荧光底物信号放大，磷酸酶产生黄绿色荧光沉积物，比单个荧光素亮度强 40 倍，使得待检测单个 miRNA 明亮、耐光的荧光点被荧光显微镜成像简单地计算出来。

5. miRNA 的靶基因预测

目前主要应用计算机辅助预测 miRNA 靶基因。用于预测的软件或数据库有 TargetScan、miRanda、RNAhybrid、PicTar、TarBase 等。根据 miRNA 和靶基因间的作用规律，在预测过程中主要遵循以下几点原则：①miRNA 与靶基因序列的互补性，如 miRNA 与靶基因间的错配不得超过 4 个（G-U 配对被认为是 0.5 个错配），miRNA/靶基因复合体中不得超过 2 处发生相邻位点的错配；②miRNA/靶基因复合体双链的热稳定性，如复合体的最小自由能（MFE）应不小于该 miRNA 与其最佳互补体结合时 MFE 的 75%；③miRNA 种子区的配对原则，如从 miRNA 的 5′端起第 1～12 个位点不得超过 2.5 个错配；④miRNA/靶基因复合体不存在复杂的二级结构；⑤不同物种间同源 miRNA/靶基因的保守性等。由于不同软件参数设置各不相同，其预测结果会有较大差异，因此采用多种软件预测是比较可靠的手段。对 miRNA 与靶基因间的相互关系进行鉴定，目前应用最多的方法是萤光素酶报告基因载体系统。实验方法是将靶基因中包含的 miRNA 靶序列片段，克隆到萤光素酶报告基因开放阅读框序列的下游。然后，将萤光素酶报告基因载体系统与人工合成的 miRNA 模拟物/miRNA 抑制物共同转染细胞，与对照组相比，如果转染 miRNA 抑制物的细胞中的萤光素酶活性降低，则可初步证明 miRNA 与其靶基因能够相互作用（Hu and Bruno，2011）。

二、黄牛肌肉组织 miRNA 组学研究

到目前为止，已经在 271 个物种中发现了 38589 条已经注释的成熟 miRNA 序列（miRBase 数据库 v21），其中牛 miRNA 有 1064 条前体序列，共计编码 1025 个成熟的 miRNA。最初鉴定牛 miRNA 的方法是利用同源比较法，将牛表达序列标签（EST）与人类 miRNA 同源比较，并分析其二级结构，由此共鉴定出 334 个预测的牛 miRNA。进一步构建 miRNA 文库并测序分析，最终鉴定出 129 个比较可信的牛 miRNA，其中 100 个能匹配已知的人类 miRNA（Coutinho et al., 2007）。使用类似的方法，Jin 等（2009）从牛 11 个不同组织中也鉴定出 101 个 miRNA，并利用生物信息学方法把 miRBase 数据库中所有 miRNA 与牛基因组相比较。Strozzi 等（2009）获得了 390 个牛 miRNA。近年来，随着高通量测序技术的广泛应用，牛 miRNA 研究进展很快，涉及不同组织 miRNA 鉴定及特征研究。

（一）来源及筛选

本研究以秦川牛为研究对象，利用新一代高通量测序技术研究了不同发育时期秦川牛背部肌肉组织中 miRNA 的表达，并分析其长度分布、公共序列、特异序列等。实验选择 10~20 头母牛进行配种，配种当天记为 0 天，分别在妊娠母牛配种后 90 天（FM90）、200 天（FM200）时屠宰，采集胎牛背最长肌；同时采集出生后 5 日龄健康犊牛（CM）、12 月龄青年牛（YM）、24 月龄成年牛（AM）背部肌肉组织。为了检测 miRNA 在秦川牛肌肉组织不同发育阶段的表达情况，使用 Illumina/Solexa 测序技术构建了 5 个小 RNA 文库，包含 2 个胎牛期（FM90、FM200）和 3 个出生后（CM、YM、AM）肌肉组织文库。原始测序总读数达到 75 612 909 条，每个时期平均读数为 15 122 582 条。首先，对原始序列进行低质量序列过滤，所有文库平均获得的高质量（High_quality）序列占原始序列（Raw_reads）的 99.69%±0.08%，5 个不同发育时期肌肉组织中的高质量序列比例分布为 99.60%~99.77%（表 14-1），提示构建的测序文库质量良好。5 个发育时期测序结果中，单一序列（unique_num）的长度分布与总纯净序列长度分布类似，其中长度为 22 nt 的序列为所占比例最大的序列（13.47%±2.75%）（图 14-2）。说明本次测序结果符合 miRNA 长度分布特征，对秦川牛肌肉组织中 miRNA 具有较好的覆盖率，能够以本次测序结果为基础，系统、全面地分析秦川牛肌肉组织中 miRNA 表达及不同发育阶段组织特异性 miRNA。利用 SOAP 软件对纯净小 RNA 序列读数进行基因组定位分析，主要参考牛基因组 bosTau6（UMD_3.1），结果如表 14-2 所示。基于序列的同源性和保守性，将小 RNA 序列与已知 miRBase 19.0 中牛的 755 个 miRNA 成熟体和 766 个 miRNA 前体进行比对。在 5 个测序文库中共发现 510 个成熟的 miRNA，这些成熟序列能够比对上 537 个 miRNA 前体序列，其中有 263 个成熟 miRNA 在 5 个测序文库都表达（图 14-3）。考虑到整个 miRNA 的发育过程，该研究利用 Mireap 软件来预测新的 miRNA，首先找到小 RNA 序列正确匹配的基因组位置，然后提取基因组侧翼序列并检测其是否能够形成发夹结构、是否包含 Dicer 酶剪切位点、自由能和 GC 含量等特征。利用 Mireap，在秦川牛肌肉组织中共预测的 4 个新 miRNA 在 5 个测序文库中都表达（表 14-3）。

表 14-1　牛不同发育阶段测序结果初步筛选

类别	FM90 数量	FM90 百分比/%	FM200 数量	FM200 百分比/%	CM 数量	CM 百分比/%	YM 数量	YM 百分比/%	AM 数量	AM 百分比/%
原始下机数据	15 941 389		15 038 134		15 198 135		15 793 445		13 641 806	
高质量数据	15 881 408	99.62	14 977 389	99.60	15 155 237	99.72	15 756 715	99.77	13 606 490	99.74
3'接头序列	10 834	0.07	6 903	0.05	3 660	0.02	4 216	0.03	6 723	0.05
Insert_null	5 218	0.03	2 509	0.02	587	0.00	686	0.00	577	0.00
5'接头序列	23 352	0.15	24 309	0.16	4 533	0.03	5 695	0.04	5 830	0.04
小于 18nt 的序列	387 691	2.43	24 992	0.17	6 653	0.04	13 911	0.09	35 162	0.26
PolyA	131	0.00	29	0.00	19	0.00	15	0.00	34	0.00
有效数据	15 454 182	96.94	14 918 647	99.21	15 139 785	99.62	15 732 192	99.61	13 558 164	99.39

表 14-2　牛基因组比对结果

类别		FM90 数量	FM90 百分比/%	FM200 数量	FM200 百分比/%	CM 数量	CM 百分比/%	YM 数量	YM 百分比/%	AM 数量	AM 百分比/%
总体的	Clean reads	15 454 182	100	14 918 647	100	15 139 785	100	15 732 192	100	13 558 164	100
	Mappable reads	13 353 518	86.41	11 191 658	75.02	12 086 752	79.83	13 235 186	84.13	12 239 842	90.28
特异的	Clean reads	688 055	100	474 507	100	451 596	100	325 337	100	188 906	100
	Mappable reads	371 163	53.94	126 616	26.68	126 929	28.11	100 100	30.77	100 581	53.24
Total/Unique		35.98		88.39		95.22		132.22		121.69	

表 14-3　牛新 miRNA 序列及茎环结构特征

名称	自由能/（kcal/mol）	成熟臂	序列及茎环结构特征
novel_mir_27	−29	5p	UGGGUUAGCCAAAAAGUUCGUUUGGGUUUUCUGUACAAUCUGAUGGAA GAACCCAAACAAAUAUUUUGGCCAAAUCAAUAUUGGCCAA .. (((((((((((((........)))) .)))))))))) .))) .)))))))) ....
novel_mir_60	−27.1	5p	AACAUUGAAACAGGCUAGGAGAAAUGAUUGGAUAGAAAAUUUUAUUC UAUUCAUUUAUCUCCCAGCCUACAAAAUGGA .. ((((..... ((((.. (((((.. (((. ((((((((((.......))))))))))).)))))) ....)))).
novel_mir_93	−59.6	3p	CCAUGUGCCGCCAUGUUCCAAAGAAGUCCGCUGCCUUCCUCUAGAGAG UGGCUUCUUUGGAACAUGGCGGCACGUGGUU (((((((((((((((((((((((. (((((. ((......)) ..))))))))))))))))))))))))))) ..
novel_mir_110	−26.46	5p	UGAGUCAGCCAAAAGUUCGUUCGGGUUUUUUGUUUACAGCUCACUAGA AAAACCCAAAUGAACUCUUUGGCCAAUCCU .... ((((((((((((((. ((((((((((........)))))))))) .)))))) ....

注：在茎环结构中，"." 表示在其前体中为环；"(" 表示在其前体中为茎

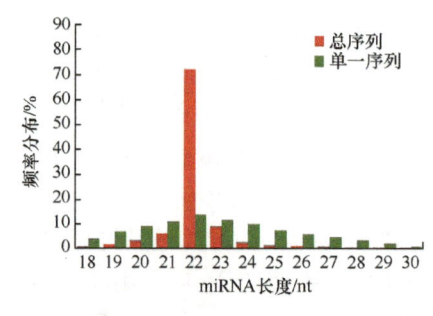

图 14-2　牛不同发育时期小 RNA 测序片段长度分布

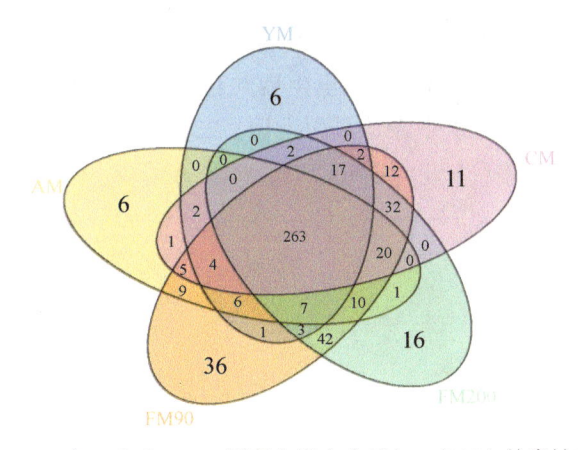

图 14-3　在 5 个小 RNA 测序文库中牛已知 miRNA 的表达比较

（二）miRNA 表达谱特征分析

miRNA 在由前体剪切加工为成熟体时是由 Dicer 酶切完成的，酶切位点的特异性使得 miRNA 成熟体序列首位对于碱基 U 具有很强的偏向性，另外其他的位点也有一定的分布规律，如 2～4 号位一般缺少 U，10 号位偏向于 A（10 号位一般是 miRNA 对其靶基因发生剪切作用时的剪切位点）。因此，分析 miRNA 碱基偏向性对于评估测序质量，以及了解 miRNA 的生物学功能具有重要意义，主要应用 FASTX-Toolkit 软件包统计 miRNA 各位点碱基分布。

在不同长度的成熟 miRNA 序列中，首位碱基的分布具有很强的偏向性。其中，尿嘧啶（U）的比例最大，尤其在片段长度为 22～24 nt 的 miRNA 序列中；其次为腺嘌呤（A），而鸟嘌呤（G）与胞嘧啶（C）位于 miRNA 首位的比例相对较小。

同时，在动物基因组中，miRNA 多以变异体（isomiR）的形式存在，这种变异体主要表现为 miRNA 参考序列 5′端或 3′端序列的"延伸"或"收缩"，而且多为从同一 miRNA 前体序列剪切而来。此外，成熟 miRNA 序列的第 2～8 个碱基被称作"种子"序列，物种间保守性很高。若在这一区域存在 5′isomiR，则可能改变 miRNA 的靶基因作用位点。应用 Blastall 软件包分析 miRNA 的变异体分布。

研究表明 miRNA 在动植物物种间具有高度的保守性、时序性和组织特异性。具有细胞特异性和组织特异性是 miRNA 表达的主要特点，miRNA 表达的时序性和组织特异性说明 miRNA 的这种分布规律可能决定组织和细胞的功能特异性，对特定组织的发育起重要作用。该研究中，共鉴定了秦川牛 5 个不同发育时期肌肉组织 miRNA 表达谱，筛选出秦川牛肌肉组织特异性表达的 miRNA，对黄牛分子育种具有重要意义。出生前后牛肌细胞生长发育模式显著不同，肌细胞增殖分化主要发生在胚胎期间，牛出生后肌肉组织发育则表现为肌细胞的肥大。对 5 个不同发育时期秦川牛肌肉组织 miRNA 表达量进行主成分分析，结果表明，出生后 CM、YM 及 AM 肌肉组织的 miRNA 表达模式显著聚集，且与出生前肌肉组织明显分开（图 14-4）。根据牛肌肉组织生长发育规律及 miRNA 表达模式，将 5 个不同发育阶段肌肉组织分为出生前和出生后两大组，FM90、FM200 归为出生前，CM、YM 及 AM 归为出生后。分别通过上四分位数（upper-quantile）

和 M 值的加权截尾均值（trimmed mean of M-value，TMM）法进行 miRNA 表达量归一化，应用 R 包 edgeR 软件鉴定出生前和出生后共有 36 个 miRNA 表达量存在显著差异，其中有 14 个在出生后肌肉组织中表达显著上调，22 个在出生后肌肉组织中表达显著下调（图 14-5）。为了研究部分已知 miRNA 和新 miRNA 在秦川牛成年期不同组织（心脏、

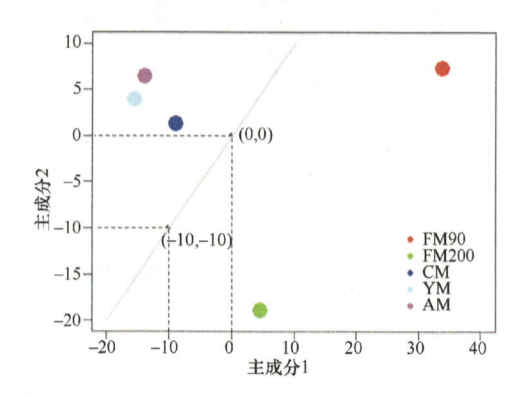

图 14-4　秦川牛不同发育时期肌肉组织中 miRNA 表达情况主成分分析

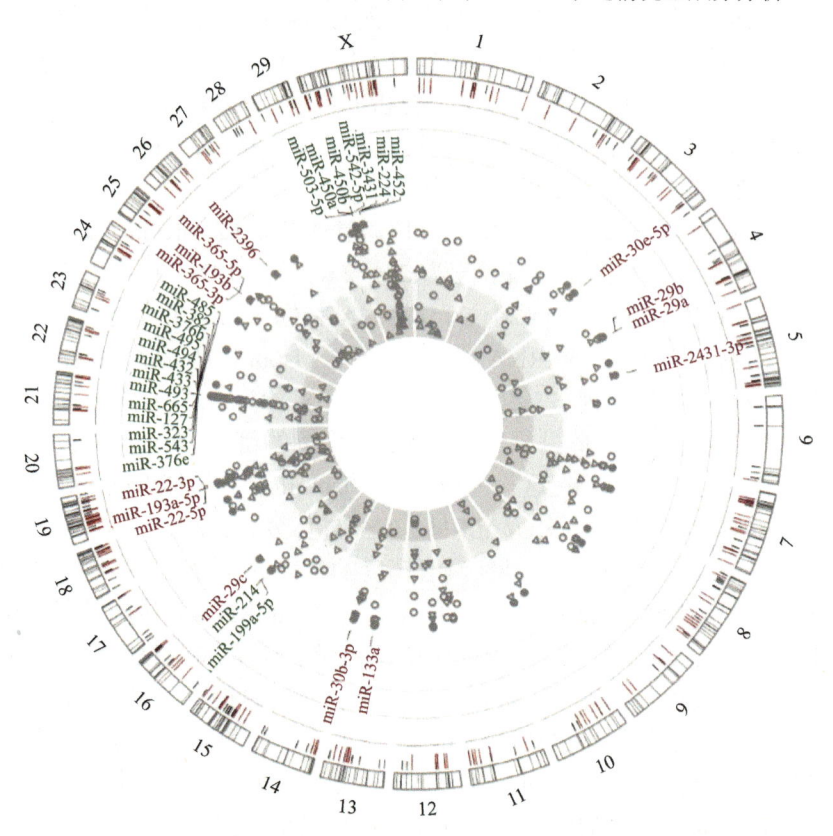

图 14-5　在出生前后秦川牛肌肉组织中显著差异表达 miRNA

最外面的圆表示牛染色体位置，染色体中灰色条带代表 755 个牛 miRNA 成熟体；向内第二轨道所有条带代表在 5 个时期共鉴定出 510 个牛成熟 miRNA，其中红色条带代表在 5 个时期共表达的 263 个成熟 miRNA；向内第三轨道代表 36 个显著表达 miRNA，其中红色代表 14 个在出生后肌肉组织中表达上调的 miRNA，绿色代表 22 个在出生后肌肉组织中表达下调的 miRNA；向内第四轨道散点图代表所有 miRNA 在出生前后肌肉组织中差异表达的错误发现率（false discovery rate，FDR），实心散点代表 FDR≤0.05，其中圆圈代表用上四分位数法标准化处理，三角代表用 TMM 法标准化处理

肝脏、肺脏、肾脏、脑、小肠、脂肪和脾脏）和秦川牛不同发育时期（胎牛 90 天、出生后 5 日龄、出生后 24 月龄）肌肉组织中 miRNA 的表达变化规律，选取了 12 个已知 miRNA 和 6 个新 miRNA，如 miR-1、miR-206、let-7 和 miR-660 等。研究结果如图 14-6 和图 14-7 所示。

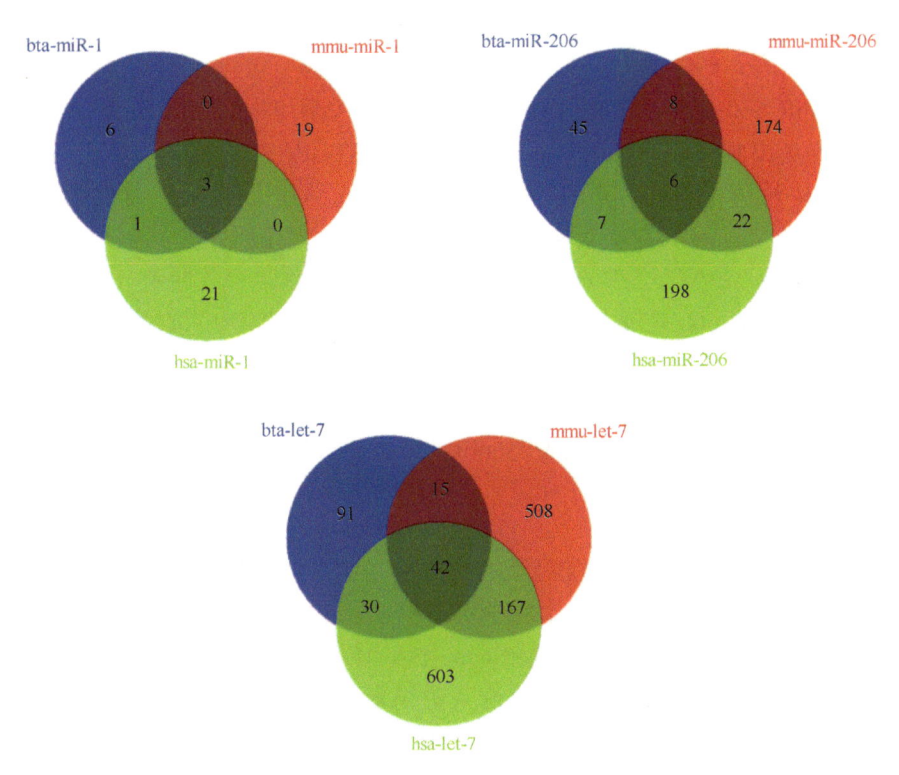

图 14-6　牛 miR-1、miR-206 和 let-7 家族靶基因分布比较

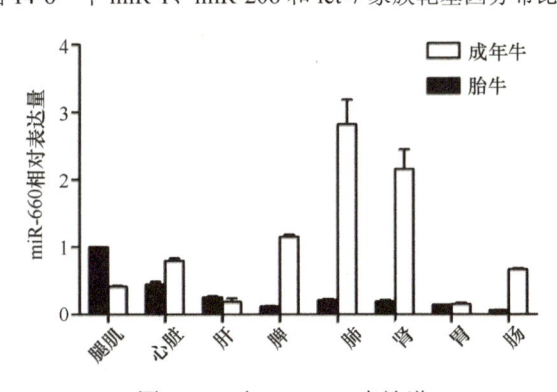

图 14-7　牛 miR-660 表达谱

（三）miRNA 功能研究

近年来，研究表明，基因组中多个非编码 miRNA 参与了肌肉组织生长发育以及成肌细胞增殖、分化的调控过程，主要包含 miR-1、miR-206、miR-133、miR-499、miR-660、miR-27b 及 miR-24 等。通过在成肌细胞中过表达和干扰 miRNA，可探究 miRNA 对成

肌细胞增殖、分化和凋亡的调控机制和影响。利用 RT-qPCR、免疫印迹（Western blot）在 mRNA 及蛋白质水平上测定相关增殖分化标志基因的表达；利用 RT-qPCR、细胞计数试剂盒-8（Cell-Counting-Kit-8，CCK-8）、5-乙炔基-2′-脱氧尿苷（5-ethynyl-2′-deoxyuridine，EdU）、流式细胞仪检测、免疫印迹等方法探究 miRNA 对成肌细胞增殖的影响；利用 RT-qPCR、免疫印迹、细胞免疫荧光等方法探究 miRNA 对成肌细胞分化的影响。

这里以 miR-660 为例。依据陈宏课题组先前有关秦川牛骨骼肌 miRNA 高通量测序结果，初步筛选出时空差异表达的 miRNA，通过 RT-qPCR 技术获取秦川牛不同发育时期（胎牛、犊牛）、不同组织（心脏、肝脏、脾脏、肺、肾脏、胃、肠、骨骼肌）的 miRNA 表达谱，最终选择以 miR-660 为实验对象，研究其对骨骼肌发育的调控机制和影响。①利用 RT-qPCR、免疫印迹在 mRNA 及蛋白质水平上测定相关增殖分化标志基因的表达。结果表明，miR-660 在秦川牛不同发育阶段的不同组织中广谱性表达，且 miR-660 在胎牛及成年牛骨骼肌中的表达量呈现出显著差异（$P<0.01$），揭示了 miR-660 属于非特异性肌肉相关 miRNA。②利用 RT-qPCR、免疫印迹技术验证过表达或干扰 miR-660 对 C2C12 细胞增殖分化的影响，结果表明 miR-660 促进成肌细胞增殖，抑制成肌细胞分化。

（四）miRNA 作用机制研究

目前，研究 miRNA 靶基因的经典方法主要包括：利用生物信息学进行 miRNA 的靶基因前期预测及筛选，之后通过生物学实验验证 miRNA 与其预测靶基因的靶向关系。这里同样以 miR-660 为例，利用 TargetScan、DAVID 等数据库筛选预测出 miR-660 与骨骼肌分化相关的 7 个靶基因，之后通过双荧光素酶报告基因系统确认 ARHGEF12 是 miR-660 的唯一靶基因，随后又通过在 C2C12 细胞上过表达及抑制 miR-660，结合 RT-qPCR、免疫印迹实验进一步证实 miR-660 与 ARHGEF12 的靶向关系。因此，通过生物信息学预测分析，双荧光素酶报告基因检测，RT-qPCR、免疫印迹等手段预测并验证了 miR-660 的靶基因 ARHGEF12，并进一步推测 miR-660 能够通过靶向 ARHGEF12 而参与 RhoA/ROC 通路抑制成肌细胞分化。

近年来，miRNA 对肌肉组织发育影响的研究越来越多，研究发现 miRNA 在肌细胞发育过程中发挥了重要的调节作用。在肌肉组织中 miR-1、miR-206、miR-133、miR-208a、miR-208b 等 miRNA 发生了特异性表达，将其统称为 myomiR 家族。其中 miR-206 在骨骼肌中特异性表达，试验表明在小鼠胚胎发育第 9.5 天时 miR-206 开始表达，但其表达水平很低，随着胚胎不断发育，从 10.5 天开始 miR-206 快速表达，在 17.5 天表达水平达到最高峰，与 10.5 天表达水平的差异显著（Takada et al.，2006），此过程中 miR-206 具有时空表达特异性。研究证明 miR-1、miR-206 促进肌细胞的分化，miR-133 虽然与 miR-1、miR-206 属于同一个基因家族，但作用不相同。除了在肌肉组织特异性表达的 miRNA 以外，还有对肌肉组织发育起调控作用的特异性表达的 miRNA，如 miR-181 在骨骼肌、心肌等许多组织中表达，与同源盒蛋白 Hox-All 靶点结合，促进肌细胞分化和再生，而敲低 miR-181 则会抑制成肌细胞的分化。

三、黄牛脂肪组织 miRNA 组学研究

(一)来源及筛选

肉牛生长主要经历胚胎期、哺乳期、幼年期、青年期及成年期。伴随着肉牛发育成熟到开始衰老,体型、体重保持稳定,脂肪沉积能力大大提高。脂肪对于牛肉的品质至关重要,尤其是肌内脂肪的含量直接影响着牛肉的风味以及多汁性。因此,研究不同发育时期肉牛脂肪组织差异表达 miRNA 并分析其功能,对高档牛肉高效生产意义重大。脂肪细胞在增殖分化过程中,受到多个基因间的互作调控,其相关分子机制已有广泛的研究报道。目前已有研究显示,一些 miRNA 能够明显地调节脂肪细胞的分化,研究 miRNA 对脂肪细胞增殖分化的调节作用,可以从一个新的角度了解脂肪组织的生长发育机制。陈宏教授课题组的博士生孙加节(2016)利用高通量测序技术鉴定了秦川牛背部脂肪组织胚胎期、成年期时序特异性 miRNA,共鉴定出 173 个已知 miRNA 和 36 个新 miRNA,对于揭示基因表达调控牛脂肪沉积过程具有重要意义。

孙加节(2016)选用秦川牛作为研究对象,研究其背部皮下脂肪组织在不同发育阶段的 miRNA 表达规律,深入分析牛脂肪组织的沉积特征和组织学分布特征,以便为肉牛高档牛肉生产提供更多的参考数据。分别采集配种后 200 天(FF200)和 24 月龄成年牛(AF)背部脂肪组织,每一时间点取 5~10 头;采集 24 月龄成年秦川母牛、阉牛及公牛背部脂肪组织(Fat),以及成年秦川母牛心脏、肝、肺、肾、小肠、胃及肌肉组织,每一时间点取 5~10 头,采集后立刻置于液氮中带回实验室–80℃冻存备用。本实验采用 Trizol 法提取胎牛期和成年期秦川牛背部脂肪组织总 RNA,用琼脂糖凝胶电泳检测总 RNA 的完整性。电泳结果显示抽提样品质量合格可以用于后续测序。Solexa 测序后,分别从秦川牛胎牛背部脂肪组织和成年期背部脂肪组织样品中获得原始小 RNA 序列读数为 14 071 065 条和 14 373 930 条,去除低质量序列后,分别获得高质量序列读数为 14 004 677 条和 14 303 707 条。胎牛期和成年期背部脂肪组织两文库高质量序列分别占原始小 RNA 序列的 99.53%和 99.51%,表明构建的文库质量良好且测序成功。分别去除 FF200 和 AF 测序文库中一些污染序列,包括去除有 5′接头污染的序列、没有 3′接头的序列、没有插入片段的序列、包含 poly(A)的序列及小于 18 nt 的小片段等,然后分别得到纯净序列(clean reads)读数 13 915 411 条(占高质量序列读数的 99.36%)和 14 244 946 条(占高质量序列读数的 99.59%)(表 14-4);其中两文库中纯净序列种类(unique reads)分别为 687 753 条和 870 506 条。

表 14-4 牛基因组比对结果

	类别	种类数	百分比/%	总数	百分比/%	总数/种类数
FF200	Clean reads	687 753	100.00	13 915 411	100.00	20.23
	Mappable reads	127 542	18.54	9 063 361	65.13	
AF	Clean reads	870 506	100.00	14 244 946	100.00	38.66
	Mappable reads	250 668	28.80	9 690 034	68.02	

在秦川牛胎牛期背部脂肪组织测序文库中,长度为 22 nt 的小 RNA 序列是最多的(占 51.80%),其次是长度为 23 nt (21.46%) 和 21 nt (10.86%) 的序列,长度为 20~24 nt 的小 RNA 序列共占总序列的 90% 以上;在秦川牛成年期背部脂肪组织测序文库中,小 RNA 测序长度分布规律与胎牛期相似,长度为 22 nt 的小 RNA 序列占 47.42%,其次是长度为 23 nt (14.68%) 和 21 nt (10.45%) 的序列,长度为 20~24 nt 的小 RNA 序列共占总序列读数的 80.98%。本次研究中两测序文库小 RNA 长度分布情况与已报道的其他哺乳动物中的情况基本一致,且秦川牛胎牛期和成年期测序文库中小 RNA 表达存在明显差异。

秦川牛胎牛期和成年期背部脂肪组织测序文库中,共获得 28 160 357 条总序列,对应 1 393 119 条特有序列,其中共有的总序列数为 26 411 360 条(93.79%),对应 165 140 条(11.85%)特有序列。成年期相比于胎儿期拥有更多的特有序列。

利用 SOAP 软件对纯净序列进行基因组定位分析。结果表明,在秦川牛胎牛期测序文库中有 65.13% 的序列数能够与基因组序列匹配,代表 127 542 条不同种类的小 RNA 片段。同样,在成年期测序文库中有 68.02% 的序列数与牛基因组序列匹配,代表 250 668 条不同种类的小 RNA 片段(表 14-4)。在基因组定位之后,对两个文库中的纯净序列(clean reads)进行分类注释,分别与 Rfam 和 NCBI GenBank 数据库中的 rRNA 等(rRNA、tRNA、snRNA、snoRNA 和 srpRNA)、参考物种的 miRNA、重复序列相关小 RNA 等进行比对,没有比对上的小 RNA 用 "Unknown" 表示(表 14-5)。在秦川牛胎牛期背部脂肪组织测序文库中,来自编码基因外显子和内含子的降解小 RNA 片段共 57 860 条,约

表 14-5 胎牛期和成年期 miRNA 测序片段分类注释

类别	FF200 种类数	百分比/%	总数	百分比/%	AF 种类数	百分比/%	总数	百分比/%
全部	687 753	100	13 915 411	100	870 506	100	14 244 946	100
rRNA	116 439	16.93	768 966	5.53	136 492	15.68	2 630 720	18.47
重复序列相关小 RNA	12 587	1.83	26 041	0.19	28 962	3.33	78 032	0.55
scRNA	325	0.05	10 067	0.07	517	0.06	17 019	0.12
snRNA	3 838	0.56	9 407	0.07	6 382	0.73	24 007	0.17
snoRNA	1 932	0.28	10 112	0.07	3 009	0.35	13 710	0.10
srpRNA	964	0.14	5 291	0.04	1 666	0.19	21 352	0.15
tRNA	17 413	2.53	105 611	0.76	19 699	2.26	175 326	1.23
miRNA	3 827	0.56	8 234 182	59.17	3 857	0.44	6 821 393	47.89
反义外显子	357	0.05	496	0	385	0.04	683	0
正义外显子	23 294	3.39	29 572	0.21	67 318	7.73	94 168	0.66
反义内含子	6 521	0.95	8 108	0.06	12 650	1.45	14 366	0.10
正义内含子	12 719	1.85	19 684	0.14	28 458	3.27	37 886	0.27
Unknown	487 537	70.89	4 687 874	33.69	561 111	64.46	4 316 284	30.30

占总纯净序列的 0.41%，表明构建文库时总 RNA 质量完好，基本没有发生降解；其次是 rRNA、tRNA、snRNA、snoRNA 及 srpRNA 等非编码 RNA，共计序列数为 935 495 条，占总纯净序列的 6.73%，rRNA 的比例略高，占 5.53%；与参考 miRBase 数据库比对，能匹配上的读数有 8 234 182 条，占总纯净序列的 59.17%，没有匹配的序列读数有 4 687 874 条，占总纯净序列的 33.69%，这部分没有匹配上的序列可能是一些新 miRNA 候选基因。在秦川牛成年期背部脂肪组织测序文库中，来自编码基因外显子和内含子的降解小 RNA 片段、Rfam 或 NCBI GenBank 数据库中非编码 RNA、参考物种 miRNA 及 Repeat 相关的小 RNA 等所占纯净序列的比例分别为 1.03%、20.79%、7.89% 和 0.55%，分布规律与胎牛期测序文库中的相似。

将胎牛期和成年期 miRNA 测序序列与已知 miRBase 19.0 中牛的 755 个 miRNA 成熟体和 766 个 miRNA 前体进行比对，结果见表 14-6。在胎牛期测序文库中共发现 432 个成熟 miRNA，在成年期测序文库中共发现 412 个成熟 miRNA，其中 369 个 miRNA 在两个测序文库中都表达。从序列拷贝数结果来看，miRNA 表达量差异较大，各文库 miRNA 拷贝数主要集中在少数几个 miRNA 上（表 14-7）。由图 14-8 可知，排名前 10 位的 miRNA 表达量占所有已知 miRNA 总拷贝数的 88.54%，其他的 miRNA 仅占总拷贝数的 11.46%，其中表达丰度最高的为 bta-let-7a-5p，占到 miRNA 总拷贝数的 27.31%。利用 Mireap 软件，在秦川牛脂肪组织中共预测得到 36 条成熟 miRNA 对应着 65 个前体序列，其中共有 17 个新 miRNA 在两个测序文库中都表达。

表 14-6 胎牛期和成年期测序文库中已知 miRNA 统计

时期	miRNA	miRNA-5p	miRNA-3p	miRNA 前体	匹配上前体的种类	匹配上前体的总序列数
miRBase miRNA	598	79	78	766	—	—
FF200	336	46	50	457	3 890	8 234 368
AF	328	40	44	442	3 926	6 821 671

表 14-7 牛测序结果中表达丰度最高的 15 个已知 miRNA

miRNA 名称	miRNA 序列	表达读数 FF200	表达读数 AF	表达读数 总计
bta-let-7a-5p	ugagguaguagguuguauaguu	2 493 211	1 636 370	4 129 581
bta-let-7f	ugagguaguagauuguauaguu	1 972 960	1 566 366	3 539 326
bta-let-7b	ugagguaguagguugugugguu	1 664 463	985 216	2 649 679
bta-let-7c	ugagguaguagguuguaugguu	666 825	1 145 565	1 812 390
bta-miR-199a-3p	acagugcugcacauugguua	116 725	260 952	377 677
bta-let-7e	ugagguaggaagguuguauagu	91 664	126 261	217 925
bta-let-7g	ugagguaguaguuuguacaguu	107 328	74 014	181 342
bta-miR-1	uggaauguaaagaaguauguau	79 444	89 060	168 504
bta-miR-140	uaccacagggguagaaccacgga	120 716	41 135	161 851
bta-miR-103	agcagcauuguacagggcuauga	76 996	73 318	150 314
bta-let-7i	ugagguaguaguuugugcuguu	68 217	78 797	147 014
bta-miR-320a	aaaagcuggguugagagggcga	51 875	86 405	138 280

续表

miRNA 名称	miRNA 序列	表达读数 FF200	AF	总计
bta-miR-154c	agauauugcacgguugaucucu	10 151	120 128	130 279
bta-miR-107	agcagcauuguacagggcuauc	51 205	66 464	117 669
bta-miR-423-5p	aagcucggucugaggccccucagu	48 497	63 491	111 988

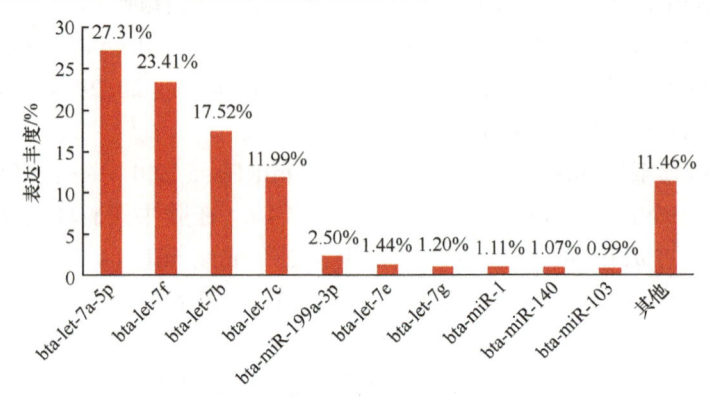

图 14-8　在秦川牛脂肪组织中已知 miRNA 表达丰度比较

（二）miRNA 表达谱特征分析

在网络构建和模块检测中，本研究应用 WGCNA 算法共鉴定出 12 个 miRNA 共表达模块，分别用黑色、蓝色、棕色、绿色、黄绿色、灰色、品红色、桃红色、紫色、红色、蓝绿色和黄色代表不同的模块（图 14-9）。其中蓝绿色模块最大，有 133 个 miRNA，紫色模块最小，含有 25 个 miRNA，灰色模块中包含的是不属于任何模块的 miRNA。在秦川牛脂肪组织中显著上调的 miR-204 包含在蓝色模块中，网络结构分析表明miR-204 在蓝色模块中与另外 12 个 miRNA 表达正相关，其中与 miR-143、miR-142-5p及 miR-1584-5p 高度相关，共同调节脂肪组织的生长发育（图 14-10）。

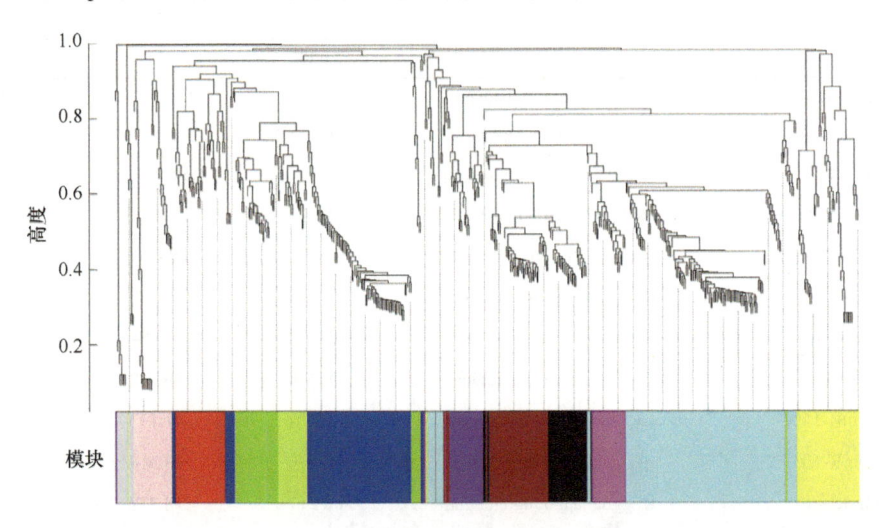

图 14-9　miRNA 表达模块层次聚类图

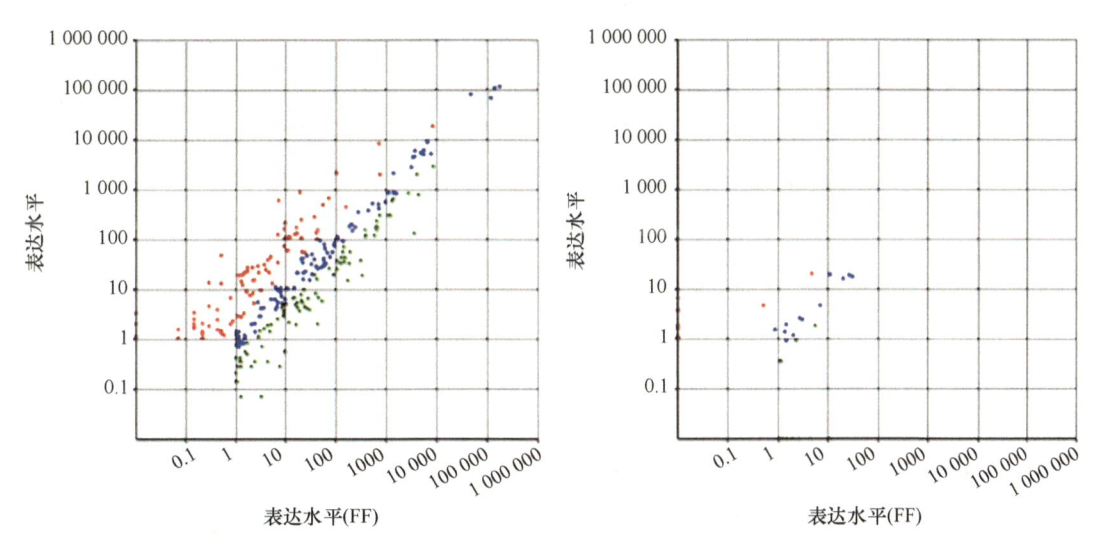

图 14-10 胎牛期（左）和成年期（右）脂肪组织中 miRNA 差异分析

图中每一个点代表一个 miRNA；红色表示上调的 miRNA，绿色表示下调的 miRNA，蓝色表示表达水平差异不显著的 miRNA

（三）miRNA 功能研究

对胎牛期和成年期秦川牛背部脂肪小 RNA 文库的测序结果进行分析，探讨胎牛期和成年期秦川牛背部脂肪 miRNA 差异表达情况。两个文库共发现了 475 个独特 miRNA，其中有 369 个（77.68%）为两文库共表达，63 个（13.26%）为胎牛期文库特异表达，43 个（9.05%）为成年期文库特异表达。475 个 unique miRNA 中有 173 个（36.42%）在两文库中的表达差异达到显著或极显著水平，其中 87 个在胎牛期文库中表达上调，86 个在胎牛期文库中表达下调（图 14-10）。同时，在两个测序文库中共发现 36 个新 miRNA，有 24 个在两文库中的表达差异达到显著或极显著水平，其中 10 个在胎牛期文库中表达上调，14 个在胎牛期文库中表达下调（图 14-10）。此外，还按在胎牛期和成年期测序文库中表达的序列读数大于 10 000 的标准来筛选 miRNA，值得注意的是，miR-101、miR-185、miR-30a-5p、miR-140、miR-29a 和 miR-143 等表达量较高的 miRNA 在秦川牛胎牛期测序文库中表达极显著上调；miR-503-5p、miR-432、miR-154c 和 miR-206 等表达量较高的 miRNA 在秦川牛成年期测序文库中表达极显著上调。分析表明这些 miRNA 可能在秦川牛背部脂肪组织的生长发育过程中扮演着重要的角色。

研究表明，部分 miRNA 表达模式具有组织特异性或时序性，能够在特定组织或组织的某一发育时期发挥重要功能。本次研究发现新 miRNA-n25 和 miRNA-n26 能够在脂肪组织中特异性高表达，且在秦川母牛背部脂肪组织中表达显著上调，说明 miRNA-n25 和 miRNA-n26 在脂肪形成或脂滴沉积等过程中发挥重要功能。应用 RNAhybrid 靶基因预测软件，共计发现 2416 个 miRNA-n25 靶位点和 672 个 miRNA-n26 靶位点。Blast2GO 分析结果表明，2416 个 miRNA-n25 靶基因能够富集于 1818 个 GO 类别；672 个 miRNA-n26 靶基因能够富集于 841 个 GO 类别。比较 miRNA-n25 和 miRNA-n26 靶基因 GO 注释类型，发现它们的靶基因注释功能相似（图 14-11），主要集中在信号转导、多细胞有机体通路、应激、生物调控、代谢通路和细胞通路等过程。与此同时，1818 个 miRNA-n25 靶基因 GO 富集类别中，有 32 个与脂肪形成或脂滴沉积等过程相关，如长链脂肪酸转运（long-chain fatty acid transport）、脂肪细胞分化的调控（regulation of fat cell differentiation）、不饱和脂肪酸的代谢过程（unsaturated fatty acid metabolic process）、脂肪酸氧化（fatty acid oxidation）、脂肪储存调控（regulation of lipid storage）、脂质氧化（lipid oxidation）、细胞脂质代谢过程（cellular lipid metabolic process）和脂质代谢过程中的负调控（negative regulation of lipid metabolic process）等，涉及 126 个靶基因；841 个 miRNA-n26 靶基因 GO 富集类别中，有 10 个与脂肪形成或脂滴沉积等过程相关，如磷脂生物合成过程（phospholipid biosynthetic process）、脂质运输（lipid transport）、脂质代谢过程（lipid catabolic process）、细胞脂质代谢过程（cellular lipid metabolic process）、脂质生物合成过程（lipid biosynthetic process）、甘油磷脂代谢过程（glycerophospholipid metabolic process）、甘油脂质生物合成过程（glycerolipid biosynthetic process）、甘油脂质代谢过程（glycerolipid metabolic process）、磷脂代谢过程（phospholipid metabolic process）等，涉及 44 个靶基因。

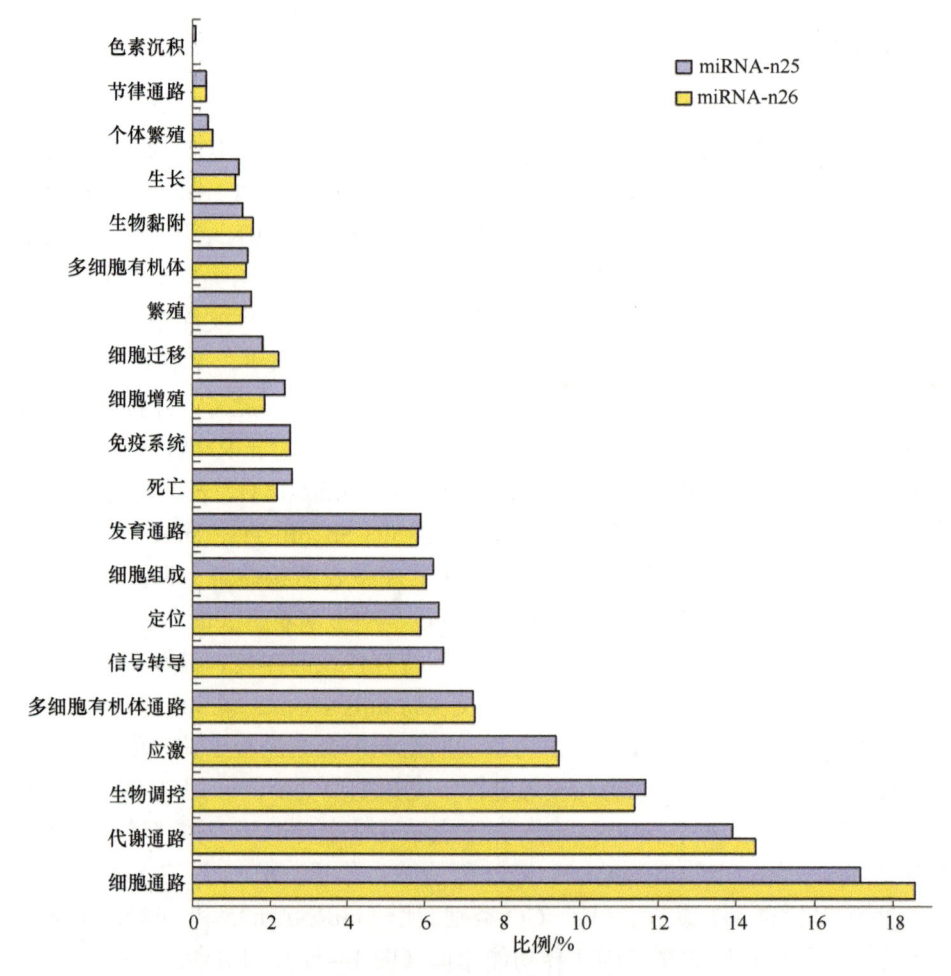

图 14-11　牛 miRNA-n25 和 miRNA-n26 靶基因 GO 注释比较

IPA（通路分析软件）和代谢途径分析表明，这些与脂肪形成或脂滴沉积等过程相关的靶基因与 LXR/RXR 激活和 PPARα/RXRα 激活信号途径显著相关，基因共表达网络结构分析显示 PPARG 基因处于核心地位（图 14-12）。

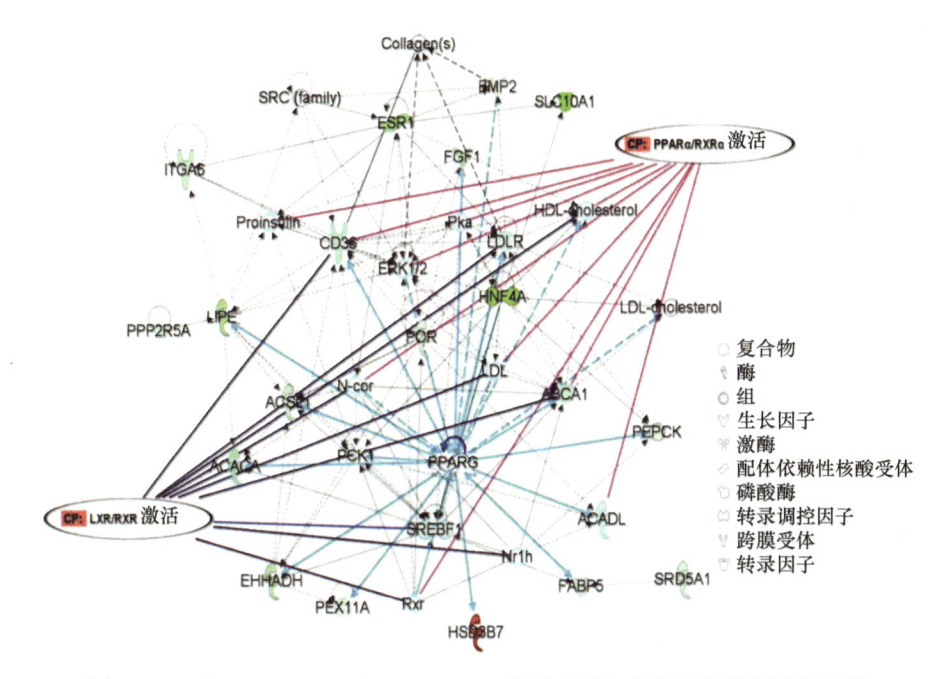

图 14-12　牛 miRNA-n25 和 miRNA-n26 脂肪形成相关靶基因信号通路分析

红色节点代表在成年期上调，绿色表示下调；节点的形状表示基因功能分类；富集水平最显著的信号通路 LXR/RXR 激活和 PPARα/RXRα 激活相关基因同时被标明

在秦川牛胎牛期和成年期背部脂肪组织中，共鉴定出 87 个 miRNA 在胎牛期文库中表达上调，86 个 miRNA 在胎牛期文库中表达下调。在两个测序文库中发现了 36 个新 miRNA，其中有 24 个在两文库中的表达差异达到显著或极显著水平，其中 10 个在胎牛期文库中表达上调，14 个在胎牛期文库中表达下调；RT-qPCR 检测 11 个已知 miRNA 和 3 个新 miRNA，结果表明 miR-122 在肝脏组织中特异性表达，表达模式具有组织特异性；miR-1839 在心脏中，miR-9 和 miR-154 在肾脏中，miRNA-n25 在脂肪组织中，miRNA-103 在肝脏和脂肪组织中，miRNA-n26 在脂肪和肌肉组织中显著高表达；成功预测脂肪组织中特异性高表达 miRNA-n25 和 miRNA-n26 的靶基因，注释结果（图 14-10，图 14-11）表明这些靶基因在脂质代谢和脂肪形成过程中发挥重要作用。

在脂肪组织测序文库中，原始小 RNA 序列总读数为 28 444 995 条，长度为 20～24 nt 的小 RNA 序列共占总纯净序列的 90% 以上，长度为 22 nt 的小 RNA 序列所占比例最大，为 51.80% 左右。总体来说，片段长度为 22 nt 的小 RNA 序列是表达丰度最多的序列，长度为 21～24 nt 的小 RNA 序列占总测序序列的绝大部分，为典型的 Dicer 酶切割产物，21～24 nt 为成熟 miRNA 的主要特征长度。

四、奶牛乳腺组织 miRNA 组学研究

乳脂的含量和脂肪酸的组成是影响奶牛乳品质的主要因素，也是奶牛分子育种工作的主要目标性状。多年的研究表明乳脂代谢呈现复杂的网络代谢模式。miRNA 作为一种潜在的转录后调节因子，在乳脂代谢中的作用不容忽视。乳腺是乳脂合成和分泌的主要器官，乳脂的合成包括脂肪酸的从头合成、脂滴形成和脂肪酸的转运。2003 年，Xu 等发现抑制 miR-14 的表达，能够上调果蝇甘油二酯和甘油三酯的表达水平，从此揭开了 miRNA 在脂代谢调控中的作用。在随后的十几年中，越来越多的 miRNA 被证实可调控脂肪酸和胆固醇的合成与分泌，如 miR-33、miR-122、miR-370、miR-378/378*、miR-143、miR-27、miR-335 和 miR-103 等。

（一）来源及筛选

以中国荷斯坦奶牛为研究对象，在前期高脂和低脂原代乳腺上皮细胞分离培养的基础上，利用 Solexa 高通量测序技术，构建两类细胞的小 RNA 文库，利用生物信息学分析的方法，对高脂和低脂奶牛原代乳腺上皮细胞的已知和候选 miRNA 进行鉴定，进而开展二者的表达谱差异分析，并对差异表达的已知 miRNA 和候选 miRNA 进行靶基因预测和功能注释分析。同时利用茎环 RT-qPCR 技术对 13 个随机选取的 miRNA 的 Solexa 测序结果在细胞水平进行验证，其结果为筛选乳腺组织中与乳脂代谢相关的 miRNA 及其靶基因提供了试验依据。

从高脂奶牛原代乳腺上皮细胞和低脂奶牛原代乳腺上皮细胞构建的 pMEC-HH 和 pMEC-LL 两文库中，分别获得 9 069 347 条（total reads）和 12 642 293 条（total reads）小 RNA 原始数据（raw data）。其中高质量序列分别为 9 038 518 条和 12 615 520 条，分别占 pMEC-HH 和 pMEC-LL 原始小 RNA 序列的 99.66%和 99.79%。说明文库构建质量较高，满足试验要求。经过小 RNA 序列的质量筛选及长度筛选后获得的小 RNA 读数的 clean reads 分别为 8 894 131 条（占高质量序列的 98.40%）和 11 229 901 条（占高质量序列的 89.02%），分别归属于 121 774 种 unique reads 和 475 798 种 unique reads。利用 SOAP 软件对得到的长度大于 18 nt 的序列匹配牛的基因组。数据统计分析结果显示，在 pMEC-HH 和 pMEC-LL 两原代细胞中匹配到基因组的总读数分别为 727 463 和 9 385 511，分别占 clean reads 的 81.18%和 83.58%，这些序列的种类分别占 clean reads 的 29.79%和 32.62%。

对得到的高质量纯净序列做小 RNA 的长度数据统计表。结果显示，pMEC-HH 和 pMEC-LL 两细胞小 RNA 长度分布基本呈现正态分布趋势，小 RNA 序列比例最多的是长度为 22 nt 的序列，在两细胞中分别占 57.68%和 44.63%，长度为 21～23 nt 的小 RNA 在两文库中分别占总读数的 84.16%和 70.55%，占绝大多数，这与 miRNA 长度一般分布范围相符。两文库共有序列数占总序列总读数的 98.62%，而共有种类数则只占种类总数的 11.98%。pMEC-HH 和 pMEC-LL 特有序列的总读数分别占总读数的 0.58%和 0.80%，但二者的种类数分别占种类总数的 39.27%和 48.75%，远远超过共有序列的比例（11.98%）。这说明两文库中的特有序列的种类虽然较多，但表达量都不高。而表达量较

高的小 RNA 多为两文库所共有，这些共有的小 RNA 在两细胞文库中表达量是否存在差异将做进一步分析。将文库序列分别与 Rfam 和 NCBI GenBank 数据库中的核糖体 RNA（rRNA）、转运 RNA（tRNA）、核内小 RNA（snRNA）、核仁小 RNA（snoRNA）、重复序列相关小 RNA（repeat-associated small RNA），已知本物种的 miRNA、外显子和内含子等进行比对，没有比对上任何注释信息的 sRNA 用"unann"表示，总之尽可能发现并挖掘非 miRNA 的小 RNA，提高测序的质量。在两文库中均呈现了相同的注释结果，即 miRNA 在 pMEC-HH 和 pMEC-LL 中的总读数都最高，分别占所有小 RNA 读数的 79.63%和 80.67%；但种类不多，仅分别占所有小 RNA 种类的 2.29%和 2.04%。这说明与其他小 RNA 相比，miRNA 的种类在细胞内较少，但表达量较高，同时也证明一个 miRNA 与多个靶基因结合调控多种生物过程的特性。未注释到的小 RNA 的总读数仅次于 miRNA，在 pMEC-HH 和 pMEC-LL 中所占的比例分别为 18.32%和 17.04%，种类占比更是高达 66.37%和 67.29%。说明生物体内还有很多小 RNA 的功能还有待进一步鉴定。将获得的序列信息与 miRBase 18.0 中已知的牛 miRNA 前体序列进行比对，统计出两样品中已知 miRNA 的种类、数目。可见两文库中共鉴定出 292 个已知的牛 miRNA，其中有 251 个在两文库中共表达，17 个 miRNA 在 pMEC-HH 中特异性表达，21 个在 pMEC-LL 中特异性表达。这与标准数据分析所得的结果一致。为了分析细胞与组织水平 miRNA 鉴定的差异，将本研究结果之前学者对奶牛泌乳期乳腺组织 miRNA 的测序和鉴定结果进行比对，结果显示鉴定出的 miRNA 个数相近，且 total reads 分布趋势一致。

两样品中共发现 97 个成熟的 miRNA 序列存在单碱基变异，其中有 35 个 miRNA 的变异在种子区。同时发现 bta-miR-29e 和 bta-miR-2284l 种子区碱基变异占 total reads 的比例分别为 99.6%和 100%。miRNA 前体的标志性发夹结构能够用来预测新的 miRNA。研究同样利用 Mireap 软件进行新 miRNA 的分析，基本原理是截取一定长度小 RNA 比对上的参考序列，通过探寻其二级结构及 Dicer 酶切位点信息、能量等特征进行分析，预测样品中的新 miRNA。结果显示在 pMEC-HH 中鉴定出 92 个新 miRNA，在 pMEC-LL 中共鉴定出 116 个新 miRNA，其中有 32 个候选 miRNA 在两文库中共表达。

基于高脂和低脂奶牛原代乳腺上皮细胞中差异表达的已知 miRNA 的具体信息，包括表达量，共鉴定出 97 个差异表达的 miRNA，其中 39 个表达量上调，58 个表达量下调（pMEC-LL/pMEC-HH）。差异表达的 97 个 miRNA 中有 91 个在两文库中共表达，2 个在 pMEC-HH 中特异性表达，分别是 bta-miR-144 和 bta-miR-1434，4 个在 pMEC-LL 中特异性表达，分别是 bta-miR-485、bta-miR-219-3p、bta-miR-124a 和 bta-miR-124b。将 miRNA 的成熟区序列与牛基因组中的 3′-UTR 进行比对，97 个差异表达的 miRNA 共预测到 88 334 个靶基因位点。基因本体论（gene ontology，GO）是基因功能国际标准分类体系。根据实验目的选出靶基因后，研究候选靶基因在 GO 中的分布状况有助于阐明实验中样本差异在基因功能上的体现。统计被显著富集的各个 GO 项目中的基因数，以柱状图的形式展示，包括 3 个项目：细胞组分（cellular component）、生物过程（biological process）和分子功能（molecular function）。KEGG（Kyoto Encyclopedia of Genes and Genomes）是有关通路的主要公共数据库（Kanehisa，2008），对于筛选参与特定生物功能通路的候选靶基因具有不可忽视的作用。两文库中差异表达已知 miRNA 的候选靶基因 KEGG 注释结果显示，显著富集的通路首先与代谢有关，包括代谢通路（metabolic pathways，11.76%）和次级代谢产物的生物合成（biosynthesis of secondary metabolites，3.35%）；其次是癌症（pathway in cancer，5.83%），以及与疾病如黏着斑（focal adhesion）、阿米巴病（amoebiasis）和 HTLV-Ⅰ（人类 T 淋巴细胞白血病病毒Ⅰ型）感染发生有关的代谢通路。此外，两条经典的信号转导通路 Wnt 通路和 MAPK 通路也被候选靶基因显著富集。同时绘制每个有候选靶基因富集的代谢通路图，重点关注与脂代谢有关的 3 个通路，分别是脂肪酸的生物合成、脂肪酸的代谢和不饱和脂肪酸的生物合成，为后期与乳脂代谢有关 miRNA 的筛选和验证提供依据。两文库中共鉴定出 116 个候选 miRNA，差异分析表明，共有 49 个新 miRNA 表达差异极显著，其中 21 个表达量下调，28 个表达量上调。49 个表达差异极显著的候选 miRNA 共预测到 65 801 个靶基因。同样对以上候选靶基因进行了 GO 和 KEGG 分析，以了解候选靶基因可能参与的生物学过程，KEGG 注释结果显示，显著富集的通路与已知 miRNA 的候选靶基因相似度极高。首要富集的通路也与代谢有关，包括代谢通路（metabolic pathways）和次级代谢产物的生物合成（biosynthesis of secondary metabolites）通路。此结果可以说明两细胞的代谢相关通路差异显著，其中包括与脂代谢有关的通路。随机选取 13 个经测序获得的已知 miRNA，它们是 5 个表达量上调的 miRNA——bta-miR-221、bta-miR-222、bta-miR-224、bta-miR-184 和 bta-miR-184，5 个表达量下调的 miRNA——bta-miR-33a、bta-miR-193a-3p、bta-miR-152、bta-miR-342 和 bta-miR-23a，以及 3 个未见差异表达的 miRNA——bta-miR-21、bta-miR-103 和 bta-miR-101，对其在高脂和低脂奶牛原代乳腺上皮细胞中的表达量进行 RT-qPCR 验证。此外，还通过普通 PCR 的方法克隆验证了 5 个候选 miRNA 和 6 个已知 miRNA。结果显示，经定量验证得到的 13 个 miRNA 的差异表达趋势与 Solexa 测序结果一致。

（二）miRNA 表达谱特征分析

通过分析与脂肪酸代谢相关的 4 个通路中定位富集到的候选靶基因，发现选取的 8 个 miRNA 中有 6 个 miRNA 的候选靶基因与脂肪酸代谢通路有关（图 14-13），它们分别是 bta-miR-33a、bta-miR-21*、bta-miR-152、bta-miR-29b、bta-miR-224 和 bta-miR-877。而 bta-miR-193a-3p 和 bta-miR-222 的候选靶基因未注释到以上 4 个与脂肪酸代谢有关的通路中。bta-miR-33a 注释到脂肪酸代谢相关通路中的候选靶基因有 5 个，即 *SCSDL*、*ALOX15*、*PTGIS*、*HPGD* 和 *ELOVL6*；bta-miR-21*的候选靶基因有 6 个，分别是 *CD74*、*PTGIS*、*PTGS1*、*SYK*、*ADIPOQ* 和 *CPT1*；bta-miR-29b 的候选靶基因有 2 个，分别是 *LPL* 和 *PLP*；bta-miR-152 的候选靶基因有 6 个，分别是 *SCSDL*、*PTGS2*、*QKI*、*PRKAG3*、*PRKAG1* 和 *UCP3*；bta-miR-224 的候选靶基因有 5 个，分别是 *ELOVL5*、*ALOX15*、*PTGS1*、*LPL* 和 *GST*；bta-miR-877 的候选靶基因有 5 个，分别是 *PTGIS*、*EDN1*、*HADHB*、*PDPN* 和 *PRKAG1*。提取组织总 RNA，2%琼脂糖凝胶电泳显示 RNA 条带完整，用 NanoDrop 2000 检测 RNA 的浓度和纯度，结果显示 RNA 质量满足实验要求可以用于后续实验。

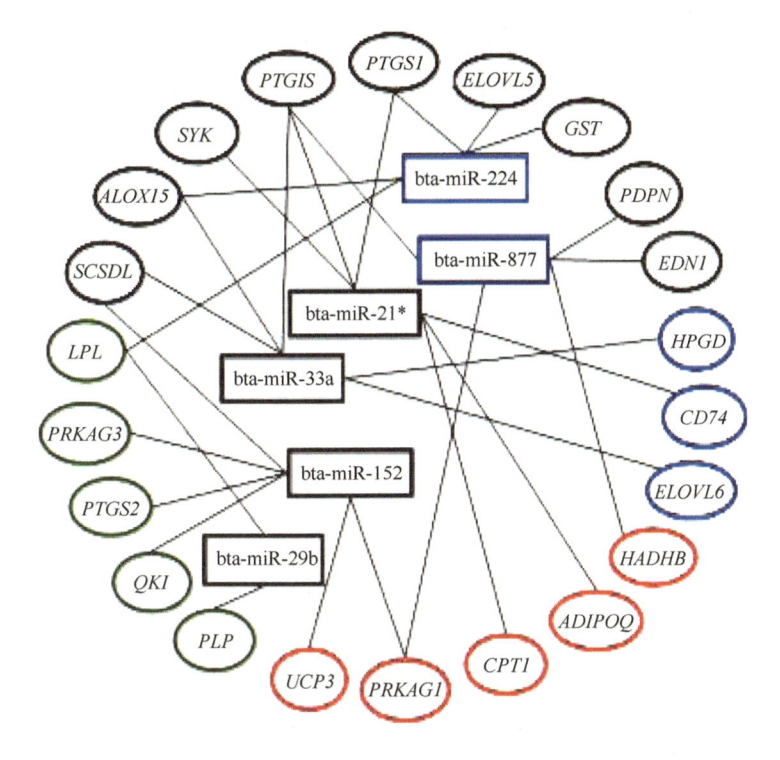

图 14-13 6 个牛差异表达 miRNA 及其候选靶基因

椭圆形不同颜色代表不同的脂肪酸代谢通路。蓝色：不饱和脂肪酸的合成；绿色：脂肪酸的合成；红色：脂肪酸代谢；黑色：多不饱和脂肪酸合成。长方形不同颜色代表与 pMEC-HH 相比，miRNA 在 pMEC-LL 中的表达趋势，其中黑色代表下调，蓝色代表上调

根据候选靶基因的功能注释分析结果，从 8 个随机选取的 miRNA 中筛选到 6 个差异表达的已知 miRNA 及 24 个与脂肪酸代谢有关的候选靶基因，然后对其在高脂和低脂乳腺组织中的表达量进行 RT-qPCR 验证，进一步筛选 miRNA-mRNA 靶向互补的对应关系。其中高脂奶牛乳腺组织用 MG-HH 表示，低脂奶牛的乳腺组织用 MG-LL 表示。

bta-miR-33a 在低脂乳腺组织中表达下调，与脂肪酸代谢有关的 5 个候选靶基因验证结果显示，与高脂奶牛乳腺组织中的表达量相比，在低脂奶牛乳腺中仅 ALOX15 表达下调，SCSDL、PTGIS、HPGD 和 ELOVL6 表达上调。bta-miR-21* 在低脂乳腺组织中表达下调，其与脂肪酸代谢有关的 6 个候选靶基因在组织中的 RT-qPCR 验证结果显示，在 MG-LL 中，PTGIS 表达上调，CD74、PTGS1、SYK、ADIPOQ 和 CPT1 表达均下调。bta-miR-152 在低脂乳腺组织中表达下调，其与脂肪酸代谢有关的 6 个候选靶基因在组织中的 RT-qPCR 验证结果显示，在 MG-LL 中，PTGS2、PRKAG1、UCP3 表达上调，QKI 和 SCSDL 表达均下调，PRKAG3 表达量差异不显著。bta-miR-29b 在低脂乳腺组织中表达下调，其注释到的与脂肪酸代谢有关的候选靶基因有 2 个，候选靶基因在组织中的 RT-qPCR 验证结果显示，在 MG-LL 中，LPL 和 PLP 表达均下调，无表达量上调的基因。bta-miR-224 在低脂乳腺组织中表达上调，其与脂肪酸代谢有关的 5 个候选靶基因在组织中的 RT-qPCR 验证结果显示，在 MG-LL 中，仅 ELOVL5 表达上调，ALOX15、PTGS1、LPL 和 GST 表达下调。bta-miR-877 在低脂乳腺组织中表达上调，其与脂肪酸

代谢有关的 5 个候选靶基因在组织中的 RT-qPCR 验证结果显示，在 MG-LL 中，*PTGIS*、*EDN1*、*HADHB*、*PDPN* 和 *PRKAG1* 表达均上调。分析 6 个 miRNA 及其 22 个候选靶基因的 RT-qPCR 定量验证结果，选择 2 个 miRNA 的 5 个候选靶基因，对其在高脂和低脂乳腺组织中的蛋白质表达水平做免疫印迹验证，它们分别是低脂中下调的 bta-miR-152，候选靶基因 *PRKAG1*、*PTGS2* 和 *UCP3*；另一个是在低脂中上调的 bta-miR-224，候选靶基因 *ALOX15* 和 *LPL*。免疫印迹验证结果显示蛋白质表达量与该基因的 RT-qPCR 验证结果一致，即 *PRKAG1*、*PTGS2* 和 *UCP3* 三个基因在低脂奶牛乳腺组织中的表达量显著高于高脂乳腺组织，而 *ALOX15* 和 *LPL* 在低脂乳腺组织中的表达量显著低于高脂乳腺组织，与其靶向互补的 miRNA 呈明显的反向互补关系。

（三）miRNA 功能研究

利用 miRNA 模拟物阳性对照 bta-miR-1（靶基因 *PTK9*）和 miRNA 抑制物阴性对照 bta-let-7c（靶基因 *HMGA2*）进行转染实验，与对照组相比，bta-miR-1 模拟物转染后，bta-miR-1 的表达量极显著升高（$P<0.01$），而其靶基因 *PTK9* 的表达量与对照组相比极显著下调（$P<0.01$）。同样转染 bta-let-7c 抑制物后，细胞内 bta-let-7c 的表达量与对照组相比极显著下调（$P<0.05$），而靶基因 *HMGA2* 的表达量极显著上调（$P<0.01$）。转染 bta-miR-152 模拟物和抑制物后，bta-miR-152 模拟物使细胞中 bta-miR-152 的表达量极显著增加（$P<0.01$），而 bta-miR-152 抑制物使细胞中 bta-miR-152 的表达被抑制，且差异显著（$P<0.05$）。转染 bta-miR-152 模拟物后，乳腺上皮细胞内候选靶基因 *UCP3* 表达量与对照组相比显著下降，在转染抑制物后，表达量显著上升，表明 bta-miR-152 模拟物/抑制物的转染影响了细胞中 *UCP3* 的表达，且靶基因与 miRNA 呈反向差异的表达趋势，说明 *UCP3* 是 bta-miR-152 的靶基因。实验证明 *PRKAG1* 不是 bta-miR-152 的靶基因。

WST-1 比色法是用于检测动物细胞活性的经典方法，通过检测细胞数量和形态分布确定细胞活力。该研究中，细胞首先接种于 96 孔板，然后用已经优化过的转染方法转染 bta-miR-152 模拟物和抑制物，通过测定吸光度检测转染后的细胞活性。

乳脂中 95% 以上的成分是甘油三酯（TAG），因此通过鉴定转染后细胞内总 TAG 含量可判断细胞内脂代谢的变化。结果可见，转染 bta-miR-152 模拟物组，细胞内总 TAG 含量增加，且与对照组差异显著。转染 bta-miR-152 抑制物后，细胞内总 TAG 含量显著降低，为进一步检测 bta-miR-152 是否与 *UCP3* 基因 3′-UTR 特异性的靶向结合，将 bta-miR-152 模拟物与野生型 pGL4.10-UCP3-3′-UTR-WT 重组质粒及突变型 pGL4.10-UCP3-3′-UTR-Mut 重组质粒共转染奶牛乳腺上皮细胞。结果显示，bta-miR-152 显著降低了 pGL4.10-UCP3-3′-UTR-WT 的双萤光素酶活性，而 bta-miR-152 种子区对应的序列突变后，bta-miR-152 的过表达对突变载体 pGL4.10-UCP3-3′-UTR-Mut 的双萤光素酶活性并无显著改变。以上表明 bta-miR-152 通过与 *UCP3* 基因 3′-UTR 特异性的靶向结合而调控乳脂的合成代谢。

诸多研究表明脂肪组织能通过自分泌、旁分泌、内分泌的方式产生一些细胞因子，诸如瘦素、脂联素等，并通过一些通路调节机体的脂类代谢。miRNA 也是一种调节脂质代谢的重要因子。单个 miRNA 能够与多个靶基因结合,促进或是抑制靶基因的表达,从而影响生物进程。Najafi-Shoushtari 等(2010)发现 miR-33(a/b)是胆固醇控制的非编码小 RNA 分子,并与它们的宿主基因协作调节胆固醇平衡,能够抑制三磷酸腺苷结合盒转运体 A1(ATP binding cassette transporter A1,ABCA1)的表达。当胆固醇增加时,miR-33 调节高密度脂蛋白,有助于消除血液中的"坏"胆固醇,改善动脉粥样硬化;当胆固醇减少时,miR-33 下调 ABCA1 的表达,减少胆固醇的外流,升高细胞内胆固醇水平。前体脂肪细胞分化成脂肪细胞随后形成脂肪组织,这对于哺乳动物的生长发育是至关重要的。

近期越来越多的研究表明,在动物脂肪细胞及脂肪细胞分化的生物进程中存在大量miRNA。miRNA 通过调节动物脂肪细胞中的转录因子和重要信号分子而影响动物脂肪细胞的分化和脂肪形成。Chen 等(2014)报道,在 3T3-L1 细胞中转录因子 GATA3 负调控的成熟 miR-183 通过靶向 3T3-L1 脂肪细胞的 *LRP6* 基因,而可能阻碍 Wnt 蛋白与细胞表面受体的结合,从而抑制 Wnt/β-catenin 信号通路,促进 3T3-L1 脂滴形成。Jennifer 等(2008)在研究 miR-8 对 3T3-L1 脂肪细胞分化的作用时也发现,miR-8 通过靶向 3T3-L1 脂肪细胞 *LRP6* 基因损害经典 Wnt/β-catenin 信号通路而降低 c-myc 和核 β-catenin 水平;同时,miR-8 通过促进脂肪细胞标记基因如 CCAAT/增强子结合蛋白 α 基因(*C/EBPα*)、过氧化物酶体增殖物激活受体 γ 基因(*PPARγ*)、脂联素基因(*ADPN*)和 *FAS* 的表达,以及甘油三酯含量的增加和脂滴的堆积来促进脂肪细胞的分化。

脂肪组织的发育受到了基因严格调控,miRNA 是在哺乳动物组织分化过程中基因转录后进行调控的。在整个脂肪细胞分化过程中,一些转录因子如 PPARγ 等发挥重要作用。而 miR-27a、miR-130a 就可以与 PPARγ 的 3′-UTR 序列结合,通过降低 PPARγ 表达量,进而抑制脂肪细胞分化。Sun 等(2009)、Tang 等(2009)发现 miRNA-31、miRNA-326 在间充质干细胞(MSC)中靶向作用于对脂肪细胞分化有重要作用的转录因子 C/EBP 而抑制脂肪的形成。Liu 等(2011)和 Qadir 等(2013)研究表明,在 3T3-L1 脂肪细胞中 miR-155 与 miR-124 的过表达可能直接作用于 *C/EBPβ* 的 3′-UTR 和 *CREB* 的 3′-UTR,抑制 *cAMP*、*C/EBPβ* 和 *CREB* 的表达,从而减弱脂肪细胞的分化。

miRNA 是一类功能强大的基因表达调控因子,可通过对下游靶基因的调控来参与多种生命过程,尤其是在肥胖、衰老、疾病等诸多生理或病理过程中扮演着重要的角色。其中 miRNA 对脂质代谢的调控作用是目前脂质代谢研究领域尤其是胆固醇逆向转运方面的一个热点。目前已知参与脂质代谢基因表达调控的 miRNA 包括 miRNA-33、miRNA-27、miRNA-122、miRNA-370、miRNA-320 等。

Jin 等(2015)比较研究了极端差异背膘厚的不同杂交品种牛的脂肪组织中 miRNA 表达情况,发现 42 个差异表达的 miRNA,其中 miR-378 表达差异极显著,表明 miR-378 在脂肪沉积过程中起着非常重要的作用。Romao 等(2012)对不同饲养方式牛肌肉组织测序后,发现有 8 种 miRNA 在脂肪组织中表达,表明其表达量与高脂饮食有关。Romao 等(2012)还利用 RT-qPCR 对 3 个杂交牛品种背部脂肪组织进行验证,筛出 89 个差异表达 miRNA,其中 miRNA-378 表达差异极显著。研究发现 miRNA-1 和 miRNA-206 对不同品种牛的肉质性状没有影响;miRNA-1 对不同性别牛的骨骼肌生长发育无影响，但 miRNA-206 的表达与母牛骨骼肌生长发育显著相关。这些研究充分体现了 miRNA 对牛的生长发育起到了重要的调控作用，然而有关牛 miRNA 的研究还有许多问题要解答。

miRNA 与 mRNA 之间需至少 6 个碱基互补配对，才能足够介导 miRNA 靶向 mRNA。因此一个 miRNA 可以受到 mRNA 的调控，或者一个 miRNA 可靶向多个 mRNA，但更多情况下，miRNA 与 mRNA 之间并非完全匹配，这种非完全匹配能够导致 miRNA 靶向 mRNA 的稳定性降低，例如，miR-125、miR-12a、let-7 与 mRNA 究竟多少的匹配率才能够介导 mRNA 剪切或是翻译抑制仍是个谜。最为准确的是将 miRNA 与其靶 mRNA 结合在一起进行研究。

牛肉品质有很多指标，包括产肉率、大理石花纹评分、肌内脂肪含量等，这些性状的差异绝大部分不是由单个基因控制的，而是由成百上千个微小的功能基因或基因座综合调控的，所以筛选、鉴定这些数量性状相关的基因座尤其是筛选 miRNA 的靶位点，仍是性状差异研究的突破口，但是进行这些研究也将面临巨大挑战；用 miRNA 或 mRNA 等单个组学分析牛肉品质分子机制已经很难满足研究者的需求，研究 miRNA-mRNA 之间的相互作用将是研究机体生物学特征的必经之路。虽然转录组学研究在地方牛种上取得了很大的进展，但目前对肉牛脂肪沉积、嫩度、保水性等品质机制研究相对较少。

五、其他组织 miRNA 组学研究

近年来，高通量测序技术已经在 miRNA 测序中广泛应用。除牛肌肉、脂肪和乳腺组织外，在牛卵巢、肺泡巨噬细胞、心脏、肝、肺等不同组织也开展了 miRNA 组学研究。Tripurani 等（2010）研究了牛卵母细胞/卵巢中的 miRNA，构建了牛胎卵巢 miRNA 文库，依据从文库中随机克隆的序列，分析鉴定了 679 个 miRNA 序列。分析发现，hsa-miR-874-5p、hsa-miR-152-5p、bta-miR-495、PC-5p-35049_13、PC-3p-41396_10 与 *Bax*、*Caspase-9*、*TP53*、*AIF*、*Caspase-3*、*Cyto c*、*Apaf-1*、*ING2* 靶基因相互作用，通过调控黄体内的细胞凋亡途径，导致激素分泌水平异常，进而影响母牛妊娠的维持（刘晓，2018）。

有报道称，产后奶牛能量负平衡可以导致 700 种 miRNA 在肝脏中表达量发生改变，Fatima 等（2014）通过对产后奶牛肝脏 miRNA 组的检测，发现肝脏 miR-122 和 miR-192 可能参与产后奶牛肝脏中能量代谢的调节。研究表明，miRNA 可以调控人体 30% 的蛋白质编码基因，组织和细胞实验表明，miRNA 在细胞的发育、凋亡、分化以及增殖等病理生理过程中发挥着重要作用。

六、中国黄牛 miRNA 的功能研究

（一）牛 miR-499 对成肌细胞增殖和分化的影响及其作用机制研究

依据陈宏教授实验室前期秦川牛骨骼肌 miRNA 转录组测序的结果，研究了成肌细胞增殖和分化过程中 miRNA-499（miR-499）的功能。首先检测了 miR-499 表达谱；其

次发现 miR-499 过表达促进成肌细胞增殖,并显著减弱成肌细胞肌源性分化;miR-499 可促进成肌细胞增殖并抑制成肌细胞分化。使用双萤光素酶报告基因分析和免疫印迹分析,发现 miR-499 靶向转化生长因子 β 受体 1(TGF-βR1),这是骨骼肌成肌细胞发育的已知调节剂;RNA 干扰分析表明 TGF-βR1 显著促进成肌细胞的分化并抑制其增殖。

(二)牛 miR-660 在骨骼肌中的表达和功能研究

借助陈宏教授实验室先前有关秦川牛骨骼肌 miRNA 高通量测序结果,初步筛选出时空差异表达的 miRNA,最终选择 miR-660 为实验对象。相关序列保守性分析显示,成熟 miR-660 以及其靶基因 *ARHGEF12* 3′-UTR 上的 miRNA 结合位点在人、牛等不同物种间具有高度保守性。RT-qPCR 试验显示 miR-660 在秦川牛不同发育阶段与不同组织内普遍表达,并且 miR-660 在胎牛及成年牛骨骼肌中的表达量呈现极显著差异($P<0.01$),表明 miR-660 属于非特异性肌肉相关 miRNA。之后,通过 miR-660 模拟物或 miR-660 抑制物在成肌细胞系中过表达或干扰 miR-660,并诱导肌细胞增殖及分化,探究 miR-660 对骨骼肌增殖、分化的影响。利用双萤光素酶报告基因系统确认了 *ARHGEF12* 是 miR-660 的靶基因,此后在 mRNA 及蛋白质水平上进一步证实了 miR-660 与 *ARHGEF12* 的靶向关系。

(三)牛 miR-30-5p 在骨骼肌中的表达和功能研究

通过 TargetScan 数据库预测 *MBNL* 基因家族为 miR-30-5p 靶基因。*MBNL1* 和 *MBNL3* 被报道在肌肉发育过程中具有重要的功能。生物信息学方法分析显示,miR-30a-5p、miR-30b-5p 和 miR-30e-5p 之间以及它们在人、小鼠和牛等物种间保守性都很高。利用 RT-qPCR、免疫印迹、siRNA 干扰及双萤光素酶报告基因系统的方法分别研究了 miR-30-5p 在牛心脏、肝、脾、肺、肾、骨骼肌和脂肪等组织中的表达谱及其在肌肉分化中的作用,验证了 miR-30-5p 与其靶基因 *MBNL* 之间的靶向关系、分析了 *MBNL1* 对肌肉分化的影响,探究了 miR-30-5p 对 *MBNL1* 下游基因 *INSR* 和 *Trim55* 可变剪接的影响。

(四)牛 miR-10020 在骨骼肌与皮下脂肪中的表达和功能研究

以秦川牛为研究对象,构建秦川牛背部肌肉组织及背部皮下脂肪组织不同发育阶段小 RNA 测序文库,筛选组织特异性和时序特异性表达的 miRNA,然后验证测序结果和分析组织表达谱。通过双萤光素酶报告基因系统确定 miR-10020 的靶基因的试验结果显示,miR-10020 与 *ANGPT1* 3′-UTR 之间存在直接互作,同时构建 *ANGPT1* 基因 pDsRed-N1 野生型和突变型重组载体并与 miR-10020 模拟物共转染 C2C12 细胞系,确定 miR-10020 是通过抑制 *ANGPT1* 基因翻译过程而起作用的。进一步通过 miR-10020 模拟物和抑制物分别过表达或敲低 miR-10020,研究其对牛肌卫星细胞增殖和分化的影响,过表达 miR-10020 能够显著下调 *Pax7* 基因表达,但对 *Myf5* 基因表达影响不显著。通过 miR-10020 抑制物抑制内源性 miR-10020 表达对 *Pax7* 和 *Myf5* 基因表达影响不显著。用诱导培养基培养牛肌原代细胞系的过程中,过表达或敲低 miR-10020,*MyoD*、*Mef2c* 和 *MyoG* 基因表达水平无显著变化。

(五)牛 miR-23a 和 miR-181a 在前体脂肪细胞向脂肪细胞分化过程中的表达和功能研究

根据前期测序结果,miR-23a 和 miR-181a 在前体脂肪细胞分化前后有明显变化,分别为表达下调和上调,选择这两个 miRNA 作为验证对象,利用茎环引物进行反转录,然后进行 RT-qPCR,定量研究成脂分化过程中 miR-23a 和 miR-181a 的表达变化。分别选取了分化 0 天、1 天、2 天、3 天、6 天和 12 天共 6 个时间点进行验证。结果表明,分化 1 天后,miR-23a 的表达量显著降低,并在分化过程中都维持在低水平;miR-181a 的表达量呈上升趋势。接下来,选取 miR-23a 作为验证对象,研究 miR-23a 对脂肪分化的调控机制,并分析其可能的靶基因。通过 RT-qPCR、油红 O 染色、免疫印迹等方法,在牛胎儿骨骼肌来源的前体脂肪细胞成脂分化中,miR-23a 表达下调,过表达 miR-23a 抑制脂肪分化,敲低 miR-23a 促进脂肪分化。实验证实,miR-23a 可抑制成脂分化中 $PPAR\gamma$ 上游的 $ZNF423$ 基因的翻译,从而抑制牛胎儿骨骼肌来源的前体脂肪细胞向脂肪细胞的分化。

(六)牛 miR-378 在黄体细胞中的功能研究

利用高通量 miRNA 基因芯片构建牛功能黄体和退化黄体差异 miRNA 表达谱,并用实时荧光定量 PCR 技术验证基因芯片结果。在构建牛黄体不同发育时期差异 miRNA 表达谱的基础上,用生物信息学方法预测差异表达 miRNA 的候选靶基因,结果表明,miR-378 靶向调节干扰素 γ 受体 1(interferon-γ receptor1,IFNGR1)基因的表达,靶位点位于 $IFNGR1$ 3′-UTR。此外,由于 $IFNGR1$ 3′-UTR 包含 miR-378 的结合位点,其可能是 miR-378 的靶基因。利用实时荧光定量 PCR 和免疫印迹技术检测 $IFNGR1$ mRNA 和蛋白质在牛黄体发育的前期、中期、后期和退化期的表达量变化,结果发现,随着牛黄体的发育,从前期、中期到后期 miR-378 和 $IFNGR1$ mRNA 的表达量逐渐升高,而 IFNGR1 蛋白的表达量逐渐降低;退化期 miR-378 的表达显著下调,而 IFNGR1 蛋白的表达量显著升高,因此在体内 miR-378 和 IFNGR1 表现为典型的 miRNA-靶基因互作关系。而且在体外培养的牛黄体细胞中,IFN-γ 可显著上调 miR-378 和 $IFNGR1$ 的表达量,表明 miR-378 可能通过调节 $IFNGR1$ 的表达来参与 IFN-γ 介导的信号通路。

(七)牛卵巢中 miR-222 与雌激素受体 α 基因之间相互作用研究

采集中国荷斯坦牛的卵巢样本,通过免疫荧光法检测排卵前卵泡,并测量黄体(CL)中的雌激素受体 α(ER-α)水平。之后,进行酶联免疫吸附试验(ELISA)以检测雌二醇和孕酮活性,并通过 RT-qPCR 测量 ER-α、孕酮受体(PR)和 miR-222 的表达水平。结果显示,卵泡期免疫荧光染色呈高度阳性,显示 ER-α 和 PR 免疫阳性。在黄体期,颗粒黄体细胞中的 ER-α 免疫阳性降低,而 PR 的强度与卵泡期相似。早衰卵巢(POF)中的雌二醇水平较高,而黄体中的孕酮水平较高。在黄体中,观察到 $ER-\alpha$ 和 PR mRNA 的转录水平与 POF 中的转录水平相同,然而,miR-222 的表达较低。在黄体中,$ER-\alpha$ mRNA 的转录水平低于 PR mRNA,miR-222 的表达水平高于 PR mRNA。黄体中的 ER-α

水平低于 POF 中的 ER-α 水平。结果表明，在牛卵巢的卵泡发育过程中，miR-222 和 ER-α 表达之间呈负相关关系。

（八）miR-185 通过靶向 *STIM1* 调节牛的 RFM

基质相互作用分子 1 基因（*STIM1*）是 miR-185 潜在的靶基因，可通过调节细胞内 Ca^{2+} 浓度来影响胎盘释放。在此通过研究 miR-185 和 *STIM1* 在原发性子宫角膜上皮（UCE）细胞中的调控关系来探索胎衣不下（retention of fetal membrane，RFM）的机制。收集健康的荷斯坦奶牛和 RFM 奶牛的血清样品，以检测产前 1~5 天和产后 6 h、12 h 和 24 h 的 Ca^{2+} 浓度。产犊后 12 h 从健康母牛（*n*=6）和 RFM 母牛（*n*=6）收集胎盘组织。利用 RT-qPCR 和 Western blot 实验分别检测 STIM1 的 mRNA 和蛋白质水平。结果表明 miR-185 可以通过调控 *STIM1* 的表达来影响 Ca^{2+} 的释放，进而影响胎盘的释放。在用 miR-185 模拟物转染后，*STIM1* 表达显著下调，在用 miR-185 抑制物转染后，*STIM1* 表达显著上调。这些结果表明 *STIM1* 受 UCE 细胞中的 miR-185 调控。miR-185 对 miR-185 和 *STIM1* 的 3'-UTR 的结合能力有影响。

（九）miR-424/503 簇成员通过激活素信号通路靶向 *SMAD7* 基因调节牛颗粒细胞增殖和细胞周期

利用 TargetScan 预测 miR-424/503 簇的靶基因，并结合双萤光素酶报告基因系统确认了 miR-424/503 簇的靶基因为 *SMAD7* 和 *ACVR2A*。使用 miR-424/503 模拟物和 miR-424/503 抑制物，通过在体外培养的颗粒细胞中过表达或抑制其活性来研究 miR-424/503 在颗粒细胞中的功能。利用 CCK-8（cell count kit 8）、免疫印迹、流式细胞仪检测 miR-424/503 对细胞生长发育的影响，流式细胞仪分析表明，miR-424/503 簇成员的过表达通过促进 G_1-S 期细胞周期过渡而增强卵巢颗粒细胞的增殖。miR-424/503 簇成员的抑制往往会增加激活素信号通路中 SMAD2/3 的磷酸化。使用小干扰 RNA 对 miR-424/503 簇成员靶基因 *SMAD7* 进行特异性敲减，也得到了 miR-424/503 簇成员过表达时相似的实验结果。为了更深入地了解 miR-424/503 簇成员在激活素信号转导途径中的作用，用激活素 A 处理颗粒细胞发现，激活素 A 和 miR-424/503 表达之间可能存在负反馈环，表明 miR-424/503 可能参与了激活素信号转导途径的微调。

（十）miR-31 和 miR-143 通过调控 *FSHR* 基因表达影响类固醇激素合成并抑制牛颗粒细胞的凋亡

通过双萤光素酶报告基因系统检测，发现 FSH 受体基因（*FSHR*）是牛颗粒细胞（GC）中 miR-31 和 miR-143 的靶基因。随后，本研究通过转染 miR-31 和 miR-143 模拟物和抑制物，利用 RT-PCR、免疫印迹以及检测细胞凋亡的试剂盒进一步分析了 miR-31 和 miR-143 对靶基因表达的调控以及对牛颗粒细胞生长和凋亡的影响，免疫印迹和 RT-PCR 结果表明，miR-31 和 miR-143 降低了 FSHR 的 mRNA 和蛋白质表达水平。此外，miR-31 过表达还减少了孕酮（P4）的分泌，miR-143 过表达减少了 P4 的合成和雌激素（E2）的分泌。相反，对 miR-31 的抑制作用会增加孕酮（P4）的分泌，而对 miR-143 的抑制作用会增加 P4 的合成和 E2 的分泌,该结果表明,miR-31 和 miR-143 可靶向 *FSHR* 减少类固醇激素的合成。分析 miR-31 和 miR-143 对牛 GC 凋亡的可能影响,结果表明,用 miR-31 和 miR-143 模拟物转染可促进颗粒细胞凋亡,而 miR-143 和 miR-31 的抑制剂可降低牛颗粒细胞的凋亡率,表明 miR-31 和 miR-143 可抑制牛颗粒细胞的凋亡。

(十一) miR-29b 促进牛黄体细胞的增殖

利用 RT-PCR 及双萤光素酶报告基因系统确定了催产素受体(*OXTR*)基因为 miR-29b 的靶基因,随后探究其对黄体细胞的增殖、分化和凋亡的调控机制。RT-PCR 结果显示,用模拟物转染降低了 *OXTR* 的表达,但用抑制物转染对 OXTR 蛋白的表达影响很小。这些结果表明,miR-29b 可以降低牛黄体细胞中 *OXTR* 的表达,表明 *OXTR* 是 miR-29b 的靶基因。利用免疫印迹和 RT-PCR 检测黄体细胞中 Bcl-2 和 Bax 的表达水平,并用流式细胞仪、CCK-8 方法分析牛黄体细胞的凋亡,发现 miR-29b 可抑制黄体细胞的凋亡,同时 miR-29b 的过表达显著增强了黄体细胞的增殖能力。

(十二) miR-375 通过靶向 *ADAMTS1* 和 *PGR* 调节卵母细胞的体外成熟

通过在牛卵巢样中分离出卵母细胞,过表达和敲低 miR-375,探究 miR-375 对卵母细胞成熟过程的调控机制和影响。利用 RT-qPCR、免疫印迹在 mRNA 和蛋白质水平上检测相关增殖分化标志基因的表达,利用 RNA 免疫沉淀(RIP)、RT-qPCR、免疫印迹、双萤光素酶报告基因系统等方法对 miR-375 在卵母细胞成熟过程中的作用以及 miR-375 的靶基因进行探究。结果表明,miR-375 的过表达导致卵母细胞从 GV 到 MII 期的显著抑制,而 miR-375 的敲低触发了卵母细胞从 GV 到 MII 期,提示 miR-375 负调控卵母细胞的成熟。RNA 免疫沉淀、免疫印迹实验和双萤光素酶报告基因系统结果表明,*ADAMTS1* 和 *PGR* 都是 miR-375 的直接靶标,miR-375 负调控卵丘细胞中 *ADAMTS1* 和 *PGR* 的表达。利用双萤光素酶报告基因系统确认了 *ADAMTS1* 和 *PGR* 为靶基因,并对 miR-375 及其调控 *ADAMTS1* 和 *PGR* 的机制进行了研究,结果如图 14-14 所示,miR-375 可以靶向并负调控 *ADAMT1* 和 *PGR*,从而发挥调控卵丘细胞成熟的作用。

图 14-14 牛 *ADAMTS1/PGR* 或 miR-375/*PGR* 轴的机制示意图

（十三）miR-101-2 调控中国荷斯坦奶牛体细胞核移植胚胎的早期发育

为了探讨 miR-101-2 对供体细胞生理状态和中国荷斯坦奶牛体细胞核移植（SCNT）胚胎发育的影响。使用过表达 miR-101-2 的荷斯坦奶牛胎牛成纤维细胞（BFF）作为供体细胞进行体细胞核移植；然后，利用 RT-qPCR、双萤光素酶报告基因系统、细胞克隆、CCK-8、CDK2 分析了不同组的卵裂率、胚泡率、内细胞质量与滋养外胚层比率以及一些发育和凋亡相关基因的表达。双萤光素酶报告基因系统以及 RT-qPCR、免疫印迹结果显示，miR-101-2 靶向 *ING3* 的 3′-UTR，直接抑制了该基因表达，同时，miR-101-2 的过表达在蛋白质和 mRNA 水平上都导致 *ING3* 表达的显著降低。CCK-8、流式细胞仪检测等实验结果表明，miR-101-2 下调 *ING3* 的表达并抑制牛 SCNT 供体细胞的凋亡。同时，miR-101-2 过表达使 *ING3* 表达下调导致胎牛成纤维细胞中 G_1 期的细胞比例减少和 S 期的比例增加。以上结果表明，miR-101-2 可以减少细胞凋亡、加快细胞周期、提高牛体细胞核移植胚胎的发育速度并降低其凋亡率，从而促进牛体细胞核移植胚胎的早期发育。

（十四）miR-21-3p 调控奶牛乳腺上皮细胞增殖

前期对奶牛不同泌乳阶段乳腺组织的高通量 RNA 测序分析显示，miR-21-3p 与多个差异表达的 lncRNA 具有潜在的相关性。miR-21 的表达量在奶牛泌乳期和干乳期存在显著差异。因此，以奶牛乳腺上皮细胞系（BMEC）为研究对象，首先通过 MTT 试验和流式细胞术分析探究 miR-21-3p 对奶牛乳腺上皮细胞增殖的影响。在明确 miR-21-3p 对 BMEC 的功能后，利用生物信息学软件预测其靶基因，并对靶基因进行验证。接着，在 BMEC 中过表达 miR-21-3p 后利用 RT-qPCR 探究 lncRNA NONBTAT017009.2 与 miR-21-3p 的相关性，过表达 miR-21-3p 显著增强了细胞活力（$P<0.05$），抑制 miR-21-3p 的表达后显著抑制了细胞活力（$P<0.05$）。流式细胞术分析结果表明，miR-21-3p 模拟物组 G_2 期的细胞数目明显增加，G_2+S 期的百分数与对照组相比增加了 10.8%；miR-21-3p 抑制物组 G_2 期的细胞数目明显减少，G_2+S 期的百分数与对照组相比减少了 10.2%，表明 miR-21-3p 具有促进细胞增殖的作用。进一步通过 RT-qPCR 和双萤光素酶报告基因系统研究 NONBTAT017009.2 与 miR-21-3p 及其靶基因的调控关系。由于 miR-21-3p 的母源基因启动子区存在转录因子 STAT3 的结合位点，且 STAT3 与鉴定的 miR-21-3p 靶基因 *IGFBP5* 具有潜在的相关性，因此进一步通过双萤光素酶报告基因系统探究了转录因子 STAT3 对 miR-21-3p 母源基因启动子活性的影响。通过以上试验，共同揭示了 miR-21-3p 参与调控奶牛乳腺上皮细胞增殖的作用机制。

（十五）miR-152 靶向乳腺发育和泌乳功能基因 *Dnmt1* 的调节作用

以 miR-152 为研究对象，以奶牛乳腺上皮细胞（DCMEC）为模型，通过瞬时转染法转染 miR-152 模拟物和 miR-152 抑制物，通过 RT-qPCR 方法检测了 *Dnmt1* 及泌乳相关通路基因的变化，结果发现，与低乳品质和干乳期奶牛乳腺组织相比，高乳品质奶牛乳腺组织中 miR-152 表达量最高（$P<0.05$），推测它可能在奶牛乳腺泌乳和发育过程中发挥重要的作用。采用蛋白质印迹法（又称免疫印迹法）检测了 miR-152 对 Dnmt1 及泌乳相关通路蛋白的影响。应用 CASY 技术和流式细胞术分析了活细胞数、细胞活力和

细胞周期。同时使用酪蛋白检测试剂盒、乳糖检测试剂盒和 TG 试剂盒检测了细胞酪蛋白、乳糖和甘油三酯的分泌能力。利用 RT-qPCR 和蛋白质印迹法检测转染 miR-152 模拟物和 miR-152 抑制物的奶牛乳腺上皮细胞中 *Dnmt1* 及泌乳相关基因的表达变化。过表达 miR-152 时，细胞内 *STAT5*、*ELF5*、*AKT1*、*mTOR*、*S6K1*、*SREBP1*、*PPARγ*、*GLUT1*、*Cyclin D1* 表达量均上升，*4EBP1* 表达量下降；抑制内源性 miR-152 表达时，结果相反。推测 miR-152 通过调节 Dnmt1 的表达，进而调节上述与乳蛋白、乳糖和乳脂分泌相关的泌乳信号通路分子。最后应用 CASY 技术和流式细胞术分析发现，miR-152 可以提高细胞的活力及促进细胞增殖；同时测定乳腺上皮细胞分泌 p-酪蛋白、乳糖和甘油三酯的情况，结果显示 miR-152 促进奶牛乳腺上皮细胞 p-酪蛋白、乳糖和甘油三酯的合成。

（十六）奶牛 miR-124a 靶基因鉴定及功能研究

前期陈宏课题组通过高通量测序得到高脂及低脂奶牛乳腺上皮细胞 miRNA 表达谱，从表达差异极显著的 miRNA 中，选择 miR-124a 作为研究对象，并以奶牛乳腺上皮细胞为试验材料，对 miR-124a 靶基因及其生物学功能进行验证。首先，采用生物信息学方法分析 miR-124a 成熟区序列保守性，并对其候选靶基因进行预测，同时对 miR-124a 候选靶基因信号通路进行深入分析。结果表明，miR-124a 的成熟序列在各物种间具有高度的保守性，预测得到 TargetScan 和 miRWalk 数据库交集候选靶基因 57 个，本研究通过生物信息学分析、RT-qPCR 及双荧光素酶报告基因系统验证得到 miR-124 与 *PECR* 基因具有靶向关系，*PECR* 为 miR-124a 的靶基因。本研究选择 *PECR* 基因做进一步靶基因鉴定及功能验证，主要采用的方法是双荧光素酶报告基因系统和 RT-qPCR 技术。此外，转染 miR-124a 模拟物、miR-124a 抑制物后，对 *PECR* 下游基因 *ELOVL2* 表达量、细胞中总甘油三酯和游离脂肪酸含量也做了进一步的检测。结果显示，miR-124a 能够在脂代谢通路中调控 *PECR* 下游基因 *ELOVL2* 的表达量。而 miR-124a 能有效地影响奶牛乳腺上皮细胞中的甘油三酯和游离脂肪酸含量，从而参与调控乳汁的合成和分泌。

（十七）miR-145 靶向 *FSCN1* 调控奶牛金葡菌型乳房炎的分子功能研究

研究采用金黄色葡萄球菌攻毒乳腺组织及磷酸盐缓冲液（PBS）组织进行 miRNA 表达谱及转录组测序，筛选出表达下调的 miRNA 和表达上调的目的基因，验证候选 miRNA 与免疫基因的靶向关系及其在乳腺上皮细胞系中的相关功能。为探究 miR-145 在乳腺上皮细胞系中的功能，在 Mac-T 中过表达和干扰 miR-145，并检测其过表达情况和干扰效果。效果显著后应用 ELISA 和 EdU 检测 Mac-T 几种细胞因子的分泌水平变化及细胞增殖能力变化。结果显示，miR-145 在牛乳腺上皮细胞系中过表达可以显著降低白细胞介素 12 的分泌量和肿瘤坏死因子 α 的分泌量，显著增加干扰素 γ 的分泌量。与此同时，过表达 miR-145 后牛乳腺上皮细胞的增殖能力被抑制。根据金黄色葡萄球菌攻毒的乳腺组织转录组数据结果，结合 TargetScan、miRanda 以及 PicTar 三个 miRNA 靶基因预测软件，预测出 miR-145 的数个候选靶基因，并确定靶基因为 *FSCN1*。通过实时荧光定量 PCR、免疫印迹和双荧光素酶报告基因系统多重验证筛选出 miR-145 的靶基因。结果显示，miR-145 过表达或抑制表达后，*FSCN1* 的 mRNA 表达均发生显著变化，并且 miR-145 过表达可以引起 FSCN1 蛋白表达的显著下调。*FSCN1* 基因 mRNA 3′-UTR 存在 miR-145 的靶向结合位点。故 miR-145 可靶向调控 FSCN1。FSCN1 在 Mac-T 细胞中的功能研究采用 RNA 干扰法,用荧光定量 PCR 技术验证设计的 siRNA 敲降效果显著后,用 ELISA 检测 Mac-T 细胞系细胞因子的分泌情况,用 EdU 增殖实验检测细胞增殖状况,从而阐明 FSCN1 对 Mac-T 细胞系这两项功能的影响。结果显示,*FSCN1* 的敲降可以使白细胞介素 12 的分泌量显著上调,而肿瘤坏死因子 α 的分泌量显著下调。说明 miR-145 可以通过靶向 *FSNC1* 来调节肿瘤坏死因子 α 的分泌。

目前,在牛肌肉发育与脂肪沉积以及泌乳生理等方面进行了大量 miRNA 功能研究、miRNA 与相应靶基因的靶向关系验证,以及 miRNA 的靶基因的功能研究。根据现有研究进展,归纳了 miRNA 功能,汇总于表 14-8。

表 14-8 miRNA 功能汇总表

miRNA	位置	功能	靶基因
miR-660	X 染色体	miR-660 具有促进 C2C12 成肌细胞增殖的作用,过表达 miR-660 抑制 C2C12 成肌细胞分化	ARHGEF12
miR-499	13 号染色体	过表达 miR-499 促进 C2C12 细胞增殖和分化,干扰 miR-499 抑制 C2C12 细胞增殖和分化	TGF-βR1
miR-30a-5p	9 号染色体		
miR-30b-5p	14 号染色体	miR-30-5p 对肌肉的分化有抑制作用	MBNL1
miR-30e-5p	3 号染色体		
miR-204	26 号染色体	过表达 miR-204 促进细胞分化和凋亡	ANGPT1、Pax7
miR-23a	18 号染色体	过表达 miR-23a 抑制脂肪分化,敲低 miR-23a 促进脂肪分化	ZNF423
miR-10020	14 号染色体	过表达 miR-10020 能够抑制 *Pax7* 基因表达	ANGPT1、Pax7
miR-27a	18 号染色体	miR-27a 过表达促进颗粒细胞凋亡,干扰 miR-27a 抑制颗粒细胞凋亡	CYP19A1
miR-21-3p	17 号染色体	干扰 miR-21-3p 抑制奶牛乳腺上皮细胞系(BMEC)细胞活力,过表达 miR-21-3p 促进细胞增殖	IGFBP5
miR-101-2	28 号染色体	miR-101-2 可以减少细胞凋亡、加快细胞周期,并提高牛体细胞核移植胚胎的发育速度并降低其凋亡率,从而增强牛体细胞核移植胚胎的早期发育	ING3
miR-375	2 号染色体	miR-375 的过表达导致卵母细胞从 GV 到 MII 期的显著抑制,而 miR-375 的敲低促进卵母细胞成熟	ADAMTS1、PGR
miR-29b	1 号染色体	miR-29b 抑制黄体细胞的凋亡,其过表达显著增强了黄体细胞的增殖能力	OXTR
miR-31	28 号染色体	miR-31 和 miR-143 可靶向 *FSHR* 抑制类固醇激素的合成,miR-31 和 miR-143 可抑制牛颗粒细胞的凋亡	FSHR
miR-143	20 号染色体		
miR-424/503	X 染色体	调控牛颗粒细胞增殖和细胞周期进程	SMAD7、ACVR2A
miR-185	2 号染色体	miR-185 可以通过调控 *STIM1* 的表达来影响 Ca^{2+} 的释放,进而影响胎盘的释放	STIM1
miR-187	23 号染色体	miR-187 表达显著上调,*BMPR2* 表达显著下调,细胞凋亡显著上调	BMPR2
miR-222	1 号染色体	在牛卵巢的卵泡发育过程中,miR-222 和 ER-α 表达之间呈负相关关系	
miR-378	X 染色体	miR-378 的表达量与牛黄体大小和类固醇生成显著相关	IFNGR1
miR-152	1 号染色体	在高乳脂率和低乳脂率奶牛乳腺中差异表达,通过靶向 *UCP3* 来调控牛乳腺上皮细胞甘油三酯的合成	UCP3

miRNA 在黄牛肌肉发育、脂肪沉积和泌乳等方面都发挥着重要作用。尽管针对 miRNA 功能和作用机制的研究在十几年前就已经全面展开，但是由于 miRNA 和 mRNA 之间复杂的一对多和多对一的相互作用关系，增加了 miRNA 研究的难度。本节总结了在脂肪、肌肉和乳腺等组织发挥作用的 miRNA 与其作用机制等内容，并对中国黄牛 miRNA 相关研究进行了总结，相关研究内容对探究中国黄牛遗传机制和改良生产性状具有一定的意义。但是目前关于中国黄牛 miRNA 的相关研究总体上机制较为单一，研究深度还有待提高。此外，miRNA 相关研究距离生产实践应用还有一段距离。这些都是中国黄牛 miRNA 研究所需要面对的问题。随着生物技术的不断发展，分子育种已经逐渐深入到畜牧生产当中去。下一步 miRNA 相关功能和机制将被应用于品种选育实践和推广中。

第二节　lncRNA 组学研究

一、lncRNA 概述

随着生物学技术的发展，哺乳动物的转录本已被全面解析，大量的 lncRNA 也被解析。目前，科学家已发现并鉴定了与肌肉、脂肪细胞生长和分化相关的一些重要功能基因，如 *MyoD*、*MyHC*、*PPARγ*、*C/EBPα* 等，以及上一节所提及的一些关键 miRNA，如 miR-125b、miR-133、miR-204、miR-143 等。近年来，新兴的 lncRNA 正逐渐被揭开"神秘面纱"，且大量研究表明它们参与动物组织器官的形成、个体发育等生命过程。

（一）lncRNA 的发现

1991 年 Ballabio A 等研究发现 *Xist* 基因可以调控小鼠和人的 X 染色体失活；2007 年 Howard Chang 等在 HOXC 基因座鉴定出一个 2.2 kb 的 ncRNA——HOTAIR，其以反式作用的方式调控染色质沉默（Rinn et al.，2007）。这一发现对于发育和疾病状态的基因调控具有广泛的意义。随着高通量测序技术的飞速发展，人们对基因组及其转录产物有了深入的了解，生命体中大量的 lncRNA 被挖掘出来。

lncRNA 是一类转录本长度超过 200 nt、缺乏蛋白质编码能力的 RNA（Mercer et al.，2009），有含 poly(A)尾和不含 poly(A)尾两种形式。哺乳动物基因组中 4%～9%的序列产生的转录本是 lncRNA，它们起初被认为是基因组中的"垃圾"序列，不具备生物学功能。然而，近年来国际合作项目 ENCODE 的一个主要目标就是解析这些曾被认为是"垃圾"序列的功能。2012 年 9 月，该项目完成了解析基因组非编码区的工作，发现人类基因组中 80%的序列是有功能的，那些曾经被误认为"垃圾"的序列，却在控制细胞、组织及器官的功能中发挥着重要的作用，这一发现是对基因组认识的重大突破。2012 年《时代》（*Times*）评出的十大医学突破，"垃圾 DNA"所编码的 lncRNA 备受瞩目。近年来关于 lncRNA 的研究进展迅速，但是已有明确功能的 lncRNA 还不到 1%，且新鉴定的 lncRNA 数目还在不断增长，诸多 lncRNA 数据库诸如 lncRNADisease、NONCODE 等对其数目和功能进行不断更新，而一些新的基因表达调控机制，如竞争性内源 RNA （competing endogenous RNA，ceRNA）也在围绕 lncRNA 展开，这些研究工作改写了统治人们数十年的对 RNA 的分子生物学认知。

（二）lncRNA 的定义

起初，将 lncRNA 定义为一类长度大于 200 个核苷酸、缺乏 ORF、不具有氨基酸编码潜能的非编码 RNA。但最近研究者发现它们也可以编码一些具有调控功能的小肽，但这并不影响它们作为调控 RNA 的功能作用。目前，依据它们所在染色体上的位置和转录方向，大概分为以下几类（Wilusz et al.，2009）：①基因间 lncRNA，位于两编码基因之间，进行独立转录；②内含子 lncRNA（intron lncRNA），由基因的内含子转录产生；③双向转录 lncRNA，与相邻编码基因共享启动子，但转录方向相反；④正义 lncRNA（sense lncRNA），与编码基因的一个或多个外显子重叠；⑤反义 lncRNA（antisense lncRNA），转录产物与正义链上的转录产物序列部分互补或完全互补；⑥增强子 RNA（enhancer lncRNA），转录产物由编码蛋白基因的增强子位置产生；⑦环状 RNA（circRNA），由转录产物剪接并形成共价闭合的环状 RNA。

（三）lncRNA 的特征

部分 lncRNA 和 mRNA 一样，具有 5′帽子和 3′ ploy(A)尾巴结构。但有的 lncRNA 是没有 poly(A)尾巴的，目前对这部分 lncRNA 的特征缺乏足够的描述，它们很可能由 RNA 聚合酶Ⅲ转录而来，或是剪切过程断裂的 lncRNA 或核仁小 RNA（small nucleolar RNA，snoRNA）产物。lncRNA 比编码基因具有较强的组织和细胞表达特异性（Cabili et al.，2011），这表明 lncRNA 在决定细胞命运中具有关键作用。目前发现，在细胞的很多组分中都存在 lncRNA。Cesana 等（2011）研究发现 linc-MD1 在肌肉细胞的细胞质中特异表达，可作为竞争性内源 RNA 调节骨骼肌的分化过程。2011 年 Rackham 等在分析高通量测序数据时，首次鉴定了 3 个由线粒体基因组编码的 lncRNA——lncND5、lncND6 和 lncCytb。从以上可见，lncRNA 在不同的亚细胞结构中均可能存在，特定的亚细胞定位对 lncRNA 的生物学功能具有重要的意义。

miRNA 属于长度较短的 ncRNA，在物种进化过程中具有较高的序列保守性，在人和小鼠中 miRNA 的序列相似性超过 90%。与此形成鲜明对比的是，lncRNA 的初级序列保守性较低，其序列保守性与蛋白编码基因的内含子区类似，在人和小鼠中低于 70%，比基因的 5′-UTR 和 3′-UTR 还要略低一些。lncRNA 的初级序列明显缺乏保守性是科学界的一个争论热点，一些研究人员质疑这种低保守性与功能是相悖的。对 11 种四足动物的 lncRNA 进化研究表明，人类中许多 lncRNA 进化得较晚，只有很少一部分 lncRNA 的初级序列与其他物种相似。

但是仅仅依据初级序列的相似程度，可能并不适用于比较 lncRNA 和 mRNA 的保守性，有些学者提出应该基于 lncRNA 在基因组上的转录位点和它们的结构来评估是否保守（Cabili et al.，2011）。实际上，源于基因组上相同位置（基于周围编码基因位置）的 lncRNA 在序列和功能上保守性都较高。例如，敲低斑马鱼的两个 lncRNA 能引起鱼胚胎的发育缺陷，这两个 lncRNA 的同源物（源于基因组上相同位置）在人和小鼠上的序列保守性都较差，但是通过添加这些同源物却能拯救这种发育缺陷。另外，由于 lncRNA 往往通过二级和三级结构行使功能，人们推测，在进化中对它的主要约束可能是维持其结构保守而不是序列保守。然而，精确预测 lncRNA 的结构仍然是该领域的一大挑战。

（四）lncRNA 的形成机制

动物 lncRNA 的合成与 mRNA 类似，大部分 lncRNA 是由 RNA 聚合酶Ⅱ（RNA polymeraseⅡ，PolⅡ）转录而来，也有一部分 lncRNA 是由 RNA 聚合酶Ⅲ（RNA polymeraseⅢ，PolⅢ）转录来的（Zhang and Chen，2013）。由 PolⅡ 转录而来的 lncRNA 具有与 mRNA 相似的生物学特性、相似的剪接模式、5′端帽结构和 3′端 poly(A)尾巴。根据 lncRNA 与蛋白编码基因的位置，将 lncRNA 分为四大类：基因间型（intergenic）、内含子型（intronic）、正义型（sense）和反义型（antisense）（Ma et al.，2013）。lncRNA 除了具有上述提到的 mRNA 样结构，还具有其他的特征。转录生成 lncRNA 的 DNA 序列也具有启动子的结构，启动子可以结合转录因子，染色体组蛋白同样具有特异性的修饰方式与结构特征；大多数的 lncRNA 都具有明显的时空表达特异性，并且在不同的生物过程中还会形成不同的转录本，从而动态地调控生物学过程；相对于蛋白编码基因在物种间保守的特征，lncRNA 在物种间的序列保守性较低（于红，2009）。

（五）lncRNA 的分子作用机制

miRNA 主要通过 RNA-RNA 之间的互补配对发挥作用。相比之下，lncRNA 空间结构比较复杂，作用机制更加多种多样。大多数 lncRNA 位于细胞核中，主要作用为分子支架、辅助可变剪接或修饰染色体构象（Hacisuleyman et al.，2014）。但是，越来越多的证据显示，一些 lncRNA，如 TINCR、½sbsRNA 和 ciRS7 等，可在细胞质中调控翻译、竞争性吸附 miRNA 等。图 14-15 列出了 lncRNA 的几种主要作用方式：①作为 RNA 诱饵占据转录因子的 DNA 结合位点；②作为 miRNA 海绵，与 miRNA 靶基因竞争性结合

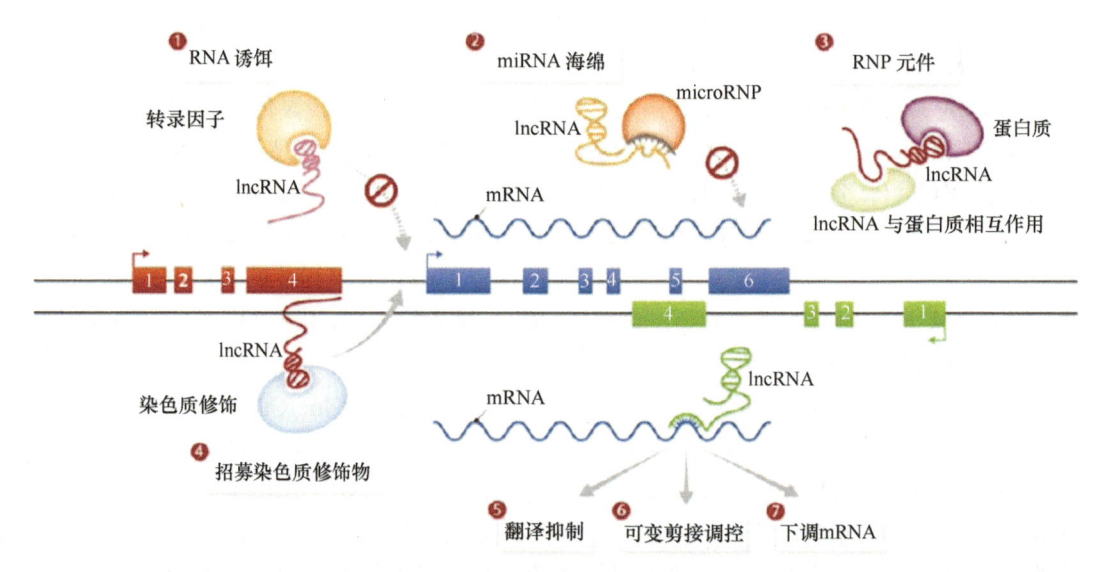

图 14-15　lncRNA 的作用机制（Hu et al.，2012）

miRNA；③作为 RNP 元件与蛋白质结合，形成核酸蛋白质复合体；④通过顺式作用募集染色质修饰物到靶位点；⑤与 mRNA 形成互补双链，抑制翻译、调节可变剪接或下调 mRNA。

研究发现 lncRNA 可在多层面上影响基因的表达水平，主要涉及表观遗传调控、转录调控以及转录后调控等。在表观遗传调控方面，lncRNA 在关键的分子过程中发挥着重要的表观遗传调控作用，诸如基因表达、遗传印记、组蛋白修饰、染色质动态以及 lncRNA 同其他分子的相互作用。在转录调控方面，lncRNA 可以在序列水平上与基因组连接，并且折叠成能够与蛋白质特异性相互作用的三级结构，它们特别适合于调节基因表达，可以抑制或者激活转录。在转录后调控方面，如果存在较长的碱基配对，lncRNA 可以稳定或促进靶 mRNA 的翻译，而部分碱基配对加速 mRNA 衰变或抑制靶 mRNA 翻译；在不存在互补配对的情况下，lncRNA 可以作为 RNA 结合蛋白或 miRNA 的诱饵抑制前体 mRNA（pre-mRNA）剪接和翻译，并且可以竞争性结合 miRNA 进而导致 mRNA 的表达增加。作为理解 lncRNA 功能的初始框架，依据 lncRNA 距离转录起始位点远近的调控形式，将 lncRNA 粗略地分为顺式作用与反式作用两类。顺式作用的 lncRNA 至少存在 3 种潜在的功能机制调控邻近染色体或者基因的表达：①通过 lncRNA 转录本自身向基因座募集调节因子的能力，调节邻近基因的表达；②lncRNA 的转录或剪接过程赋予基因调节功能，该功能独立于 RNA 转录物的序列；③顺式调控仅依赖于 lncRNA 启动子或基因座内的 DNA 元件，并且完全独立于编码的 RNA 或其产物。反式作用的 lncRNA 也至少存在 3 种情况：①lncRNA 在远离其转录起始位点的区域调节染色质状态和基因表达；②lncRNA 影响核结构；③lncRNA 与蛋白质或其他 RNA 分子相互作用并调节其性能（Kopp and Mendell，2018）。

（六）lncRNA 对性状调控作用的研究思路

无论是在畜牧领域还是医学领域，目前关于 lncRNA 对性状的调控的研究思路大致如下。①首先采取不同处理组/实验组的样品，对其进行转录组测序。②根据测序结果，筛选各处理组/实验组间差异表达的 lncRNA，并进行全长扩增。③对其编码能力进行预测，同时进行原核表达等实验，验证候选 lncRNA 不具备编码蛋白质的能力。④利用 RT-qPCR 等实验探究候选 lncRNA 在不同处理组/实验组的表达趋势是否与测序结果保持一致。⑤探究候选 lncRNA 在不同组织中的表达情况。⑥候选 lncRNA 的功能探究：过表达或干扰候选 lncRNA 的表达，进一步探究候选 lncRNA 对细胞增殖、凋亡、分化、癌变等的调控。⑦定位：通过细胞 RNA 核质分离、免疫荧光等实验，探究候选 lncRNA 主要在细胞核内表达，还是主要在细胞质内表达，还是二者均有，进而可预测 lncRNA 的作用机制。⑧候选 lncRNA 的作用机制探究：通过 RIP 等实验，探究候选 lncRNA 是通过吸附 miRNA 的分子机制，还是通过调控基因与转录因子的结合，进而影响关键基因的表达来发挥作用，或者是通过其他的作用机制。通过这些调控机制，lncRNA 可以调控细胞生长、分化、凋亡等生物学过程，并且在人类的疾病发生以及正常的组织器官发育过程中扮演重要角色。

二、肌肉组织不同发育阶段 lncRNA 组学研究

（一）肌肉发育相关 lncRNA 研究

细胞的增殖和分化是动物生长发育和组织器官形成的基础，增殖、分化的能力直接决定了动物的生长发育状况。作为肉牛重要的经济指标，产肉力与成肌细胞数量和增殖、分化紧密相关，是影响肉牛产业发展的重要因素。因此，解析牛肌肉发育的分子机制对于促进个体生长发育、提高牛肉的产量和质量等具有重要意义。肌肉发育的分子机制极其复杂，受到许多基因、表观因子及其互作的调控。目前，以生肌调节因子（myogenic regulatory factor，MRF）、肌细胞增强因子 2（MEF2）和肌生成抑制蛋白（myostatin，MSTN）为核心的信号转导网络对肌肉发育的调控作用已经明确（Almada and Tarrant，2016）。新近的研究发现 lncRNA 在肌肉发育中发挥着重要作用。

1. linc-MD1

linc-MD1（long intergenic noncoding RNA-myoblasts differentiation 1）是第一个被鉴定的与肌肉发生相关的 lncRNA，它可以作为竞争性内源 RNA（ceRNA）调控小鼠和人的成肌细胞分化的进程。下调或过表达 linc-MD1 可以延缓或加速 C2C12 肌细胞分化过程。对小鼠的研究发现，linc-MD1 特异性吸附 miR-135 和 miR-133，从而上调 miRNA 靶基因 *MEF2C* 和 *MAML1* 的表达（*MEF2C* 和 *MAML1* 均为分化晚期的肌肉特异性表达的基因）。人成肌细胞中 linc-MD1 发挥相同的作用，而且其水平在进行性假肥大性肌营养不良（Duchenne muscular dystrophy，DMD）患者肌细胞中显著降低（Cesana et al.，2011）。研究表明，lncRNA 的 ceRNA 作用机制在肌肉分化中起着重要的作用。上述报道表明，肌肉特异性 lncRNA——linc-MD1 在肌肉分化的早期表达，通过吸附 miR-135 和 miR-133 触发肌分化进入晚期阶段。值得注意的是，linc-MD1 的母源基因也是转录本 miR-133b 宿主基因，并且它们的生物合成是互斥的。这种选择性的合成是由 HuR 蛋白控制的，而 HuR 蛋白更倾向于直接结合 linc-MD1，抑制 Drosha 的切割能力。在一个前馈式的正反馈回路中，HuR 被 miR-133 抑制，而 HuR 对 linc-MD1 的吸附活性直接与 HuR 的表达量相关。HuR 也在细胞质中起作用，可通过募集 miRNA 来增强吸附能力。miR-133 合成的增加（主要来自两个无关 miR-133a 编码基因位点）很可能触发 miR-133 和 linc-MD1 退出该回路，从而进展到晚期的分化阶段（Legnini et al.，2014）。

2. H19

H19 在胚胎组织中高度表达但是出生后表达量急剧下降，提示其对骨骼肌发育有调控作用。因此科研人员研究了 H19 在骨骼肌分化和再生中的作用。研究发现，在成肌细胞中降低 H9 表达量会延缓肌分化，并且 H19 敲除小鼠的肌分化也减慢了。H19 的第 1 外显子可以编码两种保守 miRNA：miR-675-3p 和 miR-675-5p，它们都在骨骼肌分化时诱导表达。在肌分化过程中 H19 的缺失导致肌生成的抑制，并且这种抑制可经由外源性添加 miR-675-3p 和 miR-675-5p 来补救。H19 缺陷小鼠在受损伤后骨骼肌再生异常，当加入 miR-675-3p 和 miR-675-5p 后，这种情况得到改善。miR-675-3p 和 miR-675-5p 主要

通过直接结合并下调 DNA 复制起始因子 Cdc6 和在 BMP 通路（bone morphogenetic protein pathway）中非常重要的抗分化转录因子 Smad 的表达来发挥功能。因此，H19 对骨骼肌的分化和再生发挥重要的反式调控功能，并且这是可通过它自身编码的 miR-675-3p 和 miR-675-5p 来实现的（Dey et al.，2014）。另一项研究还发现 H19 含有 let-7 miRNA 家族的结合位点，其能够吸附 let-7 家族成员从而在基因印记、发育以及肌肉生成中发挥作用。在肌分化中 H19 可作为 ceRNA 吸附 let-7 家族（Kallen et al.，2013），并解除 let-7 对靶基因 *HMGA2* 和 *IGFBP2*（成肌细胞增殖的两个关键因素）的阻遏（Li et al.，2012）。

3. MALAT1

MALAT1 是一个参与许多生物过程的功能性的 lncRNA。血清应答因子（SRF）是肌细胞增殖和分化的关键转录因子，据报道 *SRF* 基因是肌肉特异性 miR-133 的一个靶基因。在小鼠 C2C12 细胞中干扰 MALAT1 会抑制肌细胞分化，并在 mRNA 和蛋白质水平同时降低转录因子的表达。而 SRF 表达的下降也会降低 MALAT1 的表达。进一步的研究表明，MALAT1 中包含 miR-133 靶位点，MALAT1 和 SRF 相互作用依赖于 miR-133。具体来说，MALAT1 在成肌细胞分化中作为一种竞争性内源 RNA（ceRNA）通过 miR-133 来调控 SRF（Han et al.，2015）。这突显了 miRNA 作用于 lncRNA 对肌细胞分化有着十分重要的影响。

4. lncMyoD

最近的研究表明，lncMyoD 是一个 MyoD 相邻基因间 lncRNA。它在肌分化过程中直接被 MyoD 激活。降低 lncMyoD 的表达量可显著抑制终末肌分化，这在很大程度上是由于细胞周期退出障碍。lncMyoD 直接结合 IMP2（IGF2-mRNA-binding protein 2），负调控 IMP2 介导的促增殖基因如 *N-Ras* 和 *c-Myc* 的翻译。虽然 lncMyoD 的 RNA 序列在人和小鼠上不是很保守，但它的位置、基因结构以及功能是保守的。MyoD-lnc-MyoD-IMP2 途径阐明了 MyoD 是如何抑制增殖、促进分化的（Gong et al.，2015）。

5. MUNC

MUNC（MyoD upstream noncoding，也被称作 DRReRNA）是一个生肌转录因子，在 MyoD 上游转录起始位点 5 kb 处编码。MUNC 在骨骼肌中特异表达，存在剪切和未剪切两种亚型，其 5′端与 MyoD 远端调控区（DRR）相重叠。干扰 MUNC 会抑制成肌细胞的分化并特异性降低 MyoD 和 DRR 增强子以及生肌启动子的关联，但不影响另一个 MyoD 的依赖型增强子。稳定过表达 MUNC 会增加内源性 *MyoD*、*myogenin* 和 *MYH3*（myosin heavy chain，*MHC* 基因）mRNA 水平，但不改变相应的蛋白质水平。这表明 MUNC 反式作用促进基因表达，且这种活性不需要 MyoD 蛋白的诱导。MUNC 还可以刺激其他基因的转录，而这些基因并不是受 MyoD 诱导的基因。小鼠体内敲低 MUNC 会干扰肌受损后的再生，表明 MUNC 会影响原代肌卫星细胞的分化。研究还发现，人 MUNC 在成肌细胞分化中被诱导表达，且敲低 MUNC 会抑制肌分化，这说明 MUNC 在肌分化中的作用是进化保守型的。虽然 MUNC 与 MyoD 的 DRR 增强子重叠，但研究结果表明，MUNC 不是一个仅仅刺激邻近 MyoD 表达的经典的顺式作用增强 RNA（e-RNA），它反而更像一个促进生肌的 lncRNA 通过直接或间接作用于多个启动子以增加生肌基因的表达（Mueller et al.，2015）。

（二）牛肌肉组织 lncRNA 组学研究

Billerey 等（2014）利用 RNA 测序技术，对 9 个牛背最长肌样本进行深度测序，以分析基因间的 lncRNA。共发现 30 548 个不同的转录本，经过生物信息学分析，发现了 584 个 lncRNA，其中 418 个 lncRNA 在 9 头牛中均有表达。并发现牛的 lncRNA 和其他哺乳动物的 lncRNA 特征一致：与蛋白编码基因相比，lncRNA 的转录本和基因长度更短，外显子数更少，且表达水平明显更低。分析这 9 个样本中 lncRNA 和编码蛋白基因的表达规律时发现了 2083 对 lncRNA-编码蛋白基因的表达呈现高度的相关性，且部分 lncRNA 位于肉质相关的 QTL 内。

Koufariotis 等（2015）采用 RNA 测序技术对一头牛 18 个组织（包括肌肉组织）进行转录组测序和 lncRNA 分析，鉴定并注释了 9778 个 lncRNA，其中包括在人和小鼠上广为人知的 MALAT1 和 HOTAIR 等，并发现在 18 个组织中，在肌肉和乳腺组织中检测到的基因间区 lncRNA 数量是最少的。

Sun 等（2016）采用链特异性去除核糖体 RNA 的转录组测序方法，对不同发育阶段（胚胎期 90 天，新生犊牛 1~3 天和 24 月龄成年期）秦川牛背最长肌进行高通量测序。经外显子数目、表达丰度、开放阅读框（ORF）长度等过滤，与已知蛋白质数据库 Pfam 比对去除编码基因、蛋白质编码能力预测等一系列严格的筛选，共获得 7692 个 lncRNA，其中 6623 个 lncRNA 在 3 个阶段均有表达，333 个呈现阶段特异性表达（胎牛、犊牛、成年牛中分别为 260 个、24 个和 49 个）。与胎牛相比，犊牛和成年牛间 lncRNA 的表达量更相近。说明相对于胚胎期，出生后的 lncRNA 组更相似。与 mRNA 相比，牛 lncRNA 具有较短的转录本长度、较低的表达水平和较少的外显子数目，这些特性与其他哺乳动物是相同的。此外，长度越长的染色体往往检测到的 lncRNA 数目越多，表明牛 lncRNA 在基因组上的分布比较均匀。

401 个 lncRNA 在不同发育阶段差异表达，包括两个被广泛研究的调控肌肉分化的 lncRNA：H19（NONBTAT017737）和 linc-MD1（NONBTAT014394）（Dey et al.，2014）。在小鼠上的研究表明，H19 在胚胎组织中大量表达，而出生后的表达受到显著抑制（Gabory et al.，2010）。孙晓梅（2012）在牛上的研究也再次证实了这一点：H19 在胚胎肌肉高度表达，在犊牛和成年牛样本中表达量显著下调。另一个 lncRNA——NONBTAT014394 是小鼠 linc-MD1 的同源转录本（Legnini et al.，2014），和小鼠的转录本一致，牛 linc-MD1 也由 3 个外显子和 2 个内含子组成，并且第 3 外显子编码 pre-miR-133b。

生物信息学分析发现，其中 29 个差异表达的 lncRNA 具有肌分化相关 miRNA（包括 miR-1、miR-26a、miR-27、miR-29、miR-125b、miR-133、miR-148a、miR-206、miR-221 和 miR-222）结合位点。组织表达谱分析发现 lncRNA lncMD 在肌肉组织中特异性表达，RACE 结果证明 lncMD 序列全长是 975 nt，由 3 个外显子组成，编码能力分析和原核表达结果表明 lncMD 不编码蛋白质。lncMD 在细胞核和细胞质中均有表达，主要定位在细胞核。机制分析表明 lncMD 作为竞争性内源 RNA（ceRNA）与 IGF2 竞争性地结合 miR-125b，从而解除 miR-125b 对靶基因 *IGF2* 表达的抑制，进而促进肌分化。

三、脂肪组织不同发育阶段 lncRNA 组学研究

（一）lncRNA 与脂肪生成

脂肪或肌肉组织中的脂肪和脂肪酸成分，对红色肉类的外观、质地、风味、硬度和保质期等都有积极影响，是肉类营养价值的核心，并且也是影响动物生产的一个重要组成部分（Muniz et al., 2022）。因此，阐明脂肪生成的调控机制对于肉品质提高具有重要意义。脂肪生成是由一系列转录因子参与的复杂而精细的程序化调控过程，目前对这一生物学路径已有了较为清晰的认识，众多研究显示以生脂调节因子 PPARγ 和 C/EBPα 为核心的信号转导网络在这一过程中起着关键作用。但是，脂肪生成涉及多基因的表达、信号转导及网络调控，过程极其复杂，目前仍有大量调节因子有待鉴定，脂肪生成的调控机制还有很多问题亟待解决。近年来，随着技术的发展以及人们对基因组认识的不断深入，发现 lncRNA 对于脂肪生成也具有重要的调控作用（Yan et al., 2021）。

1. SRA 与脂肪生成

SRA（steroid receptor RNA activator）是第一个被发现对脂肪生成具有调控作用的 lncRNA，最初认为 SRA 是类固醇受体的转录共激活因子，随后发现其还可以与类固醇受体外的其他许多蛋白质结合。最近的研究表明 SRA 在脂肪组织中高表达，能与 PPARγ 结合，从而增加 PPARγ 的转录活性，促进 3T3-L1 前体脂肪细胞分化（Xu et al., 2010）。在 3T3-L1 前体脂肪细胞分化时，SRA 表达量增加约两倍；在异山梨醇二甲醚（DMI）诱导分化的 ST2 间充质前体细胞中过表达 SRA 能促进脂肪生成，同时增加脂肪分化的主要调节因子 PPARγ、C/EBPα、FABP4 和 AdipoQ 的表达。RNA 干扰（RNAi）介导的 SRA 功能缺失则能抑制 3T3-L1 细胞分化，表明 SRA 是一个促进脂肪生成的 lncRNA。微阵列分析揭示 SRA 参与脂肪细胞的许多生物学过程，包括细胞周期和胰岛素相关的信号转导通路，表明 SRA 可能通过多种途径促进脂肪生成。与上述结果相一致，在高脂饲喂诱导的肥胖小鼠白色脂肪组织中，SRA 的表达量上调（Liu et al., 2014）。体内试验揭示，SRA 敲除鼠不会因为高脂饲喂而肥胖，并且敲除鼠体重减轻，脂肪分化标志基因表达量下降，血清 TNF-α 含量降低，胰岛素敏感性增强（Liu et al., 2014）。这些结果表明 SRA 对脂肪发育有重要的作用。

2. lnc-RAP-*n* 与脂肪生成

大规模基因组学分析极大地推进了 lncRNA 对脂肪细胞分化的调控研究。对脂肪细胞分化前后的 poly(A)lncRNA 进行转录组测序表明，175 个 poly(A)lncRNA 在小鼠的白色和棕色脂肪细胞分化前后差异表达（Sun et al., 2013）。生物信息学分析发现，23 个表达上调的 lncRNA 启动子区含 PPARγ 结合位点，34 个表达上调的 lncRNA 上游含 C/EBPα 结合位点。RT-qPCR 分析显示，这些 lncRNA 中有 20 个在脂肪组织中高特异性

表达，利用 siRNA 分别敲低这 20 个 lncRNA 后，其中 10 个能显著抑制脂滴积累和脂肪分化标志基因 *PPARγ*、*C/EBPα*、*FABP4* 和 *AdipoQ* 的表达（Sun et al.，2013），因此将这 10 个 lncRNA 命名为 lnc-RAP-*n*（lncRNA regulated in adipogenesis；*n*=1～10）。lnc-RAP-1，又名 Firre（functional intergenic repeating RNA element）或 6720401G13Rik，是一个位于 X 染色体上的基因间区 lncRNA，能通过一段 156 bp 的重复序列与 hnRNPU 相互作用，以反式方式结合到其他 5 条不同的染色体上，这些结合位点在空间上邻近 Firre 在 X 染色体上的基因组区域。在基因组上敲除 Firre 或利用 RNAi 敲低 hnRNPU 均能造成这些结合位点的消失，并能导致脂肪生成基因表达量下降（Hacisuleyman et al.，2014）。这些结果提供了脂肪生成调控的新理论。

3. HOTAIR 与脂肪生成

HOTAIR（HOX antisense intergenic RNA）与肿瘤转移相关（Gupta et al.，2010）。最近的研究表明，HOTAIR 参与人皮下脂肪组织前体脂肪细胞的分化。HOTAIR 在人的臀部脂肪而不在腹部皮下脂肪表达，在体外培养的臀部前体脂肪细胞分化时，HOTAIR 表达量增加两倍。在腹部的前体脂肪细胞中异位表达 HOTAIR，能增加分化的脂肪细胞比例和分化标志基因 *PPARγ*、*LPL*、*FABP4* 和 *AdipoQ* 的表达量，而不改变前体脂肪细胞增殖速度。但是，HOTAIR 是通过什么样的作用机制调控脂肪生成的仍不明确。

4. PU.1 AS lncRNA 与脂肪生成

反义 lncRNA（AS lncRNA）是一类从与 mRNA 相反的 DNA 链上转录的 lncRNA。最近的研究显示，PU.1 的反义转录本 PU.1 AS lncRNA 能够与 PU.1 的 mRNA 结合形成 mRNA/lncRNA 复合体，阻止 PU.1 的翻译，调控脂肪生成；敲低 PU.1 AS lncRNA 能增加 PU.1 mRNA 的游离程度、促进其翻译、抑制脂联素等脂肪因子的释放，进而阻碍脂肪细胞分化（Wei et al.，2015）。

5. slincRAD 与脂肪生成

为检测无 poly(A)尾 lncRNA 在脂肪细胞分化中的作用，Yi 等（2019）检测了诱导分化的 3T3-L1 细胞中 lncRNA 的动态表达谱，结果发现一个在基因组上长 136 kb 的基因间区 lncRNA 对脂肪生成具有重要的调控作用，因此将其命名为 slincRAD（super-long intergenic non-coding RNA functioning in adipocyte differentiation），在 3T3-L1 细胞中抑制 slincRAD 能减少脂滴积累和抑制 PPARγ 表达，但 slincRAD 调控脂肪细胞分化的机制尚需进一步研究。

6. ADINR 与脂肪生成

最近的一项研究通过利用 mRNA-lncRNA 联合微阵列芯片分析，揭示在人间充质干细胞成脂诱导分化的 0 天、3 天和 6 天有 1423 个 lncRNA 差异表达（Xiao et al.，2015）。ADINR（adipogenic differentiation induced noncoding RNA）是一个上调表达的 lncRNA，它从 *C/EBPα* 基因上游 450 bp 处反向转录，在脂肪细胞分化时与 *C/EBPα* 共表达。敲除 ADINR 能减少脂滴积累和降低 *C/EBPα*、*PPARγ*、*FABP4*、*LPL* 表达量，使脂肪生成能力急剧下降。而慢病毒介导的 C/EBPα 异位表达能恢复 ADINR 缺失所引起的脂肪生成缺陷。机制分析表明，ADINR 能与 PAXIP1-相关谷氨酸丰富蛋白 1（PAXIP1-associated glutamate-rich protein 1，PA1）特异结合，从而募集 MLL3/4 组蛋白甲基转移酶复合体，增加 C/EBPα 位点的 H3K4me3 甲基化水平，降低 H3K27me3 甲基化水平，引起 C/EBPα 激活，促进脂肪生成（Xiao et al.，2015）。

7. NEAT1 与脂肪生成

NEAT1 是一个细胞核 lncRNA，是形成细胞核 paraspeckle 小体的必须支架分子（Clemson et al.，2009；Sasaki et al.，2009）。最近的研究表明，在脂肪来源干细胞（adipocyte-derived stem cell，ADSC）中敲除 miR-140，细胞的成脂能力减弱，并伴随着 NEAT1 表达量下降。RNA 拉下试验（RNA Pull Down）和荧光原位杂交试验表明 miR-140 可在细胞核中与 NEAT1 结合。过表达 miR-140 能增加 NEAT1 的稳定性，提高 NEAT1 表达量，促进脂滴生成和脂肪细胞分化标志基因 *PPARγ*、*C/EBPα* 表达量增加。这些结果揭示了 miRNA 与 lncRNA 调控的新机制。

（二）脂肪组织 lncRNA 组学研究

李明勋（2016）利用去除核糖体 RNA 高通量测序技术分析了牛脂肪细胞分化前后表达的 lncRNA，共得到约 3.93 亿条 clean reads，89.7%以上的 reads 可以比对到牛参考基因组上，52%的 reads 位于基因间区或内含子区域，说明基因间区和内含子区域中包含大量未被注释的转录序列。经过一系列严格的筛选，如长度≥200 bp、外显子数目≥2、reads≥3，与已知蛋白质数据库比对、编码能力预测等，共鉴定到 2882 个 lncRNA，其中包括 1037 个新 lncRNA。基因组特征分析表明基因间型 lncRNA 所占比例最高，达 55%，反义型 lncRNA 含量最少，仅占总量的 4%；各染色体所编码的 lncRNA 数目与其长度大致成正比；lncRNA 的编码潜能、长度、外显子数目和表达丰度均低于 mRNA；约 90% lncRNA 的 FPKM 值在 10 以下，新发现 lncRNA 的平均 FPKM 值仅为 1.5，远远低于蛋白编码基因的 28.3，说明 lncRNA 的表达量极低，提示只有通过更先进的测序技术或是提高测序深度才能发现更多的 lncRNA。序列保守性分析表明 lncRNA 的保守性虽然低于编码基因，但明显高于随机序列，说明 lncRNA 具有一定的保守性，在物种进化过程中发挥着必要的功能。差异表达分析揭示有 16 个 lncRNA 在脂肪细胞分化前后差异表达，其中 ADNCR 的下调程度最大。

ADNCR 全长 1730 nt，位于牛 13 号染色体上，具有两个外显子，在物种间序列保守性较差；生物信息学预测和体外翻译试验均表明 ADNCR 符合 lncRNA 的特征。细胞核和细胞质 RNA 分析以及 RNA FISH 试验显示 ADNCR 主要在细胞质中表达。过表达 ADNCR 能抑制脂肪生成，下调脂肪细胞分化标志基因 *PPARγ*、*C/EBPα* 和 *FABP4* 的表达。在线软件 RNAhybrid 预测发现，在 ADNCR 的 205～250 和 1630～1659 碱基处有两个 miR-204 的结合位点，机制分析揭示 ADNCR 能够作为竞争性内源 RNA 吸附 miR-204，阻止 miR-204 对其靶基因 *SIRT1* 的抑制作用，增加脂肪细胞中 *SIRT1* 的表达量，使 *SIRT1* 与转录共抑制因子 NCoR 和 SMRT 结合，降低 PPARγ 活性，从而抑制脂肪生成（李明勋，2016）。这些发现为解析脂肪生成的调控机制提供了新的思路。

刘宇（2016）以 20 月龄秦川母牛和 6 月龄犊牛皮下脂肪组织为研究对象，采用链特异性转录组测序技术，筛选、鉴定了在秦川牛不同发育阶段皮下脂肪组织中差异表达的 lncRNA，并对其进行了功能注释。通过对转录组测序获得的转录本的序列特征以及编码能力的分析，分别在成年牛和 6 月龄犊牛皮下脂肪组织中鉴定到 10 817 个和 7183 个 lncRNA 表达，其中 6671 个 lncRNA 在成年牛皮下脂肪组织中上调表达，4796 个 lncRNA 在犊牛皮下脂肪组织中上调表达。通过对差异表达 lncRNA 邻近基因的功能富集分析发现，这些差异表达的 lncRNA 可能参与脂质合成、信号转导等生物学过程，提示 lncRNA 可能通过对这些邻近基因的调控来实现生物学功能。

四、乳腺 lncRNA 组学研究

泌乳是一个受多因素调控的动态过程，现阶段主要从乳腺发育和乳汁合成分泌这两方面研究泌乳相关分子机制。有学者认为 lncRNA 是一种影响乳腺发育和泌乳过程的关键调控因子。H19 和 SRA 是最早被认为在乳腺发育过程中发挥调节作用的 lncRNA，其中，H19 的表达受小鼠雌激素调节。在小鼠发育期，H19 在乳腺上皮细胞高表达，而在妊娠期，H19 又在乳腺腺泡高表达（Adriaenssens et al.，1999）；另一种 lncRNA——SRA 已被证明在转基因小鼠模型的乳腺上皮细胞中过表达时，可促进增殖，增加导管侧分支，并诱导早熟的乳腺腺泡分化。此外，也有一些学者发现了一些对乳腺上皮细胞具有调控作用的 lncRNA。mPINC 和 Zfas1 已经被证明对乳腺上皮细胞的生长具有抑制作用。这两种 lncRNA 的表达均与小鼠乳腺发育紧密相关（Ginger et al.，2001；Askarian et al.，2011）。虽然 mPINC 和 Zfas1 都具有自己独特的功能，但它们在乳腺上皮细胞中的功能十分相似。随后有学者通过突变小鼠 *Neat1* 基因发现，lncRNA Neat1 可以调控乳腺的形态发生和泌乳过程（Standaert et al.，2014）。此外，lncRNA 也可以作为竞争性内源 RNA（ceRNA）调控山羊泌乳过程，例如，lncRNA PINC 的表达受妊娠状况调控，其可以抑制妊娠期间肺泡细胞的终末分化，通过这种方式来保证在分娩之前不会发生泌乳过量的情况。

但是关于牛乳腺 lncRNA 的相关研究相对较少。目前有很多学者利用生物信息学的方法筛选牛乳腺发育相关的 lncRNA。Tong 等（2017）利用生物信息学的方法在奶牛乳腺中发现了 112 个 lncRNA，其中 36 个 lncRNA 位于与牛奶性状相关的 QTL 中，1 个 lncRNA 位于临床乳房炎的 QTL 区域内。Zheng 等（2018a）发现在泌乳高峰期和末期奶牛乳腺中存在 72 个差异表达 lncRNA 和 254 个差异表达基因，功能富集分析表明，差异表达基因涉及细胞过程、代谢过程和生物调节过程。此外，利用 LncTar 软件预测了这些 lncRNA 的潜在生物功能，并预测了 10 个 lncRNA 的靶基因。进一步对 lncRNA 靶基因的功能分析表明，这些 lncRNA 参与了防御反应、RNA 磷酸二酯键水解、氧化还原酶分子功能、细胞因子受体结合、蛋白质转运及溶酶体细胞组成部分等，该研究为 lncRNA 调控奶牛乳腺发育与乳房炎易感性的生物学研究提供了依据。Yang 等（2018a）通过对干乳期和泌乳期的荷斯坦奶牛进行转录组测序，发现 3746 个差异表达的 lncRNA

和 2890 个差异表达基因。通过进一步功能富集发现这些基因参与了与乳酸相关的信号通路，包括细胞周期、JAK-STAT、细胞黏附和 PI3K-AKT 信号通路等。此外，也有研究人员探究了不同饲养条件对牛乳腺 lncRNA 表达谱的影响。通过对荷斯坦奶牛日粮添加亚麻籽油和红花油，发现这两种添加剂的加入分别可以引起奶牛 216 个和 226 个 lncRNA 基因表达量的显著变化（李冉，2016）。

五、其他组织 lncRNA 组学研究

（一）胚胎发育相关 lncRNA 研究

众所周知，哺乳动物体外胚胎的发育率远远低于体内胚胎，妊娠率低和胎儿流产率高成为牛体外胚胎广泛应用于养牛业的制约因素，进而影响我国畜牧业的健康、快速和可持续发展。近年来，随着 lncRNA 的不断发现，其调控作用和胚胎发育相关研究成为热点和焦点。已有的研究表明，在卵母细胞及胚胎中发现了大量 lncRNA，它们在受精和早期胚胎发育中发挥重要作用，包括调控胚胎形成过程中细胞命运决定及细胞分化、参与高度复杂组织（包括多种不同细胞类型的组织）的形成并伴随着稳定的基因表达模式。Xist 是第一个被鉴定的 lncRNA，能够在 4 细胞期胚胎中导致 X 染色体失活；在哺乳动物胚胎形成过程中 Fendrr 通过介导长期的表观遗传学标记而调控靶基因表达水平。以上研究表明 lncRNA 在早期胚胎发育中至关重要。

近年来在小鼠和人的基因组上发现了大量的 lncRNA，其具有多种重要的生物学作用。lncRNA 作为研究哺乳动物胚胎发育的模型，对其在牛胚胎基因组中的功能研究还较少。Sun 等（2015）采用单细胞测序技术对谷胱甘肽（GSH）处理的牛体外受精胚胎进行转录组测序，发现添加外源 GSH 后，可能影响 lncRNA CUFF.21976.3 的表达，降低 KLF11 表达量，从而减少细胞死亡，提高胚胎发育率。此外，已有研究发现 lncRNA 还可以通过与 miRNA 和转录因子相互作用来提高细胞的全能性。在体细胞核移植牛中，位于 DLK1-DIO3 印记域的 LINC24065，剪接体 LINC24065-V3 不表达，其他剪接体的表达具有组织特异性，尤其是在体细胞核移植牛脑组织中表现出印记紊乱，与自然繁殖牛不同。说明 LINC24065 在体细胞核移植牛中的异常表达可能与其器官发育异常和新生牛死亡有关。由此推测，LINC24065 可能参与了体细胞核重编程的过程。

（二）疾病相关 lncRNA 研究

牛病毒性腹泻病毒（bovine viral diarrhea virus，BVDV）是引起牛和羊等家畜产生以高热、腹泻、黏膜糜烂、白细胞减少、持续性感染、免疫抑制、孕畜流产和产死胎或畸形胎儿等为主要临床特征的牛病毒性腹泻黏膜病（bovine viral diarrhea-mucosal disease，BVD-MD）的主要病原（Fredericksen et al.，2016）。该病是一种全球性的牛传染病，BVDV 引起的持续性感染对养牛产业造成了巨大的经济损失，然而目前对该病原尚无有效的防治手段，主要原因是 BVDV 的致病机制尚未阐明。研究 BVDV 感染 MDBK 细胞（牛肾细胞）不同阶段 lncRNA 和 mRNA 的表达模式，可为深入研究 BVDV 感染过程中非编码 RNA 的调控机制奠定基础。

通过二代深度测序，研究BVDV感染MDBK细胞后2 h、6 h、18 h与未感染的MDBK细胞中lncRNA和mRNA的差异表达，对比分析二者的基因特征并对lncRNA靶基因mRNA的功能进行GO富集和KEGG通路分析，最后使用RT-qPCR验证高通量测序结果的可靠性。共得到感染后2 h、6 h、18 h差异表达的1236个lncRNA和3261个mRNA。随着感染时间的延长，差异表达的lncRNA和mRNA呈递增趋势。lncRNA在外显子长度、数量、表达水平和保守性方面，与其他哺乳动物的lncRNA具有相同的特征。基因功能GO富集和KEGG通路分析显示lncRNA在BVDV感染期间参与了免疫反应。随机选择13个差异表达基因，并进行RT-qPCR验证，与高通量测序结果基本一致。通过对差异表达基因的功能富集分析，发现在BVDV感染过程中机体的lncRNA参与了免疫等通路的调控。RT-qPCR验证的结果表明本次建库的测序结果可靠，可用于后续的lncRNA功能研究和验证。本研究首次为宿主lncRNA调控BVDV胞内感染的机制提供了研究基础，为阐明BVDV胞内持续性感染的分子机制奠定了基础，为进一步探索抗病毒预防策略提供了理论依据。

结核病是由结核分枝杆菌（*Mycobacterium tuberculosis*，MTB）和牛分枝杆菌引起的慢性传染性疾病。据估计，10%的人类结核病例是由牛分枝杆菌感染引起的。因此，控制牛结核无疑是降低甚至免除人类感染牛结核风险的最佳措施。

MTB是典型的胞内寄生菌，肺泡巨噬细胞作为免疫调节细胞和效应细胞，在感染过程中通过吞噬、抗原提呈和分泌多种细胞因子等来调控机体炎症反应和免疫应答。由于感染巨噬细胞的能力对细菌在宿主体内的传播和扩散至关重要，因此在抗结核免疫机制研究中，MTB与肺泡巨噬细胞的相互作用一直是研究的重点和热点。已有研究表明，MTB感染后，可引起机体lncRNA及mRNA表达谱表现异常，这些差异表达的lncRNA参与调控Toll样受体（Toll-like receptor，TLR）、转化生长因子β（transforming growth factor β，TGF-β）及Hippo（HPO）等细胞信号通路。在结核分枝杆菌感染中，机体对病原的免疫学反应存在着种属特异性。牛本身作为结核分枝杆菌的宿主，同时也是研究结核病理想的大型动物模型。因此，通过研究牛原代肺泡巨噬细胞与结核分枝杆菌间的相互作用，对阐明结核病的发病机制具有重要的意义。

六、中国黄牛lncRNA的功能研究

（一）与脂肪代谢相关的lncRNA

1. ADNCR（lncRNA NONBTAT005121）

（1）来源及筛选

为了全面鉴定各种类型的lncRNA，本研究采用Ribo-Zero RNA-seq方法进行lncRNA测序。在测序之前，为进一步确认样本的可靠性，利用油红O染色和RT-qPCR对平行样本进行鉴定。油红O染色显示，所培养的前体脂肪细胞能很好地被诱导为成熟脂肪细胞；RT-qPCR表明，诱导分化后，脂肪细胞分化标志性基因*PPARγ*、*C/EBPα*和*FABP4*表达量明显升高（图14-16A），说明样本满足试验要求。去除核糖体RNA

后，用 Illumina TruSeqTM RNA Sample Prep Kit 制备链特异性文库，在 Illumina HiSeq2500 平台上进行高通量测序。RNA 文库质量检测结果如表 14-9 所示。最后总共得到约 3.93 亿条 clean reads，各样本中 89.7%以上的 reads 可以比对到牛参考基因组上。用 Cufflinks 进行序列组装，分析各个部分在基因组上的分布情况，发现 52%的序列位于基因间区和内含子区（图 14-16B）（李明勋，2016）。

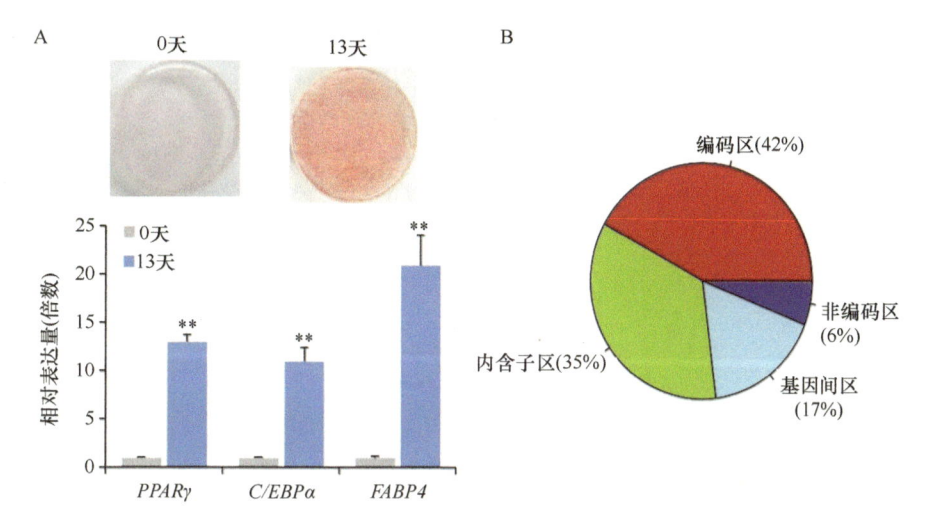

图 14-16 牛前体脂肪细胞与脂肪细胞的 RNA 高通量测序

A. 上图为分化 0 天与 13 天的脂肪细胞油红 O 染色；下图为脂肪细胞分化标志性基因 *PPARγ*、*C/EBPα* 和 *FABP4* 实时定量检测。B. reads 在基因组上不同位置的分布统计

表 14-9 牛总 RNA 质量检测

样本名称	浓度/（μg/μL）	体积/μL	总量/μg	A_{260}/A_{280}	RNA 质量 RIN（RNA 完整值）	28S/18S
前体脂肪细胞 1	0.328	100	32.77	1.81	9.6	2.1
前体脂肪细胞 2	0.415	100	41.49	1.84	9.8	2.1
脂肪细胞 1	1.200	100	119.97	1.94	9.7	2.0
脂肪细胞 2	1.143	100	114.32	1.95	9.6	2.0

为鉴定到高度可靠的新的 lncRNA，本研究制定了一系列严格的筛选标准（图 14-17），综上，本研究在牛脂肪细胞中共发现了 2882 个 lncRNA，包括 1037 个新 lncRNA 和 1845 个已知 lncRNA。

为衡量测序结果的可靠程度，本研究比较了重复样本间 lncRNA 表达量的相关性。从图 14-18A 可见，无论是前体脂肪细胞还是成熟脂肪细胞样本间的重复，lncRNA 表达量的皮尔逊相关系数均达到了 0.92 以上，说明同一处理的重复性较好，测序结果可靠。此外，以 lncRNA 表达量为基础的聚类分析还表明，前体脂肪细胞与成熟脂肪细胞严格区分开来，两者有着不同的表达模式（图 14-18B）。

基因间型 lncRNA 所占比例最高，达 55%，反义型 lncRNA 含量最少，仅占总量的 4%（图 14-18C），说明在基因组中基因间区也有大量的序列发生转录；lncRNA 的长度、外显子数目和表达丰度均低于蛋白编码基因，lncRNA 在物种间的保守性也低于

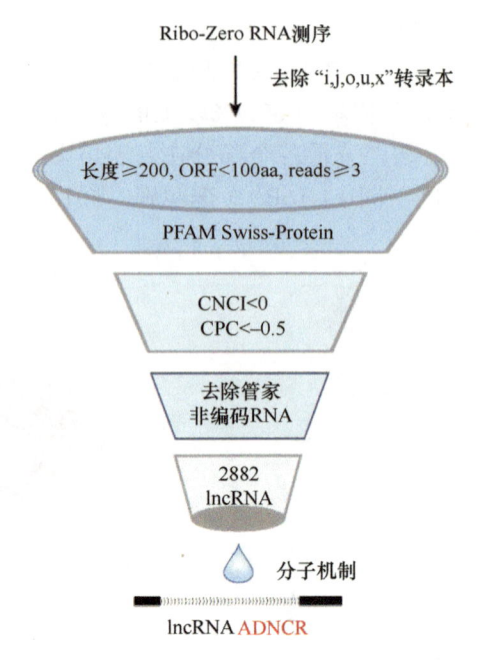

图 14-17　牛 lncRNA 筛选流程

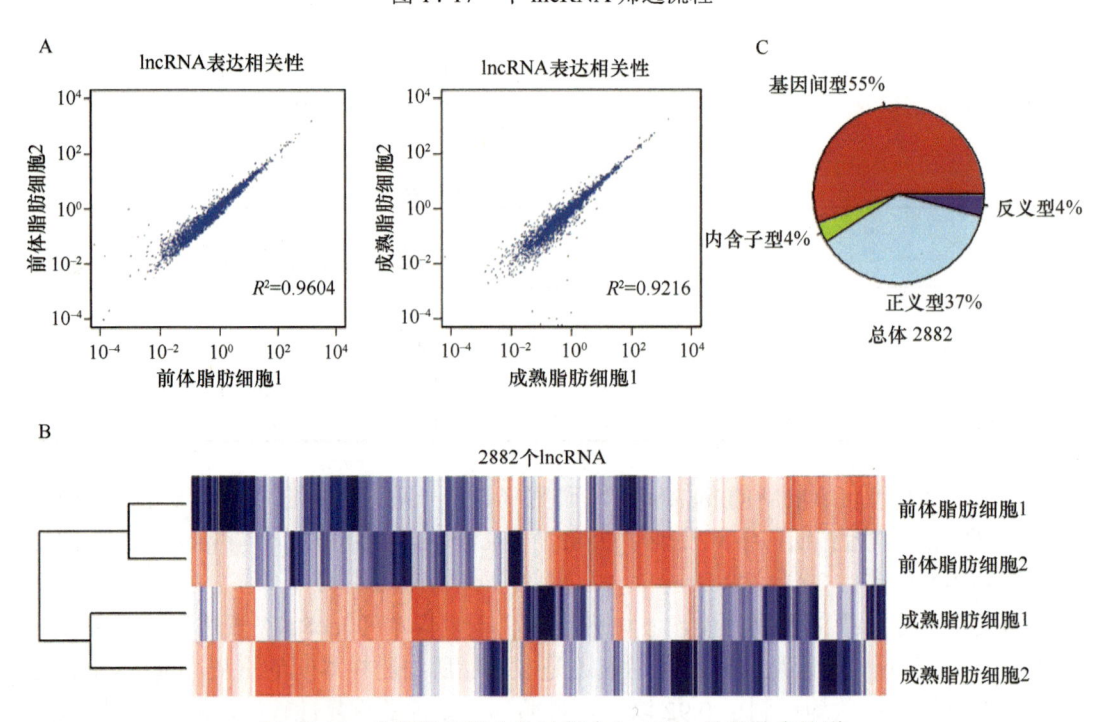

图 14-18　牛脂肪细胞分化过程中 lncRNA 的整体表达谱

A. 两重复样本间的 lncRNA 表达相关性分析；B. 2882 个 lncRNA 聚类分析；C. 各种类型 lncRNA 所占的比例

mRNA，但高于随机序列（图 14-19），侧面说明 lncRNA 具有一定的功能，这与人和小鼠上的研究结果相一致；差异表达分析和 RT-qPCR 揭示有 16 个 lncRNA 在脂肪细胞分化前后差异表达，其中 10 个上调、6 个下调（图 14-20）。

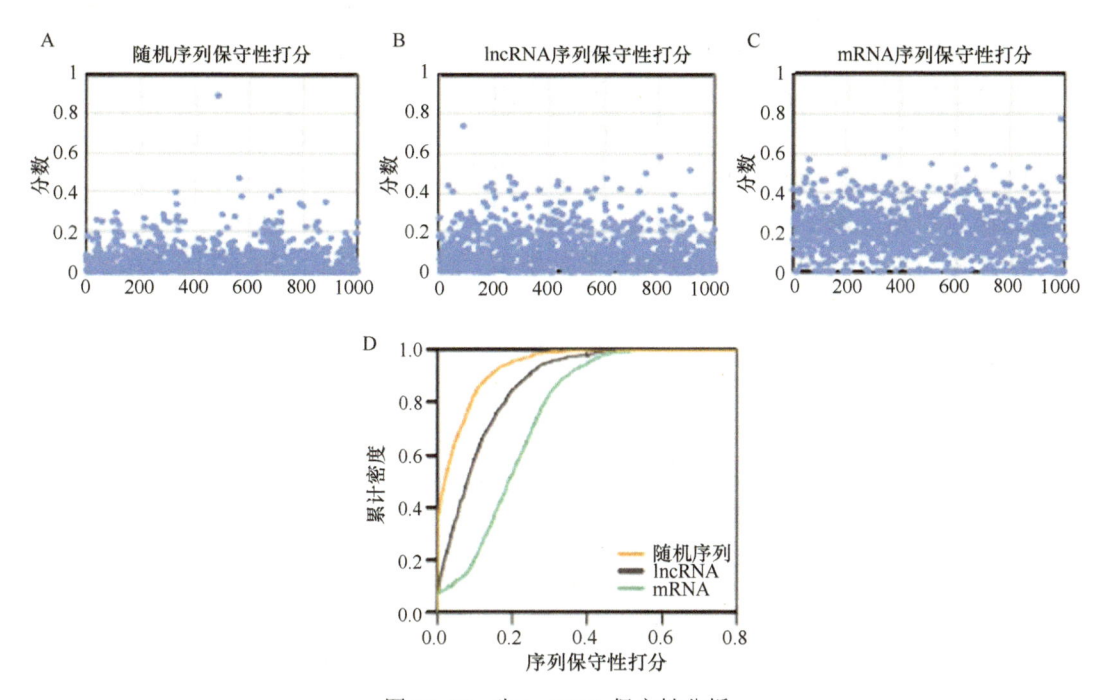

图 14-19 牛 lncRNA 保守性分析

A~C. 1000 个 lncRNA、mRNA 与随机序列保守性打分的点状图分布；D. lncRNA、mRNA 与随机序列保守性打分的累计密度曲线

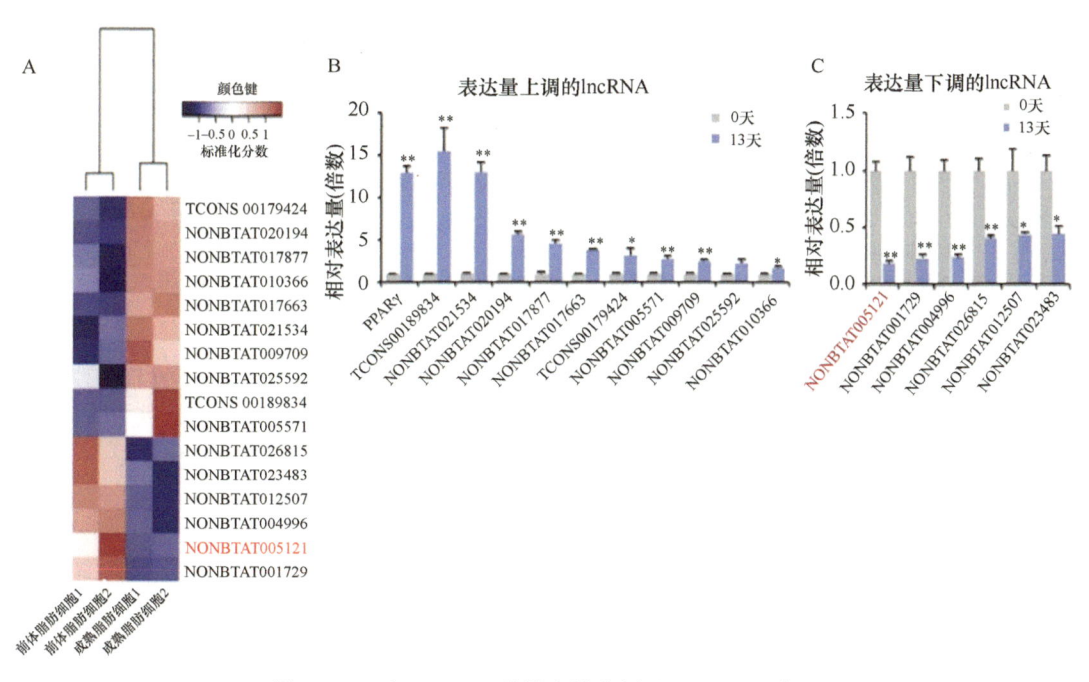

图 14-20 牛 lncRNA 差异表达分析及 RT-qPCR 验证

*表示差异显著（$P<0.05$）；**表示差异极显著（$P<0.01$）

（2）全长扩增、编码能力预测与验证

ADNCR 全长 1730 nt，位于牛 13 号染色体上，具有两个外显子，在物种间序列保守性较差；生物信息学预测和体外翻译试验均表明 ADNCR 符合 lncRNA 的特征（图 14-21A，B）。体外翻译试验表明 ADNCR 不编码蛋白质，而编码基因 *AdPLA* 则能有效翻译蛋白质（图 14-21C）；在线软件 CPC（Coding Potential Calculator）分析表明 ADNCR 与已知 lncRNA MEG9 编码潜能相似，而明显区别于编码基因 *HPRT1*（图 14-21D）。

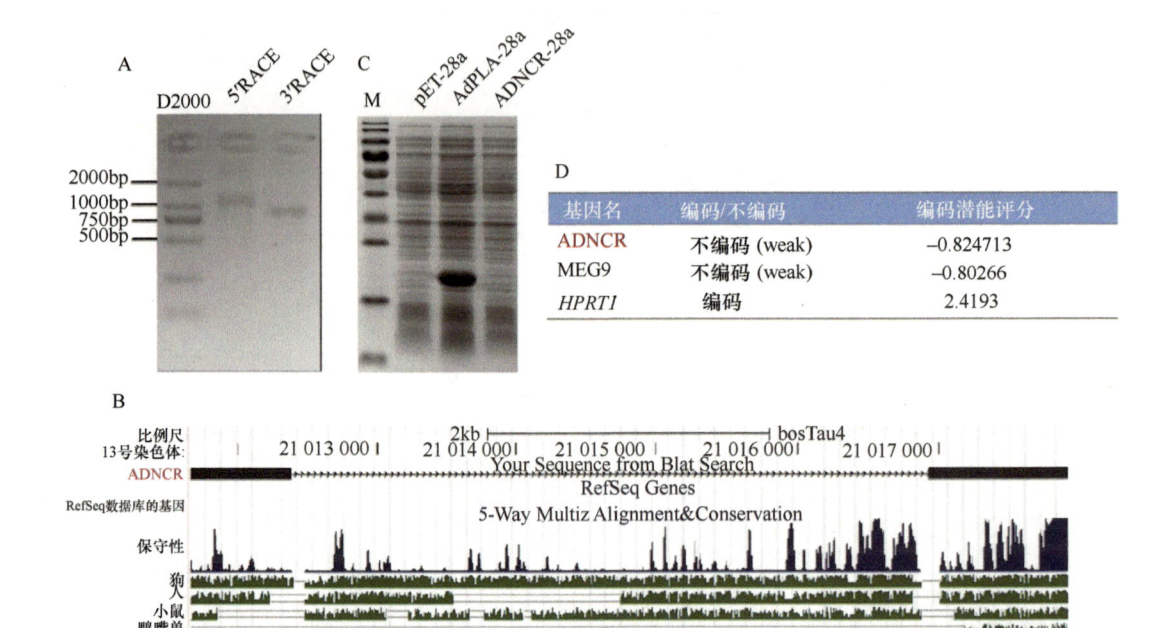

基因名	编码/不编码	编码潜能评分
ADNCR	不编码 (weak)	−0.824713
MEG9	不编码 (weak)	−0.80266
HPRT1	编码	2.4193

图 14-21　牛 lncRNA ADNCR 序列特征

A. 5'RACE 和 3'RACE 表明 ADNCR 全长 1730 nt；B. ADNCR 基因组结构：利用 UCSC 基因组浏览器比对表明，ADNCR 位于牛 13 号染色体，有两个外显子；C. 体外翻译试验表明 ADNCR 不编码蛋白质，而编码基因 *AdPLA* 则能有效翻译蛋白质；D. 在线软件 CPC 分析表明 ADNCR 与已知 lncRNA MEG9 编码潜能相似，而明显区别于编码基因 *HPRT1*

（3）候选 lncRNA 的表达

为了研究 ADNCR 在脂肪细胞分化过程中的表达趋势，提取脂肪细胞分化 0 天、2 天、4 天、6 天、8 天和 10 天的总 RNA，分别进行半定量和实时荧光定量 PCR 分析，结果表明在脂肪细胞分化过程中过表达 ADNCR 能抑制脂肪生成（图 14-22A），下调脂肪细胞分化标志性基因 *PPARγ*、*C/EBPα* 和 *FABP4* 的表达（图 14-22B）。

（4）定位（细胞核或细胞质表达）

细胞核和细胞质 RNA 分析以及 RNA FISH 试验显示 ADNCR 主要在细胞质表达（图 14-23，图 14-24）。

（5）功能验证（增殖、凋亡、分化等）

在线软件 RNAhybrid 预测发现，在 ADNCR 的 205~250 和 1630~1659 碱基处有 2 个 miR-204 的结合位点（图 14-25A~C），机制分析揭示 ADNCR 能够作为竞争性内源 RNA 吸附 miR-204 调控 *SIRT1*（图 14-26A~C），miR-204 对其靶基因 *SIRT1* 的抑制作用，减

少了脂肪细胞中 *SIRT1* 的表达量，使 *SIRT1* 与转录共抑制因子 NCoR 和 SMRT 结合减少，增加 PPARγ 活性，从而促进脂肪生成（图 14-27A、B）。ADNCR- miR-204-*SIRT1* 的这种交互作用丰富了人们对脂肪生成的了解，为解析脂肪生成的调控机制提供了新的思路。

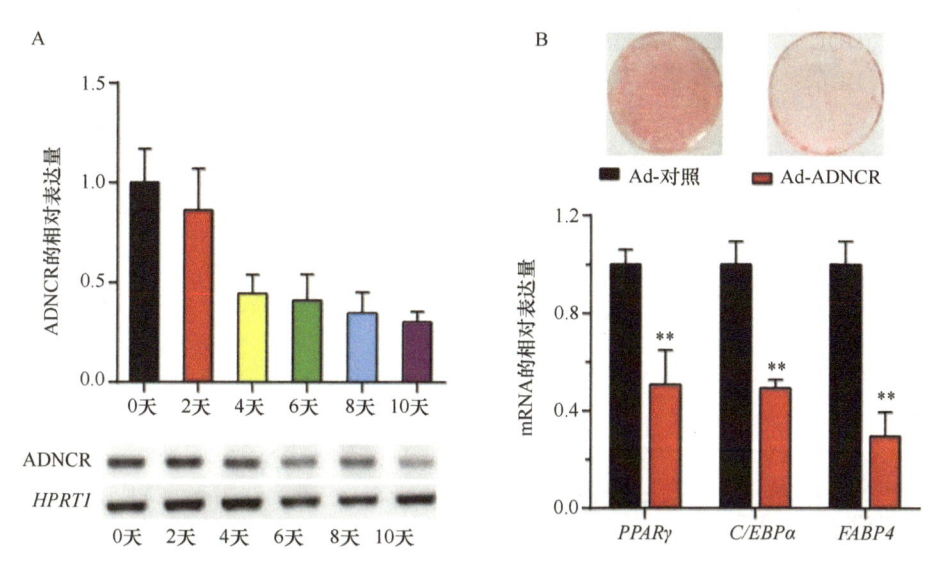

图 14-22　牛 ADNCR 抑制脂肪细胞分化

A. ADNCR 在脂肪细胞分化过程中表达量逐渐降低；B. 过表达 ADNCR 抑制脂肪细胞分化标志性基因 *PPARγ*、*C/EBPα* 和 *FABP4* 表达。数据统计方式：平均值±标准误（*n*=3）。**P＜0.01

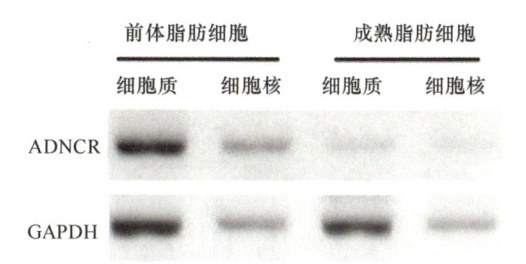

图 14-23　牛 ADNCR 主要在前体脂肪细胞的细胞质中表达，核质分析及半定量 PCR 表明 ADNCR 主要在细胞质表达

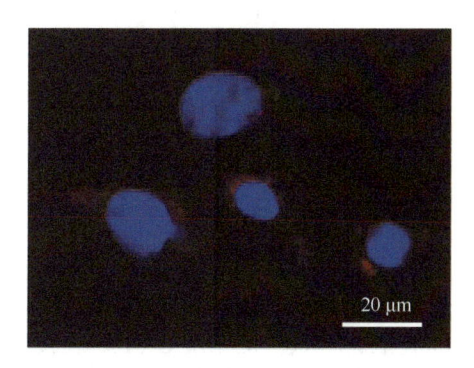

图 14-24　牛 lncRNA FISH 试验表明 ADNCR 主要在细胞质中表达

图中红色所示为 ADNCR，蓝色代表细胞核

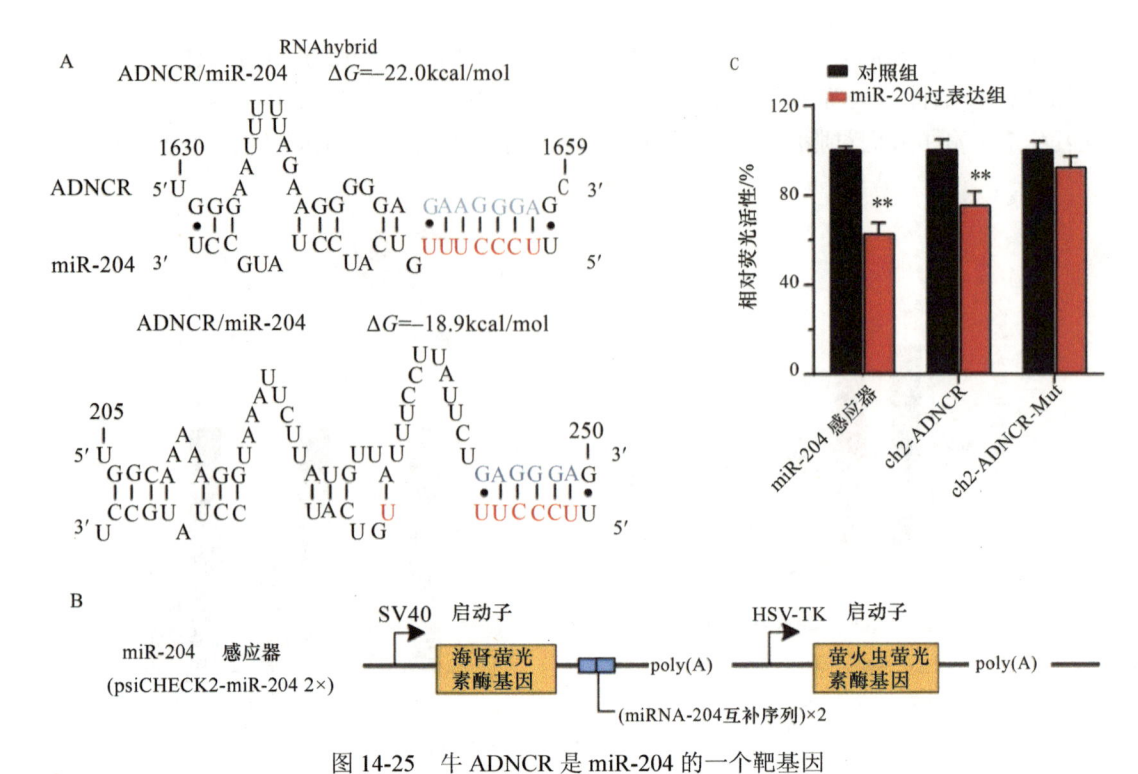

图 14-25　牛 ADNCR 是 miR-204 的一个靶基因

A. 在线软件 RNAhybrid 预测表明 ADNCR 具有两个 miR-204 结合位点；B. miR-204 感应器结构示意图；C. miR-204 能降低 miR-204 感应器及 ch2-ADNCR 萤光素酶活性

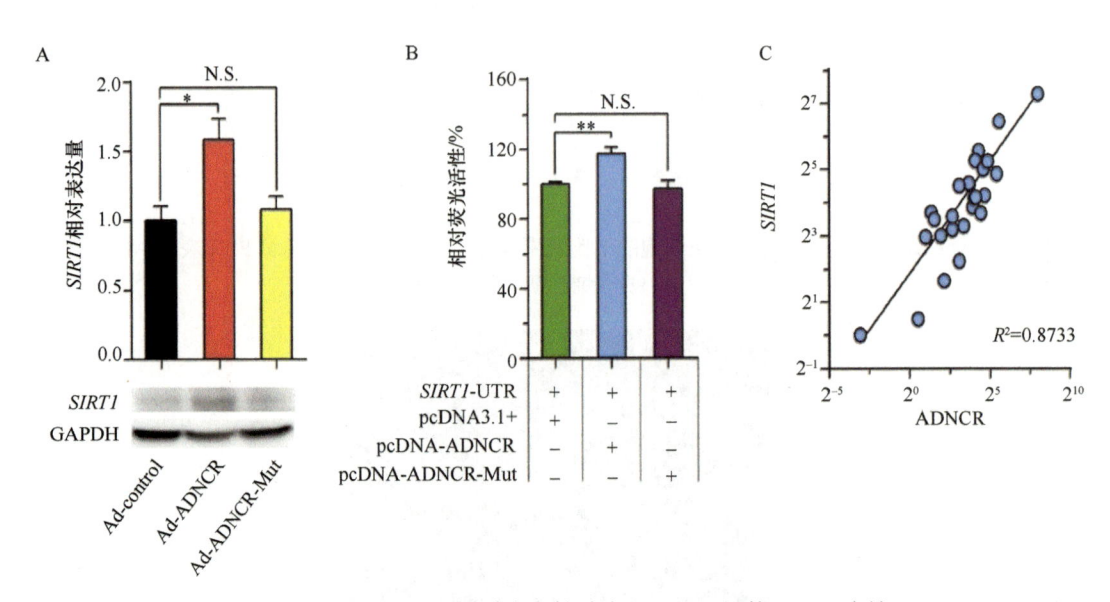

图 14-26　牛 ADNCR 通过竞争性结合 miR-204 调控 SIRT1 表达

A. 在牛前体脂肪细胞中过表达 ADNCR 促进 SIRT1 表达；B. 在 HEK293T 细胞中过表达 ADNCR 能增加 SIRT1 3′-UTR 萤光素酶活性；C. ADNCR 与 SIRT1 在牛脂肪组织中表达量呈正相关关系。数据统计方式为平均值±标准误（n=3）。*表示差异显著（$P<0.05$）；**表示差异极显著（$P<0.01$）

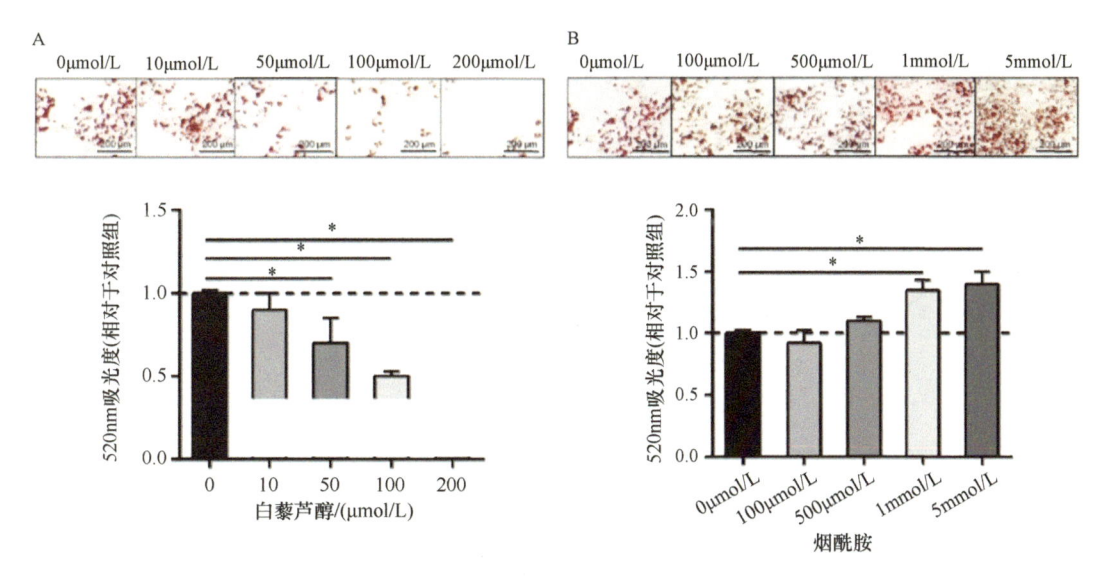

图 14-27　牛 miR-204 通过抑制 SIRT1 促进脂肪细胞分化

油红 O 染色检测甘油三酯含量（A），用 RT-qPCR 检测脂肪细胞分化标志基因 *PPARγ* 表达量（B）。数据统计方式：平均值 ± 标准误（*n*=3）。*$P<0.05$

ADNCR 不调控其邻近基因 *PLXDC2* 表达（图 14-28），即不能通过顺式作用机制发挥调控作用；ADNCR 能作为 ceRNA，通过竞争性结合 miR-204，增加 miR-204 靶基因 *SIRT1* 的表达量，抑制脂肪细胞分化（图 14-29）。

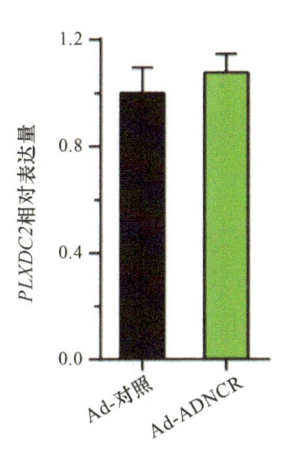

图 14-28　牛 ADNCR 不调控其邻近基因 *PLXDC2* 表达

2. lncFAM200B

骨骼肌是生物体中 3 种主要的肌肉类型之一，在运动系统、新陈代谢和体内平衡中具有关键作用。RNA-seq 分析显示，新型 lncRNA（lncFAM200B）在胚胎、新生牛和成年牛骨骼肌中差异表达。这项研究的主要目的是研究 lncFAM200B 的分子和表达特征及其关键的遗传变异。结果表明，牛 lncFAM200B 是包含 2 个外显子的 472 个核苷酸（nt）的非编码 RNA。转录因子结合位点预测分析发现，lncFAM200B 启动子区域富含 SP1

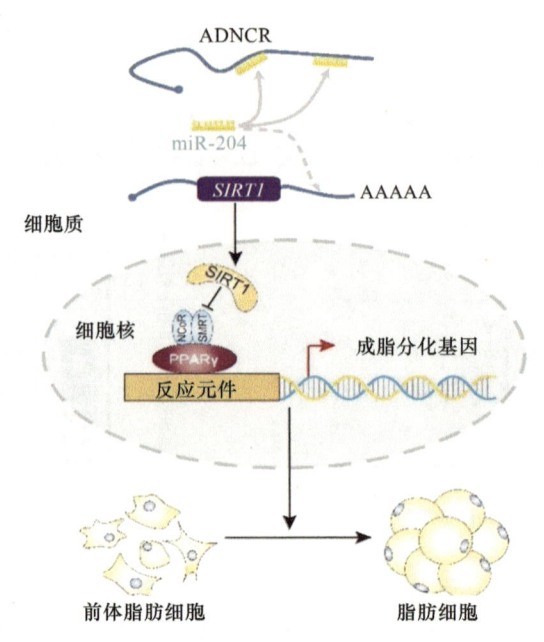

图 14-29　牛 ADNCR 调控脂肪细胞分化机制模式图

转录因子，促进了肌源性调节因子 MyoD 与 DNA 序列的结合。mRNA 表达分析表明，lncFAM200B 在胚胎、新生牛、成年牛肌肉组织中差异表达，并且在成肌细胞增殖和分化阶段，lncFAM200B 的表达趋势与 MyoG 和 Myf5 呈正相关关系。为了鉴定 lncFAM200B 的启动子活性区，构建了包含 lncFAM200B 启动子序列的启动子萤光素酶报告基因载体 pGL3-Basic 质粒，并将其转染到 293T、C2C12 和 3T3-L1 细胞中。lncFAM200B 启动子活性区位于其转录的–403～–139（264 nt）起始位点，涵盖 6 个 SP1 潜在的结合位点（张思欢，2018）。

3. MIR221HG

脂肪形成是一个复杂而精确的过程，由一系列转录因子介导。之前的研究发现了一种新的 lncRNA，它在牛脂肪细胞分化过程中差异表达。由于该 lncRNA 在基因组中与 miR-221 重叠，因此被命名为 miR-221 宿主基因（MIR221HG）。本研究的目的是克隆 MIR221HG 全长，检测其亚细胞定位，确定 MIR221HG 对牛脂肪细胞分化的影响。cDNA 末端快速扩增法（5′RACE 和 3′RACE）结果表明，MIR221HG 是一个包含 1064 个核苷酸的转录本，位于牛 X 染色体上，包含一个外显子。生物信息学分析提示 MIR221HG 是一个 lncRNA，MIR221HG 启动子包含叉头盒 C1（FOXC1）和 Kruppel 样因子 5（KLF5）的结合一致序列。核质组分半定量 PCR 和 RT-qPCR 结果显示，MIR221HG 主要存在于细胞核中。抑制 MIR221HG 表达可显著促进脂肪细胞的分化，使成熟脂肪细胞的数量增加，脂肪形成的标志基因如 *PPARγ*、*C/EBPα* 和 *FABP4* 表达上升。这些研究结果为阐明 MIR221HG 调节脂肪细胞分化的机制提供了基础（Li et al.，2019a）。

4. lncRNA_（TCONS-585）

lncRNA 为长度大于 200 nt 的非编码 RNA，具有组织表达特异性，且表达丰度较 mRNA 低。在前期肉牛肌肉和脂肪组织的 lncRNA 组学测序分析中筛查并获得了一个长度为 755 nt 的差异表达 lncRNA，将其命名为 lncRNA_（TCONS-585）。经基因组序列比对，该新 lncRNA_（TCONS-585）位于牛 5 号染色体 *MCHR1* 和 *PMP34* 两个基因之间，由两个外显子构成。对 lncRNA_（TCONS-585）结构分析后通过 RT-PCR 验证了 lncRNA_（TCONS-585）在靶向组织中的表达水平以及在不同组织中的表达谱。结果表明 lncRNA_（TCONS-585）在牛的不同组织中表达量具有较大差异，其在肌肉组织中表达水平最高，同时在白色脂肪组织和棕色脂肪组织中也有表达，且表达量显著高于肝、肺和肾。同时发现干扰 lncRNA_（TCONS-585）可降低其邻近基因 *MCHR1* 的表达量。因此 lncRNA_（TCONS-585）可能作为调控因子通过介导靶基因参与肉牛生长发育和能量代谢过程。

（二）与肌肉发育相关的 lncRNA

1. lnc9141

（1）来源及筛选

陈宏教授实验室通过去除核糖体 RNA 高通量测序（Ribo-Zero RNA-seq）技术，对秦川牛胎牛（妊娠 90 天）、新生犊牛（1～3 天）和成年牛（24 月龄）的肌肉组织进行转录组测序和生物信息学分析，筛选到差异表达 lncRNA 共 401 个（Sun et al., 2016）。本研究从以上 401 个差异表达的 lncRNA 里选择了在三个时期差异表达的 lnc9141 作为研究对象，利用 RACE 技术、原核表达试验、过表达与干扰、MTT 和细胞周期等方法，研究其对牛成肌细胞增殖、凋亡和分化的调控作用，以期为肉牛分子育种和基因功能解析提供科学资料（Zhang et al., 2019a）。

（2）全长扩增、编码能力预测与验证

本研究首先利用 cDNA 末端快速扩增法（RACE）对 lnc9141 全长序列进行克隆，发现 lnc9141 存在两种不同的转录本，即 lnc9141-a 和 lnc9141-b，全长分别为 657 nt 和 547 nt；它们分别从不同的转录起始位点起始转录，包含的最长的 ORF 为 138 nt，能够编码 45 个氨基酸。CPC 在线软件预测表明，lnc9141-a 和 lnc9141-b 都具有很弱的编码能力；原核表达试验发现，lnc9141-a 和 lnc9141-b 都不具有编码大分子蛋白的能力。

（3）候选 lncRNA 的表达

RT-qPCR 研究表明，lnc9141-a 和 lnc9141-b 在胎牛肌肉组织中表达量远高于在犊牛肌肉组织中的表达量，与实验室前期转录组测序结果一致；不同组织表达模式分析显示，lnc9141-a 和 lnc9141-b 在心脏和肺中表达量居高。这些结果揭示了 lnc9141-a 和 lnc9141-b 的分子特性，并为后续的功能研究奠定了基础。此外，RT-qPCR 分析还发现 lnc9141-a 与 lnc9141-b 在分化 0 天、1 天、3 天和 5 天的牛成肌细胞中的表达量呈先升高后降低的趋势，在分化 3 天时表达量最高。

(4) 定位

在核质分离之后进行表达研究,发现 lnc9141-a 与 lnc9141-b 均存在于细胞质中。

(5) 功能验证(增殖、凋亡、分化等)

为了研究 lnc9141-a 和 lnc9141-b 在牛成肌细胞中的功能,本研究成功构建了 lnc9141-a 和 lnc9141-b 的过表达载体,并根据 lnc9141-a 和 lnc9141-b 序列特征,分别设计 lnc9141-a 和 lnc9141-b 的 siRNA(siRNA-a 和 siRNA-b)。然后检测不同转录本的过表达和干扰效率,发现过表达 lnc9141-a 使其表达量上升了 10 倍以上,siRNA-a 在牛成肌细胞中可以显著降低 lnc9141-a 的表达量而不影响 lnc9141-b 的表达。同样,过表达 lnc9141-b 后,其表达量上升 10 倍以上;siRNA-b 可以显著降低 lnc9141-b 的表达量而不影响 lnc9141-a 的表达。在牛成肌细胞中,分别过表达 lnc9141-a 和 lnc9141-b 后,利用流式细胞仪和 EdU、MTT 等技术方法研究牛成肌细胞增殖情况,结果显示牛成肌细胞的增殖被抑制了;然而干扰 lnc9141-a 与 lnc9141-b 后,则促进了牛成肌细胞的增殖。分别过表达 lnc9141-a 和 lnc9141-b 后,*Cyclin D1* 的表达量下调;而转染 siRNA-a 或 siRNA-b 后,*Cyclin D1* 和 *Cyclin E* 的表达量上调。说明 lnc9141-a 与 lnc9141-b 抑制了牛成肌细胞的增殖。在牛成肌细胞中,分别过表达或干扰 lnc9141-a 和 lnc9141-b 后,利用凋亡标志基因(*Bax*、*Bcl2*、*Caspase3*)表达量检测方法和 Annexin V-FITC/PI 双染法,发现 lnc9141-b 可以调节 *Bax* 基因的表达量,但是 lnc9141-b 不影响凋亡细胞数目。检测 lnc9141-a 和 lnc9141-b 对牛成肌细胞分化相关标志基因表达量的影响,结果显示,牛成肌细胞分化不受 lnc9141-a 的调控,但过表达 lnc9141-b 会降低 *MyHC* 的表达量,提示 lnc9141-b 可能潜在地影响牛成肌细胞分化。

(6) 机制探究

基于 lnc9141 发挥的功能,本研究接下来探寻 lnc9141 启动子被调控的区域,为更深入的功能研究提供基础。根据 lnc9141 在基因组中的位置,发现 lnc9141 上游 2.0 kb 处为 *IRX5* 基因,且与 lnc9141 转录方向相反。通过在线软件预测 lnc9141 和 *IRX5* 共同启动子区 CpG 岛的位置,分别将 lnc9141 和 *IRX5* 启动子区划分为 5 个截短体区。用双萤光素酶报告基因系统检测每个截短体的荧光活性,发现 lnc9141 启动子的 –1447~–885 bp 区域为活性区域,以 lnc9141-b 第一个碱基为 lnc9141 的 +1 位置。*IRX5* 启动子区没有较强活性,在 –2042~–1703 bp 区域可能存在一些微调控 *IRX5* 转录的元件序列。lnc9141 功能作用如图 14-30 所示。

2. *IGF2* 基因来源的 lncRNA——IGF2 AS

在实验室前期牛不同发育阶段(胎牛 90 天,出生后 3~5 天和 24 月龄)骨骼肌 lncRNA 测序数据的基础上,进一步对已筛选的 401 个差异表达的 lncRNA 进行挖掘、鉴定、分析。发现在 *IGF2* 基因内含子区域存在一个反义转录本,将其命名为 IGF2 反义转录本(IGF2 antisense transcript, IGF2 AS)。利用 RT-qPCR 检测到 IGF2 AS 在骨骼肌中表达量最高;而在出生阶段和成年阶段的各组织中,IGF2 AS 在骨骼肌中的表达量都比较低。同时,将 IGF2 AS 在牛不同发育阶段骨骼肌中的表达情况做了进一步比较,发现 IGF2 AS 在胚胎期骨骼肌中的表达水平显著高于出生阶段和成年阶段,依据这些结果初步推测

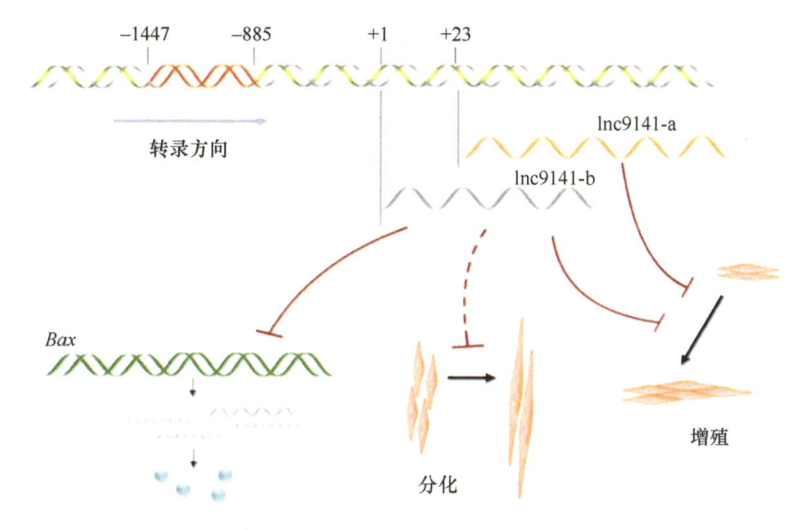

图 14-30　牛 lnc9141 功能作用

IGF2 AS 可能参与调控骨骼肌发育。RNA 核质分离和荧光原位杂交结果表明，IGF2 AS 在细胞核和细胞质中均表达。最终得出结论：①IGF2 AS 可与 *IGF2* 的 mRNA 前体序列形成互补双链结构。IGF2 AS 的异常表达能够影响 *IGF2* 不同转录本的表达和稳定性。②IGF2 AS 与 miR-221/miR-222 之间存在竞争性结合关系，可阻碍 miR-221/miR-222 对其靶基因 *MyoD* 的抑制作用，从而调控牛骨骼肌细胞分化。③RNA 拉下试验、蛋白质谱和 RNA 免疫沉淀（RIP）试验结果表明，IGF2 AS 可与蛋白质 ILF3 结合。在牛骨骼肌细胞生长和分化阶段，IGF2 AS 正调控 *ILF3* 的表达。功能研究结果揭示，干扰 *ILF3* 可抑制牛骨骼肌细胞增殖和分化，促进其凋亡（宋成创，2019）。

3. HZ5

在前期研究中通过 RNA-seq 技术，对牛骨骼肌卫星细胞成肌分化过程中差异表达的 lncRNA 进行了筛选，本研究从这些差异表达 lncRNA 出发，选取测序结果中表达丰度较高、分化前后差异倍数较大的 lncRNA——HZ5 进行成肌分化调控研究，探究 HZ5 在牛骨骼肌卫星细胞成肌分化中的作用，以便更深入地了解 lncRNA 在牛肌肉发育和肌细胞增殖、分化过程中的调控作用，为肉牛分子育种和肌损伤修复研究提供参考。HZ5 的测序长度为 4853 bp，将 HZ5 的序列在 Ensembl 数据库进行检索，发现 HZ5 位于 8 号染色体。为检验 HZ5 表达水平改变对牛骨骼肌卫星细胞成肌分化的影响，本研究将 HZ5 的干扰 RNA——siRNA-3 转染牛骨骼肌卫星细胞，对卫星细胞进行成肌分化诱导。转染了 siRNA-3 的牛骨骼肌卫星细胞经诱导分化 48 h 后，形成的肌管数量较多，并且较粗壮。免疫印迹检测表明，干扰 HZ5 表达后 MHC 的表达水平显著高于对照组。结果表明，下调 HZ5 表达能够促进牛骨骼肌卫星细胞成肌分化，说明 HZ5 可以负调控牛骨骼肌卫星细胞的成肌分化过程（丁向彬等，2017）。

此外，有研究筛选 miR-143 具有潜在靶向关系的互作 lncRNA，发现 miR-143 的种子序列与 HZ5 有 2 个结合位点。双荧光素酶试验结果表明，miR-143 对 HZ5 具有靶向调控作用，将 miR-143 模拟物、miR-143 抑制剂及阴性对照分别转染牛骨骼肌卫星细胞，结果显示在牛骨骼肌卫星细胞中 miR-143 能够调控 HZ5 的表达。进一步采用免疫印迹技术检测了 miR-143 靶基因 *IGFBP5* 的表达水平，发现干扰 HZ5 后 IGFBP5 的蛋白质水平显著上调，说明 HZ5 对 miR-143 的表达具有调控作用（王轶敏等，2019）。

4. lnc4351

陈宏课题组在前期研究中分离培养了牛骨骼肌卫星细胞并建立了体外成肌诱导分化模型，原代牛骨骼肌卫星细胞的体外成肌分化过程模拟了体内肌肉发育分化的过程，可以用来深入研究肌肉发育分化的调控机制。基于牛骨骼肌卫星细胞转录组测序结果，利用体外成肌诱导分化模型对牛肌肉发育分化相关的 lncRNA 进行鉴定与功能分析，深入揭示 lncRNA 调控肌肉发育分化中的具体功能，为牛肌肉发育分化的非编码 RNA 研究提供理论支持，进而加深对肌肉发育生长的分子遗传基础的认识，为动物肌肉生长发育研究提供参考依据。lnc4351 的测序长度为 7636 bp，在 Ensembl 数据库中检索发现 lnc4351 位于 14 号染色体，是一个未经报道的 lncRNA。通过 CPC 网站预测其编码能力，发现 lnc4351 不具有蛋白质编码潜能。lnc4351 在牛骨骼肌卫星细胞的核内均有分布，主要位于细胞核。利用 siRNA 干扰 lnc4351 培养到增殖期的牛骨骼肌卫星，发现对照组、干扰组在 4′,6-二脒基-2-苯基吲哚（DAPI）染色总数无明显差异的状态下，干扰组 EdU5-乙炔基-2′-脱氧尿苷（EdU）染色处于增殖期细胞的数量明显比对照组少，统计分析发现，干扰组 EdU 阳性细胞比率显著低于对照组（$P<0.05$），表明下调 lnc4351 表达可以显著抑制牛骨骼肌卫星细胞的增殖。采用 si-1 转染牛骨骼肌卫星细胞，干扰 lnc4351 的表达，并对卫星细胞进行成肌诱导分化，观察肌管形成状态，结果表明，lnc4351 的下调可以显著促进牛骨骼肌卫星细胞的成肌分化过程（张俊星等，2019）。

5. lnc23

本研究前期已经通过 lncRNA 高通量测序结果成功筛选并鉴定出一条在肌肉高表达且调控骨骼肌卫星细胞分化的 lncRNA，将其命名为 lnc23。为进一步探究 lnc23 在 mRNA 水平上调控牛骨骼肌卫星细胞的增殖分化机制，收集 lnc23 干扰组和对照组的牛骨骼肌卫星细胞为试验样本，通过转录组测序及生物信息学分析两样本间基因的转录差异，探究与 lnc23 存在潜在调控关系的 mRNA 及调控牛骨骼肌卫星细胞分化的潜在通路，同时对挑选基因进行实时荧光定量 PCR 的初步检测以证明测序结果的可靠性，以期为进一步探究 lnc23 的功能、挖掘与之互作的潜在基因、揭示其发挥作用的具体代谢途径和调控机制奠定基础。KEGG 分析显示，差异表达基因共涉及 190 个通路，富集显著的 20 条通路主要集中在 PI3K-AKT、P53、TNF、RIG-I 样受体、神经活性配体受体互作、细胞因子互作等信号通路上，其中包含差异表达基因个数较多的通路与细胞周期、细胞生长凋亡密切相关。提示 lnc23 发挥调控牛骨骼肌卫星细胞分化的作用可能参与或涉及以上相关代谢通路。结合课题前期质谱结果，筛选出两个与转录组测序结果表达变化一致的基因，将差异表达的基因通过 Ensembl、GeneCards 数据库分析，利用实时荧光定量 PCR 验证结果，11 个差异表达基因中有 9 个基因表达差异极显著（$P<0.01$），有 2 个基因（*SFN* 和 *MYLK2*）表达差异不显著，表明测序结果可靠，也为进一步探究 lnc23 的作

用机制提供了候选靶标（宋瑛燊等，2020）。

6. lnc0803

为了探究 lncRNA 对牛骨骼肌卫星细胞增殖及分化的影响，本试验在前期高通量测序结果的基础上，选择牛骨骼肌卫星细胞分化前后差异表达的 lnc0803，利用前期试验构建的牛骨骼肌卫星细胞体外成肌诱导分化模型，对 lnc0803 在牛骨骼肌卫星细胞成肌分化中的作用进行研究，旨在为牛肌肉发育分化的非编码 RNA 研究提供理论支持，以及为动物肌肉生长发育研究补充和增加新的基础资料。lnc0803 的测序长度为 3679 nt，Ensembl 数据库检索发现 lnc0803 位于牛 28 号染色体上，是一个未报道的 lncRNA。通过 CPC 网站预测 lnc0803 的编码能力，结果发现其不具有蛋白质编码潜能。lnc0803 在牛骨骼肌卫星细胞的细胞质和细胞核中均有分布。用 si-2 转染牛骨骼肌卫星细胞，干扰 lnc0803 的表达，表明下调 lnc0803 表达可以抑制牛骨骼肌卫星细胞的增殖。与对照组相比，干扰组牛骨骼肌卫星细胞融合形成的肌管数量明显增多，提示下调 lnc0803 表达可以促进牛骨骼肌卫星细胞的成肌分化（张俊星等，2020）。

7. H19

H19 是公认的 lncRNA，已被证明可促进人和小鼠的成肌细胞分化。本研究发现了 H19 在所有产后牛的骨骼肌中高表达。敲低 H19 严重阻碍了骨骼肌卫星细胞的分化。H19 沉默或过表达后的基因表达分析表明，其促进作用可能与 Sirt1/FoxO1 信号通路的阻断有关。揭示了 H19 在肌生成调节中的新途径。测定 1 周龄、1 月龄、6 月龄和 36 月龄公牛的各种组织中的 H19 水平，在评估的所有组织中，H19 在所有年龄段仅在骨骼肌中高表达。随着年龄的增长，H19 的表达量呈现出适度的下降趋势。牛骨骼肌卫星细胞和 C2C12 成肌细胞中 H19 RNA 的表达水平随分化时间的增加而增加。为了探索 H19 对成肌细胞分化的影响，将 pLenti-H19 干扰载体转染到卫星细胞和 C2C12 细胞中，然后诱导细胞分化。结果显示，在牛成肌细胞分化中需要高水平的 H19，并且其功能可能通过 Sirt1 和/或 FoxO1 抑制来实现。为了验证 H19 通过抑制 Sirt1 和/或 FoxO1 而在促进成肌细胞分化中的作用，将 Sirt1 或 FoxO1 表达载体与 pcDNA-H19 共转染卫星细胞和 C2C12 细胞，结果表明 Sirt1 和 FoxO1 中和了 MyoG 和 MyHC 通过 H19 的过表达而产生的效应（Xu et al.，2017）。

8. lncRNA-MEG3

长链非编码 RNA 母体表达基因 3（lncRNA-MEG3）是多种生物学功能中的重要调控因子。但是，lncRNA-MEG3 在牛生长中的功能以及对牛骨骼肌发育的调控机制尚未得到很好的研究。这项研究的目的是调查秦川牛中 lncRNA-MEG3 在组织和细胞水平上的表达谱，并探讨 lncRNA-MEG3 是否对牛原代成肌细胞的分化具有潜在的功能。结果观察到 lncRNA-MEG3 可以通过使 miR-135 海绵化而促进成肌细胞分化，并可能参与调节 *MEF2C* 的表达。这项研究提供了一种基于 lncRNA 改善肉牛生产性状的育种策略。使用 RT-qPCR，研究了秦川牛在三个不同发育时期的多个组织中 lncRNA-MEG3 的转录谱。lncRNA-MEG3 在胎儿期的骨骼肌中特别高表达，与成年牛相比，胎牛骨骼肌中的

lncRNA-MEG3 表达水平明显更高。通过定量和半定量 RT-PCR 检测 lncRNA-MEG3 的 mRNA 表达水平，结果表明，其在牛成肌细胞分化过程中越来越多地表达。通过分析 lncRNA-MEG3 在细胞内的定位，观察到 lncRNA 在细胞质中的丰度明显高于细胞核。为了进一步了解 lncRNA-MEG3 的调控机制，构建了包含启动子区域 5′单向缺失的牛 lncRNA-MEG3 启动子载体。结果表明 lncRNA-MEG3 的近端最小启动子位于–546 和–732 之间。通过过表达和 RNA 干扰（RNAi）策略调节 lncRNA-MEG3 的表达水平，结果表明，过表达 lncRNA-MEG3 后，两个标志物基因的表达显著增加，而转染 siRNA 则显著降低了这两个标志物的表达。总体而言，lncRNA-MEG3 可以特异性地促进牛成肌细胞的分化。为了探索 lncRNA-MEG3 的调控机制，进一步研究发现 lncRNA-MEG3 可能充当 miR135 的竞争性内源 RNA，从而影响目标基因 *MEF2C* 的表达（Liu et al.，2019）。

9. lncYYW

本研究对牛肌肉 RNA 进行了高通量测序，揭示了 20 735 个 lncRNA。发现 4863 个 lncRNA 在 4 种肌肉组织（背最长肌、肩胛骨肌、肋间肌和臀肌）中表达。发现在肌肉组织中高度表达的 lncYYW 促进成肌细胞增殖和分化。基于 RNA 芯片的结果和实验验证，猜想 lncYYW 通过调节 *GH1* 及其下游基因 *AKT1* 和 *PIK3CD* 的表达来影响成肌细胞的增殖。因此，lncYYW 的发现可能对牛肌肉的发育具有重要意义，并为进一步探索 lncRNA 在肌肉分化和发育过程中的分子机制提供了有力的支持。lncYYW 位于牛 5 号染色体上，序列长度为 471 bp。lncYYW 主要位于细胞核中。为了确定 lncYYW 对牛成肌细胞增殖和分化的影响，通过过表达 lncYYW 以检测其对牛成肌细胞的影响。lncYYW 的过表达增加了细胞周期中 DNA 合成（S）阶段成肌细胞的数量（Yue et al.，2017）。

10. lncMD

本研究使用 Ribo-Zero RNA-seq 系统地描述了牛骨骼肌发育过程中的 lncRNA 格局，并鉴定了 7692 个推定的 lncRNA。其中 401 个 lncRNA 在不同的发育阶段差异表达，包括 lncMD，这是一种肌肉特异性 lncRNA，通过充当 miR-125b 的 ceRNA 来促进成肌细胞分化，从而调节其靶基因 *IGF2* 的功能。lncRNA TCONS_00154844，本部分将其重命名为 lncMD（与肌肉分化有关的 lncRNA），因为它以肌肉特异性的方式表达并包含潜在的 miR-125b 结合位点。5′RACE 和 3′RACE 分析证实 lncMD 的全长是 975 个核苷酸。为确保 lncMD 不编码蛋白质，进行了体外翻译试验，未发现 lncMD 产生蛋白质的证据。与该观察结果一致，CPC 算法说明了 lncMD 具有非常低的编码潜力。先进行细胞分级分离，然后进行半定量 RT-PCR，结果表明，lncMD 转录本优先富集于细胞核中。通过过表达和 RNA 干扰（RNAi）策略调节 lncMD 表达水平，结果表明 lncMD 可以促进牛成肌细胞的分化。牛 lncMD 上 miRNA 识别序列的生物信息学分析显示，存在假定的 miR-125b 结合位点，实验验证表明 lncMD 通过结合 miR-125b 而充当了分子诱饵，从而解除了对其靶标的 miRNA 抑制活性。此外，*IGF2* 确实是牛中 miR-125b 的直接靶标（Sun et al.，2016）。

11. lnc403

为了加快与牛主要经济性状相关的 lncRNA 的鉴定和机制分析，基于内蒙古黑牛肌肉样本的 RNA 测序结果，筛选并鉴定了与牛肌肉发育相关的 lncRNA，并发现了一种可以抑制成肌细胞分化的新型 lncRNA——lnc403。深入的功能分析表明，lnc403 对成肌细胞分化的抑制作用可能与 *Myf6* 和 *KRAS* 有关。本研究揭示了 lnc403 在肌生成调控中的新途径，并为进一步了解 lncRNA 在肌肉发育中的调控机制提供了更多信息，这将为牛遗传改良提供必要的理论基础。使用 NCBI 数据库和 Ensembl 基因组数据库进行的序列比对分析显示，lnc403 位于牛 5 号染色体 *myf6* 基因上游约 18 kb 处。lnc403 的长度为 2689 bp，CPC 分析表明 lnc403 具有非常低的编码潜能。亚细胞定位显示 lnc403 主要在成肌细胞和肌管的细胞核中表达。为了检测 lnc403 对心肌细胞增殖的影响，通过过表达和 RNA 干扰（RNAi）策略构建了 lnc403 的功能获得和丧失细胞系统。从 EdU 阳性率可以看出，lnc403 的干扰和过表达均会引起牛卫星细胞增殖的显著变化（$P>0.05$）。使用相同的策略来探索 lnc403 在成肌分化中的作用，结果表明，lnc403 的下调极显著抑制了牛骨骼肌的肌源性分化（$P<0.01$）（Zhang et al.，2020）。

12. lnc133b

为了鉴定和验证新的与肌肉相关的 lncRNA，分析了来自牛骨骼肌组织的高通量测序数据。结果发现 lnc133b 具有与成熟 miR-133b 完全互补的序列。此外，lnc133b 和 miR-133b 的相互作用可能潜在地影响肌发生。高通量测序数据显示 lnc133b 具有 2729 个碱基对，位于牛的 23 号染色体上。CPC 的预测表明，lnc133b 的编码潜力非常低。lnc133b 的表达在成肌过程中逐渐增加。细胞分离和 RT-qPCR 结果显示，lnc133b 主要在细胞核中表达。为了确认 lnc133b 对骨骼肌卫星细胞增殖和分化的影响，进行了 lnc133b 功能增/减实验。lnc133b 在功能获得或功能丧失的条件下均能促进卫星细胞的增殖并抑制其分化。为了确定假定的结合位点是否具有功能，进行了萤光素酶报告基因检测。结果表明 lnc133b 通过与 miR-133b 互补的区域相互作用。*IGF1R* 是 miR-133b 的靶标，参与牛肌肉的肌生成。lnc133b、miR-133b 和 IGF1R 之间的强相关性表明，lnc133b/miR-133b/IGF1R 轴是通过 ceRNA 机制促进骨骼肌卫星细胞增殖并抑制其分化的潜在调控途径（Jin et al.，2017）。

13. lncKBTBD10

对 3 月龄、6 月龄和 9 月龄新生牛犊进行了骨骼肌 RNA 的高通量测序，发现一种新的 lncRNA——lncKBTBD10，其位于细胞核内，并在牛骨骼肌卫星细胞的增殖和分化中发挥了重要作用。随着卫星细胞的增殖和分化，无论是敲除还是过表达的 lncKBTBD10 都受到抑制，KBTBD10 蛋白水平在扩增培养基（DM2）中诱导分化 2 天后降低。因此，本研究阐明了 lncKBTBD10 诱导了 KBTBD10 蛋白的减少并进一步影响了牛骨骼肌的肌发生。综上所述，本研究鉴定出 lncKBTBD10 可能为参与牛骨骼肌肌发生的 lncRNA 提供参考。一种新的 lncRNA（TCONS_00230957）被命名为 lncKBTBD10，其具有 2380 nt 并且与 *KBTBD10* 基因相邻，位于牛的 2 号染色体上，

与 *FASTKD1* 的 5′端相距 361 bp。CPC 预测表明 lncKBTBD10 具有一个小的开放阅读框和低编码潜力。其转录本在牛骨骼肌细胞增殖和分化过程中均优先位于细胞核中。为了揭示 lncKBTBD10 的功能，进行了敲除和过表达实验，以阐明其在牛骨骼肌卫星细胞增殖中的作用。结果表明，lncKBTBD10 在生长介质（GM）中的表达水平显著升高和降低。同时检测增殖相关标记 Pax7、MyoD 和 Cyclin D2，以评估细胞增殖是否受到影响。此外，lncKBTBD10 的过表达实验表明，MyoG 和 MHC 在 mRNA 和蛋白质水平上也均被下调，表明 lncKBTBD10 在牛成肌细胞的分化中起作用并参与肌生成。lncKBTBD10 表达的改变介导了 KBTBD10 蛋白的减少，并进一步影响牛骨骼肌肌生成（Chen et al.，2019）。

14. MDNCR

在本研究中，使用 Ribo-Zero RNA-seq 方法分析了秦川牛整个转录组中胎牛和成年牛的背最长肌。进一步分析了一个丰富的特定于肌肉的 lncRNA，称为肌肉分化相关的 lncRNA——MDNCR，其作为 miR-133a 的 ceRNA 发挥作用，并促进成肌细胞分化，从而促进其靶基因 *GosB* 的表达。本研究将广泛有益于中国肉牛育种的改进，并提供新的理论基础，描述了秦川牛优质肉的遗传机制。MDNCR 的全长为 1974 nt。为了评估 MDNCR 对成肌细胞分化的影响，进行实验分析，结果证明 MDNCR 通过结合 miR-133a 促进肌发生。为了揭示 MDNCR 在牛成肌细胞增殖中的作用，使用了 CCK-8、EdU、RT-qPCR 和蛋白质印迹法分析，发现 MDNCR 通过使 miR-133a 海绵化来抑制细胞增殖，MDNCR 可以使 miR-133a 海绵化，从而逆转 Rluc 活性。这些发现共同表明，MDNCR 充当诱饵来减轻 miR-133a 对 *GosB* 的抑制作用，MDNCR 结合的 miR-133a 通过靶向牛原代成肌细胞中的 *GosB* 来促进成肌细胞分化和凋亡（Li et al.，2018b）。

（三）与泌乳相关的 lncRNA

1. H19

在各种细胞类型中都观察到了 H19 对细胞增殖的功能，并且在脂多糖（LPS）诱导的炎性牛乳腺上皮细胞（MAC-T）中也发现了 H19 的表达增加。然而，目前尚不清楚 H19 在牛乳腺上皮细胞炎症反应和生理功能中的作用。本研究发现，H19 在 MAC-T 细胞中的过表达显著促进了细胞增殖，增加了 β-酪蛋白的 mRNA 和蛋白质水平，并增强了紧密连接（TJ）相关蛋白的表达，同时抑制了葡萄球菌之间的黏附作用。此外，结果还表明，H19 的过表达通过促进炎症因子，包括 TNF-α、IL-6、CXCL2 和 CCL5 的表达并激活 NF-κB 信号通路来影响 LPS 诱导的 MAC-T 细胞的免疫反应。研究结果表明，H19 可能发挥重要的作用，维持 MAC-T 细胞正常功能，并调节牛乳腺上皮细胞的免疫反应（Li et al.，2019b）。

2. NONBTAT017009.2

之前的转录组测序结果表明，NONBTAT017009.2 在奶牛干乳期的表达量明显高于泌乳期，并且可能与 miR-21-3p 相关。因此，本研究进一步探讨了 NONBTAT017009.2

与 miR-21-3p 之间的相互作用。NONBTAT017009.2 是长度为 822 nt 的非编码转录本，位于 *CDK1*（*NON-CODEv5*）的下游，其中包含 miR-21-3p 的 3 个种子区结合位点。通过靶向 *IGFBP5* 基因，miR-21-3p 促进了 BMEC 的增殖。较长的非编码转录本 NONBTAT017009.2 可以与 miR-21-3p 相互作用，并作为 ceRNA 上调 *IGFBP5* 的表达（Zhang et al.，2019b）。

3. XIST

许多研究已经阐明了 lncRNA 与多种哺乳动物疾病之间的相关性，但对牛乳房炎相关 lncRNA 的认识仍然有限。本研究旨在调查 lncRNA X 失活特异性转录本（XIST）在牛乳腺上皮细胞炎症反应中的潜在作用。用大肠杆菌（*Escherichia coli*）和金黄色葡萄球菌（*Staphylococcus aureus*）感染细胞，建立了两种炎性牛乳腺上皮细胞（MAC-T）模型。siRNA 敲除 XIST 后，测量促炎性细胞因子的表达，并评估炎性细胞的增殖、活力和凋亡。使用 NF-κB 信号通路的抑制剂研究了 XIST、NF-κB 通路与 NOD 样受体蛋白 3（NLRP3）炎性小体之间的关系。结果表明，XIST 的表达在牛乳腺组织和炎性 MAC-T 细胞中异常增加。XIST 的沉默显著增加了大肠杆菌或金黄色葡萄球菌诱导的促炎性细胞因子的表达。此外，在炎症条件下，XIST 的敲低还可以抑制细胞增殖、抑制细胞活力并促进细胞凋亡。XIST 还抑制了大肠杆菌或金黄色葡萄球菌诱导的 NF-κB 磷酸化和 NLRP3 炎性小体的产生。结论：被激活的 NF-κB 通路促进 XIST 的表达，进而 XIST 产生了一个负反馈回路，以调节 NF-κB/NLRP3 炎性小体通路来介导炎症过程（Ma et al.，2019）。

（四）其他组织的 lncRNA

1. lncH19

lncH19 和 IGF1 之间存在密切关系，但人们对 lncH19 通过 IGF1 信号通路影响牛雄性生殖干细胞（mGSC）增殖和凋亡的机制了解甚少。本研究分析了牛和小鼠组织中的 lncH19 表达谱，与其他牛组织相比，lncH19 在睾丸中的表达水平最高，lncH19 在小鼠睾丸中也具有丰富的表达。此外，还研究了 lncH19 是否可以调节 IGF1 途径。结果表明，IGF1 可以激活 AKT 和 ERK 信号通路，而 IGF1 通路在调节牛 mGSC 的增殖和凋亡中起着重要作用。lncH19 可以调节 IGF1 信号通路，从而调节 mGSC 的增殖和凋亡。当通过注射含病毒的上清液干扰 lncH19 时，生精小管中的细胞数量减少。因此，lncH19 通过 IGF1 信号通路参与了 mGSC 增殖和凋亡的调控。总而言之，当 lncH19 受到 siRNA 干扰时，IGF1R 的表达水平降低，并且 PI3K AKT 和 ERK 途径受到抑制，mGSC 的增殖减少了（Lei et al.，2018）。

2. lnc24062 和 lnc24063

为了鉴别牛 DLK1-DIO3 印记区域内的新印记 lncRNA，本研究选取位于 *Meg8* 与 *Meg9* 基因间的 2 组表达序列标签（EST），通过 RT-qPCR 克隆序列并进行分析，结果发现其具有 lncRNA 的特征，命名为 lnc24062 和 lnc24063。分析 lnc24062 和 lnc24063 在牛 8 个组织（心脏、肝、脾、肺、肾、骨骼肌、皮下脂肪和大脑）中的表达，发现 2 个 lncRNA 在被检测的组织中均表达。利用基于单核苷酸多态性（SNP）位点的直接测序法，通过比较杂合子牛中 SNP 位点处基因组 PCR 扩增产物与 RT-PCR 扩增产物的测序峰图分析 lnc24062 和 lnc24063 的印记状态，发现 lnc24062 和 lnc24063 在牛被检测组织中均为单等位基因表达，说明 lnc24062 和 lnc24063 在牛中是印记的（杨文志等，2016）。

3. lnc24065

为揭示 DLK1-DIO3 印记区域内一个新的 lncRNA——lnc24065 在自然繁殖（natural reproduction，NR）牛与体细胞核移植（somatic cell nuclear transfer，SCNT）牛中的组织表达与印记状态，并为进一步了解 DLK1-DIO3 印记区域在供体核重编程中的作用提供一定的理论基础，本研究以自然繁殖牛的大脑组织为试验材料，利用 RACE 和 RT-PCR 技术，在牛的 DLK1-DIO3 印记区域内鉴定了一个新的 lncRNA，命名为 lnc24065。用基于 SNP 的 RT-PCR 产物直接测序方法分析 lnc24065 在自然繁殖牛和体细胞核移植牛组织中的表达及印记状态。序列分析发现，lnc24065 编码 6 个可变剪接体，并在自然繁殖牛被检测的 7 个组织中都表达，而在体细胞核移植牛组织中没有检测到可变剪接体 lnc24065-V3，且其他 5 个剪接体呈现组织特异性表达。印记状态分析发现，lnc24065 在自然繁殖牛和体细胞核移植牛的 7 个组织中均为单等位基因表达，但在体细胞核移植牛的大脑组织中出现了与其他组织亲本来源不同的单等位基因表达。研究结果说明，lnc24065 在体细胞核移植牛的大脑中出现了印记紊乱，并且剪接体在组织中的表达也发生了改变。以上研究结果说明 lnc24065 与体细胞核移植牛的发育异常有关（张萃等，2019）。

目前，在牛肌肉发育与脂肪沉积以及泌乳生理过程等方面进行了大量 lncRNA 功能研究。根据现在研究进展，归纳了 lncRNA 功能，如表 14-10 所示。

lncRNA 在脂肪沉积和肌肉发育等方面都具有重要作用。在牛骨骼肌发育、脂肪沉积等过程中，lncRNA 作为调控者，参与复杂的调控网络。因为 lncRNA 具有时空表达特异性，所以在动物不同的发育阶段筛选不同的 lncRNA 具有重要意义。随着高通量分

表 14-10　目前已报道的牛 lncRNA 相关研究统计表（肌肉相关研究）

样品种类	样品来源	测序获得 lncRNA 数量	RT-qPCR 验证的 lncRNA 数量	机制研究的 lncRNA	参考文献
牛骨骼肌细胞	秦川牛不同发育阶段（胚胎期 90 天，出生后 3~5 天以及 24 月龄的成年牛）的骨骼肌组织	401 个	1 个	IGF2 AS	宋成创，2019
牛骨骼肌卫星细胞	5 月龄牛胎牛的后肢肌肉	—	1 个	HZ5	丁向彬等，2017
牛骨骼肌卫星细胞	原代牛骨骼肌卫星细胞	—	1 个	lnc4351	张俊星等，2019
牛骨骼肌卫星细胞	原代牛骨骼肌卫星细胞	19 358 个	1 个	lnc23	宋瑛燊等，2020
牛骨骼肌卫星细胞	原代牛骨骼肌卫星细胞	—	1 个	lnc0803	张俊星等，2020
牛骨骼肌卫星细胞	牛未分化骨骼肌卫星细胞和分化后肌管	—	1 个	HZ5	王轶敏等，2019

续表

样品种类	样品来源	测序获得 lncRNA 数量	RT-qPCR 验证的 lncRNA 数量	机制研究的 lncRNA	参考文献
牛原代成肌细胞	胚胎、小牛和成年牛骨骼肌	—	2 个	lnc9141-a、lnc9141-b	Zhang et al.，2019a
牛骨骼肌卫星细胞	1 周龄、1 月龄、6 月龄和 36 月龄的公牛骨骼肌	—	1 个	H19	Xu et al.，2017
牛原代成肌细胞	秦川牛不同发育阶段（胚胎期 90 天，出生后 3～5 天以及 24 月龄的成年牛）的骨骼肌	—	1 个	lncRNA-MEG3	Liu et al.，2019
牛成肌细胞	牛背最长肌、肩胛骨肌、肋间肌和臀肌	20 735 个	1 个	lncYYW	Yue et al.，2017
牛成肌细胞	原代牛成肌细胞	7692 个	1 个	lncMD	Sun et al.，2016
牛成肌细胞	内蒙古黑牛 3 个月大的胚胎、6 个月大的胚胎、新生小牛肌肉样本	—	3 个	lnc403、lnc405 和 lnc414	Zhang et al.，2020
牛骨骼肌卫星细胞	牛骨骼肌卫星细胞 GM（增殖期）、DM1（诱导分化第一天）、DM2（诱导分化第二天）和 DM3（诱导分化第三天）时期	—	1 个	lnc133b	Jin et al.，2017
牛骨骼肌卫星细胞	3 个月大的胚胎、6 个月大的胚胎、新生小牛肌肉样本	—	1 个	lncKBTBD10	Chen et al.，2019
牛骨骼肌卫星细胞	秦川牛不同发育阶段（胚胎期 90 天，出生后 3～5 天以及 24 月龄的成年牛）的骨骼肌	13 580 个	1 个	MDNCR	Li et al.，2018b

子检测手段的出现以及生物信息学分析方法的发展，未来的研究将继续深入探究 lncRNA 作为一种生物标记应用于实际生产。此外，关于 lncRNA 功能和机制的研究也会越来越多元化。相信在不久之后，以 lncRNA 为切入点研究动物脂肪、肌肉和乳腺等组织器官的研究成果会不断涌出，这些研究成果不仅有助于疾病治疗，还可为家畜品种选育提供先进的理论。

第三节　circRNA 组学研究

本节将对中国黄牛 circRNA 的发现、特征、功能机制、研究方法等进行介绍。

一、circRNA 概述

circRNA 是一类具有环形结构的 RNA 分子，circRNA 的发现为人类和动物的基因调控的分子机制研究掀开了新的一页，为整个生命活动的探索提供了新的视角。

（一）circRNA 的发现

1976 年，Sanger 和 Kolakofsky 等首次观察到 circRNA 的存在，轰动了学术界。Sanger 等在对番茄和菊三七属植物的类病毒进行研究的时候，利用超速离心、热变性、电子显微镜和末端分析技术发现一些类病毒是共价闭合的环状 RNA 分子。同年，Kolakofsky

（1976）利用仙台病毒感染细胞后从细胞中分离出末端互补的环状 RNA 分子；1979 年 Hsu 和 Coca-Prados 等在 HeLa 细胞的细胞质中鉴定到环状 RNA 的存在，从而将环状 RNA 的研究由病毒延伸到动物细胞层面。之后，研究人员又在酵母线粒体中发现环状 RNA 的存在（Arnberg et al.，1980；Matsumoto et al.，1990）。

1991 年，Nigro 等在对人类细胞中结肠癌缺失基因（deleted in colorectal carcinoma，DCC）转录本的研究时发现了由基因产生的内源性环状 RNA（Nigro et al.，1991）。他们发现外显子没有按照 5′端到 3′端的顺序进行拼接，而是 5′端被拼接到 3′端的下游。尽管拼接顺序发生了改变，但是外显子仍然是完整的，并且使用了原来的剪接供体和受体位点。这种排列被称为"外显子改组（exon shuffling）"。这种发生重排的转录本在啮齿动物和人类来源的各种正常细胞和肿瘤细胞中表达水平相对较低，主要来源于胞浆 RNA 的非聚腺苷酸成分。Nigro 等（1991）推测这种产物可能来自分子内剪接，从而产生外显子环状 RNA。基因中预期下游外显子的 3′尾与通常位于上游的 5′头相连的位点被称为"反向剪接"位点。1992 年，Cocquerelle 等鉴定到一个新的人 est-1 基因转录本，该转录本外显子的正常顺序被打乱。通过 PCR 和核糖核酸酶（RNase）保护试验发现，est-1 位点成环不是基因组重排的结果，也不是由 est-1 伪基因转录导致的，这些结果证明观察到的反向剪接是真实存在的（Cocquerelle et al.，1992）。但鉴于当时生物技术的局限性和环状 RNA 结构的特殊性，大部分人认为环状 RNA 是剪接错误或者是剪接过程中形成的副产物。在随后近 20 年中，也仅有为数不多的环状 RNA 被鉴定出源自不同的基因，如小鼠 SRY 基因、大鼠细胞色素 P450 2C24（cytochrome P450 2C24）基因、人细胞色素 P450（cytochrome P450）编码基因、大鼠雄激素结合蛋白（androgen-binding protein，ABP）编码基因、人抗肌萎缩蛋白（dystrophin）编码基因和人 INK4/ARF 基因等。近年来，高通量测序技术和生物信息学分析技术的迅速发展，为 circRNA 的研究提供了契机。2012 年，Salzman 等对人的细胞进行深度测序发现，大多数的人 pre-mRNA 被剪接成线性分子，保留了外显子的正常顺序。同时有数百个基因转录产生的外显子以非标准的顺序进行排列，形成环状 RNA 亚型，这是人类细胞基因表达程序的一个普遍特征。Salzman 等的研究使人们进一步认识了 circRNA 这一"暗物质"，至此，circRNA 的研究才正式进入人们的视野并受到极大的关注。

（二）circRNA 的定义

circRNA 是一类经 pre-mRNA 反向剪接后、由 3′端和 5′端共价结合形成的环状 RNA 分子。最初 circRNA 被发现的时候，由于大量研究表明 circRNA 没有被翻译，因此，研究人员将 circRNA 归为 ncRNA。但是随着对 circRNA 研究的深入，将其归为 ncRNA 还有待商榷。因为有的 circRNA 含有内部核糖体进入位点（internal ribosome entry site，IRES）和完整的开放阅读框（ORF），有翻译的潜能，可以编码小肽。

（三）circRNA 的特征

circRNA 是一类古老的、在真核生物基因中保守的分子。迄今为止，研究人员已经在多种生物细胞和组织中鉴定到 circRNA 的存在，有超过 10%的表达基因可以通过可变剪接产生circRNA（Kelly et al., 2015）。根据circRNA的定义、来源、作用机制等将circRNA的特征归纳如下。

1. 形态

circRNA 是不具有 5′端帽子和 3′端 poly(A)尾巴、以共价键形成的环状 RNA 分子。由于 circRNA 分子呈闭合环状结构，不易被核酸外切酶 RNase R 降解，因此比线性 RNA 更稳定。

2. 编码能力

大部分 circRNA 为 ncRNA，部分 circRNA 含有内部核糖体进入位点和完整的开放阅读框，可以编码功能蛋白质或者小肽。

3. 来源

大多数 circRNA 来源于外显子，由一个或多个外显子构成，少部分由内含子直接环化形成，还有的同时含有外显子和内含子。大多数人类的 circRNA 包含多个外显子，通常为 2 个或 3 个。在人类细胞中，单外显子形成的 circRNA 长度中位数为 353 nt，多外显子的 circRNA 每个外显子的长度中位数为 112~130 nt。外显子的环化已经在哺乳动物的许多基因位点得到确认。外显子的环化依赖于侧面的内含子互补序列。外显子的环化效率可以通过两翼反向重复 Alu 配对竞争来调节，两翼反向重复 Alu 配对竞争会导致一个基因可以产生多个 circRNA（Zhang et al., 2014）。由于有的 circRNA 与 mRNA 来源于同一基因，circRNA 可以被视为一种特殊的 RNA 可变剪接产物，绝大部分的 circRNA 与 mRNA 使用相同的拼接位点和剪接机制，因此环化过程与 mRNA 剪接可能存在剪接因子等的竞争（Khan et al., 2016）。

4. 定位

circRNA 是一类内源性的 RNA 分子，主要存在于细胞质中，在细胞核和外泌体中也有少量分布。

5. 表达

circRNA 广泛存在于病毒和真核生物细胞内，它的表达具有一定的组织、发育阶段特异性，表达水平也会随着机体状态的改变而发生改变（如正常组织和疾病组织的 circRNA 表达会存在差异）。circRNA 表达水平差异较大，目前鉴定到的多数 circRNA 的表达水平均较低，但有的 circRNA 的表达水平会超过同一基因线性异构体的表达水平。大多数 circRNA 的半衰期超过 48 h，而线性 RNA 的平均半衰期只有约 10 h，大部分 circRNA 在血清外泌体中的半衰期小于 15 s。

6. 保守性

外显子来源的 circRNA 具有高度的序列保守性，基因间区和内含子来源的 circRNA 保守性相对较低。

7. 功能

部分 circRNA 分子含有 miRNA 应答元件（miRNA response element，MRE），可充当竞争性内源 RNA（competing endogenous RNA，ceRNA），与 miRNA 结合，在细胞中起到 miRNA 海绵的作用，进而解除 miRNA 对其靶基因的抑制作用，上调靶基因的表达水平。细胞质中的 circRNA 主要通过 ceRNA 机制发挥作用。由于 circRNA 在形成的时候也需要剪接因子，因此 circRNA 会通过竞争剪接因子来影响目的基因的表达。由于部分 circRNA 可以编码小肽段，因此 circRNA 可以通过小肽发挥功能。circRNA 可以在转录或转录后水平发挥调控作用。

（四）circRNA 的形成机制

通常情况下，DNA 在转录产生 RNA 的过程中会将内含子去除，外显子按照在 DNA 中的排列顺序依次连接，形成一条线性单链 RNA。与线性 RNA 不同，circRNA 是由外显子和内含子通过"反向剪接"形成的环状单链 RNA 分子。"反向剪接"是指在 pre-mRNA 分子中，位于下游的某一外显子或内含子的 3′尾端位点连接到某一上游的外显子或内含子 5′端头部位点。

目前发现的 circRNA 根据来源可分为 3 类：外显子来源的 circRNA（exonic circRNA）、内含子来源的 circRNA（intronic circRNA，ciRNA），以及由外显子和内含子共同组成的 circRNA（exon-intron circRNA，EIciRNA）。关于这 3 类 circRNA 的生成机制，科学家们共提出了 6 种模型，其中有 3 种是关于 exonic circRNA 和 EIciRNA 的反向剪接推测模型，还有 3 种是关于 circRNA 的剪接机制。

1）内含子配对驱动的环化。位于外显子侧翼的内含子之间存在互补序列，其可直接通过碱基配对来驱动环化，当两个以上的外显子参与环化时，它们之间的内含子有可能被保留，最终形成既有外显子又有内含子的 circRNA。

2）RNA 结合蛋白（RBP）配对驱动的环化。结合到外显子侧翼内含子上的 RBP 之间发生相互作用，最终驱动首尾连接环化产生 exonic circRNA 或 EIciRNA。

3）外显子跳读（exon skipping）+套索（intra-lariat）驱动的环化。前体 RNA 部分折叠，使线性序列上本不相邻的两个外显子相互靠近，上游外显子的 3′端剪接配体与下游外显子的 5′端剪接受体跳过中间外显子和内含子，发生共价结合，形成一个包含中间外显子及内含子的套索结构，进一步环化产生 circRNA。

4）内含子介导的 circRNA 形成。内含子介导形成环状圈需要内含子 3′端外显子的释放，内含子 3′端的 2′-OH 基团攻击内含子 5′端碱基位点，伴随着 2′,5′-磷酸二酯键形成，产生一个环状 RNA。

5）内含子参与常规剪接。结合在内含子 5′端的一个外源鸟苷（exoG）作为亲核体攻击内含子 3′端剪接位点。①酯基转移作用，内含子 5′端外显子被剪切掉，exoG 连接到内含子 5′端。②内含子 5′端和外显子 3′端的 3′-OH 基团攻击内含子 3′端剪接位点，顺序连接的外显子和 1 个带有 exoG 的线性内含子被释放出来。③线性内含子通过末端鸟苷（ωG）的 2′-OH 基团亲核攻击靠近内含子 3′端的磷酸二酯键，环化成 circRNA，同时释放出一个短的 3′端尾巴。值得注意的是，在这种情况下，内含子通过 2′,5′-磷酸二酯键闭合成环。除此之外，在前体 RNA 剪接过程中，部分内含子的 5′端和 3′端还会通过 2′,5′-磷酸二酯键形成套索结构，虽然大部分索套结构都会发生脱酚反应进而被降解掉，但有一部分套索结构因为含有特殊序列而不会被脱支酶（debranching enzyme，DBE）降解掉，形成 circRNA。这类内含子在 3′SS 端的分支位点 BP 附近含有 11 nt C 富集序列，在 5′SS 附近含有 7 nt GU 富集序列，这些序列形成的特殊结构会阻止脱支酶与之结合，使其不能被核酸酶降解。

6）3′端外显子水解后，可以使 ωG 直接亲核攻击 5′端碱基位点。研究发现，circRNA 的反向剪接与线性 RNA 的转录和 circRNA 自身的转录是同时进行的。circRNA 的转录也需要 RNA 聚合酶 II（Pol II）和剪接因子的参与，因此 circRNA 的反向剪接过程也会受到剪接因子和 RNA 聚合酶的调控。但具体是什么因素决定一个基因转录产生更多 circRNA 还是更多 mRNA 仍然是一个谜。在多细胞动物的细胞中，tRNA 前体在剪接的过程中也能形成 circRNA，将这些来源于 tRNA 内含子的 circRNA 命名为 tricRNA（tRNA intronic circRNA）。目前对于 circRNA 生成机制的研究还在不断完善。

（五）circRNA 的作用机制

虽然 circRNA 的表达量普遍较低，但综合研究揭示，至少有一些 circRNA 通过在分子水平上不同的作用方式在生理和病理条件下发挥着潜在的调控作用。目前 circRNA 的作用机制主要包括以下 7 个方面。

1. circRNA 的加工影响其线性同源基因的拼接

对 circRNA 的基因组定位发现，大多数 circRNA 来自蛋白编码基因的外显子和内含子，少数 circRNA 来源于基因间区。蛋白编码基因来源的 circRNA 的处理可以影响其前体转录本的剪接，与线性 mRNA 竞争性剪接，导致含有外显子的线性 mRNA 水平较低，基因表达水平改变。一般来说，外显子循环越多，在加工的 mRNA 中出现的就越少。然而，并不是所有跳过的外显子都能产生 circRNA，这表明额外的调控因子可能会影响外显子环化或外显子在线性异构体中的跳过。确定在内源条件下外显子环化与外显子跳读剪接相关的程度，以及这样的事件是否会导致可观察到的生物效应将是很有意义的。

2. 核内滞留的 circRNA 可以调节转录和剪接

circRNA 定位研究发现，大多数 circRNA 位于细胞质中，少数 circRNA 位于细胞核中。保留在细胞核中的 circRNA 被发现参与转录调控。敲低外显子-内含子 circRNA（EIciRNA）可能会减少其亲本基因的转录。EIciRNA 可以与 U1snRNP（U1 核小核糖核蛋白）相互作用，EIciRNA-U1snRNP 复合物与 Pol II 在 EIciRNA 亲本基因的启动子上相互作用，促进基因表达（Li et al., 2015）。阻断这种 RNA-RNA 相互作用会削弱 EIciRNA 与 Pol II 的相互作用，从而减少 EIciRNA 亲本基因的转录（Li et al., 2015）。更多的核保留的 circRNA 是否能以类似的方式发挥作用还有待探索。

核保留的 circRNA 还可以通过形成 RNA-DNA 复合物调节同源基因的转录。CircSEP3 是一种来自拟南芥 *SEPALLATA3*（*SEP3*）基因外显子 6 的核保留的 circRNA。CircSEP3 与其同源 DNA 位点结合较强，形成 RNA:DNA 杂交体，而具有相同序列的线性 RNA 与 DNA 结合较弱。推测，这种 circRNA:DNA 杂交体的形成导致转录暂停，并导致具有外显子跳读的选择性剪接 *SEP3* mRNA 的形成。这些研究共同表明，一些核定位的环状 RNA 可以在转录和剪接水平上调节基因表达（Conn et al., 2017）。

3. circRNA 可以充当 miRNA 海绵

细胞质中的 circRNA 主要作为竞争性内源 RNA（ceRNA），通过吸附 miRNA 分子进而释放 miRNA 对靶基因的抑制来发挥作用。最近的研究表明，几个表达丰富的 circRNA 可以作为 miRNA 海绵发挥功能。

CDR1as 是哺乳动物大脑中的一个单外显子，是一种高度保守的 circRNA，包含 60 多个 miR-7 结合位点。CDR1as 的表达减少导致含有 miR-7 结合位点的 mRNA 的表达减少，这表明 CDR1as 通过调节 miR-7 而参与基因表达调控（Memczak et al., 2013）。除此之外，还有很多 circRNA 被发现可以通过调节 miRNA 的活性参与生物过程的调控，如 circSRY 和 miR-13、CircBIRC6 和 miR-34a/miR-145。但应该注意的是，大多数 circRNA 在哺乳动物中的表达水平很低，而且它们很少包含同一 miRNA 的多个结合位点，因此，许多 circRNA 可能并不会通过 miRNA 海绵发挥作用。

4. circRNA 可通过与蛋白质互作发挥作用

circRNA 可以与不同的蛋白质相互作用，形成特定的 circRNP，从而影响相关蛋白质的作用方式。多功能蛋白 MBL（甘露聚糖凝集素）可以促进由同一基因位点产生的 circMbl 的生物发生；MBL 也被发现与 circMb1 相关。因此，推测在 MBL 和 circMb1 生产之间存在反馈环路。当蛋白质过量时，MBL 会通过促进 circMbl 的产生来减少自己 mRNA 的产生。然后，这种 circRNA 可以通过与 MBL 结合来吸收多余的 MBL（Ashwal-Fluss et al., 2014）。在哺乳动物心脏高表达的 circFOXO3 中也观察到了这样的作用模式，circFOXO3 可以通过增强与抗衰老蛋白 ID-1、转录因子 E2F1 以及抗应激蛋白 FAK 和 HIF-1a 的相互作用来促进心脏衰老（Du et al., 2017）。尽管有这些有趣的发现，但一个普遍且尚未回答的问题是，低表达的 circRNA 能在多大程度上对其隔离或结合的蛋白质进行可检测的调节。

5. circRNA 可翻译

通过反向剪接产生的绝大多数 circRNA 主要位于细胞质中，这让研究人员开始考虑，它们是否可翻译。线性 mRNA 翻译通常需要一个 5'端 7-甲基鸟苷（M^{7}G）帽结构和一个 3'端 poly(A)尾巴。由于 circRNA 既没有帽，也没有 poly(A)尾巴，因此 circRNA 的翻译应该以帽不依赖的方式进行。实现 circRNA 翻译的一种方法是通过内部核糖体进入位点（IRES）来促进起始因子或核糖体与可翻译的 circRNA 直接结合。有研究表明，一小部分内源性 circRNA 可翻译蛋白质或者小肽。

人类 circZNF609 在肌肉分化过程中受到调控，并且在控制成肌细胞增殖中发挥作用。该 circRNA 编码一种蛋白质，但其功能尚不清楚（Legnini et al.，2017）。此外，苍蝇头部的核糖体足迹显示，一组 circRNA 与翻译核糖体有关，并且 circMb1 能够产生一种蛋白质（Pamudurti et al.，2018）。有的核糖体相关的 circRNA 与其宿主 mRNA 使用相同的起始密码子，这增加了这样的 circRNA 衍生的多肽可能具有类似功能或作为其 mRNA 编码蛋白的显性负竞争对手的可能性。除了 IRES，m^6A 修饰也可以驱动 circRNA 翻译。m^6A 修饰促进了来自报告基因和内源位点的 circRNA 翻译（Yang et al.，2017）。

尽管 circRNA 编码肽的功能尚不清楚，但在应激条件下，circRNA 在细胞内的翻译发生了变化。例如，细胞饥饿导致 circMb1 翻译增加（Pamudurti et al.，2018），热休克促进了含有 M^6A 的 circRNA 质粒中 *GFP* 翻译（Yang et al.，2017）。这些观察结果表明，帽非依赖性 circRNA 翻译可能在胁迫条件下发挥作用。然而，由于只有一小部分 circRNA 与多聚体相关，并且以帽不依赖的方式的启动效率很低，因此从 circRNA 翻译的产物可能是有限的。

6. 来源于 circRNA 的假基因

假基因通常是通过将反转录（线性）mRNA 整合到宿主基因组中而产生的。据估计，数千个近全长的加工假基因是由位于人类和小鼠约 10%的已知基因位点上的 mRNA 产生的。通过检索存在于小鼠和人类参考基因组中的非共线反向剪接连接序列，已经鉴定了数十个 circRNA 衍生的假基因（Dong et al.，2016）。其中，在不同品系的小鼠中发现了数十个由 circRFWD2 衍生的假基因。其侧翼区域长末端重复序列（LTRS）反转录转座子序列的高密度表明，circRFWD2 的反转录转座加工与 LTRS 有关。有趣的是，插入反转录转座子的 circRNA 可能会潜在地破坏宿主基因组的完整性。例如，在几个小鼠细胞系中，circSATB1 衍生的假基因位点与 CCCTC 结合因子（CTCF）和/或 Rad21 结合位点重叠。这种 CTCF 结合在 circSATB1 衍生的假基因区域中特异，但在其原始 SATB1 区域中不特异（Dong et al.，2016）。目前关于 circRNA 反转录转座的分子机制尚不清楚。

7. 循环 circRNA 生物标志物

固有的环状特征使 circRNA 在细胞内和细胞外如血浆和唾液中都异常稳定。据报道，circRNA 还被外泌体从细胞体转运到细胞外液（Li et al.，2015）。虽然不确定 circRNA 是否可以调节远距离组织和细胞的基因表达，而不是在它们产生的地方，但是循环 circRNA 的存在表明，与疾病相关的 circRNA 是有希望的诊断生物标志物。

（六）circRNA 的研究思路——对性状的调控作用

到目前为止，circRNA 的功能含义还只被初步探索，部分原因是用于研究它们的工具的局限性。由于单个 circRNA 的序列与从相同的前体 mRNA 加工而来的同源线性 RNA 亚型完全重叠，剖析 circRNA 的功能意义一直是一个挑战。将 circRNA 从其驻留基因转化为可观察到的效应仍然是困难的。在这里，讨论现有的可能用于探究 circRNA 功能及解决其局限性问题的方法。

1. circRNA 的全基因组注释

与大多数线性RNA不同，circRNA不含3′-poly(A)尾。这一固有特性导致了在poly(A) RNA-seq中不能在全基因组范围内鉴定circRNA。目前，在RNA-seq分析之前，会先从总RNA中收集不含poly(A)的RNA组分，使得circRNA的广泛表达得以被发现。在circRNA测序建库过程中，采用去除rRNA（Ribo-Zero RNA-seq）、非poly(A) RNA富集以及RNase R消化的方法富集circRNA。RNase R消化线性RNA并保留环状RNA。由于circRNA序列几乎与其同源线性RNA完全重叠，因此在全基因组范围的circRNA检测主要取决于唯一映射到反向剪接连接（BSJ）的RNA-seq的reads识别。已经开发了许多算法来全局检测来自不同RNA-seq数据集的circRNA表达。这些算法中的大多数在很大程度上依赖于映射唯一的BSJ来定位circRNA。值得注意的是，由于用于反向剪接预测的策略不同，利用不同算法观察到了不同的circRNA预测结果。预测结果的差异还可能源于大多数circRNA在检查样本中的低表达以及映射到BSJ的RNA-seq reads的低覆盖率。因此，应该小心处理circRNA注释，并且结合几种算法来进行可靠的预测。

2. circRNA 的实验验证

考虑到现有计算方法的高假阳性率，需要使用实验方法来验证计算预测的结果，并选择高置信度的circRNA进行进一步研究。一种简单的方法是使用发散PCR扩增推测的BSJ位点，然后进行桑格测序以确认这些位点。"背靠背引物"位于BSJ位点的两侧，与常规的"聚合引物"相比，它们是"尾对尾"朝向BSJ位点的外侧，而常规的"聚合引物"是"头对头"定向的。值得注意的是，当一组"聚合引物"位于circRNA产生的外显子内时，由于它们的序列重叠，可以同时检测环状和线性RNA。而当"聚合引物"位于线性RNA产生的外显子上或跨越线性和环状RNA的外显子上时，只能检测线性RNA。然而，这种基于PCR的验证并不能保证circRNA的存在，因为任何与BSJ位点上的序列相同的线性RNA都可以通过PCR扩增。然而，这样的信号也可以由其他机制产生，包括通过反转录酶进行模板切换、串联复制和反式剪接。

3. circRNA 的抑制

功能缺失（LOF）和功能获得（GOF）通常被用来诠释基因的功能。已经开发了不同的方法来针对特定的线性RNA或其相应的基因组位置来进行相应的基因敲减和编辑，如RNAi和CRISPR/Cas9等。最近的研究已经应用这些现有的方法来抑制细胞和个体中特定的circRNA；然而，在不影响其母源基因的情况下改变circRNA的表达水平仍然是一个挑战。为了区分circRNA及其同源线性RNA之间的重叠序列，特定的干扰小RNA（siRNA）或短发夹状RNA（shRNA）必须针对circRNA中唯一存在的BSJ位点进行靶向结合，以实现circRNA特异性的敲低效应。这样的要求有一定的限制，因为不可能设计具有不同覆盖率的多个RNAi分子来排除潜在的脱靶效应。

此外，半RNAi序列（10 nt）与其同源线性RNA的部分互补性可能也会影响双亲

RNA 的线性表达。为了克服这一缺点，应使用半 RNAi 序列（即 10 nt）替换 RNAi 分子，以排除对线性 RNA 的影响。到目前为止，现有的方法似乎不足以实现针对 circRNA 的特异性或高效性。最近开发的 RNA 引导、RNA 靶向的 Cas13 系统代表了一种有希望的工具，用于选择性降解 circRNA。Cas13 酶属于 II 型 VICRISPR/Cas 效应器。它们具有 RNA 切割活性，并能在 CRISPR RNA（CrRNA）的引导下降解 ssRNA 靶标。高效的 Cas13 拆卸需要 28～30 nt 的长间隔件，并且不能容忍间隔件中的不匹配。因此，携带特定靶向和跨越 BSJ 位点的间隔区的 circRNA 原则上应该能够区分环状和线性 RNA。

circRNA 基因敲除的策略也同样棘手。线性 mRNA 可以被经典的 Cre-loxP 系统或 CRISPR/Cas9 工具常规敲除，从而引入框架外突变，导致 LOF 在蛋白质水平上的不可或错误翻译产物。然而，从理论上讲，这种策略对 circRNA 不起作用，因为大多数 circRNA 不编码功能蛋白。另外，CRISPR/Cas9 可以通过大片段缺失来实现 circRNA 敲除，但由于 circRNA 序列与线性 RNA 完全重叠，这不可避免地会影响线性 RNA 的表达。在这种情况下，使用基因组编辑工具进行的基因敲除实验应该谨慎。删除整个产生 CDR1as 的基因组区域后，产生了第一个 circRNA KO 动物模型，该模型成功地实现了 CDR1as 位点的敲除。然而，应该注意的是，使用这样的策略来研究 CDR1as 基因座的 circRNA 功能更可能是例外，而不是一般规则，因为 CDR1as 是大多数被检查样本中从该基因座产生的主要 RNA。此外，即使在 CDR1 位点，CDR1as 也可能嵌入到一个长的非编码 RNA 中。完全移除基因组序列可能会对邻近基因的表达产生影响。

4. circRNA 的过表达

过表达 circRNA 也是具有挑战性的。与线性 RNA 过表达类似，一些含有组成 circRNA 的外显子及带有 ICSS 侧翼序列的内含子的质粒已被用于转染细胞并过表达 circRNA。虽然反向剪接的效率是内源位点的标准剪接反应效率的万分之一，但设计良好的具有适当 ICSS 的 circRNA 表达载体可以在细胞系中产生与线性 RNA 相当的 circRNA 水平。然而，该 circRNA 过表达体系伴随着丰富的前期和成熟的线性 RNA 异构体。为了最大限度地减少线性 RNA 的产生，需要精心设计 circRNA 表达载体，并且应该建立额外的对照集合来分离这些 RNA 异构体对实验产生的干扰。最近的研究已经开发出不带外显子的 circRNA 载体来产生最小的线性 RNA。

基因的过表达也可以在顺式病毒中完成。用基因组编辑工具将原来的弱启动子替换为强启动子将增加 RNA 产物，包括线性和环状。这样的顺式作用和反式作用策略为研究感兴趣基因的功能提供了一种精确的方法。然而，在操纵 circRNA 产生基因的启动子后，线性和环状 RNA 都会增加。理论上，虽然这可能很耗时，但在形成环的外显子上插入一对完美的 ICSS 应该能够促进 circRNA 通过顺式作用进行过表达。

5. circRNA 成像

与蛋白质一样，调控 RNA 的功能取决于它们的亚细胞定位模式，circRNA 也不例外。然而，通过 RNA 荧光原位杂交对 circRNA 进行成像是困难的，因为它们在细胞中的拷贝数很低,并且与它们的同源线性 RNA 存在很大程度的难以区分的信号干扰。为了避免这种情况,RNA FISH 与 RNase R 处理相结合已被用于削弱固定细胞中的线性 RNA 信号。然而,由于与其线性异构体相比,大多数 circRNA 的表达水平较低,因此 RNase R 富集 circRNA 的方式不能完全排除掉线性 RNA,应谨慎使用。用于可编程 RNA 打靶的催化非活性 CRISPR/Cas9 或 Cas13 与增强型荧光蛋白标签系统(如 Suntag,其可以招募 24 个 GFP 拷贝)相结合,代表了用于活细胞中 circRNA 可视化和跟踪的附加未来工具。

总而言之,理解 circRNA 的物理化学性质和作用机制的技术障碍出现在多个层面。在鉴定 circRNA 结合蛋白的分析中还存在进一步的挑战。除了上述对 circRNA 研究的方法外,通常适用于许多其他用于研究线性调控 RNA 的实验方法也适用于 circRNA。未来使用改进的实验分析将能够为 circRNA 的调节和功能研究提供新的见解。

circRNA 的动态表达模式、复杂的调控网络和在多个细胞水平上新兴的角色共同表明,它们不是简单的异常剪接的副产品,而是新兴的调控 RNA 分子。最近尽管对 circRNA 的生物发生和功能的理解取得了这些进展,但关于其转录后调控的许多问题仍有待探索。例如,缺乏对 circRNA 最终是如何降解的理解,以及它们的结构可能如何赋予与它们的线性 RNA 对应物不同的功能。由于调控 RNA 的表达和功能往往在一定程度上是耦合和协调的,深入诠释 circRNA 的生物发生和调控无疑会加深对其功能的理解。此外,未来对 circRNA 在神经系统、癌症发展、先天免疫反应及其他生物环境和疾病中的研究将进一步揭开 circRNA 的神秘面纱。在不影响其驻留基因的情况下改进这些 circRNA 的研究方法将是了解它们在细胞中作用的关键。

二、黄牛肌肉组织 circRNA 组学研究

研究发现 circRNA 广泛存在于动物体内不同组织中,并参与了一系列复杂的调控过程。随着近年来高通量测序技术的发展和应用,有关中国黄牛肌肉组织发育过程中 circRNA 的研究亦有报道。目前,circRNA 研究主要集中在筛选、鉴定层面,关于 circRNA 功能机制的研究还较少。

(一)秦川牛胎牛和成年牛肌肉组织 circRNA 鉴定与分析

秦川牛是我国优秀的地方黄牛品种之一,筛选、鉴定秦川牛肌肉发育过程中关键的 circRNA,对秦川牛的优良性状保护及品种改良具有重要意义。魏雪锋(2017)为了揭示秦川牛肌肉组织中与肌肉发育相关的 circRNA,利用去除核糖体 RNA 结合 RNase R 消化的方法建库进行高通量测序,鉴定了秦川牛 90 日龄胎牛($n=3$)和 24 月龄成年牛($n=3$)背最长肌中 circRNA 的表达情况,共得到 12 981 个候选 circRNA,其中 2400 个 circRNA 在胚胎期和成年期肌肉组织中同时存在。胚胎时期 circRNA reads 有 42%比对到基因外显子区,显著低于成年期(83%),相反,比对到内含子区的 reads 在胚胎期(30%)显著高于成年期(7%)。特征分析显示大多数 circRNA 转录长度不足 2000 nt,平均长度为 822 nt,最小长度只有几十个核苷酸,最大长度可达 55 635 nt,

含 2~7 个外显子，远小于其相对的蛋白编码基因的转录本长度（图 14-31A，B）。大多数 circRNA 的表达水平都不超过 50 个反向剪接 reads（图 14-31C）。对侧翼内含子长度统计发现，大多数 circRNA 侧翼内含子长度超过 105 nt，上游或下游侧翼长度平均值约为 11 000 nt（图 14-31D~F）。circRNA 在所有染色上广泛分布，染色体越长，产生 circRNA 的数目越多。对 circRNA 序列结构分析发现，circRNA 一般包含 2~7 个外显子，但仅有 7%的 circRNA 只有一个外显子。不同 circRNA 剪接位点在基因组间的距离一般小于 50 kb，只有极少数能达到 100~300 kb，表明 circRNA 可能是在一个基因区域由 RNA 剪切产生的，即 circRNA 的形成有特定的途径，而不是转录垃圾或经典剪切的附带物。circRNA 的表达丰度与其亲本基因的 mRNA 转录水平呈正相关关系，而且 circRNA 能够调控其亲本基因的转录。亲本基因往往可能会产生多个 circRNA 亚型，大多数基因可产生 7 个 circRNA。

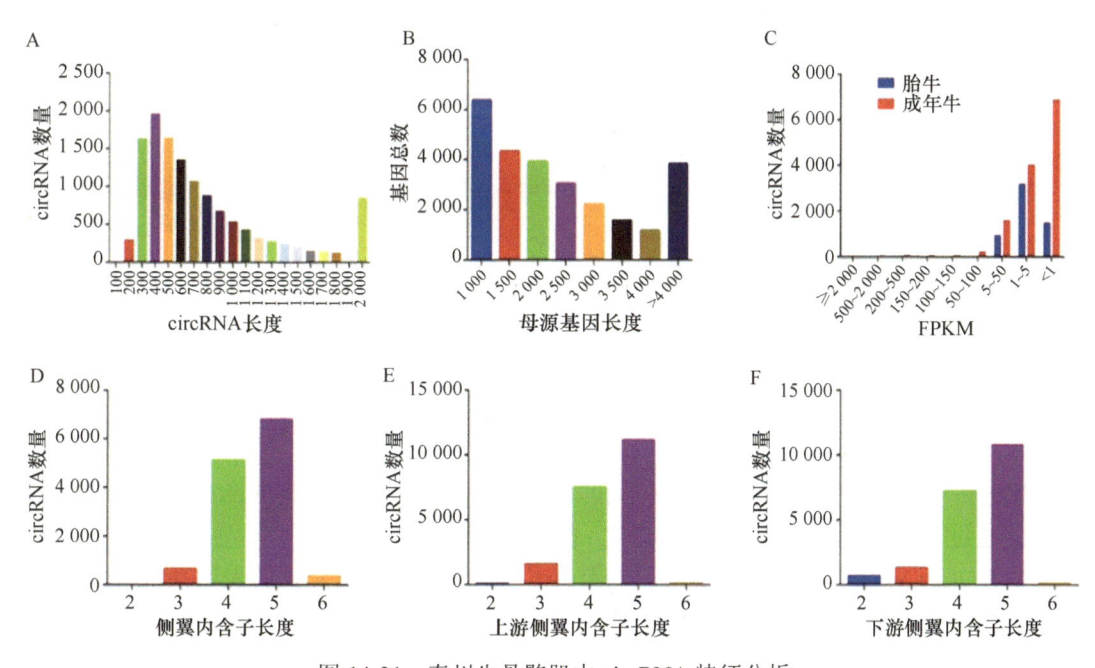

图 14-31　秦川牛骨骼肌中 circRNA 特征分析
A. circRNA 长度分布（nt）；B. circRNA 亲本基因长度分布（nt）；C. 牛骨骼肌中鉴定的 circRNA 数目统计（nt）；D~F. 牛骨骼肌中侧翼内含子长度（nt）、上游侧翼内含子长度（nt）和下游侧翼内含子长度（nt）分布

秦川牛胚胎期和成年期肌肉组织中存在大量显著差异表达的 circRNA，对不同时期 circRNA 表达差异分析，得到了 828 个差异表达的 circRNA，其中 624 个上调，204 个下调，大多数 circRNA 由胚胎期到成年期呈表达上调趋势。对差异表达的 circRNA 亲本基因进行 GO 聚类分析，其中显著富集组是泛素蛋白酶活性组（GO：0004843）、肌联蛋白组（GO：0031432）、Rac 家族小 GTPase 1 结合蛋白（GO：0048365）、肌肉 α 辅肌动蛋白结合蛋白（GO：005137）等，在细胞成分 GO 分析中 circRNA 显著富集于肌肉收缩（GO：0006936）和胚胎发育（GO：0009790）等。KEGG 通路富集分析结果表明，circRNA 主要集中在钙离子信号通路、泛素介导蛋白降解通路、脂

肪细胞因子信号通路等，即这些 circRNA 在这些通路中发挥作用。通过 RT-qPCR 分析了 17 个差异表达的 circRNA，结果与 circRNA 测序结果一致，表明测序结果准确可信（图 14-32）。

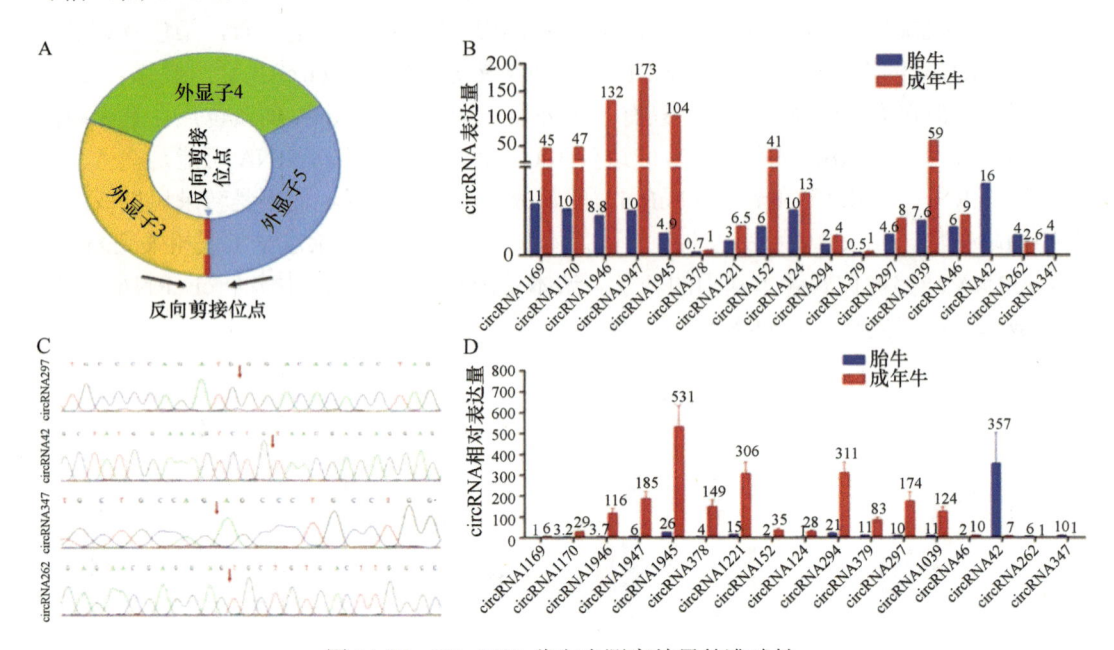

图 14-32　RT-qPCR 鉴定牛测序结果的准确性
A. RT-qPCR 引物设计模式图；B. 17 个差异表达 circRNA 的 RNA-seq 结果；C. PCR 产物纯化后测序鉴定 circRNA 接头序列；D. RT-qPCR 鉴定 17 个差异表达的 circRNA

（二）哈萨克牛与新疆褐牛背最长肌 circRNA 差异表达的鉴定与分析

Yan 等（2020）为了揭示哈萨克牛和新疆褐牛中影响肉质的潜在 circRNA 分子调节机制，通过 mRNA 磁珠吸附的方法建立 cDNA 文库进行高通量测序，鉴定了 30 月龄的哈萨克牛（$n=3$）和新疆褐牛（$n=3$）的背最长肌组织中 circRNA 的表达情况，共得到 5177 个候选 circRNA，这些 circRNA 分布于 29 条常染色体以及 X 染色体上。大多数的 circRNA 分布于 2 号染色体上，27 号染色体上包含的 circRNA 数量最少。通过对 circRNA 的基因位置进行分析，发现 circRNA 的长度为 200 nt 到超过 2000 nt 不等，然而大多数的 circRNA 长度为 400~800 nt。预计剪接长度小于 2000 nt 的 circRNA 占到总数的 74.85%，而长度大于 2000 nt 的占 25.15%。

在鉴定的 circRNA 中，发现有 46 个 circRNA 在哈萨克牛和新疆褐牛的背最长肌组织中差异表达，在新疆褐牛中有 26 个表达上调，20 个表达下调。在对两个品种的 circRNA 表达分析中，通过构建热图，也较为直观地揭示了二者之间 circRNA 表达情况的相似性和差异性。对差异表达的 circRNA 亲本基因进行 GO 分析，发现显著富集了 55 个 GO 单元，其主要与细胞组分（GO：0044464）、结合（GO：005488）和细胞内过程（GO：0009987）有关。KEGG 通路富集分析结果表明富集到 12 个通路中，包括 mTOR 信号通路、TGF-β 信号通路和 Hippo 信号通路。因此，差异表达的 circRNA 可能作为重要的调节元件来影响肌肉的生长和发育。在 circRNA-miRNA 靶向关系的研究中，发现有 14 个

靶向 *IGF1R* 3'-UTR 的 miRNA 与差异表达的 circRNA 具有靶向关系，并且构建了 circRNA-miRNA 互作网络，互作网络由 65 个 circRNA 和 14 个 miRNA 以及它们之间的 66 对靶向关系所组成。有些 miRNA 已被发现与肌肉生长和发育有显著相关性，如 miR-664a 和 miR-133b，暗示了这些 circRNA 可能通过靶向 miRNA 分子而影响肌肉的生长发育。

为了验证 circRNA 的差异表达情况，选择了 6 个差异表达的 circRNA，包括 3 个上调的 circRNA（bta_circ_06771_2、bta_circ_19409_2 和 bta_12705_1）和 3 个下调的 circRNA（bta_circ_01274_2、bta_circ_11905_4 和 bta_circ_06819_5）。通过设计其反向拼接处的引物，利用 RT-PCR 分析了其在两个品种之间的实际表达情况，其结果与测序结果一致。同时，对两个品种的 *IGF1R* mRNA 表达水平做了进一步的分析，其表达情况与预测相同，表明差异表达的 circRNA 很有可能通过 miRNA 吸附的机制来调节 *IGF1R* 基因的表达，进而调节牛背最长肌的生长发育。

三、不同发育阶段脂肪组织 circRNA 组学研究

脂肪组织主要由脂肪细胞组成，脂肪细胞数目的增多是细胞分化的结果，脂肪发育受到一系列基因的调控，是维持能量和代谢平衡的关键。目前，与脂肪生成相关的基因的功能研究较多，但对于 circRNA 调控脂肪生成的研究相对较少。近年来，陆续有研究发现 circRNA 参与脂肪细胞增殖和分化。

（一）秦川牛犊牛和成年牛脂肪组织 circRNA 表达图谱分析

通过高通量测序技术，首次分析了秦川牛不同发育时期脂肪组织中 circRNA 的表达，对犊牛及成年牛脂肪组织中差异表达的 circRNA 进行了鉴定与分析。

为了揭示秦川牛脂肪组织中与脂肪发生相关的 circRNA，Jiang 等（2020）利用去除核糖体 RNA 的方法构建 cDNA 文库进行高通量测序，首次揭示了秦川牛 6 月龄胎牛（*n*=3）和 2 岁龄成年牛（*n*=3）皮下脂肪组织中 circRNA 的表达情况。发现有 79.8%的 reads 能比对到基因组序列中。最终共得到 14 274 个候选 circRNA，其中在犊牛和成年牛中鉴定的 circRNA 分别有 4337 个和 5465 个。鉴定的 circRNA 分为多种类型，包括外显子型、内含子型和外显子-内含子型。对 circRNA 的结构分析发现大多亲本基因均包含 1~5 个 circRNA，有些基因甚至可产生 10 个以上 circRNA。大多数 circRNA 的反向拼接位点在 50 kb 以内，只有少数 circRNA 在 100 kb 以上，表明 circRNA 可能均在相同的基因区域由 RNA 剪接形成。大多数 circRNA 的外显子长度小于 5000 nt，而单外显子形成的 circRNA 的长度要比多外显子型 circRNA 的长度长得多。

秦川牛犊牛和成年牛脂肪组织中存在大量显著差异表达的 circRNA，不同时期表达差异分析发现有 151 个下调、156 个上调（犊牛相比于成年牛）。通过分析其亲本基因 mRNA 的表达情况，发现差异表达的 circRNA 与 mRNA 水平并无显著相关性，表明 circRNA 并非经典的不精确剪接的副产物。对差异表达的 circRNA 亲本基因聚类分析和 KEGG 通路分析，结果表明，其与免疫系统中的抗原呈递、抗体加工等有关。大多数

circRNA 的表达与亲本基因的表达较为一致。另外，在对这些差异表达的 circRNA 的靶向 miRNA 分子预测分析中，选择了 4 个其亲本基因与脂肪发育有关的 circRNA 对其靶 miRNA 进行预测，构建了一个 miRNA-circRNA 互作网络。

（二）安格斯牛和南阳牛肌内脂肪组织中差异表达 circRNA 分析

南阳牛是中国固有黄牛品种，然而其在肉品质上与国外牛种还存在一定的差距，如大理石花纹、嫩度、多汁性、风味、脂肪颜色等均不如国外牛种。因此，研究牛肉肌内脂肪沉积和代谢的分子机制有助于改善牛肉品质，并为高产优质肉牛新品种（系）的培育奠定理论基础。史明艳等（2020）利用去除核糖体 RNA-seq 技术，以肌内脂肪沉积存在明显差异的安格斯牛和南阳牛为研究对象，分析、鉴定了两种牛肌内脂肪中 circRNA 的基因组特征及表达差异，并进行了定量验证，旨在揭示 circRNA 在肌内脂肪沉积和脂代谢中的作用，为肉牛良种培育提供一定的理论基础。通过 circRNA 测序分析，共得到 14 649 个 circRNA，对这些 circRNA 进行分析，得到 111 个差异表达的 circRNA，其中有 75 个在安格斯牛肌内脂肪组织中表达上调，36 个表达下调；在 75 个上调表达的 circRNA 中，有 41 个为外显子区 circRNA，17 个为基因间区 circRNA，17 个为内含子区 circRNA；在 36 个下调表达的 circRNA 中，有 22 个为外显子区 circRNA，7 个为基因间区 circRNA，7 个为内含子区 circRNA。通过 RT-qPCR 试验验证了 circRNA.9560 和 circRNA.7431 显著下调，而 circRNA.2083 和 circRNA.6528 显著上调，与测序结果一致。对 111 个差异表达的 circRNA 进行 GO 分类，结果表明，差异表达的 circRNA 在生物学过程中涉及 14 个 GO 条目，主要涉及细胞进程、单有机体进程、代谢过程等；在细胞组分中涉及 11 个 GO 条目，主要涉及细胞、细胞部分、细胞器等；在分子功能中涉及 7 个 GO 条目，主要涉及分子结合、催化活性、核酸结合转录因子活性等。KEGG 富集分析发现，差异表达的 circRNA 共参与到 66 条信号通路中，其中有 10 条信号通路在两组牛中的表达差异具有显著性。通过 GO 和 KEGG 富集分析发现，差异表达 circRNA 的来源基因主要参与细胞组分的组织和生物学过程的代谢过程、发育过程等。

（三）秦川牛胎牛和成年牛肌肉组织 circRNA-miRNA-mRNA 网络的鉴定和分析

肌肉形成是由良好的转录层次结构控制的，该转录层次结构协调一组肌肉基因的活动。最近，已经描述了非编码 RNA 在肌发生中的作用，包括环状 RNA（circRNA）调节肌肉基因表达的作用。但是，人们对 circRNA 的功能以及 circRNA 影响肌发生的潜在机制仍知之甚少。岳炳霖（2021）分析了牛骨骼肌样品的 circRNA 高通量测序结果，并根据竞争性内源 RNA（ceRNA）理论构建了 circRNA-miRNA-mRNA 网络。从测序数据中选择了 216 个差异表达的 circRNA。鉴定了 17 种共表达的 circRNA、18 种共表达的 miRNA 和 462 种共表达的 mRNA，它们被选择构建 circRNA-miRNA-mRNA 网络。在这个网络中，每个节点代表一个生物分子，边缘代表节点之间的相互作用。节点度数代表连接到给定节点的边数，其中度数越高，节点在网络中越重要。有趣的是，GO 分析结果表明，这些共表达 RNA 主要参与细胞代谢调节，并且通路分析表明所包含的 mRNA 富含 PI3K-AKT

信号通路。这些结果表明 circRNA-miRNA-mRNA 网络与肌发生之间有密切的联系。

四、其他组织 circRNA 组学研究

（一）秦川牛新生牛和成年牛睾丸组织 circRNA 鉴定及分析

秦川牛是我国优秀的地方黄牛品种之一，筛选、鉴定秦川牛精子形成过程中关键的 circRNA，对秦川牛的优良性状保护及品种改良具有重要意义。2018 年，有学者为了揭示秦川牛睾丸组织中与精子发生相关 circRNA，利用去除核糖体 RNA 结合 RNase R 消化的方法建立了 cDNA 文库进行高通量测序，鉴定了秦川牛 1 周龄新生牛（$n=1$）和 4 岁成年牛（$n=1$）睾丸组织中 circRNA 的表达情况，共得到 21 753 个候选 circRNA，其中 8635 个 circRNA 在新生牛和成年牛睾丸组织中同时存在。根据 circRNA 位于基因组的位置，可以将其分为 6 种类型，分别为单外显子（4.4%）、注释外显子（69.0%）、外显子-内含子（10.5%）、基因内（2.0%）、基因间（11.7%）和反义基因（2.4%）。特征分析显示大多数 circRNA（约 75.4%）转录长度不足 1000 nt，平均长度为 400 nt。根据其亲本基因的位置，所有的 circRNA 在各条染色体上均有分布，甚至包括线粒体基因组，大多数 circRNA 位于 1～5 号染色体和 10～11 号染色体。对 circRNA 序列结构分析发现，大多数外显子型 circRNA（98.8%）是由不超过 10 个外显子所组成的，其中有 16 977 个（91.2%）包含 1～6 个外显子，有 1632 个由 7 个及以上的外显子组成。亲本基因往往可能会产生多个 circRNA 亚型，有 2528 个基因只产生一个 circRNA，并且大多数基因（93.7%）产生的 circRNA 数量不超过 8 个。

秦川牛新生牛和成年牛睾丸组织中存在大量显著差异表达的 circRNA，不同时期表达差异分析得到了 4248 个差异表达的 circRNA，其中 2023 个下调，2225 个上调（成年牛相比于新生牛）。对差异表达的 circRNA 亲本基因聚类分析，其中生物过程显著富集于细胞过程、单组织过程、生物调节过程、代谢过程、发育过程和生殖进程等，在细胞成分 GO 分析中，circRNA 显著富集于细胞、细胞组分、细胞器和生物膜，在分子功能分析中则显著富集于催化活性和结合方面。KEGG 通路富集分析结果表明，circRNA 主要集中在代谢通路和信号转导方面，如紧密连接、黏着连接、TGF-β 信号通路、孕酮介导的卵母细胞成熟与卵母细胞减数分裂等 47 个信号通路，即代谢通路和信号转导相关基因产生的 circRNA 在这些通路中发挥作用。通过 RT-PCR 和 RT-qPCR 分析了 8 个差异表达的外显子型 circRNA，其实际表达情况与 RNA-seq 结果一致，表明测序结果准确可信。为了进一步验证这 8 个 RNA 分子为 circRNA，通过 RNase R 消化实验结合 RT-qPCR 实验，发现 circRNA 分子相比于线性 RNA 分子对 RNase R 具有更高的抗性，进而说明 circRNA 分子具有环形结构。另外，在对这些差异表达的 circRNA 的靶向 miRNA 分子预测分析中，发现有 758 个 miRNA 与 circRNA 具有靶向关系，并且有些 miRNA 已经有文献报道与精子发生过程有关，如 β-miR-532、β-miR-204 和 β-miR-34 家族。

（二）牛的正常和异常妊娠胎儿、胎盘 circRNA 图谱以及差异表达分析

体细胞核移植（SCNT）技术在应用时的局限性之一是出生率低。其中，胎盘功能

不全是导致胎儿流产的一个重要原因。环状 RNA（circRNA）是一种非编码 RNA，在生物过程中起着 miRNA 海绵吸附的作用。因而，研究带有 SCNT 胎儿的牛在妊娠时期的 circRNA 表达情况和功能作用对体细胞核移植研究具有重要的研究意义。2019 年，有研究人员为了揭示与这种现象有关的 circRNA，通过去除核糖体 RNA 结合 RNase R 消化的方法建立文库进行高通量测序，鉴定了异常妊娠组（AG，$n=2$）和正常妊娠组（NG，$n=3$）的成年奶牛在妊娠晚期（180~210 天）的 SCNT 胎儿胎盘组织中 circRNA 的表达情况，共得到 12 454 个候选 circRNA，其中 AG 组和 NG 组的 circRNA 分别有 6161 个和 10 544 个。这些 circRNA 广泛分布于所有的染色体上，其中 1 号染色体上 circRNA 的含量最为丰富，其次为 X 染色体和 2 号染色体。其 circRNA 可以分为 6 种类型，分别为经典型、可变外显子型、内含子型、重叠外显子型、反义型和基因间隔型。经典型的 circRNA 比例最高，在每个样本中均超过了 60%。由 3 个外显子构成的 circRNA 在所有的样本中丰度最高，其次为由 2 个和 4 个外显子构成的 circRNA。

通过对 AG 组和 NG 组的 circRNA 表达水平的聚类分析，发现两个组别之间的 circRNA 表达水平具有显著差异。经过火山图的数据可视化，有 123 个 circRNA 在两个组之间显著差异表达（筛选阈值为 FC≥2，$P<0.05$）。其中，有 49 个 circRNA 表达上调，74 个表达下调。前 10 个表达上调的 circRNA 为 bta_circ_0012985、bta_circ_0013071、bta_circ_0013074、bta_circ_0016024、bta_circ_0013068、bta_circ_0008816、bta_circ_0012982、bta_circ_0013072、bta_circ_0019285 和 bta_circ_0013067；前 10 个表达下调的 circRNA 为 bta_circ_0024234、bta_circ_0017528、bta_circ_0008077、bta_circ_0003222、bta_circ_0007500、bta_circ_0020328、bta_circ_0011001、bta_circ_0016364、bta_circ_0008839 和 bta_circ_0016049。其中 8 个 circRNA 及亲本基因通过 RT-qPCR 进一步验证，结果 circRNA 表达情况表现出与测序结果相同的趋势，然而其亲本基因的表达则无显著差异。对差异表达的 circRNA 亲本基因进行 GO 分析，其中各有两个亲本基因与蛋白 K48 相关的脱泛素化、Retromer 复合体和内质网-高尔基体中间室膜有关（$P>0.05$），表明 circRNA 与胎盘蛋白代谢和转运有关。KEGG 通路富集分析结果主要集中在氨基酸代谢（$P>0.05$）上，即这些 circRNA 在氨基酸代谢中可能发挥作用。另外，在对这些差异表达的 circRNA 的靶向 miRNA 分子预测分析中，发现有 32 个 miRNA 与上述 8 个 circRNA 具有靶向关系，暗示了这些 circRNA 可能通过靶向 miRNA 分子而影响胎盘发育。

五、中国黄牛 circRNA 的功能研究

目前已有研究发现 circRNA 参与牛肌肉、脂肪的发育等过程，本部分将对其中的一些研究成果进行简单介绍。

（一）circRNA 调控黄牛肌肉发育

1. circLMO7 调控牛原代肌细胞增殖、分化和凋亡

（1）circLMO7 的来源

对秦川牛胎牛和成年牛肌肉组织差异表达的 circRNA 进行分析和 RT-qPCR 验证，

结果发现circRNA42（宿主基因为 *LMO7*，因此后续被命名为circLMO7）在肌肉发育过程中下调程度最大，暗示其在肌肉发育中可能具有重要功能。

（2）circLMO7 的鉴定

对 circLMO7 的反向接头进行 PCR 扩增、产物纯化和测序证明 circLMO7 的真实性。

（3）circLMO7 的表达情况

为了揭示 circLMO7 在肌肉中的功能，首先利用 RT-qPCR 检测了 circLMO7 在秦川牛不同组织中的表达情况，发现 circLMO7 在肌肉组织中的表达量显著高于其他组织，由此推测 circLMO7 在肌肉发育中可能发挥着重要作用。

（4）circLMO7 的功能机制研究

构建 circLMO7 超表达载体（pcDNA-circLMO7），在肌细胞中转染超表达载体后检测 circLMO7 超表达效率，发现 circLMO7 表达量上升了 30 多倍，由此可见 circLMO7 超表达载体可用于 circLMO7 在肌细胞中的功能研究试验。circLMO7 功能预测发现，circLMO7 序列中含有 miR-378a-3p 的潜在结合位点。过表达 circLMO7 后显著降低了 miR-378a-3p 的表达水平。除此之外，利用双荧光素酶报告基因系统发现 miR-378a-3p 抑制 psiCHECK2-circLMO7 载体的荧光强度。之前的研究发现 miR-378a-3p 可以靶向 *HDAC4* 基因的 3′-UTR 进而抑制其表达。Wei 等（2017）发现过表达 circLMO7 之后 *HDAC4* 的表达水平上升，说明 circLMO7 可能通过吸附 miR-378a-3p 而调控 *HDAC4* 基因的表达。免疫荧光、RT-qPCR 和免疫印迹分析发现，circLMO7 抑制牛肌细胞分化。流式细胞术、RT-qPCR 和免疫印迹分析发现，circLMO7 抑制牛原代肌细胞凋亡。以上结果表明，circLMO7 能够通过结合 miR-378a-3p 而解除 miR-378a-3p 对靶基因 *HDAC4* 表达的抑制作用，进而调控肌细胞的增殖、分化及凋亡。

2. circFUT10 调控牛原代肌细胞增殖、分化和凋亡

（1）circFUT10 的来源

已有研究证明 miR-133a 参与调控牛肌肉发育。Li 等（2018c）根据魏雪峰（2017）对秦川牛胎牛和成年牛肌肉组织 circRNA 测序分析的结果，利用 TargetScan 和 RNAhybrid 软件预测与 miR-133a 结合的 circRNA，共挑选了 9 个 circRNA 作为候选 circRNA。进一步检测候选 circRNA 的表达量，发现 circFUT10（来源于 27 号染色体，长度为 295 nt）在肌肉中特异性表达，因此将 circFUT10 作为研究对象。

（2）circFUT10 的鉴定

利用反向接头扩增鉴定 circFUT10 是 circRNA；由于 circRNA 的特殊环状结构，其不易被 RNase R 消化，而线性 RNA 则会被消化掉，利用 RNase R 消化 RNA 后仍能够检测到高浓度的 circFUT10，说明 circFUT10 是环状 RNA 分子（图 14-33A）。

（3）circFUT10 的表达情况

circRNA 的细胞定位与功能密切相关。核质分离、半定量 PCR 分析发现 circFUT10 在细胞核和细胞质中均有分布（图 14-33B）。circFUT10 在胎牛和成年牛肌肉组织中表达差异最明显（图 14-33C 和 D），在牛肌肉组织中特异性高表达（图 14-33E）。circFUT10 在骨骼肌细胞成肌分化后期（第 4 天）的表达水平明显升高（相对于 0 天；$P<0.05$；

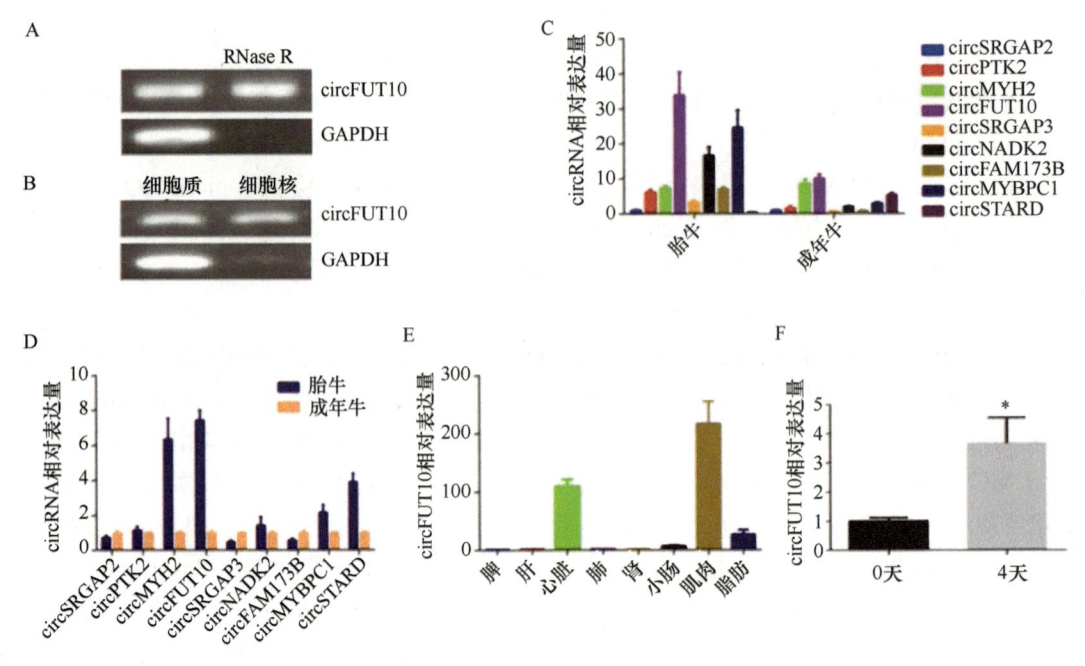

图 14-33F)。

图 14-33 牛 circFUT10 表达分析

A. circRNA RT-qPCR 引物设计示意图;B. circFUT10 在细胞核和细胞质中分布;C 和 D. 候选 circRNA 在秦川牛胎牛和成年牛肌肉中的表达;E. circFUT10 在成年牛中的组织表达谱;F. circFUT10 在成肌分化 0 天和 4 天的表达情况。* $P<0.05$

(4) circFUT10 的功能机制研究

预测发现 circFUT10 拥有 3 个 miR-133a 的结合位点,因此细胞质中的 circFUT10 可能通过吸附 miR-133a 而调节肌肉发育。首先验证 circFUT10 与 miR-133a 是否真实结合。在 HEK293T 细胞中共转染 miR-133a mimic 和 miR-133a biosensor(生物感受器 pCK-miR-133a2×),发现 miR-133a 能够显著降低 miR-133a biosensor 的萤光素酶活性(图 14-34A)。接下来,将 miR-133a biosensor 转入 HEK293T 细胞,同时共转染 miR-133a mimic 或 pcDNA-circFUT10。结果显示,过表达 circFUT10 能够部分恢复 miR-133a 对 miR-133a biosensor 萤光素酶活性的抑制作用,并且恢复程度与 pcDNA-circFUT10 剂量成正比。为了进一步验证 circFUT10 可以结合 miR-133a,在 HEK293T 细胞中共转染 miR-133a mimic 和 pCK-circFUT10,发现 miR-133a 能够显著降低 pCK-circFUT10 的萤光素酶活性(图 14-34B)。这些结果表明 circFUT10 可以竞争性结合 miR-133a。为了进一步证明 circFUT10 在机体或细胞内是真实吸附 miR-133a 的,Li 等(2018c)通过 RNA 拉下试验和 RNA 免疫沉淀(RIP)试验来分析两者的结合性。首先合成生物素标记的 miR-133a 探针(即 biotin-miR-133a),然后将此探针转染牛原代肌细胞,裂解细胞后获得与 miR-133a 结合的复合物,用 RT-qPCR 检测 circFUT10 的表达,结果表明 miR-133a 探针富集到了更高水平的 circFUT10(与对照组相比;图 14-34C)。使用 AGO2 蛋白抗体进行 RIP 分析,PCR 后用琼脂糖凝胶电泳检测 AGO2 抗体富集的 RNA 复合物,结果表明,在 RNA 复合物中检测到了 circFUT10(图 14-34D)。双萤光

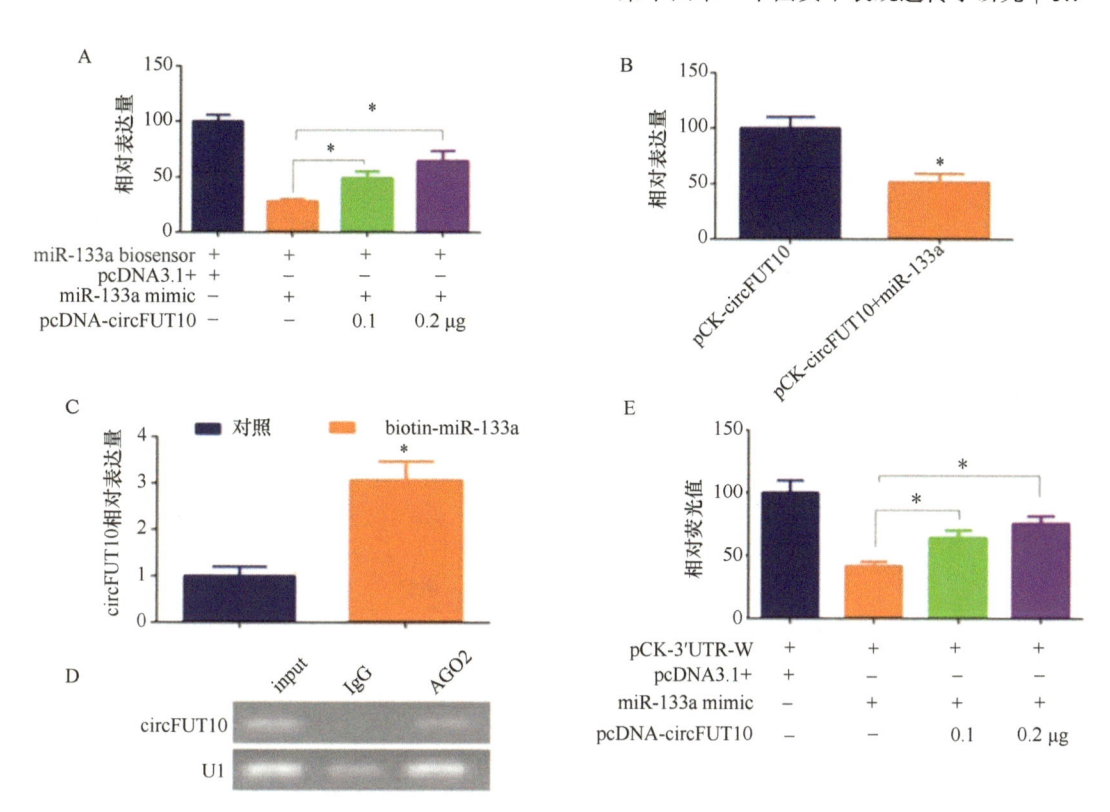

图 14-34　牛 miR-133a 与 circFUT10 真实结合

A. circFUT10 能与 miR-133a biosensor 竞争性结合 miR-133a；B. miR-133a 能降低 pCK-circFUT10 萤光素酶活性；C. 生物素标记的 miR-133a 进行 RNA 拉下试验以分析 circFUT10 与 miR-133a 是否结合；D. RIP（AGO2 抗体）分析检测 circFUT10 与 miR-133a 是否结合，琼脂糖凝胶电泳或 RT-qPCR 检测 circFUT10 的表达；E. circFUT10 能与 GosB 竞争性结合 miR-133a。
*$P<0.05$

素酶报告基因系统分析结果显示 circFUT10 过表达能显著增加 3′-UTR 海肾萤光素酶活性（$P<0.05$，图 14-34E）。以上结果表明 circFUT10 可以作为 ceRNA，与 GosB 竞争性结合 miR-133a。将 pcDNA-circFUT10 和/或 miR-133a mimic 共转染牛原代肌细胞，细胞免疫荧光结果表明，circFUT10 促进肌管形成，增加 MyHC 阳性细胞的比例；miR-133a 超表达后细胞分化受到抑制，肌管数目减少，但同时超表达 circFUT10 可以逆转由 miR-133a 诱导的细胞分化抑制。RT-qPCR 和蛋白质印迹结果显示，超表达 circFUT10 显著促进 MyoD、MyoG、MyHC 在 mRNA 和蛋白质水平的表达，miR-133a 处理组的结果相反，但过表达 circFUT10 后可以逆转这种情况。由此可见，circFUT10 可以通过吸附 miR-133a 促进牛肌细胞分化。细胞周期分析、RT-qPCR、免疫印迹、EdU、CCK-8 等试验证明 circFUT10 通过吸附 miR-133a 抑制牛成肌细胞增殖。已有文献报道 miR-133a 抑制成肌细胞凋亡，那么 circFUT10 是否通过吸附 miR-133a 来发挥细胞凋亡作用？通过 hoechst33342 和 PI 细胞双染检测细胞凋亡情况，流式细胞仪检测 AnnexinV-FITC/PI 双染的成肌细胞凋亡情况，RT-qPCR 检测细胞凋亡标志基因的表达等，结果表明，circFUT10 可以通过吸附 miR-133a 促进细胞凋亡。综上所述，circFUT10 作为 ceRNA 竞争性吸附 miR-133a 进而促进牛成肌细胞分化和凋亡、抑制细胞增殖（图 14-35）。

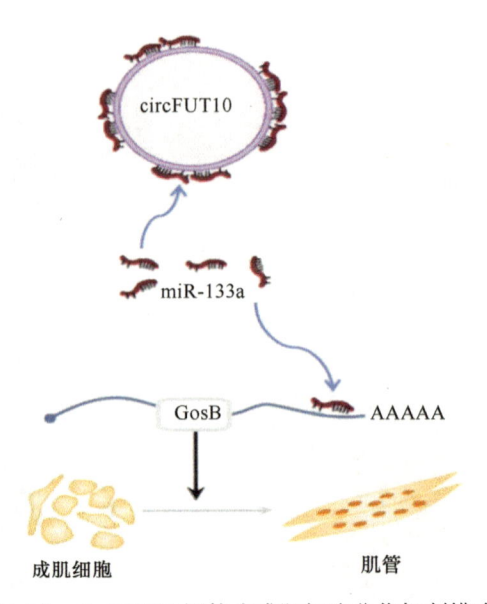

图 14-35　circFUT10 调控牛成肌细胞分化机制模式图

3. circFGFR4 促进肌细胞分化的机制研究

（1）circFGFR4 的来源

Li 等（2018a）从陈宏课题组前期的 circRNA 高通量测序数据中筛选出 circFGFR4。circFGFR4 来源于 7 号染色体的 *FGFR4* 基因，长度为 963 nt。

（2）circFGFR4 的鉴定

测序验证 circFGFR4 的接头序列；RNase R 消化总 RNA 后，circFGFR4 表达量不变，这说明 circFGFR4 是真实存在的。

（3）circFGFR4 的表达情况

circFGFR4 在肌肉组织中高表达；circFGFR4 的表达量在肌分化第 4 天明显升高（相对于 0 天；$P<0.05$）。通过核质分离、半定量 PCR 分析 circFGFR4 在细胞中的分布，结果表明，circFGFR4 主要存在于细胞质中，这说明 circFGFR4 可能是通过转录后调节基因表达进而发挥其功能的。

（4）circFGFR4 的功能机制研究

通过 TargetScan 和 RNAhybrid 软件预测发现 circFGFR4 拥有 18 个 miR-107 的结合位点，已知 miR-107 在牛骨骼肌中高表达并抑制肌分化。因此本研究选取 circFGFR4 作为下一步的研究对象。首先验证 circFGFR4 是否可以竞争性结合 miR-107。通过构建双荧光素酶检测系统发现，miR-107 能够显著降低 pCK-circFGFR4-W 的荧光素酶活性。文献报道，在牛成肌细胞中 *Wnt3a* 是 miR-107 的一个靶基因，过表达 miR-107 可以降低 Wnt3a 在 mRNA 和蛋白质水平的表达。Li 等（2018a）的研究结果表明，circFGFR4 过表达可以增加 Wnt3a 的表达量；当同时过表达 circFGFR4 和 miR-107 时，Wnt3a 的表达量与对照组差异不显著。双荧光素酶检测系统分析结果显示，circFGFR4 过表达能显著增加 Wnt3a 3′-UTR 海肾萤光素酶活性（$P<0.05$）。为了进一步证明 circFGFR4 在机体

或细胞内是真实吸附 miR-107 的,本研究通过 RNA 拉下试验来分析两者的结合性。结果表明 miR-107 探针富集到了更高水平的 circFGFR4(与对照组相比)。同样的,使用生物素标记 circFGFR4,通过 RNA 拉下试验(pull down)拉下 miR-107,使用 RT-qPCR 检测 miR-107 的表达。结果表明,相对于对照组,miR-107 表达量升高了约 4 倍。以上结果表明 circFGFR4 可以作为 ceRNA 与 Wnt3a 竞争性结合 miR-107。

为了探究 circFGFR4 是否通过吸附 miR-107 而影响牛成肌细胞分化,本研究将 pcDNA-circFGFR4 和/或 miR-107 mimic 共转染牛原代肌细胞,检测 circFGFR4 对肌分化的影响。细胞免疫荧光结果表明,circFGFR4 促进肌管形成,增加 MyHC 阳性细胞的比例;但同时超表达 circFGFR4 可以逆转由 miR-107 诱导的细胞分化抑制。RT-qPCR 和蛋白质印迹结果显示,过表达 circFGFR4 显著促进 MyoG 在 mRNA 和蛋白质水平的表达($P<0.05$);但同时超表达 circFGFR4 和 miR-107 后,MyoG 的表达与对照组差异不显著($P>0.05$)。由此可见,circFGFR4 可以通过吸附 miR-107 促进牛成肌细胞分化。

circFGFR4 是否对牛成肌细胞增殖有影响?EdU 结果显示,与对照组相比,过表达 circFGFR4 不影响 EdU 阳性细胞数目,同时过表达 circFGFR4 和 miR-107 后 EdU 阳性细胞的数目变化不显著($P>0.05$)。CCK-8 分析表明 circFGFR4 对成肌细胞活力无显著影响($P>0.05$)。为进一步确定 circFGFR4 对成肌细胞增殖的影响,检测细胞增殖关键基因 *PCNA* 和 *Cyclin D1* 的表达,发现 circFGFR4 不影响 *PCNA* 和 *Cyclin D1* 在 mRNA 和蛋白质水平的表达;这些结果表明 circFGFR4 不参与成肌细胞增殖。已有文献报道 miR-107 抑制成肌细胞凋亡,那么,circFGFR4 是否可以通过吸附 miR-107 而促进牛成肌细胞凋亡?利用流式细胞仪检测 AnnexinV-FITC/PI 双染的成肌细胞凋亡情况,结果显示,过表达 circFGFR4 增加成肌细胞凋亡的数目,而共转染 pcDNA-circFGFR4 和 miR-107 mimic 的成肌细胞凋亡情况与对照组差异不显著。为进一步明确 circFGFR4 对成肌细胞凋亡的影响,通过 RT-qPCR 方法检测了细胞凋亡标志基因 *p53* 的表达,结果显示过表达 circFGFR4 可促进 *p53* 的表达。这些结果表明 circFGFR4 可以通过吸附 miR-107 促进细胞凋亡。综上所述,circFGFR4 作为 ceRNA 竞争性吸附 miR-107 进而促进牛成肌细胞分化、凋亡(图 14-36)。

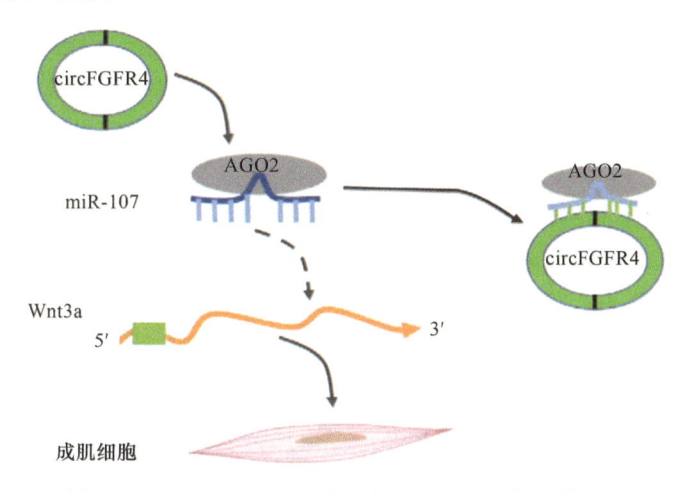

图 14-36 circFGFR4 调控牛成肌细胞分化机制模式图

4. 秦川牛胎牛和成年牛肌肉组织 circSNX29 通过充当 miR-744 的海绵激活 Wnt5a/Ca^{2+}信号通路来调节成肌细胞的增殖和分化

(1) circSNX29 的来源

为了鉴定牛骨骼肌中特定的 circRNA，从 circRNA 测序数据中随机选择了 9 个差异表达的 circRNA，结果表明 circRNA243 在胚胎阶段的表达量要比成年阶段高得多。此外，还发现 circRNA243 通常在胎牛的各种组织中表达。由于 circRNA243 是从 *SNX29* 基因转录而成的，因此将其称为 circSNX29。

(2) circSNX29 的鉴定

通过桑格测序证实了具有特定 circRNA 连接的扩增 PCR 产物的大小和序列。为了研究 circSNX29 在成肌细胞中的稳定性和定位，提取了用放线菌素 D（一种 RNA 合成抑制剂）处理过的成肌细胞的总 RNA。结果显示，circSNX29 的半衰期超过 12 h，而线性 SNX29 mRNA 的半衰期少于 4 h。此外，RNase R 核酸外切酶的消化抗性研究进一步表明 circSNX29 比线性 SNX29 更稳定。这些发现表明，circSNX29 是候选且稳定的 circRNA。

(3) circSNX29 的表达情况

核质分离试验表明，circSNX29 主要在细胞质中表达。为了研究 circSNX29 在成肌细胞分化中的作用，在分化的不同阶段检测了 circSNX29 的表达。发现 circSNX29 的表达表现出增加的和时间依赖性的趋势。

(4) circSNX29 的功能研究

接下来，通过测量分化 4 天后成肌细胞中 *MyoG* 和 *MyoD* 的表达。结果显示，circSNX29 在 mRNA 和蛋白质水平上明显增加了 *MyoG* 和 *MyoD* 的表达，但是当 circSNX29 与 miR-744 共转染时，*MyoG* 和 *MyoD* 的表达急剧下降。通过免疫荧光分析，发现 circSNX29 支持 MyHC 表达和肌管形成，但 miR-744 过表达可逆转这种作用。结果表明，circSNX29 通过调节 miR-744 的浓度促进成肌细胞的分化。考虑到肌肉组织中 circRNA 的丰度很高，接下来的目标是评估 circSNX29 在细胞增殖中的生物学作用。为此，首先使用细胞周期分析、CCK-8 分析、MTT 分析、EdU 掺入分析、RT-qPCR 分析和蛋白质印迹分析测量了被 pcDNA-circSNX29 和（或）miR-744 转染的成肌细胞的增殖情况。结果表明，circSNX29 抑制细胞增殖。考虑到 miR-744 可以增强成肌细胞免受凋亡的保护作用，在此基础上，进一步验证 circSNX29 是否可以通过调节 miR-744 来影响成肌细胞凋亡。Hoechst 223342 和 PI 双重染色分析表明 circSNX29 诱导成肌细胞凋亡，并消除了与 miR-744 共转染诱导的抗凋亡作用。值得注意的是，circSNX29 还增加了 *Bcl-2* 和 *caspase-9* 的表达。相反，沉默 circSNX29 可促进细胞增殖并抑制分化。综上所述，circSNX29 通过隔离 miR-744 抑制牛原代成肌细胞增殖并诱导细胞凋亡。

(5) circSNX29 调控成肌细胞增殖的机制研究

外显子 circRNA 主要存在于细胞质中，在其中充当 miRNA 海绵来介导基因表达。因此，接下来评估了 circSNX29 与 miRNA 结合的能力。利用在线生物信息学数据库（TargetScan 和 RNAhybrid）鉴定牛 circSNX29 上的 miRNA 识别序列，并揭示了 9 个推定的 miR-744 结合位点的存在。circSNX29 过表达显著降低了 miR-744 的相对丰度。此外，萤光素酶检测还显示 miR-744 抑制了 psiCHECK2-circSNX29W 构建体的海肾萤光素酶活性。感受器分析进一步验证了 circSNX29 与 miR-744 之间的直接结合。为了探讨 circSNX29 在肌肉发育上的潜在机制是否归因于 miR-744 介导的 Wnt5a 和 CaMKIId 调控，用 circSNX29 或 miR-744 处理成肌细胞。如预期的那样，circSNX29 显著上调了 Wnt5a 和 CaMKIId 的表达，但 miR-744 的过表达在某种程度上缓解了这种影响。这些结果表明，circSNX29 直接隔离 miR-744，并充当诱饵来减弱 miRNA 对 Wnt5a 和 CaMKIId 表达的抑制作用。

circSNX29 的过表达通过调节骨骼肌发育中的 miR-744-Wnt5a-CaMKIId 轴来增强 Wnt5a/Ca^{2+} 途径的激活。为了进一步解释这些发现，然后探索 circSNX29 的功能机制，使用 KEGG 途径数据库和 OmicsBean 在线软件筛选了前 10 个富集途径，如 Wnt 信号途径。有趣的是，研究发现成肌细胞中 Wnt5a 和 circSNX29 的过表达显著上调了 CaMKIId 的表达水平，CaMKIId 是众所周知的 Wnt5a/Ca^{2+} 信号的正向调节剂，但抑制了细胞周期蛋白 D1 的 mRNA 表达。基于这些发现，Wnt5a/Ca^{2+} 可能是骨骼肌发育中的关键信号通路。先前的研究表明，Wnt5a 激活 Wnt5a/Ca^{2+} 途径和经典途径。反过来，Wnt5a/Ca^{2+} 途径的激活可能拮抗经典途径。因此，尚不清楚是否存在 β-联蛋白（β-catenin）水平的变化；研究发现 Wnt5a 和 circSNX29 稍微增加了 β-联蛋白的水平，但 miR-744 显著降低了 β-联蛋白的水平，这表明 miR-744 可能会阻断经典的 Wnt 途径。随后，专注于 Wnt5a/Ca^{2+} 途径的研究。共聚焦显微镜分析显示，circSNX29 过表达组与对照组相比，Wnt5a 和 circSNX29 的过表达明显增加了细胞内 Ca^{2+} 浓度，而 miR-744 过表达组与对照组没有差异。CaMKIId 活性测定显示，过表达 Wnt5a 和 circSNX29 组的 CaMKIId 活性高于 miR-744 组。此外，将 Wnt5a 和 circSNX29 转染到牛原代成肌细胞中会增加磷酸化磷脂酶 C（PLC）和蛋白激酶 C（PKC）的水平，从而间接抑制 PCNA 和细胞周期蛋白 D1 的表达，暗示 Wnt5a 和 circSNX29 的过表达可能会激活非经典信号通路并抑制细胞增殖。最后，检测到 Wnt5a 和 circSNX29 对钙调神经磷酸酶和 NFATC1（Wnt5a/Ca^{2+} 信号转导的核转录因子）表达有影响，并发现 Wnt5a 和 circSNX29 显著增加了它们的 mRNA 和蛋白质水平。NFATC1 下游靶基因包括 *MyoD*、*MyoG* 和 *MyHC* 的表达也显著增加，这表明 NFATC1 可能调节成肌标记基因的转录以促进成肌细胞分化。总体而言，这些结果表明 Wnt5a/Ca^{2+} 是参与肌肉发育进程的关键途径，并受 circSNX29-miR-744-Wnt5a-CaMKIId 轴调控（图 14-37）。

5. 秦川牛胎牛和成年牛肌肉组织 circTTN 充当 miR-432 的海绵，通过 IGF2/PI3K/AKT 信号通路促进成肌细胞的增殖和分化

（1）circTTN 的来源

为了确认 circTTN 的圆形性质，设计了两对引物，其方向分别为发散方向和会聚方向，然后使用扩增的 cDNA（RNase R 处理）或基因组 DNA（gDNA）作为模板进行扩增。结果表明，不同的引物从 cDNA 而不是从 gDNA 扩增了预期的条带。使用会聚引物，从 cDNA 或 gDNA 样品中扩增产物。

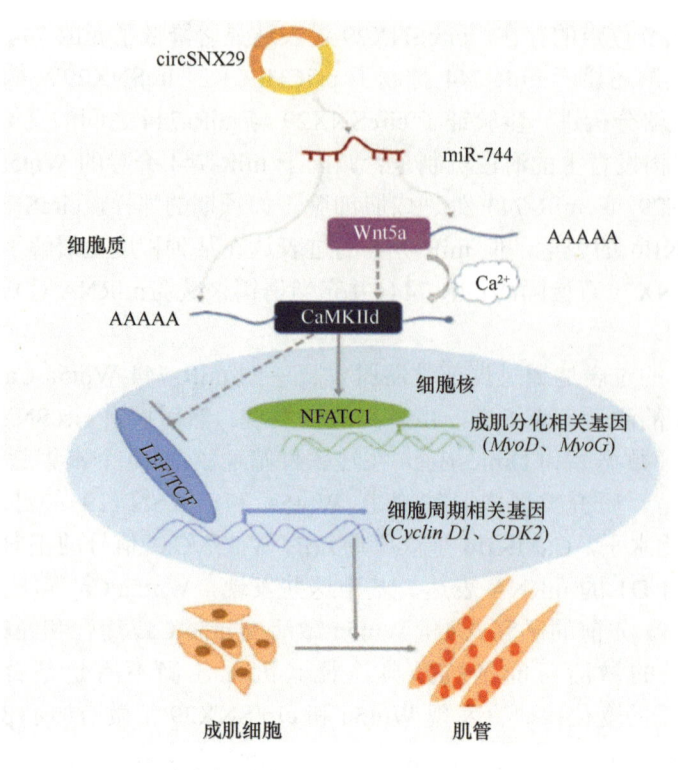

图 14-37　circSNX29 竞争性结合 miR-744 介导的牛成肌细胞分化作用模型

(2) circTTN 的鉴定

通过桑格测序验证了推定的 circTTN 连接，结果与测序数据一致。用 RNase R 处理后，发现 circTTN 表达没有明显降低，但是 TTN 和甘油醛-3-磷酸脱氢酶 (GAPDH) mRNA 的表达水平降低了。然后研究了 circTTN 在牛原代成肌细胞中的稳定性。收集总 RNA，然后用放线菌素 D 处理，对 circTTN 和 TTN mRNA 的分析表明，circTTN 是高度稳定的，其转录半衰期超过 12 h，而相关的线性转录本的半衰期则小于 4 h。

(3) circTTN 的表达情况

为了研究 circTTN 的细胞定位，用 RNA 探针进行了 RNA 荧光原位杂交分析，该探针可特异性识别 circTTN 的反向剪接连接区域，以确定其亚细胞定位。还通过半定量 PCR 和核质分离检测了 circTTN 在细胞核和细胞质中的表达。这两个结果均表明 circTTN 主要位于细胞质中，表明 circTTN 可能在转录后水平上调控基因表达。通常用各种胎牛和成年牛组织来发现 circTTN，在胎牛、犊牛和成年牛肌肉组织中表达逐渐上调。此外 circTTN 在分化期的表达量高于增殖期的表达量。circTTN 在成肌细胞分化过程中表达量也上调。综上所述，circTTN 可能是在肌肉发育过程中发挥积极调节作用的 circRNA。

(4) circTTN 的功能研究

Ⅰ. circTTN 对牛原代成肌细胞增殖的影响

为了确定 circTTN 在牛原代成肌细胞增殖中的作用，将 PCD2.1-circTTN 转染到成肌细胞中以显著过量表达 circTTN。为了评估 circTTN 的功能，使用了 CCK-8、EdU、流式细胞仪、RT-qPCR 和蛋白质印迹试验。首先，检测到 circTTN 对细胞增殖相关基因 *Cyclin D1* 和 *PCNA* 表达的影响，发现 circTTN 在 mRNA 和蛋白质水平上均显著增加了这些基因的表达。细胞周期分析显示，circTTN 的过表达增加了 S 期成肌细胞的比例，并减少了 G_0/G_1 期的细胞数量。与对照组相比，EdU 染色的结果还显示出更多的 EdU 阳性细胞。最后，CCK-8 分析表明 circTTN 表达可显著提高细胞活力。接下来，设计小干扰 RNA（siRNA）以靶向 circTTN 的反向剪接连接。用 siRNA1、siRNA2 和 siRNA3 转染牛原代成肌细胞后，通过 RT-qPCR 检测 circTTN 的表达，选择了最有效的 siRNA2。发现敲除 circTTN 后在 mRNA 和蛋白质水平上显著降低了 *PCNA*、*CDK2* 和细 *Cyclin D1* 的表达。细胞周期分析显示，circTTN siRNA（si-circTTN）减少了 S 期成肌细胞的比例，并增加了 G_0/G_1 和 G_2/M 期的细胞数量。另外，与对照相比，在 si-circTTN 处理的细胞中，CCK-8 分析和 EdU 染色阳性细胞数量均较低。这些结果证明 circTTN 促进牛原代成肌细胞的增殖。

II. circTTN 对牛原代成肌细胞分化的影响

为了调查 circTTN 在牛成肌细胞分化中的参与，检测了成年牛肌分化标志物——成肌因子 5（MyF5）、生肌决定因子 1（MyoD1）、肌细胞生成蛋白（MyoG）和肌球蛋白重链（MyHC）的表达水平。在牛成肌细胞分化过程中，用 PCD2.1-circTTN 处理出生 4 天的牛原始成肌细胞。circTTN 的过表达在 mRNA 水平上有效增强了 MyF5、MyoD1、MyoG 和 MyHC 的表达。此外，MyoD1、MyoG 和 MyHC 的蛋白质水平也显著增加。相反，使用靶向 circTTN 的特定 siRNA（si-circTTN）来检查 circTTN 对牛成肌细胞分化的影响。circTTN 的敲低显著抑制了 MyoD1、MyoG 和 MyHC 在 mRNA 水平以及蛋白质水平的表达。免疫荧光测定结果显示，circTTN 的过表达不仅促进了 MyoD1 和 MyHC 的表达，而且促进了肌管的形成。然而，敲除 circTTN 会抑制 MyoD1 和 MyHC 表达以及肌管的形成。总的来说，这些结果表明 circTTN 起到促进牛成肌细胞分化的作用。

（5）circTTN 在肌肉细胞中的机制研究

I. circTTN 充当 miR-432 的海绵

研究表明，circTTN 可以促进牛成肌细胞的增殖和分化。最近的工作表明，不同类别的非编码 RNA 可能会相互作用，并且这种相互作用调节了它们的表达。circRNA 是非编码 RNA，可以充当竞争性内源性海绵体来调节 miRNA 的表达。因此，接下来使用 RNA 杂交生物信息学程序，确定 circTTN 序列与 miRNA 具有互补性。发现 circTTN 与 miR-432 具有两个结合位点，它们之间具有完美的靶位点互补性。萤光素酶测定显示，miR-432 在 HEK293T 细胞中显著抑制 psiCHECK2-circTTN（pCK-circTTN）的海肾萤光素酶(Rluc)表达。将两个副本的 miR-432 互补序列插入 psiCHECK2 载体可生成 miR-432 传感器。结果表明，miR-432 大大降低了 HEK293T 细胞中 miR-432 传感器的 Rluc 活性。但是，circTTN 的过表达部分恢复了以剂量依赖性方式结合 miR-432 诱导的 Rluc 活性降低。接下来，进行了 RNA 免疫沉淀（RIP）试验，结果显示，与阴性对照相比，Argonaute 2（AGO2）下拉样品中的 miR-432 和 circTTN 成功富集。表明 circTTN 通过 AGO2 蛋白与 miR-432 结合。接下来，将 PCD2.1-circTTN 转染到牛原代成肌细胞中，发现过表达

circTTN 可以显著降低 miR-432 的丰度。与分化期相比，miR-432 在增殖期的表达量更高。在成肌细胞分化期间 miR-432 的表达下调。有趣的是，miR-432 和 circTTN 的表达水平显示出相反的趋势。总而言之，这些发现表明 circTTN 与 miR-432 相互作用。

II. miR-432 对牛原代成肌细胞增殖和分化的影响

接下来，阐明了 miR-432 在牛原代成肌细胞增殖和分化中的功能作用。对于培养的牛原代成肌细胞，将 miR-432 模拟物转染到细胞中，并确认了 miR-432 的显著过表达。miR-432 的强制表达在 mRNA 和蛋白质水平上有效地减弱了增殖标记基因 *PCNA* 和 *Cyclin D1* 的表达，而这些作用由于 circTTN 的过表达而被消除。细胞周期分析显示，miR-432 模拟物减少了 S 期和 G_2/M 期的成肌细胞数量，并增加了 G_0/G_1 期的细胞比例，这表明 miR-432 可能抑制了牛成肌细胞的增殖。对 CCK-8 和 EdU 的检测表明，miR-432 的过表达显著抑制了细胞增殖。但是，研究发现 miR-432 模拟物和 PCD2.1-circTTN 共同转染到牛原代成肌细胞中对细胞增殖的影响可忽略不计，这表明 circTTN 减轻了 miR-432 对细胞增殖的影响。为了进一步评估 miR-432 对成肌细胞分化的影响，将 miR-432 模拟物或 PCD2.1-circTTN 转染到牛原代成肌细胞中进行了 4 天的分化。在 miR-432 过表达后，结果显示，肌源性分化标记基因 *MyF5*、*MyoD1*、*MyoG* 和 *MyHC* 的 mRNA 表达下降，而 MyoD1、MyoG 和 MyHC 的蛋白质水平显著下降。然而，PCD2.1-circTTN 和 miR-432 的共转染显示 *MyF5*、*MyoD1*、*MyoG* 和 *MyHC* 的表达有所恢复。免疫荧光分析显示，miR-432 抑制 *MyoD1*、*MyHC* 表达和肌管形成，但 circTTN 过表达可在某种程度上逆转这种作用。总而言之，上述结果证实 miR-432 可以负调控牛原代成肌细胞的增殖和分化，但这些作用可以通过 circTTN 的过表达消除。另外，这些结果还证明 circTTN 通过结合 miR-432 促进肌肉发生。

III. circTTN 作为 miR-432 的分子海绵减弱其对 *IGF2* 的抑制作用

为了阐明 miR-432 抑制牛原代成肌细胞增殖和分化的潜在分子调控机制，使用了生物信息学软件 TargetScan 7.2。*IGF1* 和 *IGF2* 被认为是 miR-432 的两个潜在靶基因。接下来，构建了含有 miR-432 潜在结合位点的 IGF1-3′-UTR 和 IGF2-3′-UTR［野生型（WT）和突变型（MUT）］萤光素酶报告载体。将这两个质粒分别与 miR-432 模拟物共转染入 HEK293T 细胞。miR-432 显著降低了 IGF2-WT 的萤光素酶活性，但对 IGF2-MUT 没有影响。此外，circTTN 的过表达恢复了 miR-432 诱导的萤光素酶活性降低。同样发现 miR-432 在牛原代成肌细胞增殖和分化阶段显著抑制了蛋白质水平上的 IGF2 表达，但通过强制表达 circTTN 消除了这些作用。另外，IGF1-WT 和 IGF1-MUT 的萤光素酶活性不受 miR-432 的影响。总之，这些发现表明，circTTN 充当减轻 miR-432 介导的 IGF2 抑制作用的诱饵。

IV. IGF2 对牛原代成肌细胞增殖和分化的影响

接下来，使用了特定的 IGF2 siRNA（si-IGF2）来检查 IGF2 在成肌细胞增殖和分化中的作用。用 si-IGF2 转染成肌细胞后，IGF2 mRNA 和蛋白质表达水平显著降低。通过 RT-qPCR 和免疫印迹检测了 *PCNA*、*CDK2* 和 *Cyclin D1* 的表达，发现 IGF2 的敲低有效地减弱了这些基因的表达。细胞周期分析显示，si-IGF2 减少了 S 期和 G_2/M 期成肌细胞的比例，并增加了 G_0/G_1 期的细胞数量。此外，EdU 阳性细胞群体和 CCK-8 分析的结果表明 IGF2 可以促进细胞增殖。IGF2 的抑制还可以在 mRNA 水平上显著降低肌源性分化标记基因 *MyF5*、*MyoD1*、*MyoG* 和 *MyHC* 的表达。另外，在蛋白质水平上，MyoD1、MyoG 和 MyHC 的表达也显著降低。免疫荧光测定获得了相似的结果。这些数据表明 IGF2 促进牛成肌细胞增殖和分化。

V. circTTN 调节 IGF2/PI3K/AKT 信号通路的活性

先前的研究表明 IGF2 对于肌肉生长和发育至关重要。此外，IGF2 与 PI3K/AKT 信号通路密切相关。因此，假设 circTTN 可能通过调节 IGF2/PI3K/AKT 信号通路的活性来促进牛成肌细胞的增殖和分化。为了检验这个假设，进行了蛋白质印迹分析以分析在牛成肌细胞增殖和分化阶段 IGF2/PI3K/AKT 途径中相关基因（*IGF2*、*IRS1*、*PI3K*、*PDK1* 和 *AKT*）表达水平的变化。在增殖阶段，circTTN 的强制表达显著增加了 *IGF2*、*IRS1*、*PI3K*、*PDK1* 和 *AKT* 的表达，而敲除 circTTN 则降低了 *IGF2*、*IRS1*、*PI3K*、*PDK1* 和 *AKT* 的表达水平。为了进一步确定 circTTN 是否通过影响 miR-432 来调节 IGF2/PI3K/AKT 途径，将 miR-432 模拟物或 PCD2.1-circTTN+miR-432 模拟物转染到牛原代成肌细胞中。显然，miR-432 的过表达降低了 IGF2、IRS1、PI3K、PDK1 和 AKT mRNA 和蛋白质水平的表达，但是 circTTN 的过表达减轻了这些影响。在牛成肌细胞分化阶段也得出了类似的结果。总体而言，这些结果表明，circTTN 通过 circTTN-miR-432-IGF2/PI3K/AKT 轴调节牛原代成肌细胞的增殖和分化（图 14-38）。

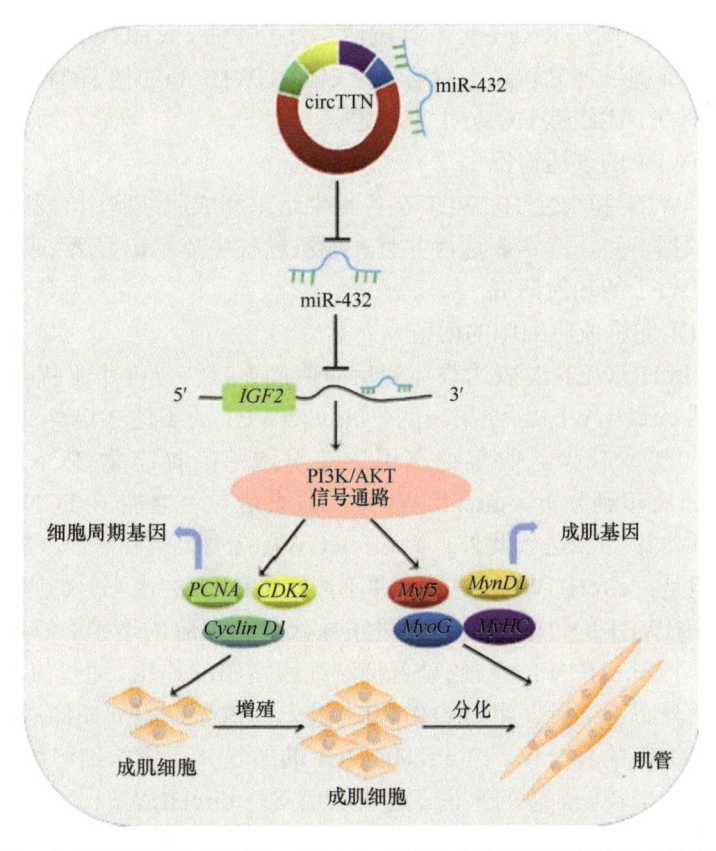

图 14-38 circTTN 竞争性海绵化 miR-432 介导牛成肌细胞增殖和分化的作用模型

6. 秦川牛 circHUWE1 可以充当分子海绵，通过 miR-29b-AKT3 轴调节成肌细胞的发育

(1) circHUWE1 的来源

circRNA47 之所以称为 circHUWE1，是因为它来自 E3 泛素蛋白连接酶 1 基因（*HUWE1*）的外显子 3～7。该基因位于 X 染色体上，可编码 3 种结构域：HECT、UBA 和 WWE。

(2) circHUWE1 的鉴定

通过桑格测序验证 circHUWE1 的反向剪接连接，并使用 RNAfold 软件预测 circHUWE1 的二级结构。为了证实 circHUWE1 的环状结构，设计了 *HUWE1* mRNA 的收敛引物和扩增 circHUWE1 的趋异引物。在与 cDNA、RNase R 处理的 cDNA 或从牛骨骼肌分离的基因组 DNA（gDNA）的 PCR 中，使用两组引物检测了 circHUWE1 的表达。通过琼脂糖凝胶电泳可视化 PCR。结果表明，将 cDNA 或 RNase R 处理的 cDNA 作为模板，通过发散引物成功扩增了环状转录物，但是将 gDNA 作为模板时，则没有。线性转录物在含有 cDNA 或 gDNA 的 PCR 中通过聚合引物扩增，但是仅当使用 RNase R 处理的 cDNA 作为模板时才被弱检测到。为了进一步研究 circHUWE1，进行了细胞核和细胞质定位实验，发现 circHUWE1 主要位于细胞质中。接下来，通过 RT-qPCR 测定 circHUWE1 对 RNase R 的抗性。RNase R 明显降低了线性 HUWE1 和 β-肌动蛋白的表达水平，而 circHUWE1 则对 RNase R 具有抗性。为了评估 circHUWE1 的稳定性，用放线菌素 D 处理成肌细胞以抑制转录，然后测量 circHUWE1 和线性 HUWE1 的半衰期。结果表明，circHUWE1 比线性 HUWE1 更稳定。

(3) circHUWE1 的表达情况

测量 circHUWE1 和线性 HUWE1 在各种牛组织和成肌细胞中的表达。与之前实验室的 RNA-seq 数据一致，广谱表达，并且在成肌过程中显示出显著下降。

(4) circHUWE1 的功能研究

I. circHUWE1 促进成肌细胞的增殖

分别使用 circHUWE1 过表达载体和反向剪接连接特异性小干扰 RNA（siRNA）来过表达和敲减 circHUWE1。结果表明，circHUWE1 的表达在培养 24 h 的牛原代成肌细胞中显著增加或减少。收集细胞用于针对增殖的标志物 PCNA 和 CDK2 的 RT-qPCR 和蛋白质印迹分析。circHUWE1 的过表达显著增加了 PCNA 和 CDK2 在 mRNA 和蛋白质水平的表达。此外，对 circHUWE1 的抑制降低了 PCNA 的 mRNA 和蛋白质表达；但是，circHUWE1 的敲低并不影响 CDK2 的水平。CCK-8 和 EdU 增殖试验表明，circHUWE1 的过表达显著促进了原代成肌细胞的增殖。但是，仅在 EdU 增殖分析中才能看到 circHUWE1 敲低显著抑制细胞增殖的作用。通过流式细胞术进一步评估了细胞周期分布。结果表明 circHUWE1 过表达诱导细胞周期停滞在 G_0/G_1 期，并增加了 S 期成肌细胞的百分比，但 circHUWE1 的敲低并不影响细胞周期分布，可能是由于其背景表达水平较低。总的来说，这些发现支持 circHUWE1 在促进成肌细胞增殖中的作用。

II. circHUWE1 抑制成肌细胞的凋亡和分化

针对 BCL2 和 BAX 进行 RT-qPCR 和免疫印迹分析，以检测细胞凋亡。circHUWE1 的过表达和敲除显著影响了这些凋亡标志物的蛋白质水平，但它们的 mRNA 水平几乎没有变化。凋亡分析还显示，circHUWE1 在牛原代成肌细胞中具有抗凋亡特性。对于分化的表型验证，circHUWE1 在分化的第 3 天成功地过表达。同时，测量了分化标志物 *MyoD* 和 *MyHC* 的 mRNA 和蛋白质水平。观察到 circHUWE1 的过表达降低了 *MyoD* 和 *MyHC* 的 mRNA 和蛋白质水平，而敲除 circHUWE1，这些标志物的 mRNA 和蛋白质表达水平增加。因此，结果表明 circHUWE1 抑制成肌细胞的凋亡和分化。

（5）circHUWE1 在肌肉细胞中的机制研究

I. circHUWE1 充当 miR-29b 靶向成肌细胞中 AKT3 的海绵

从构建的 circRNA-miRNA-mRNA 网络中鉴定出 circHUWE1-miR-29b-AKT3 轴。使用 RNAhybrid 和 RegRNA 2.0 程序可视化 circHUWE1 与 miR-29b 的潜在结合位点，并使用萤光素酶报告基因分析法构建了载体以确认这种相互作用。共转染 pcDNA-miR-29b 和 circHUWE1-wild 时观察到明显的抑制作用，但 circHUWE1-突变体（mut）不再响应 pcDNA-miR-29b 的抑制作用。为了进一步确定 circHUWE1 是否充当螯合 miR-29b 的海绵，建立了 miR-29b 活性传感器，该传感器在海肾萤光素酶基因（*Rluc*）的 3′-UTR 中包含两个拷贝的 miR-29b 结合位点。pcDNA-miR-29b 和该 miR-29b 传感器的共转染导致 Rluc 表达受到显著抑制，并且 pcDNA-miR-29b 通过与 circHUWE1 过表达载体共转染，Rluc 活性以剂量依赖性方式显著恢复。类似地，miR-29b-AKT3 的关系已通过萤光素酶报告基因测定法得到证实，如先前所建立的一样。还应用 AGO2 RNA 免疫沉淀（RIP）测定法来确认 circHUWE1-miR-29b 的相互作用。如预期的那样，circHUWE1 和 miR-29b 被抗 AGO2 有效拉低，但未被非特异性抗 IgG 抗体有效拉低。有趣的是，circHUWE1、miR-29b 和 AKT3 在胎牛和成年牛的骨骼肌中的表达趋势表明，circHUWE1 可以使 miR-29b 逆转 AKT3 的降解或翻译抑制。此外，miR-29b 的表达增加还可以挽救 circHUWE1 对成肌细胞增殖的影响。相反，降低 miR-29b 表达也可以在转录和翻译水平上挽救 circHUWE1- siRNA（circHUWE1-si）的作用。但是，CCK-8 分析未证明有这种挽救作用。

II. circHUWE1 通过 miR-29b-AKT3 途径促进牛成肌细胞增殖并抑制细胞凋亡和分化

为了进一步研究海绵状 miR-29b 在成肌细胞增殖、凋亡和分化中的作用，构建了一个缺少 miR-29b 结合位点的 pcD2.1-circHUWE1-mut（图 14-39A），用 pcD2.1 转染牛原代成肌细胞。pcD2.1（circ-control）、pcDNA3.1（miR-control）、pcD2.1-circHUWE1、pcDNA3.1-miR-29b 和 pcD2.1-circHUWE1-mut 用于测量 AKT3 和标记基因的表达水平。用 pcDNA3.1-miR-29b 转染部分挽救了 pcD2.1-circHUWE1 对 AKT3 和标记基因表达的影响，而 pcD2.1-circHUWE1-mut 则显著恢复了 pcD2.1-circHUWE1 对成肌细胞增殖和分化的作用。细胞凋亡（图 14-39B）和成脂分化（图 14-39C）与预期结果一致。总而言之，这些观察结果表明，circHUWE1 至少部分通过 miR-29b-AKT3 途径促进成肌细胞的增殖并抑制其凋亡和分化（图 14-39D）。

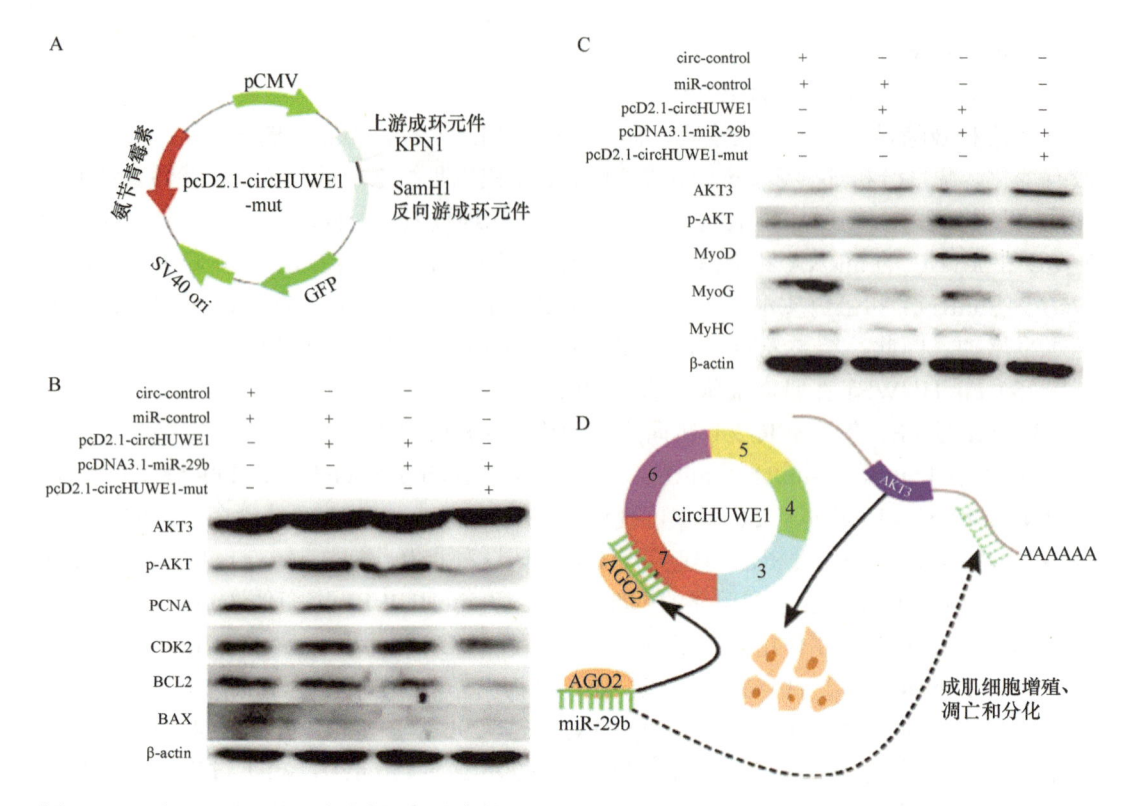

图 14-39　牛 circHUWE1 通过成肌细胞中的 miR-29b-AKT3 轴促进了细胞增殖以及抑制了细胞凋亡和分化

A. pcD2.1-circHUWE1-mut 载体。B. 将 pcD2.1-circHUWE1、pcDNA3.1-miR-29b 和 pcD2.1-circHUWE1-mut 共转染到牛原代成肌细胞中以测量 AKT3 水平，并通过蛋白质印迹法检测增殖和凋亡标记物的表达。C. 将 pcD2.1-circHUWE1、pcDNA3.1-miR-29b 和 pcD2.1-circHUWE1-mut 共转染到牛原代牛成肌细胞中，通过蛋白质印迹法检测 AKT3 的表达和分化标记。D. circHUWE1-miR-29b-AKT3 轴示意图

7. 秦川牛胎牛和成年牛肌肉组织 circINSR 通过充当 miR-34a 的海绵来促进牛成肌细胞增殖并减少胚胎成肌细胞的凋亡

（1）circINSR 的来源

为了更好地揭示 circRNA 在肌肉发育中的作用，在已发表的测序数据（NCBI：GSE87908）中筛选了差异表达的 circINSR。根据在线数据库 circBase，发现 circINSR 与人类 has_circ_0048966 高度同源，两者都由 INSR 外显子 2 的头尾拼接（552 bp）组成。circINSR 仅通过不同的引物在 cDNA 中扩增，而在基因组 DNA（gDNA）中未观察到扩增产物。

（2）circINSR 的鉴定

circINSR 的扩增产物已通过测序技术证实。放线菌素 D 抑制 mRNA 合成并促进 RNA 降解。用放线菌素 D 处理后，牛成肌细胞中 circINSR 的表达略有降低。但是，INSR mRNA 的表达以时间依赖性方式大大降低，并且 circINSR 和 INSR mRNA 之间半衰期的差异反映了 circINSR 的稳定性。此外，与线性 mRNA 相比，circINSR 对 RNase R 处理具有抗性。

(3) circINSR 的表达情况

组织表达模式分析表明，circINSR 在胎牛肌肉中的表达量明显高于成年牛。该结果与测序数据一致。定量测定表明，circINSR 在几种牛组织中表达，包括心脏、肝脏、脾脏、肺、肾和皮下脂肪组织。在肾脏和脂肪组织的发育过程中 circINSR 的表达呈增加趋势，而在肌肉组织中变化却相反。circINSR 在胎牛心肌和骨骼肌中的表达水平显著高于其他组织。分析过表达和干扰 circINSR 后 *INSR* 基因的表达，确定了 *INSR* 基因和蛋白质的水平与 circINSR 不相关，并且随后的测试结果不受 *INSR* 基因的影响。

(4) circINSR 的功能研究

为了探索 circINSR 的功能，将 pcD2.1-circINSR 质粒的过表达载体转染到成肌细胞中。质粒的过表达导致 circINSR 表达量增加到 10 倍，并显著增加了与增殖相关的基因（包括 *PCNA*、*Cyclin D1*、*Cyclin E2* 和 *CDK2*）在 mRNA 和蛋白质水平上的表达。EdU 染色分析表明，circINSR 的过表达显著增加了增殖期成肌细胞的数量。CCK-8 检测显示了相同的结果。为了研究 circINSR 是否影响细胞周期，使用流式细胞仪分析了增殖成肌细胞的象分布。这些结果表明，circINSR 过表达时，G_1 期的细胞数量减少而 S 期的细胞数量增加。G_2 期的细胞周期变化不明显。

根据以上结果，进一步验证了 circINSR 抑制是否会产生与过表达相反的作用。设计了两种不同的小干扰 RNA（siRNA）用于 circINSR 沉默。针对反向剪接序列的 siRNA#1 和 siRNA#2 都敲低了环形转录本，随机选择了 siRNA#1 进行后续实验。正如预期的那样，蛋白质印迹和 RT-qPCR 分析表明，circINSR 沉默显著抑制了牛原代心肌细胞 *PCNA*、*Cyclin D1* 和 *Cyclin E2* 的表达。然后通过 EdU 和 CCK-8 分析确定细胞增殖，与对照组相比，si-circINSR 组的细胞活力显著降低。细胞周期分析表明，circINSR 干扰阻止了正常的细胞周期进程，导致更多的细胞停滞在 G_0/G_1 期，从而减少了处于 S 期和 G_2 期的细胞。这些结果证明 circINSR 干扰抑制了肌肉细胞的增殖。接下来，检查了 circINSR 在肌肉细胞分化中的功能。用 pcD2.1-circINSR 转染牛原代成肌细胞，并通过 RT-qPCR 检测 MyoD、MyoG 和 MyHC 的表达。结果表明，circINSR 可能不参与牛原代成肌细胞的分化。

为了研究 circINSR 是否调节成肌细胞凋亡，在 circINSR 过表达或沉默后使用了 RT-qPCR 和蛋白质印迹法。结果表明，circINSR 的过表达可以增加 *Bcl-2* 的表达并抑制 *p53* 和 *p21* 的表达，但对 *Bax* 没有影响。鉴于 pcD2.1 载体具有绿色荧光这一事实，使用了膜联蛋白 V-藻红蛋白/7-氨基-放线菌素 D（annexin V-PE/7-AAD）染色，而不是常用的膜联蛋白 V-荧光素异硫氰酸酯（FITC））/碘化丙啶（PI）通过流式细胞仪测量细胞凋亡。引入针对 circINSR 的 siRNA 导致凋亡细胞大量积聚，而过表达量下降。线粒体膜电位（DJm）的降低是细胞凋亡早期的标志性事件。5,5′,6,6′-四氯-1,1′,3,3′-四乙基-碘碳氰化碘（JC-1）是一种理想的荧光探针，广泛用于检测 DJm。JC-1 的红色荧光到绿色荧光的过渡可以用作早期检测细胞凋亡的标记。为了使 pcD2.1 载体绿色荧光对 JC-1 荧光信号的干扰最小，仅在干扰后检测 DJm。JC-1 染色后，分别通过流式细胞仪和荧光显微镜在细胞中检测到红色和绿色荧光。与未处理组相比，si-circINSR 处理导致绿色荧光显著增加，表明 circINSR 干扰可诱导线粒体膜去极化。这些结果表明 circINSR 可能通过线粒体凋亡途径抑制细胞凋亡。

(5) circINSR 在肌肉细胞中的机制研究

研究人员设计了一种 RNA 探针,可特异性识别 circINSR 的反向剪接连接区域。RNA 荧光原位杂交定位和 PCR 结果表明 circINSR 主要位于牛成肌细胞的细胞质中,因此假设 circINSR 充当 miRNA 海绵。根据上述结果,circINSR 可以抑制 p53 的表达并促进细胞增殖。为了找到与 circINSR 相互作用的 miRNA,检查了 circINSR 过表达后参与 p53 途径和细胞增殖过程的许多 miRNA。发现,circINSR 过表达后,miR-34a 和 miR-15 的表达降低,而 circINSR 干扰后 miR-34a 的表达增加。多项研究发现,保守的 miR-34 家族成员参与了 p53 网络,并且 miR-34 家族可能在肿瘤细胞的增殖和迁移中发挥了作用。鉴于 circRNA 通常作为分子海绵来吸附 miRNA 而起作用,因此研究了 circINSR 靶向 miR-34a 的能力。在牛成肌细胞中进行了 AGO2 RNA 免疫沉淀(RIP)分析,并检查了与 AGO2 蛋白结合的内源性 circINSR 和 miR-34a 的表达。结果表明,circINSR 和 miR-34a 在 AGO2 下拉的沉淀中高度富集。psiCHECK2-circINSR 野生型(pCK-circINSRw)+miR-34a 组的萤光素酶活性明显低于 pCK-circINSRw 组。在 psiCHECK2 载体中添加与 miR-34a 成熟序列互补的重复基序,使其成为双重荧光测定的强阳性对照。将 miR-34a 生物传感器与海绵质粒 pcD2.1-circINSR、pcD2.1-non(vector)、miR-34a 模拟物或模拟物阴性对照(mimic-NC)一起转染到 HEK293T 细胞中。miR-34a 的过表达抑制了生物传感器的萤光素酶表达,当 miR-34a 和 circINSR 的过表达载体被共转染时,circINSR 吸附了 miR-34a,从而减轻了 miR-34a 对生物传感器的荧光的抑制作用,恢复了生物传感器的活性,并且显示出剂量依赖性效应。使用 TargetScan 7.0 和 miRanda 预测了 circINSR 上 miR-34a 的 3 个结合位点。由于 circINSR 上有多个 miR-34a 吸附位点,因此无法构建突变体(MUT)载体。在 psiCHECK2 的每个位点合成了野生型(WT)和 MUT 序列,以验证萤光素酶的表达。将萤光素酶筛选试验的结果与预测的二级结构相结合,观察到 circINSR 与 miR-34a 有两个潜在结合位点,尽管位点 2 没有有效结合。

circINSR 以 miR-34a 依赖性方式调节细胞增殖和凋亡。根据以前的研究结果,miR-34a 可以通过抑制其靶基因(*Bcl-2*、*MYC*、*Cyclin D1*、*Cyclin E2*、*NOTCH1*、*CDK4* 和 *CDK6*)来抑制细胞增殖,而这项研究结果也表明 miR-34a 的过表达可以减少靶基因(*Bcl-2*、*Cyclin D1* 和 *Cyclin E2*)和增殖标记基因 *PCNA* 的表达。正如生物信息学计划所预测的那样,众所周知的凋亡途径调节剂 Bcl-2 是 miR-34a 的潜在靶标。Cyclin E2 是细胞周期蛋白(cyclin)家族的重要成员。萤光素酶报告基因测定显示,miR-34a mimics 显著抑制 Bcl-2 WT 和 Cyclin E2 WT 的相对萤光素酶活性,但不抑制突变组。此外,在 miR-34a 和 circINSR 共转染后,EdU 和 CCK-8 的结果表明,circINSR 的存在可以消除 miR-34a 对靶基因的抑制作用,从而促进细胞增殖。随后的细胞周期分析表明,miR-34a 的过表达显著抑制了细胞周期进程。但是,circINSR 和 miR-34a 的共转染可以逆转 miR-34a 对细胞周期的抑制作用,这与 EdU 和 CCK-8 结果一致。先前的研究表明,circRNA 可调节多种类型的细胞生长和凋亡。将 circINSR 和 miR-34a 共转染至牛原代成肌细胞中,然后分析细胞凋亡。流式细胞仪分析结果表明,miR-34a 的过表达增加了凋亡细胞的数量,而 circINSR 可以抑制细胞凋亡的发生(图 14-40)。

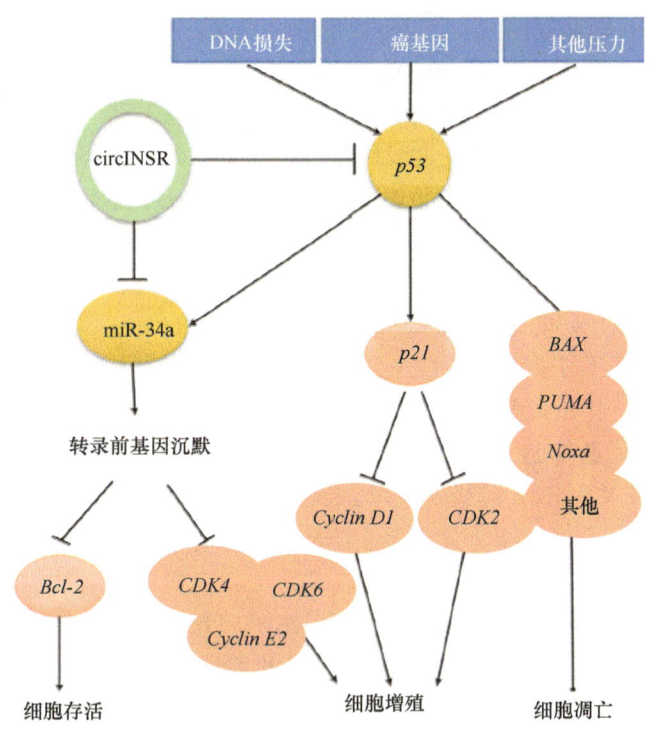

图 14-40　牛 circINSR 竞争性结合 miR-34a 调节细胞增殖和细胞凋亡的示意图

（二）circRNA 调控黄牛脂肪发育

（1）circFUT10 的来源

对秦川牛幼龄牛和成年牛脂肪组织差异表达的 circRNA 进行分析和 RT-qPCR 验证，结果发现 circFUT10（宿主基因为 *FUT10*，因此后续命名为 circFUT10）在脂肪发育过程中表达量最高，暗示其在脂肪发育中可能具有重要作用。

（2）circFUT10 的鉴定

通过 RT-qPCR 分析了 8 个差异表达的与脂肪发育有关的 circRNA，其实际表达情况与测序结果一致，表明测序结果准确可信，其中表达量最高的为 circFUT10。通过进一步的测序验证，其仍然与预测的 circRNA 序列一致。RNase R 消化实验表明，研究的 circFUT10 相比于线性 RNA 分子对 RNase R 具有更高的抗性，表明其的确为环状 RNA 分子。

（3）circFUT10 的表达情况

为了确定 circFUT10 对细胞分化的影响，将牛脂肪细胞诱导分化 10 天，然后用油红 O 染色法进行分析。如预期一样，已建立的脂肪细胞标记物过氧化物酶体增殖物激活受体 γ（PPARγ）和 CCAAT/增强子结合蛋白 β（C/EBPβ）的表达水平显著增加。在分离的牛脂肪细胞中，circFUT10 在细胞分化阶段比在增殖阶段表达水平更高，揭示了 circFUT10 在脂肪细胞分化中的潜在作用。过表达 circFUT10 后，亲本基因 *FUT10* 表达水平无明显变化，说明 circFUT10 对脂肪细胞的影响与其亲本基因表达水平无关。

（4）circFUT10 的功能研究

构建 circFUT10 超表达载体（pcD2.1-circFUT10），在脂肪细胞中转染超表达载体后检测 circFUT10 超表达效率，发现 circFUT10 表达量显著上升，而亲本基因的表达并没有上调，由此可见 circFUT10 超表达载体是一种高效的环化载体，可用于 circFUT10 在脂肪细胞中的功能研究。CCK-8 实验表明在过表达 circFUT10 的脂肪细胞中，其增殖能力显著上升。同样地，EdU 染色实验显示，circFUT10 的过表达会增加了 EdU 阳性细胞的数量，表明 circFUT10 对细胞具有增殖效应。细胞周期分析也表明，过表达 circFUT10 会显著增加 S 期和 G_2 期的细胞数量，而 G_0 期和 G_1 期的细胞数量则显著下降。此外，对细胞增殖相关因子的研究发现，过表达 circFUT10 会显著上调 *CDK2* 和 *PCNA* 在转录和翻译水平的表达；相反，敲降 circFUT10 则会使得 *CDK2*、*Cyclin D1* 和 *PCNA* 表达显著下调。对牛原代脂肪细胞分化的研究表明，在转染 pcD2.1-circFUT10 的细胞中，对 *PPARγ* 和 *C/EBPα* 的 RT-qPCR 分析发现，过表达 circFUT10 会显著抑制标志基因在 mRNA 水平的表达。相似地，免疫印迹分析显示，circFUT10 也会抑制 *PPARγ* 和 *C/EBPβ* 的表达。同时，相比于正常组，过表达组的脂肪细胞经油红 O 染色表现出更少的脂滴。在敲降 circFUT10 的细胞中，*PPARγ* 在转录和翻译水平的表达量均显著上调。

（5）circFUT10 调控脂肪细胞增殖、分化的机制研究

功能预测发现，circFUT10 序列中含有 miRNA let-7 家族的潜在结合位点。选择该家族中前 4 个预测能量最低的成员，通过双荧光素酶报告基因系统发现 let-7c 会显著抑制 pCK-circFUT10 的荧光活性。进一步对 let-7c 传感系统（psiCHECK2-let-7c）的分析也验证了二者之间具有直接互作关系。利用 AGO2 抗体的 RNA 免疫沉淀结合 RT-qPCR 实验表明 circFUT10 和 let-7c 均可结合 AGO2 蛋白。同样地，let-7c 也会使得 *CDK2* 和 *PCNA* 在转录和翻译水平的表达量下调，而且这种抑制效应可以被 circFUT10 的过表达逆转；在脂肪细胞的分化时期，let-7c 过表达会显著上调分化标志基因 *PPARγ* 和 *C/EBPβ* 的表达水平，但在 circFUT10 导入之后其表达则呈现明显的下降趋势。油红 O 染色实验显示，过表达 let-7c 组中的脂滴明显多于对照组，但过表达 circFUT10 可改善该现象。这表明 let-7c 不仅能够调节脂肪细胞的增殖和分化，还会受到 circFUT10 的负向调控作用。经过对 miRNA let-7c 的靶基因的生物信息学预测，发现 *PPARGC1B* 是 let-7c 的潜在靶基因，该基因的 3′-UTR 的 7 个碱基为 let-7c 的结合位点。在共转染 let-7c 模拟物和 pCK-*PPARGC1B*-3′-UTR-W 的脂肪细胞中，双荧光素酶报告基因系统表明 let-7c 会显著抑制荧光活性，而在过表达 circFUT10 之后，又会使荧光活性有一定的恢复。为了验证 circFUT10 会影响 *PPARGC1B* 的表达，在过表达 circFUT10 的脂肪细胞中对 *PPARGC1B* 进行 RT-qPCR，结果表明 *PPARGC1B* 的表达显著上调，而 let-7c 的引入又会使其表达下调。此外，对不同发育时期脂肪组织的 *PPARGC1B* 基因的表达分析表明，其表达表现出显著差异，成年牛脂肪组织中 *PPARGC1B* 基因表达水平显著较高。对 *PPARGC1B* 基因的敲减和 siRNA 干扰研究进一步表明，敲减 *PPARGC1B* 基因会影响脂肪细胞的增殖和分化，进而影响脂滴的形成。以上结果表明，circFUT10 能够通过结合 let-7c 解除 let-7c 对靶基因 *PPARGC1B* 表达的抑制作用，进而调控脂肪细胞的增殖和分化。

目前对黄牛 circRNA 的研究还处于起步阶段，只有少数 circRNA 的功能被鉴定（表 14-11）。相信将会有越来越多具有重要功能的 circRNA 被鉴定和研究。

表 14-11 当前黄牛 circRNA 相关研究

样品种类	样品来源	测序获得 circRNA 数量/个	RT-qPCR 验证的 circRNA 的数量/个	机制研究的 circRNA	参考文献
背最长肌组织	90 日龄胎牛（$n=3$）和 24 月龄成年牛（$n=3$）	12 981	17	7	魏雪锋，2017；Wei et al.，2017；Li et al.，2018a；Li et al.，2018b；Peng et al.，2019；Wang et al.，2019；Yue et al.，2020；Shen et al.，2020.
背最长肌组织	30 月龄的哈萨克牛（$n=3$）和新疆褐牛（$n=3$）	5 177	6	无	Yan et al.，2020
皮下脂肪组织	秦川牛 6 月龄胎牛（$n=3$）和 2 岁龄成年牛（$n=3$）	14 274	0	1	Jiang et al.，2020
肌内脂肪组织	安格斯牛（$n=3$）和南阳牛（$n=3$）右侧背最长肌第 12/13 肋骨间肌肉的肌内脂肪组织	14 649	4	无	史明艳等，2020
睾丸组织	秦川牛 1 周龄新生牛（$n=1$）和 4 岁龄成年牛（$n=1$）	21 753	8	9	Gao et al.，2018
胎盘组织	异常妊娠组（AG，$n=2$）和正常妊娠组（NG，$n=3$）的成年奶牛在妊娠晚期（180～210 天）的 SCNT 胎儿胎盘组织	12 454	8	无	Su et al.，2019

circRNA 的特殊环状结构意味着其具有特殊的功能和作用机制。目前人们发现 circRNA 在肌肉和脂肪等组织内都发挥着重要的作用，在未来可能成为一种新型的生物学标志。随着高通量测序技术和生物信息学的快速发展，越来越多的 circRNA 被发现。但目前关于中国黄牛的 circRNA 还有待进一步深入研究，还有很多问题需要解决。例如，关于牛的 circRNA 机制研究较为单一，主要涉及吸附 miRNA 的分子海绵机制；牛 circRNA 的数据库尚未完全建立等。目前已有研究表明，circRNA 在动物肌肉、脂肪等组织器官生长发育过程中具有重要的调控作用，这或将成为动物遗传育种工作的新思路。因此，进一步挖掘新的 circRNA、鉴定其种类及表达模式、探索 circRNA 调控网络、阐明其对动物生长发育的作用机制，可为深入研究动物生长发育提供新的基础数据。随着信息技术和研究工具的不断发展，相信在不久的将来，circRNA 在调控动物生长发育方面的研究将有突破性进展。

第四节 DNA 甲基化研究

表观遗传修饰虽然不会引起 DNA 序列的改变，但是它对器官的发育和个体的生长仍然有重要的影响。DNA 甲基化是一种主要的基因组表观遗传修饰方式，在调控基因选择性表达、维持基因组稳定性以及保证机体正常生长发育等生命过程中均发挥着至关重要的作用。

一、DNA 甲基化概述

随着全基因组 DNA 甲基化测序技术的发展，可以在全基因组范围内确定 DNA 甲基化的位置及其与基因调控的关系。DNA 甲基化作为一种重要的表观遗传修饰方式，对维持正常细胞功能、调控个体生长发育起着重要作用，参与了细胞的多种生理活动，如基因的时空特异性表达、X 染色体失活、衰老以及癌症的发生等，已经成为目前研究的热点。

（一）DNA 甲基化的定义

DNA 甲基化是指在 DNA 甲基转移酶（DNA methyltransferase，DNMT）的催化下，以 S-腺苷甲硫氨酸作为甲基供体，将甲基基团转移到 DNA 分子的碱基上的反应过程。

（二）DNA 甲基化的特征

1. DNA 甲基化位点

DNA 甲基化可以发生在基因组序列中腺嘌呤的 N-6 位（m^6A）、鸟嘌呤的 N-7 位（m^7G）、胞嘧啶的 N-4 位和胞嘧啶的 C-5（m^5C）位。通常情况下，真核生物胞嘧啶的 C-5 位发生甲基化频率最高，因而成为热门研究对象。

2. DNA 甲基化分布

发生 DNA 甲基化修饰的主要位点是与鸟嘌呤相连的胞嘧啶，即聚集成簇的 CpG 二核苷酸位点，基因组中富含 CpG 二核苷酸位点的 DNA 片段被称为 CpG 岛，某些基因型更易受 DNA 甲基化的影响，即对甲基基团更加敏感。

（三）DNA 甲基化形成机制

DNA 甲基化功能的本质是甲基化机制的建立、维持和去除甲基。DNA 甲基转移酶（DNMT）在调节基因甲基化过程中起着重要作用。哺乳动物中与甲基化有关的 DNA 甲基转移酶主要有 5 种：DNMT1、DNMT2、DNMT3a、DNMT3b 和 DNMT3L。

（1）DNMT1

DNA 甲基转移酶 1（DNMT1）包含 1573 个氨基酸，蛋白质分子量为 190 kDa，其羧基端为保守的催化甲基化反应的结构域，具有被认为是所有 DNA 胞嘧啶甲基转移酶活性位点的脯氨酸-半胱氨酸二肽，其氨基端含有一个类似于锌指结构的富含半胱氨酸区，可以与 DNA 双螺旋的大沟发生碱基特异性相互作用。DNMT1 在体内和体外都有维持甲基化的作用，即按照模板的甲基化模式，将亲代的甲基化模式遗传给子代。在体外 DNMT1 也能将未修饰的 DNA 从头甲基化，但在细胞中正常存在的 DNMT1 无此作用。

（2）DNMT2

DNMT2 与原核生物和真核生物的 DNA C^5-胞嘧啶甲基转移酶具有高度的同源性，其蛋白质包含 DNA C^5-胞嘧啶甲基转移酶中保守的全部 10 个主要区域，如 SAM 结合域和 DNA 特异位点识别域等。DNMT2 与 DNA 具有较强的结合能力，并且在体外可与 DNA 结合并阻止 DNA 的变性。这些特点都表明 DNMT2 可能起着识别 DNA 上特异序列并与之结合的作用，DNMT2 并不具备催化 CpG 位点甲基化的特性。

（3）DNMT3a 和 DNMT3b

DNMT3a 和 DNMT3b 是 CpG 位点胞嘧啶特异的从头甲基化酶，负责 DNA 的从头甲基化。DNMT3a 和 DNMT3b 能在体内进行从头甲基化，而在体外，其 DNA 甲基转移酶的活性小于 DNMT1，这可能是因为 DNMT3a 和 DNMT3b 的从头甲基化能力需要 DNA 甲基转移酶与其他蛋白质或染色质相互作用。

（4）DNMT3L

DNMT3 家族还有一个新的成员，即 DNMT3L。DNMT3L 与 DNMT3a 和 DNMT3b 有高度同源性，但缺乏 DNA 甲基转移酶活性，其主要作用是协助 DNMT3a 和 DNMT3b 完成卵母细胞的重新甲基化，其也可通过前体精原干细胞中对分散重复片段的甲基化起作用。DNMT3L 的失活可导致精原细胞中的反转座子进行转录，从而导致精子发生失败，精子滞留。

（四）DNA 去甲基化作用

作为一种调控方式，甲基化过程必然要求相应的去甲基化过程与之协调来解除甲基化的抑制作用，使沉默的基因激活。真核生物去甲基化机制目前还不明确。去甲基化可能是由糖基化酶或含有 mC 结合域的多肽来完成的。在 DNA 复制过程中，一些核因子结合于 DNA 上，阻碍了甲基化酶对半甲基化的识别。因此甲基化形式不能被"遗传"，而在不断的传代过程中，原有模板上的甲基化逐渐被"稀释"。

（五）DNA 甲基化调节基因表达的机制

DNA 甲基化调节基因表达的机制主要有 3 种。

1. 干扰转录因子结合启动子

DNA 双螺旋的大沟是众多蛋白质因子与 DNA 结合的部位，且含有丰富的能被转录因子识别的 GC 序列，但 CpG 发生甲基化后，转录因子就不能结合到 DNA 上，从而影响转录因子与启动子区 DNA 的结合效率，如转录因子 AP-2、C-Myc/Myn、CAREB、EZF 和 NF-κB 能够识别 CpG 残基序列。当 CpG 残基上的 C 被甲基化后，结合作用即被抑制。但有一些转录因子如 SP1 和 GF 等对其结合位置上的甲基化不敏感，还有许多转录因子在 DNA 上的结合位点并不含 CpG 二核苷酸，DNA 甲基化对这些转录因子基本不起作用。

2. 影响染色质结构

DNA 甲基化导致染色质结构改变，从而抑制基因表达。伴随着个体发育，当需要某些基因保持"沉默"时，迅速发生甲基化，此时基因转录被抑制，基因不表达；若需要恢复转录活性，则要去甲基化。

3. 甲基化特异结合转录阻遏物

甲基化抑制转录是通过在甲基化 DNA 上结合特异的转录阻遏物或称甲基-CpG 结合蛋白（MBP）来实现的。MBP 是一组序列特异性的 DNA 结合蛋白，其靶序列仅仅由 2 个碱基组成：甲基胞嘧啶及紧跟其后的鸟嘌呤（5mCpG）。哺乳动物中有 6 种已知 MBP，包括 MBD（甲基化 CpG 结合域，methyl-CpG-binding domain）家族基序 Kaiso。MBD 家族包括 MBD1、MBD2、MBD3、MBD4 和 MeCP2。其中，MBD1、MBD2、MBD4 主要在 MBD 基序上与 MeCP2 具有同源性，具有优先结合甲基化 CpG 的能力。MBD1 在体外主要优先结合高密度甲基化 DNA，在转染的细胞中，它通过组蛋白脱乙酰酶依赖的方式抑制转录。MBD4 不具备抑制基因转录的功能，具有 C/T 错配糖基化酶的活性和 5-甲基胞嘧啶 DNA 糖基化酶的活性，因而起着 DNA 修复的作用。与这几种蛋白质相似，MBD3 也包含高度保守的 MBD 基序，但 MBD3 分子中有一个氨基酸被替代，而失去与甲基化 CpG 位点结合的能力。MeCP2 有两个结构域：一个是染色体定位的必需甲基化 DNA 结合结构域；另一个是在一定距离内可抑制启动子激活的转录抑制结构域，其能够识别 mCpG 回文序列，并且可在数百碱基以外的距离发挥抑制作用。

（六）DNA 甲基化的生物学作用

1. DNA 甲基化与发育分化

DNA 甲基化可以调控真核生物的转录，从而影响基因的表达水平。动物发育分化过程中 DNA 序列没有改变，但在不同的发育阶段以及不同的组织中，基因的表达具有特定的模式，DNA 甲基化与这些发育相关基因的时空表达特异性具有非常密切的关系。一般认为 DNA 甲基化与基因表达呈负相关关系，启动子区低甲基化可以促进基因转录活性的增加，而基因本身的 DNA 甲基化水平增加亦可以降低基因的表达水平。脊椎动物在发育过程中，不同个体的同一种细胞之间存在高度保守的 DNA 甲基化模式，而在同一个体不同类型的组织中 DNA 甲基化模式是不同的。这种发育阶段及组织特异的 DNA 甲基化模式与个体发育过程中甲基化水平的动态变化有关。在胚胎发育过程中，基因组 DNA 发生了完全去甲基化和重新甲基化变化，形成个体特异的 DNA 甲基化发育编程，在以后的发育阶段，组织特异性基因又会按照编好的程序，发生选择性的甲基化或去甲基化变化，形成组织特异的表达类型，使不同的组织行使不同的功能。

2. DNA 甲基化与基因组印记

基因组印记是一种违反了孟德尔遗传规则的遗传现象。DNA 甲基化是基因组印记发生和维持的主要机制。在基因组印记中，DNA 甲基化发生在配子发生至受精前，经历胚胎早期广泛的去甲基化和重新甲基化后，在胚胎发育中继续保持双亲特异的甲基化模式。DNA 甲基化在基因组印记中有两种形式：一些基因在启动子区 CpG 岛上有等位基因差异的甲基化；另一些基因在非启动子区甲基化，并与其表达呈负相关关系。

3. DNA 甲基化与 X 染色体失活

雌性哺乳动物胚胎在囊胚期通过一条 X 染色体随机失活实现 X 连锁基因的剂量补偿。X 染色体失活始于 X 失活中心（XIC），从 X 失活中心向邻近扩展。XIC 是一个候选基因，它的表达先于印记和 X 染色体的失活，是迄今为止发现的唯一只在失活染色体上表达、在活性染色体上不表达的基因。同时，*XIST* 基因 5'端在活性染色体上是完全甲基化的，而在失活的 X 染色体上是非甲基化的。450 kb 的 *XIC* 序列具有选择、启动和保持染色体失活的功能。染色体失活的另一机制是 DNA 甲基化模式通过抑制基因调控元件（如启动子、增强子和抑制物等）的活性来调控基因表达。DNA 调节功能因甲基 CpG 的出现而改变。甲基 CpG 特异结合蛋白抑制物是染色质的成分，当其作为特定位点时，加速失活染色质的生成。

（七）DNA 甲基化的研究方法

同 DNA 甲基化的生物学功能多样性一样，DNA 甲基化的研究方法也非常多。目前已经有十多种检测基因组 DNA 甲基化水平的方法，有的是从全基因组角度探测基因组的 DNA 甲基化水平；有的是对一些特异性基因如致癌基因的启动子区或基因内部 DNA 甲基化水平进行研究；有的是基于 DNA 甲基化敏感的限制性酶消化，然后结合电泳分离，或扩增、印迹等来检测甲基化水平；有的是用亚硫酸氢盐处理目标，然后结合电泳或其他途径定量或定性分析目标的 DNA 甲基化状态。了解 DNA 甲基化分析技术的原理、适用范围和优缺点有利于研究者根据自身不同需求和设备条件来选择有效方法达到最终目的。以下简述目前一些 DNA 甲基化检测的主要方法。

1. 酶切法

酶切法是检测基因组 DNA 甲基化水平的一种常用的也是最简便的方法。其原理是由于限制性内切酶在它的识别位点对 m^5C 敏感性不同，当采用甲基化敏感性的限制性内切酶对基因组 DNA 进行消化时，如果在消化的基因组上与该酶对应的位点没有被甲基化，或甲基化的状态不影响此酶的酶切活性，那么基因组 DNA 就会被消化成小片段，如果基因组 DNA 对应的位点处于该酶敏感的甲基化状态，那么就不会有小片段产生。比较不同状态的相同基因组 DNA 的酶切产物，就可以发现对应位点不同的甲基化状态。酶切法常常用来对不同基因组总的 DNA 甲基化水平进行估计，或者对目的基因片段进行已知位点的 DNA 甲基化状态检测。因为不同的核酸内切酶识别的序列不同，所以应根据需要检测的实验材料进行有目的的选择，才有可能得到正确的结果。*Hpa*II、*Msp*I 和 *Not*I 等是酶切法常用的几种酶。在限制性内切酶中，有时两种酶识别相同的位点，但是这两种酶对胞嘧啶甲基化状态的敏感性不同，用这样一对酶在相同的条件下处理相同的基因组时，就会产生与这两种酶对应的甲基敏感性多态片段，根据片段的多态性，就可以了解对应位点的甲基化状态。酶切法只能分析对应酶切位点的胞嘧啶的甲基化状态，检测的未知基因组的甲基化水平会偏低，不能反映整个基因组的甲基化水平。从全基因组水平研究目的组织或个体的甲基化状态、比较整体水平的甲基化变化趋势、寻找特异的甲基化位点，酶切法结合 PCR 法无疑是最佳的选择，因为它可以简单、快速、有效地进行分析而不需要事先知道某个位点的甲基化信息。

2. 亚硫酸氢盐测序法

亚硫酸氢盐测序法（又称亚硫酸盐测序法）是检测基因组 DNA 甲基化状态的比较可靠的方法，可以发现有意义的关键性 CpG 位点。原理：DNA 经亚硫酸氢盐处理后，非甲基化的 C 通过脱氨基作用形成 U，而甲基化的 C 不会改变。然后以 CpG 岛两侧不含 CpG 位点的一段序列为引物进行扩增，模板上的 C 就会扩增为 T，通过扩增片段测序结果 T 与 G 的变化，就可以检测目的片段的甲基化状态。亚硫酸氢盐测序法应注意 3 个问题。首先，采用亚硫酸氢盐处理 DNA 时，DNA 易变性形成不完全配对双链，使亚硫酸氢盐修饰不完全，从而不能准确反映 C 碱基上的状态。其次，在亚硫酸氢盐处理过程中，DNA 会部分降解，导致后来 PCR 中的模板受到破坏而不能进行扩增，而且过长时间的处理会引起 m^5C 的脱氨基反应，降低了产物中 m^5C 的水平。最后，如果序列中的 C 没有甲基化，经亚硫酸氢盐处理后，C 转化成 U，原有的双链形成两条单链并且只含有 A、T 和 G 3 种主要碱基，容易降解或形成二级结构。在亚硫酸氢盐测序法中，PCR 产物的测序有两种，其中克隆测序能提供 CpG 岛甲基化状态的准确信息，适用于半甲基化或细胞构成复杂的样品甲基化分析，而直接测序比较适合分析杂合性小的细胞样品和甲基化状态均等的组织样品。

3. 甲基化特异性 PCR

甲基化特异性 PCR 是一种快速、敏感的检测方法，且只需要少量的 DNA 就可以进行分析。其原理与亚硫酸氢盐测序法相同，但 PCR 引物设计比较特殊。它有两套不同的引物对，其中一条引物序列来自处理后的甲基化 DNA 链，如果用这种引物扩增出片段，说明该检测位点发生了甲基化。另一引物来自处理后的未甲基化 DNA 链，如果用这个引物能扩增出片段，说明该检测位点没有甲基化。与其他方法相比，甲基化特异性 PCR 从非甲基化模板背景中检出甲基化模板的敏感性大大提高，但是需要两组已知的关键性位点来设计上下游引物，并且这些位点必须完全甲基化或完全非甲基化，所以此方法只能对已知序列的基因组进行分析，而且还存在目标片段扩增难度大和特异性差等缺陷。

4. 高效液相色谱法

利用高效液相色谱法可测定基因组整体 DNA 甲基化水平，其过程是将样品经盐酸或氢氟酸水解成碱基，水解产物通过色谱柱，结果与标准品比较，用紫外光测定吸收峰值及定量，计算 $m^5C/(m^5C+5C)$ 的积分面积就能得到基因组整体的 DNA 甲基化水平。这是一种检测 DNA 甲基化的标准方法，但需要较精密的仪器。

5. 限制性标记物全基因组扫描法

限制性标记物全基因组扫描法是对基因组进行标记，通过二维电泳结合酶切技术，将消化后的基因组在凝胶上多次分离。最后分离得到的片段可以包含整个基因组序列，并且片段大小适合克隆和序列分析。该方法可在没有基因组序列信息的情况下分析数千个 CpG 岛的甲基化状态。基本步骤如下：首先将基因组 DNA 用甲基化敏感的 *Not*I 酶消化，用同位素标记消化后的 DNA 片段，电泳分离，然后用第二个甲基不敏感性酶消化，电泳，再用第三个甲基不敏感性酶消化继续电泳，显影成图谱。与正常对照相比，样本中缺失或信号减弱的点表示高甲基化的 CpG 岛。相反，新出现或信号增强的点则表示低甲基化的 CpG 岛，需进一步进行排除和扩增。为了进一步确定这些差异点的情况，需要先克隆再进行测序或作为探针进行 Southern 杂交。限制性标记物全基因组扫描法可一次得到数以千计的 CpG 岛的甲基化定量信息，但对 DNA 质量要求较高，只能利用新鲜组织，且不能快速分析多个样本。

二、DNA 甲基化影响黄牛肌肉发育研究

黄牛的肉质品质是遗传育种中一个重要的性状，在肌细胞增殖和分化过程中，表观遗传修饰如 DNA 甲基化、组蛋白修饰和染色质重塑等都发生了很明显的变化，并受到精确调控。以下介绍一些影响黄牛肌肉发育的具体 DNA 甲基化研究。

（一）牛 *FGFR1* 基因核心启动子区甲基化对黄牛肌肉发育的影响

FGF 属于一大类生长因子，包括 23 个家族成员。通过旁分泌或内分泌的 FGF 参与重要的病理和生理过程，如胚胎发育、伤口愈合、血管生成和内分泌调节等。

1. 牛 *FGFR1* 基因核心启动子区甲基化验证

为了确定控制牛 *FGFR1* 基因的核心启动子区，将启动子区不同截短体连入 pGL3-Basic 载体进行双荧光检测。研究发现，牛 *FGFR1* 基因核心启动子区位于上游 202～509 bp 和 794～1295 bp。此外，牛不同生长时期肌肉组织中 *FGFR1* 基因核心启动子区存在差异甲基化，并且启动子区的甲基化程度越高越能抑制 *FGFR1* 基因表达。

2. 牛 *FGFR1* 基因调控成肌细胞增殖的研究

利用 siRNA 干扰 *FGFR1* 基因，通过 EdU 和 CCK-8 等检测法对牛成肌细胞的增殖进行检测，发现与阴性对照组相比，干扰 *FGFR1* 基因后细胞数目显著减少。利用流式细胞术对细胞周期进行检测，发现与阴性对照组相比，干扰 *FGFR1* 基因后 G_1 期的细胞数目显著增加，S 期的细胞数目显著减少。干扰 *FGFR1* 后，对增殖标志基因的 mRNA 和蛋白质水平进行检测，与阴性对照组相比，*Cyclin D1*、*CDK2* 的表达量和蛋白量显著降低。以上结果表明，*FGFR1* 对牛成肌细胞的增殖有显著的促进作用。

（二）牛 *ZBED6* 基因上游 CpG 岛甲基化与其 mRNA 表达的相关性研究

1. 总 RNA 及基因组 DNA 提取

选用的实验动物为中国秦川牛。使用了 4 只胎牛（90 日龄胎牛）和 4 只成年牛（24 月龄）。每群 8 头牛近 3 代无直系和旁系血缘关系。将 90 日龄胎牛胚胎从当地屠宰场屠宰的牛的生殖道取出后立即放入无菌生理盐水中。根据冠臀长估计胎龄。随机选择了 4 只胎牛和 4 只成年牛，将 4 个个体合并作为生物重复。将取自不同部位的背长肌（LDM）、心脏、肝、脾、肺和肾等 6 个组织迅速从每具胴体中分离出来，立即冷冻在液氮中，并

在–80℃下保存，直到提取总 RNA 和基因组 DNA。

2. RT-qPCR 验证

利用 RT-qPCR 对 4 种组织的 ZBED6 基因的时空表达谱进行检测。ZBED6 的表达水平在胎牛和成年牛中有显著差异。在 90 日龄胎牛和 24 月龄成年牛肝等 6 个组织中，在两个发育阶段，其表达量显著增加。对 ZBED6 基因在所有被测牛组织中的表达模式和水平的研究表明，在哺乳动物中，ZBED6 基因与高度保守的生物学过程更加相关。因此，需要对其调控功能进行进一步研究。

3. DNA 制备和亚硫酸氢盐处理

改良后的 DNA 样本用 10 L 蒸馏水稀释，用亚硫酸氢盐处理后应立即测序，或保存在–80℃，避免冻融。对每个 DNA 样本分别进行 3 次亚硫酸氢盐修饰处理。

4. 亚硫酸氢盐限制性分析（COBRA）

为了验证亚硫酸氢盐测序聚合酶链反应（BSP）测序结果能反映整体甲基化状态，进一步对用于 BSP 测序的同一亚硫酸氢盐处理的 PCR 扩增产物使用 Taq 限制性内切酶对 ZBED6 DMR（差异性甲基化区域）（共 11 个 CpG 岛）进行了 COBRA 分析。在亚硫酸氢盐处理过程中，未甲基化的胞嘧啶残基被转化为胸腺嘧啶，而甲基化的胞嘧啶残基被保留为胞嘧啶。当识别序列中所有的 CpG 二核苷酸甲基化后，Taq I（第 7 个 CpG 岛）的限制性位点 TCGA 将被裂解；如果识别序列中的一个或多个 CpG 二核苷酸未被甲基化，则位点将被保留。因此，在得到的 PCR 片段的混合群体中，酶切位点被切割或保留的片段反映了原始基因组中 DNA 甲基化的百分比。在第 7 个 CpG 岛，用 Taq I 酶切 ZBED6 DMR 的 296 bp PCR 片段，得到不同的片段，长度分别为 296 bp、179 bp 和 117 bp。结果与 BSP 测序结果一致，证实了 BSP 测序结果的可靠性。

5. 亚硫酸氢盐测序聚合酶链反应（BSP）

使用 QUMA 软件计算甲基化 CpG 占 CpG 总数的百分比，分析亚硫酸氢盐测序聚合酶链反应测序的甲基化数据。扩增产物 296 bp，共 11 个 CpG；每个个体克隆 3 个扩增产物，每个组织分别测序 12 个克隆。因此，ZBED6 DMR 在胎牛组心脏区共得到 132 个 CpG，甲基化 CpG 的百分比为 3.0%。DNA 甲基化水平并没有改变多少。统计结果显示，成年牛组动物肝脏 DNA 甲基化水平明显低于 FB 组。

（三）牛 SIX1 基因核心启动子区 CpG 位点甲基化的转录调控作用

1. 牛 SIX1 的时空表达谱

收集不同发育阶段（胚胎 180 天和出生后 1 个月、9 个月、18 个月、24 个月）秦川牛肌肉细胞（QCMC）不同分化阶段（0 天、2 天、4 天、6 天和 8 天）的 RNA 和蛋白质。在胚胎 180 天和 1 月龄时，背最长肌的 SIX1 表达量明显高于其他任何阶段。此外，在成肌细胞形成肌管时，SIX1 表达下调，而在未分化期表达量最高。这些结果表明，SIX1

与秦川牛的肌肉发育高度相关。

2. 利用亚硫酸氢盐测序聚合酶链反应（BSP）进行 DNA 甲基化分析

使用亚硫酸氢盐辅助测序确定了 *SIX1* 核心启动子区 CpG 位点的甲基化模式（14-41A）。所有克隆共鉴定出 9 个 CpG 位点。9 个 CpG 位点甲基化主要发生在肌细胞生成和肌肉成熟两个关键阶段（图 14-41B）。肌肉发育的不同阶段 DNA 甲基化水平发生了很大变化（图 14-41C，D）。

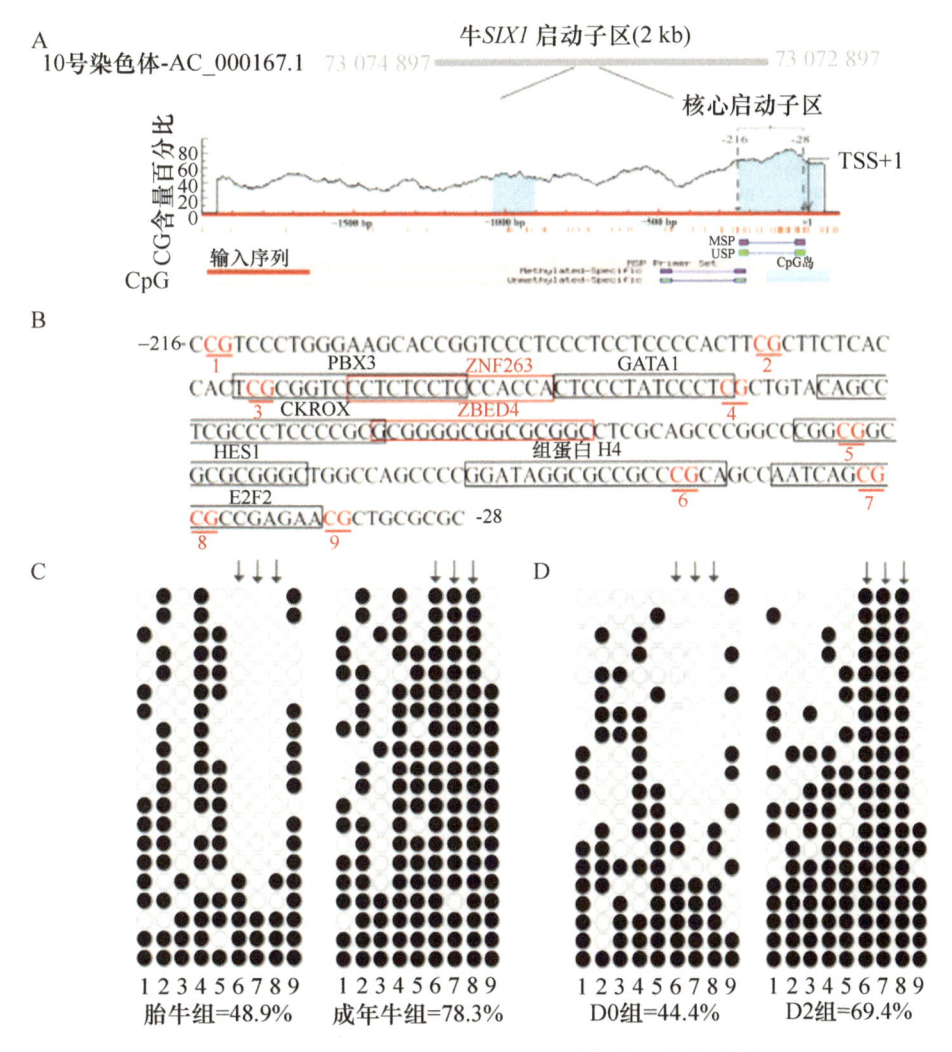

图 14-41 不同发育阶段的牛 *SIX1* 基因的甲基化分析

在不同发育阶段的个体和细胞中，对牛 *SIX1* 基因的甲基化进行分析。A. *SIX1* 启动子的示意图。牛 *SIX1* 基因位于 10 号染色体上，一个 2 kb 的启动子区域跨越 73 072 897～73 074 897（NCBI 登录号 AC_000167.1）。蓝色背景内的折线表示 GC 百分比，虚线表示核心启动子区域。x 轴表示相对于转录起始位点（TSS）的 5′ 非翻译区的 bp 位置。MSP 和 USP 分别表示甲基化特异性 PCR 的引物和非甲基化特异性 PCR 的引物。B. 牛 *SIX1* 基因核心启动子的序列。甲基化位点用红色字母标记，假定的转录因子结合位点用方框标出。C、D 使用 QUMA 软件分析不同阶段 9 个 CpG 位点的百分比。D0 和 D2 表示牛肌细胞成肌分化的不同诱导阶段。每条线代表一个单独的克隆，每个圆圈代表一个单独的 CpG 二核苷酸。空心圆圈和黑色圆圈分别表示未甲基化和甲基化的 CpG

3. 核心启动子中作为转录抑制因子的组蛋白 H4 和 E2F2 结合位点的鉴定

利用 MatInspector 程序分析确定了在 *SIX1* 启动子区的调控元件，其截短值超过 90%。过表达组蛋白 H4 和 E2F2 显著降低了 C2C12 细胞中 pGL3M-216/-28 载体的 *SIX1* 启动子活性水平（分别降低 24.6%和 26.1%）。*SIX1* 启动子的活性受其启动子甲基化的控制。此外，组蛋白 H4 位点（75～58 位）和 E2F2 位点（54～38 位）是抑制因子结合位点，对 DNA 甲基化作用下的 *SIX1* 启动子的基础转录活性至关重要（图 14-42）。

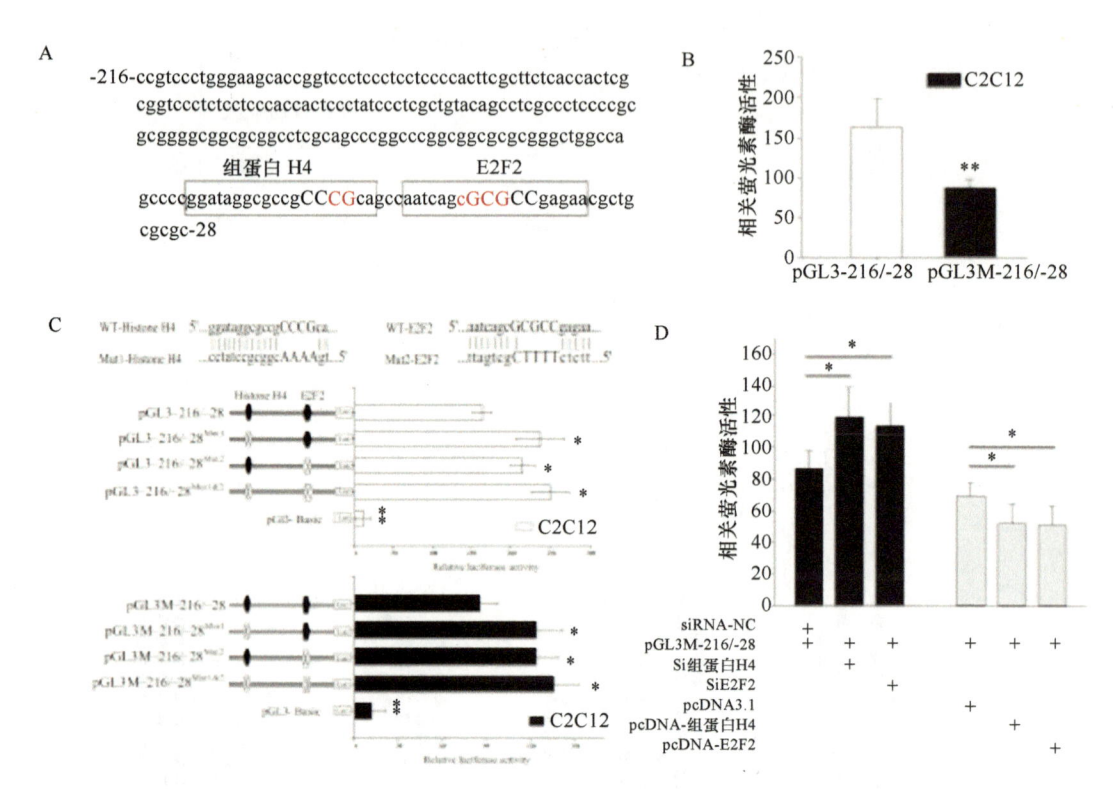

图 14-42 转录因子结合位点位于牛 *SIX1* 基因核心启动子上的功能分析

通过 DNA 甲基化对 *SIX1* 基因核心启动子区组蛋白 H4 和 E2F2 结合位点作为转录抑制因子的功能分析。A. *SIX1* 基因核心启动子的序列和假定转录因子结合位点。假定的转录因子结合位点用方框标出。红色序列表示甲基化位点，大写字母表示转录因子的核心序列。B. 通过未甲基化和甲基化萤光素酶报告质粒 pGL3-216/-28 分析 *SIX1* 启动子的甲基化情况。C. 在具有组蛋白 H4 和 E2F2 结合位点定点突变的构建体中，使用构建体 pGL3-216/-28 和 pGL3M-216/-28 进行萤光素酶测定。黑色和白色序列图形填充分别代表野生型和突变型。D. 通过特异性 siRNA 和 pcDNA3.1 重组质粒敲低和过表达组蛋白 H4 和 E2F2，并与 pGL3M-216/-28 一起在 C2C12 细胞中共同转染。pGL3-216/-28 和 pGL3M-216/-28 的构建分别表示体外未甲基化和甲基化的萤光素酶报告质粒。SiRNA-NC 和 pcDNA 3.1（+）表达质粒用作阴性对照。结果以萤火虫/海肾萤光素酶活性为基础，以任意单位表示平均值±SD。*表示 $P<0.05$，**表示 $P<0.01$

4. 组蛋白 H4 和 E2F2 在体外和体内与 *SIX1* 启动子结合

利用电泳迁移率变动分析（EMSA）和 ChIP 检测，在体外和体内确认组蛋白 H4 和 E2F2 可以与 *SIX1* 启动子结合（图 14-43）。

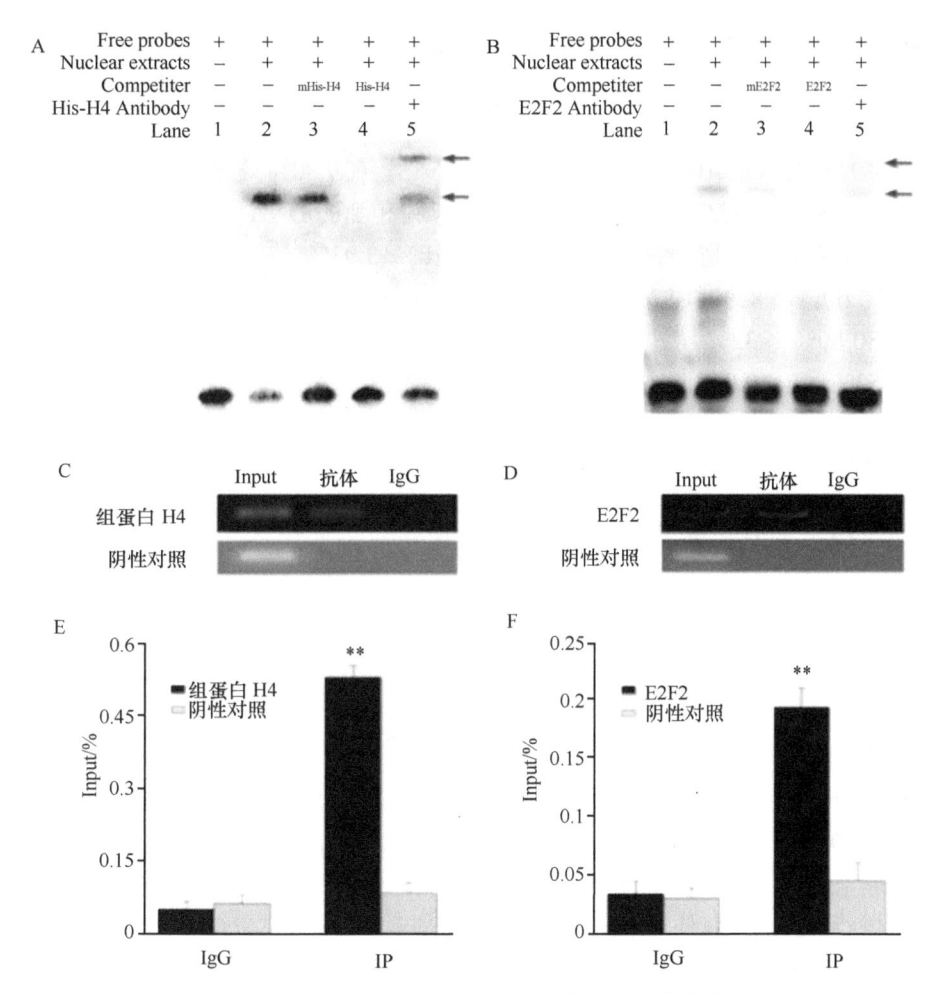

图 14-43　EMSA 和 ChIP 显示组蛋白 H4 和 E2F2 在体外和体内直接结合到 *SIX1* 启动子

电泳迁移率变动分析（EMSA）和 ChIP 分析显示组蛋白 H4 和 E2F2 在体外和体内直接结合 *SIX1* 启动子。A、B. 泳道 1：含有组蛋白 H4 和 E2F2 的 5′-生物素标记的探针；泳道 2：组蛋白 H4 和 E2F2 探针与核提取物孵育；泳道 3：存在组蛋白 H4 和 E2F2 突变探针（50 倍）；泳道 4：组蛋白 H4 和 E2F2 探针、核提取物与 50 倍未标记寡核苷酸；泳道 5：组蛋白 H4 和 E2F2 探针、核提取物与 10 μg 抗组蛋白 H4 或抗 E2F2 抗体。箭头标记主要复合物和超迁移带。C、D. 通过输入和免疫沉淀产物分析 ChIP-PCR 产物，针对组蛋白 H4 和 E2F2。通过 ChIP-qPCR 分析用组蛋白 H4（E）和 E2F2（F）抗体免疫沉淀的样品中 DNA 片段的富集情况。正常兔 IgG 和 *SIX1* 外显子 2 的内源性 DNA 片段用作阴性对照。**表示 $P<0.01$。误差线表示 SD（$n=3$）

（四）牛 *IGF2* 基因甲基化与其 mRNA 表达的关联研究

1. 牛 *IGF2* 基因的时空表达谱

收集不同发育阶段成年牛和胎牛不同组织的 RNA 进行 RT-qPCR 实验，结果表明，与胎牛相比，成年牛 *IGF2* 在肌肉、心脏、肺和脾组织中的表达水平均显著下调。在成年牛中，*IGF2* 在肝和肾的表达高于其他组织。

2. 牛 *IGF2* 基因在不同时期和不同组织的 DNA 甲基化水平

在胎牛和成年牛的 6 个组织中，*IGF2* 基因的 DNA 甲基化水平都很高，在胎牛中，*IGF2*

基因在6个组织的DNA甲基化水平从高到低依次为：肾（80.20%）＞脾（79.40%）＞肌肉（78.40%）＞肺（76.40%）＞心脏（75.60%）＞肝（72.80%）；在成年牛中，*IGF2*基因在6个组织的DNA甲基化水平从高到低依次为：脾（88.90%）＞肌肉（87.10%）＞心脏（82.10%）和肾（82.10%）＞肺（80.80%）＞肝（79.80%）。以胎牛的DNA甲基化水平为参照，成年牛*IGF2*基因在肌肉、心脏、肺和脾的DNA甲基化水平均有所上升，在肌肉中的表达量分别是78.40%±5.31%和87.10%±3.93%（$P<0.01$），在心脏中的表达量分别是75.60%±6.82%和82.10%±4.91%（$P<0.01$），在肺中的表达量分别是76.40%±5.73%和80.80%±4.32%（$P<0.01$），在脾中的表达量分别是79.40%±6.21%和88.90%±3.53%（$P<0.05$）。

三、DNA甲基化影响黄牛脂肪沉积研究

（一）牛*SIRT5*基因启动子甲基化的转录调控作用

Sirtuin 5（SIRT5）属于线粒体Sirtuin家族，是高度保守的NAD^+依赖性脱乙酰酶和ADP-核糖基转移酶家族，在抗逆性和代谢稳态调节中发挥重要作用。SIRT5被证明具有脱乙酰酶活性。

1. 牛脂肪细胞不同分化阶段*SIRT5*基因表达和甲基化模式

使用MethPrimer程序分析，结果显示3个CpG岛（序列的背景色已标记为黄色）位于–509/–349 bp、–305/–146 bp、–133/–29 bp区域。甲基化位点用红色字母表示。MSP和USP分别表示甲基化特异性PCR和非甲基化特异性PCR。启动子区域为–239/–18 bp，采用MSP进行PCR扩增。使用Genomatix Suite进一步分析了*SIRT5*启动子区–239/–18 bp的调控元件。在该区域发现E2F4和KLF6的两个基序作为转录因子结合位点，其中包含两个甲基化位点。此外，与未分化脂肪细胞相比，分化脂肪细胞*SIRT5*启动子中CpG的甲基化水平增强。

2. 牛*SIRT5*启动子活性在牛脂肪细胞分化过程中受到E2F4、KLF6和甲基化的调控

首先筛选出牛*SIRT5*启动子可以结合的转录因子：E2F4和KLF6。通过EMSA可以检测E2F4和KLF6在*SIRT5*启动子上的结合。ChIP-PCR检测结果显示，E2F4和KLF6与相应的结合位点可以进行相互作用。

随后进一步探究E2F4、KLF6和甲基化调控*SIRT5*基因的关系图（图14-44，图14-45）。用牛脂肪细胞建立去甲基化和高甲基化模型。通过萤光素酶报告基因检测牛脂肪细胞中的*SIRT5*启动子活性，结果显示，在E2F4敲低后，*SIRT5*启动子活性降低，而在KLF6敲低后，*SIRT5*启动子活性增强，此外，*SIRT5*启动子的活性通过去甲基化、E2F4的转录激活和KLF6的转录抑制而增强。还测量了去甲基化和转录因子敲低在未分化和分化脂肪细胞mRNA水平上对*SIRT5*表达的影响。首先确认了脂肪细胞的分化程度是否合适。mRNA表达结果显示，无论5-氮胞苷（5-AZA）是否存在于未分化和分化阶段，*SIRT5* mRNA水平均因E2F4的下调而下调，因KLF6的下调而上调。

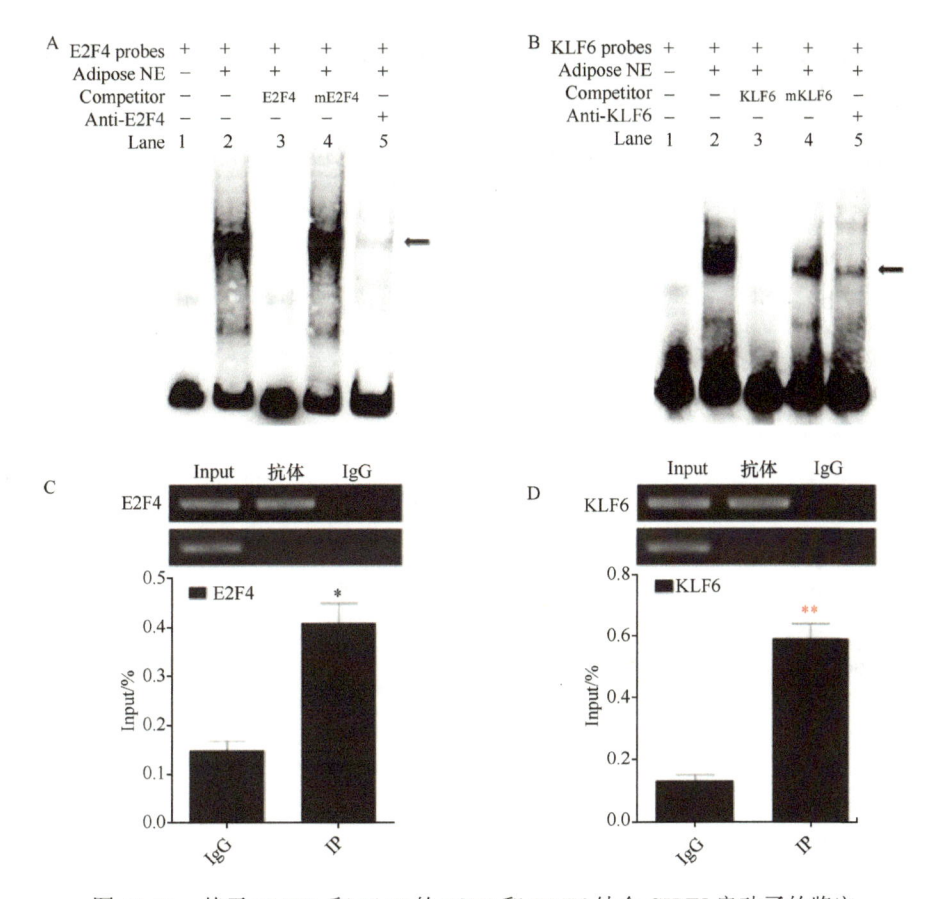

图 14-44　基于 EMSA 和 ChIP 的 E2F4 和 KLF6 结合 *SIRT5* 启动子的鉴定

A、B. 体外显示 E2F4 和 KLF6 与 *SIRT5* 启动子直接结合的 EMSA。核蛋白提取物与 E2F4 或 KLF6 结合位点的 5′生物素标记探针孵育。第 1 泳道为竞争对手存在或不存在时；第 2 泳道为阳性对照；第 3 泳道为 50 倍浓度的突变探针；第 4 泳道为 50 倍浓度的未标记探针；第 5 泳道为用抗 E2F4 或抗 KLF6 抗体 10 个单位进行超移实验。C、D. 用 E2F4 和 KLF6 的输入产物和免疫沉淀产物分析两者与 *SIRT5* 启动子区结合状态。在样品中富集的 DNA 片段通过 ChIP-RT- qPCR 检测 E2F4 和 KLF6 抗体。以正常兔 IgG 和 *SIRT5* 非近端启动子的基因内 DNA 片段作为阴性对照。与对照组比较，*$P<0.05$，**$P<0.01$

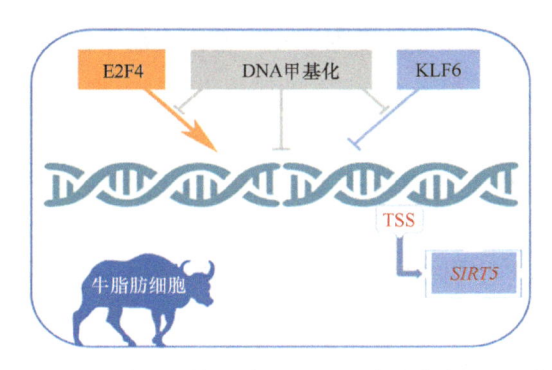

图 14-45　*SIRT5* 在牛脂肪细胞中的转录活性通过 DNA 甲基化和包括 E2F4 和 KLF6 在内的转录因子调控的示意图

（二）牛 *SIRT4* 基因启动子甲基化的转录调控作用

Sirtuin 4（SIRT4）属于线粒体 Sirtuin 蛋白家族，属于 NAD⁺依赖性脱乙酰酶，在各种生物通路调控过程中去除细胞底物的翻译后酰基修饰。SIRT4 已被证明可以调节脂质稳态。然而，牛 SIRT4 基因的转录调控机制尚不清楚。

1. SIRT4 基因启动子中转录因子结合位点和甲基化位点分析

位于–352–15 bp 区域的 CpG 岛与–402/+44 bp 区域的启动子高度重合。通过甲基化特异性 PCR（MSP）引物扩增–325/–214 bp 的启动子甲基化区域，包括–302 bp、–294 bp、–288 bp、–277 bp、–245 bp、–241 bp 和–235 bp 甲基化位点，用红色字母标记（图 14-46A）。此外，SIRT4 启动子有转录因子 NRF1 和 CMYB 的结合位点。

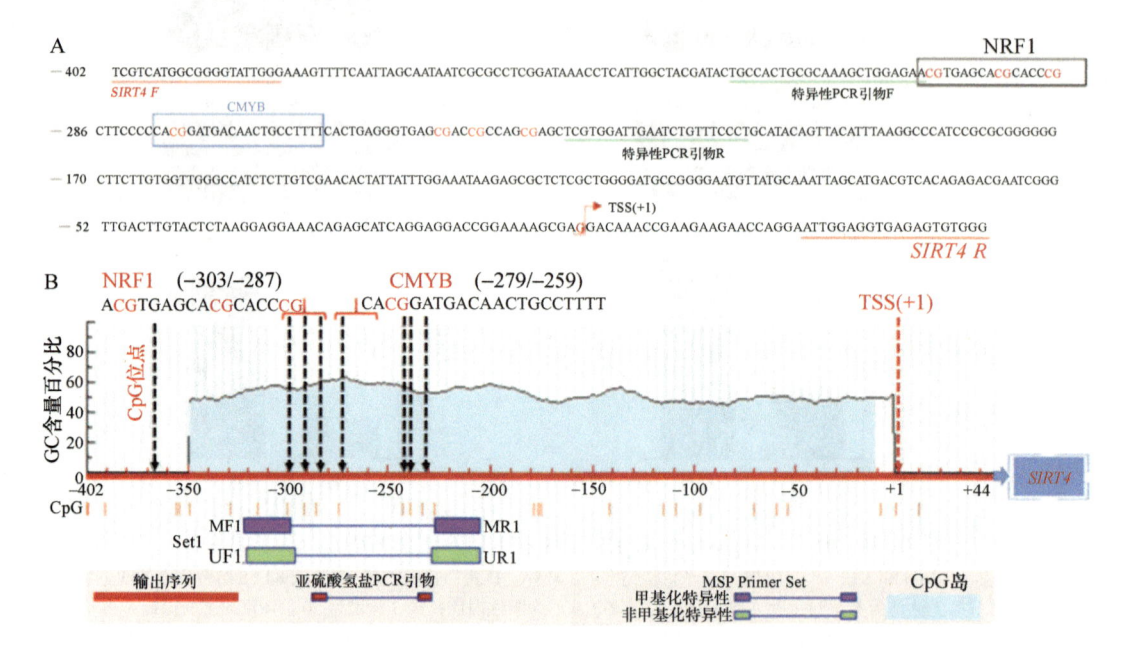

图 14-46 牛 SIRT4 基因启动子中的转录因子结合位点和甲基化位点
A. 牛 SIRT4 基因序列和转录因子结合位点；B. 牛 SIRT4 基因甲基化位点示意图

2. NRF1 和 CMYB 作为牛脂肪细胞 SIRT4 基因启动子转录激活或抑制因子的鉴定

为了阐明转录因子对牛 SIRT4 基因的调控作用，对转录因子结合序列进行 4 bp 点突变来构建相应的 DNA 质粒，并将其转染到 3T3-L1 和牛脂肪细胞中。研究发现 pGL3-402/+44 基因 NRF1 位点突变导致 SIRT4 基因启动子活性显著升高，而 pGL3-402/+44 基因 CMYB 位点突变导致 SIRT4 基因启动子活性显著降低。

通过 EMSA 和 ChIP-PCR 证实转录因子 NRF1 和 CMYB 可以结合到 SIRT4 基因启动子区。

3. 牛脂肪细胞不同发育阶段 SIRT4 基因启动子的甲基化分析

通过检测–325/–214 bp 区域 7 个 CpG 岛的甲基化水平，发现脂肪细胞的 SIRT4 基因启动子中 7 个 CpG 位点甲基化水平显著或极显著高于未分化脂肪细胞（图 14-47，图 14-48）。

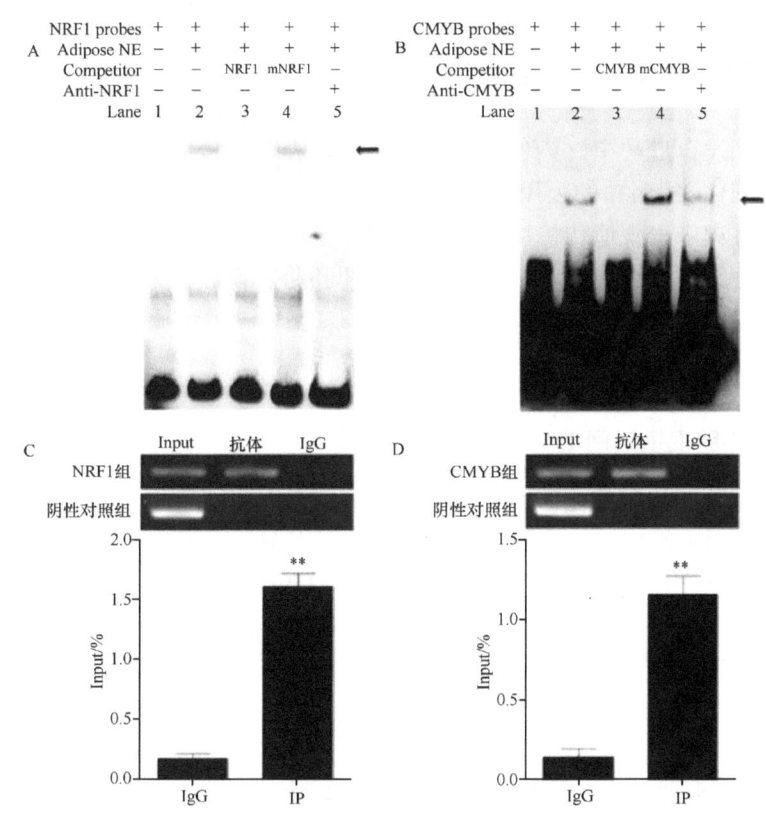

图 14-47　基于 EMSA 和 ChIP-PCR 分析 NRF1 和 CMYB 结合 *SIRT4* 启动子的情况
**$P<0.01$

A. EMSA 检测 NRF1 与 SIRT4 启动子结合情况；B. EMSA 检测 CMYB 与 SIRT4 启动子结合情况；C. ChIP-PCR 检测 NRF1 与 SIRT4 启动子结合情况；D. ChIP-PCR 检测 CMYB 与 SIRT4 启动子结合情况

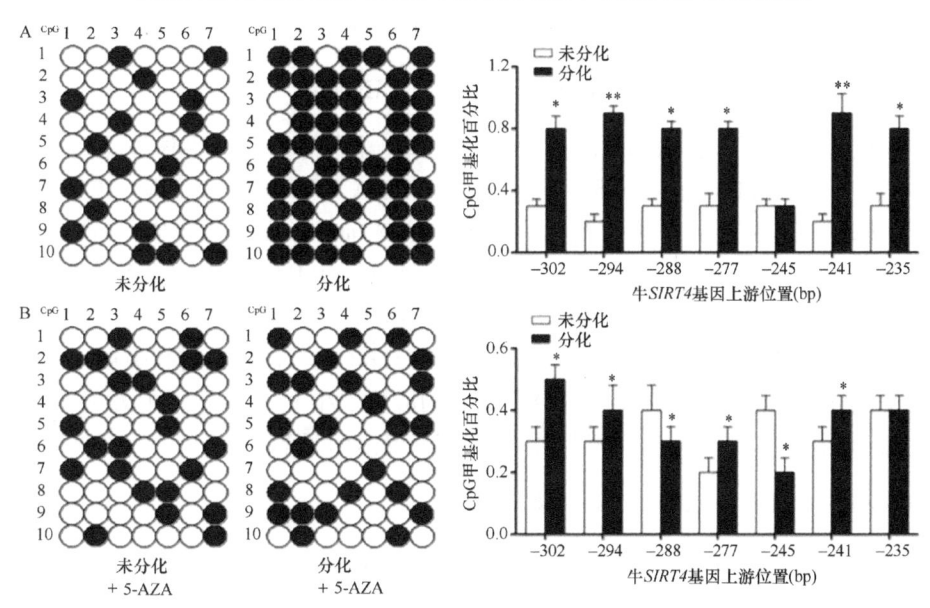

图 14-48　牛脂肪细胞不同发育阶段 *SIRT4* 启动子 7 个 CpG 位点的甲基化分析
*$P<0.05$，**$P<0.01$

四、DNA 甲基化影响黄牛胚胎发育研究

在胚胎早期发育过程中，染色体会经历广泛的表观遗传修饰的变化，如 DNA 去甲基化和重新甲基化、组蛋白的去甲基化和重新甲基化，以及组蛋白去乙酰化和乙酰化等。胚胎早期发育过程中表观遗传修饰变化异常，会导致胚胎发育异常，甚至引起流产和出生后的异常发育。以下介绍一些重要基因在早期胚胎发育过程中对 DNA 甲基化的调控作用。

（一）在牛植入前胚胎发育过程中印记基因的 DNA 甲基化动力学

1. 植入前胚胎发生期间 DMR 差异甲基化值

比较不同胚胎期的甲基化值发现，甲基化值的最大范围出现在第 7 天囊胚，对于每个基因，比较了样本组甲基化在整个发育过程中的差异。各组比较发现，第 7 天囊胚与后 7 天胚胎的甲基化值差异有统计学意义。*PLAGL1* 和 *PEG10* 差异甲基化值在第 7 天囊胚的方差显著大于在所有 3 个发育后期观察到的方差。此外，*IGF2R* 差异甲基化值在第 7 天囊胚显著大于第 17 天囊胚和第 25 天囊胚。

2. RT-qPCR 与鉴定牛胚胎发生的甲基化相关基因

从牛胚胎 RNA-seq 数据集中检索每个感兴趣基因的 TPM（每百万读取次数中转录本的占比）值，揭示胚胎阶段的 RNA 转录丰度与 DNA 甲基化程度。发现特定基因的 RNA 转录丰度与 DNA 甲基化程度相关，特别是 *DNMT3a*、*DNMT3b*、*DNMT1*、*TRIM28/KAP1* 基因。

（二）牛 SCNT 植入前胚胎异常的 DNA 甲基化重编程

1. IVF 和 SCNT 植入前胚胎 m^5C 和 5hmC 的 IF 染色

研究人员通过 m^5C 和 5hmC 的免疫荧光（IF）染色分析了在牛体外受精（IVF）和体细胞核移植（SCNT）植入前胚胎发育过程中 DNA 甲基化的重编程。IF 染色显示 2 细胞胚胎表现出强烈的 m^5C IF 信号。在牛 IVF 着床前胚胎发育过程中，m^5C IF 信号在 8 细胞胚胎形成前逐渐减弱，然后在囊胚期逐渐增强。在 IVF 胚泡中，内细胞团（ICM）和滋养外胚层细胞都被甲基化。5hmC 的 IF 染色显示，5hmC 存在于所有的牛 IVF 植入前胚胎中，在 ICM 和滋养外胚层细胞中也观察到 5hmC，在牛 IVF 囊胚中观察到了 m^5C。但是，m^5C 在每个牛 SCNT 植入前胚胎中都比相应的 IVF 植入前胚胎中表现出更强的信号，而 5hmC 在牛 SCNT 植入前胚胎中并没有表现出明显的变化。

2. satellite I 和 α-satellite 的甲基化

选择 satellite I 和 α-satellite 作为重复元件，在牛 IVF 和 SCNT 植入前胚胎中检测 DNA 甲基化重编程。亚硫酸氢盐测序结果显示，satellite I 精子中 DNA 甲基化水平中等，MII 卵母细胞中 DNA 甲基化水平较高。此外，IVF 4 细胞胚胎的 DNA 甲基化水平显著下降，

然后在囊胚中进一步下降。

3. H19 的甲基化

选择 IGF2/H19 位点的一个 DMR 作为代表性的印记基因检测牛 IVF 和 SCNT 植入前发育中的 DNA 甲基化重编程。结果表明，DMR 在精子中高度甲基化（93.4%±5.5%），而在 MII 卵母细胞中低甲基化。在牛 IVF 的 4 细胞胚胎和囊胚中，维持中度的 DNA 甲基化，但在牛纤维细胞（BEF）中观察到高的 DNA 甲基化水平。

4. 多能性基因的甲基化

POU5F1、*NANOG*、*SOX2*、*CDX2* 等多能性基因在胚胎和胚外组织的分离和维持中发挥重要作用。研究人员分析了这些多能性基因启动子区域在卵母细胞、牛纤维细胞（BEF）、牛 IVF 前胚胎和牛 SCNT 囊胚中的 DNA 甲基化状态和 mRNA 表达水平，与 IVF 囊胚相比，SCNT 囊胚中的 *SOX2* mRNA 表达水平显著降低，然而，在 SCNT 和 IVF 囊胚中，*CDX2* mRNA 水平没有显著差异。

（三）牛胚胎早期发育中 DNA 甲基化修饰的研究

利用双重免疫荧光染色技术，对牛 IVF 胚胎和 SCNT 胚胎原核时期和植入前发育过程中几个重要的表观遗传修饰位点（m^5C、5hmC、H3K9me2 和 H3K9me3）进行检测。结果显示，在牛 IVF 胚胎原核时期，原核融合前（2～10 h）雌原核 m^5C 水平没有显著变化，5hmC 水平逐渐升高，H3K9me3 和 H3K9me2 水平逐渐降低；而雄原核 m^5C 水平逐渐降低，在 10 h 达到最低，5hmC 水平逐渐升高，H3K9me3 和 H3K9me2 水平都逐渐降低。原核融合后（16～22 h）合子的 m^5C、5hmC、H3K9me3 和 H3K9me2 水平都是逐渐升高的。核移植胚胎伪原核的 m^5C、H3K9me3 和 H3K9me2 水平具有相似的变化趋势，从 2 h 到 10 h 逐渐降低，从 16 h 到 22 h 逐渐升高；而 5hmC 水平在整个原核时期是逐渐上升的。从 2 细胞期到囊胚期，IVF 胚胎和 SCNT 胚胎的 5hmC 和 H3K9me3 水平变化趋势一致，从 2 细胞期到 8 细胞期逐渐降低，8 细胞期最低，桑葚胚期到囊胚期逐渐升高；IVF 胚胎 H3K9me2 水平在 2 细胞期到 8 细胞期较低，桑葚胚期到囊胚期逐渐升高；而 SCNT 胚胎 H3K9me2 水平在 2 细胞期较低，从 4 细胞期到囊胚期逐渐升高。说明在牛 IVF 胚胎和 SCNT 胚胎原核时期开始就存在广泛的表观遗传重编程。

（四）牛胚胎早期发育中表观遗传修饰和重编程因子的研究

采用免疫荧光染色技术，对牛卵母细胞体外成熟过程、IVF 胚胎和 SCNT 胚胎早期发育过程中几个重要的表观遗传修饰位点（H3K9ac、H4K8ac、H3K9me2 和 H3K9me3）进行检测。结果显示，在牛卵母细胞体外成熟过程中，组蛋白 H3K9 位点和 H4K8 位点发生去乙酰化，组蛋白 H3K9 二甲基化位点发生去甲基化，组蛋白 H3K9 三甲基化和 DNA 甲基化信号稳定表达；在牛 IVF 胚胎早期发育过程中，m^5C 位点发生去甲基化，8 细胞后重新甲基化，组蛋白 H3K9 位点发生去乙酰化，8 细胞后重新乙酰化，组蛋白 H4K8

位点乙酰化信号一直较强，4 细胞期最弱，组蛋白 H3K9 二甲基化位点信号随胚胎发育增强，桑葚胚期最强，组蛋白 H3K9 三甲基化位点发生去甲基化，8 细胞时荧光信号消失，随后发生重新甲基化；在牛 SCNT 胚胎早期发育过程中，m^5C 位点发生去甲基化，4 细胞后重新甲基化，组蛋白 H3K9 位点乙酰化水平在 2 细胞期至 8 细胞期较低，桑葚胚和囊胚期升高，组蛋白 H4K8 位点乙酰化信号一直较强，4 细胞期最弱，组蛋白 H3K9 二甲基化位点荧光信号随胚胎发育增强，囊胚期最强，组蛋白 H3K9 三甲基化位点发生去甲基化，8 细胞后重新甲基化。说明在牛卵母细胞体外成熟过程和胚胎早期发育过程中存在广泛的表观遗传重编程。

除了基因表达调控以外，表观遗传修饰也是决定生物性状重要的调控机制。DNA 甲基化是最早被发现也是研究得最深入的表观遗传调控机制之一，在动物从胚胎到成年的整个生长发育过程中都发挥着至关重要的作用。随着转录组、蛋白质组、全基因组 DNA 甲基化等测序技术的发展，通过探究不同种群差异的 DNA 甲基化模式，可以溯源并筛选出导致关键基因差异表达背后的原因。DNA 甲基化的深入研究将为品种选育提供新的研究方向。

第五节　RNA 修饰研究

RNA 在遗传信息传递过程中是连接 DNA 和蛋白质的一个关键，但合成的蛋白质水平不一定和 mRNA 的水平正相关，这提示了 RNA 转录后修饰的重要性。到目前为止已经鉴定出来了 100 多种不同的 RNA 转录后修饰方式，这些修饰类似于 DNA 的甲基化和蛋白质的磷酸化，并不干扰沃森-克里克碱基配对结构；相反，RNA 的修饰代表了一个额外的调控层，称为表观转录组学（epitranscriptomics），它依赖于 RNA 的生化修饰可以潜在地改变 RNA 功能并影响基因表达（Saletore et al.，2012）。RNA 修饰可以影响生物的各种生命过程，并且许多修饰的正确沉积对于机体正常发育是必需的。

早在 1965 年，研究人员对来自酵母的丙氨酸转移 RNA 进行测序时就发现了包括假尿苷（Ψ）在内的 10 种 RNA 修饰方式（Holley et al.，1965）。已知 mRNA 转录本包含 5′端的帽子修饰，这有助于转录本的稳定性、pre-mRNA 剪接、多聚腺苷酸化、mRNA 输出和翻译起始。而在 3′端的 poly(A)尾巴可以促进核输出、翻译起始和回收，并促进 mRNA 的稳定性。在发现 5′端帽子和 3′端 poly(A)尾巴结构后不久，研究人员又发现了位于 mRNA 内部最丰富的修饰 N^6-甲基腺嘌呤（m^6A），它是哺乳动物基因表达的重要调节器（Desrosiers et al.，1974）。

最近的研究揭示了真核生物 RNA 的多种内部修饰，包括形成腺苷酸的额外甲基化 N^1-甲基腺嘌呤（m^1A）和 $N^6,2′-O$-二甲基腺嘌呤（m^6Am）、5-甲基胞嘧啶（m^5C）及其氧化产物 5-羟甲基胞嘧啶（5hmC），以及碱基异构化以生成假尿苷（Ψ）（Roundtree et al.，2017）。真核生物 mRNA 中常见化学修饰的示意图如图 14-49 所示。

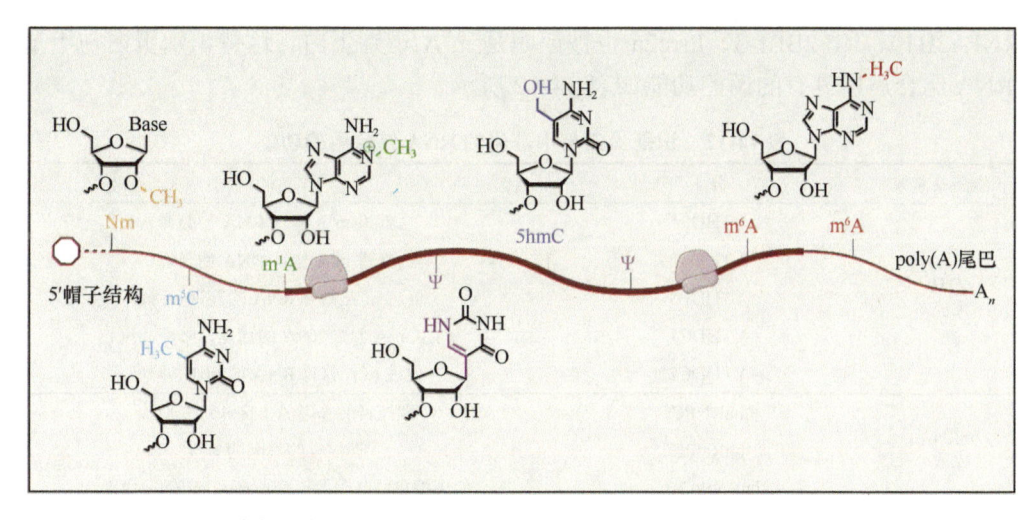

图 14-49 真核生物 mRNA 中常见的化学修饰类型（Roundtree et al., 2017）

一、N^6 甲基化修饰（m^6A）

最常见的 RNA 修饰方式是 N^6-甲基腺嘌呤（m^6A），其是发生在腺嘌呤（A）第 6 位氮原子上的甲基化修饰。它是由甲基转移酶（methyltransferase）、去甲基化酶（demethylase）调控的动态可逆的 RNA 修饰，由识别蛋白（reader）识别并调控甲基化的 mRNA 命运。除了在 mRNA 中出现外，m^6A 修饰也存在于 lncRNA、miRNA 和 circRNA 中。在哺乳动物 mRNA 中 m^6A 修饰发生在 5'-UTR、终止密码子附近以及邻近终止密码子的 3'-UTR（Yue et al., 2015）。利用基序算法对 MeRIP-Seq 数据进行生物信息学分析，确定了 m^6A 发生的共同基序——（G/A）（m^6A）C，几乎 90%的 m^6A 峰包含了这些基序。目前已经在许多真核生物中发现了 m^6A 修饰，从酵母、拟南芥、果蝇到哺乳动物，甚至在病毒中也存在 m^6A 修饰。m^6A 修饰通过影响 mRNA 的剪接、翻译、降解、定位而对基因表达起着重要调控作用。

m^6A 修饰主要由甲基转移酶复合体催化形成，被称为"写手（writer）"，它由两个亚基复合体：m^6A-METTL 复合体（MAC）和 m^6A-METTL 关联复合体（MACOM）组成。m^6A-METTL 复合体包括甲基转移酶 3（METTL3）与甲基转移酶 14（METTL14），它们可以形成稳定的异二聚体，前者作为催化亚基是第一个被发现的甲基转移酶，后者可以促进甲基与 RNA 的结合，它们是 m^6A 修饰所必需的。m^6A-METTL 关联复合体包括 WTAP、VIRMA、METTL16、HAKAI、RBM15/15B、ZC3H1 和 ZCCHC4，它们可以促进甲基转移酶复合体的作用和特异性。去甲基化酶包括 FTO 和 ALKBH5，被称为 m^6A"eraser"，它们可以有效地去除体外和细胞内 RNA 的 m^6A 甲基修饰（Fu et al., 2014；Yue et al., 2015）。FTO 不仅可以去除 m^6A 甲基修饰，还可以将细胞内 m^6A 去甲基化，而且催化活性更高。

优先识别 m^6A 修饰的蛋白质（m^6A reader）可以与甲基化的 RNA 结合并赋予其特定的功能（Yue et al., 2015）。可以识别 m^6A 修饰并含有 YTH 结构域的蛋白有：YTHDC1、YTHDC2、YTHDF1、YTHDF2 和 YTHDF3。eIF3、hnRNP 家族（hnRNPC、hnRNPG、 hnRNPA2B1)、IGF2BP1-3、Prrc2a 也被证明是 m⁶A 识别蛋白。这些识别蛋白与甲基化的 RNA 结合后所具有的调控功能如表 14-12 所示。

表 14-12　识别蛋白与甲基化的 RNA 结合后的功能

识别蛋白家族	分子	功能
YTH 家族	YTHDF1	促进 m⁶A 修饰 RNA 的翻译
	YTHDF2	促进 m⁶A 修饰 RNA 的降解
	YTHDF3	促进 m⁶A 修饰 RNA 的翻译和降解
	YTHDC1	调控 m⁶A 修饰 RNA 的翻译、降解和出核
	YTHDC2	促进 m⁶A 修饰 RNA 的翻译和降解
hnRNP 家族	hnRNPC	调控目的基因的丰度和可变剪接
	hnRNPG	调控目的基因的剪接
	hnRNPA2B1	调控目的基因的可变剪接和 miRNA 成熟
其他	eIF3	促进 m⁶A 修饰 RNA 的翻译
	IGF2BP1-3	稳定 m⁶A 修饰 RNA
	Prrc2a	稳定 m⁶A 修饰 RNA

二、N^1 甲基化修饰（m¹A）

与 m⁶A 不同，m¹A 是发生在腺嘌呤（A）第 1 位氮原子上的甲基化，并产生带正电荷的碱基。尽管人和小鼠组织中 m¹A 修饰的数量不如 m⁶A 丰富，但是这种修饰带有正电荷，因此可以通过静电作用显著改变蛋白质-RNA 相互作用和 RNA 的二级结构。m¹A 修饰一般位于转录本中翻译起始位点和第一个剪接位点附近，并且通常与翻译的上调相关（Li et al., 2016）。该修饰可以被 ALKBH3 去除，并且对各种类型的细胞应激有响应（Li et al., 2016）。

三、$N^6, 2'$-O-二甲基腺嘌呤（m⁶Am）

邻近 5′帽，许多 mRNA 中的第二个碱基可以被 2′-O-甲基化。这些碱基的一部分还带有 m⁶A 甲基化形式，形成 m⁶Am，由尚未确定的甲基转移酶沉积。全转录组的 m⁶A-seq 已经证实它的存在，并且总体丰度较低（Linder et al., 2015）。已知该修饰核苷的 m⁶A 部分是 FTO 的底物（Fu et al., 2013），最近的一项研究强调了 m⁶Am 通过防止 DCP2 介导的脱帽化和 microRNA 介导的 mRNA 降解来稳定 mRNA（Mauer et al., 2017）。

四、5-甲基胞嘧啶（m⁵C）和 5-羟甲基胞嘧啶（5hmC）

像 m⁶A 一样，m⁵C 是 mRNA 中胞嘧啶第 5 位氮原子的甲基化，早在 40 年前就发现了这种修饰，其丰度要小得多。亚硫酸氢盐测序法被用来鉴定 DNA 中的 m⁵C，此外在 mRNA 和 lncRNA 中也存在 m⁵C 修饰。这些修饰碱基优先分布在非翻译区。tRNA m⁵C 甲基转移酶 NSUN2 已被鉴定为负责几个 mRNA 和 lncRNA 中 m⁵C 甲基化的甲基转移酶。

m^{5}C 可以被 mRNA 出口衔接蛋白 ALYREF 识别，表明其可以调控 m^{5}C 转录本的核输出。

就像 DNA 中的 m^{5}C 一样，RNA 中的 m^{5}C 也可以被 Tet 家族氧化为 5-羟甲基胞嘧啶（5hmC）（Fu et al.，2014）。hMeRIP-seq 揭示了这种修饰主要存在于蛋白质编码转录本的外显子和内含子区域（Delatte et al.，2016）。5hmC 在哺乳动物中的丰度和潜在作用还未见报道。

五、尿苷异构化

假尿苷（Ψ）为尿苷的异构化，是细胞中最常见的 RNA 修饰，是 rRNA 和 tRNA 的丰富组成部分（Cohn et al.，1960）。Carlile 等（2014）利用 PseudoU-seq 在人和酵母 mRNA 中也发现了 Ψ 的存在。Ψ/U 在哺乳动物细胞系和组织中所占的比例为 0.2%~0.7%。Li 等（2015）利用化学标记和拉下试验鉴定了人类 mRNA 中超过 2000 多个位点为 Ψ，表明这种修饰是普遍存在的。Ψ 的发生由 Pus 家族调控，在应激条件（如热应激）下催化尿苷产生异构化。已知 Ψ 会影响 RNA 的二级结构（Fernández et al.，2013）。

六、核糖修饰

核糖 2′羟基的甲基化存在于许多 mRNA 的第二个和第三个核苷酸处，并且在 tRNA 和 rRNA 中大量存在。2′羟基经常参与形成 RNA 的高级结构，2′羟基的甲基化可能对 RNA-蛋白质相互作用和 RNA 二级结构产生重要影响。有 2′-*O*-甲基化（2′-OMe 或 Nm）存在于各种 RNA 中，例如 rRNA 中 2′-*O*-甲基化的核苷相比于未修饰的核苷可以利用其较高的耐碱性来抵抗水解。但在低丰度 RNA（如 mRNA 或病毒 RNA）中，2′-OMe 并不具有这种作用。

尽管对 RNA 修饰的研究已有数十年的历史，但是当时缺乏研究这些修饰的相关技术，导致数十年来该研究领域并没有什么进展。最近的研究揭示了这几种 RNA 修饰的功能。在 mRNA 中，RNA 修饰可通过多种机制调节剪接、翻译和降解速率，从而影响蛋白质的产生。功能性 RNA（如 tRNA 和 rRNA）通常需要进行修饰以实现适当的生物合成功能和稳定性。几乎所有 RNA 修饰都与动物发育和人类疾病相关。然而，RNA 修饰在牛上的研究还未起步，尤其是在肉产量和肉质改良方面是否也发挥重要的调控作用及其机制尚不清楚，这还需要科研工作者进一步深入探索。

表观转录组学是一个新兴的学科，以 m^{6}A 为代表的 RNA 化学修饰调控了诸多生物过程，影响 RNA 的转录、剪接、出核、翻译以及稳定性等功能。尽管我们已经揭开了这一领域"面纱"的一角，但是仍有大量的工作需要开展。虽然对动物中 m^{6}A 的调控蛋白研究较多，但 m^{6}A 的具体调控机制研究仍较少。目前研究 m^{6}A 生物功能的主要方法是敲除、敲低或过表达 m^{6}A 调控蛋白，这虽然能从整体上研究 m^{6}A 的程度对生命活动的影响，但并不能区分单独序列和位点上 m^{6}A 修饰的功能，阻碍了进一步研究 m^{6}A 的调控机制。此外，其他 RNA 修饰如 m^{1}A、m^{5}C 和核糖修饰等相关研究都相对较少。总之，以 m^{6}A 为代表的表观转录组学研究方兴未艾，m^{6}A 相关领域研究的不断深入有助于我们进一步理解生命活动的奥秘。

第六节 蛋白质修饰研究

DNA 经过转录过程将携带的遗传信息传递给信使 RNA，信使 RNA 再经过翻译过程最终形成蛋白质，蛋白质是生命体最终的呈现形式。蛋白质要想发挥其生物学功能仍需进一步的加工修饰，本节主要介绍蛋白质修饰以及牛中有关蛋白质修饰的研究情况。

什么是蛋白质修饰呢？首先了解下有关蛋白质修饰的基本概念。

蛋白质修饰是指蛋白质翻译后的化学修饰，常见的主要包括磷酸化、甲基化、泛素化、乙酰化、脂基化、糖基化等 6 种。蛋白质修饰是一个复杂的生物学过程，几乎参与全部细胞生命活动（陈霞和罗良煌，2017）。

一、磷酸化

磷酸化是指蛋白质在磷酸激酶的催化作用下把 GTP 或 ATP 的 γ 位磷酸基团转移到蛋白质的特定位点氨基酸残基上的过程（姜铮等，2009）。磷酸化是一种非常重要且广泛存在于真核生物和原核生物中的翻译后修饰调控方式，细胞内至少有 30%的蛋白质被磷酸化修饰。磷酸化广泛参与正常的生长发育和疾病发生过程，涉及细胞的生长、分化、凋亡、信号转导、肿瘤发生等。磷酸化后的蛋白质主要表现出如下的功能：①参与调控独特生理效应，如发生在线粒体中的氧化分解反应；②蛋白质经过磷酸化后，其活性改变；③参与重要的酶促反应过程，介导生成中间产物（张倩等，2006）。

在胎牛成纤维细胞样品中共鉴定出 363 种磷酸化蛋白，共 502 个磷酸化位点。这些磷酸化蛋白参与多种细胞信号转导通路，在代谢进程和细胞定位等生物学进程中发挥重要作用（农微等，2016）。在西门塔尔牛研究中发现，*Myf5* 基因编码的蛋白质，其氨基酸组成上丝氨酸含量最高，其磷酸化位点分别位于丝氨酸、酪氨酸和苏氨酸残基上，这与真核细胞内蛋白质磷酸化发生在丝氨酸、酪氨酸和苏氨酸残基侧链上的羟基报道相一致（杜连群等，2013）。有研究人员利用肌原纤维蛋白电泳研究了肉类的蛋白质磷酸化水平，结果表明，相比于猪肉和鸡肉，牛肉的大部分蛋白质磷酸化水平处于最高值，可能与牛肉的品质密切相关。瑞典红牛经电刺激后，其背最长肌中肌质蛋白的磷酸化水平会立即受到影响，3 h 后肌质蛋白的磷酸化水平发生显著变化。经蛋白质谱分析发现，主要的糖酵解蛋白，包括糖原脱支酶、糖原磷酸化酶和 6-磷酸果糖激酶可能与不同的热休克蛋白一起受到电刺激的影响。以上研究结果将为研究中国黄牛相关蛋白的磷酸化水平提供科学参考。

二、甲基化

甲基化是指蛋白质在甲基转移酶的催化下将甲基转移至特定的氨基酸残基上共价结合的过程，是一个可逆的化学修饰过程，由去甲基化酶参与催化去甲基化作用。容易发生甲基化/去甲基化作用的氨基酸主要包括精氨酸和赖氨酸。依据甲基化修饰作用的底物不同，分为组蛋白甲基化修饰和非组蛋白甲基化修饰两种形式。组蛋白赖氨酸甲基化主要发生在组蛋白 H3 和 H4 上。组蛋白精氨酸甲基化主要由精氨酸甲基转移酶家族的成员催化完成，负责对蛋白质底物中的精氨酸进行甲基化，与基因激活有关，而 H3 和 H4 精氨酸的甲基化丢失可导致基因沉默（陈霞和罗良煌，2017）。组蛋白赖氨酸甲基化修饰执行着多种生物学功能，如干细胞的维持和分化、X 染色体失活、转录调节和 DNA 损伤反应等，主要是影响染色质浓缩，抑制基因表达。组蛋白精氨酸甲基化在基因转录调控中发挥着重要作用，并能影响细胞的多种生理过程，包括 DNA 修复、信号转导、细胞发育及肿瘤发生等。

牛血清白蛋白（bovine serum albumin，BSA）是一种在生化实验中广泛使用的球蛋白。市场上的 BSA 产品主要有两种：普通 BSA 以及甲基化 BSA（methylated BSA，mBSA）。两者的用途有很大差别，BSA 主要用作保护剂或者载体，而 mBSA 被作为抗原频繁使用。大多数关于甲基化的研究主要停留在 DNA 层面上，有关中国黄牛蛋白质甲基化的研究尚未见报道。

三、泛素化

蛋白质泛素化修饰是指由泛素-蛋白酶系统（UPS）介导的调节蛋白质降解的过程，普遍存在于真核细胞中。泛素是由 76 个氨基酸构成的小分子多肽，于 1975 年首次从小牛的胰脏中被分离，后在除细菌外的多种有机体中被发现。泛素化不仅可导致蛋白质的降解，还可直接影响蛋白质的活性和细胞内定位，是调节细胞内蛋白质功能和水平的主要机制之一。UPS 介导了真核生物 80%~85%的蛋白质降解，该蛋白质降解途径具有依赖 ATP、高效、高度选择性的特点。由于泛素化修饰底物蛋白在细胞中广泛存在，泛素化修饰还可以调控包括细胞周期、细胞凋亡、转录调控、DNA 损伤修复以及免疫应答等在内的多种细胞活动（卢亮等，2013）。目前在中国黄牛中尚未见关于蛋白质泛素化的研究报道。

四、乙酰化

乙酰化是指蛋白质在乙酰基转移酶（HAT/KAT）的催化下把乙酰基团（如乙酰辅酶 A 等供体）共价结合到底物蛋白质的氨基酸残基上的过程，去乙酰化酶（HDAC/KDAC）参与去乙酰化作用，这是一个可逆的修饰过程。原核生物乙酰化/去乙酰化情况比较简单，主要原因是其细胞内相关的酶较少。真核生物中乙酰化/去乙酰化情况较为复杂，目前发现的乙酰化酶 KAT 就有 5 个家族，去乙酰化酶有 2 个家族。研究表明乙酰化修饰影响着细胞生理的各个方面，如转录调控、蛋白质降解、细胞代谢、趋化反应及应激反应等。乙酰化/去乙酰化是最早被发现的与基因转录有关的组蛋白修饰方式，试验发现组蛋白乙酰化程度和基因的转录活性呈正相关关系（陈霞和罗良煌，2017）。

沉默信息调节因子 1（sirtuin 1，SIRT1）是依赖于 NAD^+ 的组蛋白脱乙酰酶，为 sirtuin 家族成员之一，通过调控相关蛋白的乙酰化水平，而影响细胞增殖、分化、衰老、凋亡和代谢过程，已成为生命科学领域研究的热点之一。目前，有关去乙酰化酶调控中国黄牛的研究已有相关报道。研究发现，SIRT1 在肉牛的前体脂肪细胞分化、凋亡等过程中发挥重要的调控作用（刘晓牧等，2010）。还有研究报道，一些非编码 RNA 如 lncRNA ADNCR 和 miR-204 等通过影响 SIRT1 的表达而参与调控秦川牛前体脂肪细胞的分化（Li et al.，2016）。不难发现，蛋白质的乙酰化水平与肉牛肌内脂肪发育和体脂沉积密切相关。因此，研究蛋白质的乙酰化水平将为改善中国黄牛牛肉的品质提供重要的参考价值。

五、脂基化

脂基化是指蛋白质在脂基转移酶的催化下将脂质基团与蛋白质共价结合的过程。常见的能与蛋白质共价结合的脂质有脂肪酸、异戊烯类脂质、胆固醇以及糖基磷脂酰肌醇这 4 类。这些脂质修饰蛋白主要存在于细胞膜、细胞质、细胞核、细胞骨架等部位（陈霞和罗良煌，2017）。目前人们对蛋白质翻译后脂质修饰的认识还非常有限，对大部分脂质修饰蛋白的结构和功能未知或知之不多，尤其在中国黄牛的相关研究中还未见相关报道。

六、糖基化

糖基化是指蛋白质在糖基转移酶的作用下，将糖类转移至蛋白质或蛋白质上特殊的氨基酸残基共价结合形成糖苷键的过程。蛋白质经过糖基化作用，形成糖蛋白，该修饰方式在真核细胞中普遍存在。蛋白质糖基化在生命体中起着重要的作用，如参与免疫保护、信号转导调控、蛋白质翻译调控、蛋白质降解、细胞壁的合成等许多生物过程。很多蛋白质如转录因子、核小孔蛋白、热休克蛋白、RNA 聚合酶Ⅱ、致癌基因翻译产物、酶等，都存在糖基化这种翻译后修饰方式。研究发现，牛血清白蛋白糖基化终末产物通过调节 MEG3/miR-93/p21 通路而影响人脐静脉内皮细胞的生长，由此可见，蛋白质糖基化产物作为药物研究具有广阔的应用前景。然而，有关蛋白质糖基化在中国黄牛中的研究尚未见实质性报道。

本节重点介绍了蛋白质的磷酸化、甲基化和泛素化等修饰。由于蛋白质翻译后修饰并不是直接由基因决定的，研究蛋白质翻译后修饰对蛋白质组学的研究具有更重要的意义，因此诞生了"翻译后修饰的蛋白质组学"。翻译后修饰的蛋白质组学研究，不仅有助于理解蛋白质翻译后修饰在生命过程中的重要意义，还为未来的药物开发提供了极大的保证，但研究该类蛋白的前提是富集、提取和鉴定相关蛋白。找到非正常细胞中变异的分子靶点，将有利于研究蛋白质的相互作用是如何被翻译后修饰控制的，理解翻译后修饰的调控因素，有利于在分子水平上揭示细胞过程和蛋白质网络的功能。

本 章 小 结

表观遗传学是指 DNA 序列没有变化而基因表达或表型却发生了可遗传并潜在可逆的改变。表观遗传学的研究范围广泛，包括：非编码 RNA、DNA 甲基化、RNA 修饰和蛋白质修饰等。随着表观遗传学研究的不断深入和测序技术的不断发展，其为家畜育种也提供了强有力的工具和更加广泛的研究思路。表观遗传学在家畜育种中的应用在未来将是一个引人注目的领域。表观遗传学研究将来要面临以下一些挑战。①表观遗传修饰并不是像基因序列一样几乎是一成不变的。在个体发育过程中，表观遗传修饰往往会发生改变，而且，表观遗传信息在世代传递之间的遗传规律难以探寻，因此为表观遗传学研究带来了困难。②表观遗传修饰往往具有严格的组织特异性，往往同一时期不同组织中的表观遗传修饰有很大的差异，这为相关研究带来了许多困难。③表观遗传修饰影响家畜性状的机制还有待进一步深入研究，要想实现其在家畜育种中的应用和推广，还有很多工作要做。④新兴的表观遗传学与经典的分子遗传学一样，均对家畜遗传育种研究具有重要的指导意义，而整合家族系谱关系、基因遗传变异以及表观遗传修饰的复杂联合分析将对遗传信息与家畜生产性状的关联分析、全基因组预测的统计分析造成非常大的困难和挑战。

要全面理解表观遗传修饰对于家畜复杂经济性状的调控作用，进而进行表观遗传筛选、预测和育种仍然有相当长的路要走，表观遗传学在家畜育种中将具有广阔的研究前景与巨大的应用潜能。

参 考 文 献

陈五军, 尹凯, 赵国军, 等. 2011. microRNAs-脂质代谢调控新机制. 生物化学与生物物理进展, 38(9): 781-790.

陈霞, 罗良煌. 2017. 蛋白质翻译后修饰简介. 生物学教学, 42(2): 70-72.

丁向彬, 张蔚然, 张俊星, 等. 2017. lncRNA-HZ5 对牛骨骼肌卫星细胞成肌分化的调控作用研究. 天津农学院学报, 24 (3): 64-68.

杜连群, 张燕欣, 聂永伟, 等. 2013. 牛 *Myf5* 基因克隆及蛋白质生物学特性分析. 中国畜牧兽医, 40 (3): 50-53.

付瑶. 2018. BMP15/GDF9 通过 BMPR2 调控牛卵丘细胞增殖与凋亡机制的研究. 吉林大学博士学位论文.

姜铮, 王芳, 何湘, 等. 2009. 蛋白质磷酸化修饰的研究进展. 生物技术通讯, 20(2): 5.

李明勋. 2016. 长链非编码 RNA ADNCR 通过竞争性结合 MiR-204 抑制牛脂肪细胞分化. 西北农林科技大学博士学位论文.

李冉. 2016. 亚麻籽油与红花油对奶牛乳腺 ncRNA 的影响及牛奶 miRNA 表达谱研究. 西北农林科技大学博士学位论文.

刘晓. 2018. 克隆牛妊娠异常母体黄体 miRNA 的筛选及鉴定. 内蒙古农业大学硕士学位论文.

刘晓牧, 宋恩亮, 刘桂芬, 等. 2010. 去乙酰化酶 1 基因对牛前体脂肪细胞凋亡影响的研究. 生物化学与生物物理进展, 37(3): 297-303.

刘宇. 2016. 秦川牛脂肪组织转录组学研究及长链非编码 RNA 的筛选与鉴定. 西北农林科技大学博士学位论文.

卢亮, 李栋, 贺福初. 2013. 蛋白质泛素化修饰的生物信息学研究进展. 遗传, 35(1): 17-26.

马腾壑. 2012. 牛黄体不同发育期差异 miRNA 表达谱构建及 miR-378 在黄体细胞中的功能研究. 吉林大学博士学位论文.

农微, 谢体三, 卢安根, 等. 2016. 牛胎儿成纤维细胞磷酸化蛋白质组定性分析. 黑龙江畜牧兽医, (7): 19-22, 282.

史明艳, 苗志国, 郭燕杰, 等. 2020. 安格斯牛和南阳牛肌内脂肪组织中差异表达 circRNAs 分析. 西北农林科技大学学报(自然科学版), 48(3): 7.

宋成创. 2019. *IGF2* 基因来源的 IGF2 AS 和 miR-483 调控牛骨骼肌细胞增殖分化机制研究. 西北农林科技大学博士学位论文.

宋瑛燊, 郭益文, 苗曼宁, 等. 2020. 干扰 lnc23 后牛骨骼肌卫星细胞转录组测序的生物信息学分析. 中国畜牧兽医, 47(4): 973-983.

孙加节. 2016. 秦川牛肌肉与脂肪组织发育相关 miRNA 鉴定及 miR-10020 调控机制解析. 西北农林科技大学博士学位论文.

孙晓梅. 2012. 中国黄牛 *FGF21* 基因的遗传变异、克隆及原核表达研究. 西北农林科技大学硕士学位论文.

王轶敏, 张蔚然, 张俊星, 等. 2019. 牛骨骼肌卫星细胞中 miR-143 互作 lncRNA-HZ5 的鉴定及其相互调控作用分析. 天津农学院学报, 26(3): 51-56.

魏雪锋. 2017. miR-378a-3p、miR-107 和相关 circRNA 调控牛肌细胞发育的机制研究. 西北农林科技大学博士学位论文.

杨文志, 张明月, 王冠楠, 等. 2016. 2 个印记的基因间 lncRNAs 位于牛 Dlk1-Dio3 印记区域. 畜牧兽医学报, 47(9): 1848-1852.

于红. 2009. 表观遗传学: 生物细胞非编码 RNA 调控的研究进展. 遗传, 31(11): 1077-1086.

岳炳霖. 2021. 牛 circRNA 的 ceRNA 网络构建及调控牛骨骼肌细胞发育的功能机制研究. 西北农林科技大学博士学位论文.

张萃, 陈玮娜, 李俊良, 等. 2019. LINC24065 在体细胞核移植牛中的异常表达. 畜牧兽医学报, 50(1): 44-51.

张俊星, 盛辉, 朱菲菲, 等. 2020. 干扰 *lnc0803* 基因对牛骨骼肌卫星细胞增殖与分化的影响. 黑龙江畜牧兽医, (7): 21-26, 158.

张俊星, 朱菲菲, 李燕, 等. 2019. 干扰 lnc4351 对牛骨骼肌卫星细胞增殖与成肌分化的影响. 中国畜牧兽医, 46(3): 747-755.

张倩, 杨振, 安学丽, 等. 2006. 蛋白质的磷酸化修饰及其研究方法. 首都师范大学学报(自然科学版), (6): 43-49.

张思欢. 2018. 牛肌肉与脂肪发育相关 lncRNA lncFAM200B 的鉴定、启动子活性及遗传变异研究. 西北农林科技大学硕士学位论文.

周凤燕, 杨青, 朱熙春, 等. 2017. 环状 RNA 的分子特征、作用机制及生物学功能. 农业生物技术学报, 25(3): 485-501.

Adriaenssens P, Hermans M, Ingber A, et al. 1999. Palatal sliding strip flap: soft tissue management to restore maxillary anterior esthetics at stage 2 surgery: a clinical report. Int J Oral Maxillofac Implants, 14(1): 30-36.

Almada AA, Tarrant AM. 2016. Vibrio elicits targeted transcriptional responses from copepod hosts. FEMS Microbiol Ecol, 92(6): fiw072.

Arnberg AC, Van Ommen GJ, Grivell LA, et al. 1980. Some yeast mitochondrial RNAs are circular. Cell, 19(2): 313-319.

Ashwal-Fluss R, Meyer M, Pamudurti NR, et al. 2014. circRNA biogenesis competes with pre-mRNA splicing. Mol Cell, 56(1): 55-66.

Askarian M, Yadollahi M, Kuochak F, et al. 2011. Precautions for health care workers to avoid hepatitis B and C virus infection. Int J Occup Environ Med, 2(4): 191-198.

Billerey C, Boussaha M, Esquerré D, et al. 2014. Identification of large intergenic non-coding RNAs in bovine muscle using next-generation transcriptomic sequencing. BMC Genomics, 15(1): 499.

Buonfiglioli A, Efe IE, Guneykaya D, et al. 2019. let-7 microRNAs regulate microglial function and suppress glioma growth through Toll-like receptor 7. Cell Rep, 29(11): 3460-3471.

Cabili MN, Trapnell C, Goff L, et al. 2011. Integrative annotation of human large intergenic noncoding RNAs reveals global properties and specific subclasses. Genes & Development, 25(18): 1915-1927.

Carlile TM, Rojas-Duran MF, Zinshteyn B, et al. 2014. Pseudouridine profiling reveals regulated mRNA pseudouridylation in yeast and human cells. Nature, 515(7525): 143-146.

Cesana M, Cacchiarelli D, Legnini I, et al. 2011. A long noncoding RNA controls muscle differentiation by functioning as a competing endogenous RNA. Cell, 147(2): 358-369.

Chen C, Xiang H, Peng YL, et al. 2014. Mature miR-183, negatively regulated by transcription factor GATA3, promotes 3T3-L1 adipogenesis through inhibition of the canonical Wnt/β-catenin signaling pathway by targeting LRP6. Cell Signal, 26(6): 1155-1165.

Chen M, Li X, Zhang X, et al. 2019. A novel long non-coding RNA, lncKBTBD10, involved in bovine skeletal muscle myogenesis. In Vitro Cell Dev Biol Anim, 55(1): 25-35.

Clemson CM, Hutchinson JN, Sara SA, et al. 2009. An architectural role for a nuclear noncoding RNA: NEAT1 RNA is essential for the structure of paraspeckles. Mol Cell, 33(6): 717-726.

Cocquerelle C, Daubersies P, Majerus MA, et al. 1992. Splicing with inverted order of exons occurs proximal to large introns. The Embo Journal, 11(3): 1095-1098.

Cohn ZA, Hirsch JG, Fedorko ME. 1960. The in vitro differentiation of mononuclear phagocytes. J Exp Med, 123(4): 747-756.

Conn VM, Hugouvieux V, Nayak A, et al. 2017. A circRNA from SEPALLATA3 regulates splicing of its cognate mRNA through R-loop formation. Nat Plants, 3: 17053.

Coutinho LL, Matukumalli LK, Sonstegard TS, et al. 2007. Discovery and profiling of bovine microRNAs from immune-related and embryonic tissues. Physiol Genomics, 29(1): 35-43.

Delatte B, Wang F, Ngoc LV, et al. 2016. Transcriptome-wide distribution and function of RNA hydroxymethylcytosine. Science, 351: 282-285.

Desrosiers R, Friderici K, Rottman F. 1974. Identification of methylated nucleosides in messenger RNA from Novikoff hepatoma cells. Proceedings of the National Academy of Sciences of the United States of America, 71: 3971-3975.

Dey BK, Pfeifer K, Dutta A. 2014. The H19 long noncoding RNA gives rise to microRNAs miR-675-3p and miR-675-5p to promote skeletal muscle differentiation and regeneration. Genes Dev, 28(5): 491-501.

Dominique L, Couzigou JM, Clemente HS, et al. 2015. Primary transcripts of microRNAs encode regulatory peptides. Nature, 520(7545): 90-93.

Dong R, Zhang XO, Zhang Y, et al. 2016. CircRNA-derived pseudogenes. Cell Res, 26(6): 747-750.

Du WW, Fang L, Yang W, et al. 2017. Induction of tumor apoptosis through a circular RNA enhancing Foxo3 activity. Cell Death Differ, 24(2): 357-370.

Elbashir SM, Harborth J, Lendeckel W, et al. 2001. Duplexes of 21-nucleotide RNAs mediate RNA interference in cultured mammalian cells. Nature, 411(6836): 494-498.

Fatima A, Lynn DJ, O'Boyle P, et al. 2014. The miRNAome of the postpartum dairy cow liver in negative energy balance. BMC Genomics, 15: 279.

Fernández L, Langa S, Martín V, et al. 2013. The human milk microbiota: origin and potential roles in health and disease. Pharmacol Res, 69(1): 1-10.

Fredericksen F, Villalba M, Olavarría VH. 2016. Characterization of bovine *A20* gene: Expression mediated by NF-κB pathway in MDBK cells infected with bovine viral diarrhea virus-1. Gene, 581(2): 117-129.

Fu Y, Dominissini D, Rechavi G, He C. 2014. Gene expression regulation mediated through reversible m^{6}A RNA methylation. Nat Rev Genet, 15(5): 293-306.

Fu Y, Jia G, Pang X, et al. 2013. FTO-mediated formation of N^6-hydroxymethyladenosine and N^6-formyladenosine in mammalian RNA. Nat Commun, 4: 1798.

Gabory A, Jammes H, Dandolo L. 2010. The H19 locus: role of an imprinted non-coding RNA in growth and development. Bioessays, 32(6): 473-480.

Gao P, Marley MS, Ackerman AS. 2018. Sedimentation efficiency of condensation clouds in substellar atmospheres. Astrophys J, 855(2): 86.

Ginger MR, Gonzalez-Rimbau MF, Gay JP, et al. 2001. Persistent changes in gene expression induced by estrogen and progesterone in the rat mammary gland. Mol Endocrinol, 15(11): 1993-2009.

Gong C, Li Z, Ramanujan K, et al. 2015. A long non-coding RNA, LncMyoD, regulates skeletal muscle differentiation by blocking IMP2-mediated mRNA translation. Dev Cell, 34(2): 181-191.

Gupta RA, Shah N, Wang KC, et al. 2010. Long non-coding RNA HOTAIR reprograms chromatin state to promote cancer metastasis. Nature, 464(7291): 1071-1076.

Hacisuleyman E, Goff LA, Trapnell C, et al. 2014. Topological organization of *multichromosomal* regions by the long intergenic noncoding RNA Firre. Nat Struct Mol Biol, 21(2): 198-206.

Han X, Yang F, Cao H, Liang Z. 2015. Malat1 regulates serum response factor through miR-133 as a competing endogenous RNA in myogenesis. FASEB J, 29(7): 3054-3064.

Holley RW, Apgar J, Everett GA, et al. 1965. Structure of a ribonucleic acid. Science, 147(3664): 1462-1465.

Hu W, Alvarez-Dominguez JR, Lodish HF. 2012. Regulation of mammalian cell differentiation by long non-coding RNAs. EMBO reports, 13(11): 971-983.

Hu Z, Bruno AE. 2011. The influence of 3′UTRs on microRNA function inferred from human SNP data. Comp Funct Genomics, 2011: 910769.

Jansen van Rensburg WS, Venter SL, Netshiluvhi TR, et al. 2004. Role of indigenous leafy vegetables in combating hunger and malnutrition. South African Journal of Botany, 70: 52-59.

Jennifer AK, Gerin I, MacDougald OA, et al. 2008. The microRNA miR-8 is a conserved negative regulator of Wnt signaling. Proc Natl Acad Sci USA, 5(40): 15417-15422.

Jiang R, Li H, Yang J, et al. 2020. circRNA profiling reveals an abundant circFUT10 that promotes adipocyte proliferation and inhibits adipocyte differentiation via sponging let-7. Mol Ther Nucleic Acids, 20: 491-501.

Jin CF, Li Y, Ding XB, et al. 2017. lnc133b, a novel, long non-coding RNA, regulates bovine skeletal muscle satellite cell proliferation and differentiation by mediating miR-133b. Gene, 630: 35-43.

Jin W, Grant JR, Stothard P, et al. 2009. Characterization of bovine miRNAs by sequencing and bioinformatics analysis. BMC Mol Biol, 10: 90.

Jin Y, Wang J, Zhang M, et al. 2019. Role of bta-miR-204 in the regulation of adipocyte proliferation, differentiation, and apoptosis. J Cell Physiol, 234: 11037-11046.

Jin Z, Geißler D, Qiu X, et al. 2015. A rapid, amplification-free, and sensitive diagnostic assay for single-step multiplexed fluorescence detection of microRNA. Angew Chem Int Ed Engl, 54(34): 10024-10029.

Kallen AN, Zhou XB, Xu J, et al. 2013. The imprinted H19 lncRNA antagonizes let-7 microRNAs. Mol Cell, 52(1): 101-112.

Kanehisa M, Araki M, Goto S, et al. 2008. KEGG for linking genomes to life and the environment. Nucleic Acids Res, 36: 480-484.

Kelly S, Greenman C, Cook PR, et al. 2015. Exon skipping is correlated with exon circularization. Journal of Molecular Biology, 427(15): 2414-2417.

Khan MA, Reckman YJ, Aufiero S, et al. 2016. RBM20 regulates circular RNA production from the titin gene. Circulation Research, 119(9): 996-1003.

Kolakofsky D. 1976. Isolation and characterization of Sendai virus DI-RNAs. Cell, 8(4): 547-555.

Kopp F, Mendell JT. 2018. Functional classification and experimental dissection of long noncoding RNAs. Cell, 172(3): 393-407.

Kopp R, Bauer I, Ramalingam A, et al. 2014. Prolonged hypoxia increases survival even in Zebrafish (*Danio rerio*) showing cardiac arrhythmia. PLoS One, 9(2): e89099.

Koufariotis LT, Chen YP, Chamberlain A, et al. 2015. A catalogue of novel bovine long noncoding RNA across 18 tissues. PLoS One, 10(10): e0141225.

Lee RC, Feinbaum RL, Ambros VJC, et al. 1993. The *C. elegans* heterochronic gene lin-4 encodes small RNAs with antisense complementarity to lin-14. Cell, 75(5): 843-854.

Legnini I, Di Timoteo G, Rossi F, et al. 2017. Circ-ZNF609 is a circular RNA that can be translated and functions in myogenesis. Mol Cell, 66(1): 22-37.

Legnini I, Morlando M, Mangiavacchi A, et al. 2014. A feedforward regulatory loop between HuR and the long noncoding RNA linc-MD1 controls early phases of myogenesis. Mol Cell, 53(3): 506-514.

Lei T, Lv ZY, Fu JF, et al. 2018. LncRNA NBAT-1 is down-regulated in lung cancer and influences cell proliferation, apoptosis and cell cycle. Eur Rev Med Pharmacol Sci, 22(7): 1958-1962.

Li C, Zhou G, Xu X, et al. 2015. Phosphoproteome analysis of sarcoplasmic and myofibrillar proteins in bovine longissimus muscle in response to postmortem electrical stimulation. Food Chemistry, 175: 197-202.

Li H, Wei X, Yang J, et al. 2018a. circFGFR4 promotes differentiation of myoblasts via binding miR-107 to relieve its inhibition of Wnt3a. Mol Ther Nucleic Acids, 11: 272-283.

Li H, Yang J, Jiang R, et al. 2018b. Long non-coding RNA profiling reveals an abundant MDNCR that promotes differentiation of myoblasts by sponging miR-133a. Molecular Therapy Nucleic Acids, 12: 610-625.

Li H, Yang J, Wei X, et al. 2018c. CircFUT10 reduces proliferation and facilitates differentiation of myoblasts by sponging miR-133a. J Cell Physiol, 233(6): 4643-4651.

Li M, Gao Q, Tian Z, et al. 2019a. MIR221HG is a novel long noncoding RNA that inhibits bovine adipocyte differentiation. Genes(Basel), 11(1): 29.

Li M, Sun X, Cai H, et al. 2016. Long non-coding RNA ADNCR suppresses adipogenic differentiation by targeting miR-204. Biochimica et Biophysica Acta, 1859: 871-882.

Li Q, Li P, Su J, et al. 2019b. LncRNA NKILA was upregulated in diabetic cardiomyopathy with early prediction values. Exp Ther Med, 18(2): 1221-1225.

Li X, Liu YX, Ji P, et al. 2012. Genomic Loss of microRNA 491 contributes to IGFBP2 overexpression and sternness in GBM. Cancer Research, 72(8): LB-466.

Linder B, Grozhik AV, Olarerin-George AO, et al. 2015. Single-nucleotide-resolution mapping of m6A and m6Am throughout the transcriptome. Nat Methods, 12(8): 767-772.

Liu M, Li B, Peng WW, et al. 2019. LncRNA-MEG3 promotes bovine myoblast differentiation by sponging miR-135. Journal of Cellular Physiology, 234(10): 18361-18730.

Liu S, Sheng L, Miao H, et al. 2014. *SRA* gene knockout protects against diet-induced obesity and improves glucose tolerance. J Biol Chem, 89(19): 13000-13009.

Liu S, Yang Y, Wu J. 2011. TNFα-induced up-regulation of miR-155 inhibits adipogenesis by down-regulating early adipogenic transcription factors. Biochem Biophys Res Commun, 414(3): 618-624.

Ma L, Bajic VB, Zhang Z. 2013. On the classification of long non-coding RNAs. RNA Biol, 10(6): 925-933.

Ma Y, He T, Jiang X. 2019. Projection-based neighborhood non-negative matrix factorization for lncRNA-protein interaction prediction. Front Genet, 10: 1148.

Matsumoto Y, Fishel R, Wickner R B. 1990. Circular single stranded RNA replicon in *Saccharomyces cerevisiae*. Proceedings of the National Academy of Sciences of the USA, 87(19): 7628-7632.

Mauer J, Luo X, Blanjoie A, et al. 2017. Reversible methylation of m6Am in the 5′ cap controls mRNA stability. Nature, 541(7637): 371-375.

Memczak S, Jens M, Elefsinioti A, et al. 2013. Circular RNAs are a large class of animal RNAs with regulatory potency. Nature, 495(7441): 333-338.

Mercer TR, Dinger ME, Mattick JS. 2009. Long non-coding RNAs: insights into functions. Nat Rev Genet, 10(3): 155-159.

Mercer TR, Munro T, Mattick JS. 2022. The potential of long noncoding RNA therapies. Trends in Pharmacological Sciences, 43(4): 269-280.

Mueller AC, Cichewicz MA, Dey BK, et al. 2015. MUNC, a long noncoding RNA that facilitates the function of MyoD in skeletal myogenesis. Mol Cell Biol, 35(3): 498-513.

Muniz MMM, Simielli Fonseca LF, Scalez DCB, et al. 2022. Characterization of novel lncRNA muscle expression profiles associated with meat quality in beef cattle. Evol Appl, 15(4): 706-718.

Najafi-Shoushtari SH, Kristo F, Li Y, et al. 2010. MicroRNA-33 and the SREBP host genes cooperate to control cholesterol homeostasis. Science, 328(5985): 1566-1569.

Nakagawa S, Hirano T. 2014. Gathering around Firre. Nat Struct Mol Biol, 21(3): 207-208.

Nigro JM, Cho KR, Fearon ER, et al. 1991. Scrambled exons. Cell, 64(3): 607-613.

Pamudurti NR, Konakondla-Jacob VV, Krishnamoorthy A, et al. 2018. An in vivo knockdown strategy reveals multiple functions for circMbl. Cold Spring Harbor Laboratory, DOI: 10.1101/483271.

Peng S, Song C, Li H, et al. 2019. Circular RNA SNX29 sponges miR-744 to regulate proliferation and differentiation of myoblasts by activating the Wnt5a/Ca^{2+} signaling pathway. Mol Ther Nucleic Acids, 16: 481-493.

Qadir AS, Woo KM, Ryoo HM, et al. 2013. Insulin suppresses distal-less homeobox 5 expression through the up-regulation of microRNA-124 in 3T3-L1 cells. Exp Cell Res, 319(14): 2125-2134.

Rackham O, Shearwood AMJ, Mercer TR, et al. 2011. Long noncoding RNAs are generated from the mitochondrial genome and regulated by nuclear-encoded proteins. RNA, 17(12): 2085-2093.

Reinhart BJ, Slack FJ, Basson M, et al. 2000. The 21-nucleotide let-7 RNA regulates developmental timing in *Caenorhabditis elegans*. Nature, 403(6772): 901-906.

Rinn JL, Kertesz M, Wang JK, et al. 2007. Functional demarcation of active and silent chromatin domains in human HOX loci by noncoding RNAs. Cell, 129(7): 1311-1323.

Romao JM, Jin W, He M, et al. 2012. Altered microRNA expression in bovine subcutaneous and visceral adipose tissues from cattle under different diet. PLoS One, 7(7): e40605.

Roundtree IA, Evans ME, Pan T, et al. 2017. Dynamic RNA modifications in gene expression regulation. Cell, 169(7): 1187-1200.

Saletore Y, Meyer K, Korlach J, et al. 2012. The birth of the Epitranscriptome: deciphering the function of RNA modifications. Genome Biol, 13(10): 175.

Sasaki YT, Ideue T, Sano M, et al. 2009. MENepsilon/beta noncoding RNAs are essential for structural integrity of nuclear paraspeckles. Proc Natl Acad Sci USA, 106(8): 2525-2530.

Shen X, Zhang X, Ru W, et al. 2020. circINSR promotes proliferation and reduces apoptosis of embryonic myoblasts by sponging miR-34a. Mol Ther Nucleic Acids, 19: 986-999.

Standaert L, Adriaens C, Radaelli E, et al. 2014. The long noncoding RNA Neat1 is required for mammary gland development and lactation. RNA, 20(12): 1844-1849.

Stefan N, Häring HU, Hu FB, et al. 2013. Metabolically healthy obesity: epidemiology, mechanisms, and clinical implications. Lancet Diabetes Endocrinol, 1(2): 152-162.

Strasser P, Koh S, Anniyev T, et al. 2010. Lattice-strain control of the activity in dealloyed core-shell fuel cell catalysts. Nat Chem, 2(6): 454-460.

Strozzi F, Mazza R, Malinverni R, et al. 2009. Annotation of 390 bovine miRNA genes by sequence similarity with other species. Anim Genet, 40(1): 125.

Su LJ, Zhang JH, Gomez H, et al. 2019. Reactive oxygen species-induced lipid peroxidation in apoptosis, autophagy, and ferroptosis. Oxid Med Cell Longev, 2019: 5080843.

Sun F, Wang J, Pan Q, et al. 2009. Characterization of function and regulation of miR-24-1 and miR-31. Biochem Biophys Res Commun, 380(3): 660-665.

Sun H, Gao L, Pang Q, et al. 2013. Identification and expression of an encoding steroid receptor coactivator (SRA) in amphioxus (*Branchiostoma japonicum*). Mol Biol Rep, 40(11): 6385-6395.

Sun Q, Liu H, Li L, et al. 2015. Long noncoding RNA-LET, which is repressed by EZH2, inhibits cell proliferation and induces apoptosis of nasopharyngeal carcinoma cell. Med Oncol, 32(9): 226.

Sun X, Li M, Sun Y, et al. 2016. The developmental transcriptome sequencing of bovine skeletal muscle reveals a long noncoding RNA, lncMD, promotes muscle differentiation by sponging miR-125b. Biochimica et Biophysica Acta (BBA)-Molecular Cell Research, 1863(11): 2835-2845.

Takada S, Berezikov E, Yamashita Y, et al. 2006. Mouse microRNA profiles determined with a new and sensitive cloning method. Nucleic Acids Res, 34(17): e115.

Tang YF, Zhang Y, Li XY, et al. 2009. Expression of miR-31, miR-125b-5p, and miR-326 in the adipogenic differentiation process of adipose-derived stem cells. OMICS, 13(4): 331-336.

Tong K, Pellón-Cárdenas O, Sirihorachai VR, et al. 2017. Degree of Tissue differentiation dictates susceptibility to BRAF-driven colorectal cancer. Cell Rep, 21(13): 3833-3845.

Tripurani SK, Xiao C, Salem M, et al. 2010. Cloning and analysis of fetal ovary microRNAs in cattle. Anim Reprod Sci, 120(1-4): 16-22.

Wang X, Cao X, Dong D, et al. 2019. Circular RNA TTN acts as a miR-432 sponge to facilitate proliferation and differentiation of myoblasts via the IGF2/PI3K/AKT signaling pathway. Mol Ther Nucleic Acids, 18: 966-980.

Wei N, Wang Y, Xu RX, et al. 2015. PU.1 antisense lncRNA against its mRNA translation promotes adipogenesis in porcine preadipocytes. Anim Genet, 46(2): 133-140.

Wei X, Li H, Yang J, et al. 2017. Circular RNA profiling reveals an abundant circLMO7 that regulates myoblasts differentiation and survival by sponging miR-378a-3p. Cell Death Dis, 8(10): e3153.

Wilusz JE, Sunwoo H, Spector DL. 2009. Long noncoding RNAs: functional surprises from the RNA world. Genes & Development, 23(13): 1494-1504.

Xiao T, Liu L, Li H, et al. 2015. Long noncoding RNA ADINR Regulates adipogenesis by transcriptionally activating C/EBPα. Stem Cell Reports, 5(5): 856-865.

Xu B, Gerin I, Miao H, et al. 2010. Multiple roles for the non-coding RNA SRA in regulation of adipogenesis and insulin sensitivity. PLoS One, 5(12): e14199.

Xu J, Bai J, Zhang X, et al. 2017. A comprehensive overview of lncRNA annotation resources. Brief Bioinform, 18(2): 236-249.

Yan B, Liu T, Yao C, et al. 2021. LncRNA XIST shuttled by adipose tissue-derived mesenchymal stem cell-derived extracellular vesicles suppresses myocardial pyroptosis in atrial fibrillation by disrupting miR-214-3p-mediated Arl2 inhibition. Lab Invest, 101(11): 1427-1438.

Yan XM, Zhang Z, Meng Y, et al. 2020. Genome-wide identification and analysis of circular RNAs differentially expressed in the longissimus dorsi between Kazakh cattle and Xinjiang brown cattle. PeerJ, 8: e8646.

Yang B, Jiao B, Ge W, et al. 2018a. Transcriptome sequencing to detect the potential role of long non-coding RNAs in bovine mammary gland during the dry and lactation period. BMC Genomics, 19(1): 605.

Yang Y, Fan X, Mao M, et al. 2017. Extensive translation of circular RNAs driven by N6-methyladenosine. Cell Res, 27(5): 626-641.

Yang Y, Hsu PJ, Chen YS, et al. 2018b. Dynamic transcriptomic m6A decoration: writers, erasers, readers and functions in RNA metabolism. Cell Res, 28: 616-624.

Yi F, Zhang P, Wang Y, et al. 2019. Long non-coding RNA slincRAD functions in methylation regulation during the early stage of mouse adipogenesis. RNA Biol, 16(10): 1401-1413.

Yue B, Wang J, Ru W, et al. 2020. The circular RNA circHUWE1 sponges the miR-29b-AKT3 axis to regulate myoblast development. Mol Ther Nucleic Acids, 19: 1086-1097.

Yue K, Trujillo-de Santiago G, Alvarez MM, et al. 2015. Synthesis, properties, and biomedical applications of gelatin methacryloyl (GelMA) hydrogels. Biomaterials, 73: 254-271.

Yue Y, Jin C, Chen M, et al. 2017. A lncRNA promotes myoblast proliferation by up-regulating GH1. In Vitro Cell Dev Biol Anim, 53(8): 699-705.

Zhang CL, Wu H, Wang YH, et al. 2016. Circular RNA of cattle casein genes are highly expressed in bovine mammary gland. J Dairy Sci, 99(6): 4750-4760.

Zhang M, Li B, Wang J, et al. 2019a. Lnc9141-a and -b play a different role in bovine myoblast proliferation, apoptosis, and differentiation. Molecular therapy Nucleic Acids, 18: 554-566.

Zhang XO, Wang HB, Zhang Y, et al. 2014. Complementary sequence-mediated exon circularization. Cell, 159(1): 134-147.

Zhang XJ, Chen MM, Liu XF, et al. 2020. A novel lncRNA, lnc403, involved in bovine skeletal muscle myogenesis by mediating KRAS/Myf6. Gene, 751: 144706-144737.

Zhang XL, Cheng ZX, Wang LX, et al. 2019b. MiR-21-3p centric regulatory network in dairy cow mammary epithelial cell proliferation. Journal of Agriculture and Food Chemistry, 67(40): 11137-11147.

Zhang YC, Chen YQ. 2013. Long noncoding RNAs: new regulators in plant development. Biochem Biophys Res Commun, 436(2): 111-114.

Zhang Z, Chen CZ, Xu MQ, et al. 2018. MiR-31 and miR-143 affect steroid hormone synthesis and inhibit cell apoptosis in bovine granulosa cells through FSHR. Theriogenology, 123: 45-53.

Zheng CY, Zou B, Zhao BC, et al. 2018a. miRNA-185 regulated retained fetal membranes of cattle by targeting STIM1. Theriogenology, 126: 166-171.

Zheng X, Ning C, Zhao W, et al. 2018b. Integrated analysis of long noncoding RNA and mRNA expression profiles reveals the potential role of long noncoding RNA in different bovine lactation stages. Journal of Dairy Science, 101(12): 11061-11073.

（蓝贤勇、李明勋、孙加节、宋成创、李辉、魏雪锋、张思欢编写）

（蒋恩惠、兀继尧、茹文秀、黄洁萍、张少丽、惠一晴、白洋洋、李洁、辛东芸、刘婷婷、毕谊、王新宇、康自红、李海霞、刘洪飞、赵佳宁、吴慧、魏振宇等参与了本章内容资料的收集整理和归纳等工作，在此表示衷心感谢！）

第十五章　中国黄牛分子群体遗传学研究

经典群体遗传学是专门研究群体的遗传结构及其变化规律的一门遗传学分支学科，主要关注自然选择、遗传漂变、突变、迁徙等因素对基因频率和表型频率的影响。然而，经典群体遗传学还只是涉及遗传结构短期的变化，并未涉及长期进化过程中群体遗传结构的改变。为了解决这一问题，逐渐衍生出一门新的遗传学分支学科——分子群体遗传学。

第一节　分子群体遗传学的概念和研究内容

一、分子群体遗传学的概念及发展简史

分子群体遗传学是一门从群体角度解释基因变异和分子进化的学科。分子群体遗传学主要关注在生物长期进化过程中，是何种驱动力导致形成了目前的群体遗传结构。随着大数据和测序技术等的迅速发展，该学科逐渐将经典群体遗传学、分子生物学和基因组学等内容融合为一体。分子群体遗传学主要关注三个方面的问题：第一，识别和某些性状相关的基因或突变，进而通过分子水平的变异探究表型变化背后的驱动力；第二，了解进化对整个基因组的影响；第三，使用分子水平的变异来推测群体进化史，例如：群体的迁徙和种群结构的变化等。

分子群体遗传学的产生来源于经典群体遗传学。经典群体遗传学最早起源于英国数学家哈迪（Hardy）和德国医学家温伯格（Weinberg）于1908年提出的遗传平衡定律。随后，英国数学家费希尔（Fisher）、遗传学家霍尔丹（Haldane）和美国遗传学家赖特（Wright）等建立了群体遗传学的数学基础及相关计算方法，从而初步形成了群体遗传学理论体系，群体遗传学也逐步发展成为一门独立的学科。群体遗传学是研究生物群体的遗传结构及其变化规律的科学，它应用数学和统计学的原理和方法研究生物群体中基因频率和基因型频率的变化，以及影响这些变化的环境选择效应、遗传突变作用、迁移及遗传漂变等因素与遗传结构的关系，由此来探讨生物进化的机制并为育种工作提供理论基础。从某种意义上来说，生物进化就是群体遗传结构持续变化和演变的过程，因此，群体遗传学理论在生物进化机制特别是种内进化机制的研究中有着重要作用（Nei，1975）。

在20世纪60年代以前，群体遗传学主要涉及群体遗传结构短期的变化，这是由于当时人类的寿命与进化时间相比极为短暂，以至于没有办法探测经过长期进化后遗传群体的遗传变化或者基因的进化变异，只好简单地用短期变化的延续来推测长期进化的过程。而利用大分子序列特别是DNA序列变异来进行群体遗传学研究后，科研人员可以从数量上精确地推知群体的进化演变，并且可以检验以往关于长期进化或遗传系统稳定

性推论的可靠程度（Nei，1975）。同时，对生物群体中同源大分子序列变异式样的研究也使科学界开始重新审视达尔文以"自然选择"为核心的生物进化学说。20 世纪 60 年代末 70 年代初，Kimura（1968）、King 和 Jukes（1969）相继提出了中性突变的随机漂变学说：认为多数大分子的进化变异是选择性中性突变随机固定的结果。此后，分子进化的中性学说得到进一步完善（Kimura，1983a），如 Ohno（1970）关于复制在进化中的作用假说，其认为进化的发生主要是重复基因获得了新的功能，自然选择只不过是保持基因原有功能的机制；最近 Britten（2006）甚至推断几乎所有的人类基因都来自于古老的复制事件。尽管中性学说也存在理论和实验方法的缺陷，但是它为分子进化的非中性检测提供了必要的理论基础（Nei，2005）。目前，"选择学说"和"中性进化学说"仍然是分子群体遗传学界讨论的焦点。

1971 年，Kimura 最先明确地提出了"分子群体遗传学"这一学说。其后，Nei 从理论上对分子群体遗传学进行了比较系统的阐述。1975 年，Watterson 估算了基于替代模型下的 DNA 多态性的参数 θ 值和期望方差。1982 年，英国数学家 Kingman 构建了"溯祖"原理的基本框架，从而使得以少量的样本来代表整个群体进行群体遗传结构的研究成为可能，并可以进一步推断影响群体遗传结构形成的各种演化因素。溯祖原理的"回溯"分析使得对群体进化历史的推测更加合理和可信。1983 年，Tajima 推导了核苷酸多样度参数 Pi（π）的数学期望值和方差值。此后，随着中性平衡的相关测验方法等的相继提出，分子群体遗传学的理论及分析方法日趋完善。

二、分子群体遗传学的研究内容及进展

基于 DNA 序列变异检测手段的实验分子群体遗传学研究始于 1983 年，以 Kreitman（1983）发表的《黑腹果蝇的乙醇脱氢酶基因位点的核苷酸多态性》一文为标志。但是，由于当时 DNA 测序费用高昂等原因，分子群体遗传学最初发展得比较缓慢，随着 DNA 测序逐渐成为实验室常规的实验技术之一以及基于溯祖理论的各种计算机软件分析程序的开发和应用，实验分子群体遗传学近 30 多年来得到了迅速的发展，相关研究论文逐年增多，其研究内容涵盖了群体遗传结构，各种进化力量如突变、重组、连锁不平衡、选择等对遗传结构的影响，群体内基因进化方式，群体间的遗传分化及基因流等。

De Vires 首次提出了新的遗传变异的自然发生或突变学说 [*Britannica*（《大英百科全书》），2023]。他推断，新的遗传变异的偶然出现，是某些未知因子作用的结果，并由此直接形成新种。不过，后来的研究证明单一突变可以形成一个新种的说法是错误的，而新遗传变异的偶然发生说却得到了不少研究工作的支持。

分子群体遗传学是一门新兴的分子生物学的分支学科，主要是从群体的角度去研究基因变异和分子进化。分子群体遗传学是在经典群体遗传学等学科的基础上发展而来的。随着生物技术和测序技术的发展，分子群体遗传学的研究广度和深度都逐渐扩大。由于所有生物都是进化的产物，所以在群体变异的研究中，进化是必不可少的。从生物进化的角度可以进一步了解基因的功能和作用，因此，无论是对基因功能的研究，还是物种的选育都具有重要的作用。未来，分子群体遗传学的理论和研究思路将更加深入地

应用于选种选育等生产实践中。

第二节 编码序列的分子群体遗传学分析

DNA 有 4 种基本变化方式，即核苷酸的代换、缺失、插入和倒位。插入、缺失及倒位可以一个或多个核苷酸为单位进行。插入和缺失可以改变核苷酸顺序的解读结构，故称为移码突变。核苷酸的代换又分为两种方式：转换和颠换。转换是指一个嘌呤为另一个嘌呤所置换，或一个嘧啶为另一个嘧啶所置换。核苷酸代换的另一种方式是颠换。

单核苷酸多态性（single nucleotide polymorphism，SNP）指的是由单个核苷酸——A、T、C 或 G 的改变而引起的 DNA 序列的改变，造成染色体基因组的多样性。所以，SNP 可导致人类疾病，如癌症、传染性疾病、自身免疫病等。SNP 是研究人类家族和动植物品系遗传变异的重要依据，因此，被广泛用于群体遗传学研究和疾病相关基因的研究，在药物基因组学、诊断学和生物医学研究中起重要作用。

根据 SNP 的定位，可将其分为基因编码区 SNP、基因周边 SNP 以及基因间 SNP 三类；SNP 位置区域包括 UTR、编码区的外显子或内含子区、可变剪接位点等。也可将 SNP 分为蛋白编码 SNP 和非蛋白编码 SNP 两类，前者位于外显子中，如果它不引起所编码的氨基酸改变，则称为同义 SNP，否则称为非同义 SNP，后者往往会影响相应蛋白质的功能；同义 SNP 可位于内含子区或基因间区，都不会影响蛋白质序列，而位于基因调节区的 SNP 称为调节 SNP，也称为基因周边 SNP，如果它影响基因的表达水平，就会影响 RNA 或蛋白质的产量从而影响性状。

一、基因组 DNA 多态性

分子群体遗传学的研究基础是 DNA 序列变异。同源 DNA 序列的遗传分化程度是衡量群体遗传结构的主要指标，其分化式样则是理解群体遗传结构产生和维持的进化内在驱动力如遗传突变、重组、基因转换的前提。随着 DNA 测序越来越快捷、便利及分子生物学技术的飞速发展，越来越多的全基因组序列或者基因序列的测序结果被发表，基因在物种或群体中的 DNA 多态性式样也越来越多地被阐明。

二、连锁不平衡

不同位点的等位基因在遗传上不总是独立的，其连锁不平衡程度在构建遗传图谱进行分子育种及图位克隆等方面具有重要的参考价值。

三、基因组重组对 DNA 多态性的影响

基因组重组是指二倍体或者多倍体动物减数分裂时发生的同源染色体之间的交换或者转换。它通过打破遗传连锁而影响群体的 DNA 多态性式样，其在基因组具体位点发生的概率与该位点的结构有很大的关系，基因组上往往存在重组热点区域，并且重组

主要发生在染色体上的基因区域，而不是基因间隔区。同时，基因密度高的染色体区段比基因密度低的染色体区段发生重组的频率也要高得多；在不同的物种中，基因组重组率平均水平也有很大的差异。

四、基因进化方式

分子群体遗传学有两种关于分子进化的观点：一种是新达尔文主义的自然选择学说，认为在适应性进化过程中，自然选择在分子进化中起重要作用，突变起着次要作用。新达尔文主义的主要观点包括：任何自然群体中均经常存在足够的遗传变异，以对付任何选择压力；就功能来说，突变是随机的；进化几乎完全取决于环境变化和自然选择；一个自然群体的遗传结构在它生存的环境中往往处于或者接近于最适合状态；在环境没有发生改变的情况下，新突变均是有害的（King，1972）。另一种是以日本学者 Kimura 为代表的中性学说，认为在分子水平上，种内的遗传变异（蛋白质或者 DNA 序列多态性）为选择中性或者近中性，种内的遗传结构通过渗入突变和遗传漂变之间的平衡来维持，生物的进化则是通过选择性突变的随机固定（有限群体的随机样本漂移）来实现的，即认为遗传漂变是进化的主要原因，选择不占主导地位。

五、外显子的分子群体遗传学分析

中国黄牛外显子区的 SNP 遗传分析结果如表 15-1 所示。

表 15-1　中国黄牛外显子区的 SNP 遗传分析（以部分国外品种作为参考）

序号	基因	位点	位置	突变类型	品种	Ho	He	Ne	PIC
1	ATBF1	C>G	外显子 2	同义突变	秦川牛	0.63	0.37	1.58	0.30
					晋南牛	0.72	0.28	1.39	0.24
		T>C	外显子 3	同义突变	秦川牛	0.81	0.19	1.24	0.17
					晋南牛	0.84	0.16	1.20	0.15
		C<T	外显子 9	错义突变	秦川牛	0.51	0.49	1.96	0.37
					晋南牛	0.50	0.50	1.99	0.37
2	NOTCH1	A>G	外显子 36	错义突变	秦川牛	0.56	0.44	1.79	0.34
					秦川牛	0.57	0.43	1.75	0.34
		A>C	外显子 36	错义突变	秦川牛	0.55	0.45	1.83	0.35
		C>T	外显子 36	同义突变	秦川牛	0.54	0.46	1.84	0.35
					秦川牛	0.56	0.44	1.80	0.34
		C>A	外显子 36	同义突变	秦川牛	0.78	0.22	1.29	0.20
3	CaSR	T>C	外显子 2	错义突变	鲁西牛	0.83	0.17	1.20	0.15
					秦川牛	0.82	0.18	1.22	0.17
					晋南牛	0.84	0.16	1.19	0.15
		G>C	外显子 4	错义突变	鲁西牛	0.52	0.48	1.93	0.37
					秦川牛	0.51	0.49	1.95	0.37
					晋南牛	0.50	0.50	1.99	0.37

续表

序号	基因	位点	位置	突变类型	品种	Ho	He	Ne	PIC
3	CaSR	G>C	外显子7	错义突变	鲁西牛	0.56	0.44	1.78	0.34
					秦川牛	0.68	0.32	1.48	0.27
					晋南牛	0.55	0.45	1.82	0.35
		C>G	外显子7	错义突变	鲁西牛	0.50	0.50	2.00	0.37
					秦川牛	0.52	0.48	1.91	0.36
					晋南牛	0.50	0.50	1.99	0.37
4	FLII	C>T	外显子7	同义突变	秦川牛	0.50	0.50	1.99	0.37
					郏县红牛	0.50	0.50	2.00	0.38
					南阳牛	0.51	0.49	1.95	0.37
					晋南牛	0.54	0.46	1.85	0.35
		C>T	外显子17	同义突变	秦川牛	0.51	0.49	1.96	0.37
					郏县红牛	0.67	0.33	1.50	0.28
					南阳牛	0.51	0.49	1.95	0.37
					晋南牛	0.63	0.38	1.60	0.30
5	LPL	A>G	外显子5	同义突变	秦川牛	0.59	0.41	1.69	0.33
		G>A	外显子6	错义突变	秦川牛	0.57	0.43	1.76	0.34
		T>C	外显子6	同义突变	秦川牛	0.18	0.82	5.54	0.82
		T>C	外显子7	同义突变	秦川牛	0.61	0.39	1.65	0.32
6	PNPLA3	A>G	外显子2	错义突变	秦川牛	0.64	0.36	1.56	0.29
					南阳牛	0.64	0.36	1.56	0.29
					郏县红牛	0.60	0.40	1.66	0.32
		A>T	外显子2	错义突变	秦川牛	0.96	0.04	1.04	0.04
					南阳牛	0.98	0.02	1.02	0.02
					郏县红牛	0.96	0.04	1.04	0.04
		A>G	外显子2	错义突变	秦川牛	0.66	0.34	1.51	0.28
					南阳牛	0.51	0.49	1.95	0.37
					郏县红牛	0.58	0.42	1.71	0.33
		G>A	外显子2	错义突变	秦川牛	0.69	0.31	1.45	0.26
					南阳牛	0.50	0.50	1.99	0.37
					郏县红牛	0.51	0.49	1.95	0.37
7	I-mfa	A>G	外显子3	同义突变	鲁西牛	0.51	0.49	1.97	0.37
		T>C	外显子3	错义突变	秦川牛	0.78	0.22	1.29	0.20
					郏县红牛	0.62	0.38	1.60	0.31
		C>A	外显子4	无义突变	鲁西牛	0.77	0.23	1.30	0.20
					秦川牛	0.83	0.17	1.20	0.15
					郏县红牛	0.83	0.17	1.21	0.16
8	Nanog	T>C	外显子3	错义突变	南阳牛	1.00	0.00	1.00	0.00
					秦川牛	1.00	0.00	1.00	0.00
					郏县红牛	0.97	0.03	1.03	0.03
					晋南牛	1.00	0.00	1.00	0.00

续表

序号	基因	位点	位置	突变类型	品种	Ho	He	Ne	PIC
8	Nanog	T>C	外显子3	错义突变	安格斯牛	1.00	0.00	1.00	0.00
					中国荷斯坦牛	1.00	0.00	1.00	0.00
		C>T	外显子3	同义突变	南阳牛	1.00	0.00	1.00	0.00
					秦川牛	1.00	0.00	1.00	0.00
					郏县红牛	0.97	0.03	1.03	0.03
					晋南牛	1.00	0.00	1.00	0.00
					安格斯牛	1.00	0.00	1.00	0.00
					中国荷斯坦牛	1.00	0.00	1.00	0.00
		G>A	外显子3	同义突变	南阳牛	0.53	0.47	1.90	0.36
					郏县红牛	0.74	0.26	1.36	0.23
					中国荷斯坦牛	1.00	0.00	1.00	0.00
		A>T	外显子5	错义突变	南阳牛	0.81	0.19	1.23	0.17
					秦川牛	0.66	0.34	1.52	0.28
					郏县红牛	0.94	0.06	1.06	0.06
		C>T	外显子5	同义突变	南阳牛	0.94	0.06	1.06	0.06
					秦川牛	0.60	0.40	1.66	0.32
					郏县红牛	0.54	0.46	1.86	0.36
					晋南牛	0.00	1.00	0.00	1.00
					安格斯牛	0.00	1.00	0.00	1.00
					中国荷斯坦牛	0.00	1.00	0.00	1.00
		C>A	外显子5	错义突变	南阳牛	0.94	0.06	1.06	0.06
		C>A	外显子6	错义突变	秦川牛	0.58	0.42	1.73	0.33
					郏县红牛	0.53	0.47	1.88	0.36
					晋南牛	0.00	1.00	0.00	1.00
					安格斯牛	0.00	1.00	0.00	1.00
					中国荷斯坦牛	0.00	1.00	0.00	1.00
9	SDC3	T>G	外显子3	错义突变	郏县红牛	0.74	0.26	2.20	0.48
10	BMPER	G>A	外显子7	同义突变	秦川牛	0.59	0.41	1.69	0.33
					郏县红牛	0.50	0.50	2.00	0.37
					巴山牛	0.50	0.50	2.00	0.37
					蜀宣牛	0.53	0.47	1.87	0.36
11	SMO	C>T	外显子12	同义突变	秦川牛	0.94	0.06	1.07	0.06
		T>C	外显子12	错义突变	秦川牛	0.51	0.49	1.97	0.37
12	CFL2	T>A	外显子4	同义突变	秦川牛	0.52	0.48	1.93	0.37
		G>A	外显子4	错义突变	秦川牛	0.50	0.50	1.99	0.37
13	LHX3	G<A	外显子2	无义突变	南阳牛	0.49	0.51	1.95	0.42
					秦川牛	0.30	0.70	1.42	0.27
					郏县红牛	0.40	0.60	1.66	0.35
					中国荷斯坦牛	0.28	0.72	1.40	0.24
		G<T	外显子6	无义突变	南阳牛	0.62	0.38	1.61	0.31

续表

序号	基因	位点	位置	突变类型	品种	Ho	He	Ne	PIC
13	LHX3	T<C	外显子6	无义突变	秦川牛	0.69	0.31	1.45	0.26
		A<C	外显子6	无义突变	郏县红牛	0.57	0.43	1.75	0.34
					中国荷斯坦牛	0.79	0.21	1.27	0.19
14	MC3R	T>C	外显子1	同义突变	秦川牛	0.80	0.20	1.25	0.18
					秦川牛	0.80	0.20	1.25	0.18
					秦川牛	0.72	0.28	1.40	0.24
15	NCAPG	A>G	外显子8	同义突变	秦川牛	0.54	0.46	1.85	0.35
		T>G	外显子9	错义突变	秦川牛	0.53	0.47	1.90	0.36
16	STAT3	G>A	外显子16	错义突变	秦川牛	0.52	0.48	1.92	0.36
					郏县红牛	0.61	0.39	1.65	0.32
17	PAX3	A>C	外显子4	同义突变	南阳牛	0.51	0.49	1.95	0.37
					郏县红牛	0.53	0.47	1.88	0.36
					秦川牛	0.50	0.50	2.00	0.37
					鲁西牛	0.54	0.46	1.85	0.35
					草原红牛	0.86	0.14	1.16	0.13
18	PRLH	G>A	外显子3	同义突变	哈萨克牛	0.95	0.05	1.05	0.05
					延边牛	1.00	0.00	1.00	0.00
					柴达木牛	0.97	0.03	1.04	0.03
					蒙古牛	0.84	0.16	1.19	0.15
					郏县红牛	0.75	0.25	1.34	0.22
					南阳牛	0.56	0.44	1.80	0.35
					鲁西牛	0.53	0.47	1.87	0.36
					渤海黑牛	0.79	0.21	1.26	0.18
					晋南牛	0.83	0.17	1.20	0.15
					秦川牛	0.76	0.24	1.31	0.21
					吉安牛	0.57	0.43	1.77	0.34
					锦江牛	0.64	0.36	1.55	0.29
					皖南牛	0.52	0.48	1.92	0.36
					咸宁牛	0.58	0.42	1.72	0.33
					枣北牛	0.53	0.47	1.88	0.36
					大别山牛	0.53	0.47	1.90	0.36
					巴山牛	0.58	0.42	1.73	0.33
					雷琼牛	0.61	0.39	1.65	0.32
					文山牛	0.50	0.50	2.00	0.37
					滇中牛	0.50	0.50	2.00	0.37
					广丰牛	0.58	0.42	1.72	0.33
					三河牛	0.50	0.50	2.00	0.37
					巫陵牛	0.51	0.49	1.97	0.37
					关岭牛	0.50	0.50	1.99	0.37
					务川牛	0.50	0.50	1.98	0.37

续表

序号	基因	位点	位置	突变类型	品种	Ho	He	Ne	PIC
18	PRLH	G>A	外显子3	同义突变	闽南牛	0.51	0.49	1.97	0.37
					隆林牛	0.50	0.50	2.00	0.38
					涠洲牛	0.63	0.37	1.58	0.30
					南丹牛	0.62	0.38	1.63	0.31
					西藏牛	0.97	0.03	1.04	0.03
					日喀则牛	0.69	0.31	1.44	0.26
					瘤牛	0.54	0.46	1.86	0.36
					安格斯牛	1.00	0.00	1.00	0.00
19	SOD1	T>A	外显子2	同义突变	哈萨克牛	0.79	0.21	1.27	0.19
					延边牛	0.97	0.03	1.03	0.03
					柴达木牛	0.76	0.24	1.32	0.22
					蒙古牛	0.52	0.48	1.92	0.36
					郏县红牛	0.49	0.51	2.04	0.41
					南阳牛	0.44	0.56	2.29	0.48
					鲁西牛	0.53	0.47	1.88	0.38
					渤海黑牛	0.57	0.43	1.75	0.35
					晋南牛	0.51	0.49	1.97	0.41
					秦川牛	0.72	0.28	1.38	0.24
					吉安牛	0.54	0.46	1.85	0.39
					锦江牛	0.43	0.57	2.30	0.48
					皖南牛	0.43	0.57	2.32	0.49
					咸宁牛	0.46	0.54	2.18	0.44
					枣北牛	0.38	0.62	2.60	0.55
					大别山牛	0.45	0.55	2.22	0.47
					巴山牛	0.46	0.54	2.17	0.44
					雷琼牛	0.57	0.43	1.75	0.41
					文山牛	0.47	0.53	2.13	0.42
					滇中牛	0.43	0.57	2.31	0.48
					广丰牛	0.46	0.54	2.17	0.53
					三河牛	0.48	0.52	2.09	0.41
					巫陵牛	0.41	0.59	2.45	0.52
					关岭牛	0.44	0.56	2.29	0.48
					务川牛	0.48	0.52	2.09	0.41
					闽南牛	0.41	0.59	2.42	0.52
					隆林牛	0.40	0.60	2.52	0.57
					涠洲牛	0.55	0.45	1.83	0.41
					南丹牛	0.53	0.47	1.90	0.38
					西藏牛	0.53	0.47	1.89	0.43
					日喀则牛	0.51	0.49	1.98	0.37
					瘤牛	0.81	0.19	1.24	0.19
					安格斯牛	1.00	0.00	1.00	0.00

续表

序号	基因	位点	位置	突变类型	品种	Ho	He	Ne	PIC
20	HSPB7	C>G	外显子2	同义突变	哈萨克牛	0.95	0.05	1.05	0.05
		T>A	外显子2	同义突变	延边牛	1.00	0.00	1.00	0.00
					柴达木牛	0.97	0.03	1.04	0.03
					蒙古牛	0.97	0.03	1.03	0.03
					郏县红牛	0.65	0.35	1.53	0.29
					南阳牛	0.51	0.49	1.98	0.37
					鲁西牛	0.62	0.38	1.62	0.31
					渤海黑牛	0.72	0.28	1.38	0.24
					晋南牛	0.70	0.30	1.42	0.25
					秦川牛	0.80	0.20	1.25	0.18
					吉安牛	0.83	0.17	1.20	0.15
					锦江牛	0.69	0.31	1.45	0.26
					皖南牛	0.53	0.47	1.89	0.36
					咸宁牛	0.50	0.50	2.00	0.37
					枣北牛	0.52	0.48	1.93	0.37
					大别山牛	0.53	0.47	1.90	0.36
					巴山牛	0.50	0.50	2.00	0.38
					雷琼牛	0.90	0.10	1.11	0.10
					文山牛	0.53	0.47	1.89	0.36
					滇中牛	0.51	0.49	1.95	0.37
					广丰牛	1.00	0.00	1.00	0.00
					三河牛	0.55	0.45	1.83	0.35
					巫陵牛	0.53	0.47	1.90	0.36
					关岭牛	0.53	0.47	1.89	0.36
					务川牛	0.50	0.50	1.98	0.37
					闽南牛	0.51	0.49	1.97	0.37
					隆林牛	0.50	0.50	1.99	0.37
					涠洲牛	0.68	0.32	1.48	0.27
					南丹牛	0.62	0.38	1.63	0.31
					西藏牛	0.93	0.07	1.07	0.06
					日喀则牛	0.50	0.50	1.99	0.37
					瘤牛	0.97	0.03	1.03	0.03
					安格斯牛	1.00	0.00	1.00	0.00
21	EIF2AK4	T>G	外显子6	同义突变	哈萨克牛	0.66	0.34	1.51	0.28
					延边牛	0.79	0.21	1.26	0.18
					柴达木牛	0.54	0.46	1.86	0.36
					蒙古牛	0.55	0.45	1.81	0.35
					郏县红牛	0.58	0.42	1.72	0.33
					南阳牛	0.58	0.42	1.74	0.33
					鲁西牛	0.56	0.44	1.80	0.35

续表

序号	基因	位点	位置	突变类型	品种	Ho	He	Ne	PIC
21	EIF2AK4	T>G	外显子6	同义突变	渤海黑牛	0.55	0.46	1.83	0.35
					晋南牛	0.60	0.40	1.66	0.32
					秦川牛	0.50	0.50	2.00	0.38
					吉安牛	1.00	0.00	1.00	0.00
					锦江牛	0.69	0.31	1.45	0.26
					皖南牛	0.82	0.18	1.22	0.16
					咸宁牛	0.58	0.42	1.72	0.33
					枣北牛	0.83	0.17	1.20	0.16
					大别山牛	0.74	0.26	1.35	0.23
					巴山牛	0.79	0.21	1.27	0.19
					雷琼牛	0.96	0.04	1.04	0.03
					文山牛	0.84	0.16	1.19	0.15
					滇中牛	0.51	0.49	1.97	0.37
					广丰牛	0.91	0.10	1.10	0.09
					三河牛	0.69	0.31	1.46	0.27
					巫陵牛	0.72	0.28	1.38	0.24
					关岭牛	0.56	0.44	1.79	0.34
					务川牛	0.77	0.23	1.29	0.20
					闽南牛	0.77	0.23	1.30	0.20
					隆林牛	0.86	0.14	1.17	0.13
					涠洲牛	0.96	0.04	1.04	0.04
					南丹牛	0.89	0.11	1.13	0.11
					西藏牛	0.51	0.49	1.96	0.37
					日喀则牛	0.63	0.37	1.58	0.30
					瘤牛	1.00	0.00	1.00	0.00
					安格斯牛	1.00	0.00	1.00	0.00
22	HSF1	A>G	外显子9	同义突变	哈萨克牛	0.91	0.09	1.10	0.09
					延边牛	0.82	0.18	1.22	0.16
					柴达木牛	0.69	0.31	1.44	0.26
					蒙古牛	0.75	0.25	1.33	0.22
					郏县红牛	0.51	0.49	1.96	0.37
					南阳牛	0.63	0.38	1.60	0.30
					鲁西牛	0.62	0.38	1.62	0.31
					渤海黑牛	0.64	0.36	1.56	0.29
					晋南牛	0.50	0.50	1.98	0.37
					秦川牛	0.65	0.35	1.53	0.29
					吉安牛	1.00	0.00	1.00	0.00
					锦江牛	0.69	0.31	1.45	0.26
					皖南牛	0.89	0.11	1.13	0.11
					咸宁牛	0.52	0.48	1.92	0.36

续表

序号	基因	位点	位置	突变类型	品种	Ho	He	Ne	PIC
22	HSF1	A>G	外显子9	同义突变	枣北牛	0.83	0.17	1.20	0.16
					大别山牛	0.63	0.38	1.60	0.30
					巴山牛	0.59	0.41	1.69	0.33
					雷琼牛	0.78	0.22	1.28	0.19
					文山牛	0.55	0.45	1.82	0.35
					滇中牛	0.82	0.18	1.22	0.16
					广丰牛	1.00	0.00	1.00	0.00
					三河牛	0.50	0.50	2.00	0.38
					巫陵牛	0.69	0.31	1.45	0.26
					关岭牛	0.60	0.40	1.67	0.32
					务川牛	0.61	0.39	1.63	0.31
					闽南牛	0.68	0.32	1.47	0.27
					隆林牛	0.93	0.07	1.08	0.07
					涠洲牛	0.93	0.07	1.08	0.07
					南丹牛	0.92	0.08	1.08	0.07
					西藏牛	0.51	0.49	1.94	0.37
					日喀则牛	0.51	0.49	1.96	0.37
					瘤牛	0.89	0.11	1.13	0.11
					安格斯牛	1.00	0.00	1.00	0.00
23	PPARG	T>C	外显子3	同义突变	安格斯牛	0.54	0.46	1.84	0.35
					德国黄牛	0.50	0.50	1.99	0.37
					利木赞牛	0.59	0.41	1.69	0.32
					夏洛莱牛	0.53	0.47	1.89	0.36
					延边牛	0.56	0.44	1.78	0.34
		T>A	外显子5	同义突变	安格斯牛	0.53	0.47	1.90	0.36
					德国黄牛	0.54	0.46	1.86	0.36
					利木赞牛	0.60	0.40	1.66	0.32
					夏洛莱牛	0.51	0.49	1.95	0.37
					延边牛	0.54	0.46	1.85	0.35
		T>A	外显子6	同义突变	安格斯牛	0.54	0.46	1.87	0.36
					德国黄牛	0.51	0.49	1.96	0.37
					利木赞牛	0.57	0.43	1.76	0.34
					夏洛莱牛	0.50	0.50	1.99	0.37
					延边牛	0.50	0.50	2.00	0.37
24	LAP3	T>C	外显子13	同义突变	中国荷斯坦牛	0.52	0.48	1.93	0.37
					鲁西牛	0.68	0.32	1.48	0.27
					渤海黑牛	0.63	0.38	1.60	0.30
25	BMP8b	C>T	外显子1	同义突变	秦川牛	0.52	0.48	1.93	0.37
					郑县红牛	0.50	0.50	2.00	0.37
					中国荷斯坦牛	0.51	0.49	1.97	0.37

续表

序号	基因	位点	位置	突变类型	品种	Ho	He	Ne	PIC
25	BMP8b	T>C	外显子3	同义突变	秦川牛	0.59	0.41	1.70	0.33
					郏县红牛	0.54	0.46	1.84	0.35
					中国荷斯坦牛	0.82	0.18	1.23	0.17
26	TMEM18	G>A	外显子5	同义突变	南阳牛	0.54	0.46	1.86	0.36
					郏县红牛	0.50	0.50	2.00	0.37
					秦川牛	0.56	0.44	1.78	0.34
					鲁西牛	0.51	0.49	1.96	0.37
					草原红牛	0.55	0.45	1.82	0.35
					南阳牛	0.62	0.38	1.61	0.31
					郏县红牛	0.64	0.36	1.56	0.30
					秦川牛	0.70	0.30	1.43	0.26
					鲁西牛	0.61	0.39	1.63	0.31
					草原红牛	0.61	0.39	1.64	0.31
27	NPC1	G>A	外显子2	同义突变	秦川牛	0.50	0.50	2.00	0.37
		C>T	外显子8	同义突变	秦川牛	0.80	0.20	1.25	0.18
					秦川牛	0.80	0.20	1.24	0.18
		T>C	外显子15	同义突变	秦川牛	0.51	0.49	1.96	0.37
28	MBL1	G>A	外显子1	同义突变	中国荷斯坦牛	0.53	0.47	1.90	0.36
					鲁西牛	0.64	0.36	1.57	0.30
					渤海黑牛	0.63	0.38	1.60	0.30
		T>C	外显子1	同义突变	中国荷斯坦牛	0.50	0.50	2.00	0.37
					鲁西牛	0.60	0.40	1.66	0.32
					渤海黑牛	0.54	0.46	1.84	0.35
29	PRKAG3	C>T	外显子10	同义突变	延边牛	0.60	0.40	1.68	0.32
30	PLIN2	G>C	外显子3	同义突变	郏县红牛	0.85	0.15	1.18	0.14
					南阳牛	0.83	0.17	1.24	0.17
					鲁西牛	0.94	0.06	1.14	0.11
					秦川牛	0.63	0.37	1.56	0.29
		C>T	外显子4	同义突变	郏县红牛	0.87	0.13	1.29	0.20
					南阳牛	0.90	0.10	1.17	0.13
					鲁西牛	0.88	0.12	1.25	0.18
					秦川牛	0.88	0.12	1.28	0.19
		G>T	外显子6	错义突变	郏县红牛	0.77	0.23	1.33	0.22
					南阳牛	0.83	0.17	1.27	0.19
					鲁西牛	0.87	0.13	1.26	0.19
					秦川牛	0.6	0.40	1.60	0.30
		C>T	外显子6	同义突变	郏县红牛	0.90	0.10	1.12	0.10
					南阳牛	0.94	0.06	1.14	0.11
					鲁西牛	0.92	0.08	1.14	0.11
					秦川牛	0.87	0.13	1.14	0.12

续表

序号	基因	位点	位置	突变类型	品种	Ho	He	Ne	PIC
30	PLIN2	G>A	外显子7	错义突变	郏县红牛	0.95	0.05	1.07	1.07
					南阳牛	0.96	0.04	1.15	1.15
					鲁西牛	0.91	0.09	1.17	1.17
					秦川牛	0.93	0.07	1.18	1.18
31	CRTC3	C>T	外显子4	同义突变	秦川牛	0.65	0.35	1.53	0.29
					郏县红牛	0.51	0.49	1.97	0.37
		G>C	外显子6	同义突变	秦川牛	0.83	0.17	1.20	0.15
					郏县红牛	0.81	0.19	1.24	0.18
32	TRPA1	C>T	外显子10	同义突变	秦川牛	0.52	0.48	1.94	0.37
					郏县红牛	0.69	0.31	1.46	0.27
					鲁西牛	0.60	0.40	1.67	0.32
		A>G	外显子13	同义突变	秦川牛	0.54	0.46	1.85	0.35
					郏县红牛	0.50	0.50	2.00	0.37
					鲁西牛	0.51	0.49	1.97	0.37
		G>A	外显子13	同义突变	秦川牛	0.68	0.32	1.47	0.27
					郏县红牛	0.53	0.47	1.90	0.36
					鲁西牛	0.51	0.49	1.96	0.37
33	SERPINA3	G>A	外显子2	同义突变	皮南牛	0.50	0.50	2.00	0.37
					夏南牛	0.50	0.50	2.00	0.37
					柴达木牛	0.50	0.50	2.00	0.38
					晋江牛	0.50	0.50	2.00	0.38
		T>A	外显子2	同义突变	皮南牛	0.51	0.50	1.98	0.37
					夏南牛	0.50	0.50	2.00	0.37
					柴达木牛	0.50	0.50	2.00	0.37
					晋江牛	0.56	0.44	1.79	0.34
		A>G	外显子2	同义突变	皮南牛	0.51	0.50	1.98	0.37
					夏南牛	0.50	0.50	1.98	0.37
					柴达木牛	0.50	0.50	2.00	0.37
					晋江牛	0.50	0.50	1.99	0.37
34	ADD1	G>A	外显子1	同义突变	郏县红牛	0.67	0.33	1.50	0.28
					秦川牛	0.72	0.28	1.39	0.24
					鲁西牛	0.79	0.21	1.27	0.19
		G>A	外显子4	错义突变	秦川牛	0.57	0.43	1.75	0.34
					鲁西牛	0.50	0.50	2.00	0.37
		T>A	外显子7	错义突变	郏县红牛	0.50	0.50	2.00	0.38
					秦川牛	0.50	0.50	1.99	0.37
					鲁西牛	0.50	0.50	1.99	0.37
		G>A	外显子8	错义突变	郏县红牛	0.63	0.38	1.60	0.30
					秦川牛	0.60	0.40	1.68	0.32
					鲁西牛	0.51	0.49	1.96	0.37

续表

序号	基因	位点	位置	突变类型	品种	Ho	He	Ne	PIC
35	PAX7	del—TCG TCTCCCC	外显子1	移码突变	南阳牛	0.50	0.50	2.00	0.37
					郏县红牛	0.50	0.50	2.00	0.37
					秦川牛	0.54	0.46	1.85	0.35
					鲁西牛	0.50	0.50	2.00	0.37
					草原红牛	0.50	0.50	1.99	0.37
36	PPARγ	C>T	外显子7	同义突变	郏县红牛	0.91	0.09	1.10	0.09
					南阳牛	0.90	0.10	1.11	0.10
					鲁西牛	0.93	0.07	1.07	0.07
					秦川牛	0.97	0.03	1.03	0.03
					渤海黑牛	1.00	0.00	1.00	0.00
					高原牛	0.59	0.41	1.68	0.32
		T>C	外显子7	同义突变	郏县红牛	0.96	0.04	1.04	0.03
					南阳牛	0.87	0.13	1.15	0.12
					鲁西牛	0.94	0.06	1.06	0.06
					秦川牛	0.77	0.23	1.30	0.20
					渤海黑牛	1.00	0.00	1.00	0.00
					高原牛	0.59	0.41	1.88	0.32
37	WNT8A	T>C	外显子6	错义突变	秦川牛	0.46	0.54	1.76	0.32
38	ATBF1	C>G	外显子2	同义突变	秦川牛	0.63	0.37	1.58	0.30
					晋南牛	0.72	0.28	1.39	0.24
		T>C	外显子3	同义突变	秦川牛	0.81	0.19	1.24	0.17
					晋南牛	0.84	0.16	1.20	0.15
		A>G	外显子4	同义突变	秦川牛	0.59	0.41	1.70	0.33
					晋南牛	0.53	0.47	1.90	0.36
		C<T	外显子9	错义突变	秦川牛	0.51	0.49	1.96	0.37
					晋南牛	0.50	0.50	1.99	0.37
39	LPL	A>G	外显子5	同义突变	秦川牛	0.59	0.41	1.69	0.33
		G>A	外显子6	同义突变	秦川牛	0.57	0.43	1.76	0.34
		T>C	外显子6	同义突变	秦川牛	0.51	0.49	1.96	0.37
		T>C	外显子7	同义突变	秦川牛	0.61	0.39	1.65	0.32
40	PNPLA3	A>G	外显子2	错义突变	秦川牛	0.64	0.36	1.56	0.29
					南阳牛	0.64	0.36	1.56	0.29
					郏县红牛	0.60	0.40	1.66	0.32
		A>T	外显子2	错义突变	秦川牛	0.96	0.04	1.04	0.04
					南阳牛	0.98	0.02	1.02	0.02
					郏县红牛	0.96	0.04	1.04	0.04
		A>G	外显子7	错义突变	秦川牛	0.66	0.34	1.51	0.28
					南阳牛	0.51	0.49	1.95	0.37
					郏县红牛	0.58	0.42	1.71	0.33
		G>A	外显子7	错义突变	秦川牛	0.69	0.31	1.45	0.26

续表

序号	基因	位点	位置	突变类型	品种	Ho	He	Ne	PIC
40	PNPLA3	G>A	外显子7	错义突变	南阳牛	0.50	0.50	1.99	0.37
					郏县红牛	0.51	0.49	1.95	0.37
41	SPARC	T>C	外显子4	同义突变	秦川牛	0.76	0.24	1.31	0.21
					夏南牛	0.59	0.41	1.69	0.33
					皮南牛	0.61	0.39	1.63	0.31
					郏县红牛	0.80	0.20	1.25	0.18
42	ACTL8	G>A	外显子10	同义突变	秦川牛	0.59	0.42	1.79	0.34
					夏南牛	0.61	0.39	1.65	0.32
					秦川牛	0.59	0.41	1.71	0.33
					夏南牛	0.50	0.50	2.00	0.38
43	RET	A>G	外显子7	错义突变	秦川牛	0.61	0.39	1.64	0.31
					南阳牛	0.75	0.25	1.33	0.22
		C>G	外显子7	同义突变	秦川牛	0.61	0.39	1.63	0.31
					南阳牛	0.82	0.18	1.23	0.17
44	KCNJ12	T>C	外显子3	错义突变	皮南牛	0.55	0.45	1.80	0.35
					晋南牛	0.67	0.33	1.50	0.28
					夏南牛	0.50	0.50	1.99	0.37
45	NPC1	G>A	外显子2	错义突变	秦川牛	0.50	0.50	2.00	0.38
		C>T	外显子8	同义突变	秦川牛	0.80	0.20	1.25	0.18
					秦川牛	0.80	0.20	1.25	0.18
		T>C	外显子15	同义突变	秦川牛	0.51	0.49	1.96	0.37
46	IGFALS	T>C	外显子2	同义突变	秦川牛	0.52	0.48	1.93	0.37
					秦川牛	0.56	0.44	1.80	0.35
		G>A	外显子2	同义突变	秦川牛	0.53	0.47	1.87	0.36
		A>G	外显子2	错义突变	秦川牛	0.64	0.36	1.56	0.29
47	Foxa2	A>G	外显子5	同义突变	秦川牛	0.58	0.42	1.72	0.33
					郏县红牛	0.53	0.47	1.88	0.36
					南阳牛	0.53	0.47	1.88	0.36
48	ZBED6	C>G	外显子1	错义突变	秦川牛	0.50	0.50	1.98	0.37
					中国荷斯坦牛	0.51	0.49	1.96	0.37
		A>G	外显子1	错义突变	秦川牛	0.60	0.40	1.67	0.32
					中国荷斯坦牛	1.00	0.00	1.00	0.00
49	PPARGC1A	G>A	外显子3	同义突变	郏县红牛	0.76	0.24	1.31	0.21
					南阳牛	0.81	0.19	1.23	0.17
					秦川牛	0.79	0.21	1.26	0.19
		C>T	外显子10	同义突变	郏县红牛	0.74	0.26	1.36	0.23
					南阳牛	0.70	0.30	1.43	0.26
					秦川牛	0.84	0.16	1.19	0.15
50	BMP7	C>T	外显子6	同义突变	南阳牛	0.89	0.11	1.12	0.10
					秦川牛	0.78	0.22	1.28	0.20

续表

序号	基因	位点	位置	突变类型	品种	Ho	He	Ne	PIC
50	BMP7	C>T	外显子6	同义突变	郏县红牛	0.82	0.18	1.22	0.16
		G>A	外显子7	同义突变	南阳牛	0.79	0.21	1.27	0.19
					秦川牛	0.90	0.10	1.11	0.09
					郏县红牛	0.82	0.18	1.22	0.16
51	MYH3	T>C	外显子18	同义突变	秦川牛	0.52	0.48	1.93	0.37
		C>T	外显子23	同义突变	秦川牛	0.50	0.50	2.00	0.37
					秦川牛	0.50	0.50	2.00	0.37
		G>A	外显子25	同义突变	秦川牛	0.50	0.50	1.99	0.37
		C>A	外显子25	错义突变	秦川牛	0.50	0.50	2.00	0.37
		G>C	外显子32	错义突变	秦川牛	0.50	0.50	1.98	0.37
52	ZBED6	C>G	外显子1	错义突变	南阳牛	0.51	0.49	1.97	0.37
		A>G	外显子1	错义突变	南阳牛	0.58	0.42	1.71	0.33
53	Wnt7a	C>T	外显子4	错义突变	秦川牛	0.68	0.32	1.48	0.27
54	ZBED6	C>G	外显子1	错义突变	南阳牛	0.51	0.49	1.97	0.37
		A>G	外显子1	错义突变	南阳牛	0.58	0.42	1.71	0.33
55	HGF	G>A	外显子13	错义突变	秦川牛	0.70	0.30	1.43	0.25
					南阳牛	0.60	0.40	1.67	0.32
					鲁西牛	0.73	0.27	1.38	0.24
					郏县红牛	0.55	0.45	1.81	0.35
					草原红牛	0.56	0.44	1.80	0.35
56	FGF21	T>C	外显子1	同义突变	南阳牛	0.66	0.34	1.51	0.28
					郏县红牛	0.62	0.38	1.61	0.31
					秦川牛	0.63	0.37	1.58	0.30
					鲁西牛	0.56	0.44	1.77	0.34
					草原红牛	0.97	0.03	1.03	0.03
57	RXRα	T>A	外显子14	同义突变	鲁西牛	0.72	0.28	1.39	0.24
					郏县红牛	0.63	0.38	1.60	0.30
					渤海黑牛	0.61	0.39	1.65	0.32
					秦川牛	0.66	0.34	1.52	0.28
					南阳牛	0.56	0.44	1.77	0.34
					高原牦牛	0.56	0.44	1.77	0.34
58	SH2B2	T>C	外显子7	同义突变	郏县红牛	0.66	0.34	1.50	0.28
					草原红牛	0.84	0.16	1.18	0.14
					南阳牛	0.62	0.38	1.60	0.31
					秦川牛	0.75	0.25	1.33	0.22
					鲁西牛	0.59	0.41	1.69	0.32
		T>C	外显子8	同义突变	郏县红牛	0.53	0.47	1.88	0.36
					草原红牛	0.50	0.50	1.99	0.37
					南阳牛	0.51	0.49	1.95	0.37
					秦川牛	0.55	0.45	1.81	0.35
					鲁西牛	0.52	0.48	1.94	0.37

续表

序号	基因	位点	位置	突变类型	品种	Ho	He	Ne	PIC
59	BMP8B	T>C	外显子3	同义突变	秦川牛	0.59	0.41	1.70	0.33
					郏县红牛	0.54	0.46	1.84	0.35
					南阳牛	0.58	0.42	1.73	0.33
60	PROP1	A>G	外显子3	错义突变	秦川牛	0.88	0.12	1.14	0.11
					郏县红牛	0.83	0.17	1.21	0.16
					南阳牛	0.78	0.22	1.28	0.19
					鲁西牛	0.77	0.23	1.29	0.20
					草原红牛	0.65	0.35	1.54	0.29
					美国荷斯坦公牛	0.90	0.10	1.11	0.09
61	LXRα	T>C	外显子3	同义突变	鲁西牛	0.51	0.49	1.94	0.37
					郏县红牛	0.52	0.48	1.91	0.36
					渤海黑牛	0.60	0.40	1.65	0.32
					秦川牛	0.50	0.50	2.00	0.38
					南阳牛	0.63	0.37	1.59	0.30
					高原牛	0.90	0.10	1.11	0.10
		G>A	外显子5	同义突变	鲁西牛	0.74	0.26	1.35	0.23
					郏县红牛	0.86	0.14	1.17	0.13
					渤海黑牛	0.87	0.13	1.15	0.12
					秦川牛	0.82	0.18	1.22	0.16
					南阳牛	0.85	0.15	1.18	0.14
62	LEP	C>T	外显子2	错义突变	安格斯牛	0.50	0.50	1.98	0.37
					利木赞牛	0.50	0.50	2.00	0.37
					夏洛莱牛	0.50	0.50	1.98	0.37
					西门塔尔牛	0.52	0.48	1.94	0.37
					其他	0.51	0.49	1.95	0.37
		A>T	外显子2	错义突变	安格斯牛	0.91	0.09	1.10	0.08
					利木赞牛	0.91	0.10	1.10	0.09
					夏洛莱牛	0.83	0.17	1.20	0.15
					西门塔尔牛	0.96	0.04	1.04	0.04
					其他	0.92	0.08	1.08	0.07
63	PPARGC1A	G>A	外显子8	错义突变	安格斯牛（公牛）	1.00	0.00	1.00	0.00
					婆罗门牛（公牛）	0.52	0.48	1.92	0.36
					内洛尔牛（公牛）	0.85	0.15	1.18	0.14
					布兰格斯牛（公牛）	0.73	0.27	1.37	0.23
					安格斯牛（阉牛）	1.00	0.00	1.00	0.00
					布兰格斯牛（阉牛）	0.79	0.21	1.26	0.19

续表

序号	基因	位点	位置	突变类型	品种	Ho	He	Ne	PIC
64	CACNA2D1	C>G	外显子 25	错义突变	西门塔尔牛	0.54	0.46	1.84	0.35
					安格斯牛	0.50	0.50	2.00	0.37
					海福特牛	0.61	0.39	1.64	0.31
					夏洛莱牛	0.53	0.47	1.89	0.36
					利木赞牛	0.56	0.44	1.80	0.35
					秦川牛	0.58	0.42	1.71	0.33
					鲁西牛	0.51	0.49	1.95	0.37
					晋南牛	0.51	0.49	1.97	0.37
		G>T	外显子 35	错义突变	西门塔尔牛	0.51	0.49	1.97	0.37
					安格斯牛	0.50	0.50	2.00	0.37
					海福特牛	0.54	0.46	1.87	0.36
					夏洛莱牛	0.50	0.50	1.99	0.37
					利木赞牛	0.50	0.50	1.99	0.37
					秦川牛	0.52	0.48	1.94	0.37
					鲁西牛	0.51	0.49	1.98	0.37
					晋南牛	0.52	0.48	1.94	0.37
65	MYOD1	G>A	外显子 1	同义突变	安格斯牛	0.56	0.44	1.80	0.35
					海福特牛	0.51	0.49	1.95	0.37
					晋南牛	0.50	0.50	2.00	0.37
					利木赞牛	0.60	0.40	1.66	0.32
					鲁西牛	0.62	0.38	1.62	0.31
					秦川牛	0.60	0.40	1.67	0.32
					西门塔尔牛	0.55	0.45	1.81	0.35
					夏洛莱牛	0.61	0.39	1.64	0.31
66	MYF6	T>C	外显子 1	同义突变	安格斯牛	0.80	0.20	1.25	0.18
					海福特牛	0.61	0.39	1.64	0.31
					晋南牛	0.81	0.19	1.24	0.17
					利木赞牛	0.76	0.24	1.31	0.21
					鲁西牛	0.63	0.37	1.58	0.30
					秦川牛	0.63	0.37	1.58	0.30
					西门塔尔牛	0.70	0.30	1.43	0.25
					夏洛莱牛	0.77	0.23	1.30	0.20
67	HSD17B8	A>G	外显子 1	同义突变	郏县红牛	0.54	0.46	1.85	0.35
					南阳牛	0.51	0.49	1.95	0.37
					鲁西牛	0.50	0.50	1.99	0.37
					秦川牛	0.51	0.50	1.98	0.37
					渤海黑牛	0.72	0.28	1.40	0.24
					安格斯牛	1.00	0.00	1.00	0.00

续表

序号	基因	位点	位置	突变类型	品种	Ho	He	Ne	PIC
67	HSD17B8	A>G	外显子1	同义突变	晋南牛	0.88	0.12	1.13	0.11
					利木赞牛	0.55	0.45	1.81	0.35
					海福特牛	0.94	0.06	1.07	0.06
					西门塔尔牛	0.55	0.45	1.81	0.35
68	CIDEC	G>A	外显子5	错义突变	秦川牛	0.82	0.18	1.22	0.17
		C>T	外显子5	同义突变	秦川牛	0.60	0.40	1.67	0.32
69	SMO	G>C	外显子9	同义突变	秦川牛	0.53	0.47	1.88	0.36
		C>T	外显子11	同义突变	秦川牛	0.70	0.30	1.42	0.25
					秦川牛	0.84	0.16	1.19	0.15
70	FGF2	A>T	外显子3	同义突变	秦川牛	0.61	0.39	1.63	0.31
		A>C	外显子3	同义突变	秦川牛	0.52	0.48	1.93	0.37
		T>C	外显子3	同义突变	秦川牛	0.62	0.38	1.61	0.31
		C>T	外显子3	同义突变	秦川牛	0.57	0.43	1.74	0.34
71	PRKAA2	G>C	外显子4	同义突变	秦川牛	0.66	0.34	1.52	0.28
					南阳牛	0.60	0.40	1.66	0.32
					鲁西牛	0.68	0.32	1.46	0.27
					安格斯牛	0.67	0.33	1.50	0.28
		T>C	外显子4	同义突变	秦川牛	0.65	0.35	1.53	0.29
					南阳牛	0.68	0.32	1.48	0.27
					鲁西牛	0.68	0.32	1.46	0.27
					安格斯牛	0.70	0.30	1.44	0.26
72	MC3R	T>C	外显子1	同义突变	秦川牛	0.80	0.20	1.25	0.18
					秦川牛	0.80	0.20	1.25	0.18
					秦川牛	0.72	0.28	1.40	0.24
73	CMKLR1	G>C	外显子	同义突变	秦川牛	0.52	0.48	1.92	0.36
		C>T	外显子	同义突变	秦川牛	0.50	0.50	1.98	0.37
74	SST	G>A	外显子1	同义突变	秦川牛	0.75	0.25	1.34	0.22
					鲁西牛	0.60	0.40	1.66	0.32
					南阳牛	0.80	0.20	1.25	0.18
					郏县红牛	0.84	0.16	1.19	0.15
					夏南牛	0.85	0.15	1.18	0.14
					鲁西牛	0.89	0.11	1.12	0.10
					（鲁西牛×西门塔尔牛）				
75	GDF10	G>A	外显子1	同义突变	雪龙黑牛	0.89	0.11	1.13	0.11
					鲁西牛	0.68	0.32	1.47	0.27
					秦川牛	0.81	0.19	1.23	0.17
					郏县红牛	0.68	0.32	1.46	0.27
					夏南牛	0.75	0.25	1.33	0.22
					南阳牛	1.00	0.00	1.00	0.00

续表

序号	基因	位点	位置	突变类型	品种	Ho	He	Ne	PIC
76	KLF7	C>T	外显子2	同义突变	秦川牛	0.89	0.11	1.12	0.10
					南阳牛	0.67	0.33	1.50	0.28
					郏县红牛	0.70	0.30	1.42	0.25
					中国荷斯坦牛	1.00	0.00	1.00	0.00
77	PRLR	G>A-T>C	外显子1	错义突变	南阳牛	0.53	0.47	1.88	0.36
					秦川牛	0.52	0.48	1.93	0.37
					郏县红牛	0.68	0.32	1.48	0.27
					鲁西牛	0.57	0.43	1.74	0.33
					晋南牛	0.68	0.32	1.47	0.27
78	SREBP1c	C>G	外显子9	同义突变	南阳牛	0.50	0.50	2.00	0.37
					秦川牛	0.50	0.50	2.00	0.37
					郏县红牛	0.50	0.50	1.99	0.37
					中国荷斯坦牛	0.98	0.02	1.02	0.02
		G>A	外显子9	错义突变	南阳牛	0.61	0.39	1.63	0.31
					秦川牛	0.87	0.13	1.15	0.12
					郏县红牛	0.77	0.23	1.29	0.20
					中国荷斯坦牛	0.94	0.06	1.07	0.06
79	NPM1	C>G	外显子1	错义突变	南阳牛	0.64	0.36	1.55	0.29
					秦川牛	0.76	0.24	1.32	0.21
					郏县红牛	0.60	0.40	1.67	0.32
					中国荷斯坦牛	0.85	0.15	1.17	0.14
		G>A	外显子1	同义突变	南阳牛	0.54	0.46	1.84	0.35
					秦川牛	0.57	0.43	1.75	0.34
					郏县红牛	0.60	0.40	1.68	0.32
					中国荷斯坦牛	0.94	0.06	1.07	0.06
		G>A（G>A-G>A-T>C-T>C-A>C 呈完全连锁不平衡）	外显子1		南阳牛	0.54	0.46	1.84	0.35
					秦川牛	0.57	0.43	1.75	0.34
					郏县红牛	0.60	0.40	1.68	0.32
					中国荷斯坦牛	0.94	0.06	1.07	0.06
80	MEF2A	C>T	外显子11	错义突变	南阳牛	0.86	0.14	1.16	0.13
					秦川牛	1.00	0.00	1.00	0.00
					郏县红牛	1.00	0.00	1.00	0.00
		G>A	外显子11	同义突变	南阳牛	0.55	0.45	1.83	0.35
					秦川牛	1.00	0.00	1.00	0.00
					郏县红牛	1.00	0.00	1.00	0.00
		C>T	外显子11	同义突变	南阳牛	0.54	0.46	1.85	0.36
					秦川牛	0.69	0.31	1.46	0.26
					郏县红牛	1.00	0.00	1.00	0.00

续表

序号	基因	位点	位置	突变类型	品种	Ho	He	Ne	PIC
81	LHX4	G>A	外显子6	同义突变	秦川牛	0.83	0.17	1.21	0.16
					南阳牛	0.77	0.23	1.30	0.21
					郏县红牛	0.70	0.30	1.44	0.26
					中国荷斯坦牛	0.96	0.04	1.04	0.04
82	GAD1	T>C	外显子3	错义突变	秦川牛	0.74	0.26	1.35	0.23
					郏县红牛	0.73	0.27	1.37	0.23
					南阳牛	0.66	0.34	1.52	0.28
83	NUCB2	G>A-T>C	外显子9-外显子9	同义-同义突变	秦川牛	0.60	0.40	1.67	0.32
					郏县红牛	0.50	0.50	1.99	0.37
					南阳牛	0.51	0.49	1.95	0.37
84	PRDM16	T>C	外显子9	同义突变	郏县红牛	0.50	0.50	1.99	0.37
					南阳牛	0.50	0.50	2.00	0.37
					秦川牛	0.53	0.47	1.89	0.36
					中国荷斯坦牛	0.92	0.08	1.09	0.08
		G>A	外显子9	同义突变	郏县红牛	0.50	0.50	1.99	0.37
					南阳牛	0.50	0.50	2.00	0.37
					秦川牛	0.51	0.49	1.95	0.37
					中国荷斯坦牛	0.83	0.17	1.21	0.16
85	LEPR	T>C-	内含子3-	非编码区	南阳牛	0.56	0.44	1.79	0.34
		C>T-	内含子3-	非编码区	郏县红牛	0.62	0.38	1.61	0.31
		A>G-	外显子4-	错义突变	秦川牛	0.55	0.45	1.81	0.35
		G>A-	外显子4-	同义突变	安格斯牛	0.57	0.43	1.76	0.34
		G>A	外显子4	错义突变	晋南牛	0.60	0.40	1.66	0.32
86	ACTL8	G>A	外显子10	同义突变	秦川牛	0.56	0.44	1.79	0.34
					夏南牛	0.61	0.39	1.65	0.32
		G>A	外显子10	同义突变	秦川牛	0.59	0.41	1.71	0.33
					夏南牛	0.50	0.49	2.00	0.37
87	SPARC	T>C	外显子4	同义突变	秦川牛	0.76	0.24	1.31	0.21
					夏南牛	0.61	0.39	1.63	0.31
					皮南牛	0.59	0.41	1.97	0.33
					郏县红牛	0.80	0.20	0.25	0.16
88	RET	A>G	外显子7	错义突变	秦川牛	0.61	0.39	1.64	0.31
					南阳牛	0.75	0.25	1.33	0.22
		C>G	外显子7	同义突变	秦川牛	0.61	0.39	1.63	0.31
					南阳牛	0.82	0.18	1.23	0.17
89	TRPV1	C>T	外显子9	同义突变	秦川牛	0.24	0.76	1.94	0.37
					郏县红牛	0.65	0.35	1.46	0.27
					鲁西牛	0.59	0.41	1.67	0.32
		A>G	外显子	同义突变	秦川牛	0.73	0.27	1.85	0.35
					郏县红牛	0.48	0.53	2.00	0.37
					鲁西牛	0.50	0.50	1.97	0.37

续表

序号	基因	位点	位置	突变类型	品种	Ho	He	Ne	PIC
89	TRPV1	G>A	外显子	同义突变	秦川牛	0.66	0.34	1.47	0.27
					郏县红牛	0.65	0.35	1.90	0.36
					鲁西牛	0.50	0.50	1.96	0.37
90	KCNJ12	T>C	外显子 7	错义突变	皮南牛	0.50	0.50	1.99	0.37
					晋南牛	0.67	0.33	1.50	0.28
					夏南牛	0.55	0.04	1.80	0.35
91	LEP	T>C	外显子 2	错义突变	南阳牛	0.61	0.39	1.65	0.32
					郏县红牛	0.57	0.43	1.76	0.34
					鲁西牛	0.58	0.42	1.73	0.33
					秦川牛	0.61	0.39	1.64	0.32
					渤海黑牛	0.66	0.34	1.51	0.28
					高原牛	0.97	0.03	1.03	0.03
		C>T	外显子 3	错义突变	南阳牛	0.87	0.13	1.15	0.13
					郏县红牛	0.87	0.13	1.14	0.12
					鲁西牛	0.93	0.07	1.08	0.07
					秦川牛	1.00	0.00	1.00	0.00
					渤海黑牛	0.73	0.27	1.36	0.23
					高原牛	0.95	0.05	1.06	0.05
92	TNF	A>G	外显子 2	同义突变	南阳牛	0.53	0.47	1.89	0.36
					郏县红牛	0.50	0.50	1.98	0.37
					鲁西牛	0.51	0.49	1.96	0.37
					秦川牛	0.51	0.49	1.95	0.37
					渤海黑牛	0.51	0.49	1.96	0.37
					高原牛	0.69	0.31	1.46	0.26
93	PPARA	T>C	外显子 7	同义突变	郏县红牛	0.68	0.32	1.48	0.27
					鲁西牛	0.70	0.30	1.43	0.26
					南阳牛	0.65	0.35	1.54	0.29
					秦川牛	0.77	0.23	1.29	0.20
94	ANGPTL3	A>T	外显子	错义突变	郏县红牛	0.71	0.29	1.41	0.25
					鲁西牛	0.63	0.37	1.58	0.30
					南阳牛	0.53	0.47	1.87	0.36
					秦川牛	0.77	0.23	1.30	0.20
					渤海牛	0.56	0.44	1.79	0.34
					高原牛	0.65	0.35	1.55	0.29
					安格斯牛	0.69	0.31	1.44	0.26
					赫里福德牛	0.88	0.12	1.14	0.12
					利木赞牛	0.56	0.44	1.77	0.34
					西门塔尔牛	0.58	0.42	1.72	0.33
					晋南牛	0.78	0.22	1.28	0.20

续表

序号	基因	位点	位置	突变类型	品种	Ho	He	Ne	PIC
94	ANGPTL3	A>G	外显子	错义突变	郏县红牛	0.63	0.37	1.58	0.30
					鲁西牛	0.58	0.42	1.71	0.33
					南阳牛	0.55	0.45	1.81	0.35
					秦川牛	0.70	0.30	1.43	0.26
					渤海黑牛	0.58	0.42	1.72	0.33
					高原牛	0.93	0.07	1.08	0.07
					安格斯牛	0.85	0.15	1.18	0.14
					赫里福德牛	1.00	0.00	1.00	0.00
					利木赞牛	0.58	0.42	1.72	0.33
					西门塔尔牛	0.98	0.02	1.02	0.02
					晋南牛	0.85	0.15	1.18	0.14
		T>C	外显子	错义突变	郏县红牛	0.97	0.03	1.03	0.02
					鲁西牛	0.90	0.10	1.11	0.09
					南阳牛	0.96	0.04	1.04	0.04
					秦川牛	0.94	0.06	1.06	0.06
					渤海黑牛	1.00	0.00	1.00	0.00
					高原牛	0.98	0.02	1.02	0.02
					安格斯牛	0.90	0.10	1.11	0.09
					赫里福德牛	0.94	0.06	1.07	0.06
					利木赞牛	0.89	0.11	1.13	0.11
					西门塔尔牛	0.96	0.04	1.04	0.04
					晋南牛	0.96	0.04	1.04	0.04

注：Ho（homozygosity，纯合度）；He（heterozygosity，杂合度）；Ne（effective number of alleles，有效等位基因数）；PIC（polymorphism information content，多态性信息含量）。下同

基因的编码序列直接影响了基因的转录产物，因此位于基因编码序列上的遗传变异往往会在很大程度上影响基因的表达和表达的产物。在本小节中着重介绍了中国黄牛编码序列的遗传变异位点，对黄牛的选种选育实践具有一定的指导作用。但到目前为止，在中国黄牛遗传变异位点的研究上还有很大的局限性，如涉及的性状较为单一，部分位点缺乏机制研究，分子标记距离实际应用还有一段距离。因此在未来的应用中，分子标记的研究深度和广度都应继续提升，更加广泛地应用于实际生产和家畜选种育种当中。

第三节　非编码序列的分子群体遗传学分析

大部分真核基因组是非编码的，而非编码DNA正在随机地突变且受单独漂移的支配。功能非编码DNA（ncDNA）由顺式作用元件如增强子、核心启动子、基体或附着区、绝缘子和沉默子组成。真核DNA包裹在核小体和其他结构蛋白组件周围，且被调控蛋白高度修饰。ncDNA调节核蛋白之间的相互作用，为结合蛋白的物理定位和其他结合动力学充当一种模板。非编码区域的种间特异性的序列对比揭示了保守特征，它们中的许多可能

是顺式作用元件。2001 年，人类基因组测序发现人类蛋白质编码序列仅占全基因组的 1.1%~1.4%（McPherson et al., 2001），非编码序列高达 98%以上。有的基因可能有许多增强子，可能是为了保证适当的活化以响应不同的时间或空间变化。顺式作用元件与核心启动子在序列特异性和定位特异性上一起进化以实现最好的可能的功能表现。

一、内含子的分子群体遗传学分析

内含子区 SNP 产生功能的分子机制一般是与附近其他基因 SNP 连锁或者可能影响 mRNA 的剪接从而影响蛋白质的功能，内含子区的 SNP 位点虽然不参与转录过程，但大量研究发现基因内含子可作为转录调控的增强子或抑制子进而影响转录效率，通过调节核小体位置控制 DNA 结合而调节转录过程（Greenwood and Kelsoe, 2003）。中国黄牛内含子区的 SNP 遗传分析如表 15-2 所示。

表 15-2　中国黄牛内含子区的 SNP 遗传分析（以部分国外品种作为参考）

序号	基因	位点	位置	品种	Ho	He	Ne	PIC
1	ATBF1	C>T	内含子 3	秦川牛	0.63	0.37	1.58	0.30
				晋南牛	0.59	0.41	1.68	0.32
		A>G	内含子 3	秦川牛	0.59	0.41	1.70	0.33
				晋南牛	0.53	0.47	1.90	0.36
2	FLII	C>A	内含子 20	秦川牛	0.50	0.50	1.99	0.37
				郏县红牛	0.52	0.48	1.92	0.36
				南阳牛	0.53	0.47	1.90	0.36
				晋南牛	0.56	0.44	1.79	0.34
3	SMAD3	C>G	内含子 3	秦川牛	0.78	0.22	1.29	0.20
				郏县红牛	0.97	0.03	1.03	0.03
				南阳牛	0.73	0.27	1.38	0.24
				草原红牛	0.82	0.18	1.22	0.16
		A>G	内含子 5	秦川牛	0.52	0.48	1.94	0.37
				郏县红牛	0.50	0.50	2.00	0.38
				南阳牛	0.50	0.50	1.99	0.37
				草原红牛	0.65	0.35	1.54	0.29
		A>G	内含子 5	秦川牛	0.84	0.16	1.19	0.15
				郏县红牛	0.87	0.13	1.15	0.12
				南阳牛	0.56	0.44	1.78	0.38
				草原红牛	0.52	0.48	1.94	0.37
4	SDC3	A>G	内含子 2	郏县红牛	0.29	0.71	1.85	0.35
				秦川牛	0.32	0.68	1.82	0.35
				鲁西牛	0.40	0.60	1.72	0.33
5	BMPER	C>A	内含子 7	秦川牛	0.52	0.48	1.93	0.37
				郏县红牛	0.56	0.44	1.78	0.34
				巴山牛	0.57	0.43	1.76	0.34
				蜀宣花牛	0.62	0.38	1.62	0.31

续表

序号	基因	位点	位置	品种	Ho	He	Ne	PIC
5	BMPER	G>A	内含子8	秦川牛	0.51	0.49	1.96	0.37
				郏县红牛	0.50	0.50	1.99	0.37
				巴山牛	0.65	0.35	1.54	0.29
				蜀宣牛	0.71	0.29	1.41	0.25
6	CFL2	C>G	内含子2	秦川牛	0.59	0.41	1.69	0.32
7	LHX3	C<T	内含子2	南阳牛	0.49	0.51	1.95	0.42
		C<G	内含子2	秦川牛	0.30	0.70	1.42	0.27
				郏县红牛	0.40	0.60	1.66	0.35
				中国荷斯坦牛	0.28	0.72	1.40	0.24
8	NCAPG	T>C	内含子6	秦川牛	0.51	0.49	1.95	0.37
9	STAT3	G>A	内含子13	秦川牛	0.60	0.40	1.66	0.32
				郏县红牛	0.54	0.46	1.86	0.36
		T>G	内含子19	秦川牛	0.51	0.49	1.97	0.37
				郏县红牛	0.50	0.50	2.00	0.37
		T>C	内含子19	秦川牛	0.64	0.36	1.56	0.29
				郏县红牛	0.76	0.24	1.32	0.21
		G>A	内含子20	秦川牛	0.61	0.39	1.65	0.32
				郏县红牛	0.66	0.34	1.52	0.28
10	HNF4α	T>C	内含子2	秦川牛	0.51	0.49	1.95	0.37
				南阳牛	0.50	0.50	1.98	0.37
				郏县红牛	0.50	0.50	1.99	0.37
		A>G	内含子2	秦川牛	0.73	0.27	1.38	0.24
				南阳牛	0.51	0.49	1.98	0.37
				郏县红牛	0.66	0.34	1.52	0.28
		A>C	内含子5	秦川牛	0.50	0.50	2.00	0.37
				南阳牛	0.76	0.24	1.31	0.21
				郏县红牛	0.51	0.49	1.95	0.37
		T>C	内含子6	秦川牛	0.64	0.36	1.57	0.30
				南阳牛	0.51	0.49	1.95	0.39
				郏县红牛	0.60	0.40	1.66	0.32
11	PAX3	g.79018Ins/del G	内含子6	南阳牛	0.91	0.09	1.09	0.08
				郏县红牛	0.77	0.23	1.30	0.21
				秦川牛	0.76	0.24	1.32	0.21
				鲁西牛	0.79	0.21	1.27	0.19
				草原红牛	0.89	0.11	1.13	0.11
12	PPARG	A>G	内含子1	安格斯牛	0.69	0.31	1.45	
				德国黄牛	0.67	0.33	1.49	0.28
				利木赞牛	0.70	0.30	1.43	0.26
				夏洛莱牛	0.80	0.20	1.25	0.18
				延边牛	0.57	0.43	1.74	0.34

续表

序号	基因	位点	位置	品种	Ho	He	Ne	PIC
13	LAP3	T>G-T>C-T>C（呈完全连锁不平衡）	内含子12	中国荷斯坦牛	0.51	0.49	1.95	0.37
				鲁西牛	1.00	0.00	1.00	0.00
				渤海黑牛	0.60	0.40	1.67	0.32
		G>A	内含子12	中国荷斯坦牛	0.51	0.49	1.94	0.37
				鲁西牛	0.65	0.35	1.54	0.29
				渤海黑牛	0.50	0.50	2.00	0.38
14	BMP8b	C>G	内含子3	秦川牛	0.79	0.21	1.26	0.18
				郏县红牛	0.85	0.15	1.18	0.14
				中国荷斯坦牛	0.80	0.20	1.26	0.18
		C>T	内含子4	秦川牛	0.84	0.16	1.19	0.14
				郏县红牛	0.82	0.18	1.23	0.17
				中国荷斯坦牛	0.95	0.05	1.05	0.05
15	TMEM18	T>G	内含子1	南阳牛	0.51	0.49	1.96	0.37
				郏县红牛	0.59	0.41	1.71	0.33
				秦川牛	0.53	0.47	1.89	0.36
				鲁西牛	0.53	0.47	1.89	0.36
				草原红牛	0.64	0.36	1.56	0.29
		A>G	内含子2	南阳牛	0.62	0.38	1.62	0.31
				郏县红牛	0.56	0.44	1.80	0.35
				秦川牛	0.73	0.27	1.38	0.24
				鲁西牛	0.53	0.47	1.88	0.36
				草原红牛	0.64	0.36	1.56	0.30
16	NPC2	T>C	内含子1	晋南牛	0.50	0.50	1.99	0.37
				秦川牛	0.58	0.42	1.73	0.33
				郏县红牛	0.50	0.50	1.98	0.37
				南阳牛	0.69	0.31	1.46	0.26
		T>C	内含子2	晋南牛	0.58	0.42	1.72	0.33
				秦川牛	0.53	0.47	1.89	0.36
				郏县红牛	0.50	0.50	1.99	0.37
				南阳牛	0.61	0.39	1.63	0.31
17	TCAP	C>T	内含子1	延边牛	0.64	0.36	1.57	0.30
18	MXD3	C>T	内含子3	秦川牛	0.52	0.48	1.92	0.36
				夏南牛	0.54	0.46	1.84	0.35
		T>C	内含子5	秦川牛	0.50	0.50	2.00	0.37
				夏南牛	0.50	0.50	2.00	0.37
19	CRTC3	A>G	内含子3	秦川牛	0.73	0.27	1.38	0.24
				郏县红牛	0.68	0.32	1.47	0.27
		C>T	内含子13	秦川牛	0.68	0.32	1.46	0.27
				郏县红牛	0.52	0.48	1.92	0.36

续表

序号	基因	位点	位置	品种	Ho	He	Ne	PIC
20	SERPINA3	T>A	内含子 5	皮南牛	0.25	0.75	4.07	0.75
				夏南牛	0.50	0.50	1.99	0.37
				柴达木牛	0.50	0.50	2.00	0.37
21	ADD1	A>G	内含子 4	郏县红牛	0.55	0.45	1.81	0.35
				秦川牛	0.57	0.43	1.75	0.34
				鲁西牛	0.50	0.50	2.00	0.37
		C>T	内含子 12	郏县红牛	0.53	0.47	1.89	0.36
		G>T	内含子 12	秦川牛	0.77	0.23	1.29	0.20
				鲁西牛	0.50	0.50	2.00	0.37
		T>C	内含子 13	郏县红牛	0.50	0.50	1.99	0.37
		C>T	内含子 14	秦川牛	0.50	0.50	2.00	0.37
		A>G	内含子 14	鲁西牛	0.51	0.49	1.96	0.37
22	MYLK4	G>A	内含子 10	秦川牛	0.55	0.45	1.82	0.35
				皮南牛	0.50	0.50	2.00	0.37
				夏南牛	0.62	0.38	1.61	0.31
				南阳牛	0.50	0.50	1.99	0.37
				柴达木牛	0.54	0.46	1.87	0.36
23	IGF1	T>G	内含子 2	秦川牛	0.58	0.42	1.73	0.33
		C>A	内含子 3	秦川牛	0.64	0.36	1.57	0.30
		C>T	内含子 3	秦川牛	0.72	0.28	1.39	0.24
		C>T	内含子 3	秦川牛	0.83	0.17	1.21	0.16
		T>G	内含子 3	秦川牛	0.74	0.26	1.35	0.22
24	AR	g.4187270-4187293del	内含子	鲁西牛	0.51	0.49	1.97	0.37
				秦川牛	0.61	0.39	1.64	0.31
				南阳牛	0.50	0.50	2.00	0.37
				郏县红牛	0.52	0.48	1.92	0.36
25	PPARγ	C>G	内含子 2	郏县红牛	0.51	0.49	1.96	0.37
				南阳牛	0.55	0.45	1.82	0.35
				鲁西牛	0.51	0.49	1.97	0.37
				秦川牛	0.51	0.49	1.96	0.37
				渤海黑牛	0.50	0.50	2.00	0.38
				高原牦牛	0.66	0.34	1.51	0.28
26	ATBF1	C>T	内含子 3	秦川牛	0.63	0.37	1.58	0.30
				晋南牛	0.59	0.41	1.69	0.32
27	FLII	C>A	内含子 20	秦川牛	0.50	0.50	1.99	0.37
				郏县红牛	0.52	0.48	1.91	0.36
				南阳牛	0.52	0.48	1.91	0.36
				晋南牛	0.55	0.45	1.81	0.35
28	ACTL8	A>G	内含子 1	秦川牛	0.65	0.35	1.55	0.29
				夏南牛	0.89	0.11	1.13	0.11

续表

序号	基因	位点	位置	品种	Ho	He	Ne	PIC
29	Foxa2	C>T	内含子4	秦川牛	0.55	0.46	1.83	0.35
				郏县红牛	0.53	0.47	1.87	0.36
				南阳牛	0.80	0.20	1.24	0.18
		C>G	内含子4	秦川牛	0.84	0.16	1.18	0.14
				郏县红牛	0.63	0.37	1.58	0.30
				南阳牛	0.64	0.36	1.57	0.30
30	PPARGC1A	C>T	内含子9	郏县红牛	0.54	0.46	1.84	0.35
				南阳牛	0.52	0.48	1.93	0.37
				秦川牛	0.54	0.46	1.86	0.36
31	BMP7	T>C	内含子2	南阳牛	0.67	0.33	1.50	0.28
				秦川牛	0.58	0.42	1.72	0.33
				郏县红牛	0.63	0.37	1.58	0.30
		G>A	内含子6	南阳牛	0.91	0.09	1.10	0.09
				秦川牛	0.90	0.10	1.11	0.09
				郏县红牛	0.86	0.14	1.16	0.13
		T>C	内含子7	南阳牛	0.79	0.21	1.27	0.19
				秦川牛	0.90	0.10	1.11	0.09
				郏县红牛	0.82	0.18	1.22	0.16
32	PAX6	C>T	内含子2	南阳牛	0.64	0.36	1.56	0.30
				秦川牛	0.68	0.32	1.47	0.27
				郏县红牛	0.64	0.36	1.57	0.30
				中国荷斯坦牛	0.75	0.25	1.33	0.22
		T>C	内含子8	南阳牛	0.69	0.31	1.45	0.26
				秦川牛	0.63	0.38	1.60	0.30
				郏县红牛	0.65	0.35	1.54	0.29
				中国荷斯坦牛	0.73	0.27	1.38	0.24
		T>C	内含子11	南阳牛	0.72	0.28	1.39	0.24
				秦川牛	0.76	0.24	1.32	0.21
				郏县红牛	0.69	0.31	1.45	0.26
				中国荷斯坦牛	0.98	0.02	1.02	0.02
33	IGF2	G>A	内含子8	南阳牛	0.50	0.50	2.00	0.37
				秦川牛	0.50	0.50	1.99	0.37
				郏县红牛	0.51	0.49	1.96	0.37
				中国荷斯坦牛	1.00	0.00	1.00	0.00
		C>T	内含子8	南阳牛	0.62	0.38	1.60	0.31
				秦川牛	0.54	0.46	1.85	0.35
				郏县红牛	0.56	0.44	1.77	0.34
				中国荷斯坦牛	1.00	0.00	1.00	0.00
		A>G	内含子8	南阳牛	0.62	0.38	1.60	0.31

续表

序号	基因	位点	位置	品种	Ho	He	Ne	PIC
33	IGF2	A>G	内含子8	秦川牛	0.54	0.46	1.85	0.35
				郏县红牛	0.56	0.44	1.77	0.34
				中国荷斯坦牛	1.00	0.00	1.00	0.00
		A>G	内含子8	南阳牛	0.53	0.47	1.89	0.36
				秦川牛	0.50	0.50	2.00	0.37
				郏县红牛	0.53	0.47	1.89	0.36
				中国荷斯坦牛	1.00	0.00	1.00	0.00
34	MYH3	T>C	内含子18	秦川牛	0.50	0.50	2.00	0.37
		G>A	内含子22	秦川牛	0.52	0.48	1.94	0.37
35	Wnt7a	T>C	内含子2	秦川牛	0.53	0.47	1.90	0.36
		A>G	内含子3	秦川牛	0.51	0.49	1.96	0.37
36	HGF	T>C	内含子2	秦川牛	0.74	0.26	1.35	0.23
		T>C	内含子6	南阳牛	0.61	0.39	1.64	0.31
		A>G	内含子9	鲁西牛	0.66	0.34	1.52	0.28
		G>A	内含子9	郏县红牛	0.56	0.44	1.77	0.34
		A>T	内含子12	草原红牛	0.56	0.44	1.80	0.35
		G>T	内含子17	秦川牛	0.65	0.35	1.55	0.29
				南阳牛	0.61	0.39	1.64	0.31
				鲁西牛	0.55	0.45	1.83	0.35
				郏县红牛	0.61	0.39	1.64	0.31
				草原红牛	0.90	0.10	1.11	0.10
		T>G	内含子18	秦川牛	0.54	0.46	1.85	0.35
				南阳牛	0.72	0.28	1.39	0.24
				鲁西牛	0.57	0.43	1.75	0.34
				郏县红牛	0.63	0.37	1.58	0.30
				阜原红牛	1.00	0.00	1.00	0.00
37	FGF21	C>T	内含子1	南阳牛	0.58	0.42	1.74	0.33
				郏县红牛	0.59	0.41	1.69	0.32
				秦川牛	0.63	0.38	1.60	0.30
				鲁西牛	0.53	0.47	1.89	0.36
				草原红牛	0.97	0.03	1.03	0.03
		C>T	内含子2	南阳牛	0.64	0.36	1.55	0.29
				郏县红牛	0.62	0.38	1.62	0.31
				秦川牛	0.70	0.30	1.43	0.26
				鲁西牛	0.58	0.42	1.71	0.33
				草原红牛	0.97	0.03	1.03	0.03

续表

序号	基因	位点	位置	品种	Ho	He	Ne	PIC
37	FGF21	C>G	内含子 2	南阳牛	0.57	0.43	1.75	0.34
				郏县红牛	0.63	0.37	1.59	0.30
				秦川牛	0.71	0.29	1.41	0.25
				鲁西牛	0.59	0.41	1.70	0.33
				草原红牛	0.99	0.01	1.01	0.01
38	RXRα	T>C	内含子 13	鲁西牛	0.59	0.41	1.70	0.33
				郏县红牛	0.67	0.33	1.50	0.28
				渤海黑牛	0.63	0.38	1.60	0.30
				秦川牛	0.73	0.27	1.37	0.23
				南阳牛	0.75	0.26	1.34	0.22
				高原牦牛	0.65	0.35	1.55	0.29
39	SH2B2	C>T	内含子 2	郏县红牛	0.53	0.47	1.88	0.36
				草原红牛	0.55	0.45	1.83	0.35
				南阳牛	0.59	0.41	1.70	0.33
				秦川牛	0.52	0.48	1.93	0.37
				鲁西牛	0.60	0.40	1.66	0.32
40	BMP8B	C>T	内含子 1	秦川牛	0.52	0.48	1.93	0.37
				郏县红牛	0.50	0.50	2.00	0.37
				南阳牛	0.50	0.50	2.00	0.38
		C>G	内含子 3	秦川牛	0.79	0.21	1.26	0.18
				郏县红牛	0.85	0.15	1.18	0.14
				南阳牛	0.82	0.18	1.22	0.16
		C>T	内含子 4	秦川牛	0.84	0.16	1.19	0.14
				郏县红牛	0.82	0.18	1.22	0.17
				南阳牛	0.96	0.04	1.04	0.04
41	SIRT2	A>G	内含子 3	南阳牛	0.53	0.47	1.89	0.36
				秦川牛	0.54	0.46	1.84	0.35
				郏县红牛	0.51	0.49	1.95	0.37
				鲁西牛	0.50	0.50	1.99	0.37
				草原红牛	0.97	0.03	1.03	0.03
42	LXRα	T>C	内含子 1	鲁西牛	0.50	0.50	2.00	0.38
				郏县红牛	0.50	0.50	1.99	0.37
				渤海黑牛	0.51	0.49	1.94	0.37
				秦川牛	0.58	0.42	1.72	0.33
				南阳牛	0.51	0.49	1.97	0.37
				高原牛	0.90	0.10	1.11	0.09

续表

序号	基因	位点	位置	品种	Ho	He	Ne	PIC
42	LXRα	T>C	内含子6	鲁西牛	0.89	0.11	1.12	0.10
				郏县红牛	0.92	0.08	1.09	0.08
				渤海黑牛	0.89	0.11	1.12	0.10
				秦川牛	0.97	0.03	1.03	0.03
				南阳牛	0.91	0.09	1.09	0.08
				高原牛	0.63	0.37	1.59	0.30
43	ACTL8	A>G	内含子1	秦川牛	0.65	0.35	1.55	0.29
				夏南牛	0.89	0.11	1.13	0.11
44	MXD3	C>T	内含子3	秦川牛	0.52	0.48	1.92	0.37
				夏南牛	0.55	0.46	1.84	0.35
		T>C	内含子5	秦川牛	0.50	0.50	2.00	0.37
				夏南牛	0.50	0.50	2.00	0.37
45	CRTC3	A>G	内含子3	秦川牛	0.82	0.18	1.22	0.16
				郏县红牛	0.68	0.32	1.47	0.27
		C>T	内含子13	秦川牛	0.68	0.32	1.46	0.27
				郏县红牛	0.52	0.48	1.92	0.37
46	SERPINA3	T>A	内含子5	皮南牛	0.50	0.50	1.99	0.37
				夏南牛	0.50	0.50	2.00	0.37
				柴达木牛	0.50	0.50	2.00	0.37
47	PLAG1	C>T	内含子14	秦川牛	0.61	0.40	1.65	0.19
				皮南牛	0.59	0.41	1.68	0.20
				夏南牛	0.55	0.45	1.81	0.24
				吉安牛	0.62	0.38	1.62	0.18
				郏县红牛	0.50	0.50	1.99	0.42
48	MYLK4	G>A	内含子10	秦川牛	0.55	0.45	1.82	0.35
				皮南牛	0.50	0.50	2.00	0.38
				夏南牛	0.68	0.32	1.61	0.31
				南阳牛	0.50	0.50	1.99	0.37
				柴达木牛	0.54	0.46	1.87	0.36
49	PPARA	A>G	内含子3	郏县红牛	0.50	0.50	0.50	0.37
				鲁西牛	0.51	0.49	0.49	0.37
				南阳牛	0.53	0.47	0.47	0.36
				秦川牛	0.59	0.41	0.41	0.32
50	PPARD	A>G	内含子2	郏县红牛	0.73	0.27	1.36	0.25
				南阳牛	0.61	0.39	1.65	0.32
				鲁西牛	0.66	0.34	1.51	0.28

续表

序号	基因	位点	位置	品种	Ho	He	Ne	PIC
50	PPARD	T>C	内含子6	秦川牛	0.59	0.41	1.68	0.32
				渤海黑牛	0.55	0.46	1.84	0.35
				高原牛	0.88	0.12	1.14	0.12
				郏县红牛	0.50	0.50	1.99	0.37
				南阳牛	0.53	0.47	1.88	0.36
				鲁西牛	0.52	0.48	1.93	0.37
				秦川牛	0.57	0.43	1.76	0.34
				渤海黑牛	0.72	0.28	1.39	0.24
				高原牛	0.62	0.38	1.62	0.31
51	WNT8A	G>C	内含子2	秦川牛	0.55	0.45	1.76	0.34
		G>A	内含子3	秦川牛	0.51	0.49	1.76	0.34
52	Lipin 1	A>G	内含子1	草原红牛	0.53	0.47	1.89	0.36
				鲁西牛	0.52	0.48	1.93	0.37
				秦川牛	0.52	0.48	1.93	0.37
				郏县红牛	0.53	0.47	1.88	0.36
				夏南牛	0.51	0.49	1.97	0.37
				南阳牛	0.51	0.49	1.94	0.37
		G>A	内含子15	草原红牛	0.55	0.45	1.83	0.35
				鲁西牛	0.50	0.50	1.99	0.37
				秦川牛	0.50	0.50	2.00	0.37
				郏县红牛	0.51	0.49	1.95	0.37
				夏南牛	0.53	0.47	1.87	0.36
				南阳牛	0.56	0.44	1.79	0.34
53	ANGPTL6	T>C	内含子2	鲁西牛	0.52	0.48	1.93	0.37
		C>A	内含子2	鲁西牛	0.81	0.19	1.23	0.17
		G>T	内含子4	鲁西牛	0.55	0.45	1.82	0.35
54	PPARδ	C>T	内含子2	秦川牛	0.71	0.29	1.41	0.25
				南阳牛	0.71	0.29	1.41	0.25
				郏县红牛	0.81	0.19	1.23	0.17
				鲁西牛	0.76	0.24	1.32	0.21
				安格斯牛	0.77	0.23	1.30	0.20
				夏南牛	0.69	0.32	1.46	0.27
55	DENND1A	26 bp 缺失	内含子5	中国荷斯坦牛	0.50	0.50	1.99	0.37
		15 bp 插入	内含子13	中国荷斯坦牛	0.65	0.35	1.55	0.29
56	HSD17B3	15 bp 缺失	内含子2	中国荷斯坦牛	0.69	0.31	1.45	0.31
		5 bp 插入	内含子9	中国荷斯坦牛	0.70	0.30	1.42	0.30

续表

序号	基因	位点	位置	品种	Ho	He	Ne	PIC
57	SEPT7	9 bp 插入	内含子 2	中国荷斯坦牛	0.51	0.49	1.95	0.37
			内含子 7	中国荷斯坦牛	0.83	0.17	1.21	0.16
58	PPAR	C>G	内含子 2	郏县红牛	0.49	0.51	1.96	0.37
				南阳牛	0.45	0.55	1.82	0.35
				鲁西牛	0.49	0.51	1.97	0.37
				秦川牛	0.49	0.51	1.97	0.37
59	PPAR	C>G	内含子 2	渤海黑牛	0.50	0.50	2.00	0.38
				高原牛	0.34	0.66	1.51	0.28
60	ADCY5	11 bp 缺失	内含子 2	中国荷斯坦牛	0.70	0.30	1.44	0.26
		19 bp 插入	内含子 3	中国荷斯坦牛	0.54	0.46	1.86	0.36

二、启动子的分子群体遗传学分析

基因启动子区序列在转录因子等调控元件识别和基因表达调控中发挥着关键作用。启动子是决定基因活动的开关，但同时受各种转录因子及甲基化水平等因素的调节。启动子 SNP 产生功能的机制主要是影响转录因子与启动子的结合能力从而调控基因的转录。SNP 位点对转录因子结合位点影响较大，能在不同程度上导致转录因子结合位点消失或产生新的转录因子结合位点。研究显示，启动子区的多态性（无论是遗传学方面还是表观遗传学方面）可导致基因转录调控的异常。

基因启动子区往往是 RNA 聚合酶特异性识别和结合的 DNA 识别区序列，在基因的转录调控中具有非常重要的作用。启动子本身并不能控制基因的活动，只有与转录因子结合才能发挥其开关的功能（李圣彦等，2014）。启动子区 DNA 序列产生变异，可能影响转录因子等反式作用元件的识别和结合，从而影响基因的转录和表达（Conesa and Acker，2010）。作为最常见的遗传变异形式，SNP 如果位于基因启动子区，则可能通过影响转录因子的识别与结合而影响基因的表达，从而对疾病的不同方面产生影响（Hooker et al.，2008）。中国黄牛启动子区的 SNP 遗传分析如表 15-3 所示。

表 15-3　中国黄牛启动子区的 SNP 遗传分析（以部分国外品种作为参考）

序号	基因	位点	位置	品种	Ho	He	Ne	PIC
1	Orexin	C>G	启动子	郏县红牛	0.81	0.19	1.23	0.17
		G>A			0.81	0.19	1.23	0.17
		T>C			0.52	0.48	1.91	0.36
		A>C			0.52	0.48	1.91	0.36
		C>T			0.81	0.19	1.23	0.17
		C>A			0.81	0.19	1.23	0.17
		T>C			0.64	0.36	1.57	0.30
		C>T			0.65	0.35	1.54	0.29

续表

序号	基因	位点	位置	品种	Ho	He	Ne	PIC
1	Orexin	A>T	启动子	郏县红牛	0.61	0.39	1.63	0.31
		A>G			0.64	0.36	1.57	0.30
		C>G	启动子	南阳牛	0.83	0.17	1.21	0.16
		G>A			0.83	0.17	1.21	0.16
		T>C			0.50	0.50	2.00	0.38
		A>C			0.50	0.50	2.00	0.38
		C>T			0.83	0.17	1.21	0.16
		C>A			0.83	0.17	1.21	0.16
		T-572C			1.00	0.00	1.00	0.00
		C>T			0.62	0.38	1.62	0.31
		A>T			0.50	0.50	2.00	0.38
		A>G			1.00	0.00	1.00	0.00
		C>G	启动子	秦川牛	0.81	0.19	1.23	0.17
		G>A			0.81	0.19	1.23	0.17
		T>C			0.52	0.48	1.91	0.36
		A>C			0.52	0.48	1.91	0.36
		C>T			0.81	0.19	1.23	0.17
		C>A			0.81	0.19	1.23	0.17
		T>C			0.64	0.36	1.57	0.30
		C>T			0.65	0.35	1.54	0.29
		A>T			0.61	0.39	1.63	0.31
		A>G			0.64	0.36	1.57	0.30
2	Ghrelin	A>T	启动子	郏县红牛	0.56	0.44	1.78	0.34
		A>G			0.50	0.50	2.00	0.37
		T>C			0.51	0.49	1.94	0.37
		C>A			0.67	0.33	1.49	0.27
		A>G			0.51	0.49	1.97	0.37
		C>T			0.64	0.36	1.55	0.29
		T>C			0.64	0.36	1.55	0.29
		A>T	启动子	南阳牛	0.56	0.44	1.78	0.34
		A>G			0.50	0.50	1.98	0.37
		T>C			0.52	0.48	1.93	0.37
		C>A			0.68	0.32	1.48	0.27
		A>G			0.50	0.50	2.00	0.38
		C>T			0.66	0.34	1.51	0.28
		T>C			0.66	0.34	1.51	0.28
		A>T	启动子	秦川牛	0.54	0.46	1.84	0.35
		A>G			0.50	0.50	2.00	0.37
		T>C			0.51	0.49	1.94	0.37
		C>A			0.67	0.33	1.49	0.27

续表

序号	基因	位点	位置	品种	Ho	He	Ne	PIC
2	Ghrelin	A>G	启动子	秦川牛	0.51	0.49	1.97	0.37
		C>T			0.64	0.36	1.55	0.29
		T>C			0.64	0.36	1.55	0.29
3	SMAD3	A>G	启动子	秦川牛	0.65	0.35	1.54	0.29
				郏县红牛	0.90	0.10	1.11	0.09
				南阳牛	0.91	0.09	1.09	0.08
				草原牛	0.54	0.46	1.86	0.35
4	LAP3	T>C	启动子	中国荷斯坦牛	0.52	0.48	1.94	0.37
		G>A	启动子	中国荷斯坦牛	0.84	0.16	1.18	0.14
5	BMP8b	C>T	启动子	秦川牛	0.58	0.42	1.72	0.33
				郏县红牛	0.60	0.40	1.67	0.32
				中国荷斯坦牛	0.61	0.39	1.65	0.32
6	MBL1	A>C	启动子	中国荷斯坦牛	0.82	0.18	1.22	0.16
				鲁西牛	0.60	0.40	1.66	0.32
				渤海黑牛	0.88	0.12	1.13	0.11
		T>C	启动子	中国荷斯坦牛	0.52	0.48	1.91	0.36
				鲁西黄牛	0.66	0.34	1.51	0.28
				渤海黑牛	0.53	0.47	1.88	0.36
		G>A	启动子	中国荷斯坦牛	0.59	0.41	1.70	0.33
				鲁西黄牛	0.75	0.25	1.34	0.22
				渤海黑牛	0.81	0.19	1.23	0.17
7	SERPINA3	A>G	启动子	皮南牛	0.94	0.06	1.06	0.06
				夏南牛	0.50	0.50	1.99	0.37
				柴达木牛	0.50	0.50	2.00	0.37
8	SIRT4	C>T	启动子	秦川牛	0.64	0.36	1.57	0.30
		C>T	启动子	秦川牛	0.58	0.42	1.70	0.33
		G>A	启动子	秦川牛	0.54	0.46	1.84	0.35
9	ZBED6	G>A	启动子	秦川牛	0.66	0.34	1.51	0.28
				中国荷斯坦牛	1.00	0.00	1.00	0.00
				南阳牛	0.53	0.47	1.87	0.36
10	LEP	C>T	启动子	安格斯牛	0.50	0.50	2.00	0.37
				利木赞牛	0.50	0.50	2.00	0.37
				夏洛莱牛	0.50	0.50	1.98	0.37
				西门塔尔牛	0.55	0.45	1.83	0.35
				其他	0.53	0.47	1.90	0.36
				合计	0.52	0.48	1.91	0.36
		C>T	启动子	安格斯牛	0.61	0.39	1.64	0.31
				利木赞牛	0.55	0.45	1.82	0.35
				夏洛莱牛	0.65	0.35	1.54	0.29

续表

序号	基因	位点	位置	品种	Ho	He	Ne	PIC
10	LEP	C>T	启动子	西门塔尔牛	0.58	0.42	1.73	0.33
				其他	0.62	0.38	1.62	0.31
				合计	0.61	0.39	1.63	0.31
11	MSTN	T>A	启动子	南阳牛	0.90	0.10	1.11	0.09
				秦川牛	0.95	0.05	1.06	0.05
				郏县红牛	0.93	0.07	1.08	0.07
12	SERPINA3	A>G	启动子	皮南牛	0.50	0.50	1.99	0.37
				夏南牛	0.50	0.50	2.00	0.37
				柴达木牛	0.50	0.50	2.00	0.37
13	PPARA	A>T	启动子	郏县红牛	0.63	0.37	1.60	0.30
				鲁西牛	0.59	0.41	1.69	0.33
				南阳牛	0.56	0.44	1.80	0.35
				秦川牛	0.68	0.32	1.47	0.27
14	ANGPTL3	T>C	启动子	郏县红牛	0.71	0.29	1.41	0.25
				鲁西牛	0.76	0.24	1.32	0.21
				南阳牛	0.60	0.40	1.66	0.32
				秦川牛	0.91	0.10	1.11	0.09
				渤海黑牛	0.63	0.37	1.58	0.30
				青海高原牦牛	0.52	0.48	1.92	0.37
				安格斯牛	0.80	0.20	1.26	0.18
				赫里福德牛	1.00	0.00	0.00	0.00
				利木赞牛	0.57	0.44	1.77	0.34
				西门塔尔牛	0.96	0.04	1.04	0.04
				晋南牛	0.61	0.40	1.65	0.32

三、基因间隔序列的分子群体遗传学分析

基因间隔区是位于基因与基因之间的一段 DNA 序列。基因间隔区的少数序列会影响基因的表达，偶尔有一些可以控制其附近的基因，但大部分都没有已知的功能，它有时亦被称为垃圾 DNA。基因间隔区不同于在基因编码区的内含子，它高频存在于生物，尤其是真核生物非编码区的短 DNA 序列，在人类基因组中占大多数。

因为基因间隔区没有功能，所以它曾被称为垃圾 DNA。然而，近些年来发现这些区域确实含有功能上重要的元件，如启动子和增强子。基因间隔区含有的增强子 DNA 序列，其可以激活几千个碱基对以外的离散基因使其表达。改变与增强子结合的蛋白质会导致基因表达重调并影响细胞表型。基因间隔区也可能包含尚未鉴定的基因，如非编码 RNA。虽然对它们暂时知之甚少，但它们被认为具有调节功能。特

别是在人类基因组中,占比将近95%,而在细菌与酵母中,它的比例很低,只有15%~30%,甚至更低。近年来,随着ENCODE项目的进展,人类的基因间隔区正在被更详细的研究。

内含子与基因间隔序列长度是表征真核生物基因组特性的两个重要参数,过去有人认为,它们在基因组中的分布是由随机过程决定的。最近对基因组和基因表达数据的统计分析表明,内含子长度和基因间隔区长度随着基因表达水平的变化而呈现不同的变化趋势。表达水平与内含子大小负相关,高度表达的基因中,内含子普遍较短(Castillo-Davis et al.,2002)。对于基因间隔序列来说,情况比较复杂。Versteeg 等（2003）认为,基因密度与基因表达水平正相关。Urrutia 和 Hurst（2003）也指出,为保证基因转录效率,在高表达基因中,间隔序列长度偏短。然而,对于人类基因组管家基因的分析结果却与之相反,转录干涉对基因表达有抑制作用,间隔序列较长的基因表达量相对较高(Chiaromonte et al.,2003)。

四、UTR 的分子群体遗传学分析

3'-UTR 不仅调控 mRNA 的体内稳定性及降解速率,控制其利用效率,协助辨认特殊密码子等,还调控特定的 mRNA 在细胞内的定位以及 mRNA 的翻译效率。而 5'-UTR 为连接第1外显子和启动子区的非编码序列,该区域在基因转录和翻译过程中发挥重要的调控作用,可明显影响启动子活性,影响基因表达。中国黄牛 UTR 的 SNP 遗传分析如表 15-4 所示。

表 15-4 中国黄牛 UTR 的 SNP 遗传分析（以部分国外品种作为参考）

序号	基因	位点	位置	品种	Ho	He	Ne	PIC
1	HSP701	A>G	5'-UTR	雷琼牛	0.39	0.41	1.70	0.33
				云南高峰牛	0.57	0.49	1.94	0.37
				BMY 牛	0.16	0.28	1.40	0.24
				西门塔尔牛	0.39	0.44	1.16	0.34
2	SMO	C>A	3'-UTR	秦川牛	0.94	0.06	1.07	0.06
		C>T	3'-UTR	秦川牛	0.64	0.36	1.55	0.29
		C>A	3'-UTR	秦川牛	0.55	0.45	1.82	0.35
		T>G	3'-UTR	秦川牛	0.54	0.46	1.84	0.35
3	LHX3	T<G	3'-UTR	南阳牛	0.40	0.60	1.67	0.34
		C<T	3'-UTR	秦川牛	0.27	0.73	1.36	0.24
		G<A	3'-UTR	郏县红牛	0.29	0.71	1.40	0.26
		C<A	3'-UTR	中国荷斯坦牛	0.38	0.62	1.61	0.31
4	PAX3	T>G	5'-UTR	南阳牛	0.52	0.48	1.91	0.36
				郏县红牛	0.51	0.49	1.96	0.37
				秦川牛	0.51	0.49	1.97	0.37

续表

序号	基因	位点	位置	品种	Ho	He	Ne	PIC
4	PAX3	T>G	5'-UTR	鲁西牛	0.52	0.48	1.92	0.36
				草原牛	0.51	0.49	1.97	0.37
5	MXD3	G>A	3'-UTR	秦川牛	0.50	0.50	1.99	0.37
				夏南牛	0.51	0.49	1.97	0.37
6	TRPV1	C>T	3'-UTR	秦川牛	0.67	0.33	1.49	0.28
				郏县红牛	0.58	0.42	1.72	0.33
				鲁西牛	0.56	0.44	1.79	0.34
		C>T	3'-UTR	秦川牛	0.81	0.19	1.23	0.17
				郏县红牛	0.84	0.16	1.19	0.15
				鲁西牛	0.72	0.28	1.39	0.24
		G>T	3'-UTR	秦川牛	0.55	0.45	1.81	0.35
				郏县红牛	0.56	0.44	1.77	0.34
				鲁西牛	0.56	0.44	1.78	0.34
7	PLAG1	C>T	3'-UTR	皮南牛	0.59	0.41	1.69	0.32
				吉安牛	0.56	0.44	1.80	0.44
				秦川牛	0.61	0.39	1.65	0.32
				夏南牛	0.55	0.45	1.81	0.35
				郏县红牛	0.50	0.50	1.99	0.37
8	CaSR	A>C	3'-UTR	鲁西牛	0.84	0.16	1.19	0.16
				秦川牛	0.85	0.15	1.18	0.14
				郏县红牛	0.87	0.13	1.15	0.12
9	LPL	C>T	5'-UTR	秦川牛	0.61	0.39	1.63	0.31
		A>G	3'-UTR	秦川牛	0.70	0.30	1.43	0.26
		T>G	3'-UTR	秦川牛	0.53	0.47	1.90	0.36
10	SIRT4	A>G	3'-UTR	秦川牛	0.63	0.38	1.59	0.30
11	Foxa2	T>C	3'-UTR	秦川牛	0.66	0.34	1.52	0.28
				郏县红牛	0.64	0.36	1.57	0.30
				南阳牛	0.53	0.47	1.89	0.36
12	BMP8B	C>T	5'-UTR	秦川牛	0.58	0.42	1.72	0.33
				郏县红牛	0.60	0.40	1.67	0.32
				南阳牛	0.50	0.50	2.00	0.38
13	CDIPT	A>G	3'-UTR	秦川牛	0.68	0.32	1.46	0.27
		G>A	3'-UTR	秦川牛	0.70	0.30	1.43	0.26
		C>G	3'-UTR	秦川牛	0.70	0.30	1.42	0.25
14	CIDEC	C>T-A>G-G>A	3'-UTR	秦川牛	0.89	0.11	1.13	0.11
15	POMC	C>T-T>C-A>G	3'-UTR	秦川牛	0.53	0.47	1.88	0.36
				南阳牛	0.51	0.49	1.97	0.37
				郏县红牛	0.51	0.49	1.96	0.37
				晋南牛	0.50	0.50	2.00	0.37

续表

序号	基因	位点	位置	品种	Ho	He	Ne	PIC
15	POMC	C>T-T>C-A>G	3'-UTR	鲁西牛	0.50	0.50	1.99	0.37
				安格斯牛	0.53	0.47	1.87	0.36
				中国荷斯坦牛	0.61	0.39	1.65	0.32
16	MC4R	C>G-A>G（C>G，A>T，T>G，A>G 连锁）	5'-UTR	南阳牛	0.52	0.48	1.92	0.36
				秦川牛	0.50	0.50	2.00	0.37
				郏县红牛	0.52	0.48	1.92	0.36
				晋南牛	0.60	0.40	1.68	0.32
				中国荷斯坦牛	0.92	0.08	1.08	0.07
17	CART	C1 基因座（T>C，T>C，T>C，T>C）	5'-UTR	秦川牛	0.91	0.10	1.10	0.09
				南阳牛	0.87	0.13	1.15	0.12
				郏县红牛	0.98	0.02	1.02	0.02
				晋南牛	1.00	0.00	1.00	0.00
				鲁西牛	0.94	0.06	1.06	0.06
				中国荷斯坦牛	0.79	0.21	1.27	0.19
18	ACTL8	G>C	5'-UTR	秦川牛	0.59	0.41	1.70	0.33
		A>G	3'-UTR	秦川牛	0.51	0.49	1.96	0.37
19	MXD3	G>A	3'-UTR	秦川牛	0.50	0.50	1.99	0.37
				夏南牛	0.51	0.49	1.97	0.37
20	TRPV1	C>T	3'-UTR	秦川牛	0.70	0.30	1.49	0.28
				郏县红牛	0.56	0.44	1.72	0.33
				鲁西牛	0.54	0.46	1.79	0.34
21	TRPA1	C>T	3'-UTR	秦川牛	1.00	0.00	1.23	0.17
				郏县红牛	0.88	0.12	1.19	0.15
				鲁西牛	0.84	0.16	1.39	0.24
		G>T	3'-UTR	秦川牛	0.81	0.16	1.81	0.35
				郏县红牛	0.71	0.29	1.77	0.34
				鲁西牛	0.62	0.38	1.78	0.34
22	ANGPTL8	T>C	5'-UTR	南阳牛	0.50	0.50	2.00	0.38
				郏县红牛	0.64	0.36	1.57	0.30
				鲁西牛	0.51	0.49	1.97	0.37
				秦川牛	0.51	0.49	1.97	0.37
				渤海黑牛	0.50	0.50	1.99	0.37
				高原牛	0.68	0.32	1.47	0.27
		G>A	5'-UTR	南阳牛	0.70	0.30	1.44	0.26
				郏县红牛	0.58	0.42	1.71	0.33
				鲁西牛	0.79	0.21	1.27	0.19
				秦川牛	0.64	0.36	1.56	0.29
				渤海黑牛	0.58	0.42	1.72	0.33
				高原牛	0.96	0.04	1.04	0.04

续表

序号	基因	位点	位置	品种	Ho	He	Ne	PIC
23	PPARA	A>G	3'-UTR	郏县红牛	0.51	0.49	1.96	0.37
				鲁西牛	0.51	0.49	1.96	0.37
				南阳牛	0.52	0.48	1.91	0.36
				秦川牛	0.50	0.50	2.00	0.38
24	PPARD	G>A	5'-UTR	郏县红牛	0.50	0.50	2.00	0.38
				南阳牛	0.59	0.41	1.69	0.33
				鲁西牛	0.59	0.41	1.70	0.33
				秦川牛	0.74	0.26	1.34	0.22
				渤海黑牛	0.61	0.39	1.64	0.32
				高原牛	0.50	0.50	1.99	0.37
25	WNT8A	T>C	3'-UTR	秦川牛	0.53	0.48	1.81	0.35
26	NPC2	A>G	3'-UTR	晋南牛	0.79	0.21	1.27	0.19
				秦川牛	0.60	0.40	1.67	0.32
				郏县红牛	0.57	0.43	1.76	0.34
				南阳牛	0.50	0.50	1.99	0.37
27	ADCY5	19 bp 缺失	3'-UTR	中国荷斯坦牛	0.89	0.11	1.23	0.11

虽然基因的非编码区没有直接参与基因的转录，但是很多研究表明它参与了基因的表达调控。因此很多非编码区的遗传变异都深刻地影响着动物的表型。本小节着重介绍了中国黄牛位于非编码区的遗传变异位点，这对中国黄牛的选种选育具有一定的借鉴意义和指导作用。但是中国黄牛遗传变异位点的研究还存在着分子机制研究相对较少、性状种类单一和精细化程度不高等局限性。下一步中国黄牛遗传变异研究应该在深度和广度上进一步提升，并在牛的品种选育实践中发挥重要作用。

第四节 中国黄牛与国外品种的分子群体遗传学分析

中国具有丰富的地方物种，同时具有多样的地形与气候条件，导致畜牧生产系统多种多样及遗传资源上的多样性。目前在中国黄牛上发现的大部分 SNP 位点都没有在国外品种中发现，只有少数 SNP 位点在国外品种中有报道，如 MSTN、POMC、POU1F1、CAST、LEP、TG、H-FABP、PPARGC1A、CACNA2D1、LPL、MyoD1、Myf6、CDIPT、PRKAG3、HSD17B8、DNMT1、DNMT3a、DNMT3b、Ago1、Ago2、CAPN1、PRKAG3、CIDEC、SMO、FGF2、PRKAA2、MC3R、CMKLR1、IGFALS、LHX4、Foxa1、IGF2、ZBED6、PPARGC1A、BMP7、PAX6、MYH3、Wnt7a、FBXO32、HGF、FGF21、RXRα、ADIPOQ、SH2B2、BMP8B、PROP1、SIRT2、LXRα、GHSR、MC4R、LEPR、CART、mtDNA ND5、MSTN、MYF5 等基因的 SNP 位点。所以，深入考察中国黄牛的遗传资源状况、了解中国黄牛的主要遗传资源研究进展，对于提高中国黄牛资源品种的保护以及遗传多样性的利用具有一定的意义。

黄牛是中国特有的牛种，是中国重要的畜禽遗传资源。要想保护好、利用好中国黄牛遗传资源，就要对其进行深入了解。现今，全球化带来了更多的挑战，国外牛种给中国肉牛市场带来了巨大的冲击。因此，以中国地方黄牛为基础，选育具有地方特色的优质、高产肉用新品种，提升中国肉牛生产力，才是保护中国黄牛资源、提升肉牛产业竞争力的必由之路。

第五节　中国黄牛各基因位点分子群体遗传学结构分析

对所有物种而言，快速、精确地获取全部的遗传信息，是研究生物个体性状形成和进化的基本条件。全基因组测序（whole-genome sequencing）技术的发展和应用，在生命科学领域中起到了不可估量的作用。该技术可以高通量、准确地获得全基因组的 DNA 序列，掌握其所包含的遗传信息，进而系统地揭示基因组结构的复杂性和多样性。随后，利用生物信息学分析的方法，对不同个体或群体间的序列进行比对，找出针对特定表型具有显著变化的遗传特性或变异位点，进而制定相应的研究计划来深入分析其功能和效应。全基因组测序技术的全面应用将促使人类了解自身疾病的发生、发展过程，以及自然界其他生物性状的形成，这对人类的健康和社会生活具有重要的实际意义。

随着全基因组测序在人类医学领域的全面推广，其他领域的研究者们对该技术也产生了浓厚的兴趣。在动物研究方面，对于基因组序列尚未公布的物种，可以采用从头测序（de novo sequencing）的方法，全面、细致地了解该物种的遗传信息，找出其特有的受选择压力而发生变异的位点，如选择性清除（selective sweep）位点。另外，对于基因组序列已经公布的物种，为了节约测序成本，可以选择基因组重测序。根据全基因组重测序的结果，科研人员能够快速地找出测序样本和参考基因组序列之间的差异信息，进一步分析物种的进化过程，同时预测出与重要性状显著相关的候选基因。因此，全基因组测序已经逐步发展为家畜研究中的一种快速、有效的手段。

全基因组测序工作在多个物种上已经逐步开展，并且取得了一些重要成果。例如：四川农业大学李明洲等对一头野生藏猪进行了全基因组从头测序（深度可达131×），同时，以拼接好的序列为参考基因组，又对其余48头猪（包含30头藏猪、15头家猪和3头野猪）进行了全基因组重测序。深入分析了几个不同来源、不同选择条件下猪的遗传多样性、群体结构和进化模式，最终定位出了一系列受到选择压力的基因，这些基因主要与低氧应激、嗅觉、能量代谢和药物应答相关，说明藏猪具有适应高原环境的遗传基础（Li et al.，2013）。Rubin 等（2010）采用 SOLiD 高通量测序技术，分别对4个蛋鸡品系和4个肉鸡品系的基因组 DNA 池（pooled-DNA）进行测序。由于人工选育方向和选育程度不同，几个品系之间在外部形态、生理特征和行为学方面存在差异，有趣的是，通过分析全基因组测序数据，大量的选择性清除位点被定位出来，其中促甲状腺激素受体（thyroid stimulating hormone receptor）基因 *TSHR* 受到了较大的选择压力，该基因在代谢调控和光周期控制方面发挥了重要的作用（Rubin et al.，2010）。全基因组测序在牛上的报道较多，但研究对象大多是国外品种。Zimin 等（2009）通过鸟枪法测序对牛的第一套基因组序列进行了补充和完善，得到了更加完整、覆盖率达到91%的第二套全基因组序列。Elsik 等（2009）通过牛全基因组测序研究了反刍动物的进化过程，并且找出了与泌乳和肉质相关的遗传位点。Lee 等（2013）对一头韩国当地的牛品种（Hanwoo）进行全基因组重测序，经过基因注释，在基因组纯合区域（region of homozygosity）内找到了 25 个与肉品质、抗病性等相关的基因。

全基因组关联分析（GWAS）主要是指利用全基因组范围内的 SNP 标记，同时借助强大的生物信息学工具，进而挖掘和分析与复杂性状（如人类疾病、动物经济性状）相关的遗传变异位点。该方法最早的应用是 Klein 等（2005）关于人类视网膜黄斑变性的 GWAS 研究。近几年来，通过在家畜上开展 GWAS，已经定位出了很多与重要经济性状相关的位点。Fan 等（2011）利用 PorcineSNP60 芯片（Illumina）检测 820 个商品猪的全基因组 SNP，并且对背膘厚、眼肌面积等性状进行 GWAS 研究，发现了与上述性状相关的候选基因 *MC4R*、*BMP2* 等。在牛上，Pryce 等（2011）利用 BovineSNP50 芯片检测了 1832 头公牛的基因组 SNP，结果显示，与人身高相关的 SNP 位点也可以显著影响牛的体高性状。Jiang 等（2010）通过对 2093 头中国荷斯坦奶牛的产奶性状进行 GWAS 研究，共检测出 105 个与产奶性状显著相关的 SNP 位点。此外，很多影响牛数量性状（包括体尺、繁殖力、产奶量、寿命、难产率等）的 SNP 位点及其候选基因逐渐被定位出来。由此可见，GWAS 是挖掘家畜数量性状基因组信息较系统、有效的方法。随着越来越多物种全基因组测序的完成，以及更加精细、高效统计方法的建立，GWAS 在构建重要经济性状相关 SNP 数据库及动物分子育种方面将发挥重要的作用。

随着大数据和生物技术的快速发展，分子育种已经进入了一个新的时代。全基因组测序等技术在家畜选种育种方面的应用也越来越广泛，使人们对家畜选种选育有了一个新的认识。例如，通过 GWAS 等技术，越来越多的关键候选基因和遗传变异位点被发掘出来，并应用于畜禽品种选育；数据库的建立打破了传统信息服务的格局，为加快育种进程提供了信息服务。在未来的研究和发展中，分子育种也将更加离不开分子群体遗传学的应用与推广。

本 章 小 结

我国黄牛品种资源十分丰富，品种适应性强，肉质良好。但是由于我国黄牛在历史上以役用为主，因此缺少专门化的肉牛品种。随着经济全球化的程度越来越深，外国牛种大量占据了我国肉牛市场，因此通过品种选育来提升我国黄牛生产性状至关重要。

目前分子育种在我国黄牛选育中的研究较为广泛，已经发现了很多影响生产性状的关键候选基因和遗传变异位点。例如，影响肉牛体尺性状的基因有 *ACAN*、*POU1F1*、*LPL*、*GH* 和 *IGF1* 等；影响肉质性状的基因有 *MSTN*、*FABPs*、*MyoD1* 和 *PRKAG3* 等；影响繁殖性状的基因有 *FSHR*、*LH*、*GDF9*、*RXRG* 和 *GnRH* 等。虽然到目前为止，已经发掘出了很多的分子标记并有望应用于分子育种中，但是分子育种技术的研究还不够完善，许多功能基因的研究只限于局部的某一片段，还缺少该功能基因的全部序列的研究，且不能作为独立的育种技术进行应用。未来通过分子育种提升我国黄牛生产性状还要面临以下挑战。①分子育种研究系统性不够，许多研究只涉及基因的部分片段，全基因序列研究的不多。基因的功能研究涉及的较少，也比较肤浅。功能基因表达调控分析方面的研究还不多。②样本量较少，在我国由于尚无较大的、规模化的黄牛育种场，因此样本量的获得受到了限制。③研究群体的稳定性差，在我国，一些肉牛分子育种研究尚无固定的试验群体，有些是用农民饲养的黄牛个体及资料，个体流动性较大，追踪验证困难，一些表现优秀的个体过段时间往往被卖掉。所以开展分子育种必须建立稳定的育种核心群体。

尽管我国黄牛育种存在着很多的问题和挑战，但是随着分子生物技术的不断发展、研究的不断深入、育种基础条件的日趋完善，分子育种技术将会越来越好，应用条件将日臻成熟，分子育种技术会在肉牛育种中广泛应用，并发挥重要作用。

参 考 文 献

黄永震. 2010. 黄牛 *NPM1*、*SREBP1c* 基因的克隆、SNPs 检测及其与生长性状的关系. 西北农林科技大学硕士学位论文.

李圣彦, 郎志宏, 黄大昉. 2014. 真核生物启动子研究概述. 生物技术进展, 4(3): 158-164.

Nei M. 1975. 分子群体遗传学与进化. 王家玉译. 北京: 中国农业出版社.

Britannica. 2023. The Editors of Encyclopaedia. "Hugo de Vries". Encyclopedia Britannica. https://www.britannica.com/biography/Hugo-de-Vries[2023-10-22].

Britten RJ. 2006. Almost all human genes resulted from ancient duplication. Proc Natl Acad Sci USA, 103(50): 19027-19032.

Castillo-Davis CI, Mekhedov SL, Hartl DL, et al. 2002. Selection for short introns in highly expressed genes. Nat Genet, 31(4): 415-418.

Chiaromonte F, Miller W, Bouhassira EE. 2003. Gene length and proximity to neighbors affect genome-wide expression levels. Genome Res, 13(12): 2602-2608.

Conesa C, Acker J. 2010. Sub1/PC4 a chromatin associated protein with multiple functions in transcription. RNA Biol, 7(3): 287-290.

Elsik CG, Tellam RL, Worley KC. 2009. The genome sequence of taurine cattle: a window to ruminant biology and evolution. Science, 324(5926): 522-528.

Fan G, Wang X, Zhu H. 2011. The Marketization Index of China: The Process of Regional Marketization Report 2011.

Greenwood TA, Kelsoe JR. 2003. Promoter and intronic variants affect the transcriptional regulation of the human dopamine transporter gene. Genomics, 82(5): 511-520.

Hooker CI, Verosky SC, Miyakawa A, et al. 2008. The influence of personality on neural mechanisms of observational fear and reward learning. Neuropsychologia, 46: 2709-2724.

Jiang S, Chen Q, Tripathy M, et al. 2010. Janus particle synthesis and assembly. Adv Mater, 22(10): 1060-1071.

Kimura M. 1968. Evolution rate at molecular level. Nature, 217(5129): 624-626.

Kimura M. 1983a. Rare variant alleles in the light of the neutral theory. Molecular Biology and Evolution, 1(1): 84-93.

Kimura M. 1983b. The Neutral Theory of Molecular Evolution. Cambridge: Cambridge University Press.

King JL. 1972. Genetic polymorphisms and environment. Science, 176(4034): 545.

King JL, Jukes TH. 1969. Non-Darwinian evolution. Science, 164(3881): 788-798.

Klein RJ, Zeiss C, Chew EY, et al. 2005. Complement factor H polymorphism in age-related macular degeneration. Science, 308(5720): 385-389.

Kline RB. 2005. Principles and practice of structural equation modeling. 2nd ed. New York: Guilford Press.

Kreitman M. 1983. Nucleotide polymorphism at the alcoholde-hydrogenase locus of *Drosophila melanogaster*. Nature, 304(5924): 412-417.

Lee KT, Chung WH, Lee SY, et al. 2013. Whole-genome resequencing of Hanwoo (Korean cattle) and insight into regions of homozygosity. BMC Genomics, 14(1): 519.

Li M, Tian S, Jin L, et al. 2013. Genomic analyses identify distinct patterns of selection in domesticated pigs and Tibetan wild boars. Nature Genetics, 45(12): 1431-1438.

McPherson JD, Marra M, Hillier L, et al. 2001. International Human Genome Mapping Consortium. A physical map of the human genome. Nature, 409(6822): 934-941.

Nei M. 2005. Selectionism and neutralism in molecular evolution. Mol Biol Evol, 22(12): 2318-2342.

Ohno S. 1970. Evolution by Gene Duplication. Berlin: Springer.

Pryce JE, Hayes BJ, Bolormaa S, et al. 2011. Polymorphic regions affecting human height also control stature in cattle. Genetics, 187(3): 981-984.

Rubin CJ, Zody MC, Eriksson J, et al. 2010. Whole-genome resequencing reveals loci under selection during chicken domestication. Nature, 464(7288): 587-591.

Sheridan CL, King RG. 1972. Obedience to authority with an authentic victim. Proceedings of the Annual Convention of the American Psychological Association, 7(Pt. 1): 165-166.

Tajima F. 1983. Evolutionary relationship of DNA sequences in the infinite populations. Genetics, 105(2): 437-460.

Urrutia AO, Hurst LD. 2003. The signature of selection mediated by expression on human genes. Genome Research, 13(10): 2260-2264.

Urrutia R. 2003. KRAB-containing zinc-finger repressor proteins. Genome Biol, 4(10): 231.

Versteeg R, van Schaik BD, van Batenburg MF, et al. 2003. The human transcriptome map reveals extremes in gene density, intron length, GC content, and repeat pattern for domains of highly and weakly expressed genes. Genome Res, 13(9): 1998-2004.

Yue B, Wu J, Shao S, et al. 2020. Polymorphism in *PLIN2* gene and its association with growth traits in Chinese native cattle. Anim Biotechnol, 31(2): 142-147.

Zimin AV, Delcher AL, Florea L, et al. 2009. A whole-genome assembly of the domestic cow, *Bos taurus*. Genome Biol, 10(4): R42.

（蓝贤勇、张梦华、张晓燕编写）

[王真、康雨欣、毕谊、雒云云、Akhatayeva Zhanerke（曹如）等参与了本章的资料收集和整理等工作，在此表示感谢！]

第十六章　中国黄牛分子遗传技术与育种应用研究

第一节　分子标记辅助选择

在传统育种当中，简单地通过表型或者系谱对动物进行选育已经开展了数千年。然而，传统的方法周期长、效率低，而且牛的许多经济性状属于多基因控制的数量性状，常规的育种手段很难取得突破性的进展。随着生物技术突飞猛进的发展，分子育种技术逐渐发展起来，分子标记辅助选择（molecular marker assisted selection，MAS）应运而生。简而言之，分子标记辅助选择就是利用分子标记开展的动物遗传育种和改良工作。分子标记辅助选择不仅弥补了传统育种中选择技术效率低的缺点，而且提高了准确性，在中国黄牛育种过程中具有广阔的应用前景。

一、分子标记的概念

所谓分子标记（molecular marker），指的是以个体间核苷酸序列变异为基础的遗传标记，即 DNA 标记，直接反映了生物个体或种群间基因组中某种差异特征的 DNA 片段，DNA 分子中的碱基突变、序列的插入或缺失、染色体倒位、DNA 重排或长短与排列不一的重复序列等产生了 DNA 分子水平的遗传多态性。一个应用于动物遗传育种的理想分子标记具有以下特点：①在群体中呈高度多态状态；②检测方法简单，易于识别；③共显性，能准确地判定所有个体的可能基因型；④数量众多，线性、均匀地散布在整个染色体上；⑤开发及使用成本低。

根据产生的分子机制，分子标记可分为 4 类：①单核苷酸的改变，即单核苷酸多态性（single nucleotide polymorphism，SNP）；②插入/缺失（InDel），插入/缺失的片段长度从 1 个碱基对到上百个碱基对不等；③可变数目串联重复序列（variable number of tandem repeat，VNTR），以几个核苷酸为单位，呈串联重复状散布于整个基因组的 DNA 序列，重复次数的不同使个体产生多态性，主要包括重复单位几百至几千碱基对的卫星 DNA（satellite DNA）、重复单位为 15～75 bp 的小卫星 DNA（minisatellite DNA）、重复单位为 2～6 bp 的微卫星 DNA（microsatellite DNA）、短重复序列（short repeat sequence，SRS）和串联重复序列（tandem repeat sequence，TRS）等；④拷贝数变异（copy number variation，CNV），其是基因结构变异（structure variation，SV）的重要组成部分，由基因组发生重排而导致，一般指长度为 1 kb 以上的基因组大片段的拷贝数增加或者减少，主要表现为亚显微水平的缺失和重复。

根据检测使用的分子生物学技术，分子标记可以分为以下 4 类：①基于分子杂交技术的分子标记，包括限制性片段长度多态性（restriction fragment length polymorphism，RFLP）和 DNA 指纹（DNA fingerprint）；②基于 PCR 技术的分子标记，包括随机扩增多态性 DNA（random amplified polymorphic DNA，RAPD）和简单序列长度多态性（simple sequence length polymorphism，SSLP）等；③基于 DNA 芯片技术的分子标记，即 SNP 芯片；④基于测序技术的分子标记，包括某一 DNA 片段的测序和全基因组的测序，经比对揭示其存在的 SNP。当然，分子标记的分类不是绝对的，有些分子标记介于多种类型之间。如今，RFLP、微卫星 DNA、SNP、InDel 和 CNV 是常见且研究较多的分子标记。

1980 年，美国学者 Botstein 等认为 RFLP 可作为遗传标记应用于育种当中。DNA 序列发生改变，即使是 1 个碱基对的改变，也会引起 1 个限制性内切酶位点的产生或丢失，这种突变在全基因组序列中出现的频率和多态性高。RFLP 分子标记的分析原理是用限制性内切酶处理基因组，产生大小不同的片段，然后利用 DNA 电泳和 Southern 杂交技术，判定某一 DNA 片段或基因组的多态性。通常基于 RFLP 的方法与 PCR 结合，即将包含某一特定位置的 DNA 片段，通过 PCR 富集，然后利用限制性内切酶消化 PCR 产物，再利用电泳技术进行分型。该技术已成为检测 DNA 多态性快速且有效的方法。微卫星 DNA 又被称为简单序列重复（simple sequence repeat，SSR），以 2~6 个核苷酸为重复单位，串联散布于基因组的 DNA 序列中，重复次数和重复程度的不同，造成了微卫星 DNA 的多态性，多位于非编码序列当中，常见的重复序列为 $(CA)_n$。微卫星 DNA 序列两侧一般是较为保守的单拷贝序列，所以可以利用两侧序列设计引物来扩增微卫星序列，经 PAGE 电泳，判断该位点的多态性。微卫星 DNA 可应用于遗传图谱构建、功能基因及数量性状基因定位、基因诊断等方面的研究。1996 年，美国学者 Lander 提出了 SNP 标记，其指的是基因组中单个核苷酸变异引起的 DNA 序列多态性，包括碱基的转换、插入和缺失等形式。SNP 标记具有高密度性，据统计，人类基因组每 300~1000 bp 中就有一个 SNP；具有典型性，位于基因表达序列内的 SNP 可能影响蛋白质的表达；能够稳定遗传。SNP 是动植物遗传育种中较为理想的分子标记。InDel 和 CNV 发现得比较晚一些，由于微插入和微缺失，直接影响基因的功能和表达。InDel 的检测只需要设计一对引物，由于扩增的片段长度不同，通过 PCR 扩增和电泳就可直接分型。CNV 目前主要利用实时定量 PCR 检测。

二、分子标记辅助选择概述

通常，家畜中的经济性状受多基因控制，并且其表型是呈连续分布的数量性状（quantitative trait），即用数量描述的性状，如日增重、背膘厚、胴体重、产奶量等。动物选育工作就是针对这些数量性状开展的。确定影响重要经济性状的基因或者数量性状位点（quantitative trait locus，QTL）在基因组上的遗传和物理位置，寻找与目的基因或 QTL 紧密连锁的 DNA 标记，然后把它应用于动物早期选择，从而提高选择育种的准确性和效率。MAS 就是通过对遗传标记的选择，间接实现对控制目标性状的 QTL 的选择，从而达到对该性状进行选择的目的。在开展 MAS 时，利用最佳线性无偏预测（best linear unbiased prediction，BLUP）的方法和原理，首先确定影响所要研究或是选育的性状，如生长性状、生产性状或是抗病性状等，然后研究控制这些性状的 QTL 与遗传标记的连锁平衡关系，分析它们之间的效应，进而可以估计畜禽的表型和系谱信息。根据分子标记与 QTL 连锁程度，MAS 分为三类：①分子标记与 QTL 连锁平衡的 MAS（LE-MAS）；②分子标记与 QTL 连锁不平衡的 MAS（LD-MAS）；③直接对主效基因的突变位点进行选择的 MAS（Gene-MAS）。一般认为，分子标记与 QTL 或者目的基因连锁得越紧密，即连锁不平衡状态越强，越能得到高效率的 MAS。

由于大多数重要的经济性状受到不止一个基因的控制，只研究某个基因或是某些 DNA 分子标记，只能解释部分性状的变异机制。另外，一旦发现与 QTL 连锁的分子标记，该位点上的所有等位基因就都要考虑，大量的基因型组合需要处理。为了解决这些问题，Hayes 提出了基因组选择（genomic selection，GS）。基因组选择属于 MAS 的一种特殊形式，这项技术的主要特点是通过全基因组测序，把全基因组范围内潜在的分子标记全部找到，并且利用有效的方法，对各位点的基因型进行判定。此方法至少能找到一个与 QTL 处于连锁不平衡状态的分子标记，从而能够更精确地估计育种值。

三、分子标记辅助选择在中国黄牛育种中的应用

养牛业在我国畜牧业中占据重要地位，肉牛的育种改良一直是畜牧工作者的科研重点之一。肉牛的主要生产性状（如产肉性能、繁殖性能）、重要的经济性状（如初生重、断奶重、日增重等）以及其他重要性状，主要受到遗传因素（如品种特性、个体差异等）和环境因素（如饲养环境、饲料营养等）的影响。另外，牛的世代间隔长、产犊数少，大大延缓了育种进程。随着分子遗传学和分子生物技术的发展，中国的肉牛育种工作已逐渐由传统方法转变为分子育种，MAS 为加快肉牛选育速度提供了新思路。MAS 为高效而精确地选择目的基因开辟了新道路，大大缩短了世代间隔，提高了选择强度，获得了最大的遗传进展。

自开展中国黄牛分子育种工作以来，人们主要关注的是与生长发育性状、屠宰性状、肉质性状、繁殖性状、抗病性状等相关的目的基因，也包括微卫星 DNA、线粒体 DNA（mtDNA）的 D-loop 序列等非编码基因。黄牛 MAS 的目的：一是揭示性状相关的分子标记，直接用于选种；二是揭示品种的分子群体遗传学特征，阐明品种间的差异和遗传关系，用于杂交效果的预测，以及遗传资源的评价、保护和开发利用。

（一）分子标记的研究

关于中国肉牛分子标记的研究，已经涉及 200 多个功能基因，研究品种主要集中在几个优良中国黄牛品种上，包括秦川牛、南阳牛、鲁西牛、晋南牛、郏县红牛、延边牛和培育品种草原红牛、夏南牛、西门塔尔牛等。

1. 生长发育性状相关分子标记

对肉牛的生长发育性状相关候选基因的遗传标记研究得最多，生长发育相关性状包括初生重、断奶重、日增重、各年龄阶段的体尺性状和体重等，相关的候选基因包括生长因子以及相关结合蛋白或受体基因，如表皮生长因子（epidermal growth factor，EGF）

基因、转化生长因子（transforming growth factor，TGF）基因、成纤维细胞生长因子（fibroblast growth factor，FGF）基因、肝细胞生长因子（hepatocyte growth factor，HGF）基因、胰岛素样生长因子（insulin-like growth factor，IGF）基因、血管内皮生长因子（vascular endothelial growth factor，VEGF）基因、胰岛素样生长因子结合蛋白（insulin-like growth factor binding protein，IGFBP）基因等，调控生长发育的基因还包括激素及其相关蛋白编码基因，如生长激素（growth hormone，GH）基因、生长激素释放激素（growth hormone-releasing hormone，GHRH）基因、生长激素受体（growth hormone receptor，GHR）基因、黑皮质素受体（melanocortin receptor，MCR）基因等，核转录因子基因也与肉牛的生长发育相关，如垂体转录因子基因 POU1F1、核转录因子基因 Gli 等。

POU1F1 基因第 6 外显子 HinfⅠ多态位点与新疆褐牛的初生重、断奶重和平均日增重显著相关，在该多态位点，含有 B 等位基因的秦川牛胸围和十字部高显著高于含有 A 等位基因的秦川牛（刘磊等，2008）。南阳牛 IGF2 基因 BB 基因型初生重、体重、胸围显著大于 AA 基因型（张争锋等，2007）。晋南牛 IGFBP-3 基因 AA 基因型后腿宽显著高于 AB 基因型（党瑞华，2005）。MC4R 基因与牛体重和初生重存在相关性（Zhang et al., 2006）。HGF 基因的 L1、L2 和 L3 多态位点，分别与秦川牛的胸围、体长、坐骨端宽显著相关（Cai et al., 2015）。秦川牛、鲁西牛、南阳牛和西门塔尔牛 GH 基因第 5 外显子位点突变等位基因 B 为体重、体高、体斜长、胸围的正效应等位基因（高雪，2004）。此外，多态性腺瘤基因 1（polymorphic adenoma gene 1，PLAG1）中 19 bp 的插入/缺失位点与皮南牛的腰角宽和尻长显著相关，与夏南牛的胸围显著相关（Xu et al., 2018）。基因的微卫星 DNA 序列 BM1824、BM2113 和 CSSM66 等位点，与秦川牛的体尺性状（体长、体高、腰角宽、尻长等）显著相关。

2. 屠宰性状相关分子标记

肉牛的屠宰性状，又被称为胴体性状，是衡量一头肉牛经济价值的重要指标，包括胴体重、胴体脂肪覆盖率、屠宰率、净肉率、背膘厚、眼肌面积、部位肉产量等，涉及的功能基因除了生长发育相关基因，还包括与肌肉生长发育相关的基因，如生肌调节因子（myogenic regulatory factor，MRF）基因，包括 MyoD、Myf5、Myf6 和 MyoG，以及肌生成抑制蛋白（myostatin，MSTN）基因、二酰基甘油酰基转移酶（diacylglycerol-acyltransferase，DGAT）基因等。

孙维斌等（2003）和党瑞华等（2005）研究发现，秦川牛 IGFBP-3 基因多态性与秦川牛、南阳牛屠宰率和产肉率相关性显著。鲁西牛 DGAT1 基因 KK 基因型腔油重/胴体重明显高于 AA 基因型，而且 KK 基因型个体有更高的净肉率。鲁西牛 DGAT2 基因 AA 基因型个体的屠宰率显著高于 AB 和 BB 基因型个体（徐秀容，2004）。郭振刚等（2013）分析了 MSTN 基因 3'-UTR 的多态性，发现 C5357A 突变位点与草原红牛的净肉率和眼肌面积显著相关。李爱民（2012）发现 ANGPTL6 基因不同突变位点的组合基因型对秦川牛的胴体重有显著影响。西门塔尔牛 GH 基因 P3 多态位点中，BB 基因型个体的胴体重、屠宰率和净肉重显著高于 AA 和 AB 基因型个体（张超等，2011）。

3. 肉质性状相关分子标记

肉质性状是一个综合性状，包括肉色、大理石花纹、嫩度、肌内脂肪含量、脂肪颜色、pH、系水力或滴水损失、风味等。研究表明，调控肌肉和脂肪发育的功能基因与肉牛的肉质性状相关，如瘦素（leptin）基因、钙蛋白酶（calpain，CAPN）基因、脂肪酸结合蛋白（fatty acid-binding protein，FABP）基因、解偶联蛋白（uncoupling protein，UCP）基因、脂蛋白脂肪酶（lipoprotein lipase，LPL）基因、脂肪酸合酶（fatty acid synthase，FAS）基因、过氧化物酶体增殖物激活受体γ（peroxisomal proliferator-activated receptor，PPARγ）基因等。

牛 *H-FABP* 基因中的 *h* 等位基因，尤其是 *hh* 纯合基因型对牛肉嫩度、剪切力有较大的影响。周国利等（2005）研究了鲁西牛 *H-FABP* 基因与大理石花纹和嫩度等性状的关系，结果表明，*BB* 纯合基因型对牛肉嫩度有较大的影响。王卓和昝林森（2008）对秦川牛 *H-FABP* 基因进行分析，结果发现，杂合体在后腿围、背膘厚、大理石花纹、胸深及牛肉嫩度等方面显著高于纯合体。李志才和易康乐（2010）研究发现，*H-FABP* 基因的多态性与湘西黄牛的牛肉肌内脂肪含量和大理石花纹间存在显著的相关性。Fan 等（2012）发现 *PPARg* 基因的 3 个 SNP 位点与秦川牛的肉质性状相关。孔琳和严昌国（2017）发现 *PRKAG3* 基因的 P3 多态位点与延边牛肉质 pH 和剪切力显著相关。

4. 繁殖性状相关分子标记

肉牛中母牛繁殖性状包括产犊间隔、初产年龄、难产度等，公牛的繁殖性状包括情期一次受胎率、精液产量、睾丸围度以及精液品质等。调控动物繁殖性状的功能基因包括卵泡刺激素（follicle-stimulating hormone，FSH）基因、卵泡刺激素受体（follicle-stimulating hormone receptor，FSHR）基因、黄体生成素（luteinizing hormone，LH）基因、生长分化因子（growth and differentiation factor，GDF）基因、视黄酸 X 受体（retinoic acid X receptor，RXR）基因、促性腺激素释放激素（gonadotropin-releasing hormone，GnRH）基因等。

雷雪芹等（2004）以秦川牛和荷斯坦奶牛的双胎母牛和单胎母牛为试验材料，以牛的 *FSHR* 基因作为标记牛双胎性状的候选基因，结果发现，*FSHR* 基因第 10 外显子的突变率在秦川牛的双胎母牛和单胎母牛之间差异明显，*FSHR* 基因有可能作为双胎性状的候选基因。对鲁西牛群体 *RXR* 基因多态位点的基因型效应与双胎性状进行关联分析，结果表明，该位点 3 种基因型在鲁西双胎牛群体与单胎牛群体上的分布差异极显著（黄萌等，2008）。鲁西牛 *GDF9* 基因的 3'-UTR 存在缺失突变，该位点在单、双胎群体间的基因型分布存在显著差异，双胎牛群体 *B* 等位基因频率显著大于单胎牛（张路培等，2007）。

（二）亲缘关系的鉴定

利用 DNA 分子标记可以确定亲本之间的遗传差异和亲缘关系，从而确定亲本间遗传距离，进而划分杂交优势群、提高杂种优势潜力。通过 DNA 多态性可以识别种间、家系间、家系内个体间的遗传差异。通过 DNA 多态性检测，可以揭示肉牛品种或品系间的差异，并且据此得出的遗传距离要比根据其他指标得出的稳定，因此用来预测杂种优势更为准确。赵庆明等（2005）利用 8 个微卫星位点，分析发现秦川牛与晋南牛的亲缘关系较与鲁西牛的近。蔡欣等（2006）利用 *Cytb* 基因全序列分析了中国 10 个黄牛品种的系统进化关系。周艳等（2008）分析 8 个中国南方黄牛品种 mtDNA 的 D-loop 区的遗传变异，结果发现湘西牛、锦江牛、温岭牛、隆林牛 4 个品种显示出较近的亲缘关系，昭通牛则有不同于其他品种的归属地位。马云等（2012）利用 mtDNA 的 D-loop 区全序列进行系统进化分析，发现中国地方黄牛品种分为两大支系，多数与欧洲普通牛聚为一类，少数（郏县红牛和恩施黄牛）与印度瘤牛聚为一类，表明中国黄牛为普通牛和瘤牛的混合母系起源。

（三）优质品种资源的保护

动物遗传资源就是各种动物遗传变异的总和，保护遗传资源就是保护种质资源，使每个基因位点上尽可能多的变异得到保存。由于 DNA 标记在肉牛基因组中广泛存在，它可直接反映基因组的遗传变异，故可通过 DNA 标记对肉牛的品种资源进行保护。

利用 DNA 标记可有效检测和控制种群近交速率。在肉牛保护中，由于肉牛的规模受诸多因素的制约，因而通常采用小群体保护，群体越小，近交水平越高，高度近交可导致基因丢失，致使品种衰亡，但是实际上，各后代的近交程度存在较大的差异。再利用 DNA 标记在小群体中分析各个世代不同个体的基因同源程度，将实际近交程度小的个体保留种用。利用 DNA 标记还可以跟踪保护优质基因，防止目标基因的丢失。可以利用 DNA 指纹图所得遗传相似系数大小进行标记辅助选配，从而实现近交速率的有效控制。利用 DNA 标记对与其紧密连锁的目标基因在世代传递中进行监测，从而进行有目的的保护、选留，使之不至于因遗传漂变而丧失（欧江涛，2002）。

第二节　全基因组选择

一、全基因组选择的原理方法

全基因组选择的思想是利用覆盖整个基因组的单核苷酸多态性（single nucleotide polymorphism，SNP）标记将染色体分成若干个片段，然后通过标记基因型，结合表型性状及系谱信息分别估计每个染色体片段的效应，最后利用个体携带的标记信息对其未知的表型信息进行预测，即将个体携带的染色体片段的效应累加起来，进而估计基因组估计育种值（genomic estimated breeding value，GEBV），从而进行选择（Hayes et al.，2009）。因此全基因组选择分为两步：第一步是构建有基因型信息和表型信息的参考群体，从单倍型或 SNP 标记推断出数量性状位点（quantitative trait locus，QTL）效应；第二步是在验证群体中根据基因标记信息计算 GEBV。

应用于全基因组选择中的相关统计方法大体可以分为直接法和间接法两类（尹立林等，2019）。根据等位基因的效应值可间接预测 GEBV，包括最小二乘法、岭回归最佳线性无偏预测（RRBLUP）、贝叶斯法（Bayes A、Bayes B、Bayes C、Bayes R 和 Bayes LASSO）等。通过采用高通量标记构建个体间的遗传关系矩阵，然后用线性模型来预测

GEBV，如基因组最佳线性无偏预测（GBLUP）和 ssGBLUP 法（single-step GBLUP）。

二、全基因组选择的优势及影响因素

20 世纪 90 年代后，分子遗传学的进步带来了分子标记辅助选择（molecular marker assisted selection，MAS），MAS 通过分析与目标基因紧密连锁的分子标记的基因型，从而借助分子标记对目标性状基因型进行选择。MAS 包括两个步骤：首先检测感兴趣特征下的基因即 QTL，然后将 QTL 信息纳入 BLUP-EBV 的计算中（Meuwissen et al.，2016）。然而 MAS 存在一些局限性，它需要先对主效基因或者 QTL 进行检测，但它们在不同群体中变化较大，标记可解释的遗传变异百分比较低，在动物育种中的应用非常有限。相比较而言，全基因组选择具有明显的优势，它无须进行主效基因或者 QTL 检测，不依赖于表型信息，能够捕获基因组中的全部变异，对于低遗传力、难以度量的性状提升效果明显，可通过早期选择缩短世代间隔（Meuwissen et al.，2016）。近年来，随着芯片和测序技术的成熟，检测成本不断下降，全基因组选择已成为动物遗传育种领域一项重要的技术，在奶牛上已经成为遗传评估的标准方法，在其他畜禽动物上也逐渐得到应用。

人们已经通过大量实验验证了全基因组选择具有提高遗传进展的巨大潜力（Blasco and Pena，2018），尽管如此，在应用全基因组选择时仍然存在一些重要的影响因素，包括标记类型和密度、单倍型长度、参考群体大小、标记-QTL 连锁不平衡的大小、性状遗传力等（李恒德等，2011）。不同类型的标记具有不同的多态性信息含量，标记的密度越高越可能与 QTL 保持连锁不平衡，从而获得更高的 GEBV 的准确性（Solberg et al.，2008）。单倍型的影响与连锁不平衡、标记距离、种群等有关，但在遗传力较低的性状中，较简单的单倍型有着更好的预测效果（Villumsen et al.，2009）。全基因组选择的准确性也受到用来估计 SNP 效应的表型记录数量的影响。可用的表型记录越多，每个 SNP 等位基因的观察值越多，全基因组选择的准确性就越高。因此增加参考群体的大小，能够提高 GEBV 的准确性（Daetwyler et al.，2010）。要使全基因组选择起作用，单个标记必须与 QTL 保持足够的连锁不平衡水平，以便这些标记能够预测 QTL 在群体和世代中的作用，r^2 是由一个 QTL 上的等位基因引起的变异比例，根据相关研究（Habier et al.，2007），GEBV 的准确性随着相邻标记间 r^2 平均值的增加而显著提高。性状的遗传性也很重要，预测的准确性和性状的遗传性之间有很强的关联性（Luan et al.，2009）。遗传力越高，需要的记录就越少，对于低遗传力性状，在参考群体中需要大量的记录，才能在未分型动物中获得高的 GEBV 准确性。

三、全基因组选择在牛遗传育种上的应用

（一）奶牛

奶牛是最早应用全基因组选择的动物，全基因组选择给奶牛育种带来了革命性变化。人们将最新的 DNA 标记技术和基因组学整合到传统的评估系统中，通过减少世代间隔、提高选择准确性、降低以往的后裔检测成本和识别隐性致死，极大地改变了奶牛

行业，使奶牛的遗传进展速度提高了一倍（Weller et al., 2017）。因此全基因组选择已经成为奶牛育种的标准方法。奶牛能成为理想的全基因组选择对象主要有以下原因（Wiggans et al., 2017）：一方面是奶牛上有大量的历史表型数据；另一方面是奶牛的个体价值较高而世代间隔较长，使得育种组织愿意对技术、数据处理和评估基础设施等进行投资。

奶牛亲子验证在 50 年前还在使用血液，但到 20 世纪 90 年代，已经转变为基因标记（Wiggans et al., 2017）。遗传标记与 QTL 之间的连锁关系为利用分子标记辅助选择性状提供了基因组信息。2000~2005 年，因为产生合适的数据集成本很高，所以分子标记辅助选择在畜牧业上应用有限（Weigel et al., 2017）。由于奶牛上许多重要性状是微效多基因控制的，很难确定与定量性状相关的主要基因，因此要研究清楚需要大量的数据。2006 年早期美国农业部相关机构启动了两个项目：一是构建牛基因图谱，二是开发和测试用于全基因组选择的大规模牛 SNP 基因分型。牛基因组项目的完成和 SNP 基因分型芯片的开发，以及后来开发的提高 SNP 验证率的第二代测序技术，使得美国能够对奶牛进行大规模的基因分型。2009~2016 年，美国农业部陆续公布了荷斯坦牛、泽西牛、瑞士褐牛等品种的基因组评估结果（Wiggans et al., 2017）。为了降低成本，研究者通过将中高密度的分型芯片和低密度的分型芯片相结合，使分型成本达到 50 美元以下，使精度达到可用级别，让决策者用于选择或淘汰（Dassonneville et al., 2011；Weigel et al., 2010）。基因组预测的高精度和相对低成本的基因分型技术，使大量的候选奶牛被用于基因分型，在世界范围内，超过 200 万头奶牛已经被分型用于基因组预测（Van Eenennaam et al., 2014）。以美国为例，在 2016 年就有 1 268 354 头奶牛使用多种分型芯片进行基因分型（Wiggans et al., 2017）。此外，欧美的许多发达奶牛业国家达成协议，相互合作形成联盟，如由德国、法国、荷兰和其他北欧国家组成的"欧洲联盟"，以及由美国、加拿大、意大利和英国组成的"北美联盟"，联盟内的国家对相关信息进行分享，建立起大型的参考集，从而进一步促进了奶牛全基因组选择的发展（Weller et al., 2017）。

奶牛全基因组选择最早关注的是生产性状，因此最早聚焦于产奶量上，后来随着对蛋白质的重视，关注点扩展到产脂量、产蛋白质量、乳房炎症状、泌乳难易程度等（Luan et al., 2009）。之后随着全基因组选择的应用，人们的关注点也逐渐扩展到饲料效率（Pryce et al., 2014）、耐热性（Garner et al., 2016；Nguyen et al., 2016）、疾病抵抗力（Tsairidou et al., 2014）、生育能力（Amann and DeJarnette, 2012）、寿命（García-Ruiz et al., 2016）、甲烷排放（Haas et al., 2011）等其他重要性状上。根据相关报道（Lund et al., 2011；Wiggans et al., 2011），奶牛基因组预测的准确性在生产性状方面超过 0.8，在生育能力、寿命和其他性状方面超过 0.7。

以耐热性为例，奶牛对热应激十分敏感，温度和湿度超过一定的阈值会降低奶牛的产奶量。随着全球气候的变暖，鉴定出更能适应热应激条件的奶牛，将对培育更适应未来气候的奶牛群体发挥重要作用。利用预测耐热性的全基因组 DNA 标记，全基因组选择可以加速耐热性育种。澳大利亚研究者利用 366 835 头荷斯坦牛和 76 852 头泽西牛的数据结合 11 年的气象站数据对奶牛的耐热性进行全基因组预测（Garner et al., 2016）。研究结果表明，与预测的热敏感奶牛相比，根据基因组估计育种值预测的耐热奶牛，牛奶产量下降更少，核心体温上升也更少。因此，在未来，随着热应激事件的发生率和持续时间的增加，对耐热性的全基因组选择有助于提高全球奶牛群体的恢复力和福利以及奶牛养殖的生产力。饲料的花费占了奶牛养殖成本中的一半，而饲料效率是一种难以衡量的性状，它的记录成本很高，无法在大量的奶牛上使用，而且牛奶生产的饲料效率无法在公牛上记录，因此很难纳入常规的后裔测试评价。Wallén等（2017）以剩余采食量为指标，利用全基因组选择在挪威红奶牛中进行提高饲料效率的研究，结果表明该方法可以使全基因组选择的准确性接近在整个雌性群体中记录这种特征的准确性，当有足够数量（4000头）的测试群时，公牛的选择可以有效收缩测试群母牛在这种性状上的常规后裔测试规模，这表明对于一些难以记录的性状，带有额外记录的简约测试群是一个可行的选择。

（二）肉牛

牛肉生产对地方和全球经济、粮食安全以及农业生产系统都有相当大的贡献，奶牛全基因组选择的成功促使整个肉牛行业也在育种计划中引入全基因组选择。在一些肉牛品种中，全基因组选择也已经得到了较大规模的应用。以美国为例，在2015年时便已有52 000多只安格斯牛被基因分型用于GEBV评估（Lourenco et al.，2015）。然而相比于奶牛，由于肉牛的品种众多，许多品种具有不同的特性，肉牛组织在许多育种协会中的规模也比奶牛小得多，肉牛行业也没有与人工授精密切相关，因此没有一个像奶牛那样大的参考群体和可用的记录（Berry et al.，2016）。相比于奶牛，肉牛产业的全基因组选择应用是缓慢的。

肉牛行业的全基因组选择所关注的性状包括肉质（Magalhaes et al.，2019）、饲料效率（Navajas et al.，2014）、生育能力（Zhang et al.，2014）、适应性（Hayes et al.，2013）、甲烷排放（Hayes et al.，2016）、寿命（Hamidi and Roberts，2017）等。但相比于奶牛，肉牛全基因组选择的准确性较低，根据Van Eenennaam等（2014）的报道，肉牛全基因组选择的准确性为0.3～0.7。

在肉牛中，最常见的测量特征是特定年龄的体重。通常这些性状具有较高的遗传力（约为0.40），即个体表型的准确性为0.6～0.7，通过添加亲缘信息可以得到更高的准确性（Blasco and Pena，2018）。肉牛的饲料效率和牛肉品质等几个性状对经济效益具有直接影响，然而由于这些性状测量难度大、测量成本高，建立一个大规模的训练群体的代价是高昂的，因此它们往往都是难以选择的性状。对于这些传统方法难以改良的性状，全基因组选择是一种行之有效的方法。

就肉质性状而言，测定成本高，且需屠宰，传统改良方法效果不佳，而且对这种性状的选择需要对动物进行后裔测定，此举既昂贵又耗时。针对这种困难，全基因组选择是一种可行的替代方法。在巴西，80%以上的牛群是内洛尔牛和它与瘤牛的杂交牛，Magalhaes等（2019）利用5000头内洛尔牛的分型数据对肉质性状中的嫩度、大理石花纹、脂肪含量和肉色进行了遗传力评价，采用GBLUP法、改进贝叶斯法、贝叶斯π法3种不同方法进行基因组预测，并对预测的准确性进行了研究，结果表明脂肪含量的预测准确性最低，而肉色和嫩度的预测准确性最高。该研究结果的准确性支持了在肉牛中对肉质性状实施全基因组选择的可行性。

四、全基因组选择的发展展望

随着全基因组选择的发展,在未来的选择目标中,将更多地关注健康、繁殖、饲料效率等性状,以及减少废物和废气排放的环境友好型生产,这也将成为一个重要挑战。如今为其他功能性状所收集的数据数量正在不断增长。例如,将全基因组选择与新的表型相结合,包括饲料效率、氮排泄、生殖寿命和效率、对牛呼吸道疾病和乳腺细菌感染的免疫反应,以及对热应激的抵抗等对生产者具有潜在的巨大价值的表型。这些表型为更好地选择适合其生产环境的动物提供了选择,对其进行选择也是提高生产效率和利润率的一种手段。

全基因组测序可以改进选择方法,未来可能通过测序进行基因分型来取代连锁不平衡的全基因组选择方法。由于通过测序进行基因分型可以实现基因组的大面积覆盖和个体基因型高质量区分,因此在家畜全基因组选择上具有一定的潜在优势。随着高通量测序技术的发展,全基因组测序的成本也在不断下降,因此,未来通过全基因组测序分型的个体数量将不断增加,从而扩大参考群体的大小,进而提高基因组评估的准确性。

另一项极有可能改变选择方向和强度的技术是基因组编辑技术,随着各种基因组编辑技术如 ZFN、TALEN、CRISPR/Cas9 的发展,基因组编辑也在不断地成熟。可以将基因组编辑整合到全基因组选择程序中,通过对基因组编辑动物进行全基因组选择可以进一步加快遗传增益的速度,选择出更加符合人们需求的动物。

第三节 胚胎克隆和体细胞克隆

细胞核移植技术,就是将供体细胞核移入除去核的卵母细胞中,使后者不经过精子穿透等有性过程即无性繁殖就可被激活、分裂并发育成新个体,使得核供体的基因得到完全复制。依据供体核的来源不同,可分为胚胎细胞核移植与体细胞核移植(SCNT)两种,也称为胚胎克隆与体细胞克隆。由于体细胞核移植技术在良种选育、濒危动物保护、人类疾病治疗等诸多领域都有十分广阔的应用前景,所以一直是科研工作者研究的热点。随着体细胞核移植技术在各种哺乳动物中陆续获得成功,科研工作者渐渐将注意力转移到应用价值较大的家畜上,如牛、羊、猪,尤其对牛的研究最为广泛和深入,也得到了数量较多的克隆个体。

Prather 等(1987)首次获得了 2 头核移植犊牛,成功率达 1%。Willadsen(1989)将 8～64 细胞期供体核获得的亚组胚移植后,平均妊娠率达 42%,产犊率为 33.1%。Bondiolil 等(1990)用 16～64 细胞胚胎作核供体,获得 8 头犊牛,移植成功率为 20%。Stice 和 Keefer(1993)获得了 54 枚遗传上完全相同的源于同一胚胎的、发育至桑葚胚的克隆胚胎,其 1、2、3 代克隆胚胎移植后,均生出了发育成熟的犊牛。Farin 和 Farin(1995)证明克隆与再克隆囊胚发育率(12.9%与 14.9%)和妊娠率(35.7%与 33.3%)没有明显差异。Heyman 等(1995)用体外受精的胚胎作供体核克隆的胚胎囊胚形成率为 22.6%，比自然受精的桑葚胚作供体核移植囊胚形成率（30.2%）、体外受精胚胎形成率（33.8%）稍低。

1998 年世界首例体细胞核移植牛诞生，进一步证明了已分化的细胞同样具备发育全能性。同年 Cibelli 等将转基因技术与体细胞核移植技术相结合，将目的基因转入胎牛成纤维细胞中，并筛选出其中的阳性细胞作为核供体，成功获得了 3 头转基因牛，这使得转基因动物生产变得更简单和高效。研究人员还将体细胞克隆技术用于濒危动物和种质资源的保护，并将世界仅存的 1 头恩德比岛牛成功克隆，而且在 2007 年，利用冻存的成纤维细胞成功复活了一头因病死亡的优质种公牛。此后，人们开始尝试将不同类型的体细胞用于体细胞克隆。接着从肌肉细胞、皮肤成纤维细胞、乳腺上皮细胞、淋巴细胞、卵丘细胞、输卵管上皮细胞上得到的克隆牛陆续降生，充分证明了分化终端的细胞同样具备发育的全能性。2004 年，Powell 等以转基因胎牛成纤维细胞为核供体得到 8 头转基因牛。Gong 等以转 EGFP-Neor 的输卵管上皮细胞作为核供体获得了 3 头转基因克隆牛，并在研究中发现转基因并没有影响克隆胚胎的早期发育和后期妊娠。2004 年，Kubota 等得到两头继代体细胞克隆牛，随后用去透明带法获得的继代克隆牛也成功面世。2005 年，Hou 等使用玻璃化冷冻的卵母细胞作为核受体，顺利得到一头克隆牛，虽然克隆效率显著低于非冷冻组，但表明了经过冷冻的卵母细胞用作核受体同样可以得到克隆动物。同样以转染绿色荧光蛋白（GFP）的胎牛成纤维细胞为供体细胞，比较经冷冻和新采集的卵母细胞作为核受体的研究结果也证实了，非冷冻组的胚胎有着更高的发育率。2007 年，研究者以 X 染色体缺陷的细胞为核供体，得到了发育正常的克隆牛。

目前在体细胞核移植技术的应用上研究最多的是克隆牛的生产。近年来，我国的克隆牛和转基因克隆牛技术也取得了重要进展，但总体克隆效率依然很低，主要体现在以下几方面。①克隆胚胎移植妊娠率低、妊娠过程中流产率高。克隆牛流产率高达 40%～50%，而且在妊娠全过程都有可能发生流产，这可能与卵母细胞和体细胞的处理以及克隆操作导致的胚胎质量下降有关。②克隆牛出生死亡率、畸形率高。平均只有 50% 的新生犊牛能够成活，而且大多需要通过剖宫产产出。③克隆牛出生后死亡率高。克隆动物体质弱，抵抗力和适应性差，出生后一周内极易发生腹泻、脐带炎、异物性肺炎等病症。在实际生产中，半数左右的克隆犊牛会在出生后 7～10 天内死亡。所以，低的妊娠率，高发的流产率、胎儿畸形率和出生死亡率必然会导致克隆牛极低的生产效率。影响克隆牛生产效率的因素主要有以下几方面。

一、卵母细胞的来源和质量

SCNT 的卵母细胞通常从屠宰后奶牛的卵巢或活奶牛中通过取卵器采集［即活体采卵（OPU）］，在牛体外进行成熟培养。卵母细胞供体的品种不影响 SCNT 胚胎的体外发育能力。这两种来源的卵母细胞对 SCNT 囊胚形成率也没有影响，但是采用卵泡刺激素（FSH）对 OPU 供体牛进行预处理，可改善 SCNT 胚胎的氧消耗等代谢指标使其接近正常胚胎的状态，表明 FSH 前处理可能提高卵母细胞的质量，也可以收集激素处理奶牛后在体成熟的卵母细胞。同时在体外受精（IVF）的情况下，在体成熟的卵母细胞比体外培养成熟的卵母细胞发育能力更强,相应地,SCNT 后在体成熟卵母细胞的囊胚形成率明显高于离体卵母细胞的囊胚形成率。这两种来源卵母细胞受精后胚胎的受孕率没有显著差异,但是离体成熟卵母细胞发育的胚胎流产率很高,在体成熟卵母细胞发育的胚胎则不会出现这种问题。这说明受体卵母细胞在成熟过程中,细胞质的改变会影响核移植后的胚胎或胎儿发育。在 SCNT 过程中,供体细胞会与去核卵母细胞融合,而卵母细胞中存在相对于供体细胞来讲大量的外源细胞质。研究发现,克隆牛的线粒体 DNA 是供体细胞和受体去核卵母细胞的混合物,但是这种异质性对 SCNT 胚胎的影响还不清楚。为了避免外源卵母细胞质的影响,可通过采用同一头牛的卵母细胞和体细胞来生产克隆牛,通过这种方式生产的克隆牛没有表现异质性现象,并且这种胚胎的发育率要高于供体细胞和卵母细胞不同源的胚胎。但是这类报道的结果不完全一致。也有研究发现供受体同源的胚胎与不同源的胚胎无显著差异。这种差异可能是由于卵子供体本身的影响,因为有证据显示卵母细胞供体会影响牛体外受精和 SCNT 过程中囊胚的产生。Hasegawa 等(2007)分析了利用活体取卵器获取的卵丘细胞和卵母细胞进行自体来源体细胞核移植后胚胎发育情况,发现不同母牛克隆胚胎发育至囊胚期的比例差异很大;该团队共得到了 4 头克隆牛犊,其中 2 头分别在出生后 13 天和 150 天死亡,尸检显示发育异常。这说明单纯通过控制供受体同源性,对提高健康克隆牛出生率作用不大。

二、细胞周期组合

供体细胞的细胞周期是影响 SCNT 胚胎发育的重要因素,因为供体细胞和受体卵母细胞的细胞周期协调对于维持倍性和防止 DNA 损伤至关重要。未激活中期(MII)卵母细胞主要用作牛 SCNT 的受体细胞。尽管 M 期细胞也可以在 MII 期细胞中被重编程,但是几乎所有成功的报道均采用 G_0 期或 G_1 期细胞。多个研究比较了从 G_0 期和 G_1 期的成纤维细胞核移植的 SCNT 胚胎在囊胚和足月发育的效率,发现 2 个时期的胚胎体外发育情况无显著差异,但是 G_1 期细胞的 SCNT 胚胎的体内发育能力往往高于 G_0 期细胞(Ideta et al., 2010)。一项研究表明,胚胎基因激活时,来自 G_1 期细胞的 SCNT 胚胎的所有囊胚均有相同的表达,这有助于提高成功率。也有研究使用预激活的卵母细胞来制备 SCNT 胚胎。无论供体细胞的细胞周期如何,在核移植(nuclear transfer,NT)发生后的 8 细胞期,卵母细胞均会在停止发育前 6 h 被激活。然而,卵母细胞在激活后的几小时内似乎有能力重新编程体细胞核,这种能力可能在很大程度上取决于供体细胞的细胞周期阶段。相比之下,使用 G_0 和 G_1 期细胞时,未见在核移植前 2 h 卵母细胞激活的情况下克隆出犊牛(Matsukawa et al., 2011)。

三、供体细胞的类型和体外培养

目前已经用各种体细胞类型培育出了克隆牛。目前尚不清楚哪种细胞类型最适合牛 SCNT。此外,体细胞的分化状态可能与克隆效率无关(Oback and Wells, 2007)。虽然去核卵母细胞融合的电条件不同于供体细胞类型,但是牛 SCNT 胚胎发育到囊胚期的速度与体外受精胚胎相似(30%~50%)(Yang et al., 2007)。然而,无论供体细胞类型如何，胚胎移植后都会出现大量的胚胎和胎儿损失。由于牛的克隆效率较低，可能很难在供体细胞类型之间显示出显著差异。在牛 SCNT 中，供体细胞在用于核移植之前通常在体外培养。短期培养的细胞的细胞核、长期培养（培养 3 个月）的细胞或生命周期接近的细胞的细胞核都能在核移植处理后产生健康的活犊牛（Lanza et al., 2000）。研究人员以牛卵丘细胞为材料，比较了 4 种不同培养条件（非培养、成熟培养 20 h、循环培养和无血清培养）下 SCNT 胚胎的发育能力，以考察供体细胞体外培养对克隆效率的影响。培养的卵丘细胞（循环培养和无血清培养）获得 SCNT 胚胎的囊胚形成率和囊胚数量显著高于新鲜（未培养）细胞所得的 SCNT 胚胎。流式细胞仪细胞周期分析显示，细胞周期 G_0/G_1 期新鲜细胞的相对百分率（89.7%±0.4%）与血清饥饿细胞（90.6%±0.6%）相似，但高于长期培养的细胞（76.0%±1.8%），说明新鲜细胞和培养细胞在体外发育上的差异并不是由供体细胞的细胞周期造成的。这些结果表明，供体细胞培养可提高体外培养 SCNT 胚胎的效率。然而，用新鲜细胞产生的囊胚期胚胎，其随后的存活率可能与用培养细胞产生的胚胎没有区别。SCNT 胚胎在体内发育能力与培养细胞无明显差异，在各种培养条件下均能获得活犊牛（Akagi et al., 2003）。

四、融合和激活的时间

在 SCNT 中，缺乏精子诱导的受精需要人工激活来触发进一步的发育。染色体直接暴露于未激活的 MII 细胞质可有效激发体细胞核重编程，并且几乎所有成功的牛 SCNT 报告都使用了未激活 MII 卵母细胞。MII 卵母细胞激活可分为以下两种方案：融合后立即激活［同时融合激活法（FA）］、融合后数小时内激活［延迟激活法（DA）］。使用 FA 和 DA 方法进行 SCNT 成功生产克隆后代的都有报道。在 FA 法中，供体染色体暴露于 MII 细胞质中的因子的时间很短，而 DA 方法的时间较长。与 FA 法相比，DA 法提高了 G_0/G_1 期牛 SCNT 胚胎的体外发育能力（Shin et al., 2001）。研究人员比较了不同融合和化学激活时间制备的牛成纤维细胞核移植胚胎的发育能力，以开发一种高效的融合和激活方法来生产 SCNT 胚胎。融合时间和化学激活时间对 SCNT 胚胎的体外发育有影响，DA 法（21 h 融合，24 h 后激活组）SCNT 胚胎发育至囊胚期的比例明显高于其他各组，但是在融合后 6 h 激活的 SCNT 胚胎的发育能力明显低于 FA 法。过度暴露于 MII 细胞质会导致染色质形态异常，但融合后 2.5 h 内激活 SCNT 胚胎，可改善核形态，使胚胎发育到致密桑葚胚/囊胚期（Aston et al., 2006）。这说明体细胞核在激活前暴露于卵母细胞细胞质中的时间会影响 SCNT 胚胎的体内发育，而过度暴露于 MII 细胞质会导致囊胚期发育率低下。然而，卵母细胞细胞质暴露时间对体内发育能力的影响未见报道。用 DA 和 FA 两种方法制备的克隆胚胎，移植后妊娠率和产犊率、犊牛在体发育能力和出生后存活率无显著差异。并且，两种方法的出生后死亡率都很高。采用 DA 法时，融合与激活的时间间隔不影响 SCNT 胚胎的体内发育（Aston et al., 2006）。

五、组蛋白脱乙酰酶抑制剂（HDI）处理

SCNT 胚胎会出现异常的表观遗传修饰，如 DNA 甲基化和组蛋白修饰（Kang et al.,

2001）。因此，防止表观遗传错误有望提高动物克隆成功率。几种 DNA 甲基化抑制剂和 HDI（组蛋白脱乙酰酶抑制剂）已被用于提高牛 SCNT 胚胎的发育能力。用 DNA 甲基化抑制剂处理供体细胞，并没有改善 SCNT 胚胎的体外发育能力，而用曲古抑菌素 A（TSA）或丁酸钠等 HDI 处理，可以提高囊胚形成率（Akagi et al.，2013）。

然而，HDI 处理供体细胞后对胚胎发育的改善尚未得到证实。有研究显示，TSA 处理小鼠 SCNT 胚胎提高了小鼠克隆成功率。TSA 处理 9～20 h 不仅显著提高了囊胚的形成率，而且显著提高了足月发育率。此外，TSA 处理的克隆小鼠的基因表达谱与卵胞质内单精子注射产生的小鼠相似。这些结果表明，在核移植后短时间内抑制 SCNT 胚胎的组蛋白去乙酰化可促进小鼠供体细胞核的重编程。HDI 处理牛 SCNT 胚胎可提高囊胚形成率，但不同供体细胞系的最佳处理条件可能有所不同（Akagi et al.，2011）。单用 TSA 处理牛 SCNT 胚胎并不能显著提高其足月发育率，与 DNA 甲基化抑制剂联合处理可以提高产犊率（Wang et al.，2011）。然而，仅仅通过表观遗传修饰物很难完全纠正表观遗传异常，因为供体细胞和克隆胚胎在两种药物联合处理后，在克隆犊牛以及未经处理的克隆犊牛中都观察到了包括大后代综合征在内的各种异常。

第四节　基因编辑与育种

动物基因组学的进步和改变牛基因组成的新技术的发展为农业和生物医学带来了前所未有的机遇。其中一项农业应用是生产抗病能力增强的基因编辑牛，如抗乳房炎的奶牛（Donovan et al.，2005）。溶葡萄球菌素的乳腺腺体特异性表达使牛对金黄色葡萄球菌的感染具有高度的抗性。基因编辑牛的其他应用包括提高产肉性能、改善牛奶成分、提高营养价值、提供更安全的动物产品，如通过敲除细胞朊蛋白基因（*PRNP*）来生产无朊病毒病的牛（Richt et al.，2007）。对其他家畜的研究已经证明了这一点，许多生物医学也正在利用基因工程牛进行探索，如把牛改造成生物反应器，以生产治疗性的人类重组蛋白。目前，大多数药物蛋白是通过哺乳动物细胞培养生产的，但是该系统成本高、生产能力低。随着对治疗人类各种疾病的人类重组蛋白的需求日益增加，需要成本效益更高、产量更高的生产系统。利用基因工程奶牛在哺乳期乳腺表达人类基因有望成为生产有价值的重组治疗蛋白的最具成本效益的方法之一。由于泌乳奶牛的乳腺具有巨大的蛋白质生产能力，每天基因编辑奶牛可以生产数十至数百克重组治疗蛋白，并且与大多数其他牲畜相比，牛还具有血容量大的优势。

在这些农业和生物医学应用的推动下，人们在开发牛的基因编辑技术方面开展了广泛的研究工作。人们通过原核（PN）注射引入基因编辑，首次成功地生产了基因编辑牲畜，但是 PN 注射在将基因编辑引入牛基因组方面效率极低。由于缺乏牛的胚胎干细胞，目前常用的电穿孔法或脂质体法将基因编辑有效地导入小鼠胚胎干细胞的方法并不适用于牛。因此，20 世纪 90 年代和 21 世纪头十年的主要研究重点是开发有效的技术，将基因编辑或其他基因改造事件引入牛基因组中。尽管进行了广泛的研究，但是基因编辑牛的生产效率仍然很低。这些技术的另一个主要问题是，它们无法在牛身上进行位点特异性基因修饰，而这是按照设计的方式进行基因组工程的先决条件。通过体细胞核移植

（somatic cell nuclear transfer，SCNT）或染色质转移（chromatin transfer，CT）克隆牛是一项重要的技术突破，它可以将原代体细胞转化为基因编辑牛。由于基因编辑体细胞在用作动物克隆的供体之前能被充分鉴定，因此用这种细胞生产的小牛 100%都是基因编辑牛，从而大大提高了基因编辑效率。更重要的是，同源重组（HR）介导的位点特异性基因组修饰可以在牛体细胞中进行，从而可以生产出具有特定基因修饰的牛（Kuroiwa et al.，2004）。利用这一方法，通过 CT 介导胚胎克隆恢复牛体细胞的增殖能力，开发了一种序列遗传修饰策略，对牛进行多位点特异性遗传修饰。此外，通过在动物育种中纳入基因序列修饰策略，也可以将更复杂的基因修饰引入牛的基因组中。近年来，基因组工程最重要的技术进展是锌指核酸酶（ZFN）、转录激活因子样效应物核酸酶（TALEN）和成簇的有规律间隔的短回文重复相关核酸酶（CRISPR/Cas9）等设计核酸酶的发展。这些创新技术的成功应用使牛的基因组修改变得高效和精确。这些技术的发展引领了牛基因组工程的新时代，为基因修饰牛在农业和生物医学中的应用带来了希望。

一、DNA 同源重组（HR）在牛基因组修饰中的应用

从二十多年前第一次通过 PN 向受精卵中注射引入外源基因并成功生产转基因牛开始，牛的基因组工程研究已经取得了很大进展。在 20 世纪 90 年代，最活跃的研究领域之一（在其他牲畜物种上进行的基因编辑研究也反映了这一点）关注于提高基因编辑牛胚胎生产的效率，以生产基因编辑牛。这类研究工作仍在进行中，还没有实质性的进展。为了解决 PN 注射产生基因编辑胚胎效率低的问题（平均不到 1%的注射胚胎转化为基因编辑胚胎），人们开发了几种基因编辑递送系统，其中包括精子介导基因转移技术和病毒载体介导基因转移技术。虽然这些技术与 PN 注射相比具有一定的优势，如容易将基因转入牛基因组且成本低，但在提高基因编辑牛生产效率方面进展甚微，并且将外源基因随机整合到动物基因组中会导致转入基因的低水平（或沉默）表达和转基因动物生产性能的低再现性。此外，由于引入转基因或其他基因修饰事件的效率极低，这些技术无法在牛身上实现位点特异性的基因修饰。

通过 HR 介导的基因打靶产生具有位点特异性基因修饰动物的策略最初是使用小鼠胚胎干细胞开发的，并且几乎完全用于该物种（Koller and Smithies，1992）。胚胎干细胞具备生产基因编辑动物所必需的两种独特特性：细胞培养中自我更新的能力允许胚胎干细胞通过 HR 和基因修饰后胚胎干细胞的选择和特征进行位点特异性的遗传改造；遗传修饰传递到种系的能力允许在胚胎干细胞中进行的遗传修饰事件传递给动物及其后代。但是胚胎干细胞不适合用于牛和大多数其他牲畜品种。结合体细胞核移植或染色质转移技术，可以在牛体细胞上进行位点特异性基因修饰，随后可以用这些细胞生产基因编辑牛。然而，与小鼠胚胎干细胞相比，体细胞在细胞培养中的寿命有限、HR 效率较低。因此，在体细胞中进行位点定向基因修饰在技术上具有很大的挑战性。尽管存在这些困难，James Robl 和他的同事仍然在牛体细胞中进行了 HR 介导的基因修饰，然后通过染色质转移进行克隆，成功地培育出了第一批携带位点特异性基因修饰的牛（Kuroiwa et al.，2004）。这种方法被证明在敲除转录活性基因和沉默基因方面都是有效的。这种

HR 介导的基因靶向策略不仅可以有效地在单个基因组位点引入位点特异性的基因修饰，而且可以通过顺次基因组工程策略将复杂的基因修饰引入牛基因组中。

二、牛基因多位点修饰

复杂基因组工程涉及多种基因修饰，在小鼠中已经属于常规技术。人们可以通过在胚胎干细胞中按顺次修改小鼠基因组来完成，或者通过单基因修改小鼠之间的杂交来获得具有复杂基因修改的基因型。由于小鼠的妊娠期和性成熟时间较短，这种复杂的基因修改可以在合理的时间内完成。与此相反，牛胚胎干细胞的缺乏和原代体细胞的有限寿命使得很难在牛身上进行多轮基因改造。牛的繁殖周期较长、繁殖率也不高，为了解决这些问题，人们开发了一种循序渐进的基因组工程策略，在牛的同一细胞系上进行多种基因改造。这是通过染色质转移胚胎克隆技术实现的，在每一轮基因修饰后，恢复基因编辑牛成纤维细胞活力。在首次此类研究中，牛免疫球蛋白重链基因（*bIGHM*）和牛朊病毒蛋白基因（*PRNP*）的两个等位基因均被连续敲除。最近，使用这种序列基因组设计策略，4 个牛免疫球蛋白重链等位基因都被连续敲除（4 轮基因打靶）。此外，通过胚胎克隆可复活连续敲除 4 个基因的牛胚胎成纤维细胞，随后转入携带完整人类 *IGH* 和 *IGK* 基因的人工染色体，从而获得可表达人类抗体的转染色体牛。这些动物是迄今为止无须经过繁育手段而获得的基因修饰最多的基因工程动物。这一顺次基因组工程策略已成功生产出具有生物医学应用价值的工程牛，例如利用人肿瘤免疫原免疫基因制备的转染色体牛，可生产大量高效价的肿瘤免疫原特异性人 IgG。

三、牛动物繁殖辅助顺次基因组工程

虽然顺次基因组工程策略在培育携带多达 5 轮基因修饰（4 轮基因敲除和 1 轮人工染色体转移）的牛方面非常有效，但进行更复杂的基因组工程的基因修饰则很难实现，因为重复或连续克隆后克隆效率会显著下降。因此，虽然细胞可以通过胚胎克隆恢复新生，恢复增殖能力，并可用于新一轮的基因修改，但在细胞失去增殖能力前只能执行有限的克隆，否则难以支持正常的胚胎发生和发育。除非开发出克服这一障碍的方法，否则利用这种顺次基因组工程策略获得的细胞被植入牛体内前可能只允许有限数量的基因改造。重复克隆引起的表观遗传错误是导致克隆效率下降的原因。为了重置细胞在多次基因修饰和克隆后的表观遗传状态，为进一步的基因修饰做准备，研究人员开发了一种动物繁殖辅助顺次基因组工程策略。在这种新的序列基因组工程策略中，经过 2~3 轮序列基因修饰后，就会产生杂交动物，并可将其培育到交配成熟的状态。将繁育步骤作为顺次基因组工程策略的一部分，是基于胚系传播可以消除从克隆获得的克隆基因组中的表观遗传错误的理论基础。对克隆牛繁殖胎儿建立的细胞系的表观遗传学分析表明，它们的表观遗传学特征与野生型繁殖胎儿建立的细胞系非常相似。因此，从繁殖产生的胎儿建立的细胞系不仅会携带前几轮顺次基因组工程导入的基因修饰，还会在表观遗传学上被重置，允许进行更多轮的基因修饰。

四、设计核酸酶用于牛基因组工程

近年来基因组工程最具创新性的技术进展之一是设计核酸酶的发展，包括 ZFN、TALEN 和 CRISPR/Cas9 系统，极大地提高了基因组工程的效率和通用性。设计核酸酶介导的基因组工程技术的共同特点包括：①设计核酸酶可以通过编程高效地引入位点特异性的双链或单链断裂；②DNA 链修复途径，无论是同源定向修复（HDR）还是非同源末端连接（NHEJ）都可用于产生预期的基因修饰。这些设计核酸酶最初是在实验室动物身上开发出来的，很快就被应用在牛和其他家畜身上了。

（一）ZFN

在设计核酸酶中，ZFN 是第一个基因组工程工具，也是第一个应用于牛基因组工程的。一种被称为 ZFNickase 的 ZFN 变体被开发出来，在 ZFN 二聚体中，*FokI* 在 ZFN 单体中的催化活性被消除，从而可以在目标 DNA 中引入双链断裂（SSB）（Ramirez et al., 2012）。由于 SSB 偏向于 HR 介导的基因修饰而非 NHEJ，因此 ZFNickase 被认为具有较低的脱靶概率。

到目前为止，利用 ZFN 或 ZFNickase 对牛基因组实施基因工程的成功案例已在农业和生物医学领域得到应用。例如，在比利时蓝牛和皮埃蒙特牛品种中发现的 *MSTN* 基因的自然突变，与其他品种的牛相比，会导致肌肉产量增加。为了提高中国黄牛的肌肉产量，研究人员利用 ZFN 对牛 *MSTN* 基因进行了编辑，该基因编码肌生成抑制蛋白，肌生成抑制蛋白是负调控肌肉生长的转化生长因子 β 超家族中的一员。研究证明，从敲除 *MSTN* 的黄牛成纤维细胞克隆出的黄牛，肌肉生长能力增强。利用 ZFN 的另一个例子是生产出对乳房炎抵抗力增强的奶牛（Yu et al., 2011）。

ZFN 虽然比传统的 HR 效率高几个数量级，但在基因组工程中使用 ZFN 存在着一些严重的缺陷。首先，用锌指蛋白来识别 DNA 序列没有基因编码可遵循，因此需要使用噬菌体展示等选择策略来选择锌指蛋白以识别感兴趣的特定 DNA 序列。其次，ZFN 的设计和验证是一个非常费时的工作。使用已有的锌指模块组装 ZFN 可大大缓解这一问题，但 ZFN 的设计和验证仍然具有挑战性。再次，由于 ZFN 对特定的 DNA 序列模式的要求，ZFN 设计可用的靶位点有限。最后，为同一基因组位点设计的 ZFN 在基因靶向效率上存在显著差异。

（二）TALEN

随着转录激活因子样效应物（TALE）使用的 DNA 识别代码的解码，TALEN 可以很容易地编程目标 DNA（Li and Yang, 2013）。ZFN 对哪些 DNA 序列可以识别和定位有相当大的限制，但是 TALEN 可以识别任何以 5′胸腺嘧啶开始的 DNA 序列，这种 DNA 序列识别的灵活性使 TALEN 成为基因组工程中最通用的设计核酸酶。TALEN 也被认为比 ZFN 的脱靶活性和核酸酶相关的细胞毒性更低。由于这些和其他优于 ZFN 的优点，TALEN 迅速应用于许多动物，包括牛。

Scott Fahrenkrug 和他的同事在首次使用 TALEN 编辑家畜基因组后，他们发现

TALEN在诱导牛成纤维细胞和早期胚胎基因组的位点特异性DNA序列插入和缺失方面非常有效（Carlson et al., 2012）。此外，在猪中还发现，将针对同一染色体的两对TALEN共转染到猪成纤维细胞中会导致大量的染色体缺失和染色体倒位。同理，这样的染色体改变也可以在牛身上实现。研究人员将TALEN mRNA显微注射到牛受精卵的细胞质中成功生产出 *MSTN* 基因敲除牛（也在绵羊中得到了证实）。这一成功开启了在不使用动物克隆的情况下对牛进行更复杂的位点特异性基因修饰的可能性。

利用设计核酸酶对牛基因组进行农业应用改造最重要的突破之一是通过TALEN介导的基因编辑实现了非减数分裂等位基因的导入。研究表明，通过TALEN介导的同源定向修复（HDR），自然产生的等位基因可以有效地从一个品种引入到另一个品种。通过这种方法，研究人员首次成功地将皮埃蒙特牛和比利时蓝牛 *MSTN* 基因中自然发生的SNP和11 bp缺失分别引入和牛的基因组。该研究表明，通过TALEN介导的基因编辑，一个SNP或一个等位基因可以在品种间甚至种间高效地互换。这项研究的重要意义在于，与通过繁殖的减数分裂等位基因导入不同，它避免了全基因组的混合，后者往往会导致其他所需遗传信息的丢失和非所需遗传信息的获得。此外，非减数分裂等位基因导入可以实现无标记引入，可避免通常传统基因打靶过程中病毒DNA序列的引入。采用TALEN介导的HDR方法将牛血清白蛋白（BSA）基因替换为两个 *hSA* 微基因，一个用于肝脏特异性表达，另一个用于乳腺特异性表达。由于TALEN易于设计和装配、可编辑目标基因组序列几乎不受限制，加上其位点专一的基因修饰的高诱导效率和特异性，这项技术将很快应用于许多牛基因组的改造。

（三）CRISPR/Cas9

CRISPR/Cas9系统作为基因组工程的工具，是设计核酸酶家族的最新成员。迄今为止，已经有关于利用CRISPR/Cas9系统进行牛基因组工程的许多报道（Heo et al., 2015）。研究证明CRISPR/Cas9系统在牛胚胎干细胞和诱导多能干细胞中都能高效地编辑牛基因组。研究人员利用该技术将和牛基因组中一个致病突变修正回来。人们已经成功地将CRISPR/Cas9系统应用于牛和其他几种哺乳动物的基因组工程，如山羊和绵羊等。

第五节　转基因与生物反应器

一、转基因生物反应器的概念

生物反应器（bioreactor）是利用生物体所具有的生物功能，在体外或体内通过生化反应或生物自身的代谢获得目标产物的装置系统、细胞、组织、器官等（陈学进等，1998）。转基因生物反应器（genetically modified organism bioreactor，GMOB）是指利用基因工程技术手段将外源基因转化到受体中进行高效表达，从而获得具有重要应用价值的表达产物的生命系统，包括转基因动物、转基因植物和转基因微生物（罗云波和生吉萍，2011）。

转基因动物（transgenic animal）是指人们按照自己的意愿有目的地将外源基因导入

动物细胞内,通过与动物基因组进行稳定的整合,在体内表达并能稳定地遗传给后代的动物。转基因动物反应器是指从转基因动物体液或血液中收获目标产物的生命系统,其原理是将编码活性蛋白的基因导入动物的受精卵或早期胚胎内,以制备转基因动物,并使外源基因在动物体内(乳汁、血液等)进行高效表达,然后提取目的产物。

"反应器"指明了它是一种定向的生产系统,是为了获取某种产品而定向构建和改造的装置,只不过对于转基因生物反应器而言,这种装置是一个具有自组织、自复制、自调节、自适应能力的生命系统。因此,转基因生物反应器像一个活的发酵罐,能够进行自我调节。所以,有人将它比喻为"分子农场"(molecular farm),一棵转基因植物就是一个植物生物反应器,一头转基因牛就是一个动物生物反应器。

利用转基因动物生产药物,人们只需在整洁的棚圈里喂养一群健康的、携带有一种或几种重要人类基因的牛或羊,每一头牛或羊就像一座生产活性蛋白的药物工厂,就可以获得廉价的人体活性蛋白药物。所以,转基因生物反应器在食品、医药、化工和环保等领域具有非常广阔的应用前景。

二、生物反应器的分类

生物反应器包括:微生物反应器、植物反应器和动物反应器。其优缺点分别如表 16-1 所示。

一般把目的片段在器官或组织中表达的转基因动物叫作动物生物反应器,几乎任何有生命的器官、组织或其中一部分都可以经过人为驯化成为生物反应器,从生产的角度考虑,生物反应器选择的组织和器官要方便产物的获得,例如,乳腺、膀胱、血液等,由此发展了动物乳腺生物反应器,动物血液生物反应器和动物膀胱生物反应器等。其中,转基因动物乳腺生物反应器的研究最为引人注目。1987 年美国科学家戈登(Gordon)等首次在小鼠的乳汁中生产出一种医用蛋白——组织型纤溶酶原激活物(t-PA),展示了用动物乳腺生产高附加值产品的可能性。利用转基因动物的乳腺作为生物反应器,生产重组蛋白或特定产物的技术称为乳腺生物反应器。

表 16-1 生物反应器的分类及优缺点

反应器类型	优点	不足
微生物反应器	可以利用发酵工程大规模生产;胞外活性物质制备容易	哺乳动物或人类的基因往往不能表达,有些基因即使表达了,也没有活性,需要进一步修饰;真核生物蛋白质翻译后加工的精确性有限;需要大量发酵设备和车间;细菌发酵常形成不溶聚合物,使下游加工成本增加
植物反应器	可大规模种植,上游生产成本较低。作为食物可省去下游加工步骤;转基因植物自交后可得到稳定遗传的性状;可利用植物组织和细胞培养技术实现大量制备	植物种植受季节、环境影响;需专门的活性物质分离设备与技术;植物细胞培养需要发酵罐等设备和技术支持,成本较高
动物反应器	易养殖,可实现大规模制备;通过乳腺和血液制备活性物质简单易行;可以通过动物细胞培养实现大量制备	细胞培养需要昂贵的培养基和设备;转基因动物制备成本昂贵;转基因动物易产生一些伦理问题

三、转基因动物生物反应器

生物学和分子生物学研究领域的成就促进了转基因动物生物反应器的蓬勃发展。最早的转基因生物反应器是通过原核生物来表达目的基因和蛋白的。目前市场上的基因工程药物绝大多数是采用这一方法制备的。

用转基因动物生物反应器生产药用蛋白是生物技术领域里的又一次革命，它以一个全新生产珍贵药用蛋白的模式区别于传统药物的生产。转基因动物表达重组蛋白多以乳腺、唾液腺和膀胱为靶位。在这些表达器官中，通过构建合适的载体，选择适当的启动子和调控序列可产生比正常水平高得多的重组蛋白。将所需目的基因构建入载体，加上适当的调控序列，转入动物胚胎细胞，使转基因动物分泌的乳汁中含有所需要的药用蛋白。从融合基因转入胚胎细胞到收集蛋白质有一个过程，包括胚胎植入、分娩和转基因动物的生长（孙博兴等，2000）。转基因动物从出生到第一次泌乳，猪、羊、牛各需12个月、14个月、16个月；并且只有雌性动物泌乳且不连续，一般可持续2个月、6个月、10个月。牛、羊等大型家畜能对药用蛋白进行正确的后加工，使之具有较高的生物活性，同时产奶量大，易于大规模生产，因而成为乳腺生物反应器理想的动物类型（邱磊和郭葆玉，1999）。

（一）转基因动物乳腺生物反应器

转基因动物乳腺生物反应器是利用动物乳腺特异性启动子调控元件指导外源基因在乳腺中特异性表达，并从转基因动物乳腺中获得重组蛋白。外源基因在乳腺中表达需要乳蛋白基因的一个启动子和调控元件，即引导泌乳期乳蛋白基因表达的序列。应用重组DNA技术或转基因技术将外源基因置于乳腺特异性调控序列控制之下，使之在乳腺中表达，通过回收乳汁获得表达产物。

1990年12月，荷兰GenPharm公司用酪蛋白启动子与人乳铁蛋白（hLF）的cDNA构建了转基因载体，通过显微注射法获得了世界上第一头名为Herman的转基因公牛，该公牛与非转基因母牛生产的转基因后代中，1/4后代母牛乳汁中表达了乳铁蛋白。2002~2006年，中国农业大学科研团队利用转基因体细胞可控技术，获得了转基因克隆奶牛49头，存活29头。人乳铁蛋白在转基因牛乳中平均表达量达到3.34 g/L，人α-乳清白蛋白表达量也达到1.55 g/L，人溶菌酶在转基因牛乳中的含量达1.5 g/L，这些重组蛋白表达量达到了国际最高水平（童佳和李宁，2007）。转基因动物制药（乳腺生物反应器）是21世纪生物医药产业的一种新的药物生产模式。

1. 转基因动物乳腺生物反应器的制备

1）表达载体的构建：目前用于构建表达载体的启动子调控元件选用动物乳蛋白基因启动子元件，主要有4类乳腺定位表达调控元件：第一类是β-乳球蛋白（BLG）基因调控序列，第二类是酪蛋白基因调控序列，第三类是乳清酸蛋白（WAP）基因调控序列，第四类是乳清白蛋白基因调控序列。

2）目的基因的选择：选择目的基因的基本要求是，正常情况下浓度低、翻译后修饰复杂、其他表达体系难以表达或表达量低、应用前景广阔的蛋白基因。

3）体外重组：选择好目的基因和启动子调控元件后进行体外重组，构建融合基因。

4）基因转导：将构建好的重组基因用基因转导的方法转移到受精卵。

5）胚胎移植：利用胚胎移植技术将制备的转基因受精卵植入代孕母体子宫内，生产转基因动物，得到转基因乳腺表达个体。通过采集转基因动物的乳汁，来获得目的基因表达产物。

6）鉴定：转基因动物乳腺生物反应器可以从分子水平和乳腺分泌物两个方面进行鉴定。

2. 转基因动物乳腺生物反应器的优点

动物乳腺生物反应器具有产品质量稳定、产品成本低、研制开发周期短、无污染、经济效益显著的优点。

3. 转基因动物乳腺生物反应器的应用

可用于提高乳汁营养价值，生产药用蛋白。例如，患有糖原贮积症Ⅱ型的婴儿体内缺乏 α-葡萄糖苷酶。荷兰研究人员培育出了一种转基因兔，兔奶中表达这种酶，因此饮用这种兔奶可以治疗这种疾病。

4. 转基因动物乳腺生物反应器存在的问题

动物乳腺生物反应器存在以下几方面问题：①外源基因在动物体内的位点整合问题；②乳蛋白基因表达组织特异性问题；③目的蛋白的翻译后修饰问题；④转基因表达产物的分离和纯化问题；⑤转基因的技术与方法问题；⑥伦理道德问题。

（二）转基因动物血液生物反应器

外源基因在血液中表达的转基因动物叫作血液生物反应器。大家畜的血液容量较大，利用动物血液生产某些蛋白质或多肽等药物已取得了一定进展。外源基因编码产物可直接从血清中分离出来，血细胞组分可通过裂解细胞获得（王德枝，2015）。

目前，医用血清蛋白主要由人血提取，而有限的血液资源极大地限制了血清蛋白的生产和使用。利用转基因动物可以在血液中表达人类目的基因，用作血清蛋白制备的原料，比较适合用于生产人血红蛋白、抗体和生产非生物学活性的融合蛋白。有活性的蛋白或多肽（如激素、细胞分裂素、组织纤溶酶原激活因子等）会进入动物血液循环系统而影响动物的健康，因而不适合用动物血液生物反应器生产。

（三）转基因动物膀胱生物反应器

外源基因在膀胱中表达的转基因动物叫作动物膀胱生物反应器（王德枝，2015）。膀胱尿道口乳头顶端表面可表达一组称为血小板溶素的膜蛋白，这种蛋白在膀胱中的表达具有专一性，而且它的编码基因是高度保守的，将外源基因插入其 5′端调控序列中，就可以指导外源基因在尿中表达（陈学进等，1998）。

四、转基因牛生物反应器

利用转基因技术对牛进行品种改良或新品种培育可获得转基因牛，主要体现在两个方面：一是提高牛的抗病能力；二是提高牛的肉奶产量、改善奶品质。转基因技术在改善牛的生长、肉质等性状方面也有一些重要进展（张兆顺等，2012）。

荷兰的 GenPharm 公司用转基因牛生产乳铁蛋白，预计每年从牛奶生产出来营养奶粉的销售额是 50 亿美元。1999 年 2 月 19 日，我国第一头转基因牛诞生于上海市奉贤县（现上海市奉贤区）奉新动物试验场，其出生时体重 38 kg，携带有人血清白蛋白基因。由于牛的繁殖周期长、投资成本高（表 16-2），生产转基因牛的难度更大。外源基因在宿主细胞中的整合率很低，而且外源基因的整合位点不可控制，已整合的外源基因很容易从宿主基因中消失，遗传给后代的概率也较低。尽管存在着这样那样的问题，但是十几年来，转基因技术的应用不仅使整个生命科学的研究发生了前所未有的深刻变化，而且给工农业生产和国民经济发展带来了不可估量的影响。目前，我国牛基因育种与国际同行相比，存在着过于分散、简单重复、规模小等问题。大规模现代化研究设施、新技术、新方法在牛新品种培育及现有品种改良上发挥着越来越重要的作用。

生产转基因牛的技术路线（图 16-1）如下。①从屠宰场屠宰的奶牛体内收集卵母细胞，并使之在体外成熟。②用公牛精液对成熟卵母细胞进行体外受精。③受精卵离心，

表 16-2 利用细胞培养和转基因牛生产医用蛋白的成本及产量比较

项目	细胞培养	转基因牛
培养液成本/（元/L）	320～400	2～4
培养液中的蛋白质含量/（mg/L）	10～50	1 000～10 000
终产品的成本/（元/g）	6 400～40 000	0.15～4.00

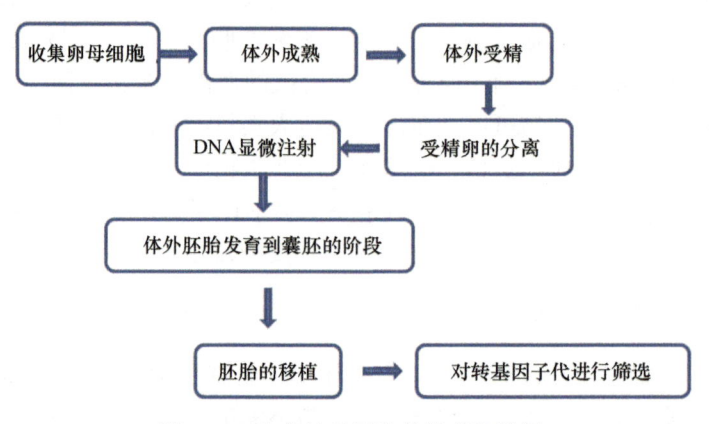

图 16-1 生产转基因牛的技术路线图

浓缩卵黄。④将欲导入的 DNA 显微注射到当前核中。⑤对胚胎进行体外培养。⑥利用非外科移植术将一个胚胎植入发情的代孕母牛子宫内。⑦对子代进行 DNA 检测，确定是否存在转入基因。

五、转基因牛生物反应器的功能

（一）提高抗病能力

2004 年，日本和美国联手利用基因工程手段培育出对牛海绵状脑病（bovine spongiform encephalopathy，BSE，又称疯牛病）具有免疫力的牛，这种转基因牛不携带普里昂蛋白或其他传染蛋白。2005 年，Donovan 等将编码溶葡萄球菌酶的基因转入奶牛基因组中获得转基因牛，证明其乳腺中表达的溶葡萄球菌酶可以有效预防由葡萄球菌引起的乳房炎，转基因牛葡萄球菌感染率仅为 14%，而非转基因牛对照的感染率达 71%。2007 年，Richt 等（2007）通过基因打靶技术将牛的 *PRNP* 基因双位点灭活，获得了存活了 2 年以上的转基因牛。

（二）改善乳品质

2003 年，Brophy 等提取了 1 头奶牛的胚胎干细胞，并在其中加入 2 种额外的基因：β-酪蛋白基因和 κ-酪蛋白基因，由此培育的转基因牛所产的奶中 β-酪蛋白的含量提高了 320%，κ-酪蛋白的含量增加了 1 倍，这两种酪蛋白正是干酪和酸奶制品的主要成分（童佳和李宁，2007）。

第六节　性别控制

性状是由遗传和环境两大因素控制的，性别也是动物的一种重要性状，同样受这两种因素控制。农业动物性别控制是人类很早就关心的研究领域，许多重要的经济性状与性别有直接的关系。在家畜生产中，性别控制应用潜力很大，不仅可以大幅度提高生产力，而且可以节约生产成本。例如，性别控制能使肉用家畜多产雄性后代，乳用家畜多产雌性后代。性别控制的研究也是探索动物遗传和进化过程的重要内容。

一、牛性别控制在生产实践中的意义

性别控制技术在畜牧生产中意义重大，在畜牧业生产上开展性别控制可以充分发挥限性性状（如牛的泌乳性状）和受性别影响较大的性状（如牛的生长速度）的生产性能，从而产生巨大的经济效益。此外，在动物繁育过程中，控制后代的性别比例，还可以缩短世代间隔，为育种工作节省大量的时间、精力及费用，从而增加选种的强度，提高育种的效率，加快育种进程。牛人工授精技术的成熟和普遍应用，使得牛的性别控制容易推广应用。性别控制技术结合动物扩繁和选种技术，能够实现单一性别生产，降低生产成本。此外，性别控制对牛的繁殖、保种以及遗传科学的发展还有着促进作用。

二、性别形成的遗传学基础

(一) 性染色体与性别决定

众所周知,哺乳动物性别的形成与性染色体有关。除了常染色体外,一般雌性动物有2条X染色体,而雄性动物具有一条X染色体和一条Y染色体。因此在细胞遗传学水平,Y染色体是雄性动物的主要特征。黄牛的染色体核型分析结果表明,Y染色体明显区别于其他染色体,尤其与X染色体相比,体积明显偏小。

(二) 哺乳动物性别开关基因 SRY

哺乳动物性别是由Y染色体上 SRY 基因决定的, SRY 是雄性发育的关键基因,在性别形成过程中扮演"开关基因"的角色,雌性动物基因组中没有该基因。牛的性别亦是如此。前人研究发现,将小鼠 SRY 基因导入雌性小鼠受精卵,可使其向雄性转变,包括支持细胞的分化、迁移,并发育形成睾丸。随后人们继续探讨性别决定的分子机制,通过对性反转、基因突变、基因缺失及胚胎期雄性特定表达模式的研究,先后发现 DMRT1、SOX9、SF1、WT1、LIM1、LHX9 和 DAX1 等基因对动物的性别决定和性器官的分化起着重要作用。

三、牛性别控制的方法研究及其应用

(一) 通过雌雄个体的遗传差异控制性别

1. 利用单一性别精子输精

目前,流式细胞仪可分离X精子和Y精子。牛精液冷冻和人工授精技术已经非常成熟,因此体外分离出X精子或Y精子,利用人工授精技术,可以输入单一性别精子,获得单一性别牛胚胎或后裔。X和Y染色体大小差异明显,X精子和Y精子DNA含量的差异为3%~5%,流式细胞仪的工作原理是两类精子在DNA含量上有差异,对精子DNA染色后其所携带荧光染料的量存在差异,利用荧光信号可分离两类精子(图16-2),

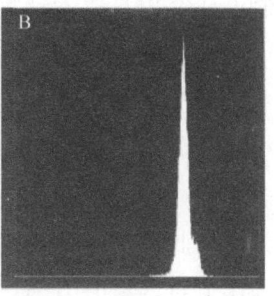

图16-2 流式细胞仪分离精子的原理(陆阳清等,2005)

A. 流式细胞仪检测到的水牛X精子和Y精子DNA含量差别双峰;B. 流式细胞仪分离精子重分析法所示90%纯度的水牛Y精子样本

分离准确率可以达到90%。国内外利用流式细胞仪分离X精子和Y精子输精，实施胚胎性别控制已经在水牛、奶牛和黄牛上推广应用。牛体外受精对精子活力和输精剂量有要求，常规精液输精剂量为2×10^7个精子/剂。目前流式细胞仪的分离效率偏低，因此该方法获得的性别控制精液精子含量尚未达到常规精液的量，致使牛受胎率偏低。除了输精剂量外，牛的品种、输精时间、输精部位和人工授精操作人员等因素也会影响性别控制精液的受胎率。

2. 利用免疫学方法分离精子

在基础生物学研究中发现，分离X、Y精子表面差异膜蛋白后，通过抗原-抗体反应使一类精子或胚胎失活，可达到分离某一类精子或获得单一性别胚胎的目的。雄性特异性组织相容性抗原（H-Y抗原）的发现使得用免疫法分离X、Y精子变为可能。Y精子上存在H-Y抗原，因此研究人员可利用H-Y抗体来检测Y精子上的H-Y抗原，从而免疫去掉一类精子。利用该原理建立了3种方法来获得单一性别胚胎：囊胚形成抑制法、间接免疫荧光法和细胞毒性分析法。①囊胚形成抑制法：将H-Y抗血清与桑葚胚一起培养，雄性胚胎由于H-Y抗体的作用而不能形成囊胚腔，而雌性胚胎则正常发育为囊胚，由此获得单一性别胚胎。用该方法处理奶牛胚胎后，所产后代雄性和雌性准确率分别为80%和81.82%。此法对胚胎没有损害，较为实用，但易将部分发育迟缓的雌性胚胎误判为雄性胚胎。②间接免疫荧光法：将胚胎置于含有H-Y抗血清或H-Y单克隆抗体的培养液中培养，然后加入荧光素标记的二抗，观察胚胎是否呈现特异荧光，呈现荧光者可判断为雄性，无荧光呈现者则判断为雌性。该方法在牛、绵羊和猪等动物上已经进行了应用，其鉴定准确率均在85%左右。H-Y抗原的特异性不高，而且判断荧光强度主观性较强，影响了该方法的准确性。③细胞毒性分析法：将胚胎置于含H-Y抗血清及补体的培养液中，雄性胚胎表现出一定的细胞溶解，而雌性胚胎正常发育。Utsumi等（1993）用鼠的H-Y抗血清鉴别了牛和山羊的胚胎性别。但是这种方法破坏雄性胚胎，应用受到一定的限制（刘卓，2012）。

*SRY*基因存在于各种哺乳动物的Y染色体上，并且具有较高的同源性和高度的保守性，SRY蛋白是具有特异DNA序列结合能力的转录因子，雄性发育是靠SRY蛋白与DNA结合，通过激活下游启动子，使米勒管抑制物（MIS）基因表达，分泌抗米勒管激素（AMH），以抑制米勒管的发育。同时*SRY*基因作用于睾丸间质细胞，使之分泌睾酮刺激雄性生殖系统的产生。SRY蛋白的HMG盒（HMG-box）结构域保守性很强，研究发现如果HMG盒发生了突变，将会破坏SRY蛋白与DNA的结合能力，出现性别反转。我国研究人员针对SRY蛋白的重要功能，建立了牛SRY抗体法，使用不同浓度的SRY抗体处理牛的精液，并用该精液进行体外受精，发现使用SRY抗体处理精液受精对于受精率以及早期胚胎发育没有显著影响，对获得的胚胎进行性别鉴定后发现，经SRY抗体处理与未处理精液受精所得雌性胚胎比例差异极显著，雌性胚胎可以达到82%（裴杰等，2006）。

（二）利用组学技术分析牛 X、Y 精子差异蛋白和差异转录本

1. 利用比较蛋白质组学方法研究牛精子性别特异蛋白

由于 X、Y 精子携带的遗传物质有差异，因此采用比较蛋白质组学的理论与技术，首先用流式细胞仪获得高纯度 X、Y 精子试验材料，分别制备两类精子蛋白质，通过二维电泳或现代蛋白质组学技术分离 X、Y 精子中表达的蛋白，并通过软件分析找到差异表达的性别特异蛋白。在此基础上通过酶解消化，借助一级质谱、串联质谱技术及生物信息学方法系统地鉴定精子中性别特异表达的蛋白质。在获得目的蛋白后，可以结合免疫分离法建立 X、Y 精子免疫分离方法，并最终实现牛及其他家畜性别控制。该方法目前尚未在生产实践中应用。

2. 利用 RNA 测序技术研究牛 X、Y 精子差异表达转录本

精子形成过程中，基因表达经历了减数分裂性染色体失活，但有很多基因在减数分裂后期转录又重新被激活。转录产物研究表明，X 和 Y 染色体特异基因在不同物种精子中都发生了不同程度的转录。如今测序技术飞速发展，用流式细胞仪获得两类精子后，利用 RNA 测序技术结合生物信息学分析可以获得 X、Y 精子差异表达转录本，通过现代生物技术如 RNA 干扰等技术靶向目标 RNA，有望实现性别控制。

（三）利用现代生物技术探究性别控制新方法

1. RNAi 控制性别

RNA 干扰（RNAi）已经成为研究基因功能的常用方法之一。由于哺乳动物 *SRY* 基因仅在 Y 精子中表达，因此有研究尝试通过干扰 *SRY* 基因，使得胚胎性别发生反转，达到性别控制的目的。前人已经使用该方法在小鼠中开展了相关研究，在小鼠胚胎性别分化前，通过注射干扰载体干扰受精后胚胎发育，期望获得较多的雌性胚胎（赵金红，2006）。

2. 精子介导的 *SRY* 转基因法

鉴于哺乳动物 *SRY* 基因仅在 Y 精子中表达，有研究人员通过构建含有 *SRY* 基因的表达载体，利用精子介导的 *SRY* 转基因技术得到的精子进行人工授精，对获得的小鼠胚胎性别鉴定后发现，利用该方法产生的小鼠后代性别比例与小鼠直接交配后产生的后代性别比例差异显著（廖尚英，2004）。

3. 性染色体失活

莱昂假说（Lyon hypothesis）即 X 染色体失活（X-chromosome inactivation）假说通常认为，雌性哺乳动物细胞内只有一条 X 染色体有活性，另一条失活并固缩。研究其机制发现 X 染色体上 *Xist* 基因编码不表达蛋白质的 RNA，这种 RNA 与 2 条 X 染色体中的一条结合使其失活，从而关闭整个 X 染色体基因的表达，X 染色体失活发生在囊胚期。因此，有研究人员考虑能否把 X 染色体失活的作用方式移植应用到 Y 染色体上，通过 Y 染色体的失活，直接抑制雄性胚胎的形成和发育，达到只生产雌性胚胎的目的。

4. 利用基因编辑技术插入或删除 *SRY* 基因

基因编辑技术发展迅速，已经在基因功能研究中发挥了重要作用。在牛胚胎性别分化前，如果能够利用 CRISPR/Cas9 技术在 X 染色体合适位点插入 *SRY* 基因，或者删除 Y 染色体上的 *SRY* 基因，或许能够实现生产单一性别胚胎，再结合胚胎移植技术可实现牛的性别控制。

（四）通过控制受精环境实现性别控制

除了上述依据 X 和 Y 精子在遗传上的差异建立的性别控制方法外，还有大量研究和实践案例通过控制受精环境实现性别控制。X 和 Y 精子的运动速度、两类精子的最适 pH、受精环境的激素水平以及受精时卵母细胞的成熟状态等因素的差别可引起胚胎性别不同，通过控制受精环境可在群体中改变后代的性别比例，使得性别比例偏离 1∶1（张丽等，2007）。

性别控制的应用潜力很大。在畜牧业生产上，牛人工授精技术的成熟和普遍应用，将使性别控制技术很容易地应用。此外，在牛种质资源开发利用和观赏动物繁育过程中，性别控制技术也可以发挥很大的作用。在科学研究方面，性别控制涉及许多基因，它们之间的相互调控关系还远未明了，随着现代分子生物学技术的快速发展，一些新的技术手段如基因编辑技术、蛋白质组学技术等将为牛性别控制带来新的曙光，从而为畜牧业生产做出更大的贡献。

本 章 小 结

我国黄牛分子遗传学研究虽然起步较晚，但发展十分迅速，是近年来动物遗传育种领域中最为活跃和最有活力的生长点之一。目前，各国肉牛育种已进入全基因组选择时代，肉牛全基因组选择技术在主要肉牛品种上已有应用。随着各国全基因组选择参考群体规模的不断扩大，育种值估计的准确性也将逐步提高，世代间隔将大幅度缩短，可以有效提高肉牛遗传进展和加快新品种培育进程。转基因技术、遗传标记、基因图谱的构建、染色体的原位杂交、基因编辑、胚胎干细胞、核移植、胚胎克隆、胚胎性别早期鉴定以及性别控制等现代生物技术的不断完善和运用，使动物育种已从以数量性状为主的传统育种方法向着快速改变基因型分子育种方向发展，使得培育能生产特定药用物质的生物反应器品种成为可能，在很大程度上提高了动物育种速度和繁殖效率，使得动物育种工作形成了一套完整、新兴、可持续、高效的产业体系。

全基因组选择技术给我国地方黄牛育种提供了契机，同时也带来了诸多挑战。我国地方黄牛肉牛品种居多，如何进行多品种基因组遗传评估一直以来都是个难题。常规遗传评估体系是进行基因组遗传评估的基础，如何形成快速的、低成本的生产性能测定体系也是当前迫切需要解决的问题。适用于我国地方黄牛选育的全基因组选择模型尚未有效建立。因此，应进一步完善肉牛良种繁育体系，加强肉牛联合育种机制创新，加快基于全基因组选择的算法和模型研发。

参 考 文 献

蔡欣, 陈宏, 雷初朝, 等. 2006. 从 Cyt b 基因全序列分析中国 10 个黄牛品种的系统进化关系. 中国生物化学与分子生物学报, 22(2): 168-171.

陈学进, 曾申明, 李和平. 1998. 动物生物反应器. 国外畜牧科技, 25(1): 39-43.

党瑞华. 2005. 五个肉牛群体屠宰性状的 DNA 分子标记研究. 西北农林科技大学硕士学位论文.

党瑞华, 魏伍川, 陈宏, 等. 2005. IGFBP3 基因多态性与鲁西牛和晋南牛部分屠宰性状的相关性. 中国农业通报, 21(3): 19-22.

高雪. 2004. 牛生长发育性状候选基因的分子标记研究. 西北农林科技大学博士学位论文.

郭振刚, 张立春, 曹阳, 等. 2013. 中国草原红牛肌肉生长抑制素基因 3′-UTR 多态性及其与屠宰性状的关联性分析. 中国畜牧兽医, 40(10): 184-188.

黄萌, 许尚忠, 昝林森, 等. 2008. 牛 RXRG 基因遗传变异与双胎性状的关联分析. 遗传, 30(2): 190-194.

孔琳, 严昌国. 2017. 延边黄牛 PRKAG3 基因的多态性及其与肉质性状的相关性分析. 黑龙江畜牧兽医, 7: 79-81.

雷雪芹, 陈宏, 袁志发, 等. 2004. 牛 FSHR 基因单核苷酸多态性与双胎性状关系的研究. 中国生物化学与分子生物学学报, 20(1): 34-37.

李爱民. 2012. 中国地方黄牛 ANGPTL6 基因遗传变异、可变剪切及克隆表达研究. 西北农林科技大学硕士学位论文.

李恒德, 包振民, 孙效文. 2011. 基因组选择及其应用. 遗传, 33(12): 1308-1316.

李志才, 易康乐. 2010. 湘西黄牛的 H-FABP 基因对大理石花纹和肌内脂肪含量相关性分析. 中国牛业科学, 1: 1-4.

廖尚英. 2004. 精子介导 Sry 转基因对小鼠性别决定的作用. 首都师范大学硕士学位论文.

刘磊, 张扬, 白杰, 等. 2008. 新疆褐牛 POU1F1 基因第六外显子多态性与早期生长性状相关研究. 草食家畜, 2: 19-21.

刘卓. 2012. SRY 抗体法控制体外生产牛胚胎性别的研究. 吉林大学硕士学位论文.

陆阳清, 张明, 卢克焕. 2005. 流式细胞仪分离精子法的研究进展. 生物技术通报, (3): 26-30.

罗云波, 生吉萍. 2011. 食品生物技术导论. 北京: 化学工业出版社.

马云, 于波, 徐永杰, 等. 2012. 中国部分地方牛种 mtDNA D-loop 区全序列的遗传多样性与系统进化分析. 信阳师范学院学报(自然科学版), 25(2): 202-205.

欧江涛. 2002. DNA 分子标记与动物育种. 西南民族学院学报(自然科学版), 28(4): 524-529.

裴杰, 杜卫华, 刘小林, 等. 2006. SRY 蛋白表达纯化与体外功能鉴定. 动物学报, 52(6): 1082-1087.

邱磊, 郭葆玉. 1999. 转基因动物生物反应器的基因构建与表达. 国外医学预防诊断治疗用生物制品分册, 22(5): 208-212.

孙博兴, 侯万文, 欧阳红生. 2000. 转基因动物生物反应器. 动物科学与动物医学, 17(31): 18-20.

孙维斌, 陈宏, 雷雪芹, 等. 2003. IGFBP3 基因多态性与秦川牛部分屠宰性状的相关性. 遗传, 25(5): 511-516.

童佳, 李宁. 2007. 转基因技术改良家畜的现状与趋势. 中国农业科技导报, 9(4): 26-31.

王德枝. 2015. 简述转基因动物的几种生物反应器. 生物学教学, 40(2): 76-77.

王卓, 昝林森. 2008. 秦川牛 H-FABP 基因第 1 外显子 SNP 及其与部分肉用性状相关性的研究. 西北农林科技大学学报(自然科学版), 36(11): 11-15.

徐秀容. 2004. DGAT1 和 DGAT2 基因多态性与牛部分经济性状相关性的研究. 西北农林科技大学博士学位论文.

尹立林, 马云龙, 项韬, 等. 2019. 全基因组选择模型研究进展及展望. 畜牧兽医学报, 50(2): 233-242.

张保军, 杨公社, 张丽娟. 2003. 转基因动物乳腺生物反应器研究进展. 动物医学进展, 24(2): 7-9.

张超, 李姣, 田璐, 等. 2011. 中国西门塔尔牛 *GH* 基因 SNPs 与经济性状的关联分析. 中国畜牧兽医, 38(1): 129-132.

张丽, 杜卫华, 张爱玲, 等. 2007. 受精环境对哺乳动物性别形成的影响. 遗传, 29(1): 17-21.

张路培, 张小辉, 许尚忠, 等. 2007. 牛 *GDF9* 和 *BMP15* 基因遗传变异与双胎性状的关系研究. 畜牧兽医学报, 38(8): 800-805.

张兆顺, 成功, 昝林森. 2012. 动物转基因技术在转基因牛中的研究进展. 中国农学通报, 28(20): 1-6.

张争锋, 陈宏, 李秋玲, 等. 2007. 南阳牛 *IGF2* 基因第 2 外显子多态性及其与生长发育相关性研究. 畜牧兽医学报, 38(1): 8-13.

赵金红. 2006. 小鼠胚胎 *Sry* 基因的 RNA 干涉研究. 内蒙古农业大学硕士学位论文.

赵庆明, 许尚忠, 岳文斌, 等. 2005. 肉牛微卫星 DNA 的群体遗传变异分析. 中国草食动物, 25(4): 3-5.

周国利, 朱奇, 郭善利, 等. 2005. 鲁西黄牛 *H-FABP* 基因的多态性及其与肉质性状关系的分析. 西北农业学报, 14(3): 5-7.

周艳, 陈宏, 贾善刚, 等. 2008. 中国南方部分黄牛品种 mtDNA D-loop 区的遗传变异与分类分析. 西北农林科技大学学报(自然科学版), 36(5): 7-11.

Akagi S, Geshi M, Nagai T. 2013. Recent progress in bovine somatic cell nuclear transfer. Anim Sci J, 84: 191-199.

Akagi S, Matsukawa K, Mizutani E, et al. 2011. Treatment with a histone deacetylase inhibitor after nuclear transfer improves the preimplantation development of cloned bovine embryos. J Reprod Dev, 57: 120-126.

Akagi S, Takahashi S, Adachi N, et al. 2003. In vitro and in vivo developmental potential of nuclear transfer embryos using bovine cumulus cells prepared in four different conditions. Cloning Stem Cells, 5: 101-108.

Amann R, DeJarnette J. 2012. Impact of genomic selection of AI dairy sires on their likely utilization and methods to estimate fertility: a paradigm shift. Theriogenology, 77(5): 795-817.

Aston KI, Li GP, Hicks BA, et al. 2006. Effect of the time interval between fusion and activation on nuclear state and development in vitro and in vivo of bovine somatic cell nuclear transfer embryos. Reproduction, 131: 45-51.

Berry DP, Garcia JF, Garrick DJ. 2016. Development and implementation of genomic predictions in beef cattle. Animal Frontiers, 6(1): 32-38.

Blasco A, Pena R. 2018. Current status of genomic maps: genomic selection/GBV in livestock. Animal Biotechnology, 2: 61-80.

Bondioli KR, Westhusin ME, Looney CR. 1990. Production of identical bovine offspring by nuclear transfer. Theriogenology, 33(1): 165-174.

Botstein D, White R, Skolnick M, et al. 1980. Construction of genetic linkage map in man using restriction fragment length polymorphism. American Journal of Human Genetics, 32(3): 314-331.

Cai H, Zhou Y, Jia W, et al. 2015. Effects of SNPs and alternative splicing within *HGF* gene on its expression patterns in Qinchuan cattle. Journal of Animal Science and Biotechnology, 6(1): 55.

Carlson DF, Tan W, Lillico SG, et al. 2012. Efficient TALEN-mediated gene knockout in livestock. Proc Natl Acad Sci USA, 109: 17382-17387.

Daetwyler HD, Hickey JM, Henshall JM, et al. 2010. Accuracy of estimated genomic breeding values for wool and meat traits in a multi-breed sheep population. Animal Production Science, 50: 1004-1010.

Dassonneville R, Brondum RF, Druet T, et al. 2011. Effect of imputing markers from a low-density chip on the reliability of genomic breeding values in Holstein populations. Journal of Dairy Science, 94(7): 3679-3686.

Donovan DM, Kerr DE, Wall RJ. 2005. Engineering disease resistant cattle. Transgenic Res, 14: 563-567.

Fan YY, Fu GW, Fu CZ, et al. 2012. A missense mutant of the *PPAR-gamma* gene associated with carcass and meat quality traits in Chinese cattle breeds. Genetics and Molecular Research, 11(4): 3781-3788.

Farin PW, Farin CE. 1995. Transfer of bovine embryos produced in vivo or in vitro: survival and fetal development. Biol Reprod, 52(3): 676-682.

García-Ruiz A, Cole JB, VanRaden PM, et al. 2016. Changes in genetic selection differentials and generation intervals in US Holstein dairy cattle as a result of genomic selection. Proc Natl Acad Sci USA, 113(28): E3995-E4004.

Garner JB, Douglas ML, Williams SR, et al. 2016. Genomic selection improves heat tolerance in dairy cattle. Sci Rep, 6: 34114.

Haas YD, Windig JJ, Calus MP, et al. 2011. Genetic parameters for predicted methane production and potential for reducing enteric emissions through genomic selection. J Dairy Sci, 94(12): 6122-6134.

Habier D, Fernando RL, Dekkers JC. 2007. The impact of genetic relationship information on genome-assisted breeding values. Genetics, 177(4): 2389-2397.

Hamidi Hay E, Roberts A. 2017. Genomic prediction and genome-wide association analysis of female longevity in a composite beef cattle breed. Journal of Animal Science, 95(4): 1467.

Hasegawa K, Takahashi S, Akagi S, et al. 2007. Bovine somatic cell nuclear transfer using cumulus-oocyte complexes collected from the identical individual by ovum pickup. Reprod Fertil Dev, 19: 138.

Hayes B, Donoghue K, Reich C, et al. 2016. Genomic heritabilities and genomic estimated breeding values for methane traits in Angus cattle. Journal of Animal Science, 94(3): 902-908.

Hayes BJ, Bowman PJ, Chamberlain AJ, et al. 2009. Invited review: Genomic selection in dairy cattle: progress and challenges. Journal of Dairy Science, 92(2): 433-443.

Hayes BJ, Daetwyler HD. 2019. 1000 Bull Genomes Project to Map Simple and Complex Genetic Traits in Cattle: Applications and Outcomes. Annu Rev Anim Biosci, 7: 89-102.

Hayes BJ, Lewin HA, Goddard ME. 2013. The future of livestock breeding: genomic selection for efficiency, reduced emissions intensity, and adaptation. Trends in Genetics, 29(4): 206-214.

Heo YT, Quan X, Xu YN, et al. 2015. CRISPR/Cas9 nuclease- mediated gene knock-in in bovine-induced pluripotent cells. Stem Cells Dev, 24(3): 393-402.

Heyman Y, Degrolard J, Adenot P, et al. 1995. Cellular evaluation of bovine nuclear transfer embryos developed in vitro. Reprod Nutr Dev, 35(6): 713-723.

Ideta A, Hayama K, Urakawa M, et al. 2010. Comparison of early development in utero of cloned fetuses derived from bovine fetal fibroblasts at the G_1 and G_0/G_1 phases. Anim Reprod Sci, 119: 191-197.

Kang YK, Koo DB, Park JS, et al. 2001. Aberrant methylation of donor genome in cloned bovine embryos. Nat Genet, 28: 173-177.

Koller BH, Smithies O. 1992. Altering genes in animals by gene targeting. Annu Rev Immunol, 10: 705-730.

Kuroiwa Y, Kasinathan P, Matsushita H, et al. 2004. Sequential targeting of the genes encoding immunoglobulin-μ and prion protein in cattle. Nat Genet, 36: 775-780.

Lanza RP, Cibelli JB, Blackwell C, et al. 2000. Extension of cell life-span and telomere length in animals cloned from senescent somatic cells. Science, 288: 665-669.

Legarra A, Reverter A. 2018. Semi-parametric estimates of population accuracy and bias of predictions of breeding values and future phenotypes using the LR method. Genet Sel Evol, 50(1): 53.

Li T, Yang B. 2013. TAL effector nuclease (TALEN) engineering. Methods Mol Biol, 978: 63-72.

Lourenco DA, Tsuruta S, Fragomeni BO, et al. 2015. Genetic evaluation using single-step genomic best linear unbiased predictor in American Angus. J Anim Sci, 93(6): 2653-2662.

Luan T, Woolliams J A, Lien S, et al. 2009. The accuracy of genomic selection in Norwegian red cattle assessed by cross-validation. Genetics, 183(3): 1119-1126.

Lund MS, de Roos AP, de Vries AG, et al. 2011. A common reference population from four European Holstein populations increases reliability of genomic predictions. Genetics Selection Evolution, 43(1): 43.

Magalhaes AFB, Schenkel FS, Garcia DA, et al. 2019. Genomic selection for meat quality traits in Nelore cattle. Meat Science, 148: 32-37.

Matsukawa K, Akagi S, Fukunari K, et al. 2011. The effects of donor cell cycle and the timing of oocyte activation on development of bovine nuclear transferred embryos in vivo. Reprod Fertil Dev, 23: 124.

Meuwissen T, Hayes B, Goddard M. 2016. Genomic selection: A paradigm shift in animal breeding. Animal Frontiers, 6(1): 6-14.

Misztal I, Tsuruta S, Aguilar I, et al. 2013. Methods to approximate reliabilities in single-step genomic evaluation. J Dairy Sci, 96(1): 647-654.

Navajas E, Pravia MI, Lema M, et al. 2014. Genetic improvement of feed efficiency and carcass and meat quality of Hereford cattle by genomics. Maldonado: 60th International Congress of Meat Science and Technology: 17.

Nguyen TTT, Bowman PJ, Haile-Mariam M, et al. 2016. Genomic selection for tolerance to heat stress in Australian dairy cattle. Journal of Dairy Science, 99(4): 2849-2862.

Oback B, Wells DN. 2007. Donor cell differentiation, reprogramming, and cloning efficiency: elusive or illusive correlation? Mol Reprod Dev, 74: 646-654.

Prather RS, Barnes FL, Sims MM, et al. 1987. Nuclear transplantation in the bovine embryo: assessment of donor nuclei and recipient oocyte. Biol Reprod, 37(4): 859-866.

Pryce J, Wales W, de Haas Y, et al. 2014. Genomic selection for feed efficiency in dairy cattle. Animal: an International Journal of Animal Bioscience, 8(1): 1.

Ramirez CL, Certo MT, Mussolino C, et al. 2012. Engineered zinc finger nickases induce homology directed repair with reduced mutagenic effects. Nucleic Acids Res, 40: 5560-5568

Richt JA, Kasinathan P, Hamir AN, et al. 2007. Production of cattle lacking prion protein. Nat Biotechnol, 25: 132-138.

Shin SJ, Lee BC, Park JI, et al. 2001. A separate procedure of fusion and activation in an ear fibroblast nuclear transfer program improves preimplantation development of bovine reconstituted oocytes. Theriogenology, 55: 1697-1704.

Solberg T, Sonesson A, Woolliams J, et al. 2008. Genomic selection using different marker types and densities. Journal of Animal Science, 86(10): 2447-2454.

Stice SL, Keefer CL. 1993. Multiple generational bovine embryo cloning. Biol Reprod, 48(4): 715-719.

Tsairidou S, Woolliams JA, Allen AR, et al. 2014. Genomic prediction for tuberculosis resistance in dairy cattle. PLoS One, 9(5): e96728.

Utsumi K, Hayashi M, Takakura R, et al. 1993. Embryo sex selection by a rat male-specific antibody and the cytogenetic and developmental confirmation in cattle embryos. Mol Reprod Dev, 34(1): 25-32.

Van Eenennaam AL, Weigel KA, Young AE, et al. 2014. Applied animal genomics: results from the field. Annual Review of Animal Biosciences, 2: 105-139.

VanRaden PM, Tooker ME, O'Connell JR, et al. 2017. Selecting sequence variants to improve genomic predictions for dairy cattle. Genet Sel Evol, 49(1): 32.

VanRaden PM, Van Tassell CP, Wiggans GR, et al. 2009. Invited review: reliability of genomic predictions for North American Holstein bulls. J Dairy Sci, 92(1): 16-24.

Villumsen TM, Janss L, Lund MS. 2009. The importance of haplotype length and heritability using genomic selection in dairy cattle. Journal of Animal Breeding and Genetics, 126(1): 3-13.

Wallén SE, Lillehammer M, Meuwissen THE. 2017. Strategies for implementing genomic selection for feed efficiency in dairy cattle breeding schemes. Journal of Dairy Science, 100(8): 6327-6336.

Wang YS, Xiong XR, An ZX, et al. 2011. Production of cloned calves by combination treatment of both donor cells and early cloned embryos with 5-aza-2/-deoxycytidine and trichostatin A. Theriogenology, 75: 819-825.

Weigel KA, de Los Campos G, Vazquez AI, et al. 2010. Accuracy of direct genomic values derived from imputed single nucleotide polymorphism genotypes in Jersey cattle. Journal of Dairy Science, 93(11): 5423-5435.

Weigel KA, VanRaden PM, Norman, HD, et al. 2017. A 100-Year Review: Methods and impact of genetic selection in dairy cattle—From daughter–dam comparisons to deep learning algorithms. J Dairy Sci, 100(12): 10234-10250.

Weller JI, Ezra E, Ron M. 2017. Invited review: A perspective on the future of genomic selection in dairy cattle. Journal of Dairy Science, 100(11): 8633-8644.

Wiggans GR, Cole JB, Hubbard SM, et al. 2017. Genomic selection in dairy cattle: The USDA experience. Annual Review of Animal Biosciences, 5: 309-327.

Wiggans GR, Cooper TA, Vanraden PM, et al. 2011. Technical note: adjustment of traditional cow evaluations to improve accuracy of genomic predictions. J Dairy Sci, 94(12): 6188-6193.

Willadsen SM. 1989. Cloning of sheep and cow embryos. Genome, 31(2): 956-962.

Xu W, He H, Zheng L, et al. 2018. Detection of 19-bp deletion within *PLAG1* gene and its effect on growth traits in cattle. Gene, 675: 144-149.

Yang X, Smith SL, Tian XC, et al. 2007. Nuclear reprogramming of cloned embryos and its implications for therapeutic cloning. Nat Genet, 39: 295-302.

Yu S, Luo J, Song Z, et al. 2011. Highly efficient modification of beta-lactoglobulin (*BLG*) gene via zinc finger nucleases in cattle. Cell Res, 21: 1638-1640.

Zhang CL, Chen H, Wang YH, et al. 2006. Association of a missense mutation of the *MC4R* gene with growth traits in cattle. Archives Animal Breeding, 49(5): 515-516.

Zhang YD, Johnston DJ, Bolormaa S, et al. 2014. Genomic selection for female reproduction in Australian tropically adapted beef cattle. Animal Production Science, 4(1): 16.

（张春雷、蔡含芳、赵杨杨、孙雨佳、张丽、杨东英、黄永震编写）